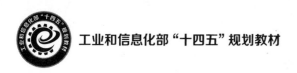

工业和信息化部"十四五"规划教材　　"十二五"普通高等教育本科国家级规划教材

弹药学
（第4版）

尹建平　王志军 ◎ 主编

AMMUNITION THEORY
(4TH EDITION)

北京理工大学出版社
BEIJING INSTITUTE OF TECHNOLOGY PRESS

内 容 简 介

本书是工业和信息化部"十四五"规划教材和"十二五"普通高等教育本科国家级规划教材，是国家级一流本科专业建设点建设成果，全书共有18章，主要内容包括：弹药及其发展、目标类型及其特性，弹药的组成、分类及作用，对弹药的要求，弹药的研究、设计、制造与验收，相关基础知识，榴弹、穿甲弹、破甲弹、碎甲弹、子母弹、特种弹、迫击炮弹、火箭弹、灵巧弹药、防空反导弹药、燃料空气弹药、软杀伤弹药、航空炸弹、地雷、活性材料结构弹药和硬目标侵彻弹药等的结构与作用原理。

本书可作为高等院校弹药工程与爆炸技术、探测制导与控制技术、武器发射工程、武器系统与工程及相关兵器类专业本科生的教材，同时也可供从事弹药教学、科研、设计、生产、管理、使用、维护和靶场试验的各类技术及管理人员参考，还可作为兵器科学与技术学科专业研究生的教学参考书。

版权专有　侵权必究

图书在版编目（CIP）数据

弹药学 / 尹建平，王志军主编. -- 4版. -- 北京：北京理工大学出版社，2023.7
工业和信息化部"十四五"规划教材
ISBN 978-7-5763-2643-7

Ⅰ. ①弹… Ⅱ. ①尹…②王… Ⅲ. ①弹药-高等学校-教材　Ⅳ. ①TJ41

中国国家版本馆 CIP 数据核字（2023）第 131071 号

责任编辑：孟雯雯		文案编辑：李丁一	
责任校对：周瑞红		责任印制：李志强	

出版发行 / 北京理工大学出版社有限责任公司
社　　址 / 北京市丰台区四合庄路6号
邮　　编 / 100070
电　　话 / （010）68914026（教材售后服务热线）
　　　　　（010）68944437（课件资源服务热线）
网　　址 / http://www.bitpress.com.cn

版 印 次 / 2023年7月第4版第1次印刷
印　　刷 / 保定市中画美凯印刷有限公司
开　　本 / 787 mm×1092 mm　1/16
印　　张 / 38.5
字　　数 / 904 千字
定　　价 / 78.00元

图书出现印装质量问题，请拨打售后服务热线，负责调换

前言

在常规兵器的发展过程中,弹药的发展成为兵器发展的先导和关键。其原因一方面在于毁伤目标最终要靠弹药,另一方面在于战争中弹药的消耗是一次性的,使用数量最大,这就要求弹药既要性能好,又要经济,还要能长期储备。实践证明,完善和发展弹药技术是提高现有武器系统效能行之有效、经济节约的途径。

20 世纪 80 年代以来,世界发达国家在微电子技术、信息技术、材料技术、人工智能技术等重要技术领域展开了激烈的竞争,使得常规弹药经历了较大的发展变化,特别是在新技术、新原理、新材料的推动下,常规弹药正在向高精度、远射程、大威力、低易损、低附带、多功能、灵巧化和智能化的方向发展,出现了一系列在作用原理、结构、功能和使用效能上与常规弹药相区别的新型弹药,如末敏弹、弹道修正弹、智能地雷、碳纤维弹、声光弹药、微波弹、激光弹、巡飞弹、仿生弹药和活性材料结构弹药等。这些新概念和新原理弹药的发展体现了战争从数量对抗到质量对抗的趋势,使得弹药技术出现了质的飞跃。

党的二十大报告指出,要加快包括武器装备现代化在内的国防和军队建设"四个现代化",提高捍卫国家主权、安全、发展利益战略能力,有效履行新时代人民军队使命任务。因此,全面建强联合作战装备体系、发展壮大新域新质作战力量、大力推进装备自主可控工程、蹚开装备高质量发展新路是加快推进武器装备现代化、提升打赢未来战争能力的必然要求。

弹药学是一门研究各种弹药结构特点与作用原理的具有工程应用背景的学科。本书在介绍各类型弹药基本结构和作用原理的同时,将作者科研中的应用实例融入主要章节中,丰富了研究内容。本书为国家级一流本科专业建设点建设成果、国家级高校特色专业建设点建设成果、教育部卓越工程师教育培养计划建设成果、国家级工程实践教育中心建设成果、国防科工局"十三五"国防特色学科(方向)建设成果,获高等教育国家级教学成果二等奖、获山西省教学成果一等奖。全书共 18 章内容,第 1 章介绍了弹药及其发展、目标类型及其特性、弹药的组成分类及作用、弹药的研究设计与制造验收等内容;第 2 章~18 章分别介绍了榴弹、穿甲弹、破甲弹、碎甲弹、子母弹、特种弹、迫击炮弹、火箭弹、灵巧弹药、防空反导弹药、燃料空气弹药、软杀伤弹药、航空炸弹、地雷、活性材料结构弹药、硬目标侵彻弹药等的结构与作用原理。因此，本书可作为高等院校弹药工程与爆炸技术、探测制导与控制技术、武器发射工程、武器系统与工程及相关兵器类专业的本科生教材，同时也可供从事弹药教学、科研、设计、生产、管理、使用、维护和靶场试验的各类技术及管理人员参考，还可作为兵器与科学技术学科专业研究生的教学参考书。

本书为工业和信息化部"十四五"规划教材和教育部"十二五"普通高等教育本科国家级规划教材，由尹建平、王志军任主编，吴国东、徐豫新、常变红、罗建国任副主编。其中第1、5、11章由尹建平编写，第3、6、10章由王志军编写，第14、15章由吴国东编写，第17、18章由徐豫新编写，第2、16章及附录由常变红编写，第7章由罗建国编写，第4章由张雪朋编写，第8章由伊建亚编写，第9章由王锋编写，第12章由李旭东编写，第13章由徐永杰编写，全书由尹建平、王志军统稿。

本书在编写过程中，参考和引用了国内外专家、学者、工程技术人员和研究生出版的著作和发表的论文，以及相关弹药图片，谨在此一并表示诚挚的感谢！同时，还参考了兄弟院校的有关教材及其他资料，特对原作者深致谢意！

本书在编写过程中得到了各级领导的关心和支持，并得到了北京理工大学出版社、中北大学教务处的大力帮助，在此一并表示衷心的感谢！

由于编者知识水平有限，尽管在编写过程中倾注了极大的精力和努力，但书中难免有错误和不妥之处，敬请读者批评指正。

目 录
CONTENTS

第1章　绪论 ··· 001
 1.1　弹药及其发展 ·· 001
  1.1.1　弹药的定义 ·· 001
  1.1.2　弹药的发展 ·· 001
 1.2　目标类型及其特性 ··· 004
  1.2.1　目标的分类 ·· 004
  1.2.2　目标的特性 ·· 005
 1.3　弹药的组成及其分类 ··· 006
  1.3.1　弹药的组成 ·· 006
  1.3.2　火炮弹药的组成 ·· 007
  1.3.3　弹药的分类 ·· 012
 1.4　弹药的作用 ·· 016
  1.4.1　破片杀伤作用 ·· 016
  1.4.2　弹药爆破作用 ·· 017
  1.4.3　弹药燃烧作用 ·· 017
  1.4.4　弹药穿甲作用 ·· 018
  1.4.5　弹药破甲作用 ·· 018
  1.4.6　弹药碎甲作用 ·· 019
  1.4.7　弹药软杀伤作用 ·· 019
 1.5　对弹药的要求 ·· 020
  1.5.1　射程 ·· 020
  1.5.2　威力 ·· 021
  1.5.3　精度 ·· 021
  1.5.4　安全性 ·· 024
  1.5.5　长储性 ·· 024
  1.5.6　经济性 ·· 024

1.6 弹药的研究与设计 ·· 025
    1.6.1 弹药的研究与设计步骤 ··· 025
    1.6.2 弹药设计的常用方法 ··· 026
1.7 弹药的制造与验收 ·· 029
    1.7.1 弹药制造工艺特点 ·· 029
    1.7.2 技术条件和弹药靶场试验 ·· 031
习题 ··· 035

第2章 相关基础知识 ··· 036

2.1 内弹道与外弹道 ··· 036
    2.1.1 内弹道 ·· 036
    2.1.2 外弹道 ·· 038
2.2 火药与炸药 ·· 044
    2.2.1 火药 ··· 044
    2.2.2 炸药 ··· 050
2.3 药筒与发射装药 ··· 053
    2.3.1 药筒的特点与要求 ·· 054
    2.3.2 药筒的分类与结构 ·· 055
    2.3.3 发射时药筒的作用 ·· 062
    2.3.4 药筒部位尺寸的拟定 ··· 064
    2.3.5 发射装药 ··· 068
    2.3.6 可燃药筒 ··· 074
2.4 火炮 ·· 075
    2.4.1 火炮的分类 ·· 077
    2.4.2 火炮的结构组成 ··· 083
2.5 引信 ·· 085
    2.5.1 引信的分类 ·· 086
    2.5.2 引信的组成和作用 ·· 091
    2.5.3 引信的传爆序列 ··· 093
    2.5.4 引信的安全控制 ··· 095
    2.5.5 引信的起爆控制 ··· 096
    2.5.6 引信的发展 ·· 098
2.6 火工品 ·· 100
    2.6.1 火工品的发展 ·· 101
    2.6.2 火工品的分类 ·· 104
    2.6.3 火工品的结构和作用原理 ·· 105
习题 ··· 112

第3章 榴弹 ·· 113

3.1 概述 ·· 113
    3.1.1 榴弹的发展史 ·· 113

    3.1.2 榴弹的种类 … 114
    3.1.3 榴弹的基本结构及弹丸外形 … 115
  3.2 普通榴弹 … 117
    3.2.1 概述 … 117
    3.2.2 榴弹的作用 … 118
    3.2.3 榴弹的结构特点 … 127
  3.3 远射程榴弹 … 136
    3.3.1 概述 … 136
    3.3.2 底凹弹 … 137
    3.3.3 枣核弹 … 139
    3.3.4 火箭增程弹 … 140
    3.3.5 底排弹 … 142
    3.3.6 底排—火箭复合增程弹 … 147
  3.4 枪榴弹和榴弹发射器用弹药 … 150
    3.4.1 杀伤枪榴弹 … 151
    3.4.2 破甲枪榴弹 … 152
    3.4.3 照明枪榴弹 … 153
    3.4.4 火箭增程杀伤枪榴弹 … 154
    3.4.5 榴弹发射器用弹药 … 155
  3.5 榴弹的发展趋势 … 159
  习题 … 160

第4章 穿甲弹 … 161

  4.1 概述 … 161
    4.1.1 装甲目标特性分析 … 161
    4.1.2 装甲目标对反装甲弹药的要求 … 167
    4.1.3 穿甲弹的发展史 … 168
    4.1.4 对穿甲弹的性能要求和穿甲作用 … 170
  4.2 普通穿甲弹 … 175
    4.2.1 尖头穿甲弹 … 176
    4.2.2 钝头穿甲弹 … 177
    4.2.3 被帽穿甲弹 … 178
    4.2.4 半穿甲弹 … 179
  4.3 次口径超速普通穿甲弹 … 179
    4.3.1 结构特点 … 180
    4.3.2 弹芯 … 180
    4.3.3 弹体 … 181
  4.4 超速脱壳穿甲弹 … 181
    4.4.1 旋转稳定超速脱壳穿甲弹 … 182
    4.4.2 尾翼稳定超速脱壳穿甲弹 … 184

4.5 贫铀弹 ··· 192
4.5.1 贫铀基本知识 ··· 192
4.5.2 贫铀弹 ··· 193
4.5.3 贫铀对健康的危害 ··· 195
4.6 穿甲弹的发展趋势 ·· 197
4.6.1 提高穿甲威力 ··· 197
4.6.2 对付二代反应装甲 ··· 199
习题 ··· 200

第5章 破甲弹 ·· 201
5.1 破甲弹作用原理 ·· 202
5.1.1 聚能效应 ·· 202
5.1.2 金属射流的形成 ··· 204
5.1.3 破甲作用 ·· 205
5.2 影响破甲威力的因素 ·· 207
5.2.1 炸药装药 ·· 207
5.2.2 药型罩 ·· 208
5.2.3 炸高 ·· 211
5.2.4 引信 ·· 212
5.2.5 隔板 ·· 213
5.2.6 旋转运动 ·· 214
5.2.7 壳体 ·· 214
5.2.8 靶板 ·· 215
5.3 成型装药破甲弹的结构 ·· 215
5.3.1 气缸式尾翼破甲弹 ··· 215
5.3.2 长鼻式破甲弹 ··· 217
5.3.3 具有抗旋结构的旋转稳定破甲弹 ······································· 219
5.3.4 火箭增程破甲弹 ··· 221
5.3.5 串联式破甲弹 ··· 222
5.4 爆炸成型弹丸战斗部 ·· 226
5.4.1 EFP 成型模式 ··· 227
5.4.2 影响 EFP 形成性能的主要因素 ··· 229
5.4.3 EFP 计算机模拟 ··· 233
5.4.4 EFP 的应用和发展趋势 ··· 234
5.5 多爆炸成型弹丸战斗部 ·· 236
5.5.1 轴向组合式 MEFP 战斗部 ··· 237
5.5.2 轴向变形罩 MEFP 战斗部 ··· 238
5.5.3 周向组合式 MEFP 战斗部 ··· 240
5.5.4 网栅切割式 MEFP 战斗部 ··· 242
5.5.5 多用途组合式 MEFP 战斗部 ··· 245

  5.5.6　多层串联式 MEFP 战斗部 ……………………………………… 246
  5.5.7　刻槽半预制式 MEFP 战斗部 ……………………………………… 248
  5.5.8　周向线性式 MEFP 战斗部 ……………………………………… 249
  5.5.9　MEFP 的应用和发展趋势 ……………………………………… 251
 习题 ……………………………………………………………………………… 253

第 6 章　碎甲弹 …………………………………………………………………… 254

 6.1　概述 ………………………………………………………………………… 254
 6.2　碎甲作用原理 ……………………………………………………………… 254
  6.2.1　层裂效应 ……………………………………………………………… 254
  6.2.2　层裂效应的物理解释 ………………………………………………… 255
  6.2.3　层裂准则和层裂厚度 ………………………………………………… 256
  6.2.4　碎甲弹的作用 ………………………………………………………… 257
 6.3　碎甲弹的结构特点 ………………………………………………………… 258
  6.3.1　弹体 …………………………………………………………………… 258
  6.3.2　炸药 …………………………………………………………………… 258
  6.3.3　引信 …………………………………………………………………… 259
 6.4　影响碎甲威力的主要因素 ………………………………………………… 259
  6.4.1　着角 …………………………………………………………………… 259
  6.4.2　炸药性质和装药尺寸 ………………………………………………… 259
  6.4.3　靶板厚度及其力学性能 ……………………………………………… 259
  6.4.4　屏蔽物 ………………………………………………………………… 260
  6.4.5　炸药堆积面积和药柱高度 …………………………………………… 260
 6.5　碎甲弹的性能特点 ………………………………………………………… 261
  6.5.1　碎甲弹的优点 ………………………………………………………… 261
  6.5.2　碎甲弹的缺点 ………………………………………………………… 262
 6.6　典型碎甲弹 ………………………………………………………………… 262
  6.6.1　美国 M393 系列 105 mm 碎甲弹 …………………………………… 262
  6.6.2　英国 L31 式 120 mm 碎甲弹 ………………………………………… 263
  6.6.3　比利时 M625 式 90 mm 曳光碎甲弹 ………………………………… 263
 习题 ……………………………………………………………………………… 264

第 7 章　子母弹 …………………………………………………………………… 265

 7.1　概述 ………………………………………………………………………… 265
  7.1.1　子母弹的弹道特点 …………………………………………………… 266
  7.1.2　子母弹的开舱与抛射 ………………………………………………… 266
 7.2　子母弹的结构与作用 ……………………………………………………… 269
  7.2.1　子母弹的结构特点 …………………………………………………… 269
  7.2.2　子母弹的作用原理 …………………………………………………… 271
 7.3　杀伤子母弹 ………………………………………………………………… 272
  7.3.1　美国 M449 型 155 mm 杀伤子母弹 ………………………………… 272

7.3.2 美国 M413 型 105 mm 杀伤子母弹 ……… 273
7.3.3 美国 M404 型 203 mm 杀伤子母弹 ……… 275
7.4 反装甲杀伤子母弹 ……… 275
7.4.1 美国 M483 A1 式 155 mm 反装甲杀伤子母弹 ……… 275
7.4.2 法国 G1 式 155 mm 反装甲杀伤子母弹 ……… 277
7.4.3 德国 Rh49 式 155 mm 反装甲杀伤子母弹 ……… 278
7.5 反坦克布雷弹 ……… 279
7.5.1 美国 M718 式 155 mm 反坦克布雷弹 ……… 279
7.5.2 法国 H1 式 155 mm 反坦克布雷弹 ……… 280
习题 ……… 280

第 8 章 特种弹 ……… 282

8.1 概述 ……… 282
8.2 烟幕弹 ……… 282
8.2.1 烟幕弹的用途与要求 ……… 282
8.2.2 烟幕弹的种类 ……… 283
8.2.3 烟幕弹的结构特点 ……… 284
8.2.4 影响烟幕弹作用效果的因素 ……… 285
8.3 燃烧弹 ……… 286
8.3.1 燃烧弹的用途与要求 ……… 286
8.3.2 燃烧弹的结构特点 ……… 287
8.3.3 燃烧弹的使用和发展 ……… 289
8.4 照明弹 ……… 289
8.4.1 照明弹的用途与要求 ……… 289
8.4.2 有伞式照明弹 ……… 291
8.4.3 无伞式照明弹 ……… 294
8.4.4 照明弹使用注意事项 ……… 295
8.5 宣传弹 ……… 296
8.5.1 宣传弹的用途与要求 ……… 296
8.5.2 宣传弹的结构特点 ……… 296
8.5.3 宣传弹使用注意事项 ……… 298
习题 ……… 298

第 9 章 迫击炮弹 ……… 299

9.1 概述 ……… 299
9.2 迫击炮弹的组成与特点 ……… 300
9.2.1 迫击炮弹的组成 ……… 300
9.2.2 迫击炮弹的特点 ……… 302
9.3 迫击炮弹的结构与作用 ……… 303
9.3.1 迫击炮弹的结构尺寸 ……… 303
9.3.2 弹体 ……… 304

9.3.3 炸药 ··· 306
9.3.4 稳定装置 ··· 306
9.4 迫击炮弹发射装药的构成 ··· 307
9.4.1 基本装药 ··· 307
9.4.2 辅助装药 ··· 307
9.5 迫击炮弹的发展趋势 ··· 309
9.5.1 迫击炮弹的优缺点 ·· 309
9.5.2 迫击炮弹的发展趋势 ··· 310
习题 ··· 314

第10章 火箭弹 ··· 315
10.1 概述 ·· 315
10.1.1 火箭弹的定义和分类 ·· 315
10.1.2 火箭弹的基本组成 ··· 316
10.1.3 火箭弹的性能特点 ··· 320
10.1.4 火箭弹的工作原理 ··· 322
10.2 尾翼式火箭弹 ·· 323
10.2.1 180 mm 火箭弹 ·· 324
10.2.2 尾翼装置的结构形式 ·· 327
10.3 涡轮式火箭弹 ·· 329
10.4 反坦克火箭弹 ·· 331
10.4.1 70 式 62 mm 单兵反坦克火箭弹 ··· 332
10.4.2 89 式 80 mm 单兵反坦克火箭弹 ··· 333
10.4.3 法国"阿皮拉"反坦克火箭弹 ··· 335
10.5 航空火箭弹 ··· 338
10.5.1 57-1 型航空杀伤爆破火箭弹 ··· 339
10.5.2 90-1 型航空杀伤爆破火箭弹 ··· 339
10.5.3 俄罗斯 122 mm 航空火箭弹 ·· 340
10.6 火箭弹的散布问题 ··· 342
10.6.1 火箭弹的射击精度 ··· 342
10.6.2 火箭弹散布影响因素 ·· 342
10.6.3 提高火箭弹密集度的技术措施 ··· 343
10.7 火箭弹的发展趋势 ··· 344
10.7.1 远程化 ·· 344
10.7.2 精确化 ·· 344
10.7.3 多用途化 ··· 345
习题 ··· 345

第11章 灵巧弹药 ··· 346
11.1 末敏弹 ··· 346
11.1.1 概述 ··· 346

11.1.2 末敏弹结构 ··· 347
11.1.3 末敏弹作用原理 ·· 357
11.2 末制导炮弹 ··· 361
11.2.1 概述 ··· 361
11.2.2 末制导炮弹结构与组成 ··· 362
11.2.3 末制导炮弹作用原理 ·· 363
11.2.4 末制导炮弹的制导系统 ··· 366
11.2.5 典型末制导炮弹 ·· 368
11.3 弹道修正弹 ··· 374
11.3.1 概述 ··· 374
11.3.2 弹道修正弹结构与组成 ··· 374
11.3.3 弹道修正弹修正方法与作用原理 ·· 379
11.3.4 典型弹道修正弹 ·· 381
11.4 灵巧弹药的发展方向 ·· 383
习题 ··· 384

第12章 防空反导弹药 ·· 385

12.1 概述 ·· 385
12.1.1 防空反导的重要作用 ·· 385
12.1.2 空中目标特性分析 ··· 386
12.2 小口径高炮弹药 ··· 387
12.2.1 小口径高炮榴弹 ·· 387
12.2.2 近炸引信预制破片弹 ·· 388
12.2.3 AHEAD 编程弹 ·· 390
12.2.4 新型小口径高炮弹药 ·· 393
12.3 防空导弹战斗部 ··· 397
12.3.1 爆破式战斗部 ··· 398
12.3.2 破片式杀伤战斗部 ··· 399
12.3.3 多聚能装药战斗部 ··· 404
12.3.4 连续杆式战斗部 ·· 405
12.3.5 离散杆式战斗部 ·· 408
12.3.6 定向杀伤战斗部 ·· 409
12.3.7 子母式战斗部 ··· 412
12.4 弹炮一体防空系统 ·· 417
12.4.1 美国 LAV-AD 轻型弹炮一体自行防空系统 ······································ 417
12.4.2 俄罗斯"通古斯卡"-M1 弹炮一体防空系统 ······································ 420
12.5 防空反导弹药发展趋势 ·· 423
习题 ··· 423

第13章 燃料空气弹药 ·· 425

13.1 概述 ·· 425

	13.1.1 燃料空气弹药的发展	425
	13.1.2 燃料空气弹药的爆炸破坏作用形式	426
	13.1.3 燃料空气弹药的威力特点	427
	13.1.4 燃料空气弹药的使用特点	427
	13.1.5 燃料空气弹药的主要攻击目标	427
13.2	云爆弹	428
	13.2.1 云爆弹的结构和作用	428
	13.2.2 云爆弹的特点	431
	13.2.3 几种典型的云爆弹	431
13.3	温压弹	434
	13.3.1 温压弹的结构与作用	434
	13.3.2 几种典型的温压弹	436
习题		440

第14章 软杀伤弹药 441

14.1	概述	441
14.2	针对有生力量的软杀伤弹药	441
	14.2.1 强噪声弹	442
	14.2.2 催泪弹	443
	14.2.3 闪光弹	444
	14.2.4 致痛弹	444
	14.2.5 麻醉弹	444
	14.2.6 次声弹	444
	14.2.7 超臭弹	445
14.3	针对装备的软杀伤弹药	445
	14.3.1 红外诱饵弹	446
	14.3.2 箔条干扰弹	449
	14.3.3 通信干扰弹	450
	14.3.4 雷达干扰弹	453
	14.3.5 GPS 干扰弹	454
	14.3.6 碳纤维弹	455
	14.3.7 泡沫体胶黏剂弹	459
14.4	针对人员和装备的软杀伤弹药	459
	14.4.1 电磁炸弹	459
	14.4.2 激光弹药	462
习题		463

第15章 航空炸弹 465

15.1	概述	465
	15.1.1 航空炸弹在现代战争中的地位和作用	465
	15.1.2 国外航空炸弹发展特点	466

15.1.3 航空炸弹的战术技术要求 ·· 467
15.1.4 航空炸弹的分类 ·· 468
15.2 普通航空炸弹 ·· 473
15.2.1 概述 ·· 473
15.2.2 航空爆破炸弹 ·· 477
15.2.3 航空杀伤炸弹 ·· 483
15.2.4 航空反跑道炸弹 ·· 484
15.3 制导航空炸弹 ·· 485
15.3.1 激光制导航空炸弹 ·· 487
15.3.2 电视制导航空炸弹 ·· 487
15.3.3 红外制导航空炸弹 ·· 488
15.3.4 红外成像制导航空炸弹 ·· 489
15.3.5 毫米波制导航空炸弹 ··· 490
15.3.6 联合直接攻击弹药 ·· 491
15.3.7 联合防区外攻击武器 ··· 492
15.3.8 风修正弹药 ·· 493
习题 ··· 494

第16章 地雷 ·· 495

16.1 概述 ··· 495
16.1.1 地雷的发展史 ·· 495
16.1.2 地雷的结构组成 ·· 496
16.1.3 地雷的分类 ·· 497
16.2 防步兵地雷 ·· 501
16.2.1 爆破型防步兵地雷 ·· 502
16.2.2 破片型防步兵地雷 ·· 504
16.3 防坦克地雷 ·· 510
16.3.1 防坦克履带地雷 ·· 510
16.3.2 防坦克车底地雷 ·· 512
16.3.3 防坦克侧甲地雷 ·· 513
16.3.4 防坦克顶甲地雷 ·· 513
16.4 防直升机地雷 ·· 514
16.5 特种地雷 ·· 515
16.5.1 信号地雷 ·· 515
16.5.2 照明地雷 ·· 516
16.5.3 化学地雷 ·· 516
16.5.4 燃烧地雷 ·· 517
16.6 智能地雷 ·· 517
16.6.1 智能地雷分类 ·· 518
16.6.2 智能地雷结构与组成 ··· 521

16.6.3 智能地雷作用原理及使用特性 524
16.7 布雷技术 525
16.7.1 人工布雷 526
16.7.2 单兵布雷器布雷 526
16.7.3 地面车辆布雷 527
16.7.4 火炮火箭布雷 528
16.7.5 飞机（直升机）布雷 529
16.8 扫雷技术 530
16.8.1 人工扫雷 530
16.8.2 机械扫雷 530
16.8.3 爆破扫雷 531
16.8.4 磁信号模拟扫雷 533
16.8.5 综合扫雷 533
16.9 地雷的发展趋势 534
16.9.1 地雷控制智能化 534
16.9.2 地雷效应综合化 534
16.9.3 地雷布撒机动化 535
16.9.4 智能雷场网络化 536
习题 537

第17章 活性材料结构弹药 538

17.1 概述 538
17.1.1 活性材料 538
17.1.2 活性材料的释能特性 540
17.1.3 活性材料结构弹药的工程化 541
17.2 活性材料结构弹药种类 542
17.2.1 活性材料破片杀伤弹药 542
17.2.2 活性材料穿甲燃烧弹药 546
17.2.3 活性材料破甲弹药 547
17.3 钨锆合金破片对屏蔽燃油的穿燃效应 550
17.3.1 钨锆合金破片穿燃过程 550
17.3.2 钨锆合金破片穿甲试验 551
17.3.3 钨锆合金破片穿甲破碎行为 553
17.3.4 钨锆合金破片对钢板屏蔽燃油的穿燃试验 554
17.3.5 钨锆合金破片引燃能力的表征方法 559
习题 561

第18章 硬目标侵彻弹药 562

18.1 硬目标侵彻弹药打击目标种类及特性 562
18.1.1 地下坚固目标 562
18.1.2 半地下坚固目标 563

18.1.3　地上坚固目标 …… 564
18.1.4　坚固目标特性分析 …… 565
18.2　硬目标侵彻弹药毁伤作用机理 …… 566
18.2.1　整体式动能侵彻战斗部 …… 567
18.2.2　串联式复合侵彻战斗部 …… 569
18.2.3　新原理侵彻战斗部 …… 574
18.3　硬目标侵彻弹药发展现状及途径 …… 575
18.3.1　硬目标侵彻弹药发展现状 …… 575
18.3.2　硬目标侵彻弹药发展途径 …… 576
习题 …… 580
附录　常用词汇表 …… 581
参考文献 …… 591

第1章
绪　论

1.1　弹药及其发展

1.1.1　弹药的定义

武器是直接用于杀伤敌方有生力量和破坏敌方作战设施的器械、装置。制造和使用武器的目的就是最大限度地削弱敌人的战斗力,以致最后消灭敌人。在现代战争中,达到这一目的的主要手段就是弹药。弹药是武器系统的核心,是借助武器(或其他运载工具)发射或投掷到目标区域,完成既定战斗任务的终极手段。那么,什么是弹药呢?

"弹药"一词最早来自法语"munition de guerre",意思是战争之需。现代弹药既可军用,也可民用。本书主要介绍军事上的弹药。

弹药,一般指有壳体,装有火药、炸药或其他装填物,能对目标起毁伤作用或完成其他任务的军械物品,包括枪弹、炮弹、手榴弹、枪榴弹、航空炸弹、火箭弹、导弹、鱼雷、深水炸弹、水雷、地雷、爆破器材等。用于非军事目的的礼炮弹、警用弹以及采掘、狩猎、射击运动用弹,也属于弹药的范畴。

1.1.2　弹药的发展

(1) 弹药的发展历史

兵器的发展经历了冷兵器时代和热兵器时代。在冷兵器的发展过程中,古时用于防身或进攻的投石、弹子、箭等可以算是射弹的最早形式。它们利用人力、畜力、机械动力投射,利用本身的动能击打目标。黑火药的发明可被认为是热兵器时代的开始,也就是一般意义上弹药发展的开始。

黑火药是我国在9世纪初发明的,10世纪开始用于军事,作为武器中的传火药、发射药及燃烧、爆炸装药,在弹药的发展史上起着划时代的作用。黑火药最初以药包形式置于箭头被射出,或从抛石机抛出。13世纪,中国创造了可以发射"子窠"的竹制"突火枪",它被认为是管式发射武器的鼻祖。"子窠"可以说是最原始的子弹。随后有了铜或铁制的管式火器,用黑火药作为发射药。黑火药和火器技术于13世纪经阿拉伯被传至欧洲。早期的火器是滑膛的,发射的弹丸主要是石块、铁块、箭,以后普遍采用了石质或铸铁的实心球形弹,从膛口装填,依靠发射时获得的动能毁伤目标。16世纪初出现了口袋式铜丸和铁丸的群子弹,对集群的人员、马匹的杀伤能力大大提高。16世纪中叶出现了一种爆炸弹,由内装黑火药的空心铸铁球和一个带黑火药的信管构成。17世纪出现了铁壳群子弹。17世纪中叶发现并制得雷汞。

19世纪末至20世纪初先后发明了无烟火药和硝化棉、苦味酸、梯恩梯等猛炸药并应用于军事,它们是弹药发展史上的一个里程碑。无烟火药使火炮的射程几乎增加1倍。猛炸药替代黑火药,使弹丸的爆炸威力大大提高。第一次世界大战期间,深水炸弹开始被用于反潜作战,化学弹药也开始被用于战场。随着飞机、坦克投入战斗,航空弹药和反坦克弹药得到发展。第二次世界大战期间,各种火炮的弹药迅速发展,出现了反坦克威力更强的次口径高速穿甲弹和基于聚能效应的破甲弹。航弹品种增加,除了爆破杀伤弹外,还有反坦克炸弹、燃烧弹、照明弹等。反步兵地雷、反坦克地雷以及鱼雷、水雷的性能得到提高,分别在陆战、海战中被大量使用。第二次世界大战后期,制导弹药开始被用于战争。除了德国的V-1飞航式导弹和V-2弹道式导弹以外,德国、英国和美国还研制并使用了声自导鱼雷、无线电制导炸弹。但是,当时的制导系统比较简单,命中精度也较低。

第二次世界大战结束后,电子技术、光电子技术、火箭技术和新材料等高新技术的发展,成为弹药发展的强大推动力。制导弹药,特别是20世纪70年代以来各种精确制导弹药的迅速发展和在局部战争中的成功应用,是这个时期弹药发展的一个显著特点。精确制导弹药除了有命中精度很高的各种导弹外,还有制导炸弹、制导炮弹、制导子弹药和有制导的地雷、鱼雷、水雷等。与此同时,弹药射程和威力性能也获得了长足进步。火炮弹药广泛采用增程技术,出现了火箭增程弹、冲压发动机增程弹、底凹弹和底部排气弹等增程炮弹。液体发射药、模块化(刚性组合)装药的研制取得重要进展,已经接近实用水平。随着坦克装甲防护能力的不断提高,研制成功了侵彻能力更强的长杆式次口径尾翼稳定脱壳穿甲弹,以及能对付反应装甲的串联式聚能装药破甲弹。除了传统的钨合金弹芯穿甲弹外,还新发展了贯穿能力更强的贫铀弹芯穿甲弹。为了满足轰炸不同类型目标的需要,发展了集束炸弹、反跑道炸弹、燃料空气炸弹、石墨炸弹、钻地弹等新型航弹。为了适应高速飞机外挂和低空投弹的需要,在炸弹外形和投弹方式上都做了改进,出现了低阻炸弹和减速炸弹。火箭弹品种大量增多,除了地面炮兵火箭弹以外,还发展了航空火箭弹、舰载火箭弹、单兵反坦克火箭弹以及火箭布雷弹、火箭扫雷弹等。

(2) 弹药的发展趋势

现代战争是陆、海、空、天、电一体化,以信息战和纵深精确打击能力为核心的高技术战争。从海湾战争、科索沃战争、阿富汗战争、伊拉克战争等局部战争中可以看出,现代战争的主要特点是作战范围大,时间和空间转换快,作战样式多,具体表现为:

① 信息制胜。信息技术是现代战争取得胜利的关键,左右着战争的发展进程。战场信息化、数字化成为现代战争的主要特征之一。

② 距离优势。现代战争的作战距离越来越大,已经没有传统战场前、后方的概念。拥有防区外远程压制武器,将提高己方部队的作战灵活性,能够做到保护自己、消灭敌人,从而赢得战争的主动权。

③ 技术对抗。战场成为交战国家高新技术武器弹药的试验场。现代战争中各种新概念高新技术武器不断出现,性能不断提高。谁拥有高新技术武器,谁就掌握了战争的主动权。

④ 目标变化。现代战争的作战理论和作战方式发生了根本性的变化,所打击的目标也随之发生了改变。在战场上除了坦克、装甲车辆、掩体等传统目标外,还出现了各类巡航导

弹、武装直升机、新型钢筋混凝土防护设施，各类主动、被动防护坦克，C4 ISR 系统，以及洞穴等具有新型易损特性的目标。

(3) 弹药应具有的能力

由上述特点可以知道，为了适应现代战争的需要，作为最终完成对各类目标毁伤功能的弹药必须具有下述能力：

① 精确打击能力。在现代战争中，为减少不必要的附加损伤，要求弹箭必须具有精确的点目标打击能力，故弹药的制导化、可控化成为弹箭技术的必然发展方向。随着科学技术的发展，弹箭技术发生了质的变化，正朝着灵巧化、智能化的方向发展，出现了末敏弹、弹道修正弹、智能雷等新型弹药。末敏弹是一种由火炮发射，集先进的敏感器技术和爆炸成型弹丸技术于一体，用于对付坦克、自行火炮和步兵战车等装甲目标的新型灵巧弹药，如美国的萨达姆（SADARM）末敏弹、德国的灵巧（SMART）末敏弹等。它实现了"发射后不用管"的目标，是弹药技术领域的一次飞跃。

弹道修正弹是一种有别于制导弹药的简易控制弹，依靠弹上的接收装置获得弹道信息，通过处理后由修正装置有限次修正弹药的弹道，从而达到提高射击精度的目的。如美国的 XM982 式 155 mm 复合增程弹道修正弹，集弹道修正技术和火箭底排复合增程技术于一体，在 40 km 处的圆概率误差可小于 20 m。

② 远程压制能力。战争实践表明，拥有远程压制能力的一方可使己方在敌方火力圈之外打击敌方目标，掌握战争主动。因此，提高弹箭射程始终是弹箭发展的目标之一，也是弹箭技术发展的一个主要方向。火箭推进、底部排气、滑翔增程以及复合增程技术是提高弹箭射程的基本手段。

美国、法国、俄罗斯、南非等国都研制了火箭增程弹、底排增程弹以及底排与火箭复合增程弹，可以在敌方火炮系统射程之外较好地压制敌方火力，获得战争的主动权。如南非 VLAP 增速远程炮弹，采用火箭和底排复合增程技术，由 155 mm/52 倍口径火炮发射时，射程可达 52.5 km。

③ 高效毁伤能力。现代战争要求弹箭能够有效对付地面设施、装甲车辆等目标，也要求能够有效对付武装直升机、巡航导弹以及各类高价值空中目标。同时，由于弹箭是在战争中大量消耗的装备，作战效能高的弹药可以大大降低作战成本。因此，现代战争要求弹箭具有对各类目标的多功能高效毁伤能力，可以根据不同的目标进行不同类型的毁伤，以适应现代战争的特点。

提高弹药的高效毁伤能力，除提高装药性能外，研制新型多功能子母弹药已成为弹药技术领域重点发展的关键技术之一。在子母弹的发展中，某些国家强调在子弹药威力性能足够的前提下，通过数量的增加来提高子母弹的面毁伤能力；而某些国家则在面毁伤前提下更注重单枚子弹药的威力。如美国 M864 子母弹携带 108 枚 XM80 子弹药，其 XM80 子弹药破甲威力约达 52 mm；而德国 DM652 子母弹仅携带 49 枚子弹药，但其子弹药破甲威力达 100 mm，远高于 XM80 子弹药。目前子母弹技术将与精确制导技术、增程技术等结合起来，共同实现对目标的高效毁伤。

④ 信息钳制能力。在现代战争中，要想实现对战场态势的快速响应，就要求弹箭必须具有快速获取战场信息并迅速反馈的能力，同时还必须具有对敌方获取信息能力的阻断和反制能力。因此，研制具有战场态势获取控制能力的弹箭，也是目前弹箭技术的一个新的发展

方向。

目前,世界各国已经开始研制具有战场信息感知获取能力,甚至兼具攻击能力的信息化弹药。如美国的155 mm XM185电视侦察炮弹,利用弹丸向前飞行和旋转,使弹载传感器的视场做动态变化,对飞越的区域进行扫描,实施侦察并发现目标。此外,战场评估炮弹也是一种新型的评估目标毁伤情况的信息化炮弹。当它被发射到目标区域上空时,炮弹内部装载的微型电视摄像机可将目标被毁情况通过传输系统发送回指挥所,以便对目标毁伤情况进行评估。如美国155 mm 目标识别与毁伤评估炮弹作用距离达60 km,悬空时间达5 min以上。

综上所述,随着科学技术的发展,弹药技术将向着远程化、精确化、制导化、高效能、多用途、深侵彻及可调效应化方向发展。其具体的发展方向归结为:采用高能发射药,改善弹药外形,或探索简易增程途径,增大弹药射程;在航空弹药和炮弹上加装简易的末段制导或末段敏感装置,提高弹药对点目标的命中精度;发展智能引信,实现最佳引信与战斗部配合,提高战斗部对目标的作用效率;采用高破片率钢材制作弹体或装填重金属、可燃金属的预制、半预制破片,提高战斗部的杀伤威力;发展集束式、子母式和多弹头战斗部,提高弹药打击集群目标和多个目标的能力;研制复合作用战斗部,增加单发弹药的多用途功能;发展可根据目标类型调节爆轰能量大小的毁伤效应可调战斗部,提高对目标毁伤的有效性;发展各类特种弹药,执行军事侦察、战场监视(听)及通信干扰等任务,适应未来全方位作战需要。此外,在弹药部件结构上,还应实现通用化、标准化、组合化,以简化生产及勤务管理。

1.2 目标类型及其特性

1.2.1 目标的分类

一种弹药的选择和设计,总是应该首先考虑武器的战术用途和它所要对付的目标。对不同的目标,应当采用不同的方法去对付。这里既包含弹种的选择问题,也包含毁伤机理的选择问题。因而,本节首先从目标谈起。

从不同的观点出发,对目标分类可以有不同的方法。按照目标所在位置,可以把目标分为空中目标、地(水)面目标和地(水)下目标;按照目标的范围,可以把目标分为点目标和面目标,进而按照目标的防御能力再把它们分为"软"目标和"硬"目标;按照目标运动情况,可以把目标分为固定目标和运动目标。

点目标,通常是指一个目标单元占据一个位置的目标。这类目标是根据以下假设确定的:用目标的大小同武器与目标之间的距离相比,或者与战斗部的有效毁伤半径相比,目标显得比较小。敌方的一辆坦克,是点目标的一个例子,而一座桥梁也可能是一个点目标。

面目标,是指那些要求杀伤和破坏效果遍及某一区域的目标。这种目标是二维的。或者说,面目标是分布在一个区域内的一批不同类型的目标单元,如部队集结区、防御工事地带、工业区和各种基地等。

尚需指出,点目标和面目标的概念是相对的。它们的区别取决于在给定区域内目标单元的数目和它们的配置。同一目标,对某一个武器系统而言可以将其划分为点目标,而对另一个武器系统来说则可将其定为面目标。

至于目标的"软""硬"之分,主要是从目标的防护能力来区别的。诸如人员、卡车、吉普车、建筑物、布雷区和飞机等,由于其防护能力较弱,故被称为软目标;而坦克、装甲车、舰船、潜艇、水坝和飞机跑道等,由于其防护能力较强,故被称为硬目标。

1.2.2 目标的特性

一般来说,未来战场上弹药对付的主要目标包括空中目标、地面目标和海上目标三大类。

(1) 空中目标特性

现代战争中,主要对付的空中目标包括固定翼军用飞机、旋转翼军用飞机和精确制导弹药等。其基本特征为:

① 空间特征:空中目标是点目标,其入侵高度和作战高度从几米到几十千米不等,作战空域大。

② 运动特征:空中目标的运动速度高,机动性好。

③ 易损性特征:空中目标一般没有特殊的装甲防护。某些军用飞机驾驶舱的装甲防护约为 12 mm。武装直升机在驾驶舱、发动机、油箱、仪器舱等要害部位有一定的装甲防护。

④ 空中目标区域环境特征:采用低空或超低空飞行,即掠海、掠地飞行,利用雷达的盲区或海杂波、地杂波的影响,降低敌方对目标的发现概率。

⑤ 空中目标对抗特征:为了提高空中武器系统的生存能力,需要采取一些对抗措施,如电子对抗、红外对抗、隐身对抗、烟火欺骗、金属箔条欺骗等。

(2) 地面目标特性

地面目标主要包括地面机动目标和地面固定目标。地面机动目标包括坦克、自行火炮、轻型装甲车辆及有生力量等,属于点目标或群目标。地面固定目标大多是建筑物、永备工事、掩蔽部、野战工事、机场、桥梁、港口等。其基本特征为:

① 位置特征:地面固定目标不像空中目标、海上目标或地面机动目标那样具有一定的运动速度和机动性。地面固定目标有确定的空间位置。

② 集群特征:地面固定目标一般为集结的地面目标。

③ 防护特征:纵深战略目标都有防空部队和地面部队防护。

④ 易损性特征:为军事目的修建的建筑和设施,都有较好的防护,采用钢筋混凝土或钢板制成,并有覆盖层,抗弹能力强。

⑤ 隐蔽性特征:地面固定目标一般采用消极防护,例如隐蔽、伪装等措施。

(3) 海上目标特性

海上目标主要指的是海面上的各种作战舰艇、运输补给舰以及水下潜艇等。其基本特征为:

① 空间特征:海上目标属于点目标。舰艇再大,相对于海洋和舰载武器的射程而言也很小,加之在海洋航行期间需保持一定距离,故属于点目标。

② 防护特征:舰艇具有较强的防护能力,包括间接防护和直接防护两种能力。直接防护系指被来袭反舰武器命中后如何不受损失和少受损失,而间接防护系指如何防止被来袭的反舰武器命中。

③ 火力特征:海上目标具有较强的火力装备。在各种舰艇上装备有导弹、火炮、鱼雷、作战飞机等现代化的武器进行全方位的进攻和自卫。

④ 运动特征：海上目标具有很强的机动性能，如目前大量应用的轻装甲、高速度、导弹化的护卫舰、驱逐舰等。

⑤ 易损性特征：海上目标具有较大的易损要害部位，如舰载燃油、弹药、电子设备、武器系统等。

1.3 弹药的组成及其分类

1.3.1 弹药的组成

弹药的结构应能满足发射性能、运动性能、终点效应、安全性和可靠性等诸方面的综合要求，通常由战斗部、投射部和稳定部等部分组成。制导弹药还有制导部分，用以导引或控制弹药进入目标区，或自动跟踪运动目标，直至最终击中目标。

（1）战斗部

战斗部是弹药毁伤目标或完成既定终点效应的部分。某些弹药仅由战斗部单独构成，如地雷、水雷、航空炸弹、手榴弹等。典型的战斗部由壳体（弹体）、装填物和引信组成。壳体用来容纳装填物并连接引信，在某些弹药中又是形成破片的基体。装填物是毁伤目标的能源物质或战剂。常用的装填物有炸药、烟火药、预制或控制成型的杀伤穿甲元件等，还有生物战剂、化学战剂和核装药，通过装填物的自身反应或其特性，产生力学、热、声、光、化学、生物、电磁、核等效应来毁伤目标。引信是为了使战斗部产生最佳终点效应，而适时引爆、引燃或抛撒装填物的控制装置。常用的引信有触发引信、近炸引信、定时引信等。有的弹药配有多种引信或多种功能的引信系统。

根据对目标作用和战术技术要求的不同，战斗部可分为几种不同的类型，其结构和作用机理呈现各自的特点。爆破战斗部，壳体相对较薄，内装大量高能炸药，主要利用爆炸的直接作用或爆炸冲击波毁伤各类地面、水中和空中目标；杀伤战斗部，壳体厚度适中（有时壳体刻有槽纹），内装炸药及其他杀伤元件，通过爆炸后形成的高速破片来杀伤有生力量，毁伤车辆、飞机或其他轻型技术装备；动能穿甲战斗部，弹体为实心或装少量炸药，强度高，断面密度大，以动能击穿各类装甲目标；破甲战斗部，为聚能装药结构，利用聚能效应产生高速金属射流或爆炸成型弹丸，用以毁伤各类装甲目标；特种战斗部，壳体较薄，内装发烟剂、照明剂、宣传品等，以达到特定的目的；子母战斗部，母弹体内装有抛射系统和子弹等，到达目标区后抛出子弹，毁伤较大面积上的目标。

（2）投射部

投射部是提供投射动力的装置，使战斗部具有一定速度射向预定目标。射击式弹药的投射部由发射药、药筒或药包、辅助元件等组成，并由底火、点火药、基本发射药组成传火序列，保证发火的瞬时、一致及可靠。弹药发射后，投射部的残留部分从武器中退出，不随弹丸飞行。火箭弹、鱼雷、导弹等自推式弹药的投射部，由装有推进剂的发动机形成独立的推进系统，发射后伴随战斗部飞行。

（3）稳定部

稳定部是保证战斗部稳定飞行，以正确姿态击中目标的部分。典型的稳定部结构有使战斗部高速旋转的弹带（导带）或涡轮装置，有使战斗部空气阻力中心移于质心之后的尾翼装置以及两种装置的组合形式。

（4）导引部

导引部是弹药系统中导引和控制弹丸正确飞行运动的部分。对于无控弹药，简称导引部；对于控制弹药，简称制导部。它可能是一个完整的制导系统，也可能与弹外制导设备联合组成制导系统。

① 导引部。使弹丸尽可能沿着事先确定好的理想弹道飞向目标，实现对弹丸的正确导引。火炮弹丸的上下定心突起或定心舵形式的定心部即其导引部，而无控火箭弹的导向块或定位器为其导引部。

② 制导部。导弹的制导部通常由测量装置、计算装置和执行装置三个主要部分组成。根据导弹类型的不同，相应的制导方式也不同，主要有自主式制导、寻的制导、遥控制导和复合制导等制导方式。

1.3.2 火炮弹药的组成

火炮弹药也即炮弹，是供口径 20 mm 以上的各种火炮发射，用以毁伤目标或产生某种效应（信号、照明、烟幕）的弹药的总称，它依靠炮膛内火药燃气压力推动弹丸而获得初速。炮弹是火炮系统完成战斗任务的核心部分。它的发展和改进直接提高火炮系统的威力、射程和精度，并有效地增加火炮系统的作战功能。炮弹广泛配用于地炮、高炮、航炮、舰炮、坦克炮等武器，毁伤各种目标，完成各种战斗任务。

炮弹由弹丸和发射装药两部分组成，如图 1-1 所示。

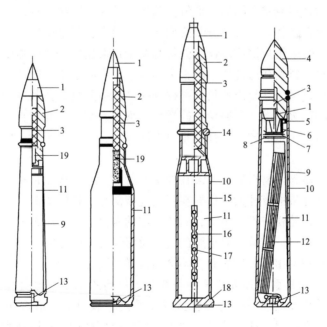

1—引信；2—弹体；3—炸药；4—弹头；5—紧塞盖；6—纸筒；7—纸垫；8—除铜剂；
9—护膛剂；10—药筒；11—粒状发射药；12—管状发射药；13—底火；14—弹带；
15—衬纸；16—传火管；17—传火药；18—底座；19—曳光管。

图 1-1 炮弹的组成

（1）弹丸

弹丸通常由引信、弹体（壳体）和装填物等组成，用以杀伤有生力量，摧毁目标，或完成其他战斗任务。

① 引信。引信是利用目标信息和环境信息，在预定条件下引爆或引燃弹药战斗部装药的控制装置（系统），根据不同炮弹种类和对付目标的需要选择不同的引信。

② 弹体。弹体是容纳弹丸装填物并连接炮弹各零部件的壳体，分为弹头部、圆柱部、弹尾部等。圆柱部的两端有定心部、弹带（导带）与闭气环。

弹头部是弹顶以下的弧形、台锥或两者结合的弹丸部分，为不同形状母线的回转体。其母线形状有直线、圆弧、抛物线或这些曲线的组合型等。在超声速下，弹头部受到波动阻力作用，需适当增加弹头部长度，并使其尖锐，这样可减小波动阻力。

圆柱部是与弹头部相连接的圆柱形弹丸部分，通常为上定心部至弹带之间的部分。它的尺寸能影响膛内导引性能和弹丸的威力。

弹尾部是圆柱部以下的弹丸部分，通常由尾柱部和尾锥部结合而成，也被称为船尾部。弹尾部的形状影响弹丸的底阻。为了与药筒牢固结合，一般定装式炮弹圆柱部上有车制的沟槽，以便弹丸与药筒牢固结合。

定心部分为上定心部和下定心部。它的作用是使弹丸在膛内正确定心。两个定心部表面可以承受膛壁的反作用力。定心部与炮膛间有一很小间隙，以保证弹丸顺利装填和运动。下定心部一般都在弹带之前，以保证弹丸装填时的弹带处于正确位置，并承受部分膛壁径向压力。

弹带是弹体上的金属或非金属的环形带。其作用是在发射弹丸时，嵌入膛线，赋予弹丸一定转速，并密闭火药燃气。在装填分装式炮弹时，弹带还起定位作用。弹带材料应具有良好的强度和塑性，一般采用紫铜或镍铜。弹带的宽度是根据发射时的强度要求而确定的。过宽的弹带会产生飞边，影响弹道性能，故常采用两条较窄的弹带，或开环形沟槽。弹带的直径应大于火炮阴线的直径，其超出的尺寸被称为弹带的强制量。强制量的大小应考虑到保证弹丸在膛内运动时密闭火药燃气，避免火药燃气对炮膛的烧蚀，并防止弹带对弹体产生相对旋转，使弹丸出炮口有一定的转速。强制量也不能过大，否则会影响火炮的寿命和弹带处弹体的强度。

闭气环由尼龙或塑料等材料制成，装在弹带的后面。它的作用是补充弹带闭气作用的不足。闭气环的直径比弹带的直径大，这样在膛线起始部有磨损的情况下，仍能保证弹丸装填入膛的初始位置不变，使初速不会下降，延长火炮的寿命。某些尾翼弹也装有闭气环。它的作用是密闭高压火药燃气，以减小对炮膛的烧蚀及漏气带来的影响。闭气环应具有弹性，通常卡入弹体槽内，在弹丸出炮口后破碎，不会增大弹丸飞行阻力。

③ 装填物。大部分炮弹的弹丸装填物是炸药。炸药的威力、猛度和装药结构应适合弹丸性能的要求。如杀伤爆破弹一般选梯恩梯或B炸药；破甲弹一般选用以黑索今为主体的混合炸药、钝化黑索今或奥克托今炸药，并采用聚能装药结构；穿甲弹和小口径高射炮弹一般选用钝黑铝炸药（钝化黑索今加铝粉）；碎甲弹选用以黑索今为主体的塑性炸药；迫击炮弹选用硝铵炸药或梯恩梯炸药等。根据炸药的性质和弹壳的结构，炸药的装填方法可分为螺旋压装、注装、压装和热塑态装等。核、化学、生物炮弹的弹丸装填物则分别为核装药、化学毒剂和生物战剂。

④ 其他零部件。除以上弹丸的基本组成部件，有些弹丸还有一些其他零部件和特殊结构。

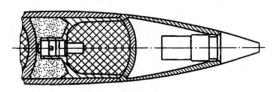

图 1-2　前抛反装甲子母弹头螺

头螺：当弹丸需要从弹头部抛出装填物（如霰弹、子弹、燃烧弹）或从弹头部装药时，常需使用头螺，如前抛反装甲子母弹头螺（图1-2）、燃烧弹头螺（图1-3）和破甲弹头螺（图1-4）。头螺与弹体间的连接必须保证同轴性、密封性和结合强度。

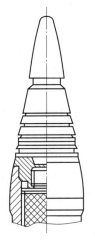

图 1-3　燃烧弹头螺

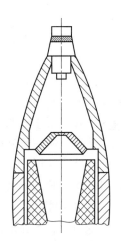

图 1-4　破甲弹头螺

底螺：螺接的底缘。当弹丸需要从底部抛出装填物（如照明弹、宣传弹、燃烧弹和子母弹）或弹丸必须保持坚固完整的实心头部、需要从底部装填炸药（如穿甲弹、混凝土破坏弹）时，常需使用底螺。底螺与弹体必须结合牢固，密封可靠。为了可靠紧塞火药燃气，须在螺纹间隙中填满密封胶或油灰，并使用各种塑性金属（铜、铅）制成垫圈装在弹底和底螺之间。底螺可分为固定式底螺和可抛式底螺两种。固定式底螺在穿甲弹、混凝土破坏弹、碎甲弹和底螺榴弹中使用。底螺用螺纹连接在弹丸上，发射与作用时都与弹体牢固连接在一起。固定式底螺分为内凸缘式、外凸缘式和无凸缘式三种结构形式，如图1-5所示。一些小口径穿甲弹，无底螺，而以引信直接旋入弹体上。可抛式底螺在照明弹、宣传弹、燃烧弹、子母弹等弹丸中使用。由于在弹丸作用时要在弹道上将底螺抛出，所以这种底螺与弹体的连接常采用剪切螺（螺纹圈数较少）和剪切销等连接方法。

底凹：弹丸底部的空腔。采用底凹结构可使整个弹丸具有良好的空气动力外形，并提高弹丸的飞行稳定性，增加射程。底凹结构有两种形式。一种是整体式，它与弹体为一整体，结构简单，强度好，与弹体同轴，但工艺性较差。另一种是非整体式，底凹件与弹体尾部用螺纹连接，构成弹丸的船尾部，采用铝合金材料，使弹丸质心前移，提高弹丸的飞行稳定性，拆卸方便，必要时可改成底部排气弹。

排气装置：提高弹底压力、减小弹丸底阻、增加射程的装置，一般由壳体、排气药柱、点火器组成。壳体构成弹丸的船尾部，其底部有排气孔，中间部分为燃烧室。排气药柱装在燃烧室内，一般用复合火药做成多块扇形体，以增大起始燃烧面积，并用阻燃材料包覆药柱

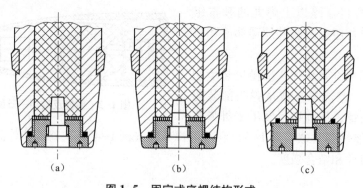

图 1-5　固定式底螺结构形式

(a) 内凸缘式；(b) 外凸缘式；(c) 无凸缘式

两端及外表面，使药柱呈减面燃烧。弹丸出炮口时，由于弹底压力迅速下降，排气药柱很容易熄灭，点火器的火焰则可继续点燃排气药柱，以保证正常燃烧。

风帽：装在弹丸前端用来改善弹形、减小空气阻力的零件。旋转稳定的弹丸采用风帽能提高其飞行稳定性。风帽用酸洗钢板或轻金属等制成，用滚压或螺纹与弹体连接。通常在次口径脱壳穿甲弹、钝头穿甲弹等弹种上使用。

弹托：次口径弹在膛内承受火药燃气压力，支撑、带动、导引弹体在膛内正确运动的部件。弹托的质量应尽可能轻，以减少消极质量，并有足够的强度，在膛内保证支撑和正确导引弹丸运动。出炮口后，弹托应能与弹丸迅速分离，并对弹体不产生干扰。弹托常用在脱壳穿甲弹、次口径远程弹等弹种上。

爆管：内装炸药的管状部件，插入某些弹丸装填物（毒剂、黄磷等）中间，并借助爆管内炸药的爆炸能量，将弹体炸开，使其内装填物迅速弥散开来。爆管一般有整体式爆管、结合式爆管与药室等长式爆管三种结构形式，如图 1-6 所示。爆管主要用于化学弹和烟幕弹。爆管平时能密封装填物。为了防止爆管在弹丸发射时因离心力作用而产生振动和歪斜，要求爆管质量尽量轻，长度尽量短。如果需要长爆管，则要将其做成与弹丸内腔等长，并将其下端固定在弹底中心。

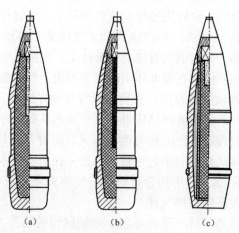

图 1-6　带爆管的弹丸

(a) 整体式爆管；(b) 结合式爆管　(c) 药室等长式爆管

尾翼稳定装置：保证弹丸飞行稳定的装置，分固定式尾翼和张开式尾翼两种。固定式尾翼的翼展多为适口径，常用于亚声速的迫击炮弹和某些破甲弹。张开式尾翼的翼展大于火炮口径，用于超声速弹丸上，尾翼在膛内呈合拢状态。弹丸出炮口后，可利用不同的结构和力使尾翼张开，有气缸张开式尾翼、涡流张开式尾翼、火药气体直接作用的张开式尾翼。由于低速旋转有利于提高射弹密集度，故常在尾翼片上做出斜面，使弹丸飞行时微旋。

杆形头部结构，用杆形头部代替一般弹丸的锥形头部，其气动力的特点是减小头部法向力，且杆形头部的台阶端面提供稳定力矩，这样就比一般弹丸更有利于稳定。这种具有杆形头部形状的弹丸在气动力方面具有两个方面的特点：其一是可以产生锥形激波和锥形分离区。如图1-7（a）所示，在超声速情况下，一个平钝头部的弹丸将产生强烈的脱体正激波，这时的波阻很大，如在平钝头部的前方伸出一个尖锐的短杆［图1-7（b）］，当杆较短时，与平钝头部的波阻没有明显区别。随着杆长的增加，开始出现新的波形［图1-7（c）］，即在杆尖处产生斜激波，并伴随一个锥形分离区，使波阻明显下降。此时弹丸前部的正面空气阻力相当于"等效锥形头部"下的空气阻力，它随杆长增加而下降。但当杆子过长时，波阻又开始上升，同时发生所谓"两重流"现象［图1-7（d）］，即气流激波分离点变得极不稳定。激波在杆上的位置有前有后，空气阻力有大有小。"两重流"可使弹丸的射击精度明显降低，所以应极力避免这种情况出现。

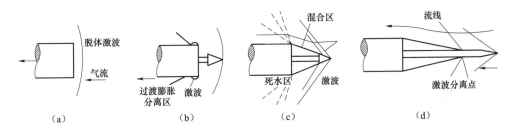

图1-7　杆形头部形状与长度对激波的影响

其二是减小法向力，使阻心后移。上述"等效锥"仅对正面阻力而言，对于法向力，仍取决于圆杆的断面积，故法向力比普通弹丸要小。因此，弹丸阻心后移，稳定力矩增加。这样，在超声速下，在弹丸后面安置同口径尾翼或小翼展的超口径尾翼，就可以保证弹丸的飞行稳定性。而一般弹丸采用同口径尾翼在超声速下是很难保证稳定飞行的，根据这一原理，目前许多国家广泛将杆形头部结构应用到使用直接瞄准的尾翼稳定破甲弹上。其优点是结构简单，头部空气阻力虽然比流线型的头部空气阻力略大些，但杆式尾翼稳定弹飞行稳定性好、精度高，头部的消极质量可以减轻。另外，杆形头部还可以安装弹头引信，同时也能保证破甲弹的有利炸高。杆形头部结构特别适用于高初速的破甲弹上，目前杆形头部破甲弹常用适口径筒式尾翼稳定。

（2）发射装药

发射装药由发射药、药筒、底火、辅助元件组成。

① 发射药。发射药是具有一定形状和一定质量的火药。它被放置在药筒中的一定位置上，发射时，火药被点燃，并迅速燃烧生成大量的高压火药气体，从而推动弹丸前进。发射药是发射弹丸的能源。

② 药筒。药筒用来连接弹丸和底火，盛装发射药，保护发射药不受潮湿和损坏。发射时，筒体膨胀，与火炮药室贴紧，以密闭火药燃气；发射后，由抽筒和抛筒机构将药筒从药室中抽出并抛掉。

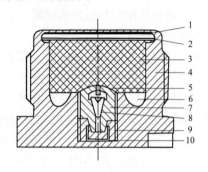

1—盖片；2—垫片；3—黑火药；4—底火体；
5—纸片；6—粒状黑火药；7—发火砧；
8—锥形体；9—螺套；10—火帽。

图1-8 底火

③ 底火。底火受火炮机械的或电的作用而发火，以点燃发射药，产生膛压，推动弹丸运动。它由底火体、火帽、火帽座、发火砧、黑火药、压螺、闭气塞等元件组成，如图1-8所示。

④ 辅助元件。发射装药的辅助元件有消焰剂、除铜剂、护膛剂、点火药、传火药、紧塞盖和防潮盖等。

消焰剂：通常采用硫酸钾等物质，将其装在药包中，置于发射药的上面。其作用是将可燃气体的浓度冲淡，使其与空气接触的机会减小，并提高其发火点，减少出炮口后产生二次燃烧而形成的炮口焰和炮尾焰。

除铜剂：采用低熔点的铅锡合金制成，用以清除弹丸在膛内运动时弹带在膛壁上形成的积铜。

护膛剂：常用钝感衬纸等减轻火药燃气对炮膛的烧蚀，用来保护炮膛，提高火炮寿命，一般在初速较高的火炮上使用。

点火药：一般采用黑火药，放在底火上部，用以加强底火的火焰，保证瞬时点燃发射药。

传火药：通常采用黑火药装在有孔的传火管中，轴向置于装药的中心位置，或将传火药制成药包，置于发射药中间，以保证长药室火炮前后一致地点燃全部发射药。

紧塞盖：由硬纸制成，用以压紧发射药，使其在运输和操作中不致移动。变换发射药后仍需将紧塞盖装入药筒内并将发射药压紧，这样有利于发射药正常燃烧。

防潮盖：由硬纸板制成，用于药筒分装式炮弹中，从药筒口部压入，紧贴紧塞盖，并在防潮盖上涂密封油，用以保护发射药不受潮湿，须在装填火炮前取掉。

1.3.3 弹药的分类

目前，世界各国所装备和正在发展的各种弹药有数百种。为了便于研究、管理和使用，将它们进行必要的分类是很有意义的。弹药有多种分类方法，可从不同的角度进行分类。

（1）按用途分类

按用途分类，弹药可分为主用弹药、特种弹药、辅助弹药等。

主用弹药：用于直接毁伤各类目标的弹药，包括杀伤弹、爆破弹、杀伤爆破弹、穿甲弹、破甲弹、混凝土破坏弹、碎甲弹、子母弹和霰弹等。

特种弹药：用于完成某些特殊作战任务的弹药，如照明弹、燃烧弹、烟幕弹、信号弹、干扰弹、宣传弹、侦察弹和毁伤评估弹等。

辅助弹药：供靶场试验和部队训练等非作战使用的弹药，如训练弹、教练弹和试验弹等。

(2) 按弹丸与药筒（药包）的装配关系分类

按弹丸与药筒（药包）的装配关系分类，弹药可分为定装式弹药、药筒分装式弹药、药包分装式弹药等。

定装式弹药：弹丸和药筒结合为一个整体，射击时一起装入膛内，因此发射速度快，容易实现装填自动化。弹药口径一般不大于 105 mm。

药筒分装式弹药：弹丸和药筒为分体，发射时先装弹丸，再装药筒，两次装填，因此发射速度较慢，但可以根据需要改变药筒内发射药的量。弹药口径通常大于 122 mm。

药包分装式弹药：弹丸、药包和点火器分 3 次装填，没有药筒，而是靠炮闩来密闭火药气体。一般在岸炮、舰炮上采用该类弹药。此类弹药口径大，但射速较慢。

(3) 按发射的装填方式分类

按发射的装填方式分类，弹药可分为后装式弹药、前装式弹药等。

后装式弹药，弹药从尾部装入膛内，关闭炮闩后发射；前装式弹药，弹药从口部装入膛内发射。

(4) 按口径分类

弹药按口径划分的情况如表 1-1 所示。

表 1-1 按口径划分的弹药类别　　　　　　　　　　　mm

类别	地面炮	高射炮	舰载炮
小口径弹药	20～70	20～60	20～100
中口径弹药	70～155	60～100	100～200
大口径弹药	>155	>100	>200

(5) 按稳定方式分类

按稳定方式分类，弹药可分为旋转稳定式弹药、尾翼稳定式弹药等。

旋转稳定式弹药：依靠膛线或其他方式使弹丸高速旋转，按照陀螺稳定原理在飞行中保持稳定。

尾翼稳定式弹药：弹丸不旋转或低速旋转，依靠弹丸的尾翼使空气动力作用中心（压力中心）后移，一直移到弹丸质心之后的某一距离处，从而保持弹丸飞行稳定。迫击炮弹就是尾翼稳定的一个实例，如图 1-9 所示。

(6) 按弹丸与火炮口径的关系分类

按弹丸与火炮口径的关系分类，弹药可分为适口径弹药、次口径弹药、超口径弹药等。

适口径弹药：弹径与火炮口径相同的弹药。

次口径弹药：弹径小于火炮口径的弹药。

超口径弹药：弹径大于火炮口径的弹药。

(7) 按配属的军种分类

按配属的军种分类，弹药可分为炮兵弹药、海军弹药、空军弹药、轻武器弹药、爆破器材等。

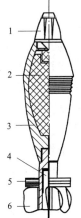

1—引信；2—炸药；3—弹体；4—基本药管；5—附加装药；6—尾翼。

图 1-9　迫击炮弹

炮兵弹药：配备于炮兵的弹药，主要包括地面火炮系统的炮弹、迫击炮弹、火箭弹、导弹等。

海军弹药：配备于海军的弹药，主要包括舰载炮炮弹、岸基炮炮弹、舰射或潜射导弹、鱼雷、水雷、深水炸弹等。

空军弹药：配备于空军的弹药，主要包括航空炸弹、航空机关炮弹、航空机关枪弹、航空导弹、航空火箭弹、航空鱼雷、航空水雷等。

轻武器弹药：配备于单兵或班组的弹药，主要包括各种枪弹、手榴弹、肩射火箭弹以及其他便携型武器弹药等。

爆破器材：主要包括地雷、炸药包、扫雷弹药、点火器材等。

（8）按投射方式分类

按投射方式分类，弹药可分为射击式弹药、自推式弹药、投掷式弹药和布设式弹药4种。

① 射击式弹药。各类枪炮身管武器以火药燃气压力从膛管内发射的弹药，包括炮弹、枪弹等。榴弹发射器配用的弹药也属于射击式弹药。炮弹、枪弹具有初速大、射击精度高、经济性好等特点，是战场上应用最广泛的弹药，适用于各军兵种。

炮弹是指口径在 20 mm 以上，利用火炮将其发射出去，完成杀伤、爆破、侵彻或其他战术目的的弹药。炮弹是武器系统的一个重要组成部分。它直接对目标发挥作用，最终体现着火炮的威力。炮弹主要用于压制敌方火力，杀伤有生力量，摧毁工事，毁伤坦克、飞机、舰艇和其他技术装备。

枪弹是从枪膛内发射的弹药，主要对付人员及薄装甲目标，结构与定装式炮弹类似。普通枪弹弹头多是实心的。穿甲燃烧弹弹头除有穿甲钢心外，还装填少量燃烧剂，借助高速撞击压缩而引燃。20 世纪 60 年代开始发展无壳弹。它的发射药压成药柱形状，再与底火、弹头黏成一个整体。由于去掉了金属弹壳，弹身变短，故可提高射速和点射精度，并可减轻弹药质量，提高单兵携弹量，射击后无须退壳，有利于武器性能的提高。

② 自推式弹药。本身带有推进系统的弹药，包括火箭弹、导弹、鱼雷等。这类弹药靠自身发动机推进，以一定初始射角从发射装置射出后不断加速，至一定速度后才进入惯性自由飞行阶段。由于发射时过载低、发射装置对弹药的限制因素少，所以自推式弹药具有各种结构形式，易于实现制导，具有广泛的战略、战术用途。

火箭弹是指非制导的火箭弹药，利用火箭发动机从喷管中喷出的高速燃气流产生推力。发射装置轻便，可多发联射，火力猛，突袭性强，但射击精度较低，适用于压制兵器对付地面目标。轻型火箭弹可用便携式发射筒发射，射程近，机动灵活，易于隐蔽，特别适用于步兵反坦克作战。

导弹是依靠自身动力装置推进，由制导系统导引、控制其飞行路线并导向目标的武器。制导系统不断地修正弹道与控制飞行姿态，导引射弹稳定、准确地飞向目标区。小型战术导弹通常采用破甲、杀伤或爆破战斗部，多用来攻击坦克、飞机、舰艇等快速机动目标。装核弹头的大、中型中远程导弹，主要打击固定战略目标，起威慑作用。

鱼雷是能在水中自航、自控和自导的用以爆炸毁伤目标的水中武器，以较低的速度从发射管射入水中，用热动力或电力驱动鱼雷尾部的螺旋桨或通过喷气发动机的作用在水中航行。战斗部装填大量高能量炸药，主要用于袭击水面舰艇、潜艇和其他水中目标。

③ 投掷式弹药。包括航空炸弹、深水炸弹、手榴弹和枪榴弹等。

航空炸弹是从飞机和其他航空器上投放的弹药，主要用于空袭，轰炸机场、桥梁、交通枢纽、武器库及其他重点目标，或对付集群地面目标。它常以全弹的名义质量（kg 或 lb）标示大小，又称圆径，圆径变化范围广（从小于 1 kg 至上万千克）。航空炸弹弹体上有供飞机内外悬挂的吊耳。尾翼起飞行稳定作用。某些炸弹的头部还装有固定的或可卸的弹道环，以消除跨声速飞行易发生的失稳现象。外挂式炸弹具有流线型低阻空气动力外形，便于减小载机阻力。超低空水平投放的炸弹，在炸弹尾部还加装有金属或织物制成的伞状装置，投弹后适时张开，起增阻减速、增大落角和防止跳弹的作用，同时使载机能充分飞离炸点，确保安全。航空炸弹具有类型齐全的各类战斗部，其中爆破、燃烧、杀伤战斗部应用最为广泛。

深水炸弹是从水面舰艇或飞机发（投）射、在水中一定深度爆炸以攻击潜艇的弹药，也可攻击其他水中目标。

手榴弹是用手投掷的弹药。杀伤手榴弹的金属壳体常刻有槽纹，内装炸药，配用3～5 s定时延期引信，投掷距离可达30～50 m，弹体破片能杀伤5～15 m范围内的有生力量和毁伤轻型技术装备。手榴弹还有发烟、照明、燃烧、反坦克等类型。

枪榴弹是借助枪射击普通子弹或空包弹从枪口部投掷出的超口径弹药，由超口径战斗部及外安尾翼片、内装弹头吸收器（收集器）的尾管构成。发射时，将尾管套于枪口部特制的发射器上，利用射击空包弹的膛口压力或实弹产生的膛口压力及子弹头的动能实现对枪榴弹的发射。枪榴弹战斗部直径为 35～75 mm，质量一般在 0.15～1 kg，射程可达 200～400 m，采用火箭增程可达 700 m。它具有破甲、杀伤、燃烧、照明、发烟等多种战斗部，是一种用途广泛的近战、巷战单兵弹药。

④ 布设式弹药。用空投、炮射、火箭撒布或人工布设（埋）方式设于预定地区的弹药，如地雷、水雷及一些干扰、侦察、监视弹等。待目标通过时，引信感觉目标信息或经遥控起爆，阻碍并毁伤步兵、坦克和水面、水下舰艇等。具有干扰、侦察、监视等作用的布设式弹药，可适时完成一些特定的任务。有的在布设之后，可待机发射子弹药，对付预期目标。

地雷是撒布或浅埋于地表待机作用的弹药。反坦克地雷内装集团或条形装药，能炸坏坦克履带及负重轮；内装聚能装药的反坦克地雷，能击穿坦克底甲、侧甲或顶甲，还可杀伤乘员并炸毁履带。防步兵地雷还可装简易反跳装置，跳离地面0.5～2 m高度后空炸，增大杀伤效果。

水雷是布设于水中待机作用的弹药，分为自由漂浮于水面的漂雷、沉底水雷以及借助雷索悬浮于一定深度的锚雷。其上安装触发引信或近炸引信。近炸引信可感受舰艇通过时一定强度的磁场、音响及水压场等而作用；某些水雷中还装有定次器和延时器，达到预期的目标通过次数或通过时间才爆发，起到迷惑敌人、干扰扫雷的作用。

（9）按装填物（剂）的类别分类

按装填物（剂）的类别分类，弹药可分为常规弹药、核弹药、化学弹药、生物弹药等。以上所讲的都是常规弹药，核弹药、化学弹药、生物弹药不仅具有大面积杀伤破坏能力，而且污染环境，属于大规模杀伤弹药。

生物弹药是装有生物战剂的弹药。生物战剂为传染性致病微生物或其提取物，包括病毒、细菌、立克次氏体、真菌、原虫等，能在人员、动植物机体内繁殖，并引起大规模感染致病或死亡。它可制成液态或干粉制剂，装填在炮弹、炸弹、火箭弹的战斗部中，通过爆炸或机械方式抛撒于空中或地面上，形成生物气溶胶，污染目标或通过媒介物（如昆虫）感染目标。

化学弹药是装有化学战剂的弹药。化学战剂为各种毒性的化学物质，可装填在炮弹、地雷、航空炸弹和火箭弹的战斗部中，通过爆炸将其撒布于空中、地面，使人员中毒，使器材、粮食、水源、土地等受到污染。

核弹药是指原子弹利用核裂变链式反应，氢弹利用热核聚变反应，放出核内能量，产生爆炸作用的弹药。它威力极高，用梯恩梯当量标示大小。氢弹威力可高达数千万吨梯恩梯当量。爆炸后产生冲击波、地震波、光辐射、贯穿辐射、放射性沾染、电磁脉冲等，对大范围内的建筑、人员、装备、器材等多目标具有直接和间接的毁伤作用。核装药主要装填在航空炸弹及导弹战斗部中，用于对付战略目标。原子弹已日益小型化。20世纪70年代后，美军已制成了核炮弹、核地雷装备部队。中子弹是热核弹药的特殊类型，爆炸后的冲击波及光辐射效应较小，但产生大剂量贯穿辐射极强的高速中子流，可在目标（坦克、掩蔽部等）不发生机械损毁的情况下，杀伤其内部人员。

1.4 弹药的作用

弹药对目标的毁伤一般是通过其在弹道终点处与目标发生的碰击、爆炸作用将自身的动能或爆炸能或其产生的作用元（破片、射流等）对目标进行机械的、化学的、热力效应的破坏，使之暂时或永久地局部或全部丧失其正常功能，丧失作战能力。影响目标毁伤程度的主要因素是目标自身的易损性和弹药的威力——使目标失去战斗功能的能力。

1.4.1 破片杀伤作用

破片杀伤作用是指弹药爆炸时形成的破片对目标的毁伤效应，表征杀伤弹药的威力。杀伤作用的大小取决于破片的分布规律、目标性质和射击（或投放、抛射）条件。破片的分布规律包括弹药爆炸时所形成破片的质量分布（不同质量范围内的破片数量）、速度分布（沿弹药轴线不同位置处破片的初速）、破片形状及破片的空间分布（在不同空间位置上的破片密度）。而这些特性则取决于弹体材料的性质、弹药结构、炸药性能以及炸药装填系数等参量。为了在不同作战条件下对不同目标（人员、军械等）起到毁伤作用，需要不同质量、速度的破片和不同破片分布密度。对于暴露的有生力量，各个国家制定有不同的杀伤标准。

射击条件包括射击的方法（着发射击、跳弹射击和空炸射击）、弹着点的土壤硬度、引信装定和引信性能。当引信装定为瞬发状态进行着发射击时，弹药撞击目标后立即爆炸。此时破片的毁伤面积是由落角（弹道切线与落点水平面的夹角）、落速、土壤硬度和引信性能决定的。落角小时，部分破片进入土壤或向上飞而影响杀伤作用。随落角的增大，杀伤作用提高。引信作用时间越短，杀伤作用越大。弹药侵入地内越深，则杀伤作用下降越快。当进行跳弹射击（通常落角小于20°，引信装定为延期状态）时，弹药碰击目标后跳飞至目标上空爆炸。跳弹射击和空炸射击时，如果空炸高度适合，则其杀伤作用有明显提高。

1.4.2 弹药爆破作用

装填猛炸药的弹丸或战斗部爆炸时,形成的爆轰产物和冲击波(或应力波)对目标具有破坏作用。其破坏机制主要为:

(1) 爆轰产物的直接破坏作用

弹丸爆炸时,形成高温高压气体,以极高的速度向四周膨胀,强烈作用于周围邻近的目标上,使之破坏或燃烧。由于作用于目标上的压力随距离的增大而下降很快,因此它对目标的破坏区域很小,只有与目标接触爆炸才能充分发挥作用。

(2) 冲击波的破坏作用

冲击波的破坏作用是指弹丸、战斗部或爆炸装置在空气、水等介质中爆炸时所形成的强压缩波对目标的破坏作用。冲击波是一种状态参数有突跃的强扰动传播。它是由爆炸时高温高压的爆轰产物,以极高的速度向周围膨胀飞散,强烈压缩邻层介质,使其密度、压力和温度突跃升高并高速传播而形成的。

冲击波波阵面(扰动区与未扰动区的界面)上具有很高的压力,通常以超过环境大气压的压力值表征,称之为超压。波阵面后的介质质点也以较高的速度运动,形成冲击压力(称之为动压)。当冲击波在一定距离内遇到目标时,将以很高的压力(超压与动压之和)或冲量作用于目标上,使其遭到破坏。其破坏作用与爆炸装药、目标特性、目标与爆心的距离和目标对冲击波的反射等有关。通常大集团装药(装药量超过 300 kg)爆炸的破坏作用以冲击波的最大压力(或称静压)表征;而常规弹药小药量爆炸,由于正压作用时间远小于目标自振周期,属于冲击载荷,故常用冲量或比冲量表征。破坏不同的目标,需要的超压或冲量也不同。一般对各种建筑物或技术装备,常以破坏半径来衡量冲击波的破坏作用;而对有生目标则以致命杀伤半径表征冲击波的作用范围。目标离爆心近时,破坏作用虽强烈,但受作用的面积小,多为局部性破坏;反之,波阵面压力虽衰减了,但受作用面积大,波的正压作用时间长,易引起大面积、总体性的破坏。

弹药在水中爆炸时,不但产生冲击波,而且水中冲击波脱离爆轰产物后,爆轰产物还会出现多次膨胀、压缩的气泡脉动,并形成稀疏波与压缩波。气泡第一次脉动形成的压缩波,对目标也具有实际破坏作用。

1.4.3 弹药燃烧作用

弹药燃烧作用是指燃烧弹等弹药通过纵火对目标的毁伤作用。目标通常指可燃的木质建筑物、油库、弹药库、干木材以及地表面的易燃覆盖层等。纵火包括引燃和火焰蔓延两个过程。不同种类的燃烧弹,其火种温度在 1 100~3 300 K 范围内,因而对于燃点为几十至数百度的干木材和汽油等可燃物,是完全可以引燃的。可燃物燃烧所放出的热量,部分向周围空间散发,其余热量能使其周围尚未燃烧的可燃物烘干、升温或汽化并继续加热到燃点以上。这是火势能够在目标处蔓延开来的必要条件。燃烧弹纵火的效果与燃烧弹爆炸后火种的数量、分布密度、燃烧温度、火焰大小、持续时间以及目标的物理性质(燃点、湿度、温度等)和堆放情况等因素有关。火种的高温有时也能直接毁伤目标。

目前采用的燃烧剂基本有以下 3 种。

① 金属燃烧剂：能作纵火剂的有镁、铝、钛、锆、铀和稀土合金等易燃金属，多用于贯穿装甲后，在其内部起纵火作用。

② 油基纵火剂：主要是凝固汽油一类，其主要成分是汽油、苯和聚苯乙烯。这类纵火剂温度最低，只有790 ℃，但它的火焰大（焰长达1 m以上），燃烧时间长，因此纵火效果好。

③ 烟火纵火剂：主要用铝热剂，其特点是温度高（2 400 ℃以上），有灼热熔渣，但火焰小（不足0.3 m）。

1.4.4 弹药穿甲作用

弹药穿甲作用是指弹丸等以自身的动能侵彻或穿透装甲，对装甲目标所形成的破坏效应。弹丸着速通常为500～1 800 m/s，有的可高达2 000 m/s。在穿透装甲后，利用弹丸或弹、靶破片的直接撞击作用，或由其引燃、引爆所产生的二次效应，或弹丸穿透装甲后的爆炸作用，可以毁伤目标内部的仪器设备和有生力量。高速弹丸碰击装甲时，可能发生头部镦粗变形、破碎或质量侵蚀及弹身折断等现象。钢质装甲被穿透破坏的主要形式有韧性扩孔、花瓣型穿孔、冲塞、破碎型穿孔和崩落穿透等。

实际上，钢质装甲板的破坏往往由多种形式组合而成，但其中必以一种破坏形式为主。此外，弹丸还可能因其动能不足而嵌留在装甲板内，或因入射角过大而从装甲板表面跳飞。在工程上，弹丸穿透给定装甲的概率不小于90%的最低撞击速度，称为极限穿透速度，常用以度量弹丸的穿甲能力。其大小受到装甲板倾角、弹丸和装甲材料性能、装甲厚度及弹丸结构与弹头形状等因素的影响。

1.4.5 弹药破甲作用

弹药破甲作用是指破甲弹等空心装药爆炸时，形成高速金属射流，对装甲目标的侵彻、穿透和后效作用产生毁伤效应。当空心装药引爆后，金属药型罩在爆轰产物的高压作用下迅速向轴线闭合，罩内壁金属不断被挤压形成高速射流向前运动。由于从罩顶到罩底，闭合速度逐渐降低，所以相应的射流速度也是头部高而尾部低。例如，采用紫铜罩形成的射流，头部速度一般在8 000 m/s以上，而尾部速度则为1 000 m/s左右。整个射流存在着速度梯度，使它在运动过程中不断被拉长。

金属射流的侵彻过程，在高速段符合流体力学模型，而在低速段则要考虑装甲材料强度的影响。整个过程大致可分为开坑、准定常侵彻和侵彻终止等3个阶段。金属射流穿透装甲后，继续前进的剩余射流和穿透时崩落的装甲碎片，或由它们引燃、引爆所产生的二次效应，对装甲目标内的乘员和设备也具有毁伤作用，即后效作用。破甲威力通常用破甲深度表征，而其后效作用的大小，则以射流穿透装甲板时的出口直径和剩余射流穿过具有一定厚度与间隔的后效靶板块数来评价。影响破甲作用的主要因素有炸高、装药直径的大小、药型罩的材料和结构、炸药及装药结构、制造工艺和弹丸转速等。炸高是指从罩底端面到装甲板表面之间的距离。适当的炸高是使射流得到充分拉长，达到最大破甲深度的必要条件。性能较好的破甲弹，对钢质装甲穿深已可达主装药直径的8～10倍。

带有浅空腔药型罩的空心装药爆炸时形成的高速侵彻体，对目标具有一定的侵彻作用。药型罩一般为锥形罩、球缺药型罩或双曲面药型罩。罩壁可为等壁厚或变壁厚，锥角一般为120°～150°，常用钢、铜、钼或钽等材料制成；炸药则多采用奥克托今（HMX75/TNT25）或黑梯（RDX60/TNT40）混合炸药。在爆炸载荷的作用下，药型罩翻转并逐步向轴线收缩和闭合，形成速度梯度很小的爆炸成型弹丸；或者整个罩面翻转成一个整体的爆炸成型弹丸。

与金属射流相比，爆炸成型弹丸具有速度低（一般为 2 000～3 500 m/s）、形状短粗（长径比为 1.5～3）、质量大、穿透深度浅而后效大等特点。而且，改变炸高时穿深变化不明显，故适于在大炸高（如 20～40 倍装药直径）下侵彻，侵彻性能受弹丸旋转的影响也较小。爆炸成型弹丸的形状和侵彻性能，主要取决于药型罩与装药的几何形状、性能和初始爆轰波阵面的形状等。在近距离（如 20～30 倍装药直径）上，穿深一般为 0.5～1.0 倍装药直径；在远距离（如 800～1 000 倍装药直径）上，穿深则有所下降。这主要是由于爆炸成型弹丸外形不佳所致。它主要应用于反坦克炮弹、导弹、航空炸弹、地雷和末段敏感反坦克弹药等。

1.4.6 弹药碎甲作用

弹药碎甲作用是指以炸药装药紧贴装甲板表面爆炸，使装甲背部飞出崩落碎片并毁伤装甲目标内部人员与设备的破坏效应。它是通过将高猛度塑性炸药与装甲板接触爆炸的爆轰波能量转化为向板中传播的强冲击波能量来破坏装甲的。当装甲板表面的强冲击波（强度为 40～45 GPa）向板内传播，到达装甲板背面时，入射压缩波在自由界面产生反射拉伸波，与入射压缩波合成，使背部产生拉应力区。当某截面上的拉应力达到装甲板的临界断裂强度时，便产生首次崩落碎片。一般对单层、中等厚度金属装甲板的崩落效果较好，常从背部撕剪下一块碟形碎片（简称碟片），并以 30～200 m/s 或更高一些的速度飞离背部。其直径为装药直径的 1.25～1.5 倍。如果入射压缩波的剩余强度仍然较高，则还会产生二次或多次崩落，继续有一些较小的碎片飞出。这些飞出的碎片，可毁伤装甲目标内部的人员和设备。碎甲作用对钢质装甲板的破坏，一般不出现透孔；对混凝土墙则不出现整块碟片，而是崩落大量碎片，背部出现大面积崩落和长条裂纹。

崩落碎片（主要是碟片）的质量和速度越大，则碎甲威力越大。在一般情况下，斜着靶的碎甲威力大于垂直着靶。这主要是由于炸药堆积面积增大，使碟片的直径、厚度增大所致。但如果着角过大，则碎甲威力反而下降。薄装甲、间隔装甲、屏蔽装甲和复合装甲通常不产生碎甲作用。

影响崩落碎片厚度及飞出速度的主要因素有炸药的密度、爆速，炸药堆积形状和尺寸，爆轰波传播方向与装甲板法线的夹角，装甲板的厚度、表面状态、材料密度、声速和动态力学性能等。

1.4.7 弹药软杀伤作用

弹药的软杀伤作用包括对人员的非致命杀伤效应和对武器装备的失能效应。软杀伤作用是针对武器系统和人员的最关键且又是最脆弱的环节（部位）实施特殊的手段，使之失效且处于瘫痪状态。由于针对的关键且脆弱的环节不同，所以形成了各种各样的软杀伤机制和效应。

对人员的软杀伤主要是生物效应和热效应。生物效应是由较弱能量的微波照射后引起的。它使人员神经紊乱，行为错误，烦躁、致盲，或心肺功能衰竭等。试验证明，飞机驾驶员受到能量密度为 $3\sim10$ W/cm² 的微波照射后，就不能正常工作，甚至可能造成飞机失事。热效应是由强微波照射引起的，当微波能量密度为 0.5 W/cm² 时，可造成人员皮肤轻度烧伤；当微波能量密度为 $20\sim80$ W/cm² 时，照射时间超过 1 s 即可造成人员死亡。目前，弹药对人员的软杀伤作用主要有激光致盲毁伤、次声波毁伤和非致命化学战剂毁伤等形式。

对武器装备的毁伤主要有高功率微波辐射和电磁脉冲毁伤、激光毁伤、碳纤维弹毁伤等形式。高功率微波战斗部作用时定向辐射高功率微波束；电磁脉冲弹作用时发出混频单脉冲。微波辐射和电磁脉冲对军械电子设备的作用都是通过电、热效应实现的。强电场效应不仅可以使武器装备中金属氧化物半导体（MOS）电路的栅氧化层或金属化线间造成介质击穿，致使电路失效，而且会对武器系统自检仪器和敏感器件的工作可靠性造成影响。热效应可作为点火源和引爆源，瞬时引起易燃、易爆气体或电火工品等物品燃烧爆炸；可以使武器系统中的微电子器件、电磁敏感电路过热，造成局部热损伤，导致电路性能变坏或失效。激光毁伤模式采用强激光直接照射可以摧毁空间飞行器（卫星和导弹）和空中目标，由激光弹药发生的弱激光作用，可以破坏武器装备的传感器、各种光学窗口、光学瞄准镜、激光与雷达测距机、自动武器的探测系统等。碳纤维弹毁伤主要是通过碳纤维丝的导电性和附着力作用，附着到变压器、供电线路上，当高压电流通过碳纤维时，电场强度明显增大，电流流动速率加大，并开始放电，形成电弧，致使电力设备熔化，使电路发生短路；若电流过强或过热会引起着火；电弧若生成极高的电能，则造成爆炸，由此给发电厂及其供电系统造成毁灭性的破坏。

1.5　对弹药的要求

炮弹和火箭弹是弹药中的主要品种，也是整个火力系统中的重要组成部分，可以直接对目标起作用。其性能的好坏，直接影响着部队的战斗力。在此，对弹药的要求，主要从炮弹和火箭弹的角度来谈。稳、准、狠地毁伤敌方目标，历来是兵器研制、发展和使用上所遵循的总方向，当然也是弹箭研制、发展和使用上的总方向。无论对哪一级配备的炮弹和火箭弹，从战术要求上看，总是希望其射程远、威力大、精度高、使用安全并能长期储存；从经济上看，总是希望其造价低。这些要求以战术技术指标的形式统一在具体的炮弹或火箭弹上，并由此表明该弹是否先进。

对某一类或某一种炮弹或火箭弹来说，要求总是具体的。具体的指标要求，既不可能脱离战争实践，也不可能脱离科学技术的发展状况，因而在指标的提法上是多种多样的。在提出这些具体的指标时，应当考虑和分析具体炮弹或火箭弹所要配备的兵种和级别、所要对付的目标、国外同类武器的发展状况和技术上实现的可能性。这个过程，就是弹药战术技术指标的论证过程。

1.5.1　射程

对于不同的目标和弹种，其射程的含义是不同的。压制兵器所用弹药的射程，一般是指从射出点到落点的水平距离；反坦克弹药的射程是指最大弹道高不超过 2 m 时的所谓直射距离；高射弹药的射程是指弹道高度；机载用弹药的射程是指从射出点到着点的直线距离，等等。

要求射程远的意义是显而易见的。只有射程远，才能消灭敌人、保存自己；才能在不变换阵地的情况下，以火力不断支援步兵和行进中的坦克；才能在大纵深、宽正面的地域内实施火力机动，射击更多目标。

影响射程的主要因素是弹丸的初速（对火箭弹来说，是主动段终点速度）、弹道系数和飞行稳定性。

目前，提高炮弹射程的方法，除了采用高膛压火炮、新型发射药等措施外，在弹药领域还广泛采用火箭推进、底排减阻、滑翔、低阻弹形等多种技术。

1.5.2 威力

弹药的威力是指弹药对目标的杀伤和破坏能力，是完成战斗任务的直接因素。不同用途的弹药，其威力要求也是不同的。例如杀伤榴弹要求有效杀伤破片多，杀伤半径大；爆破榴弹要求炸药量多，炸药威力大；穿甲弹与破甲弹要求具有足够大的穿破甲深度；碎甲弹要求层裂片的质量大，速度高；照明弹要求亮度大，作用时间长，等等。弹药的威力大，可以相应地减少弹药消耗量，缩短完成战斗任务的时间。

为了适应现代战争的需要，用什么标准来衡量弹药威力的大小，是一个值得进一步研究的问题。总的来说，具体威力标准的提出与目标类型、弹药毁伤机理和战术使用等因素相关。综合威力指标可以在考核项目比较少的情况下全面衡量弹药的威力，使考核试验简化，给考核工作带来方便；但是，在缺乏综合威力指标时，单项威力指标的提出也不是毫无意义的，特别是单项威力的提出利于有针对性地提高弹药性能。在确定具体弹药的威力指标时，下述从弹药作用角度考虑的威力指标可供使用中参考（表1-2）。

表1-2 弹药的威力指标

弹药作用	威力指标
杀伤	杀伤面积，有效杀伤破片数，平均破片速度、质量和破片分布密度
爆破	漏斗坑体积，最小抵抗线高度，在一定距离上的冲击波超压，炸药量
侵彻	在一定距离上穿透一定倾角的装甲板厚度，在一定距离上穿透标准靶板的厚度
碎甲	层裂片的质量和速度，靶厚一定距离处的冲击波超压

影响弹药威力大小的因素有很多，对具体弹药应当进行具体的分析。对此，将在以后各章中分别予以说明。

1.5.3 精度

这里所说的精度是指射击精度。射击精度是指射弹的弹着点（或炸点）同预期命中点间接近程度的总体度量，包括射击准确度和射击密集度两个方面。只有射击准确度和射击密集度都好，才能说射击精度好。弹着点对预期命中点的偏差被称为射击偏差，也称为射击误差。射击偏差是衡量射击精度的尺度，是由诸元偏差与散布偏差引起的。诸元偏差影响射击准确度，散布偏差影响射击密集度。

（1）射击准确度

射击准确度，表示射弹散布中心对预期命中点的偏离程度。这种偏离是由在射击准备过程中测地、气象、弹道等方面的误差、射表误差和武器系统技术准备误差等综合产生的射击诸元误差造成的，通常被称为诸元偏差，因此射击准确度又叫诸元精度。诸元偏差在一次射击中是不变的系统误差，可以通过校正武器或者修正射击诸元来缩小或者消除。射击准确度通常用诸元概率偏差来表征，且其值越小，射击准确度越好。诸元概率偏差通常采用理论与试验相结合的方法来确定。在枪械射击中，射击准确度一般用平均弹着点偏离预期命中点的距离来近似度量。这个距离越小，射击准确度就越好。平均弹着点是一定数量弹着点分布空间的中心位置。在弹着点无限多时它就是射弹散布中心。

（2）射击密集度

当在相同的射击诸元条件下，用同一批弹药对同一目标进行瞄准射击时，这些弹药无论在什么情况下都不会命中同一目标，即使事先对各发弹都仔细进行了挑选，各发弹的弹道也不会重叠在一起，而是形成一定的弹道束，落在一定的范围内，这种现象叫射弹散布。

射击密集度，表示各个弹着点对散布中心偏离程度的总体度量。这种偏离来源于各发射弹发射时武器、弹药、气象、发射操作及其他有关因素的非一致性造成的各不相同的随机偏差。这种偏差，会引起射弹散布，也叫散布偏差，因此射击密集度也叫散布精度。它是射弹散布疏密程度的表征。由于散布偏差只能设法减小，不能完全消除，故射弹散布是不可避免的。

① 射弹散布产生的原因。

总的来说，引起射弹散布的原因大体可分为3类：

一是各发弹的特征系数（如弹丸质量、弹径、弹长、质心位置、质量偏心和外形等）稍有不同并表现为随机性质。

二是各发弹的射击条件（如初速、射角、射向和发射药量等）稍有不同并表现为随机性质。

三是各发弹所受到的干扰（如初始扰动、气象条件、气动偏心和火箭弹的推力偏心等）稍有不同并表现为随机性质。

所有这些因素的综合作用结果，使射弹的实际弹道形成散布，如图1-10所示。

② 射击密集度的度量方法。射击密集度通常有3种度量方法，即射弹散布概率偏差、散布密集界和散布圆半径或圆概率偏差（CEP）。

射弹散布概率偏差：射弹散布概率偏差，也称射弹散布概率误差、射弹散布中间偏差或公算偏差。在射弹散布面上，与散布轴对称，弹着点出现概率为50%的区间宽度的一半称为射弹散布概率偏差，如图1-11所示。有高低、方向和距离射弹散布概率偏差之分。它通常以字母 E 表示，以长度单位计量。

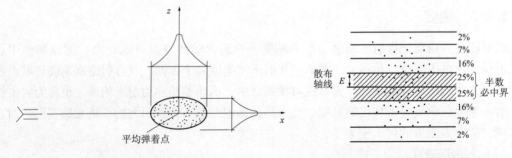

图1-10 射弹散布　　　　　图1-11 射弹散布概率偏差

大量的观察表明，射弹落点相对于平均弹着点的坐标为平面上的二维随机变量，且满足正态分布规律。若取坐标轴与散布椭圆的主轴相重合，而坐标原点任选，则落点坐标 (x, z) 有如下分布规律：

$$f(x, z) = \frac{\rho^2}{\pi E_x E_z} \cdot \exp\left\{-\rho^2\left[\frac{(x-\bar{x})^2}{E_x^2} + \frac{(z-\bar{z})^2}{E_z^2}\right]\right\} \tag{1-1}$$

式中　ρ——常数（$\rho = 0.477$）；

E_x——坐标 x 的中间偏差，通常被称为射弹的距离（或射程）的概率偏差；

E_z——坐标 z 的中间偏差，通常被称为方向（或侧向）的概率偏差；

$\bar{x}$ 和 $\bar{z}$——平均弹着点的 x 和 z 的坐标，而且 $\bar{x} = \frac{1}{n}\sum_{1}^{n} x_i$，$\bar{z} = \frac{1}{n}\sum_{1}^{n} z_i$，$n$ 为射弹发数。

E_x，E_z 与均方差之间有如下关系：

$$E_x = \rho\sqrt{2}\sigma_x = 0.6745\sqrt{\frac{1}{n-1}\sum_{1}^{n}(x-\bar{x})^2} \tag{1-2}$$

$$E_z = \rho\sqrt{2}\sigma_z = 0.6745\sqrt{\frac{1}{n-1}\sum_{1}^{n}(z-\bar{z})^2} \tag{1-3}$$

同理，在坐标 y 的方向上，有高低概率偏差：

$$E_y = \rho\sqrt{2}\sigma_y = 0.6745\sqrt{\frac{1}{n-1}\sum_{1}^{n}(y-\bar{y})^2} \tag{1-4}$$

式中　平均弹着点坐标 $\bar{y} = \frac{1}{n}\sum_{1}^{n} y_i$。

在实际中就是利用射弹散布概率偏差 E_x、E_y 和 E_z 的大小来衡量射击密集度的好坏。一般来说，如果弹药的射程为 X，则对水平面上的目标进行射击，用距离概率偏差 E_x 和方向概率偏差 E_z，或用相对概率偏差 E_x/X 和 E_z/X 表征射击密集度；对垂直目标射击，用高低概率偏差 E_y 和方向概率偏差 E_z，或用相对概率偏差 E_y/X 和 E_z/X 表征射击密集度；对空中目标进行射击，用距离概率偏差 E_x、高低概率偏差 E_y 和方向概率偏差 E_z，或用斜距离概率偏差 E_D、法向概率偏差 E_n 表征炸点散布。对不同的国家或不同的武器来说，表示射弹散布或射击密集度的方法各有不同。

散布密集界：散布密集界，为在射弹散布面上包含 70% 弹着点、对称且平行于散布轴的两条平行线间的区域，如图 1-12 所示。其宽度常用字母 C 表示，约为全散布宽度的 1/3，也有方向、高低和距离散布密集界之分。弹着平面上相互垂直的两个散布密集界交叉而形成的矩形被称为中央半数必中界，其中约包含全部弹着点的 50%。理论分析证明 $C = 3.07E$。可以概略地认为 $C = 3E$。

散布圆半径或圆概率偏差（CEP）：散布圆半径，常用于射弹较少或散布区域近于圆形的射击，如步枪、机枪对 300 m 以内目标的射击，或远距离地地导弹的射击。以平均弹着点为圆心，包含全部弹着点 50% 的散布圆的半径 R_{50} 被称为圆概率偏差，亦称半数必中圆半径；包含全部弹着点 100% 的散布圆半径 R_{100} 被称为全散布圆半径，如图 1-13 所示。理论上 R_{100} 是无限大的，并不存在，故实际应用中常将包含全部弹着点 98.7%～99.8% 的散布圆近似作为全散布圆。理论分析可以证明 $R_{50} = 1.75E$，$R_{100} = (2.5 \sim 3) R_{50}$。

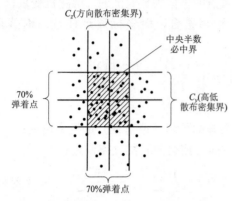 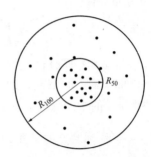

图 1-12　垂直散布面上的散布密集界　　图 1-13　圆形散布面上的散布圆半径

射击精度都是由实际射击结合理论计算来确定的。提高弹药的射击精度，主要依靠采用先进的技术设备（如制导系统、火控系统等），改进武器弹药设计，保证制造质量，加强武器系统的维护保养，提高射表精度，减小外界因素（如气温、风、能见度、波浪、海流等）影响，以及提高指挥员和射手的射击训练水平等来实现。

1.5.4　安全性

弹药的安全性，既包括射击过程中的发射安全性，也包括弹药运输和勤务处理中的储运安全性。弹药的使用安全是极端重要的，必须绝对保证。为此，要求弹药设计制造必须做到：

① 火工品和炸药能承受强烈震动而不自炸。
② 引信保险机构确实可靠。
③ 内弹道性能稳定，膛压不超过允许值。
④ 弹丸发射强度足够，炸药所承受的最大应力不超过许用应力。
⑤ 药筒作用可靠。

1.5.5　长储性

在现代战争条件下，弹药的消耗量很大。这些弹药，一靠战时生产，二靠平时储存，而且主要是靠储存。一般来说，平时生产的弹药应能保存 15～20 年。为使长期储存的弹药不变质，要求：

① 弹丸、药筒不生锈、不受腐蚀。
② 火工品长期储存不失效。
③ 炸药不分解、不变质。
④ 发射药密封可靠，不受潮分解。

为了解决上述问题，加强对包装和表面防腐处理的研究是很有意义的。

1.5.6　经济性

在现代战争中，弹药已成为消耗量最大、花钱最多、后勤保障最为艰巨的问题。据资料报道，1965—1973 年，美军在越南战场上地面弹药（主要是炮弹）的总消耗量是 7.5×10^9 kg；而在 1991 年 42 天的海湾战争中就投弹近 5×10^8 kg，这显示出现代战争中的庞大弹药消耗。

在这种情况下，为提高经济性，既要求降低常规弹药的生产成本，也要求大力发展高效能的新弹药，以减少完成具体战斗任务的弹药消耗量。例如，发展带有制导的、具有单发毁伤能力的弹丸，即本来需要打几发或十几发，现在只要打 1～2 发就能毁伤目标的弹丸。

除此之外，要求弹药的结构工艺性好，便于采用新工艺，便于大量生产；要求原料的来源丰富，且价格低廉。

1.6 弹药的研究与设计

弹药的研究与设计任务可能是各种各样的，如仿制和自行设计就大有不同，改型设计与完全创新也很不一样。本书仅介绍一般的研究和设计工作过程。

1.6.1 弹药的研究与设计步骤

弹药的一般研究和设计工作过程主要可分为下述几个步骤。

（1）提出新原理、新结构的设想

一种新的弹药，为了在性能上超越已有的弹药，需要体现新的设计思想。这种新的设计思想，不应是凭空产生的。一方面要根据实际作战的需要，并考虑到敌方的装备和作战方式的发展趋势；另一方面还要根据我国的科学技术和生产工艺的实际情况，既充分利用早已成熟的科研成果和行之有效的经验，又尽可能采用最新的科学技术成就。也就是说，新设计的弹药，在战术技术上既是先进的，又是经过努力能够实现的。

（2）预研和战术技术论证阶段

一种新的弹丸设计方案的提出，在技术上总得采用一些新的原理或者先进的措施，才可能超越已有弹丸的性能。因此，总是有一些关键性的技术问题需要解决。只有突破这些关键，设计思想才有可能实现。预研阶段就是从技术上探索解决这些问题的阶段。一种新的弹丸的设想，在战术上是否具有优越性、它的有效性到底怎样、对于各项战术技术指标应做如何规定才算合理等这些问题，都应经过战术技术论证给予回答。预研工作由研制弹丸的单位、受委托的科研单位或高等院校进行。战术技术论证则由军方和研制单位共同进行。

（3）方案设计阶段

方案设计阶段又称初步设计阶段。这一阶段的主要任务是确定所设计弹丸的主要特点、主要性能、主要参量以及总体结构。其目的是提出总体设计方案。这一阶段结束时，应提出弹丸的方案总图、总体设计说明书。

（4）技术设计阶段

技术设计阶段是设计工作全面展开的阶段。在此阶段中，承担任务的各单位，分别进行各部件的具体结构设计，直到提出每个零件的加工图、每个部件的装配图、全弹的总装图，以及一切有关的技术资料。在技术设计中，需要进行实验室试验和靶场试验，如弹丸模型的风洞气动力试验、弹体结构强度和作用威力试验等。

(5) 样品试制

技术设计工作完成后，即投入样品试制。试制工作的目的是考核设计的工艺性，并对所采用的新工艺进行研究。样品试制必须严格控制产品质量。生产过程应按大量生产安排，以检查设计的工艺性是否符合大量生产要求。对于生产量大的弹丸，样品试剂是非常重要的。

(6) 靶场试验

靶场试验在样品试制阶段完成后进行，设计的正确性要通过系统的靶场试验来验证。试验时要对弹丸的内、外弹道性能，以及终点效应和强度与安全性做出细致的观察，并取得一系列的数据。试验后，要对试验结果进行详尽的分析。每次靶场试验都应有明确的试验目的和详细的试验大纲，并依次安排试验。靶场试验后，根据发现的问题，需要对设计进行修改，并再次试制和试验。这样经过几次反复之后，使所设计弹丸的性能全面满足战术技术要求，这时即可进行设计定型工作。

(7) 设计定型

设计定型前，应对弹丸研制过程中的全部技术资料进行总结，整理出全套定型用图纸资料。定型用的技术资料包括产品图、制造与验收技术条件、设计说明书、试验总结报告等。产品的制造与验收技术条件是产品图的配套文件，内容包括对弹丸制造的一般技术要求、零部件制造与装配的要求、检验与靶场试验的要求、产品的编批与质量控制要求等。按制定的产品图和技术条件生产出设计定型批产品，用来进行设计定型试验。定型试验是在接近实战的条件下进行射击试验。试验的目的是全面地检查与鉴定设计的弹丸性能是否满足规定的设计指标。定型试验成功后，整理出定型文件并报请领导部门批准设计定型。到此，设计工作基本完成。

(8) 部队试验

设计定型后的弹丸要经过部队试验，即由部队按实战条件进行射击，以考察新设计的弹丸是否适合作战使用。部队试验要在不同地区、不同季节进行，以观察弹丸对各种作战条件下的性能是否符合要求。

(9) 生产定型

部队试验后，并经过几批的大量生产，经靶场交验试验证明设计的弹丸工艺性良好、质量稳定，经检查鉴定后批准生产定型。与设计定型不同，生产定型主要是对弹丸制造工艺的定型。

1.6.2 弹药设计的常用方法

通常，弹药设计包括结构强度设计、飞行性能设计和威力设计等。在工程设计中，常用以下方法。

(1) 半经验设计法

弹药爆炸形成各种毁伤元素是一种瞬态、高压过程。建立一套数学力学模型，从理论上描述上述过程需要较长时间。传统的设计方法是借助类比、试凑与经验公式进行初步计算确定方案，制造样品，进行试验。通过多次试验，修改设计参数，最后获得满足战术技术要求的可行方案。

半经验设计法以理论做指导，所用的经验公式由简化的模型结合试验数据建立。有的经验公式是将大量的试验数据通过回归、最小二乘法、DFP法获得的。经验公式有一定的适用范围与局限性，需要试验验证与修正。

（2）模化设计法

模化设计法又称相似设计法。它以相似理论和模拟方法为基础，应用几何相似律或能量相似律，将所设计的弹药按一定比例缩小，在相似的模拟条件下进行试验。通过测定模型的性能，推测产品原型的性能，进行必要的修改，进一步完善设计，以便取得合理的威力参数和结构参数。

① 基本原理：相似理论是模化设计的基础，而 π 定理是相似理论的核心。解决相似问题的关键是找出相似系统各尺寸参数的相似比。在基本相似条件和相似三定律的基础上，使用量纲分析法是求相似比的有效方法。

量纲分析又叫因次分析，是自然科学研究的基本方法。有量纲量是指受测量单位变化影响数值的量，例如长度 L、时间 T、力 F 和能量 E 等。量纲为 1 量是指不受测量单位变化影响数值的量，例如长度比、角度比、面积与长度平方比、能量与力矩比等。由于客观上各物理量之间存在着一定的联系，因此若对某些量选定测量单位，其余物理量的测量单位则随之确定。前者被称为基本量纲（独立量纲），后者被称为导出量纲（非独立量纲）。在描述战斗部终点效应的物理量中，通常取长度、时间、质量和温度（即 L，T，M，Θ）为基本量纲。

任何一个物理过程都可以表示为各独立物理量之间的函数关系，且其表达式为

$$\alpha = f(\alpha_1, \alpha_2, \cdots, \alpha_k, \alpha_{k+1}, \cdots, \alpha_n) \tag{1-5}$$

式中　$\alpha_1, \alpha_2, \cdots, \alpha_n$——已知独立物理量；

　　　α——待定物理量。

在上式的 $(n+1)$ 个量中，假设有 k 个基本量纲，通过测量单位的改变，可以把 $(n+1)$ 个量纲之间的函数关系改写成 $(n+1-k)$ 个量纲为 1 量之间的函数关系，而它们之间的函数形式是相同的。这个结论就是著名的 π 定理

$$\pi = f(\pi_1, \pi_2, \cdots, \pi_{n-k}) \tag{1-6}$$

式中　$\pi_1, \pi_2, \cdots, \pi_{n-k}$——量纲为 1 量。

在两个物理过程相同的系统中，如果有相对应的自变量 π_i 相等，那么相对应的因变量 π 也必然相等，则两个系统是相似的，π_i 被称为相似参数。在相似参数相等的条件下，两个系统的因变量之间存在直接换算关系。

相似理论和量纲分析为弹药提供了一种既合理又简便的模化设计法。这种设计方法的优点是研制周期短，成本低，设计出的产品在性能与结构上具有较好的可靠性。但目前仅适用于符合几何相似的某些类型的弹药战斗部（穿甲战斗部、爆破战斗部、聚能战斗部等）的设计。

② 模化设计过程：模化设计有 3 个过程，即模化设计、模型试验和分析原型性能参数。

模化设计主要分析原型（指方案中拟订的初步结构）的尺寸、工作条件与边界条件，设计与原型相似的模型，选定尺寸与材料，以确定模型的工作条件与边界条件。

模型试验用于测定模型在选定的工作条件下的性能参数。模型的工作条件常用各种方法模拟，需进行适当简化。

分析原型性能参数，根据模型测得的性能参数，利用相似条件，求出与原型相应的性能参数值。必要时在此基础上调整设计的参数、尺寸和结构，使性能最佳。

(3) 数值计算法

随着电子计算机的广泛使用和数值计算方法的不断完善，20 世纪 60 年代开始在弹药工程领域采用的数值计算方法，已显示出它的许多优点。

数值计算法的过程：首先分析所研究问题的物理实质，建立数学模型，选择合适的坐标系，根据模型写出偏微分方程组，然后用有限差分法或有限元法在数值计算机上求解。

根据采用坐标和网格划分的不同，数值计算法分为拉格朗日法和欧拉法。拉格朗日法描述的对象是物体质点，计算时在物体（介质）上划分网格，每个网格单元随物体运动而变形，可以较准确地确定材料的边界形状，提供较多的信息，便于处理物质界面，可以把微分方程和差分方程写成简单的形式。但当物体变形很大时，网格产生扭曲、交叉与合并等大畸变，会使计算产生较大的误差。当畸变增大到破坏网格的连续性时，则需重新划分网格，这样会带来许多计算上的不便。欧拉法描述的对象是空间点，只对空间预先划分网格。由于网格固定在空间，使变形物体通过它，所以不存在网格扭曲变形的大畸变问题，但处理不同物体（介质）的界面有一定的困难，因此选择哪种方法解决战斗部的设计问题是很重要的。

由于计算机进行数值解只有对代数方程才能运算，因此需将所建立的偏微分方程和常微分方程改写成差分方程。对不同的差分方程和不同的边界条件，其解法也不同，其中的技术技巧需在实践中掌握。在应用数值计算法时，需注意计算精度和差分格式的稳定性问题。

数值计算法的优点：在弹药设计时对参数的选择有很大的灵活性，可以任取边界；在求解多因素同时作用的复杂过程时，可反映出各种物理参数在所研究问题中的地位、互相依赖关系以及过程中物理量的动态变化；它能做理论分析和试验都不易做到的事，例如能检验对一些独立的理论近似的敏感性、检验本构方程的正确性。

(4) 综合设计法

综合设计法综合使用实验、分析和数值计算 3 种手段，而其核心是使用不同等级的迭代。综合设计法的基本思路是使用不同精度等级的迭代设计，根据设计精度的增加采用不同的设计手段，关键是迭代技术。当某一设计能预报所希望的结果时，就进行下一轮迭代。若在精度较高一级的计算中，计算的结果与前一轮的结果很不一致，就把这些较精确的计算结果反馈到精度较低的一级，重新进行迭代计算，一直继续到取得成功的结果。

综合设计第一步是拟定战术技术要求，通常由军方提出。第二步选择弹药类型和方案，以战术技术要求为准则，选定一组初始数据作为迭代过程的起点。综合设计法的目的是通过多次迭代，修正或优化初始数据，以便得到所要求的性能指标。第三步进行第一轮设计，即一维计算回路，用近似公式进行初步设计，然后用一维程序进行计算。其结果有两种：一种是若与原先的设计公式计算结果相符，则可进入下面的程序；另一种是若与原先的计算结果不符，则反馈给原设计公式进行修正，计算另一方案的数据，一直到获得满意的结果为止，第一轮设计才算结束。下一轮是二维计算回路。这一轮更精确，循环时间较长。若结果与一维计算的相差较大，则反馈给设计公式，对公式中的系数和一维程序中的系数进行修正，一直迭代到二维回路的满意结果。再一轮迭代转到试验回路，制作战斗部，进行试验，把试验数据与二维回路计算结果进行比较。若两者不符，则将修正信息反馈给一维回路计算公式，一直到获得满意的弹药设计。综合设计法是一个闭合回路，通过不断迭代计算得到满意的设计方案。

1.7 弹药的制造与验收

弹药的制造过程是典型的大量生产过程。制造时首先要确定采用哪一种工艺过程。选用制造工艺过程的原则是,既要保证达到对产品提出的战术性能要求,又要具有优越的生产经济性质,即制造成本最低。

编制工艺规程的依据是产品图、技术条件及专用守则,决定制造工作规模的生产纲领(即年产量),制造厂的现有生产条件和生产设备资料等。制定工艺规程之后,要进行专用的夹具、刀具、量具及辅助工具的设计与制造,必要时还要进行非标准设备的设计与制造。在这些工作完成之后,就可开始进行试生产。试生产要按照工序逐项进行,直至制造出的产品完全符合设计要求为止。

验收工作是由订货一方进行的。我国的订货一方是由解放军派出的代表来行使验收职能。军代表按产品图和技术条件验收产品,并对验收过的产品质量负责。在产品验收过程中,必须注意下列各项:

① 用于制造弹药的原料、材料是否合格。
② 工厂在生产和检验工作中使用的量具和测量仪器是否合格。
③ 在生产过程中,工人是否严格遵守工艺规程的规定。
④ 最重要的工序(即所谓性能工序,如液压试验、强度试验等)是否严格执行。
⑤ 严格核查加工车间的半成品和成品数量,以防混入不合格品。
⑥ 对靶场试验进行监督,试验品的抽样一般应由军代表进行。
⑦ 严格把关出厂前的最后验收,包括包装及防腐处理情况等。

1.7.1 弹药制造工艺特点

由于炮弹和火箭弹的生产类型属于大量生产,因而在生产的工艺过程中应当广泛使用特种专用机床,以及各种自动、半自动和多刀机床,机械化传送装置,以及成品与半成品检验的过程自动化等。

(1) 弹药制造的自动化

值得重点提出的是弹箭制造工艺有着广泛采用现代化的生产自动化技术的可能性,包括:

① 数控机床。数控机床的主要形式是计算机数控,即用一台电子计算机实现数字控制。微型计算机的发展使控制系统的体积变小、质量减轻、可靠性提高,特别是直接数字控制(亦称群控),即用一台计算机同时控制几台数控机床,这就更适合于炮弹的制造。

② 加工中心。这是一种自动换刀数控机床,可以在一次装夹中,对工件的几个面一次加工完毕。一台加工中心相当于一条组合机床自动线。对于加工火箭弹零件,如多喷孔喷管就非常适用。

③ 自适应控制。这是根据切削过程中的一些参数变化(如对切削力、扭矩、温升、功率消耗变化等)进行测量,并根据测量结果对加工过程进行干预,使其保持在最佳切削状态下工作,从而提高加工质量、效率,以及延长机床及刀具寿命等。

④ 机器人。机器人除可应用于铸造、锻造、热处理、焊接和喷漆等工作条件不好的工

作外，还特别适用于对人体健康有害的以及有危险性的生产过程中。在弹药生产中，这种加工过程是相当多的，如装填炸药等。此外，还可以用机器人进行繁重的体力劳动，如工序间的运送工作、自动检验及全弹的自动装配等。

⑤ 柔性加工系统。组合机床和专用机床组成的自动线适合于炮弹的大量生产，但不适合产品的更新换代。为此，在弹箭制造中，近年来又出现了柔性加工系统。这种系统由数控机床、加工中心、自动刀具变换装置、检测装置、计算机控制装置和软件库等组成。柔性加工系统可使操作人员减少到原生产线的1/5，生产成本降低50%。

柔性加工系统对兵器工业具有更为特殊的意义。这是因为武器的竞争激烈，更新换代迅速，使用柔性加工系统后可以很快改变生产的产品，不必像专用生产线那样平时闲置不用。所以，对军民结合、平战结合也具有特殊的意义。

(2) 弹药制造的工艺

① 弹体毛坯制造。弹体毛坯制造是弹体制造过程中的一道工序。弹体毛坯的制造方法主要有铸造法、热冲压法、冷挤法以及管缩和旋压成型法。

铸造法适用于制造杀伤、爆破的迫击炮弹弹体，用材有钢性铸铁、稀土球墨铸铁。铸造弹体不允许有白口、气孔、缩孔、疏松等疵病。其材质的化学成分、机械力学性能、弹体外形尺寸、质量偏心、药室形状等应符合毛坯图与技术要求。

热冲压法适用于中、大口径后膛弹弹体，材料一般为 D60，58SiMn，$60Si_2Mn$ 等炮弹钢。用水压机热冲压毛坯，其材料利用率一般为60%左右。这就是说，要有40%左右的钢材要切削成屑。用精密热冲压方法制造毛坯，材料利用率一般为75%~80%，有了比较大的改善。弹体头部需经收口成型。热压所需设备吨位比冷挤法小，压型、冲孔、拔伸一次加热完成，生产效率高，适合大量生产。缺点是材料利用率低、劳动条件较差。

冷挤法最适用于中、小口径弹体毛坯的制造，材料一般为低碳钢，如S15A，S20A等。冷挤法能保证弹体尺寸精度、表面粗糙度、高的强度和刚度。与热冲压法相比，材料利用率高，但需要大吨位的压机以及高强度、高精度和耐磨的冲模具相匹配，毛坯制造过程中又需多次退火、酸洗、磷化等技术措施，限制了其在大、中口径弹体制造上的应用。冷挤弹体毛坯简化了后续机加工等生产工序，具有较高的生产效率。

管缩和旋压成型法用于壁厚不大的战斗部毛坯，具有较高的生产效率，目前在用强力旋压技术生产薄壁零件上已取得了一定的进展。

② 弹体和火箭战斗部收口。弹体和火箭战斗部收口是用压力机和收口模将粗加工后的弹体（或火箭战斗部壳体）毛坯缩径成所要求弹体或火箭战斗部头部的成型方法。按变形区的加热温度可分为热收口、冷收口和温收口。

热收口工艺简单，收口时，金属流动性好，变形力小，但氧化皮多，内腔尺寸和形状不易控制，一致性差，适用于变形大的厚壁弹体收口工艺。

冷收口生产效率高，尺寸精度和表面粗糙度好，但变形力大，对模具的精度和强度要求高，模具使用寿命低，收口前一般都需要热处理和表面润滑处理等准备工序。

温收口具有热收口和冷收口的优点，已用于大型薄壁弹体的收口。收口的操作有口朝下和口朝上两种方式。薄壁弹体收口也可用旋压成型的工艺方法。

旋压收口常用于碎甲弹弹头部收口成型，或作为变形量较大的薄壁火箭战斗部的收口工艺。旋压收口时，将筒形弹体半成品装卡在专用的旋压收口机上，头部加热至规定温度。弹体强力旋转时，装在旋压收口机旋臂端的硬质合金摩擦板与弹体外表面加热部分接触，旋臂绕中心轴旋转，旋转半径为弹头弧形半径。弹体靠摩擦板的挤压变形，逐步形成圆弧形头部。加热弹体过程中要严防局部温度过高而产生过烧或脱碳，或温度过低而发生折裂。此法的优点是弹体头部与圆柱部的同轴性好、生产效率较高、成本低等。

（3）弹药加工中的自动检测

炮弹的战术性能是取得战争胜利的保证，弹药质量的好坏直接关系着军队的战斗力，任何质量不好的炮弹都会给部队带来严重后果，这就要求产品的质量必须合格。炮弹质量的最终检测是射击试验，由于不可能把生产出来的炮弹都进行这样的试验，因而，试验上的局部性决定了必须在生产过程中按照工序逐项进行严格检测。不难想象，这种检测的工作量是非常大的，因而有必要使用自动检测技术。

对于检测工作，不仅要测量工件的几何参数，确定工件是否合格，而且要将测量结果作为一种信息，反馈到加工系统，对加工过程进行评价及控制。过去，仅采用生产过程前后的检测，即在加工前检测毛坯，防止加工不合格的毛坯和在加工结束后检测成品。现在，更重要的是加工过程的检测，利用检测到的信号进行反馈控制，以防止废品的发生。由于炮弹的生产要求做100%的检测，而且是大量生产，所以需要大量的检测工人。自动检测可以提高检测效率，提高检测的可靠性，还可减少检测工人的数量。在自动检测中，广泛使用了专用的自动检测机，它们适用于特定产品的自动检测系统，最初应用于小口径炮弹的检测，以后必将向中、大口径的炮弹推广。

激光扫描自动检测系统是一种用于生产现场的高精度检测系统。其扫描速度很高（90~220 m/s），并将多次的扫描结果平均化，可以大大提高测量精度。由于它是在非接触状态下进行测量，因而可以对热状态的工件进行检测，如用于热冲压毛坯的尺寸检测等。

炮弹表面缺陷的检测，如裂纹、沙眼、气孔、划痕、夹杂等现象，以往一直以人工用肉眼检测，近来已采用各种传感器代替人的视觉进行检测。

无损检测主要是用超声波的方法检测炮弹装药的质量，这对及时发现影响发射安全的疵病，如炸药中的疏松、缩孔、气泡等，并加以剔除，有着极其重要的意义。

1.7.2 技术条件和弹药靶场试验

（1）技术条件

技术条件和产品图同样是工厂组织弹药生产的最主要的原始资料。在弹药的生产过程中，技术条件是所有技术工作和相关人员共同遵守的技术规则。技术条件也是从多年大量生产实践中总结出来的技术要求。当然，随着生产工艺的改变和科学技术的发展，技术条件也应当不断改变和发展。

最重要的技术条件是弹体的制造与验收，以及全弹的装药、装配与验收等。这些技术条件规定了生产过程中技术文件制定的规则、生产的组织、产品的质量标准、原材料的检验、毛坯的制造与检验方法，以及靶场试验的抽样与实施方法等。

技术条件的内容一般包括：

① 一般技术要求：规定弹药生产所依据的技术资料、生产的组织程序、工艺规程的审批规定、工艺改变时的具体程序与要求、原材料的检验规定、代用原材料的使用办法等。

② 对毛坯、零件和部件的要求：规定热冲压、型锻、热收口、热处理的技术要求，如

加热时间的检验、冲压工艺过程的控制,以及对钢材规格改变的处理方法、截断的要求、加工质量的检验,以及热处理如一次没达到性能要求,需要重复热处理时的技术规定等。

③ 对机械加工零件的尺寸要求:对机械加工零件的尺寸要求,即表面质量的要求与检验方法的规定。这里面主要有壁厚差的检验方法、几何偏心的检验、螺纹的检验方法、局部超差的允许范围,以及表面刀具划痕的深度、条数等的具体要求等。

④ 对关系到产品发射强度与射击密集度的试验办法与技术标准:规定水压试验的具体规则、磁力探伤的规则、弹带加工质量的检验办法等。在技术条件中,还规定废品的隔离管理办法、生产中的责任制度、生产责任者的工序印记的位置规定、工厂代号、产品的材料炉号、热加工与热处理炉号、制造年月与军代表验收的印记位置及顺序的规定等。

因炮弹、火箭弹是大量生产的,故对编批提出要求,如不同口径炮弹的每批数量,同批炮弹允许使用材料炉号的数量等。此外,还有表面处理、涂油、涂漆质量的检验办法等。最后,技术条件还规定军代表的验收技术规则,包括验收程序、抽样的方法与数量、验收的项目、不合格品返修的处理方法、靶场试验的实施方法与质量标准等。

除上述主要技术条件外,还有一些工艺专用的技术条件,如镀锌、涂漆的技术条件,表面氧化与磷化的技术条件等。

在制造弹药时,只有产品图是不够的,设计者除了提出供制造使用的产品图外,还必须编制出产品图上没有做出具体规定的技术要求,即技术条件,这样才能保证制造出的产品在性能上达到设计的战术技术要求。

(2) 靶场试验

由于影响因素很多,只是靠理论来分析计算弹药的作用与性能是不够的,因而必须进行各种试验来检查弹药的制造质量。在各种试验中,有决定性的是靶场射击试验。

靶场试验可分为生产交验和科学研究两种情况。生产交验的靶场试验是经常进行的,在一般情况下,每批弹药都必须进行这种试验。试验项目有弹体强度、射击密集度、炸药装药安定性与爆炸完全性等。科学研究的靶场试验,是为了检查新设计的弹药是否满足设计要求。

靶场试验项目主要有:

① 发射强度。
② 射击密集度和最大射程。
③ 飞行稳定性和飞行正确性。
④ 破片性能和杀伤威力(榴弹)。
⑤ 爆破威力(榴弹)。
⑥ 穿甲威力(穿甲弹)。
⑦ 破甲威力(破甲弹)。
⑧ 特种弹的作用性能(烟幕、照明等)。
⑨ 其他有关作用与性能的试验项目。

(3) 炮弹的靶场试验

① 强度试验。目的是检查弹丸发射时、飞行中和撞击目标后,弹体保持完整不破裂的性能,以及弹带的强度等。强度试验需在制式火炮上进行,发射药需经过 50 ℃ 的保温,以使膛压达到试验规定的"强装药"压力。

在射击之前,需对弹丸进行检查,并在规定的部位冲印后测量其外径尺寸,并做记录。弹丸内装填不爆炸物质,并使弹丸质量及质心位置与原弹丸相同。

射击后回收,并检查下列内容:弹体有无破裂,弹体圆柱部有无不允许的永久变形,弹底有无凹陷,弹带是否断裂,有无不允许的位移,接缝处拉开的距离是否超过允许值,以及产品图上规定的其他要求。

弹体强度试验是强度试验中的主要方面,指的是检验发射时和撞击目标时弹体与其他零件的强度及作用可靠性的射击试验。试验用的火炮性能应符合规定要求(如初速降低不超过2%～5%);弹体内装有惰性物质,配假引信或阻力帽;采用强装药。射击后,弹丸应回收(回收率不低于80%)检测。57 mm 口径以上弹丸和迫击炮弹采用对地面射击后回收,57 mm 口径以下弹丸采用对木屑回收装置射击后回收。检验回收后的弹体及零部件的变形量(应符合图样规定范围)、各零部件的连接可靠性和弹体药室的闭气可靠性。对有药室的普通穿甲弹的弹体,主要考核碰靶强度。试验时,着速要略大于靶板的极限速度,按规定着角,向设置离炮口 50～100 m 处靶板射击。弹体弧形部允许破损,但裂纹扩展不允许延至药室,其他部分须符合试验规定。

② 炸药装药发射安定性试验。此试验又称弹体装药射击安定性试验,是检查弹丸的炸药装药在最高膛压条件下是否具有膛内、炮口和弹道的安全性能。

为了排除来自弹体强度方面的影响,必须在弹体及其零件发射强度试验合格后方可进行射击安定性试验。炸药装药射击安定性试验是用强装药射击,试验方法与装配弹体发射强度试验基本相同。

③ 榴弹的碰击安定性与爆炸完全性试验。榴弹的碰击安定性就是要求弹丸被引爆之前,炸药装药必须安定,不能出现早炸。在引信正确作用后,弹丸又必须爆炸完全。

碰击安定性试验,采用的是专用减装药,用实弹、假引信或摘火引信。爆炸完全性的判定是定性的。

④ 密集度试验。弹丸密集度试验,是考核弹丸弹着点相对弹着中心密集程度的试验。随弹丸性能和作用的不同,试验时可对立靶或对地面射击。立靶射击主要用于破甲弹、穿甲弹、碎甲弹,以及用水平射击就能达到考核目的的小口径炮弹和高射炮炮弹等;地面射击用于迫击炮弹、半穿甲弹和中、大口径炮弹。

试验时,为消除其他各种因素的影响,试验场地、火炮、瞄准系统、气温、风速、风向、发射装药等试验条件,瞄准、试射、射角的确定等射击操作方法,以及弹着点的观测,均应符合有关规定。

试验场地应开阔而平坦,立靶为正方形,大小取决于射击距离和弹丸的最大预定散布,一般用厚纸板、胶合板或布绷在垂直地面的靶架上构成。瞄准点是靶面十字中心线交点。十字线宽以从炮位能看到为度。地面射击多用最大射程,靶道应有足够的长度和宽度。因场地小而不能进行最大射程射击时,允许缩短至最大射程的 4/5 或 2/3,这时对密集度指标应做相应调整。试验用火炮的初速下降量应在规定范围内,发射装药为弹道性能符合规定的全装药。弹丸应经外观检查、称重并测出质心位置。同组弹丸质量差不得超过一个弹重符号值。立靶试验一般用惰性弹,若用实弹则必须用摘火引信。地面试验一般用实弹,引信装定为瞬发。若用惰性弹,则应保证其质心位置不会在发射时后移,用真引信,并采取观察弹着点的措施。试验时,地面风速不大于 10 m/s(试验迫击炮炮弹、无坐力炮炮弹和火箭弹时,应不大于 7 m/s）。正式试验前先进行温炮（或叫试射）射击。试射确认一切正常后，按组进行射击，每组发数按产品图纸规定。立靶射击后按直接坐标法测量靶面弹着点的 y、z 坐标，地面射击用交会法或直角仪法测量弹丸在地面爆炸点的 x、z 坐标。

⑤ 杀伤和爆破威力试验。

一是榴弹破碎性（破片质量分布）试验。破碎性试验的方法是回收弹丸爆炸后的破片，并按质量分组获取破片质量分布，必要时可进一步测定各质量组破片的平均迎风面积以及空气阻力系数。

二是破片速度分布试验。测量破片速度的常用方法有 X 光摄影法、测时仪法和高速摄影法。

三是破片空间分布试验。过去主要采用球形靶测试法，现在则采用长方形靶测试法。这种方法在靶区的划分以及破片密度的计算上都比较准确，靶的制作也比较容易。

四是扇形靶试验。扇形靶试验的目的是测定弹丸及战斗部在静止情况下爆炸的密集杀伤半径。

在密集杀伤半径的圆周上平均一个人形靶上（立姿：高 1.5 m，宽 0.5 m）要有一块击穿 25 mm 厚松木靶板的破片。

⑥ 穿甲弹威力试验。

一是极限穿透速度试验。这种试验应逐发测量并调整靶试法向角。试验中，不仅要测量穿甲弹的着靶速度，而且要测定其着靶章动角。一般要求着靶章动角不超过 3°。当最低穿透着速与最高不穿透着速之差不超过 3% 时，其最低穿透着速即该弹的极限穿透速度。为确保穿透试验的有效性，试验还必须满足穿甲有效条件。

二是穿甲威力试验。穿甲威力试验，是一项综合性的考核穿甲威力的试验。该试验通常在极限穿透速度试验后进行。靶后必要时设立观察弹丸后效作用的松木板和油箱等。脱壳穿甲弹在有效射程上进行射击试验，依据穿透后效靶的情况，评定威力。

⑦ 破甲弹威力试验。

一是静破甲试验。聚能装药战斗部在一定炸高条件下，以静态爆炸测定破甲威力（深度）的试验被称为静破甲试验。

在穿深试验中，还可以用 X 光摄影机研究射流的形成、射流速度、射流形态和破甲等现象和参数，也可测量侵彻深度与穿靶时间关系，即 h-t 曲线。

二是动破甲试验。动破甲试验是对指定的模拟装甲目标，在一定的着靶条件下，以射击测定破甲弹威力的综合性试验。对破甲威力做出综合评定时，应包括对后效靶的后效作用试验，或进行专门的后效试验。

动破甲试验要统计破甲率——命中靶面有效区的穿透靶板发数量与试验有效发数量之百分比。破甲率一般不低于 90%。

三是破甲后效试验。后效靶板法是利用主靶后面设置的多层薄靶测定剩余射流和二次破片的侵彻能力及空间分布情况，以检验破甲后效作用。

(4) 火箭弹的靶场试验

由于火箭炮一次齐射的数量较大，所以，为减少试验弹药的消耗量，一般规定：火箭弹的射击密集度、发射强度和装药安全性试验，用一组全备的火箭弹射击。

试验时，以最大射程角，用精密射击法进行，即在每发之间相隔 8~10 s，以消除火炮振动对射击密集度的不利影响。

因为地面风对火箭弹密集度的影响较大，故射击条件要求严格控制。一般规定：

① 地面风速不大于 8 m/s。

② 火箭炮的运载车，其纵向和横向都必须保持水平，射击前需用仪器检验。

③ 定向器尺寸、直度必须用量具检验。

④ 一组火箭弹的质量公差应在±0.5%的范围内。

⑤ 射击后必须测得 100%的弹着点位置。

在射击过程中和射击之后，若没有发现早炸和弹上各部件（如燃烧室、战斗部、喷管、稳定装置等）分离，而且射击密集度符合规定指标，则认为试验合格。

习 题

1. 弹药的基本组成和主要作用有哪些？
2. 从近年来发生的海湾战争、科索沃战争、伊拉克战争中分析现代战争的主要特点。
3. 未来战场上弹药对付的空中目标、地面目标和海上目标的特性有哪些？
4. 根据现代战争的主要特点，分析作为最终完成对各类目标毁伤功能的弹药必须具有哪些能力？
5. 按照投射方式分类，弹药可分为哪几种，各有什么特点？
6. 区分弹药的射击准确度和射击密集度，并指出射击密集度的度量方法。
7. 弹药的研究与设计步骤和弹药的设计方法主要有哪些？
8. 弹药靶场试验项目主要有哪些内容？

第 2 章
相关基础知识

2.1 内弹道与外弹道

弹道学是研究弹丸运动规律的科学,传统上把它区分为内弹道学和外弹道学。内弹道学是研究弹丸在膛内的运动规律以及火药燃烧规律的科学,而外弹道学是研究各种弹丸在空气中运动规律及相关问题的科学。

2.1.1 内弹道

通常,弹丸的内弹道过程可以分为以下四个过程。

(1) 点火过程

后膛炮弹从炮尾装入并关闭炮闩后,便处于待发状态。射击是从点火开始,通常是利用机械作用使火炮的击针撞击药筒底部的底火,使底火药着火,底火药的火焰又进一步使底火中的点火药燃烧,产生高温高压的气体和灼热的小粒子,并通过小孔喷入装有火药的药室,从而使火药在高温高压的作用下着火燃烧,这就是所谓的点火过程。

(2) 挤进膛线过程

在完成点火过程后,火药燃烧,产生大量的高温高压气体,并推动弹丸运动。由于弹丸的弹带直径略大于膛内的阳线直径,因而在弹丸开始运动时,弹带是逐渐挤进膛线的,阻力不断增加,而当弹带全部挤进(嵌入)膛线后,阻力达到最大值,这时弹带被划出沟槽并与膛线完全吻合(图 2-1),这个过程称为挤进膛线过程。

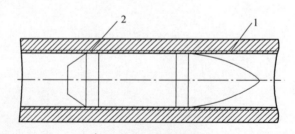

1—膛线;2—弹带嵌入。

图 2-1 弹丸在炮膛内运动

(3) 膛内运动过程

弹丸的弹带全部挤进膛线后,阻力急剧下降。随着火药的继续燃烧,不断产生具有很大做功能力的高温高压气体。在这样的气体压力作用下,弹丸一方面沿炮管轴线方向向前运动,另一方面又沿着膛线做旋转运动。在弹丸运动的同时,正在燃烧的火药气体也随同弹丸一起向前运动,而炮身则向后运动。所有这些运动都是同时发生的,它们组成了复杂的膛内射击现象。随着这种过程的进行,膛内气体压力从起动压力 p_0 开始,升高到最大膛压 p_m 后开始下降,而弹丸的速度不断增加,在弹底到达炮口瞬间,弹丸的速度称为炮口速度(图 2-2)。以后,弹丸离开炮口而在空中飞行。

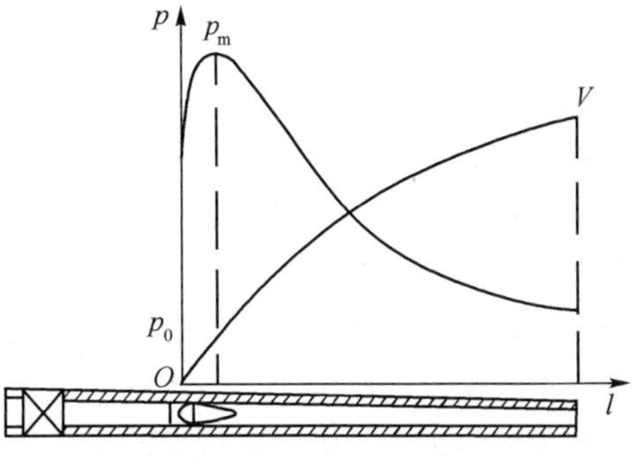

图 2-2 膛内压力、速度随行程的变化曲线

(4)火药气体对弹丸后效作用过程

弹丸飞出炮口之后,在它后面的火药气体也将随之喷出。这时,气体的运动速度将大于弹丸的运动速度,对弹丸仍将起着推动作用,使弹丸继续加速。但是,由于气体流出后将迅速向四周扩散(膨胀),因而在距离炮口的某一距离处,火药气体的运动速度将变得小于弹丸的运动速度,对弹丸不再起推动作用。对弹丸来说,当火药气体的推动作用同空气对弹丸的阻力和重力的影响相平衡时,弹丸的加速度为零,此时速度将达到最大值。这就是说,弹丸运动的最大速度不是在炮口处,而是在出炮口以后的某一弹道点上。尽管弹丸飞出炮口后,火药气体对弹丸运动继续起作用的这段弹道不长,但对弹丸运动的影响是不可忽视的。

弹丸自飞出炮口到伴随流出的火药气体对弹丸作用消失为止的这段弹道,是中间弹道学的研究对象。过去,总是把中间弹道作为内弹道学的一个组成部分来对待。在处理具体的弹道问题时,是将炮口作为内、外弹道的分界,把在外弹道某点处的速度测出以后,考虑弹丸的受力情况,然后再折算到炮口,并把这一折算后的速度(初速 v_0)作为弹丸外弹道的起始条件。这样,火药气体在中间弹道对弹丸运动速度的影响也就被间接地考虑了。

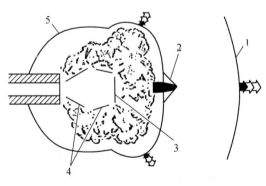

1—前驱波;2—初始冲击波;3—马赫盘;
4—瓶状冲击波;5—爆炸冲击波。

图 2-3 中间弹道流场示意

但是,弹丸在中间弹道上的运动是一个十分复杂的问题。图 2-3 给出了某一瞬时中间弹道的流场示意图。由此可见,弹丸在中间弹道内的受力和运动情况是比较复杂的,只是间接考虑火药气体对弹丸运动速度的影响是不够的。对中间弹道的初步研究表明,深入认识中间弹道内的物理本质,可能对火炮炮口处的结构选择以及弹丸射击精度的提高都会带来好处。

至于火箭弹的内弹道问题,它是研究火箭发动机工作原理的。与弹丸的运动不同,在火箭发动机工作时,将不断喷出燃气气流而直接产生反作用——推力,从而推动火箭弹运动。

2.1.2 外弹道

弹丸在飞行过程中，由于受到发射条件、大气条件以及弹丸本身各方面因素的干扰，所以呈现出复杂的运动规律。按照外弹道学研究的历史过程，可以将其分成质点弹道学和刚体弹道学两大部分。

质点弹道学是在一定的基本假设下，略去对弹丸运动影响较小的一些力和全部力矩，把弹丸当成一个质点来看待，研究其在重力、空气阻力和推力作用下的运动规律。质点弹道学的作用在于研究此简化条件下的弹道计算问题，分析影响弹道的诸因素，并初步分析形成散布和产生射击误差的原因。

刚体弹道学则是考虑弹丸所受的全部力和力矩，把弹丸当作刚体，研究其质心运动、围绕质心的角运动以及二者之间的相互影响。刚体弹道学的作用在于解释飞行中出现的各种复杂现象，研究弹丸稳定飞行的条件，形成散布的机理及减小散布的途径，刚体弹道学还用来精确计算弹道或应用于编拟射表。

(1) 弹丸的空气阻力

弹丸在空气中运动时，将受到空气的作用力。对于质量分布均匀、外形对称的弹丸，当其对称轴与运动速度方向平行时，空气作用力的合力便与弹丸的对称轴重合，且其方向与飞行速度方向相反，这就是空气阻力，以 R 表示。空气阻力的大小取决于三个方面，即弹丸形状尺寸与表面状况，空气的密度、黏性与可压缩性以及弹丸与空气的相对速度。试验结果表明，空气阻力的大小与弹丸的最大截面积成正比，与空气密度成正比，在马赫数小于临界马赫数时近似与速度平方成正比，其他因素的影响可以包含在一个试验系数中，称为阻力系数，即有

$$R = \rho v^2 S C_x(Ma)/2 \tag{2-1}$$

式中　S——弹丸横截面积，m^2；
　　　ρ——空气密度，g/cm^3；
　　　v——弹丸运动速度，m/s；
　　　$C_x(Ma)$——阻力系数；
　　　Ma——马赫数。

由此可见，对于一定的弹丸，在一定的射击条件下，空气阻力的大小主要取决于阻力系数的数值。图 2-4 给出了几种不同弹形的阻力系数（C_x）与马赫数（Ma）之间的关系曲线。

旋转稳定弹丸主要用于线膛炮，它的弹形好，空气阻力系数小，射程远。弹体成流线型，其上有定心部、弹带，有的还有闭气环。目前，用线膛炮发射的榴弹、特种弹、子母弹，大都采用这种弹形。张开式尾翼稳定弹丸一般配用于滑膛炮，若使用微旋装置，也可用于线膛炮；它的弹形差，空气阻力系数大，但飞行稳定性好，主要配用于直接瞄准的火炮，如坦克炮、反坦克炮使用的破甲弹和非远程榴弹；这种弹丸分弹体和尾翼两部分，其弹体外形与旋转稳定弹相同，其尾翼在膛内呈缠绕状态，而出炮口后能及时张开。同口径尾翼稳定弹丸指的是杆形头部尾翼稳定弹，主要配用于滑膛炮或线膛炮；它的杆形头部可减小头部阻力（头部空气阻力系数小），提高飞行稳定性；在超声速下用同口径尾翼可使弹丸稳定，而采用超口径尾翼就可使翼展减小；由于这种弹丸在飞行中攻角小，所以当飞行速度为 3～

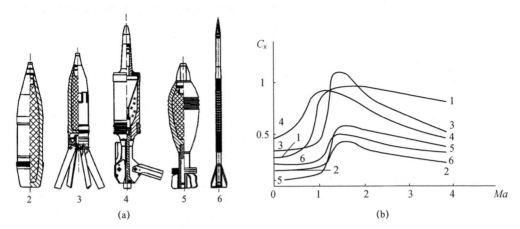

1—球形弹丸；2—旋转稳定弹丸；3—张开式尾翼稳定弹丸；
4—同口径尾翼稳定弹丸；5—迫击炮弹；6—火箭弹。

图 2-4 不同弹形弹丸的阻力系数与马赫数的关系

$4Ma$ 时其综合阻力并不是很大，这种弹形结构目前主要用在中高初速的破甲弹上。迫击炮弹一般为亚声速，弹丸阻力主要取决于摩阻和底阻，因此弹丸外形采用滴状外形，呈现流线化，可减小阻力、增大射程。采用尾翼稳定的火箭弹，使空气动力合力的作用点（压心）位于全弹质心之后，能够形成足够大的稳定力矩来保证该形状弹丸飞行稳定。

对形状相似的弹丸来说，其阻力系数与马赫数的关系曲线是相似的，故常取某一个或某一组弹丸的 $C_x^*(Ma)$ 曲线作为标准，并称其为空气阻力定律。

而其他弹丸的 $C_x(Ma)$ 关系则以标准弹丸的阻力系数与某一系数的乘积表示，并将该系数定义为弹形系数 (i)，即有

$$C_x(Ma) = iC_x^*(Ma) \tag{2-2}$$

目前，常用的阻力定律有西亚切阻力定律和1943年阻力定律等。

对于超声速运动的旋转稳定弹丸来说，常把阻力系数 $C_x(Ma)$ 分为头部波阻系数 C_{x_t}，尾部波阻系数 C_{x_w}，底部阻力系数 C_{x_d} 和表面摩擦阻力系数 C_{x_m}，即有

$$C_x = C_{x_t} + C_{x_w} + C_{x_d} + C_{x_m} \tag{2-3}$$

(2) 弹丸的质心运动轨迹

1) 弹丸的质心运动方程组

弹丸的质心运动方程组是在以下基本假设条件下建立的：

① 弹丸质量分布均匀，外形对称且其对称轴与质心速度矢量的夹角即攻角为零。
② 气象条件符合标准气象条件。
③ 不考虑地球自转的影响及重力加速度随纬度的变化。
④ 不考虑地球曲率及重力加速度随高度的变化。

由于外形对称且攻角为零，空气阻力矢量必然与弹轴重合。又由于质量分布均匀，故质心必然在弹轴上，因此空气阻力必然通过质心。由于重力总是通过质心的，所以炮弹所受外力均通过质心，即可把弹丸作为质点来研究。

由于标准气象条件中规定无风，空气阻力必然在射击平面内。又因忽略哥氏惯性力的影响，因此弹丸受力均在射击平面内，如图 2-5 所示。

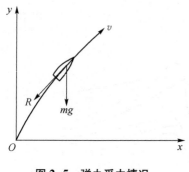

图 2-5 弹丸受力情况

在上述基本假设条件下,根据牛顿第二定律可得弹丸的质心运动方程组为

$$\begin{cases} \dfrac{\mathrm{d}v_x}{\mathrm{d}t} = -cH(y)G(v,c_x)v_x \\ \dfrac{\mathrm{d}v_y}{\mathrm{d}t} = -cH(y)G(v,c_x)v_y - g \\ \dfrac{\mathrm{d}x}{\mathrm{d}t} = v_x \\ \dfrac{\mathrm{d}y}{\mathrm{d}t} = v_y \\ \dfrac{\mathrm{d}p}{\mathrm{d}t} = -\rho g v_y \end{cases} \quad (2\text{-}4)$$

式中 $G(v,c_x)$ —— $\dfrac{\pi}{8\,000}\rho_{0\mathrm{n}}C_{x0\mathrm{n}}\left(\dfrac{v}{a}\right)v$,$v=\sqrt{v_x^2+v_y^2}$,$C_{x0\mathrm{n}}$ = 1943 年阻力定律的阻力系数,$a=\sqrt{kR_1\tau}$;

$H(y)$ —— $\dfrac{\rho}{\rho_{0\mathrm{n}}}$,$\rho=\dfrac{p}{R_1\tau}$,$\tau$ 由气温随高度分布的标准定律确定。

气压对时间的变化方程由大气铅直平衡方程得到。

积分初始条件为:$t=0$ 时,$v_x=v_0\cos\theta_0$,$v_y=v_0\sin\theta_0$,$x=y=0$,$p=p_{0\mathrm{n}}=10^5$ Pa。

2) 弹道系数

在各种力的作用下,弹丸和火箭弹在空气中的质心运动轨迹即为弹道(图 2-6)。在图 2-6(b) 中,Oa 段是火箭发动机工作的一段,称为主动段,而 asc 段称为被动段。

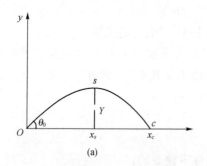
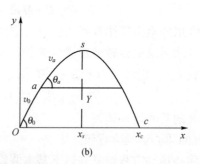

(a)   (b)

图 2-6 外弹道示意图

(a) 炮弹弹丸弹道;(b) 火箭弹弹道

为方便起见,常用注脚"O""s""c"和"a"分别表示射出点、顶点、落点和主动段终点的弹道诸元。采用英文大写字母表示弹道诸元。如 X 表示全射程,Y 表示最大弹道高等。

对弹丸质心运动的研究表明,弹丸的外弹道诸元由所谓弹道系数 c、初速 v_0 和射角 θ_0 决定。对射程而言,可以写出如下函数关系

$$X=X(c,v_0,\theta_0) \quad (2\text{-}5)$$

其中初速和射角对射程(或弹道诸元)的影响是显而易见的。在此,只对弹道系数的影响

作一说明。

弹道系数的表达式为

$$c = \frac{id^2}{m} \times 10^3 \tag{2-6}$$

式中　i——弹形系数，对于确定的弹形可视为常数；
　　　d——弹丸直径，m；
　　　m——弹丸质量，kg。

分析式（2-6）可知，弹道系数反映了弹丸保持运动速度的能力。弹道系数大，说明做惯性运动的弹丸容易失去其速度；弹道系数小，说明弹丸保持其速度的能力强。

（3）质量系数

由于弹丸质量 m 与弹丸的体积有关，所以有 $m \propto d^3$。若引入弹丸质量系数（或称弹丸相对质量）

$$c_m = \frac{m}{d^3} (\text{kg/dm}^3) \tag{2-7}$$

则式（2-6）可写为

$$c = \frac{i}{c_m d} \tag{2-8}$$

不同种类的弹丸，其质量系数值不同。但对于相似的同类弹丸，其质量系数值将在不大的范围内变化。可见，形状相似的同类弹丸，其弹道系数与弹径成反比，即弹径越大，弹道系数越小，因而空气阻力的影响也小。

（3）飞行稳定性

所谓飞行稳定性，就是指弹丸在飞行中受到扰动后其攻角能逐渐减小，或保持在一个小角度范围内的性能。实际上，稳定飞行是对弹丸的基本要求。如果不能保证稳定飞行，攻角将很快增大，此时不但达不到预定射程，而且会使落点散布也很大。

当前保证弹丸飞行稳定的方法有两种：旋转稳定（即陀螺稳定）和尾翼稳定。

旋转稳定是令弹丸绕其轴高速旋转，产生足够的陀螺力矩，使弹轴绕平衡位置做周期运动的一种稳定方式。由外弹道学研究得知，弹丸旋转稳定性内容包括：急螺稳定性、追随稳定性和动态稳定性三部分。

急螺稳定性是指弹丸在发射时，膛内各种不均衡因素，使弹丸获得一个力矩冲量，使出炮口后弹轴与弹道切线不重合，这样，空气阻力作用线不通过弹丸的质心，从而产生一个迫使弹丸翻转的力矩，其大小与弹速、弹轴对弹道切线偏角等有关。为了实现飞行稳定，弹丸应绕自身轴线进行高速旋转，以克服翻转力矩的不利作用。旋转弹丸的这种飞行稳定性被称作急螺稳定效应。弹丸在旋转过程中可能出现三种情况：转速适中，在飞行中始终能维持允许的小攻角；转速过低，弹丸飞行不稳定并在空中翻转；转速过高，使弹轴方向在飞行中保持不变，且攻角很大，这种过稳定现象会影响射程，而且发生弹底着地，致使炮弹失效。在工程设计中，常用理论计算确定的急螺稳定系数与旋转飞行稳定弹丸的相应值做对比，当前者大于后者时，满足急螺稳定性条件。

追随稳定性是指弹丸在弹道曲线段飞行时，弹道切线的方向时刻在改变，这时飞行弹丸的动力平衡轴亦应做相应变化，以保持两者每时每刻不发生大的偏差。弹丸的动力平衡轴跟随弹道切线以同样角速度向下转动的特性被称为追随稳定性。在弹道顶点追随稳定性最差。

另外从弹丸整个飞行过程来分析，仅考虑直线段的急螺稳定性和曲线段的追随稳定性还不够，还应考虑全弹道上的章动运动是否逐渐衰减，弹丸的这种特性被称为动态稳定性。

尾翼弹丸的飞行稳定性是靠尾翼产生的升力使弹丸的压力中心移至弹丸质心之后，此时，空气动力对弹丸产生的力矩是迫使弹丸攻角不断减小的稳定力矩。当弹丸遇上由攻角引起的扰动时，该力矩会阻止攻角的增大，迫使弹丸绕弹道切线做往返摆动。这是尾翼弹丸飞行稳定的必要条件。为使弹丸在全弹道上稳定飞行，还要求这种摆动迅速衰减，而且在曲线段具有追随稳定性；对微旋尾翼弹，还要求弹丸具有良好的动态稳定性。

1）稳定飞行的原理

弹丸飞行稳定原理为研究弹丸保持固有飞行姿态或反抗外界干扰能力的有关过程、现象及规律的理论，这是外弹道学研究的主要内容，亦是弹丸设计的重要内容之一。现对尾翼稳定和旋转稳定（即陀螺稳定）分述如下。

① 尾翼稳定原理：尾翼稳定的原理比较容易理解，古代的弓箭就是靠尾翼稳定的。其实质是使空气动力的压力中心处于质心之后，此时的静力矩就是稳定力矩，其作用方向是使攻角减小的方向。除了设置尾翼以外，凡能使静力矩成为稳定力矩的方式都属于尾翼稳定的范畴。

尾翼稳定的必要条件是压力在质心之后，即翻转力矩系数 $m'_z<0$。但并非满足此条件就够了，一般还需要一定富余量。压心至质心的距离与弹长之比称为稳定储备量，通常稳定储备量都在 10%～30%。稳定储备量大并非肯定就能稳定，实际上尾翼弹丸在转速过高时也会发生不稳定，这说明满足稳定储备量的要求仅是稳定飞行的必要条件。

② 陀螺稳定原理：陀螺稳定是利用高速旋转所产生的陀螺效应来改变弹轴的运动规律，以此来达到稳定飞行的目的。玩具陀螺之所以能不倒也是同样的原理。

不旋转的弹丸当受到外力矩作用使弹轴产生一个角速度后，如果不再受其他外力矩作用，则弹轴将以此角速度继续在此平面内转动，只有在受到另一个力矩的作用后才能改变转动方向。但高速旋转弹丸弹轴的运动规律与不旋转的弹丸完全不同。

高速旋转弹丸的运动与陀螺仪完全相似。不妨把弹丸看成高速旋转的陀螺转子，其转速为 $\dot{\gamma}$（图 2-7）。设想有一个框架，弹丸可以在框架上绕弹轴自转，框架可以绕框架轴转动。如果使框架轴以角速度 $\dot{\varphi}$ 逆时针转动，则弹丸和框架在随同框架轴转动的同时，必将产生一个绕框架轴的角加速度，使弹尖向外转动，就像受到一个绕框架轴的力矩作用一样。这种现象称为陀螺效应，这个假想的绕框架轴的力矩就是陀螺力矩。

下面具体说明陀螺力矩产生的原因。如图 2-7 所示，在弹丸上取四个小质点 M、N 和 E、F。当弹绕弹轴高速自转时，这些小质点的速度都是与弹轴垂直的。设弹轴以角速度 $\dot{\varphi}$ 转动，并设想转了一个小的角度，弹轴转到了虚线所示位置，则 M、N 两点的速度方向

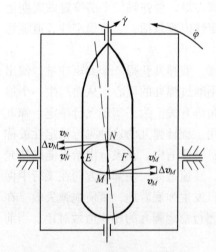

图 2-7 陀螺力矩的物理本质

都将随之发生变化（E、F 两点速度方向不变），M 点速度由 v_M 变为 v'_M，产生了向上的一个速度增量 Δv_M；N 点速度由 v_N 变为 v'_N，产生了一个向下的速度增量 Δv_N。这意味着如果弹轴以角速度 $\dot{\varphi}$ 做平面摆动，则 M 点将产生向上的加速度，N 点将产生向下的加速度。但欲使 M 点产生向上的加速度，则必须向其提供向上的力才有可能，在外界没有提供此力的条件下，M 点必须向下加速运动，N 点必须向上加速运动。也就是弹轴和框架以 $\dot{\varphi}$ 逆时针转动的同时，必须绕框架轴使弹头向纸面外加速转动，其角加速度矢量向右，好像受到一个向右的力矩矢量作用一样。此力矩就是陀螺力矩，其实质是惯性力矩。以上说明高速旋转的右旋弹丸，当其产生一个使弹头向左的角速度时，必须产生一个向右的惯性力矩矢量。

陀螺力矩的大小与自转角速度 $\dot{\gamma}$ 成正比，与极转动惯量 C 成正比，与摆动角速度 $\dot{\varphi}$ 成正比，它等于三者的乘积 $C\dot{\gamma}\dot{\varphi}$。

在陀螺力矩的作用下，由于陀螺力矩矢量的方向始终与角速度矢量垂直，所以弹轴不可能再做平面摆动。此时弹轴将在空间做复杂的角运动，弹轴上任一点都在做曲线运动，且自转角速度越大，此曲线的曲率越大。在转速足够高时有可能使弹轴的运动局限在一个小的范围内，通常将弹轴的这种性质称为定向性。转速越高，弹轴的运动范围越小，弹轴的定向性越强。利用弹轴的这种定向性，在一定条件下就能使弹的攻角保持在一个小的范围内，这就是陀螺稳定原理。

并非所有高速旋转的弹丸都能稳定飞行。决定弹丸能否稳定飞行的一个重要参量叫作陀螺稳定因子，它的定义为

$$S_g = \left(\frac{C\dot{\gamma}}{2A}\right) \bigg/ \left(\frac{M_z}{A\delta}\right) \tag{2-9}$$

它的分子与 $\dot{\varphi}=1$ 时的陀螺力矩有关；它的分母与 $\delta=1$ 时的静力矩有关。陀螺稳定因子的大小反映陀螺力矩相对静力矩的大小。当 S_g 很大时，陀螺力矩的作用胜过翻转力矩，弹丸飞行可能是稳定的；当 S_g 接近于零时，翻转力矩的作用胜过陀螺力矩，弹丸的运动不可能稳定。保证稳定飞行的必要条件是 $S_g>1$，称为陀螺稳定条件。由此可知，欲使弹丸稳定飞行，则必须使自转角速度 $\dot{\gamma}$ 大于一定数值。

2）飞行稳定条件

为了保证弹丸稳定飞行，除了必须满足以上必要条件外，还必须同时满足一些其他条件。这些稳定条件是：动稳定条件、共振稳定条件以及追随稳定条件。

① 动稳定条件：陀螺稳定因子也可推广应用于尾翼弹。尾翼弹的稳定条件 $m'_z<0$ 和旋转稳定弹丸的陀螺稳定条件 $S_g>1$ 可以合写成下面一个不等式

$$1/S_g < 1 \tag{2-10}$$

当 $m'_z<0$ 时，$S_g<0$，自然满足上式；当 $m'_z>0$ 时，如果 $S_g>1$，则也能满足上式。所以式（2-10）是两种稳定方式共同的稳定必要条件。

动稳定条件比式（2-10）要求高一些。由飞行稳定性可知，动稳定条件为

$$1/S_g < 1-(S_d)^2 \tag{2-11}$$

式中 S_d——动稳定因子，它的大小取决于马氏力矩系数、赤道阻尼力矩系数和升力系数等。

对于静不稳定弹丸公式（2-10）要求：$m'_z>0$，$S_g>0$，式（2-11）要求 $1/S_g$ 大于 0 小于 1，也就是要求 S_g 大于 1，因而动稳定条件比陀螺稳定条件要求转速更高一些。

对于静稳定弹要求：$m'_z<0$，$S_g<0$，当转速 $\dot{\gamma}=0$ 时，$1/S_g=-\infty$，式（2-11）永远成立，即不旋转的静稳定弹永远是动稳定的。对于旋转的静稳定弹，如果马氏力矩系数等于0，则 $|S_d|<1$，此时式（2-11）也永远成立，弹仍然永远是稳定的。但如果马氏力矩系数不等于0，便有可能 $|S_d|>1$。

由式（2-11）可知，转速过高时就有可能出现动不稳定现象。这说明尾翼弹发生动不稳定是由马氏力矩引起的，尾翼式火箭由于转速过高而出现不稳定的现象在试验中曾经发生过。

② 共振稳定条件：弹丸在设计中除了需要满足动稳定条件外，还应同时满足共振稳定条件，也就是避免共振。尾翼弹有其固定的摆动周期，此固有周期的长短取决于稳定力矩系数和赤道转动惯量等。如果弹的自转周期接近摆动周期，则将发生共振，在此情况下攻角将明显增大，设计时应该避免。静不稳定弹丸不存在固有摆动周期，故不存在共振问题。

③ 追随稳定条件：弹轴在追随速度矢量向下转动的过程中，将同时产生动力平衡角。当动力平衡角过大时，理论和试验表明，弹丸的运动将会发生不稳定现象，使攻角发散，因而在设计中要求最大动力平衡角必须小于某一允许数值，这就是追随稳定条件。

一般情况下，动力平衡角随自转角速度 $\dot{\gamma}$ 的增大而增大，所以为实现追随稳定条件就必须控制转速不能太高，以使在最大射角下弹道顶点的动力平衡角小于允许值。追随稳定条件与动稳定条件是矛盾的，因为动稳定条件要求静不稳定弹丸的转速不能太低。这个矛盾有时会给设计带来一些困难，特别在初速比较高的情况下，由于最大弹道高很高，弹道顶点空气密度很小，动力平衡角过大，所以除了初速比较小的榴弹炮外，一般线膛火炮都不用大于最大射程的射角射击。

保证追随稳定的难易程度除了与翻转力矩系数 m'_z 有关外，还与弹道系数有关。当弹道系数太大时，弹道顶点速度太小，也会使动力平衡角过大。涡轮式火箭加阻力环后在大射角射击时往往出现弹底着地，致使引信不能起爆就是这个缘故。

2.2 火药与炸药

2.2.1 火药

火药是指在无外界供氧条件下，可由外界能量引燃，自身进行迅速而有规律的燃烧，同时生成大量热和气体的物质。通常由可燃剂、氧化剂、黏结剂和（或）其他附加物（如增塑剂、安定剂、燃烧催化剂等）组成，是枪炮弹丸、火箭、导弹等的发射能源。火药在武器的发展和战争中具有特殊的重要地位。火药按一定的装填方式在武器装药燃烧室中燃烧，将化学能转变为热能，同时产生大量高温、高压气体并转变成弹丸、火箭、导弹的动能。这两个转变过程是在极短时间内完成的。火药的能量及其释放速率是这两个过程的决定因素，也是决定武器性能的重要参数之一。火药的能量性质由爆热、比容、爆温、火药力或比冲量等来表征。

（1）火药在弹药中的作用

在枪炮武器中，火药是装在枪弹壳体、炮弹药筒或火炮药室内的。发射时，火药经由底火或其他发火装置点燃而进行快速燃烧，火药燃烧后释放大量热，同时生成大量气体，在膛内形成很高的压力,这种高温、高压气体在膛内膨胀做功,将弹丸高速地推送出去,达到发射弹丸的目的。

在火箭武器中,火药是装在火箭发动机的燃烧室内,发射时,火药经点火装置点燃而进行燃烧,燃烧后生成的高温、高压气体经由发动机尾部的喷管高速喷出,从而产生一种反作用推力,使火箭获得一定的速度向前飞行。

从上述情况看,火药在武器中的作用是提供发射的能源,它是通过急剧的化学反应——快速燃烧、释放热量和产生大量气体来实现的。

火药不仅在武器中提供能源,同时它与武器的质量密切相关。火药提供能量的多少直接影响到弹丸、火箭飞行速度,从而影响武器射程。对某些穿甲弹来讲,弹丸飞行速度大小直接影响穿甲侵彻深度。火药燃烧的均匀性和稳定性直接影响到弹丸、火箭弹弹着点的散布精度。当制造武器的材料一定时,随着火药燃烧产生的高温高压气体温度高低、压力大小的不同,武器的结构和重量会有较大差别,从而影响武器的机动性能。在发射过程中,火药燃烧产生的高温高压气体是通过枪炮身管、火箭发动机尾部喷出的,因此火药燃烧情况会直接影响枪炮身管的使用寿命和发动机推力,故火药必须具备一定的性能方能满足武器要求。

(2) 火药的分类及组成

随着科学技术和武器的不断发展,火药的品种也逐渐增多,为了使用、学习和研究方便,下面对火药进行分类(表2-1)。火药按所选定的分类特征,通常有两种分类方法。一是按用途,火药可分为枪炮发射药、火箭固体推进剂及其他用途的火药;二是按组成成分,火药可分为均质火药和异质火药两类。均质火药又称溶塑火药,包括单基、双基、三基和多基发射药;异质火药又称混合火药或复合火药,包括低分子复合火药、高分子复合火药及复合改性双基火药。

表2-1 火药的分类

火药 (按用途分类)	枪炮发射药	单基发射药 双基发射药 三基发射药 多基发射药	
	火箭固体推进剂	双基推进剂 复合推进剂 复合改性双基推进剂	
	其他用途的火药		
火药 (按组成成分)	均质火药 (硝化纤维素为 基的火药,又称溶塑火药)	单基发射药 双基发射药 三基发射药 多基发射药	
	异质火药 (又称混合火药或 复合火药)	低分子复合火药	
		高分子复合火药	聚硫橡胶火药 聚氯乙烯火药 聚氨酯火药 聚丁二烯火药
		复合改性双基火药	

下面概略介绍各类火药的组成及其特点。

1）单基火药

以硝化纤维素为唯一能量组成的火药称为单基火药，单基火药的主要成分有：

① 硝化纤维素：硝化纤维素是纤维素经过硝化反应后制成的纤维素硝酸酯，它是这类火药的主要成分，通常占90%以上，也是这类火药提供能量的唯一成分。

② 化学安定剂：火药在长期储存过程中，硝化纤维素会自动分解，加入化学安定剂后，可以减缓或抑制这种分解反应的进行，从而提高火药的化学安定性。单基火药中常用的安定剂是二苯胺。

③ 消焰剂：加入消焰剂后，可以减小武器发射后二次火焰的生成。常用的消焰剂有硝酸钾、碳酸钾、硫酸钾、草酸钾及树脂等。

④ 降温剂：降温剂的加入使火药燃烧温度降低，以减小高温对枪膛、炮膛的烧蚀作用。常用的降温剂有二硝基甲苯、樟脑和地蜡等。

⑤ 钝感剂：加入钝感剂的作用是控制火药的燃烧速度由表及里逐渐提高，达到所谓的渐猛性燃烧特性，从而改进火药内弹道性能，使初速提高或膛压降低。单基火药常用的钝感剂为樟脑。

⑥ 光泽剂：为了提高火药的流散性，使火药便于装药以及在药筒内提高其装填密度，并且减小静电积聚的危险，加入了光泽剂。通常的光泽剂是石墨。

为了便于火药成型和加工的药料变得密实（即压成火药后药粒密度大），在火药生产过程中，常用挥发性溶剂，如乙醇、乙醚，使硝化纤维塑化后具有可塑性，火药成型后又将挥发性溶剂去除，但在成品火药中总会残留少量剩余溶剂，成为火药的组分之一，因此单基火药也称挥发性溶剂火药。典型单基药的组成见表2-2。

表2-2　典型单基药的组成

成　分	质量分数/%	
	枪　药	炮　药
硝化纤维素 $[w(N)>13.0\%]$	94～96	
硝化纤维素 $[w(N)=12.8\%～13.0\%]$		94～96
二苯胺	1.2～2.0	1.2～2.0
樟　脑	0.9～1.8	
石　墨	0.2～0.4	
残余挥发成分	1.7～3.4	1.8～3.8

在单基火药制造过程中，为了去除溶剂，火药成品的燃烧弧厚度受到一定的限制，即不能制成燃烧弧厚度大的火药粒，而且去除溶剂也使单基火药生产周期增长。单基火药含有的残余挥发成分和它本身有一定的吸湿性，故在储存期间，随着溶剂的挥发和水分的变化，火药的内弹道性能也将发生变化。对比其他火药，单基火药对枪、炮膛的烧蚀作用较小。单基火药常用作各种步枪、机枪、手枪、冲锋枪以及火炮的发射装药。

2）双基火药

以硝化纤维素和硝化甘油（或硝化二乙二醇或其他含能增塑剂）为主要成分的火药称为双基火药，其主要成分是：

① 硝化纤维素：这是双基火药的能量成分之一，通常用 $3^{\#}$ 硝化棉，其含氮量为 11.8%～12.1%（通称弱棉），因其在硝化甘油中较易溶解，药料塑化质量好，易制成均匀性良好的火药。

② 主溶剂（增塑剂）：它起溶解（增塑）硝化纤维素的作用，同时也是双基药的另一能量组成成分，常用的主溶剂有硝化甘油、硝化二乙二醇等。

③ 助溶剂（或称辅助增塑剂）：它的作用是增加硝化纤维素在主溶剂中的溶解度，常用的助溶剂有二硝基甲苯、苯二甲酸类、二乙醇硝胺二硝酸酯（通常称吉纳）等。

④ 化学安定剂：它是起减缓或抑制硝化纤维素及硝化甘油缓慢热分解的作用，双基火药中一般用中定剂而不是用二苯胺，因为二苯胺碱性较强，能使硝化甘油皂化。

⑤ 其他附加剂：其中有为改进工艺性能而加入的工艺附加剂（如凡士林），有为改善火药燃烧性能而加入的燃烧催化剂、燃烧稳定剂（如氧化铅、氧化镁、氧化铜、氧化铁、苯二甲酸铅、碳化钙等）、消焰剂（如硫酸钾）、钝感剂（如樟脑、二硝基甲苯、树脂、苯二甲酸二丁酯等），以及为提高火药导电性能和火药粒的流散性而加入的少量石墨。

典型双基火药组成见表 2-3。

表 2-3 典型双基火药组成

成 分	质量分数/%		
	迫击炮药	线膛炮药	变化范围
硝化纤维素	58	56	30～60
硝化甘油	40	26.5	25～40
二硝基甲苯	—	9	
苯二甲酸二丁酯	—	4.5	
安定剂	1.5	3	
凡士林	0.5	1	
水 分	0.7	0.7	0.5～0.7

双基火药可用有溶剂和无溶剂两种加工方法进行生产，用挥发性溶剂（如丙酮）加工制造的火药称柯达型火药，这种方法目前在生产上用得较少。用无溶剂加工制造的火药称巴利斯太型火药。

与单基火药相比，用无溶剂加工方法制造的双基火药，由于生产过程中没有去除溶剂过程，故生产周期较短，且适宜于制造燃烧弧厚度较大的火药。火药吸湿性较小，物理安定性和弹道性能稳定。双基火药中的硝化纤维素和硝化甘油配比可在一定范围内变化，所以火药能量能满足多种武器要求。缺点是双基火药燃烧温度较高，对炮膛烧蚀较重，生产过程不如单基火药安全。双基火药主要用于迫击炮和大口径火炮的发射装药。

3）三基火药

三基火药是在双基火药的基础上加入一定数量的含能成分（如硝基胍）而制得的，因其有三种主要含能成分，故称为三基火药。这种火药多用挥发性溶剂工艺制造。因为加入硝基胍以后可以降低火药的燃烧温度，所以加硝基胍的火药有"冷火药"之称。三基火药的典型配方范围见表 2-4。

表 2-4 三基火药的典型配方范围

成 分	质量分数/%
硝化纤维素 [$w(N)=12.6\%\sim13.15\%$]	20~28
硝化甘油	19~22.5
硝基胍	47~55
苯二甲酸二丁酯	0~4.5
二苯胺	0~1.5
2—硝基二苯胺	1~1.5
乙基中定剂	0~6.0
石墨	0~0.1
冰晶石	0~0.3

三基火药多用于各种加农炮、榴弹炮、无后坐炮和滑膛炮的炮弹发射装药。除上述的三基火药外，还有加入其他含能成分（如黑索今）的三基火药及多基火药。

4）双基推进剂

双基推进剂是以硝化纤维素和硝化甘油或其他含能增塑剂为基本成分，再加入适应火箭发动机弹道性能各种要求的弹道改良剂而成的，其配方虽与双基火药相类似，但比双基火药复杂。

双基推进剂典型配方范围见表 2-5。

表 2-5 双基推进剂典型配方范围

组成名称	质量分数/%
硝化纤维素	50~66
主溶剂（硝化甘油、硝化二缩乙二醇、硝化三缩乙二醇等）	25~47
助溶剂（二硝基甲苯、苯二甲酸酯、甘油三醋酸酯、吉纳等）	0~11
安定剂（中定剂、硝基二苯胺、二苯脲等）	1~9
弹道改良剂（炭黑、各种金属氧化物及有机酸盐和无基酸盐类）	0~3
其他附加剂（凡士林、蜡、金属皂等）	0~2

双基推进剂可用压伸法和浇铸法生产，压伸法适用于生产小型及形状简单的药柱，浇铸法对药柱形状和尺寸可不受限制。双基推进剂生产周期短，工艺比较成熟，成品药柱均匀性好，在高温条件下具有较好的安定性和力学性能。双基推进剂广泛适用于小型火箭、导弹（如某些地空导弹、空空导弹、战术地地导弹及反坦克导弹等）。双基推进剂的主要缺点是能量较低，燃速范围较窄，低温力学性能较差，与发动机壳体黏结比较困难，因而不适宜于大型火箭发动机装药。

5）复合推进剂

复合推进剂是由氧化剂、燃料、黏结剂及其他附加剂组成，各组分之间存在明显的界面，因而有"异质火药"之称。现就各类组分分述如下：

① 氧化剂：可用于复合推进剂的固体氧化剂有各种硝酸盐（如硝酸铵、硝酸钾、硝酸

钠、硝酸锂等）、高氯酸盐（如高氯酸铵、高氯酸钠、高氯酸锂、高氯酸硝酰及硝基化合物等）。高氯酸铵是在固体推进剂中应用最广的氧化剂，因为其与推进剂中其他组分的相容性好，且来源也较广。高氯酸铵和高氯酸钾二者都溶于水，且吸湿。高氯酸硝酰与常用黏结剂在化学上都不相容，本身也不稳定。各种高氯酸盐氧化剂与燃料混合燃烧时都产生氯化氢或其他氯化物，故其燃烧产物有烟，且有腐蚀性。硝酸盐虽是比高氯酸盐含氧量低的氧化剂，但硝酸盐中的硝酸铵具有价格低廉、来源广、燃烧产物无烟等优点，故在低能量和低燃速的推进剂中，常用硝酸铵做氧化剂。有时为了提高推进剂的比冲，也将高能炸药（如黑索今、奥克托今）用于复合推进剂中。

② 燃料：复合推进剂中广泛应用的固体燃料是金属铝粉，其含量一般在 14%～18%。硼也是一种高能燃料，但在燃烧室内难以燃烧完全，故其实用价值不大。铍较硼易燃烧，且燃烧后释放能量较高，但其毒性很大，价格昂贵。氢化铝（AlH_3）、氢化铍（BeH_2）在燃烧时释放的能量都很高，但二者都难以制造，且储存时不稳定，还能缓慢地放出氢气使推进剂变质，所以目前还没有实用价值。

③ 黏结剂：黏结剂的作用是把固体氧化剂和燃料黏结在一起，同时黏结剂本身也是燃料的一部分。黏结剂会影响推进剂的力学性能、工艺性能和储存性能。可用作推进剂的黏结剂的高聚物很多，有固态的高聚物、液态的高聚物，也有可聚合的单体，可以是橡胶类型的，也可以是塑料类型的。目前，在复合推进剂中广泛应用的黏结剂为聚氯乙烯（PVC）、液态聚硫橡胶（PS）、聚氨酯（PU）以及各种聚丁二烯共聚物的高聚体。

④ 附加剂：在复合推进剂中，根据不同的特殊要求加入少量的附加剂，如起固化交联作用的固化剂、缩短或延长固化时间的固化催化剂、改善药浆流变性能使之易于浇铸的表面活性剂、提高推进剂力学性能的增塑剂和键合剂，以及增加或降低推进剂燃速的弹道改性剂等。

聚氨酯推进剂和聚丁二烯推进剂见表 2-6 和表 2-7。

表 2-6 聚氨酯推进剂

成 分	质量分数/%	成 分	质量分数/%
高氯酸钾	65	二异氰酸酯	2.24
铝粉	17	三元醇	0.43
聚二醇	12.73	附加剂及增塑剂	2.6

表 2-7 聚丁二烯推进剂

成 分	质量分数/%
高氯酸钾	74
铝粉	10
端羧基聚丁二烯（分子量 6 000）	9.3
壬酸异癸酯	5.23
乙酸丙酮锆	0.05
三（1—丙啶基）膦化氧	0.13
三（N, 1′, 2′, 一亚丁基）苯均酰胺	0.29
氧化铁	1

聚氨酯推进剂和聚丁二烯推进剂应用范围比较广泛，如某些战略导弹、空空导弹、地地导弹、地空导弹和空间飞行器等。

6) 复合改性双基推进剂

复合改性双基推进剂是双基推进剂和复合推进剂之间的中间品种，它是由双基黏结剂、氧化剂和金属粉燃料组成，复合改性双基推进剂的典型配方及其变化范围见表2-8。

表 2-8　复合改性双基推进剂的典型配方及其变化范围

成　　分	质量分数/%	成　　分	质量分数/%
硝化纤维素	15～21	安定剂	2
硝化甘油	16～30	高氯酸铵	20～35
甘油三醋酸酯	6～7	铝粉	16～20

复合改性双基推进剂与其他类推进剂相比，有较高的比冲，原材料来源比较广，生产设备可借用生产双基火药的部分设备，因而这种推进剂获得了比较迅速的发展和应用。其缺点是复合改性双基推进剂的高、低温力学性能较差，可使用的温度范围较窄。复合改性双基推进剂多用于战略导弹和大型助推发动机上，如某些反弹道导弹的空间飞行器等。

2.2.2　炸药

炸药是指在适当外部激发能量作用下，可发生爆炸变化（速度极快且放出大量热和大量气体的化学反应），并对周围介质做功的化合物或混合物。炸药可以是固态、液态或气态，也可以是气—液态或气—固态；军用和工业炸药多为固态。炸药不仅是武器的能源，也是国民经济许多部门不可缺少的含能材料，它能发生极快的爆炸变化，可在瞬间产生压力达数十吉帕、温度达数千摄氏度的气体，这种气体向炸点周围急剧膨胀而做功。炸药的爆炸特性，可用爆热、爆速、爆温、爆压和爆容（比容）5个参数综合评价，它们是炸药做功能力（威力）和对周围介质粉碎能力（猛度）的决定性因素。

在军事上，炸药用作杀伤爆破装药以装填各种炮弹、航空炸弹、导弹战斗部、鱼雷、水雷、地雷、手榴弹、爆破药包以及原子弹和热核武器的起爆元件。在民用上，炸药广泛应用于各种工程爆破作业（如采矿、建筑、水利）和金属爆炸加工（焊接、成型、复合），也用于制造超硬材料（如金刚石、氮化硼）、人工降雨、灭火、地震勘探和油井射孔等。能够实际应用的炸药，应具有足够的能量和威力、适当的感度、足够的安全性，且原料易得、制造简便而安全。

(1) 爆炸现象

在自然界和人们的日常生活中，有各种各样的爆炸现象。由物理变化引起的爆炸现象称为物理爆炸，例如高压气瓶或蒸汽锅炉的爆炸，地震、闪电等也属于此类。由化学变化引起的爆炸称为化学爆炸，如矿井瓦斯爆炸、煤矿粉尘爆炸及炸药爆炸等。

从广义的角度来看，爆炸是物质的一种非常急剧的物理、化学变化，在变化过程中，伴随有物质所含能量的快速转变，即变成该物质本身、变化的产物或周围介质的压缩能或运动能。因此，爆炸的重要特征是大量能量在有限的体积里突然释放或急剧转变，在爆炸点附近的介质形成急剧的压力突跃和急剧的温度增长，这种压力的突跃正是爆炸破坏作用的直接和根本的原因。弹丸爆炸都属于化学爆炸。

(2) 炸药爆炸三要素

1) 反应的放热性

这是构成爆炸反应的必要条件，没有这个条件，爆炸根本不可能发生，爆炸反应也不可能自行延续，只有放热才能构成爆炸。例如硝酸铵的分解：

$$NH_4NO_3 \xrightarrow{低温加热} NH_3 + HNO_3 \qquad -170.7 \text{ kJ/mol} \qquad (2-12)$$

$$NH_4NO_3 \xrightarrow{雷管起爆} N_2 + 2H_2O + \frac{1}{2}O_2 \qquad +126.4 \text{ kJ/mol} \qquad (2-13)$$

前者是吸热反应，不爆炸；后者是放热反应，可发生爆炸。

炸药受到一定的外界作用（亦叫外界冲能）后，首先在局部发生反应，这局部炸药反应放出的热量又激发下层炸药的继续反应。正是这种反应放热才使爆炸反应得以自动维持下去，直至整个炸药爆炸完毕。假如反应不放热，势必要由外界不断供给能量来引发爆炸反应，显然这样的反应不可能发展为爆炸，这样的物质也不可能是炸药，所以反应的放热性给爆炸变化提供了能源，同时，反应放热也是爆炸做功的能源。

2) 反应的快速性

爆炸反应与普通燃料的反应最突出的区别在于反应速度不同。普通燃料的燃烧热比炸药的爆热大得多，见表 2-9。

表 2-9　几种炸药和燃料在爆炸和燃烧时放出的热量

物质名称	爆热或燃烧热/kJ		
	1kg 物质	1kg 物质和氧的混合物	1L（物质和氧）混合物
黑火药	2 929	2 929	2 803
梯恩梯	4 184	4 184	6 485
硝化甘油	6 270	6 270	10 041
无烟煤	3 347	9 205	18
汽油	41 840	9 623	17

一般燃料的燃烧过程进行得比较缓慢，如煤块在空气中的燃烧，能放出大量的热量和气体，却不能形成爆炸。相反，煤矿中极细的煤粉（煤尘）均匀地悬浮在空气中，煤和空气接触充分，一旦点火，反应就十分迅速，有可能发生爆炸，这说明反应的快速性是构成爆炸的必要条件。

3) 生成气体产物

1 L 普通炸药爆炸瞬间可生成约 1 000 L 的气体产物（标准状态）。由于反应的放热性把这样的气体加热到几千摄氏度的高温，而且反应的速度非常快，所以这样的气体在爆炸结束瞬间仍占有原来炸药所有的体积，相当于 1 000 L 左右的气体被压缩到近似 1 L 的体积里，此体积具有相当大的压缩能。高温高压的气体产物一旦膨胀，对外界将产生相当大的机械破坏作用。

综上所述，反应的放热性、快速性和生成气体产物这三个条件是炸药发生爆炸变化的重要因素。放热性给爆炸变化提供了能源；快速性使有限的能量迅速放出，在较小的容积内集中着较大的功率；反应生成的气体则是能量转换的工质。具有这三方面性质是炸药的共性，而各种炸药的化学结构和物理状态不同，反应后它们表现的程度也各不相同，这是每种炸药的个性。

(3) 炸药的本质

一般来说，炸药是指受到一定的外界刺激作用就容易引起高速化学反应，产生大量气体和热量的物质。据此，炸药的本质是：

1) 相对不稳定物质

在一般情况下，炸药是不会自发地发生爆炸的，正如大多数猛炸药都是相对稳定的物质。但炸药受到一定外界冲能（如热、机械能、冲击波、电、……）的作用时就会发生爆炸，故被称为相对不稳定物质。

2) 能量密度高

单位体积的炸药所放出的能量称为炸药的能量密度，可由式（2-14）表示。

$$\rho_E = Q\rho_o (\text{kJ/m}^3) \tag{2-14}$$

式中 ρ_E——能量密度，kJ/m^3；

Q——炸药的爆热，kJ/kg；

ρ_o——炸药的装药密度，kg/m^3。

就单位质量的物质而言，炸药爆炸时放出的热量并不比普通燃料的燃烧热量大。但因爆炸反应的快速性，在爆炸瞬间所放出的热量仍集中在原来炸药的体积内，所以炸药的能量高度集中，即能量密度大（表2-9）。炸药的能量密度大，对炸药的使用极有实际意义。欲达到同样的破坏效果，ρ_E大，则可使弹药体积相应变小，尤其可使引信中使用的火工品类的危险元件愈加小型化，这对安全很有利。

3) 由氧化剂和可燃剂组成

无论是单体炸药还是混合炸药，大多是由氧化剂（或氧元素）与可燃剂（可燃元素）组成的。由于炸药本身含氧，不需要从外界摄取氧，所以它的爆炸反应速度是一般化学反应无法达到的。

(4) 炸药的分类

按照作用方式可将广义的炸药分为起爆药、猛炸药、推进剂和烟火剂四大类。起爆药用于起爆猛炸药，猛炸药用于产生爆轰，推进剂和烟火剂用于产生燃烧和爆燃，但通常所称的炸药有时仅是指猛炸药。

1) 起爆药

起爆药是在较弱外部激发能（如机械、热、电、光）的作用下即可发生燃烧并迅速转变为爆轰的敏感炸药。对外界初始冲能敏感、高能量输出、爆轰成长期（从爆炸开始达到最大爆速的时间）短、结晶颗粒球形化和良好的流散性，是起爆药的四个特征。起爆药爆轰所产生的爆轰波，用以引爆猛炸药。

起爆药由于具有以上特点，多用来制造各种起爆器材或点火器材，如火帽、雷管等火工品。目前军用火工品使用的起爆药主要是叠氮化铅、斯蒂酚酸铅及特屈拉辛等。

2) 猛炸药

猛炸药又称高级炸药，它比较不敏感，只有在相当强的外界作用下才能发生爆炸，通常用起爆药的爆炸来激发爆轰。猛炸药一旦爆轰，就比起爆药具有更高的爆速，可达每秒数千米，所以对周围介质有强烈的破坏作用。

猛炸药根据其自身的特点，在军事上主要用来装填各种弹丸和爆破器材等。弹丸中的装药经常用梯恩梯或梯恩梯与黑索今为主的各种混合炸药；工程爆破上常用硝铵炸药、浆状炸药、铵油炸药及乳化油炸药等；火工品中常用的猛炸药有钝化黑索今、钝化钛铵等。

3) 推进剂

推进剂有时也称为发射药或火药，是指在不依赖外界空气的条件下，自身可进行快速有规律的化学反应（燃烧），放出大量高温燃气的物质，是火箭发动机的能源和工质。推进剂必须具备的条件是单位质量推进剂所含能量高，燃烧稳定且有规律，物理、化学稳定性好，储存运输安全。按照用途推进剂可分为火箭推进剂、燃气发生剂等；按照物理形态推进剂可分为液体推进剂、固体推进剂、固液混合推进剂、膏状推进剂、凝胶推进剂等。火箭推进剂主要是为火箭发动机提供大量喷射物质而使火箭获得前进的推力。

4) 烟火剂

烟火剂通常由氧化剂、有机可燃剂或金属粉及少量黏结剂组成。其特点是接受外界作用后发生燃烧，产生有色光焰、烟幕等烟火效应，主要用以装填特种弹药。常用的烟火剂有照明剂、烟幕剂、燃烧剂、曳光剂等。

(5) 燃料空气炸药

燃料空气炸药是一类新的有别于其他常规炸药的爆炸能源，以挥发性的液体碳氢化合物或固体粉质可燃物为燃料，以空气中的氧气为氧化剂组成的不均匀爆炸性混合物。使用时，将装有燃料的弹体投掷或发射到目标上空，在一次引信引爆和中心抛撒炸药爆炸作用下，把燃料抛撒到周围空气中，使其迅速扩散并与空气混合形成可爆云雾，经二次引爆使云雾爆轰，产生爆炸冲击波，达到破坏大面积目标的目的。其特点是爆炸后引起的超压虽低，但破坏面积大、冲量大，适于对付集团部队、布雷区、丛林地带工事以及轻型装甲等大面积软目标；缺点是猛度不高，对半硬以上的目标破坏效果不佳，而且易受风雨、低温等环境条件的影响。其燃料可为气体、液体、固体或混合态四类，应具有易于抛撒、扩散和起爆的特点及一定的物理化学安定性，能产生较高的爆轰压力。

目前燃料空气炸药主要使用的是液体燃料，它们可大致分为五类：不需要氧可自行分解的，如环氧乙烷、肼等；没有氧或空气仍能继续燃烧的，如硝酸丙酯；含有大量氧，与可燃物质接触时发生剧烈反应的，如过氧化乙酰；在常温下与湿空气接触时发生爆炸的，如二硼烷；接触富氧物质时反应激烈，与某些物质接触时能自燃，如无水偏二甲肼。军用常用液体燃料主要有环氧乙烷、环氧丙烷等。固体燃料可分为固体可燃剂和固体单质炸药两种，固体可燃剂（如镁、铝、锆、钛等金属粉以及煤粉、硫粉等）均能在空气中爆炸，固体炸药粉末分散在空气中也可成为燃料空气炸药。燃料空气炸药可用于面杀伤武器，主要靠爆炸时形成的超压杀伤破坏目标，其爆速和猛度不高。

2.3 药筒与发射装药

药筒与发射装药，是炮弹的重要组成部分。从历史上看，药筒是射击武器在从前装式滑膛向后装式线膛的变革中由比利时人首创的（1841年）。药筒的出现，为后膛武器的发展，为不断提高射击速度，实现装填自动化，创造了条件。目前，除了部分大口径火炮和迫击炮弹药采用药包分装式而不用药筒外，其他中、小口径火炮弹药都要用药筒。这是因为药筒在提高火炮的射击速度、保护发射装药、减少火药对炮膛的烧蚀，以及提高火炮寿命等方面起着重要的作用；但也应当看到，现有药筒还存在着严重不足，即药筒是炮弹的消极质量，射击后需要清理，尤其对坦克炮、自行火炮来说更为费事，影响火炮威力的充分发挥。此外，现有的药筒多数是用黄铜制造的，成本高。因此，进一步研究和改进火炮药筒，仍是今后的一个重要课题。

2.3.1 药筒的特点与要求

（1）药筒的使用特点

武器系统离不开弹药，而武器的使用特点也必然会反映到弹药的性能和结构上。从武器使用的角度看，药筒的使用特点如下：

① 武器从瞄准到射击应力求有较短的时间间隔。这就要求弹药装填简便，射击速度高。此外，药筒也要相应地在射击过程中不出事故（如卡壳、瞎火和破裂等）。

② 武器的使用条件很复杂，如战斗状态、战斗环境及战斗的时间、季节等变化很大，故武器的机动性要好，适应性要强。由此，药筒也应有这种适应性，便于装填、携带，易于供应。

③ 弹药的消耗量大，因而药筒应具有结构简单、成本低廉的特点。

（2）药筒的用途和要求

1）药筒的用途

药筒作为炮弹的重要组成部分，其用途主要有以下几个方面：

① 盛装并保护发射药、辅助品、点火具等，以免受潮、变质和损坏。

② 发射时密闭火药气体，保护火炮药室免受烧蚀，防止火焰由炮闩喷出。

③ 连接弹丸及其他零件（如底火、紧塞盖等），使炮弹构成整体（定装式炮弹）或半整体（药筒分装式炮弹），便于装填和勤务处理。

④ 装填入膛时药筒的肩部或底缘能起定位作用。

根据上述用途，通常对药筒提出两个方面的要求，即战术技术要求和生产经济性要求。前者决定了药筒在使用和勤务处理时的质量，后者则决定了在生产水平和原料储备条件下进行大量生产的特点。

2）战术技术要求

① 在允许的间隙下，药筒能自由装入炮膛，送到位后能关得上闩，闭锁后能可靠击发底火。这是保证战斗和高射速的重要条件。

② 射击时可靠闭塞火药气体，不允许火药气体从尾部泄出，以免妨碍射手的工作与安全。

③ 保证必要的强度和刚度。发射时不因火药气体压力作用而产生变形破裂，而且勤务处理时也不因轻微碰撞而变形。

④ 射击后，不论是火炮自动开栓，还是手动开栓，均能可靠退壳。

⑤ 对定装式炮弹，药筒与弹丸应能牢固连接，并使拔弹力在规定的范围内。

⑥ 在射击后，经简单修复，药筒具有多次使用性。

⑦ 长期储存不变质，不锈蚀，不改变使用性能，不影响发射药的安定性。

3）生产经济性要求

① 原材料来源丰富，成本低廉，国内易于取得。

② 产品结构简单，易于制造，有良好的工艺性能。

从战术要求来考虑，药筒应易于装填、退壳，因为这两种性能直接影响火炮的发射速度；良好的闭气性能可以提高火炮的寿命，保证安全；药筒的多次使用既节省大量的材料，又能缩短弹药生产的周期；长期储存性对于和平时期生产的药筒具有重要的意义；原料充足，制造容易，对于战时生产动员具有明显的作用。

2.3.2 药筒的分类与结构

（1）药筒的分类

药筒指的是盛装枪弹或炮弹发射药及辅助元件，组成分装式全弹发射装药，或与弹丸结合成定装式全弹的筒形容器。目前，药筒的类型有很多，常用的分类方法如图2-8所示。

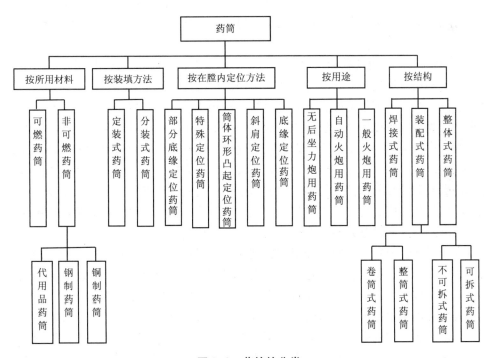

图2-8 药筒的分类

（1）按所用材料分类

按所用材料，药筒可以分为可燃药筒和非可燃药筒两大类。

① 可燃药筒。可燃药筒是用可燃材质制成，发射时完全燃烧并释放出一定能量，与发射药燃气一起作用，推动弹丸运动的非金属药筒。其主要特点是药筒本身也是发射药的一部分，可大大减少全弹质量。它分为两类：一类是全可燃药筒，全部由可燃材质制成，配用全可燃点火具，射击时以密封式炮闩或专用金属闭气环闭气；另一类是带金属底座的可燃药筒，也称半可燃药筒（图2-9），由可燃筒体与金属底座黏结而成，射击时筒体在药室内燃尽，由金属底座密闭火药气体，并于射击后顺利退壳。按制造工艺，可燃药筒可分为抽滤模

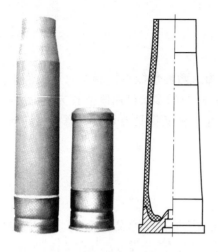

图 2-9 半可燃药筒

压成型可燃药筒、缠绕可燃药筒和卷制可燃药筒。射击时其药筒的可燃物质应燃烧完全,药室内无残渣;高、低、常温条件下内弹道性能稳定;勤务处理时,具有足够的强度,不损坏,不变形,弹丸与底座不脱落;在火炮最大射频与弹药最大射击基数情况下,不因火炮药室的温升而自燃;射击时金属底座闭气良好,强度可靠,退壳顺利;其化学和物理性能稳定;具有一定的隔热、防火能力和安全效应;与发射药相容。与金属药筒相比,可燃药筒具有如下优点:质量轻,原材料来源充裕,成本低,发射后无废壳堆积,工艺简单,不需大型设备,工序少,劳动强度低,战时动员性好,相应装药量少,对枪弹、破片的安全效应好;但与弹丸结合强度以及防火、防潮性能不如金属药筒。可燃药筒已进入工业化生产阶段,并逐渐配用于坦克炮和自行火炮。

② 非可燃药筒。非可燃药筒又可以分为铜制药筒、钢制药筒和代用品药筒。

无论是从药筒发展的历史,还是从药筒应用的广泛性来看,铜制药筒都居首位。黄铜材料韧性大、强度高、工艺性能好,是其他材料无法相比的;但其成本高、经济性差。钢制药筒代替铜制药筒不仅可以提高经济性能,而且由于加工工艺和热处理工艺的改进,其性能逐渐提高,为其广泛应用创造了条件。以钢制药筒代替铜制药筒不但有重大的经济意义,而且有重大的战略意义。加工工艺和热处理工艺的改进,如多模拉延、感应加热、余热淬火、中间工序局部调质和成品局部淬火等工艺的成功应用,为钢制药筒的发展提供了条件。

代用品药筒包括铝制药筒、塑料药筒、纸质药筒等几种,主要是在满足药筒基本要求的前提下为提高经济性和勤务处理性能而发展起来的。铝制药筒质量轻,宜于航炮应用。塑料药筒是以高分子塑性材料为基本成分塑制成型的非金属药筒。其结构一般由塑料筒体和金属底座组成,常用紧固卡簧压合方式结合。筒体多由热塑性塑料(如高压聚乙烯)制成,射击时不燃烧,不破碎,不汽化,并能密闭火药气体。为提高防潮性和筒体强度,可在塑料筒体内、外表面镀覆金属层。塑料药筒在高、低、常温射击时,应满足内弹道性能要求;在勤务处理时,应具有一定的强度,金属底座不脱落;射击后,金属底座强度可靠,退壳顺利。与金属药筒相比,塑料药筒具有如下优点:质量轻,耐腐蚀,原材料来源丰富,成本低,易成型,工艺简单,不需大型制造设备,劳动强度低,战时动员性好;存在的主要问题是强度低,易变形,易出现低温脆裂和老化裂损等。因此,塑料药筒通常配用于低射频、低膛压炮用分装式炮弹和枪弹空包弹。

2) 按装填方法分类

按照弹丸与药筒之间的装配关系或装填方法,药筒可以分为定装式药筒和分装式药筒两种。

定装式药筒与弹丸尾部紧密结合,并要求有一定的拔弹力,以保证装填和勤务处理时不松动。发射时一次装入膛内,发射速度快。分装式药筒是和弹丸分别装入炮膛的。由于两次装填,发射速度较慢,故分装式药筒口部平时用紧塞具密封,射击时取出。

3）按在膛内定位方法分类

根据药筒入膛后的定位方式，药筒可以分为底缘定位、斜肩定位、环形凸起定位等几种。

底缘定位（图2-10）是药筒装入炮膛时其轴向定位作用由底缘确定。其定位可靠，但需注意底缘厚度的变化将影响炮弹在膛内轴向定位的准确性。分装式药筒一般都采用这种定位方式。

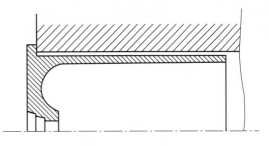

图 2-10　底缘定位

斜肩是药筒从筒口到筒体的过渡部分。某些药筒的斜肩与火炮药室的斜面相配合，在装填炮弹时用来起轴向定位作用。斜肩的锥度不宜过大或过小，过大会导致药筒生产中的废品率增加，而过小则会因为药筒尺寸的变化使炮弹在膛内的位置发生很大变化，引起定位误差过大。斜肩定位（图2-11）的优点是入膛比较容易，而缺点是斜肩、锥度的制造精度要求高。一般定装式小口径自动炮采用斜肩定位方式较多。

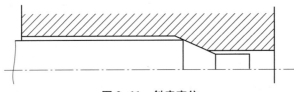

图 2-11　斜肩定位

环形凸起定位（图2-12）实际上是将底缘定位的原理应用于小口径自动炮上，即靠药筒上的环形凸起部起轴向定位作用，以确保定位可靠。

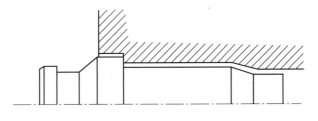

图 2-12　环形凸起定位

4）按用途分类

按用途，药筒可分为一般火炮用药筒、自动火炮用药筒和无后坐力炮用药筒。

一般火炮系指有螺式炮闩的火炮和有楔式炮闩的半自动火炮。一般火炮用药筒均采用底缘定位。药筒的形式因火炮药室、装填方式的不同而变化。

小口径自动火炮的特点是膛压比较高，射击速度快，且射击后药筒必须在膛内压力还比较高的条件下抽出。所以，这种药筒的结构有其特殊之处。小口径自动火炮用药筒底部厚度较大，筒壁也较厚，药筒材料的力学性能较高，可以承受较高的膛压。为便于用弹链供弹，便于抽筒机构抽出药筒，在弹底部车有环形沟槽，如图2-13所示。

无后坐力炮的特点是膛内部分火药气体向炮尾喷出，以抵销其后坐能量，使炮身基本上没有后坐现象。所以，无后坐力炮所配用的药筒，就不能密闭火药气体；相反，要在筒体上加工许多排气孔，以使气体泄出，如图 2-14 所示。装药时，先在筒内衬一层牛皮纸。为了更好地点燃药筒内的发射药，药筒中心处有一根点火管。发射时，火药气体达到一定的压力后，冲破牛皮纸，从药筒的排气孔中流出，并从弹尾喷出。

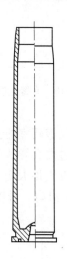
图 2-13 小口径自动火炮用药筒

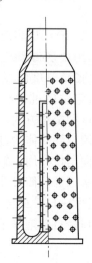
图 2-14 无后坐力炮用药筒

5）按结构分类

根据结构，药筒可以分为整体式药筒、装配式药筒和焊接式药筒 3 种。

整体式药筒又称无缝药筒，整个药筒为一整体，战术性能和勤务处理性能好，但生产工艺复杂。装配式药筒由若干零件装配而成，一般由筒底、筒体、连接零件和密封元件组成。这种结构虽然应用不多，但其各零件可用通用设备制造，战时动员性好。装配式药筒又可分为卷筒式和整筒式两种。卷筒式药筒由两层低碳钢板卷制出筒体，用压紧环压在底板上而成，如图 2-15 所示。由于所用金属多，所以该种药筒较重。整筒式药筒是将整体结构的筒体与钢制底板用压紧环连接而成，如图 2-16 所示。其结构简单，强度较好。焊接式药筒筒底一般为低碳钢经冲压加工后再经机械加工而成，筒体沿纵缝焊接，如图 2-17 所示。由于结构简单、制造方便、战时动员性好，所以该种药筒发展较快。

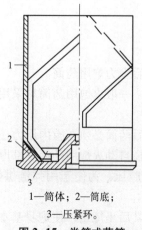
1—筒体；2—筒底；3—压紧环。
图 2-15 卷筒式药筒

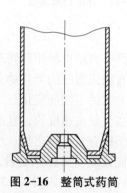
图 2-16 整筒式药筒

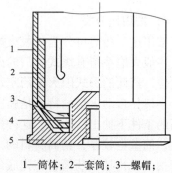
1—筒体；2—套筒；3—螺帽；4—压紧环；5—筒底。
图 2-17 焊接式药筒

(2) 药筒的结构

如图 2-18 所示，定装式药筒通常由筒口、斜肩、筒体、底缘、底火室（包括传火孔和凸起部）和筒底等部分组成。分装式药筒大都没有斜肩和筒口圆柱部（图 2-19）。

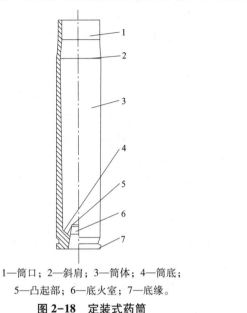

1—筒口；2—斜肩；3—筒体；4—筒底；
5—凸起部；6—底火室；7—底缘。

图 2-18 定装式药筒

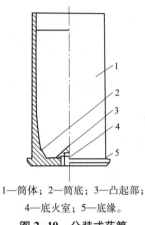

1—筒体；2—筒底；3—凸起部；
4—底火室；5—底缘。

图 2-19 分装式药筒

1) 筒口

筒口通常呈圆柱形，用以与弹丸连接，发射时密闭火药气体。从结合强度考虑，除采用滚口槽外，还要求药筒口部的材料强度高，而且筒口与弹丸的接触面积要大。实际上，由于受到弹丸尾部长度的限制，故常常使筒口圆柱部长度等于弹尾圆柱部长度（一般为 $0.80d \sim 1.25d$）。药筒口部内径略小于弹尾外径，过盈量要适中，一般应大于 0.1 mm。

2) 斜肩

斜肩即由筒口到筒体的过渡部分。某些药筒的斜肩与火炮药室的斜面相配合，在装填炮弹时用来定位和防止火炮药室受烧蚀。斜肩的锥度不宜过大和过小。过大会导致药筒在生产中的废品率增加，而过小则会因为药筒尺寸的变化而使炮弹在膛内的位置发生很大变化。锥角一般采用 $30° \sim 50°$ 为宜。

3) 筒体

筒体的形状应与炮膛药室形状相适应，一般为截锥体。不同的药筒具有不同的锥度。自动火炮用的药筒锥度最大，而分装式药筒的锥度最小。锥度越大，装填和退壳就越容易。筒体锥度的大小，常用瓶形系数 φ 来衡量。它等于药筒体的平均直径 D_{cp} 与火炮口径 d 之比，即 $\varphi = D_{cp}/d$。对中口径火炮，$\varphi = 1.05 \sim 1.25$；对小口径火炮，$\varphi = 1.2 \sim 1.5$。对于大多数现代药筒，其筒体斜度为 $1/120 \sim 1/60$。筒体的壁厚由口部到底部是逐渐增大的。因此，发射时药筒的变形使筒口首先贴紧火炮炮膛，接着发展到筒体的某一断面。变形终止断面距筒底的距离，依火药气体的压力而定。压力越大，此断面距筒底越近。

4) 底缘

在药筒装入炮膛时底缘起轴向定位作用，且射击后靠它进行退壳（图 2-20）。由于退壳力很大，因此它必须具有一定的宽度和厚度来保证足够的强度。但需注意，底缘厚度的变化将影响炮弹在膛内轴向定位的准确性。厚度过小，可能造成瞎火；厚度过大，可能造成关闩困难。因此，应控制其厚度尺寸。

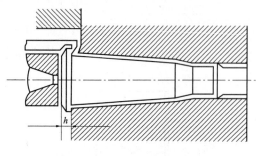

图 2-20　药筒在炮膛药室中的状态

定位精度由底缘厚度的公差决定。当火炮闭锁件装配精度一定时，底缘厚度 h 不能过大，故应将厚度 h 公差控制在较小范围内。

5）底火室

底火室是容纳点火具的。其内有内螺纹，便于与底火结合；也有不带螺纹的，这时它与底火的结合靠过盈配合来保证。

6）凸起部

凸起部亦称火台，其上有传火孔和挡顶。传火孔的径向尺寸一般小于底火室的直径，在底火室上面即形成一挡顶。其作用主要是防止底火室的密封盖被冲入炮膛，减少火药气体对底火室螺纹的烧蚀。随着底火的改进（如配用底-1式底火），也可不设挡顶。传火孔主要用以传递底火火焰。凸起部的尺寸，主要由配用底火的结构来决定。为保证强度，凸起部的肩厚一般不得小于 2 mm。

在一般情况下，筒底的内、外底面均为平面，与筒体连接处为过渡圆弧。筒底必须有足够的强度，以防止射击时筒底变形或破裂，从而影响开闩或危及射手安全。筒底厚度，从强度上考虑应厚，从经济上考虑应薄。为此，筒底厚度在保证强度和退壳性能的情况下应取最小值。

目前，我国的筒底厚度大都在 8～18 mm。高膛压取上限，而低膛压取下限。

(3) 药筒的材料

1) 黄铜药筒材料

黄铜历来是世界各国制造药筒的理想材料。目前国内外广泛使用的黄铜有 3 类：三七黄铜、四六黄铜和硅黄铜，其化学成分如表 2-10 所示。由表 2-10 可知，黄铜实际上是铜锌合金。锌元素可使黄铜的塑性和强度都有所提高。实践证明，含锌量在 28%～30% 的最好。

表 2-10　黄铜的化学成分　　　　　　　　　　　　　　　　　%

药筒材料	铜	铁	铅	磷	硅	砷、硫、锡、锑、铋等物	锌
三七黄铜	70～72.5	0.1	0.02	0.01		微量	其余量
四六黄铜	60.5～62.5	0.3～0.6	0.02	0.01		微量	其余量
硅黄铜	74～77	0.1	0.03	0.01	0.4～0.7	微量	其余量

黄铜材料的力学性能如表 2-11 所示。

表 2-11　黄铜的力学性能

药筒材料	抗拉强度/MPa	延伸率/%
三七黄铜	303.8～362.6	≥55
四六黄铜	323.4～392	≥35
硅黄铜	323.4～372.4	≥55

黄铜能够长期作为药筒材料，是与其塑性好、强度高等优良特性有关的。除此以外，黄铜的弹性模量小，为 $10.9\times10^4\sim12.25\times10^4$ MPa，因而其退壳性能好；在低温条件下，黄铜没有低温脆性；抗腐蚀能力较强，使药筒有较好的长期储存性。但也应看到黄铜作为药筒材料的缺点：首先是经济性较差。黄铜生产量少，成本高，战时动员性差。其次，黄铜存在应力腐蚀破裂倾向，即在长期储存中易发生自裂。因此，多年来一直寻找黄铜的代用品。实际上，已发现优质碳素钢是一种优良的药筒材料。

2) 钢质药筒材料

药筒用钢材主要是优质低碳钢和中碳钢，也有的采用低碳合金钢和稀土钢。常用的有 S15A 和 S20A 深冲用优质碳素结构钢。也有用 S30A 和 10MnMo 钢制作药筒的，并取得了良好效果。这些钢材的化学成分如表 2-12 所示。对钢材影响较大的元素是碳。含碳量多可以增加钢的硬度、强度，但塑性、韧性将降低。药筒钢材的力学性能如表 2-13 所示。

表 2-12 药筒钢材化学成分   %

钢材	C	Mn	Si	P	S	Al	Cr	Ni	Cu	Mo
S10A	0.06~0.12		≤0.10	≤0.03	≤0.035	0.03~0.08				
S15A	0.12~0.18		≤0.10	≤0.03	≤0.035	0.03~0.08				
S20A	0.16~0.22	0.25	≤0.10	≤0.03	≤0.035	0.03~0.08				
S30A	0.28~0.30		≤0.05	≤0.025	≤0.03	0.03~0.07	≤0.02	≤0.15	≤0.2	
10MnMo	0.09~0.15		≤0.05	≤0.03	≤0.035	0.02~0.07	0.15~0.25	0.10~0.20	0.1~0.2	0.1~0.2

表 2-13 药筒钢材的力学性能

钢材	热处理状态	强度极限/MPa	延伸率/%
S15A	正火调质	333.2~441	≥32
		≥362.6	≥30
S20A	正火调质	372.4~470.4	≥32
		372.4~490	≥28

应该指出的是，在生产和存放过程中，低碳钢随时间加长会产生力学性能的变化，如硬度和强度增加，而塑性和韧性降低。这种现象被称为低碳钢的时效性。这种特性对药筒的质量是有危害的，会导致延伸时产生纵向裂纹和射击时药筒腹裂，因此应该通过提高钢材质量和改善热处理条件加以控制。

钢质药筒材料比黄铜材料成本低、来源丰富、战时动员性好，所以经济意义很大。药筒所用低碳钢塑性良好，较之黄铜具有更好的工艺性，可应用多模拉延工艺，使变形程度达到 75% 以上，比黄铜还高 15%。此外，利用钢的蓝脆性进行棒材下料，可使材料利用率提高，达 85% 以上；而黄铜一般采用板材下料，利用率只有 40%~50%。但钢质药筒材料也存在许多不足，如钢的弹性模量比铜约大一倍，对退壳不利；钢的摩擦系数比铜大，一般要做磷化处理；钢的变形抗力和冷作硬化也较大，在相同条件下设备吨位要求大些；钢的耐腐蚀性能比黄铜差，故表面处理要求更高。

3）药筒材料的腐蚀和表面处理

药筒材料在生产制造和长期储存中受各种复杂环境的影响，会产生程度不同的腐蚀现象，如受盐雾、湿气的侵蚀等。黄铜会发生锈蚀，如绿锈、灰白锈、红锈等，而钢材则产生铁锈，它们都会大大影响药筒的使用性能，严重时将使药筒报废。

从金属锈蚀的原因来说，不外是化学腐蚀和电化学腐蚀两种。药筒腐蚀绝大部分属于电化学腐蚀。在水分、盐雾等影响下，在金属表面形成"微电池"作用，使金属表层逐渐电离分解，形成锈蚀。

药筒材料的防腐有两种方法：一种是涂油、涂漆，使金属与周围介质（水、空气、盐雾等）隔开，使其不能在金属表面形成电解液；另一种方法是对金属进行表面处理，如进行钝化、镀锌、磷化等，使其表面上生成一层钝化膜，提高材料的防腐性能。特别指出，整个炮弹的密封包装将大大提高防腐能力，如有些炮弹采用塑料筒、铁皮筒密封包装，可改善其长期储存性能。

2.3.3 发射时药筒的作用

（1）发射时药筒的作用过程

在炮弹装填以后，药筒与火炮药室壁之间存在间隙，而该间隙常被称为"初始间隙"。它包括药筒壁与炮膛壁之间的间隙和药筒与闩体内表面之间的间隙。前者是为了使药筒顺利入膛，以及便于退壳；后者是为了在药筒放入弹膛之后保证可靠的关闩。初始间隙过大，会使药筒在射击后产生纵向或横向裂纹以及瞎火和胀底现象。

发射时，药筒内的火药气体压力将迅速增长。当达到一定数值时，由于药筒口部的力学性能最低，所以首先开始膨胀，从而在筒口和弹尾之间（整装弹）出现缝隙。药筒内的火药气体就是通过这一缝隙冲到筒口外壁与炮膛内壁之间，有时可达到斜肩部和筒体部。对分装式药筒，气体更容易泄出。火药气体压力的继续增长，使斜肩部和部分筒体开始与炮膛紧贴。紧贴的顺序是由上向下逐渐向筒体下部扩展。在一般情况下，火药气体不易窜入筒体下部，这就起到了闭气作用。由于在筒口和斜肩处夹有火药气体，当膛内压力继续增加时就有可能产生斜肩的再冲压，致使药筒产生向内的褶皱。

在弹性范围内，药筒所能承受的最大火药气体压力 P 可用下式近似计算：

$$P = 2t \times \sigma_e / d \tag{2-15}$$

式中 t——所研究断面处药筒壁厚，m；

d——所研究断面处的药筒直径，m；

σ_e——所研究断面处的材料弹性极限，MPa。

当超过上述压力时，药筒将由弹性变形过渡到塑性变形，并产生强化。除火药气体的压力作用外，药筒壁也将因高温火药气体的作用而产生热膨胀。筒壁的温度由内向外降低。

药筒壁与炮膛壁相贴之后，便与炮膛一起变形。炮膛的变形只允许有弹性变形，这是由身管设计所保证的。药筒底部由于火药气体压力的作用，将产生位移，从而消除药筒底与闩体的内表面间的间隙。药筒与闩体紧贴之后，若膛内压力继续增加，则将压缩闩体使之产生位移，消除闩体各元件之间的配合间隙并产生变形，而这种变形将使药筒继续移动，从而产生轴向拉伸。在火药气体压力作用下，筒底有压缩变形。

当火药气体压力下降时，炮膛恢复到发射前的原有状态，而药筒却因为有残余变形，只能做弹性恢复；在残余变形中还有因加热而产生的膨胀变形。随着药筒热量向炮膛的不断传递，残余变形将会减小。

在发射过程中，由于药筒受热不均匀，所以当压力下降时壁内仍有残余应力：外表面为压应力，而内表面为拉伸应力。

压力下降后，闩体将恢复到原始位置，从而推动药筒向膛内移动。这种变形和位移的最终结果，可能使药筒在膛内产生间隙或过盈。从上述变形过程可知，药筒在发射过程中将处于复杂应力状态，而应力超过一定数值时将会引起药筒的横向或纵向破坏。

根据火药气体压力的变化和药筒的工作情况，可将药筒的作用过程分为以下4个时期：

第一时期，底火发火引燃发射药，膛内压力开始增加，迫使药筒变形，直至与炮膛相接触。开始时，药筒口部因来不及密封药筒和炮膛壁间的间隙，将造成口部及筒体受火药气体的熏蚀（熏黑）；接着，药筒变形，先为弹性变形，后为塑性变形，随之药筒材料性能会发生强化现象；由于药筒壁受热而有温度变化，引起药筒的周向和轴向变形，使药筒筒底和炮闩支撑面间的间隙减小或靠拢。

第二时期，即从药筒与炮膛接触到膛压达到最大值时为止。在此时期，药筒与炮膛一起变形。炮管是弹性变形，而药筒则是塑性变形。药筒与膛壁达到更紧的贴合。药筒壁受到径向压力（其压力与膛压值相等）而产生压缩变形。药筒底被压在炮闩的支撑面上，使炮闩及尾部构件达到极限位置。前一时期窜入间隙内的火药气体，有些受压后排出，有些则留在炮膛与药筒壁之间。在此时期，若遇药筒强度不足或材料塑性太低，则会发生破裂或烧蚀。

第三时期，从最大膛压到膛压降为大气压为止。膛压完全下降，使炮膛最终变形位置恢复到原来位置。在此时期，炮膛朝着与原来变形相反的方向移动，直至恢复到原来位置。此时药筒随火炮药室一起弹性恢复。由于药筒已经产生了塑性变形，故它不可能恢复到原来位置。继续受热，从膛压降至大气压，到抽筒完毕为止。在此时期，当火炮恢复到原来位置时，药筒仍得继续恢复。此时期终了时，可能会有两种情况：一种是药筒恢复后的尺寸小于火炮药室的尺寸，因而产生间隙，对抽筒有利；另一种是药筒恢复的尺寸仍大于火炮药室尺寸，因而产生过盈，对抽筒不利。

第四时期，药筒和炮膛形成最终间隙，药筒被抽出。这个间隙将保证药筒能被顺利抽出。

由以上不难看出，在药筒的作用中，只要能形成有利的最终间隙，就会给退壳带来方便。

（2）影响药筒退壳的因素

全弹射击后，金属药筒或非金属药筒的底座在枪、炮抽筒机构的作用下退出膛外的性能，是药筒的重要战术技术指标之一。药筒在枪、炮抽筒力的正常作用下，其退壳性主要由药筒与药室的初始间隙、火药燃气最大压力、药筒材料强度和温度等因素作用后形成的最终间隙所决定。退壳性一般依赖于药筒自身性能和枪、炮抽筒力。由于药筒所配武器、膛压和自身力学性能不同，有退壳和不退壳两种情况。退壳的基本条件是抽筒力大于退壳力，具体表现为自动退壳、顺利退壳、手动退壳、辅助工具退壳、卡壳等。枪弹药筒和高膛压高射频小口径炮弹药筒，射击后应自动退壳；中高膛压、中高射频、中口径炮用药筒，射击后应顺利退壳；低射频大口径炮用药筒，射击后应退壳、手动退壳或辅助工具退壳。卡壳被视为致命缺陷。药筒的退壳性一般用强装药射击试验来考核，但对复进退壳的火炮，还需考核减装药高射角下的退壳性。

药筒的退壳性能，主要与最终间隙、退壳力和药筒同炮膛间摩擦力的大小等因素相关。

1）药筒力学性能的影响

根据金属材料的力学性能可知，药筒材料的强度极限越高，发射后还原的弹性变形就越大，即最终间隙越大，退壳越容易。在同样的强度极限下，若材料的弹性系数 E 越小，则弹性恢复的程度越大，这将有利于间隙的形成，有利于退壳。对黄铜药筒 $E=1\times10^9$ Pa，而钢药筒 $E=2\times10^9$ Pa，因而铜药筒的退壳性能优于钢药筒。

2）火炮射击速度的影响

射击速度高，会使药筒的最终间隙减小。这是因为射击速度影响到药室的受热程度。射击速度越高，炮膛受热越严重，退壳性能也越差。

3）火药气体压力的影响

火药气体压力的大小，是决定药室退壳性能和最终间隙的主要因素。当药筒强度一定时，膛压增加，药筒的残余变形变大，因而形成的最终间隙就小，甚至产生"过盈"而卡壳。药筒根部间隙为零时的相应膛压，常被称为药筒的临界压力。

4）退壳力的影响

退壳力大，就容易退壳，但必须注意确保药筒底缘的强度。

5）药筒表面质量和药室光洁度的影响

表面粗糙或质量不佳，如锈蚀、脏物、划痕等，会造成摩擦阻力增加，从而影响退壳。

6）初始间隙的影响

初始间隙的增大将会使药筒的最终间隙也增大，但是初始间隙过大会造成闭气性能不良，增加药筒纵向破裂的可能性。

2.3.4 药筒部位尺寸的拟定

现有火炮药筒，就其外形轮廓来说，大部分为瓶形和锥筒形。所有定装式药筒均采用瓶形，而分装式药筒则有的采用瓶形，有的采用锥筒形。

我国部分药筒结构尺寸见表 2-14。表 2-14 中各符号所代表的意义如图 2-21 所示。

（1）药筒壁厚

为了保证退壳性能和密闭火药气体，药筒的壁厚一般都采用变壁厚，即从药筒口部到底部壁厚逐渐增加。各部位厚度对性能的影响如下：

对药筒口部来说，从闭气性能看，应当薄些，但过薄将会影响与弹丸的连接强度，射击时容易造成严重烧蚀，在修复收口时会产生裂纹，因而对多次使用不利。通常，筒口壁厚最薄不得小于 0.7 mm，而最厚不应超过 2 mm。药筒斜肩厚度一般稍大于筒口部厚度，而大出的数值为 0.1～0.5 mm。

药筒体部厚度（不包括圆弧过渡部）可用筒体的相对厚度 $\bar{b}$（即某断面壁厚的 2 倍与该断面直径之比）来衡量。试验表明，当 $\bar{b}$ 在 0.03～0.05 时，火炮药筒的退壳性能较好。对用于自动火炮（如 37 mm、57 mm 高炮）上的药筒，该值可适当加厚到 0.07 左右。

（2）筒口和斜肩部分尺寸

前已述及，定装式药筒筒口圆柱部长度主要影响与弹丸结合的强度。接触面积越大，连

表 2-14 我国部分药筒结构、尺寸

药筒名称	药筒口部 内径 d_1	药筒口部 厚度 t_1	药筒斜肩 外径 d_2	药筒斜肩下部 厚度 t_2	药筒根部 外径 d_3	药筒根部 厚度 t_3	药筒底缘 外径 d_4	药筒底缘 厚度 t_4	药筒底部厚度 t_5	药筒长度 l	内根角半径 R (mm)
37 mm 高射炮钢质药筒	$36^{+0.17}_{0}$	$0.9^{0}_{-0.2}$	$42^{0}_{-0.02}$	$1.25^{0}_{-0.4}$	$46^{0}_{-0.6}$	$1.65^{0}_{-0.4}$	$52^{0}_{-0.74}$	$5.0^{0}_{-0.2}$	$11^{0}_{-1.5}$	$252^{0}_{-0.5}$	5
57 mm 高射炮铜质药筒	$56.3D_6$	$1.4^{0}_{-0.2}$	$86.5d_8$	$1.7d_9$	$91.8d_7$	$2.2d_9$	$96d_7$	$5.5d_7$	$15.2^{0}_{-1.5}$	$348d_8$	10
57 mm 高射炮钢质药筒	$56.35D_6$	$1.4^{0}_{-0.3}$	$86.5d_8$	$1.7d_9$	$91.8d_7$	$2.3^{0}_{-0.5}$	$96d_7$	$5.5^{0}_{-0.2}$	$15^{0}_{-1.5}$	$348d_8$	10
85 mm 加农炮铜质药筒	$83.2D_6$	$1.3^{0}_{-0.2}$	$94.7d_8$	$1.5d_9$	$101.7d_7$	$2.85^{0}_{-0.7}$	$112d_6$	$4d_7$	$8^{0}_{-1.6}$	$630^{0}_{-1.5}$	8
85 mm 加农炮钢质药筒	$83.2D_6$	$1.3^{0}_{-0.2}$	$94.7d_8$	$1.5d_9$	$101.7d_6$	$2.25\sim2.85$	$112d_6$	$4d_7$	$7.5^{0}_{-1.8}$	$630^{0}_{-1.0}$	8
100 mm 高射炮钢质药筒	$102.5D_6$	$1.2^{0}_{-0.2}$	$134d_8$	$2.3^{0}_{-0.5}$	$140^{0}_{-0.4}$	$3.7\sim4.4$	$147.5^{0}_{-0.4}$	$5d_7$	$18.2^{0}_{-2.2}$	$695^{0}_{-1.15}$	8
122 mm 榴弹炮铜质药筒	$124.77D_7$	$1.2^{0}_{-0.2}$	—	—	$130.4d_6$	$3d_9$	$137.2d_6$	$5.04d_7$	$9^{0}_{-1.8}$	$295d_8$	12
122 mm 榴弹炮钢质药筒	127.2	$1.8^{0}_{-0.3}$	156.75	$2.2d_9$	$130.3d_6$	$2.2^{0}_{-0.5}$	$137.2^{0}_{-0.25}$	$5.04^{0}_{-0.24}$	$9.5^{0}_{-1.5}$	$285d_8$	10
60 式 122 mm 加农炮铜质药筒	$131.94D_6$	$1.6^{0}_{-0.2}$	d_8	$1.9d_9$	$160.3d_7$	$2.6d_9$	$172d_7$	$7d_7$	$11.5^{0}_{-1.5}$	$760d_8$	10
130 mm 加农炮铜质药筒	$143.33D_7$	$1.2^{0}_{-0.2}$	167.56	—	$173.3d_7$	$1.6^{0}_{-0.2}$	$185d_7$	$6d_7$	$15.5^{0}_{-1.5}$	$846d_8$	10
152 mm 加衣榴炮铜质药筒	$155.05D_6$	$1.2^{0}_{-0.2}$	d_8	—	$161.4d_6$	$1.2^{0}_{-0.2}$	$167.7d_6$	$5.04d_7$	$11.2^{0}_{-2.2}$	305^{0}_{-1}	10
152 mm 榴弹炮铜质药筒	$154D_6$	$1.6^{0}_{-0.2}$	—	—	$162d_6$	$1.6^{0}_{-0.2}$	107.2	$7d_7$	$13^{0}_{-2.2}$	$547.5^{0}_{-1.2}$	8
152 mm 加农炮铜质药筒	$163.15D_6$	$1.6^{0}_{-0.2}$	—	—	$174.7d_6$	$1.6^{0}_{-0.2}$	$185d_7$	$6d_7$	$16^{0}_{-2.0}$	$750d_8$	10

接得越牢固。但受到弹尾圆柱部长度的限制，一般把筒口圆柱部长度制成等于弹尾圆柱部长度。此长度在（0.80～1.25）d。当弹尾圆柱部长度比此值小时，则采取弹尾加支撑弹带（如 100 mm 加农榴弹）的设计，以解决结合强度不足的问题。也有一些药筒，出于结构上的考虑，其口部圆柱部较长，图 2-22 所示的长杆式穿甲弹药筒就是这样。

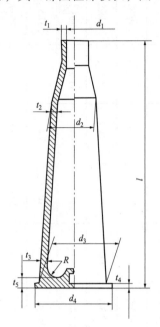

图 2-21　药筒各部位尺寸

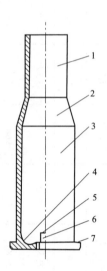

1—筒口；2—斜肩；3—筒体；
4—筒底；5—凸起部；6—底火室；7—底缘。

图 2-22　长杆式穿甲弹药筒

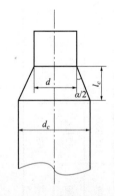

图 2-23　斜肩长度几何
尺寸计算

如图 2-23 所示，药筒斜肩部长度 l_c 可用下式计算：

$$l_c = (d_c - d) \tan(\alpha/2) / 2 \qquad (2-16)$$

对于以斜肩定位的药筒，α 角应取得大一些，以防药筒尺寸的微小变化使整个药筒前后有很大的变动量。一般取 $\alpha = 30° \sim 50°$。对于非斜肩定位的药筒，α 值应取得小一些，因为 ε 角过大，将使收口复杂、废品增多。

筒口内径，主要影响与弹丸的连接强度。过盈量越小，结合强度越低，一般要求最小过盈量大于 0.1 mm；但过盈量又不能太大，否则会产生较大变形，损害药筒的防腐层，并使口部产生较大的张应力。对小口径炮弹，其最大值不应超过弹尾圆柱部直径的 3%；对中、大口径炮弹，此值不超过 1%。对分装式药筒来说，筒口内径应大于弹尾圆柱部直径，一般大于 2 mm。

（3）药筒外部直径

药筒外部直径的大小，将会影响炮弹的自由装填、射击时的药筒强度、退壳性能和闭塞火药气体的可靠性等。

为了保证弹丸的自由装填，希望药筒与火炮药室之间的初始间隙大些；为了具有良好的闭气性和提高药筒在发射时的强度，希望初始间隙小些，而间隙过小又将造成退壳性能变坏。部分火炮药筒的初始间隙值见表 2-15。

表 2-15 部分火炮药筒的初始间隙值　　　　mm

火炮名称	底缘上尺寸和间隙				筒上处或斜肩下的尺寸和间隙			
	火炮药室直径	药筒直径	最大间隙	最小间隙	火炮药室直径	药筒直径	最大间隙	最小间隙
37 mm 高射炮	—	$46.0_{-0.5}^{0}$	—	—	$42.2_{0}^{+0.15}$	$42_{-0.62}^{0}$	0.97	0.20
57 mm 高射炮	$92.4_{0}^{+0.15}$	$91.8_{-0.45}^{0}$	1.20	0.60	$86.9_{0}^{+0.15}$	$86.5_{-0.87}^{0}$	1.42	0.40
76.2 mm 岸舰炮	$99.1_{0}^{+0.2}$	$98.7_{-0.2}^{0}$	0.80	0.40	$94.1_{0}^{+0.2}$	$93.4_{-0.87}^{0}$	1.77	0.50
85 mm 坦克炮	$102.4_{0}^{+0.15}$	$101.7_{-0.28}^{0}$	1.08	0.70	$95.5_{0}^{+0.15}$	$94.7_{-0.87}^{0}$	1.82	0.80
100 mm 加农炮	$140.4_{0}^{+0.15}$	$140_{-0.6}^{0}$	0.95	0.40	$134.4_{0}^{+0.15}$	$134_{-1.60}^{0}$	2.15	0.40
122 mm 榴弹炮	$131_{0}^{+0.15}$	$130.4_{-0.28}^{0}$	1.01	0.60	$127.8_{0}^{+0.15}$	$126.77_{0}^{+0.73}$	1.22	0.10
37 式 122 mm 加农炮	$135_{0}^{+0.15}$	$134.6_{-0.46}^{0}$	0.95	0.40	$126.5_{0}^{+0.15}$	$125.13_{0}^{+1.13}$	1.52	0.24
60 式 122 mm 加农炮	$162.8_{0}^{+0.15}$	$161.8_{-0.26}^{0}$	1.41	1.00	$136.0_{0}^{+0.15}$	$135.14_{0}^{+0.56}$	1.01	0.20
59 式 130 mm 加农炮	$175.4_{0}^{+0.2}$	$174.3_{-0.28}^{0}$	1.58	1.10	$147.5_{0}^{+0.2}$	$146.13_{0}^{+0.93}$	1.57	0.44
66 式 152 mm 加榴炮	$162.8_{0}^{+0.2}$	$162_{-0.26}^{0}$	1.26	0.80	$157.5_{0}^{+0.2}$	$156.8_{0}^{+0.56}$	0.90	0.04
59 式 152 mm 加农炮	$175.4_{0}^{+0.2}$	$174.7_{-0.26}^{0}$	1.16	0.70	$166.79_{0}^{+0.2}$	$165.95_{0}^{+0.56}$	1.04	0.18

（4）药筒长度

药筒长度会影响炮弹的入膛性能。对底缘定位的定装式药筒，其长度取决于炮弹入膛后弹带圆柱部的前缘到炮管入口锥体部的缝隙 K（图 2-24）。

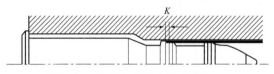

图 2-24 底缘定位的定装式药筒

在已知炮膛尺寸的条件下，给定 K 值即可确定药筒全长。对于不同口径的火炮，炮弹的 K 值不同（表 2-16）。

表 2-16 炮弹的 K 值　　　　mm

口径	20	37	45	75	76	85	100	>100
K_{max}	3.0	6.0	7.0	8.0	8.0	8.0	9.0	9.0
K_{min}	0.8	1.8	1.8	2.5	2.5	3.0	3.0	3.0

对于分装式药筒，其长度可以稍短一些，但应以不影响装药和紧塞具的固定为原则。过短，还将造成炮膛的严重烧蚀。

（5）药筒底部

药筒底部的结构、厚度、强度，以及加工质量等，都将影响药筒的强度和退壳性能。通常，为了避免底部过厚造成质量增加、金属消耗量增大、冲凹和冲孔困难等缺点，常在保证药筒使用性能的条件下尽量使其减薄。同时还要求：内底平面 $A—A$ 应位于炮尾切面的内侧（图 2-25）；药筒内部和筒体必须圆滑过渡，能保证一定的厚度和强度（图 2-26）。

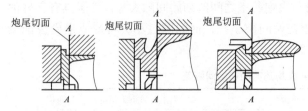
图 2-25　药筒底部内平面相对炮尾切面位置

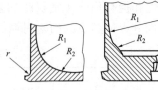
图 2-26　内底圆滑过渡结构

2.3.5　发射装药

发射装药是指满足一定弹道性能要求，由发射药及必要的元器件按一定结构组成，用于发射的组合件。发射药与点火具是发射装药的基本元器件。除此之外，根据武器的具体要求，发射装药中还可能有缓蚀剂、除铜剂、消焰剂、可燃容器、紧塞具和密封盖等。

（1）发射装药的分类

1）常规发射装药

根据射击性能的不同，常将发射装药分为 3 类：实习装药、空包装药和战斗装药。实习装药是在试验和训练中使用，空包装药主要在演习（当不使用实弹时）和鸣放礼炮时使用，而战斗装药则在实际战斗中使用。按弹药装填和装药结构特点，可将发射装药分为定装式装药、分装式装药和迫击炮装药。

定装式装药的特点是不论在运输、储存以及发射装填时，装药都放置在药筒内与弹丸连成一个整体，装药质量是固定不变的。属于定装式装药的武器弹药有步兵武器（手枪、冲锋枪、步枪、机枪）的枪弹装药，以及中小口径地面炮、坦克炮、高射炮、航炮、舰炮所用弹药的发射装药。

分装式装药的特点是装药全部放置在药筒或药包内，在储存、运输时与弹丸分开。装填时，首先把弹丸装入膛内，然后再装入盛有装药的药筒或药包。分装式装药一般都是可变装药，即在射击前可根据需要从装药中取出定量的附加药包而改变其装药量。155 mm 口径以上地面炮及大口径岸舰炮发射装药一般都采用分装式装药。

迫击炮装药在射击时虽然也是一次装填，具有定装式装药的特点，但其辅助装药又具有药包分装式装药的特点，所以单独列为一类。发射装药对提高武器弹道性能有重要作用。因此，对刚性组合装药、低温感装药、随行装药、密实装药等新概念、新结构装药技术的研究非常活跃，并已取得重大成果，如刚性组合装药、低温感装药已正式应用于制式弹药。

2）新型发射装药

① 刚性组合装药。刚性组合装药，又称模块装药。由若干个刚性装药模块组合而成的发射装药，可根据使用时不同射程的要求决定装填模块的个数。它是一种用于大口径火炮的新型发射药，正在取代传统的布袋式药包装药。由于现代战争要求武器有快速反应能力，要求火炮有更高的射速，因此现代大口径火炮一般都配置弹药快速自动装填系统。传统药包装药无法适应快速自动装填的要求，因此刚性组合装药技术便应运而生。组合装药的模块外壳是由硝化棉和纸浆加工制成的可燃容器，具有足够的强度，以保证装药的刚性。模块内盛装发射药，并配置可靠的点传火系统以及其他元件。可燃容器及可燃传火管等由于也具有一定能量，成为装药发射能源的组成部分，因此对其配方、几何尺寸及质量公差均有严格要求，

以保证装药弹道性能稳定及射击后燃烧完全，不遗留未燃尽的残渣。刚性组合装药有全等式和不等式（刚性装药各模块的外形、尺寸、内部结构完全相同的为全等式，否则为不等式）。目前，美、英、法、德等国已研制成功由两种模块组成的发射装药系统，例如美国的M231和M232模块化火炮装药系统，如图2-27和图2-28所示。

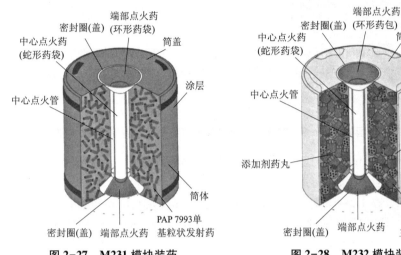

图2-27　M231模块装药　　　　图2-28　M232模块装药

M231/M232模块装药系统由美国通用动力公司武器与战术系统分部研制，可用于现役的所有155 mm榴弹炮系统。该模块装药系统由小号（1～2号）装药用的M231模块和大号（3～6号）装药用的M232模块构成，具有如下优点：使用时安全、可靠、有效；燃烧后无残渣；不含铅；由于采用刚性结构，形状对称，质量轻，因此勤务处理很方便。

黑带、绿色的M231模块装药于1999年定型，长为153.7 mm，直径为154.9 mm，质量为1.93 kg，内装PAP 7993单基粒状发射药，无任何附加剂，射程为3.0（3.3）～11.5（11.8）km。浅褐色的M232模块装药于2001年8月定型，长为156 mm，直径为152.4 mm，质量为2.65 kg，内装低焰的M30 A1型七孔三基粒状发射药，并装有护膛剂、缓蚀剂和除铜剂，两端外表面上铸有4个隆起区分点，射程为7.2（7.4）～28.4（30.5）km。这两种模块都是双向点火，装填时不必考虑方向性。该模块装药系统的可燃药筒为非插接式结构，表面涂有保护层，可直接储存在车内。运输时，每个PA161包装筒可装4个M231模块装药，每个PA103 A2包装筒可装5个M232模块装药。

图2-29所示是德国155 mm DM72/DM82模块装药系统，由德国莱茵金属公司和硝基化学公司为PzH2000式52倍口径155 mm自行榴弹炮以及使用北约制式39倍口径身管的现役火炮系统共同研制。该模块装药系统由小号（1～2号）装药用的DM82模块和大号（3～6号）装药用的DM72模块构成，具有如下优点：射程可增大到40 km以上；燃烧后无残渣；插接与拆卸无须辅助装置，操作方便快捷；结构呈内弹道对称，装填时无方向性要求，可以从任何一端点火；用锡箔代替铅箔做除铜剂；炮口焰低；适用于人工、半自动和全自动装填；对炮管的烧蚀性低；符合低易损性要求；高度不敏感；可简化勤务处理。

该模块装药系统的弹道性能：在21℃下，52倍口径火炮采用6个DM72模块装药发射L15A1弹的平均初速为945 m/s；发射普通弹的最大膛压为415.8 MPa，发射L15A1弹的最

图 2-29 德国 155 mm DM72/DM82 模块装药系统和装填到炮膛时的状态

大膛压为 406 MPa；膛压和初速随装药模块数量的增减而变化；用 39 倍和 52 倍口径火炮发射时，所有装药号初速的标准误差均低于 2 m/s，点火延迟时间小于 300 ms；200 mil 射角的最小射程为 3 500 m，在 1 244 mil 射角的最小射程为 53 m。该模块装药系统主要战术技术性能如表 2-17 所示。其既适用于 52 倍口径的 PzH2000 自行火炮，也适用于 39 倍口径的 M109A3G 自行火炮和 FH70 牵引火炮。

表 2-17 德国 155 mm DM72/DM82 模块装药系统主要战术技术性能

项目	DM72	DM82
直径/mm	158	156
长度/mm	180	252
储存/处理/运输温度/℃	−51～+71	−51～+71
适用温度（L/39 和 L/52）/℃	−46～+63	−46～+63
插接方式	插接式	插接式
最小射程（200 mil 射角）/m	3500	
最小射程（1 244 mil 射角）/m	53	
初速（L15A1 弹）	L/39	L/52
3 个模块/（m·s^{-1}）	515	543
4 个模块/（m·s^{-1}）	652	675
5 个模块/（m·s^{-1}）	810	813
6 个模块/（m·s^{-1}）		945

② 低温感装药。低温感装药，即低温度感度装药，又称低温度系数发射装药，是指发射装药的初温对装药内弹道性能（膛压、初速）影响较小的一类发射装药。其理想状态是在使用温度范围内，发射装药的高温膛压增量、低温初速降趋近于零。这时也称之为零梯度发射装药。由于发射药燃速是随其初温的提高而增加，所以一般发射装药高温膛压增量很大，而低温初速降也很大。低温度系数发射装药可以在不提高火炮最大膛压的条件下（即身管能够承受的压力条件下）大幅度提高初速。这是提高火炮性能的有效途径。低温度系数发射装药的研究受到国内外装药工作者的普遍重视。国外的研究工作主要从两方面着手：

一是化学途径,即使用某些化学添加剂来减小温度对发射药燃速的影响(已在中、小口径武器发射装药研究上取得明显进展);二是物理途径,即通过发射药的包覆控制高、低温条件下发射药的初始燃面或通过延迟点火,控制发射药气体生成速率,降低装药温度系数。

③ 密实装药。密实装药,即使用压实、固结等方法使装填密度超过发射药自然堆积密度的一类装药的统称。当前采用的制造密实装药的主要方法如下:

一是多层密实结构发射药装药,由多层发射药片叠加而成,且各层之间有明显的界限。其制造工艺可以采用复式压伸或发射药圆片叠加。

二是小粒药或球形药压成密实发射药。制造工艺一般是采用溶剂蒸气软化技术将药粒软化再进行压实,可使装填密度达到 $1.25\sim 1.35\ g/cm^3$。

三是纺织式密实发射药,将发射药组分溶于挥发性溶剂中制成黏稠溶液,在一定压力下通过抽丝器抽丝并使之固化。细丝用纺织机按预定式样绕成一定形状。

对一定的武器装药,密实装药可使装填密度由 $0.9\ g/cm^3$ 提高到 $1.35\ g/cm^3$,并可使能量密度提高到 1.5 倍;当火药力由 $1\ 087.7\ kJ/kg$ 提高到 $1\ 274.8\ kJ/kg$ 时,能量密度仅提高到 1.18 倍。由此可见,密实装药的潜力很大。密实装药的关键技术是点(传)火、装药解体和燃烧的一致性,以及由此引发的弹道稳定性和再现性问题。目前,该装药技术正在研制中,尚未用于武器装药。

④ 随行装药。随行装药,又称兰维勒装药。射击过程中,部分装药固定在弹丸底部与弹丸一起运动的一种发射装药。

对于常规发射装药,发射药主要集中于药室内。当推动弹丸加速时,发射装药与弹丸分离,并散布在整个弹后空间进行燃烧。随着弹丸的运动,弹后未燃完的固体火药在火药气体的驱动下将追随弹丸而沿膛内流动,使得膛底和弹底之间形成一个接近于在拉格朗日假设下抛物线形式的压力分布,膛底压力远高于弹底压力。这一压力梯度的存在,使得推动弹丸运动的弹底压力仅是膛底压力的 70%~80%;同时,火药燃烧释放出的能量,不仅用于推动弹丸运动,还要用于加速弹后空间的火药气体,以保证部分气体与弹丸以相同的速度运动,因而严重地影响了弹丸初速的提高。尤其是高膛压、高装填密度的反坦克炮,弹丸的炮口速度越高,膛底和弹底之间的压力差就越大,气体和装药运动所消耗的能量也就越大。

随行装药技术是在弹丸底部携带有一定量的火药,并使之随弹丸一起运动。由于随行装药的燃烧能够在弹丸底部形成一个很高的气体生成速率,所以有效地提高了弹底压力,降低了膛底与弹底之间的压力梯度,在弹丸底部形成了一种较高的、近似恒定的压力;同时,局部的、高速的固体火药燃烧生成的火药气体,在气固交界面上形成很大的推力。与普通装药火炮相比,该推力与弹丸底部附近的气体压力相结合,使得对弹丸做功能力的增加,直至该部分火药燃完。因此,在相同的装药量与弹丸质量的比值 ω/m 下,使用随行装药技术能够使弹丸获得比普通装药更高的初速。目前,随行装药技术还没有达到应用的程度。其关键技术,即高燃速发射药燃速稳定性、弹体与药柱之间的结合还没有突破性进展。

随行装药一般可以分为三大类型:

一是固体随行装药。固体随行装药是指组成随行装药结构的主装药和随行装药均采用固体火药。作为随行装药的固体火药一般都采用气体生成速率较高的火药,并采用随行技术将火药固定于弹丸的尾部,使其随弹丸一起运动。

二是液体随行装药。液体随行装药是指组成随行装药结构的主装药和随行装药均是液体火药。作为随行装药的液体火药一般是装在位于弹丸尾部的容器内。

三是固液混合随行装药。固液混合随行装药是指随行装药结构的主装药是固体火药,而随行装药是液体火药。它充分地利用了固体火药燃烧稳定可靠及液体火药便于携带的优点。这是目前研究较为广泛的一种随行装药方案。

(2) 对发射装药的要求

1) 弹道方面的要求

从弹道方面看,主要要求如下:

① 获得必要的初速和压力。为此,必须正确选择火药成分、形状、单体火药尺寸、装药质量、点火药质量和合理的装药结构。

② 火药应在炮膛内迅速燃尽。为此,必须合理地选择火药成分、形状和燃烧层厚度,点火药要能瞬时引燃全部药粒。

③ 在不同的温度条件下应能保持装药的弹道性能。为此,要求设计合理的装药结构,选择安定性好的火药,确保装药保管时的密封性。

2) 战术技术方面的要求

从战术技术方面看,主要要求如下:

① 提高火炮寿命。在满足弹道性能的要求下,应当尽量使用低爆热、低烧蚀性的火药,并在装药中加护膛剂。

② 发射时,烟少、火焰小(加入消焰剂)。

③ 装药安全、简便。

④ 长期保存安全、不变质。

3) 生产经济性方面的要求

从生产经济性方面看,主要要求如下:

① 装药结构简单,适于大量生产。

② 装药成本低,不用昂贵和稀缺材料。

(3) 发射装药的结构特点

装药的基本元件是火药。火药具有一定的潜能,而当火药发生爆燃时,潜能将转变为火药气体的动能和热能,从而推动弹丸运动而做功。从根本上来说,火药是弹丸运动的能源。

装药的第二个不可缺少的元件是点火药。点火药的作用是在尽可能短的时间内,同时点燃装药的全部药粒,以保证火药的正常燃烧。除此之外,装药还包含钝化剂、护膛剂、除铜剂、消焰剂、紧塞具和厚纸等。它们的功能已在前面谈及,在此不再赘述。

当击针撞击火帽或电流通过火帽时,火帽火药燃烧,放出灼热气体和固体颗粒。若装有黑药制的药饼或粒状辅助点火药,则击发剂的燃烧生成物立即点燃辅助点火药。辅助点火药的燃烧生成物大约以 1 000 m/s 的速度传布于整个装药,加热并点燃发射药表面,从而引起火药的热分解反应。发射药分解时,1 g 火药放出 900~1 100 mL 的气体、2 500~5 000 J 的热量和少量的固体颗粒。装药燃烧时生成的火药气体温度可达 2 200~3 600 K,密度达 0.3 g/cm^3。火药气体分子的无规则运动产生了炮膛压力。在该压力的作用下,弹丸将向前(或做旋转)运动。

1) 定装式药筒装药的结构

定装式装药大都采用硝化棉粒状火药,部分使用管状硝化棉火药和双基药。粒状硝化棉火药的优点是假密度大,装药制造容易,同一种牌号的火药可适用于不同的火炮。缺点是火药放置较乱,难于点燃。为此,在一部分装药结构中,常加有管状药束,以利于传火。

在我军装备的 57 mm 高射榴弹的发射装药中(图 2-30),使用牌号为 7/14 的散装粒状硝化棉火药。药筒的内表面装有护膛衬纸,上面放有除铜剂、紧塞具和厚纸等。

在 85 mm 穿甲弹的装药(图 2-31)中,17/7 粒状药占总装药的 88%,18/1 管状药占 12%。使用管状硝化棉火药的目的,在于改进装药的点燃条件和提高它在低温下弹道性能的稳定性。管状药用细棉线绳捆在一起。

2)分装式药筒装药的结构

分装式药筒装药一般都采用变装药。通常,榴弹炮和加农炮的减变装药由两种牌号的火药组成。变装药是由基本药包和若干附加药包(等重的或不等重的)制成的:基本药包构成最小号装药;基本药包和若干附加药包的组合,构成了中间装药和最大装药(或称全装药),见表 2-18。

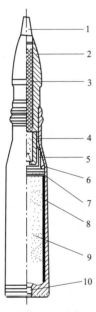

1—引信;2—弹体;3—炸药;4—曳光管;
5—支筒;6—紧塞具;7—除铜剂;
8—护膛剂;9—发射药;10—底火。

图 2-30 57 mm 高射榴弹药筒装药

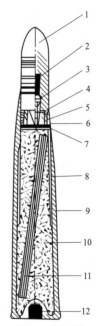

1—弹丸;2—炸药;3—引信;4—紧塞盖;
5—支筒;6—纸垫;7—除铜剂;8—护膛剂;
9—药筒;10—粒状发射药;11—管状发射药;12—底火。

图 2-31 85 mm 穿甲弹药筒装药

表 2-18 54 式 122 mm 榴弹炮杀爆榴弹装药

装药号数	基本药包/个	下药包/个	上药包/个
全	1	4	4
1	1	4	3
2	1	4	2
3	1	4	1
4	1	4	
5	1	3	

续表

装药号数	基本药包/个	下药包/个	上药包/个
6	1	2	
7	1	1	
8	1		

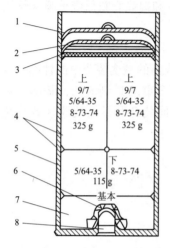

1—密封盖；2—紧塞盖；3—除铜剂；
4—附加药包；5—药筒；6—点火药；
7—基本药包；8—底火。

图 2-32　54 式 122 mm 榴弹炮杀爆榴弹药筒装药

若一种牌号的火药可以满足规定的初速和最大（或最小）膛压，则装药应采用一种火药。若一种牌号的火药装药不能满足弹道性能要求，则应采用两种牌号的火药。此时，基本药包用薄火药，而附加药包用厚火药。例如，54 式 122 mm 榴弹炮杀爆榴弹的装药（图 2-32）就用了基本药包 4/1 火药和附加药包 9/7 火药，其中附加药包由上、下两种等量药包（各 4 个）组成。将 30 g 点火药包缝在基本药包下部，并将除铜剂放在附加药包上，上面用紧塞盖和密封盖压紧。

2.3.6　可燃药筒

长期以来，世界各国都以铜作为制造药筒的材料。但是，作为贵重的有色金属，铜的蕴藏量和产量都不能满足日益增长的需求，特别是在第二次世界大战中，人们深感药筒供应困难，原因就是铜的供应困难。在这种情况下，美、德、日等国开始研制钢药筒，从而开创了以钢代铜的发展时期。但在战争中钢材的消耗量也是很大的，况且制造一个大口径药筒比制造同口径炮弹要困难得多，加上钢药筒的质量大，反复使用并不可靠（复修药筒大约只有 30% 的合格率），从而给供应和回收带来很大的负担。为此，人们又进行了非金属药筒的研究。德国最早提出了可燃药筒的研究课题，而美国则在研究纸药筒和塑料药筒。第二次世界大战后，美国也着手研究可燃药筒，并于 1962 年宣布研制成功。与此同时，国外还在集中人力研究纸药筒和塑料药筒。可燃药筒的出现，给弹药装备带来了很大方便。

（1）可燃药筒的特点

可燃药筒是用可燃性物质制成的，发射时在膛内燃完，无须退出炮膛。这种药筒，特别适于坦克炮使用。可燃药筒可分为全可燃与半可燃两种。带有金属底座的可燃药筒被称为半可燃药筒。目前大多采用这种药筒，并配于现有火炮使用。

无论是从战术技术上讲，还是从生产经济性上讲，可燃药筒都具有明显的优点：

① 改进了火炮操作条件，提高了射击速度，减少了回收、运输等繁重任务。

② 节约了金属材料，减轻了炮弹质量，简化了生产制造工艺，提高了生产效率，降低了成本。

③ 有利于火炮结构的改进。

④ 可燃药筒可以起到增加发射药的作用。

由此可见，用可燃药筒代替金属药筒，无论是从战斗上讲，还是从生产上讲，都是有重大意义的。但是目前还没有完全用可燃药筒代替金属药筒，因为可燃药筒还存在如下缺点：

① 定装式药筒与弹丸的结合强度不易保证，不利于高速装填。

② 防火、防潮、长期储存性能低于金属药筒。

③ 药室污染比较严重，而且当膛内有残渣时容易引起药筒自燃。

④ 耐热性差，不易抵抗外部因素（如高温炮膛）的偶然发火。

⑤ 由于可燃，故对内弹道性能有影响。一般药筒用黑药作为点火药，但可燃药筒若仍用黑药作为点火药，射击以后对火炮药室污染较为严重，故用黑药加无烟枪药，再加一部分消焰剂，做成点火药包；由于可燃药筒是一种多孔性结构，燃烧比较快，因而其膛压曲线前移。金属药筒在发射时要吸收一部分火药气体的热量，而可燃药筒是放出一部分热量，所以最大膛压值也略有提高。

（2）对可燃药筒的要求

① 可燃药筒使用后，炮膛不允许留有残燃物和残渣。药筒燃烧不允许造成大的射击偏差。

② 有一定的强度，能满足拔弹力要求，可反复装填 3 次，运输和在一定高度下落（90°自由推倒和 1.3 m 以上高度跌落）时不破裂。

③ 有一定的闭气性，连续射击不因药室温升而造成装填中自燃。

④ 有一定的承热能力，对火源不敏感。

⑤ 遭轻兵器或弹片等击中时，安全性应不低于金属药筒。

（3）可燃药筒的基本特征

由于可燃药筒在膛内是燃烧的，因此药筒结构和装药具有如下明显特点：

① 药筒及装药中的每个元件（包括底火和传火管）都参与燃烧。底火可用低熔点的金属（锡、锌和铬镉的合金）作外壳，在炮膛内同时起到除铜剂的作用。

② 为保证可燃药筒在膛内发射时及时燃完，药筒不采用胶化的组织状态结构，而应采用毡状多孔性的混杂体结构，以增加其燃烧面积。

③ 可燃药筒含有一定量的纸纤维和黏结剂，射击中易出现炮口焰和炮尾焰，因此在装药结构上应考虑适当增加消焰剂的数量。

④ 可燃药筒本身也是装药燃烧的一部分。为保证百分之百地燃尽，硝化棉的含量不能少于 60%（现用 65%）；而纸浆纤维是保证强度的主要成分，一般含量不低于 15%（现用 23%）。黏结剂对药筒强度、可燃性和工艺性都有影响，小于 7% 时，强度低、工艺性差；大于 15% 时，强度高、防火性好，但残渣多。现在用量是 12%，外加二苯胺作为硝化棉的中定剂。

常用的黏结剂有聚乙烯醇缩甲醛、聚乙烯醇缩丁醛、酚醛树脂等。聚醋酸乙烯酯可溶于水，因此工艺性好。

⑤ 可燃性药筒因燃烧较快而产生火药气体较多，故膛压曲线的起始段比金属药筒上升要快，最大压力的出现也比较早。另外，金属药筒在发射时要吸收火药气体的部分热量，而可燃药筒却要放出一部分热量，因此增加了火药气体对弹丸做功的能力，使弹丸的初速有所增加。这一弹道特性随温度变化而异，在考虑结构时，必须特别注意。

2.4 火炮

火炮，通常是指以火药为能源发射弹丸，口径在 20 mm 以上的身管射击武器，是军队实施火力突击的基本装备。火炮种类较多，配有多种弹药，可对地面、水上和空中目标射击，歼灭、压制有生力量和技术兵器，摧毁各种防御工事和其他设施，击毁各种装甲目标和完成其他特种射击任务。

火药及利用火药的管形火器最早出现在中国，1225年后火药和火器从中国传到伊斯兰国家，后又传到欧洲。自此以后直到19世纪末现代火炮出现，火炮有几个重要发展阶段。17世纪，伽利略抛物线弹道的发现、牛顿对空气阻力的研究都对现代火炮的发展起了重要的推动作用。其后各国对提高火炮机动性的研究，口径标准化，线膛炮与长形弹丸的出现，后装填火炮与螺式炮闩、楔式炮闩的发明，直到带有反后坐装置弹性炮架的使用，逐渐形成了现代火炮的雏形。

20世纪70年代以来，由于科学技术的发展和生产工艺的改进，火炮在射程、射速、弹丸威力、机动性和快速反应能力方面都有明显提高。

在增大射程方面，主要采用高能发射药、加大装药量、加长身管、增大膛压、提高初速以及发展底凹弹、远程全膛弹、底部排气弹、火箭增程弹和复合增程弹等新弹种。105 mm榴弹炮射程从第二次世界大战前的 11～12 km 增大到 15～17 km。155 mm榴弹炮射程从 14～15 km 增大到 30 km 以上。比利时 GC-45 式 155 mm 加农榴弹炮，炮身长为45倍口径，增大药室容积和增加装药量，采用远程全膛弹，射程达 30 km，发射远程全膛底部排气弹，射程可达 39 km。远程全膛弹为全弧形弹丸，是20世纪70年代末发展的新弹种，它弹体流线型好，空气阻力小，一般能增大射程10%～20%。南非155 mm榴弹炮发射的高速远程弹，采用底排与火箭复合增程技术，39倍口径身管最大射程为 39 km，45倍口径身管射程为 50 km，52倍口径身管则达到了 52.5 km。美国更换 M247式40 mm高射炮预制破片榴弹的外壳和风帽，弹丸飞行阻力降低6%，弹丸飞行时间明显缩短。反坦克炮能发射高动能或初速高的尾翼稳定脱壳穿甲弹，攻击复合装甲和反应装甲目标。新研制的反坦克炮大都具有坦克炮的弹道性能。西德120 mm自行反坦克炮和苏联125 mm反坦克炮的直射距离分别达到 2 km 和 2.1 km。迫击炮的射程也有明显增加，60 mm迫击炮的射程由原来的 2 km 提高到 4 km，120 mm迫击炮从 5.5 km 提高到 8 km，发射火箭增程弹可达 13 km。

为了收到火力奇袭的效果和有效地对付日益增多的机动目标，各国普遍重视提高火炮发射速度。采用半自动炮闩、自动装填系统、液压瞄准机构和可燃药筒等，减少人员参与程度，可明显缩短射击循环时间，提高射速。瑞典 FH77式 155 mm 榴弹炮采用半自动立楔式炮闩、液压瞄准机构和半自动装填系统，爆发射速达到 3 发/8 s，正常射速 6 发/min。40 mm高射炮的射速已达 330 发/min，比第二次世界大战前的 120 发/min 有明显提高。采用液体发射药和模块式的发射药，射速可望进一步提高。

在提高弹丸威力方面，采取增加弹体强度、减薄弹体厚度、改装高能炸药和采用预制破片技术等措施，有的 105 mm 榴弹的杀伤效果，相当于第二次世界大战期间的 155 mm 榴弹。已经使用和正在发展的子母弹、多爆炸成型弹、末段制导炮弹和寻的炮弹，大大提高了压制火炮的远距离反坦克能力。高射炮采用近炸引信和预制破片榴弹，提高了对目标的毁伤能力。尾翼稳定超速脱壳穿甲弹的穿甲厚度已达 400 mm，有的破甲弹的破甲厚度达 900 mm。

改进火炮结构，减轻火炮重量和发展新型自行火炮，可进一步提高火炮的机动性能。美国 M102式 105 mm 榴弹炮，实现了上架、下架和大架合一，高低机和平衡机合一，改用鸟胸骨闭架式大架和迫击炮底盘，全炮重由原来的 2 260 kg 减到 1 480 kg。有的自行榴弹炮采用封闭式旋转炮塔，具有浮渡能力。采用液压折叠式驻锄，方向射界 360°。一些火炮附有火炮辅助推进装置,进出阵地和短距离行军的速度大为提高。

为了延长炮身使用寿命,许多国家采用电渣重熔等精炼工艺,提高炮身钢的力学性能和抗热裂纹能力。炮膛镀铬,改善了炮膛的热耐磨性能。使用高能量低烧蚀发射药及新型缓蚀添加剂,减轻了炮膛烧蚀。有的坦克炮采用自紧和镀铬处理的炮身,虽然初速达 1 831 m/s,膛压达 5.5×10^5 kPa,但寿命仍可达到 1 000 发。

为了提高炮兵火力的适应性,火炮除配用普通榴弹、破甲弹、穿甲弹、照明弹和烟幕弹外,还配有各种远程榴弹、核弹、化学弹、反坦克子母弹以及末段制导炮弹等,使火炮能压制和摧毁从几百米到几万米距离内的多种目标。

火炮将在提高射程、威力和射速,以及增强战场生存能力方面继续发展。随着以固体发射药为火炮能源的传统模式的突破,将出现依靠多种能源的液体发射药火炮、电磁炮、电热炮等新装备。远距离遥控和机器人操作的火炮也在试验和研制中。

2.4.1 火炮的分类

火炮分类的方法很多,常见的分类见图 2-33。对火炮分类,有几点需进一步说明。

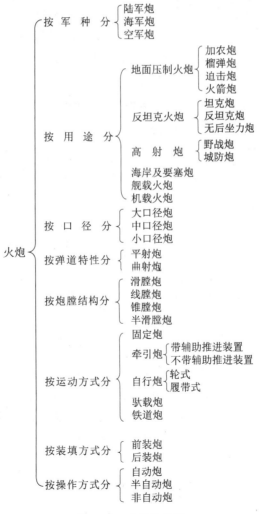

图 2-33 火炮的分类

(1) 按弹道特性分类

火炮主要是根据弹丸在空中飞行的轨迹特性分。一般弹道平直低伸、射程远、威力大者称为加农炮，也叫平射炮，"加农"系英语 cannon 的音译，高射炮、反坦克炮、坦克炮、机载火炮、舰载火炮和海岸炮都具有加农炮的弹道特性；弹道比较弯曲、射程较远者称为榴弹炮；兼有上述两种火炮弹道特点的火炮称为"加农榴弹炮"；弹道十分弯曲，且射程较近者称为迫击炮，早期称其为臼炮。榴弹炮与迫击炮等也常统称为曲射炮。图 2-34 所示为三种火炮弹道性能示意图。

加农炮、榴弹炮与迫击炮的主要区别可参见表 2-19，表中有关初速、炮身长度等数值只是泛指，不能绝对化。目前有些新型火炮的初速、炮身长度已超过表中数据。在第二次世界大战后，西方国家很少采用"加农炮"一词，而是将新型研制的大口径地面火炮都称为榴弹炮。

图 2-34　火炮弹道性能示意

(a) 加农炮；(b) 榴弹炮；(c) 迫击炮

表 2-19　加农炮、榴弹炮与迫击炮的主要区别

种类	一般射击的目标	弹道形状	性能特点	结构特点
加农炮	活动目标，直立目标，远程目标（对大口径火炮）	低伸	初速大（>700 m/s），射角较小（<45°），一般用定装式炮弹，大口径用分装式，变装药号数较少	炮身长（>40d），比同口径其他火炮重（d 为口径）
榴弹炮	远程隐蔽目标及面目标	较弯曲	初速小（<650m/s），射角较大（<75°），分装式炮弹，变装药号数多	炮身较加农炮短（20d~40d），全炮较轻
迫击炮	近程隐蔽目标及面目标	很弯曲	初速大，射角大（45°~85°），多用尾翼稳定弹，变装药号数多	炮身 10d~20d，结构简单，全炮很轻

(2) 按口径分类

按照口径的大小，火炮可分为大口径炮、中口径炮与小口径炮。划分口径大小的界限，随火炮类别而异，也随着不同历史时期火炮技术发展的状况而定，而且各个国家的规定也不尽相同。第二次世界大战以前，火炮技术水平较低，大威力火炮口径都偏大。例如，地面火炮曾将 90 mm 以下列为小口径，200 mm 以上称为大口径，90~200 mm 称为中口径。对海岸炮，多数国家的规定是：口径大于 180 mm 者称为大口径，低于 100 mm 者为小口径，二者之间的为中口径。现仅以当前地面火炮与高射炮为例，见表 2-20。

表 2-20　地面火炮与高射炮的口径区分

口径划分		我国/mm	英、美/mm（in）	苏联/mm
地面火炮	大口径	>155	>203（8）	>152
	中口径	76～155	100～203（4～8）	76～152
	小口径	20～75	<100（<4）	20～75
高射炮	大口径	>100		>100
	中口径	60～85	13～47	60～100
	小口径	20～57		20～60

（3）按炮膛结构分类

按炮膛结构，火炮可分为滑膛炮、线膛炮和锥膛炮等。

滑膛炮是指身管内壁无膛线的火炮，发射后弹丸依靠尾翼稳定。19世纪中叶线膛炮出现之前的火炮都是滑膛炮，发射球形弹丸，射程近，射击密集度差。线膛炮出现后，滑膛炮基本上由线膛炮取代。20世纪60年代后，为了提高对复合装甲的穿甲能力，采用次口径长杆式尾翼稳定超速脱壳穿甲弹和相对密度大的钨（铀）弹芯，使滑膛炮又重新得到了广泛使用。在现代火炮中，坦克炮和迫击炮多采用滑膛身管，有些无坐力炮也采用滑膛结构。

线膛炮是指身管内壁有若干平行螺旋槽（膛线）的火炮。发射时弹丸上的弹带切入膛线，迫使弹丸在膛内向前运动时又做旋转运动，使弹丸出炮口时具有一定的转速，以保证弹丸飞行稳定。与滑膛炮相比，线膛炮的射击密集度较高。在火炮发展史上，线膛炮的出现是火炮技术发展的重大突破。膛线的凸起部称阳线，膛线的凹进部称阴线。将炮膛展开成平面后膛线与膛轴线的夹角称缠角，缠角保持为一常数的膛线称等齐膛线；膛线起始处缠角小，以后按二次曲线向炮口逐渐加大的膛线称渐速膛线。膛线按深度可分为深膛线和浅膛线。

锥膛炮是指炮膛导向部全部或局部向炮口端逐渐缩小呈圆锥形的火炮。配用带裙边的缩径弹丸，裙边用软金属制造。发射时弹丸在火药气体的推动下向前运动，其裙边逐渐收缩，并密闭火药气体。利用这种火炮发射的弹丸与等弹重同口径（指炮口）的普通火炮相比，弹丸在膛内全长上受火药气体作用的平均面积大，可获得较大的初速。其缺点是制造工艺复杂，裙边的变形耗能较多。德国首先设计使用了这种火炮。1914年德国制造的75 mm反坦克炮，锥膛的大端直径75 mm，出口直径55 mm，穿甲弹的初速达到1 124 m/s。锥膛炮实际上是一种发射早期次口径弹的火炮。与后来使用的次口径脱壳穿甲弹相比，早期次口径弹射击效果差，工艺性不好，所以未能得到推广应用。

（4）按运动方式分类

按运动方式，火炮可分为固定炮、牵引炮、自行炮和驮载炮等。

固定炮是指固定在地面或安装在大型运载体上的火炮。前者通常指在永备工事中，火炮炮架与基础固定在一起的海岸、要塞炮。后者一般指火炮与运载体固定在一起的舰炮、铁道炮。由于支撑火炮的基座质量大，射击稳定性好，射击精度较高，所以固定炮在设计上与一般野战炮有所不同。有的要塞炮及海岸炮在射击时升高伸出堡垒或通过轨道前移至洞口外面，射击完后返回原位置，过去称为显隐炮，属于半固定炮，如轨道式58倍口径双管

130 mm 海岸炮。

牵引炮是指行军时用机动车辆拖动或骡马挽曳的火炮。早期的野战火炮一般用骡马挽曳，现代火炮用履带式或轮式车辆牵引。按方式牵引炮可分为炮口牵引和架尾牵引两种方式。牵引火炮均有运动体和牵引装置，有的还有前车，运动体装有缓冲装置和制动器，车轮采用海绵胎或气胎。有的牵引炮在炮架上装有辅助推进装置，在火炮解脱牵引后推动火炮进出阵地和短距离行军，有一定的自运能力。牵引炮一般牵引长度较长，受道路转弯半径的限制，通过性较差。为了减小牵引长度，有的火炮将炮身作180°回转（朝向牵引方向）并固定后牵引。牵引炮的特点是：结构简单，造价低，操作维修方便，便于大量装备；相对同级别自行火炮，牵引炮外形尺寸和质量较小，可空运；装甲防护少。20世纪70年代以来，各国在大力发展自行火炮的同时，仍重视牵引炮的发展。由于牵引炮的独特优点，目前在陆军、海军陆战队、空降部队中仍有大量装备。牵引炮将继续朝着轻量化、射击指挥与观瞄装置的自动化、提高反应速度等方向发展。

自行炮是指安装在车辆底盘上能自行运动（行军或越野机动）的火炮。按底盘不同自行炮分履带式和轮式。自行炮的任务是伴随装甲兵和摩托化及装甲步兵作战，执行压制、火力支援和掩护等任务。自行炮是随坦克和各种车辆的投入战斗与发展而产生和发展的。自行炮出现于第一次世界大战，在第二次世界大战中得到了较广泛的使用，但其从技术、战术使用等各方面有巨大发展是在20世纪70年代以后。20世纪50年代，主要以利用原有坦克底盘为主，重点是提高机动性；20世纪60年代后则以减轻质量、缩小体积、适于空运和空降等为改进重点，为此开始为自行炮设计专用底盘或使用较轻的装甲输送车底盘。20世纪七八十年代以后，自行炮逐渐发展成为包括火炮、火控、底盘、通信、防护等的复杂综合体。其发展方向是：提高射速，增大火力密集度；增加弹药种类，提高毁伤效果和对付不同地面和空中目标的能力；充分利用现代电子、信息技术成果，改进和发展具有搜索、观测、跟踪、射击诸元求取、瞄准功能的火控系统，提高火炮射击控制的自动化水平，从而提高射击精度和反应速度；通过增加地面导航定位系统以及其他信息装备，提高火炮自主和半自主作战能力，并具有"打了就跑"机动作战能力；通过（高射炮）加装防空导弹或（榴弹炮、火箭炮）发射制导炮弹，增强火炮的威力与作战能力；提高可靠性和生存能力等。另外，20世纪90年代以来，国外利用现有牵引炮和轮式装甲车或汽车底盘组成一类"无炮塔"式轮式自行炮，如法国"恺撒"155 mm自行炮等。

驮载炮又称山榴炮、山炮，是以畜力驮载作为运动方式的火炮，主要用于在山地和崎岖地形上行军作战。以畜力驮载的火炮主要有作为山炮使用的轻型榴弹炮和中口径以上的迫击炮。一般便于拆装，利用随身携带的少量工具便可把全炮迅速分解成几大部件，每个部件的质量差别不大，并在畜力能负载的范围内。有的驮载炮除了驮载外，还可以牵引。驮载炮在第二次世界大战期间和战前曾广泛使用，现在不少国家仍有装备和应用，如意大利的56式105 mm驮载榴弹炮。

(5) 野战炮

在历史和目前习惯用语中，常引用"野战炮"或"野炮"一词。这主要是指在海域、要塞和城市以外地区作战的陆军部队中所装备的火炮。野战炮的射击范围大，火力机动性和运动性好，能以火力伴随和支援步兵、装甲兵的战斗行动，通常是指牵引式或自行式的加农炮、榴弹炮、加农榴弹炮、高射炮和反坦克炮等。西方国家将地面炮和高射炮合称为野战炮，苏联将装备于野战部队属炮兵的火炮称为野战炮。

最早的野战炮系将炮身装在带轮的车上，由马拉曳以配合步兵战斗，随后又将牵引炮统称为野炮。例如法国士乃德 75 mm 野炮、日本三八式 75 mm 野炮。

(6) 火箭炮

火箭炮是一种发射无控火箭弹的装置。从其作用原理上看，它并不属于身管火炮的范围。火箭炮除赋予火箭弹一定的射角、射向和提供点火机构与火箭发电机开始工作的条件外，并不给火箭弹提供任何飞行动力，火箭弹是借助自身的火箭发动机产生的反作用而运动的。由于在我国的炮兵装备中将火箭炮列入压制武器内，因此在火炮分类表中列有此种"炮"。火箭炮与同口径的身管火炮相比，具有反应快、火力猛、发射速度高、机动性好和价格低廉等优点，主要用于对集群目标、面目标实施猛烈的火力突击，压制敌方有生力量、装甲目标和其他技术兵器。但该炮射弹散布大，需要较大的安全界；发射时火焰大，易暴露阵地。因此，常选择多个阵地，以适时进行转移。

(7) 新型火炮

目前，国内外正在研制的新概念新原理火炮有液体发射药火炮、电热炮和电磁炮等。

液体发射药火炮（LPG）是指使用液体发射药作为发射能源的火炮。LPG 一般有外喷式、整装式和再生式三种形式。外喷式 LPG 是依靠外力在发射时适时地将 LP（液体发射药）喷射到燃烧室进行燃烧。外喷压力很大，外喷机构复杂，现在已经不再采用。整装式 LPG（BLPG）与常规固体发射药火炮一样，LP 装填在固定的容积内，经点火后整体燃烧，整体燃烧的规律较难控制。再生式 LPG（RLPG）在发射前，LP 被注入储液室。点燃点火药，使得燃烧室内压力升高，推动再生喷射活塞，挤压储液室中的 LP。根据差动原理，储液室内液体压力大于燃烧室内气体压力，迫使储液室中的 LP 经喷孔喷入燃烧室，在燃烧室中雾化燃烧，使燃烧室压力进一步上升，继续推动活塞并挤压储液室中的 LP，使其不断喷入燃烧室，同时推动弹丸沿身管高速运动，直到储液室中的 LP 喷完，弹丸获得预定的初速，完成再生喷射循环。LPG 的主要优点是：可控制燃烧，实现压力平台，提高初速，减小压力峰值；炮口焰、烟较少，声音小，不易暴露；可精确控制 LP 的注入量，调节射程，实现多发弹同时弹着；LP 燃烧温度低，火炮寿命长；LP 储存方便，有利于总体布置；LP 的低易损性有利于火炮的安全；LP 的良好后处理性能有利于火炮的后勤保证；LP 成本低廉，可降低火炮全寿命周期费用。目前，RLPG 还存在一些技术难题，如压力振荡、弹道控制、点火、液体发射药与材料的相容性等，需要解决。

电热炮是指全部或部分利用电能加热工质产生等离子体推进弹丸的发射装置，如图 2-35 所示。从工作方式上，电热炮可以分为直热式电热炮和间热式电热炮两大类。直热式电热炮是使用特定的高功率脉冲电源向某些分子量小的惰性第一工质放电，把工质加热转变成等离子体状态，利用含有热能和动能的等离子体直接推进弹丸运动，也称单热式电热炮。间热式电热炮是利用加热第一工质产生的等离子体再去加热其他更多的低分子量第二工质（甚至是发射药），使其发生化学反应，变成热气体（含少量等离子体），借助热气体的热膨胀做功来推进弹丸，也称为复热式电热炮。从能源和工作机理方面考虑，直热式电热炮是全部利用电能来推进弹丸的，也称为纯电热炮；而间热式电热炮，发射弹丸既使用电能又使用化学能（发射能量约 20% 来自电能，80% 来自化学反应），也称为电热化学炮。在电热炮中用放电方法产生的等离子体多属低温等离子体，又称为电弧等离子体。所以，较早的电热炮又称为电弧炮、脉冲等离子体加速器或等离子体炮。电热炮的主要优点有：初速高，内弹道可控性好，有利于隐蔽，有利于改变射程。电热炮首先要解决高能量密度的脉冲电源小型化问题；其次要有能承受百万安培强电流的材料和结构，以及其他武器化的工程问题。

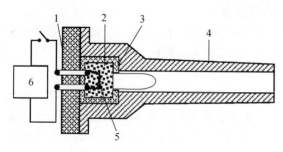

1—电极；2—第二工质；3—药筒；4—身管；
5—第一工质；6—电源。

图 2-35 电热化学炮工作原理图

电磁炮又称电磁发射器，是指完全依靠电磁能发射弹丸的新型超高速发射装置。根据工作原理的不同，电磁炮可分为轨道炮和线圈炮两种，如图 2-36 所示。轨道炮工作原理为：炮弹位于两根平行的铜制导轨中间，当强电流从一根导轨经炮弹底部的电枢流向另一根导轨时，在两根导轨之间形成强磁场，磁场与流经电枢的电流相互作用，产生强大的电磁力（洛伦兹力），推动炮弹从导轨之间发射出去，理论上初速可达 6 000～8 000 m/s。轨道炮的优点是结构简单。线圈炮工作原理为：身管由许多个同口径、同轴线圈构成，炮弹上嵌有线圈。当向身管的第一个线圈输送强电流时磁场形成，炮弹上的线圈感应产生电流，磁场与感应电流相互作用，推动炮弹前进；当炮弹到达第二个线圈时，向第二个线圈供电，又推动炮弹前进，然后经第三个、第四个线圈、……直至最后一个线圈，逐级把炮弹加速到很高的速度。线圈炮的优点是炮弹与炮管（线圈）间没有摩擦，能发射质量较大的炮弹，电能转换成动能的效率较高，但供电比较复杂。

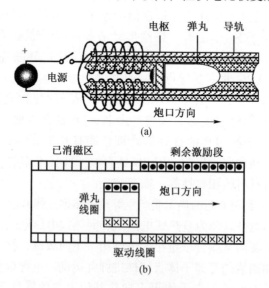

图 2-36 电磁炮
(a) 轨道炮工作原理；(b) 线圈炮工作原理

电磁炮的主要优点有：初速高，有利于隐蔽，有利于改变射程，工作稳定，重复性好，身管形状以及弹丸质量都不受限制，弹丸的平均加速度和峰值加速度的比值小，装弹快，效率高。电磁炮的研制需解决两个关键技术，即能加速高速飞行弹丸的加速装置（相当于常规火炮的身管）和容量大、密度大、比能大的能量储存与传输装置。

2.4.2 火炮的结构组成

（1）对火炮结构总的要求

不管哪种火炮，在满足战术技术要求的前提下，其结构越简单越好，操作人员只需一般的训练就能在实战中进行操作。各机构应与人体尺寸、体力和生理特点相适应，减轻疲劳强度。符合人—机—环工程原则，尽可能减少操作、维修中不安全因素，特别是人的心理状态可能造成的潜在人为错误因素。

火炮结构是实现火炮功能的重要方面，应该满足以下具体要求：

① 火炮能长时间准确地对目标发射具有一定射向和一定初速的弹丸。
② 火炮的射向应能随战斗需要轻便而迅速、准确地变化。
③ 火炮发射时，对其后坐能量要进行妥善的处理。
④ 火炮应具有轻便、灵活的瞄准结构、支撑机构、行走或运动机构，全炮的质量应小。

现有的各类火炮结构，在不同程度上体现了上述要求，这是前人智慧的结晶，也是启迪我们创新的基础。第二次世界大战以来，火炮系统的威力有很大提高，地面火炮发射的增程弹射程突破了 50 km 大关。但是，除电磁炮、电热炮、液体发射药火炮等新原理、新结构火炮外，火炮结构本身变化不大。

（2）火炮结构组成简介

为使读者能对火炮整体结构有初步的了解，现将地面火炮的结构组成简介如下。火炮通常由炮身和炮架两大部分组成，图 2-37 所示是牵引式火炮的一般结构，其主要结构组成如图 2-38 所示。

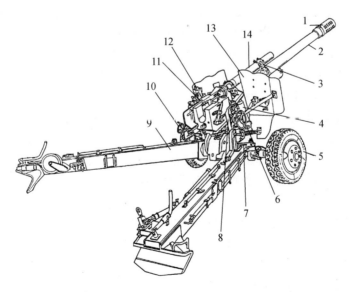

1—炮口制退器；2—身管；3—摇架；4—平衡机；5—运动体；6—高低机；7—下架；8—上架；9—大架；
10—方向机；11—炮闩；12—瞄准装置（瞄准具、瞄准镜）；13—防盾；14—反后坐装置（驻退机、复进机）。

图 2-37 牵引式火炮的一般结构

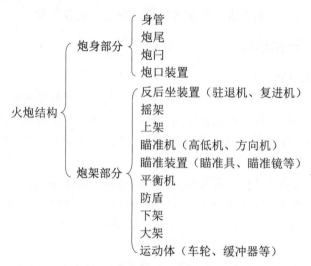

图 2-38　牵引式火炮主要部件组合

1) 炮身部分

火炮炮身由身管、炮尾、炮闩和炮口装置等组成。

身管是炮身的主体，用来赋予弹丸初速和飞行方向。线膛炮身管使弹丸旋转以保持弹丸飞行的稳定，滑膛炮的弹丸一般不旋转。为保证炮身有足够的强度和纵向刚度，身管一般用镍铬钼系列的高级合金钢制造。

炮尾用来盛装炮闩并将身管与反后坐装置连成一体。

炮闩用来闭锁炮膛、击发炮弹和抽出发射后的药筒。现代火炮大都采用半自动炮闩。半自动炮闩一般为楔式，发射后借助炮身复进运动打开，装填炮弹后自动关闭，装填炮弹和发射均由人工完成。有的火炮采用自动炮闩。采用自动炮闩的火炮，开闩、装填、关闩和发射均利用炮身的后坐复进能量或从身管内导出的火药燃气能量来完成。自动炮闩多用于小口径高射炮、航空机关炮和舰炮。

炮口装置包括炮口制退器、炮口助推器、消焰器、炮口抽气装置等。炮口制退器利用火药燃气在后效期对它的作用，产生制止炮身后坐的冲量，以减小后坐能量。发射时，装在炮闩内的击针撞击炮弹底火，点燃发射药。发射药燃烧产生大量的燃气，压强一般为 $(3\sim4)\times10^5$ kPa，推动弹丸以极大的加速度沿炮膛向前运动。弹丸离开炮口瞬间获得最大速度，并沿着给定弹道飞向目标。燃气推动弹丸向前运动的同时使炮身后坐。

2) 炮架部分

火炮炮架是支撑炮身，赋予火炮不同使用状态的各种机构的总称，通过反后坐装置与炮身连接在一起。炮架由反后坐装置、摇架、上架、方向机、高低机、平衡机、瞄准装置、下架、大架和运动体等组成。

反后坐装置是将炮身与炮架构成弹性连接的装置，包括驻退机和复进机。驻退机用来消耗炮身后坐能量，使炮身后坐至一定距离而停止。复进机在炮身后坐时储存能量，后坐终止时使炮身重新回到发射前的位置。由于反后坐装置的缓冲作用，炮身传到炮架上的力仅为燃气作用于炮身轴向力（炮膛合力）的 1/5～1/30。

摇架是炮身后坐复进的导轨，也是起落部分（包括炮身、反后坐装置和摇架）的主体。

摇架以其耳轴装在上架上，借高低机做垂直转动；上架支撑着摇架，通过垂直轴与下架本体相连，是火炮回转部分在水平面内转动的中心；下架是全炮的基座，大架为开脚式，射击时与车轮一起构成全炮对于地面的支撑点，行军时两条大架并拢，作为机动车牵引火炮时的连杆；防盾是保护炮手和火炮免遭弹片伤害的板状构件。

在水平面上赋予炮身轴线方位角的机构叫方向机，在垂直平面上赋予炮身轴线俯仰角的机构称为高低机。高低机和方向机用于驱动炮身在高低和方向上转动，根据瞄准装置上所装定的射击诸元使炮身瞄向目标。高低机装在摇架和上架之间，方向机装在上架和下架之间。平衡机用于平衡起落部分在摇架耳轴前后的质量，使火炮做高低瞄准时轻便、平稳。

瞄准装置由瞄准具和瞄准镜组成，用来装定火炮射击诸元，供火炮实施瞄准。牵引式火炮的下架、大架和运动体，射击时支撑火炮，行军时作为炮车。

2.5 引信

引信起源于中国古代火药在军事上的应用。关于引信的起源地与起源时间，国际上有不同的见解。以国内外文献为依据，指出引信的起源在中国，其雏形为类似爆竹的火药捻子。引信以这种形态在中国的出现不迟于 12 世纪。既然中国是引信的诞生地，"引信"这一名词当然不会是外来语。明代成书的《火龙经》称火药捻子为"信"；《武备志》详细记载有"信"的具体制造方法；明末宋应星所著《天工开物》则将"信"与"引信"通用。《中国军事百科全书》中的"引信"词条，将引信的雏形定为"火球"外层的薄壳状缓燃药，这种雏形要比火药捻子早出现大约一个世纪。

从最原始的火药捻子经历 8 个多世纪的发展，特别是在 20 世纪中期，引信的功能得到了很大的扩展。现代引信的主要功能是：

① 起爆控制——在相对目标最有利位置或时机引爆或引燃战斗部装药。

② 安全控制——保证勤务处理与发射时引信的安全。

③ 命中点控制——修正无控弹药的飞行弹道或水下弹道，提高对目标的命中概率和毁伤概率。

④ 发动机点火控制——控制带有两级发动机导弹的第二级发动机的点火，或控制火箭上浮水雷发动机的点火。

引信的上述四个功能中，第一个功能为的是"消灭敌人"；第二个功能为的是"保存自己"，这正是战争对抗中克敌制胜所遵循的最基本的法则，是任何一种现代引信所必备的功能；后两个功能在某些类型弹药的引信中才有。

因此，可以认为"引信是利用目标信息和环境信息，在预定条件下引爆或引燃弹药战斗部装药的控制装置或系统"。

从引信的上述定义，可以看出现代引信的三大特征：引信纯粹用于军事目的；引信是一个信息与控制系统；引信要在预定条件下实现其功能，这些预定条件的本质就是"最优"。

考察引信装备及引信技术的发展，需要在三个层面上进行，第一个层面是战争对抗中克敌制胜的需求；第二个层面是武器系统综合作战效能提高的需求；第三个层面是相关技术发展所提供的技术可能性和所产生的技术推动力。第一个和第二个层面主要体现军事需求的牵引，它们对引信装备发展所产生的影响主要表现在引信功能的不断完善与扩展；第三个层面主要体现技术发展的推动，它对引信装备发展所产生的影响主要表现在引信性能的不断提高。这些是引信装备与引信技术发展的一般规律是发展的大脉络，也是武器装备的其他子系统及相关技术发展的一般规律。当然也会有不同于上述一般规律的个别特例，由于它们不具有一般性，这里不做讨论。

2.5.1 引信的分类

引信有各种分类方法。它可以按作用方式来分，如触发引信、非触发引信等；按作用原理来分，如机械引信、电引信等；按配用弹种来分，如炮弹引信、航弹引信等；按弹药用途来分，如穿甲弹引信、破甲弹引信等；按装配部位来分，如弹头引信、弹底引信等；还可按配用弹丸的口径、引信的输出特性等方面来分；等等。

（1）按与目标的关系分类

引信对目标的觉察分直接觉察和间接觉察，直接觉察又分接触觉察与感应觉察。图 2-39 所示为常用的引信分类情况。目前周炸引信用得极少，非触发引信几乎都是近炸引信。

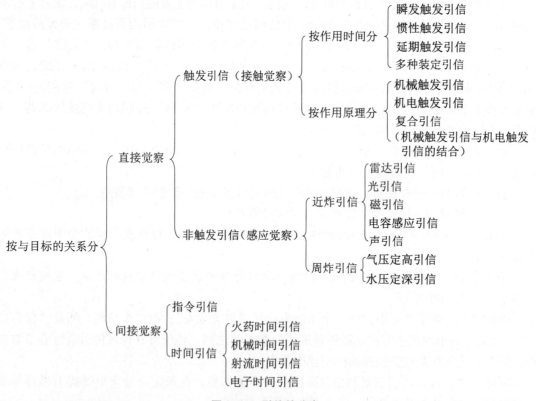

图 2-39 引信的分类

1）直接觉察类引信

在直接觉察类引信中，可以按作用方式来分，如触发引信、非触发引信等；触发引信还可按作用原理来分，如机械引信、电引信等；非触发引信可分为近炸引信和周炸引信。

瞬发触发引信，简称瞬发引信，是直接感受目标反作用力而瞬时发火的触发引信。其发火机构位于弹头引信或弹头激发弹底起爆引信的前端，发火时间与具体结构有关。采用针刺雷管发火机构的发火时间一般在 100 ms 左右；采用针刺火帽发火机构的发火时间不超过 1 000 ms；采用压电元件的压电发火机构的发火时间与发火电压建立时间及电雷管作用时间有关，为 40~100 ms；采用储能元件的电力发火机构的发火时间与闭合开关的时间及电雷管作用时间有关，为 25~50 ms。瞬发引信广泛配用于要求高瞬发度的战斗部，如破甲战斗部、杀伤战斗部和烟幕战斗部等。

惯性触发引信简称惯性引信，是指利用碰击目标时的前冲力发火的触发引信，通常由惯性发火机构、安全系统和爆炸序列组成。惯性作用时间一般在 1~5 ms。常配用于爆破弹、半穿甲弹、穿甲弹、碎甲弹、手榴弹和破甲弹或子母弹的子弹。

延期触发引信，简称延期引信，是指装有延期元件或延期装置，碰撞目标后能延迟一段时间起作用的触发引信。延期元件或延期装置可采用火药、化学或电子定时器。按延期方式可分为固定延期引信、可调延期引信和自调延期引信。固定延期引信只有一种延期时间；可调延期引信的延期时间可在某一范围内调整，发射前根据需要装定；自调延期引信的延期时间，随目标阻力的大小及阻力作用时间的长短而自动调整。按延期时间的长短，它又可分为短延期引信（延期时间一般为 1~5 ms）和长延期引信（延期时间一般为 10~300 ms）。有些触发引信的发火机构利用侵彻目标过程接近终结时前冲加速度的明显衰减而发火，虽然它的作用与时间并无直接关联，但习惯上仍称这种引信为自调延期引信。

多种装定引信，兼有瞬发、惯性和延期三种或其中两种作用，这种引信需在射击装填前根据需要进行装定。

机械触发引信，简称机械引信，是指靠机械能解除保险和作用的触发引信，一般由机械式触发机构、机械式安全系统和爆炸序列等组成。当引信与目标碰撞后，引信的机械触发机构输出一个激发能量引爆第一级火工品从而引爆爆炸序列，继而使战斗部起爆。机械触发引信常用于各类炮弹、火箭弹、航空炸弹及导弹上。

机电触发引信，简称电引信，是指具有机械和电子组合特征的触发引信，一般由触发机构、安全系统、能源装置和爆炸序列组成。当引信与目标碰撞后，引信的触发机构或能量转换元件（如压电晶体）输出一个激发能量引爆传爆序列、第一级火工品，从而引爆爆炸序列，继而使战斗部起爆。机电触发引信的电源可以采用物理电源、化学电源等，其发火机构可以是机械发火机构或电发火机构，主要应用于破甲战斗部、攻坚战斗部等。

复合引信是指具有一种以上探测原理（体制）的引信。本来包括多选择引信和多模引信，但现在一般特指这两种引信之外的几种探测原理（体制）复合而成的引信，例如红外/毫米波复合引信、激光/磁复合引信、声/磁复合引信、主动/被动毫米波复合引信等。复合引信的优点是探测识别目标能力和抗干扰能力更强，缺点是成本较高，目前多用于导弹和灵巧弹药。在弹药灵巧化的进程中，复合引信的应用面将会逐步扩大。

周炸引信，又称环境引信，是凭感觉目标周围环境特征（不是目标自身特征）而作用的引信，有时被归并为近炸引信的一个特殊类别。由于目标区环境信息很难人为制造，因此周炸引信不易被干扰。典型的周炸引信是压力引信。气压定高引信可用于攻击地面大范围目标的核战斗部，水压定深引信用于攻击潜艇的深水炸弹。

近炸引信是指在靠近目标最有利的距离上控制弹药爆炸的引信。靠目标物理场的特性而感受目标的存在并探测相对目标的速度、距离和（或）方向，按规定的启动特性而作用。其特点在于采用了带有感应式目标敏感装置的发火控制系统。近炸引信按其对目标的作用方式，可分为主动式引信、半主动式引信、被动引信和主动/被动复合引信；按其激励信号物理场的不同，可分为雷达引信、光引信、静电引信、磁引信、电容感应引信、声引信等。对于地面有生力量，杀伤爆破战斗部配用近炸引信可得到远大于触发引信的杀伤效果；对于空中目标，各类杀伤战斗部配用近炸引信可以在战斗部未直接命中目标时仍能对目标造成毁伤，是对弹道散布的一个补偿。近炸引信还可实现定高起爆，以满足子母式战斗部等多种类型战斗部的高需求，还可与触发引信等复合。近炸引信的发展趋势是提高引信作用的可靠性、抗干扰性；提高对目标的探测、识别能力；提高炸点及战斗部起爆点精确控制和自适应控制能力；充分利用制导系统获得的弹目交会信息，提高引信与战斗部的配合效率。

雷达引信，又称无线电近炸引信，简称无线电引信，是指利用无线电波感觉目标的近炸引信。一般由无线电近感发火控制系统（含无线电探测器、信号处理器、执行装置）、安全系统、爆炸序列和电源等组成。有主动式、被动式和半主动式之分，以主动式为主。工作波长 $1 \sim 10$ m（$300 \sim 30$ MHz）时称米波无线电引信；工作波长 10 mm ~ 1 m（30 GHz ~ 300 MHz）时称微波引信；工作波长 $1 \sim 10$ mm（$300 \sim 30$ GHz）时称毫米波引信。工作体制有多普勒式、调频式、脉冲式、比相式和编码式等。无线电近炸引信的应用始于第二次世界大战，是目前国内外应用最为广泛的一种近炸引信。弹目交会时，无线电探测装置接收到目标辐射或反射的无线电波，经变换将含有目标特征信息的信号传输给信号处理器进行目标识别，在需要的弹目相对位置输出启动信号给执行装置，引爆爆炸序列，从而引爆弹丸或导弹战斗部。它不仅可以探测到目标的存在，还可以获得引信和战斗部配合所需要的目标方位、距离或高度、速度等信息，故称为雷达引信。近年来，随着微电子技术的发展，无线电引信正朝新频段、集成化、多选择、自适应的方向发展，而提高抗干扰能力始终是其发展过程中要解决的关键问题。

光引信是指敏感目标光特性而作用的引信。按光源的位置可分为被动式、主动式和半主动式光引信。被动式光引信多为红外引信。按红外引信探测器的响应光谱，光引信分为近红外、中红外和长波红外引信，偶尔可见被动紫外引信。主动式和半主动式光引信多为激光引信。由于阳光背景的可见光谱成分很强，故可见光引信很少应用。与无线电引信相比，光引信具有方向性较好的探测场、对电磁干扰不敏感等优点，但易受恶劣气象条件的影响和诱饵弹的干扰。

磁引信是指装有磁传感器利用目标磁场特性而工作的近炸引信。导弹、鱼雷、水雷、地雷等使用磁引信打击舰船及坦克装甲车辆等含有铁磁材料的目标。磁引信分为 3 种类型：静磁引信，探测目标的静磁场强度，以信号幅度判别使引信起爆，检测目标附近空间两点间磁场强度差值的梯度引信也为静磁引信；磁感应引信，磁传感器与目标接近时，由于相对运动，目标磁场在磁传感器线圈中产生磁电效应，利用这种电磁感应原理使引信起爆；主动磁引信，一种是在鱼雷上使用的主动电磁引信，由辐射线圈向水中发射低频交变电磁场，利用舰船等铁磁目标具有非曲直反射相位 90°的特性使引信工作，另一种是在磁传感器线圈处布设永磁体建立恒磁场，在与目标相对运动时，由于铁磁目标的出现，线圈感觉到恒磁场的畸变和在铁磁目标上产生的涡流磁场而使引信起爆。

电容感应引信是指利用弹目接近过程中引信电极间电容的变化探测目标的一种近炸引信。其组成与无线电引信基本相同，差别仅在于其探测器是电容探测器。电容感应引信分为鉴频式和直接耦合式两种类型。鉴频式探测器具有两个电极，在远离其他物体时，极间电容

为 C_0（是振荡回路的一部分），在与目标接近过程中，两电极与目标间形成的电容 C_1、C_2 不断加大，极间总电容 C 则不断加大。总电容为

$$C = C_0 + \frac{C_1 C_2}{C_1 + C_2} \tag{2-17}$$

振荡器振荡频率为

$$f = \frac{1}{2\pi\sqrt{LC}} \tag{2-18}$$

式中　L——回路电感，H。

振荡频率 f 随 C 加大而降低，可以通过鉴频器得到与电容增量相应的电压信号，此信号含有弹目距离信息。直接耦合式探测器具有三个电极，极间电容既是振荡回路的一部分，又是与检波器间的耦合电容。随弹目不断接近，振荡频率、振幅、耦合量都连续变化，得到的检波电压含有弹目距离信息。电容感应引信的特点是：作用距离小（目前可达到 3 m），抗干扰能力强，具有抗隐身功能；可用于炸高要求小于 3 m 的各种战斗部，特别适合于破甲战斗部，通过电容感应引信获得最佳炸高，使其最大限度地发挥破甲威力。

声引信是指利用声呐原理工作的近炸引信。按频率可分为次声引信、声频引信（频率在 20～20 000 Hz）、超声引信。按工作方式，声引信可以分为被动声引信和主动声引信。声场较其他物理场在海水中传播衰减较小，鱼雷、水雷、深水炸弹等水中兵器较多使用声引信以打击舰船等水中目标；地雷用声引信可以攻击直升机、车辆等活动目标。利用目标声场特性工作的为被动声引信，被动声探测功耗小，隐蔽性强，能对目标定向。利用目标回声特性工作的为主动声引信，主动声探测容易实现对目标准确定位，而且在发射声波时加入编码等更多的信息量，便于对目标的判别。目前水雷声引信已能对舰船目标进行分类和对目标运动参数估值。

2）间接觉察类引信

间接觉察类引信可分为指令引信和时间引信两大类。

指令引信，又称遥控引信，即受弹药以外的指令控制而作用的引信。指令可以来自操作人员，也可以来自发射平台的自动控制装置。起爆控制有外界干预是其与时间引信的共同点，两者的区别在于指令引信是实时控制，时间引信是事先设定。尽管指令传输媒介、传输距离、抗干扰能力等都在发展，但是随着引信探测、识别能力的提高，指令引信正逐步蜕化为多模引信的一种作用方式，主要用于地雷、水雷的指令激活、指令休眠、指令自毁以及导弹的指令自毁。

时间引信，又称定时引信，即按使用前设定的时间而作用的引信。根据定时原理，时间引信分为电子时间引信、机械时间引信（又称钟表引信）、火药时间引信（又称药盘引信）、化学定时引信等，主要由定时器、装定装置、安全系统、能源装置和爆炸序列组成。时间引信在引信发展史中占有重要地位，最早出现的引信即时间引信，至今仍与触发引信、近炸引信并列为引信的 3 个最主要类型。多数时间引信以发射（投放、布设）为计时起点，但也有的以碰撞地面为计时起点，例如某些定时炸弹引信。尽管可以通过设定时间取得引信在预定高度或目标附近作用的效果，但是时间引信的起爆取决于外界干预，与目标之间没有必然联系。时间引信的时间按一定步长基准连续地调整。为引信设定作用时间或作用方式称为"装定"。一般在即将使用前依据使用要求装定。定时炸弹引信的装定范围为几分钟至几天，

典型炮弹引信可在 0.5~200 s 内装定，装定步长 0.1 s。定时精度由低到高依次是化学、火药、机械和电子。钟表引信误差为装定时间的百分之几，炮口感应装定电子时间引信误差在 1 ms 以下。时间引信可以用于子母弹、干扰弹、照明弹、宣传弹、发烟弹、箭霰弹等特种弹的开舱抛撒，可以用于高炮弹丸对飞机实施拦截射击，还可以用于定时炸弹对目标区实施封锁。电子时间引信的定时精度远高于其他类型，并且有利于采用遥控装定、炮口装定等快速装定方法，随着成本的下降和抗电磁脉冲能力的加强，将会得到更加广泛的应用。

（2）按装配部位分类

按装配部位，引信可分为弹头引信、弹身引信、底部引信和尾部引信 4 类。

弹头引信，即装在弹丸或火箭弹战斗部前端的引信。类似的装在航空炸弹或导弹前端的引信，则称为头部引信。弹头引信可以有多种作用原理和作用方式，如触发、近炸或时间。使用最为广泛的是直接感受目标的反作用力而瞬时作用或延期作用的弹头触发引信，这种引信要同目标直接撞击，必须有足够的强度才能保证正常作用。弹头引信的外形对全弹气动外形有直接影响，因此必须与弹体外形匹配良好。

弹身引信，又称中间引信，即装在弹身或弹体中间部位的引信。一般是从侧面装入弹体，多用于弹径较大的航空炸弹、水雷和导弹。为了保证起爆完全和作用可靠，大型航空炸弹和导弹战斗部可同时配用几个或几种弹身引信。弹身引信多采用机械引信和电引信。

底部引信，即装在战斗部底部的引信。炮弹的底部引信又称弹底引信。穿甲爆破、穿甲纵火、碎甲等战斗部配用的都是底部引信。为使战斗部在侵彻目标之后爆炸，底部引信通常带有延期装置。引信装在战斗部底部，不直接与目标相碰，可防止引信在战斗部侵彻目标介质时遭到破坏。

尾部引信，又称弹尾引信，即装在航空炸弹或导弹战斗部尾部的引信。穿甲爆破型的航空炸弹通常配用尾部引信。为了保证起爆完全性和提高战斗部作用可靠性，重型航空炸弹通常同时装有头部引信和尾部引信。

（3）新型引信

灵巧引信通常是指控制硬目标侵彻弹药炸点的触发引信，有时也指末端敏感弹药的近炸引信。对单层或多层连续介质硬目标，配用触发延期引信，利用侵彻炸点自适应起爆控制技术，可在不同着速、不同着角、不同目标介质强度和目标厚度的情况下自适应控制炸点的位置，使战斗部穿透防护工事等有限厚钢筋混凝土介质或穿透机场跑道混凝土层后爆炸，以获得对目标的最佳毁伤效果。对指挥控制中心、通信中心和舰船舱室等有间隔的多层硬目标，配用可编程触发引信，利用可编程起爆控制技术识别战斗部穿透目标的层数，并在穿透预先装定的层数后爆炸，以获得对多层目标特定部位的最佳毁伤效果。末端敏感弹药灵巧引信利用毫米波或厘米波无线电探测原理、红外探测原理或它们的复合，在目标上方对坦克、装甲车等地面点目标进行螺旋扫描式探测和实时识别，当判定为真实目标时，引信起爆爆炸成型弹丸战斗部的装药，形成初速为 1 400~3 000 m/s 的爆炸成型弹丸射向目标，自顶部毁伤目标。

弹道修正引信是指测量载体空间坐标或姿态，对其飞行弹道进行修正，同时具有传统引信功能的引信，由空间位置或姿态测量部件、中央处理单元、控制部件、执行部件，以及传统引信的目标探测部件、安全系统、爆炸序列及电源组成。它的外形符合引信结构要素标准。载体姿态的测量与弹道的修正主要利用微型惯性测量组合和捷联惯性导航原理；载体空间位置的测量与弹道的修正主要利用微型卫星信号接收机和卫星导航原理。分一维和二维弹道修正引信。一维弹道修正引信仅对射程误差进行修正。发射前将目标距离等信息装于引信中,并瞄向比目标更远的一个点。发射后由引信中的定位部件对弹丸初始段弹道进行测量并预报实际弹道,将预定弹道与实际弹道进行比较,得出射程修正量,通过控制阻尼机构的张开时刻或张开量度修正弹丸的飞行弹道,使落点尽量接近目标。二维弹道修正引信同时对射程误差和方向误差进行修正,常用捷联惯性导航原理测量弹丸飞行初始段的姿态,也可与卫星导航原理相结合,通过微型火药推冲器、鸭式舵等修正机构对弹道进行修正。弹道修正引信配用于榴弹炮(或加农炮、加榴炮)、迫击炮、火箭炮等地面火炮弹药,特别是增程弹药上,用以提高对远距离面目标射击的毁伤概率。

红外引信是指依据目标本身的红外辐射特性而工作的光近炸引信。红外引信通常特指被动红外引信,而不包括发射红外激光的激光引信。红外引信主要有光学接收组件(包括光学窗口、光学组镜、红外滤光片和探测器等)、电子组件(包括光电转换、放大、信号处理和执行等模块以及安全系统和电源组成)。近红外引信使用 PbS 探测器,引信工作波段在 $2.5\sim3.0~\text{mm}$,为消除太阳光对引信的干扰,近红外引信必须采用双通道体制。中红外引信使用 InSb 探测器,引信工作波段在 $4.2\sim5.5~\text{mm}$,而太阳光能量主要集中在 $4.2~\text{mm}$ 以下,故中红外引信可采用单通道体制。红外引信的优点是不易受外界电磁场和静电场的影响;方向性强,视场可以做得宽;采用光谱、频率、极性和时序选择可以提高引信抗干扰能力。其缺点是易受恶劣气象条件的影响,对目标红外辐射的依赖性较大,例如防空导弹近红外引信只能在飞机目标后半球一定范围内探测发动机喷口的红外辐射,使用条件和应用范围受到限制。中红外引信能在后半球较大范围内探测发动机喷口的红外辐射以及高速飞行的飞机蒙皮气动加热产生的红外辐射。近年来出现的红外成像引信的目标探测识别能力显著提高,发展前景很好。

激光引信是指利用激光束探测目标的光引信,按作用方式分为主动式和半主动式两类。主动式激光引信由激光发射机、接收机、信号处理电路、安全系统和电源等组成。激光引信发射机的辐射源通常采用半导体砷化镓激光器。激光引信的工作体制由注入激光器的泵浦电源的波形信号决定。当目标位于激光引信接收机的探测视场内,并被发射机通过光学系统发出的激光束照射时,接收机探测来自目标的部分漫反射光,经光电转换、信号放大和处理,输入到执行级,适时起爆战斗部。激光引信具有全向探测目标的能力、良好的距离截止特性。对于周视探测的激光引信(主要配用于空对空导弹和地对空导弹)和前视探测的激光引信(主要配用于反坦克导弹)都可采用光学交叉的原理实现距离截止。配用于空对空导弹、地对空导弹的多象限激光引信,与定向战斗部相匹配,对提高导弹对目标的毁伤效能具有重要作用。激光引信配用于反坦克导弹,可进一步提高定距精度,并避免与目标碰撞而造成弹体变形。激光引信对电磁干扰不敏感,因此也广泛配用于反辐射导弹。激光引信的进一步发展是提高抗干扰能力,主要是指在中、高空受阳光背景干扰,在低空受云、雾、烟、尘等大气悬浮微粒的影响以及地、海杂波干扰和人工遮蔽式干扰。

2.5.2 引信的组成和作用

(1) 引信的组成

引信主要由发火控制系统、安全系统、能源装置、爆炸序列等组成,如图 2-40 所示为"无敌 88"高炮炮弹引信的结构组成。

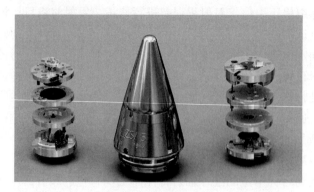

图 2-40 "无敌 88"高炮炮弹引信的结构组成

1)引信发火控制系统

引信发火控制系统的作用是感觉目标信息与目标区环境信息,经鉴别处理后,使爆炸序列第一级元件起爆,包括目标敏感装置、信号处理装置和执行装置(发火装置)3 个基本部分。

目标敏感装置是能觉察、接收目标或目标周围环境的信息,并将信息以力或电的信号予以输出的装置,根据引信对目标的觉察方式的不同可分为直接觉察和间接觉察。直接觉察又分接触觉察与感应觉察。接触觉察是靠引信(或战斗部)与目标直接接触来觉察目标的存在,有的还能分辨目标的真伪。感应觉察是利用力、电、磁、光、声、热等觉察目标自身辐射或反射的物理场特性或目标存在区的物理场特性。对目标的直接觉察是由发火控制系统中的信息感受装置和信息处理装置完成的。间接觉察有预先装定与指令控制。预先装定在发射前进行,以选择引信的不同作用方式或不同的作用时间。例如,时间引信多数是预先装定的。指令控制由发射基地(可能在地面上,也可能在军舰或飞机上)向引信发出指令进行遥控装定、遥控起爆或遥控闭锁(就是使引信瞎火)。

信号处理装置是接收和处理来自目标敏感装置的信号,分辨和识别信号的真伪与实现最佳炸点控制的装置。

执行装置是使引信的爆炸序列第一级起爆元件发火的装置,也称发火装置,是各种形式的发火启动装置。常用的执行装置有击发机构、点火电路、电开关等。

2)引信安全系统

引信安全系统,是防止引信在勤务处理、发射(或投掷、布设)以及在达到延期解除保险时间之前的各种环境条件下,解除保险或爆炸的各种装置的组合。其作用是保证引信进入目标区以前的安全。引信安全系统包括环境敏感装置(主要是发射和飞行弹道敏感装置)或指令接收装置、保险与解除保险的状态控制装置、爆炸序列的隔爆件或能量隔断件等。现代引信安全系统应是冗余保险,也就是要有两个以上的独立保险装置,要在不同的环境信息作用下,按规定的时间和程序解除保险。

3)引信能源装置

引信能源装置,是为引信正常工作提供所需的环境能量转换或储能、换能装置。引信的环境能源是在弹药发射和飞行中所受的后坐力、离心力、切线力、空气阻力、水的压力、高速飞行产生的热量等可以转变为电能或机械能。引信的内储能源有加载的弹簧、充电的电容器、电池、火药驱动器和压缩的气体等。内储能源是在外部启动的条件下才能输出,其能量形式有机械能、电能、化学能、热能等。换能装置是在弹药发射时或碰击目标时能将接受的后坐力或碰击力转换为电能并提供给引信的器件,如压电晶体、磁发电机等。有的引信还可以从弹药的控制系统或制导系统取得所需要的能源。

4) 引信爆炸序列

引信爆炸序列,是爆炸元件按感度由高到低排列而成的序列。其作用是将较小的激发冲量,有控制地放大到能使装药完全爆炸或燃烧,分为传爆序列和传火序列。最后一个爆炸元件输出爆轰冲量的称为传爆序列,相应的引信称为起爆引信;输出火焰冲量的称为传火序列,相应的引信称为点火引信。

(2) 引信的作用过程

引信的作用过程为引信从弹药发射(或投掷、布设)开始到引爆或引燃战斗部装药的过程,包括解除保险过程、目标信息作用过程和引爆(引燃)过程。

解除保险过程:引信平时处于保险状态,发射时,引信的安全系统根据预定出现的环境信息,分别使发火控制系统和爆炸序列从安全状态转换成待发状态。

信息作用过程:分为信息获取、信号处理和发火输出3个步骤。信息获取包括感觉目标信息、信息转换和传输。引信感觉到目标信息后,转换为适于引信内部处理的力信号或电信号,输送到信号处理装置进行识别和处理。当信号表明弹药相对于目标已处于预定的最佳起爆位置时,信号处理装置即发出发火控制信号,再传递到执行装置,产生发火输出。

引信作用可靠性主要取决于解除保险过程与信息作用过程中各个程序是否完全正常。

引爆(引燃)过程:指执行装置接收到发火信号的能量使爆炸序列第一级起爆元件发火,通过爆炸序列起爆或引燃战斗部装药的过程。

2.5.3 引信的传爆序列

所有的引信都有传爆序列。传爆序列是指各种传爆元件按它们的敏感程度逐渐降低而输出能量逐渐增大的顺序排列而成的组合。它的作用是把由信息感受装置或起爆指令接收装置输出的信息变为火工元件的发火,并把发火能量逐级放大,让最后一级火工元件输出的能量足以使战斗部可靠而完全地作用。对于带有爆炸装药的战斗部,引信输出的是爆轰能量。对于不带爆炸装药的战斗部,例如宣传、燃烧、照明等特种弹,引信输出的是点火能量,这种引信又称点火引信。点火引信的传爆序列一般称为传火序列。引信传爆序列随战斗部的类型、作用方式和装药量的不同而不同。要注意引信中用作保险的火工元件不属于传爆序列。图2-41所示为榴弹触发引信常用的三种传爆序列。图2-41(a)所示用于中、大口径榴弹引信中,图2-41(b)、图2-41(c)所示多用于小口径榴弹引信中。

从引信碰击目标到传爆序列最后一级火工完全作用所经历的时间,称为触发引信的瞬发度或称引信的作用迅速性。这一时间越短,引信的瞬发度越高。瞬发度是衡量触发引信作用适时性的重要指标,直接影响战斗部对目标的作用效果。

传爆序列中比较敏感的火工元件是火帽和雷管。为了保证引信勤务处理和发射时的安全,在战斗部飞离发射器或炮口规定的距离之内,这些较敏感的火工元件应与传爆序列中下一级传爆元件相隔离。隔离的方法是堵塞传火通道(对火帽而言),或者是用隔板衰减雷管爆炸产生的冲击波,同时也堵塞伴随雷管爆炸产生的气体(对雷管而言)。可以把雷管平时

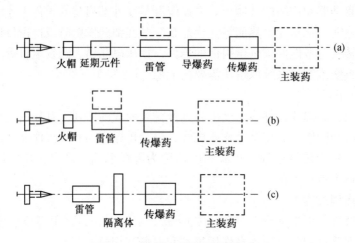

图 2-41 榴弹触发引信的传爆序列

(a) 带延期的隔离火帽型引信；(b) 隔离火帽型引信；(c) 隔离雷管型引信

与下一级传爆元件错开 [图 2-41（a）、图 2-41（b）]，或在雷管下面设置可移动的隔离体 [图 2-41（c）]。仅将火帽与下一级传爆元件隔离开的引信，称隔离火帽型引信，又称半保险型引信。将雷管与下一级传爆元件隔离开的引信，称隔离雷管型引信，又称全保险型引信。没有上述隔离措施的引信，习惯上称为非保险型引信。非保险型引信没有隔爆机构，但仍有保险机构。实践证明，由于引信的原因引起弹药膛炸的，大多数出现在非保险型引信上。因此，研制新的引信时，一定要将引信设计成全保险型的。有些国家已把这一点定为必须遵循的一条设计准则。

传爆序列的起爆由位于发火装置中的第一个火工元件开始。第一个火工元件往往是传爆序列中对外界能量最敏感的元件。元件发火所需的能量由敏感装置直接供给，也可以经执行装置或时间控制、程序控制或指令接收装置的控制而由引信内部或外部的能源装置供给。第一个火工元件的发火方式主要有下列三种。

（1）机械发火

用针刺、撞击、碰击等机械方法使火帽或雷管发火，称为机械发火。

1）针刺发火

用尖部锐利的击针戳入火帽或针刺雷管使其发火。发火所需的能量与火帽或雷管所装的起爆药（性质和密度）、加强帽（厚度）、击针尖形状（角度和尖锐程度）、击针的戳击速度等因素有关。

2）撞击发火

与针刺发火的主要不同在于击针不是尖头而是半球形的钝头，故又称撞针。火帽底部有击砧，撞针不刺入火帽，而是使帽壳变形，帽壳与击砧间的起爆药因受冲击挤压而发火。撞击发火可不破坏火帽的帽壳。

3）碰击发火

碰击发火不需要击针，靠目标与碰炸火帽或碰炸雷管的直接碰击或通过传力元件传递碰击使火帽或雷管受冲击挤压而发火。这种发火方式常在小口径高射炮和航空机关炮榴弹引信中采用。

4）绝热压缩发火

绝热压缩发火也不需要击针。在火帽的上部有一个密闭的空气室，引信碰击目标时，空气室的容积迅速变小，其内的空气被迅速压缩而发热，由于压缩时间极短，热量来不及散逸，接近绝热压缩状态，火帽接受此热量而发火。在苏联过去的迫击炮弹引信以及第二次世界大战日本、美国、英国的 20 mm 航空机关炮榴弹引信中，都曾采用过这种发火方式。

（2）电发火

利用电能使电点火头或电雷管发火，称电发火。电发火用于各种电触发引信、压电引信、电容器时间引信、电子时间引信和全部的近炸引信。所需的电能可由引信自带电源和换能器供给。对于导弹引信，也可利用弹上电源。引信自带电源有蓄电池、原电池、机电换能器（压电陶瓷、冲击发电机、气动发电机等）或热电换能器（热电池）等。

（3）化学发火

利用两种或两种以上的化学物质接触时发生的强烈氧化还原反应所产生的热量使火工元件发火，称化学发火。例如，浓硫酸与氯酸钾和硫氰酸制成的酸点火药接触就会发生这种反应。化学发火多用于航空炸弹引信和地雷引信中，也可利用浓硫酸的流动性制成特殊的化学发火机构，用于引信中的反排除机构、反滚动机构（这两种机构常用于定时炸弹引信中）及地雷、水雷等静止弹药的诡计装置中。

2.5.4 引信的安全控制

引信安全控制的设计保证已在有关安全性设计准则中做了系统而具体的规定。在关键技术实现上，依引信所采用的爆炸序列的类型而异。对于错位式爆炸序列，必须有隔爆件，引信安全系统的设计主要是对隔爆件安全状态的控制及其由安全状态向待发状态的转换控制，其本质是运动控制。实现这些控制的技术形态有机械式和机电式安全系统。对于直列式爆炸序列，由于采用高能起爆电雷管，如冲击片雷管，引信安全系统不需要隔爆件，从原理上讲不存在运动控制。它的"安全"和"待发"状态，就是高压起爆电路发火电容的非充电和充电状态，安全控制的本质是对充电电路的"隔断"控制。实现它的技术形态是电子式安全系统，这种系统既可以是全电子式，也可以带有机械式开关。当引信采用电子式安全系统时，引信中在肉眼分辨率下看不到任何活动零件，这就有可能将整个引信（不论是近炸引信、时间引信或触发引信）用微电子和微机电技术制造，构成"固态引信"。

引信安全系统设计的一个重点是将预定发射周期内所规定的环境激励与非环境激励或非正常发射环境激励正确地区分开，即"环境激励识别"。

对于环境激励的识别，特别是对加速度、角加速度及其效应的识别，可以直接检测环境加速度或角加速度激励，也可以检测其一次积分效应（速度、角速度）或二次积分效应（位移、角位移）。通常情况下对于二次积分效应的误识别率要比一次积分效应的误识别率高。

另外，对于任何一种效应的单参数（如阈值）识别比双参数（如阈值与时间）或多参数（如阈值、峰值及时间）识别的误识别率要高。安全系统对环境激励的识别率对保证武器系统安全和对目标可靠作用均有重大的影响。

在环境激励识别基础上，还有一个"解除保险决策"问题，它是引信安全系统研究的另一个重点。解除保险决策又有"启动解除保险程序决策"和"完成解除保险程序决策"。

通常情况下,引信解除保险程序的启动与弹药进入预定发射周期是不同步的,前者要滞后于后者。对于"启动解除保险程序决策",有基于单一环境激励识别的启动决策和基于多个环境激励识别的启动决策,前者较为简单,后者较为复杂。例如由后坐保险和离心保险构成的安全系统,发射时后坐销运动到位,解除对隔爆件的第一道保险,解除保险程序即启动,这属于简单启动决策。如果采用电子式安全系统,分别用两个传感器检测轴向加速度和横向加速度,在确认两个加速度均满足识别准则后才启动解除保险程序,这属于复杂启动决策。

启动解除保险程序并不必然要完成解除保险程序。因此,又有"完成解除保险程序决策"的问题。

解除保险决策也是引信安全系统研究的一个重点。安全系统解除保险决策可以分为三个技术层次(图 2-42),即"非发射环境启动,但不完成解除保险程序""非发射环境不启动解除保险程序,非正常发射环境启动,但不完成解除保险程序",以及"非发射环境和非正常发射环境均不启动解除保险程序"。显然后一个技术层次的固有安全性要比前一个层次高。

需要指出的是,按照图 2-42 所示第二、第三技术层次的原理设计引信安全系统,并不总是会对引信正常作用可靠性带来负面影响。第三技术层次通过电子安全系统最容易实现,这也是国外在常规兵器引信中大力开展电子式安全系统技术研究,并努力使其产品化的一个重要原因。

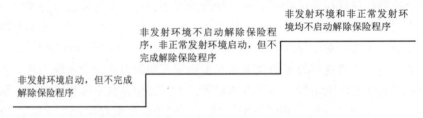

图 2-42 引信安全系统解除保险决策的技术层次

2.5.5 引信的起爆控制

引信的起爆控制内容十分丰富,其技术层次概括起来可用图 2-43 表示。

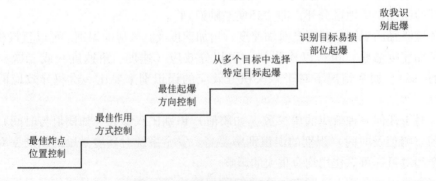

图 2-43 引信起爆控制的技术层次

最佳炸点位置控制一直是 20 世纪近代引信起爆控制技术的一个研究热点。引信引爆战斗部瞬间，战斗部爆炸中心相对于目标特定点（例如飞机等目标的几何中心或驾驶舱的几何中心，大型指挥通信枢纽建筑的特定层数或舰船目标特定舱段等）的位置称为炸点。在某一弹目交会条件下，能获得战斗部对目标最大毁伤概率的炸点称为最佳炸点。最佳炸点位置控制也即引信炸点控制，是利用一切可行的技术手段尽可能在最佳炸点引爆战斗部。按目标、战斗部和引信的不同，炸点控制的方法和原理分为：

① 能量控制型。如机械触发引信通过弹簧、击针等部件感受环境力，利用力学、机械原理控制炸点；多普勒无线电引信利用多普勒信号达到一定幅值控制炸点；光引信、电容近炸引信、静电引信等利用目标信号达到一定幅值来控制炸点。

② 频率控制型。如调频测距引信利用差频达到预定值控制炸点。

③ 时间控制型。如时间引信，只要飞行时间达到装定的时间值就给出启动信号；脉冲测距引信依据发射信号与接收到回波信号的时间差控制炸点。

引信炸点控制是实现引信最终目的的关键技术之一，不论是理论研究，还是技术实现都有广阔的发展空间。为了提高引信与战斗部配合效率，引信的炸点控制正在向自适应与智能化方向发展，即向自适应炸点控制和可编程炸点控制方向发展。

引信自适应炸点控制指的是利用引信探测或借用导引头探测的目标及环境信息，适时调整炸点位置，以实现最佳引信与战斗部配合效率的技术，可用于近炸引信、时间引信和触发引信。对于近炸引信，主要用于各种防空弹药的无线电和光引信。炸点自适应控制可通过延迟时间、天线方向图的自动调节等进行。充分利用目标、背景、环境等信息是实现自适应炸点控制的基础。在弹目交会过程中，这些信息大多含有随机特性，可利用随机自适应系统的相关理论构造引信自适应炸点控制的模式。为满足弹目高速交会条件下加速自适应求解过程的要求，采用模糊查询是一条有效的技术途径。

引信可编程炸点控制指的是通过电子编程对战斗部爆炸瞬间的弹目相对位置进行控制，以造成对预定目标最大毁伤的技术。可编程炸点控制通常应用于硬目标侵彻引信，可使战斗部进入均质或非均质叠层硬目标一定深度后爆炸，也可使战斗部穿越建筑物或舰船多层楼（舱）板后在某一层中爆炸。其基本原理为存储在引信固件中的控制程序，根据传感器测得的战斗部碰击目标时的初始条件及侵入目标后加速度历程进行相应计算并实时查询射前装定的炸点控制要求。一旦侵彻深度或贯穿层数满足预定要求，即给出起爆信息。炸点控制程序一经固化，不能也不允许改写。所谓可编程是指射前根据攻击任务装定所需的侵彻深度或贯穿层数，或采用无线遥控装定方式时，当弹药飞离发射平台后，根据射击任务的变化重新进行装定。在无线电引信中，可通过编程方法改变天线方向图、高频灵敏度或低频响应特性等，以使同一种引信满足不同引战配合的要求。

引信作用方式的复合，导致引信最佳作用方式控制问题的出现，如对空和反舰导弹触发/近炸复合引信，其最佳作用方式控制应是，当导弹能够直接命中目标时优先选择触发作用；当导弹未能直接命中目标时应选择近炸作用；当导弹完全脱靶时，引信应定时作用自毁。

引信最佳作用方式控制还包括区域封锁弹药的多模引信，它可以有即时起爆、随机延时起爆、不可近起爆、不可动起爆、不可拆起爆，不可运起爆甚至包括"不起爆"等多种作用方式，为的是在封锁与反封锁的对抗条件下获得尽量长的封锁时间。

现代战争遇到多目标拦截问题，这时要求引信具有从多个目标中识别特定目标的功能，以保证导弹掠过非指定攻击目标时引信不提前作用，它也包括区域封锁弹药（地雷、水雷）引信对特定目标起爆的功能。采用识别目标易损部位在对空导弹引信中最有应用前景。

近年来，随着弹药技术的发展，又出现了由引信担负敌我识别的功能。在激烈的战争对抗中，敌我识别问题越来越受到重视，作为一个武器系统，首先应做到"非敌方目标不发射"，其次要做到"非敌方目标不跟踪"，最后要做到"非敌方目标不起爆"。引信是整个武器系统敌我识别的最后一个步骤，为的是保证盟军及友军部队的安全。

2.5.6 引信的发展

引信技术的发展，主要解决引信本身的安全性和对目标作用的有效性，如对地、对空兵器弹药要求发展能适应不同目标、不同交会弹道的遥控装定多选择引信和自适应引信；反坦克导弹引信要求提高识别目标和精确定位的能力；地空导弹引信应提高超低空截止距离性能；空空导弹引信要满足全向攻击目标要求；锚雷或沉底水雷引信和深水炸弹引信要求发展根据目标位置控制水雷上浮方向及控制深水炸弹下沉方向的导向引信；为提高战略武器引信的抗干扰和抗攻击能力，发展精确惯性路程长度引信和当核弹头被攻击毁伤前能起爆的自救引信等。

为提高引信安全性、可靠性，发展工作环境传感器、程控技术、固态隔离模件、电子式安全系统和高能、低能直列爆炸序列。为提高战斗部的毁伤效率，发展引信的多点、多次、定向起爆控制技术。以微电子技术为基础，提高引信的目标探测识别性能、炸点精确控制性能，实现多功能与智能化是现代引信技术发展的重要课题。

因此，未来引信的发展主要表现在以下几个方面。

(1) 多选择引信

多选择引信也称多用途引信或多功能引信，是集触发、近炸、时间及延期等功能于一体的新型引信。美国的"爱国者"导弹采用的就是 M818EI 式双功能（近炸/触发）电子引信。引信电子装置由接收机、变换器和处理器组成。据资料分析，它可能采用了半主动连续波多普勒体制，可充分利用制导信息及数字信号处理技术，在全空域获得良好的引战配合效率。引信低空性能抗干扰能力取决于导弹制导系统的性能。引信全重 7.938 kg，长 114.3 mm，最大外径 349.3 mm，用弹上 28 V 直流电源供电。

(2) 电子时间引信

电子时间引信是一种利用数字式电子定时器计时的时间引信。因其精度高（精度高达 ± 0.1 s，而机械时间引信仅为 ± 0.25 s），还可适时实施自动遥控装定，从而减少目视装定误差，满足反导、反飞机、近程防御高射速要求。

美国的 M762/M767 第二代电子时间引信，可与火控系统直接进行数据传输，实施自动遥控装定，大大缩短了火炮反应时间。瑞士的 35 mm 高炮配用的 AHEAD 弹药采用了可编程电子时间弹底引信。弹丸飞出炮膛时，穿过两个测速线圈，从而精确测定每发弹丸的初速。将该速度数据输入炮载计算机中，计算机将此速度与来自目标跟踪雷达的数据进行比较，从而确定弹丸到达目标前方某点的准确时间，即对该弹弹底引信自动进行时间编程，此后引信开始倒计时。当引信引爆后，点燃弹内抛射药，同时弹体爆裂并于目标前方径向抛出 152 枚钨合金子弹。火炮由于能给每发弹单独编程及设定飞行时间，所以可使所有射弹均在同一空间平面爆炸，从而在目标前方形成一个弹幕。这种引信及 AHEAD 炮弹的应用，使中小口径炮弹反飞机和反导的能力出现了较大的跨越。

(3) 声/红外复合引信

声/红外复合引信实质上是一种声/红外复合探测器。为适应现代战场越来越多的电磁干扰及电磁对抗环境的需要，采用被动探测技术的新型引信，已成为外军引信发展的重要趋势之一。

美国发展的声/红外复合引信用于智能灵巧弹药（BAT，图 2-44）。BAT 的红外探测器装在子弹头部，声探测器靠 4 个销钉固定于弹翼翼端。红外探测器能探测目标的热源特征，而声探测器能探测目标的噪声特征源，二者相辅相成、配合默契地识别和捕获目标。奥地利的"黑基"（Helkir）声/红外复合引信用于反直升机地雷上，由微声器及一系列红外和光学探测系统组成，用来探测直升机发动机的热声特征与旋翼声波。

(4) GPS 引信

GPS 引信是一种装有全球定位系统转换器的新概念引信。这种引信基本由 GPS 信号接收

图 2-44 智能灵巧弹药

天线、信号转换器、发射机及天线和电池四部分组成。装在炮弹引信内的 GPS 转换器将接收到的卫星信号转化并叠加一音响导引信号后，发送给火炮的接收处理机，该处理机计算出弹道修正值后，再传至弹道计算机，进而控制续射炮弹的弹道修正，这就是 GPS 火炮试射引信的基本工作过程。GPS 引信用在试射炮弹上，能进行火炮射击诸元的修正；用在视频图像炮弹上，可完成战场实况侦察任务；用在子母弹上，能精确定位控制母弹开舱高度等。

(5) 硬目标侵彻引信技术

近几十年来，硬目标侵彻引信一直是国际上武器弹药发展的热点。硬目标侵彻引信由固定的延期起爆模式向智能控制方向发展，从时间顺序上来看，有固定延时、可调延时、灵巧引信以及多效应侵彻等几个发展阶段。侵彻引信的功能实现更多是依靠对侵彻信号的实时处理，同时提高引信在侵彻过程中的抗高冲击生存能力。

1) 延时引信

固定延期引信主要包括烟火药在内的机械或机电引信，如英国 951/947 型引信、美国 M904/905 型和 FMU-143 型电子时间引信等，均是通过火药或数字式电子定时器进行触发延时。典型的固定延期引信如美国 FMU-143A/B 引信，该引信于 20 世纪 90 年代研制成功，配用于 BLU-109B 硬目标侵彻弹，曾在海湾战争中投入使用。该引信全长 235 mm，最大直径 73.7 mm，重 1.45 kg。作用方式为触发延期，延期形式为火药延期，延期时间为 0.015 s、0.06 s、0.12 s。

FMU-143A/B 引信由 FMU-143B 炸弹触发引信和 FZU-32B/B 炸弹引信启动器组成。启动引信电子组件工作和起爆引信内炸药组件所需能源均由 FZU-32B/B 提供。FZU-32B/B 是一种气动驱动发生器，其工作顺序为：投弹时，将解保钢丝从引信安全装置的弹出销中拉

出，启动炸弹引信启动器，启动后 1 s，安全装置将气流驱动发生器的输出连接到引信电路上，经过 4 s，机械锁栓释放转子。转子在爆炸风箱驱动器驱动下，转动到解除保险位置。一旦转子解除保险，气流发生器的输出即被切断，发火能量被储存在电容器内。当炸弹碰击目标时，开关闭合，点火能量传递给所选的延期雷管。

2）可调延时引信

针对固定延时引信延时不可调的缺点，英国发展了 960 型电子可编程多选择炸弹引信（MFBF），其起爆系统能提供从瞬时到 250 ms 总共 250 种不同的装定延时，以作为攻击软硬目标武器的标准引信。960 型电子可编程多选择炸弹引信已装备英国皇家空军和海军使用的 450 kg、245 kg 通用炸弹和 GBU-24 炸弹。

美国研制的 JPF（Joint Programming Fuze）是一种用于通用战斗部和侵彻战斗部的先进引信系统，它能提供有保险、飞行中驾驶员选择、多功能、多延期解除保险和起爆功能，从而提供了对付硬目标的能力。该系统工作分为三个任务阶段：炸弹投放前阶段、解除保险之前阶段和解除保险后阶段。该引信系统可以使飞行员在飞行中或投放炸弹后，通过飞机上的数据系统将引信延时时间、炸点深度等指令输入到炸弹上。该引信已经装备 GBU-27、GBU-28 等制导炸弹和波音公司生产的联合直接攻击弹药（Joint Direct Attack Munition，JDAM）上。

3）硬目标灵巧引信（HTSF）

美军在伊拉克战争中使用了 GBU-24、GBU-27、GBU-28 和 AGM-24 等各类弹药对坚固深埋重要军事目标进行轰炸，如指挥中心、弹药仓库等，削弱了伊拉克的对抗能力，大大缩短了战争进程。这些武器大量使用了一种最新研制生产装配于弹底的机电引信，即硬目标灵巧引信（Hard Target Smart Fuze，HTSF），HTSF 也即 FMU-159/B 装有微控制器，它在目标内的最佳点上引爆战斗部，以达到最佳毁伤效果。HTSF"灵巧"模式包括感知间隙、计算硬层、计算侵彻深度，以及常规的碰撞后延期起爆功能。

4）多效应硬目标引信（MEHTF）

美国研制的多效应硬目标引信（Multi-Event Hard Target Fuze，MEHTF）主要目的是提供优于硬目标灵巧引信的能力，同时降低其成本、复杂性和尺寸。其研制目标还包括增加引信的抗冲击耐久性和提供多个输出以支持不同的作战目的。硬目标灵巧引信采用加速度计以区别不同的目标介质、感觉和计算空穴及硬层数。多效应硬目标引信必须更快更精确地识别这些介质，并能探测大量厚度差别很大的材料。要求能计算到 16 个空穴或硬层，计算总侵彻行程达 78 m，探测标识空穴或硬层后计算轨迹长至 19.5 m。该引信的潜在应用有 BLU-104、BLU-113、AGM-130、JDAM，JASSM 和 GBU 族激光制导炸弹等。

2.6 火工品

火工品，指的是装有火药或炸药，受外界刺激后产生燃烧或爆炸，以引燃火药、引爆炸药或做机械功的一次性使用的元器件和装置的总称。常见的火工品有火帽、底火、点火管、延期件、雷管、传爆管、导火索、导爆索以及爆炸开关、爆炸螺栓、启动器、切割索等。

火工品是弹药中最小的爆炸元件，常用于引燃火药、引爆炸药，还可作为小型驱动器，用于快速打开阀门、解除保险以及火箭的级间分离等，是一切武器弹药、燃烧爆炸装置的初发能源。火工品的特点是能量密度大、可靠性高、瞬时释放能量大，在较小的外界作用下即可激发，而且激发后反应速度快，具有相当的功率和威力，是弹药中最敏感的爆炸元件。一般火工品的体积比较小、结构简单、使用方便。火工品应满足一定的技术要求，应有适当的感度和输出能量，并具有使用安全性、储存安定性和生产经济性，其可靠性与安全性直接影响弹药爆炸的威力。

在军事上，它是各种常规弹药、核武器、导弹及其他航天器的点火与起爆元件，用于武器系统的传火、点火、延期及控制系统，保证武器的发射、运载等系统安全可靠地运行；用于武器系统的起爆、传爆及其控制系统，以控制战斗部的作用，实现对敌方目标的毁伤；另外，还用于武器系统的推、拉、切、割、分离抛撒和姿态控制等做功序列及其控制系统，使武器系统实现自身调整或状态转换。在民用方面，火工品多用于石油勘探、矿山开采、开山筑坝、爆炸成型、切割钢板、合成金刚石及各种工程爆破中。

2.6.1 火工品的发展

使用武器弹药，必须解决点火与起爆的问题。火工品的发展也和其他事物一样，是在一定的社会环境和物质基础上产生并发展起来的。随着时间的推移、社会的需求、科学的发展，火工品经历了从无到有、从少到多、从原始到先进的发展过程。

(1) 火工品的发展历史

火工品旧称火具，是伴随火器出现的，中国四大发明之一的黑火药就是最早用来装填火工品的火工药剂。8—9世纪，在中国就出现了古老的火工品。当时，利用软纸包住火药粉做成纸捻，形成火信或火线，点燃古代火器中的火药，用以发射火器中的铁砂。1480—1495年，意大利著名科学家达·芬奇发明了轮发燧石枪机，用燧石的火花点燃火药池，再由火药池点燃火药，将弹丸发射出去。火药池是继火线、火信后的又一种火工品。以后随着枪机的改进，火药池也逐渐变成了火药饼，这就是底火的雏形。这一时期，也有将散装细火药粉装在纸管内制成引火烛的，用火线引燃引火烛，再引燃火药，达到发射弹丸的目的。18世纪，欧洲人把细黑火药（火药）粉装入纸壳、木壳或铁壳内，制成传火管，这又是一种古代火工品。早期的火工品作用可靠性很低，常常发生瞎火现象。

火工药剂的发展，也促进了火工品的发展，特别是1799年英国科学家E.霍华德发明了雷汞，1807年苏格兰人发明了以氯酸钾、硫、碳混合的第一种击发药，为火工品的发展历史翻开了新的一页。1814年，美国首先试验将击发药装于铁盂中用于枪械。1817年，美国人艾格把击发药压入铜盂中，从此火帽诞生了。同年，第一个带火帽的枪械引入美国。1840—1842年将这种火帽用于枪弹和炮弹中，火帽的应用对后膛装填射击武器的发展具有十分重要的意义，并获得了迅速发展。火帽主要用于金属子弹药壳的中心，由枪机撞击发火，现代自动武器的枪弹仍采用这种结构。19世纪末，将撞击火帽装入传火管，用此组合件点燃药筒中的发射药。1897年火帽和点火管组合件发展成撞击底火后，更换了19世纪前半期点燃火炮中发射药的摩擦式传火管。

19世纪初，法国人徐洛首先利用电流使火药发火，制成了电火工品。1830年，美国人M.肖取得了火花电火工品的专利，首先用于纽约港的爆破工程，直到20世纪初才开始用于美海军炮。1831年，英国人W.毕克福德发明了导火索。

19世纪末20世纪初相继出现的叠氮化铅、四氮烯及三硝基间苯二酚铅等起爆药，为火工品改善性能和增加品种提供了有利条件，对身管武器和弹药的发展起了决定性的作用。二战期间，火箭弹、反坦克破甲弹、原子弹等新型弹药的出现和发展，也促进了电雷管、电点火管的发展。这一时期，世界各国对长期用作延期药的黑火药也进行了大量的研究，解决了它因吸湿和气体产物多致使延期时间不准确的缺点。美、英等国研制出了硅和铅丹的混合延期药，而后又相继出现了众多的微气体延期药。

中国明代《武备志》等史书中所记载的枪炮、地雷和水雷中所使用的点火具、导火索、火槽及点火药构成的组合体就是爆炸序列的雏形。18世纪，在机械触发引信中出现了无隔爆件的爆炸序列，促进了弹药的发展，但其感度过高，易发生膛炸，使弹丸初速受到了限制。19世纪90年代将其改进为隔爆式爆炸序列，提高了安全性，奠定了现代弹药爆炸序列的基本结构。

(2) 火工品的发展现状

当前世界各国在配用火工品时，尽量使同一种火工品用于多种弹药的底火及引信。这样，不仅容易实现火工品的系列化、标准化和通用化，而且有利于优化火工品，促进火工品的发展。

美军在51种炮弹引信中所配用的雷管只有7种，即针刺雷管4种（M55式、M61式、M94式及M99式）、微型电雷管1种（M100式）、破甲弹引信电雷管2种（M69式、MK96式）。一种火工品又能同时配用多种类型的引信，如美国的M55式针刺雷管现用于时间引信、触发引信、近炸引信、弹底引信及多用途引信等19种引信中；M100式微型电雷管现用于电子引信、近炸引信、时间引信及多用途引信中；MK71式电雷管用于24种弹药引信中，MK96式电雷管用于弹底起爆引信等9种引信中。苏联的TAT1式火焰雷管现用于航弹、杀伤爆破弹、反坦克炮弹等多种弹药引信中。

此外，有些火工品还用于专门用途的弹药中，如美国的MK510式电雷管专门用于MK15式深水炸弹、MK590式水雷等水中弹药及MK1式火箭弹引信中；MK700式电雷管用于MK461式小型反潜鱼雷战斗部引信中；一些微型电雷管多配用于具有特殊用途的弹药及小口径弹药引信中，如美国M100式微型电雷管，其外形尺寸为$\phi 2.54$ mm×6.35 mm，用于激光制导炸弹引信中；M57A1式针刺雷管，其外形尺寸为$\phi 2.19$ mm×6.66 mm，配用于25 mm、30 mm、35 mm、37 mm及40 mm等小口径弹药的多种引信中。

总之，越来越多的弹药引信中采用同一种火工品是现装备火工品的突出特点，不仅提高了火工品的通用化程度，也为生产、储存及勤务处理带来很大方便。

火工品在民用方面主要用于工程爆破，许多毫秒级工业电雷管普遍用于工程爆破，微秒级工业电雷管用于地探、深井采油等，同时在爆炸做功方面也大量采用了工业雷管。

(3) 火工品的发展趋势

现代火工品的发展与起爆药的发展是分不开的，所以现代火工品也是向高起爆力、钝感和安全性等方向发展。火工品应用十分广泛，其中一些新型火工品正在突破传统火工品的概念，如双金属点火管、双金属延期元件、流体起爆器、飞片雷管、电子延期雷管和激光火工品等。

1) 钝感火工品

钝感火工品是指在1 A、1 W下，5 min不发火的火工品，其中最主要的是钝感电雷管，即采用细化和钝化的猛炸药代替雷管中的起爆药，从而起到钝感作用。到20世纪末，这种雷管得到了广泛使用，有望取消引信传爆序列中雷管与导爆管或传爆管之间的隔离装置。此外，还有钝感点火具、爆炸线、激光火工品、液体发射药点火系统等。随着无壳弹的发展，可燃底火也将取代某些品种的传统金属壳底火。

2）薄膜桥丝电雷管

当前，英、美等国正在研究将金属铬蒸镀于基片上，形成几微米厚的薄膜桥丝，然后再制成薄膜桥丝电雷管。这种雷管对低压电源和压电晶体提供的冲能特别敏感，并能承受高过载，适用于要求小型雷管和低发火能量的高速炮弹引信。

3）无起爆药雷管

无起爆药雷管是近年来发展最快的一种新型火工品，它是通过外界相对较小的激发能量，来使过渡炸药及主装炸药快速完成 DDT 过程，包括低压飞片雷管、冲击片雷管、装填某些钴配位化合物起爆药的雷管（CP 雷管）以及等离子体加速雷管等。无起爆药雷管中只装细化和钝化的猛炸药（起爆炸药），雷管可以与主装药对正使用而不必隔离，生产和使用都安全可靠，并曾在水雷中使用。今后导弹及大口径炮弹、火箭弹的引信中都会采用无起爆药雷管。

无起爆药毫秒电雷管是目前世界上最先进、最安全的雷管。由于取消了雷管中的正起爆药，实现整发雷管只装有单一猛炸药或混合炸药，并解决了无起爆药电雷管的群爆问题，因而生产过程非常安全，减小了运输、储存过程中安全事故的发生概率。例如导爆管式无起爆药雷管，它是工程爆破用的起爆器材，是一种无起爆药雷管，它所用的主装药为不含起爆药的混合炸药，过渡药为太安或黑索今或奥克托今或它们的改性炸药。这种无起爆药雷管的特点是不但没有制药的废水，而且性能好、成本低，生产、运输、使用安全。经反复试验验证，其爆轰率、威力、防潮性、安定性均符合工业雷管的标准。

4）微电子火工品

随着微电子技术的发展，出现了含有微电子器件（或芯片）的新一代电火工品，即微电子火工品，这种新型火工品具有对目标或引爆信号识别的能力，如美国研制的半导体桥电子雷管，由微电子线路、薄膜电阻和起爆药组成。它不仅能在低电压、低能量输入时快速点燃和起爆下一级装药，还具有静电安全性能。在发火线路中加入微型计算机，使其具有了智能性。

微电子火工品中的微电子器件和芯片按功能可分为发火元件、延期电路、保护电路及其他功能电路等。发火元件是指用微电子加工技术加工的半导体桥，如集成硅桥、气相沉积发火膜桥等。延期电路是指集成的模拟延期线路或数字式延期线路。保护电路是指采用防静电和防射频电路，防止意外能量对火工品的危害。其他功能电路有起爆开关、逻辑电路、光电转换电路等。微电子火工品可以包含以上一种或几种功能的集成器件或芯片。由于发火元件的微对流传热原理及自持放热反应原理的作用，微电子火工品的发火能量低、作用迅速、安全性高。微电子器件制造采用现代化工艺，在一个基片上可加工出多种线路，便于大批量高质量的自动化生产，其性能一致性好，是智能化引信的基础元件之一。

半导体桥火工品是采用半导体桥（SCB）发火元件的一种微电子火工品。SCB 是采用微电子工艺在硅基片上对多晶硅进行 N 型（如磷）重掺杂，再经掩膜光刻和气相沉积焊接区形成的。典型的 SCB 尺寸为长 $100\ \mu m$，宽 $380\ \mu m$，厚 $2\ \mu m$，制作在 $2\ mm \times 2\ mm$ 的基片上，桥两侧铝焊接区与火工品的引线焊接相连。当电流脉冲加于 SCB 上时，SCB 汽化并形成热等离子体，等离子体穿入多孔装药中，以微对流的机理传热，较传统火工品快 1～2 个数量级的速度引爆（引燃）火工药剂。而以普通的速度加上较小的电流时，由于芯片是一个很好的热沉，可以通过 1 A/1W 5 min 不发火。SCB 火工技术出现于 20 世纪 60 年代，到

80 年代才为人们所重视并深入研究。它以发火能量低、作用迅速、安全性好、作用可靠等突出的优点很快得到了广泛的应用，出现了 SCB 起爆药雷管、SCB 无起爆药雷管、SCB 推冲器、SCB 冲击片雷管、用于安全气囊中的 SCB 点火器等。SCB 与固体微型电路相容，所以将是智能化、数字化火工系统的技术基础和组成部分。

微电子火工品发展非常迅速，除了半导体桥火工品，二十多年来还出现了半导体薄膜桥火工品、集成硅桥火工品、半导体冲击片火工品、微电子延期火工品、光电火工品等，而且还在向微型化、智能化、数字化方向发展。

5) 新型非电火工品

这类火工品包括柔性导爆索、封闭型导爆索、铠装柔性导爆索、隔板起爆器等。未来的某些导弹战斗部利用封闭型柔性导爆索来控制作用效果即能远距离高速传爆，而且不会在作用时损坏邻近部件。

6) 装填集成电路的火工品

随着集成电路技术的迅速发展，可以将具有某些功能的集成电路装入雷管中。2000 年以后，已大量使用装有集成电路的精密段发雷管、电子延时雷管，且延时精度可达到 ± 1 ms 水平。

7) 爆炸逻辑网络

爆炸逻辑网络近年来发展迅速，许多国家都在积极研究并已取得显著进展，现在已经装备某些产品，其主要特点是兼有某些引信器件的功能，这是火工品技术的重大突破。

爆炸逻辑网络是由小尺寸线型装药和爆炸逻辑元件构成的具有逻辑起爆功能的炸药线路。爆炸逻辑网络具有多个输入端，可以通过对输入端输入模式的控制达到控制输出端输出模式的目的。按输出端的数量可分为单输出和多选一输出两种。单输出爆炸逻辑网络要求所有输入端均以规定的顺序和在时间窗口内起爆，输出端才有爆炸输出，因而具有保险功能。可用于引信保险与解除保险机构，也可用于火箭发动机的安全程控点火。多选一输出爆炸逻辑网络的输出端数量与输入模式一一对应，因此选择特定的输入模式便能实现只在与之对应的输出端输出爆轰波，而其他端口则没有输出。常用于对主装药的起爆模式进行选择，如用于定向战斗部的随机定向起爆。爆炸逻辑网络依载体的不同，也分为刚性与柔性两类。

2.6.2 火工品的分类

火工品都是小的火炸药元件，具有比较高的感度，能由各种类型的很小的能量引起作用，然后输出一个需要的能量。由于使用条件的不同，火工品要求输入能量的形式和大小可能存在差别。因此，火工品在结构和体积上有一定差别，在输出能量上也有较大的不同。火工品的种类较多，分类方法也有很多。

（1）按用途分类

火工品按用途分主要有：

① 引燃用火工品：包括火帽、底火、导火索、点火具、化学放热装置等。

② 起爆用火工品：包括雷管、导爆索、传爆管等。

③ 动力源用火工品：包括很多完成某种特定动作的小型启动器，如切割器、爆炸螺栓、抛射管、推力器、爆炸阀门等。

（2）按激发能源形式分类

根据激发火工品所提供的外界初始能源形式的差别，火工品主要有：

① 机械能激发火工品：针刺（雷管、火帽等）、撞击（火帽、底火等）、摩擦（拉发雷管、拉火管）。
② 热能激发火工品：火焰（导火索、火焰雷管）、绝热压缩（压空火帽等）。
③ 电能激发火工品：电雷管、底火及各种电点火具。
④ 化学能激发火工品：酸点火管等。
⑤ 光能激发火工品：激光雷管等。
⑥ 爆轰能激发火工品：导爆索、中继药柱、导爆药柱、传爆药柱、非电起爆系统的传爆雷管等。

(3) 按输出特性分类

火工品按输出特性可分为：
① 引燃火工品：包括火帽、底火、点火管、导火索等。
② 引爆火工品：包括雷管、导爆索、导爆管、传爆管等。
③ 其他火工品：包括延期装置、切割装置、爆炸分离装置、驱动器等。

此外，还有军用火工品和民用火工品之分。当然，每种分法还可以再细分，比如由于输入的激发能不同，雷管又可细分为电雷管、针刺雷管及火焰雷管等。

2.6.3 火工品的结构和作用原理

火工品的结构主要由外壳、发火件和火工药剂等组成。火工药剂是火工品的能源，一般包括起爆药、猛炸药、黑火药等。火工药剂对火工品的敏感性、输出威力、储存安定性、勤务处理安全性及作用可靠性等有很大影响。常用的火工品有火帽、底火、雷管、索类、点火具、延期件、传爆药柱和启动器等。

(1) 火帽

火帽指的是受外界能量（针刺、撞击、摩擦、电等）刺激而输出火焰冲能的火工品。典型火帽一般由火帽壳、击发药、盖片或加强帽等组成，如图 2-45 所示。火帽中的击发药主要由可燃剂、氧化剂和起爆药混合而成，也可附加其他成分以改进其性能。药剂的成分、配比、粒度和装药密度，都影响火帽的感度和引燃能力。

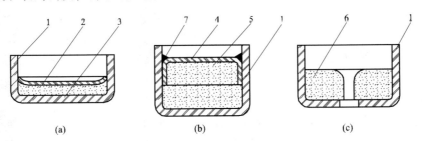

1—火帽壳；2—盖片；3—击发药；4—加强帽；5—针刺药；
6—摩擦药；7—虫胶漆。

图 2-45 火帽结构

(a) 药筒火帽；(b) 针刺火帽；(c) 摩擦火帽

火帽通常按激发方式分为针刺火帽、撞击火帽、摩擦火帽、电火帽、压空火帽等。其中，针刺火帽用于引信，由击针刺入而发火，然后点燃后续火工品；撞击火帽用于底火，由枪或炮的圆头击针撞击发火，点燃发射药；摩擦火帽用于拉发手榴弹，由火帽中的摩擦子摩擦发火，引燃延期药，再引爆火焰雷管。火帽按使用对象分为引信火帽和底火火帽。火帽既有适当的感度，易被刺激而发火，又有足够的点火能力，易将下一级火工品引燃或起爆，常作为传火、传爆序列中的第一级火工品。火帽主要用于引信、枪弹和炮弹底火中，同时还可以利用火帽的热量来作热电池，用火帽的气体压力来使开关动作等。随着武器的发展、激发方式的多样化，又研制了激光火帽等新产品。

撞击火帽是目前使用最多的一种火帽，它是利用撞击机械能激发的火帽，用于枪弹、小口径炮弹的撞击火帽，称为枪弹底火。在中、大口径炮弹发射装药中，撞击火帽装在底火内，先点燃底火内的黑火药或点火药，然后再点燃药筒内的传火药或发射药，所以又称为底火火帽。

（2）底火

底火指的是受机械能或电能刺激而输出火焰以点燃发射药或药包的火工品。它主要用于枪弹、信号弹、炮弹的发射药筒底部及迫击炮炮弹的底部，故称底火。按激发方式，底火分为撞击底火、电底火和电撞两用底火，其中电底火结构如图2-46所示；按与药筒配合的方式，底火分为压入式底火和旋入式（螺纹）底火。底火一般由底火体、底火火帽、火台、传火药以及盖片等组成。有的还根据输入能量的不同和使用安全的需要而增设零件，如电极、桥丝、绝缘片、闭气塞等。底火体多数采用钢制成。底火体的底部应有一定的硬度和厚度，以保证底火的发火感度和作用强度。

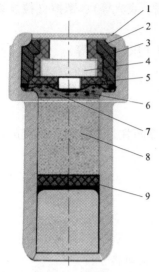

1—底火体；2—环电极；3—塑料；
4—芯电板；5—绝缘垫片；6—电桥；7，8—药剂；9—纸垫。

图2-46 电底火的基本结构

枪弹底火的结构简单，过盈配合公差精度严格。中、大口径炮弹用底火，随着最大膛压的增加，为保证底火有足够的安全性，因而结构比较复杂。小口径炮弹的药筒体积小，筒内一般不设附加药包，底火的点火能力对内弹道影响较大，有的甚至还可能影响外弹道，因此在设计时，应充分考虑到这一点。有的小口径炮弹不仅要求连发，而且还要求射速很高，这就要求底火本身的作用时间短（小于1 ms）、可靠性高，所以越来越多的小口径炮弹，甚至枪弹都采用双桥电底火来代替撞击底火。为了加强点火能力，有时在底火上装有多孔的长传火管，插入发射药中间，如图2-47所示。管

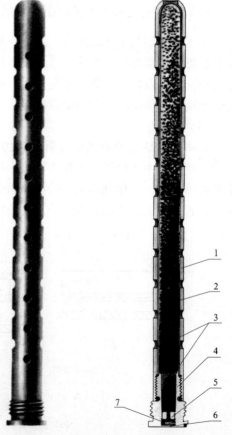

1—传火管；2—衬筒；3—传火药；
4—底火体；5—压螺；6—火帽；7—发火砧。

图2-47 装有传火管的底火

中装传火药，火焰从管壁孔喷出，点燃发射药。各种底火对安全性要求较高，不允许迟发火、二次发火、震动发火，也不许击偏、击穿、漏烟，以确保射手和火炮的安全。

（3）雷管

雷管指的是受外界刺激能量（电、机械、热、光、冲击波等）激发而输出爆轰冲能的火工品。主要用于起爆炸药，也可使烟火药剂爆燃或使本身输出的能量直接做功。雷管一般由起爆药、猛炸药、雷管壳、加强帽或盖片等组成，如图2-48所示。但由于各种输入能量（针刺、火焰、电等）的不同、作用机理（灼热桥丝、放电火花、冲击波等）的不同、作用要求（瞬发、延期等）的不同、使用环境（深水中，有射频、静电、盐雾等）的不同，雷管的结构有较大差异。另外，雷管药剂的选用不仅要考虑感度、威力，同时还应考虑它与其他零件之间的相容性是否良好。

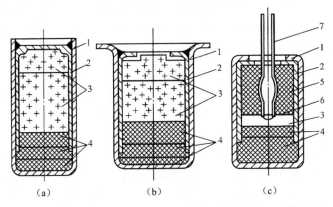

1—雷管壳；2—加强帽；3—起爆药；4—底部装药；5—电极塞；6—桥丝；7—导线。

图 2-48 雷管的结构

（a）针刺雷管；（b）火焰雷管；（c）电雷管

雷管通常按激发形式分为电雷管和非电雷管两大类。电雷管又可分为灼热桥丝式电雷管、火花式电雷管、导电药式电雷管、薄膜式电雷管等；非电雷管又分为火焰雷管、针刺雷管、拉发雷管、导爆管雷管等，按作用时间分为瞬发雷管和延期雷管，按延期时间的长短又可分为微秒、毫秒、半秒和秒级延期雷管，按用途可分为引信雷管、工程爆破雷管、特殊用途（销毁密码等）雷管，按装药种类分为有起爆药雷管和无起爆药雷管，按使用部门分为军用雷管和民用雷管。随着科学技术的发展、输入能量的多样化，武器发展对雷管的安全性、作用可靠性提出了更高的要求，因此爆炸桥丝雷管、冲击片雷管、飞片雷管、"三防"（防静电、防射频、防杂散电流）雷管、半导体桥雷管、激光雷管等相继问世。

雷管既是爆炸序列中的第一级火工品，也可作为爆炸序列的中间火工品，是现在品种最多、使用最广的基本起爆火工品。一般雷管的装药有三层：第一层是发火药，有较高的感度，最先接受外界刺激而发火。火焰雷管和桥丝式电雷管的发火药多采用对火焰和热桥丝敏感的三硝基间苯二酚铅；针刺雷管多采用对撞击敏感的针刺药。延期雷管的发火药之后还有延期药，以保证规定的延期时间；第二层是中间装药或过渡装药，在接受第一层装药产生的爆燃能量后迅速转变为爆轰，多采用叠氮化铅等起爆药；第三层是底部装药或输出装药，用以增强爆轰输出能量，保证雷管的起爆能力，多采用 RDX、HMX 和 PETN 等猛炸药。在矿井中，为防止引起粉尘和沼气爆炸，在矿井用的雷管装药内还掺有盐、蜡和醋酸丁酯等消焰剂。有些起爆药雷管只装一层猛炸药，靠桥丝、桥膜或半导体桥爆炸汽化产生的热等离子体或飞片引爆。由于所有的雷管被激发后均输出爆轰能量，以引爆下一级爆炸元件或装药，所以衡量雷管的性能参数有雷管的感度、起爆能力等。

雷管的威力主要取决于底层猛炸药的种类、药量和装药密度，常用的猛炸药为黑索今、太安。雷管的感度取决于最上层的敏感药剂。雷管的中间层装起爆药，常用的是氮化铅，它能保证底层装药的起爆。工程火焰雷管和工程电雷管用于工程爆破。电雷管由火焰雷管加电发火件组成。一般电发火件的结构是：在穿过绝缘塞的两根导线端部焊上涂有发火药的细电阻丝（桥丝），桥丝电阻通常为 $1\sim 2\,\Omega$，发火电流约为 1 A，安全电流约为 0.05 A。如果在电发火件和火焰雷管之间加装延期管，则组成延期雷管。

（4）索类火工品

索类火工品是外形呈索状，具有连续细长装药的起传火、传爆、切割或延时作用的火工品，包括导火索、导爆索、延期索、切割索、导爆管及小直径柔爆索类，如柔性导爆索、限制性导爆索、屏蔽式导爆索、柔性聚能爆炸索及精密延期索等。

索类火工品按用途不同，药芯可以采用黑火药、烟火药及猛炸药等。索类火工品的主要作用特点是可用于长距离传火、传爆或执行其他功能，也可组成网络实施大面积多点点火、起爆或切割，并且不受静电、射频及杂散电流影响。

1）导火索

导火索指的是利用黑火药、延期药等药剂作药芯，外缠数层棉、麻和纸，用于传递燃烧火焰，达到延期点火目的的索类火工品。防水导火索外皮有耐水涂料或采用塑料外皮。一般的导火索外径约 6 mm，每米燃烧时间为 $100\sim 140\,s$，可点燃延期药、黑火药、发射药等，并可引爆火焰雷管。导火索用来传递火焰，主要用于露天工程爆破。黑火药芯的导火索是英国人 W. 比克福德于 1831 年发明的，故又称比克福德导火索。导火索可用香火、点火索、点火器具、拉火管或其他明火点燃，可在兵器、航天器、导弹战斗部及引信、手榴弹中作延时传火元件，也可在无爆炸性气体和可燃性粉尘情况下引爆火焰雷管。

导火索按用途不同分为军用导火索及民用导火索。军用导火索中包括手榴弹导火索及金属管延期索。典型金属管延期索的包覆层为铅锑合金，外径在 $1.8\sim 2.4\,mm$，药芯为由钨粉、铬酸铅、高氯酸钾、硅藻土等混合而成的微气体延期药，这类导火索的燃烧时间精度要求高、可靠性高。民用导火索包括普通导火索、石炭导火索、塑料导火索、秒延期导火索、速燃导火索和缓燃导火索等，它由药芯、芯线、包缠层及防潮层构成。普通导火索以黑药为药芯，外缠数层棉、麻、纸，外径约为 5.5 mm，药芯直径不小于 2.2 mm，每米燃烧时间为 $100\sim 125\,s$，如图 2-49 所示。石炭导火索用石炭（无烟煤）代替木炭的黑火药为药芯，燃烧速度较慢，每米燃烧时间为 $180\sim 198\,s$。塑料导火索的包缠层（或包覆层）为聚氯乙烯或聚乙烯。

2）导爆索

导爆索指的是用于传递爆轰波、传爆或引爆炸药装药的索类火工品。按包缠材料不同，它可分为棉线导爆索、塑料导爆索、橡胶导爆索和金属管导爆索四类。棉线导爆索与普通塑料导爆索的结构与导火索类似，药芯装药的主要成分是太安或黑索今，每米药量在 11 g 以上，爆速在 6 500 m/s 以上，可满足一般条件下的爆破需要，如图 2-50 所示。

塑料导爆索的外包缠层为聚氯乙烯，内包缠层为聚丙烯扁丝、聚酯薄膜等，可提高抗

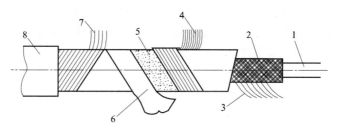

1—芯线；2—药芯；3—内线层；4—中线层；5—沥层；
6—纸条层；7—外线层；8—涂料层。

图 2-49 普通导火索的结构

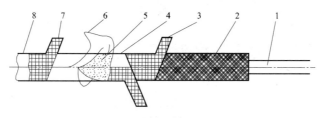

1—芯线；2—黑索今或太安；3—内线层；4—中线层；5—沥青；
6—纸条层；7—外线层；8—涂料层或防潮层。

图 2-50 棉线普通导爆索的结构

水性能，以满足水下及油井的特殊要求。橡胶导爆索具有良好的密封性能及柔性，药芯用耐高温炸药，目前多用于石油深井中射孔。金属导爆索具有良好的柔性，可弯曲成各种形状而不影响其传爆功能。按外壳材料，它可分为铅皮导爆索和银皮导爆索。铅皮导爆索可以做成V形断面，爆轰时能形成线形金属射流，可用于切割金属板，称为切割索。

早期的导爆索使用铅管，内装 TNT。现在，一般导爆索药芯常用耐高温的高能炸药，如奥克托今、黑索今、六硝基芪等，装药量为 10～13 g/m，外径一般为 1～5 mm，爆速可达 5 000～8 000 m/s，能在高低温、高低压条件下可靠传爆，同时引爆多个炸药装药，多用于飞机、导弹、航天器、引信中传爆序列等；也可用来直接做功。切割索一般装药量为 1～32 g/m，有的可达 106 g/m 以上，用雷管或导爆索引爆，可切割金属板和电缆等。延期索装有延期药，通常外径为 1.8～2.4 mm，燃速取决于延期药的性能和制造工艺，国外延期药燃速一般为 1.6～36 cm/s。

随着武器的发展，可将金属柔性导爆索组成爆炸网络，实施多点起爆及逻辑起爆，提高武器的性能及安全性。

3）塑料导爆管

塑料导爆管简称导爆管，塑料导爆管是塑料管内壁附着一层高能混合炸药的塑料软管的索类火工品，内径为 1.3～1.5 mm，外径为 2.8～3.5 mm，装药量为 14～18 mg/m，如图 2-51 所示。导爆管按其抗拉性能分为普通导爆管和耐温高强度导爆管，用于装配瞬发雷管、毫秒雷管和秒延期雷管，装配成的导爆管雷管可与连接块、连接套等组成导爆管雷管起爆系统，可广泛用于露天、无煤尘、无瓦斯的井下或水下等爆破工程。

塑料导爆管是 1972 年由瑞典的诺贝尔公司发明的。它的作用与导爆索的作用相同，都是传递爆轰波，但塑料导爆管属于低能、低速传递爆轰波，一般爆速为 1 600～2 000 m/s，其输出能量较小，一般只能引爆雷管或引燃延期雷管中的延期药，无法实现直接起爆猛炸药的目的。导爆管和导爆索在产品结构、制造工艺、传爆机理等方面是各不相同的。在产品结构上两者的包覆层内均为高能猛炸药，但一个是实心的，另一个是空心的；在工艺上导爆索采用传统的制索工艺，导爆管则采用挤压拉管法；在传爆机理上导爆索属于药柱传爆，符合传统的爆轰传爆理论；导爆管则主要利用冲击波的管道效应，当前沿冲击波在导爆管内腔中产生湍流扰动时，使内壁的药粉分散并悬浮于管内空气中与空气均匀结合，经点火起爆而发生悬浮爆轰，此爆轰在管壁的屏蔽和反射作用下不断地传递下去，从而实现传爆。

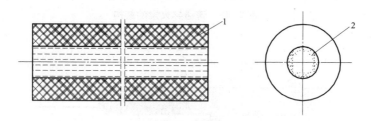

1—塑料管；2—导爆药。

图 2-51　塑料导爆管的结构

塑料导爆管有极良好的抗电性能，在杂散电流、静电、感应电流作用下不发生意外起爆；在一般机械冲击作用和普通火焰作用下也能起爆，且具有不怕水、不怕潮湿等特点。另外，其造价低、尺寸小、质量轻、柔性好、使用安全简便。导爆管主要与延期雷管结合构成导爆管起爆系统，大量用于各种爆破工程。为防止塑料导爆管透火，近年来发展了双层塑料导爆管，使传爆安全性更高。

4）小直径柔性导爆索

小直径柔性导爆索是 20 世纪 50 年代后期迅速发展起来的新型索类火工品，在航天、导弹等尖端科技领域及深井石油开采等工业中得到广泛应用。其结构类型有多种，例如：柔性导爆索以挠性金属（铅锑合金、铝、银或铜等）为外壳，内装各种单质炸药；限制性导爆索是在柔性导爆索外，加一层尼龙或玻璃纤维编织物，以防止使用时金属外壳形成破片飞散，因而可在精密仪器近旁使用；屏蔽式导爆索由柔性导爆索、支承衬套及不锈钢外套组成；柔性聚能爆炸索药芯为 V 形装药，护套为塑料或橡胶，它可弯曲成任何形状，爆炸时内层金属形成射流，以切割金属；精密金属延期索药芯为各种不同的延期药。此外，根据需要，柔性导爆索还可有其他结构，如双芯导爆索、平板导爆索和空心导爆索等。

(5) 点火具

点火具又称点火器，指的是激发后输出火焰冲能，点燃火箭发动机装药及其他可燃物的火工品。一般由发火机构、点火药和输出药及管壳组成，具有延时功能的点火品，在点火药与输出药之间还有延期药。

点火具按初始激发冲能方式的不同可分为电点火具、惯性点火具、隔板点火具、酸点火具等；按用途不同分为发射点火具、增程点火具、转子点火具、全程点火具等。要求点火具除满足一定感度外，应有足够的点火能力，保证所输出的火焰能可靠地点燃主装药。对于利用电能激发的电点火具，还要求能防射频、防静电、防杂散电流，能安全、可靠地完成程序点火及传火序列中的点火等。

1）电点火具

电点火具是由发火头和点火药所组成,其作用过程为：电源电能转变为热能引燃电发火头,燃烧火焰引燃点火药,扩大了的火焰再引燃火箭的火药。电点火具多用于火箭弹和火焰喷射器的点火等。按照发火结构形式分,电点火具可以分为桥丝式、火花式和导电药式三种类型。其中,桥丝式点火具根据结构部件相对位置关系又可分为整体式和分装式两类,整体式桥丝式点火具结构如图2-52所示。

整体式桥丝式点火具是将发火头放在点火药盒内做成一个整体,将导线引出与弹体的电极部分相接,用于各种小型火箭弹上。为了保证点火的可靠性,一般都采用两个或两个以上并联的电发火头。这种点火具的优点是结构简单,点火延迟时间较短。

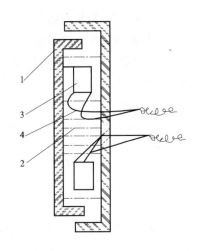

1—点火药盒；2—点火药；3—引火头；4—导线。

图2-52 整体式桥丝式点火具的结构

分装式电点火具是指点火药与电发火头不做成一体而分别安装的点火装置。这种结构的优点有：

① 发火头和点火药可以分别储存和运输,安全性好。

② 便于更换其中个别零件,不需装拆整个装置,也不会使整个装置报废,所以使用方便、经济性好。

③ 便于使发火头生产标准化。

分装式的缺点就是结构复杂,零件数量多,还容易造成点火延迟时间较长等。

2）惯性点火具

惯性点火具在弹药中用于火箭的增程点火。火箭增程弹是靠火炮发射出去,借助点火具点燃发动机,使弹丸速度在原有基础上加快,最后达到增大兵器直射距离的目的,故称火箭增程弹。

惯性点火具在弹丸发射过程中起重要作用,其主要由惯性膛内发火机构、延期机构及点火扩燃机构等组成。发火机构由火帽、击针和击针簧组成；延期机构主要是延期药；点火扩燃机构主要是点火药盒。

惯性点火具的作用过程：当弹丸在发射筒内向前运动时,和火帽座一起产生一个直线惯性力,此力可以使火帽（连同火帽座一起）克服弹簧的最大抗力向击针冲去,火帽受针刺作用而发火,火帽的火焰通过击针上传火孔点燃延期药,经0.09～0.12 s燃烧后再点燃点火药,点火药燃烧形成一定的点火压力,并迅速地点燃弹丸的火箭火药,完成点火作用。点火具作用的可靠性和延迟时间的稳定性,直接影响弹药的作用可靠性和弹着点的散布精度。因此,惯性点火具除达到一般火工品的要求外,还要求在性能上延期时间准确、点火可靠；勤务处理时安全、抗震抗跌性能好。

（6）延期件

延期件是利用药剂的燃烧速度控制点火时间的火工品,如延期管、延期药盘、延期药柱、延期索、延期保险元件、时间药盘和保险药柱等。

延期件接受火帽给予的火焰冲能,并经过放大而引燃传火元件。在弹药引信中采用延期件是为了使弹药穿入目标后爆炸,增强破坏效应;也可用以控制某种特殊要求产品连续动作的时间。衡量延期件的性能指标有稳定的燃速、足够的热感度、良好的输出强度(温度和压力)。通常以黑火药或金属可燃剂与氧化剂的混合物作为装药,某些有机化合物如苦味酸钾等也可作为单质延期药。

(7) 传爆药柱

传爆药柱是用来传递和扩大爆轰能量的火工品。常用于扩大雷管的能量,引爆较钝感的主装药。传爆药柱一般由较敏感的猛炸药压制而成,过去常用特屈儿,现在多用太安、黑索今,有时也用奥克托今。在主装药量过大,不易被一个传爆药柱完全起爆时,可加辅助传爆药柱。

(8) 启动器

启动器是能把火炸药反应的能量转变为可控机械力的一种自持动力传递装置。它可以完成许多特定的动作,具有多种结构形式。有利用火药做功的机构与利用炸药做功的机构。前者以火药燃烧时产生的气体为动力,去推动活塞、闭合开关等;后者以炸药所产生的冲击波去破坏、分离或解脱某些连接部分等。

习 题

1. 弹丸的内弹道过程可以分为哪几个阶段?
2. 弹形系数和弹道系数有何不同?阻力系数和阻力定律有何不同?
3. 尾翼稳定原理和陀螺稳定原理各有什么特点?
4. 火药和炸药有何异同,在弹药中各有哪些作用和优缺点?
5. 在弹丸发射过程中,影响药筒作用的因素有哪些?
6. 刚性组合装药、低温感装药、密实装药和随行装药各有哪些优缺点?
7. 分析加农炮、榴弹炮和迫击炮的性能特点和结构特点。
8. 分析液体发射药火炮、电热炮和电磁炮的不同工作原理。
9. 分析雷达引信、光引信、磁引信、电容引信和声引信的不同工作原理。
10. 分析引信的作用过程和发展趋势。
11. 分析导火索和导爆索的不同作用原理。
12. 分析现代火工品的发展趋势。

第 3 章 榴　　弹

3.1　概述

榴弹是弹丸内装有猛炸药，主要利用爆炸时产生的破片和炸药爆炸的能量，以形成杀伤和爆破作用的弹药的总称。"榴弹"只是一种传统的说法，过去常将杀伤弹、爆破弹和杀伤爆破弹统称为榴弹。

3.1.1　榴弹的发展史

榴弹，是弹药家族中既普通平凡，又神通广大的元老级成员，属于战术进攻型压制武器。发射后，弹上引信适时控制弹丸爆炸，用以压制、毁灭敌方的集群有生力量、坦克装甲车辆、炮兵阵地、机场设施、指挥通信系统、雷达阵地、地下防御工事、水面舰艇群等目标。通过对这些面积较大的目标实施中、远程打击，使其永久或暂时丧失作战功能，达到消灭敌人或延缓敌方作战行动的目的。

榴弹的发展尤以杀伤爆破榴弹（简称杀爆弹）最为典型突出。下面以旋转飞行稳定杀爆弹为例，说明杀爆弹的发展演变过程。杀爆弹是弹药家族中最为活跃的弹种之一。自 19 世纪中叶发明线膛炮发射长圆柱形杀爆弹以来，为追求"远射程、高精度、大威力"的弹药三大发展目标，杀爆弹经历了以下几方面的演变。

（1）弹体外形的演变

弹体外形的演变以提高弹药射程为目标。其演变过程为从平底远程型弹形、底凹远程型弹形、枣核弹形、底排弹，最终发展到复合增程弹，经历了 5 个发展阶段。早期的杀爆弹受到弹丸设计理论和火炮发射技术的限制，设计成平底短粗形状。全弹的长度通常不超过 5 倍弹径，头弧部长度远小于圆柱部长度。短粗的弹形制约了射程的提高。

20 世纪初，杀爆弹的体形开始演变为平底远程型，全弹长度已超过 5 倍弹径，头弧部长度大于圆柱部长度，射程有了提高。这种弹形已成为中、大口径杀爆弹的制式弹形。20 世纪 60 年代，杀爆弹出现了外形与平底远程型相似的底凹远程型弹形。由于弹底部存有圆柱形底凹，所以较好地匹配了弹丸的阻心与质心位置，全弹长度超过 5.5 倍弹径，射程有了进一步的提高。

20 世纪 70 年代，杀爆弹出现了俗称"枣核弹"的第二代底凹远程型弹形。除了保留底凹机构外，其外形也有几处较大的变化：头弧部长度接近 5 倍弹径，圆弧母线半径大于 30 倍弹径，圆柱部长度不足 1 倍弹径，全弹长度已超过 6 倍弹径。在尖锐的头弧部通常安装 4

个定心块来解决"枣核"弹形的膛内定心问题。该弹形通常与底部排气（简称底排）减阻增程技术或底排—火箭复合增程技术配合使用，可获得极佳的增程效果。

（2）增程方式的演变

增程方式的演变以扩大增程效果为目标。仅通过弹形的改变提高杀爆弹的射程，增程效果是有限的。实际上弹形的演变是与相应的增程技术同步发展并成熟起来的。

20世纪70年代，底排减阻增程技术在杀爆弹的平底远程型弹形上获得成功应用，增程效果达到30%以上。20世纪80年代，底排减阻增程技术在杀爆弹的"枣核"弹形上也获得成功应用，使杀爆弹跻身于现代远程压制主用弹药之列。

20世纪90年代以来，底排减阻增程技术和火箭助推增程技术集中应用在155 mm、130 mm口径杀爆弹的平底远程型弹形或"枣核"形上。由于充分发挥了底排增程和火箭增程的潜能，155 mm底排—火箭复合增程弹的最大射程突破了50 km，130 mm底排—火箭复合增程弹最大射程已突破45 km，大幅拓展了炮兵作战的纵深，成为新型远程弹中的宠儿。

（3）破片形式的演变

破片形式的演变以提高杀伤威力为目标。杀爆弹弹体爆炸后自然形成大量破片，其飞散速度可达900～1 200 m/s。早期的杀爆弹主要是利用破片动能实现侵彻性杀伤。由于自然破片形状与质量的无规律性，破片速度衰减得相当快，限制了杀爆弹的有效杀伤范围。

随之而来的改进措施是，将预定形状与质量的钢珠、钢箭、钨球、钨柱等预制破片装入套体，安装在杀爆弹弹体的外（或内）表面。杀爆弹爆炸后，预制破片与自然破片共同构成破片杀伤场。由于预制破片飞行阻力具有一致性，所以带预制破片的杀爆弹将在设定的范围内有较密集的杀伤效果，全弹的杀伤威力有较大程度的提高。

进一步的改进措施是，根据爆炸应力波的传播规律，在弹体外（或内）表面上按照预先设计刻出槽沟，从而在杀爆弹弹体爆炸后产生形状与质量可控的破片；采用激光束或等离子束等区域脆化法，在弹体的适当部位形成区域脆化网纹，从而确保弹体在爆炸后按照预定的规律破碎，产生可控破片。

（4）炸药装药的演变

炸药装药的演变以提高杀伤、爆破威力为目标。炸药类型和爆轰能、弹丸炸药装填系数和装药工艺等，直接影响着杀爆弹的威力和对目标的毁伤效果。对于同样的弹体，将TNT炸药改为A-IX-2炸药后，对目标的毁伤效能会有显著的提高。同样，将B炸药和改B炸药应用到杀爆弹中后，杀爆弹的杀伤威力和爆破威力均会有很大程度的提高。

（5）弹体材料的演变

弹体材料的演变以提高杀伤力、爆破威力为目标。杀爆弹早期使用D50或D60弹钢材料，目前基本上被58SiMn，50SiMnVB等高强度、高破片率钢材取代。这些新型炮弹钢与高能炸药的匹配使用，使杀爆弹的综合威力得到显著提高。

3.1.2 榴弹的种类

（1）按作用原理分

① 杀伤榴弹：侧重杀伤效能的榴弹。

② 爆破榴弹：侧重爆破效能的榴弹。

③ 杀伤爆破榴弹：兼顾杀伤、爆破两种效能的榴弹。

（2）按对付的目标分

① 地炮榴弹：用以对付地面目标的榴弹。

② 高炮榴弹：用以对付空中目标的榴弹。

（3）按发射平台分

① 一般火炮榴弹。

② 迫击炮榴弹。

③ 无后坐力炮榴弹。

④ 枪榴弹。

⑤ 小口径发射器榴弹。

⑥ 火箭炮榴弹。

⑦ 手榴弹。

（4）按弹丸稳定方式分

① 旋转稳定榴弹。

② 尾翼稳定榴弹。

3.1.3 榴弹的基本结构及弹丸外形

（1）榴弹的基本结构

榴弹弹丸由引信、弹体、弹带、炸药装药和稳定装置等组成，如图 3-1 所示。图中 L 为弹丸长度，L_{to} 为弹头部长度，L_h 为弹壳头部长度，L_z 为圆柱部长度，L_w 为弹尾部长度。

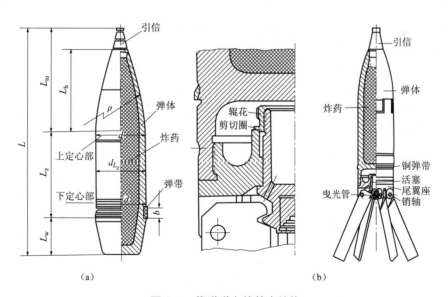

图 3-1 榴弹弹丸的基本结构

(a) 54 式 122 mm 榴弹；(b) 73 式 100 mm 滑膛炮榴弹

① 引信。榴弹主要配有触发引信，具有瞬发、惯性和延期 3 种装定，在需要时也配用时间引信和近炸引信。

② 弹体。弹体的结构可分为两类：整体式和非整体式。非整体式弹体由弹体和口螺、

底螺组成。为确保弹体具有足够的强度，通常要求弹体采用强度较高的优质炮弹钢材，最常用的是 D60 或 D55 炮弹钢（高碳结构钢）。其加工方法，对大、中口径弹体是由热冲压、热收口毛坯车制成型，而对小口径弹体一般是由棒料直接车制而成。也有部分弹体，如 37 mm 和 57 mm 高射炮榴弹，则采用冷挤压毛坯精车成型的办法，其材料为 S15A 或 S20A 冷挤压钢。只有极少数弹体使用高强度铸铁制造。

③ 弹带。采用嵌压或焊接等方式固定在弹体上。为了嵌压弹带，在弹体上车出环形弹带槽，槽底辊花或在环形凸起上铲花，以增加弹带与弹体之间的摩擦，避免相对滑动。弹带的材料应选用韧性好、易于挤入膛线、有足够强度、对膛壁磨损小的材料，过去多采用紫铜，也有用镍铜、黄铜或软钢的。近年来，已有许多弹丸用塑料作弹带。现在出现的新型塑料，不仅能保证弹带所需的强度，而且摩擦系数较小，可减小对膛线的磨损。据报道，在其他条件不变的情况下，改用塑料弹带，可提高身管寿命 3～4 倍。如美国 GAU8/A30 mm 航空炮榴弹即采用尼龙弹带。

弹带的外径应大于火炮身管的口径（阳线间的直径），至少应等于阴线间直径，一般均稍大于阴线间直径。此稍大的部分称为强制量。因此，弹带外径 D 等于口径 d 加 2 倍阴线深度 Δ，再加 2 倍强制量 δ，即

$$D = d + 2\Delta + 2\delta \tag{3-1}$$

强制量能够保证弹带确实可以密封火药气体，即使在膛线有一定程度的磨损时也能起到密封作用。强制量还可增大膛线与弹带的径向压力，从而增大弹体与弹带间的摩擦力，防止弹带相对于弹体滑动。但强制量不可过大，否则会降低身管的寿命或使弹体变形过大。弹带强制量一般在 0.001～0.002 5 倍口径。

弹带的宽度应能保证它在发射时的强度，即在膛线导转侧反作用力的作用下，弹带不至于被破坏和磨损。在阳线深度一定的情况下，弹带宽度越大，则弹带工作面越宽，因而弹带的强度越高。所以，膛压越高，膛线导转侧反作用力越大，弹带应越宽；初速越大，膛线对弹带的磨损越大，弹带也应越宽。弹带越宽，被挤下的带屑越多，挤进膛线时对弹体的径向压力越大，飞行时产生的飞疵也越多，所以弹带超过一定宽度时，应制成两条或在弹带中间车制可以容纳余屑的环槽。根据经验，弹带的宽度以不超过下述值为宜：小口径≤10 mm，中口径≤15 mm，大口径≤25 mm。

弹带在弹体上的固定方法因材料和工艺而异，对金属弹带，主要是用机械力将毛坯挤压入弹体的环槽内。其中，小口径弹丸多用环形毛坯直接在压力机上径向收紧，使其嵌入槽内（通常为环形直槽）；中、大口径弹丸多用条形毛坯在冲压机床上逐段压入燕尾弹带槽内，然后把两端接头碾合收紧。挤压法的共同特点是在弹体上需要有一定深度的环槽，从而削弱了弹体的强度。为保证弹体的强度，必须将装弹带部位做得特别厚，可是这样又影响了弹丸的威力。近年来发展了焊接弹带的方法。使用焊接弹带，则无须在弹体上车制深槽，从而使壁厚更均匀。至于塑料弹带，除了可以塑压结合外，还可以使用黏结法。

④ 弹丸装药。弹丸内的装药为炸药。它通常是由引信体内的传爆药直接引爆的，必要时在弹口部增加扩爆管。在杀伤榴弹的铸铁弹体内装填代用炸药阿马托时，口部要加入一定的梯恩梯，以起防潮作用。榴弹经常采用的炸药为梯恩梯和钝黑铝炸药。在现代大威力远程榴弹中也采用高能的 B 炸药。梯恩梯炸药通常用于中、大口径榴弹，采用压装工艺，将炸药直接压入药室，并通过螺杆上升速度来控制炸药的密度分布。钝黑铝炸药一般用在小口径

榴弹中，先将炸药压制成药柱，再装入弹体。

⑤ 稳定装置。发射的弹丸除了靠自身的旋转来维持其飞行稳定性外，还可以靠尾部的尾翼稳定装置来稳定。尾翼稳定装置是指弹丸上用以使空气阻力中心后移，从而使弹丸飞行稳定的装置。尾翼被安装在弹丸重心之后，在出现章动角时，能增大弹丸后部的空气阻力，从而使空气阻力中心位于弹丸重心之后形成稳定力矩。

尾翼按其是否能张开可分为固定式尾翼和张开式尾翼两种，而张开式尾翼又可分为前张开式和后张开式两种。

（2）弹丸外形

① 外形。弹丸外形为回转体，头部成流线型。全长可分为3部分：弹头部（L_{to}）、圆柱部（L_z）和弹尾部（L_w）（参看结构图3-1）。弹头部是从引信顶端到上定心部上缘之间的部分。弹丸以超声速飞行时，初速越高，弹头部激波阻力占总阻力的比重越大。为减小波阻，弹头部应呈流线型，还要增加弹头部长度和弹头的母线半径使弹头尖锐。常把引信下面这段弹头部称为弧形部。某些低初速、非远程弹丸的弹头部形状为截锥形加圆弧形，而有的小口径弹丸的弹头部形状为截锥形。

圆柱部是指上定心部上边缘到弹带下边缘部分。圆柱部越长，炸药装药就越多，这样有利于提高威力，但圆柱部越长，飞行阻力越大，影响射程，故二者应兼顾。

弹尾部是指弹带下边缘到弹底面之间的部分。为减小弹尾部和弹底面阻力，弹尾部一般采用船尾形，即短圆柱加截锥体。尾锥角为6°～9°定装式炮弹弹丸的弹尾部全部伸入药筒内，在弹尾圆柱上预制两个紧口槽，以便与药筒碾口部结合。因此，定装式榴弹的弹尾部要比分装式的长些。

② 定心部。定心部是弹丸在膛内起径向定位作用的部分。为确保定心可靠，应尽量减小弹丸和炮膛之间的间隙，但为使弹丸顺利装入炮膛，间隙又不能太小。通常弹丸具有上、下两个定心部。某些小口径榴弹，往往没有下定心部，而是依靠上定心部和弹带来做径向定位。

③ 导引部。上定心部到弹带（当下定心部位于弹带之后时，则为上定心部到下定心部）的部分称为导引部。在膛内运动过程中，导引部长度就是定心长度，因此，其长度影响弹丸膛内运动的正确性。

3.2 普通榴弹

3.2.1 概述

普通榴弹，一般是指内装高能炸药，利用其爆炸后产生的气体膨胀功、爆炸冲击波和破片动能来摧毁目标的弹丸。这里所说的普通榴弹，既有传统弹丸的含义，也有与前装迫击炮和远程榴弹等相区别的意思。应当说，在各类弹丸中，普通榴弹的结构与作用最具有典型意义。对普通榴弹的分析与了解有利于对其他各类弹丸的认识。

根据目标位置的不同，常把普通榴弹区分为地面榴弹和高射榴弹。地面榴弹主要用来对付地面上的有生力量和土木工事，而高射榴弹则主要用来对付空中目标（如飞机等）。

对于榴弹的一般要求，无非是在第1章中谈及的对炮弹的要求内容，在此不再赘述。但是，由于高射榴弹对付的是空中目标，而且该目标是高速运动的，所以作为特殊情况，将对高射榴弹提出如下要求：

① 弹丸初速要高，弹形要好。目的是减小空气阻力，缩短飞行时间，提高命中率并增大射高。

② 弹丸威力要大。对小口径高射榴弹应尽量增大炸药威力和炸药量，而对中、大口径高射榴弹则要尽量增大有效破片数和破片速度。

③ 引信要适时起爆，并要求有自炸机构。中、大口径高射榴弹应当采用时间引信或其他非着发引信，而小口径高射榴弹则可以采用着发引信。

④ 药筒采用定装式，并适于自动装填和抽筒。

3.2.2　榴弹的作用

前已述及，榴弹是依靠炸药爆炸后产生的气体膨胀功、爆炸冲击波和弹丸破片动能来摧毁目标的。前者是榴弹的爆炸破坏（简称爆破）作用，主要对付敌人的建筑物、武器装备及土木工事；后者是榴弹的杀伤破坏（简称杀伤）作用，主要对付敌方的有生力量。通常，把以爆破作用为主的弹丸称为爆破榴弹，把以杀伤作用为主的弹丸称为杀伤榴弹，把两者兼顾者称为杀伤爆破榴弹。

从弹丸的终点效应来说，除了上述的爆破作用和杀伤作用外，由于弹丸在到达目标后尚有存速（落速或末速），弹丸对目标还将产生侵彻作用。其侵彻深度的大小主要取决于弹丸速度、引信装定和目标的性质等。实际上，弹丸的这种侵彻作用，对于爆破榴弹和杀伤爆破榴弹不仅是必然的，而且是必需的。

（1）侵彻作用

榴弹的侵彻作用，是指弹丸利用其动能对各种介质的侵入过程。对于爆破榴弹和杀伤爆破榴弹来说，这种过程具有特殊意义，因为只有在弹丸侵彻至适当深度时爆炸，才能获得最有利的爆破和杀伤效果。在这里将要讨论的侵彻作用，主要就是地面榴弹对土石介质的侵彻。

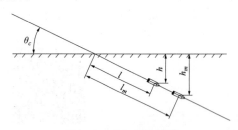

图 3-2　弹丸侵彻过程

如图 3-2 所示，当弹丸以某一落角 θ_c 侵入土石介质时，将要受到介质阻力（或抗力）的作用。随着弹丸在介质中的运动，阻力的大小也在不断改变。当弹丸爆炸或弹丸动能耗尽时，弹丸侵彻至最大深度 h_m。可见，侵彻作用始于弹丸与目标的接触瞬间，结束于弹丸爆炸或弹丸速度为零的瞬间。一般来说，侵彻作用的大小，将由弹丸侵彻行程或深度来衡量。

常把土壤对弹丸运动的阻力分成两个部分，一部分是所谓的静阻力；另一部分是所谓的动阻力。弹丸用在破坏土石介质之间的联系，使介质受到压缩，以及克服摩擦等消耗的能量所对应的阻力称为静阻力。静阻力与弹丸的横截面积成正比。与弹丸克服介质惯性所消耗的能量对应的阻力称为动阻力，它除与弹丸的横截面积有关外，还与弹丸速度的平方成正比。这样，阻力表达式常表示为

$$F = i\frac{g\pi d_x^2}{4}(a+bv^2) \qquad (3-2)$$

式中　d_x——弹丸钻入土石部分的最大直径，m；
　　　a——静阻力系数（表3-1）；
　　　b——动阻力系数（表3-1）；
　　　i——弹丸形状系数，其中球形弹 $i=1$，现代尖形弹 $i=0.9$；
　　　v——弹丸在土壤中的运动速度，m/s。

若用着速 v_c 代替公式中的 v，即得最大阻力。

另一种阻力表达式为

$$F = \frac{2.303\times10^7}{K_m}d^2 \cdot \left[1+\frac{1}{2}\left(\frac{v}{100}\right)^2\right] \qquad (3-3)$$

式中　d——弹径，m；
　　　K_m——取决于目标性质的系数（表3-2）。

表3-1　各种目标的 a，b 值

目 标		a	b
土砂石类	砂—砾石	0.435×10^6	200×10^6
	土砂—砾石	0.60×10^6	200×10^6
	黏土—砂—砾石	1.045×10^6	35×10^6
	长满草的土工程	0.70×10^6	60×10^6
	砂—黏土工程	0.461×10^6	60×10^6
	砂土土壤	0.345×10^6	80×10^6
	潮湿土	0.265×10^6	80×10^6
	湿黏土	0.0917×10^6	80×10^6
	土工程	0.304×10^6	20×10^6
	湿土工程	0.265×10^6	20×10^6
砖土、混凝土类	良好的石砌工程	5.52×10^6	15×10^6
	中等的石砌工程	4.40×10^6	15×10^6
	砖砌工程	3.16×10^6	15×10^6
	钢筋混凝土	3.35×10^6	10.5×10^6
木类	樟木、椭木	2.085×10^6	20×10^6
	榆木	1.60×10^6	20×10^6
	枞木、桦木	1.16×10^6	20×10^6
	白杨	1.09×10^6	20×10^6

表 3-2　K_m 值

目标种类	K_m	目标种类		K_m
一般土地	11.00	混凝土地		0.28
红黏土	11.00	混凝土掩体	无钢筋	0.28
湿黏土	10.10		有钢筋	0.14
掺砂黏土	8.60	软钢板		0.10
掺石子黏土	6.00	砖墙		0.94
靶场荒地	5.00	石砌墙		0.62
长有植物的土地	4.70	椆		1.64
砂地	3.5	柳、针枞松		2.10
岩石土	2.20	枞、桦		2.90
冻结石	0.43	白杨		3.08

在公式中若用着速 v_c 代替 v，则得最大阻力。

这样，根据牛顿第二定律，可以写出弹丸的运动方程：

$$m\frac{dv}{dt}=-F \tag{3-4}$$

式中　m——弹丸质量，kg。

若将式（3-2）代入式（3-4）并积分，可得弹丸的侵彻行程：

$$l=\frac{2m}{\pi d_x^2 bi}\ln\frac{a+bv_c^2}{a+bv^2} \tag{3-5}$$

当 $v=0$ 时，可得弹丸的最大侵彻行程：

$$l_m=\frac{2m}{\pi a_x^2 bi}\ln\left(1+\frac{b}{a}v_c^2\right) \tag{3-6}$$

同理可得对应于行程 l 时的弹丸运动时间的表达式：

$$t=\frac{4m}{\pi d_x^2 i \sqrt{ab}}\left(\arctan v_c\sqrt{\frac{a}{b}}-\arctan v\sqrt{\frac{a}{b}}\right) \tag{3-7}$$

若将式（3-3）代入式（3-4），则积分后可得最大行程的另一表达式：

$$l_m=K_m\frac{mg}{1\,000d^2}\lg\left[1+\frac{1}{2}\left(\frac{v_c}{100}\right)^2\right] \tag{3-8}$$

假定弹丸是沿直线运动的，则弹丸距目标表面的垂直深度（图 3-2）为

$$h=l\sin\theta_c \tag{3-9}$$

但应指出，由于弹丸在碰击目标时仍然存在章动角 δ，因而弹丸在介质中并非完全沿直线运动。对土壤来说，当落角 θ_c 小于 10°时，旋转弹丸几乎 100%发生跳弹；当 θ_c = 20°～30°时，弹丸钻入目标后又向上运动，有跳出地面的倾向；当 θ_c = 30°～40°时，弹丸在土壤中做来回拐弯的不规则运动；只有当 θ_c >40°时，弹丸在土壤中的行程才接近直线。但对尾翼式弹来说，除跳弹情况与旋转弹相近外，它在土壤中的行程出现来回拐弯的可能性较小。

尚需说明，弹丸对介质的侵彻，影响着引信零件的受力，关系着弹丸的碰击强度，决定着爆破威力的效果。前两项在引信设计和弹丸设计中必须加以考虑，以保证它们的正常作

用；后一项与引信装定的选择有关，早炸将使弹坑很浅，迟炸可能造成"隐炸"（图3-3），破坏效果不大。

(2) 爆破作用

弹丸在目标处的爆炸，是从炸药的爆轰开始的。通常认为，引信起作用后，弹丸壳体内的炸药被瞬时引爆，产生高温、高压的爆轰产物。该爆轰产物猛烈地向四周膨胀，一方面使

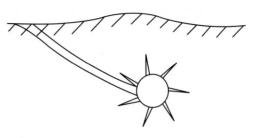

图3-3 隐炸

弹丸壳体变形、破裂，形成破片，并赋予破片以一定的速度向外飞散；另一方面，高温、高压的爆轰产物作用于周围介质或目标本身，使目标遭受破坏。

弹丸在空气中爆炸时，爆轰产物猛烈膨胀，压缩周围的空气，产生空气冲击波。空气冲击波在传播过程中将逐渐衰减，最后变为声波。空气冲击波的强度，通常用空气冲击波峰值超压（即空气冲击波峰值压强与大气压强之差）Δp_m来表征。

球形TNT炸药在空气中爆炸时，其空气冲击波峰值超压可按下式计算：

$$\Delta p_m = 0.082 \frac{\sqrt[3]{m}}{r} + 0.265 \left(\frac{\sqrt[3]{m}}{r}\right)^2 + 0.687 \left(\frac{\sqrt[3]{m}}{r}\right)^3 \quad (\text{MPa}) \qquad (3-10)$$

式中　m——炸药质量，kg；

　　　r——到爆炸中心的距离，m。

空气冲击波峰值超压越大，其破坏作用也越大。冲击波超压对目标的破坏作用如表3-3所示。

表3-3　空气冲击波对目标的破坏作用

	超压 $\Delta p_m / \times 10^4$Pa	破坏能力
对人员的杀伤	<1.96	无杀伤作用
	1.96~2.94	轻伤
	2.94~4.90	中等伤害
	4.90~9.81	重伤，甚至死亡
	>9.81	死亡
对飞机的破坏	1.95~2.94	各种飞机轻微损伤
	4.90~9.81	活塞式飞机完全破坏，喷气式飞机严重破坏
	>9.81	各种飞机完全破坏

如图3-4所示，当弹丸在岩土中爆炸时，爆轰产物强烈压缩周围的岩土介质，使其结构遭到完全破坏，岩土颗粒被压碎。整个岩土因受爆轰产物的挤压而发生径向运动，形成一个空腔，我们称之为气室或空穴。与空穴相邻的是强烈压缩区，该区域内原来的岩土结构完全被破坏和压碎。随着与爆炸中心间的距离增大，爆轰产物的能量将传给更多的介质，压缩应力迅速下降。当压缩应力值小于岩土介质的抗压强度时，岩土不再被压碎，而是基本上保持其原有的结构。但是，随着岩土介质的径向运动，介质中每一环层都将受到拉应力的作

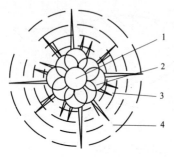

1—空穴；2—强烈压缩区；
3—破碎区；4—震撼区。

图 3-4 弹丸在岩土中爆炸

用。如果拉伸应力超过岩土的抗拉强度，则会出现从爆炸中心向外辐射的径向裂缝。由于岩土的抗拉强度远小于其抗压强度，因而在强烈压缩区之外出现了拉伸应力的破坏区，我们称之为破碎区。该区的破坏范围比前者大。在破碎区之外，压缩应力和拉伸应力已不足以使岩土结构破坏，只能产生介质质点的震动。离爆炸中心越远，震动的幅度越小，最后衰减为零，这一区域被称为震撼区。

以上所述，是弹丸在无限岩土介质中的爆炸情况。在这种情况下，强烈压缩区的半径 r_y 和破碎区半径 r_p 可分别按如下公式计算：

$$r_y = K_y \sqrt[3]{m} \text{ (m)} \tag{3-11}$$

$$r_p = K_p \sqrt[3]{m} \text{ (m)} \tag{3-12}$$

式中　K_y——压缩系数（表 3-4）；
　　　K_p——破碎系数（表 3-4）；
　　　m——炸药质量，kg。

表 3-4　岩土中的 K_y 和 K_p 值　　　　　　　　　　　$\text{m} \cdot \text{kg}^{-3}$

介质	K_y	K_p
普通土壤（植物土）	0.50	1.07
沙质黏土	0.46	0.99
坚实的黏土	0.46	0.99
新积松土	0.63	1.44
流沙	0.45	0.97
含沙质黏土及多石土壤	0.45	0.96
坚硬的黏土	0.41	0.88
无裂缝的砂岩和石灰岩	0.22	0.90
无裂缝的花岗岩或片麻岩	0.215	0.87
劣质石砌体	0.27	1.09
中等石砌体	0.25	1.04
优质石砌体	0.22	0.90
含砾石配比为 1∶3∶7 的混凝土	0.19	0.77
含砾石配比为 1∶2∶5 的钢筋混凝土	0.16	0.65
优质土泥、花岗岩石制的混凝土	0.19	0.77
沥青混凝土	0.11	0.45
含水泥砂浆砌的砖体	0.24	0.97
钢筋混凝土	—	0.39

当弹丸在有限岩土介质中爆炸时，如果弹丸与岩土表面较接近或炸药量加大，那么破碎区将逐渐接近于岩土表面。由于在岩土表面处没有外层的阻力，所以弹丸爆炸时岩土很容易向上运动，形成漏斗坑（图3-5）。图中爆炸中心到岩土自由表面的垂直距离被称为最小抵抗线，并用 h 表示。漏斗坑口部半径用 R 表示。

从爆炸时岩土运动的过程来看，在弹丸爆炸后的一段时间内，最小抵抗线 OA 处的地面首先突起，同时不断向周围扩展。上升的高度和扩展的范围随时间的增加而增加，但范围扩展到一定的程度就停止了，而高度却继续上升。在这一段时间内，漏斗坑内的岩土虽已破碎，但地面仍然保持整体向上的运动。其外形如鼓包（钟形），故被称为鼓包运动阶段（图3-6）。当地面上升到最小抵抗线高度的 1~2 倍时，鼓包顶部破裂，爆轰产物与岩土碎块一起向外飞散，此即鼓包破裂飞散阶段。此后，岩土块在空气中飞行，并在重力和空气阻力作用下落到地面，形成抛掷堆积阶段。

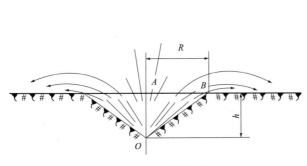

图 3-5 抛掷漏斗坑

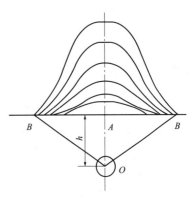

图 3-6 鼓包的运动

就鼓包运动速度来看，在最小抵抗线 OA 方向上岩土块的运动速度最大；离 OA 越远，速度越小，在 B 点（即漏斗坑边缘处）速度最小。

抛掷爆破可根据抛掷指数（$n=R/h$）的大小分为以下几种情况：

① 当 $n>1$ 时为加强抛掷爆破。此时的漏斗坑被称为加强型漏斗坑。在这种情况下，漏斗坑顶角大于 90°。

② 当 $n=1$ 时为标准抛掷爆破。此时的漏斗坑被称为标准型漏斗坑。在这种情况下，漏斗坑顶角等于 90°。

③ 当 $0.75<n<1$ 时为减弱抛掷爆破。此时的漏斗坑被称为减弱型漏斗坑。在这种情况下，漏斗坑倾角小于 90°。

④ 当 $n<0.75$ 时为松动爆破。此时没有岩土抛掷现象，不形成漏斗坑。这种情况下的爆破被称为隐炸。

大量的实验研究表明，抛掷漏斗坑的尺寸与炸药质量、炸药性能、爆破深度和岩土性质有关。漏斗坑的体积 V 可以用式（3-13）表达：

$$V=\alpha n^2 h^3 \tag{3-13}$$

式中 α ——决定漏斗坑体积的系数。

当 $n=2$~2.25 时，$\alpha=1.16$；$n=1$~1.5 时，$\alpha=1.52$。

漏斗坑的体积与漏斗坑的类型有关。从爆破效果来说，有一最有利的爆破深度存在。这

样,弹丸就应侵彻到最有利的爆破深度爆炸,以获得最好的爆破效果。最有利的爆破深度可按式(3-14)计算:

$$h = \left(\frac{m}{K_c}\right)^{\frac{3}{2}} \text{ (m)} \quad (3-14)$$

式中　m——炸药质量,kg;
　　　K_c——与岩土特性有关的系数,其中对一般土壤可取为0.7～1.0,对混凝土或岩石可取为3.0～5.0。

(3) 杀伤作用

当弹丸爆炸时,弹体将形成许多具有一定动能的破片。这些破片主要是用来杀伤敌方的有生力量(人员或马匹等),但也可以用来毁伤敌方的器材和设备等。从破片的主要作用出发,通常把破片对目标的作用称为榴弹的杀伤作用。弹丸爆炸后,破片经过空间飞行到达目标表面,进而撞击人体的效应属于"终点弹道学"的范畴,而穿入人体后的致伤效应与致伤原理则属于"创伤弹道学"的研究对象。随着科学技术的发展,杀伤破片和杀伤元素(如钢珠、钢箭等)的应用发展很快,创伤弹道的理论和实验也有所发展,这对认识和提高榴弹的杀伤作用很有帮助。

破片侵入人体后,一方面是向前运动,造成人体组织被穿透、断离或撕裂,从而形成伤道。当破片动能较大时,破片可产生贯穿伤;当破片动能较小时,破片可留于人体内而形成盲伤。有时速度较大的破片遇到密度大的脏器(如骨骼等)时还可能发生拐弯,或者将其击碎,从而形成二次破片,引起软组织的广泛损伤。另一方面,由于冲击压力的作用,它将迫使伤道周围的组织迅速向四周位移,形成暂时性的空腔(其最大直径可比原伤道大几倍或几十倍),从而造成软组织的挤压、移位挫伤或粉碎性骨折等。

破片致伤的伤情既取决于破片本身的致伤力,又与所伤组织或脏器的部位和结构有关。破片本身的致伤力,包括破片动能、质量、速度、形状、体积和运动稳定性等,其中以速度最为重要。由于在动能相同的条件下,质量轻而速度高的破片,其能量释放快,致伤效果好,因而国外对破片多控制在1g以下。

对有生力量的杀伤,目前我国已有一个较为可靠的致死或致伤的能量标准,而常使用的标准是78.48 J。日本根据过去的实战统计和大量的动物实验,对人和马提出了如表3-5所示的杀伤标准。

表3-5　对人、马的杀伤标准

目标及部位	致伤情况	破片动能/J
人肌肉	创伤	>53.36
马肌肉	创伤	>98.10
人骨部	创伤	>58.86
马骨部	创伤	>166.77
人骨部	完全破碎	>196.20
马骨部	完全破碎	>343.35

弹丸破片的形成过程是极为复杂的,影响因素有很多,欲从理论上对此进行充分的描述尚有困难。目前,主要还是借助于实验的方法进行研究和分析。

如图 3-7 所示，当引信引爆后，炸药的爆轰将以波的形式（爆轰波）自口部向右传播。紧跟在爆轰波后面的是由于弹体变形等而产生的稀疏波。爆轰波以 10^{10} Pa 的压力冲击弹体，在冲击点 I 处压力最大，稀疏波所到之处压力急速下降。当爆轰波达到弹底时，弹丸内装的炸药全部爆轰完毕。弹体在爆轰产物的作用下，从冲击点开始，沿内表面产生塑性变形，同时弹体迅速向外膨胀。弹体出现裂缝后，爆轰产物即从裂缝向外流动，作用于弹体内表面的压力急速下降。弹体裂缝全部形成后，即以破片的形式以一定的速度向四周飞散。

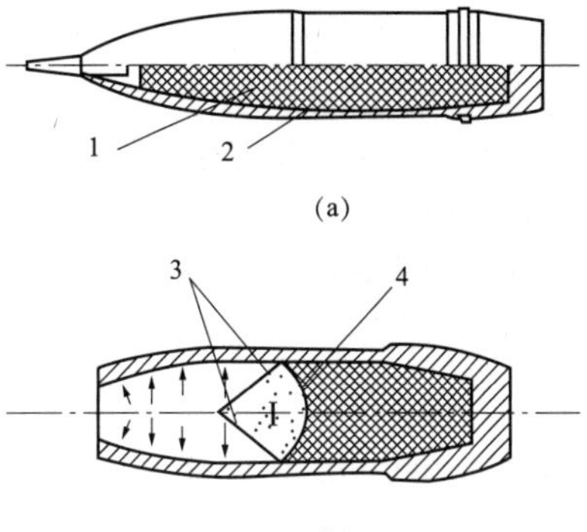

1—炸药；2—弹体；3—稀疏波；4—爆轰波。

图 3-7 弹丸爆炸过程示意

（a）爆炸前；（b）爆炸过程中

弹丸由起爆到炸药爆轰结束所经历的时间，同弹体由开始变形到全部破裂成破片所经历的时间相比是很短的，约为后者的 1/4。例如，122 mm 榴弹由起爆到炸药爆轰结束约需 60 μs，而弹体由塑性变形到全部形成破片则需 250 μs 左右。但对于很长的弹体来说，在炸药尚未爆轰结束时，弹体的起爆端就可能发生破裂，从而影响杀伤破片的形成。在这种情况下，应当对传爆系列采取措施，尽量避免上述情况的出现。

弹丸爆炸后，生成的破片是不均匀的，其中圆柱部产生的破片数量最多，占 70% 左右。图 3-8 所示为弹丸在静止引爆下破片的飞散情况。由于破片主要产生在圆柱部，所以弹丸落角的不同，将会影响杀伤破片的分布。若弹丸垂直爆炸，则破片分布近似为圆形，具有较大的杀伤面积；若弹丸爆炸时具有一定的倾角，则只有两侧的破片被有效地利用，而上下方的破片则飞向天空和土中，因此破片的有效杀伤区域近似为一矩形，面积较小（图 3-9）。

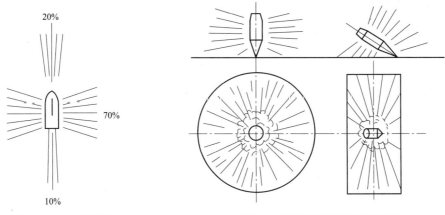

图 3-8 破片的飞散　　　图 3-9 落角不同时的杀伤范围

由于弹体在膨胀过程中获得了很高的变形速度，故破片具有很高的速度，而且当破片向外飞散时，由于爆轰产物的作用，破片还略有加速。但破片所受的空气阻力很快与爆轰产物的作用相平衡，此时破片速度达到最大值，我们称其为破片初速 v_0。破片初速与弹体材料、炸药性能和质量有关，一般为 600~1 000 m/s。

不难理解，离弹丸爆炸点越远，破片的密度越小，速度越小，目标被杀伤的可能性也越小。

当目标为战壕内的步兵时,若用着发射击,破片向四周飞散,往往不能实施有效的杀伤(图3-10)。为了杀伤这类目标,可以采用小射角的跳弹射击。射角小,弹丸的落角也小,一般当落角小于20°时,弹丸就会在地面上滑过一条沟而跳飞起来在空中爆炸,从而杀伤隐蔽在战壕中的敌人(图3-11)。实施跳弹射击时,引信应当装定为延期。跳弹射击的有利炸高,对122 mm榴弹为5~10 m。一般来说,弹丸在空中爆炸可以使杀伤作用提高一倍以上,而且声音响,对敌人的震撼作用大。但是对于头部强度不足的弹丸,不能采用跳弹射击。地面榴弹配用时间引信或非触发引信来实施空炸射击时,不仅不受地形的限制,而且杀伤威力更大。

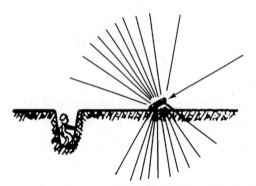

图3-10 对战壕内的步兵无法实施有效的杀伤

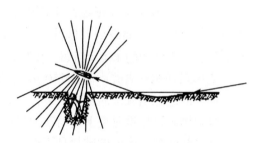

图3-11 跳弹射击时的杀伤情况

杀伤弹爆炸后在空间构成一个立体杀伤区。其大小、形状由弹丸的破片飞散角、方位角和杀伤半径限定。有效杀伤半径随目标的易损性不同而不同。

弹体在爆炸后形成的破片总数N及其按质量的分布规律,是衡量弹体破碎程度的标志,同时也是计算弹丸杀伤作用的重要依据。用理论方法预先估计弹丸爆炸后产生的破片总数及质量分布是一个十分困难的问题,至今尚未得到解决。在工程计算中,常用如下的经验公式计算1 g以上的破片总数N:

$$N = 3\,200\sqrt{M} \cdot \alpha(1-\alpha) \tag{3-15}$$

式中　M——弹体金属与炸药质量之和,kg;
　　　α——炸药装填系数(即$\alpha = m/M$)。
此式适用于壳体壁厚较大的弹丸和战斗部。

对于壳体壁厚较薄、装填TNT炸药的弹丸或战斗部,可以应用下述公式来近似估算破片数:

$$N = 4.3\pi\left(\frac{1}{2} + \frac{r}{\delta}\right)\frac{l}{\delta} \tag{3-16}$$

式中　r——壳体内半径,mm;
　　　l——壳体长度,mm;
　　　δ——壳体厚度,mm。
破片平均质量估计值的表达式:

$$\overline{m_f} = k\frac{m_s}{N} \tag{3-17}$$

式中 m_s——金属壳体的质量,g;
   k——壳体质量损失系数,其值在 0.80~0.85。

一般钢质整体式壳体在充分破裂后所形成的破片,大致为长方形,其长、宽、厚尺寸的比例大约为 5∶2∶1。破片质量分布规律的经验公式为:

$$m_i = m_s(1 - e^{-Bm_{fi}^\alpha}) \tag{3-18}$$

式中 m_i——质量小于或等于 m_{fi} 的破片总质量,g;
   m_{fi}——大于 1 g 的任一破片质量,g;
   B,α——取决于壳体材料的常数,其中对于钢材料分别为 0.045 4 和 0.8。

预制破片和预控破片都是靠爆炸驱动抛射的。预制破片弹丸在爆炸后其破片总质量仅损失 10% 左右,所要求的破片速度越高,质量损失越大;而预控破片弹丸爆炸后的质量损失在 10%~15%。

此外,破片初速 v_0 也是衡量弹丸杀伤作用的重要参数。对于圆柱形弹体,其破片初速可用如下公式进行计算:

$$v_0 = \sqrt{2E}\sqrt{\frac{m}{M + \dfrac{m}{2}}} \tag{3-19}$$

式中 E——单位质量炸药的能量,kJ;
   m——炸药质量,kg;
   M——弹体质量,kg。

(4) 燃烧作用

榴弹的燃烧作用是指弹丸利用炸药爆炸时产生的高温爆轰产物对目标的引燃作用。其作用效果主要根据目标的易燃程度以及炸药的成分而定。在炸药中含有铝粉、镁粉或锆粉等成分时,爆炸时具有较强的纵火作用。

3.2.3 榴弹的结构特点

上一节分别讨论了榴弹的侵彻作用、爆破作用、杀伤作用和燃烧作用。对于不同的目标,往往采用不同的弹种和作用机理。弹种和作用机理的不同,又必然带来弹丸在结构上的差别。这些差异主要反映在弹丸结构的几个特征数上:弹丸相对质量 c_m,炸药装填系数 α,弹体壁厚 δ 和炸药相对质量 c_ω。对榴弹的大量统计表明,上述特征数大致在表 3-6 所给出数据范围内变化。

表 3-6 榴弹结构特征数值

弹 种			δ	α/%	c_m/(kg·dm^{-3})	c_ω/(kg·dm^{-3})
爆破榴弹			(0.10~0.17)d	10~24	8~15	1.9~3.0
杀伤榴弹	地面	小口径	(0.12~0.25)d	5~10	14~24	1.0~1.5
		中口径	(0.15~0.20)d	7~14	11~16	1.0~1.65
	高射	小口径	(0.12~0.25)d	3.5~8	12~8	0.5~1.4
		中、大口径	(0.15~0.25)d	6~10	12~15	0.8~1.3
杀伤爆破榴弹			(0.12~0.21)d	9~16	11~16	1.3~3.2

为便于说明问题，首先介绍榴弹的外部形状和内部形状，以使读者对榴弹全貌有一个概略认识。随后，再分别对地面榴弹和高射榴弹的结构特点做一简略说明。

（1）榴弹的外部形状

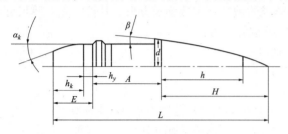

图 3-12　榴弹的外形尺寸

形状是通过尺寸来描述的。图 3-12 给出了榴弹的外形尺寸。这些尺寸对弹丸的飞行特性和威力都有直接的影响。图中各尺寸符号的意义：d 为弹丸直径（弹径），L 为弹丸全长，h 为弹体头部长度，H 为弹头部长度，β 为弹头部母线与圆柱部的连接角，A 为圆柱部长度，E 为弹尾部长度，h_y 为弹尾圆柱部长度，h_k 为弹尾圆锥部长度，α_k 为尾锥倾角。

在上述尺寸中，弹径 d、弹丸全长 L、弹头部长度 H、圆柱部长度 A 及弹尾部长度 E 是决定弹丸结构布局的基本尺寸，而其他尺寸则进一步描述了弹丸的外形特点。

弹丸全长 L 是在已知弹丸质量后确定的，它直接影响着弹丸所受的阻力、飞行稳定性、威力和弹体的强度。在弹径一定的情况下，增大弹丸长度，即增大弹体的长径比，对减小弹丸所受的空气阻力有利。对普通旋转弹丸来说，其最大长径比一般不超过 5.5 倍弹径。从威力上考虑，弹长增大，有利于弹丸威力的提高。但从发射强度上看，当弹丸质量一定时，弹丸长度增大，势必引起弹体壁厚的减小，使强度降低。此外，弹丸长度还影响着弹丸的工艺性、运输和装填条件等。这也是在确定弹丸长度时所应当考虑的。

弹头部的形状与尺寸对迎面空气阻力有着直接影响。在超声速情况下，头部波阻占总阻的很大部分。弹头部长度越大、形状越尖锐，其阻力值就越小。因此，增大弹头部长度可使弹形系数 i 降低。但是，当弹头部过分增长时，其弹形系数的变化并不显著。从弹丸在膛内的运动情况来看，当弹丸长度一定时，弹头部长度增大必将使圆柱部长度减小，这将恶化弹丸在膛内的定心性能，从而影响弹丸的飞行稳定性和射击精度。对普通榴弹来说，弹头部长度一般不超过 3.5 倍弹径。在不同初速下，弹头部长度的经验值见表 3-7。

当弹丸采用弹头引信时，弹丸顶部的形状将由引信外形决定。一般来说，在超声速情况下，尖锐形弹顶可以减小阻力；而在亚声速情况下，弹顶的形状影响不大。不过，在弹丸章动角较大时，在尖锐弹顶的侧面将出现涡流，因而应尽量避免尖锐形顶部。实际上，为了加工和勤务处理上的方便，常将弹顶制作成小圆顶或不大的小平顶。圆顶或平顶的尺寸可按下列经验值选取（图 3-13）。

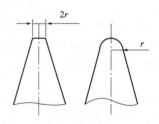

图 3-13　弹顶形状

表 3-7　具有最小阻力的弹头部长度

初速 $v_0/(\text{m}\cdot\text{s}^{-1})$	弹头部相对长度 H
≥800	$(3.2\sim3.5)\,d$
600~800	$(3.0\sim3.2)\,d$
500~600	$(2.5\sim3.0)\,d$

续表

初速 $v_0/(\mathrm{m\cdot s^{-1}})$	弹头部相对长度 H
400~500	(2.0~2.5) d
300~400	(1.5~2.0) d
<300	1.5 d

当 $v_0 \leq 600$ m/s 时，圆角 $r = (0.07 \sim 0.08) d$ 或平顶 $2r = 0.15 d$。

当 $v_0 > 600$ m/s 时，对于大口径，圆角 $r = 5$ mm 或平顶 $2r = 5 \sim 10$ mm。

弹头部是一旋成体，其旋成体母线既可以是直线、圆弧、抛物线、椭圆线和指数曲线等，也可以是这些曲线的组合。从空气动力学的观点来看，在不同的速度下，将有不同的最有利的母线形状。该旋成体母线既可以同圆柱段母线平滑相切，也可以在连接处具有一不大的折转角。

圆柱部长度 A，是指上定心部至弹带之间的距离。在一般情况下，它为弹丸在膛内的导引部长度。该尺寸的大小，对弹丸在膛内的运动有着决定性的影响。圆柱部长，弹丸定心情况就好，可以减小弹丸出炮口时的章动角，从而使射击精度提高。此外，圆柱部越长，弹丸内装药量就越多，弹丸的威力也就越大。但是，从空气动力学观点看，圆柱部增长，弹丸所受的摩擦阻力增加；圆柱部过短，也将因初始章动角的增大而导致阻力的增加。因而，在一定的射击条件下，有一使空气阻力最小的圆柱部长度。一般来说，榴弹的圆柱部长度大致为 $(1.1 \sim 3.0) d$。

弹带一般用紫铜制成，嵌在弹体的弹带槽里。目前广泛采用的弹带槽有矩形弹带槽和燕尾形弹带槽两种形式（图3-14）。为使弹带固定牢固，避免出现弹带与弹体之间的滑动，一般在弹带槽的底部压有滚花，以增加摩擦力。

图 3-14 弹带槽形式
（a）矩形弹带槽；（b）燕尾形弹带槽

弹带的形状多种多样，但为了使弹带容易嵌入膛线，对弹丸起到良好的定心作用并使弹丸减小飞行中的阻力，故常把弹带的前端面做成与弹轴成 14°~40°的斜面。为了存留嵌入坡膛时挤下的积铜，常把后端面做成与弹轴成 45°的斜面或倒成圆角。对于定装式炮弹还必须在弹带后面留下一小平面，以便支住药筒口（图3-15）。弹带的宽度取决于其强度条件。常见的弹带宽度：小口径为 10 mm，中口径为 15 mm，大口径为 25 mm。如果强度不够，则可以将弹带做成 2 条，甚至 3 条。为了解决弹带的闭气问题，其直径应比火炮口径微大。该值被称为弹带强制量。

最简单的弹尾部形状是圆柱形。虽然这种形状加工

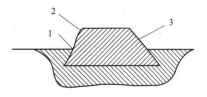

1—药筒支撑面；2—后斜面；3—前斜面。
图 3-15 弹带形状

起来简单、容易,但是其尾部阻力较大。一般来说,最好的弹尾部形状应当是适于弹尾空气环流形状的船尾形,因为这种形状可以减小尾部的涡流阻力。由于空气流线的形状与弹速有关,因而在不同速度下最好的船尾部尺寸也不相同(表 3-8)。

表 3-8 弹尾部形状及尺寸

初速 $v_0/(\text{m} \cdot \text{s}^{-1})$	弹尾部长度 E	弹尾圆柱部长度 h_y	弹尾圆锥部长度 h_k	尾锥角 $\alpha_k/(°)$
<300	圆柱形			
300	1.10 d	0.1 d	1.0 d	9
500	0.95 d	0.15 d	0.80 d	9
700	0.80 d	0.20 d	0.60 d	6
900	0.60 d	0.25 d	0.35 d	6
>900	圆柱形			

由表 3-8 可知,当初速较小 ($v_0 < 300$ m/s) 时,虽然弹尾部的形状和尺寸对整个弹丸所受的空气阻力有较大的意义,但由于阻力的绝对值较小,故可采用最简单的圆柱形外形;而当初速较高 ($v_0 > 900$ m/s) 时,也将采用圆柱形尾部。这是因为在高速情况下,弹丸所受的空气阻力中波动阻力所占的分量较大,而且依靠改变尾部形状来减小底部阻力也无多大效果,因而仍然采用简单的圆柱形尾部。

对于定装式弹药,为了保证弹丸与药筒的连接可靠,弹丸的弹尾圆柱部长度至少应有 $(0.25 \sim 0.50) d$,有时还需在弹尾圆柱部加工 1~2 个紧口沟槽。

此外,在进行配弹设计时,为了采用制式发射药,在确定弹尾部尺寸时还必须考虑到使其保持原来的装填密度。

(2) 榴弹的内部形状

图 3-16 描述了弹丸的内部(内腔)尺寸。其中各符号的意义:L_k 为内腔长度,H_k 为内腔弧形部长度,ρ_k 为内腔弧形部母线半径,a_k 与 b_k 为母线半径的中心坐标,h_{kk} 为内腔锥部长度,d_B 为内腔圆柱部直径,h_B 为平均弹壁厚度(一般按圆柱处的壁厚计算),d_D 为内腔底部直径,h_D 为底部厚度。

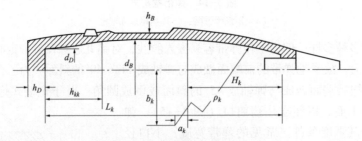

图 3-16 榴弹的内部尺寸

在弹丸外部尺寸已经确定的条件下,内腔的形状与尺寸决定了弹丸的炸药装药量以及弹丸的质量和质量分布,因此,也就影响着弹丸的膛内运动和在空气中的飞行特性。此外,内腔尺寸也决定了弹体的壁厚和底厚,所以也影响着弹丸的发射强度。一般来说,榴弹的内腔形状有圆柱形(带有不大的锥度)或锥形、柱形或弧形的组合形式。

从弹丸威力考虑,以爆破作用为主的榴弹应当多装炸药,为此必须加大内腔的容积。而为了保证其发射强度，常常从等强度壁厚的角度去确定内腔形状。以杀伤作用为主的榴弹，为了产生更多的杀伤破片，其内腔形状常常从等壁厚角度去确定。从弹丸在膛内的运动条件考虑，弹丸的质量中心应当尽可能位于弹带处。从加工工艺性考虑，弹丸的内腔形状应当与炸药的装填方法相适应。例如，以压装法为主的小口径榴弹，其内腔形状常做成柱形。为了便于机械加工，在内腔中应尽量避免阶梯形突变，而且在线段衔接处采用圆弧过渡。

榴弹的壁厚与威力密切相关，不同类型的榴弹，其壁厚不同。因而，常用壁厚作为表征弹丸结构的一个特征数。爆破榴弹的壁厚完全取决于发射强度。为使炸药量增加，常在保证发射强度的前提下选取最小壁厚。在发射时，由于弹底的受力最大，因而底部也最厚，而其他部位则按等强度原则向头部方向逐渐减薄，其平均厚度大致为 $(1/10\sim1/8)\,d$。杀伤榴弹的壁厚选取，除应保证发射强度外，还应得到最好的破片性能。因此，壁厚的选取应与弹体材料和炸药性能相匹配。一般来说，炸药的猛度高，或弹体的材料较脆，壁厚应当厚些；反之，壁厚应薄些。通常，杀伤榴弹的平均壁厚为 $(1/6\sim1/4)\,d$。杀伤爆破榴弹的壁厚常在爆破和杀伤榴弹之间选取，一般为 $(1/8\sim1/5)\,d$。

（3）地面榴弹的结构特点

① 爆破榴弹。爆破榴弹的主要用途是破坏土木结构的野战工事（如指挥所和观察所）、钢丝网和布雷区；有时也和混凝土破坏弹共同使用，对永久性工事进行摧毁；必要时也可对有生力量或坦克、步兵战车等目标进行射击。

爆破榴弹的特点是炸药量多，且炸药的猛度大。一般来说，爆破弹只有配备在大口径火炮上才能发挥较大的作用。

图 3-17 给出了几种爆破榴弹的示意图。其中图 3-17（a）是近程爆破榴弹，而图 3-17（b）则是远程爆破榴弹。对近程爆破榴弹来说，其头部一般较短，为 $(1.3\sim1.7)\,d$，圆柱

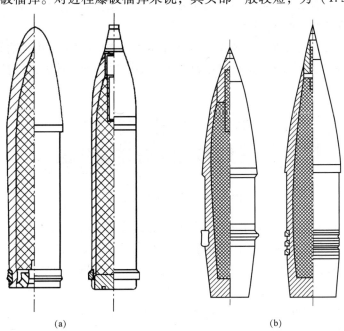

图 3-17 爆破榴弹

（a）近程爆破榴弹；（b）远程爆破榴弹

部较长，有的可达 $3.2\,d$。为了获得较大的炸药装填并保证发射强度，一般将弹带设置在弹底附近。这种结构的弹丸不可能获得较远的射程。对远程爆破榴弹来说，其头部一般较长（约为 $2.6\,d$），圆柱部较短（约为 $1.3\,d$），弹尾部也较长。可见，远程爆破榴弹的射程增加是靠牺牲威力而得到的。

为便于装填炸药，弹体结构有头螺式、底螺式和整体式 3 种类型。对于头螺式爆破榴弹，必须注意保证碰击强度。对于底螺式爆破榴弹，必须注意密封，绝对保证发射时的安全。爆破榴弹的弹体材料，一般均采用合金钢并进行热处理。

配用于爆破榴弹上的引信，一般具有 2 种或 3 种装定。只有当爆破弹代替杀伤弹使用时，才用瞬时装定。弹底引信多在大口径榴弹上使用，有时为了保证大口径爆破榴弹的完全爆炸和不失效，会同时采用弹头和弹底两种引信。

为了提高爆破榴弹的威力，增加弹丸质量是有效的，但对旋转稳定弹丸来说，则要受到飞行稳定性的限制。虽然尾翼稳定不受此限制，但弹丸的射击精度将会下降。

由于爆破榴弹只有直接命中目标才能有效地发挥其威力，因此要求其密集度较高。对大口径爆破榴弹来说，要求其 $E_x/X = 1/300 \sim 1/250$。目前，在国内外的地面榴弹中，单纯的爆破榴弹已不多见，一般都具有杀伤和爆破两种作用。

② 杀伤榴弹。杀伤榴弹主要用来杀伤暴露的和轻型掩体内的有生力量及器材，也用来在布雷区和铁丝网区开辟道路，以及破坏轻型野战工事，必要时也可对坦克、步兵战车等目标进行射击。

杀伤和破坏这类目标，主要依靠弹丸爆炸后形成的破片。使目标失去战斗力的破片通常被称为杀伤破片。为了达到良好的杀伤效果，既要求杀伤破片多，又要求杀伤面积大，因而在结构上杀伤榴弹的弹壁较厚。

由于杀伤榴弹不需要直接命中目标就可获得良好的杀伤效果，因而对杀伤榴弹的密集度要求可略低于爆破榴弹，即 $E_x/X = 1/190 \sim 1/120$。

一般杀伤榴弹均为钢质弹体，装填 TNT 或 B 炸药，配用瞬发、短延期和近炸引信。

图 3-18 所示是配用于 57 mm 反坦克炮的杀伤榴弹示意图。该炮虽已被淘汰，但该弹在结构上有其特点。

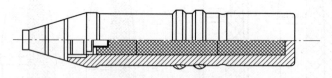

图 3-18 57 mm 杀伤榴弹

该弹在设计上的着眼点是杀伤威力。由于其射程要求不高，故该弹在外形上采用棒状，弹头部很短并呈截锥形，圆柱部和弹尾部较长（伸入药筒较长）；其内腔为直圆柱形。这种结构的弹壁较厚，弹丸质量也大，因此可提高杀伤威力。该弹由于采用等壁厚弹体，且形状简单，加之采用柱形 TNT 块状装药，因而便于生产。

图 3-19 所示是 85 mm 杀伤榴弹示意图。该弹的主要诸元见表 3-9。该弹在设计上综合考虑了射程及威力要求。

表 3-9　85 mm 杀伤榴弹主要诸元

弹丸质量/kg	9.54	初速/(m·s^{-1})	793
最大射程/m	15 650	膛压/Pa	2.55×10^8
配用引信	榴-3		

③ 杀伤爆破榴弹。杀伤爆破榴弹是介于上述两弹种之间的弹种。它同时具有杀伤和爆破两种作用。虽然从威力上看，这种弹的爆破作用不如同口径的爆破弹，杀伤作用不如同口径的杀伤弹，但是，它综合了两种作用，并具有简化生产和供应的优点，故已广泛配用于中口径以上的火炮上。

对于杀伤爆破榴弹来说，同时获得大的爆破效果和大的杀伤效果是不可能的，只能针对给定的口径和战斗任务保证其主要方面的实现。在一般情况下，小口径杀伤爆破榴弹是以杀伤作用为主、爆破作用为辅；而大口径杀伤爆破榴弹则是以爆破作用为主、杀伤作用为辅。

一般来说，杀伤爆破榴弹的弹体厚度比同口径的杀伤榴弹薄、比爆破榴弹厚；装药比同口径的杀伤榴弹多、比爆破榴弹少。其密集度要求为 $E_x/X=1/200\sim1/170$。杀伤爆破榴弹的弹体材料一般为钢质，装填 TNT 或 B 炸药。为了对付不同的目标，杀伤爆破榴弹一般配用具有瞬发、短延期和延期装定的弹头着发引信。

图 3-20 所示是 122 mm 杀伤爆破榴弹示意图。该弹主要用于杀伤敌人的有生力量，破坏敌人的野战工事，压制敌人的炮兵，以及在雷区开辟道路等。该弹的主要诸元见表 3-10。

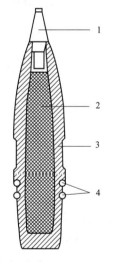

1—引信；2—炸药；3—弹体；4—弹带。

图 3-19　85 mm 杀伤榴弹

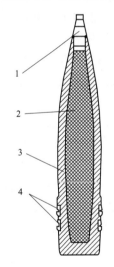

1—引信；2—炸药；3—弹体；4—弹带。

图 3-20　122 mm 杀伤爆破榴弹

表 3-10　122 mm 杀伤爆破榴弹主要诸元

弹丸质量/kg	27.3	平均膛压/Pa	3.15×10^8
最大射程（全装药）/m	24 000	初速（全装药）/(m·s^{-1})	885
最大射程（减装药）/m	20 310	初速（减装药）/(m·s^{-1})	770

为了减小空气阻力，该弹的弹头部母线采用了抛物线形，其头部高度约为 3.2 d。

该弹采用了两条弹带,以满足强度要求。此外,在后面的弹带上尚有一凸起部。采用这种结构是为了提高火炮的寿命。一般弹带是通过前斜面与炮膛起始部接触进行定位的。而火炮膛线的起始部最容易被高温火药气体烧蚀,从而引起弹丸装填定位的不准确,致使药室容积增大、初速减小。带有凸起部的弹带则通过凸起与坡膛接触而定位,从而提高火炮的寿命(图3-21)。

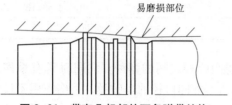

图 3-21 带有凸起部的两条弹带结构

图 3-22 所示是 100 mm 滑膛炮杀伤爆破榴弹示意图。该弹的主要诸元见表 3-11。

表 3-11 100 mm 滑膛炮杀伤爆破榴弹主要诸元

弹丸质量/kg	15	初速/(m·s⁻¹)	900
最大射程/m	15 000	平均膛压/Pa	3×10^8

由于该弹配用于滑膛炮,故只能采用尾翼稳定方式。该弹采用了气缸式张开尾翼结构。尾翼在膛内是收拢的,出炮口以后在气室内的火药气体压力作用下,推动活塞,使尾翼张开。活塞上有两个小孔,膛内火药气体经这两个小气孔进入气室。活塞后部装有曳光管,用以观察弹道。尾翼上铣有单面斜角,供弹丸在弹道上产生低速旋转,以改善其密集度。

这种尾翼结构的优点是翼片张开迅速,同时性好,但其结构比较复杂,尾翼张开时有较大的冲击力。为了密闭火药气体,该弹在弹底处配有弹带。

(4)高射榴弹的结构特点

高射榴弹主要用于毁伤敌方的飞机、导弹等空中目标。这类目标的特点是飞行速度快。一般来说,对这类目标进行射击,小口径高射榴弹靠直接命中,中、大口径高射榴弹靠弹丸破片。为了提高高射榴弹毁伤目标的机会,常要求高射炮反应快、射速高、威力大。这是因为目标飞过高射炮对空射界的时间很短,只有提高射速才能在有限的时间内发射更多的炮弹,以增加毁伤机会。此外,还要求高射榴弹的初速高。这是因为提高初速可以增加射高,减少弹丸在空中的飞行时间。射高增加,必然提高弹丸的射击范围。减少弹丸命中目标的飞行时间,必然提高弹丸的直接命中率。一般来说,对运动目标进行射击,在瞄准时总应瞄准目标的前方,即有一个提前量。弹丸速度低,飞行时间长,提前量也大,命中目标的可能性就小。

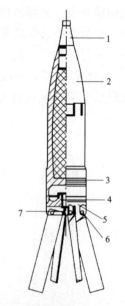

1—引信;2—战斗部;3—弹带;4—活塞;
5—尾翼座;6—销轴;7—曳光管。

图 3-22 100 mm 滑膛炮杀伤爆破榴弹

① 37 mm 高射榴弹。一般高射榴弹的引信都有自炸机构,以免落在自己的阵地上造成伤亡。图 3-23 所示是 37 mm 高射榴弹。该弹的主要诸元见表 3-12。

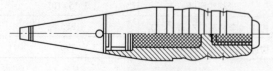

图 3-23 37 mm 高射榴弹

表 3-12　37 mm 高射榴弹主要诸元

弹丸质量/kg	0.732	初速/(m·s^{-1})	866
炸药质量/kg	0.036	有效射高/m	3 000
最大射高/m	6 700	平均膛压/Pa	≤2.8×10^8
曳光时间/s	6		

为了保证弹丸与药筒结合后不松动，该弹在弹体上设有两条滚口槽，其拔弹力大于 7 848 N。在一般情况下，小口径弹丸的弹带均采用环形毛坯，收压在弹带槽中。该弹带槽无燕尾，是一个直槽。

该弹丸内装钝黑铝炸药，其成分为 80% 钝化黑索今和 20% 铝粉。这种炸药威力较大，且有一定的燃烧作用。

② 100 mm 高射榴弹。图 3-24 所示是 100 mm 高射榴弹。该弹的主要诸元见表 3-13。

表 3-13　100 mm 高射榴弹主要诸元

弹丸质量/kg	15.6	初速/(m·s^{-1})	900
炸药质量/kg	1.23	平均膛压/Pa	3×10^8
最大射高/m	14 000	有效射高/m	12 000

100 mm 高射榴弹是利用时间引信在预定的空间爆炸，产生大量的破片，形成一个杀伤空域，使在这个空域中的目标遭到毁伤。这种方式增加了命中目标的机会。该弹在炸药底部装有烟火强化剂，目的是便于观察炸点。

由于 100 mm 高射炮的初速大、膛压高，所以火炮寿命受到影响的问题较为严重。为了提高火炮寿命，在弹带上同样采用了凸起结构。但是，这个凸起不是放在后面，而是设置在前面的弹带上。这是考虑弹体与药筒连接上的需要而确定的（图 3-25）。

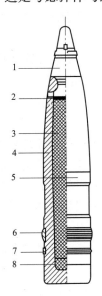

1—引信；2—驻销；3—炸药；4—弹体；
5—定心轴；6—弹带；7—支撑弹带；8—烟火强化剂。

图 3-24　100 mm 高射榴弹

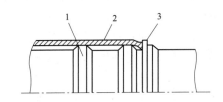

1—支撑弹带；2—药筒；3—凸起部。

图 3-25　凸起弹带结构的作用

该弹是利用破片来毁伤空中目标的,因为毁伤飞机等所需要的破片动能要比杀伤人员大得多(一般需要 980~1 962 J),因而弹丸的壁厚较大,使得破片质量增加。

3.3 远射程榴弹

3.3.1 概述

现代高技术条件下作战的特点之一是实现对目标的远程精确打击和高效毁伤,装备远程弹药就可以获得战场的火力优势。因此,提高弹药射程一直是弹药技术中的主要要求之一。

从 20 世纪 60 年代起,国外中、大口径火炮弹丸的最大射程提高很快。从西方国家配备于师级 155 mm 榴弹炮弹丸的射程看,在 20 世纪 30—50 年代一直保持在 15 km 以下的水平,到 20 世纪 60 年代提高到接近 20 km,到了 20 世纪 70 年代接近甚至超过了 30 km。目前,有些弹丸的射程已达到 70 km。综合国内外的增程方法,炮弹增程的途径可概括为三大方面:一是从发射平台考虑增大射程,即所谓武器法,实质上是提高初速;二是从弹上考虑,即外弹道法,实质上为减阻法和增速法;三是复合增程法,即各种增程方法的综合应用。以身管长 52 倍口径的 155 mm 火炮为例,采用目前的发射药,各种技术的增程效果明显不一样,可能达到的最大射程为:弹形减阻为 30~35 km;底部排气增程或火箭增程均为 40~45 km;底部排气/火箭发动机复合增程为 45~50 km;冲压发动机增程为 50~70 km。

(1) 提高初速法

提高初速法的技术又可分为 3 种:改善现有发射技术的性能、随行装药技术、液体发射药技术和冲压增速技术,以及新型发射技术。

改善现有发射技术的性能,主要从改进火药的性能、改变装药结构和改变火炮参数 3 方面入手,而通过改变火炮参数来实现增程目的的方法主要有提高膛压、加长身管和扩大药室容积。高膛压火炮推进技术,主要是通过增加火药装填密度,将火炮膛压由原来的 200~300 MPa 增加到 400~700 MPa,以达到增加弹丸初速的目的;火炮身管加长,可以使弹丸在膛内运动时间增加,火药气体压力作用时间加长,因此可以使得初速提高。例如,155 mm 榴弹炮采取了该措施后,弹丸的初速由原来的 600 m/s 左右提高到了 800 m/s 以上,甚至达到了 910 m/s。

随行装药技术、液体发射药技术和冲压增速技术是运用 3 种不同原理来提高弹丸初速的推进技术。随行装药技术是在弹丸底部携带一定量的火药,并使之随弹丸一起运动。其作用原理是随行装药在弹丸运动过程中始终在弹底燃烧,从而在弹底部形成一个较高的、近似恒定的压力,推动弹丸向前加速运动。液体发射药技术,是一种利用液体燃料为能源,通过将液体发射药从储箱直接打入药室进行燃烧反应,产生高温、高压气体,推进弹丸加速运动。冲压增速技术,是在炮弹上安装冲压喷气发动机,直接燃烧喷气,推动弹丸高速运动。

新型发射技术,包括电磁推进、电热推进和电热化学推进 3 种。电磁推进技术,是把电能通过某种方式转换为电磁能,以洛伦兹力将弹丸从膛内加速发射出去,使弹丸获得超高速;电热推进技术,是利用电能作为全部或部分能源,通过电能加热工质产生等离子体而推进弹丸高速运动;电热化学推进技术是利用电能转变为热能使推进剂燃烧,产生高温、高压气体,推动弹丸,以获得高速。

（2）外弹道法

外弹道法，也即增速减阻法，主要分为3种技术：改变弹丸结构减阻、外部加能加质减阻，以及滑翔增程。

改变弹丸结构减阻的方法，主要包括：弹形减阻，如减小波阻、底阻等（其具体方法如图3-26所示）；姿态减阻，如减小初始扰动、动力平衡角等；减小阻力加速度，如通过采用次口径的方法实现；空心弹减阻。

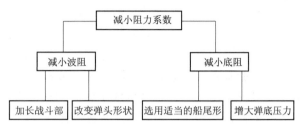

图3-26 减小阻力系数的方法

外部加能加质减阻包括火箭增程、冲压增程和底排增程等方法。所谓火箭增程，是在弹丸上加装一个火箭发动机。该火箭发动机在弹丸飞出炮口后一定距离处点燃，从而在弹道上产生推力，增加射程。这种弹药被称为火箭增程弹。所谓冲压增程，是在弹丸上安装冲压喷气发动机，通过高速迎面气流冲入进气扩压器后受压，流入燃烧室与燃油混合进行等压燃烧，生成高温燃气，经喷管加速喷出，从而推动弹丸加速运动。所谓底排增程，是通过在弹丸上安装底部排气装置，使弹丸在飞行中能产生燃气，提高底压，减小底阻，增加射程。

滑翔增程，实质上是通过增大弹丸升力来实现增程的。根据弹丸的空气动力特性和滑翔飞行的弹道特性，在弹丸飞行到某一有利于滑翔飞行状态时，通过控制俯仰控制舵偏转，使其按所需要的攻角飞行，从而产生一个确定的向上升力，且该升力可以克服弹丸自身重力对其飞行轨迹的不利影响。理想的结果是使弹丸在运动过程中的法向加速度趋近于零，这样弹丸便能以较小的倾角沿纵向滑翔较大距离，从而达到增加射程的目的。滑翔增程的主要优点在于对弹丸的初速要求不高，即在一般的发射初速条件下，就可以达到远程炮弹的射程。滑翔增程弹的这一特点为解决武器系统设计中射程与机动性、射程与威力之间的矛盾创造了有利条件，因此该技术备受重视并表现出较好的应用前景。

（3）复合增程法

两种或两种以上的增程技术共用于同一弹丸上，可以实现复合增程。可采用初速与弹形匹配、弹形与底排匹配、底排与火箭复合、空心与冲压复合等增程技术来达到炮弹增程的目的。

由于射程、威力和精度间的辩证统一关系，增加射程必须保证在该射程上能够达到满足战术使用的命中概率，也必须保证对预定目标具有足够的毁伤能力，否则射程的增加就失去了意义。实际上，伴随对提高射程技术的研究，必然也要对威力和精度的改善进行探讨。各种类型的子母弹，以及末敏、末制导炮弹，就是在这种情况下发展起来的。

3.3.2 底凹弹

底凹弹是指底部带有凹窝形结构的旋转稳定式炮弹，可用于杀伤爆破弹、子母弹和特种弹等。底凹与弹体可为一体，或用螺纹连接。这种弹是美国在20世纪60年代初最先开始研

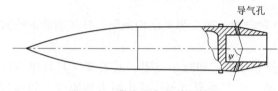

图 3-27 带有导气孔的底凹弹

制的。它的出现受到了世界各国的普遍重视。底凹弹由于在弹丸底部采用底凹结构而得名。在底凹弹中，除了在弹丸底部采用底凹结构外，还常同时在底凹壁处对称开设数个对称导气孔（图 3-27）。

为什么采用底凹结构后能够减小弹丸所受的空气阻力呢？在此，根据个别风洞试验结果做一概略说明。

首先，采用底凹结构后，弹丸所受的空气动力状况得到改善。由于弹丸在飞行过程中冲开空气而向前运动，所以弹丸头部将承受比较大的压力，而在弹丸底部由于惯性作用，弹丸向前运动后空气还来不及填充弹丸运动所造成的局部真空（或稀疏），所以弹底所承受的空气压力降低。这种弹丸头部和底部压力之差，就构成了弹丸的底部阻力。采用底凹结构后，特别是采用带有对称导气孔的底凹结构后，弹底部气流涡流强度减弱，局部真空区被空气填充，从而提高了弹底部的压强，使底部阻力减小。

其次，采用底凹结构后，整个弹丸的质心前移，压力中心后移，弹丸的赤道转动惯量与极转动惯量比值减小，使翻转力矩也减小，从而改善了弹丸的飞行稳定性和散布特性。

采用底凹结构，除可以减小弹丸的阻力系数外，还可以改善弹带处的弹壁受力状况。这是因为弹带可以设置在弹体与底凹之间的隔板处。与普通榴弹相比，这样做可使弹壁减薄、弹丸增长，既能增加炸药装药量、提高弹丸的终点效应，又可改善弹形、提高射程。从结构上看，弹体与底凹既可以是一体的，也可以是螺纹连接的。

目前，在底凹的深度上，有所谓"长底凹"和"短底凹"之分。底凹深度若取 0.2～0.4 倍弹径，即为浅底凹，如图 3-28 所示；底凹深度若取 0.9～1.0 倍弹径，即为深底凹，如图 3-29 所示。底凹深度的设计取决于弹丸的飞行速度。风洞试验表明，在亚声速和跨声速范围内，底凹结构可使弹底低压涡流强度减弱，局部真空区域被空气填充，从而提高

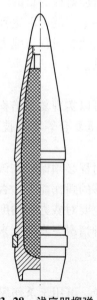

图 3-28 浅底凹榴弹

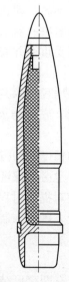

图 3-29 深底凹榴弹

弹底部的压力，使底部阻力减小。底凹深度以取 0.5 倍弹径为宜，而在超声速范围内，底凹深度与底压的关系不大。

底凹弹导气孔的设置：其倾角（图 3-27）以取 60°～75°为宜，相对通气面积（即通气面积与弹丸横截面积之比）以取 0.32 为宜。

试验表明，单纯的底凹结构增程效果并不显著，一般只能使射程提高百分之几。因而，在进行弹丸设计时，常常采用综合措施。例如在采用底凹结构的同时，加大弹丸长径比，并使弹头部改为流线型。图 3-30 所示是美军 M470 式 155 mm 底凹弹与 M107 式 155 mm 普通榴弹的外形对比示意图。由图可见，M470 式采用了底凹结构，增大了弹丸的长径比，头部更加尖锐。计算表明，该弹以 1943 年阻力定律为准的弹形系数 i_{43} 由原 M107 式的 0.95 降至 0.83。

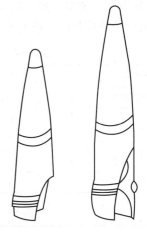

图 3-30　美军 M470 式 155 mm 底凹弹（右）与 M107 式 155 mm 普通榴弹（左）对比

3.3.3　枣核弹

枣核弹结构的最大特点是这种弹没有圆柱部，整个弹体由约为 4.8 d 长的弧形部和约为 1.4 d 长的船尾部组成。枣核弹的长径比较大，一般都已超出 5.5 d 的限制。在结构上，枣核弹一般均采用底凹结构。

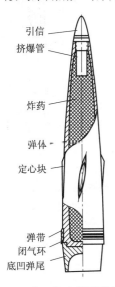

图 3-31　全口径枣核弹的结构

目前的枣核弹有两种形式：一种是全口径枣核弹；另一种是减口径枣核弹。它们的区分是从弹径与火炮口径的对比出发的。全口径枣核弹弹径的名义尺寸与火炮口径是相同的，而减口径枣核弹的弹径尺寸比火炮口径略小。由于弹径的这种区别，两种枣核弹在结构上也有各自不同的特点。

全口径枣核弹是加拿大于 20 世纪 70 年代研制成功的。为了解决全口径枣核弹在膛内发射时的定心问题，他们在弹丸弧形部安装了 4 个具有一定空气动力外形的定心块（图 3-31）。在膛内，就是利用这 4 个定心块和位于弹丸最大直径处的弹带来完成定位使命的。

定心块的形状、安置角度和位置，在弹丸设计中是需要精心考虑的。除需要考虑良好的定心作用外，还应考虑到阻力小和对飞行稳定性有利。对定心块斜置角在 0°～15°的试验表明，随定心块斜置角的增大，弹丸所受的阻力也将有所增大。

从空气动力学角度看，在目前的各种榴弹中，枣核弹的阻力系数最小。计算表明，枣核弹的弹形系数 i 在 0.7 左右。采用枣核弹结构，其射程可提高 20% 以上。如果采用可脱落的塑料弹带，其射程还可进一步提高。

但需指出，由于在弹带上安置了 4 个定心块，从而增加了弹体结构的复杂性，给加工带来了一定的难度。加拿大发展的 155 mm 全口径枣核弹的主要参数见表 3-14。美国发展的 155 mm 全口径枣核弹的气动外形参数见表 3-15。

表 3-14 加拿大 155 mm 全口径枣核弹主要诸元

弹丸质量/kg	45.58	弹丸长度/mm	938
船尾部长度/mm	114	船尾角/(°)	6
弹体长度（无引信）/mm	843	底凹深度/mm	63
弹尾底部直径/mm	131	弹带直径/mm	157.76
炸药质量（B炸药）/kg	8.6~8.8	弹带宽度/mm	36.7
定心块斜置角/(°)	10.4		

表 3-15 美国 155 mm 全口径枣核弹主要诸元

弹径/mm	155	弹丸长度	6.13 d
弹头部长度	4.7 d	尾锥角/(°)	6
弹头部曲率半径	25.3 d	底凹深度	(0.8~1) d
船尾部长度	1.5 d（或 0.7 d）		

在全口径枣核弹基础上发展起来的减口径枣核弹，其射程还可进一步增加。图 3-32 所示为这种弹的两种结构外形示意图。其中图 3-32（a）采用了塑料的可脱落弹带和前、后塑料定心环。为了可靠地密闭火药气体，它采用了内、外两个闭气环。而图 3-32（b）仍然采用了定心块结构。减口径枣核弹之所以使射程进一步增加，主要是因为弹形进一步得到改善。此外，在相同条件下，减口径枣核弹可以获得比全口径枣核弹略大的初速。

3.3.4 火箭增程弹

火箭增程弹是由一般弹丸加装火箭发动机并在身管火炮中发射出去，以达到增加射程目的的弹丸。这种弹丸，将火箭技术用在普通炮弹上，使弹丸在飞出炮口后，火箭发动机点火工作，赋予弹丸以新的推动力，从而增加速度，提高射程。

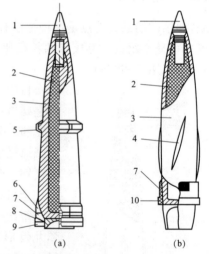

1—引信；2—炸药；3—弹体；4—定心块；5—前定心环；6—后定心环；7—弹带；8—内闭气环；9—外闭气环；10—闭气环。

图 3-32 减口径枣核弹结构
（a）采用前后塑料定心环；（b）采用定心块

火箭增程弹由引信、弹体、装填物、火箭发动机组成。火箭发动机与弹体底部连接，由发动机壳体、火箭推进剂、点火系统和喷管组成。装入火炮的火箭增程弹，被击发后，在火炮发射药燃气压力推动下在膛内运动，同时点燃延期点火装置的点火药，弹丸以一定初速和射角飞出炮管，沿弹道飞行至延期药烧完。发动机点火，并开始工作，火箭增程弹开始加速，直至火箭推进剂烧完，火箭发动机停止工作。之后，火箭增程弹按惯性飞行至落点。从原则上讲，火箭增程技术可以在各个弹种上使用，但由于各个弹种都有其各自的独特要求，加上采用火箭技术后会出现一些新的问题，因而使其在使用上受到一定的限制。

从结构特点上看，火箭增程弹不外乎有旋转稳定式火箭增程弹（图 3-33）和张开尾翼式火箭增程弹（图 3-34）两种形式。图 3-33 和图 3-34 中所示的结构，都以杀伤或杀伤爆破为目的。从这些图中可以看出，火箭装药可以采用单根管状药，也可以采用多根管状药；可以采用单喷管，也可以采用多喷管；可以采用前喷管，也可以采用后喷管。无论采用什么形式，都应保证火箭发动机部分作用可靠、使用安全。

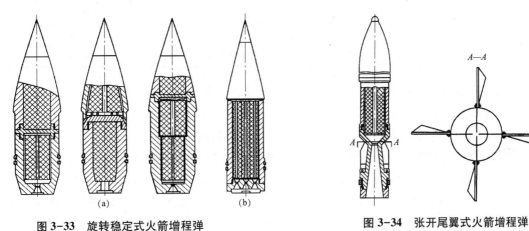

图 3-33　旋转稳定式火箭增程弹
（a）单喷管结构；（b）多喷管结构

图 3-34　张开尾翼式火箭增程弹

对于火箭增程弹的研究，可以追溯到第二次世界大战以前。后来，由于增程效果、射击精度、炸药量等方面的问题，曾经中断对火箭增程弹的研究。到了 20 世纪 60 年代，随着科学技术的发展，又恢复了对火箭增程弹的研究。为了解决威力问题，战斗部采用了高破片率钢和装填高能炸药（如 B 炸药）。为了提高增程效果，改进了弹形，采用了新的火箭装药，火箭发动机壳体采用了高强度钢，使增程效果达到 25%～30%。

在火箭增程弹设计中，火箭发动机的点火时间对射程的增加和射击精度均有影响。换句话说，就是存在一个最有利点火时间的问题。总的来说，火箭增程弹虽然可以增程，但它的结构比较复杂，战斗部威力和射击精度都将下降，而且成本较高。

美国 M549 式 155 mm 火箭增程弹为药包分装式炮弹。它是在弹丸底部装火箭发动机来实现增程的一种炮弹。同制式榴弹一样，它主要用于杀伤人员，摧毁野战工事，破坏军事器材等。配用于美国和法国的 155 mm 榴弹炮的结构如图 3-35 所示。其战术技术性能见表 3-16。

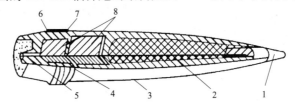

1—引信；2—炸药；3—弹体；4—点火具；
5—喷管；6—闭气环；7—弹带；8—火箭装药。

图 3-35　美国 M549 式 155 mm 火箭增程弹

表 3-16 美国 M549 式 155 mm 火箭增程弹战术技术性能

诸元	参数值	诸元	参数值
弹径	155 mm	膛压	326.4 MPa
弹丸长度	873 mm（带引信） 858 mm（不带引信）	最大射程	30 km
引信	M739 式和 M557 式弹头触发引信，M564 式机械时间瞬发引信，M728 式近炸引信		
弹体材料	钢	弹丸质量	43.58 kg
炸药装药及质量	B 炸药，7.26 kg	推进剂药柱	双基推进剂
发射装药	M203 式双基推进剂	底火	M82 式击发底火
初速	826 m/s	使用温度范围	-40～+63 ℃

该弹弹丸分战斗部和火箭发动机两部分，且它们之间用螺纹连接在一起，构成流线型弹丸。弹丸炸药装药上面有深引信孔，当装弹头触发引信时需装上附加装药；当装近炸引信时则去掉附加装药。弹带装在靠近弹尾部，弹尾部装有喷管帽，弹体内铸装 B 炸药，火箭发动机壳体内装推进剂药柱和点火系统。该弹有增程和不增程两种作用方式。需增程时，取下火箭喷管帽；射击时，在膛内发射药气体点燃点火药，点火药再点燃延期药，延期药燃烧 7 s 后，点燃发动机点火系统，之后又进一步点燃发动机，火箭发动机燃烧 3 s 赋予弹丸冲量而实现增程。不需增程时，不用取下火箭喷管帽，射击时就像普通炮弹一样。弹丸靠引信作用，在目标处爆炸后以形成的冲击波和破片杀伤敌方有生力量。

火箭发动机分为前燃烧室和后燃烧室，其原因是为了使发动机内的固体火箭装药在火炮发射时产生高过载的条件下，保持完整，避免药柱产生变形或碎裂。

美国 M549 式 155 mm 火箭增程弹采用了堆焊弹带、闭气环，以及短底凹等措施，增程效果为 6 km，全射程为 30 km。美国 M549 式 155 mm 火箭增程弹的优点是不用改变发射条件，就可增大火炮射程；缺点是散布加大，（有效载荷）炸药装药受到一定影响，弹丸爆炸时产生的杀伤破片数减少。

3.3.5 底排弹

底排弹全称为底部排气弹，是指在弹丸尾部用螺纹连接一个底部排气装置（简称底排装置）所构成的炮弹。底排装置由底排装置壳体、底排药柱和点火具等组成。底排药柱可选用复合药剂或烟火药剂。底排弹是瑞典于 20 世纪 60 年代中期首先开始研制的。在此之后，许多国家也积极研究和发展了这种弹丸。

（1）底排增程原理

底部排气弹减阻增程原理：弹丸飞行时，弹底部形成低压区，产生底部阻力。排气装置向低压区排入质量与能量，提高底压，从而减小底阻，如图 3-36 所示。底部排气弹最大底阻减阻率为 50%～70%，弹丸底阻与总阻的比值越高，排气弹道的减阻率越高，一般增加射

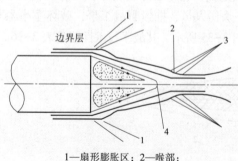

1—扇形膨胀区；2—喉部；
3—尾激波；4—尾迹驻点。

图 3-36 尾流区的流动

程15%～30%。与其他增程法相比，底部排气弹具有低阻弹药特性，全弹道可分为底排工作段和惯性飞行段两部分，有较高的增程效率，提高了弹丸存速，增加了撞击能，或保持存速则可减小初速，增加武器的机动性；具有结构简单、弹丸威力不降低等优点。关键技术是底排装置的发射安全和作用可靠，控制底排药柱点火和燃烧过程的一致性和稳定性等。

从这一原理可以看出，底排增程与火箭增程虽然都是向尾部区域排气，但是二者有本质的区别。前者是提高底压，减小底阻，属于减阻增程；后者是利用动量原理，提高弹丸的速度。底排的作用效果由3方面因素组成，即加入质量的作用效果、加入能量的作用效果和动量变化的作用效果。

（2）底排装置

底排装置旧称底喷装置，是指装于弹丸底部，使弹丸在飞行中能产生燃气，以提高底压，减小底阻，增加射程的装置。通常，弹丸在空气中高速飞行时，弹头部空气压力高，弹尾部空气压力低，产生压力差，形成底阻，使弹丸飞行速度下降，射程减小。采用底部排气装置后，在发射过程中，排气药柱被膛内火药燃气点燃，在升弧段稳定地缓慢燃烧，高温燃气进入由于弹丸高速运动所造成的弹底稀疏区，从而提高该区的压力，减小弹头部与弹底部之间的压力差，使弹底阻力大大下降（图3-37）。由于降低了弹丸在弹道上所受的空气阻力，因而射程增加。

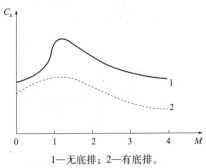

图3-37 无底排与有底排情况下的阻力系数对比曲线

① 底排装置的设计要素。底排榴弹的底排装置设计是至关重要的。底排装置的设计要素主要有：

一是底排药剂的性能。底排药剂配方影响底排药柱的力学性能、弹道性能、生产工艺性能和勤务使用性能。底部排气弹研制过程中的大量试验证明，不同药剂配方对底排减阻效果影响较大。

二是排流参量和工作时间。底排工作时的排流参量应控制在一定的范围内。底排工作时间不宜过长，通常为弹丸全弹道飞行时间的1/4左右。

三是船尾部长度与船尾角的选取。船尾角和船尾部长度直接影响尾流区的流动状态，也就是对底压或底阻产生影响，同时影响底阻占总阻的比例。在这种情况下，底部排气的减阻效果一定受到影响。理论计算和试验证明，在一定的初速、射角、排气参数的条件下，存在减阻最大的最佳船尾角，一般为2°～3°；在船尾角减小的同时改善了弹尾部的机械强度，也提高了弹丸的稳定性。

四是底排弹底板结构参数。底部排气弹底板结构参数包括排气孔面积比、排气孔形状与位置、燃烧面积与排气孔面积比等。排气孔面积与弹底面之比被称为排气面积比。在冷排气的条件下，它对减阻效果影响较明显，但是在实际药剂工作条件下，影响不大。排气孔的形状与位置对点火过程有一定影响。药柱燃烧面积与排气面积之比，有一极限值，小于这一极限值，对减阻有一定影响。

底排挡板排气孔的结构，通常被设计为中心排气结构。这主要是针对复合剂燃烧时要求具有较高的环境压力的情况。但是当排出气体的分子动量较大时，采用这种结构会使气体产生较强的引射作用,带走一部分气体,出现旋涡,使底压降低,降低底排装置的减阻效果。而烟火剂的燃烧机理与复合剂不同,不要求较高的环境压力,所以在设计底排挡板时,可以增加排气孔面积,将其设计为底部均匀排气结构。两种排气结构的燃气流场如图3-38所示。

② 底排装置的类型。底排装置一般采用复合药剂和烟火药剂两种底排装置结构。

一是复合药剂底排装置。复合药剂底排装置一般由钢接螺、底排药柱、点火具和底排壳体等部件组成,如图3-39所示。

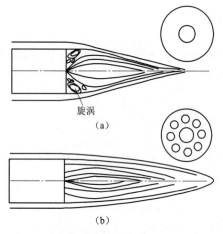

图3-38 两种排气结构的燃气流场
(a)中心排气;(b)均匀排气

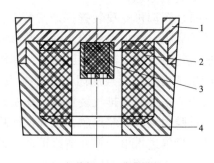

1—钢接螺;2—底排药柱;
3—点火具;4—底排壳体。

图3-39 复合药剂底排装置结构

钢接螺的作用是将弹丸战斗部壳体与底排壳体相连接,并固定点火具。底排壳体的作用是将底排药柱径向与轴向固定,提供药剂燃烧的空间,并通过其底端的排气孔控制药剂的燃烧规律与燃气的排出流率。根据底排弹总体结构设计的需要,通常底排壳体材料采用LC4或LY12硬质铝合金。底排药柱的作用是按预先设计的燃烧面维持一定时间、一定燃烧规律的燃气生成。

复合型底排药剂燃速较低,密度较小,通常需要独立的点火具。这些特点对减阻效果和总体结构匹配设计都不太有利,但复合型药柱通常被设计为中空多瓣结构,发射时高温高压燃气充满底排装置,使其具有很好的抗高过载能力,采用中孔面和缝隙面燃烧方式。复合型底排药剂在火炮膛内由发射药的高温高压气体点燃,但在炮口附近卸压时会出现被抽灭的现象,故为了确保底排弹的最大射程密集度,需要点火具提供持续的燃气,维持底排药柱的持续燃烧。

点火具的作用是在火炮膛内和炮口附近维持一定时间的持续燃烧。其燃气应确保底排药柱全面可靠地点燃。点火具内装有由锆粉、镁粉和黑火药等混合而成的点火药剂,一经火炮发射时发射药的高温高压气体点燃后,就能维持一定时间的持续燃烧,在炮口卸压时也不会被抽灭,从而可以提供持续的燃气,维持底排药柱的持续燃烧。

二是烟火药剂底排装置。烟火药剂底排装置一般由底排药柱、挡药板和底排壳体等部件组成,如图3-40所示。

烟火型底排药剂燃速高,排气流量大,密度大,不需要独立的点火具。这些特点对减阻效果和总体结构匹配设计都是有利的,但为了满足发射时抗高过载的强度要求,其药柱通常被设计为实心整体结构,并采用端面燃烧方式。

烟火药剂底排装置通常需要独立的挡药板。该挡药板采用多孔结构形式,既能有效地支撑烟火药剂,又能提供较大的通气面积。

(3)底排弹的结构组成

底排榴弹都是旋转稳定弹丸,在外形设计上主要有圆柱形和枣核形两种形式。图3-41和图3-42分别给出了圆柱形和枣核形两种形式的底排榴弹结构示意图。圆柱形底排榴弹由卵形头部、圆柱部、船尾部、定心部、弹带和底排装置组成。枣核形底排榴弹由卵形头部、船尾部、定心部、弹带和底排装置组成。

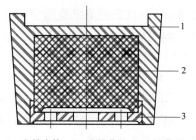

1—底排壳体;2—底排药柱;3—挡药板。

图3-40 烟火药剂底排装置结构

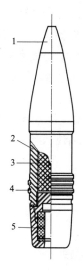

1—引信;2—弹体;3—炸药;
4—弹带;5—底排装置。

图3-41 圆柱形底排榴弹结构

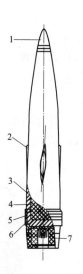

1—引信;2—定心块;3—弹体;4—炸药;
5—弹带;6—闭气环;7—底排装置。

图3-42 枣核形底排榴弹结构

底排榴弹15%～30%的增程率主要由减小底阻得到,所以其外形结构设计必须以提高底阻占总阻的比例份额为目标。一般通过增加弹丸总长、增加卵形头部的曲率半径和长度、缩短圆柱部长度、增加船尾部长度、减小船尾部船尾角度等措施来实现。同时,底排增程效果又与弹丸飞行马赫数有极大的关系,希望在底排装置工作期间弹丸飞行马赫数大于2.5,这就要求底排榴弹的初速不低于 $2.5\ Ma$。

在超声速条件下,对于一般圆柱形弹丸,底阻占总阻的30%左右。对于低阻(枣核形)远程弹,底阻占总阻的50%～60%(由于枣核形弹丸对弹丸威力发展制约较大,以及定心块加工工艺复杂等原因,该弹形不太常用)。对于圆柱形远程弹,通常底阻占总阻的40%～45%。

瑞典发展的 105 mm 底部排气弹的弹丸质量为 18.5 kg(用铝制底排装置外壳时为 17.3 kg),排气装药柱质量为 0.33 kg(75%过氯酸胺和25%端羧基丁二烯),药柱呈中空圆柱形,并分为两半(药柱长 57 mm,外径 76 mm,内径 25 mm),底螺盖上的喷气孔直径为

25 mm。喷气药柱的燃烧温度为 3 000 ℃ 左右，燃烧时间为 22 s。该弹可增程 25% ~26%。比利时发展的 155 mm 底部排气弹的质量为 46.7 kg，弹丸长度为 950 mm，炸药装药量为 8.8 kg B 炸药。其最大射程达 39 km，与不加排气装置相比可增程 30%。

（4）底排弹的优点

与火箭增程弹相比，底排弹有下列优点：

① 底部排气弹的结构比较简单，只需要在弹底的底凹内加装排气装置即可。

② 底部排气弹可以基本上不减少弹丸的有效载荷（战斗部质量），因而不会使威力降低。

③ 底部排气弹由于空气阻力减小，从而缩短了弹丸在空气中的飞行时间，这就使外界对弹丸运动的影响减小，使弹丸的散布情况得到改善。

④ 由于底部排气装置的燃烧室工作压力低，因而对装置壳体的要求低。实际上，可以利用原来的底凹弹加装排气装置来实现增程，而不必采用特殊的提高强度的措施。这在技术上容易实现。

因此，底排弹可以说是一种比较实用的、性能较好的远程榴弹。目前世界各国普遍采用底排与火箭复合技术来增程。由于炮弹射程增加总是伴随着其散布范围的增大，所以在远射程榴弹中普遍采用了弹道修正技术、制导技术来提高远程榴弹的射击精度。

（5）典型底排弹

挪威北欧弹药公司与瑞典博福斯公司联合研制出一种新型 155 mm 全膛底排增程榴弹，从 52 倍口径 155 mm 火炮系统发射时，其射程超过 40 km，其结构如图 3-43 所示。

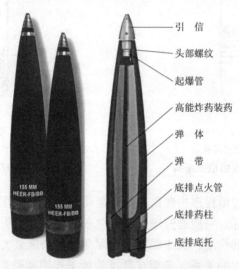

图 3-43　挪威 155 mm 全膛底排增程榴弹结构

这种新型榴弹被称为 HEER Mk2（增程榴弹）或改进型 HEER-FB/BB（全膛底排增程榴弹），加装引信时，弹丸全长 909 mm，质量为 45 kg。与增程榴弹相比，改进型 HEER-FB/BB 具有改良的流线型外形。弹丸壳体上有双焊接弹带，能够更好地承受 52 倍口径火炮的膛压，并且当弹丸沿加长的身管前行时，弹带不易从弹丸壳体上脱落下去。改进型 HEER-FB/BB 弹丸中 TNT 炸药的装药量增加了 650 g，达到 9.15 kg，并采用破片特性更好的弹丸壳体材料（AISI 437），毁伤威力提高了约 50%。

3.3.6 底排—火箭复合增程弹

底排—火箭复合增程弹是一种新型远程弹,采用了底部排气减阻和固体火箭发动机增程的复合增程技术,从而可以达到更大的射程。

底部排气技术和火箭助推技术是已被人们所熟知的两种有效的增程技术,已分别在多种口径弹上得以应用。然而,将两者同时应用到同一弹丸上,却是许多国家弹药设计人员近几十年来致力探索的一种使弹丸打得更远的新的增程途径。

法国在 20 世纪 80 年代率先研究了这种底排—火箭复合增程技术。一种是 155TLP 式 155 mm 远程炮弹。它将火箭助推发动机放置在卵形部,弹底部加底部排气装置。另一种是 155PAD 式远程炮弹。其底排装置和火箭推进装置均放在弹底部,两者的装药构成中空的同轴圆柱,里层为底排药柱,外层为火箭推进剂装药。据分析,将火箭放在卵形部有利于提高弹丸的稳定性和终点效应,但缺点是增加了全弹结构设计的复杂性。将底排和火箭均放在底部的方案使得结构紧凑,但由于底排药柱不能太长,又受限于弹径,所以增程率不会很高。苏联曾在 20 世纪 70 年代末在 152 mm 火炮上开发了一种底排—火箭复合增程炮弹。该弹的两药柱在轴向呈串联式结构,位于弹底的底排装置先工作,位于战斗部与底排装置之间的火箭发动机后工作,其最大射程可达 40 km。

南非和美国也是较早开展复合增程技术研究的国家。南非迪那尔公司索姆切姆分公司研制了一种新型 155 mm 增速远程炮弹(VLAP),采用了底排和火箭的复合增程技术。VLAP 为标准的带有焊接定心块的细长形弹体,底排装置与增程火箭发动机采用串联方案(但不同于苏联的串联方案)。该弹配用于南非 LIW 公司的 G5 牵引式和 G6 自行式 155 mm 榴弹炮。其射程及与全膛增程弹(ERFB)和全膛底排增程弹(RFB—BB)的对比情况列于表 3-17 中。

表 3-17 南非 155 mm 增程弹射程对比 km

身管长	39 倍口径	45 倍口径	52 倍口径
ERFB	23	30	32.5
RFB—BB	30	40	42
VLAP	39	50	52.5

(1) 底排—火箭复合增程原理

底排—火箭复合增程弹能够获得更大射程的理论依据:弹丸出炮口后在空气密度很大的低空飞行时,空气阻力大,底阻占全部空气阻力的比例也大,因此采用底部排气减阻增程。当弹丸进入空气密度小的高空时,再用火箭发动机加速,以获得更高的增程率。

由底排减阻机理及规律可知,底排装置最佳的点火工作时机是弹丸出炮口即工作,这时弹丸空气阻力最大,底阻最大,减阻效率最高。由火箭助推原理可知,火箭助推装置不宜一出炮口即点火工作。其原因有 3 个:一是炮口扰动大,经火箭助推会加大横向散布;二是炮口附近弹丸阻力最大,火箭助推能量损失大,增速效果较差;三是炮口附近弹道区段是底排工作的最佳时域。所以,底排—火箭复合增程弹正常的工作时序应该是底排在先、火箭在后。

火箭药是高速燃烧型,其工作时间极短,一般在 2 s 以下,而底排药则是缓慢燃烧型,其工作时间较长,一般在 20 s 左右。若采用底排—火箭同步工作方式,在火箭结束后底排还有较长一段的工作时域。可见，底排—火箭采用不同的工作方式，其弹道特性也不同。

对于底排—火箭同步工作方式，底排—火箭复合增程弹的飞行弹道可分为四元弹道。

① 底排前期工作弹道，即炮口至火箭点火时刻，底排减底阻效果最佳的工作时域。

② 底排与火箭同时工作弹道。在该弹道段以火箭助推增程为主，当然两者同时工作会产生一定的干扰，有可能导致底排药剂终止燃烧或药柱破坏，甚至掉落。

③ 底排后期工作弹道。理论计算与试验结果表明，这一阶段底排效果还较明显。

④ 弹丸自由飞行弹道。

对于底排—火箭异步工作方式，底排—火箭复合增程弹的飞行弹道可分为三元弹道：底排工作弹道、火箭工作弹道和弹丸自由飞行弹道。

（2）总体布局形式

在底排—火箭复合增程弹总体结构布局设计时，底排装置总是置于弹丸的最底部，而火箭装置可以放置于弹体的不同部位。依据火箭装置与底排装置的相对位置，底排—火箭复合增程弹的总体结构布局主要有如下 3 种基本形式。

① 前后分置式布局。前后分置式布局，即在弹体头弧部放置火箭装置。图 3-44 所示的美国 155 mm XM982 型底排—火箭复合增程子母弹属于此种布局形式。由于前置火箭发动机完全按照弹丸头部形状来设计，有效地利用了弹丸头部空间，使弹丸的有效载荷装载空间不致减小太多，既可达到一定程度上的增程效果，又确保了弹丸一定的威力性能。这种布局形式特别适合于子母弹。由于这种布局形式的火箭装置与底排装置的排气通道不重叠，可以实现两个装置的异步工作（即底排结束后火箭开始工作）或工作时段部分重叠的同步工作（即底排工作的同时火箭也工作），但火箭点火序列设计难度较大，弹丸结构比较复杂，并且火箭发动机的推力有一定损失。

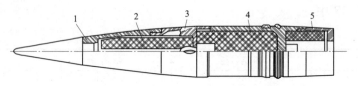

1—弹体；2—火箭发动机；3—喷管；4—炸药；5—底排装置。

图 3-44　前后分置式布局

② 弹底并联式布局。弹底并联式布局，即火箭药柱在内圈，底排药柱在外圈，同处一个装置内，并共享同一个排气口。图 3-45 所示的法国 OERAP-H3 型 155 mm 的底排—火箭复合增程弹采用的就是此种布局形式。这种布局结构最为简单，也可能是威力牺牲最小的，但经计算与试验表明，其复合增程效率有限。另外，火箭药柱点火的一致性难以保证，并且只能实现先底排、后火箭的异步工作。

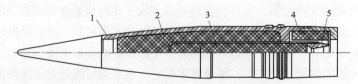

1—弹体；2—炸药；3—火箭推进剂；4—底排装置；5—喷管。

图 3-45　并联式布局

③ 弹底串联式布局。弹底串联式布局，即火箭装置与底排装置同处弹底部，相对弹头而言，火箭装置在前、底排装置在后，呈串联方式排布。图 3-46 所示的俄罗斯152 mm 底排—火箭复合增程弹采用的就是此种布局形式。目前，南非 155 mm 底排—火箭复合增程弹也采用了此种布局形式。由于火箭装置与底排装置同居弹底，不与弹丸的传爆序列或抛射序列发生干涉，所以使整个弹丸总体结构布局相对简单许多。根据火箭排气通道的设计与安排，这种基本形式可以实现异步工作或同步工作，从而可以演变成同系列的多种结构布局形式。由于底排装置与火箭装置均占居弹丸有效的圆柱段空间，所以会使弹体有效携载空间（即威力性能）大为降低。

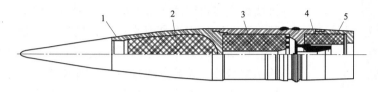

1—弹体；2—炸药；3—火箭推进剂；4—底排装置；5—喷管。

图 3-46 串联式布局

（3）底排—火箭复合增程弹的最佳弹道匹配

影响底排—火箭弹道匹配效果的因素有许多，底排的点火时间及工作时间、火箭的点火时机及工作时间、弹丸的气动外形及质量的衰减（飞行过程中其质量衰减幅度大于5%）等因素都会对复合增程弹的飞行弹道产生影响，其直接效果就是增程率的变化。在设计底排—火箭复合增程弹的总体方案时必须很好地考虑和协调这些因素，以便获得底排—火箭最佳匹配工作的效果。底排—火箭如何实现最佳弹道匹配的问题，实际上是最大限度发挥火箭增程效率的问题。在火箭推进剂的质量及其比冲等参数一定的情况下，随火箭点火时间的不同，主动段末端的速度及空气阻力加速度也不同。由火箭外弹道学可知，火箭点火工作时机应选择在弹道上升弧段。在接近弹道顶点附近空气阻力加速度最小，火箭推力损失最小，主动段末端速度可最大，但此处的弹道倾角最小。由于越接近炮口，弹道越低，空气阻力越大，所以火箭的推力损失越大，主动段末端速度越小，但弹道倾角越大，弹道倾角的大小决定了弹丸爬高的能力，火箭助推产生的飞行速度增量的大小决定了弹丸持续飞行的能力。对真空弹道而言，其最佳射角为 45°，对中、大口径高速弹丸的实际弹道而言，其最佳射角为 55°～58°。

实际上，同一底排—火箭复合增程炮弹在同一发射角条件下，存在一个可实现底排—火箭增程效果最佳匹配的火箭点火时间，而且这种匹配效果会随着发射角的减小而减弱。经过对多种底排—火箭复合增程炮弹的弹道诸元计算验证发现，在发射角小于最佳射角 55°～58°（地面加农炮的发射角一般在 45°）时，底排—火箭要获得理论上最佳的弹道匹配效果，两者必须采取同步工作方式，而这种工作方式并没有最大限度地发挥火箭增程效率。但当发射角大于最佳射角 55°～58°（地面榴弹炮和舰岸火炮的发射角可大于 70°）时，底排—火箭采取异步工作方式，可以最大限度地发挥火箭增程效率。

（4）底排—火箭复合增程弹的结构组成

图 3-47 所示的是一种枣核形底排—火箭复合增程榴弹。该弹采用了弹底部串联式总体布局结构，由战斗部、引信、底排装置和火箭装置等构成。底排装置与火箭装置的匹配设计

是底排—火箭复合增程弹的关键环节之一。

① 底排装置。底排装置一般由底排壳体和底排药柱组成。底排药柱通常采用复合型底排药剂。为了给火箭发动机喷管留出排气通道，底排药柱不采用独立的点火具，而采用目前正在研制的烟火药剂递进式点火方式。

② 火箭装置。火箭装置由箭药燃烧室、火箭药柱、火箭空中点火具、喷管、喷堵、堵盖等零部件组成。火箭发动机的壳体通常在上下两端都车制螺纹，分别与战斗部壳体和底排装置壳体相连接。为了承受 10 000 g 以上火炮发射过载和膛内 300 MPa 以上高温高压气体的冲击与烧蚀，燃烧室、喷管、喷堵、堵盖等零件必须构成一个抗高过载与抗高速旋转的结构组件。火箭发动机不工作时喷堵、堵盖必须密闭喷管排气通道，而火箭发动机开始工作时喷堵、堵盖则必须被顺利喷出，使喷管排气通道畅通。

目前可用于炮射火箭增程弹的火箭药主要有改性双基型和复合型两种。由于火炮用复合增程弹的总长受到飞行稳定性的限制，弹长设计分配的空间十分有限，希望火箭发动机占弹长的比例小些为好，这就要求箭药的比冲值大些为好。

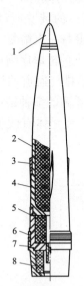

1—引信；2—弹体；3—定心块；
4—炸药；5—火箭装置；6—弹带；
7—闭气环；8—底排装置。

图 3-47　复合增程榴弹结构

由于复合型箭药要比改性双基型箭药的比冲值大，故复合型箭药可以作为首选。

由于火箭发动机的起始工作时刻是在飞行弹道高空，所以火箭药的点火必须采用延期点传火方式。延期点传火方式一般有两种：一是火药延期；二是电子定时。电子定时在工程实现上要相对复杂许多，故一般采用火药延期点传火方式。

火药延期点传火方式的起始点火能源提供途径一般有两种：一是发射时的高温高压燃气直接点燃火药延期体；二是发射时的弹丸环境力（轴向惯性力或离心惯性力）击发火帽产生火焰，进而点燃火药延期体。第一种方式是最为安全的点传火方式。

3.4　枪榴弹和榴弹发射器用弹药

随着高科技武器不断应用于战场，未来战争将异常激烈，为此对步兵分队独立作战提出了更高的要求：步兵分队不仅要对付敌方有生力量，更重要的是对付敌方装甲目标；不仅需要有点杀伤武器，也要有面杀伤武器。因此，步兵武器在逐渐向步霰榴合一、点面杀伤一体化的方向发展。枪榴弹就是为了提高步兵武器作战效能、增强步兵分队独立作战能力，以便更有效地完成各种作战任务而发展起来的。

枪榴弹是由步枪或冲锋枪发射的弹药，通常由战斗部、子弹收集器和稳定装置等三大部分组成。枪榴弹的初速是靠火药气体的作用和子弹的动能得到的。射击前将枪榴弹装在枪管上，击发时子弹撞击收集器，并在火药气体作用下使其获得一定的初速。

枪榴弹通常作为非占编武器配备步兵使用，主要用于杀伤有生力量，毁伤坦克和其他装甲目标，或完成发烟、照明等特殊任务。早期，还有尾杆式枪榴弹和旋转式枪榴弹，而现代枪榴弹一般都是尾翼式枪榴弹。尾翼式枪榴弹一般由弹体、装药、引信、尾管、尾翼等组成。弹体内装炸药或其他化学药剂,用于完成预定的作战任务;尾管用于承受推力并赋予枪榴弹一定的射向;尾翼用于保持枪榴弹稳定飞行。步枪枪管可兼做枪榴弹发射具。枪榴弹体积小,质量轻,威力大,便携性好,操作容易,不占编制,能使步枪做到点面结合,杀伤破甲一体化,提高步枪独立作战能力,特别适用于山地、丛林作战和城市巷战。

枪榴弹按照战斗部的作用可分为杀伤(对有生目标或直升机)、破甲、照明、烟幕等;按照获得速度的方法可分为普通枪榴弹和火箭增程枪榴弹。

3.4.1 杀伤枪榴弹

杀伤枪榴弹是指带有杀伤战斗部,用于杀伤有生目标的枪榴弹。杀伤战斗部利用炸药的爆炸生成物使弹体破裂,靠破片杀伤有生目标或破坏武器装备。杀伤战斗部一般由引信、弹体、炸药等组成。弹体广泛采用全预制或半预制破片,有效杀伤破片数为300～3 500片。杀伤枪榴弹全弹质量为200～500 g,最大射程600 m,增程枪榴弹可达1 000 m左右,有效杀伤半径为5～25 m。杀伤枪榴弹能及时提供近程火力支援,填补迫击炮和手榴弹之间的火力空白,在山地、丛林作战中尤其有效。下面介绍几种杀伤枪榴弹的结构。

(1) 35 mm 杀伤枪榴弹

35 mm 杀伤枪榴弹的结构如图3-48所示。

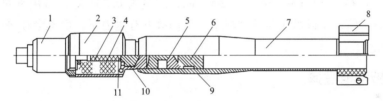

1—引信;2—弹体;3—扩爆管;4—炸药;5—缓冲器;6—子收集器;
7—尾管;8—尾翼;9—橡胶圈;10—尼龙塞;11—衬垫。

图 3-48 35 mm 杀伤枪榴弹的结构

战斗部直径为35 mm。为防止破片形成时沿轴向的尺寸过长,其内表面车制环形槽,构成半预制破片。在底部放有直径为3 mm钢珠,增加了破片的数量。内部铸装B炸药。中间为扩爆管,内装扩爆药柱。扩爆管由泡沫塑料衬垫和尼龙塞支承。

尾管后部固定着塑料压制成的6片尾翼,飞行中起稳定作用。其中的2片同时钻有直径为3.5 mm的小孔,用来安放瞄准用塑料标尺。

尾管中部装有子弹收集器。它由收集器、橡胶圈和缓冲器等3个零件组成。收集器用铝合金制成,射击时在子弹碰击下变形,并挤压缓冲器,使枪榴弹获得一定的速度;射击时子弹的旋转能量通过收集器、橡胶圈、缓冲器传递给尾管,从而可以改善射击精度。

该弹配用高灵敏度机械触发引信。在发射前取下引信上的运输保险销,射击后弹体离枪口15 m时引信解除保险。当碰击目标时,引信作用,起爆扩爆管,进而使炸药爆炸。战斗部爆炸后大约生成300片破片,杀伤直径为5 m。该枪榴弹的初速为63 m/s或79 m/s(随射击时枪的种类不同而初速不同),射程为300～400 m。全弹长约为290 mm,全弹质量约为0.385 kg。

(2) 高射反直升机杀伤枪榴弹

该枪榴弹由战斗部(包括炸药、弹体、火帽、延期药及雷管)、子弹收集器和尾翼3部分组成（图3-49）。塑料尾翼安装在尾管的后部。子弹收集器装在尾管之内。战斗部壳体用钢制成，内壁车有环形槽，爆炸时形成半预制破片。

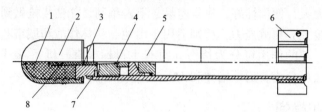

1—炸药；2—弹体；3—延期药；4—冲击钢珠；
5—尾管；6—尾翼；7—火帽；8—雷管。

图3-49 反直升机枪榴弹

该枪榴弹的特点：没有引信，在战斗部内装有一个起爆系统。它由冲击钢球、火帽、延期药、火焰雷管组成。发射时，步枪（或冲锋枪）子弹冲击收集器，收集器挤压缓冲器，从而使冲击钢珠向前运动，击发火帽，点燃延期药，经4 s后，火焰雷管起爆，炸药爆炸，壳体在爆炸载荷下形成破片。冲击钢珠的直径稍大于螺塞中间的孔径。运输和勤务处理时，由于缓冲器不可能受到很大的冲击力或惯性力，钢珠不可能冲击火帽，因此是安全的。

该弹战斗部口径为35 mm，全长为240 mm，质量为0.335 kg，可用来对直升机射击。另外，由于没有引信，所以可用于丛林战争，杀伤敌方有生力量，而不会在碰击树枝时引起早炸。

3.4.2 破甲枪榴弹

破甲枪榴弹是指装有空心装药，用于反装甲的枪榴弹。破甲枪榴弹利用炸药的聚能效应使金属药型罩形成高温、高速金属射流，将装甲击穿，并利用其后效作用杀伤乘员，破坏仪器设备。重型的破甲枪榴弹常用于反坦克，所以被称为反坦克枪榴弹；轻型的破甲枪榴弹用于反战车，所以被称为反装甲车枪榴弹。空心装药战斗部主要由引信、风帽、主装药、药型罩、壳体等组成。对破甲枪榴弹的主要要求是应具有足够的破甲能力，在大着角时战斗部能正常作用，引信有足够的瞬发度，并应带落地炸机构。反坦克枪榴弹全弹质量约为800 g，直射距离为50～100 m，破甲深度为350 mm左右；反装甲车枪榴弹全弹质量为200～400 g，直射距离约150 m，破甲深度为100 mm左右。第二次世界大战前夕，欧洲最早研制出反坦克枪榴弹。在第二次世界大战中，反坦克枪榴弹得到广泛应用。由于坦克防护能力不断增大，而反坦克枪榴弹威力的提高又受枪管强度和人体耐受力的限制，因而破甲枪榴弹的发展主要转向对付轻型装甲目标，如步兵战车、装甲输送车等。

40 mm破甲枪榴弹（图3-50）由战斗部、子弹收集器和稳定装置等3部分组成。聚能装药战斗部直径为40 mm，它由机械触发引信、药型罩、主药柱、副药柱、主传爆管等组成。

引信的结构如图3-51所示。射击前拔去运输安全销，发射时锁定销因惯性力压缩弹簧向下运动，当到达一定位置时，开口弹簧钢丝将其固定，使其出炮口后不能再向上运动和恢复到原来位置。

转子在扭簧的作用下旋转。该弹离炮口15 m时，击针与火帽对正，引信解除保险，如

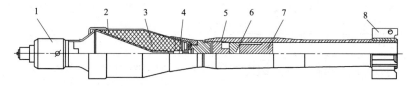

1—引信；2—药型罩；3—炸药；4—扩爆管；
5—尾管；6—缓冲器；7—子弹收集器；8—尾翼。

图 3-50　40 mm 破甲枪榴弹结构

图 3-51 所示。当枪榴弹碰击目标时，引信头部的防滑帽使枪榴弹着角减小，防止跳弹，进而提高大着角发火的可靠性，同时引信头与击针向后运动，火帽因惯性向前运动，使火帽击发，火焰经斜孔使引信上的雷管起爆，并使引信下部的传爆药和主药柱后面的扩爆管引爆，炸药装药爆炸，药型罩形成金属射流侵彻装甲。

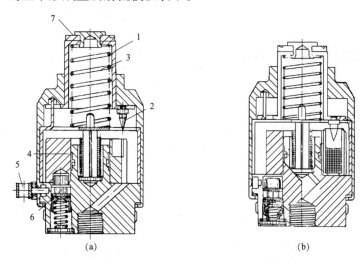

1—引信头；2—击针；3—保险簧；4—转子和扭簧；
5—运输安全销；6—带有弹簧的锁定销；7—防滑帽。

图 3-51　40 mm 破甲枪榴弹引信

(a) 平时状态；(b) 碰击目标时状态

该弹战斗部直径为 40 mm，全长为 330 mm，质量为 0.360 kg，可用 7.62 mm 或 5.56 mm 枪射击。可垂直穿透 100 mm 装甲钢板，引信可在着角为 70° 时发火作用。该弹有效射程为 150~200 m（用不同的枪发射时距离不同），射程为 300~400 m。

3.4.3　照明枪榴弹

该弹弹体用薄的铝管制成，内装吊伞、照明剂和抛射药，弹体与尾管用连接螺连接，中间装有火帽、延期药、点火黑药等。尾管后部装有尾翼，尾管中间装有子弹收集器和冲击钢珠（图 3-52）。射击前将枪榴弹套在枪管上。击发后，子弹冲击收集器和缓冲器，并撞击钢珠，击发火帽，点燃延期药。当弹丸飞行到一定高度后，点燃点火药和抛射药；推动照明剂、降落伞和半圆瓦；打开前盖，使照明剂和降落伞抛出。其主要诸元见表 3-18。

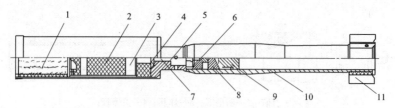

1—吊伞；2—照明剂；3—抛射药；4—引燃药；5—火帽；6—冲击钢珠；
7—延期药；8—缓冲器；9—子弹收集器；10—尾管；11—尾翼。

图 3-52 照明枪榴弹

表 3-18 照明枪榴弹主要诸元

使用范围（距发射点）/m	300	照明强度/cd	61 140
弹径/mm	40	照明时间/s	30~35
全长/mm	370	质量/kg	0.420

3.4.4 火箭增程杀伤枪榴弹

增程枪榴弹是指带有增程装置的枪榴弹。常用的有火箭增程和辅助药包增程两种方式。火箭增程枪榴弹一般是在弹体内加装一火箭发动机。用枪弹发射后，发动机点火药被点燃，发动机开始工作，推进剂燃烧产生的高温高压气体经喷管喷出，形成与气流相反方向的推力，使枪榴弹加速。例如比利时 55 mm 火箭增程枪榴弹，发射时，枪弹弹头和火药燃气推动枪榴弹沿发射管运动，同时枪弹弹头进入子弹收集器，点燃发射药。火药燃气从子弹收集器的 4 个排气孔喷出，进而点燃火箭发动机，使枪榴弹初速由 30 m/s 增至 105 m/s，最大射程达 650 m。火箭增程技术不仅使射程增加，而且可使威力相对增大，后坐相对减小。辅助药包增程枪榴弹（如比利时 58 mm AC-N 反坦克枪榴弹）是在子弹收集器的周围装约 1 g 的发射药实现增程。发射时，枪弹弹头打入子弹收集器，引燃发射药，火药燃气使枪口压力提高，将枪榴弹速度增加 5 m/s 以上。两种增程方式相比，火箭增程枪榴弹的增程幅度较大，但射击精度稍差。

55 mm 火箭增程杀伤枪榴弹由战斗部、增程发动机和弹尾 3 部分组成。其结构如图 3-53 所示。其主要诸元见表 3-19。

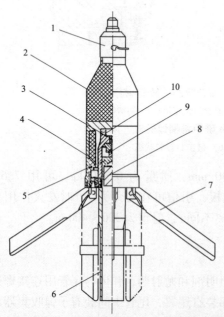

1—引信；2—炸药；3—火帽及延期药；4—火箭火药；5—缓冲器；
6—尾管；7—尾翼；8—子弹收集器；9—冲击钢珠；10—点火药。

图 3-53 55 mm 火箭增程杀伤枪榴弹结构

表 3-19　55 mm 火箭增程杀伤枪榴弹主要诸元

口径/mm	55	最大速度/(m·s^{-1})	105
质量/kg	0.77	炸药铸装 B 炸药/kg	0.158
全长/mm	300	扇形靶密集杀伤半径/m	8
初速/(m·s^{-1})	39	引信解除保险距离/m	25

战斗部与增程发动机的直径都为 55 mm。在战斗部壳体内表面制有环形槽，形成半预制破片。配用机械触发引信。增程发动机具有 4 个对称放置的小喷管。它们的位置与尾管上的 4 片尾翼错开 45°。喷管的扩张段不是对称形状，使喷出的气流与弹的轴线具有一定的夹角，防止喷出的高速气流直接喷在尾管上。火箭发射药为单孔管状药，内孔燃烧，外表面与两端面包覆，不燃烧。挡药板是一个薄圆环。它的外径与燃烧室内径相同，内径稍大于发射药的内径。挡药板放在支承环上，使燃气整流均匀后再流入喷管。尾翼为后张式超口径尾翼。平时用塑料套住，使其不张开，射击前去掉塑料环，使尾翼向前张开到位。尾翼前部和发动机中间装有子弹收集器、冲击钢珠、火帽等。射击前将尾翼套在枪管上，并拔出引信运输保险销。射击时子弹碰击收集器和缓冲器，冲击钢珠，从而击发火帽，点燃延期药。与此同时，枪榴弹获得一定初速，弹丸飞行一定距离后，引信解除保险。经一定时间，延期药点燃火箭火药，使火箭火药燃烧，枪榴弹速度增加。碰击目标时引信作用，起爆炸药装药。

3.4.5　榴弹发射器用弹药

榴弹发射器是利用火药燃气压力抛射小型榴弹弹丸的身管射击武器。其口径一般为 20～40 mm。榴弹发射器有独立式和枪挂式 2 种；按自动方式，可分为非自动、半自动和自动榴弹发射器 3 种；按发射方式，分为单发和连发 2 种；按操持方式，分为单人肩射和多人架射 2 种。在现代战争中，榴弹发射器的使用可提高步兵分队的独立作战能力，增大步兵杀伤火力密度及控制地带，赋予步兵与多种目标作战的手段。

小口径榴弹发射器的主要特点是口径小、重量轻，有单发和自动连发两种结构。可连发的自动榴弹发射器，通常配有三脚架，可在地面使用，也可在直升机或装甲车上使用，发射速度可达 300～400 发/min。可直接瞄准或间接瞄准，最大射角可达 70°，射程通常为 1 000～2 200 m，配用的弹丸有榴弹、破甲弹、照明弹等。

（1）榴弹发射器用榴弹

小口径榴弹发射器榴弹，依靠弹丸爆炸后形成的破片和冲击波毁伤目标。其主要特点是口径小、重量轻、膛压低，战斗部通常为全预制或半预制破片，扇形靶密集杀伤半径（杀伤概率 $P=0.615$）为 5～15 m，杀伤威力比重机枪大得多，与手榴弹相当。它主要用于杀伤敌方有生力量、武器装备和各种无装甲车辆及轻型装甲车辆。另外，由于射角大（可达 70°），所以能从遮蔽的发射阵地上间接瞄准射击，摧毁遮蔽物后面和反斜坡上的有生目标。它可以完成下列战斗任务：

① 当敌步兵战车受阻、人员下车前进时，可杀伤其有生力量并毁伤其武器装备。

② 对射击范围内的敌空降伞兵进行射击。

③ 从掩蔽或非掩蔽阵地上对森林后面和反斜面上的敌人，用间接瞄准的方法，进行曲射弹道射击。

④ 摧毁敌人的自动武器发射点、反坦克火箭筒及导弹发射阵地。
⑤ 封锁交通枢纽和集结地区，对非装甲车辆进行拦阻射击。
⑥ 配合或代替重机枪完成其战斗使命。
⑦ 在射程范围内，配合或代替迫击炮完成其战斗使命。

从榴弹发射器用榴弹所能完成的上述战斗任务中可以看出，与手榴弹、重机枪、迫击炮相比，它具有明显的优越性。

① 美国 M684 40 mm 杀伤榴弹。该弹口径 40 mm，配用无线电近炸引信，为空炸杀伤榴弹。用 M75 和 M129 榴弹发射器发射。用弹链供弹，每条弹链装弹 50 发。其结构如图 3-54 所示。

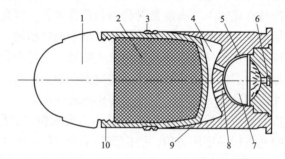

1—引信；2—炸药；3—弹带；4—低压室；5—密封盖箔；6—底火；
7—高压室；8—传火孔；9—药筒；10—弹体。

图 3-54 美国 M684 40 mm 杀伤榴弹结构

该弹为钢弹体，压有紫铜弹带，内装 A5 混合炸药（主要成分为黑索今）。弹丸前端为无线电近炸引信。它含有线路、液体电源、电雷管、机械安全保险机构和一个独立的碰炸机构。弹丸压配合在铝制药筒内，药筒为高低压药室结构，发射药放在高压室内，高压药室的前部放有铜制密封盖箔，高压室后部为带有底火的密封螺塞。其主要战术技术性能如表 3-20 所示。

表 3-20 美国 M684 40 mm 杀伤榴弹主要战术技术性能

全弹长度（含药筒）/mm	112	最大射程/m	2 200
全弹质量（含药筒）/g	335	解除保险距离/m	18~36
炸药装药质量/g	53	弹体材料	冲压钢
初速/(m·s^{-1})	244	引信	M596 无线电近炸引信

作用过程：发射时，榴弹发射器击针击发底火，点燃高压室内的火药，火药气体压力达到一定值时，火药气体冲破小孔处密封盖箔，进入低压室，使弹丸向前运动。与此同时，弹带嵌入膛线，使弹丸旋转，保证弹丸稳定飞行，出炮口获得 244 m/s 的初速。弹丸飞离炮口 18~36 m 时，引信解除保险。离炮口 125 m 时电路保险解除。当弹丸接近目标时，引信发射的电磁波由目标返回，经检测后使点火电路接通，电雷管起爆，弹丸离地面一定高度爆炸。爆炸高度随目标反射无线电电波的能力和接近时的角度而变化。当电路系统产生故障而未能起作用时，引信碰击目标或地面，则引信的触发机构起作用，使弹丸起爆。

② 德国 DM111 式 40 mm 预制破片榴弹。DM111 式 40 mm 预制破片榴弹（图 3-55）由

德国迪尔弹药公司研制，可有效对付掩蔽物之后或掩蔽物之下的步兵目标。弹药符合 STANAG 4403 标准要求，可从所有的 40 mm 自动榴弹发射器发射使用，如 GMG 40 mm 榴弹发射器和美国 Mk19 式自动榴弹发射器。

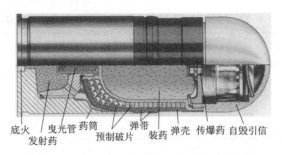

1—底火；2—曳光管；3—药筒；4—弹带；5—弹壳；6—传爆药；7—自毁引信
（发射药）（预制破片）（装药）

图 3-55　德国 DM111 式 40 mm 预制破片榴弹

DM111 式榴弹具有以下特点：DM431 式弹头触发引信具有自毁功能；命中精度更高；装填系数大；采用预制破片，破片杀伤性能优异；装有曳光管；外弹道性能与现已投入战场使用的弹头触发榴弹一致。其主要战术技术性能如表 3-21 所示。

表 3-21　德国 DM111 式 40 mm 预制破片榴弹主要战术技术性能

全弹长/mm	112	破片数量/块	1 450
全弹质量/g	370	解除保险距离/m	18～40
炸药质量/g	42	自毁时间/s	约 18
初速/(m·s^{-1})	242		

DM431 式弹头触发引信的响应能力强，装有烟火自毁装置。烟火自毁装置符合 STANAG 3525 和 MIL-STD 1316 标准要求，并满足所有的安全要求。烟火自毁装置避免了由于触发条件极其不利（如松软的沙地、高草丛、沼泽地或雪地）而导致榴弹变为哑弹。

（2）榴弹发射器用破甲弹

榴弹发射器用破甲弹主要用来摧毁敌人的步兵战车、非装甲车辆和混凝土工事，必要时也可对坦克的侧甲和顶甲射击；爆炸产生的弹体破片也可用于杀伤敌方有生力量。

① 美国 M433 40 mm 破甲弹。该弹口径为 40 mm，用 M79，M203 40 mm 榴弹发射器发射。它是成型装药破甲弹，弹丸爆炸时除药型罩形成金属射流外，弹体和弹底还形成大量破片，所以它同时具有杀伤和破甲两种作用。其结构如图 3-56 所示。

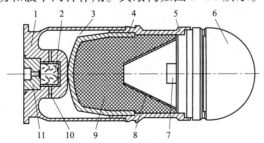

1—药筒；2—高压室；3—低压室；4—下弹体；5—上弹体；6—引信；
7—传爆管；8—药型罩；9—炸药；10—传火孔；11—底火。

图 3-56　美国 M433 40 mm 破甲弹结构

该弹材料为铝合金，但弹底用钢制成。药型罩材料为紫铜。高低压药室结构由铝合金制成，高压室内装有 M9 火药 0.33 g，炸药装药为 A5 混合炸药。该弹配用 M550 高灵敏度弹头触发引信。其主要战术技术性能如表 3-22 所示。

表 3-22 美国 M433 40 mm 破甲弹主要战术技术性能

全弹长度（含药筒）/mm	103	最大射程/m	400
全弹质量（含药筒）/g	230	弹丸长/mm	82
炸药装药质量/g	45	弹丸质量/g	179
初速/(m·s^{-1})	76	破甲威力（着角 0°时，可穿透装甲钢板）/mm	50
100m 立靶精度 高低中间误差/m	0.27	100m 立靶精度 方向中间误差/m	0.23

作用过程：发射时榴弹发射器击针击发药筒底部火帽，点燃高压室火药。当压力增至一定值时，在高压室小孔处，铜制密封盖箔被剪切，燃气经小孔进入低压室。当低压室压力约为 1.47 MPa 时，弹丸与药筒分离，开始嵌入膛线，沿炮膛运动。弹丸初速为 76 m/s，转速为 3 750 r/min。弹丸飞离炮口 14～27 m 时，引信解除保险。撞击目标后，引信作用，引信底部的传爆管爆炸，并通过药型罩中间的孔起爆炸药，使药型罩闭合形成金属射流，同时弹体破碎，形成杀伤破片。

② 美国 XM430 40 mm 破甲弹。与 M433 40 mm 破甲弹相比，美国 XM430 40 mm 成型装药破甲弹（图 3-57）的最大特点是初速高（244 m/s）、射程远（最大射程 2 200 m）、转速高。

药型罩采用了抗旋错位药型罩；钢制弹体内壁刻有预制槽，炸药爆炸时药型罩形成金属射流；弹体形成大量半预制破片。所以，该弹同时具有破甲和杀伤两种作用。药筒采用高低压药室，作用过程与 M433 40 mm 破甲弹相似。其主要战术技术性能如表 3-23 所示。

表 3-23 美国 XM430 40 mm 破甲弹主要战术技术性能

全弹长度（含药筒）/mm	112	最大射程/m	2 200
全弹质量（含药筒）/g	340	引信解除保险距离（距炮口）/m	18～30
炸药装药质量/g	38	引信	M549
初速/(m·s^{-1})	244		

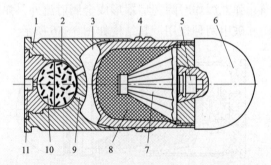

1—药筒；2—高压室；3—低压室；4—弹带；5—传爆管；6—引信；
7—抗旋错位药型罩；8—炸药；9—传火孔；10—发射药；11—底火。

图 3-57 美国 XM430 40 mm 破甲弹

3.5 榴弹的发展趋势

对于榴弹的发展趋势,依然以杀爆弹为例来分析。高新技术下的现代杀爆弹,已脱去了"钢铁+炸药"简单配置的"平民外衣",正沿着现代弹药"远、准、狠"的方向发展。根据弹药的发展趋势和未来战争的需要,远程压制杀爆弹的发展趋势是口径射程系列化,弹药品种多样化,无控弹药与精确弹药并存。

在提高射程方面,从中、近程(20 km左右)发展到超远程(大于200 km)。中、近程弹药采用减阻及装药改进技术,远程弹药采用火箭、底排—火箭、冲压发动机增程技术,超远程弹药采用火箭—滑翔、冲压发动机—滑翔、涡喷发动机滑翔等复合增程技术。

在提高精度方面,中、近程弹药采用常规技术,远程弹药采用弹道修正、简易控制、末段制导等单项技术,超远程弹药采用简易控制、卫星定位+惯导、末段制导等多项复合技术。

在提高战斗部威力方面,针对不同的目标采用高效毁伤破片技术。

(1) 先进增程技术

从发展现状、今后需求以及技术走向来分析,冲压发动机增程、滑翔增程、复合增程是远程压制杀爆弹药的主要增程技术。

采用冲压发动机增程技术后,中、大口径弹药的射程可以达到70 km以上,增程率达到100%。可以说,冲压发动机增程炮弹是未来陆军低成本、远程压制杀爆弹药的主要弹种。

滑翔增程是受滑翔飞机及飞航式导弹飞行原理的启发而提出的一种弹药增程技术。目前正在研究火箭推动与滑翔飞行相结合、射程大于100 km的火箭—滑翔复合增程杀爆弹药。其飞行阶段为弹道式飞行+无动力滑翔飞行:首先利用固体火箭发动机将弹丸送入顶点高度20 km以上的飞行弹道;弹丸到达弹道顶点后启动滑翔飞行控制系统,使弹丸进入无动力滑翔飞行。弹丸射程一般可达到150 km左右。

炮射巡航飞行式先进超远程弹药,与上面提及的火箭—滑翔复合增程弹药在工作原理上截然不同。其飞行阶段为弹道式飞行+高空巡航飞行+无动力滑翔飞行:首先用火炮将弹丸发射到10 km高空(弹道顶点),然后启动动力装置,使弹丸进入高空巡航飞行阶段。该阶段的飞行距离将在200 km以上。动力装置工作结束后,弹丸进入无动力滑翔飞行阶段。该技术可使弹丸射程大于300 km。

根据动力装置的不同,上述先进超远程弹药又分为采用小型涡喷发动机的亚声速巡航飞行,以及采用冲压发动机的超声速巡航飞行两种巡航飞行模式。前者动力系统复杂,控制系统相对简单,可以采用火箭—滑翔复合增程弹的一些成熟技术,但是弹丸的突防能力低于后者;后者动力系统简单,控制系统相对复杂,突防能力强,是未来技术发展的主要方向。

(2) 精确打击技术

随着杀爆弹射程的增大,弹丸落点的散布随之增大,从而使得毁伤效率下降。为了提高远程压制杀爆弹的射击精度,各国正借助日新月异的电子、信息、探测及控制技术,大力开展卫星定位、捷联惯导、末制导、微机电等技术的应用研究,以提高远程压制杀爆弹药的精确打击能力。

与导弹相比,炮射压制弹药的特点是体积小、过载大,而且要求生产成本低,因此精确打击压制弹药的研制必须突破探测、制导及控制等元器件的小型化、低成本、抗高过载等关键技术。微机电系统具有低成本、抗高过载、高可靠、通用化和微型化的优势，正是弹药逐步向制导化、灵巧化发展所迫切需要的。也正是它的出现使得常规弹药与导弹的界线越来越模糊。

比如，微惯性器件和微惯性测量组合技术的发展，催生了新一代陀螺仪和加速度计，包括硅微机械加速度计、硅微机械陀螺、石英晶体微惯性仪表、微型光纤陀螺等。与传统的惯性仪表相比，微机械惯性仪表具有体积小、重量轻、成本低、能耗少、可靠性好、测量范围大、易于数字化和智能化等优点。

随着压制弹药射程的提高，对弹药命中精度的要求也越来越高，单靠一种技术措施已不能满足要求，需要开展多模式复合制导和修正技术的研究，并不断探索提高射击精度的新原理、新技术。

（3）高效毁伤技术

在远射程、高精度的作战要求下，战斗部有效载荷必然降低。为提高远程杀爆弹药的威力，必须加强战斗部总体技术和破片控制技术的研究，采用各种技术措施提高对目标的毁伤能力。归纳起来，有提高破片侵彻能力、采用定向技术提高破片密度，以及采用含能新型破片等几种方法。

含能破片是一种新型破片，具有很强的引燃、引爆战斗部的能力，能够高效毁伤导弹目标，因此受到高度重视。有3种类型的含能破片：本身采用活性材料，当战斗部爆炸或撞击目标时，材料被激活并释放内能，引燃、引爆战斗部；在破片内装填金属氧化物，战斗部爆炸时引燃金属氧化物，通过延时控制技术使其侵入战斗部内部并引爆炸药；在破片内装填炸药，并放置延时控制装置，破片在侵入目标战斗部后爆炸，并引爆目标战斗部。

习　题

1. 以旋转飞行稳定杀爆弹为例，说明杀爆弹的发展演变过程。
2. 从弹丸的终点效应分析，榴弹的作用主要有哪些？
3. 当弹丸在有限岩土介质中爆炸时，抛掷爆破可能会出现哪几种情况？
4. 综合国内外的增程方法，炮弹增程的途径主要有哪几个方面？具体增程有哪些方法？
5. 分析底凹弹、枣核弹、火箭增程弹和底排弹的不同增程原理。
6. 根据弹药的发展趋势和未来战争的需要，分析榴弹的发展趋势。
7. 针对高速运动的空中目标，对高射榴弹应提出哪些要求？
8. 分析不同结构底排装置的底排原理。

第 4 章
穿 甲 弹

4.1 概述

4.1.1 装甲目标特性分析

所谓装甲目标是指用装甲保护的武器装备目标,如坦克、装甲车辆、自行火炮、武装直升机和军舰等,而装甲则是指安装在军事装备或军用设施上的防护层,主要指的是安装在坦克、装甲车上的防护用的金属板。最具代表性的装甲目标就是坦克。下面首先从坦克的防护性能进行分析。

(1) 坦克防护性能分析

坦克的防护性能是指坦克装甲车辆对其自身内部乘员、弹药和各种设备机件具有的保护能力,包括装甲防护性能、形体防护性能、伪装防护性能和"三防"(防核、化学和生物武器)性能,是坦克的重要战术技术性能之一,是坦克战场生存力的重要因素。主战坦克的防护系统主要有以下 4 个部分。

① 装甲防护。坦克车体和炮塔的装甲防护,是坦克抵御各种反坦克武器攻击和坦克战场生存力的基础。坦克装甲防护能力,取决于装甲的材料性能、加工工艺、厚度、结构、形状及其倾斜角度,通常以均质钢装甲板的垂直厚度(mm)或垂直厚度/倾角来表示。复合装甲的防护能力一般均高于相等重量的均质装甲,常以抗弹能力相同的均质钢装甲的厚度(mm)来表示。车体多由轧制装甲钢板焊接而成。炮塔有用装甲钢铸造和轧制装甲钢板焊接两种。铸造装甲容易得到所要求的形状,利于不同厚度装甲的均匀过渡。轧制装甲较密实,抗弹性能略高于相同厚度的铸造装甲。主战坦克各部位的装甲防护能力有显著差异。其重点防护方位是正面 60°弧内,而重点防护部位则是车体首上装甲和炮塔正面。其主要防御对象是敌方主战坦克的穿甲弹、破甲弹、反坦克导弹和步兵火箭弹。轻型装甲车辆在给定距离上具有防小口径机关炮弹、机枪弹和炮弹破片的能力。表 4-1 给出了主要反坦克弹药的穿(破)甲性能,也就是装甲应具备的防护能力。

② 形体防护。形体防护性能是指通过控制坦克自身的外廓尺寸,采取有利的抗弹外形所能获得的防护效能。坦克的外廓尺寸和装甲壳体的形状是影响形体防护的主要因素。外廓尺寸小则受弹面积小,可以减小被发现和被命中的概率,但受到所需车体炮塔内部空间及坦克内部总体布置的限制。内部空间过小,乘员活动受到限制,也为机件维修带来困难。坦克正面投影面积构成了坦克正面的受弹面积,它取决于坦克的高度和宽度。坦克各部位装甲的

抗弹性能与其形状（或装甲板倾斜角度）密切相关。合理的防护外形既可使来袭的弹丸发生跳弹，提高坦克的抗弹能力，也可减轻核武器冲击波的破坏作用。

表 4-1　主要反坦克弹药的性能

性能参数	反坦克弹药	主战坦克炮弹		反坦克导弹	步兵火箭弹
		穿甲弹	破甲弹		
穿（破）甲厚度/mm	20世纪80年代装备	400～500	400～600	500～600	300～400
	改进型装备	>600	>800	800～1 000	>500
作战距离/m		≤2 000	≤2 000	3 000～4 000	≤500
对坦克命中概率		0.7～0.8	0.7～0.8	0.8～0.9	0.5

目前，主战坦克的车体首部多数采用倾斜形状。由于穿甲弹弹道低伸，一般成水平命中目标，所以当装甲板有倾斜角度 α 时，弹丸穿透装甲所经过的距离增长。如图 4-1 所示，装甲厚度为 b，而弹丸穿甲厚度为 $b/\cos\alpha$，这样就削弱了穿甲弹的破坏力。主战坦克的炮塔，多数为近似半球形的铸造钢装甲炮塔，外形为圆弧过渡。

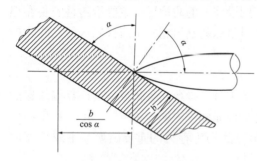

图 4-1　倾斜装甲中弹后实际穿甲距离与厚度关系

③ 伪装防护。坦克装甲车辆采用各种伪装措施，以减少被光学、雷达等侦察器材发现的可能性。伪装措施主要有涂料、遮障和烟幕等。其评价指标是采取伪装措施后坦克被发现的概率。坦克装甲表面涂覆一般迷彩涂料，被发现的概率为 40%～50%；施放烟幕弹后，被发现的概率为 25%～30%。

④ "三防"装置防护。现代主战坦克都有"三防"装置，用以保护坦克乘员和车内机件免遭或减轻核、化学、生物武器的杀伤和破坏。其评价指标是对各种杀伤破坏因素的防护效果和消除能力。"三防"装置由车内密封、滤毒通风和探测报警等部件构成。探测报警仪器用来测出车外毒剂和放射性污染的剂量，适时发出报警信号；滤毒通风部件将污染的空气净化后送入密闭的乘员室，并形成超压，阻止被污染的空气从缝隙进入车内。现代主战坦克一般均安装有自动灭火抑爆装置，采用隔舱化结构，并在装甲车体炮塔内装有非金属的防崩落衬层，以减轻坦克中弹后效和二次效应的杀伤破坏作用。

（2）坦克目标特性分析

随着现代反坦克弹药性能的提高，世界各国都普遍加强了坦克的装甲防护能力，间隔装甲、复合装甲、贫铀装甲、屏蔽装甲、反应装甲等技术被广泛采用，坦克已成为防护好，火力猛，高速、高机动性的移动堡垒。这样就对反装甲弹药的性能提出了更高的要求。坦克的操作和驾驶位于车体前部，传动部件在后部，因此坦克等装甲目标都采用非均等厚度。坦克的装甲结构如图 4-2 所示。

通常，炮塔前装甲最厚，车体前装甲较厚，两侧和后部次之，坦克顶部和车体底部最薄。为抵抗低伸弹道弹丸的进攻，装甲应相对于铅垂线倾斜布置，这样不仅可以增大装甲的水平厚度，还容易产生跳弹和使引信瞎火。坦克各部位装甲名称如图 4-3 所示。

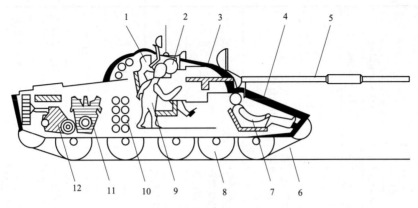

1—车长；2—炮长；3—炮塔；4—车体；5—火炮；6—履带；7—驾驶员；
8—负重轮；9—装填手；10—弹药；11—发动机；12—变速箱。

图 4-2 坦克装甲结构示意

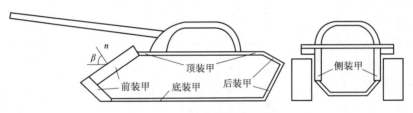

图 4-3 坦克各部位的装甲名称

国外 20 世纪 90 年代主战坦克的主要战术技术性能如表 4-2 所示。由此可以看出，随着装甲防护技术的发展，坦克的装甲防护层正在不断地采用新材料、新结构和新原理，普遍采用了多层间隔装甲、复合装甲或披挂了反应装甲、贫铀装甲等防护措施。同时，还改进了车体结构，增大了发动机功率。这样不仅增大了坦克的防护能力，而且增强了其机动性能，对反装甲弹药的要求也就越来越高。

(3) 各类型装甲性能分析

在装甲与反装甲相互抗衡的发展过程中，装甲技术得到了长足的发展；装甲从均质发展到复合，其结构也从单纯的主装甲发展成披挂式和组合式。常用的装甲材料有装甲钢、铝合金、特种塑料、复合装甲等。按防护原理，装甲可分成被动装甲和主动装甲；按材质性质，装甲可分成金属装甲和非金属装甲；按生产方法，装甲可分为轧制装甲和铸造装甲；按硬度，装甲可分为高硬度装甲、中硬度装甲和低硬度装甲；按装甲断面性质，装甲可分为均质装甲和非均质装甲；按装甲的具体材料成分，装甲可分成钢装甲、铝装甲、钛装甲、贫铀装甲、透明装甲、陶瓷装甲、复合装甲、反应装甲、屏蔽装甲、间隙装甲、格栅装甲和披挂装甲等。另外，许多国家提出了一些新概念装甲，如电磁装甲、电热装甲和灵巧装甲等。下面介绍部分装甲的性能特点。

间隔装甲是指在车体或炮塔的主装甲之外，相隔一定距离，增加一层或多层附加钢甲。其作用是使破甲弹提前引爆，使穿甲弹的弹芯遭到破坏并消耗弹丸的动能，改变弹丸的侵彻姿态和路径，以提高防护能力。若附加装甲是相对独立的，则称之为屏蔽装甲。屏蔽装甲可以做成固定式，也可做成安、拆都较为方便的披挂式。在坦克上加装的附板或裙板都属屏蔽装甲。

表 4-2 20世纪90年代国外主战坦克的主要战术技术性能

国 别	德国	日本	美国	法国	俄罗斯	英国	以色列	俄罗斯
型 号	"豹" 2A5	90 式	M1A2	"勒克莱尔"	T-90C	"挑战者" 2	"梅卡瓦" 3	T-80 yM
乘员/人	4	3	4	3	3	4	4	3
战斗总质量/t	59.7	50	57.1	54.5	46.5	62.5	65	46
火炮口径及类型	120 mm 滑膛炮	120 mm 滑膛炮	120 mm 滑膛炮	120 mm 滑膛炮	125 mm 滑膛炮	120 mm 线膛炮	120 mm 滑膛炮	125 mm 滑膛炮
炮弹基数/发	42	34/自动装弹	55	40/自动装弹	44/自动装弹	50	48	45/自动装弹
穿甲弹初速/(m·s^{-1})	1 650		1 650	1 750	1 800			
稳定装置	火炮双向稳定、瞄准线双向稳定	火炮双向稳定	火炮双向稳定、瞄准线双向稳定	火炮双向稳定、车炮长瞄准线双向稳定	火炮双向稳定	火炮双向稳定	火炮双向稳定、瞄准线双向稳定	火炮双向稳定
测距仪	激光	激光	激光	激光	激光	激光	激光	激光
夜瞄装置	热成像	热成像自动跟踪目标	车长独立热成像瞄准镜	热成像	热成像	热成像	热成像自动跟踪目标	热成像
发动机功率/kW	1 103	1 103	1 103	1 103	735	882	882	919
传动型式	液力机械	液力机械	液力机械	液力机械	机械	液力机械	液力机械	机械
最大公路速度/(km·h^{-1})	72	70	68	71	65	56	60	70
最大公路行程/km	500	400	460	550	550	450	500	430（带外组油箱）
炮塔主要部位装甲	复合装甲、屏蔽装甲	复合装甲	复合装甲、贫铀装甲	复合装甲	复合装甲、爆炸式反应装甲、"窗帘-I"主动防护	复合装甲、屏蔽装甲	间隔装甲、模块化装甲	复合装甲、爆炸式反应装甲
车体主要部位装甲	复合装甲、屏蔽装甲	复合装甲	复合装甲、贫铀装甲	复合装甲	复合装甲	复合装甲、屏蔽装甲	间隔装甲、模块化装甲	复合装甲、爆炸式反应装甲
定位导航	有	无	有	有	无	无	无	无
装备年代	1996	1991	1992	1992	1992	1994	1989	1992

复合装甲是由两层或多层不同材料组合而成的装甲。就材质而言，金属材料除装甲钢外，还有铝合金、钛合金；非金属复合材料有高强度纤维、抗弹陶瓷等。复合装甲种类有很多，按照所使用材料，可分为金属与金属的复合和金属与非金属的复合两大类。不同材质的装甲层以黏结或机械连接方法组合在一起，具备较好的综合防护能力，优于相等重量的单层钢装甲，然而装甲较厚，成本较高，常配置在战车中弹率较高的部位，例如车体前装甲和炮塔部位。位于伦敦西部萨利州乔巴姆镇的英国陆军军用车辆与工程研究院，于1976年研制成功一种复合装甲，国际上称其为乔巴姆装甲（Chobham armour）。该装甲由钢板、非金属夹层（陶瓷等）和铝合金板复合而成，已用于"勇士""挑战者"等坦克，如图4-4所示。乔巴姆装甲的出现，激发了各国对复合装甲的研究。现代复合装甲已融合间隙和双板填加惰性材料的响应式装甲技术，构成新的组合装甲。

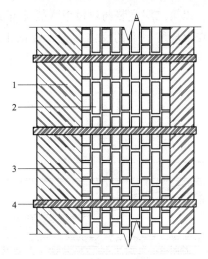

1—外层钢装甲；2—陶瓷组件；
3—铝或塑料外壳；4—固定螺栓。

图4-4 乔巴姆装甲结构

贫铀装甲也称铀合金装甲，是用低放射性铀238合金制成的装甲。它具有塑性好、波阻抗大、密度大等特点，因此抗穿甲和抗破甲的综合效果好。美国在海湾战争中动用了1 000多辆装有重型贫铀装甲的M1A1-HA坦克，其抗弹防护系数达到1.1，厚度系数达到2。该坦克正面的防穿甲水平达到600 mm钢装甲。贫铀装甲的密度约为钢的2.4倍，强度和塑性好。反应装甲和响应装甲的结构层板使用这种材料时，可以大幅度提高抗穿甲和抗破甲能力。此外，碳化铀陶瓷装甲的抗弹能力已达到同等厚度铬刚玉陶瓷的2.5倍，用其制造复合装甲，可减薄装甲厚度。但贫铀装甲含有微量放射性物质，会给乘员带来一定危害。

反应装甲是依靠钝感炸药的爆炸效果干扰作用进行防护的装甲。第一代反应装甲采用了在内层薄装甲钢板之间装上一层相对安全的钝感装药的技术手段，由前板、后板（装甲钢板）和中间夹层（钝感炸药）三层构成。一般情况下，反应式装甲块可以匹配成三层厚度为1 mm+2 mm+1 mm、2 mm+7 mm+2 mm、3 mm+3 mm+3 mm、5 mm+5 mm+5 mm等多种结构形式的爆炸块，该爆炸块又装在钢板盒内（可以放两层反应装甲，亦可倾斜放置，如图4-5所示），用螺栓将钢板盒固定在坦克需要防护的位置；钢板盒的高、宽、长根据设计需求和安装部位而定。反应装甲基本结构有平板型、倾斜型和倒V型三种，如图4-6所示。当破甲弹形成的聚能金属射流撞击反应装甲时，钝感炸药层被引爆，驱使两层钢板高速向相反方向运动，再加上爆轰产物的破坏作用，使射流产生横向干扰效应，破坏了射流的稳定性，降低了破甲效果，如图4-7和图4-8所示。钢板还具有防止意外撞击的作用，反应装甲的炸药不会被枪弹引燃、引爆，遇明火只燃不爆。以色列研制的Blazer装甲属于防普通破甲弹的第一代爆炸式反应装甲。为对付动能穿甲弹，须增加反应装甲的两层夹板的厚度，同时调整好炸药的冲击感度，确保只有一定撞击能量的大口径穿甲弹才能引爆反应装甲。具有上述两种功能的反应装甲为"双防"反应装甲，它既能防破甲弹，也对穿甲弹有一定防护效果。俄罗斯已将这种反应装甲安装在T-80Y坦克的车首上部位。为对付串联破甲战斗部的攻击，又研制成具有"三防"功能的双层反应装甲，用其第一层装药阻挡第一级战斗部，以第二层主装药对付串联战斗部的第二级战斗部。利用串联战斗部的第一级装药引爆预埋在反应装甲中的反击装置，提前击毁串联战斗部的第二级装药，是一种更新的"三防"式反应装甲。

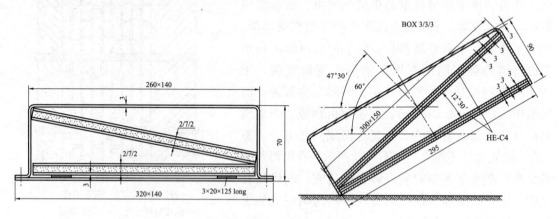

图4-5 放置两层反应装甲的钢板盒

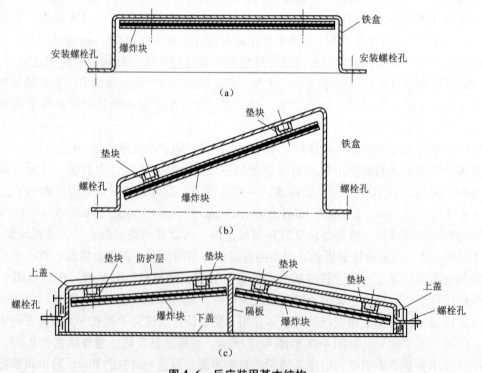

图4-6 反应装甲基本结构
(a) 平板型；(b) 倾斜型；(c) 倒V型

图 4-7　典型反应装甲作用原理　　　　图 4-8　反应装甲抗破甲弹效果

电磁装甲是利用电磁原理进行防护的装甲。电磁装甲有自动激活电磁装甲和主动电磁装甲两种。自动激活电磁装甲由安装在主装甲外侧的、相隔一定距离的两块薄钢板和高压电容器组组成。一块薄钢板接地，另一块钢板与高压电容器组相连。当射流或弹芯经过两块薄钢板时，电容器放电，形成强大磁场，使弹丸金属导体产生交变洛伦兹力，造成弹杆偏转或断裂，使金属射流膨胀发散，断裂破坏，直径增大 5~10 倍，作用在单位面积上的侵彻能量急剧下降，从而避免主装甲被击穿。主动电磁装甲由探测器、处理器、蓄能器、转换器和发射器组成。探测器一旦探测到 100 m 距离处、速度为 1 600~2 000 m/s 的入射弹丸，计算机控制系统会接通电容器组，向电感发射器线圈输出强大脉冲电流。发射器由两块保持一定间隔距离的金属板组成，金属板中弹后被"激活"，弹丸和射流偏转。

电热装甲是利用电热原理进行防护的装甲。电热装甲的组成与自动激活电磁装甲类似，其区别在于主装甲前的两块薄金属板之间的间隔较小，且有一层绝缘材料。当射流或动能弹弹芯穿经两块薄金属板时，电容器会放电，使绝缘材料迅速受热膨胀，向两边推压薄金属板，干扰射流或弹芯。电热装甲和所有电装甲一样，需要高能量密度的高压电容器组做动力源。随着车用大功率发电机、整流器、变流器、大功率脉冲电流发生器和电能存储器技术的进步，一旦电容器组的能量密度达到 20 MJ/m^3，电装甲就有可能装车使用。

灵巧装甲的基本原理是把弹丸着靶产生的机械能快速转变为微动力装置的机械能。研究表明，通过在装甲内部嵌入微型动力装置控制拉应力，或者使灵巧装甲系统偏转一定角度，都可以改变弹丸的运动方向，从而保护基体装甲不被破坏。它的关键装置是传感器和微型动力装置。传感器要极其灵敏，可在数微秒钟内做出响应，并能精确测定弹丸着速和着靶时的撞击方向。微动力装置应具有高度灵敏性，尺寸小，可使用压电陶瓷材料、陶瓷电致伸缩材料、形状记忆合金等制造。

4.1.2　装甲目标对反装甲弹药的要求

（1）现代装甲目标特性

由上述坦克防护性能分析、坦克目标特性分析和各类型装甲性能分析可以看出，现代装甲目标具有如下特性：

① 装甲坚。一是装甲厚度大。如苏联 T80 坦克，前炮塔装甲厚度达 400~450 mm。二是装甲力学性能好。一般多采用含铬、锰、镍、钼等元素的合金钢，抗拉强度高达

2 000 MPa，布氏硬度介于 2 450～5 450 MPa。三是装甲结构多样。有乔巴姆装甲、复合装甲、间隔装甲、贫铀装甲、反应装甲、电磁装甲、电热装甲等。四是装甲具有大倾角。一般前装甲垂直倾角多在 60°～65°，有的高达 68°～70°。

② 火力强。现代坦克一般都装有一门 100～125 mm 火炮，一挺并列机枪和一挺高低两用机枪。

③ 速度快。在公路上最高时速达 60～70 km/h；作战时，一般时速约 35 km/h。

④ 越野性能好。一般可爬 30°坡，超越 1 m 高的垂直墙和 2～3 m 宽的壕沟，能涉渡 1 m 深的河流，还能利用潜渡装置在 4～5 m 深的水中潜渡。

⑤ 装甲目标的攻击弱点。装甲目标的攻击弱点主要是：内部空间小，且在不大的体积内装有大量的易燃易爆物。这样的空间结构一旦被击中，很容易发生燃烧和爆炸；受容积限制，携带的弹药较少；顶甲和底甲的防护较弱；不便于观察和与外界联系。

(2) 对反装甲弹药的要求

根据装甲目标的上述特性，对反装甲弹药提出了以下要求：

① 威力大。这里所说的威力是指毁伤装甲目标的能力。由于各种反装甲弹药的作用原理不同，因此对威力的具体要求也不同。反装甲弹药若能用以攻击目标的薄弱部分，如坦克的顶甲和侧甲，也就相对提高了弹丸的威力。

② 精度好。由于坦克等装甲目标体积小、速度快，又必须直接命中目标才能奏效，因此对反装甲弹药的射击精度要求很高。

③ 有效射击距离大。所谓有效射击距离主要是指能保证必要的命中概率和对目标毁伤效力的射击距离。为保证必要的命中概率，除弹药的散布精度要好以外，还可采用低伸弹道，并尽量减少飞行时间。

(3) 反装甲弹药的分类

① 按作用原理分。

穿甲弹——主要依靠弹丸碰击目标时的动能贯穿装甲，击毁目标。

破甲弹——主要利用成型装药聚能爆轰原理，在装药爆炸时驱动金属药型罩形成金属射流，贯穿装甲，击毁目标。当采用大锥角罩、球缺罩及双曲形罩等聚能装药时，也可形成爆炸成型弹丸来对目标进行毁伤。其实质为成型装药技术的特殊情况。

碎甲弹——主要利用堆积在装甲表面的炸药爆炸的能量使装甲另一面崩落，产生碎片，击毁目标。

② 按作用能源分。

动能弹——利用弹丸碰击目标时的动能贯穿装甲，如各种穿甲弹。

化学能弹——利用弹丸装药爆炸释放的能量破坏装甲，如破甲弹和碎甲弹。

4.1.3 穿甲弹的发展史

穿甲弹是依靠自身的动能来穿透并毁伤装甲目标的弹药。其特点为初速高、直射距离远、射击精度高，是坦克炮和反坦克炮的主要弹种，也配用于舰炮、海岸炮、高射炮和航空机关炮，用于毁伤坦克、自行火炮、装甲车辆、舰艇、飞机等装甲目标，也可用于破坏坚固防御工事。在穿甲作用过程中，穿甲弹弹丸会发生镦粗、破断和侵蚀等变形和破坏。当装甲被穿透后，穿甲弹利用弹丸的爆炸作用，或弹丸残体及弹、板破片的直接撞击作用，或由其引燃、引爆产生的二次效应，杀伤目标内的有生力量和各种设备。

穿甲弹是在与装甲目标的斗争中得到发展的。穿甲弹出现于19世纪60年代，最初主要用来对付覆有装甲的工事和舰艇。第一次世界大战出现坦克以后，穿甲弹在与坦克的斗争中得到迅速发展。普通穿甲弹采用高强度合金钢作弹体，头部采用不同的结构形状和不同的硬度分布，对轻型装甲的毁伤有较好的效果。在第二次世界大战中出现了重型坦克，相应地研制出碳化钨弹芯的次口径超速穿甲弹和用于锥膛炮发射的可变形穿甲弹，其由于减轻了弹重，提高了初速，增加了着靶比动能，故提高了穿甲威力。20世纪60年代研制出了尾翼稳定超速脱壳穿甲弹，其能获得很高的着靶比动能，穿甲威力得到大幅度提高。20世纪70年代后，这种弹采用密度为18 g/cm³左右的钨合金和具有高密度、高强度、高韧性的贫铀合金做弹体，可击穿大倾角的装甲和复合装甲。随着科学技术的发展和穿甲理论的研究，精确制导技术用于穿甲弹，又出现了超高速动能导弹及X-杆式弹，能在2 000 m以远遂行反装甲作战。

（1）穿甲弹发展中的几次飞跃

随着与装甲的"碰撞"，穿甲弹经历了适口径钢质实心弹体或装有炸药弹体的普通穿甲弹（AP）、具有次口径碳化钨弹芯的超速穿甲弹、旋转稳定脱壳穿甲弹（APDS）与尾翼稳定脱壳穿甲弹（APFSDS）等发展阶段。穿甲弹的穿甲能力主要取决于弹体结构、材料特性、着靶比动能以及着靶姿态。穿甲弹的发展与改进，主要是围绕以下几个方面进行的：

① 采用钨、铀合金弹芯。侵彻机理研究表明，在穿甲弹芯长度一定的情况下，侵彻深度与靶板材料密度的平方根成反比，而与弹芯材料密度的平方根成正比。穿甲弹最开始采用适口径钢质实心弹芯，侵彻效果不理想。随后人们发现，钨合金密度约为17.6 g/cm³，贫铀合金密度约为18.6 g/cm³，均是钢密度的2.2倍以上，是更好的弹芯材料。其中，贫铀材料是提取核材料的副产品，性能和密度稍优于钨，使用它主要是为了合理利用资源。

② 采用"脱壳"方式。比动能是指着靶时作用在单位面积装甲上的动能。比动能越大，穿甲能力就越强。而要大幅度增加穿甲弹的比动能，就应该设法提高其离开炮口时的初速，同时降低飞行时的空气阻力，以减少速度损失。于是发明家想到一个"鱼与熊掌兼得"的高招——设法让穿甲弹飞行时的弹径远小于在膛内获得火药燃气推力时的弹径——于是出现了脱壳穿甲弹。脱壳穿甲弹在小直径高密度材料（如钨或铀合金）的飞行弹体外，包以一个低密度材料（如铝合金）制造的适口径弹托。这样，脱壳穿甲弹在膛内受燃气推动时，由于安装了弹托，因此承受火药燃气推力的面积比较大，而弹丸重量比较轻（约为普通穿甲弹的1/3），可以提高初速；而出炮口后，高密度、小弹径穿甲弹芯很快与弹托分离（即脱壳）而独自飞向目标，从而减小了阻力和速度损失，提高了到达终点时的比动能。因此，脱壳穿甲弹的穿甲能力是普通穿甲弹无法比拟的。

③ 采用"尾翼稳定"方式。为了减小飞行阻力，改善着靶姿态，穿甲弹要有一个理想的飞行弹道和稳定的飞行姿态，以避免弹丸在空中出现翻跟头的现象。最先出现的是旋转稳定脱壳穿甲弹，受旋转稳定方式的限制，穿甲弹的飞行弹体（即弹芯）的长细比一般不超过6，其应用受到局限。继而问世的是尾翼稳定脱壳穿甲弹（因穿甲弹芯为杆状，俗称杆式弹）。它可以大大提高弹芯的长细比，脱壳后就像一支带尾翎的利箭。尾翼稳定脱壳穿甲弹的比动能远大于旋转稳定脱壳穿甲弹，能有效地对付复合、间隙装甲目标，对均质装甲板的穿深可达700 mm以上，现被各国广泛应用。

现代的尾翼稳定脱壳穿甲弹采用高密度钨、铀合金材料的大长细比弹芯，是中、大口径火炮的主要反坦克弹种之一。小口径火炮上除了配有普通穿甲弹、旋转稳定脱壳穿甲弹之外，也逐渐配备了尾翼稳定脱壳穿甲弹。尾翼稳定脱壳穿甲弹具有相对较低的成本和良好的战场抗干扰特性，在未来战争中将占据重要地位。

（2）穿甲弹技术的发展

穿甲弹是在与装甲的对抗中发展起来的。从20世纪60年代至今，50多年的技术进步可归结为：

弹芯材料从低密度的钢发展为高密度的钨、贫铀合金，穿甲能力大幅提高，同时综合力学性能也满足了新一代高膛压火炮的强度要求。

弹芯结构经历了从整体钢结构，经钢包钨、铀芯（为满足发射强度），到整体锻造钨、铀合金结构。为了避免跳弹，并兼顾各种靶板的抗弹特性，除整体弹芯加断裂槽结构外，又出现了球头式、穿甲块式等多种头部结构。弹体的机械物理性能沿轴线及截面可以有不同的要求。

尾翼外径从同口径并承担膛内定心的大尾翼，发展到不起定心作用的小尾翼；材料也由钢改为铝合金，再加上对弹型的优化，使气动力性能大大改善，提高了终点比动能。

随着材料及工艺性能的提高，弹芯长细比不断加大，现已达到30～40，可满足提高穿甲威力的要求。

发射穿甲弹的火炮的口径现以105 mm，115 mm，120 mm，125 mm为主，不久将出现140 mm，145 mm等更大口径的火炮。

由于初速的提高、新技术的应用，射弹密集度逐步提高，概率误差一般在0.2密位以内。

4.1.4 对穿甲弹的性能要求和穿甲作用

（1）穿甲弹的战术性能要求

一般来说，对于穿甲弹的战术性能要求常包括如下几个方面：

① 要求在一定的距离上穿透给定厚度、给定倾斜角的装甲，表示为均质靶板厚度/着角——有效穿透距离或多层靶板厚度/着角——有效穿透距离。

有效穿透距离是指穿透给定装甲的最大距离。也就是说，在有效穿透距离内，命中目标的动能穿甲弹均能穿透给定的装甲靶板。着角是指弹丸着靶时的速度矢量与靶板外法线之间的夹角 α（图4-9）。

② 要求一定的直射距离。所谓直射距离，是指限定最大弹道高的最大射程。根据坦克装甲车辆的实际情况，目前均以2 m作为最大弹道高限定值。这种限定的含义是，自运动目标进入直射距离起，火炮就可以在不改变射角的情况下使弹丸连续命中目标。

③ 要求一定的密集度。由于穿甲弹是以直接命中目标来完成战斗任务的，因而除要求有较高的瞄准精度外，对其射击密集度的要求也较高。常用一定距离上的立靶精度来表示穿甲弹的射击精度，即用高低中间偏差 E_y 和方向中间偏差 E_z 来衡量穿甲弹的精度好坏。

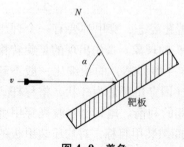

图4-9 着角

(2) 穿甲弹侵彻靶板的破坏形式

穿甲弹是靠弹丸的碰击作用穿透装甲,并利用残余弹体的动能、钢甲的破片或炸药的爆炸作用毁伤装甲后面的有生力量或器材,因此穿甲弹对装甲目标的整个作用过程包括侵彻作用、杀伤作用和爆破作用。下面主要讨论侵彻作用。

① 靶板类型。靶板以其厚度可分为下列类型:

一是薄靶。弹体在侵彻过程中,靶板中的应力和应变沿厚度方向上没有梯度分布。

二是中厚靶。弹体在侵彻全程中,一直受到靶板背表面的影响。

三是厚靶。弹体侵入靶板相当远的距离后,才受到靶板背表面的影响。

四是半无限靶。弹体在侵入过程中,不受靶背面远方边界表面的影响。

薄靶和中厚靶断裂破坏将导致穿孔。这些破坏由于材料性质、几何形状以及撞击速度的不同而各有特点。

② 靶板破坏形式。动能穿甲弹与目标的撞击过程是一种极其复杂的现象。从穿甲弹与目标撞击后的运动形式看,将有 3 种可能,即穿透、嵌埋和跳飞。穿透是指弹丸穿越了目标;嵌埋是指弹丸侵入目标后留在了目标内;跳飞是指弹丸既未穿透目标,又未嵌埋在目标内,而是被目标反弹出去了。从穿甲弹与目标撞击后的形状看亦有 3 种可能,即完整、变形和破裂。保持原有形状者为完整,形状发生变化者为变形,破碎为两块以上者为破裂。有时,人们根据破裂程度,还把破裂细分为碎裂和粉碎。

就穿透来说,装甲目标的破坏形式不外乎有 5 种(图 4-10),即韧性破坏、冲塞破坏、花瓣型破坏、破碎型破坏和层裂型破坏。

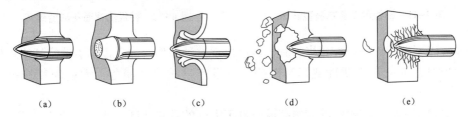

图 4-10 装甲板的破坏形式

(a) 韧性破坏;(b) 冲塞破坏;(c) 花瓣型破坏;(d) 破碎型破坏;(e) 层裂型破坏

下面,对靶板破坏的 5 种基本形式做一简要说明。

一是韧性破坏。这种破坏常见于靶板厚 b 与弹径 d 之比 $b/d>1$ 的情况下。由于靶板富有韧性和延性,穿孔被弹丸扩开,靶板上形成圆形穿孔,孔径不小于弹体直径,出口有破裂的凸缘。当尖头穿甲弹垂直碰击机械强度不高的韧性钢甲靶板时容易产生这种破坏形式,靶板阻力将随硬度的增加而增大。当钢板厚度增加,强度提高,或法向角增大时,尖头穿甲弹将不能穿透钢甲,或产生跳弹。

二是冲塞破坏。这是一种剪切穿孔,容易出现在中等厚度的钢板上。当 $b/d<1/2$,板厚与弹长 L 之比 $b/L<1/2$ 时,在弹丸强度比较高且不变形的情况下,靶板破坏形式是冲塞型。薄靶板(即 $b/d<1$ 时)或者钝头弹都易出现这种破坏形式。其特点是,当弹丸挤压靶板时,弹和靶相接触的环形截面上产生很大的剪应力和剪应变,并同时产生热量。在短暂的撞击过程中,这些热量来不及散逸出去,因而大大提高了环形区域的温度,降低了材料的抗剪强度,以致冲出一个近似圆柱的塞块,出现冲塞式破坏。

三是花瓣型破坏。靶板薄、速度低（一般小于 600 m/s）时，容易产生这种破坏。当锥角较小的尖头弹和卵形头部弹丸以较低的速度侵彻薄装甲时，弹头向前运动，先把靶板的材料推向前去，从而造成靶板的弯曲，形成靶板的弯曲应力，再加上靶板材料中存在的不均匀性，在其弱点上，这种弯曲应力造成了靶板正面的花瓣型卷边破坏（图 4-11）；花瓣型破坏总是伴随着产生较大的塑性流动变形和板的永久弯曲变形。如果弹丸的撞击速度较大，靶板背面的隆起部分进一步受到弹体的推动，从而发生进一步变形。最后，隆起部分的拉伸应力超过材料的拉伸强度，在弹体顶端四周产生星形裂缝，弹头钻出了靶板背侧，靶板再也挡不住弹体的前冲运动；而靶板其余部分的拉伸应力把业已穿孔的边缘拉住，造成了靶板背面的花瓣型卷边破坏（图 4-12）。形成的花瓣数，将随靶板厚度和弹丸速度的不同而不同。

 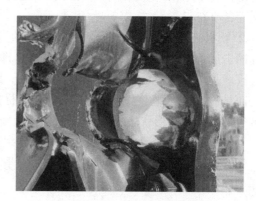

图 4-11　靶板的正面花瓣型破坏　　　　图 4-12　靶板的背面花瓣型破坏

四是破碎型破坏。当靶板相当脆时，容易出现这种破坏。弹丸以高着速穿透中等硬度或高硬度钢板时，弹丸产生塑性变形和破碎，靶板产生破碎并崩落，大量碎片从靶后喷溅出来。

五是层裂型破坏。在靶板硬度稍高或质量不太好的具有轧制层状组织的情况下，容易出现这种破坏，产生的碟形破片往往比弹丸直径大。这种破坏是由强应力波的相互作用引起的。靶板受到弹丸强烈冲击后，靶内将产生一压缩应力波，当此压缩应力波传到靶板背表面时将发生反射，并形成一道自背表面与反射应力波传播方向相反的拉伸波。入射压缩波和反射拉伸波在靶内相互干涉，将在距靶板背表面某一截面上出现拉伸应力超过靶板抗拉强度的情况，于是发生崩落破坏。

应当指出，上述现象是典型情况，实际出现的可能是几种破坏形式的综合。特别是当弹丸对靶板进行斜射击时，其现象就更为复杂了。

（3）影响穿甲作用的因素

① 弹丸的结构与形状。弹丸的结构与形状不仅影响其弹道性能，也影响最终的穿甲作用。对于旋转稳定的普通穿甲弹，长径比不宜大于 5.5，这样既可保证其在外弹道上的飞行稳定性，又可防止着靶时跳弹；在穿甲爆破弹的弹头部适当位置预制一个或两个断裂槽，或者配置被帽，在穿甲过程中可有效防止暴露药室，从而提高威力；对长杆式穿甲弹，则尽量增大长径比，提高弹丸比动能，从而大幅度提高穿甲威力。

② 着靶角。着靶角对弹丸的穿甲作用有明显的影响。当弹丸垂直碰击钢甲时（着靶角

为0°），弹丸侵彻行程最小，极限穿透速度最小。当着靶角增大时，弹丸的极限穿透速度增加。

③ 弹丸的着靶姿态。弹丸轴线和着靶速度矢量的夹角被称为章动角，也称攻角。章动角越大，在靶板上的开坑越大，因而穿甲深度越小。对大长径比弹丸穿甲或大法向角穿甲时，章动角对穿甲作用的影响更大。

④ 弹丸着靶比动能。穿孔的直径、穿透的靶板厚度、冲塞和崩落块的重量取决于弹丸着靶比动能。这是由于穿透钢甲所消耗的能量是随穿孔容积的大小而改变的（即单位容积穿孔所需能量基本相同）。因此，要提高穿甲威力，除应提高弹丸着速外，还需适量减小弹丸直径。

⑤ 装甲力学性能、结构和相对厚度。弹丸穿甲作用的大小在很大程度上取决于装甲的抗力，而装甲的抗力取决于其物理性能和力学性能。提高装甲的力学性能、增大相对厚度（靶板厚度与弹丸直径之比）、增大非均质性、增大密度、采用有间隙的多层结构等都会使穿深下降。

（4）弹道极限的计算

在对弹丸射击靶板现象的研究中有一重要术语，即弹道极限。所谓弹道极限是指弹丸以规定着角贯穿给定类型和厚度的装甲板所需的着速。通常认为弹道极限是下面两种撞击速度的平均值：一是弹体部分侵入靶板的最高速度；二是完全贯穿靶板的最低速度。对此，人们虽然已经进行了近百年的实验和理论研究，但是由于影响穿甲的因素有很多，至今还没有得到一个比较完善的计算公式。在实际的工程计算中，仍然利用一些经验公式。

① 德马尔公式。该公式是德马尔在1886年建立的。假定弹丸是刚性的，在碰击靶板时不变形，所有的动能都消耗在穿透靶板上；靶板材料是均质的；弹丸只做直线运动，不旋转；靶板固定牢固等。在这种条件下，根据能量守恒，最终可以写出

$$v_b = K \frac{d^{0.75} b^{0.7}}{m^{0.5} \cos\alpha} \tag{4-1}$$

式中　v_b——弹丸穿透靶板所需要的最低速度，m/s；

　　　d——弹径，dm；

　　　b——靶板厚度，dm；

　　　α——着角，(°)；

　　　K——穿甲系数，其范围为 2 200～2 600，通常取 $K = 2 400$。

② 贝尔金公式。为了克服德马尔公式没有直接反映靶板和弹丸材料力学性能的缺陷，贝尔金提出了如下公式：

$$v_b = 0.068\,7 \sqrt{K_1 \sigma_s\,(1+\varphi)} \frac{d^{0.75} b^{0.7}}{m^{0.5} \cos\alpha} \tag{4-2}$$

式中　σ_s——靶板金属的屈服极限，Pa；

　　　K_1——与弹丸结构和靶板受力状态有关的效力系数；

　　　φ——6.16 m/(bd^2)。

用普通穿甲弹射击均质靶板时，效力系数 K_1 的值见表4-3。

表 4-3 效力系数 K_1

穿甲弹类型	效力系数 K_1
尖头弹（头部母线半径 = $1.5d \sim 2.0d$）	$0.95 \sim 1.05$
钝头弹（钝化直径 = $0.6d \sim 0.7d$，头部母线半径 = $5d \sim 6d$）	$1.20 \sim 1.30$
被帽穿甲弹	$0.9 \sim 0.05$

③ 次口径穿甲弹的穿甲公式。对于次口径穿甲弹，可用式（4-3）进行计算：

$$v_b = K \frac{d_c^{0.75} b^{0.75}}{(m_c + \mu m_T)^{0.5} \cos\alpha} \tag{4-3}$$

式中　　d_c——弹芯直径，dm；

　　　　m_c——弹芯质量，g；

　　　　m_T——软壳质量，g；

　　　　μ——与软壳参与穿甲作用有关的系数，其数值与落角和弹径有关。

④ 长杆式次口径穿甲弹的穿甲公式。对于长杆式穿甲弹，可以用下式进行计算：

$$v_b = K \frac{(d_c + 0.25) b^{0.5}}{m_c^{0.5} \cos(\lambda\alpha)} \tag{4-4}$$

式中　　d_c——弹杆直径，dm；

　　　　m_c——飞行弹丸质量，g；

　　　　λ——考虑弹体折转的系数，通常可取 $\lambda = 0.85$；

　　　　K——穿甲系数，其范围一般为 $2\,200 \sim 2\,400$，通常取 $2\,300$。

（5）弹道极限试验方法

在装甲板的弹道侵彻试验中，不仅弹丸之间互有差异，而且同一靶板上不同区域的性能也不相同，加之各发弹丸的飞行轨迹、着靶的倾角和速度都各有差异，因此要想确定某一特定速度能确保弹丸完全贯穿将是很困难的。然而，装甲侵彻遵循适合于敏感数据的统计规律，也就是说，在既可能发生局部侵彻，也可能发生完全贯穿的某一特定速度范围内，完全贯穿的百分比随弹丸着靶速度的提高而增加。实验结果表明，完全贯穿的百分比随着速的变化构成"S"形曲线。装甲或弹丸研制试验，旨在测定对应于"S"曲线中点，即 50% 完全贯穿的着速。这种特殊的弹道极限被称为 v_{50} 弹道极限，或者称之为完全贯穿概率为 50% 的着速 v_{50}。

目前有多种方法可用于计算 v_{50} 弹道极限，有时需要采用特殊的射击方法，得到一组局部侵彻数据和一组完全贯穿数据，然后将给定速度范围内的若干发最高局部侵彻着速和同一数目的最低完全贯穿着速划为一组，求出平均值，该平均值即近似的 v_{50} 弹道极限。任何一种单一装甲板与弹丸组合系统的弹道极限的计算精确度，基本上决定于所选取的射弹数和着速范围。以下是几种 v_{50} 弹道极限的计算方法。

① 两射弹弹道极限。本方法根据在 15 m/s 范围内的一发完全贯穿和一发局部侵彻数据计算弹道极限。显然，这种方法很不精确，只是在目标面积很小、射弹数量有限的情况下才被采用。一旦得到一发在最低完全贯穿速度之下，且相差不超过 15 m/s 的局部侵彻结果，试验即可停止。上述最低完全贯穿和最高局部侵彻速度的平均值，即所求的弹道极限。这种弹道极限更适宜被叫作两射弹弹道极限，而不宜被称为 v_{50} 弹道极限。

② 六射弹弹道极限。本方法根据在某一规定速度差值范围内的 3 发完全贯穿和 3 发局部侵彻数据计算弹道极限，我们称之为六射弹弹道极限。规定速度差值通常取 30 m/s、37.5 m/s 或 45 m/s。一旦得到了规定速度差值范围内的 3 发完全贯穿和 3 发局部侵彻结果，试验即可停止。取 3 发最低完全贯穿和 3 发最高局部侵彻速度的平均值，就得到了 v_{50} 弹道极限。

③ 十射弹弹道极限。本方法根据在某一规定速度差值范围内的 5 发完全贯穿和 5 发局部侵彻数据计算弹道极限，故称十射弹弹道极限。这种弹道极限具有很高的精确度，通常用于轻武器弹药或人员防护装甲试验。十射弹弹道极限计算方法同六射弹弹道极限计算方法一致。

4.2 普通穿甲弹

普通穿甲弹，是指适于口径的旋转稳定穿甲弹，即穿甲弹体的直径与火炮口径一致的旋转稳定穿甲弹，是最早期应用于反坦克的弹丸类型。

普通穿甲弹按有无药室可分为实心穿甲弹和带药室穿甲弹两种。在一般情况下，普通穿甲弹直径不大于 37 mm 时，通常采用实心结构，并配有曳光管；为了提高对付薄装甲车辆的后效，一些小口径穿甲弹也装填少量炸药。弹体直径大于 37 mm 时多设计为带药室的结构，装填少量高威力炸药，并配有延期或自动调整延期弹底引信，使弹丸穿透装甲后爆炸，发挥二次效应——杀爆作用，杀伤内部人员和破坏技术兵器装备。为了提高爆炸威力，对付薄装甲车辆的小口径穿甲弹和大部分海军用穿甲弹，都适当地增加了炸药装药量。这种穿甲弹常被称为半穿甲弹或爆破穿甲弹。

普通穿甲弹的结构形式有很多，而其主要差别是在头部结构上。根据头部形状的不同，普通穿甲弹可分为尖头穿甲弹（图 4-13）、钝头穿甲弹（图 4-14）和被帽穿甲弹（图 4-15）。

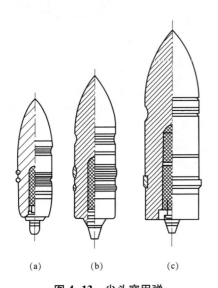

图 4-13　尖头穿甲弹
(a) 85 mm；(b) 100 mm；(c) 152 mm

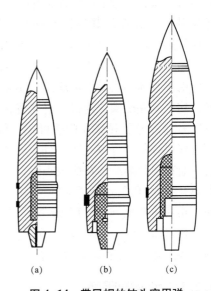

图 4-14　带风帽的钝头穿甲弹
(a) 100 mm；(b) 122 mm；(c) 152 mm

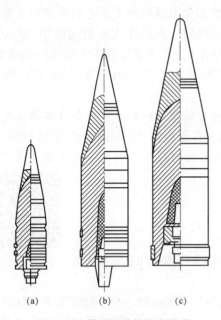

图 4-15 带风帽的被帽穿甲弹
(a) 57 mm；(b) 100 mm；(c) 122 mm

由图 4-13～图 4-15 可见，普通穿甲弹在结构上大体是相似的。它们都有弹体、炸药、引信、曳光管和弹带，只是在弹体采用钝头结构时，加设了风帽；在弹体采用尖头结构时，加设了风帽和被帽。

弹体是弹丸穿甲的主体。为了保证普通穿甲弹对目标的撞击强度和侵彻性能，其材料常采用优质高强度、高硬度合金钢，如 35CrMnSiA，Cr_3NiMo 或 $60SiMn_2MoVA$ 等，并采用一定规范的热处理。一般来说，小口径普通穿甲弹常做等硬度处理，而中、大口径普通穿甲弹常采用头部淬火和尾部高温回火处理，使头部具有高的硬度、尾部具有好的韧性。

炸药是普通穿甲弹发挥二次效应的能源。由于普通穿甲弹的药室小，故采用高威力炸药，通常既要求一定的爆破作用，又要求一定的燃烧作用。常用的炸药有钝黑索今、钝黑铝等。一般采用块装法装填，即把压制好的药柱用石蜡、地蜡混合物粘固于药室中。为了防止炸药在弹丸撞击装甲时早炸，常在药室顶端加放缓冲垫（如木塞）。

装有炸药的穿甲弹均采用弹底引信，带有固定延期或自动调整延期机构，以保证弹丸在穿透装甲后再爆炸。穿甲弹弹底结构如图 4-16 所示。为了防止火药燃气钻入药室，必须有弹底闭气结构确保安全，如在弹底和引信螺纹处涂以铅丹油灰；在螺纹台阶端面垫以铅环或其他密封垫圈（紫铜片）等；在旋紧螺纹时使其变形并填满密封凹槽。为使炸药隔热并确实压紧炸药，在引信和底螺之间用若干纸垫圈或白铁皮垫圈来调整厚度，以消除间隙。为避免发射时由于弹体的右旋而使底螺、引信等弹底零件的螺纹旋松，均采用左旋螺纹连接，且在弹体底部加上适当的冲铆点。另外，为了观察和修正弹道，除个别穿甲弹外，绝大部分穿甲弹都装有曳光管，且一般装在引信体的下部或弹底部。

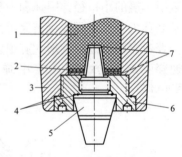

1—炸药；2—厚纸垫；3—弹体；
4—铅环；5—引信；6—底螺；7—垫圈。
图 4-16 穿甲弹弹底结构

就普通穿甲弹的结构特征数来说，一般在以下数据范围内：

装填系数 $\alpha = 0.3\% \sim 1.5\%$；

弹丸相对质量 $c_m = 13 \sim 17$ kg/dm³；

炸药相对质量 $c_w = 0 \sim 0.4$ kg/dm³；

弹丸壁厚 $\delta = (0.22 \sim 0.37)\ d$。

4.2.1 尖头穿甲弹

尖头穿甲弹主要由弹体、炸药、引信、曳光管、弹带和风帽组成。尖头穿甲弹的头部母线一般为圆弧形，其弧形半径为（1.5~2）d，且母线与圆柱部相切，穿甲威力低，气动外形不好。图 4-17 所示 37 mm 高射炮穿甲弹为尖头穿甲弹，由于弹头部辊压结合风帽后，弹头部尖长，所以改善了气动外形。为保证碰击目标时的强度，尖头穿甲弹弹体一般采用高强度的优质合金钢制造，弹头部较尖，弹壁较厚。

尖头穿甲弹的侵彻阻力较小，虽然对硬度低、韧性好的均质装甲具有较好的穿甲效果，但在对付硬度较高的装甲时，其头部容易破碎。此外，在对付倾斜装甲时，尖头穿甲弹容易出现跳弹。因而，面对现代坦克装甲，尖头穿甲弹几乎被淘汰了。

4.2.2 钝头穿甲弹

钝头穿甲弹在撞击装甲时，由于接触面积较大，所以碰击应力小，弹头部不易破碎；钝头部改善了着靶时的受力状态，在一定程度上可防止跳弹；钝头部便于破坏装甲表面，易产生剪切冲塞破坏。其穿甲能力高于尖头穿甲弹，可用来对付硬度较高的均质钢甲和非均质钢甲。

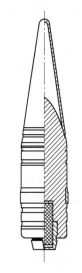

图 4-17 37 mm 高射炮尖头穿甲弹

钝头穿甲弹的结构与尖头穿甲弹基本相同，所不同的是弹顶部较平钝。从外形上看，弹顶有球面、平面和蘑菇形等（图 4-18），钝化直径为（0.6~0.7）d。为减小飞行时的空气阻力，保证弹丸具有良好的空气动力外形，通常在钝头穿甲弹弹头部装有风帽。

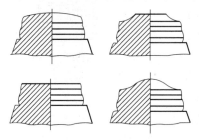

图 4-18 钝头部形状

与尖头穿甲弹相比，钝头穿甲弹之所以不易出现跳飞，主要是因为在相同条件下弹丸所受的跳飞力矩较小。如图 4-19 所示，钝头穿甲弹撞击靶板时，力 R_t 将对弹丸质心产生一反跳力矩。

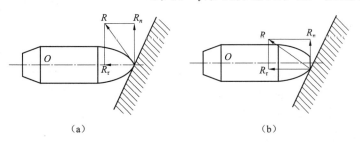

图 4-19 弹丸撞击靶板时的受力情况
(a) 尖头弹；(b) 钝头弹

无论是尖头穿甲弹，还是钝头穿甲弹，在前定心部附近的适当位置上都制有 1~2 条环形断裂槽。设置断裂槽的目的是控制弹体头部的破碎范围，保证弹体其他部位的完整性。尤其是对于带有药室的穿甲弹，设置断裂槽可以起到保护药室完整、发挥炸药效能的作用。断裂槽的位置、深度和形状，对弹体破裂形状都有影响。它通常位于上定心部上方附近，距药室顶部位置有一定距离。断裂槽槽深为（0.04~0.05）d。断面形状有 3 种，如图 4-20 所示。一般采用图 4-20（b）和图 4-20（c）所示两种为好。

4.2.3 被帽穿甲弹

被帽穿甲弹主要用于射击表面经硬化的非均质装甲，以及表面硬度不太高而韧性较好的装甲目标。与尖头穿甲弹相比，被帽穿甲弹的结构除加有风帽、被帽以及无断裂槽之外，其余部件基本相同（图 4-21）。

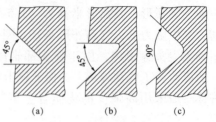

图 4-20 断裂槽断面形状

被帽穿甲弹是穿甲性能较好的一种普通穿甲弹。目前使用的普通穿甲弹中，主要是被帽穿甲弹。被帽的作用，是用来改善弹丸撞击装甲时弹体头部的受力状态，以及撞击倾斜装甲时的跳飞现象。被帽较弹体的硬度低而韧性好，为了利于开坑，被帽顶端采用表面淬火，以提高其硬度。碰击装甲时，通过被帽传到弹体头部的应力大为减小，且为三向受压状态（图 4-22），从而保护了弹头部。碰击时被帽和装甲表面被破坏，而后尖头弹体受较小的阻力继续侵彻；在大着角射击时不易跳飞，因此穿甲能力得到提高。

被帽的主要尺寸是高度 H 和顶厚 t（图 4-23）。实验结果表明，被帽的高度 H 以能包住弹头部长度的 60%～70% 为宜，顶厚 t 与所对付的装甲厚度和硬度有关，一般取（0.2～0.4）d。在对付厚度较大的渗碳装甲时，选取上限尺寸较好；对付均质装甲时，如果着角较大，为防止跳弹，顶厚宜取下限。顶部形状既可以是球面，也可以是锥面。其钝化直径一般为（0.4～0.6）d，适当增大钝化直径有利于防止跳弹。

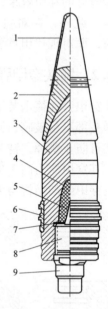

1—风帽；2—被帽；3—弹体；
4—炸药；5—缓冲垫；6—弹带；
7—密封垫；8—引信；9—曳光管。

图 4-21 被帽穿甲弹

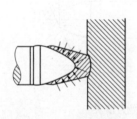

图 4-22 被帽的作用

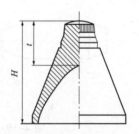

图 4-23 被帽的结构尺寸

被帽通常采用与弹体材料相当的合金钢或 D60 炮弹钢制成，并经热处理。被帽的硬度一般比弹头部低些，韧性好些，以免被帽过早破裂而失去对弹头部的保护作用，但提高被帽前端的表面硬度将对穿甲有利，所以对某些被帽前端常进行淬火处理。被帽与弹头部的连接通常采用钎焊的方法。

钝头穿甲弹和被帽穿甲弹均装有风帽，使弹头部呈流线型，从而改善了弹形，提高了弹丸保存速度的能力。被帽与风帽采用辊压结合，与弹体的连接采用钎焊（锡焊），两者结合部位的弧形要贴合适当，钎焊后需经落锤试验抽样检验；也可用冲铆的方法固定。

4.2.4 半穿甲弹

半穿甲弹又称穿甲爆破弹。其结构特点是有较大的药室，装填炸药量较多，装填系数 α 可达 4%～5%，头部大多是钝头或带有被帽。半穿甲弹一般装有延时起爆引信，依靠本身壳体强度和动能穿透目标外壳，然后在目标内部完成爆破杀伤。

小口径半穿甲弹主要用在高射炮或航炮上，如航 30-1 穿甲爆破弹和 37 mm 高射炮穿甲爆破弹（图 4-24）用来击毁空中及地面带有轻型装甲防护的目标。

大、中口径半穿甲弹主要配用在舰炮或岸舰炮上，用于对敌舰艇射击。虽然舰艇的装甲较薄，但舱室空间较大，各舱室间的密封性较好，因此必须加强穿甲后效作用。在弹丸上一般采取增大药室，多装炸药的办法。由于弹体壁厚减薄，强度削弱，弹丸的穿甲

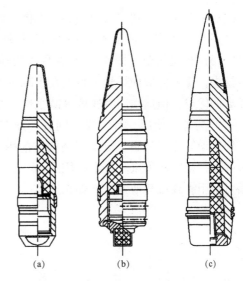

图 4-24 半穿甲弹

（a）航 30-1 穿甲爆破弹；（b）37 mm 穿甲爆破弹；（c）130 mm 半穿甲弹

能力会有所下降。130 mm/50 倍口径岸舰炮用半穿甲弹［图 4-24（c）］的药室内装有 6 节黑铝药柱，装填系数 α=5.15%，其穿甲威力为 60 mm/30°均质钢甲。

4.3 次口径超速普通穿甲弹

在第二次世界大战中出现了装甲厚度达 150～200 mm 的重型坦克，普通穿甲弹已无能为力。为了击穿这类厚装甲目标，反坦克火炮增大了口径和初速，并发展了一种高密度碳化钨弹芯的次口径超速穿甲弹。在膛内和飞行时是适口径的，但命中目标后起穿甲作用的是直径小于口径的碳化钨弹芯（或硬质钢芯）。弹丸质量轻于适口径穿甲弹，一般 C_m = 3.5～6.0 kg/dm^3，通过显著减轻弹丸质量来获得 1 000 m/s 以上的高初速，当时被称为超速穿甲弹或硬芯穿甲弹。由于碳化钨弹芯密度大、硬度高，且直径小，故比动能大，提高了穿甲威力。

图 4-25 给出了次口径超速穿甲弹的穿甲过

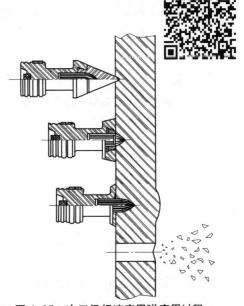

图 4-25 次口径超速穿甲弹穿甲过程

程。由于其着靶动能高，而且碳化钨芯硬度高，因此弹芯在穿甲过程中几乎不变形，可认为其能量都被用在了侵彻钢甲上。弹芯在穿透钢甲后，在突然卸载下产生拉应力，碳化钨弹芯由于抗压而不抗拉，因而破碎成很多碎块，产生增强的后效作用。

4.3.1 结构特点

次口径超速穿甲弹主要由弹芯、弹体、风帽（或被帽）、弹带和曳光管等组成。次口径超速穿甲弹的结构与普通穿甲弹相比差别很大。按其外形的不同，可分为线轴型（图 4-26）和流线型（图 4-27）两种。线轴型结构把弹体的上、下定心部之间的金属部分尽量挖去，使弹体形如线轴，目的在于减轻弹重，在近距离（500～600 m）上能显示穿甲能力较高的优点，但远距离时速度衰减很快。线轴型的两缘构成了定心部。环形突起［图 4-26（a）］作为弹带使用，有的弹丸则另外加有弹带［图 4-26（b）］。流线型结构的弹形较好，但比动能受到限制。流线型结构目前用在小口径炮弹上，一般采用轻金属（铝）和塑料做弹体，以减轻弹重。被帽可用碳钢、铝合金、塑料或玻璃钢等制成，外形一般为锥形。被帽可采用螺纹或其他方式与弹壳连接。

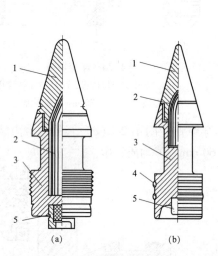

1—被帽；2—弹芯；3—弹壳；4—弹带；5—曳光管。
图 4-26 线轴型次口径超速穿甲弹
（a）环形突起作为弹带；（b）本身加有弹带

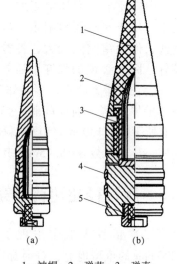

1—被帽；2—弹芯；3—弹壳；
4—弹带；5—曳光管。
图 4-27 流线型次口径超速穿甲弹

4.3.2 弹芯

弹芯是穿甲弹的主体部分，材料成分为碳化钨，含少量镍、钴或铁等金属，经粉末冶金的方法烧结而成。弹芯材料之所以采用碳化钨，是因为其硬度高（洛氏硬度为 80～92 HRC）、密度大（14～17 g/cm^3）、耐热性强（熔点为 2 800 ℃）、高温下仍能保持原有物理性能。

弹芯形状均为尖头，其穿甲阻力小。弹芯头部的弧形母线半径为 1.5～2 倍弹芯直径，并与圆柱部分相切；弹芯直径很小（一般为火炮口径的 1/3～1/2），着靶比动能高，而且碳化钨芯很硬,在穿甲过程中几乎不变形,可认为能量都用在侵彻装甲上。弹芯穿透装甲后破碎成很多碎片,这些碎片可达到 900 ℃ 左右的高温,在坦克内部具有杀伤和引燃作用。

弹芯材料除碳化钨之外,还可采用高碳工具钢和贫铀合金等。如航 23-1 次口径穿甲弹,该弹弹芯采用高碳工具钢制成,穿甲作用较碳化钨弹芯差。为了提高后效作用,在风帽内放置一块形似被帽的燃烧剂。在穿甲过程中,燃烧剂受钢芯的猛烈撞击和摩擦而燃烧,高温燃气流随钢芯进入目标内部,起纵火燃烧作用。

4.3.3 弹体

弹体起支承弹芯,固定弹带,并使弹丸达到旋转稳定的作用。通常用氧化铅或干性油配成的油灰将弹芯固定在弹体的弹芯室中。弹体头部连接风帽,而尾部连接曳光管。弹体材料一般为软钢或铝合金。当弹丸碰击装甲时,风帽和弹体发生破坏而留在装甲外面,在碰击瞬间,弹体的部分动能传给弹芯,使其实现穿甲。

虽然次口径超速穿甲弹的威力比普通穿甲弹有了较大的提高,但由于线轴型次口径超速穿甲弹的弹形不好,流线型次口径超速穿甲弹的断面密度(是指弹丸质量与弹丸或弹芯横断面面积之比。对动能穿甲弹来说,它决定了弹丸的终点效应)不大,因而速度衰减很快,在远距离处穿甲无优越性;以垂直或小法向角(或小着弹角)穿甲时弹丸威力较好,但以大法向角穿甲时弹芯易受弯矩影响而折断或跳飞;弹芯穿出装甲后会破碎,无法对付屏蔽装甲或间隔装甲;加之性能更好的超速脱壳穿甲弹的出现,次口径穿甲弹已处于被淘汰的地位。

4.4 超速脱壳穿甲弹

随着坦克装甲防护和机动性的迅速提高、数量的不断增多,各国对各类反坦克武器及弹药研制发展工作的重视程度与日俱增,反坦克弹药的发展日新月异。超速脱壳穿甲弹就是在这种形势下发展起来的新弹种之一。

超速脱壳穿甲弹的作用原理可以从两个方面来看。为了提高穿甲威力,要求弹丸具有较高的着速和比动能。要提高比动能,应降低着靶时穿甲弹弹径并提高着速;而要提高着速,可以采用提高初速和减小弹道系数两条途径。超速脱壳穿甲弹正是从这两方面出发而提高威力的。

从弹道学的观点看,超速脱壳穿甲弹与同口径榴弹相比,其弹丸较轻,因而可以获得高的初速;超速脱壳穿甲弹脱壳以后,飞行弹体的直径较小,相对弹丸质量较大,因而可以获得较小的弹道系数。这种高初速、小弹道系数,必然使弹丸的直射距离、有效穿透距离和威力都得到提高。从超速脱壳穿甲弹的稳定方式来看,可以把它分为旋转稳定和尾翼稳定两种类型。

超速脱壳穿甲弹一般由飞行部分和脱落部分组成。当弹丸出炮口后,在膛内起定心和传力作用的弹托在外力作用下迅速脱离弹体,这种现象被称为弹托分离,又称卡瓣脱落,简称脱壳,如图 4-28 所示。目前,脱壳方式主要有以下 4 种。

① 离心力脱壳:卡瓣上设置斜孔的尾翼稳定穿甲弹或旋转稳定穿甲弹靠离心力使弹带破裂,卡瓣沿切向飞离弹体。

图 4-28 超速脱壳穿甲弹脱壳瞬间

② 火药燃气压力脱壳：弹孔同时受弹后火药燃气的轴向作用以及弹气室内火药燃气的侧向作用，紧固环撕断，卡瓣向前翻转并脱离弹体。

③ 空气阻力脱壳：弹托前端及凹槽受空气阻力的轴向和侧向作用，紧固环撕断，卡瓣向后翻转并脱离弹体。

④ 升力脱壳：当弹托达到一定攻角时，激波强度减弱，升力使弹托产生俯仰运动，使卡瓣侧向飞离弹体。

根据不同的需要，可采用不同的脱壳方式。

一般来说，旋转稳定脱壳穿甲弹采用离心力脱壳；尾翼稳定脱壳穿甲弹采用后 3 种脱壳方式之一或是其综合方式，脱壳均要求一致性好、脱壳迅速和危险区域小。

4.4.1 旋转稳定超速脱壳穿甲弹

旋转稳定超速脱壳穿甲弹是在次口径超速穿甲弹基础上发展起来的。其典型结构如图 4-29 和图 4-30 所示。

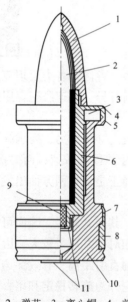
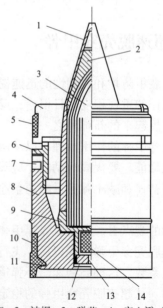

1—风帽；2—弹芯；3—离心帽；4—前定心环；
5—弹簧；6—座套；7—后定心环；8—弹带；
9—曳光管；10—弹托；11—赛璐珞片。

图 4-29　85 mm 加农炮用脱壳穿甲弹

1—外套；2—被帽；3—弹芯；4—定心瓣（3 块）；
5—前定心环；6—前托；7—定位螺钉；8—后托；9—底座；
10—后定心环；11—闭气环；12—底螺；13—铜片；14—曳光管。

图 4-30　100 mm 反坦克炮用脱壳穿甲弹

由图可见，这种弹丸主要是由飞行弹体和弹托两大部分组成。飞行弹体主要包括弹芯、弹芯外套和曳光管等。其中，弹芯常用碳化钨或钨合金制成。弹芯外套是为连接曳光管并给弹丸以较好的空气动力外形而设置的。弹托是弹丸的辅助部件，平时固定飞行弹体，发射时用于导引和密封火药气体，并利用其弹带嵌入膛线而赋予弹丸以高速旋转，出炮口后自行脱落，使飞行弹体获得良好的外弹道性能。从弹丸质量的角度讲，弹托部分实属消极质量。因为弹托获得的动能对弹丸穿甲毫无用处，所以在确保满足发射强度的条件下，要求弹托越轻越好，一般采用轻金属（如铝合金）作为弹托材料。

为了解决飞行弹体的飞行稳定性问题，必须使飞行弹体具有一定的旋转速度。该速度是通过弹托与飞行弹体之间的摩擦力传递的。

旋转稳定脱壳穿甲弹的结构特点，主要反映在弹托结构和它的脱落方式上。在此，就图 4-29 和图 4-30 所示的弹托结构做一简要的分析。

图 4-29 所示弹托的主件是底托。它采用了整体结构，由铝合金制成。在前、后定心部处加有钢圈，以提高耐磨性。由于弹丸的转速较高，紫铜弹带已不能满足强度要求，故采用了纯铁弹带。在弹托的前定心部装有两个带有弹簧的离心销来固定飞行弹体。弹丸出炮口后，离心销在离心力的作用下压缩弹簧，释放弹体，使弹托在空气阻力的作用下向后脱出，而飞行弹体独自飞向目标。此外，在弹体尾部的曳光管后有一气室，发射时高压火药气体通过弹托底部的小孔进入气室，点燃曳光剂，出炮口后由于气室内的气体膨胀也将协助脱壳。由于这种脱壳方法对飞行弹体的干扰小，所以弹丸的精度较高。

图 4-30 所示的弹托，主要是由后托和具有 3 块预制卡瓣的前托组成。其材料仍采用铝合金。前托与后托用螺纹连接，用定位螺钉固定，而飞行弹体靠前托的 3 块预制卡瓣的内锥固定。在弹托上设置有尼龙前定心环，在后托上设置有尼龙后定心环和橡胶闭气环。

图 4-31（a）给出了卡瓣在发射前的位置，图 4-31（b）给出了发射后的位置。由图 4-31（a）的局部放大图可见，d_1 和 d_2（d_1 略大于 d_2）两个尺寸确定的环形槽构成了削弱环形面（$n—n$）。发射时，连在一起的 3 块预制卡瓣将在惯性力作用下，沿削弱断面（$n—n$）剪断，并使 3 块预制卡瓣分离，完成对弹丸的解脱。但是，由于炮管壁面的限制，分离后的卡瓣仍然被其外面的尼龙前定心环箍住，并继续压在飞行弹体前部的锥面上，保证它在膛内的定心作用。另外，在后托上有一环形凸起，发射时嵌入膛线并使弹托旋转，从而通过摩擦力带动飞行弹体与其一起旋转。在后托上还有一个用丁腈橡胶制成的闭气环。其目的是密闭火药气体，防止气体对炮膛的冲刷。

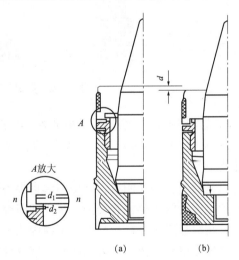

图 4-31　卡瓣与弹体的相对位置
（a）发射前（b）发射后

弹丸出炮口以后，膛壁的约束解除，定心卡瓣将在离心力作用下挣断尼龙定心环而解脱，与此同时后托将在空气阻力作用下与飞行弹体分离。这种弹托结构脱壳性能较好，平时和发射时对飞行弹体的固定作用也好，只是结构比较复杂。

综上所述，旋转稳定脱壳穿甲弹虽然具有初速高、弹道低伸、直射距离远和射击精度高等一系列优点,但其穿甲威力由于与弹长有关,因而受到飞行稳定性的限制,而且在大着角射击时容易折断或跳飞,从而影响其穿甲性能。

4.4.2 尾翼稳定超速脱壳穿甲弹

(1) 概述

由于尾翼稳定超速脱壳穿甲弹的弹长不受飞行稳定性的限制,一般把它做得很长(有的甚至达到25～30倍飞行弹径),因而常把这种弹称为长杆式尾翼稳定脱壳穿甲弹,或简称为杆式穿甲弹,如图4-32所示。

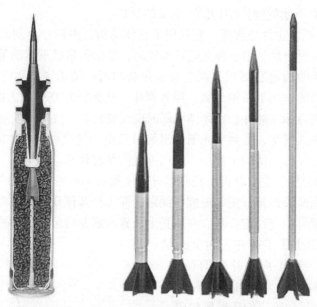

图4-32 尾翼稳定超速脱壳穿甲弹结构

杆式穿甲弹首先是苏联于20世纪60年代初研制成功,并正式装备的。主要有115 mm和125 mm两种杆式穿甲弹,并分别装备在T-62坦克的115 mm和T-72坦克的125 mm滑膛炮上。

杆式穿甲弹一经问世,立即引起世界各国的普遍重视。一贯主张以动能穿甲作为其主战坦克火炮配用弹的英国和美国,都立即研究这种新式的动能穿甲弹,而且美国还首先把这种长杆式尾翼稳定脱壳穿甲弹配用于线膛火炮上。法国一向在其主战坦克上只配用破甲弹而不配用动能穿甲弹,也一反常态积极发展这种杆式穿甲弹。由此不难看出杆式穿甲弹在当前反坦克弹药中所处的重要地位。现在,杆式穿甲弹已被世界各国公认为是当前最有效的反坦克弹种之一。表4-4为国外部分杆式穿甲弹性能。

表4-4 国外长杆式尾翼稳定脱壳穿甲弹性能数据

国别	火炮口径及型式	弹丸型号	全弹质量/kg	弹丸质量/kg	飞行弹丸质量/kg	弹杆直径/mm
苏联	125 mm 滑		19.5	5.68		44
美国	90 mm 线	EP190				26

续表

国别	火炮口径及型式	弹丸型号	全弹质量/kg	弹丸质量/kg	飞行弹丸质量/kg	弹杆直径/mm
西德	120 mm 滑	DM13 式	18.6	7.1	4.5	38
以色列	105 mm 线		18.7	6.3	4.2	33
英国	105 mm 线	PPL64 式	18~18.9	5.7~6.12		28
法国	105 mm 线	OFL-105	17.1	5.8	3.8	27

国别	膛压/$(\times 10^8 Pa)$	初速/$(m \cdot s^{-1})$	威力		长细比	弹杆材料
			距离/m	靶板/mm		
苏联		1 800	3 000	北约三层靶 10, 25, 80 (65°)	12	碳化钨
美国	3.483	>1 470	1 500	150 (60°)		钨合金
西德	5.403	1 650~1 680	2 200	北约三层靶 10, 25, 80 (65°)	12	钨合金
以色列	4.415	1 455		北约三层靶 10, 25, 80 (65°)	12.6	整体钨合金
英国	4.199	1 490	2 000	T-2 坦克前装甲	14	整体钨合金
法国		1 525	2 000	北约三层靶 10, 25, 80 (65°)	20	钨合金

从杆式穿甲弹的发展现状看,目前存在着滑膛炮发射的和线膛炮发射的两种杆式穿甲弹。虽然这两种杆式穿甲弹配用的火炮类型不同,但它们的稳定方式相同(均以尾翼稳定),结构也大致相仿,都是由飞行弹体和弹托两大部分组成的。

由于杆式穿甲弹采用尾翼稳定,所以其弹长不受飞行稳定性的限制,飞行弹体的长径比(弹长与飞行弹体直径之比)可达 13~30,甚至更大。这是旋转稳定弹丸所无法比拟的。因此,杆式穿甲弹可以获得更大的断面密度,从而提高了穿甲威力。

一般来说,在同口径情况下,杆式穿甲弹要比其他弹种轻得多,因而可以获得很高的初速。目前,杆式穿甲弹的初速一般为 1 400~1 800 m/s,是所有火炮弹丸中的佼佼者。弹丸初速的这种大幅度变化,必然大大提高飞行弹体的动能,从而使威力进一步提高。弹丸初速的提高,不仅使威力增加,而且缩短了弹丸的飞行时间,从而提高了命中概率。

(2) 结构组成

尾翼稳定超速脱壳穿甲弹由弹丸和装药部分组成;弹丸由飞行部分和脱落部分组成;飞行部分一般由风帽、穿甲头部、弹体、尾翼、曳光管等组成;脱落部分一般由弹托、弹带、密封件、紧固件等组成;装药部分一般由发射药、药筒、点传火管、尾翼药包(筒)、缓蚀衬里、紧塞具等组成。其典型结构如图 4-33 所示。

① 飞行部分。弹丸出炮口后,飞行部分与脱落部分分离,即脱壳,飞行部分飞向目标。

弹体:弹体是穿甲作用的主体,是一个关键零件。其材料的性能及结构决定了穿甲弹的穿甲能力。目前常使用穿甲能力强的高密度、高强度钨合金或贫铀合金材料,其长径比的大小决定其穿甲能力。弹体中间的环形槽或锯齿形螺纹是与弹托啮合的部分,通过环形槽将弹

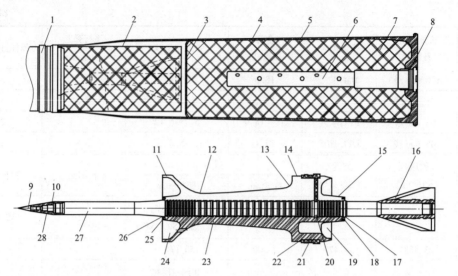

1—弹丸；2—尾翼药包；3—紧塞具；4—药筒；5—缓蚀衬里；6—点传火管；7—发射药；
8—密封圈；9—风帽尖；10—穿甲块；11—前定心部；12—马鞍部小径；13—马鞍部大径；
14—后定心部；15—尾锥；16—尾翼；17—后内定心部；18—后紧固环；19—后腔；
20—密封件；21—外弹带；22—内弹带；23—马鞍形弹托；24—前腔；25—前紧固环；
26—前内定心部；27—弹体；28—风帽体。

图 4-33　尾翼稳定超速脱壳穿甲弹的典型结构

托在炮膛内所受火药燃气的推力传递给飞行部分。为了使传递的推力均匀分布，环形槽的加工精度要求非常高，如要求任意两个环形槽间的距离公差为±0.045 mm，只有使用高精度的数控车床或加工中心才能完成。弹体两端的螺纹分别连接风帽和尾翼，螺纹尾端的锥体部分起定心作用，保证风帽、尾翼和弹体的同轴度。弹体的前端和尾部的几个环形槽处是在炮膛内发射时经常遭到破坏的部位，在正常情况下前端受压应力，尾部受拉应力，但是在弹体直径较小时，前端往往由于压杆失稳而被破坏，尾部往往由于产生横向摆动而被折断，所以整个弹体的刚度设计是非常重要的。

　　风帽和穿甲头部：位于弹体前端和风帽内的穿甲块是穿甲头部，在穿甲过程中穿甲块有防止弹体过早碎裂的作用。穿甲块头部对付间隙装甲（如图 4-34 所示的北约重型三层靶板）、复合装甲是有利的。穿甲块的大小和个数，可根据弹体的直径和对付的目标来确定，穿甲块的材料多采用与弹体相同的材料。目前也经常使用半球形头部，即将弹体的前端车制成半球形，用其来对付均质装甲板是有利的。还有锥形、截锥形等多种形式的头部。这些不

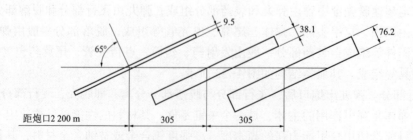

图 4-34　北约重型三层靶板（模拟重型坦克）

同的头部虽然说对付一些特定目标最有利，但在穿甲弹的威力足够大时，仍然可有效对付其他装甲目标。

风帽的作用是优化弹体头部的气动外形，减小飞行阻力。风帽的外形多采用锥形、3/4指数形或抛物线形等。为减少风帽对穿甲的干扰，多采用铝合金材料。

尾翼：尾翼起飞行稳定作用，在穿甲过程中其对穿甲的贡献甚小，所以目前一般使用铝合金材料，而早期使用钢尾翼。尾翼是决定全弹气动外形好坏的关键零件，为了减少空气阻力，一般采用大后掠角、小展弦比、削尖翼型的6个或5个薄翼片。随弹丸速度的增加，后掠角也增大，一般取65°～75°。设计的翼片厚度为2 mm左右，展弦比为0.75左右。削尖的翼形结构，一是为了减少激波阻力；二是使用不对称的斜切角，在外弹道上为飞行部分提供导转力矩，使飞行部分在全外弹道上都具有最佳的平衡转速。

铝尾翼较钢尾翼具有优越性：尾翼质量大幅度减少，有利于解决弹丸尾部的发射强度；由于尾翼质量减少，飞行部分的质心前移，所以有助于提高飞行稳定性，或者说在稳定储备量不变的情况下可减小翼片的面积，从而减小飞行阻力；便于机械或压力加工，提高加工效率；有利于提高穿甲威力，在穿甲过程中，尾翼所占有的动能只有一小部分得到利用，在弹坑的口部被捋掉，在捋掉时不仅损失了尾翼本身的动能，而且为克服连接强度也消耗了弹体的动能，而铝尾翼重量轻，连接强度低，使得这两种能耗降低，所以有利于穿甲。

右旋线膛炮发射的尾翼稳定脱壳穿甲弹，在炮口具有一定的右旋转速，在外弹道上也应当设计成右旋平衡转速。在膛内尾翼由弹体带动旋转，而在膛外则由尾翼提供导转力矩，带动弹体旋转。传统上尾翼螺纹一般设计成左螺纹，在膛内越旋越紧，而在膛外则越旋越松，所以时而出现在外弹道上掉尾翼的现象。实际上，在膛内尾翼的轴向惯性力在螺纹斜面上产生一个很大的正压力，这一正压力将产生一个比弹体对尾翼的导转力矩大得多的摩擦力矩，所以设计成右旋螺纹，以使尾翼在膛内不会松动，而在外弹道上则有越旋越紧的趋势。100 mm及105 mm线膛坦克炮发射的尾翼稳定脱壳穿甲弹均设计成右螺纹，大批量生产与使用表明，完全避免了在外弹道上旋掉尾翼的现象。

② 脱落部分。脱落部分在炮口附近与飞行部分分离，在一定的区域内落地。脱落部分所具有的动能无助于穿甲，所以其质量被称为消极质量。尽量减少脱落部分的质量有助于提高穿甲威力。

弹托：弹托是尾翼稳定脱壳穿甲弹的又一个关键零件，它占脱落部分95%以上的质量。所以尽量减轻其质量是结构改进和优化的目标。尾翼稳定脱壳穿甲弹能否实现迅速和顺利脱壳，取决于对弹托的设计。脱壳方式一般分为单纯空气动力脱壳型和火药燃气后效与空气动力共同脱壳型两种方式。单纯空气动力脱壳型多用于滑膛炮发射的尾翼稳定脱壳穿甲弹，弹托为双锥形，弹托质量较小，脱壳干扰大，密集度不好。火药燃气后效与空气动力共同脱壳型，多用于线膛炮发射的尾翼稳定脱壳穿甲弹，弹托为马鞍形，目前滑膛炮发射的尾翼稳定脱壳穿甲弹也使用该结构，弹托质量较大，脱壳迅速而顺利，脱壳干扰小，密集度好。前者由弹托的前腔结构来实现脱壳；后者由弹托的后腔及前腔结构的共同作用来实现脱壳，具有炮口转速（如线膛炮发射）的尾翼稳定脱壳穿甲弹的脱壳还有离心力的作用。

目前典型弹托主要有马鞍形弹托、窄环形弹托、双锥形弹托和混合型弹托4种结构形式。马鞍形弹托如图4-35（a）所示，是目前广泛使用的弹托，采用了沿其纵轴均分为3个卡瓣的马鞍形结构，使用超硬铝合金材料；缺点是多瓣弹托间的抱紧力较小。目前新研制成功的密度小、强度高、质量更轻的复合材料弹托一般采用尾锥更长的马鞍形4个卡瓣的结构。在膛内发射时,弹托应具有可靠的强度;各卡瓣在火药燃气的作用下应彼此抱紧成为一个整体,能很好地支撑并导引飞行部分;弹托与密封件及弹带应配合恰当,可靠地密封火药气体。在膛外应脱壳迅速、顺利,对飞行部分的干扰小。

窄环形弹托如图4-35(b)所示,弹托由合金钢制成,在其中间底上有斜孔。膛内火药气体由此冲出时,使弹丸低速旋转。弹托分为三瓣,平时借助周边的铜带固联为一体。铜带还起着密封火药气体与减小弹托与炮膛的摩擦和碰撞的作用。膛内导引靠弹托与尾翼的支持面来保证,这种弹托的缺点是膛内定心性差。双锥形弹托如图4-35(c)所示。这种弹托从腰部开始向前后伸出两个长的锥形体,闭气环位于腰部。由于尾部无定心表面,故在定心环前方还需要有一个延伸的定心表面,采取在前锥体上用盅形结构解决。弹托后锥面上的高压火药气体产生很高的抱紧力,在抱紧力作用下,多瓣弹托自动夹紧,并抱紧弹体,同时起到密封火药气体的作用。混合型弹托如图4-35(d)所示,混合型弹托是在马鞍形结构的基础上,增加了一个后锥部分。它的前端有膛内解脱的塑料带;其腰部安置一个可相对滑转的塑料弹带,能传给弹托约15%的转速,以保证弹托出炮口后立即自动分离,使次口径弹体获得最佳飞行性能。弹托的后锥面包覆一个橡胶套,起密封火药气体的作用。弹托为铝质,其膛内导引性能好。

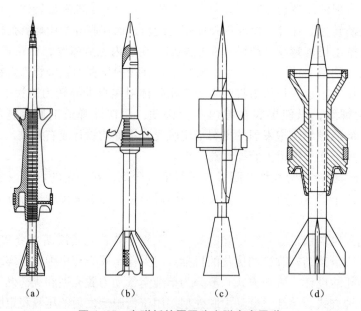

图4-35 有弹托的尾翼稳定脱壳穿甲弹
(a) 马鞍形弹托;(b) 窄环形弹托;(c) 双锥形弹托;(d) 混合型弹托

密封件:用于密封弹托与飞行部分及弹托各卡瓣间的间隙。其材料为橡胶,要求能可靠密封火药燃气,耐长储并具有一定的硬度和耐高、低温的性能。

弹带:密封弹丸与炮膛之间的间隙,防止火药燃气逸出。弹带密封效果的好坏对弹丸的密集度及发射强度有着至关重要的影响。若密封不好,火药燃气从一边高速逸出,致使该边火药燃气的压力大幅度下降(流速高压力低),而另一边的压力高,致使弹丸产生向压力低的一边摆动,则弹带在横向摆动的作用下逐渐密封漏气的一边,而另一边开始漏气,压力降低，因此，弹丸又摆回来，如此反复，弹带磨损加大，漏气更为严重，摆动幅度更大，这样将使弹丸的起始扰动增大而使密集度变坏，甚至横向摆动的增大，致使横向冲击力加大而使弹体或弹托尾部折断。

紧固环：紧固环的作用是将弹托的各瓣紧固在弹体上，使之成为一个整体。当弹丸出炮膛后，在其预先设计的断裂槽处应尽快断裂并留在弹托各瓣的紧固环槽内，以保证脱壳顺利并减少干扰。

（3）穿甲过程

杆式穿甲弹由于具有高初速、大长径比的特点，因而其侵彻威力远远超过其他动能穿甲弹。从弹丸对装甲板的破坏情况来看，一般认为，杆式穿甲弹属于"破碎穿甲"，即弹丸在穿甲过程中一方面破碎，另一方面穿甲。在这种情况下，破碎的弹体和装甲破片将沿弹坑壁面反向飞溅，并形成大于弹径的穿孔。图4-36所示为杆式穿甲弹在大着角下的穿甲情况。

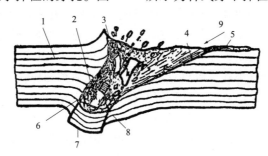

1—钢甲；2—弹体残部；3—翻边；4—滑坡；5—尾翼碰痕；
6—破碎弹体；7—塞子；8—鼓包；9—碰撞方向。

图4-36 大着角下的穿甲情况

杆式穿甲弹的穿甲过程可以分为开坑、侵彻和冲塞3个阶段。开坑阶段是从弹丸着靶到开坑形成，此时弹丸的撞击速度最高，撞击所产生的压力可达 10^4 MPa。由于该压力已远远超过金属材料的强度极限，因而弹体和装甲金属发生破碎，并向抗力较小的一侧飞溅。弹体不断破碎，也不断飞溅，从而在装甲表面上形成一个口部不断扩大的坑。弹体进入坑内后，侵彻阶段开始。由于此时的撞击压力仍然很大，所以弹体还是边破碎、边飞溅。在这一阶段，装甲金属被不断侵入的弹体挤压，所以向侧面和表面方向以很高的速度运动，最后使表面和弹体之间的金属破裂、抛出，孔径增大。

当弹丸侵彻到一定深度后，在装甲背面出现鼓包。在侵彻阶段，由于装甲抗力方向的变化和弹丸的惯性运动，将有一个弹丸"转正"的现象出现。冲塞阶段是穿甲过程的后期，由于弹丸速度降低，弹丸不再破碎，装甲的抗力也越来越小，装甲背面的鼓包因惯性而继续增大。最后，在最薄弱处剪切下一个钢塞，残余弹体和碎片以剩余速度从装甲背面的孔中喷出。至此，杆式穿甲弹完成了全部穿甲过程。

由上述弹丸在开坑和侵彻阶段的运动情况可知，开始时弹丸的破碎部分向外飞溅，剩余弹体继续向前运动，完成开坑；进入侵彻阶段后，弹丸将向装甲板的外法线方向运动。这种飞溅和转正现象，正是杆式穿甲弹在大着角下不易跳飞的原因。

（4）结构实例

为了进一步说明问题，以下介绍两种杆式穿甲弹的结构。

① 俄罗斯 115 mm 长杆式穿甲弹。图 4-37 所示是俄罗斯 115 mm 滑膛炮用长杆式穿甲弹的结构。该弹由飞行弹体和弹托两部分组成。

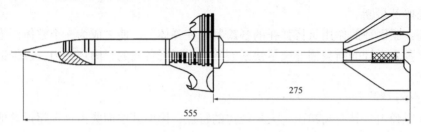

图 4-37 俄罗斯 115 mm 长杆式穿甲弹的结构

飞行弹体部分包括弹杆、风帽、被帽、尾翼、曳光管和压螺等零件。其中，弹杆采用整体结构，用 35 铬镍钼合金钢制成。为了与弹托连接，在弹杆中部制有环行锯齿形槽。弹杆头部带有风帽和被帽，尾部用螺纹与尾翼连接。该弹的尾翼经精密铸造而成，除保证弹丸的飞行稳定性外，在膛内还起定心作用。曳光管用压螺固定于尾翼的内孔中。为保证尾管内外的压力平衡，在尾管上开有小孔。尾翼片为后掠形，在后掠部位铣有一定角度的斜面，以使弹丸在飞行中承受旋转力矩而旋转，从而提高弹丸的射击精度。

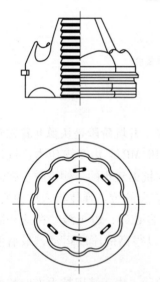

图 4-38 环形弹托

弹托部分包括 3 块呈 120°的扇形卡瓣和闭气环（图 4-38）。该弹的卡瓣是由钢材制成的。卡瓣内制有环行锯齿形凸起，装配时与弹杆上的齿槽啮合。每块卡瓣上都开有两个与弹轴成 40°的漏气孔，以使弹托在膛内获得炮口脱壳所需要的转速。为了减轻卡瓣质量并便于气体动力脱壳，在卡瓣的前、后面均开有凹形环槽，在卡瓣前面的边缘上开有花瓣形的缺口。为了保证弹丸出炮口后使卡瓣与飞行弹体可靠分离，在对着 3 块卡瓣接缝处的闭气环上制有削弱槽。

发射时，膛内的火药气体一方面推动弹丸向前运动，另一方面从弹托的 6 个斜孔中喷出，从而使弹托旋转，并靠摩擦力的作用带动飞行弹体也做旋转运动。此时，在离心力作用下，弹托虽有解脱的趋势，但由于炮管的约束而仍然拖住飞行弹体，只是使闭气环加大磨损，为脱壳创造条件。

弹丸飞出炮口后，炮管的约束消失，离心力将起作用。此外，由于火药气体从炮管中高速喷出，并向侧方膨胀，此时作用于卡瓣后部环形槽上的火药气体压力将产生一个使卡瓣向侧方飞散的力。在中间弹道结束后，卡瓣前方将受到空气动力的作用，也将产生一个使卡瓣向侧方飞散的力。在以上诸因素的作用下，卡瓣挣断闭气环，与飞行弹体脱离，从而完成脱壳过程。从弹托与飞行弹体的啮合部位来看，该弹在设计思想上采用的是前张式脱壳结构，火药气体对弹壳的作用不大。

② 以色列 105 mm 长杆式穿甲弹。图 4-39 所示是以色列 105 mm 线膛炮用长杆式穿甲弹的结构。同样，该弹也是由飞行弹体和弹托两部分组成的。

飞行弹体部分包括弹杆、穿甲块（3 块）、风帽、尾翼（6 片）、曳光管等。其中，弹杆和穿甲块是用钨合金制成的。采用穿甲块的目的是控制弹丸在开坑阶段的破碎程度。在弹杆

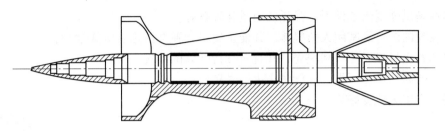

图 4-39 以色列 105 mm 长杆式穿甲弹的结构

上制有 27 个锯形齿槽，以便与弹托相连接。在弹杆前后均制有螺纹，以便与风帽和尾管连接。该弹的尾翼是将翼片焊接在尾管上，而翼片采用的是铝合金材料。尾翼部分的重量轻，使飞行弹体的质心前移。在保证飞行稳定性的前提下，翼展和翼片的面积可以减小，这样有利于减小弹丸所受的阻力，减小火药气体在中间弹道对弹丸运动的干扰，使射击精度提高。

弹托部分包括 3 块呈 120°的扇形卡瓣、滑动弹带（内弹带和外弹带）、三爪橡胶密封圈（图4-40）和前、后紧固环等。

该弹的卡瓣由铝合金制成，在每一块卡瓣上均开有两个小直孔，用来改善弹丸在发射时的受力状态。

为了解决线膛炮发射尾翼稳定弹丸的旋转速度问题，该弹采用了滑动弹带的结构。其中，内弹带胶粘在卡瓣上，外弹带与内弹带之间呈滑动摩擦状态。发射时，外弹带嵌入膛线，获得高的旋转速度，而卡瓣与飞行弹体在摩擦力的带动下只做低速旋转运动。

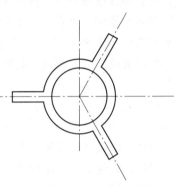

图 4-40 三爪橡胶密封圈

三爪橡胶密封圈，是为防止火药气体沿齿槽向前泄出而设置的。前、后紧固环是固定卡瓣用的，且为了便于脱壳，其上均开有削弱槽。

与俄罗斯 115 mm 杆式穿甲弹不同，该弹的弹托呈马鞍形。虽然马鞍形弹托的前后定心部距离较短，但它避免了尾翼打膛现象的出现。实际上，这种马鞍形弹托要比环形弹托优越。

无论是环形弹托，还是马鞍形弹托，都存在脱壳后的卡瓣飞散问题。卡瓣的可能飞散区域如图 4-41 所示。在这个区域里可能造成自己部队的伤亡。这一问题是脱壳穿甲弹在使用中的主要缺陷。

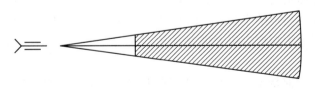

图 4-41 弹托飞散危险区

由上所述不难看出：在杆式穿甲弹中，弹托是一个十分重要的部件。弹托的好坏直接影响着飞行弹体的性能和作用。为此，要求弹托：

一是具有足够的强度和刚度，并能保护细长的高密度弹杆完整地发射出去；

二是在满足强度的条件下，弹托的质量越轻越好；

三是在膛内能可靠密闭火药气体，并能正确引导弹丸沿炮管轴线运动；

四是弹丸出炮口后能顺利脱壳，并且对飞行弹体的干扰小；

五是与药筒的连接可靠，并能防止火药受潮；

六是生产工艺性良好。

4.5 贫铀弹

4.5.1 贫铀基本知识

自 1896 年发现铀的放射性后，铀作为核工业的基本原材料，广泛应用于核动力（如发电、火箭和潜艇推进）、核武器（如原子弹、氢弹）、辐射能源（如宇宙飞船、人造卫星）等多个领域。铀在地壳中的平均含量为 $4×10^{-6}$（相当于 1 卡车泥土中有一大勺铀），在海水中含量为 $3.3×10^{-9}$，总量达 45 亿吨。人们每天都会通过空气、水和食物摄入一定量的铀，平均来说，每天通过食物和水摄入铀的量为 1.9 μg，从空气中吸入铀的量为 0.007 μg。因此，无须谈"铀"色变。

自然界中的铀元素由铀 234，铀 235 和铀 238 这 3 种放射性同位素组成。它们的含量分别为 99.275%，0.720% 和 0.005%。其中只有铀 235 是裂变性核素，能用来制造原子弹核反应堆燃料。但天然铀中铀 235 含量太低，不能直接用于生产原子弹和核反应堆，必须经过浓缩或富集，使铀 235 的浓度提高到 3% 以上（反应堆燃料）或 90% 以上（核武器燃料）。这种经富集后铀 235 含量高于天然水平的铀，叫富集铀或浓缩铀，而经铀 235 富集后剩余的铀就是贫化铀或称贫铀，英文为 Depleted Uranium，所以有的书中把贫铀弹简称为 DU 弹。

贫铀的密度为 19.05 g/cm³，是钢的 2.5 倍，是一般辐射防护材料铅的 1.7 倍。贫铀的强度和硬度都不是很高，但添加一定量的其他金属（如 0.75% 的钛）制成的贫铀合金，强度可比纯贫铀高 3 倍，硬度可达钢的 2.5 倍，并具有良好的机械加工性能。贫铀的商业用途十分广泛，主要用来制造石油井钻、船舶压舱物、各种衡量物、军用和民用飞机的平衡控制系统和阻尼控制器（如外舷升降舵和上侧方向舵，一架波音 747 飞机上有 1 500 kg 贫铀）、机械砂囊、辐射探测器、医用或工业用放射性防护罩、化学催化剂、X 射线管、玻璃和陶瓷的上色染料等。

贫铀粉末在常温就能自燃。在摩擦或撞击时，贫铀能在空气中氧化燃烧，释放大量的能量并发生爆炸。用贫铀做成的金属棒在动能驱动下撞击到物体时，表现出自发锐性的特征，穿透性能明显优于军事上用作穿甲弹的钨（钨在撞击装甲时会钝化为蘑菇状而影响其穿甲性能）。

在核大国，贫铀的储量十分丰富。以富集 1 吨供压水反应堆用铀燃料（铀 235 浓度为 3.6%）为例，需用 6.7 吨天然铀，产生 5.7 吨贫铀，约是富集铀的 6 倍。如富集用作核武器燃料的高浓度铀（铀 235 浓度为 90%），则贫铀的生产率是富集铀的 175 倍。据报道，截至 1993 年，美国贫铀储量约为 56 万吨，此后，又增加了 10 多万吨。从法国制订的贫铀储存计划分析，储量也有 26 万吨。俄罗斯的贫铀储量虽未见准确数据报道，但从其拥有的核武器数量估计，贫铀储量不会少于美国。贫铀主要以铀的化合物——六氟化铀的状态存在，一般储存在特制的圆筒钢罐中，长时间储存时有可能腐蚀钢罐。

4.5.2 贫铀弹

对付装甲目标通常选用两种弹：穿甲弹和破甲弹。穿甲弹利用动能穿透装甲，因此需要有极高的动能，而穿甲弹的着靶动能与弹丸着靶速度的平方及质量成正比。以脱壳穿甲弹为例，为了提高其穿甲性能，弹芯必须有较大质量以及较高的着靶速度。因此，穿甲弹弹芯通常选用密度高的金属材料。另外，弹芯质量大、断面密度大，也能显著改善其外弹道性能，使得弹芯在飞行较远距离后，仍保持较高的着靶速度。此外，由于穿甲弹弹芯通过与目标撞击而穿透目标，弹芯除具有良好的机械加工性能外，还要有足够的强度、韧性和硬度。

贫铀材料具有优良的物理性能，可满足穿甲弹芯对重金属材料的需求。由于钨制穿甲弹弹芯在撞击装甲时会钝化为蘑菇状，侵彻性能将受到一定的影响；而贫铀穿甲弹弹芯在撞击装甲时具有自锐特性，穿甲性能优于钨制弹芯。另外，贫铀具有硬度高、延展性好、韧性强等特点，当加入少量其他金属材料处理后，性能还可以进一步提高。例如，在贫铀中加入0.75%的钛时，强度比纯铀金属高3倍。从价格方面而言，贫铀是核反应堆燃料的废弃物，价格比钨便宜。

由于贫铀所具有的独特性质（高密度、易燃易爆，贫铀合金的高强度、高硬度，贫铀穿透时表现出的自发锐性）、丰富的储量和良好的机械加工性能，美国从20世纪50年代开始研究用贫铀制造各种武器，用来取代军事上广泛应用而又价格昂贵的钨。20世纪60年代先后对用于单兵、车载、舰载、机载，用枪、炮、导弹发射的7.92 mm，20 mm，25 mm，30 mm，105 mm和120 mm等多种贫铀穿甲弹的战术性能进行了大规模的试验。20世纪70年代开始正式装备部队，并研究和开发了贫铀合金的其他军事用途，如贫铀合金破甲弹，以及有穿甲燃烧功能的贫铀航空炮弹和贫铀装甲等（图4-42和图4-43）。

图4-42 正在射击的主战坦克

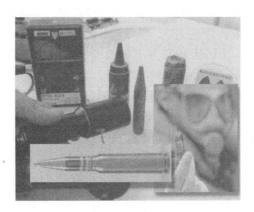

图4-43 各种类型的贫铀弹药

贫铀弹，其弹芯采用贫铀合金材料制成，可用于炮弹、炸弹和导弹战斗部（图4-44）。试验结果表明，这种贫铀合金弹芯比同类型的钨合金弹芯的穿甲性能要高出10%～15%。用贫铀合金（如铀钛合金）作弹芯的反坦克弹药可以穿透很厚的装甲，而且在穿进坦克装甲后还能引起车内的燃油和炮弹燃烧爆炸，增强穿甲弹的杀伤破坏威力，因而是对付现有主战坦克的有效武器。

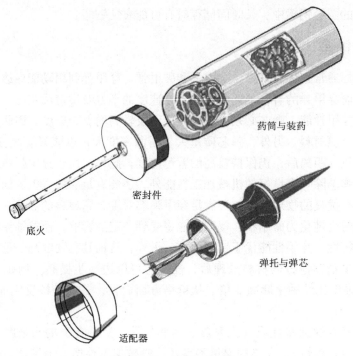

图 4-44 贫铀弹结构

目前已有不少国家将贫铀用于新弹药的研制，生产了贫铀弹。美国在贫铀的利用方面取得了突破性进展。美国生产的新式 M1A1 坦克采用了贫铀装甲，大大提高了坦克的防护能力。在海湾战争期间，美国使用了贫铀穿甲弹。贫铀穿甲弹的穿甲性能很强，首先是由于贫铀密度大，制成相同体积的弹丸时质量大，侵彻装甲目标时，其比动能较大，穿透能力强；其次贫铀易氧化，穿甲时发热燃烧，形成较大的后效破坏作用，杀伤乘员并破坏坦克的内部设备。

美国从 1975 年开始投产贫铀弹并装备部队，主要包括以下 5 个口径：20 mm，25 mm，30 mm，105 mm 和 120 mm。例如，120 mm 坦克炮配用 M829 系列尾翼稳定脱壳穿甲弹，而 105 mm 坦克炮配用 M900 式尾翼稳定脱壳穿甲弹。另外，陆军 M2/M3 布雷德利战车 25 mm "蝮蛇" 自动炮、空军 A-10 攻击机 30 mm 航炮和海军 "密集阵" 火炮系统 20 mm 自动炮也都配用贫铀弹芯穿甲弹。

M829 式穿甲弹是在德国 DM33 式 120 mm 穿甲弹的基础上研制而成的，为定装式长杆式侵彻弹，用于对付敌方装甲目标。其改进型 M829A1 式炮弹贫铀弹芯长径比为 20∶1，初速为 1 675 m/s，在 2 000 m 的距离上可击穿 550 mm 厚的均质钢装甲板。随后，美国又于 1992 年研制出了改进型 M829A2 式炮弹，并于 1993 年开始生产并装备。目前美军装备的 120 mm 贫铀穿甲弹为 M829A1 式和 M829A2 式。在 M829A2 式炮弹中，弹托采用碳-环氧树脂复合材料制造，采用新的机械加工工艺来改进贫铀侵彻弹芯的结构性能，并采用特殊的加工工艺对药包进行处理。与 M829A1 式炮弹相比，M829A2 式的初速提高了将近 100 m/s。该炮弹在 2 000 m 距离上的穿甲深度为 730 mm。

4.5.3 贫铀对健康的危害

铀是放射性的重金属。铀的损伤作用包括重金属的化学毒性作用和放射性核素的辐射损伤作用两个方面。贫铀的放射性作用于生物体后，会出现核辐射生物效应。生物体（主要是人、动物和植物）吸收核辐射的能量后，会使细胞内物质的分子和原子发生电离和激发，进而导致体内高分子物质（如蛋白质和核酸等）分子键断裂而被破坏，还会把生物机体内水分子电离成自由基，其与细胞内其他物质相互作用，导致细胞变性，甚至死亡，直至引起物质代谢和能量代谢障碍，引起整个机体发生一系列病变。

综合起来，贫铀弹对人体至少有五大伤害：引起造血障碍，表现为红细胞、白细胞、血小板和血红蛋白减少，造血细胞受损而导致造血障碍；眼白内障，表现为眼晶体混浊及视觉障碍，这也是最早发生和最多见的病症；白血病及其他恶性肿瘤；生育能力下降，甚至会导致精子和卵子中的染色体畸变和基因突变，进而导致下一代的形态或功能出现异常；生长发育出现障碍，严重时会引起寿命缩短、未老先衰或提前死亡。

（1）贫铀的生物代谢

铀属于内照射放射性核素，须进入人体内方能造成损伤效应。铀进入人体的途径主要有经呼吸道吸入、经胃肠道食入，以及经皮肤伤口进入人体。铀被人体吸收量的大小除了与进入途径有关外，还与铀化合物的物理、化学性状有关，如铀化合物的溶解度、铀气溶胶粒子粒径的大小等。

进入血液后的铀迅速分布到各组织器官，主要滞留在肾脏、骨骼、肝脏和脾脏。早期在各器官中滞留量的排列顺序为：肾脏＞骨骼＞肝脏＞脾脏。晚期骨骼中铀的滞留量比例明显增加。进入血液中的铀主要滞留在肾脏和骨骼，在肾脏与近曲管上皮细胞蛋白结合，在骨中参与骨骼的钙化过程。人体内铀的排除主要通过胃肠道和肾脏排除，可分为快组分排除和慢组分排除。

在贫铀军事应用造成人体铀污染事件中，贫铀主要是以难溶性氧化铀的形式存在。经胃肠道进入人体的难溶性铀化合物几乎不被吸收而通过粪便排出体外。经呼吸道进入体内的难溶性铀则主要沉积在肺部，而且很难被吸收进入血液再向其他组织转移。正常皮肤几乎不吸收难溶性铀，但是如果皮肤损伤（外伤、烧伤），则难溶性铀可经伤口直接进入血液。

（2）贫铀的化学毒性及危害

铀与铅、镉一样，是重金属，对健康有不良作用。铀的溶解性与其存在形态、化合物形式以及溶剂性质有关。人体内80%以上都是液体，为进入体内的贫铀提供了良好的溶解条件。随着时间的延长，几乎所有的铀都能被体液缓慢溶解。一旦溶解，铀便能与生物分子反应，发挥其毒性作用。铀的主要毒性是造成肾小球细胞坏死和肾小管管壁萎缩，导致肾过滤血液杂质的功能下降。溶解的铀一旦进入血液，其90%以上都可经肾随尿在24～48 h排出体外，其余10%的贫铀将留在体内，最终沉积于骨、肺、肝、肾、脂肪和肌肉中。

研究表明，最易受高剂量贫铀损伤的器官是肾，而铀酰—碳酸盐复合物被肾中的尿酸分解所形成的产物是造成肾损伤的主要因素。一些受到贫铀污染的海湾战争退伍军人被诊断出肾方面的疾病，主要是多尿症、血管球性肾炎、狼疮和肾衰竭等，贫铀可能是主要原因。海湾战争结束七八年后，受贫铀污染的美国退伍军人的尿中仍能检测到较高水平的铀，这足以证明这些放射性物质可在体内长期存在，带来健康危害。

除肾脏损伤外，体内贫铀还能导致多种疾病，主要包括呼吸疾病、皮肤疾病、神经功能紊乱、染色体损伤、免疫功能下降等，严重的甚至发生远后效应，如致癌（主要是肺癌、骨癌、白血病等）、遗传毒性和生殖发育障碍等。

(3) 贫铀的辐射特性及危害

贫铀的主要成分为铀238。铀238是α射线辐射体。其半衰期（放射性衰减一半所需要的时间）为 4.51×10^9 年。因此，贫铀的放射性强度还是比较低的，不到天然铀的50%。法国曾对其11个贫铀储存库的辐射水平进行过监测。结果表明，在简易防护条件下，最大个人暴露剂量远远低于法国规定的公众限量。因此，专家认为，固体贫铀在不与人体接触时几乎是安全的。

但应该指出的是，贫铀的放射性危害毕竟还是存在的。除α粒子外，贫铀还能释放少量的β粒子，长期接触时对健康也有影响，可能造成皮肤损伤。美国陆军环境政策研究所指出：贫铀是低水平的放射性废物，必须按放射性废物处理和储存。虽然贫铀的外照射对健康的危害极小，但一旦进入体内，如不及时促排，将长期滞留在体内，造成肺、骨骼、肝脏、肾脏、肌肉、血液等多种组织器官的内照射损伤，严重的会导致肿瘤。此外，在战争条件下，贫铀武器的使用致使人员受伤，或普通野战外伤受到贫铀的污染，贫铀均可通过伤口被吸收进入体内，造成体内贫铀污染。这不仅带来健康危害，还会影响伤口的处理与治疗，延迟伤口愈合时间。

贫铀弹的危害主要来自贫铀燃烧或爆炸所形成的气溶胶。在作战条件下，弹药中的贫铀有18%～70%被燃烧和氧化为细小的颗粒——直径在微米范围的贫铀气溶胶（如1枚120 mm贫铀穿甲弹发射后可产生900～3 400 g氧化铀气溶胶），而这些气溶胶50%～96%可通过呼吸进入人体，其中52%～83%在肺液中是难溶的。这些难溶的粒子很难从体内排除，可在肺或其他组织器官中停留数年，甚至更长。如果吸入贫铀的剂量较高，将造成肺损伤，严重时甚至导致肺癌。更为严重的是，这些贫铀气溶胶在空气中悬留达数小时，随空气流动或风力作用漂移到下风方向40 km以外。即使降落后，还会因风、人员活动和车辆行驶等再度扬起、悬浮，再次造成空气污染。而沉降的贫铀又将造成水、土壤、农作物和其他物体的污染。由于贫铀的半衰期极长，这些污染将经过动、植物的生物代谢进入食物链。人们在污染的环境中生活，呼吸污染的空气，贫铀都将通过吸、食途径进入体内，造成长期的健康影响。

此外，对贫铀污染的分析还表明，贫铀弹中含有微量的铀236。这种物质在自然界中并不存在，只能来自核反应堆产生的核废料。核电站"燃烧"铀的同时会生成钚。虽然核废料处理过程中人们通过一系列化学手段将钚从铀中分离出来，但核废料中仍不可避免含有微量的钚。贫铀弹击中装甲后，弹头中含有的钚也会汽化形成气溶胶微粒散入空气中，通过呼吸进入人体肺部。钚的放射性比铀要强20万倍，化学毒性比铀强100万倍，即使是以毫克计算的微量也会给人体健康带来很大的危害，导致肺癌和骨癌等。

贫铀弹不是核武器，不是利用核裂变能量来打击敌方目标，所以国际上尚无限制或禁止对其使用的明文规定。由于贫铀的半衰期长达45亿年，这种危害将是长期的、持续不断的，因此应该予以关注。

4.6 穿甲弹的发展趋势

从动能穿甲弹的使用情况来看，普通穿甲弹的发展方向主要是小口径穿甲弹和半穿甲弹。它所对付的目标主要是飞机、导弹、舰艇和轻型装甲等；但对于重型装甲目标，则主要是发展长杆式尾翼稳定超速脱壳穿甲弹。目前，杆式穿甲弹虽然已在许多国家的军队中进行了装备，但对杆式穿甲弹的研究工作仍方兴未艾。我国发展的杆式穿甲弹也已经接近或赶上世界先进水平。未来杆式穿甲弹的发展方向可以归结为以下几个方面：

① 提高弹丸着靶比动能。
② 减少弹丸消极质量。
③ 采用新的高性能弹体材料与工艺。
④ 研究对抗二代反应装甲并兼顾其他装甲目标的穿甲弹结构。
⑤ 提高有效射程与命中概率。
⑥ 将制导技术与火箭增速技术引入穿甲弹，发展动能导弹等。

4.6.1 提高穿甲威力

穿甲弹是靠弹丸动能进行穿甲的。根据冲击理论，弹丸对靶板的侵彻深度 L 可近似写为

$$L = \alpha_\theta \frac{m v_c^2}{d^2} \tag{4-5}$$

式中　　m——弹丸质量，g；
　　　　v_c——弹丸着靶速度，m/s；
　　　　d——弹丸直径，mm；
　　　　α_θ——系数。

由上式可见，欲提高侵彻深度，必须增加 mv_c^2/d^2 项的数值。

从该项的物理意义看，它是弹丸单位横截面积上的动能，被称为比动能。这就是说，只有提高弹丸着靶的比动能，才能使威力增加。一般来说，为了提高弹丸的比动能，可采用以下措施：

（1）提高弹丸的着靶速度

由式（4-5）不难看出，弹丸的着靶比动能与着速的平方成正比，增加弹丸着速显然比增加弹丸的质量合算。为了提高弹丸的着速，首先应提高初速。

① 改进火炮。增大火炮口径，加长炮管，以及提高膛压，是提高弹丸初速的有效方法。目前，坦克炮口径已由 85 mm、100 mm、105 mm、115 mm 发展到 120 mm、125 mm，还有可能出现 135 mm、140 mm，甚至 145 mm；身管长度由 50 倍口径增大到 58 倍或更长；膛压由 370 MPa 增大到 680 MPa。相应初速得到了大幅度提高，由 1 100 m/s 提高到 1 800 m/s，甚至可达到 2 000 m/s。但是武器系统的机动性能受到很大影响。

② 提高火药能量。由硝化棉火药、硝基胍火药发展到硝胺火药，其能量由 932 kJ/kg，1 128 kJ/kg 提高到 1 226 kJ/kg。火药能量的提高，有效地提高了弹丸的初速。

③ 使用涂覆火药降低温度系数。使用涂覆火药降低温度系数——传统的火药装药，在

常温 15 ℃情况下发射，其膛压与初速是标准状态；在高温 50 ℃情况下发射，其膛压增量较大，一般增高 15%左右（有些装药可达到 20%，甚至 30%）；而在低温-40 ℃情况下，其膛压降得很低，初速也大幅度下降。由于火炮允许的最大膛压是限定条件，高于该值就可能出现安全问题，所以为了使高温膛压不超过最大膛压，势必要把常温膛压降低，因此也就降低了常温初速。若能降低温度系数，即若能使高温膛压增量不大于 5%或者更低，则相应常温膛压可提高 10%或者更高，因此可较大幅度地提高常温和低温初速。为了降低火药的温度系数，发展了涂覆火药。其原理是，将装药的一部分制成一定形状并使用钝感物质将其包覆起来，以达到在不同的温度下控制其参与增面燃烧的时间，从而在各种温度情况下都得到较丰满的内弹道 $P\text{-}t$ 曲线。在整发弹的装药中按一定比例加入涂覆火药。调整涂覆药的使用比例和涂覆层的厚度，达到降低温度系数的目的。在理想的情况下，甚至可以实现"零梯度"，即常、高、低温的初速相等，膛压都不高于火炮允许的最大膛压，这样在各种温度下都能充分利用火炮的潜能，最大限度地提高初速。

④ 随行装药技术。从穿甲弹的内弹道看，膛底压力与弹底压力间存在较大的压力梯度。弹底压力大约是膛底压力的 2/3。若能有效提高弹底压力，就能较大幅度地提高穿甲弹初速。可以考虑使用发射药随行装药技术来大幅度提高弹丸初速。发射药随行装药技术是一种和现有火炮结构相容的新型发射技术。其工作原理是在弹底装一部分火药，称随行装药，控制它在最大膛压后点燃，随行药从运动的弹丸中向弹后空间释放能量，以保持较高的弹底压力，有效改善膛压压力分布，利用"压力平台"优势大幅度提高推进效率，从而提高弹丸初速。

⑤ 密实装药技术。目前研究的密实装药技术多种多样。采用大弧厚单基（扁）球形药就是其中一种。由于（扁）球形药的堆积密度大，所以经过钝感处理的（扁）球形药的燃烧具有较好的渐增性。（扁）球形药是粒装药中装药密度最高的一种，由于其流动阻力小，其装填密度可超过 $1\ \text{kg/dm}^3$，应用与高装填密度装药结构相匹配的点传火技术，可获得较高的炮口速度。

⑥ 发射药钝感技术。采用新型高能发射药钝感技术可提高弹丸的初速。其原理是将一种钝感剂渗透到发射药中，使膛压缓慢增长，且当膛压达到波峰后缓慢下降，使 $P\text{-}t$ 曲线下面的面积更大，提高做功效率，从而提高弹丸初速。

（2）增加弹丸的长径比

由式（4-5）可知，弹丸长径比的增加自然会使 m/d^2 的数值增大。换句话说，随着长径比的提高，弹丸的威力会增强。但是，实际试验结果表明，当着速一定时，弹体长度大到一定程度反而对穿甲不利，会出现弹体折断和跳弹现象；另外，弹体长度一定，着速有最佳的匹配范围。当基本满足这种最佳的匹配范围时，试验表明侵深与弹体长度大致相等。着速与弹体长度及弹径有着密切的关系。弹体长度与弹径越大，弹丸的质量就越大，弹丸的初速就越小，则着速就越小。在弹体长度不变时，为提高初速以得到最佳的着速，就需要减小弹径，也就是说增大长径比。

增大弹体的长径比是提高着靶比动能的非常有效的技术途径，但这受到长杆材料综合性能的限制，因此要增大长径比，就要不断改善材料的综合性能，如提高强度、韧性、抗弯性等。另外，还应当设计出新的结构，以实现最大限度地加大弹体的长径比。例如，在能够大幅度提高着速的情况下，若将长径比提高到 40 或更大，将能更大幅度地提高穿甲威力；但弹体在膛内高过载发射或在外弹道上高速飞行中易发生较大的弯曲变形，这将影响弹体的发射强度及飞行稳定性。若将低密度、高模量的材料（如钢）做成较大直径的护套，则可大大地提高其刚度，避免大长径比的高密度材料弹体发生弯曲变形。

（3）采用高密度合金的弹杆材料

由式（4-5）可见，弹杆材料的密度增加必将使弹丸的比动能增加，从而使威力提高。具有较高力学性能的弹体材料能够承受更高的膛内发射应力，因而可以减短弹托长度，从而减少消极质量，提高弹丸的初速；同时，在火炮速度范围内具有较高力学性能的弹体材料可以提高穿甲威力。如采用密度大、力学性能高的贫铀合金和贫铀钨合金制成弹体，可大大提高杆式穿甲弹的侵彻能力。因而，进一步提高弹杆材料的密度必然是弹杆的发展趋势。

（4）减少弹托质量

采用轻质材料弹托，减轻弹丸的消极质量，是一条提高弹丸着靶比动能的重要途径。由于主战坦克炮口径和杆式弹丸的长径比的不断增大，消极质量同时增大，消耗的动能也相应增大，而弹托是最大的消极质量来源，所以采用轻质材料制造弹托，减轻消极质量，可有效降低动能损失，提高穿甲威力。为减轻弹托质量，可开发利用一些密度小而强度高的新材料：

一是采用小密度高性能的金属、非金属及复合材料，如增强尼龙、树脂基玻璃纤维或碳纤维复合材料等。这些材料已广泛用于小口径脱壳穿甲弹上，而某些大口径脱壳穿甲弹也使用了非金属复合材料。如美国的120 mm M829E2式穿甲弹的弹托已经使用了树脂基碳纤维复合材料，使其重量减轻了30%。

二是采用轻金属或轻金属复合材料，如已广泛使用超硬铝合金。目前正在研究使用其他的更加轻质的合金及其复合材料。

三是使用金属与非金属的复合，达到减轻弹托质量的目的。

4.6.2　对付二代反应装甲

反应装甲一般是将2～3 mm的钝感炸药层夹在1～3 mm的钢板中组成爆炸块。当杆式弹击中它时引爆炸药，高压爆轰物推动前后钢板向相反方向运动，使弹芯偏转或断裂，以降低其侵彻能力。近年来，反应装甲、复合装甲、贫铀装甲、主动装甲发展得很快。二代反应装甲将使杆式弹的穿甲能力损失16%～67%。

如何对付目前出现的反应装甲是杆式穿甲弹发展的方向。进一步提高其穿甲威力是其中一个方面，而在结构设计方面取得新的突破是另一个方面。有两种对付反应装甲的思路：在弹芯主侵彻体攻击坦克主装甲之前引爆反应装甲，或在反应装甲上打出一个"通道"，使主侵彻体在不引爆反应装甲的情况下侵彻主装甲。穿甲弹也可以与串联结构的破甲弹类似，采用"穿甲—穿甲"结构，比如采用多节式穿甲弹芯（如DM33采用两节弹芯）；也可以采用串联式弹芯，在攻击目标时先由分离机构适时射出前置弹芯打爆反应装甲的头部结构，或将前置弹芯推向弹的前部（与主弹芯间形成固定的距离），在反应装甲上打出通孔，开辟通道，主弹芯随后跟进。

习 题

1. 分析各类装甲防护的不同防护原理。
2. 根据现代装甲目标的特性,反装甲弹药应具备哪些能力?
3. 穿甲弹侵彻靶板的破坏形式主要有哪几种?
4. 风帽和被帽有什么区别?穿甲弹采用这两种结构,分别有什么用途?
5. 超速脱壳穿甲弹的作用原理是什么?其脱壳方式有哪几种?
6. 分析尾翼稳定超速脱壳穿甲弹的穿甲过程。
7. 从技术发展的角度,分析穿甲弹的发展趋势。

第 5 章
破 甲 弹

一般情况下,"破甲弹"是指成型装药破甲弹,也称空心装药破甲弹或聚能装药破甲弹。破甲弹和穿甲弹是击毁装甲目标的两种最有效的弹种。穿甲弹靠弹丸或弹芯的动能来击穿装甲,因此只有高初速火炮才适于配用。破甲弹是靠成型装药的聚能效应压垮药型罩,形成一束高速金属射流来击穿装甲,不要求弹丸必须具有很高的弹着速度。因而,破甲弹能够广泛应用在各种加农炮、无坐力炮、坦克炮以及反坦克火箭筒上。

19 世纪发现了带有凹槽装药的聚能效应。在第二次世界大战前期,发现在炸药装药凹槽上衬以薄金属罩时,装药产生的破甲威力大大增强,使聚能效应得到广泛应用。1936—1939 年西班牙内战期间,破甲弹开始得到应用。随着坦克装甲的发展,破甲弹出现了许多新的结构。例如,为了对付复合装甲和反应装甲爆炸块,出现了串联聚能装药破甲弹;为了提高破甲弹的后效作用,还出现了炸药装药中加杀伤元素或燃烧元素等随进物的破甲弹,以增加杀伤、燃烧作用;为了克服破甲弹旋转给破甲威力带来的不利影响,采用了错位式抗旋药型罩和旋压药型罩。

多年来,国内外对成型装药新结构、新技术的研究从来就没有停止过。从 20 世纪 60 年代的变壁厚药型罩、喇叭形和双锥形药型罩,到后来的串联成型装药药型罩、截锥药型罩、分离式药型罩和大锥角自锻破片药型罩等,都是为了对付不断发展的装甲防护而提出的新型成型装药结构。20 世纪 80 年代以来,由于坦克装甲防护能力的不断增强,破甲弹性能也不断提高,破甲深度已由原来的 6 倍装药直径提高到 8～10 倍的装药直径;同时,为了提高远距离攻击装甲目标的能力,还出现了末段制导破甲弹和攻击远距离坦克群的破甲子母弹。

目前,许多反坦克导弹都采用了成型装药破甲战斗部;在榴弹炮发射的子母弹(雷)中也普遍使用了成型装药破甲子弹(雷);在工程爆破、石油勘探中,成型装药的聚能爆破、石油射孔也已得到广泛使用。由此可见,对成型装药聚能效应的研究,无论是在军事上,还是在民用上,都具有十分重要的意义。

成型装药作为反装甲武器中的一个重要组成部分,其威力发展水平也相应不断提高。目前,成型装药领域发展了 3 种类型的聚能侵彻体:聚能射流(Shaped Charge Jet,JET)、爆炸成型弹丸(Explosively Formed Projectile,EFP)和聚能杆式弹丸(Jetting Projectile Charge,JPC)。其成型后的外形如图 5-1 所示。

聚能射流以低炸高、大穿深为主要特点,广泛应用于反装甲武器系统和石油射孔弹,但其穿孔孔形不理想,后效不明显。其头部速度一般达到 7 000～10 000 m/s,尾部速度为 500～1 000 m/s。射流较高的速度梯度导致其有效作用距离有限,限制了其在远距离攻击目

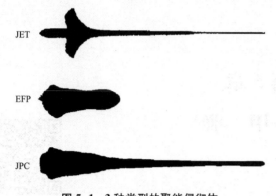

图 5-1 3 种类型的聚能侵彻体

标武器平台上的应用。爆炸成型弹丸以大炸高、后效作用大、侵彻孔径大且均匀为主要特点，在一定程度上弥补了聚能射流的不足，是击破各种轻装甲车辆和舰船密封隔舱的有力武器，也可用于对岩石、混凝土进行侵彻开孔，多应用于末敏弹等远距离反装甲武器系统中。聚能杆式弹丸是国内外近年来基于聚能效应发展的一种新型侵彻体结构形式。它是利用一定起爆方式，与装药及药型罩结构匹配关系得到的一种介于射流与爆炸成型弹丸之间的聚能侵彻体结构。与聚能射流相比，它具有远距离攻击能力强、药型罩利用率高、侵彻孔径大且比较均匀的特点；与爆炸成型弹丸相比，它具有弹体更长、攻击速度更快、侵彻能力更强等特点，但其有效作用距离相对于爆炸成型弹丸仍然很小。3 种类型聚能侵彻体所具有的性能对比情况如表 5-1 所示，表中 D 为装药口径。

表 5-1 成型装药 3 种聚能侵彻体性能参数对比情况

类别	速度/(km·s^{-1})	有效作用距离	侵彻孔径	侵彻深度	药型罩利用率/%
聚能射流	5.0～8.0	(3～8)D	(0.2～0.3)D	(5～10)D	30
聚能杆式弹丸	3.0～6.0	50D	(0.3～0.5)D	≥4D	90
爆炸成型弹丸	1.7～2.5	1 000D	0.8D	(0.7～1.0)D	95

5.1 破甲弹作用原理

破甲战斗部之所以能够击穿装甲，得益于带凹槽装药爆炸时的聚能效应。具体地说，装药凹槽内衬有金属药型罩的装药爆炸时，所产生的高温、高压爆轰产物迅速压垮金属药型罩，使其在轴线上闭合并形成能量密度更高的金属射流，从而侵彻直至穿透装甲。

5.1.1 聚能效应

首先观察不同装药结构爆炸后对装甲的不同作用，如图 5-2 所示。在同一块靶板上安置了 4 个不同结构形式但外形尺寸相同的药柱。当使用相同的电雷管对它们分别引爆时，将会观察到对靶板破坏效果的极大差异：圆柱形装药只在靶板上炸出了很浅的凹坑 [图 5-2（a）]；带有锥形凹槽的装药炸出了较深的凹坑 [图 5-2（b）]；锥形凹槽内衬有金属药型罩的装药，炸出了更深的洞 [图 5-2（c）]；锥形凹槽内衬有金属药型罩且药型罩距靶板一定距离的装药却穿透靶板，形成了入口大而出口小的喇叭形通孔 [图 5-2（d）]。

上述现象可以通过爆轰理论来说明。由爆轰理论可知，一定形状的药柱爆炸时，必将产生高温、高压的爆轰产物。在瞬时爆轰条件下，可以认为这些产物将沿炸药表面的法线方向向外飞散，因而在不同方向上炸药爆炸能量也不相同。这样，可以根据确定角平分线的方法

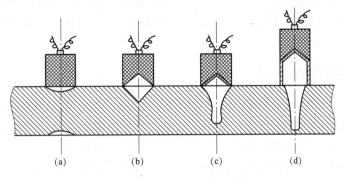

图 5-2　不同装药结构对靶板的破坏作用
（a）圆柱形装药；（b）锥形凹槽装药；
（c）锥形装药；（d）距靶板一定距离的锥形装药

确定作用在不同方向上的有效装药，如图 5-3 所示。圆柱形装药作用在靶板方向上的有效装药仅仅是整个装药的很小部分，又由于药柱对靶板的作用面积较大（装药的底面积），因而能量密度较小，其结果只能在靶板上炸出很浅的凹坑。

然而，当装药带有凹槽时，情况就发生了变化。如图 5-4 所示，虽然有凹槽使整个装药量减小，但有效装药量并不减小，而且凹槽部分的爆轰产物也将沿装药表面的法线方向向外飞散，并且互相碰撞、挤压，在轴线上汇合，最终将形成一股高压、高速和高密度的气体流。此时，由于气体流对靶板的作用面积减小，能量密度提高，故能炸出较深的坑。这种利用装药一端的空穴使能量集中，从而提高爆炸后局部破坏作用的效应，就被称为"聚能效应"。

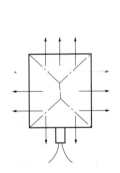
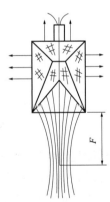

图 5-3　柱形装药爆轰产物的飞散　　图 5-4　无罩聚能装药爆轰产物的飞散

由图 5-4 还可以看出，在气体流的汇集过程中，总会出现直径最小、能量密度最高的气体流断面。该断面常被称为"焦点"，而焦点至凹槽底端面的距离被称为"焦距"（图中的距离 F）。不难理解，气体流在焦点前后的能量密度都将低于焦点处的能量密度，因而适当提高装药至靶板的距离可以获得更好的爆炸效果。装药爆炸时，凹槽底端面至靶板的实际距离，常被称为炸高。炸高的大小，无疑将影响气体流对靶板的作用效果。

至于锥形凹槽内衬有金属药型罩的装药，之所以会提高破甲效果，简单地说，是因为炸药爆炸时，所汇聚的爆轰产物压垮药型罩，使其在轴线上闭合并形成能量密度更高的金属射流，从而增加对靶板的侵彻深度；而具有一定炸高时，金属射流在冲击靶板前进一步拉长，在靶板上形成更深的穿孔。

5.1.2 金属射流的形成

如图 5-5 所示，当带有金属药型罩的炸药装药被引爆后，爆轰波将从装药底部向前传播，传到哪里，哪里的炸药就爆轰，并产生高温、高压的爆轰产物。当爆轰波传播到药型罩顶部时，所产生的爆轰产物将以很高的压力冲量作用于药型罩顶部，从而引起药型罩顶部的高速变形。随着爆轰波的向前传播，这种变形将从药型罩顶部到底部相继发生，其变形速度（亦称压垮速度）很大，一般可达 1 000～3 500 m/s。在药型罩被压垮的过程中，可以认为，药型罩微元也是沿罩面的法线方向做塑性流动，并在轴线上汇合（亦称闭合）；汇合后将沿轴线方向运动。

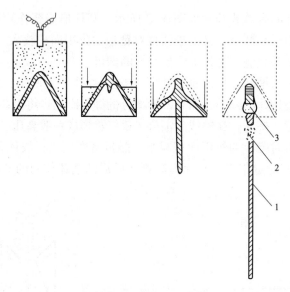

1—射流；2—碎片；3—杵体。

图 5-5 金属射流的形成

实验和理论分析都已表明，药型罩闭合后，罩内表面金属的合成速度大于压垮速度，从而形成金属射流（或简称射流）；而罩外表面金属的合成速度小于压垮速度，从而形成杵状体（或简称杵体）。就目前的情况看，射流的头部速度可达 7 000～10 000 m/s，而杵体的速度一般为 500～1 000 m/s。

以定常不可压缩流体动力学理论为基础，可以导出射流速度和杵体速度的计算式：

$$\begin{cases} v_{ji} = \dfrac{v_{0i}\cos\ (\beta_i/2-\alpha-\delta_i)}{\sin\ (\beta_i/2)} \\ v_{si} = \dfrac{v_{0i}\sin\ (\alpha+\delta_i-\beta_i/2)}{\cos\ (\beta_i/2)} \end{cases} \tag{5-1}$$

式中　　v_{ji}——射流速度，m/s；

v_{si}——杆体速度，m/s；
v_{0i}——罩体某微元 i 的压垮速度，m/s；
β_i——压垮角，(°)；
δ_i——飞散角，(°)；
α——药型罩半锥顶角，(°)。

在药型罩压垮过程中，由于药型罩顶部的有效装药量大，金属量小，因而压垮速度高，形成的射流速度高；而在药型罩底部，其有效装药量小，金属量大，因而压垮速度和相应的射流速度都比前者低。可见，就整个金属射流而言，其头部速度高，尾部速度低，即存在速度梯度。这样，当装药距靶板一定距离时，随着射流的向前运动，射流将在拉应力的作用下不断被拉长，使得侵彻深度加大。但当炸高过大，射流被拉伸到一定长度时，由于拉应力大于金属射流的内聚力，因而射流被拉断，并形成许多直径为 0.5~1 mm 的细小微粒（图5-6），使得其侵彻能力下降，影响穿孔深度。因此，装药存在一个最佳炸高。

实验显示，当爆轰波到达药型罩底部端面时，由于突然卸载，在距罩底端面 1~2 mm 的地方将出现断裂。该断裂物以一定的速度飞出，这就是通常所说的"崩落圈"，如图 5-7 所示。

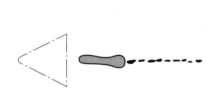 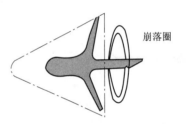

图 5-6 金属射流被拉断的情形　　　图 5-7 形成崩落圈

实验结果还表明，射流是由药型罩的内表面形成的，且射流部分的质量与药型罩的锥角有关，一般其质量只占药型罩质量的 10%~30%。

图 5-8 所示为用闪光 X 射线拍摄的射流形成过程。从图中可以看出在爆炸载荷作用下金属药型罩压垮变形形成射流的过程，以及射流形成过程中出现的崩落圈和金属射流被拉断的情形。

5.1.3 破甲作用

实验表明，射流部分的质量与药型罩锥角的大小有关，一般占药型罩质量的 10%~30%。虽然金属射流的质量不大，但由于其速度很高，所以它的动能很大。射流就是依靠这种动能来侵彻与穿透靶板的。金属射流侵彻靶板的过程如图 5-9 所示。

金属射流对靶板的侵彻过程，大致可以分为以下 3 个阶段。

（1）开坑阶段

开坑阶段也就是射流侵彻破甲的开始阶段。当射流头部碰击靶板时，碰撞点的高压和所产生的冲击波使靶板自由界面崩裂，并使靶板和射流残渣飞溅，而且在靶板中形成一个高温、高压、高应变率的区域，此区域简称为"三高区"。此阶段所形成的孔深只占整个孔深的很小部分。

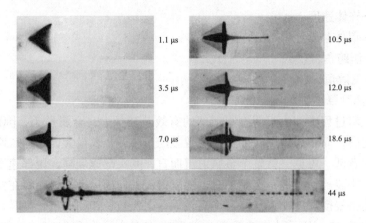

图 5-8　用闪光 X 射线拍摄的射流形成过程

图 5-10 所示为 100 mm 直径的聚能装药侵彻钢装甲成坑时间和侵彻深度的关系曲线。由图 5-10 可以看出，在钢装甲上侵彻 600 mm 以上深的孔大约需要 400 μs 的时间，这表明成坑的平均速度为 1 500 m/s；而在侵彻过程刚开始时，平均成坑速度可以高达 4 000 m/s。

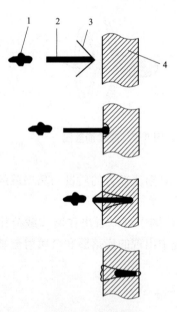

1—杵体；2—金属射流；
3—弹道波；4—钢靶。

图 5-9　金属射流侵彻靶板的过程

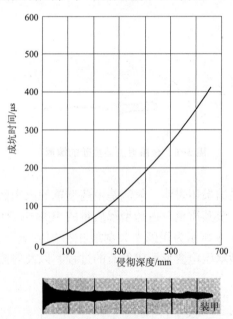

图 5-10　100 mm 直径的聚能装药侵彻钢装甲
成坑时间和侵彻深度的关系曲线

（2）准定常侵彻阶段

在这一阶段，射流对"三高区"状态的靶板进行侵彻破孔。侵彻破甲的大部分破孔深度是在此阶段形成的。由于此阶段的破击压力不是很高，射流的能量变化缓慢，破甲参数和破孔的直径变化不大，基本上与时间无关，故该阶段被称为准定常侵彻阶段。

（3）终止阶段

这一阶段的情况较为复杂。首先，射流速度已经很低，靶板强度对阻止射流侵彻的作用越来越明显；其次，由于射流速度降低，不仅破甲速度减小，而且扩孔能力也下降，以致后续射流推不开前面已经释放出能量的射流残渣，不能作用于靶孔的底部，而是作用于射流残渣上，影响侵彻破甲的进行；再次，射流在破甲的后期出现失稳（颈缩和断裂），从而影响破甲性能。当射流速度低于射流开始失去侵彻能力的所谓"临界速度"时，射流已不能继续侵彻破孔，而是堆积在坑底，使破甲过程结束。

对于杵体，由于其速度较低，一般不能起破甲作用，即使在射流穿透靶板的情况下，杵体也往往留存在破孔内。

在工程设计中，常用一些经验公式来估算设计方案的破甲深度。根据新40破甲弹总结的经验公式为

$$L = 1.7\left(\frac{1}{2\tan\alpha} + \gamma\right)d_k \tag{5-2}$$

式中　　L——静破甲的平均深度，mm；

α——药型罩半锥角，(°)；

γ——与药型罩锥角有关的系数；

d_k——药型罩口部内直径，mm。

5.2　影响破甲威力的因素

成型装药破甲弹主要是用来对付敌方坦克和其他装甲目标的。为了有效地摧毁敌方坦克，要求破甲弹具有足够的破甲威力，其中包括破甲深度、后效作用和金属射流的稳定性等。

总的来说，射流的形成是一个非常复杂的过程，一般可分为两个阶段。第一个阶段是成型装药起爆，炸药爆轰，进而推动药型罩微元向轴线运动。在这个阶段内起作用的因素，是炸药性能、爆轰波形、药型罩材料和壁厚等。第二个阶段是药型罩各微元运动到轴线处并发生碰撞，形成射流和杵体。在这个阶段中起作用的因素主要是罩材的声速、碰撞速度和药型罩锥角等。因此，影响破甲威力的因素主要有炸药装药、药型罩、炸高、旋转运动、壳体、引信、隔板材料及形状等。

5.2.1　炸药装药

炸药是使药型罩形成聚能金属射流的能源。理论分析和试验研究都表明，炸药性能影响破甲威力的主要因素是炸药的爆轰压力。国外曾做过不同炸药的破甲威力试验，试验药柱直径为48 mm，长度为140 mm；药型罩材料为钢，锥角为44°，底径为41 mm；炸高为50 mm。试验结果见表5-2。

可见，随爆轰压力的增加，破甲深度和孔容积都将增大。由爆轰理论可知，爆轰压力 p 的近似表达式为

$$p = \rho D^2 / 4 \tag{5-3}$$

式中　　ρ——炸药装药的密度，g/cm³；

D——炸药装药的爆速，m/s。

表 5-2　炸药性能对破甲威力的影响

炸 药	密度 /(g·cm^{-3})	爆压 /×10^8 Pa	破甲深度 /mm	孔容积 /cm^3	试验发数
B 炸药	1.71	232	144±4	35.1±1.9	8
RDX/TNT 80/20	1.662	209	136±9	29.8±1.7	4
RDX/TNT 50/50	1.646	194	140±4	27.5±1.2	5
RDX/TNT 20/80	1.634	171	138±7	23.5±0.7	5
TNT	1.591	152	124±7	19.2±1.2	10
RDX	1.261	123	114±5	12.6±0.9	10

由此可知，欲取得较大的爆压 p，应使装药的密度 ρ 和爆速 D 增大。因此，在聚能装药中，应尽可能采用高爆速炸药并增大装填密度。除此之外，破甲深度还与装药直径和长度有关。试验表明，随着装药直径和长度的增加，破甲深度逐渐加大。

增加装药直径（相应地增加药型罩口径）对提高破甲威力特别有效，破甲深度和孔径都随装药直径的增加而增加；但是，装药直径受到弹径的限制，增加装药直径必然要相应地增加弹径和弹重，而这在实际设计中是受限制的。随着装药长度的增加，破甲深度也增加，但当装药长度超过 3 倍装药直径时，破甲深度不再增加。这是因为稀疏波的传入使有效装药量接近于一个常数。

在确定聚能装药的结构形状时，必须考虑多方面的因素，既要使装药质量轻，又要使破甲效果好。通常聚能装药带有尾锥，既有利于增加装药长度，又可以减小装药质量，还不会影响有效装药量。

另外，为了对付坦克的屏蔽及间隔装甲，必须提高远炸高时的破甲性能。与非精密成型装药对比，精密成型装药在远炸高时存在着突出的优点。精密成型装药的设计特点是十分注意成型装药的对称性和均匀性。药型罩要精密制造，锥形罩母线旋成面必须平直，表面要求抛光，厚度差需严格控制，约为非精密罩的 1/10。关于装药成分不均匀性对金属射流的影响，在美国 BRL 精密药型罩上进行了仔细研究。采用 TNT，RDX 混合炸药压制药柱，人为地造成局部 RDX 含量有 3% 的不对称。用脉冲 X 光摄影测量射流偏离轴线的最大值，结果是：成分不均匀性小于 3% 的成型装药，射流在 1 180 mm 范围内的偏离轴线值小于 15 mm；而当成分不均匀性为 3% 的部分占据药柱的整个半侧时，射流偏离轴线的最大值达到 50 mm，并成为倾斜或弯曲的射流，这时侵彻深度显著下降。

5.2.2　药型罩

药型罩是形成金属射流的主要零件。它的形状、锥角、壁厚、材料和加工质量等都对破甲威力具有显著影响。

（1）形状

药型罩的形状是多种多样的，有半球形、截锥形、喇叭形和圆锥形等，如图 5-11 所示。

不同形状的药型罩，在相同装药结构的条件下得到的射流参数不同。对装药直径为

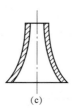 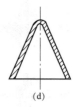

图 5-11　常用药型罩的形状
(a) 半球形；(b) 截锥形；(c) 喇叭形；(d) 圆锥形

30 mm、长度为 70 mm 的聚能装药，药型罩壁厚为 1 mm（钢板）所做的试验表明（表 5-3）：喇叭形药型罩所形成的射流速度最高，圆锥形次之，而半球形最差。

表 5-3　药型罩形状对射流速度的影响

药型罩形状	药型罩参数		射流头部速度/(m·s⁻¹)
	底部直径/mm	锥角/(°)	
喇叭形	27.2	—	9 500
圆锥形	27.2	60	6 500
半球形	28	—	3 000

虽然喇叭形药型罩具有母线长、炸药装药量大和变锥角等优点，但其工艺性不好，不易保证加工质量。因此，在国内外装备的破甲弹中大都采用圆锥形药型罩。圆锥形药型罩不但能够满足破甲威力要求，而且工艺简单、制造容易。

为了克服弹丸高速旋转对破甲性能的不利影响，提出了抗旋药型罩（如错位药型罩和螺旋药型罩等）。为了提高成型装药破甲弹的侵彻能力，在一些破甲弹上亦采用双锥药型罩（图 5-12）。

（2）锥角

圆锥形药型罩锥角的大小，对所形成射流的参数、破甲效果以及后效作用都有很大影响。当锥角小时，所形成的射流速度高，破甲深度也大，但其破孔直径小，后效作用及破甲稳定性较差；而当锥角大时，虽然破甲深度有所降低，但其破孔直径大，并且后效作用及破甲稳定性都较好。

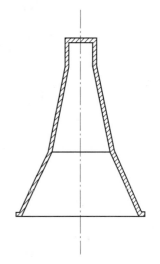

图 5-12　双锥药型罩

对药型罩锥角的研究表明，在 35°～60°范围内选取锥角为好。对中、小口径破甲弹，可以取 35°～44°；对中、大口径，可以取 44°～60°。采用隔板时锥角宜大些，而不采用隔板时锥角宜小些。

图 5-13 所示为锥角为 80°～180°时铜药型罩形成射流和杵体的成型过程，闪光 X 射线拍摄记录了金属加速和变形过程。

（3）壁厚

药型罩的壁厚与药型罩材料、锥角、罩口径和装药有无外壳有关。总的来说，药型罩壁厚随罩材密度的减小而增大，随罩锥角的增大而增大，随罩口径的增加而增大，随外壳的加

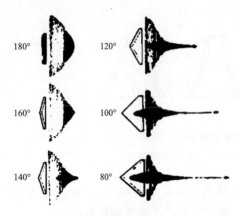

图 5-13 用闪光 X 射线拍摄的不同锥角铜
药型罩形成的射流和杵体

厚而增大。药型罩有等壁厚和变壁厚两种。内外锥角相等为等壁厚,而内外锥角不相等则为变壁厚。罩厚要适当。等壁厚罩常取 0.03～0.04 倍罩口径;变壁厚双锥形药型罩顶部壁厚取罩口径的 0.02～0.03 倍,底部壁厚取 0.03～0.04 倍。壁厚差应从严控制,应在 0.1 mm 以下,否则将影响破甲性能。

为了改善射流性能,提高破甲效果,在实践中还常采用变壁厚药型罩。图 5-14 所示为各种变壁厚药型罩形成射流破甲的情况,展示了壁厚变化对射流破甲效果的影响,其中图 5-14(b)是等壁厚的试验情况(图中壁厚单位为 mm)。从破甲深度试验结果看,采用顶部厚而底部薄的药型罩,穿孔浅而且成喇叭形[图 5-14(a)]。采用顶部薄而底部厚的药型罩,只要壁厚变化适当[图 5-14(c)],则穿孔进口变小,随之出现鼓肚,且收敛缓慢,能够提高破甲效果。但如壁厚变化不合适,则会降低破甲深度[图 5-14(d)、(e)]。

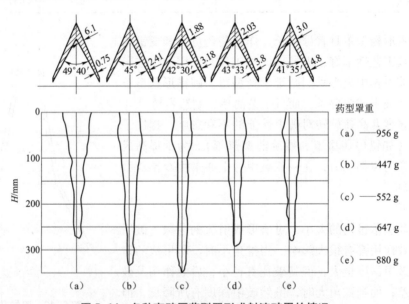

图 5-14 各种变壁厚药型罩形成射流破甲的情况

采用顶部薄而底部厚的变壁厚药型罩之所以使破甲深度增加,是因为这样的药型罩使射流头部速度提高,射流尾部速度降低,从而增加了射流的速度梯度,使射流拉长。壁厚的变化情况,通常以壁厚的变化率 Δ 来表征(图 5-15),即

$$\Delta = \frac{\delta_{i+1}l - \delta_i}{\Delta l_i} \tag{5-4}$$

式中 Δl_i——对应于微元 i 的母线长度,mm;

δ_{i+1} 和 δ_i——对应于同一母线上点 $i+1$ 和点 i 处的壁厚,mm;

l——药型罩母线长，mm。

一般来说，药型罩的厚度变化率为 1% 左右。锥角小时低些，锥角大时高些。

（4）材料

当药型罩被压垮后，连续不断裂的射流越长、密度越大，其破甲就越深。从原则上讲，要求药型罩材料密度大、塑性好，在形成射流过程中不汽化。

对采用梯黑（50/50）药柱、装药直径为 36 mm、药量为 100 g（装药密度为 1.6 g/cm³）、药型罩锥角为 40°、罩壁厚为 1 mm、罩口直径为 30 mm 和炸高为 60 mm 的试验结果表明（表 5-4）：紫铜的密度较高，塑性好，破甲效果最好；铝虽然延性较好，但密度太低、熔点低；铅虽然密度高、延展性也好，但由于其熔点和沸点都很低，在形成射流的过程中易汽化，所以，铝和铅的药型罩破甲效果不好。

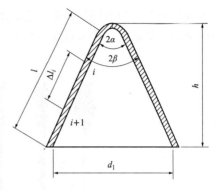

图 5-15 变壁厚药型罩

表 5-4 不同材料药型罩的破甲试验结果

罩材	破甲深度/mm			试验发数
	平均	最大	最小	
紫铜	123	140	103	23
生铁	111	121	98	4
钢	103	113	96	5
铝	72	73	70	5
锌	79	93	66	5
铅	91	—	—	1

为了提高破甲弹的破甲效果，也可以采用"复合材料药型罩"，即药型罩内层用紫铜，外层用铝合金、镁合金、钛合金和锆合金等具有燃烧效能的低燃点的金属材料。

（5）加工质量

药型罩一般采用冷冲压、旋压法和数控机床切削加工法制造。用旋压法制造的药型罩具有一定的抗旋作用。这是由在旋压过程中改变了金属药型罩晶粒结构的方向而形成的内应力所致。

药型罩的壁厚差易使射流扭曲，影响破甲效果，所以在加工时应严格控制壁厚差（一般要求不大于 0.1 mm），特别是靠近锥顶部的壁厚差，对破甲的影响更大，所以更应严格控制。

5.2.3 炸高

炸高指在聚能装药爆炸瞬间，药型罩的底端面至靶板的距离。静止试验时的炸高被称为静炸高，而实弹射击时的炸高则被称为动炸高。炸高对破甲深度的影响很大。炸高对破甲威力的影响可以从两个方面来分析：一方面，随着炸高增加、射流伸长，破甲深度也增加；另一方面，随着炸高增加，射流产生径向分散和摆动，延伸到一定程度后出现断裂，从而使破甲深度降低。

因此，随着聚能装药炸高的增大，破甲深度会出现先增加而后减小的情况。图 5-16 所示为聚能装药采用不同炸高时与射流的不同破甲深度之间关系的示意图。这一现象表明,在聚能装药与靶板之间明显存在一个效应极值点。它表示在某一炸高下可获得最大破甲深度。

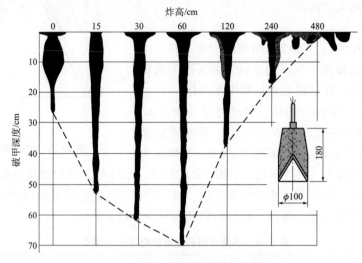

图 5-16 不同炸高与破甲深度之间的关系

与最大破甲深度相对应的炸高,被称为最有利炸高。影响最有利炸高的因素有很多,如药型罩锥角(图 5-17)、材质、炸药性能和有无隔板等。图 5-18 给出了罩锥角为 45°时不同材料药型罩的破甲深度与炸高间的关系曲线。在一般情况下,最有利炸高的数值常根据试验结果确定。

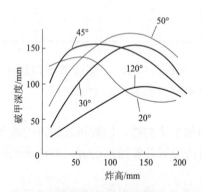 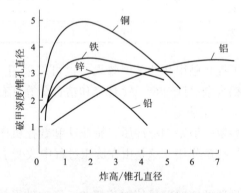

图 5-17 不同罩锥角时炸高与破甲深度的关系曲线

图 5-18 不同材料药型罩的炸高与破甲深度间的关系曲线

5.2.4 引信

引信与破甲弹的结构、性能有密切的关系。首先,引信能直接关系到破甲弹的破甲威力。引信的作用时间对炸高有影响,引信雷管的起爆能量、起爆的对称性、传爆药等都会直接影响破甲威力和破甲稳定性。所以,应根据具体的装药结构选择合适的引信。其次,引信的头部机构和底部机构在破甲弹上通常是分开的。在设计破甲弹结构时,必须考虑构成引信回路问题。

适合破甲弹破甲威力要求和结构要求的首选引信是压电引信。压电引信的作用原理是由引信顶部的压电晶体在撞击装甲板时受压所产生的电荷，经导线回路传到破甲弹底部的电雷管，以起爆成型装药。压电引信瞬发度高，不需要弹上的电源，靠晶体受压产生电压，结构简单，作用可靠，因而在破甲弹上得到广泛应用。

5.2.5 隔板

隔板是指在炸药装药中，药型罩与起爆点之间设置的惰性体或低速爆炸物。隔板的作用，在于改变在药柱中传播的爆轰波形，控制爆轰方向和爆轰到达药型罩的时间，提高爆炸载荷，从而增加射流速度，达到提高破甲威力的目的。

隔板的形状有圆台形、半球形、球缺形、圆锥形、截锥形和几种形状的组合形等，如图 5-19 所示。圆台形用在隔板直径相对药柱直径较小的产品中，如老式 40 mm 破甲弹。多数产品用截锥形隔板，如新式 40 mm 系列破甲弹和 82 mm 无后坐力炮破甲弹等。随着对有隔板装药结构中的爆轰波波形和传播机理的深入研究，为减少主药柱中形成的马赫波干扰，对隔板形状多采用双锥形或截锥形与球缺组合形，如 80 mm 单兵破甲弹。隔板形状的选择应以能形成良好的爆轰波形为主，同时还要与装药总体结构相适应，尽可能避免棱角和凸台对波传播的干扰。另外，隔板与主、副药柱间要有圆柱定位，保证三者装配的同轴性。

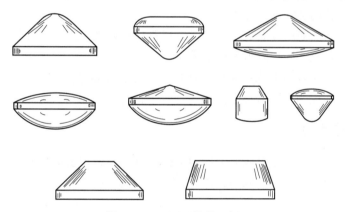

图 5-19 不同形状的隔板

图 5-20 所示是爆轰波在装药中的传播示意图。无隔板装药的爆轰波形是由起爆点发出的球面波，波阵面与罩母线的夹角为 φ_1。有隔板装药的爆轰波传播方向分成两路：一路是由起爆点开始，经过隔板向药型罩传播；另一路是由起爆点开始，绕过隔板向药型罩传播。结果可能形成

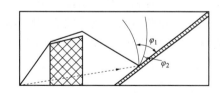

图 5-20 爆轰波的传播示意图

具有多个前突点的爆轰波，这时作用于药型罩上的爆轰波阵面与罩母线的夹角为 φ_2。显然 $\varphi_2 < \varphi_1$。

理论分析与实验结果表明，作用于药型罩壁面上某点的初始压力与 φ 角有关。对于紫铜药型罩，初始压力 p_m 的近似表达式为

$$p_m = p_{cj}(\cos\varphi + 0.68) \tag{5-5}$$

式中　　p_{cj}——爆压，Pa。

由于采用隔板后 φ 角变小，故作用于罩面上的初始压力增加。为了获得良好的爆轰波形，必须对隔板材料和尺寸进行合理的选择。隔板材料一般采用塑料，因为这种材料声速低，隔爆性能好，并且密度小，还有足够的强度。表 5-5 中给出了几种惰性隔板材料的性能。

表 5-5　几种常用的惰性隔板的性能

材料	酚醛层压布板 （3302-1）	酚醛压塑料 （FS-501）	聚苯乙烯泡沫塑料 （PB-120）	标准纸板
密度/(g·cm³)	1.3~1.45	1.4	0.18~0.22	0.7
抗压强度/×10⁵Pa	2 500	1 400	30	—

除惰性材料外，也可采用低爆速炸药制成的活性隔板。由于活性隔板本身就是炸药，它改变了惰性隔板情况下冲击引爆的状态，因而提高了爆轰传播的稳定性，对提高破甲效果的稳定性大有好处。

隔板直径的选择与药型罩锥角有很大关系，一般随罩锥角的增大而增大。当药型罩锥角小于 40°时，采用隔板会使破甲性能不稳定，因而必要性不大。实践表明，在采用隔板时，隔板直径以不小于装药直径的一半为宜。

隔板厚度与材料的隔爆性有关，过薄、过厚都没有好处。过薄会降低隔板的作用，而过厚则可能产生反向射流，同样降低破甲效果。

在确定隔板时，应合理地选择隔板的材料和尺寸，尽量使爆轰波形合理、光滑、连续，不出现节点，以便保证药型罩从顶至底的闭合顺序，充分利用罩顶药层的能量。

5.2.6　旋转运动

弹丸的旋转运动，一方面会破坏金属射流的正常形成，使射流早断；另一方面使断裂金属射流颗粒在离心力作用下甩向四周，以致横截面增大，中心变空，而且这种现象将随转速的增大而加剧。

聚能装药处于旋转运动状态时，最有利炸高将比无旋转运动时要大大减小，并且随转速的增大，其最有利炸高将变得更小。

此外，旋转运动对破甲性能的影响还随着药型罩锥角的减小而增大，随着装药直径的增大而增大。要消除旋转运动对破甲性能的影响，可以采用错位式抗旋药型罩、旋压药型罩（对于低速旋转破甲弹）或者从结构上考虑减旋等途径。

5.2.7　壳体

试验表明，装药有壳体和无壳体相比，破甲效果有很大差别。此差别主要是由弹底和隔板周围部分的壳体造成的。

壳体对破甲效果的影响是通过壳体对爆轰波形的影响而产生的，其中主要表现在爆轰波形成的初始阶段。壳体对于破甲性能的影响可以从两个方面来分析。一方面，对于裸药柱可以通过试验使得爆轰波形与药型罩压合之间获得良好配合。当药柱带有壳体时，爆轰波在壳体壁面上发生反射，并且稀疏波推迟进入，使靠近壳体壁面的爆轰能量得到加强。这样一来，侧向爆轰波较之中心爆轰波提前到达药型罩壁面，损害罩顶各部分的受载情况，迫使罩顶后喷，形成反向射流，从而破坏了药型罩的正常压垮顺序，使最终形成的射流不集中、不稳定，导致破甲威力下降。另一方面，当药柱增加壳体后，将减弱稀疏波的作用，而且，如果适当改变装药结构，也可以提高破甲性能。在同样条件下，减小隔板的直径和厚度，可降低壳体的影响，从而有利于提高炸药的能量利用率。

5.2.8 靶板

靶板对破甲性能的影响主要有两个方面，即靶板材料和靶板结构。靶板材料对破甲效果的影响很大，其中主要的影响因素是材料的密度和强度。当靶板材料密度加大、强度提高时，射流破甲深度减小。靶板结构形式包括靶板倾角、多层间隔靶、复合装甲以及反应装甲等。一般来说，倾角越大，越容易产生跳弹，对破甲性能产生不利影响。多层间隔靶抗射流侵彻能力比同样厚度的单层均质靶强，由钢与非金属材料组成的复合装甲可以使射流产生明显的弯曲和失稳，从而影响其破甲能力。对于由夹在两层薄钢板之间的炸药所构成的反应装甲而言，当射流头部穿过反应装甲时，引爆炸药层，爆轰产物推动薄钢板以一定速度抛向射流，使射流产生横向扰动，从而使射流的破甲性能降低。

随着高强度靶板和新型靶板的应用，应对靶板材料的影响进行认真、深入的研究，以便有的放矢地对付坦克和装甲目标。

5.3 成型装药破甲弹的结构

成型装药破甲弹是在第二次世界大战中出现的。早期的成型装药破甲弹，多采用旋转稳定方式。其外形基本上与普通炮弹一样。后来，人们发现弹丸的高速旋转运动将破坏金属射流的稳定性，致使破甲威力大大降低。例如，对中口径破甲弹来说，当转速为 20 000 r/min 时，破甲深度下降 30%～60%。

目前，为了保证和提高破甲弹的威力，许多国家都采用了不旋转的或微旋的尾翼式稳定结构。此外，对于旋转稳定方式，人们也进行了许多抗旋结构的研究。

各种火炮的要求，以及多年来破甲弹本身在结构上的发展，使得破甲弹的结构多种多样。一般来说，成型装药破甲弹大都由弹体、炸药装药、药型罩、隔板、引信和稳定装置等部分组成。它们的差别主要反映在火炮发射特点、弹形和稳定方式上。

从稳定方式来看，目前所装备的破甲弹有旋转稳定式和尾翼稳定式两种。在一般情况下，无论哪一种破甲弹，它们都需要直接命中目标而起作用，因而要求具有较高的射击精度。与动能穿甲弹一样，破甲弹的威力指标也常以穿透一定倾角的装甲靶板厚度（即靶厚/倾角）的形式给出。为了保证破甲弹能够可靠地摧毁敌方的坦克目标，有时还对其后效作用提出明确的战术技术要求，例如规定射流穿孔的出口直径，或者规定穿透一定厚度的后效靶板数。除此之外，还明确要求破甲弹具有一定的直射距离。

5.3.1 气缸式尾翼破甲弹

气缸式尾翼破甲弹，是因利用火药气体的压力推动活塞，使尾翼张开而得名。这种炮弹的结构如图 5-21 所示。

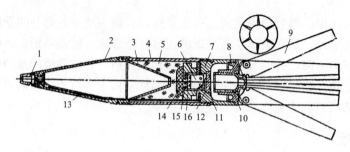

1—引信头部；2—头螺；3—药型罩；4—弹体壳；5—主药柱；6—引信底部；7—弹底；8—尾翼座；9—尾翼（6片）；10—活塞；11—橡皮垫圈；12—螺塞；13—导线；14—隔板；15—副药柱；16—支承座。

图 5-21 气缸式尾翼破甲弹的结构

（1）弹体

弹体由头螺、弹体壳、弹底和螺塞等零件组成。它们之间均用螺纹连接。在弹壳与弹底、弹底与螺塞连接处用橡皮垫圈密封。头螺高度是根据最有利炸高确定的。它考虑了弹丸的着速、药型罩锥角和引信作用时间等因素。在弹丸设计中，头螺的高度一般先按经验公式进行估算，然后经过试验考核加以确定。常用的经验公式为：

$$H_1 = 2d_1 + v_c t \tag{5-6}$$

式中　H_1——头螺的估算高度，mm；

d_1——炸药装药直径，mm；

v_c——弹丸着速，m/s；

t——弹丸碰击目标到炸药完全爆轰所需要的时间，μs（对机械着发引信，一般取 200~350 μs；对压电引信取 30 μs）。头螺材料一般用可锻铸铁或稀土球墨铸铁。

弹体壳的外形通常为圆柱形，其上有两条具有一定宽度的定心部。弹体壳长度的确定与炸药的威力、装药结构以及引信的配置等因素有关。弹体壳材料一般采用合金钢。

由于弹底在发射时需承受火药气体的压力，在飞行中又受到尾翼的拉力，为保证强度，一般采用高强度铝合金或合金钢等材料制造。85 mm 气缸式尾翼破甲弹的主要诸元见表 5-6。

表 5-6　85 mm 气缸式尾翼破甲弹主要诸元

弹丸质量/kg	7.0	破甲威力/mm	100（65°）
直射距离/m	945	初速/(m·s⁻¹)	845
立靶精度（800 m 处）/(m×m)	0.4×0.4	引信	电-1 引信

（2）炸药装药

炸药装药是形成高速高压金属射流的能源，一般选用梯/黑（50/50）炸药或黑索今为主体的混合炸药或其他高能炸药。炸药的能量高，所形成的射流速度就高，其破甲效果也好。炸药的装填方法，可采用铸装、压装或其他装药方法。

（3）药型罩

药型罩是形成聚能金属射流的关键零件。其形状有圆锥形、截锥形、双锥形、喇叭形和扇状错位形等，其中常用的是圆锥形药型罩。药型罩材料对破甲性能的影响很大，一般采用紫铜。

(4) 隔板

隔板是改变爆轰波形，从而提高射流速度的重要零件，一般用塑料制成。

(5) 引信

该种弹配用压电引信。压电引信一般可分为引信头部和引信底部两个部分。引信头部主要为压电机构，在碰击目标时依靠压电陶瓷的作用产生高电压（可达 10^4 V），为引信底部电雷管起爆供给所需要的电能。引信底部有隔离机构、保险机构及传爆机构。引信头部和引信底部之间，一般以导线相连；也有利用弹丸本身金属零件作为导电通路的。

(6) 稳定装置

该种弹的稳定装置是由活塞、尾翼、尾翼座和销轴等零件构成的。活塞安装在尾翼的中心孔内，尾翼以销轴与尾翼座相连，翼片上的齿形与活塞上的齿形相啮合。平时 6 片尾翼相互靠拢，而发射时高压的火药气体则通过活塞上的中心孔进入活塞内腔。弹丸出炮口后，由于外面的压力骤然降低，活塞内腔的高压气体推动活塞运动，通过相互啮合的齿而使翼片绕销轴转动，将翼片向前张开并呈后掠状。翼片张开后，由结构本身保证"闭锁"，而将翼片固定在张开位置。翼片张开的角度一般为 40°～60°。为提高设计精度，在翼片上制有 5°左右的倾斜角，使弹丸在飞行中低速旋转。该弹翼片采用铝合金材料制成。

气缸式尾翼破甲弹的稳定装置具有翼片张开迅速、同步性好和作用比较可靠的特点，有利于提高弹丸的射击精度。其缺点是结构较为复杂，加工精度要求也高。

5.3.2　长鼻式破甲弹

长鼻式破甲弹是因其采用瓶状结构的特殊弹形而得名的。这种弹形虽然使空气阻力增大，但减小了头部的升力，从而给飞行稳定性带来好处。长鼻式破甲弹的结构形式有很多，如瑞典 84 mm 破甲弹（图 5-22）、西德 DM-12 式 120 mm 破甲弹（图 5-23）和我国 100 mm 坦克炮用破甲弹（图 5-24）等都有其各自的特点。

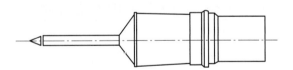

图 5-22　瑞典 84 mm 破甲弹的结构

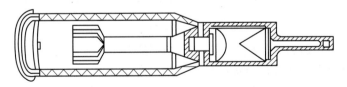

图 5-23　西德 DM-12 式 120 mm 破甲弹的结构

瑞典 84 mm 破甲弹采用了筒式稳定方法。该弹以尾部的圆筒代替尾翼，使弹丸质心位于压力中心之前而获得飞行稳定效果。这种长鼻式结构既可用于滑膛炮，也可用于线膛炮。

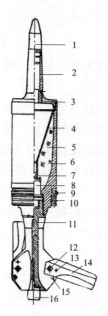

1—引信；2—传火管；3—头螺；4—药型罩；5—炸药；6—弹体；7—传火管；8—起爆机构；
9—滑动弹带；10—压环；11—尾杆；12—销轴；13—切断销；14—尾翼；15—定位销；16—曳光管。

图 5-24　我国 100 mm 坦克炮用破甲弹

西德 DM-12 式 120 mm 破甲弹采用了固定尾翼稳定装置。该弹在提高破甲性能的同时，大大提高了其杀伤作用，从而使长鼻式破甲弹具有多用途弹的性能。这一点也正是长鼻式破甲弹的发展趋势。

为了说明长鼻式破甲弹的结构组成，着重介绍一下我国 100 mm 坦克炮用破甲弹的特点。该弹配用于 53 式 100 mm 线膛加农炮和坦克上，主要用于对付坦克和装甲车辆，其结构如图 5-24 所示，其主要诸元见表 5-7。

表 5-7　我国 100 mm 坦克炮用破甲弹主要诸元

弹丸质量/kg	9.45	威力/mm	440（0°）
弹长/mm	609	初速/(m·s^{-1})	1 013
膛压/Pa	2.293×10^8	翼展/mm	208
炸药/kg	0.967（梯/黑 45/55，密度 1.68 g/cm^3）		

该弹稳定装置的翼片是通过销轴连接于尾杆的翼座上。由于翼片的质心较销轴中心距弹丸轴线更近，所以发射时翼片的惯性力矩与剪断切断销所需要的剪切力矩之和，大于离心力所产生的力矩，因而翼片在膛内自锁而呈"合拢"状态。

弹丸飞离炮口后，惯性力矩消失，在离心力作用下，切断销被剪断，翼片绕销轴向后张开，并在迎面阻力作用下使翼片紧靠在定位销上。

该弹采用了滑动弹带结构，即将弹带镶嵌在弹带座上。弹带座与弹体之间为动配合，并用带有螺纹的压环固定，以限制其轴向运动。这种结构既能在发射时起闭气作用，避免火药气体冲刷炮膛，延长火炮寿命，又能使弹丸低速旋转；既有利于提高弹丸的射击精度，又可保证破甲威力不受高速旋转的影响。滑动弹带可采用紫铜、陶铁或塑料（如聚四氟乙烯）等材料制造。

就目前的情况看，长鼻式破甲弹已在许多国家的坦克上进行了装备。表 5-8 给出了部分长鼻式破甲弹的性能数据。

表 5-8 国外坦克配用的长鼻式破甲弹性能数据

国别	坦克	火炮口径 /mm	初速 /(m·s^{-1})	膛压 /×10^{4}Pa	全弹质量 /kg	弹丸质量/kg		侵彻能力/mm
						全重	炸药	
苏联	T-62	115 滑	1 070		25.3	12		400（0°）
苏联	T-72	125 滑	1 100			19		500（0°）
西德	豹 Ⅱ	120 滑	1 154	45 300	23	13.5		北约三层重型靶
西德	豹 Ⅰ	105 线	1 174	37 000	21.7	10.3	1/B 炸药	北约三层中型靶 360（30°）
西德	M-48	90 线	1 204	33 852	14.4	5.74	0.54/B 炸药	
	JPZ	90 线	1 145	33 852	14.4	5.74		
法国	AMX-32	120 滑	1 100					

5.3.3 具有抗旋结构的旋转稳定破甲弹

前已述及，旋转稳定破甲弹的破甲威力将因其高速旋转而下降。为了解决这一问题，人们在药型罩上采取了各种各样的措施。这里介绍的就是其中的实例。

（1）美 152 mm 多用途破甲弹

美 152 mm XM409E5 式多用途破甲弹是 20 世纪 60 年代末期的产品，配用于 152 mm 坦克炮上。所谓多用途破甲弹是指该弹以破甲为主，兼具榴弹的杀爆作用。该弹的结构如图 5-25 所示，其主要诸元见表 5-9。

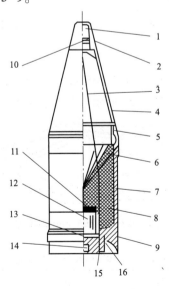

1—引信头部；2—引信帽；3—导线；4—头螺；5—连接螺圈；6—错位药型罩；7—弹体；8—炸药；
9—陶铁弹带；10—垫片；11—座垫；12—引信顶部；13—压紧帽；14—曳光管；15—底螺；16—药筒压紧螺。

图 5-25　美 152 mm XM409E5 式多用途破甲弹

表 5-9　美 152 mm XM409E5 式多用途破甲弹主要诸元

弹丸质量/kg	19.37	弹丸长度/mm	488.6
初速/(m·s^{-1})	687	炸药（B 炸药）/kg	2.88
最大射程/m	8 830	直射距离/m	800
最大膛压/Pa	2.78×10^8	最大转速/(r·min^{-1})	6 800
威力/mm	500（0°）		

该弹采用旋转稳定式结构。其弹带采用陶铁材料。为了克服弹丸旋转对破甲性能带来的影响，采用了错位抗旋药型罩。这种错位抗旋药型罩是采用先冲压而后挤压的方法制成的。其材料为紫铜（含铜量在 99.9% 以上）。如图 5-26 所示，该弹药型罩由 16 个圆锥扇形块组成，每块对应的圆心角 φ 约为 21°16′。这种药型罩之所以能够抗旋，是因为当炸药爆炸时，每个扇形块都由于错位而使压垮速度的方向不再朝向弹丸轴线，而是偏离轴线并与半径为 r 的圆弧相切（图 5-27）。这样一来，形成的射流将是旋转的，如使其旋转方向与弹丸的旋转方向相反，即可抵消或减弱弹丸旋转运动对破甲性能的影响。

此外，该弹在弹丸底部采用了短底凹结构，有利于改善其射击精度。

图 5-26　错位抗旋药型罩

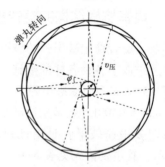

图 5-27　抗旋原理示意

（2）法 105 mm 破甲弹

该弹配用于法国 AMX-30 主战坦克的 105 mm 坦克炮上，在 105 mm 口径的各种加农炮和榴弹炮上可以通用。其结构如图 5-28 所示。其主要诸元见表 5-10。

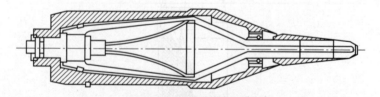

图 5-28　法 105 mm 破甲弹

表 5-10　法 105 mm 破甲弹主要诸元

弹丸质量/kg	10.95	初速/(m·s^{-1})	1 000
炸药（钝化黑索今）/kg	0.78	威力/mm	400（0°）

为了克服弹丸的高速旋转对破甲性能的不利影响，该弹将聚能装药与弹体分开，并在两

端设置滚珠轴承。发射时，虽然弹体做高速旋转运动，但装药部分因惯性作用而不旋转或低速旋转，从而达到了抗旋目的。平时，在弹体与装药之间用脆弱元件锁住，可防止它们之间的相对转动。该弹在弹丸底部还设有通气孔，其目的是减小轴承在发射时的受力。该弹由于采用旋转稳定技术，故其射击精度较高。它采用了压电引信，由弹丸壳体的内、外表面构成起爆回路；弹尾装有曳光管；药型罩为喇叭罩。

5.3.4 火箭增程破甲弹

火箭增程破甲弹是为增加直射距离而加装火箭发动机的。下面以69式40 mm火箭增程破甲弹为例，介绍其结构特点，如图5-29所示。该弹是由无坐力炮发射，依靠火箭发动机增程的弹种。其主要诸元见表5-11。该弹在结构上的主要特点如下所述。

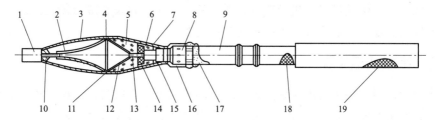

1—引信头部；2—内锥罩；3—风帽；4—绝缘环；5—主装药；6—辅助药；7—弹体；
8—喷管；9—燃烧室管；10—绝缘套；11—压紧环；12—药型罩；13—导电杆；
14—隔板；15—衬套；16—引信底部；17—火箭装药；18—点火药；19—发射药。

图 5-29　69 式 40 mm 火箭增程破甲弹示意

表 5-11　69 式 40 mm 火箭增程破甲弹主要诸元

口径/mm	40	战斗部最大直径/mm	85
全弹质量/kg	2.25	主动段终点速度/(m·s^{-1})	294.6
炸药（8321）/kg	0.4	火箭装药（双石-2）/kg	0.22
最大膛压/Pa	<9.00×10^7	初速（距炮口6 m处）/(m·s^{-1})	120
飞行弹丸质量/kg	1.83	直射距离（目标高2 m）/m	>300
点火延期时间/s	0.08～0.11	精度（在300 m处）/(m×m)	0.45×0.45
威力/mm	100（65°）		

（1）超口径战斗部

为了提高破甲威力，该弹的聚能装药部分（战斗部）采用了大于火炮口径的结构。为了减小空气阻力，在头部设有风帽。风帽和弹体均采用铝合金材料制造。药型罩为锥形，采用紫铜板（T2M）冲压而成。为提高破甲威力，聚能炸药采用高能炸药（8321）。

（2）张开式尾翼

为了保证弹丸的飞行稳定性，该弹采用了后张式尾翼结构。其4个翼片用销轴装在尾杆上，平时呈拢状态；出炮口后在离心力作用下（距炮口3～4 m处）张开，与弹轴成90°，翼展为282 mm。该弹的翼片制有10°40′的斜面，以使弹丸旋转，提高射击精度。

（3）火箭发动机增程

由于火炮的口径小、膛压低，故采用火箭发动机增程。增程发动机采用前喷管，其喷孔

（共6个）中心线与弹轴倾角为18°。其目的是防止喷出的火药气体冲刷弹尾而影响全弹的稳定。为了避免弹丸的旋转速度提高过多，各喷孔沿切线方向向右倾斜3°，以抵消尾翼的一部分右旋作用。火箭发动机采用延期点火的方式，其延期时间为 $0.08 \sim 0.11$ s，相当于弹丸在出炮口后 $12 \sim 14$ m 的距离上点火。

（4）涡轮旋转

在尾杆下部装有一个涡轮。涡轮上面制有4个与轴线成33°角的斜面。后喷的火药气体作用在涡轮的倾斜面上，使全弹旋转，这样弹丸出炮口后尾翼容易张开，使飞行稳定。

（5）铝合金减重

除火箭发动机为钢制外，弹体、风帽、尾杆、尾翼和涡轮均为硬铝制成，减轻了弹丸质量，有利于提高初速和飞行速度。

该弹的优点是火炮质量轻，机动性好，弹丸的直射距离较长，威力较大；缺点是精度受横风的影响较大，零部件数量多，生产工艺较为复杂。

5.3.5 串联式破甲弹

爆炸式反应装甲的装备使用对聚能破甲战斗部构成了严重威胁，使得各种反坦克武器在挂有反应装甲的坦克面前无能为力。因为反应装甲爆炸后，其飞板能在射流到达主装甲表面之前，快速、连续地截断并消耗掉大部分射流，同时爆炸反应装甲爆炸后生成的破片和爆轰产物在射流通道上汇聚也会严重干扰射流对靶板的正常侵彻，使得普通破甲弹的破甲性能降低 $50\% \sim 70\%$。为了克服爆炸式反应装甲对聚能射流的干扰，保持破甲弹的威力，各国开始进行串联装药战斗部的研究。

（1）二级串联式破甲弹

为了对付爆炸式反应装甲，发展了串联战斗部装药结构。目前，大多数串联战斗部为二级串联战斗部，它采用两级引信和两级装药结构，两级装药沿战斗部轴线前后布置，前面的称为第一级装药（或称前置装药，战斗部口径通常为 $20 \sim 50$ mm），主要用以引爆或击穿反应装甲，消除其对主装药射流的干扰。第二级装药为主装药（战斗部口径通常为 $100 \sim 175$ mm），可以侵彻主装甲。二级串联战斗部根据其对反应装甲的作用原理大致可分为以下两类：

① 破-破式串联战斗部。其工作原理为：当战斗部撞击目标时，口径较小的前级副装药首先起爆，用前级装药产生的射流击爆反应装甲，经一定延期时间，待反应装甲前后板飞离装药轴线后，主装药的主射流在没有干扰的情况下侵彻主装甲。这种串联战斗部的缺点是：前级副装药射流形成的孔径比较小，后级主装药射流在孔中容易产生感生冲击波，削弱主装药射流的侵彻能力，不适合对付均质装甲和复合装甲。

② 穿-破式串联装药战斗部。其工作原理为：当战斗部撞击目标时，第一级装药（前置装药）形成的低密度射流或 EFP 用于击穿反应装甲，而不引爆它，为二级主装药射流开辟通道以便二级主装药射流通过贯穿孔侵彻主装甲。由于对反应装甲是"穿而不爆"，所以可以避免反应装甲对射流的干扰。如德国的"铁拳"3-T 反坦克火箭弹通过在探头上加装前置低密度罩材破甲弹来实现对目标穿-破。Insys 公司则采用双材质药型罩，该药型罩顶部由一半聚四氟乙烯（PTFE）和一半铜组成，两种材料在起爆后最终分开为两个射流，密度较低的聚四氟乙烯射流在前面撞击爆炸反应装甲，击穿而不爆炸，留下一个孔洞供铜射流通过

以对付主装甲。

目前串联装药战斗部采用破-破式结构的比较普遍,而且两种串联装药战斗部的结构和工作原理基本相同,因此以下着重介绍破-破式串联装药战斗部。

图 5-30 所示为两个聚能成型装药的二级成型装药结构。装药内装有两个药型罩,在后面一个药型罩的适当部位还装有截断器。起爆时,后级装药的金属射流穿过前面药型罩的顶部,然后前级装药起爆,形成射流,进行破甲。当后面的药型罩被压垮时,截断器将其切为两部分。被切药型罩的前端形成初始射流。其头部射流速度大约为 9 500 m/s,尾部速度大约为 6 000 m/s。被切药型罩末端向轴线压垮并撞击在前级装药上,此冲击可使前级装药爆轰。这种串联装药可以通过两个装药中药型罩几何形状的设计达到控制射流速度梯度的目的,并提高破甲效应。因此,在设计中要求后级装药形成射流的头部速度与前级装药形成的尾部射流速度相互配合,但不能发生碰撞,以免影响射流的质量。

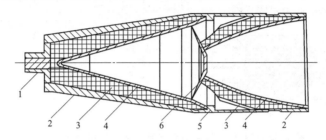

1—雷管接头;2—第一级和第二级外壳;3—LX-07 炸药;
4—第一级和第二级药型罩;5—连接器;6—截断器。

图 5-30　二级串联成型装药结构

图 5-31 所示为采用串联装药战斗部的"海尔法"AGM-114R 型反坦克导弹。前级为聚能破甲战斗部,后级主战斗部为多用途战斗部(IBFS,Integrated Blast-Fragmentation Sleeve,一体式爆破/破片衬层战斗部,如图 5-32),综合了聚能破甲战斗部和杀爆战斗部的毁伤效应;该导弹采用"捕食者"无人机发射。导弹配用可变延期激光引信,无人机操作人员可以在平台飞行过程中装定引信的工作模式:瞬发或延期(有三种不同的延期时间)。另外,导弹安装弹载状态指示系统,供无人机遥控人员了解导弹状况。AGM-114R 型导弹采用新型制导系统,可调整导弹的飞行弹道,并对弹着角进行预编程,命中精度在 1 m 之内,攻击

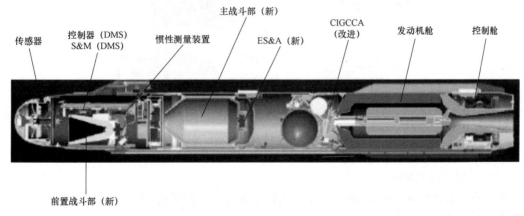

图 5-31　"海尔法"AGM-114R 型反坦克导弹

目标时对周围的附带毁伤低。AGM-114R 型导弹的制导系统引入了三轴惯性测量装置,可打击无人机下方 360°范围内的目标,包括飞行方向后方的目标。

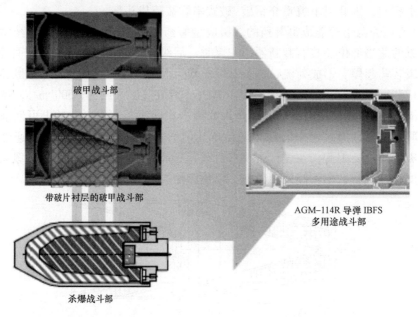

图 5-32　AGM-114R 型反坦克导弹后级多用途战斗部

另外,串联聚能装药战斗部还应用于打击带有反应装甲的坦克。战斗部有两级装药:第一级装药的体积很小,用来引爆、破坏反应装甲;第二级为主装药,用于摧毁坦克的主装甲。图 5-33 所示为欧洲"米兰 3"反坦克导弹对付反应装甲的作用过程。

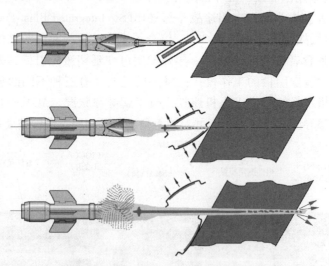

图 5-33　欧洲"米兰 3"反坦克导弹对付反应装甲的作用过程

(2) 三级串联式破甲弹

为了能有效击穿披挂有爆炸式反应装甲的复合装甲,破甲弹常采用三级串联装药结构,其原理如图 5-34 所示。

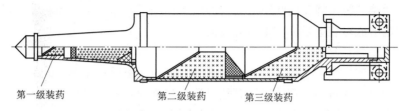

图 5-34 三级串联式破甲弹

从图 5-34 可以看到，三级串联式聚能装药的作用顺序是：第一级聚能装药主要用于引爆爆炸式反应装甲，为后续射流侵彻主装甲扫清障碍；然后是第三级聚能装药的射流，通过第二级聚能装药后侵彻主装甲；最后是第二级聚能装药的射流紧随其后，继续接力侵彻主装甲。这样，就大大提高了破甲弹的破甲穿深，使小口径破甲弹具有大穿深的能力。很显然，三级串联式聚能装药只有在各级聚能装药都不发生故障时，才能保证正常工作。因此，三级串联式聚能装药的可靠性属于串联系统的可靠性，它的可靠性要比二级串联式聚能装药的可靠性低，更比单级聚能装药的可靠性低。所以，只要二级串联式聚能装药能满足破甲穿深的要求，就不需要采用三级串联式聚能装药，这样可以提高破甲的可靠性。

俄罗斯 125 mm 反坦克破甲弹采用的就是三级串联式聚能装药结构。该弹主要诸元为：全弹质量 19 kg；直射距离 4 km；在威力方面，对付均质装甲为（700～800 mm）/0°，对付斜置均质装甲为（350～400 mm）/60°，对付披挂反应装甲的斜置均质装甲为（300～350 mm）/60°。该弹由 125 mm 坦克炮发射，不仅能有效对付披挂爆炸反应防护装甲的目标，而且采用的同口径串联主装药也具有十分优异的破甲性能。125 mm 坦克炮用反坦克三级串联破甲弹结构如图 5-35 所示。

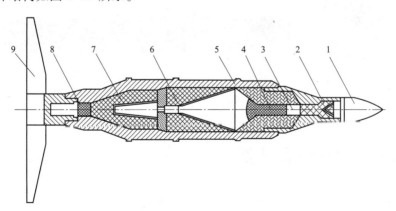

1—头部引信开关；2—前置第一级聚能装药；3—前级引信；4—隔爆体；5—弹体；
6—二级聚能装药；7—三级聚能装药；8—后级引信；9—尾翼。

图 5-35 俄罗斯 125 mm 坦克炮用反坦克三级串联破甲弹

该破甲弹采用尾翼稳定，战斗部采用三级串联式聚能装药结构。战斗部由前置装药、二级串联主装药、弹体、引信和尾翼等部件组成。引信包括前级引信和后级引信，后级引信装在弹底。当炮弹命中目标时，前级引信开关闭合，前置的第一级聚能装药在前级引信作用下首先作用，形成高速射流引爆主装甲表面披挂的爆炸式反应装甲。后级引信延时一段时间后作用，引爆串联主装药的后置第三级装药，形成的射流穿过第二级聚能装药中心孔道后侵彻目标装甲。最后第二级聚能装药在第三级装药爆轰作用下延迟一定时间起爆,形成的射流与第三级聚能装药射流对装甲目标实施接力侵彻。

(3) 多模式聚能破甲弹

美国联合空对地导弹主战斗部配备多用途紧凑型聚能破甲战斗部,既可对付坦克装甲车辆,也能打击舰艇、建筑物、掩体以及其他目标。与常规聚能破甲战斗部相比,这种紧凑型聚能破甲战斗部的药型罩短且质量轻。在装药直径相同情况下,战斗部的长度短,如图 5-36 所示,在导弹武器系统中所占的空间小,为导弹的总体设计留出了更多的余地。这种多模式紧凑型聚能破甲战斗部采用了可选择不同起爆位置起爆装药的引信系统,可产生不同的毁伤元对付不同的目标:产生的射流具有深侵彻能力,可对付重型坦克装甲车辆;产生分散射流,具有大范围侵彻能力,可对付防护能力较差的目标,如轻型装甲车辆、砖墙或混凝土结构目标。此外,这种战斗部还有第三种毁伤模式,可以产生破片/爆炸杀伤效应,对付掩体、人员及直升机。

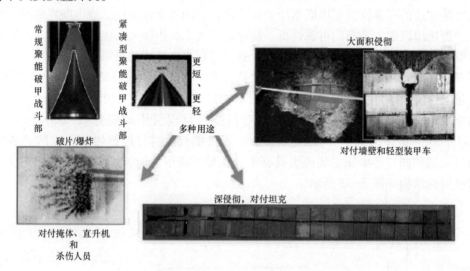

图 5-36　多模式聚能破甲战斗部毁伤模式

5.4　爆炸成型弹丸战斗部

一般的成型装药破甲弹在炸药爆炸后将形成高速射流和杵体。射流由于速度梯度很大,所以可能被拉长甚至断裂。因此,破甲弹存在有利炸高问题。炸高的大小直接影响了射流的侵彻性能。由大锥角、球缺形等药型罩在爆轰波作用下形成的爆炸成型弹丸,无射流与杵体的区别,整个质量全部用于侵彻目标,后效大,而且对炸高不敏感,从而大大地提高了弹药的毁伤效能。

爆炸成型弹丸,又称自锻破片(Self-forging Fragment, SFF)、P 装药(Projectile-charge)、米斯内-沙汀战斗部(Misznay-Schardin Warhead)、弹道盘(Ballistic Disk)装药或质量聚焦装置等,是聚能装药技术的一个新分支。采用大锥角罩(120°~160°)、球缺罩及双曲形药型罩等的聚能装药爆炸后,药型罩被爆炸载荷压垮、翻转和闭合所形成的高速弹丸被称为爆炸成型弹丸（Explosively Formed Penetrator，EFP）。典型 EFP 战斗部结构、数值模拟和试验结果如图 5-37 所示。EFP 战斗部主要由药型罩、壳体、炸药、起爆装置等组成。

图 5-37　典型 EFP 战斗部结构、数值模拟和试验结果

EFP 战斗部的基本原理是利用聚能效应，通过高温高压作用，将高能炸药在爆轰时释放出来的化学能转化为药型罩的动能和塑性变形能，使金属药型罩锻造成所需形状的高速 EFP，从而以自身的动能侵彻装甲目标。其速度在 1 500～3 000 m/s。与普通破甲弹相比，EFP 战斗部具有以下特点：

(1) 对炸高不敏感

普通破甲弹对炸高敏感，在 2～5 倍弹径炸高时破甲效果较好；而在大于 10 倍弹径的大炸高条件下，由于射流拉长断裂，破甲效果明显降低。EFP 战斗部可以在 800～1 000 倍弹径的炸高范围内有效侵彻装甲目标，击穿装甲目标的最大厚度可达 1 倍装药直径，为远距离攻击装甲车辆的顶装甲提供了技术途径。

(2) 反应装甲对其干扰小

EFP 外形短粗，长径比一般在 3～5，因此反应装甲对其干扰小。反应装甲对普通破甲弹有致命威胁，反应盒爆炸后能切割掉大部分射流或使射流变向，从而使破甲效果大大降低。由于 EFP 长度较短，弹径较粗，它撞击反应装甲时反应盒可能不被引爆，即便被引爆，弹起的反应盒后板也可能撞不到 EFP，因而对其侵彻效果干扰较小。

(3) 侵彻后效作用大

破甲射流在穿透装甲后所产生的侵彻孔径很小，只有少量金属射流进入装甲目标内部，因而毁伤后效作用有限；而 EFP 侵彻装甲时，70% 以上的弹丸进入装甲目标内部，而且在侵彻的同时还会引起装甲背面大面积崩落，产生大量具有杀伤破坏作用的二次破片，使后效增大。

(4) 受弹体的转速影响小

旋转飞行的弹体会使聚能射流产生径向发散，从而影响其侵彻能力；而 EFP 近似于有较高强度的高速动能弹丸，其质量很大，约占药型罩质量的 90%，旋转运动会在一定程度上影响 EFP 成型，但会使其飞行更稳定，对其侵彻能力影响较小。

5.4.1　EFP 成型模式

普通成型装药破甲弹的药型罩在爆炸载荷作用下，一方面形成高速运动并不断延伸的金属流，另一方面还将形成低速运动的杵体；而爆炸成型弹丸的药型罩则是在爆炸载荷作用下形成单一的特殊破片，即 EFP。

成型模式是影响 EFP 性能的最基本因素之一。设计不同的 EFP 装药，其药型罩将以不同的模式被锻造成爆炸成型弹丸。根据 EFP 形成过程的不同，EFP 成型模式可以分为 3 种类型：向后翻转型（Backward Folding）、向前压拢型（Forward Folding）和介于这两者之间的压垮型（Radial Collapse）。在设计 EFP 战斗部时，要根据毁伤目标的特性和武器系统的主要任务选择适当的成型模式。

EFP 最终以何种模式成型，主要取决于药型罩微元与爆轰产物相互作用过程中获得的速度以及沿药型罩的分布特点。

（1）向后翻转型

当药型罩同爆轰产物的有效相互作用结束时，如果药型罩顶部微元的轴向速度明显大于底部微元的轴向速度，则将出现向后翻转的成型模式。此时，罩壳中部超前，边部滞后，并向对称轴收拢，成为弹的尾部，最终形成带尾裙或带尾翼的弹丸。这种弹丸前部光滑，气动性能好，可以远距离攻击目标，如图 5-38 所示。

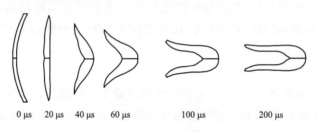

图 5-38　向后翻转型

（2）向前压拢型

当药型罩同爆轰产物的有效相互作用结束时，如果药型罩顶部微元的轴向速度明显小于底部微元的轴向速度，则将出现向前压拢的成型模式。此时，罩壳中部滞后，边部速度较高，并向对称轴收拢，成为射弹的头部，最终形成球形或杆形弹丸。这种弹丸比较密实，但飞行稳定性差，如图 5-39 所示。对于药型罩的设计，如果进一步减小药型罩底部厚度，继续增大底部微元的轴向速度，就会出现底部微元轴向速度明显大于顶部微元轴向速度的情形。

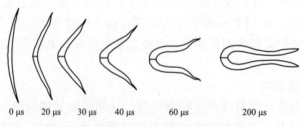

图 5-39　向前压拢型

（3）压垮型

当药型罩同爆轰产物的有效相互作用结束时，如果药型罩微元的轴向速度相差不大，则药型罩在成型过程中的主要运动形式不是拉伸，而是压垮，即微元向对称轴做径向运动，如图 5-40 所示。

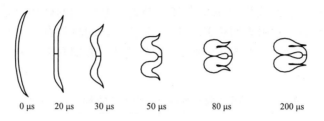

图 5-40 压垮型

成型模式直接决定 EFP 的基本形状。EFP 有 3 种基本外形，即球形、一般杆状和带扩展尾部的杆状。早期设计的 EFP 大部分是球状的，以压垮的模式成型。球状 EFP 对付轻型装甲目标时是相当有效的。对付重型装甲目标的 EFP，其结构应当是长杆状的，并且具有良好的密实性，因为弹丸对目标的高速侵彻能力是弹丸长度和密度的函数。当需要攻击的目标距离较远时，则要求 EFP 的尾部扩展，以提供远距离飞行所需要的稳定性。向后翻转的模式可以形成一般杆状及带扩展尾部的杆状 EFP。以这种模式成型的尾部扩展的 EFP，头部一般具有良好的对称性，扩展的尾部使得这种 EFP 具有较好的飞行稳定性。由于药型罩在成型过程中的压垮速度相对较小、沿轴向的拉伸较弱，故 EFP 的完整性较容易得到保持。

5.4.2 影响 EFP 形成性能的主要因素

（1）药型罩形状

药型罩形状对所形成的 EFP 的类型和速度有着直接影响。图 5-41 所示为采用不同药型罩结构形成的不同类型的 EFP。

通常，球缺形药型罩在爆炸载荷作用下形成翻转式 EFP，此时球缺罩的曲率半径和壁厚是影响其成型性能的重要因素。对于锥形药型罩来说，其形成 EFP 的类型随着锥角的变化而有所不同。试验表明，锥角为 150°的变壁厚双曲线形紫铜药型罩在爆轰压力作用下形成杆体式 EFP，而当锥角达到 160°时可以形成翻转式 EFP；封顶药型罩形成的 EFP，径向收缩性好，但前端出现严重破碎，使空气阻力加大；变壁厚药型罩在翻转后径向收缩极差，形成的 EFP 如圆盘状一样，飞行时空气阻力大；中心带孔的等壁厚药型罩所形成的 EFP，不仅径向收缩性好，有良好的外形，而且金属损失也少，是一种成型较好的结构形状。

（2）药型罩材料

EFP 的成型过程是在高温、高压、高应变率的条件下发生的，因此对药型罩材料的动态特性有较高的要求。理想的药型罩材料应具有

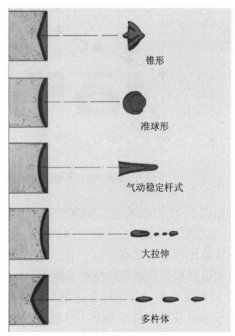

图 5-41 采用不同药型罩结构形成的
不同类型的 EFP

较高的熔化温度、密度、延展性以及动态强度特性。其性能的好坏直接影响着 EFP 成型、飞行稳定性和侵彻威力。常用于制造 EFP 战斗部药型罩的材料有工业纯铁、紫铜、钽、银等单一金属材料和合金材料。表 5-12 列出了工业纯铁、紫铜和钽 3 种材料的主要性能参数和形成的 EFP 性能参数。

表 5-12 药型罩材料性能参数和形成的 EFP 性能参数

材料	密度 /(g·cm^{-3})	屈服强度 /MPa	延伸率 /%	形成的 EFP 长度（装药直径的倍数）	EFP 速度 /(m·s^{-1})
铜	8.96	152	30	0.9~1.3	2 600
铁	7.89	227.5	25	0.70~1.61	2 400
银	10.9	82.76	65	0.72~1.68	2 300
钽	16.65	137.8	45	1.5	1 900

对于采用相同药型罩结构、不同药型罩材质的爆炸成型弹丸装药，形成的钽 EFP 最长，铁 EFP 最短，铜 EFP 居中。这与 3 种材料的延展性相对应，说明延展性好，有利于 EFP 的拉伸，从而形成大长径比的 EFP，可以获得更高的穿甲威力。图 5-42 展示了 EFP 发展史上，采用不同药型罩材料所形成的 EFP 与长径比的关系。

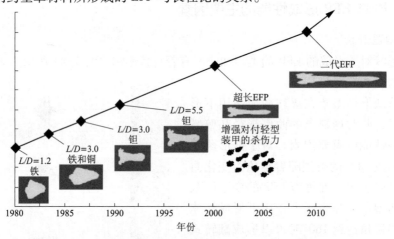

图 5-42 不同药型罩材料所形成的 EFP 与长径比的关系

由图 5-42 可以看出，铜和铁材料的药型罩只能使 EFP 的长径比达到 3，而钽可达到 5.5，甚至更大。因此，3 种材料对比，钽由于密度高、延展性好，且钽药型罩形成的 EFP 侵彻性能比铁、铜罩高 30% 以上，是理想的药型罩材料。但由于钽材价格昂贵，目前主要用在末敏弹和导弹战斗部高价值弹药上。铜的延展性比铁好，对于要求形成大炸高、大长径比的 EFP 战斗部，铜是最合适的经济型药型罩材料。铁和钢主要用在大型反舰战斗部上，或用于集束及 P 型战斗部上，以增加杀伤威力。

对于合金材料药型罩，钽合金具有良好的延性、高密度和高声速。用钽合金制作的药型罩可使破甲深度有较大幅度提高。日本研制了 Ta-Cu 或 Re-Cu 合金药型罩，其破甲深度比常用的纯铜提高 36%~54%。近几年，国外对 Ta-W 合金罩材也做了部分研究工作，主要集中于钨含量对 Ta-W 合金力学性能、晶粒结构、织构及射流性能的影响等方面。

（3）药型罩厚度

对一定形状的药型罩，壁厚对 EFP 的形状和速度分布具有决定性的影响。由试验结果可知：翻转弹一般采用等壁厚；杆体弹一般采用变壁厚，但壁厚的变化规律与小锥角时不同，即从罩顶至底部厚度越来越薄。对杆体弹来说，罩底厚与顶部厚之比是一个重要的设计参数。

另外，可以通过改变药型罩的厚度来改变翻转弹的外形。药型罩各处的厚度将影响 EFP 的外形、尺寸和速度。当药型罩外边的厚度比中间的厚度大时，药型罩将向后翻转，形成翻转型 EFP；当药型罩外边的厚度比中间的厚度小时，药型罩将向前压拢形成压拢型 EFP。图 5-43 所示为药型罩壁厚对 EFP 成型的影响。

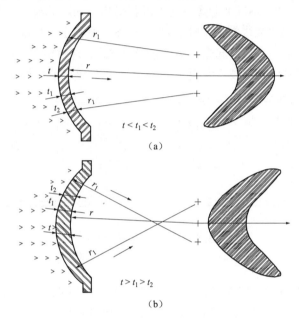

图 5-43　药型罩壁厚对 EFP 成型的影响
（a）向后翻转型 EFP；（b）向前压拢型 EFP

（4）装药长径比

装药长径比对形成的 EFP 的速度有较大的影响。试验表明，装药长径比增大时，EFP 长径比亦相应增大，速度相应提升，但其速度提升幅度随装药长径比的增加而逐渐减小。图 5-44 所示为随着装药长径比的增加，钢质大锥角药型罩形成的 EFP 的外形变化情况。

图 5-44　随着装药长径比的增加 EFP 长度的变化

事实上，装药长径比增大，装药长度增加，装药量增大，炸药的总能量变大，从而使 EFP 的速度提高，也使 EFP 拉伸的时间增长，拉伸的程度增大，从而形成了较大长径比的 EFP。计算和试验研究表明，装药长径比超过 1.5 以后，若再增加装药长度，则对提高 EFP

的速度和增加其长度的意义就不大了。实际上，对于 EFP 战斗部长径比的限制主要来自弹药总体对于长度、体积和质量的要求。因此，为保证 EFP 的性能，在可能的情况下，应尽可能选择大的 EFP 战斗部长径比。

（5）起爆方式

在影响 EFP 成型性能的诸多因素中，起爆方式是重要的一个因素。在不同起爆方式下，装药的爆轰及药型罩压垮变形机理是不同的，而 EFP 是由药型罩在爆轰载荷作用下压垮变形形成的，所以起爆方式对 EFP 的成型性能具有质的影响。即便在相同装药及药型罩结构下，不同起爆方式所得 EFP 也完全不同。

对于 EFP 战斗部，通过不同的起爆方式可以获得相应的起爆波形，与一定的药型罩结构相匹配，可以形成带有尾裙或尾翼的 EFP，使 EFP 飞行更稳定。目前，可选择的起爆方式主要有单点中心起爆、面起爆、环形起爆、多点起爆等方式，通过精密起爆耦合器、爆炸逻辑网络以及多个微秒级的飞片雷管等技术实现。图 5-45 所示为单点中心起爆与环形起爆结构。

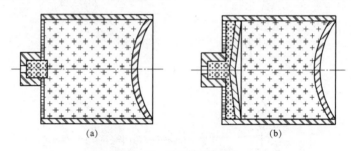

图 5-45　不同起爆方式
（a）单点中心起爆；（b）环形起爆

采用单点中心起爆方式可以获得具有一定尾裙结构的 EFP，它具有足够的飞行稳定性，可实现 EFP 大炸距下的毁伤作用。随着研究的深入和对穿甲威力要求的提高，研究发现，采用面起爆和环形起爆比单点起爆更有利于激发炸药的潜能，有利于获得速度更高、长径比更大的 EFP。图 5-46 所示为采用单点中心起爆与环形起爆方式所形成的不同 EFP 形态的对比情况。

图 5-46　不同起爆方式下 EFP 成型形态的对比情况
（a）单点中心起爆形成的 EFP；（b）环形起爆形成的 EFP

试验研究表明，端面均布多点同时起爆可有效提高装药爆轰潜能，改善爆轰波结构及其载荷分布，对改善药型罩压垮变形机制和 EFP 成型结构有一定的积极作用。图 5-47 所示为分别采用 3 点、4 点、6 点起爆方式所形成的具有 3 个、4 个、6 个尾翼的 EFP。

EFP 的尾翼结构对称时，会大大改善 EFP 的气动力特性，但多点起爆出现不同步时，会导致尾翼的不对称。当尾翼的不对称达到一定程度时，就会影响 EFP 的飞行稳定，导致攻角增大或飞行方向偏斜，严重的会发生翻转，影响 EFP 的威力和命中精度。因此，采用多点起爆方式时，要求必须具有很高的起爆同步性，以确保作用于药型罩微元上的爆轰冲量的对称，形成尾翼对称的 EFP。另外，偏心起爆也可造成不对称波形和药型罩轴线偏斜，使形成的 EFP 总是或多或少存在不对称性，而这些不对称性也将影响 EFP 的外弹道飞行稳定性、着靶精度和穿甲威力等。

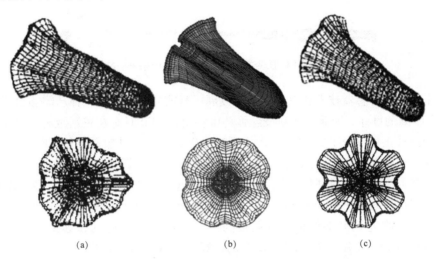

图 5-47　多点起爆数值模拟形成的 EFP 及其后视情况

(a) 3 点起爆；(b) 4 点起爆；(c) 6 点起爆

5.4.3　EFP 计算机模拟

在 EFP 的发展过程中，国内外学者进行了大量的计算机模拟研究工作，用二维程序对 EFP 的形成过程进行了数值计算，得到了变形过程中应力、速度、变形等力学量的空间分布和随时间的变化曲线，精确地预测出 EFP 的形状。

EFP 形成过程的计算机模拟结果如图 5-48 和图 5-49 所示。图 5-48 所示为翻转弹，其中间是空心的，有较好的气动外形，飞行中空气阻力小；而图 5-49 所示为杵体弹，因外形如同杵体而得名，且不如翻转弹规则。

图 5-48　EFP 形成过程的计算机模拟结果——翻转弹

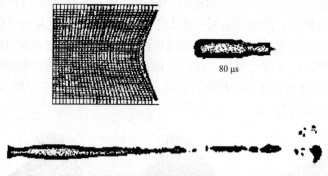

图 5-49　EFP 形成过程的计算机模拟结果——杵体弹

近年来，随着传感器技术和电子技术的发展，目前的一些新概念弹药能够探测和识别到 200 m 以上距离的目标。因此，在新概念弹药中将要求 EFP 具有在较远距离上毁伤目标的能力。目前，国外正在致力于高性能 EFP 的研究工作。其主要设想是促使 EFP 旋转，提高其飞行稳定性，使得 EFP 能够在较远距离上准确命中和毁伤目标。

通常使弹丸旋转可以提高弹丸的飞行稳定性，这对 EFP 来说也一样。通过结构设计等措施使药型罩形成的 EFP 带有倾斜尾翼，则有可能使 EFP 旋转起来，保证其在飞行过程中的飞行稳定性，改进 EFP 的性能，从而提高 EFP 的存速，以达到在远距离毁伤目标的目的。图 5-50 和图 5-51 所示为带尾翼 EFP 的计算机模拟和试验结果。

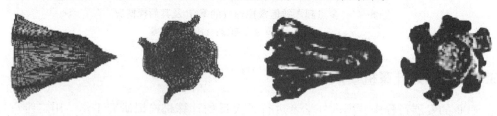

图 5-50　计算机模拟的带尾翼 EFP　　　　图 5-51　带尾翼 EFP 的试验结果

5.4.4　EFP 的应用和发展趋势

正是 EFP 具有的诸多独特优点，使 EFP 战斗部技术在近年来得到了飞速发展，并逐渐在诸多军事领域内获得应用，尤其是作为一种有效的新型反装甲手段，它具有广阔的军事应用前景。目前，EFP 战斗部技术多应用于灵巧弹药和智能弹药中，如用于末敏弹、末制导炮弹或反坦克导弹战斗部上攻击坦克的顶装甲和侧装甲，用于反坦克智能雷和反直升机智能雷战斗部上实现区域防御。这些战斗部均要求能在距离目标较远处发挥作用。用于远距离攻击集群装甲目标时，其有效方式之一就是采用子母式战斗部。母弹内可装填若干枚末敏型子弹，子弹由 EFP 装药、目标敏感系统、引爆装置及降落伞等组成。炮弹、火箭弹或导弹飞至目标区域上空时，母弹引信作用，开舱抛撒子弹。当子弹敏感系统探测并识别目标后，立即引爆装药，形成高速 EFP，从顶部击穿坦克顶甲，实现对装甲目标毁伤的目的，如图 5-52 所示。

另外，EFP 战斗部技术还应用于武器弹药销毁，侵彻战斗部外壳后使炸药产生低速燃烧或引爆；用于鱼雷战斗部，攻击大型潜艇和航空母舰；EFP 战斗部单独设置，可以作为一种

图 5-52　EFP 远距离攻击装甲目标顶装甲

单兵破障装备，有效地破坏钢筋混凝土、砖墙、大块石等障碍物和敌地面坚固工事，也可以在较远距离攻击敌工事，等等。

目前，国外成功应用 EFP 战斗部技术的弹药有德国的 SMART 末敏弹，瑞典、法国联合研制的 BONUS 末敏弹，美国的 SADARM 末敏弹，美国空军的 SFW 传感器引爆炸弹；用于航空炸弹和布撒器的 SKEET，用于特种部队的单兵轻型模块式可选择进攻弹药 SLAM，用于工兵的广域封锁雷 WAM，对付低空目标的 AHM 反直升机智能地雷等智能弹药。其战斗部形成的 EFP 射程至少要求在 50～150 m，甚至更远。这对 EFP 的气动外形、飞行稳定性及命中精度都提出了更高的要求。因此，近 20 年来 EFP 研究的重点主要集中在减小阻力、提高飞行稳定性、增加有效攻击距离、提高精度和毁伤概率等方面。表 5-13 总结了国外学者在 EFP 发展史和设计方法研究上有较大影响的一些事件。

表 5-13　国外与 EFP 研究发展相关的重要成果

研究人员	成果	年份
Wood	提出 EFP 概念	1936
Misznay	发明刻槽钢盘装药结构	1944
Schardin	公布带药型罩空心凹槽装药的研究	1954—1956
Kronman	试验"弹道盘"装置	1956—1958
Held	使用变壁厚的大锥角药型罩	1965—1975
Karpp	运用 HEMP 编码模拟"弹道盘"装置的变形过程	1975—1977
Hermann, Randers, Pehrson, Berner	应用流体动力编码分析并实现双曲线型药型罩形成致密的球体弹丸	1975—1977
许多研究者	尾裙式 EFP	1980
Bender, Carleone, Singer	尾翼式 EFP	1988
Carleone, Johnson, Bender, Archibald	长杆型 EFP	1982—1990

综上所述，EFP 技术的发展必然趋向于提高大炸高，飞行更稳定，打击精度更高，及侵彻威力更大，以便能够在较远的距离消灭更坚固的目标。当然，有时需要特殊用途的 EFP 对付特定的目标，其设计要求则需要根据目标具体特性进行调整。具体发展方向表现为以下几个方面：

（1）采用新型装药结构和药型罩结构

随着反应装甲技术的发展，聚能装药战斗部在原理、结构与工艺上应不断发展，如采用 K 型装药结构及 W 型药型罩、刻槽式药型罩、多级串联破甲战斗部、新型精密装药技术等。

（2）多用途、多功能化

为了对付多样化的战场目标，聚能装药战斗部向着多用途、多功能化方向发展。除了能穿透装甲目标、混凝土目标、钢筋混凝土目标以及其他坚固工事外，还应兼有杀伤、爆破、燃烧等功能，以便能对付直升机、轻型技术兵器和有生力量等。如破/杀/燃战斗部、随进二次爆炸攻坚战斗部等。

（3）智能化

为了实现弹药的自主攻击性能，提高首发命中概率和效费比，EFP 战斗部向着智能化、灵巧化方向发展，以便根据目标的变化，可以选择不同攻击方式攻击目标，并且在某种攻击方式下，可选择目标的薄弱部位进行攻击，从而达到高效毁伤目标的目的。

5.5 多爆炸成型弹丸战斗部

为了解决单个 EFP 对分布密度较大、防护相对较弱的集群装甲运兵车、侦察车、卡车、发射架、雷达站、武装直升机、导弹阵地、地面装备器材以及人员等目标的毁伤效率不高的问题，20 世纪 80 年代以来，美国等西方发达国家投入大量人力、物力开始了对多爆炸成型弹丸（Multiple Explosively Formed Penetrator，MEFP）战斗部技术的研究。

与传统 EFP 战斗部形成单个爆炸成型弹丸相比，MEFP 战斗部可以在保证一定侵彻威力的前提下，形成多个爆炸成型弹丸，而且按一定的飞散方向分布在一定空间内，对地面集群装甲目标、空中装甲目标和技术兵器进行大密度攻击，造成大面积毁伤，有效地提高了弹丸命中率和毁伤装甲目标的概率。通过大量的试验研究表明，MEFP 战斗部产生的弹丸外形主要有细长体、球状体、椭球体和长杆体 4 种（图 5-53），重量在 5~50 g，速度为 500~

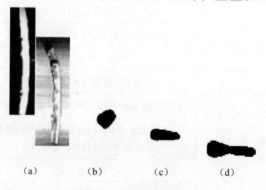

图 5-53 MEFP 外形
(a) 细长体；(b) 球状体；(c) 椭球体；(d) 长杆体

2 500 m/s，在 0.25～100 m 距离内攻击轻型装甲目标，可以大大提高命中目标的概率。

在 MEFP 战斗部的技术设计中，可以根据所攻击目标对战斗部形成的弹丸大小、形状以及多弹丸分布模式的需求，将战斗部或药型罩设计成能够形成多个 EFP 弹丸的结构，或设计成单罩和分割器组合的结构，以达到增加命中数量和提高命中概率的目的。图 5-54 所示为通过技术手段控制 MEFP 覆盖范围的试验和仿真对比情况。

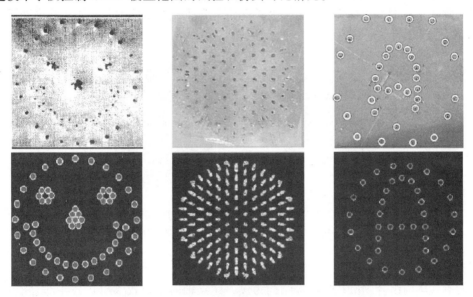

图 5-54 控制 MEFP 覆盖范围的试验和仿真对比情况

另外，MEFP 战斗部的药型罩一般选用大锥角罩、弧锥结合罩、球缺罩及多层罩等，由金属钽、紫铜、低碳钢、铁等材料加工而成。但钽材由于价格高昂，现今主要用在末敏弹和导弹战斗部高价值弹药上。

目前，国内外研究、设计和应用的 MEFP 战斗部的结构多种多样，主要有轴向组合式、轴向变形罩、周向组合式、网栅切割式、多用途组合式、多层串联式、刻槽半预制式、周向线性式等结构。

5.5.1 轴向组合式 MEFP 战斗部

轴向组合式 MEFP 战斗部类似于子母型战斗部装药结构，在战斗部中有多个相互分离的单个 EFP 装药，子弹药之间填充有惰性介质，保证子弹装药间不发生殉爆。惰性介质一般选用隔爆性能好、组织均匀、各向同性好的材料，并要求具有适当的强度，受冲击时不脆裂，如硬质聚氨酯泡沫塑料、聚苯乙烯、玻璃纤维聚碳酸酯、酚醛压塑料、石蜡等。每个 EFP 爆炸后，形成单一的 EFP 弹丸。轴向组合式 MEFP 战斗部设计的初衷是减小由于多个爆轰波的相互干扰而引起子弹丸间存在的发散角，从而提高 MEFP 的侵彻能力与打击面积。

（1）结构组成

轴向组合式 MEFP 战斗部设计的实质就是进行单一 EFP 的结构设计和 EFP 装药间的隔爆设计，同时考虑 EFP 装药爆炸后爆轰波的相互影响。轴向组合式 MEFP 战斗部设计较为简单，重点是解决子弹药的同步起爆技术，使各装药同时起爆，形成与飞行方向相一致的弹丸。这样就可以降低子弹药爆炸产生的相互干扰，从而降低弹丸的发散程度，提高爆炸形成的弹丸集聚性，进而提高 MEFP 战斗部的毁伤概率。另外，还要考虑相邻子装药间的间距和填充物的压制密度对 MEFP 战斗部形成子弹丸的发散影响。

图 5-55 所示为典型轴向组合式 MEFP 战斗部结构。子装药个数的设计可以根据实际需求而设计。图 5-55 中给出的是 7 个子装药组合而成的轴向组合式 MEFP 战斗部。左图是装药的排列阵式正视图，包括 7 个独立子装药和填充介质；右图是 MEFP 战斗部半剖视图，包括填充介质、7 个独立子装药和 7 个独立药型罩。

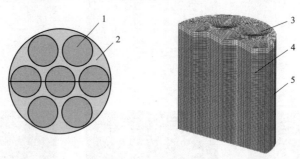

1，4—子装药；2，5—填充介质；3—药型罩。
图 5-55 典型轴向组合式 MEFP 战斗部结构

（2）数值模拟

以七罩式轴向组合 MEFP 战斗部结构为例，建立轴向组合式 MEFP 战斗部有限元模型，采用 7 个子装药底端面中心同时起爆方式，运用有限元软件进行数值仿真。图 5-56 所示为轴向组合式 MEFP 战斗部成型过程的数值模拟结果。

数值结果表明，在满足对称性条件下，轴向组合式 MEFP 战斗部爆炸形成的 EFP 弹丸具有相同的速度和外形，但 7 个 EFP 沿轴向存在一定的发散。

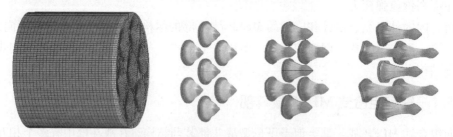

图 5-56 轴向组合式 MEFP 战斗部成型过程的数值模拟结果

5.5.2 轴向变形罩 MEFP 战斗部

（1）结构组成

轴向变形罩 MEFP 战斗部主要由药型罩、挡环、起爆器、传爆管、装药和壳体等组成。MEFP 药型罩一般由整块板材冲压而成，包括多个完全相同的基本 EFP 药型罩。EFP 药型罩的个数设计依据战斗技术要求而定。爆轰波作用的距离不一样和多个爆轰波的相互干扰作用，导致作用在各个 EFP 装药上的载荷不一样。因此，轴向变形罩 MEFP 战斗部形成的子弹丸必将存在一定的发散角。为了保证在弹丸成型时有较好的方向性，满足弹丸发散角小的要求，采用冲压成型技术加工时，应使药型罩满足足够的精度要求。

图 5-57 所示为由 7 个大锥角药型罩组合而成的轴向变形罩 MEFP 战斗部结构。左图是药型罩的排列阵式正视图，包括 7 个药型罩和挡板；右图是 MEFP 战斗部结构图，包括挡板、炸药和 7 个药型罩。

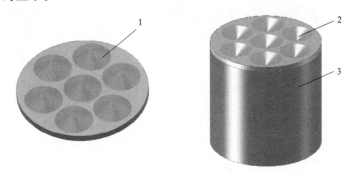

1，2—药型罩；3—炸药。

图 5-57　轴向变形罩 MEFP 战斗部结构

（2）数值模拟和应用

以七罩式 MEFP 战斗部结构为例，建立轴向变形罩 MEFP 战斗部有限元模型，采用中心点起爆方式，运用有限元软件进行数值仿真。图 5-58 所示为轴向变形罩 MEFP 战斗部成型过程的数值模拟结果。

图 5-58　轴向变形罩 MEFP 战斗部成型过程的数值模拟结果

数值结果表明，在装药端面中心点起爆时，爆轰波在炸药中呈球面波形向外扩散，7 个药型罩在装药轴线附近处受到的爆轰压力最大，从而导致药型罩翻转变形，不利于远距离飞行攻击目标；其次，在离中心线的远端，爆轰波对药型罩介质的作用力较小，也即药型罩整体压垮不均匀，使得单个药型罩形成了个体上不对称的 EFP。因此，在设计轴向变形罩 MEFP 战斗部时，药型罩外沿应有一层装药，以此增强对罩外沿部分的压垮作用，最终能形成闭合完全且轴对称的 EFP 弹丸。

2002 年 6 月，美国 William Ng 等提出了一种轴向变形罩 MEFP 战斗部结构，并对轴向变形罩 MEFP 战斗部技术进行了深入分析和试验研究，如图 5-59 所示。

经试验验证，在爆炸载荷作用下，该战斗部沿轴向方向形成多个 EFP，可产生直径 1 m 的覆盖区，能毁伤埋藏在 100～270 mm 深土壤、沙地、松散碎石中的地雷。

2005 年，美国 Richard Fong 等对轴向变形罩 MEFP 战斗部进行了较深入的研究，如图 5-60 所示。该战斗部将 7 个 EFP 药型罩组合在一起，配合适当的起爆方式，形成了符

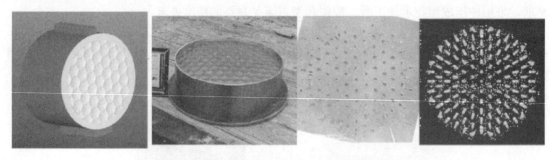

图 5-59 轴向变形罩 MEFP 战斗部侵靶试验资料

合要求的 MEFP 毁伤元群，可以用来在较大面积上对付轻型装甲车辆及人群，并且具有很好的定向性能，提高了战斗部对目标的毁伤概率。图 5-60（a）所示为战斗部样弹；图 5-60（b）所示为 X 射线拍摄的战斗部在 100 μs、500 μs 时的成型情况；图 5-60（c）所示为毁伤的试验靶板。

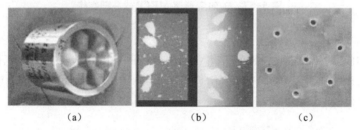

(a)　　　　　　　(b)　　　　　　　(c)

图 5-60 轴向变形罩 MEFP 战斗部样弹和侵靶试验资料
(a) 战斗部；(b) EFP 成型过程；(c) 试验靶板

5.5.3 周向组合式 MEFP 战斗部

周向组合式 MEFP 战斗部，是在战斗部外壳表面沿圆周方向分层均匀布置 EFP 药型罩。在爆炸载荷作用下药型罩翻转形成多束 EFP，对周围空间目标进行毁伤。采用周向组合式 MEFP 战斗部，可以增大弹药有效杀伤半径，在较大范围内重点打击威胁目标，从而提高了战斗部的毁伤效能。实践证明，这种战斗部用来对付舰船和空中目标等轻型装甲是非常有效的。

(1) 结构组成

周向组合式 MEFP 战斗部，主要由壳体、起爆装置、主装药和 EFP 药型罩组成。药型罩一般采用大锥角罩、弧锥结合罩、球缺罩等凹形药型罩，材料可选用钽、钢和铜。战斗部外壳表面 EFP 药型罩层数和每层 EFP 药型罩个数的设计，依据所要求的空间杀伤带宽度和药型罩间的合理间隙而定。图 5-61（a）所示为周向组合式 MEFP 战斗部带壳体结构简图；图 5-61（b）所示为无壳体结构简图。

为了保证在空间形成均匀的杀伤场，周向组合式 MEFP 战斗部在壳体结构上可做一定改进。如采用上一层药型罩与下一层药型罩位置互相交错且每一层药型罩数量相等的方案，可提高多束 EFP 在空间分布上的均匀性，如图 5-62 所示。如果要形成大而重的 EFP，则需要把药型罩直径和厚度的设计尺寸加大。总的来说，由于形成的 EFP 质量大、速度高，EFP

具有很强的穿甲能力,完全可以贯穿或损坏较强的结构(如弹道导弹的战斗部),并可能引爆装药。

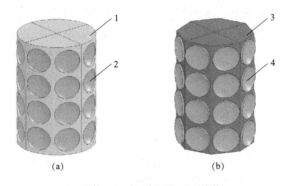

1—壳体;2,4—药型罩;3—炸药。

图 5-61　典型周向组合式 MEFP 战斗部结构

(a)有壳体;(b)无壳体

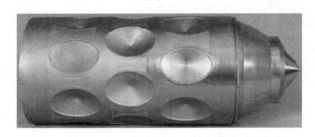

图 5-62　周向组合式 MEFP 战斗部结构

(2)周向组合式 MEFP 战斗部成型过程的数值模拟

以图 5-61 所示的战斗部结构为例,分 4 层布置药型罩,每层 8 个 EFP 药型罩,总计 32 个 EFP 药型罩,建立周向组合式 MEFP 战斗部有限元模型,采用中心线起爆方式,运用有限元软件进行数值仿真。图 5-63 所示为周向组合式 MEFP 战斗部成型过程的数值模拟结果。数值结果表明,由于采用中心线起爆,各药型罩受力比较均匀,形成的 EFP 沿中心轴线向外飞散,其攻角及气动性能良好。

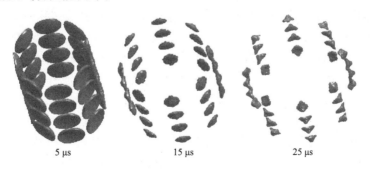

图 5-63　周向组合式 MEFP 战斗部成型过程的数值模拟结果

从图 5-63 可以看出,主装药起爆后大约 5 μs,药型罩受到炸药爆轰压力和爆轰产物的冲击与推动作用,开始被挤压和变形。从成型过程分析,周向组合式 MEFP 战斗部装药的爆轰波作用并不像成型装药那样,使药型罩向对称轴聚合,而是使其翻转,内凹底部突出,这样形成的单个 EFP 更像一支带芯的梭镖,存在一定速度梯度,最后当首尾速度趋于一致时,形成稳定的 EFP。另外,由于上、下两层药型罩靠近装药边缘,因此外侧有效装药量偏小,且不对称,所以形成的 EFP 速度明显低于中间两层药型罩形成的 EFP 速度。

(3) 应用方向

目前,应用周向组合式 MEFP 战斗部结构的弹药主要有"罗兰"导弹战斗部和"鸬鹚" AS-34 空对舰导弹战斗部。防空型 MEFP 战斗部的代表是德国和法国联合研制的"罗兰"导弹战斗部。I 型和 193 型导弹的战斗部直径均为 160 mm,质量为 6.5 kg,壳体表面设计有 60 个药型罩,有效杀伤半径为 6 m;193 型导弹的战斗部质量增加到 9.1 kg,药型罩数量增加到 84 个,有效杀伤半径达到 8 m。其他的还有 AGM-62 炸弹战斗部,壳体由 8 个 V 形槽组成,爆炸后形成的片状射流可在厚钢板上切割出 8 条长度为 1.7 m 的深槽,可以有效地破坏桥梁等大型设施。德国的"鸬鹚"AS-34 空对舰导弹战斗部也采用了周向组合式 MEFP 战斗部结构,将药型罩放置在四周,如图 5-64 所示。

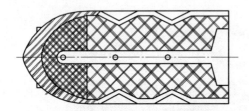
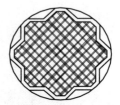

图 5-64 "鸬鹚"AS-34 空对舰导弹周向组合式 MEFP 战斗部

该战斗部质量为 160 kg,头部形状为厚壁蛋形,在战斗部外壳表面沿圆周分两层设置了 16 个大锥角药型罩。配用延期引信。装药爆炸后可形成速度为 2 000 m/s 的 MEFP。导弹击中军舰后,依靠其动能可击穿 120 mm 厚的钢板,然后侵入船舱内 3~4 m 深处爆炸。试验表明,该战斗部爆炸后可以摧毁舱体约 25 个,比其他战斗部威力大。

5.5.4 网栅切割式 MEFP 战斗部

网栅切割式 MEFP 战斗部,也被称为可选择的 EFP 战斗部。它采用与单 EFP 装药相同的单一药型罩结构,只是在药型罩前加装一个可抛掷的切割网栅或多孔蜂巢结构,用于切割处于变形过程中的药型罩,使其形成多个破裂的小弹丸攻击目标。当要求 EFP 战斗部正常作用形成单一弹丸时,切割网栅或蜂巢结构在战斗部作用前被抛开。这种机械选择装置具有简单、方便的优点。使用适当的切割网栅或多孔蜂巢结构,能生成各种所要求的破片图案,而且破片速度基本上与单一 EFP 弹丸相同。

(1) 结构组成

网栅切割式 MEFP 战斗部,主要由壳体、起爆装置、主装药、药型罩和切割网栅组成。切割网栅由起固定作用的金属架和起切割作用的金属丝构成,设置在药型罩前端,可以根据战斗的需要抛掉。图 5-65 (a) 所示为网栅切割式 MEFP 战斗部结构示意,图 5-65 (b) 所示为战斗部结构剖视面。

切割网栅的结构和外形可以根据实际需求而设计,可以是十字形、井形等形状,如图 5-66 所示;切割金属丝的横截面可以是圆形、矩形、三角形、多边形等形状,可根据现有工艺水平加工所需截面形状的切割金属丝；切割金属丝的材料一般选用铅锑合金、铝合金、铜、钢、钨等。

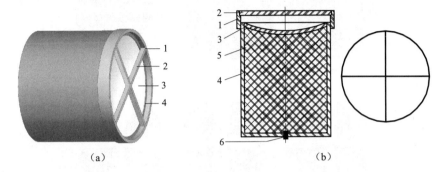

1—固定架；2—网栅；3—药型罩；4—壳体；5—装药；6—起爆装置。

图 5-65　典型网栅切割式 MEFP 战斗部结构

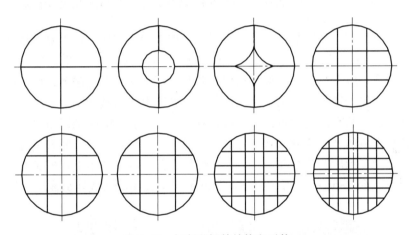

图 5-66　切割网栅的结构和形状

（2）网栅切割式 MEFP 战斗部成型过程的数值模拟

以"十字形"切割网栅装置为例，建立网栅切割式 MEFP 战斗部有限元模型，起爆方式采用中心起爆，运用有限元软件进行数值仿真。图 5-67 所示为"十字形"网栅切割式 MEFP 战斗部成型过程的数值模拟结果。

从图 5-67 中可以看出，"十字形"网栅切割式 MEFP 战斗部主装药起爆后，药型罩在爆炸载荷作用下翻转、压缩，形成爆炸成型弹丸。所形成的爆炸成型弹丸通过金属网栅，被切割成 4 个单独的 EFP，形成新的毁伤元。其中，0 μs 时刻为药型罩初始状态；20 μs 时刻为爆炸成型弹丸到达金属网栅处，被切割初始状态；40 μs 时刻为爆炸成型弹丸在被网栅切割的同时继续向前飞行状态；60 μs 时刻为爆炸成型弹丸被切割分成 4 个独立的 EFP，即形成 MEFP 的状态；80 μs 时刻为 MEFP 在飞行过程中开始轴向拉伸状态；100 μs 时刻为 MEFP 在飞行过程中开始径向压缩，并形成裙尾，具有良好的气动外形和一定的长径比，实现了稳定的飞行状态。

在爆炸载荷作用下，"十字形"网栅切割式 MEFP 战斗部形成 4 个 EFP 弹丸的作用机理

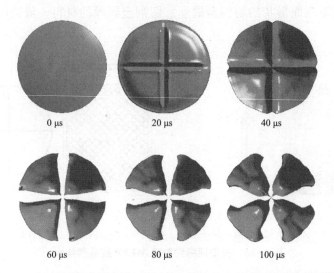

图 5-67 "十字形"网栅切割式 MEFP 战斗部成型过程的数值模拟结果

可以分为两个方面。其一是切割机理。药型罩在爆炸作用下加速,产生翻转运动,要承受约 400 GPa 的压力、接近金属熔点的温度、百分之几百的应变和 $10^4 \sim 10^5$ 的应变率。其初始阶段产生大塑性变形,结合强度小,形状均匀。此时与切割网栅发生碰撞,爆轰载荷在药型罩与切割金属丝的碰撞处产生应力集中,从而使得药型罩很容易被切割分开。其二是多个弹丸成型机理。处于流体状态的药型罩被切开后,在炸药爆轰产物的作用下继续被加速、翻转。药型罩被切开后形成的不同部分具有一定的径向速度,于是各部分之间发生碰撞,使得药型罩形成具有一定速度梯度的几个部分,然后在爆炸载荷的继续作用下形成具有一定形状的高速爆炸成型弹丸。图 5-68 所示为"十字形"网栅切割式 MEFP 战斗部成型过程的侧视图。

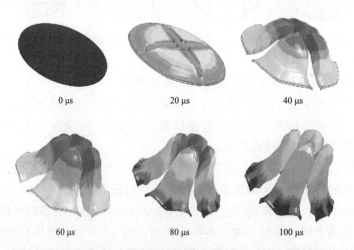

图 5-68 "十字形"网栅切割式 MEFP 战斗部成型过程的侧视图

(3) 试验验证和应用

2001 年 5 月,美国 David Bender 等展示了在前端放置隔栅装置的一种新型 EFP 成型装药结构,即网栅切割式 MEFP 战斗部结构,如图 5-69 所示。

图 5-69 网栅切割式 MEFP 战斗部结构

试验证明，成型装药形成的 EFP 在初始时刻被该装置割断成多个定向性能良好的破片，从而可以控制破片的形成和射角，在一定方向上形成预期形状的破片分布，如图 5-70 所示。

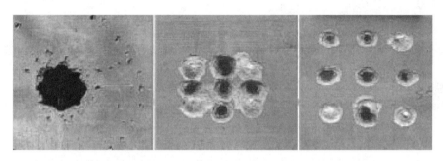

图 5-70 网栅切割式 MEFP 战斗部侵靶试验中的破片分布情况

5.5.5 多用途组合式 MEFP 战斗部

综合效应是指战斗部起爆后对目标同时产生两种或两种以上的作用效果；多用途是指战斗部攻击目标自身所具有的多种能力，可用于攻击不同类型目标，内涵较广。多用途组合式 MEFP 弹药是在保留单个 EFP 威力的同时，增加毁伤效能，是近年来国外大力发展的新型弹药。

（1）结构组成

典型多用途组合式 MEFP 战斗部结构如图 5-71 所示。根据对付目标的特性不同，该种战斗部可以设计成多种类型组合的 MEFP 战斗部药型罩结构。图 5-71（a）所示是药型罩结构。药型罩有一个中心圆盘，即大锥角药型罩，用来形成主 EFP，可以对较厚装甲进行侵彻；在中心圆盘周围分布了多个小药型罩，用来形成环形破片束，即多个辅 EFP，可以对轻型装甲进行侵彻。图 5-71（b）所示是 MEFP 战斗部装药视图。这种弹药具有打击多重目标、提高命中精度和毁伤目标概率的能力，可配备在自主式/智能型子弹药系统中，有很广阔的应用前景。

（2）数值模拟和应用

数值仿真结果表明：在爆炸载荷作用下，主药型罩可以形成外形良好的 EFP；16 个辅药型罩在爆轰波作用下沿轴向方向向外扩散，形成环形 EFP 束，从而提高了对目标的杀伤效果和概率，如图 5-72 所示。

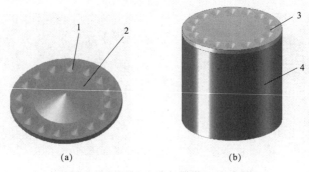

1—辅 EFP 罩；2—主 EFP 罩；3—药型罩；4—炸药。

图 5-71　典型多用途组合式 MEFP 战斗部结构

(a) 药型罩结构；(b) MEFP 战斗部装药视图

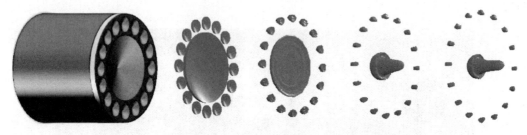

图 5-72　多用途组合式 MEFP 战斗部成型过程的数值模拟结果

2000 年 6 月，美军武器发展研究工程中心的 Richard Fong 对多用途组合式 MEFP 战斗部进行了较深入的研究。该研究采用 1 个主 EFP 对付主要目标，用 16 个环形辅 EFP 对付次要目标，并进行了相关试验验证，如图 5-73 所示。

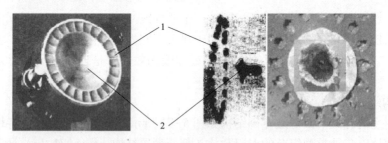

1—环形辅 EFP；2—主 EFP。

图 5-73　多用途组合式 MEFP 战斗部侵靶试验资料

5.5.6　多层串联式 MEFP 战斗部

多层串联式 MEFP 战斗部是近几年提出的新概念战斗部之一，是国内外 EFP 战斗部研究的热点之一。多层串联式 MEFP 战斗部可在同一轴线上连续射出多个串联 EFP，用来对付新型装甲目标，是目前 EFP 战斗部的一个重要发展方向。与单药型罩相比，采用多层串联式 MEFP 技术，一方面使得多层药型罩的能量转换与吸收机制更合理，化学能的利用更充分，形成了类似于尾翼稳定脱壳穿甲弹的大质量、大长径比射弹，明显地提高了弹丸的侵彻能力和飞行稳定性；另一方面可以解决爆炸反应装甲问题，结构简单，容易实施，有着很高的研究价值。

多层串联式 MEFP 战斗部结构是在一个主装药基础上，共轴放置多个药型罩组成的。多个药型罩之间既可以紧密贴合在一起，也可以有间隙，可以放置材料；多个药型罩既可以是相同材料，也可以是不同材料，但两层药型罩之间有自由表面，允许两罩发生相对滑移和碰撞。目的是一方面通过增大 EFP 的长径比达到增强侵彻目标深度的效果，另一方面通过获得前后分离的串联 EFP 形成接力穿孔的侵彻效果。

（1）结构组成

图 5-74 所示为一种双层串联式 MEFP 战斗部典型结构，包括壳体、第一层药型罩、第二层药型罩和炸药。

（2）数值模拟和应用

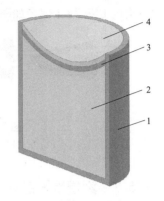

1—壳体；2—炸药；
3—第二层药型罩；4—第一层药型罩。

图 5-74 双层串联式 MEFP 战斗部典型结构

以图 5-74 所示的战斗部结构为例，建立双层串联式 MEFP 战斗部有限元模型进行数值仿真。图 5-75 所示是双层串联式 MEFP 战斗部成型过程的数值模拟结果。数值仿真结果表明，两层药型罩形成前后分离的串联 EFP，可以对目标进行接力穿孔，达到最大穿深的侵彻效果。

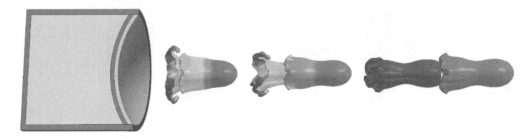

图 5-75 双层串联式 MEFP 战斗部成型过程的数值模拟结果

1999 年，美国人 Weiman 等对带有铁质尾部的钽质 EFP 进行了细致的研究。该研究利用一个钽药型罩和一个铁药型罩，形成了前段材料为钽而尾段为铁的长径比大于 3.5 的单一射弹。两种材料密度的差异（钽和铁的密度分别为 16.6 g/cm^3 和 7.9 g/cm^3）使得所形成的射弹重心前移，所以增加了射弹的飞行稳定性。进一步研究发现，通过调整多个药型罩的几何外形和接触面条件，可得到钽—铁分离的射弹和钽—铁首尾衔接的组合细长射弹，如图 5-76 所示。

(a) (b)

图 5-76 多层串联式 MEFP 战斗部形成的射弹

(a) 分离射弹；(b) 连接射弹

多层串联式 MEFP 战斗部技术为形成更大长径比的 EFP 弹丸提供了研究方向。另外，美国人 Fong 在 Weiman 的工作基础上对 2 层和 3 层的球缺战斗部进行了试验研究，获得了长径比较大的 EFP 战斗部，如图 5-77 所示。

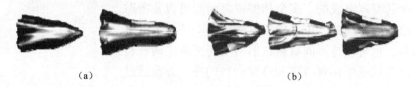

(a)　　　　　　　　　　　　(b)

图 5-77　多层串联式 MEFP 战斗部试验验证
(a) 2 层钢质球缺罩形成的弹丸；(b) 3 层钢质球缺罩形成的弹丸

5.5.7　刻槽半预制式 MEFP 战斗部

刻槽半预制式 MEFP 战斗部，指通过使用机加工的方法在药型罩内或外表面上布下刻槽列阵（图 5-78），利用沟槽顶端部位的应力集中使得战斗部按照预定的方式断裂成多个等质量的破片，可实现对轻型装甲目标进行大面积毁伤的目的。

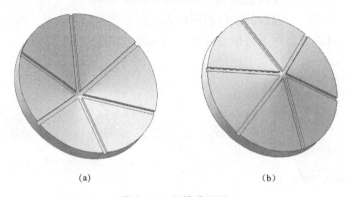

(a)　　　　　　　　　　　　(b)

图 5-78　刻槽药型罩
(a) 内表面刻槽；(b) 外表面刻槽

相对于没有刻槽的药型罩而言，这种刻槽的药型罩在爆轰压力作用下不形成射流或爆炸成型弹丸，而是形成沿药型罩锥角方向飞行且具有一定质量和速度的 MEFP 破片群。这种刻槽药型罩使得战斗部的毁伤效能大大提高。

MEFP 战斗部的刻槽形式主要有内表面刻槽、外表面刻槽、内外表面同时刻槽 3 种形式。刻槽个数依据具体设计要求而定，但刻槽尺寸和深度要相匹配。图 5-79 所示为刻槽半预制式 MEFP 战斗部典型结构及其成型过程的数值模拟结果。

数值仿真结果表明，在爆炸载荷作用下，刻槽药型罩可以形成具有一定质量、数量和方向性的高速杆式 EFP。在爆炸载荷下，刻槽药型罩在刻槽尖端附近区域引起应力集中，从而引起晶格的滑移，使得这一区域的药型罩金属材料发生塑性流动。从宏观上看，因为金属材料处于塑性屈服状态，因而拉伸应力不能引起材料的迅速开裂，而剪应力则可以迅速使得材料沿着最大剪应力线（滑移线）处发生滑移；从微观上看，塑性流动的金属晶格之间发生位错和运动，从而在金属材料中不连续处形成空洞，并不断长大、聚结，最终形成连续的裂纹，使得药型罩形成的爆炸成型弹丸发生断裂，形成 6 个杆式 EFP。

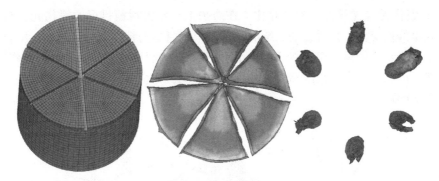

图 5-79 刻槽半预制式 MEFP 战斗部典型结构和其成型过程的数值模拟结果

5.5.8 周向线性式 MEFP 战斗部

在防空反导弹药中，通常采用 MEFP 战斗部作为拦截来袭导弹目标的毁伤元。这种战斗部引爆后可以形成多个 EFP，但是炸药引爆的非同步性导致形成的多个 EFP 不集中，从而降低了对目标的有效作用。此外，要实现对来袭目标的击爆，就需要弹目在同一时间、同一点与同一线的时空四维交汇，这项技术难度大，命中率低。解决这个问题的办法是提高 MEFP 的命中密度，这不仅在经济上增加了成本、在起爆方式上增加了难度，而且由于装药量的加大而带来了安全隐患。多线性爆炸成型弹丸（Multiple Linear Explosively Formed Penetrator，MLEFP），从根本上解决了多爆炸成型弹丸的不足，具有速度高、质量大，与目标为线与面、时与空二维交汇的特点；用于防空反导弹药上，具有命中精度高、毁伤概率大、后效显著的特点。

（1）结构组成

周向线性式 MEFP 战斗部（也即 MLEFP 战斗部）的结构主要由壳体、起爆装置、炸药和线性药型罩等组成，如图 5-80 所示。它是在传统线性聚能装药的基础上，通过改变装药结构，用壳体通过钎焊、黏结或者边缘啮合而互锁的方法将 4 个独立的 LEFP 药型罩沿边缘装配到一起组合而成。在爆炸载荷作用下，周向线性式 MEFP 战斗部在 4 个方向上形成具有一定速度和长度的线性爆炸成型弹丸，可以实现从四周近距离拦截和引爆来袭弹药、攻击轻型装甲目标的目的。

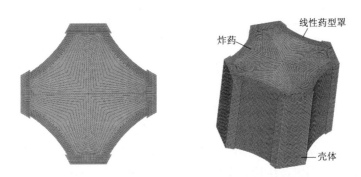

图 5-80 周向线性式 MEFP 战斗部的结构

MLEFP 毁伤元与成型装药 EFP 相比：在防护上，作为拦截目标的毁伤元，与来袭目标的作用方式是线面交汇，是时、空二维的，可以根据目标的特性调整其长度，所以要求精度较低，但是命中精度较高。作为战斗部，由于 MLEFP 与目标是横向切割，因此作用质量大、对目标的毁伤面积大、命中精度高，可实现导弹拦截，完全摧毁导弹目标的效果。具体实现方式如图 5-81 所示。

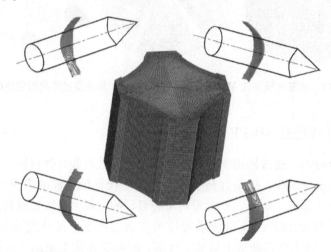

图 5-81　周向线性式 MEFP 战斗部与目标交汇方式

（2）数值模拟

应用 Truegrid 软件建立周向线性式 MEFP 战斗部的有限元计算模型，采用装药中心线起爆方式，数值仿真周向线性式 MEFP 战斗部的成型结果如图 5-82 所示。由此可以看出，周向线性式 MEFP 战斗部可以在空间内沿 4 个方向形成 LEFP，对空中目标进行攻击。

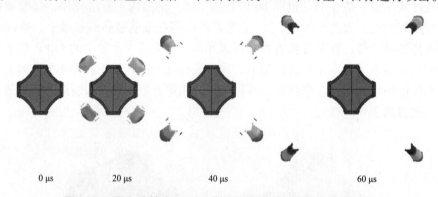

图 5-82　周向线性式 MEFP 战斗部成型过程的数值模拟结果

单方向 LEFP 成型情况和飞行姿态如图 5-83 所示。

通过图 5-83 中单方向线性爆炸成型弹丸成型的过程可以看出，装药中心线起爆后，爆轰波以球面波的形式开始传递。在 20 μs 时，在爆轰压力的作用下，药型罩空腔内的材料相互挤压、碰撞，促使药型罩被压垮，发生变形及罩体翻转。在 40 μs 时，药型罩罩面微元逐渐向药型罩中心处轴向汇聚，药型罩边缘处发生径向收缩变化。在 60 μs 时，罩体上轴线处与边缘处存在速度梯度，可以促使罩体不断变形。随着爆轰波的继续推进，药型罩两端面继

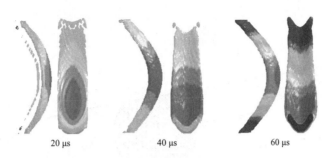

图 5-83 单方向 LEFP 成型情况和飞行姿态

续向罩面中心线处收拢,最终药型罩在轴向拉伸及径向挤压的作用下形成密实的线性爆炸成型弹丸,且速度基本稳定在 1 600~2 200 m/s。

5.5.9 MEFP 的应用和发展趋势

MEFP 战斗部独特的优点,使得它在军事上具有特殊的用途,从而成为反装甲武器中重要的战斗部种类。MEFP 战斗部不仅可以广泛用于各种武器弹药,范围覆盖反坦克和装甲车、防空、反舰、反潜、反混凝土目标及地雷装备等,而且在未来武器弹药系统中的应用有着广阔前景。为了对付多样化的战场目标,MEFP 战斗部正朝着多用途、多功能化、智能化和灵巧化方向发展,同时也可应用于人道主义扫雷作业和反恐领域。具体发展方向表现为以下几个方面。

(1) 多用途、多功能化

MEFP 战斗部除了能穿透装甲目标及坚固工事外,还应兼有杀伤、爆破、燃烧等功能,以便能对付直升机、轻型技术兵器和有生力量。从技术层面看,采用可选择的 EFP 战斗部和具有组合效应的 EFP 战斗部可提高弹药的多用途能力;对当前的主战坦克,采用同轴 MEFP 战斗部设计方案;对装甲运输车等轻型装甲目标,可采用 MEFP 战斗部设计方案;对武装直升机等低空突防目标,可采用密度高的 MEFP 战斗部设计方案;对人员目标,可将战斗部壳体设计成密集破片型,而药型罩部分仍采用密度高的 MEFP 设计;为保护电厂、通信中心等重点设施及装备免遭导弹、飞机和直升机的威胁,可采用 MEFP 战斗部结构组成主动防护层。当敌方来袭导弹接触防护层时,防护层中的装药起爆,瞬时产生设计所要求的 EFP 弹丸束,摧毁敌方来袭导弹,保护内部设施及装备,从而提高对重要目标的防护能力。图 5-84 所示为应用于战区导弹防御系统的 MEFP 战斗部。图 5-85 所示为在最后攻击阶段 MEFP 战斗部形成 EFP 集群束攻击战术弹道导弹的情形。

(2) 智能化和灵巧化

随着计算机模拟技术的发展,在未来的 MEFP 战斗部设计中,为了实现弹药的自主攻击性,提高首发命中率和效费比,智能化和灵巧化是 MEFP 战斗部发展的另一个重要发展趋势。伴随着灵巧弹药目标探测性能的日益提高,许多传感器的引爆系统都能分辨目标的类型。这样不仅能够提供丰富的弹目相对运动信息,而且还可以对目标类型,甚至目标的要害部位进行分类识别,分辨出是重型装甲目标,还是轻型装甲目标。当分辨出目标类型后,武器弹药系统将选择最佳的战斗模式,摧毁所分辨出的目标。设计多模/多用途 MEFP 战斗部,可以将其应用于一系列灵巧弹药的反装甲系统、反武装直升机系统,破坏掩体,杀伤人员等

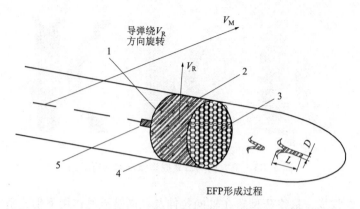

1—底挡环；2—高能炸药；3—单个 EFP 罩；4—金属外壳；5—起爆器。

图 5-84 应用于战区导弹防御系统的 MEFP 战斗部

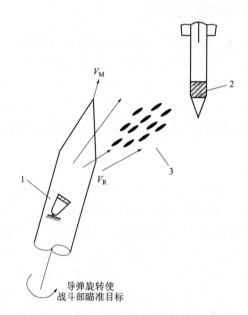

1—MEFP 战斗部；2—TBM 战斗部；3—EFP。

图 5-85 攻击阶段 MEFP 战斗部攻击战术弹道导弹

多目标的攻击中。这样，单一的战斗部就可以有选择地对付不同类型的目标，满足现代战争的需要。

如图 5-86 所示，美国设计的一种多模 MEFP 战斗部，可以针对不同目标的要求，通过设置不同起爆方式，使 MEFP 战斗部形成不同覆盖面积的 EFP 群，以有效攻击目标。

第一种作用模式为分段/长杆式 EFP 模式，形成多个连续飞行的 EFP，可近距离对付重型装甲目标；第二种作用模式为多个飞行稳定 EFP 模式，可远距离攻击轻型装甲目标；第三种作用模式为多枚定向 EFP 模式，在特定方向上形成破片束，可对付武装直升机、无人机、战术弹道导弹等目标；第四种作用模式为全方位破片模式，可形成大范围破片，有效杀伤地面人员；第五种作用模式为掩体破坏模式，形成长径比小的 EFP 侵彻体，用于破障和攻击混凝土工事等目标。

图 5-86　多模 MEFP 战斗部毁伤模式

习　题

1. 金属射流对靶板的侵彻过程主要可分为几个阶段？每个阶段有什么特点？
2. 影响破甲弹破甲威力和 EFP 形成性能的因素各有哪些？
3. 目前旋转稳定破甲弹主要采取哪几种抗旋转措施？如何使用？
4. 金属射流和爆炸成型弹丸的形成原理有什么不同？应用时各有什么优缺点？
5. 形成 EFP 的药型罩翻转法和药型罩压垮法各有什么特点？
6. 分析 MEFP 在不同武器系统中的应用前景。
7. 炸高指的是什么？聚能装药为什么会存在最佳炸高？
8. MEFP 战斗部结构有哪些种类？各有哪些优缺点？

第 6 章
碎 甲 弹

6.1 概述

碎甲弹是 20 世纪 60 年代发展起来的新型反坦克弹种，是一种利用塑性炸药在装甲表面爆炸，利用层裂效应使装甲背面产生强烈崩落效应的炮弹，主要配用于中口径火炮。

从作用原理上分析，它与穿甲弹和破甲弹不同。穿甲弹是将发射药的能量转化为弹丸的动能，对装甲进行破坏；破甲弹是将炸药的化学能量转化为金属射流的动能，以穿透装甲；而碎甲弹则是使炸药的能量通过波动的形式向装甲板内传播，使装甲板背面产生局部崩落。由此可见，碎甲弹并不穿透装甲，而是利用崩落下来的装甲碎片在坦克内部进行杀伤和破坏。

碎甲弹适用于对付倾角大的中厚均质装甲，以及钢筋混凝土建筑物等目标。其直射距离受弹形和初速的影响，且命中概率低于尾翼脱壳穿甲弹。碎甲弹对复合装甲或间隔装甲不起作用，但其直接爆炸作用及产生的破片可毁坏坦克其他部位，也可压制地面兵器并杀伤有生力量。

虽然碎甲弹对复合装甲破坏效果不好，但仍不失为一种有效的反坦克弹药。这是因为，当前的大部分主战坦克虽然前面装甲采用了复合装甲，但其正面投影的绝大部分仍可用碎甲弹进行有效攻击；对于坦克侧面，因不采用复合装甲，碎甲弹对其任何部位射击都是有效的。与碎甲弹不同，破甲弹会由于坦克侧面的屏蔽板而降低威力。穿甲弹、破甲弹和碎甲弹各有特点，互相不可替代，所以如果在使用中互相配合，会给敌方坦克设计增加许多困难。同时，对碎甲机理的研究，必将使人们对高速冲击载荷下金属材料的响应问题的认识进一步深化，从而提高弹药系统的设计水平。另外，碎甲弹还同时具有杀伤和爆破作用，因而必将向多用途、多功能方向发展。

碎甲弹也称碎头榴弹（HESE）、塑性榴弹（HEP）和黏着碎甲弹。碎甲弹最初用来破坏混凝土工事，后来发展为一种新型的反坦克弹种。曾有国家准备用其取代坦克炮上所配用的榴弹。

目前，世界各国的碎甲弹口径为 30～165 mm，一般中口径弹较多，炸药装填量为 2～9 kg。

6.2 碎甲作用原理

6.2.1 层裂效应

把一个一定尺寸的圆柱形炸药装药放在具有一定厚度的靶板表面上（图 6-1），然后用一个电雷管从药柱上端起爆。当药柱爆轰后可以看到，钢板上原来放药柱的地方发生了强烈的塑性变形，形成了一个表面光滑的凹坑。坑口直径大致与药柱直径相同或稍大一些。

在爆炸过程中，除了在炸药与靶板接触面上出现上述塑性变形外，同时，在靶板的背面（亦称之为自由表面）与药柱相对应的地方也将产生极大的破坏。图 6-2 所示为从靶板上剥落了一大块破片（或者碎成数块）。该破片外表面光滑（就是原来的自由表面），而内表面非常粗糙。这种破片具有一定的质量和较大的速度，因而具有强大的杀伤和破坏作用。

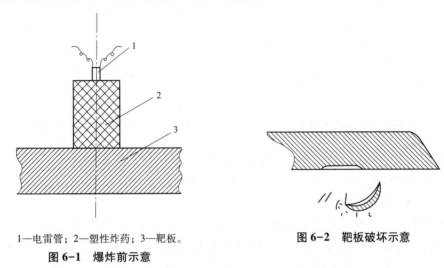

1—电雷管；2—塑性炸药；3—靶板。
图 6-1　爆炸前示意

图 6-2　靶板破坏示意

炸药与靶板接触爆炸时，在靶板自由表面处发生的这种破坏效应，常被称为层裂效应或剥落效应。

6.2.2　层裂效应的物理解释

对于层裂效应的发生机理，可以借助于应力波理论来说明。当炸药起爆后，爆轰波将以恒定的速度在药柱中沿轴线方向向前传播。波阵面上的峰值压力可达 2.5×10^{10} Pa 以上。由于爆轰产物向外飞散，因而紧跟在爆轰波后的是稀疏波。当爆轰波垂直入射到炸药与靶板的接触面时，立即在接触面上产生一个反射波，进入爆轰产物，同时有一个折射波以应力波的形式进入靶板中，而接触面上的峰值压力远远大于爆轰波阵面上的压力，可达 4×10^{10} Pa 以上。实际上，应力波是以一个压力脉冲的形式在靶板中传播。其波形如图 6-3 所示（波头是陡峭的冲击波，而波尾则是曲线变化的卸载波）。

与其他机械波一样，这里所说的应力波，其波阵面仍然是介质中已受扰动与未受扰动区域的分界面。根据应力的大小，应力波可分为弹性应力波（简称弹性波）和塑性应力波（简称塑性波）。当上述这种强度很高、作用时间很短的冲击载荷对固体介质（如靶板）作用时，如果载荷引起的应力在材料的弹性极限内，则在介质中只传播弹性波；如果载荷引起的应力超过材料的弹性极限，则在介质中传播弹塑性波。

由于靶板受冲击部分的尺寸比靶板的平面尺寸小得多，所以可以认为实际的靶板平面是无限的，而厚度是有限的。在这种极大的横向惯性约束下，横向变形可以忽略，受冲击部分的压缩应力可近似认为是以单向应变平面波的形式对靶板垂直入射。

在应力波的传播过程中，稀疏波的传入与追赶、靶板的塑性变形和内摩擦，使压缩应力波急剧衰减。其峰值压力（波幅）减小，波长增大，波形变得越来越平坦，如图6-4所示。

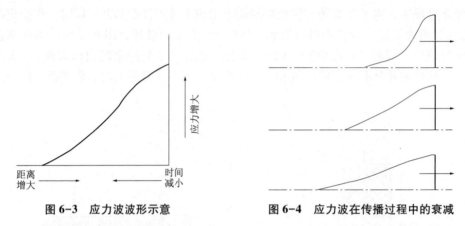

图6-3　应力波波形示意　　　　图6-4　应力波在传播过程中的衰减

为了便于问题的讨论，可以把应力波近似地用一个三角形脉冲来代替，并忽略它的衰减。此外，由于弹性波波速远大于塑性波波速，所以可以用弹性波理论来分析应力波在自由平面上的反射和干扰过程。

如图6-5所示，当压缩应力波的波头到达靶板自由表面时，应当满足自由表面处的边界条件，即应力等于零。也就是说，立即在靶板自由表面上反射成为拉伸波。其强度与入射波强度相等，两者以同速相向而行，并发生相互干扰，干扰区的合应力可用叠加原理求出。由于入射波波头后面跟着的是卸载波尾，所以在自由表面附近出现了拉应力区。

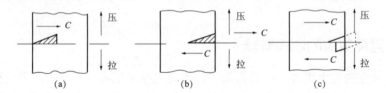

图6-5　应力波的反射

(a) 初始入射波；(b) 入射波到达靶板自由表面；(c) 入射波与反射波相互叠加

当某一截面上的拉应力（合应力）达到材料的临界断裂应力时，在该截面上将会产生裂纹。此裂纹随即沿径向向四周扩展，形成层裂。与此同时，陷入破片内的应力波冲量将转化为破片的动能，克服周边剪切应力的阻碍和破片本身的弯曲变形后，以一定的速度从靶板上飞出。破片从中心部分最先裂开。在破裂向四周扩大的过程中，中心部分发生弯曲。在破片沿侧面的剪断过程中，弯曲程度进一步扩大，从而使破片呈碟形。碟形破片裂开以后，就将出现新的自由表面，剩余的压缩波继续反射，形成新的反射波。同上所述，还可能发生2次、3次层裂等，直到所叠加的拉应力低于材料的破坏应力，层裂才会停止。

6.2.3　层裂准则和层裂厚度

层裂准则一般有临界断裂应力准则、应力陡度准则、损伤积累准则等，它们都带有一定的经验性质。

临界断裂应力准则认为层裂是一种冲击效应，当高强度瞬时拉应力值达到或超过材料的临界断裂应力极限 σ_{cr} 时，便发生层裂，即

$$\sigma(t) \geqslant \sigma_{cr} \tag{6-1}$$

对于矩形入射波，瞬时断裂条件为

$$\sigma_m \geqslant \sigma_{cr} \tag{6-2}$$

式中　　σ_m——入射压缩波最大应力值，Pa。

这时的主碎片厚度 $\delta = \dfrac{\lambda_w}{2}$（$\lambda_w$ 为入射波长）。主碎片的飞散速度为

$$v_s = \dfrac{2\sigma_m}{\rho_{ot} c}$$

式中　　ρ_{ot}——靶板密度，g/cm^3；

　　　　c——一维应变弹性波速，g/cm^3。

6.2.4　碎甲弹的作用

碎甲弹是依据上述原理对装甲起破坏作用的反坦克弹种。碎甲弹对装甲的破坏过程如图 6-6 所示。

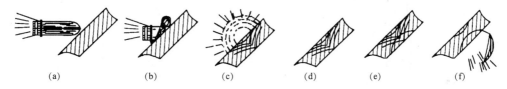

图 6-6　碎甲弹的作用过程

(a) 碎甲弹飞向装甲目标；(b) 在撞击目标瞬时弹体变形；(c) 碎甲弹爆炸，压缩波在装甲内部传播；(d) 应力波从装甲背面反射而产生拉伸波；(e) 压缩波和拉伸波相遇而在装甲内部产生裂纹；(f) 在装甲背面崩落出碟形破片以及其他小破片

在碎甲弹碰击目标瞬间，惯性作用使弹头部受压变形，随之炸药装药被堆积于装甲表面；同时，引信内部的击发机构也开始作用，经过一定的延时后，引信起爆，从而引爆炸药。爆轰产物对靶板的强烈冲击，在靶板内引起应力波的传播、反射和叠加，最终形成碟形破片。

当碎甲弹被用来对付由脆性材料构成的目标（如混凝土工事、铸铁靶板等）时，由于材料的抗弯能力差，所以层裂破片不呈碟形，而是一些表面较为平整的碎块。

与破甲弹相比，对一定厚度的均质硬装甲，在一定的着角范围内，碎甲弹具有破甲威力大、后效可靠的特点，且其后效作用远大于相同口径的破甲弹。与穿甲弹相比，在一定的着角范围内，对均质装甲，碎甲弹破甲作用随着角增大而有所增大。穿甲弹则随着角增大发生跳弹的可能性也增大，导致穿甲可能性减小。

碎甲弹除了作为反坦克弹种外，由于能装填较多的炸药，因而还可以作为爆破弹使用；又由于在爆炸时，其弹丸破片具有较大的动能（虽然破片质量小，但飞行速度高，一般可达 1 500～2 000 m/s），所以对敌方有生力量具有较强的杀伤力，故也可作为杀伤弹使用。

6.3 碎甲弹的结构特点

碎甲弹的结构比较简单，如图 6-7 所示。它由弹体、炸药装药、底螺和引信等组成。由图 6-7 可以看出，碎甲弹的外形不同于榴弹，整个弹丸较短，其长度一般仅为 3.5～4.5 倍弹径，弹体圆柱部很长，而弹头部很短。为减小飞行时的空气阻力，弹头部呈尖拱形。这种形状有利于增加弹丸着靶时的炸药堆积面积。

6.3.1 弹体

为保证弹丸在碰击目标时既易变形又不破裂的需要，弹体应采用强度较低、塑性较好的材料。兼顾发射强度的要求，通常选用 15 和 20 钢。

为了增大内腔容积，多装炸药，弹体头部一般都比较钝，而圆柱部较长。在圆柱部上，有的碎甲弹采用了定心部（图 6-7），而有的则与圆柱部统一起来，采用"全定心"方式（图 6-8）。

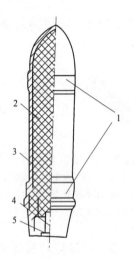

1—定心部；2—塑性炸药；3—弹体；
4—引信；5—底螺。

图 6-7 采用定心部的碎甲弹

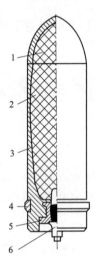

1—弹性炸药；2—塑性炸药；3—弹体；
4—弹带；5—底螺；6—引信。

图 6-8 碎甲弹结构示意

所谓"全定心"方式是指整个圆柱部都作为定心部。这种结构有利于多装炸药，有利于碰击目标时的炸药堆积和弹体的加工，但需选择合适的弹炮间隙，以保证弹丸在膛内的正确运动，从而提高射击精度。为了使碎甲弹能在碰击靶板时很快破碎，保证弹丸具有正常的碎甲作用，碎甲弹的壁厚较薄。除了为保证弹带附近和弹底部分的发射强度而使其壁厚较大外，其他部分的壁厚都很薄。有的碎甲弹壁厚最薄处只有 1.5～2.5 mm。

为了保证弹丸在膛内的发射强度和弹带的可靠作用，一般将弹带安置在弹壁较厚的弹底部。为了增加弹丸在碰击目标时的堆积面积，适当提高弹尾部的质量是有利的。

6.3.2 炸药

为保证碎甲弹在碰击目标时能更好地堆积，以便紧贴表面爆炸，要求在可能使用的温度

（如-40～+50 ℃范围内）条件下，炸药具有一定的塑性变形能力，因而通常采用塑性炸药。为提高层裂效应，还要求塑性炸药具有较高的猛度和较高的爆速。

由于弹丸在碰击目标时的冲击动能很大，很容易出现早炸，即碎甲弹装药因冲击而爆炸，因此，通常在弹丸内腔的顶部装填一部分感度较低、威力较小的弹性炸药。

6.3.3 引信

由于弹丸碰击目标的速度不同，所以装药在装甲表面形成堆积的时间也不同，因而要求引信能够自动调整作用时间，使装药在适当时机爆炸，以获得最好的层裂效应。

机械惯性引信依靠击针的惯性作用来冲击雷管起爆。其起爆时间取决于击针前冲时的速度。由于击针的前冲速度与弹丸碰击目标时的速度有关，因而机械惯性引信具有自动调整起爆时间的功能，故通常采用机械惯性引信。

6.4 影响碎甲威力的主要因素

一定尺寸的炸药装药在靶板表面上爆炸时，是否能够在靶板背面产生层裂破片，主要取决于炸药性能及其在靶板表面的堆积面积和高度，以及碎甲弹的着角、靶板材料特性等因素。下面，仅对几个主要因素做一简要说明。

6.4.1 着角

随着弹丸着角的增大，引信作用时间增长，炸药与钢板的接触面积增大，打下的碟形破片体积和重量增大，破甲作用在一定程度上有所增加；但着角太大时，药柱太偏，碟片速度将降低，影响碎甲效果，也可能使引信作用不可靠。

6.4.2 炸药性质和装药尺寸

一般来说，炸药的爆速越高、装填密度越大、炸药的猛度越大，爆炸后在金属材料内造成的压缩应力波波峰也就越高，因而猛度较高的炸药可以提高碎甲效果。

碎甲弹装药通常是圆柱形的。实验表明，药柱的长径比对层裂效应具有显著的影响。在一定的装药量和靶板厚度条件下，长径比过大或过小，都不利于层裂的产生。实际上存在着上、下两个临界长径比。在这两个临界长径比之间，随长径比增大，碟形破片的厚度一般要减小（有时不明显），但它的飞散速度则明显增大；反之，随长径比减小，碟形破片明显地增厚，而其飞散速度则降低。

这就是说，在碎甲弹设计中，应当考虑弹丸碰击目标时需形成一个良好的堆积条件。这既要考虑弹体和炸药的变形能力，又要考虑弹丸碰击目标时的速度。

6.4.3 靶板厚度及其力学性能

靶板厚度对层裂效应的影响与入射波的波长有关。当靶板厚度大于波长时，随板厚的增加、应力波在传播过程中的衰减，卸载波曲线的曲率减小，层裂厚度增大；但是，当板厚增加到4倍以上的波长时，由于应力波衰减过甚，入射波在自由表面反射后产生的拉应力过低，将不足以产生层裂。当板厚小于波长时，随靶厚的减小，发生层裂的可能性降低；当板厚远小于波长时，将不可能发生层裂（图6-9）。

靶板的力学性能对层裂的影响主要表现在材料的抗拉强度上。抗拉强度低而脆性大的靶板容易发生层裂。一般情况下，靶板强度越高，脆性就越大，层裂次数也增加，但碟形破片速度降低。

6.4.4 屏蔽物

在入射的压缩波传到钢板自由面以前，如果受到不应有的反射和干扰，那么将使层裂效应减弱，甚至完全丧失层裂效果。例如，当炸药装药在带有屏蔽物的钢板上爆炸时，入射波在屏蔽物与钢板的分界面上反射，导致进入钢板内的压缩波减弱，从而使在钢板自由面上发生层裂的可能

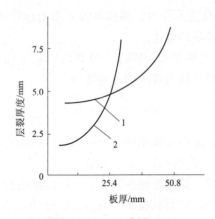

1—药厚6.4 mm；2—药厚3.2 mm。

图6-9 装药厚度、装甲厚度与层裂厚度的关系

性大大下降。这是碎甲弹的致命弱点。

如图6-10所示，当炸药对双层结构的靶板爆炸作用时，压缩波首先进入面板（屏蔽物）中，之后，压缩波的一部分在面板与底板之间的界面上反射，另一部分则传入底板中。传入底板中的压缩波已大大衰减，减小了发生层裂的可能性。

假若采用如图6-11所示的复合靶板（在80 mm厚的面板和20 mm厚的底板之间夹装104 mm厚的玻璃纤维），当压缩应力波通过第一界面进入夹层时，波的强度将大大减弱，而在第二层中传播时又将自行衰减。当应力波到达底层的自由表面时，应力波的强度已不足以发生层裂。用122 mm碎甲弹对上述复合靶板的射击试验（靶板倾角为68°）表明，在复合装甲的正面形成一个凹坑。其口部尺寸为235 mm×372 mm，深为75 mm。而在底层钢板的自由表面上仅仅落下几块氧化皮。

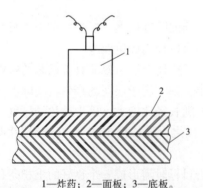

1—炸药；2—面板；3—底板。

图6-10 炸药爆炸对屏蔽装甲的作用

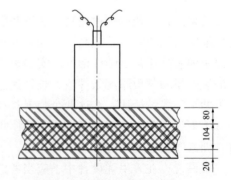

图6-11 炸药对复合装甲的作用

6.4.5 炸药堆积面积和药柱高度

要使一定厚度的靶板产生碟片，并且具有足够大的动能，除要求采用高猛度炸药外，还需有合理的药柱形状。碎甲弹装药通常是圆柱形的。试验表明，药柱的长径比对层裂效应具有显著的影响。在一定的装药量和靶板厚度条件下，长径比过大或过小，都不利于层裂的产

生。实际上存在着上、下两个临界长径比。在这两个临界长径比之间，随长径比的增大，靶板所受的冲击波强度提高，碟形破片的厚度一般要减小（有时不明显），但碟形破片的速度则明显提高；反之，随长径比的减小，碟形破片明显地增厚，而其飞行速度则降低。

因此，在碎甲弹设计中，应当考虑弹丸碰击目标时需要形成一个良好的堆积条件，即需要有一定的堆积面积和堆积厚度。一般堆积面积越大，碟片面积和厚度也越大，于是碟片的总动能提高，有利于提高碎甲威力；但因炸药量一定，所以堆积面积不宜过大，否则碟片速度太低，碎甲威力下降。对于一定的炸药和钢板，炸药的堆积面积也不能低于某个临界堆积面积（或临界堆积直径），否则会出现只有内部层裂而无碎甲的情况。因此既要考虑弹体和炸药的变形能力，又要考虑弹丸碰击目标时的速度。在考虑堆积面积的基础上还要考虑药柱的高度。一般来说，随着药柱高度的增加，靶板所受的冲击波强度会增大，碟片的速度也增大。若因增加高度而减小堆积面积，那么碟片的速度虽高，但其形状尺寸小且薄。

6.5 碎甲弹的性能特点

碎甲弹是利用高能钝感炸药直接接触目标装甲板爆炸，使装甲背部发生层裂，崩落破片，以毁伤装甲目标内有生力量和设备的。它具有以下性能特点。

6.5.1 碎甲弹的优点

（1）对均质靶板的碎甲威力大、后效好

碎甲弹对均质钢板的破坏，一般不产生通孔。其破坏威力主要体现在碟片（以及其他碎片）的动能上。它能有效杀伤乘员并破坏仪器设备和兵器。

通常碎甲弹垂直入射时可产生碎甲效应的钢甲厚度较大，如英 120 mm 坦克炮碎甲弹，可产生碎甲效应的钢甲厚度达 400 mm。碎甲弹在大着角情况下能可靠作用而不失效。如 85 mm 加农炮碎甲弹可对 100 mm 钢甲在 60° 着角下可靠碎甲，产生碎片 3.5～5 kg；而 105 mm 碎甲弹可使 120 mm/60° 钢甲产生碟片质量>5 kg。新的碎甲弹着角可达 65°，威力也有所提高。

（2）对混凝土目标的碎甲威力大

碎甲弹除用来破坏装甲目标外，主要用来破坏钢筋混凝土目标。其破坏形式为大片崩落面、多条长裂纹。122 mm 碎甲弹的破坏厚度相当于 152 mm 混凝土破坏弹。

（3）爆破威力较大

碎甲弹可作为爆破榴弹攻击坦克目标。它对坦克行动部位的破坏效果较好，能将履带炸断，将负重轮、诱导轮炸毁，导致坦克失去活动能力。

（4）具有一定的杀伤作用

碎甲弹装药量较多。其破片速度达 1 500～2 000 m/s，爆破威力较大，可以替代杀伤榴弹，以对付各种工事和集群人员。碎甲弹除了靶后的碎片具有杀伤能力外，其本身爆炸时形成的破片也有一定的杀伤作用。如 122 mm 碎甲弹爆炸后可形成 1 000 块有效破片。可见，碎甲弹可以一弹多用，战术上适用范围较广。

(5) 有效距离远

由于碎甲效应主要靠炸药的接触爆炸,并不像穿甲弹那样受着靶动能的影响,因此只要能命中目标,就能有效碎甲。一般碎甲弹的有效距离可在 2 000 m 以上。

(6) 不需要大威力火炮

由于碎甲效应不受弹丸转速和动能影响,故碎甲弹可以配用在各种不同的火炮上。

(7) 结构简单,易于生产

碎甲弹零件少,结构简单。除弹体制造较特殊,需旋压收口或热收口外,其他零件加工都比较简单,造价较低,适于大量生产。

6.5.2 碎甲弹的缺点

① 碎甲弹初速不高。碎甲弹的弹壁较薄、机械强度较低、装有较多的塑性炸药,致使弹丸不可能采用高初速。

② 易受屏蔽装置的影响,对复合装甲和间隙装甲不能产生碎甲效应。由于碎甲效应是炸药接触爆炸后向靶板内传入高强度的冲击波而引起的,故若靶板表面有屏蔽板,则会减弱冲击波强度,碎甲作用下降,甚至丧失碎甲能力。对于复合装甲,非金属夹层较厚,使强冲击波严重衰减,失去碎甲作用。对于多层间隔装甲,由于强冲击波不能传递给第二层靶板,因而不能实现碎甲作用。如果将钢甲表面做成高低不平状态,也可使弹丸作用失效。由此可见,使用碎甲弹时只有扬长避短,才能充分发挥其作用。

③ 碎甲弹只能用线膛炮发射。

6.6 典型碎甲弹

6.6.1 美国 M393 系列 105 mm 碎甲弹

M393 系列碎甲弹为定装式旋转稳定炮弹(图 6-12),用于攻击无屏蔽均质装甲目标和毁伤软目标,也可有效地用于摧毁混凝土工事。但是,该弹攻击复合装甲、间隔装甲和带屏蔽装甲时,效能大大下降。它还可以作为榴弹使用。该系列弹是美国 20 世纪 60 年代的产品,有 M393 A1 式和 M393 A2 式两种型号。

全弹由弹丸和药筒构成。弹丸由弹体、炸药装药、弹带、底螺和弹底引信组成。弹体圆柱形前部接较短的弧形部,弹体较薄,由 FS-1030 钢板制成。弹体内装 A3 炸药(95% 黑索今和 5% 石蜡)。该炸药在 70~100 ℃时软化,易于成型。弹体上有两条铜合金弹带。弹底装引信和曳光管。弹丸碰击目标时,引信作用,起爆炸药。炸药贴压在装甲表面,在装甲背面形成碟形崩落破片,破坏装甲;同时形成弹体碎片和高冲击波,杀伤人员。其主要诸元见表 6-1。

图 6-12 美国 M393 系列 105 mm 碎甲弹

表 6-1　美国 M393 系列 105 mm 碎甲弹主要诸元

弹径/mm	105	最大射程/m	9 500
全弹长度/mm	939	初速/(m·s⁻¹)	731.5
全弹质量/kg	21.2	炸药装药质量/kg	2.99
弹丸长度/mm	412	引信	M573 式弹底机械惯性触发引信
弹丸质量/kg	11.2	药筒	M150 式黄铜药筒
弹体材料	钢	发射药质量/kg	2.17（M1 式）

6.6.2　英国 L31 式 120 mm 碎甲弹

L31 式碎甲弹为分装式炮弹，即弹丸和可燃药筒分开向炮膛内装填。它利用炸药化学能直接以冲量形式作用于装甲上，使装甲内部的应力波在装甲背面产生崩落效应，可对无屏蔽均质装甲和混凝土工事等目标进行有效破坏并能杀伤人员。

全弹由弹丸和可燃药筒构成。弹丸由弹体、炸药装药、弹带和引信组成。它的弹壁较薄，内部可装较多塑性炸药。它由弹底引信起爆。药筒为可燃药筒，内装条状发射药和底火。弹丸碰击装甲时，弹体薄壁前部破裂并与弹体内塑性炸药一起贴压在装甲外表面上。此时由弹底引信起爆炸药，贴压在装甲外表面上的炸药产生强冲击效应但并不穿透装甲，然后在装甲背面形成碟形崩落破片，并以相当大的动能在坦克内部杀伤人员，破坏器材。其主要诸元见表 6-2。

表 6-2　英国 L31 式 120 mm 碎甲弹主要诸元

弹径/mm	120	直射距离/m	（大约）1 700
弹丸质量/kg	17.86	发射装药	L3 式
炸药装药	塑性炸药	发射药质量/kg	3.04（NG/S27-09）
初速/(m·s⁻¹)	670		

6.6.3　比利时 M625 式 90 mm 曳光碎甲弹

M625 式碎甲弹为定装式炮弹（图 6-13），用于攻击无屏蔽均质装甲目标并具有杀伤爆破能力，也可有效的破坏混凝土工事。但是，该弹攻击复合装甲、间隔装甲和带屏蔽装甲时，效能大大下降。弹体圆柱形前部接有较短弧形部，弹体上有数条弹带，装有弹底引信和曳光管，弹壁较薄，内装 A3 炸药。弹丸碰上目标时，引信作用，起爆炸药，攻击装甲；与此同时，弹体破片与冲击波起杀伤作用。具体参数见表 6-3。

表 6-3　M625 式 90 mm 曳光碎甲弹主要诸元

弹径/mm	90	弹丸重/kg	4.4
全弹长/mm	600	弹药装药及质量/kg	A3，1.1
全弹重/kg	6.8	直射距离/m	800

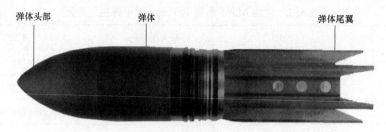

图 6-13　比利时 M625 式 90 mm 曳光碎甲弹

习　题

1. 聚能效应和层裂效应有何不同？
2. 层裂准则主要有哪些种类？
3. 分析碎甲弹、破甲弹、穿甲弹的不同作用原理和应用前景。
4. 分析碎甲弹的具体作用过程。
5. 影响碎甲弹碎甲威力的因素主要有哪些？
6. 碎甲弹有哪几种定心方式？各有什么特点？
7. 当炸药分别对双层结构的靶板和复合靶板爆炸作用时，会有什么不同结果？

第 7 章
子 母 弹

7.1 概述

现代战争中，由于战场上的主要目标是集群坦克和步兵战车等装甲目标，因此作为压制兵器的火炮，在远距离上对这种装甲目标作战应当是它的主要任务之一，而子母弹正是完成这一任务的有效弹种。

子母弹是由母弹和子弹组成一体的。其中，母弹包括炮弹、航弹、火箭弹和导弹诸弹种，而子弹则包括刚性尾翼的子弹和柔性尾翼（降落伞或飘带尾翼）的子弹。子母弹中一枚母弹将装载少则几枚，多则数百枚的子弹。子母弹飞行过程是，由一种母弹内装许多子弹，当母弹飞达预定的抛射点时，经过母弹开舱，抛射全部子弹，直至子弹群撒布在预定的目标区域，击中敌人的集群目标。其中，航弹子母弹、火箭弹子母弹、导弹子母弹分别在相应章节介绍，而本章将主要介绍炮射子母弹。

炮射子母弹是以母弹作为载体，内部装有一定数量的子弹，发射后母弹在预定高度开舱抛射子弹，以完成毁伤目标和其他特殊战斗任务的炮弹，用于毁伤集群坦克、装甲车辆、技术装备，杀伤有生力量或布雷，配用于中、大口径火炮、迫击炮等。

20 世纪 50 年代末，出现了杀伤子母弹。20 世纪 60 年代随着坦克、步兵战车、自行火炮等集群目标的出现，美国开始研制 155 mm M483 A1 杀伤—破甲多用途子母弹，并于 1975 年 9 月配用于 M109 A1 式 155 mm 自行榴弹炮上，从而使得压制武器能在远距离上对付装甲目标，并列为压制武器的主用弹。德国莱恩金属公司也发展了 RH-49 式 155 mm 装有底部排气装置的子母弹，内装 49 枚直径为 42 mm 的子弹，最大射程可达 30 km。我国于 20 世纪 80 年代研制了 122 mm 反装甲子母弹。子母弹在继续提高有效射程、威力和撒布精度的同时，朝着半自动寻的、自动跟踪、自动捕捉目标的方向发展。

从威力方面而言，同样口径的子母弹优于普通榴弹。以反装甲杀伤子母弹为例，它不仅在反装甲目标的性能上有突出的特点，而且在杀伤人员方面也远远优于普通榴弹。美国 M483 型和 M509 型两种子母弹与其同口径的 M107 型和 M106 型普通榴弹的威力对比结果见表 7-1。

由于子母弹在毁伤威力上有优越性，所以在火箭和导弹战斗部上也广泛采用了子母弹结构。目前所发展的炮射子母弹有杀伤子母弹、动能穿甲子母弹、布雷子母弹、反装甲子母弹和发烟子母弹等。另外，目前世界各国新型灵巧弹药中的末敏弹等均属于子母弹的范畴。其相关内容见灵巧弹药一章所述。

表 7-1　子母弹与其同口径普通榴弹的威力对比结果

炮弹		相对毁伤面积（开阔地/树林中）/m²					
弹径/mm	型号	人员			兵器和技术装备		
		立姿	卧姿	散兵坑内	坦克	装甲输送车	卡车
155	M107	103/42.5	70.8/22.5	6.67/2.0	1.50/1.0	8.50/5.0	62.8/37.7
	M483	981/580	508/308	14.2/9.5	19.8/9.5	24.7/12.2	67.0/32.0
203	M106	198/96.2	124/40	12.0/7.3	2.17/1.5	11.5/6.8	130/79.2
	M509	2 012/1 234	1 086/667	31.3/20.8	43.8/20.8	54.5/27	148/71.0

7.1.1　子母弹的弹道特点

按照子母弹飞行过程，子母弹弹道主要由一条母弹弹道和由母弹抛出许多子弹形成的集束弹道所组成，如图 7-1 所示。母弹弹道是人们熟知的炮弹、航空炸弹、火箭弹和导弹的飞行弹道。从每一枚母弹中抛出的子弹，将形成许多互不相同的子弹弹道。比如，在图 7-1 中，OP 为一母弹弹道，PC 为其中的一组子弹弹道。对于不同的子弹（如刚性尾翼的子弹、带降落伞或飘带的柔性尾翼的子弹），会有不同特色的子弹弹道。比如伞弹的弹道将分为若干段来考虑：当伞弹被抛出时，进入伞弹的抛射段；随即伞绳逐渐拉出，进入拉直段；伞绳拉直以后，便进入降落伞充气过程，即充气段；降落伞充满气以后，伞弹进入减速段并达到末敏子弹的稳态扫描段。无论何种子弹弹道，抛射点是抛射弹道的一个重要特征点，也是各种子弹弹道的起始点。

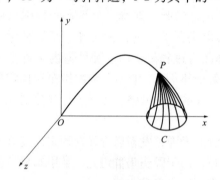

图 7-1　抛射弹道

子母弹弹道还有另一个重要特点，就是在抛射点母弹有一个开舱、抛射过程伴随产生的动力学问题。它是一个复杂的瞬态过程。对于不同的开舱，抛射方式、方法，应通过相应的抛射动力学模型分别研究。这也是子母弹弹道研究中有待研究解决的一个重要问题。它将为研究解决子母弹开舱、抛射这一关键技术提供理论依据。

7.1.2　子母弹的开舱与抛射

各种炮弹、航空炸弹、火箭弹和导弹，当其配制有子母战斗部后，将能构成更有利的大面积压制火力和大纵深突击火力，以其弹药数量多、火力猛而有效地狙击敌人的坦克、装甲战车和有生力量以及重要的军事目标，所以备受世界各国的普遍重视。如美国的 MLRS 多管火箭系统，由口径为 227 mm 的 12 管火箭组成。每发火箭可携带 M77 子弹 644 枚。一次齐射可发射子弹总数达 7 728 枚，射程 30～40 km，覆盖面积达 120 000～240 000 m²。意大利研制的 Firos-70，弹径为 315 mm 的 8 管火箭，每发战斗部可装子弹 924 枚，子弹覆盖面积达 50 000 m²，等。为使如此众多的子弹发挥最佳的效力，不仅需要足够大的子弹覆盖面积，而且要具有毁伤目标所要求的合理密度。这就需要解决子母战斗部的开舱与子弹抛射的技术问题。

不同的子母战斗部具有不同的结构、性能及使用特点。其开舱、抛射方式不可能是相同的。这里仅介绍一些目前所采用的开舱、抛射方法。

（1）母弹的开舱

对于不同的子母战斗部，即使是同一弹种的子母战斗部，其开舱部位与子弹抛出方向都是有区别的。在选择开舱、抛射方式时，都需要进行认真的全面分析、论证。以火箭子母弹为例，仅弹径的变化就需要考虑不同的开舱、抛射方式。

① 当火箭子母弹弹径较小时，如122 mm火箭子母弹可采用战斗部壳体头弧部开舱，子弹向前方抛出。加上抛射导向装置的作用，子弹则向前侧方抛出，达到较好的抛射效果。

② 当火箭弹径加大到230 mm，甚至260 mm时，子弹装填数量增大，应采用战斗部壳体全长开舱，子弹向四周径向抛射。如美国MLRS多管火箭系统子母战斗部采用中心药管形式，结构紧凑，对子弹装填容积无大的影响，并且可以同时达到壳体全长开舱与子弹径向抛射的目的。

③ 当火箭弹弹径进一步增大，子弹数量更多时，为了均匀撒布，必要时还可采用二级抛射的形式。如意大利的Firos-70火箭子母战斗部，其火箭弹径为315 mm，内装直径为122 mm的子弹筒12发，而每个子弹筒内又装有小子弹77枚。如图7-2所示，在引信作用下，切割索先将壳体沿全长切开，燃气再将带有小子弹的子弹筒沿径向抛出，然后将小子弹从子弹筒中抛出。

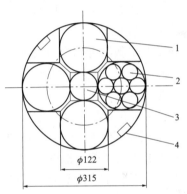

1—子弹筒；2—小子弹；
3—燃气抛射装置；4—切割索。

图7-2 Firos-70火箭子母战斗部横剖面

对于母弹的开舱方式，目前采用的主要有以下几种：

① 剪切螺纹或连接销开舱。这种开舱方式在火炮特种弹丸上用得较多，如照明弹、宣传弹、燃烧弹、子母弹等。其一般作用过程是时间点火引信将抛射药点燃，再在火药气体的压力下，推动推板和子弹，将头螺或底螺的螺纹剪断，使弹体头部或底部打开。

② 雷管起爆，壳体穿晶断裂开舱。这种开舱方式用于一些火箭子母弹与火炮箭形榴霰弹丸上。其作用过程是：时间引信作用后，引爆4个径向放置的雷管。在雷管冲击波的作用下，以脆性金属材料制成的头螺壳体产生穿晶断裂，使战斗部头弧全部裂开。

③ 爆炸螺栓开舱。这是一种在连接件螺栓中装有火工品的开舱装置，是以螺栓中的火药力作为释放力，靠空气动力作为分离力的开舱机构。它常被用在航空炸弹舱段间的分离。现在也已成功地用于大型导弹战斗部的开舱和履带式火箭扫雷系统战斗部的开舱上。

④ 组合切割导爆索开舱。这种方法在火箭弹、导弹及航空子母弹箱上都得到了广泛的使用。一般采用具有聚能效应的切割导爆索，根据开裂要求将其固定在战斗部壳体内壁上。引爆索的周围装有隔爆的衬板，以保护战斗部内的其他零部件不被损坏。切割导爆索一经起爆，即可按切割导爆索在壳体内的布线图形，将战斗部壳体切开。

⑤ 径向应力波开舱。这种方式是靠中心药管爆燃后，冲击波向外传播，既将子弹向四周推开，又使战斗部壳体在径向应力波的作用下开舱。为了开舱可靠及其部位规则，一般在

战斗部壳体上加上若干纵向的断裂槽。这种开舱方式被成功地使用在美 MLRS 火箭子母弹战斗部上和一些金属箔条干扰弹的开舱上。

这种开舱的特点是开舱与抛射为同一机构，整体结构简单紧凑。

无论以何种方式开舱，均需满足以下基本要求：

① 要保证开舱的高可靠性。通常，子母弹弹径大，装子弹多，每发弹的成本较高，因此，要求开舱必须很可靠，不允许出现由于开舱故障而导致战斗部失效。为此，要求配用引信作用可靠，传火系列及开舱机构性能可靠。在选定结构与材料上，尽量选用那些技术成熟、性能稳定、长期通过实践考验的方案。

② 开舱与抛射动作协调。开舱动作不能影响子弹的正常抛射，即开舱与抛射之间要动作协调、相辅相成。

③ 不影响子弹的正常作用。开舱过程中不能影响子弹的正常作用，特别是子弹尾带完整，子弹飞行稳定。子弹引信能可靠解脱保险，并保持正常的发火率。

此外，还要求具有良好的高、低温性能和长期储存性。

（2）子弹的抛射

在抛射步骤上可分为一次抛射和两次（或多次）抛射。由于两次抛射机构复杂，而且有效容积不能充分使用、携带子弹数量少等原因，在一次抛射可满足使用要求时，一般不采用两次抛射。

目前常用的抛射方法，主要有以下几种：

① 母弹高速旋转下的离心抛射。这种抛射方式，对于一切旋转的母弹，不论转速的高低，均能起到使子弹飞散的作用。特别是对于火炮子母弹丸转速高达每分钟数千转，以至上万转时，均起到主要的甚至全部的抛射作用。

② 机械式分离抛射。这种抛射方式是在子弹被抛出过程中，通过导向杆或拨簧等机构的作用，赋予子弹沿战斗部径向分离的分力。导向杆机构已经被成功地使用在122 mm火箭子母弹上。狭缝摄影表明，5 串子弹越过导向杆后，呈花瓣状分开。

③ 燃气侧向活塞抛射。这种方式主要用于子弹直径大、母弹中只能装一串子弹的情况，如美 MLRS 火箭末端敏感子母战斗部所用的抛射机构。前后相接的一对末敏子弹，在侧向活塞的推动下，垂直弹轴沿相反方向抛出（互成180°）。每一对子弹的抛射方向都有变化。对整个战斗部而言，子弹向四周各方向均有抛出。

④ 燃气囊抛射。使用这种抛射结构的典型产品是英国的 BL755 航空子母炸弹。它共携带小炸弹147 颗，分装在 7 个隔舱中。小炸弹外缘用钢带束住。小炸弹内侧配有气囊。当燃气囊充气时，子弹顶紧钢带，使其从薄弱点断裂，解除约束。在燃气囊弹力的作用下，147 颗小炸弹从不同方向以两种不同的名义速度抛出，以保证子弹散布均匀。

⑤ 子弹气动力抛射。通过改变子弹气动力参数，使子弹之间空气阻力有差异，以达到使子弹飞散的目的。这种方式已在国外的一些产品中使用。如在国外的炮射子母弹上，就有意地装入两种不同长度尾带的子弹；在航空杀伤子母弹中，采用由铝瓦稳定的改制手榴弹制作的小杀伤炸弹，抛射后靠铝瓦稳定方位的随机性，使子弹达到均匀散开的目的。

⑥ 中心药管式抛射。使用成功的典型结构是美国 MLRS 火箭子母弹战斗部，如图 7-3 所示。每发火箭携带子弹 644 枚。一般子弹排列不多于两圈，如圆柱部外圈排 14 枚子弹，而内圈排 7 枚子弹。子弹串之间用聚碳酸酯塑料固定并隔离。战斗部中心部位装有药管。

时间引信作用，引起中心药柱爆燃后，冲击波既使得壳体沿全长开裂，又将子弹向四周抛出。

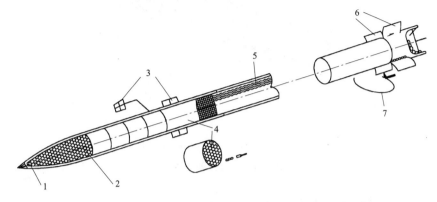

1—电子时间引信；2—M77 子弹；3—定心块；4—聚碳酸酯支承筒；
5—火箭发动机；6—尾翼；7—翼锁定释放装置。

图 7-3　MLRS 火箭子母弹战斗部结构

⑦ 微机控制程序抛射。该方式应用于大型导弹子母弹上，由单板机控制开舱与抛射的全过程。子弹按既定程序分期分批以不同的速度抛出，以得到预期的抛射效果。

对各种方式的抛射，均需满足以下基本要求：

① 满足合理的撒布范围。根据毁伤目标的要求和战斗部携带子弹的总数量，从战术使用上提出合理的子弹撒布范围，以保证子弹抛出后能覆盖一定大小的面积。但在试验时还应注意到，实际子弹抛射范围的大小，还与开舱的高度有关。

② 达到合理的散布密度。在子弹散布范围内，子弹应尽可能地均匀分布，至少不能出现明显的子弹堆积现象。均匀分布有利于提高对集群装甲目标的命中概率。

③ 子弹相互间易于分离。在抛射过程中，要求子弹能相互顺利分开，不允许出现重叠现象。如果子弹分离不开，尾带张不起来，子弹引信就解脱不了保险，将导致子弹失效。

④ 子弹作用性能不受影响。抛射过程中，子弹不得有明显变形，更不能出现殉爆现象，力求避免子弹间的相互碰撞。此外，还要求子弹引信解脱保险可靠、发火率正常、子弹起爆完全性好。

7.2　子母弹的结构与作用

子母弹是近 40 年内出现的新弹种，从 20 世纪 70 年代以来得到迅速发展。美军就装备了 M444 型 105 mm 杀伤子母弹、M449 型 155 mm 杀伤子母弹、M404 型 203 mm 杀伤子母弹、M483 A1 型 155 mm 反装甲杀伤子母弹、M509 型 203 mm 反装甲杀伤子母弹、M718 型 155 mm 反坦克布雷弹、M731 型 155 mm 杀伤布雷弹、M825 型 155 mm 发烟子母弹等。

7.2.1　子母弹的结构特点

（1）母弹

如图 7-4 所示，子母弹主要由引信、抛射药盒、推力板、母弹体、子弹、板条和底螺等部分组成。

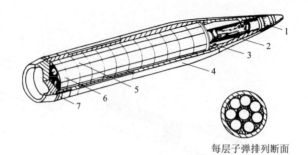

每层子弹排列断面

1—时间引信；2—抛射药盒；3—推力板；4—母弹体；5—子弹；6—板条；7—底螺。

图 7-4 子母弹基本构造

弹体是盛装子弹的容器，通常被称为母弹。在外形上，母弹基本上与普通榴弹相同或者接近。母弹的头部常采用尖锐的弧形。其目的是减小空气阻力、提高射程。但是，这样做的结果是难以在头部内腔部分装填子弹，只好使这部分容器空着。这样的结构，必然使全弹的质心后移，从而影响弹丸的飞行稳定性。在这种情况下，为了保证子母弹的飞行稳定性，以及获得良好的射击精度，对一些子母弹不得不采取措施，减小全弹的长度。母弹的内腔与普通榴弹有明显差别：首先，应当尽量减小母弹的壁厚，增大内腔容积，以便多装子弹；其次，为了便于将子弹从内腔中推出，必须将内腔制成圆柱形；再次，由于子弹是从底部推出的，故母弹底部都是开口的。由于采用上述的弹体结构，弹带部分将会出现明显的强度不足。为了保证发射时的强度要求，在制造中对母体压制弹带部位一般都进行局部热处理，以提高母体材料的强度。

母弹的弹底材料通常与母体相同，均用炮弹钢制造。与母体的连接，一般可以用螺纹、螺钉和销钉等来实现。采用螺纹连接时，对现有火炮膛线（右旋）应采用左旋螺纹，以免发射时引起松动或旋下。螺纹圈数的多少，取决于连接强度的要求。该连接强度对抛射压力有很大的影响。螺纹圈数过多，相应的抛射压力也高。在这种情况下子弹将要承受很高的抛射压力。这可能引起子弹变形，从而影响子弹在抛出后的正常作用。如果圈数过少，则难以保证必要的连接强度。在一般情况下常采用细牙螺纹，其总圈数不超过4圈。采用销钉连接时，其抛射压力较小，虽然可以避免子弹的受压变形，但其连接强度低。

母弹的引信通常为机械时间引信，其工作时间与全弹道的飞行时间相当。抛射药一般装于塑料筒内，放置在引信下部。当子母弹飞行到目标上空时，引信按装定的时间发火，点燃抛射药。抛射药被点燃后，依靠火药气体的压力推动推力板，破坏弹底的连接螺纹，打开弹底，将子弹推出母弹弹体。为了减小子弹所受的推力板压力，在推力板与弹底之间设有支杆。支杆系由无缝钢管制成，作用时将推力板的压力直接传递到弹底。如果弹底与弹体之间采用销钉连接，则因其强度较低，可以不用支杆，而直接用推力板经过子弹将弹底压开。

（2）子弹

子弹是装于母弹中用以直接毁伤目标的独立战斗元。子母弹的子弹应以密实的方式装入母弹的弹体内。子弹的类型多种多样，按用途不同分为杀伤子弹、杀伤破甲子弹和动能反装甲子弹。

杀伤子弹用于杀伤有生力量，用高毁伤效能的预控破片技术，在弹体内表面刻菱形或六角形沟槽。子弹脱离母弹后,靠稳定飘带控制减速、定向、稳定和减旋。子弹落到目标上后,触发引信引爆子弹,形成大量有规则的高速破片,以杀伤目标。有的子弹落地后用弹簧机构或燃气推力和延期引信,使子弹回跳 1 m 左右高度爆炸,以增大杀伤效应。

杀伤破甲子弹(图 7-5),利用聚能效应形成的金属射流,从坦克顶部毁伤坦克和装甲车辆;同时,内刻槽壳体形成的破片也具有杀伤作用。另外,为增加母弹的子弹装填量,子弹采用敞开结构、短炸高形式,缩短子弹装配长度(摞装时单个子弹弹体两个支撑面间的距离)。在满足威力和子弹抛后迅速分离条件下,尽量取最小值。

动能反装甲子弹是靠子弹爆炸时的破片动能毁伤装甲目标的。瑞典 155 mm 动能反装甲子母弹(图 7-6)是一种新型子母弹,利用动能型子弹攻击装甲目标。其效果优于空心装药型子弹的子母弹。母弹内装有两枚子弹。每枚子弹内部装有炸药,并且在子弹前端面上有 170 个六角形预控钨合金破片。该子母弹有两个优点:一是子弹内预控钨合金破片的毁伤概率是空心装药型子弹的 2 倍;二是子弹内预控钨合金破片的威力大于空心装药型子弹。例如,用动能型子弹和空心装药型子弹对 30 mm 装甲板进行的侵彻威力对比试验表明:

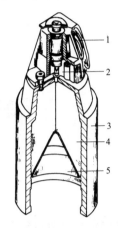

1—稳定飘带;2—引信;
3—子弹弹体;4—炸药装药;
5—药型罩。
图 7-5 杀伤破甲子弹

预控钨合金破片穿孔直径为 35 mm,二次破片重为 300 g;而空心装药型子弹穿孔直径只有 8 mm,二次破片重只有 25 g。可见,预控钨合金破片断面密度大,保存速度能力强,具有较高的穿甲能力。

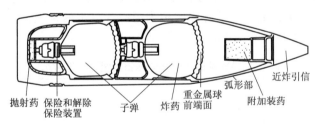

图 7-6 瑞典 155 mm 动能反装甲子母弹

7.2.2 子母弹的作用原理

对于杀伤子母弹,当发射后的子母弹飞抵目标上空时,母弹的时间引信作用,点燃抛射药。抛射药点燃后,依靠火药气体的压力推动推力板,破坏弹底的连接螺纹,打开弹底,从而把子弹从弹底部抛出。此时,离心力的作用将使子弹偏离母弹的弹道而散开。在子弹从母弹中抛出时,子弹的引信解脱保险,同时稳定带展开,以保持子弹的飞行稳定,并使子弹引信朝向地面。当子弹碰击地面时引信发火,子弹爆炸形成破片,杀伤敌人。如果采用的是空炸式子弹,子弹落地后再跳起到 1.2~1.8 m 高处时爆炸,起到的杀伤效果比普通榴弹高出 2~10 倍。如果采用的是成型装药破甲子弹,则在坦克群上空爆炸后释放出子弹,子弹分散飞行,攻击坦克的顶装甲。因为坦克的顶装甲比较薄,故破甲子弹能够在直接命中后有效地击穿装甲并毁伤坦克内部，如图 7-7 所示。

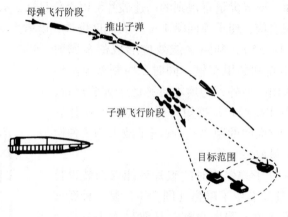

图 7-7　子母弹作用过程

子母弹具有对目标覆盖面大、毁伤效率高等优点，是一种反集群目标的有效弹药。但子弹落在丛林和松软厚雪等地面时，不容易起爆。

7.3　杀伤子母弹

7.3.1　美国 M449 型 155 mm 杀伤子母弹

美国 M449 型 155 mm 杀伤子母弹为药包分装式，能携带多枚杀伤子弹的炮弹，用于远距离大面积杀伤敌方有生力量。该子母弹被称为第一代改进的常规弹，配用于 155 mm 榴弹炮。M449 型杀伤子母弹主要诸元见表 7-2。

表 7-2　M449 型 155 mm 杀伤子母弹主要诸元

母弹质量/kg	43.13	子弹型号	M43 A1
全弹长度/mm	699	子弹数量/枚	60
抛射药质量/g	30	引信型号	M565 或 M548，M577
最大射程/m	14 600	膛压/MPa	254.9
初速/(m·s^{-1})	563	子弹内炸药质量（A5 复合炸药）/g	21.25

（1）结构特点

M449 型杀伤子母弹由引信、弹体、抛射药、推力板、子弹、密封圈、弹带和弹底组成，如图 7-8 所示。弹体作为母弹，内装 60 枚 M43 A1 式子弹，分装成 10 层，每层 6 枚。母弹的外形与普通榴弹相同，但底部开口。在装配时，将子弹从底部装入，装上弹底，然后再用 3 个剪切销把弹底连接到母弹上。在母弹头部装有机械时间引信，而引信下部装有抛射药。子弹前部为推力板。靠近母弹底部的金属弹带在储存和运输时用弹带护圈加以保护。

下面着重说明该子母弹的 M43 A1 式子弹的结构及作用。M43 A1 式子弹为反跳空炸式

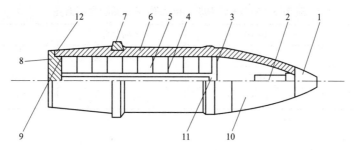

1—引信；2—抛射药管；3—推力板；4—支筒；5—子弹；6—弹体；
7—弹带；8—弹底；9—销钉（共3个）；10—头螺；11, 12—密封圈。

图 7-8 美国 M449 型 155 mm 杀伤子母弹

杀伤子弹，如图 7-9 所示。该子弹主要由壳体、稳定翼、球形杀伤弹丸和反跳抛射装置等组成。

壳体的外形为具有 60° 角的尖劈形。6 个子弹刚好构成一个圆，在母弹内腔可作为一层。可见，这种外形可以获得最密实的装填。

每个子弹都有两片稳定翼，包于子弹壳体外侧。稳定翼上装有弹簧，子弹抛出后即可展开。钢制球形杀伤弹丸内，装有 A5 复合炸药。A5 复合炸药是加入石蜡的钝化黑索今，其爆

图 7-9 翼片打开时的 M43 A1 式子弹

速可达 8 100 m/s。在炸药装药中心装有延期起爆雷管。在球形弹丸的下部装有反跳抛射药和反跳抛射点火装置。

当子弹从母体内抛出后，翼片张开，使子弹在飞行中保持稳定。翼片靠弹簧和空气动力的作用张开并保持在最大张开位置；同时，反跳抛射装置动作，解除保险，处于待发状态。当子弹着地后，抛射装置中的击针击发火帽，点燃抛射药及延期雷管，将子弹中的球形弹丸向上抛起。随后延期雷管引爆球形弹丸中的 A5 复合炸药，将钢壳炸成破片，从而杀伤敌方人员。

（2）作用原理

当发射后的母弹飞到目标上空时，时间引信按装定时间作用，点燃抛射药，由此产生的火药气体压力将推动推力板剪断弹底的连接销，将子弹从母弹底部抛出。子弹依靠离心力作用飞离母弹后向四周飞散。子弹落地后，依靠其内的抛射机构向上抛起，在距地面 1.2~1.8 m 的高度处爆炸，产生杀伤破片，杀伤敌方有生力量。

7.3.2 美国 M413 型 105 mm 杀伤子母弹

美国 M413 型 105 mm 杀伤子母弹为活动结合半定装式炮弹，能携带多枚杀伤子弹，用于远距离大面积杀伤人员，于 1959 年定为制式弹。美国 M413 型 105 mm 杀伤子母弹的主要诸元见表 7-3。

表 7-3 M413 型 105 mm 杀伤子母弹的主要诸元

全弹质量/kg	19.07	子弹型号	M35
全弹长度/mm	788	子弹数量/枚	18
母弹引信	M554	子弹引信型号	T1026E1 式机械引信
最大射程/m	11 270	初速/(m·s^{-1})	472.4

(1) 结构特点

美国 M413 型 105 mm 杀伤子母弹由弹丸和药筒构成，而弹丸又由引信、弹体、抛射药、子弹、弹带、推板和弹底塞组成，如图 7-10 所示。

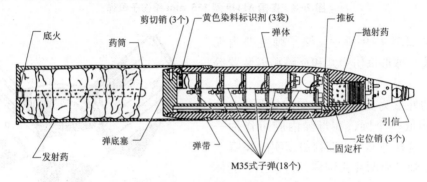

图 7-10 美国 M413 型 105 mm 杀伤子母弹

弹体作为母弹，内装 18 枚 M35 式杀伤子弹，分装成 6 层，每层 3 枚。其中有 3 枚子弹各有 1 包黄色染料标识剂，用于观察弹着情况。将子弹装进母弹后再装上弹底塞，然后用 3 个剪切销将弹底塞连接到母弹上。母弹体内装有固定杆。其作用是使每枚子弹不会在发射和飞行时与母弹弹体产生相对转动。母弹头部装有改进型机械时间瞬发引信。该引信的作用装定时间为 2～75 s 并装有抛射药。改进型引信与非改进型引信是不能互换的。药筒内装发射药和击发底火。由于弹丸与药筒是活动结合的，因此当按要求的射程调整发射装药时，可将弹丸取下。

(2) 作用原理

射击时，底火点燃发射药，发射药气体将子母弹推出炮膛。当子母弹飞到目标上空时，母弹引信作用，点燃抛射药，通过推板和半圆瓦顶推弹底塞，将剪切销切断，将子弹从母弹底部抛出。此时子弹靠离心力作用离开母弹后径向飞散。每枚子弹都装有机械触发引信。M35 式杀伤子弹是一种地面爆炸式杀伤子弹，因此子弹着地后爆炸，杀伤人员。M35 式杀伤子弹主要部分为球形弹丸（钢球）。该弹丸系钢制球形外壳，内装炸药，并在头部装有机械着发引信，如图 7-11 所示。在球形钢弹丸的外部还套有铝制套筒，筒内装有尼龙制的稳定带，以便在子弹下落时保持飞行稳定，确保引信朝下。

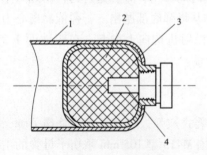

1—铝套筒；2—杀伤钢球；3—卷起的稳定带；4—子弹引信。

图 7-11 M35 式杀伤子弹

7.3.3 美国 M404 型 203 mm 杀伤子母弹

美国 M404 型 203 mm 杀伤子母弹为药包分装式，能携带多枚杀伤子弹，可远距离大面积杀伤人员的炮弹。引信、发射药和底火是分开运输和装填的。运输时弹丸头部装有提螺栓，以代替引信；使用时卸下提螺栓，换上引信。美国 M404 型 203 mm 杀伤子母弹的主要诸元见表 7-4。

表 7-4 美国 M404 型 203 mm 杀伤子母弹的主要诸元

弹丸质量/kg	90.8	子弹型号	M43 A1
全弹长度/mm	886	子弹数量/枚	104
母弹引信	M565 或 M548，M577	子弹内 A5 复合炸药质量/g	21.25
最大射程/m	17 000	初速/(m·s^{-1})	587

（1）结构特点

美国 M404 型 203 mm 杀伤子母弹由引信、弹体、抛射药管、推力板、子弹、弹带、支筒、衬筒、剪断销、弹底和密封圈等组成，如图 7-12 所示。

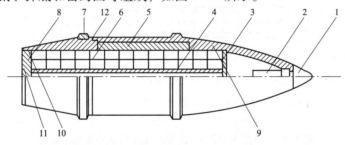

1—引信；2—抛射药管；3—推力板；4—支筒；5—衬筒；6—子弹（13 层，每层 8 枚）；
7—弹带；8—弹底；9—弹体；10—剪断销（共 3 个）；11，12—密封圈。

图 7-12 美国 M404 型 203 mm 杀伤子母弹

弹体作为母弹，内装 104 枚 M43 A1 式杀伤子弹，分装成 13 层，每层 8 枚，然后装上弹底。抛射药装在母弹头部并用推力板与子弹隔开。金属弹带靠近弹尾部，在储存和运输时用密封圈加以保护。

（2）作用原理

射击时，底火点燃发射药，发射药气体将子母弹推出炮膛。当子母弹飞到目标区上空一定高度时，母弹引信作用，点燃抛射药，将 M43 A1 式子弹从母弹底部抛出，靠离心力作用使子弹离开母弹后径向飞散。M43 A1 式子弹是空炸式的，因此子弹在着地后又上抛到离地面 1.2～1.8 m 高处爆炸，利用产生的破片杀伤人员。

7.4 反装甲杀伤子母弹

7.4.1 美国 M483 A1 式 155 mm 反装甲杀伤子母弹

美国 M483 A1 式 155 mm 反装甲杀伤子母弹为药包分装式，能携带多枚反装甲杀伤子弹的炮弹，用于远距离大面积攻击装甲目标并杀伤有生力量，于 1973 年定为制式弹，成为新一代子母弹的基础。美国 M483 A1 式 155 mm 反装甲杀伤子母弹配用于美国 155 mm 自行榴弹炮和牵引榴弹炮。其主要诸元见表 7-5。

表 7-5　M483 A1 式 155 mm 反装甲杀伤子母弹的主要诸元

弹丸质量/kg	46.5	抛射药质量/g	51
全弹长度（带引信）/mm	899	最大射程/m	17 740
全弹长度（不带引信）/mm	789	子弹数量/枚	88
母弹引信型号	M577	子弹引信型号	M223
初速/(m·s^{-1})	650	子弹内 A5 复合炸药质量/g	30.5

（1）结构特点

美国 M483 A1 式 155 mm 反装甲杀伤子母弹由弹体、机械时间引信、头螺、抛射药管、支筒、推力板、子弹、密封圈和弹底等组成，如图 7-13 所示。

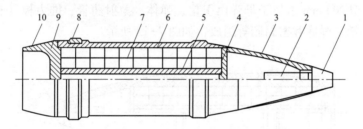

1—引信；2—抛射药管；3—头螺；4—推力板；5—支筒；6—弹体；
7—子弹（11 层，每层 8 枚）；8—弹带；9—密封圈；10—弹底（左旋螺纹连接）。

图 7-13　美国 M483 A1 式 155 mm 反装甲杀伤子母弹

该弹采用钢制弹体。外形与普通榴弹相同。其头部装有机械时间引信，而在引信后部装有抛射药。母体内装 88 枚子弹（每层 8 枚，共 11 层）。其中，前部 8 层为 64 枚 M42 式子弹，而后部 3 层为 24 枚 M46 式子弹。子弹上部装有推力板。推力板靠抛射药燃烧的火药气体推动抛出子弹。弹底用左旋螺纹与弹体连接。

当发射后的子母弹飞达目标上空时，时间引信按装定时间作用，点燃抛射药，所产生的火药气体压力经推力板、子弹破坏弹底连接螺纹，同时将子弹从母弹弹体后部抛出。依靠离心力和空气阻力作用，使子弹散开；同时，子弹引信解除保险。子弹命中目标后爆炸，侵彻装甲并杀伤人员。

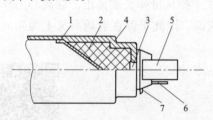

1—药型罩；2—炸药；3—引信；4—弹头；
5—折叠起的稳定带；6，7—保险销。

图 7-14　美国 M46 式子弹

母弹内装填的 M42 式和 M46 式子弹均是破甲兼杀伤作用的子弹。M42 式和 M46 式两种子弹的区别在于：M46 式弹体的壁厚较 M42 式的厚些，而且内壁光滑，重点起攻顶破甲作用；而 M42 式子弹的内壁上有预制破片刻槽，侧重杀伤作用。

M46 式子弹由弹体、药型罩、成型装药、引信和稳定带等组成，如图 7-14 所示。弹体的前部为圆筒形。其作用是保持成型装药爆炸时的固定炸高。药型罩接于弹体上，以保证炸药密封。子弹引信采用惯性式机械着发引信。稳定带由尼龙制成，子弹飞散后展开，用来保证子弹的稳定飞行。M46式子弹的主要诸元见表7-6。

表 7-6 M46 式子弹的主要诸元

弹径/mm	38.9	药型罩材料	铜
高度/mm	62.5	药型罩角度/(°)	60
弹丸质量/g	182	药型罩壁厚/mm	1.27
固定炸高/mm	19	破甲深度/mm	63.5～76.2
杀伤面积/m²	1.4		

（2）作用原理

美国 M483 A1 式 155 mm 反装甲杀伤子母弹的作用过程：子母弹启动作用后，依靠抛射药燃烧气体的压力，经推力板和支筒破坏弹底连接螺纹，同时将子弹从母弹底部抛出。子弹从母弹抛出后，在离心力的作用下，将在较大范围内散开。在子弹抛出的同时，尼龙稳定带展开，以保证子弹的稳定飞行。此时，引信解除保险。当子弹碰击目标时，引信起爆，聚能装药产生的金属射流侵彻装甲目标，实施攻顶破甲，而弹体爆炸成高速破片，杀伤有生力量。

7.4.2　法国 G1 式 155 mm 反装甲杀伤子母弹

G1 式 155 mm 反装甲杀伤子母弹是一种能携带多枚反装甲杀伤子弹的炮弹。它是法国地面武器工业集团为 155 mm 火炮设计的。该弹起到既能反装甲，又能杀伤人员的双重作用，如图 7-15 所示。

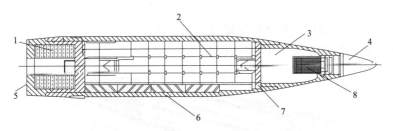

1—气体发生器；2—子弹；3—弧形部；4—引信；
5—底部排气装置；6—弹体；7—推板；8—抛射装药。

图 7-15　法国 G1 式 155 mm 反装甲杀伤子母弹

该弹母弹由电子时间引信、抛射药、轻合金弹头部、钢弹底和底排装置组成。弹体内装63枚子弹。子弹靠母弹引信作用点燃抛射药并经推板从母弹底部抛出。子弹的空心装药爆炸时所形成的射流可击穿顶部装甲，产生的破片能有效地杀伤人员。每枚子弹的杀伤面积达100 m²。全部子弹（即63枚）的覆盖面积达 15 000 m²，杀伤威力是普通榴弹的 5 倍。其主要诸元见表7-7。

表 7-7　法国 G1 式 155 mm 反装甲杀伤子母弹的主要诸元

弹径/mm	155	弹体材料	钢
全弹长度/mm	900	全弹质量/kg	46
膛压/MPa	294	装填物	63 枚反装甲杀伤子弹
最大射程/km	28（155TR 式 155 mm 榴弹炮）	初速/(m·s^{-1})	808（155TR 式 155 mm 榴弹炮，8 号装药）
	27（155GCT 式 155 mm 榴弹炮）		790（155GCT 式 155 mm 榴弹炮，6 号装药）
使用温度范围/℃	−31~+51	威力	子弹能穿透 100 mm 厚的装甲，每枚子弹杀伤面积 100 m^2，全部子弹覆盖面积达 15 000 m^2

7.4.3　德国 Rh49 式 155 mm 反装甲杀伤子母弹

德国 Rh49 式 155 mm 反装甲杀伤子母弹为药包分装式炮弹，是在 RB63 式 155 mm 子母弹底部加装底部排气装置构成的。该弹具有射程远、威力大的特性，用于在 RB63 式 155 mm 子母弹的射程外攻击坦克顶部装甲并杀伤有生力量。德国 Rh49 式 155 mm 反装甲杀伤子母弹的主要诸元见表 7-8。

表 7-8　德国 Rh49 式 155 mm 反装甲杀伤子母弹的主要诸元

弹丸质量/kg	44	每枚子弹质量/g	330
弹丸长度/mm	890	子弹直径/mm	43
最大射程/m	30 000	子弹数量/枚	49
初速/(m·s^{-1})	830	膛压/MPa	333.3

（1）结构特点

德国 Rh49 式 155 mm 反装甲杀伤子母弹弹丸由弹体（作为母弹）、引信、抛射药管、推板、子弹和底部排气装置组成，如图 7-16 所示。

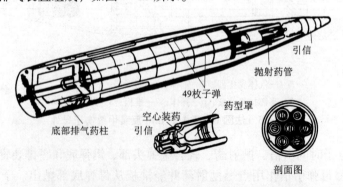

图 7-16　德国 Rh49 式 155 mm 反装甲杀伤子母弹

其外形基本上与美国的 M483 A1 式 155 mm 子母弹相同。母弹内装 49 枚子弹。子弹采用德国自己研制的 Rh2 型子弹或以色列研制的子弹，而目前用的是以色列子弹。这种子弹比美国的 M42 式子弹大些，而且也重些。M42 式子弹直径为 38.9 mm，而此子弹的直径为

43 mm。子弹在母弹内分装成 7 层，每层 7 枚。此子弹的特点是装有抗旋装置，因此大大减少了由母弹引起的旋转，达到小于 3 000 r/min。这对空心装药子弹具有重要意义。

（2）作用原理

射击时，底部排气装置内的点火装置在膛内被燃烧的发射药气体点燃。弹丸出炮口后，点火装置点燃排气药柱并保证排气药柱正常持续燃烧，所产生的具有一定压力的气体进入弹底后面的低压区，提高了底压，减小了底阻，因而增大了射程。当子母弹飞到规定的目标区上空后，母弹引信作用，点燃抛射药，将子弹从母弹底部抛出。子弹靠稳定片较垂直地落到目标顶部时，子弹引信作用，使子弹空心装药起爆，压垮药型罩，所形成的金属射流穿透装甲目标顶部装甲，同时子弹体碎裂成大量破片，以杀伤有生力量。

7.5 反坦克布雷弹

反坦克布雷弹是用来向敌方坦克群行进或即将行进的地区布撒反坦克地雷，以阻止、延缓坦克部队行进的一种子母弹，也称布雷子母弹。为了防止敌方坦克兵或步兵排除反坦克雷，布雷子母弹还可以同时装有起杀伤作用的子弹，与反坦克地雷混合撒布。

7.5.1 美国 M718 式 155 mm 反坦克布雷弹

美国 M718 式 155 mm 反坦克布雷弹为药包分装式炮弹，属于子母弹结构形式。它以 M483 A1 式 155 mm 子母弹弹体作为母弹，内装多枚反坦克地雷，用于攻击坦克和装甲车辆的底部装甲和行动部分。美国 M718 式 155 mm 反坦克布雷弹的主要诸元见表 7-9。

表 7-9 美国 M718 式 155 mm 反坦克布雷弹的主要诸元

弹丸质量/kg	46.7	每枚反坦克地雷质量/kg	2.26
弹丸长度/mm	781	反坦克地雷数量/枚	9
最大射程/m	17 000	膛压/MPa	290
初速/(m·s^{-1})	650		

美国 M718 式 155 mm 反坦克布雷弹由弹体、机械时间引信、抛射药管、推力板、地雷、弹带、弹底、密封圈等组成，如图 7-17 所示。在该布雷弹的母弹内，装有 9 枚 M73 型反坦克地雷。

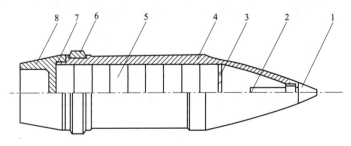

1—引信；2—抛射药管；3—推力板；4—弹体；5—地雷；6—弹带；7—弹底；8—密封圈。

图 7-17 美国 M718 式 155 mm 反坦克布雷弹

当发射后的布雷弹飞达预定的布雷区上空时,时间引信作用,点燃抛射药将地雷抛出。此时,每枚地雷上的降落伞打开,使地雷减速并徐徐下落、着地。当敌方坦克和装甲车辆经过时,磁引信作用,反坦克地雷爆炸,破坏装甲目标。

一般来说,反坦克地雷都有自毁机构,M73 型反坦克地雷的自毁时间为 24 小时,其主要诸元见表 7-10。

表 7-10 M73 型反坦克地雷的主要诸元

地雷质量/kg	2.26	地雷数量/枚	9
引信型号	M577	地雷型号(成型装药、磁引信)	M73
威力(雷场面积)	6 门 155 mm 榴弹炮(一个炮兵连),两次齐射,可布设 300 m 宽、250 m 纵深的雷场		

7.5.2 法国 H1 式 155 mm 反坦克布雷弹

法国 H1 式 155 mm 反坦克布雷弹是属于子母弹形式的一种炮弹。它与美国 M718 式 155 mm 反坦克布雷弹类似,可用 AUF1 式或 AUF3 式 155 mm 自行榴弹炮发射。其主要诸元见表 7-11。

表 7-11 法国 H1 式 155 mm 反坦克布雷弹的主要诸元

全弹质量/kg	46	每枚地雷质量/kg	0.55
全弹长度/mm	885	每枚地雷直径/mm	130
最大射程/m	18 000	地雷数量/枚	6
初速/(m·s^{-1})	650	引信	H1 式电子时间引信
膛压/MPa	225	威力	能穿透 50 mm 厚的均质装甲

该弹弹体作为母弹,内装 6 枚柱形反坦克地雷。它们在母弹内依次纵向排列,如图 7-18 所示。母弹采用 H1 式电子时间引信。其作用装定时间为 0.1~127.9 s。引信作用后,点燃抛射药,将地雷从弹底抛出。地雷战斗部采用双碟形药型罩结构,爆炸后可形成爆炸成型弹丸,靠其动能穿透离地面 0.5m 的 50 mm 厚的均质底部装甲。

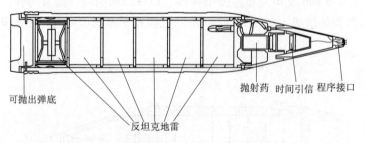

图 7-18 法国 H1 式 155 mm 反坦克布雷弹

习 题

1. 以火箭子母弹为例,从弹径的变化分析有几种开舱、抛射方式。

2. 对于子母弹的开舱与抛射，母弹有哪几种开舱方式？子弹有哪几种抛射方法？
3. 分析子母弹的弹道特点和具体作用过程。
4. 子母弹与碎甲弹相比，在结构特点上有何异同？
5. 子母弹弹底和母体采用螺纹连接时，需要考虑哪些因素的影响？
6. 子母弹一般采用哪些类型引信，原因有哪些？
7. 无论采用何种方式开舱和抛射，子母弹均需满足哪些基本要求？

第 8 章 特 种 弹

8.1 概述

军事技术的演变使现代战争具有更大的复杂性。为了配合军事行动,完成各种战斗任务,在现代武器装备中,除配备用来直接杀伤和摧毁目标的主用弹外,还必须配备依靠自身具备的特有性能产生特殊效应,从而完成某一特定的战术技术任务的特种弹。例如,烟幕弹、燃烧弹、照明弹、宣传弹、目标指示弹、电子侦察弹和干扰弹等都属于特种弹。虽然特种弹也能起到某些杀伤和破坏作用,如黄磷烟幕弹能够烧伤有生力量,照明弹也能对易燃目标纵火,但这并非配备的主要目的。

与主用弹相比较,特种弹在结构和性能上具有以下特点:

① 配备量较小。特种弹特殊效应的发挥,主要靠装填元素的性质和数量。由于小口径弹的装填量少,因而产生效应的能力也低,所以,特种弹只能配备于中口径以上的火炮、迫击炮及火箭炮上。即使在中口径以上各种武器的弹药装备基数内,特种弹的配用数量也比较低。

② 结构复杂,制造工艺特殊,成本高。除烟幕弹外,特种弹都采用抛药和推板等结构,装填物制备工艺烦琐,要求严格,成本高。

③ 特种效应受外界条件的影响大。特种弹在完成战斗任务时,往往受气象条件和地形条件的限制。例如,当风速很大时,烟幕弹和目标指示弹的烟云会很快消失,而照明弹会飘离目标区等,从而影响了特种弹的有效使用。

④ 密封、防潮要求严。由于特种弹的装填物大多是烟火混合物,或是自燃物,或是易吸湿的黑火药,很不安定,易受潮变质,因此,必须有严格的密封措施。

本章只介绍烟幕弹、燃烧弹、照明弹等几种特种弹。

8.2 烟幕弹

8.2.1 烟幕弹的用途与要求

烟幕弹,亦称发烟弹,广泛配用在中口径以上的火炮、迫击炮和火箭炮上,用以迷茫敌观测所、指挥所和火力点,掩蔽我方阵地和军事设施等;同时,亦可用于试射、指示目标、发信号、确定目标区的风速、风向等,是现代战争中一种重要的战术手段。

烟幕弹是靠装填发烟剂来完成任务的。烟幕弹炸开后,将产生大量的烟雾(烟和雾幕),使周围空气的透明度大大下降,从而起到遮蔽作用。这里所说的烟雾,就是散布和悬浮于空气中的固体和液体微粒。由于这些微粒的存在,从目标反射回来的光线将被这些微粒吸收或漫射,强度大大减弱,使目标景象变得模糊不清,难以分辨。

从战术要求出发,烟幕弹应当满足下列要求:

① 射程和精度应与同口径主用弹相近。

② 发烟剂的装填系数尽可能大,利用率要高,形成烟幕速度快,浓度和烟幕面积大,持续时间长。

③ 发烟剂具有好的安定性,作用可靠而不失效。

④ 密封可靠,且储存和勤务处理安全。

8.2.2 烟幕弹的种类

烟幕弹根据作用方式常分为着发式和空爆抛射式两种。

(1) 着发式烟幕弹

着发式烟幕弹的结构如图 8-1 所示。它通常采用着发引信,在弹丸碰击目标后才起作用,炸开弹体,发烟剂飞溅出来,迅速形成烟幕,如图 8-2 所示。

这种作用方式的烟幕弹,射击精度较高,形成烟幕也快;但其生成热量大,烟云上升快,而且常常因为弹丸要侵彻一定深度,而使一部分发烟剂留在弹坑内,造成损失。

(2) 空爆抛射式烟幕弹

空爆抛射式烟幕弹如图 8-3 所示。它通常采用时间引信,将发烟剂装入盒内。在预定的弹道点上,引信起作用,点燃抛射药和发烟剂,抛出发烟盒。发烟盒落到地上后,继续燃烧而发烟,形成烟幕。

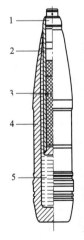

1—引信;2—传爆管;3—炸药;
4—弹体;5—发烟剂(黄磷)。

图 8-1 着发式烟幕弹

图 8-2 着发式烟幕弹的作用情况

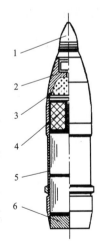

1—引信;2—头螺;3—抛射药;
4—发烟块;5—弹体;6—底螺。

图 8-3 空爆抛射式烟幕弹

这种方式的烟幕弹,发烟时间较长;但其成烟速度慢,烟幕浓度低,易受气象条件影响,加之受引信时间的散布影响,因而精度较差。

8.2.3 烟幕弹的结构特点

（1）60式122 mm加农炮用烟幕弹

60式122 mm加农炮用烟幕弹主要由弹体、扩爆管、发烟剂（黄磷）和引信组成，如图8-4所示。弹体的各个部分基本与主用弹相仿，在此不予赘述。

扩爆管主要是用来密封发烟剂，盛装炸药柱，连接引信的。我国后膛炮（各种口径）发射的烟幕弹大都采用烟-1式引信，因此，扩爆管内径均为24 mm。扩爆管的长度，主要取决于炸药量和弹体炸开程度的要求，一般取为炸药室长度的1/3～1/2，最长以不超过弹带位置为限。

该弹的发烟剂系采用黄磷（亦称白磷）。黄磷是一种蜡状固体，密度为1.73 g/cm^3，熔点为44 ℃，沸点为280 ℃，常温下能与空气中的氧反应而自燃，生成浓白烟。其优点是成烟快，烟云浓度高，遮蔽力强，同时对人的皮肤具有强烈的烧伤作用，伤口经久难愈；缺点是有毒、易燃，不易储存（在水中保存），并且爆炸后的烟云迅速上升，利用率低。

该弹的发烟剂（黄磷）是用铸装法装填的。因为黄磷熔点低，密度大于水而不溶于水，装填时先将磷块置于热水槽溶为液体，再打开水槽下的阀门，通过定量均匀注入弹体。为防止装填时自燃，弹腔内可先充少量的二氧化碳。注磷后立即旋上压好铅圈的传爆管进行密封。

为避免旋紧传爆管时胀裂弹体，并考虑到高温时磷的体积膨胀，故需留出必要的空间。在一般情况下，黄磷所占的容积为装填容积的94%～98%。

（2）55式120 mm迫击炮用烟幕弹

该弹是前装式烟幕弹，主要由弹体、传爆管、发烟剂（黄磷）、尾管和引信等组成，如图8-5所示。弹体多用铸铁或钢性铸铁制造，而不宜采用稀土铸铁。这是因为强度高的材料将影响发烟效果。

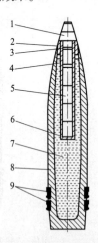

1—引信；2—扩爆管壳；3—垫圈；4—包装纸；
5—扩爆药；6—垫片；7—发烟剂；
8—弹体；9—弹带。

图8-4　60式122 mm加农炮用烟幕弹

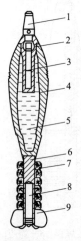

1—引信；2—传爆管；3—炸药柱；4—弹体；
5—发烟剂；6—尾管；7—附加药包；
8—基本药管；9—尾翅。

图8-5　55式120 mm迫击炮用烟幕弹

由于迫击炮用烟幕弹的弹口螺纹直径较大,不利于密封,故采用细牙螺纹。此外,由于弹丸头部内膛直径也比较大,对装磷容积的控制比后膛弹困难,因而规定较宽,一般定为90%~98%。

迫击炮用烟幕弹所配用的引信往往与主用弹(榴弹)相同,只是不准使用延期装定。这种弹到达预定目标上空时,时间引信作用,点燃抛射药和装在发烟盒中的发烟剂,并通过推板推开底螺,抛出发烟盒,落地后发烟剂继续燃烧而发烟,形成烟幕。

8.2.4 影响烟幕弹作用效果的因素

烟幕弹主要是靠弹丸爆炸时生成的烟幕来迷茫敌人,掩蔽自己。其作用效果的好坏,通常是根据烟幕的正面宽度、高度和迷茫时间来衡量。由于情况多变,测定这3个特征数时,应在标准条件下取多发射击的平均值。

我国各种火炮用烟幕弹的性能见表8-1。但需指出,烟幕弹施放烟幕的高度并不需要很高,过高不仅对遮蔽地面目标毫无意义,而且还降低了烟雾的浓度。

表 8-1 我国烟幕弹性能

烟幕弹名称	装填系数 $\alpha\ (\omega/m)$ /%	炸药与磷量比 (ω'/ω) /%	烟幕性能		
			正面宽/m	高度/m	持续时间/s
82 mm 迫击炮烟幕弹	11	8	14~18	15~20	23
120 mm 迫击炮烟幕弹	9	8.5	25~30	23~28	35~40
85 mm 加农炮烟幕弹	5.6	19	12~15	18~22	20~25
122 mm 榴弹炮烟幕弹	15.4	4.4	25~30	37~42	40~50
152 mm 加榴炮烟幕弹			30~45	40~50	50~60

(1) 弹丸结构的影响

对着发式烟幕弹来说,弹体材料和炸药量的选择应当适当。弹体材料强度不宜过高。炸药量应以炸开弹体为限,应避免炸药爆炸时产生过高的热量,因为过高的热量将使烟雾呈蘑菇状烟柱,起不到遮蔽作用。但对于加农炮用烟幕弹,由于其着速大,发烟剂量应适当增加,否则较多的发烟剂将被留在弹坑内,这样会减弱发烟作用。

对空爆抛射式烟幕弹来说,发烟盒的落地速度不应很高,需要避免发烟盒落地时碰到硬质表面而被摔碎或碰到软质表面而陷入,否则影响发烟效果。为此,国外有些烟幕弹采用了加装降落伞的结构形式,既可以将降落伞加在发烟盒上,也可将其加在弹丸上。

(2) 发烟剂的成分

前已述及,黄磷是使用较多的一种发烟剂。由于黄磷在空气中燃烧时会产生火焰,因此具有一定的燃烧作用,所以有些国家将黄磷烟幕弹做燃烧弹使用。此外,还由于黄磷有毒,对人的皮肤有强烈的烧伤作用,且伤口不易愈合,因而黄磷烟幕弹还具有杀伤作用;但是,黄磷燃烧将产生热量,会使烟幕迅速上升,影响遮蔽作用。

为了克服黄磷的缺点,目前还采用一种以黄磷为主的塑性黄磷。它是在微粒黄磷中加入适量的天然橡胶或合成橡胶制成的胶状物。由于塑性黄磷内含橡胶,所以在爆炸后的烟云中固体微粒增多,从而有助于克服黄磷烟幕迅速上升的缺点;但由于高温下黄磷熔化,使胶液与黄磷在弹体内分层,从而影响作用效果,故尚未得到普遍使用。

除此之外，在空爆抛射式烟幕弹中还采用有机氯化物、金属粉和少量氧化剂组成的混合物做发烟剂。其配方是六氯乙烷占55%，锌粉占43.5%，硝酸钡占1.5%。这种发烟剂燃烧时间较长；但成烟速度慢，烟雾浓度低。

(3) 气象条件的影响

当风速大于10 m/s时，烟雾会很快消失，不能形成烟雾；风向与阵地正面垂直时，烟雾就不能充分拉开，不能有效地遮蔽目标；气温较高时，由于气流上升，所以烟雾也迅速上升，不能有效地遮蔽目标；雨天，雨滴会加大烟云的凝聚作用，也会使烟云迅速消失，等等。但是，有些气象条件对施放烟幕有利，如风向和阵地正面相平行时有助于烟雾展开；气压低及湿度大，对烟幕形成有利；清晨和傍晚气流较弱，烟雾会弥漫地面，保持较长的时间，等等。对于这些有利条件，射击时应加以利用。

(4) 目标处地形地物的影响

当目标区的土质较软或为沼泽地、稻田时，发烟剂留在弹坑内的较多，甚至会落在水中而失效，因而很少对这种地区使用着发式烟幕弹；目标区的地形平坦，土质较硬，对形成烟幕有利。

(5) 射击条件的影响

对着发式烟幕弹来说，落速小比落速大好，落角大比落角小好。这是因为落速小可以使弹丸钻入地面的深度浅，落角大有助于弹丸爆炸后所产生的发烟剂向四周飞散。

8.3 燃烧弹

8.3.1 燃烧弹的用途与要求

燃烧弹主要用来对目标（如木质结构的建筑、油库、易燃易爆的弹药库、粮仓及其物资供应站等）进行纵火，有时也用来烧毁敌军的技术兵器、通信器材和阵地上的隐蔽物。

由于单纯的燃烧弹有时还不能满足战斗的需要，故近些年来还出现了一些具有复合作用的燃烧弹，如与穿甲作用相结合的曳光穿甲燃烧弹，与爆破作用相结合的爆破燃烧弹等。

燃烧弹的燃烧作用是通过弹体内的燃烧炬（内装燃烧剂），在目标区域抛撒火种而点燃目标。从实际出发，常对燃烧剂提出以下要求：

(1) 具有较高的燃烧温度、较长的火焰和适量的灼热熔渣

燃烧温度、火焰长度和灼热的熔渣量是决定燃烧能力的主要因素。实践证明，点燃易引燃的物质，燃烧温度不应低于800~1 000 ℃；若点燃较难引燃的物质，燃烧温度应高于2 000 ℃；在纵火烧毁面积较大的易燃目标（如森林）时，为扩大燃烧剂的作用范围，造成更多的火源，燃烧剂必须具有产生长火焰的性质；对在烧毁难引燃的金属目标（如器材、汽车、火炮等）时，要求燃烧剂在燃烧时产生大量的液态灼热熔渣，以便附着在目标上进行较长时间的燃烧。

(2) 容易点燃，不易熄灭

燃烧剂的点燃难易程度，以及点燃后是否容易熄灭，决定了燃烧弹作用的可靠性。目前用铝热剂作为燃烧弹燃烧元素的较多。铝热剂是由金属氧化物和其他金属组成的燃烧剂，燃烧时能够产生2 500~3 000 ℃的高温；但是，点燃这种燃烧剂一般需要1 300~1 500 ℃的高温，因而需要采用专门的点火药。

(3) 要有一定的燃烧时间

为了确实引燃某些目标,需要燃烧剂具有一定的燃烧时间,如引燃城市建筑需要 10～20 s 的燃烧时间。为了保证一定的燃烧时间,常要求燃烧剂的燃烧速度不能过大。

(4) 具有足够的化学安定性

只有这样,才能在长期的存储中确保燃烧剂不变质、不失效。

8.3.2 燃烧弹的结构特点

(1) 60 式 122 mm 加农炮用燃烧弹

如图 8-6 所示,该弹由引信、弹体、弹底、燃烧炬、中心管和抛射系统组成。

① 引信。该弹配用时-1 式钟表时间引信。

② 弹体。弹体是用 60 钢制成。为提高装填容积,以及便于使燃烧炬从底部抛出,弹体内腔呈圆柱形。

③ 弹底。弹底厚度较大,主要是为了保证弹带部位的弹体强度。弹底与弹体之间靠螺纹连接。为剪断螺纹将燃烧炬抛出,该弹只采用了 2～3 扣的螺纹。为了防止火药气体从弹底连接处窜入弹体引起燃烧剂的早燃,在弹体与弹底的连接处安装了 0.4 mm 厚的铝质密封圈。

④ 燃烧炬。该弹共有 5 个燃烧炬。燃烧炬的结构如图 8-7 所示。在钢质炬壳内压装有燃烧剂,而为了点燃它们,在上、下两端各压有点燃药饼。燃烧剂的成分与配比情况:硝酸钡占 32%,镁铝合金粉占 19%,四氧化三铁占 22%,草酸钠占 3%,天然橡胶占 24%。这种燃烧剂的燃烧温度达 800 ℃以上,燃烧时间也较长。

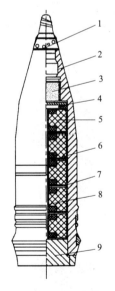

1—引信;2—弹体;3—抛射药;4—推板;
5—燃烧炬;6—点火药饼;7—压板;8—中心管;9—弹底。

图 8-6 60 式 122 mm 加农炮用燃烧弹示意

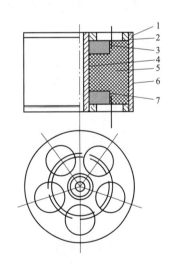

1—压板;2—药饼挡板;3—毡垫;4—中心管;
5—燃烧剂;6—炬壳;7—点燃药饼。

图 8-7 燃烧炬示意

点燃药饼分为引燃药和基本药两部分。靠近中心管小孔的为引燃药。其成分及配比情况:硝酸钾占 75%,镁粉占 10%,酚醛树脂占 15%,精馏酒精(外加)占 5%～8%。引燃药外部为基本药,其成分及配比情况:硝酸钡占66%,镁粉占10%,铝粉占20%,天然干性油占4%。

每个燃烧炬上、下两端均有一块压板。其作用是固定点燃药饼和燃烧剂。在压板平面上有5个直径为25 mm的孔,以便喷吐火焰,起到纵火的作用。

⑤ 中心管。为了保证在燃烧炬抛出前均被点燃,在燃烧炬中心有一钢质中心管。中心管两端用螺纹与上、下压板连接,以免燃烧炬碰击目标时被摔出。在中心端两端侧面上,紧靠点燃药饼处,各有3个均匀分布的小孔(直径3 mm),以保证药饼可靠点燃。

⑥ 抛射系统。该弹的抛射系统由聚乙烯药盒(内装80 g 2号黑药)和推板组成。当时间引信作用时,使抛射药点燃。一方面抛射药产生的火焰将通过推板中间的小孔和中心管内孔,把每个燃烧炬的点燃药饼点燃;另一方面抛射药燃烧所产生的压力,将通过推板和5个燃烧炬壳体,将弹底螺纹切断,从而将已点燃的燃烧炬抛出弹体,落于目标区域,起到纵火作用。

(2) 53式82 mm迫击炮用燃烧弹

如图8-8所示,该弹在结构上是内装燃烧体的黄磷弹。燃烧体由金属壳体和燃烧剂组成,其中的燃烧剂由镁粉、铝粉、四氧化三铁、硝酸钡和虫胶漆组成。弹体装药时,先放入一定数量的燃烧体,再注入黄磷,旋紧扩爆管壳,然后加以密封。

该弹作用时,引信引爆烟火强化剂并炸开弹体,使燃烧体和黄磷散开,燃烧体内的燃烧剂依靠黄磷燃烧而被点燃。燃烧体燃烧时,其温度可达2 000 ℃,火焰长200 mm,持续时间约7 s,但由于燃烧体质量小、燃烧时间短、贯穿能力差,除对油类、干燥柴草等纵火效果比较好外,对其他物质纵火效能较低。

(3) 82 mm迫击炮用燃烧球式燃烧弹

如图8-9所示,这种燃烧弹是上述燃烧弹的改进型,是将原来的燃烧体改成燃烧球。燃烧球是用棉纱头和塑料燃烧剂构成的。燃烧剂的成分与配比为四氧化三铁占22%,硝酸

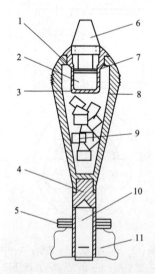

1—垫圈;2—烟火强化剂;3—扩爆管;
4—尾管;5—附加药包;6—引信;7—炸药;
8—弹体;9—燃烧体;10—基本药管;11—尾翅。

图8-8 52式82 mm迫击炮用燃烧弹示意

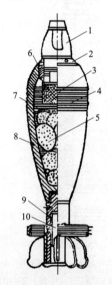

1—引信;2—扩爆管;3—TNT和烟火增强剂;
4—黄磷;5—燃烧球;6—密封圈;7—圆纸片;
8—弹体;9—尾管;10—基本药管。

图8-9 82 mm迫击炮用燃烧球式燃烧弹示意

钡占 32%，铝镁合金粉占 19%，草酸钠占 3%，天然橡胶溶液占 24%。

燃烧球的制作方法：先将经硝酸钾处理并烘干后的棉纱头剪成 30～40 mm 长，再将质量约为 1 g 的棉纱头掺入 24～29 g 塑性药剂并团成球状（每个燃烧球质量为 25～30 g）。装填时，先装入一定数量的燃烧球，再在上面放一圆纸垫，然后注黄磷并密封。放入圆纸垫的目的是防止装黄磷时燃烧球燃烧。

这种燃烧球结构的优点是具有黏附力，对易燃物有一定的纵火效果；缺点是弹被炸开时，部分药球会被炸碎而不起作用。此外，药球燃烧不够连续，在橡胶溶液燃烧一段时间后，其余成分才能燃烧，故纵火速度不如燃烧体快。

8.3.3 燃烧弹的使用和发展

燃烧弹的作用是靠从弹体内抛出已被点燃的火种——燃烧炬，直接命中目标，而把目标点燃的。因此，不但要求射程远、精度高，而且要求落在目标的有利点燃位置上。只有这样，才能有效地将目标点燃。如果落在不利位置（如下风地带），即使相距较近，也难点燃。又因为在炮弹射程范围内很难找到合适的燃烧目标，即使有这样的目标，通常也是靠航空燃烧弹来达到目的。对于较近的目标，常常用火焰喷射器来实施纵火。因此，炮用燃烧弹只用于对付某些特殊目标，或者在空军不能使用那些战术的情况下才使用燃烧弹。

目前燃烧弹在现代战争中的地位还难以确定，其发展的关键在于燃烧剂性能上的突破。美国正在研制一种火焰火箭弹，其作用相当于往较远的距离上送一具火焰喷射器。

总之，在目前炮兵弹药中，燃烧弹的应用并不多，甚至有的国家已经没有制式燃烧弹了。小口径高射榴弹的炸药中，常通过增加起燃烧作用的成分（如铝粉）来增强其燃烧能力。在用来对付军舰的海军炮弹中增加起燃烧作用的成分也是有利的，但也不必发展专门的燃烧弹。至于对付地面目标，短距离的可使用燃烧手榴弹，而距离较远的则使用爆破弹或黄磷弹（两者都具有一定的燃烧作用）。只有在对付汽油库、弹药库、易燃易爆物等目标时，才有必要使用燃烧弹。

8.4 照明弹

8.4.1 照明弹的用途与要求

（1）照明弹的用途

照明弹（亦称照明器材），是利用照明剂在空中燃烧，发出强光，从而在夜间照明一定区域的弹种。它主要用于夜间作战时照明敌方区域或交战区域，借以观察敌情和射击效果。

照明弹在夜间作战中使用，主要用途如下：

① 搜索和发现敌军目标，包括固定目标（阵地、仓库、营房等）和活动目标（人群、坦克、水面舰只等）。

② 在一定时间内照明敌军目标，借以观察敌情，指示、修正火力射击，监视射击效果。

（2）照明弹的使用方法

陆军使用照明弹的方法，是将照明弹的开伞照明点选择在敌军目标上方，在阵地和观测所观察目标情况；而海军使用照明弹的方法，则通常是将照明弹的开伞照明点选择在比目标远 2~3 链（一链等于 185.2 m）的水域上空，形成光照屏幕，借以衬托出目标的清晰轮廓和我军射击时弹着点水柱分布情况。

由于照明弹的照明时间有限，单发照明弹很难满足照明效果要求。因此，常常需要间隔一定时间进行连续射击，使空中始终保持悬挂一两个照明炬。需要加强对目标的照明亮度时，则可适当加快发射速度，也可用两门以上火炮齐射或交替发射，增加照明炬在空中的同时悬挂数量。

（3）照明弹的战术技术要求

在一般情况下，照明弹的战术技术要求主要有以下几个方面：

① 照明效应。照明效应指照明炬的发光光色、发光强度和在空中的持续照明时间。照明炬的光色为白光或黄光时，对目标的观察效果较好。照明炬的发光强度，应满足对目标的观察效果要求（使被照明区域的目标清晰可辨）。虽然发光强度越大，被照明目标的轮廓越清楚，但受照明炬结构尺寸的限制，随着发光强度的增大，照明时间将会缩短。照明炬的照明时间不应过短，至少应保证单炮射击时满足连续照明的要求；同时，为使观察者有足够的时间发现、辨别和确定目标位置，照明弹的有效照明时间一般大于 25 s。照明时间越长，连续照明效果越好，并且可以节约照明弹的用量。

② 开伞效率。开伞效率是照明弹开伞性能水平的反映。正常燃烧的照明炬，只有在正常开伞的情况下，才能起到稳定照明作用；而开伞失效时会使正常燃烧的照明弹丧失照明能力。为保证照明弹在空中的连续稳定照明效果，通常对照明弹的开伞效率和照明效应进行综合考虑。要求迫击炮照明弹的全失效（在规定爆高范围内，由于开伞不良等原因使照明炬的空中燃烧时间不足要求时间之半时，为全失效）和半失效（在规定爆高范围内，照明炬空中燃烧时间大于要求时间之半，但达不到全燃烧时间，为半失效）数量均不超过试验总数的 5%；若无全失效时，半失效数量可达 10%。线膛火炮照明弹的全失效数量不超过 5%，而半失效数量不超过 10%；无全失效时，半失效数量允许达 15%。

③ 吊伞照明炬系统空中平均降落速度。吊伞照明炬系统在空中的平均降落速度，影响照明炬对地面目标照明效果的稳定性：降速幅度越小，照明效果越好；但减小降速幅度需增大吊伞，而过多占去弹体内腔有效装填容积，会引起照明炬尺寸减小，照明性能水平降低。一般线膛火炮照明弹吊伞照明炬系统空中平均降落速度小于 10 m/s，而迫击炮照明弹则小于 8 m/s。

④ 开伞距离与使用范围。照明弹的开伞距离包括最远与最近两方面的要求。最远开伞距离与最近开伞距离之间的范围，就是照明弹的使用范围。

一般情况下，照明弹的开伞距离和使用范围应与同类火炮的使用条件相适应。对远射程照明弹，射程达到一定距离后，因受散布精度的影响，其空爆开伞高度会发生很大变化，使开伞自然失效数量增大；对于使用定装药发射的照明弹，在确定开伞距离与使用范围要求时，应注意兼顾到远、近距离使用条件下的开伞照明效果。

⑤ 射击精度。照明弹的爆点散布，直接影响开伞点的方位和高度，影响照明效果。在排除时间引信影响的条件下，照明弹的爆点散布可以通过地面散布精度反映出来。地面散布精度越集中，爆点散布就越集中；地面纵向散布距离越小，空爆开伞高度波动就越小。

照明弹内部装填零件较多，质量偏心较大，故一般来说地面散布精度比相同口径制式榴弹稍差。

⑥ 射击和勤务处理安全性。照明弹在发射过程中和勤务处理时的安全性具有重要的工程实际意义。在运输和勤务处理时,照明弹往往长时间受比较有规则或无规则的冲击与震动,而在发射瞬间,还会受到很大惯性力的作用与影响。在这些条件下,照明弹必须具有可靠的安全性能。对照明弹射击和勤务处理安全性的试验,一般包括跌落试验和射击试验两方面。跌落试验的安全落高取 1.5~2 m,而射击试验则必须使用加强装药进行。

⑦ 长期储存安定性。在弹体内腔密封的条件下,一般要求照明弹长期(15~20 年)储存不变质失效。

⑧ 其他一些特殊要求:除了上述一些基本要求外,对于不同的照明弹,通常还需要根据不同情况提出一些相应的特殊要求或必须加以规定和控制的内容,诸如对弹重及主要结构尺寸的限制,对配用时间引信和发射装药的规定及要求,等等。

照明弹的类型很多,但从结构特点上看,它大致可分为有伞式和无伞式。下面分别予以介绍。

8.4.2 有伞式照明弹

(1) 有伞式照明弹的结构

所谓有伞式,是指照明弹在空中爆炸后,照明炬由吊伞悬挂,缓慢下落并照亮目标区。有伞式照明弹的结构形式有很多,如尾抛式一次开伞照明弹、二次开伞照明弹、二次抛射照明弹等。这种类型的照明弹,照明时间较长,发光强度稳定,作用也比较可靠,但其结构复杂、成本也高。

① 后膛炮用照明弹。如图 8-10 所示,后膛炮用照明弹大都由弹体、吊伞照明炬系统、抛射元件(抛射药包、药盒、推板、半圆环和半圆瓦等)和时间引信 4 部分组成。

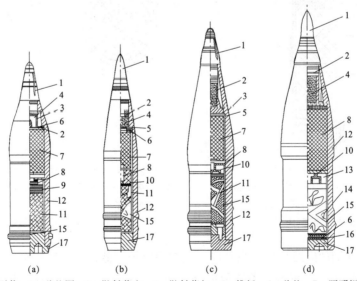

1—时间点火引信;2—毡垫圈;3—抛射药盒;4—抛射药包;5—推板;6—毡垫;7—照明炬;8—半圆环;
9—包伞纸;10—轴承合件;11—半圆瓦;12—弹体;13—三瓣环;14—三瓣瓦;15—吊伞;16—纸垫;17—弹底。

图 8-10 各种口径后膛炮用照明弹
(a) 122 mm 榴弹炮用照明弹;(b) 100 mm 岸舰炮用照明弹;
(c) 122 mm 加农炮用照明弹;(d) 130 mm 岸舰炮用照明弹

弹体外形基本上与同口径榴弹相仿,这样可以使其与榴弹的弹道性能相近;但其内腔药室与榴弹差别很大。首先是增大了内腔体积,以利于多装照明剂;其次是为了将照明炬系统从内腔推出,内腔形状为圆柱形。弹底是弹丸在空中爆炸后影响开伞的零件,为使弹底尽快脱离伞包,常在弹底上钻两个偏心孔。对于较重的弹底,即使开有偏心孔,其效果也不大,因而,有的采用将弹底制成上、下两部分〔图8-10(c)〕:上者为圆板,支撑弹带部;下面相当于普通弹底,制有螺纹,并与弹体连接。上、下两部分在偏心孔位置用销钉连接(彼此可绕轴转动),弹丸爆炸后,在离心力和空气阻力作用下,销钉被剪断,上、下两部分偏离弹道,脱开伞包。

吊伞照明炬系统,由照明炬、吊伞和转动轴承3部分组成。

照明炬:照明炬是由照明炬壳、药剂、护药板、封口垫等构成的(图8-11)。照明炬内装4种药剂:引燃药、过渡药、基本药和中性药。其中,基本药即照明剂,由金属可燃物、氧化剂和黏结剂组成,装填量最多;引燃药是硝酸钾(82%)、镁粉(3%)和酚醛树脂(15%)的混合物。引燃药和过渡药,主要用来引燃基本药,因为黑火药的火焰难以直接点燃照明剂。中性药是不燃烧的药剂,是由石棉、松香、锭子油组成的混合物,在压装和发射时起缓冲作用,在照明剂燃烧时起隔热作用。

吊伞系统:吊伞系统由伞衣、伞绳、伞绳衬环、钢绳和转子盘等组成(图8-12)。伞衣由丝织品或尼龙织品制成,在上面缝有布条或尼龙,作为加强带。伞衣的张开形状呈中心角为20°的等边形,空中张开近似于半球形。伞衣中央有一个小圆孔,且孔径为吊伞张开直径的1%~2%。其作用是减小开伞时的空气动力载荷,提高下降的稳定性。

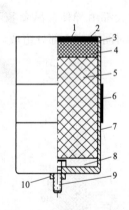

1—护药板;2—封口垫;3—引燃药;
4—过渡药;5—基本药;6—缠纸;7—壳体;
8—中性药;9—螺栓;10—螺帽。

图8-11 照明炬

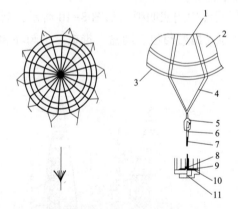

1—伞衣;2—辐射加强带;3—周边加强带;
4—伞绳;5—伞绳衬环;6—铆接钢管;7—钢绳;
8—开口弹簧张圈;9—毡垫;10—药盘;11—转子盘。

图8-12 吊伞系统

伞绳用高强度钢丝绳或尼龙丝绳制成,先按规定长度截好,根数为伞衣边数之半。将每根绳的两端分别缝在伞衣相邻两条辐射的加强带上,缝好后再在各伞绳中部套一个伞绳衬环,使伞绳与钢绳脱离接触,防止空爆开伞时伞绳被拉断或割断。

各钢丝绳的端部穿过各伞绳衬环,用编绕法或铆压法结成绳环,从而使伞衣、伞绳、钢绳、转子盘结合成吊伞整体。这里需要注意:钢绳和伞绳的长度和数量对吊伞的使用性能影响极大。长度过小,伞衣就张不充分,下落速度快;同时伞衣离照明炬近,受照明炬火焰熏烤严重。实践证明,钢绳同伞绳从转子盘到伞衣边的总长,一般取为伞衣张开直径的 0.8～1 倍较为合适。伞绳数量过少时,吊伞强度低,伞衣张不圆,下降速度不稳定;过多时,质量增加,吊伞折叠和装填都有困难。伞绳数量一般取为 10 或 12 根。伞衣边数和伞绳数量应当与钢绳的根数相匹配。

轴承合件:轴承合件用来将吊伞和照明炬结合为一体,空爆时传递开伞动载并防止照明炬高速旋转,以免使钢绳和伞衣缠裹起来。这种轴承合件由止推轴承、螺套、弹簧圈,以及照明炬上的连接螺栓、螺帽和吊伞上的转子盘组成(图 8-13)。

② 迫击炮用照明弹。图 8-14 所示是 120 mm 迫击炮用照明弹的结构示意。该弹主要由引信、弹体、弹尾稳定装置、吊伞照明炬系统和抛射系统组成。弹体由上弹体和下弹体构成,均以螺纹连接。其外形为圆柱形,目的是增大装填系数。

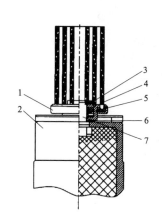
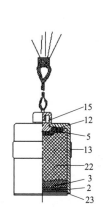
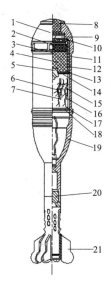

1—转子盘;2—照明炬;3—螺套;
4—开口弹簧张圈;5—止推轴承;
6—螺帽;7—连接螺栓。
图 8-13 轴承合件

1—纸垫;2—引燃药;3—过渡药;4—基本药;5—中性药;6—包绳纸;7—吊伞;8—防潮螺盖;9—抛射药包;10—推板;11—上弹体;12—照明炬壳;13—缠纸;14—半圆环;15—连接螺;16—半圆瓦;17—包伞纸;18—挡板;19—下弹体;20—尾管;21—尾翅;22—照明剂;23—封口纸圈。
图 8-14 120 mm 迫击炮用照明弹

迫击炮用照明弹的吊伞系统仅用一根钢伞绳,故体积较小、易于装填。抛射时,下弹体和吊伞、照明炬一同抛出,但由于吊伞的阻力加速度大,故下弹体越过伞包向前飞行,直到将吊伞绳拉直,把伞袋拉脱,使吊伞充气张开。

对于迫击炮照明弹来说,由于其不旋转,抛出后各零件的分离主要是靠质量、形状以及空气阻力都不相同的零件和空气动力偏心等完成的。

(2)有伞式照明弹的作用过程

后膛炮用照明弹的空爆开伞过程,一般可分为以下 4 个阶段(图 8-15)。

① 抛射。弹丸飞行到预定目标区域上空时,引信作用,点燃抛射黑药,所产生的火药气体通过推板上的传火孔点燃照明炬;同时火药气体压力推动推板、照明炬、半圆环和半圆瓦,将弹底螺纹剪断,装填物连同弹底一起被抛出。

② 伞套（或伞袋）脱开。抛开后，由于弹底较重，其阻力加速度小，而伞包较轻，其阻力加速度大，加之弹底的偏心作用，因而弹底很快擦过伞包，从吊伞照明炬旁侧向前飞行。之后，伞包上的开缝式伞套在空气阻力作用下被吹走，吊伞即按全长拉直，开始充气。

③ 开伞。由于从伞口的进气量大于从伞顶孔和伞衣本身的出气量，因而伞顶逐渐鼓起，并很快张开。

④ 缓慢下降。吊伞全部张开后，吊伞照明炬系统在空气阻力的作用下迅速减速，直到所受阻力与其重力平衡时，开始稳定缓慢下降，并呈垂直状态。由于照明炬的燃烧使其质量不断减轻，因而下降速度也是逐渐减小的。

迫击炮用照明弹的开伞过程如图 8-16 所示。

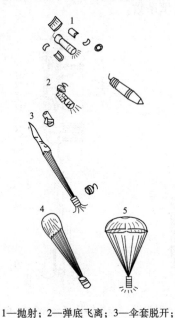

1—抛射；2—弹底飞离；3—伞套脱开；
4—充气；5—张开。

图 8-15　后膛炮用照明弹的开伞过程

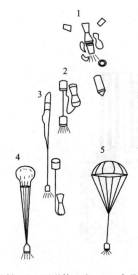

1—抛射；2—下弹体飞离；3—伞袋脱开；
4—充气；5—张开。

图 8-16　迫击炮用照明弹的开伞过程

8.4.3　无伞式照明弹

不配备吊伞的照明弹，被称为无伞式照明弹。这种弹结构简单，容易生产，但照明效果不好，如图 8-17 所示。无伞式照明弹又可分为曳光照明弹和星体照明弹两种。

曳光照明弹 [图 8-17（a）]，由弹体、照明剂、过渡药、引燃剂和延期药组成。这种照明弹不配备引信，靠发射时膛内火药气体点燃延期药，经过短暂延期后，点燃照明剂（避免出炮口即曳光，以防暴露炮位阵地），而在弹丸飞行过程中起曳光照明作用。曳光照明弹仅适于配备在小口径火炮上，对搜索近海目标具有较好效果。

星体照明弹 [8-17（b）] 多采用前抛式结构，弹体上装有头螺，且弹体内装填若干照明星体。弹丸飞抵目标上空时，引信作用并点燃传火药，所产生的火药气体进入弹腔中心，引燃照明星体及位于推板上的延期体。延期体的作用在于保证照明星体在弹体内具有充分的点火时间。待延期体燃烧完后，点燃抛射药包，所产生的火药气体推动推板，并通过各层隔

第 8 章 特种弹

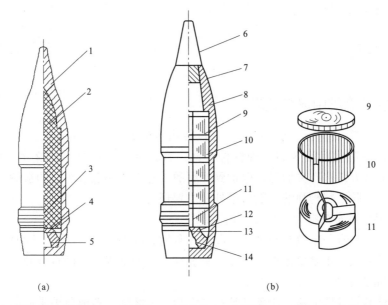

1,8—弹体；2—照明剂；3—过渡药；4—引燃剂；5—延期药；6—引信；7—头螺；9—隔板；
10—半圆筒；11—照明星体；12—推板；13—延期体；14—抛射药包。

图 8-17 无伞式照明弹
(a) 曳光照明弹；(b) 星体照明弹

板、半圆筒和头螺，剪断结合螺纹，将燃烧着的星体推出弹腔。照明星体在滑落过程中对目标起照明作用。这类照明弹照明时间短，且不均匀，故效果不好。

8.4.4 照明弹使用注意事项

在使用照明弹的过程中，应注意下列问题：

① 用照明弹射击时，应当使用该射程的最小号装药，并且其射程应大于一定值，即有一个最小爆距的要求。这是为了保证爆点处存速不致过大。因为当爆点处弹丸存速太大时，开伞的动载荷也大，易使吊伞系统不能很好张开，或者影响吊伞系统的强度，或者使弹底的零件有打伞的危险。一般应使爆点的存速不大于 230 m/s。

② 照明弹的爆点高度也存在一个照明效果最好的最有利爆高。爆点过高，照明炬起不到应有的照明作用；爆点过低，则照明炬来不及燃烧完毕就已经落地，减少了照明时间，有时甚至吊伞未张开就已落地，影响了照明性能。试验表明，对 122 mm 照明弹大约在 500 m 高空作用较为有利。

爆高受射弹散布与引信作用时间散布的影响。当射程远时，这些散布都将增大而使爆高无法控制，所以照明弹一般不应在远射程情况下使用。

③ 照明弹使用得好坏，是以照明区域的视距（能分清目标的最大距离）、照明地区的大小和照明时间来衡量的。视距往往与气象条件、目标性质、观察方法有关，如晴朗的气候、平坦的地形就有利于提高视距；活动目标又比固定目标好认。在下雨或大雾天气一般不宜使用照明弹。风速太大，会使吊伞很快飞离照明区，起不到应有的照明效果。所以，当风速大

于 10 m/s 时，不宜使用照明弹。

8.5 宣传弹

8.5.1 宣传弹的用途与要求

宣传弹是利用弹丸作为运载工具将带有宣传内容的介质（传单、光盘、小型收音机或播放器等）投放到敌目标区域的一种特种弹药。宣传弹的用途是利用文字、声音、图画、视频等手段，向敌方传递有关信息，以达到瓦解敌人意志、涣散敌军心的目的。对于宣传弹的作战使用要求，除了特种弹的一般要求外，主要还有：

（1）宣传品的散布范围大、分布均匀

在保证宣传品具有一定散布密度的情况下，其散布范围应尽可能大，同时要使宣传品分布较均匀、重叠率低。重叠率是指五张以上重叠在一起的纸张所占的百分数。

（2）宣传品要完整

要保证宣传品投放后完整，避免其缺损、断裂、损坏等，造成所携带的信息丢失或不完整。宣传品如果采用宣传纸，宣传纸既要有良好的印刷性能，又要有较高的机械强度，以避免在抛散时产生较高破碎率。破碎率是指被撕破或影响观看宣传内容的纸张所占的百分数。

（3）弹丸装配方便、简单，便于战地装配

宣传弹是在使用前根据需要装填宣传品的，并不是在出厂时把宣传品已经装好，要求弹丸装配方便、简单，适合在战地装配。这也是宣传弹的特殊性。

8.5.2 宣传弹的结构特点

（1）加农炮宣传弹

宣传弹采用空抛式结构，现以 130 mm 加农炮宣传弹为例来介绍其结构特点。130 mm 加农炮宣传弹如图 8-18 所示，主要由引信、抛射药、推板、弹体、支承瓦、挡板、中心管、保护包纸、宣传品和弹底等组成。130 mm 加农炮宣传弹主要诸元有：弹丸质量为 21.9 kg，初速为 950 m/s，最大射程为 25 km，宣传品质量约 1.3 kg。

弹体、弹底、抛射药、推板和支承瓦与照明弹基本一致或通用；配用时间引信。中心管材料为硬质塑料，其作用是方便卷宣传品，并能减少纸质宣传品在发射过载的作用下产生的皱褶；保护包纸在宣传品从弹内抛出时，延迟宣传品分散，避免宣传品撕裂；宣传品可为纸质传单、光盘、U 盘、小型收音机或播放器等。

宣传弹在出厂时，是空体状态，并带有用于装宣传品的辅助工具。使用时，在根据要求准备好宣传品

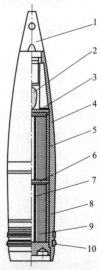

1—引信；2—抛射药；3—推板；4—弹体；
5—支承瓦；6—挡板；7—中心管；
8—保护包纸；9—宣传品；10—弹底。

图 8-18 130 mm 加农炮宣传弹

后,选择适当的场地,利用辅助工具装填宣传品,然后射击;弹丸飞行到预定目标区域上空时,时间引信作用,引燃抛射药;引燃药燃烧产生的高压火药气体加压于推板上,并通过支承瓦传递到弹底上,进而将弹底与弹体的连接螺纹剪断,抛出弹体内的宣传品等;宣传品被抛出弹体后,在离心惯性力和空气阻力的作用下脱掉保护包纸后分散、飘落到地面,对敌人实施心理战。宣传弹的爆点不宜过高与过低,过高则宣传品不容易散发在目标区域,过低则来不及散开,增加了重叠率。宣传弹的有利抛射高度为 200~400 m,宣传单的散发距离为 300~600 m,宽度为 15~20 m。

122 mm 加农炮宣传弹结构如图 8-19 所示,分为短弹体和长弹体两种类型,主要由引信、抛射药、延期药管、药座、顶盖、推板、抛射筒、半圆瓦、宣传纸包皮、隔板、宣传品、偏心板、弹带、底螺、销钉、螺钉、弹体和弹底等组成。其主要诸元包括:全弹质量为 36.5~40.4 kg,弹丸质量为 20.8~24.6 kg,初速为 832~804 m/s,最大射程为 16.4~20.0 km。

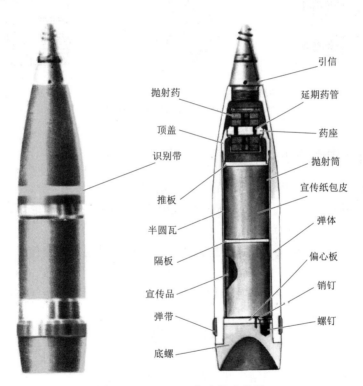

图 8-19　122 mm 加农炮宣传弹

(2) 榴弹炮宣传弹

122 mm 榴弹炮宣传弹结构如图 8-20 所示,主要由引信、弹体、抛射药、推板、支承瓦、隔板、宣传纸和底螺等组成。采用空抛式结构,在目标区将宣传纸从弹底抛出。主要诸元包括:全弹质量为 26.4 kg,弹丸质量为 20.8 kg,初速为 511 m/s,最大射程为 11.3 km,宣传纸质量为 1.1 kg,破片率不大于 15%,重叠率不大于 10%。

后膛炮弹在飞行中是向右旋转的,因此宣传纸被抛出后还有向右旋转的运动。为了使宣传纸在炮弹旋转的情况下可靠散开,宣传纸装配时要按右旋方向缠卷,这样在弹道风的影响下，宣传纸更容易散开。

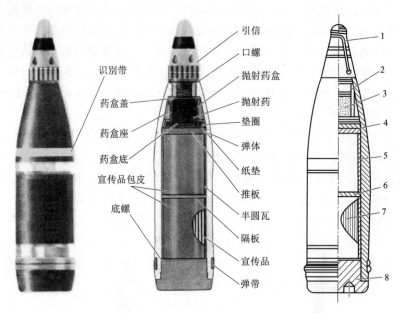

1—引信；2—弹体；3—抛射药；4—推板；5—支承瓦；6—隔板；7—宣传品；8—底螺。

图 8-20　122 mm 榴弹炮宣传弹

8.5.3　宣传弹使用注意事项

宣传弹的最终装配是由使用者完成的，在装填宣传品时应注意：

① 宣传单卷制要紧密，按要求的方向装入弹内。不同纸张的传单，装填的质量不同，但要把弹内装满，不得在弹内窜动。

② 宣传单在装入弹内前要进行消静电处理，防止静电粘连造成宣传单重叠。

③ 宣传单不易在弹内装填时间太久，以免宣传单变形，不易分散。

④ 弹底与弹体连接时，要保证连接处的密封，避免发射药的燃烧气体进入弹内。

习　题

1. 与主用弹相比，特种弹在结构和性能上具有什么特点？
2. 从战术技术要求出发，烟幕弹、燃烧弹和照明弹应当满足什么要求？
3. 如何衡量烟幕弹的作用效果？影响烟幕弹作用效果的因素有哪些？
4. 从实际出发，对燃烧弹中的燃烧剂有什么要求？
5. 分析迫击炮用照明弹和后膛炮用照明弹开伞过程的异同。
6. 分析烟幕弹、燃烧弹和照明弹的不同作用原理与应用前景。
7. 照明弹的主要用途是什么？在使用过程中，需要注意哪些事项？

第9章
迫击炮弹

9.1 概述

迫击炮发射的炮弹被称为迫击炮弹。"迫击"两字是由炮弹以一定的速度撞击迫击炮膛底部的击针，迫使底火发火而来的。迫击炮弹的特点是膛压低、初速小、弹道弯曲、落角大、可大射角射击、便于城市巷战和山地作战、有利于毁伤隐蔽物后的目标。

早在16世纪，欧洲人就已经使用迫击炮发射石弹，靠它弯曲的弹道特点，飞越城墙攻击对方。到20世纪初，日本、德国、俄国等国也都先后使用迫击炮弹。在第一次世界大战中由于堑壕战的发展，交战各国开始重视迫击炮的发展和使用。1927年法国制成的"斯托克斯—勃兰特"81 mm迫击炮，使用尾翼稳定的水滴状迫击炮弹。第二次世界大战中迫击炮的使用更加广泛，使用的迫击炮弹，口径从50 mm增大到160 mm。20世纪50年代初，苏联制造了口径为240 mm的迫击炮弹。20世纪三四十年代我国在抗日战争和解放战争期间，利用迫击炮弹在近距离带送炸药包取得较大战果，还采用了60 mm、82 mm长弹和长炮榴弹的结构形式。其共同特点是弹径大于火炮口径，弹丸露于炮口外，以提高小口径迫击炮弹的爆炸威力。日本的50 mm掷弹筒、美国的107 mm线膛迫击炮均装备了没有尾翼、靠旋转稳定的迫击炮弹。弹丸由炮口装填，滑至膛底被击发以后，在火药燃气压力作用下，可胀弹带向外胀开嵌入膛线，使弹丸旋转，促使其稳定飞行。

20世纪80年代以来，迫击炮弹采用近炸引信，利用空炸来提高杀伤效果。改善弹形，减小飞行阻力；提高初速，增大射程；采用闭气装置来提高射程和射击密集度。目前，利用迫击炮弹弹道弯曲的特点，应用末段敏感和制导技术以及子母弹技术，发展迫击炮发射的反坦克弹药，致力于解决从地面有效地攻击坦克顶部装甲的难题。

目前，各国装备的迫击炮弹既有尾翼稳定的，也有旋转稳定的（如美国106.7 mm化学迫击炮弹）。除某些大口径迫击炮弹是由后膛装填外，多数迫击炮弹是从炮口装填的。国外部分迫击炮的主要性能见表9-1。

与线膛火炮相比，迫击炮具有以下优点：
① 弹道弯曲、落角大、死角与死界小、容易选择射击阵地。
② 结构简单、质量轻、使用灵活、易于操作和转移阵地，特别适于前沿阵地使用。
③ 发射速度高。
④ 经济性好。

表 9-1　国外几种迫击炮的主要性能

名称	口径 /mm	全弹质量 /kg	弹丸质量 /kg	射程 /m	射速 /（发·s^{-1}）	高低射角 /（°）	配用弹种
英 19 A1 式 51 迫	51	6.275	1.025	1 100	3～8		榴、烟、照
美 M224 式 60 迫	60	20.4	1.68	4 500	12		
法 M63 式 60 迫	60	14.8	1.73	2 000	25	40～85	烟、照、教
美 M29 A1 式 81 迫	81	48.6	4.27	3 549	18～30	40～85	榴、照、烟
英 L1 A1 式 81 迫	81	35.44	4.47	5 600	15	45～85	榴、烟
苏联 M37 式 82 迫	82	56	3.1	3 040	15～25	45～85	杀伤、榴
法 MO-81-61C 式 81 迫	81	39.4	3.3	4 100	12～15	30～85	榴、照
美 M30 式 106.7 迫	106.7	303	11.9	5 650	20	45～58.8	照、烟
法 MO-120RT61 式 120 迫	120	582	18.7	13 000	15～20	30～85	
苏联 M43 式 120 迫	120	275	15.9	5 700	12～15	45～80	杀伤、烟、燃
西班牙 ECIAL 式 105 迫	105	105	9.2	7 075	12	45～85	榴、烟

迫击炮的这些优点，给了它存在和发展的生命力。过去是这样，在未来的战争中，它仍然是一种重要的、必需的武器装备。

但是，迫击炮的初速低、射程近、散布大，且难于平射特点限制着迫击炮弹的使用和发展。

9.2　迫击炮弹的组成与特点

9.2.1　迫击炮弹的组成

迫击炮弹通常是由引信、弹体、填装物（炸药或其他元素）、尾翼装置和发射装药 5 个主要部分组成的（图 9-1）。

内装炸药的迫击炮榴弹可分为杀伤榴弹、爆破榴弹和杀伤爆破榴弹 3 种类型。榴弹的类型不同，其装填系数 α 和所配用的范围也不相同。杀伤榴弹的 $\alpha=8\%\sim12\%$，配用在 60～100 mm 的迫击炮上；杀伤爆破榴弹的 $\alpha=12\%\sim16\%$，多配用在 100～120 mm 的迫击炮上；爆破榴弹的 $\alpha=18\%\sim24\%$，多配用在 120 mm 以上的迫击炮上。

除了上述传统形式的迫击炮弹外，还有迫击炮长弹和超口径迫击炮弹。图 9-2 所示为 60 mm 迫击炮长弹。图 9-3 所示为超口径榴弹头。

迫击炮长弹的装填系数 $\alpha=17\%\sim45\%$，属于爆破弹类型。这种弹主要由引信、头螺、炸药、身管（弹体）、定心翅、尾翼装置和专用发射药等组成。超口径榴弹是在长弹基础上，将其头螺拧下，另接一个大于口径的弹头构成的。该弹由于质量大、初速低、射程近、散布大，以及行军和使用不便等缺点，一般只在特殊需要时（如开辟通道）才使用。

第 9 章 迫击炮弹

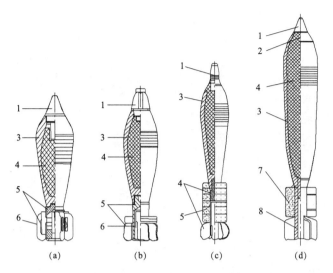

1—引信；2—扩爆管；3—弹体；4—炸药；5—弹尾；6—发射装药；7—附加药；8—基本药管。

图 9-1 迫击炮榴弹的组成

(a) 60 mm 迫击炮杀伤榴弹；(b) 82 mm 迫击炮杀伤榴弹；
(c) 120 mm 迫击炮爆破榴弹；(d) 160 mm 迫击炮爆破榴弹

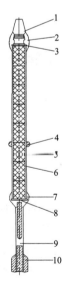

1—引信；2—口螺；3—垫圈；4—定心翅；5—炸药；
6—弹体；7—弹带；8—垫片；9—尾管；10—尾翅。

图 9-2 60 mm 迫击炮长弹

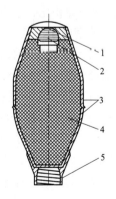

1—口螺；2—防潮塞；3—弹体；
4—炸药；5—底托。

图 9-3 82 mm 迫击炮 150 mm 弹头

除迫击炮榴弹外，还有迫击炮弹弹体内装填非炸药的其他元素者，即迫击炮特种弹（图 9-4）。

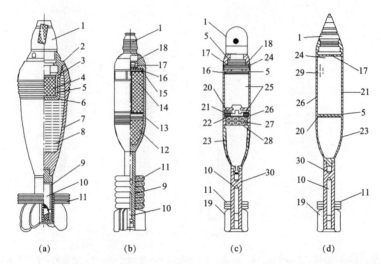

(a) 迫击炮发烟弹；(b) 迫击炮燃烧弹；(c) 迫击炮照明弹；(d) 迫击炮宣传弹
1—引信；2—铅圈；3—垫圈；4—扩爆药柱；5—垫片；6—扩爆管；7—弹体；8—黄磷；9—弹尾；10—基本药管；11—附加药包；12—下燃烧炬；13—支撑管；14—上燃烧炬；15—毡垫；16—推板；17—抛射药；18—毡垫圈；19—尾翼；20—隔板；21—上弹体；22—吊伞；23—下弹体；24—纸垫；25—照明炬系统；26—半圆瓦；27—包绳纸；28—包伞纸；29—宣传品；30—尾弹。

图 9-4 迫击炮特种弹

9.2.2 迫击炮弹的特点

如上所述，迫击炮弹也有榴弹和特种弹之分，其中使用最多的是榴弹，因此常将迫击炮榴弹简称为迫击炮弹。

与普通榴弹相比，迫击炮弹具有如下特点：
① 装填密度小，且点火方式特殊。
② 装填条件与弹尾部的结构相关。
③ 弹径小于炮管口径，且火药气体可通过缝隙向外泄漏。
④ 发射装药结构和尾翼稳定方式特殊。

如图 9-5 所示，迫击炮弹的发射药（基本装药和辅助装药）配置在弹尾部的稳定装置上，因此药室容积的大小取决于弹尾部留下的空间。相对来说，这个空间是很大的。由于发射药量小而装填容积大，因而装填密度很小，通常在 $0.04 \sim 0.15 \ kg/dm^3$ 的范围内变化。在这种情况下，点火药往往不能及时均匀点燃发射药。为了确保点火与燃烧的均匀，必须采用特殊的点火方式。

基本装药（又称药底）的质量小、威力大，被装在用厚纸制成的具有底火的基本药管（图 9-6）内。基本药管插在弹丸的尾管内。辅助装药（亦称附加装药）的质量较大（一般为底药的 10 倍或 10 倍以上），常分成几个药包套在尾管上，或分别对称地配置在相邻翼片之间。由于底药的装填密度较大（可达 $0.65 \sim 0.80 \ kg/dm^3$），发射时基本药管上的火帽被击针触发，立即引燃全部基本装药，使药管内的火药气体压力急骤增高。当增至一定数值时（一般达 $0.8×10^8 \sim 1×10^8 \mathrm{Pa}$），基本药管的管壁破裂，高温、高压的气流将从尾管上均匀分布的传火孔中泄出，并喷射在辅助装药上。鉴于此时的冲量很大，辅助药包可以迅速、均匀地被点燃，从而保证弹丸初速的一致性。这种迫击炮发射装药的阶段燃烧过程，解决了小装填密度下内弹道性能的稳定问题，使弹丸得以在一定压力下才开始运动。由于辅助药包是可以调整的，故改变药包数量就可以改变弹丸的初速。

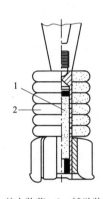

1—基本装药；2—辅助装药。

图 9-5　迫击炮弹的发射药

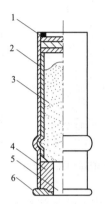

1—外纸管；2—内纸管；3—基本装药；
4—塞垫；5—底火；6—铜座。

图 9-6　基本装药

迫击炮弹与膛壁之间的间隙，应使弹丸下滑时膛内被挤压的气体顺利流出而又不过分地影响下滑速度。这是装填条件所必需的。由于间隙的存在，发射时火药气体也将大量外泄。其泄出量可达总量的 10%～15%，能使膛压降低。此外，间隙的存在也影响了弹丸在膛内的定心，使弹丸沿炮管运动发生摆动，从而引起射击精度的降低。因此，确定合理的间隙值，对迫击炮弹来说是很重要的。

一般来说，迫击炮弹的稳定是靠迫击炮弹后部的尾翼来实现的。虽然尾翼是确保弹丸稳定飞行的不可缺少的部分，但它并不构成杀伤破片，因此是一种消极质量，所以越轻越好。

9.3　迫击炮弹的结构与作用

9.3.1　迫击炮弹的结构尺寸

决定迫击炮弹形状和弹道性能的结构尺寸如图 9-7 所示。图中 N 为弹顶，a 为稳定杆，b 为尾翼片，E 为传气孔，n 为传火孔，g 为尾翼的定心突起。

迫击炮弹的结构尺寸，是根据射程、威力和射击精度等战术要求选定的。

迫击炮弹的全长 L 一般不受限制，这一点可使威力大大提高。但实际上，当弹丸质量和弹径确定后，长度过大会使飞行阻力增加，引起射程的降低。一般来说，全长的确定原则是在符合质量、保证飞行稳定、满足威力要求的条件下采取最小长度。

弹头部长度 H 主要影响射程、飞行稳定性和对目标的侵彻作用。从空气阻力出发，不同的飞行速度，对应着一个最有利的头部长度。弹头部增长，弹形尖锐，空气阻力也小；但

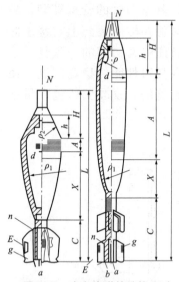

图 9-7 迫击炮弹的结构尺寸

迫击炮弹在飞行中的摆动，又使空气阻力随弹头部的增长而增大。在一般情况下，初速低，弹头部宜短；初速高，弹头部宜长。从稳定性看，弹头部越短，弹丸的质心越靠前，从而阻力中心距质心的距离相对增大，稳定性也越好。从对目标的侵彻看，头部越尖锐，侵彻深度越大。因此，爆破弹和杀伤爆破弹的头部应尖锐些，而杀伤弹则与此相反，不希望侵彻过深，以防止大量杀伤破片不能发挥作用。一般来说，对于大容积爆破弹，其 H 为 $(1.0 \sim 1.4)\,d$；对于滴状杀伤爆破弹和爆破弹，其 H 为 $(1.3 \sim 2.0)\,d$；对于滴状杀伤弹，其 H 为 $(0.9 \sim 1.2)\,d$。

圆柱部长度 A 将影响威力和空气阻力。A 增大会使威力增大，但过大会造成稳定性变坏和阻力增大。在一般情况下，滴状迫击炮弹的圆柱部长为 $(0.3 \sim 0.7)\,d$。

迫击炮弹弹尾部外形是以圆弧为母线的旋成体。它影响空气阻力、药室容积和威力。尾部长度增加，药室容积也增加。现有迫击炮弹的尾部长度 X 有如下几种：小口径，初速较低，$X = (1.2 \sim 2.0)\,d$；中口径，初速居中，$X = (1.7 \sim 2.3)\,d$；大口径，初速较高，$X = (1.7 \sim 2.7)\,d$。

9.3.2 弹体

弹体是构成迫击炮弹的主体零件，上接头螺或引信，下接稳定装置，内装炸药或其他装填物。其结构直接影响迫击炮弹的使用性能。

（1）弹体结构

迫击炮弹的弹体可分为整体式和非整体式两种。整体式只有一个零件（图 9-8）。它在发射时或碰击目标时都具有良好的强度。此外，在弹体上不存在螺纹结合部，故密封性好，而且弹体质量分布的不对称性较小。因此，在可能条件下，迫击炮弹的弹体应尽可能制成整体式。非整体式弹体由两个或两个以上的零件组成（图 9-9）。这是根据生产工艺性、炸药装填和迫击炮弹的特殊要求而采用的。通常，非整体式弹体多采用传爆管结构（图 9-10）。它是将传爆管接在弹体上，而引信拧在传爆管上。采用传爆管的目的是保证炸药起爆的完全性。对大口径铸造弹体，因弹体口部直径相差较大，容易出现铸造疵病，故使用传爆管结构。采用传爆管结构，必然使弹体的结构复杂化，且质量偏心增加。

（2）弹体形状

对于不同类型的迫击炮弹，其弹体的内、外形状是根据引信式样、装药、飞行速度和稳定方式而设计的。由于迫击炮弹常在亚声速条件下飞行，因此常采用流线型（或称水滴形），即头部短而圆钝，圆柱部也较短，弹尾较长且逐渐缩小。这种流线型不仅有利于减小空气阻力，而且因质心靠前而对飞行稳定性有利。因此，一般的杀伤榴弹和杀伤爆破榴弹均采用流线型。为了提高杀伤或爆破威力，有时也采用大容积圆柱形弹体，特别是爆破榴弹更是如此。但是，在这种情况下，弹丸质量增大，射程降低，因而在中、小口径的迫击炮弹上很少采用大容积圆柱形弹体。

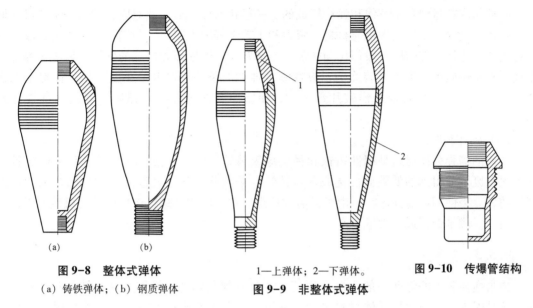

图 9-8　整体式弹体　　　　　　1—上弹体；2—下弹体。　　图 9-10　传爆管结构
(a) 铸铁弹体；(b) 钢质弹体　　　图 9-9　非整体式弹体

(3) 弹体圆柱部

弹体圆柱部，亦称定心部。由于迫击炮弹是由圆柱部与尾翼突起来实施膛内导引的，故圆柱部一般较短，为 $(0.3\sim0.4)d$。对于大容积迫击炮弹，常从威力和弹丸质量两个方面来确定其长度。

弹体圆柱部直径比炮膛直径小，以便形成必要的间隙。间隙的大小影响迫击炮弹的发火性、下滑时间和火药气体的外泄程度。由于小口径迫击炮的炮身短、弹轻、下滑动能小，因而为保证可靠发火，需选取较大的间隙。如 60 mm 迫击炮弹，其间隙为 $0.65\sim0.85$ mm，比大口径迫击炮弹大。

为了减少火药气体的泄出，在定心部上常设置闭气环或加工数个环形沟槽。沟槽形状多为三角形，也有矩形、半圆形和梯形（图 9-11）。发射时，高压火药气体流经沟槽，多次膨胀并产生涡流，减慢流速，使火药气体的泄出量减小（图 9-12）。如果在迫击炮弹弹体上存在两个定心部，则应在下定心部上制出环形闭气沟槽，而在上定心部上制出纵向排气槽，以减小火药气体对圆柱部的压力。

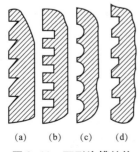

图 9-11　环形沟槽结构
(a) 三角形；(b) 矩形；(c) 半圆形；(d) 梯形

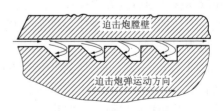

图 9-12　沟槽的闭气作用

(4) 弹体药室形状与壁厚

弹体的内腔母线是由直线和弧线组成的。其形状与外部形状相对应，因而药室的尺寸取决于弹体的壁厚。壁厚的大小与材料、威力和工艺性等因素有关。为满足碰击强度，改善飞行稳定性，弹体头部壁厚一般都比圆柱部和尾部要厚。圆柱部和尾部的壁厚，取决于弹丸的用途。对于爆破弹，为了多装炸药，应在满足强度的条件下选取最小壁厚值；而对于杀伤弹，则应从获得最大有效杀伤破片数出发，使壁厚与炸药性能和弹体材料的力学性能相匹配。

(5) 弹体材料

常用的榴弹弹体材料是钢性铸铁和稀土球墨铸铁。由于钢性铸铁（即在优质原生铁中加入大量废钢而得到的低碳低硅优质灰口铸铁）强度低、破片性能差，故目前多采用稀土球墨铸铁。当使用铸造弹体时，由于只需对口螺、定心部和尾螺等连接处进行机械加工，因而工时少、成本低，适于大量生产。

9.3.3 炸药

迫击炮弹装填的炸药一般为混合炸药，主要有梯萘炸药、梯铵炸药和热塑黑-17炸药等。这是因为迫击炮弹的弹体材料多为铸铁类，其力学性能较差，因而不能采用高能炸药（如TNT），否则弹体将被炸得过碎，影响杀伤威力。

梯萘炸药是由TNT和二硝基萘混合而成的。现在的迫击炮弹大都采用这种炸药。该炸药的优点是不吸湿，不与金属作用，容易起爆。

近几年来，广泛采用了由TNT、钝黑索今、二硝基萘和硝基胍组成的热塑态炸药。装填前，先配好各成分，然后放入蒸汽熔药锅内混合并熔化成塑态，用挤压法装入弹体，在室温下冷却、固结。这种装药方法的主要优点是工艺操作简单，生产效率高，装药致密、均匀，密度大，并便于实现自动化；缺点是不便于进行装药质量的检查。

9.3.4 稳定装置

迫击炮弹的稳定装置是由尾管和翼片（或称尾翅）组成的。除保证稳定性之外，翼片上的突起还起着弹丸在膛内的定心作用。此外，稳定装置还被用来放置和固定发射药及基本药管，保证实现发射药的阶段燃烧。

尾管是稳定装置的主体。尾管内腔用以放置基本药管。尾管上的传火孔一般有12~24个，孔径为4~11 mm。传火孔应与辅助装药对正，一般分成几排，且轴向对称分布。

尾管与弹体的连接方式和弹体材料有关。对钢质弹体，弹体底部加工成阳螺纹，尾管为阴螺纹；对铸铁类弹体，弹体底部加工成阴螺纹，尾管为阳螺纹。尾管的长度与稳定性有关，一般为 $(1～2)d$。

翼片常用1.0~2.5 mm厚的低碳钢板冲制而成。其数目一般为8~12片，每两片为一体焊于尾管上，并呈辐射状沿尾管圆周对称分布。翼片末端有一突起，且其直径与弹体定心部直径相当，共同构成导引部。翼片的高度和数量，影响翼片承受空气动力作用的面积。面积大，稳定力矩就大；但当弹丸在飞行中摆动时，面积大，迎面阻力也大。因此，在一般情况下，翼片高度不大于 $1.2d$。

为便于迫击炮弹装填和保证底火与击针对正，起定心作用的翼片突起的直径应略小于弹体定心部直径。翼片突起的定心处应有较高的光洁度,以便减小对炮膛的磨损。为使迫击炮弹具有良好的射击精度,要求弹尾的结构具有充分的对称性,并使弹尾与弹体尽可能同心。

9.4 迫击炮弹发射装药的构成

前已述及,迫击炮弹的发射装药是由基本装药和辅助装药(亦称附加药包)两部分组成的。图 9-13 所示是 60 mm 迫击炮弹发射装药的结构,图 9-14 所示为它的基本药管。下面对基本装药和辅助装药做一简要介绍。

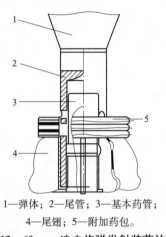

1—弹体;2—尾管;3—基本药管;
4—尾翅;5—附加药包。

图 9-13 60 mm 迫击炮弹发射装药的结构

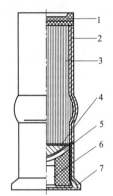

1—封口垫;2—纸壳;3—发射药;4—点火药;
5—隔片;6—底火;7—铜座。

图 9-14 60 mm 迫击炮弹的基本药管

9.4.1 基本装药

基本装药是由纸壳、底火、点火药、火药隔片、发射药及封口垫等元件组成的,一般采用整体结构。为防潮和便于识别,在基本药管的口部装有标签并涂有酪素胶,并在所有纸制部分以及底火与铜座接合处均涂以防潮漆。各种口径迫击炮弹的基本药管在结构形式上基本相同,只是点火药的装填方式有些差别。

点火药的装填有散装、盒装和圆饼状绸布袋装 3 种。采用散装时,其上、下用火药隔片与底火和发射药分开。如 60 mm 和 82 mm 迫击炮弹基本药管的点火药就是这种装填方式。采用盒装时,先将点火药装入硝化棉软片盒内,密封后再装入管内。如 56 式 120 mm 迫击炮弹基本药管的点火药就是这种装填方式。采用圆饼状绸布袋装时,先把黑火药装入袋内,将其缝合后再装入管内。如 82 mm 长弹专用点火药即采用这种形式。

基本装药是迫击炮发射装药的基本组成部分。没有辅助装药时,它可以单独发挥作用(即 0 号装药)。基本装药性能的好坏直接影响整个发射装药的性能,因此合理设计与使用基本装药是十分重要的。

9.4.2 辅助装药

辅助装药是由双基片状或单基粒状无烟药和药包袋组成的。药包袋一般采用易燃和灰分少的丝绸或棉纺织品制成,主要结构形式有以下几种:

(1) 环形药包

发射药采用的双基无烟环形片状药被称为环形药包（图 9-15）。其形状为一圆环，一端开口，以便套在尾管上。其优点是射击时调整药包比较方便，因此射速要求高的中、小口径迫击炮弹均采用此种药包；缺点是环形药片叠在一起，高温时有粘连现象，从而影响内弹道性能。

(2) 条袋形药包

作为发射药的单基粒状无烟药被称为条袋形药包（图 9-16）。这种药包袋的长度恰等于紧绕尾管一周的长度，使用时用绳子捆起来固定在尾管上并成环形。由于比环形药包紧固，且能对正传火孔，故不易发生药包串动，并能确保引燃。其缺点是射击前调整药包不便，故不宜用于要求射速较高的迫击炮弹上。图 9-17 所示为俄制 120 mm 自行迫榴炮使用的系列弹药。从图 9-17 可以看到尾部仍然使用条袋形附加药包。

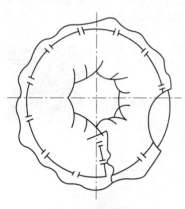

图 9-15 环形药包结构

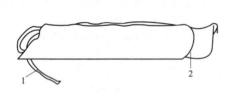

1—绳环；2—绳结。

图 9-16 条袋形药包

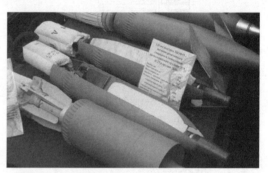

图 9-17 俄制 120 mm 自行迫榴炮使用的系列弹药

(3) 环袋形药包

环袋形药包是把小片状或颗粒状火药装在绸质或布质的环形药袋内，并将口部缝合即成（图 9-18）。显然，这种药包介于环形药包和袋形药包之间。它也是用绳子捆起来固定在尾管上。

(4) C 形药包

将附加装药设计为刚性结构，整体压制成 C 形，即 C 形药包。其型制统一，品种多样，结构性能非常先进。图 9-19 所示为美国研制的迫击炮弹附加药包发射药，由 WC 系列球形发射药制成。该发射药具有低炮口焰和洁净燃烧的特点，几乎不产生残渣、火焰和爆炸超压。

辅助装药大都采用同一规格的火药制成等量药包，也有的采用两种规格的火药制成两种不等量药包。为了使用上的方便，通常采用等量药包。在使用中，等量药包的数量与装药号相对应。基本装药本身构成了 0 号装药，每加一辅助药包，装药号加 1，最大号装药即全装药。

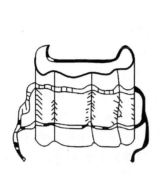
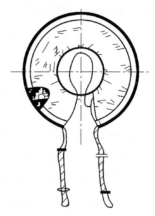

图 9-18 环袋形药包

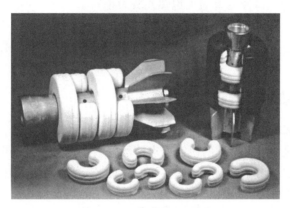

图 9-19 迫击炮弹 C 形药包

9.5 迫击炮弹的发展趋势

9.5.1 迫击炮弹的优缺点

迫击炮弹的主要优点是廉价，使用操作方便，可高射角射击，弹道弯曲，是伴随武器使用的弹药；但是它也存在着一些严重缺点。随着武器发展技术水平的提高，其缺点需要不断克服。迫击炮弹的缺点主要表现在以下几个方面：

（1）射程近

由于迫击炮弹以前使用铸铁材料，所能承受的膛压低，因此初速较低，加之火药气体的泄漏，致使初速更低。提高射程的措施之一是提高初速。其方法是增大膛压，加长炮管，减少火药气体泄漏，以及使用新型火药改善膛压曲线，使之平缓等。为了承受更大膛压，应提高铸造质量，减少铸造疵病或使用钢质弹体。此外，还可采用增大断面比重，改善弹形及采用火箭增程等方法来提高射程。如 120 mm 火箭增程迫击炮弹的射程大于 14 km。

（2）隐蔽性差

人们普遍认为迫击炮为曲射武器，可以躲在隐蔽物后发射，因此隐蔽性好。事实上，迫击炮弹飞行速度慢，飞行时间长，很容易被敌人现代化的观测器材发现、跟踪，并用计算机解算出阵地位置，因此迫击炮弹的隐蔽性差。提高初速、缩短飞行时间会使其得到一定的改善。

（3）密集度差

迫击炮弹的密集度比普通火炮弹丸差，其原因如下：

① 对于火药气体泄漏来说，每发弹的泄漏都不一致，造成初速散布。现在趋于使用塑料闭气环来代替环向闭气槽，以起到更好的紧塞气体的作用。

② 由于要求迫击炮弹价廉，所以其制造精度较低，甚至弹体内腔不加工。如果允许提高成本，则可以提高制造精度，以改善射击精度。迫击炮弹零件较多，装配同心度差。采用焊接法将尾翼片连接在尾管上难以保证安装精度，为此现代迫击炮弹尾翼与尾管多为一体。

③ 附加药包在尾管上位置的窜动易带来点火不均匀和各发之间的差异，为此应采取良好的固定附加发射装药的办法。

（4）迫击炮弹比相应口径的普通火炮弹丸威力小

这不仅是由于迫击炮弹的尾管很少有杀伤作用，而且在于弹体材料性能与炸药性能匹配不好，弹体力学性能差，往往使破片过碎，有效破片甚少。所以，应提高弹体材料性能，装填高能炸药。

9.5.2 迫击炮弹的发展趋势

迫击炮弹的发展基本上是针对迫击炮弹的缺点而进行的。近年来，随着高性能动力装置和精确制导技术的发展，迫击炮弹的研究重点悄然发生了转变。射程更远，制导更精确，更便于携带和操作的新型迫击炮弹应运而生。迫击炮弹作为现代步兵在进攻中的有效打击手段，再次焕发出蓬勃的生命力。

除发展杀伤爆破弹、发烟弹和照明弹等常规迫击炮弹之外，还发展双用途子母弹、破甲弹，具有串联式聚能装药战斗部的反装甲弹（可击穿附加有反作用装甲的坦克），以及各种带有末制导的迫击炮弹或"灵巧"弹药（如采用激光制导、毫米波制导、红外制导或光纤制导的炮弹）。精确制导迫击炮弹的采用，能精确打击重要目标并最大限度地降低附带损伤。末制导迫击炮弹有半主动激光制导、红外制导和毫米波制导3种。末制导迫击炮弹的作用原理通常是利用弹上的接收装置（导引头），接收从目标反射的某种能量信息（如激光信号、毫米波信号）或来自目标辐射的红外信号来实现其弹道末段制导，最终命中目标。这种末制导迫击炮弹可击穿目标顶部装甲，也可以攻击直升机。下面介绍的是国外目前最新研制生产的迫击炮弹。它们在一定程度上代表了迫击炮弹的发展方向。

（1）西班牙 MAT-120 式 120 mm 迫击炮子母弹

西班牙 MAT-120 式 120 mm 迫击炮子母弹由西班牙研制生产，是在 Espin 迫击炮弹的基础上研制而成的，供滑膛迫击炮发射使用，如图 9-20 所示。

西班牙 MAT-120 迫击炮子母弹携载 21 枚子弹药，最大射程可达 5.5～6.3 km。该弹配装了电子安全与解除保险系统。存放时，炮弹不储存任何电能，而只有当炮弹发射出去之后，主引信才会产生必需的电能，因此具有极高的安全性。

子弹药的直径为 37 mm，质量为 275 g。其中，装药质量为 50 g。子弹药采用空心装药结构，可击穿 150 mm 厚的钢板。子弹药壳体可产生大约 650 块破片，对付步兵的有效杀伤半径为 18 m。子弹药装有电子瞬发引信，如果触发起爆失败，子弹药 20 s 后将自毁，或几

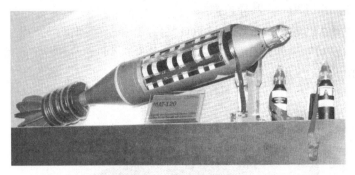

图 9-20　西班牙 MAT-120 式 120 mm 迫击炮子母弹

分钟后自动失效。母弹头部装有电子时间引信，经预定延期后母弹以近乎垂直的姿态将子弹药布撒出去。布撒区域直径为 50~60 m，覆盖面积为 2 500~3 000 m^2，且没有明显的间隔区域。在撒布区域内，子弹药命中坦克类目标的概率约为 20%。

（2）瑞士反人员/反器材迫击炮弹

经过在瑞士及美国进行的大量鉴定试验，罗格弹药公司开始生产新研制的 60 mm 反人员/反器材迫击炮弹（MAPAM），如图 9-21 所示。60 mm 反人员/反器材迫击炮弹采用了先进的破片控制技术，以提高其毁伤威力。2 400 枚钢珠嵌入由复合材料支撑的套筒中，随后再将套筒装入铝制炮弹壳体内。钢珠的质量相同，飞散速度为 1 100 m/s，杀伤半径为 20 m。另外，MAPAM 能够安全发射到最近为 70 m 的距离上，适合在城区作战中使用。

（3）以色列激光制导迫击炮弹

以色列研制的一种新型 120 mm 激光制导迫击炮弹（LGMB），可以配合牵引或自行 120 mm 迫击炮以及各种激光指示器使用，是同时为传统战场和城市作战设计的。其射程为 10.5 km，精度高，附带毁伤小，如图 9-22 所示。这种 LGMB 配备一个安装在弹头上的被动式激光导引头，可以配合现有的地基和空基激光指示器使用。LGMB 的制导系统有一个信号处理器和 4 个可控的弹翼组成。在弹道末段，4 个可控弹翼打开，制导系统指引炮弹滑翔飞向目标。为了成功命中目标，炮弹上的红外导引头需要在 2~3 km 的高空用 10 s 的时间确认指示器指示的目标，随后 4 个弹翼打开。这种 LGMB 的圆概率误差为 1~2 m。

图 9-21　瑞士的 60 mm 反人员/反器材迫击炮弹（MAPAM）

图 9-22　以色列的 120 mm 激光制导迫击炮弹（LGMB）

(4) 美国"匕首" 120 mm 制导迫弹

Dagger 中文意译为匕首。"匕首" 120 mm 制导迫弹是美国雷声公司和以色列军事工业公司联合研制的双模制导迫弹的变型产品。其射程为 8.5 km，精度小于 10 m，战斗部采用杀爆战斗部，如图 9-23 所示。

图 9-23　美国"匕首" 120 mm 制导迫弹

"匕首"的制导系统基于以色列研制的"纯心"制导系统，集成了 GPS 接收机和惯性测量装置（GPS/INS）。与普通制式迫弹相比，"匕首" 120 mm 制导迫弹的前端有一部分体积已不再是战斗部，而是用于安装 GPS 天线、导航计算机和弹出式舵面，后方仍为战斗部。张开式尾翼采用无偏转的设计，以降低弹丸的旋转速度，避免增加制导系统的设计复杂程度。发射之前，目标距离、弹道、GPS 坐标等信息通过轻型手持式迫炮弹道计算机直接输入"匕首" 120 mm 制导迫弹中。"匕首"制导迫弹配用 M734A1 式多选择引信，可设定三种作用模式，即炸高为 6 m 的空炸模式、瞬发模式和延期模式。延期模式的延期时间为 1.5～50 ms。目前制式迫击炮弹的最大射程为 7 km，由于尾翼和鸭式舵在其飞行过程中提供了额外的升力，"匕首"的最大射程能达到 8.5 km。

(5) 英国"莫林" 81 mm 毫米波末制导迫击炮弹

Merlin 意译为"灰背隼"。"莫林" 81 mm 毫米波末制导迫击炮弹是一种适用于制式 81 mm 或 82 mm 迫击炮发射、主动毫米波雷达末段寻的制导的反坦克迫击炮弹，其装填、发射、储存、运输方式均与普通迫弹相同，无须对炮手进行特殊的训练即可使用。

"莫林"末制导迫弹的结构布局，从弹头往后依次是主动毫米波导引头、电子信号处理器与电源、舵机舱、聚能破甲战斗部与引信、保险/解除保险装置、折叠尾翼、尾杆等。如图 9-24 所示。

图 9-24　英国"莫林" 81 mm 毫米波末制导迫击炮弹

"莫林"的核心制导部件为94 GHz（对应于3 mm）的主动毫米波雷达导引头。该导引头基于零差无线电收发两用机的原理制成，能将连续波无线电频率发射的能量与相当微弱的反馈无线电频率混合成一个中间频率。中间频率信号的大小与目标距离成正比，能控制炮弹在飞行的某个特定方位进行搜索。

"莫林"末制导迫弹的导引头采用聚碳酸酯制作的雷达天线罩，选用卡塞格林天线。在弹道的降弧段，导引头的天线转动扫描。由于弹的运动和天线的扫描，导引头可以探测很大的目标区域。

当迫击炮火控装置探测到目标时，"莫林"末制导迫弹便自动计算平均弹着点和目标通过迫击炮作用区的时间，计算装定的射向、仰角和所需的发射药量。该迫弹从炮口装入炮管，由击针击发底火，炮弹被发射出炮管。飞离炮口后，6片稳定尾翼同时展开，确保炮弹在初始弹道稳定飞行，热电池被激活，战斗部引信在安全距离之外解除保险。当炮弹到达弹道顶点时，主动毫米波雷达导引头被激活并开始扫描目标区，同时，4片鸭式舵翼展开。电子信号处理器将导引头传输的目标瞄准线相对于弹轴的角速率误差信号转换成控制舵面偏转角的指令信号，再传送给电动舵机，控制舵面动作。此时，"莫林"处于弹道的降弧段，炮弹停止旋转，控制翼控制炮弹的偏转和滚转，并将炮弹攻击角调整到约45°以跟踪目标。导引头被激活后，开始接收地面反射波，程序化的微处理器处理这些反射波，并将炮弹的高度、偏航和俯仰数字化。然后，以多普勒散射为工作原理的运动目标指示器系统，在300 m×300 m的范围内用50 m宽的射束搜索活动目标。如果在这一范围内没有找到活动目标，导引头便在100 m×100 m范围内作第二次扫描，以探测静止目标。两次扫描搜索持续约7 s。一旦探测到目标，导引头开关便从监视方式转为末制导方式，产生适当的制导和控制输出信号，导引炮弹飞向目标的几何中心。

"莫林"迫弹的末段速度在150 m/s左右，攻击角变得越来越大，直到碰到目标时，炮弹几乎是垂直落下的。在预定的炸高，引信起爆聚能破甲战斗部攻击目标，侵彻厚度为150 mm左右，足以侵彻现役坦克的顶部装甲。如果坦克装有反应装甲，则"莫林"末制导迫弹可利用起爆后产生的爆轰波摧毁或严重毁坏坦克的火控光学装置，使其失效。"莫林"末制导迫弹的装备数量和规模将取决于战术要求。达到同样的毁伤效果，所需的"莫林"末制导迫弹数量仅为81 mm非制导迫弹的10%。

(6) 法国ACED 120 mm末敏迫弹

ACED 120 mm末敏迫弹是TDA公司为120 mm线膛迫击炮研制的一种子母弹，如图9-25所示。其武器系统由ACED 120 mm迫弹及发射平台组成。ACED 120 mm末敏迫弹可携带2枚ACED子弹药。ACED子弹药配有毫米波雷达/红外探测器，可扫描20 000 m²的区域，以捕获、跟踪目标。ACED子弹药采用毫米波雷达/红外探测器，具有全天候作战能力强、精度高、抗干扰能力较强的特点。

ACED 120 mm末敏迫弹内装2枚ACED子弹药。该子母弹的展开方式是：母弹飞到目标区域上空后抛出"博纳斯"子弹药，从子弹药后端一侧旋出红外传感器和激光雷达高度计，并将其锁定在固定位置。同时，张开两片大小不一的弧形弹翼，使子弹药在下降过程中达到相对稳定状态，并且使弹轴与铅垂线呈30°夹角。一旦跟踪到目标，立即起爆形成爆炸成型弹丸攻击目标车辆的顶部。这样一来，子弹药就可减少被敌方干扰的机会，而且子弹药对风的影响不敏感，提高了子弹药的战场生存能力。

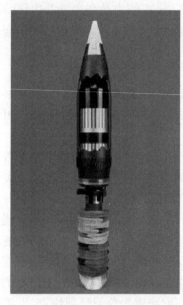 

图 9-25　法国 ACED 120 mm 末敏迫弹和"博纳斯"子弹药

习　题

1. 与线膛火炮相比，迫击炮具有什么优点？
2. 分析迫击炮弹的特殊发射装药结构和尾翼稳定方式。
3. 迫击炮弹与膛壁之间间隙的确定需要考虑哪些因素？间隙值如何确定？
4. 环形药包、条袋形药包和环袋形药包是迫击炮弹的三种主要结构，请分析其特点。
5. 与普通榴弹相比，迫击炮弹有什么特点？
6. 迫击炮弹的弹体可分为整体式和非整体式两种，这两种结构各有什么特点？
7. 分析迫击炮弹的结构特点和发展趋势。

第10章 火箭弹

10.1 概述

10.1.1 火箭弹的定义和分类

(1) 火箭弹的定义

火箭,是以火箭发动机推进的飞行器。火箭弹通常是指以火箭发动机所产生的推力为动力,完成一定作战任务的无制导装置的弹药,主要用于杀伤、压制敌方有生力量,破坏工事及武器装备等,如图10-1所示。

火箭是我国古代劳动人民的伟大创造,远在火炮出现以前就已将火箭运用于军事目的。历史事实说明,我国是火箭的发源地。据史料记载,969年(宋开宝元年)冯义升和岳义方两人发明了火箭并试验成功。1161年宋军就有了初期的火箭武器——"霹雳炮",并应用于军事。我国的火药及火箭技术于13—14世纪被传入阿拉伯国家,以后又被传入欧洲。19世纪初,英国人W.康格里夫研制了射程为2.5 km的火箭弹。20世纪20—40年代,德国、美国、苏联等国均研制并发展了火箭弹。其中,苏联制造的БМ-13式火箭炮,可联装16发132 mm口径的尾翼式火箭弹,最大射程达8.5 km,在第二次世界大战中发挥了重要作用,俗称"喀秋莎"。第二次世界大战后,苏联先后研制成了M-14、M-21、M-24和夫劳克火箭弹及其火箭炮,至20世纪七八十年代先后研制了220 mm多管炮与300 mm多管火箭炮及火箭弹,其中300 mm火箭弹最大射程已达到70 km。美国沃特公司研制生产的M270式多管火箭炮系统,于1983年正式装备美国陆军。M270式多管火箭炮系统是一种全天候、间瞄、面射击武器,能对敌纵深的集群目标和面目标实施突然的密集火力袭击,具有很高的火力密度。其战斗部采用双用途子弹子母战斗部。

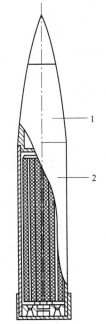

1—战斗部;2—发动机。

图 10-1 无控火箭弹

20世纪50年代,火箭弹的最大射程约为10 km。20世纪六七十年代大多数火箭弹的最大射程已达20 km。20世纪80年代研制的火箭弹的射程已达到30~40 km。20世纪90年代以后美国等在MLRS(Multiple Launch Rocket System)系统上研制开发的227 mm火箭弹的射程达到了 70 km，意大利研制的菲洛斯 70 式 315 mm 火箭弹的射程已达到 70 km，俄罗斯研制的 300 mm 火箭弹射程也达到了 70 km，我国研制的 WM-80 型 273 mm 火箭弹的最大射程超过 80 km。20 世纪末许多国家开始了 100 km 以上的超远程火箭弹的研制。随着射程的增大，为了保证必要的射击精度，新研制的远程火箭弹大多数采用了简易制导或弹道修正等措施。这也是当前火箭弹发展趋势之一。另外，美国研制的 GMLRS 制导火箭弹采用的是 GPS/INS 制导，其中 M31 式 GMLRS 火箭弹弹径为 227 mm，战斗部重 90 kg，配用多功能引信（有触发、延期和空爆 3 种作用模式），可打击 90 km 处的目标，圆概率误差为 2 m。目前美国正在研发的 GMLRS+制导火箭弹增加了激光半主动导引头。其作用是辅助 GPS 制导系统，为火箭弹提供末制导能力，以有效打击运动目标。GMLRS+配备新型可调效应战斗部，采用经过改进的加长型火箭发动机，有更远的射程和更高的精度，且可沿更加优良的弹道飞行。射程的增加使得作战人员可以用更少的发射车实现更广的火力覆盖。2011 年 8 月，洛克希德·马丁公司试验结果显示，加装远程发动机的 GMLRS+制导火箭弹的射程可达 120 km。

与火炮弹丸不同，火箭弹是通过发射装置借助于火箭发动机产生的反作用力而运动的，而火箭发射装置只赋予火箭弹一定射角、射向，并提供点火机构，创造火箭发动机开始工作的条件，并不给火箭弹提供任何飞行动力。

火箭弹的外弹道可分为主动段和被动段弹道两个部分。主动段是指火箭发动机工作段，而被动段则指火箭发动机工作结束直到火箭弹到达目标为止的阶段。火箭弹在弹道主动段终点达到最大速度。但需指出，火箭弹在滑轨上的运动，由于有推力存在应当说是属于主动段弹道，但对外弹道来说，常常以射出点作为弹道的起点，而不考虑火箭弹在滑轨上的运动。

火箭弹的发射装置，有管筒式和导轨式之分。前者叫火箭炮或火箭筒，而后者叫发射架或发射器。为了使火箭发动机点火，在发射装置上设有专用的电气控制系统。该系统通过控制台接到火箭弹的接触装置（点火器）上。

（2）火箭弹的分类

目前，世界各国研制或装备的各种火箭弹种类有很多，按战斗部类型不同分为杀伤、爆破、杀爆、破甲、碎甲、布雷、燃烧、发烟及子母式火箭弹等；按作战使用和所配属兵种不同分为地面炮兵（野战）火箭弹、地面步兵（单兵）反坦克火箭弹、空军（航空）火箭弹和海军火箭弹等；按飞行稳定方式不同又分为旋转稳定火箭弹和尾翼稳定火箭弹等。图 10-2 是火箭弹的具体分类。

10.1.2　火箭弹的基本组成

一般来说，火箭弹主要由战斗部、火箭发动机和稳定装置等部分组成，如图 10-3 和图 10-4 所示。

```
                              ┌ 杀伤火箭弹
                              │ 爆破火箭弹
                              │ 杀伤爆破火箭弹
                  按战斗部类型分┤ 空心装药破甲火箭弹
                              │ 碎甲火箭弹
                              │ 特种火箭弹
                              └ 子母战斗部火箭弹

                              ┌ 地面炮兵用火箭弹
固体火药火箭弹分类 ┤ 按所属兵种分 ┤ 地面步兵用反坦克火箭弹
                              │ 空军用火箭弹
                              └ 海军用火箭弹

                  按稳定方式分 ┬ 涡轮式火箭弹
                              └ 尾翼式火箭弹

                  按有无控制分 ┬ 无控火箭弹
                              └ 有控火箭弹
```

图 10-2　火箭弹分类

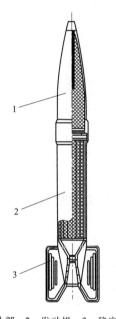

1—战斗部；2—发动机；3—稳定装置。

图 10-3　130 mm 尾翼式火箭弹结构

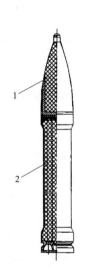

1—战斗部；2—发动机。

图 10-4　130 mm 涡轮式火箭弹结构

（1）战斗部

战斗部由引信、阻力环、战斗部壳体、炸药装药和隔热、密封件组成。战斗部是完成战术任务的装置。对于不同目标，需采用不同的战斗部。引信是战斗部的引爆装置。为获得较大的战斗效果，对付不同的目标，需采用不同性能和类型的引信。阻力环的作用是调节射程。

(2) 火箭发动机

火箭发动机的作用是产生火箭弹向前飞行的推力。一般来说，有固体燃料火箭发动机和液体燃料火箭发动机两种。常用的火箭弹，目前均采用固体燃料火箭发动机。固体燃料发动机，主要由燃烧室、喷管、挡药板、推进剂和点火装置等组成。

燃烧室是火箭发动机的主体，是用来储存火箭装药并在其中燃烧的部件。图 10-5 所示为几种常见的燃烧室结构，由筒体壳体、两端封头壳体及绝热层组成。对于短时间工作的小型发动机，其燃烧室没有绝热层。燃烧室是火箭发动机的重要组成部件，同时也是弹体结构的组成部分，装药在其内燃烧，将化学能转换成热能。燃烧室承受着高温高压燃气的作用，还承受飞行时复杂的外力及环境载荷。燃烧室属于薄壁壳体。其常用材料有合金钢材、轻合金材料及复合材料。由于选用材料不同和制造工艺不同，燃烧室的结构形式有整体式、组合式和复合式。封头壳体一般为碟形或椭球形。前封头与点火装置连接，后封头与喷管连接。小型燃烧室的前封头多为平板形端盖。燃烧室筒体与封头连接常采用螺丝、焊接、长环连接方式。连接处要求密封可靠。

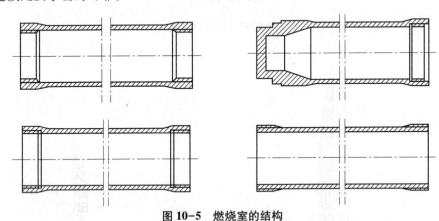

图 10-5 燃烧室的结构

喷管是固体火箭发动机的重要部件之一，具有先收敛、后扩张的几何形状，用来控制燃烧室压力，以及使亚声速气流变为超声速气流，提高排气速度。其典型结构如图 10-6 所示。喷管处于发动机尾部，是能将燃烧室中的高温高压燃气的热能转换为燃气的动能，并控制燃气流量的变截面管道。火箭发动机喷管为超声速喷管。其内形面由收敛段、临界面和扩张段组成。喷管的种类按型面不同分为锥形喷管和特型喷管。锥形喷管的扩张段为简单锥形，而特型喷管的扩张段为曲面形。特型喷管比锥形喷管的效率高，常用在大、中型发动机上。按喷管个数不同又分为单喷管结构和多喷管结构，而按制成结构材料不同分为普通简单喷管和复合喷管结构。复合喷管的热防护性能好，常用于较长时间工作的发动机上。此外，还有长尾管喷管、潜入式喷管、可调喷管和斜切喷管等。

挡药板是一个多孔的板或构件。典型的挡药板结构如图 10-7 所示。挡药板配置在推进剂与喷管之间，用以固定装药，并防止未燃尽的药粒喷出或堵塞喷管孔。设计挡药板时，必须使挡药板有足够的强度和通气面积，要求挡药板上的孔径或环与环之间的缝隙不大于装药燃烧后期药柱端面的外径，且其加强筋和各个内、外环也不应堵死装药燃气流的流动。挡药板的工作环境很差，要受到高温高压燃气流的冲击，所以挡药板的材料应采用耐腐蚀的玻璃钢或低碳钢。当发动机工作时间较短时，选用玻璃钢比较合适。

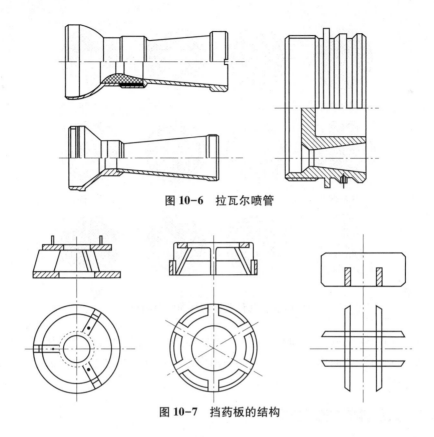

图 10-6　拉瓦尔喷管

图 10-7　挡药板的结构

推进剂是发动机产生推力的能源，常用双基推进剂、改性双基推进剂或复合推进剂，加工成单孔管状或内孔呈星形等各类形状的药柱。药柱的几何形状和尺寸直接影响发动机的推力、压力随时间的变化，所以药柱的设计在很大程度上决定了发动机的内弹道性能和质量指标的优劣。药柱设计的主要参数有药柱直径、药柱长度、药柱根数、肉厚系数、装填系数、面喉比、喉通比、装填方式等。按药柱燃面变化规律不同可分为恒面性、增面性、减面性，按燃烧面位置不同分为端燃形、内侧燃形、内外侧燃形，按空间直角坐标系燃烧方式不同分为一维、二维、三维药柱，而按药柱燃面结构特点不同又分为开槽管形、分段管形、外齿轮形管形、锥柱形、翼柱形、球形等。最常用的有管形、内孔星形及端燃形药柱。药柱的装填方式依推进剂种类及成型工艺不同分为自由装填式和贴壁浇注式。图 10-8 所示为几种典型药柱的截面图形。

点火装置由点火线路、发火管、点火药、药盒等组成。其作用是提供足够的点火能量，建立一定的点火压力，以便全面迅速地点燃推进剂，并使其正常燃烧。点火装置的工作过程是首先通过点火线路把电发火管点燃，然后把点火药包点燃，再把推进剂点燃。理想的点火过程是一个瞬时全面点燃推进剂的过程。应当指出，一个好的点火装置必须满足 3 个条件：一是适当的点火药量；二是一定的点火空间；三是一个具有一定强度的内装点火药包的点火药盒。

（3）稳定装置

稳定装置用来保证火箭弹稳定飞行。其稳定方式有尾翼式（尾翼稳定）和涡轮式（旋转稳定）两种。涡轮式火箭弹靠弹体绕弹轴高速旋转所产生的陀螺效应来保证飞行稳定。

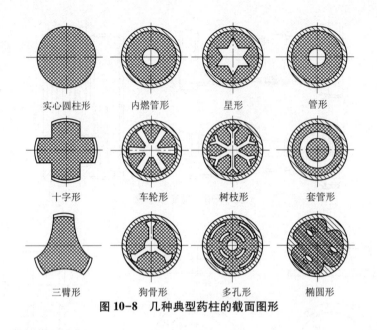

图 10-8　几种典型药柱的截面图形

使弹体旋转的力矩由燃气从与弹轴有一定切向倾角的诸喷孔喷出所形成。尾翼式火箭弹靠尾翼装置，使空气动力合力的作用点（压力中心）位于全弹质心之后，形成足够大的稳定力矩来保证飞行稳定。

10.1.3　火箭弹的性能特点

火箭弹是火箭武器系统的一个子系统。火箭弹是整个系统的核心。与身管火炮发射的弹药相比，火箭武器系统发射的火箭弹具有如下优、缺点。

(1) 优点

① 飞行速度高。受火炮使用寿命和火炮本身机动性的制约，火炮发射的弹药很难达到很高的炮口速度，使射程受到较大限制。按照经验推断，若初速提高一倍，将使火炮寿命降至原来的1/128。另外，初速提高会使火炮质量增加，也会引发一系列问题。现役中、大口径火炮弹药的炮口速度为 800～1 000 m/s，而小口径炮弹的炮口速度为 1 100～1 450 m/s。大口径火炮弹药在采用底排减阻技术后，底排增程弹的最大射程也难以超过 40 km；即使采用底排—火箭复合增程技术，复合增程弹的最大射程也只有 50 km 左右。

火箭弹是利用喷射推进原理获得飞行速度的。飞行速度的大小主要取决于推进剂的比冲量和质量比。质量比并没有受到很大限制，可以按需要的速度确定。于是，火箭弹的飞行速度可以达到每秒几千米，因而也就具有更好的远射性。对尾翼式火箭弹，弹径、弹长和全弹质量受限制小，合理的全弹及火箭发动机设计，可以使火箭弹达到较高的速度和较远的射程。

② 发射过载系数小。火炮发射的弹药在发射时过载较大。无后坐力炮及迫击炮弹药的发射过载多数在 5 000 g 左右，而榴弹炮弹药的发射过载都在 10 000 g 以上。例如：160 mm 迫击炮弹的最大加速度为 12 750 m/s^2，152 mm 榴弹的最大加速度为 25 500 m/s^2，而 76 mm 加农炮弹的最大加速度为 158 500 m/s^2。由于过载大，对零部件材料的性能及结构设计要求较高，部分零件的消极质量较大。

火箭发射时的过载与飞行加速度有关。和炮弹相比，火箭弹起飞时加速度相差两个数量级。大多数炮兵火箭的发射过载都在 100 g 以下，即使是推力较大、工作时间很短的反坦克火箭弹，其发射过载也多数在 3 000 g 以下。由于发射过载系数小，对材料性能及结构设计的要求可以低一些，发动机的消极质量较小，有利于减小结构尺寸和质量，有利于安装制导元件及装填特种战斗剂，例如烟幕剂、云爆剂、电子干扰物等。

③ 发射时无后坐力。身管火炮发射弹丸时，推动弹丸向前的气体压力同时推动身管向后运动，导致作用在炮架上的后坐力很大；而火箭弹靠喷气推进原理获得飞行速度，全弹飞离发射架管口或轨道末端前，发射架基本不受力的作用，发射管内壁受到的压强较小。之后在较短的距离内，火箭发动机高速喷出的燃气流有一部分被喷射在发射架上并产生一定的作用力，但该力远小于身管火炮承受的后坐力。因此，火箭发射装置可制成轻便、简单，尺寸紧凑和多管的发射装置。火箭发射装置可以安装在拖车、汽车、履带车、飞机、直升机和舰艇上，也特别适合步兵携带。

④ 威力大、火力密集。火箭弹具有猛烈的火力，能在很短的时间内，在一定的面积上构成强大的火力，遂行作战任务。

中、大口径野战火炮在作战中一次只能在炮膛内装填 1 发炮弹，而且装填炮弹的时间较长，因而完成一次作战任务需要的时间较长。对火箭武器来说，由于没有后坐力，故可以制成多管火箭炮。这是火箭武器的突出特点。现代野战火箭发射装置大多为多联装，一般是 20～40 管。战斗中通常营、连齐射，因而能在短时间内（10～20 s）发射大量的火箭弹，形成强大的火力密度，达到突袭的效果。以 БМ-21 火箭炮为例，一个营（18 门炮）齐射（约 20 s），能发射 720 发火箭弹，相当于 54 式 122 mm 榴弹炮 20 个营 360 门火炮的齐射火力。БМ-27 火箭炮发射子母火箭弹，两门火箭炮一次齐射的火箭弹可以毁伤 100～150 m 宽范围内的目标。美国 MLRS 多管火箭炮一门炮一次齐射可以抛出 7 728 枚子弹，覆盖面积约为 60 000 m²。

因此，火箭武器能在很短的时间内、在一定的面积上构成强大的火力密度，以猛烈的火力摧毁敌方装备，并给敌方人员以重大的毁伤和精神上的巨大震撼。

(2) 缺点

① 密集度较差。火炮发射的弹药不但炮口速度高，而且在外弹道上除受重力和空气动力作用外，不受其他力的作用。即使受到一定的扰动因素作用，也不会产生大的散布。而火箭弹由于发射管或轨道较短，不但弹丸出发射架管口或离开轨道末端时速度低，而且在外弹道加速过程中仍受到较大的推力作用。这些扰动因素将会使弹轴偏离速度矢量方向，产生较大的落点散布。因此，无控火箭弹的密集度比身管炮弹的密集度差，特别是方向密集度更差，不宜用于对点目标射击。火箭弹对点目标的射击经济性较差，消耗时间多，耗费弹药量大，一般不能在短时间内完成射击任务；但对面目标射击时，射弹散布大又使火力分配较简单，射弹能在一定区域内较均匀地覆盖面目标，以获得较高的毁伤效能，具有更好的射击效果。

由于无控火箭弹密集度较差，故限制了其应用与发展。但用制导的办法提高精度所付出的代价太大，同时控制系统结构复杂，其可靠性较差，且地面设备庞大，使用操作不便。这也是无控火箭弹未被导弹（有控火箭弹）完全取代的原因。

② 生产成本比相同威力的炮弹高。火炮弹药的加速过程是在火炮膛内完成的。发射一

发炮弹需消耗一个药筒和一定数量的发射药。火箭弹是依靠自身携带的火箭发动机推进加速的，发射一发火箭弹要消耗一发火箭发动机壳体和一定数量的固体推进剂。在具有相同有效载荷战斗部并达到相同最大速度的情况下，不但火箭发动机壳体的生产成本高于药筒的成本，而且由于火箭发动机的能量利用率远低于火炮发射药的能量利用率，其固体推进剂的用量及生产成本都高于火炮发射药。例如，122 mm 榴弹炮杀爆弹与 122 mm 火箭杀爆弹的威力相当，但后者的生产成本价格高出 10 倍以上。

③ 容易暴露发射阵地。用火炮发射弹药时，虽然也会产生较大的噪声，但炮口火焰的信号较小。发射火箭弹时，火箭发动机工作，将从喷管向后喷出大量的高温高速气流。高速气流与空气摩擦会产生很大的噪声，而高温气流将产生很强的光和红外信号。声、光、红外信号以及扬起的尘土很容易使发射阵地暴露在敌方的雷达等探测装置的侦察范围内，特别是当遮蔽物较小、射程较近、发射阵地靠前或夜间射击时，最容易暴露发射阵地的位置，从而招致敌人炮火反击。该缺陷目前主要靠提高火箭炮系统的运动机动性来弥补。

10.1.4　火箭弹的工作原理

火箭弹是靠火箭发动机产生的反推力而运动的，因此火箭发动机是火箭弹的动力推进装置。火箭发动机的工作原理即火箭弹的推进原理。当火箭发射药被点燃时，火箭发动机便开始工作。固体火箭发动机的工作原理如图 10-9 所示。

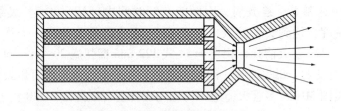

图 10-9　固体火箭发动机的工作原理

固体火箭发动机的工作过程：在火箭弹发射时，发火控制系统使点火具发火，而点火具中药剂燃烧时产生的燃气流经固体推进剂装药表面时将其点燃。主装药燃烧产生的高温高压燃气流经固体火箭发动机中拉瓦尔喷管时，燃气的压强、温度及密度下降，流速增大，在喷管出口截面上形成高速气流向后喷出。当大量的燃气以高速从喷管喷出时，火箭弹在燃气流反作用力的推动下获得与空气流反向运动的加速度。显然，火箭弹运动时，其相互作用的物体中，一个是火箭弹本身，另一个是从火箭发动机喷出的高速燃气流。由此可见，火箭弹的这种反作用运动为直接反作用运动。高速燃气流作用在火箭弹上的反作用力为直接反作用力，使火箭弹获得向前运动的推力。当固体火箭发动机结束工作时，火箭弹在弹道主动段末端达到最大速度。

当固体火箭发动机工作时，所产生的大量的燃气以很高的速度向后排出。由于抛出的物质是火箭发动机所携带的固体推进剂装药燃烧产生的，所以火箭发动机的质量不断地减小，这表明火箭弹的运动属于变质量物体运动。关于作用在火箭发动机上的反作用力公式，可以利用动量定理求解。

对图 10-10 所示的火箭系统，设火箭在某瞬时 t 时，质量为 m，速度为 v，此时火箭动量为 mv；火箭经过 Δt 时间之后，在 $t+\Delta t$ 时，质量变为 $m-\Delta m$，速度变为 $v+\Delta v$，此时火箭

系统（包括火箭壳体和燃气）的动量为

$$(m-\Delta m)(v+\Delta v) + (-\Delta m \cdot \omega) = (m-\Delta m)(v+\Delta v) - \Delta m[v_e-(v+\Delta v)]$$

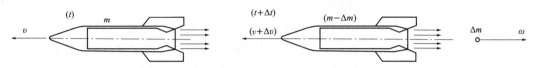

图 10-10　推导火箭运动方程示意

式中　　ω——燃气排出的绝对速度，m/s；

　　　　v_e——燃气质点相对于火箭的速度，m/s。

在 Δt 内火箭动量的变化（略去二次微量）情况如下：

$$\{(m-\Delta m)(v+\Delta v) - \Delta m[v_e-(v+\Delta v)]\} - mv = m\Delta v - \Delta m v_e$$

由动量定理可得

$$m\Delta v - \Delta m v_e = \Delta t \sum p_i$$

两边各除以 Δt，并取极限和移项，得

$$m \frac{dv}{dt} = v_e \frac{dm}{dt} + \sum p_i \tag{10-1}$$

式中　　$v_e \dfrac{dm}{dt}$——单位时间内由于质量变化而产生的动量变化，我们称之为反作用力；这个反作用力是在火箭发动机工作时产生的，是推动火箭运动的主力，它是火箭发动机推力 F 的主要部分；

　　　　$\sum p_i$——作用在火箭纵轴方向上的空气阻力、重力、大气压力以及作用在喷管排气面上燃气压力之和。

式（10-1）是变质量运动微分方程，也称梅歇尔斯基方程式。这个方程由俄国学者梅歇尔斯基在 1897 年推出并发表。

由此可见，当大量的气体从喷管高速喷出时，火箭弹在火箭发动机的推力作用下高速向前运动。与炮弹不同，火箭弹的发射装置（如火箭筒）只赋予火箭弹一定的射角、射向并提供点火机构，使动力装置开始工作，但发射装置并不提供使火箭弹飞行的初始速度。火箭弹与目前使用的火箭增程弹也不同。火箭增程弹是采用火箭发动机增程的炮弹，即火箭增程弹首先由火炮提供一定的初始速度将其发射出去。出炮口一定距离后，火箭发动机开始工作。弹丸在推力作用下继续加速，使射程增加。在火箭发动机工作以前的运动与普通炮弹一样；而在火箭发动机开始工作以后，则和普通火箭弹相同；当火箭发动机工作结束后，又和普通炮弹的运动规律一致。

10.2　尾翼式火箭弹

尾翼式火箭弹又称尾翼稳定火箭弹，是指利用尾翼稳定装置产生的空气动力保持稳定飞行的火箭弹，主要由战斗部、火箭发动机和尾翼稳定装置组成。射程远的野战火箭弹、初速高的反坦克火箭弹和航空火箭弹均采用尾翼稳定装置。尾翼式野战火箭弹和航空火箭弹的弹

身较长，一般达 15 倍弹径，甚至达 20 倍弹径以上。这样便可加长发动机，增加推进剂质量，提高弹速，以增加射程；同时也提高抗干扰能力，增强稳定性。稳定装置位于火箭弹尾部，沿其圆周均布多个翼片，即尾翼。

火箭弹的结构形式是多种多样的。图 10-3 所示是单室一端喷气的尾翼式火箭弹。图 10-11 所示是单室两端喷气尾翼式火箭弹。图 10-12 所示是双室尾翼式火箭弹。

对于远程火箭弹来说，发动机也可以采用多级结构。图 10-13 所示是二级防空火箭弹。其特点在于燃烧室内的装药依次燃烧，即第一级发动机装药燃烧完毕并脱落后，第二级发动机再开始工作。这种多级结构可以提高火箭弹的飞行速度，增加射程（或射高）。

以下仅就 180 mm 火箭弹为例来说明尾翼式火箭弹的结构与作用，但由于尾翼式火箭弹的尾翼结构形式有很多，所以还将简要说明各种尾翼结构。

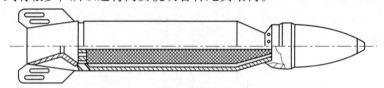

图 10-11　单室两端喷气尾翼式火箭弹

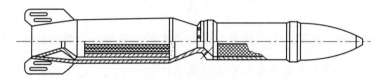

图 10-12　双室尾翼式火箭弹

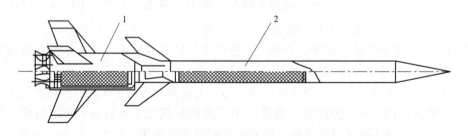

1—第一级发动机；2—第二级发动机。

图 10-13　二级防空火箭弹

10.2.1　180 mm 火箭弹

如图 10-14 所示，180 mm 火箭弹主要由战斗部、发动机和尾翼装置三大部分组成。火箭弹全长为 2.70 m，长径比为 15，射程为 19 km，战斗部装药为 7.5 kg。

（1）战斗部

战斗部包括引信、辅助传爆药、炸药、战斗部壳体、连接底（亦称中间底）和隔热垫等。

该战斗部配用箭-3 引信，具有瞬发和短延期两种装定。战斗部内装梯黑炸药（50/50）。为使炸药爆炸完全，采用了三节辅助传爆药。靠近引信的一节为压装特屈儿药柱

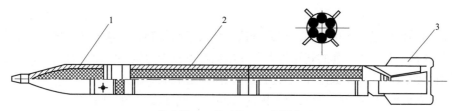

1—战斗部；2—发动机；3—尾翼装置。

图 10-14 180 mm 火箭弹

(77 g)，而后面两节为钝化黑索今药柱（各为 80 g）。

隔热垫是为保证安全而设置的。试验表明，在发动机工作 12～15 s 后，连接底靠炸药端的温度可达 215 ℃（TNT 炸药的熔点为 80.5 ℃），加隔热垫后温度将大大下降；发动机工作 90 s 后，上述部位的温度只有 60～65 ℃。

(2) 发动机

该弹的发动机采用了两节燃烧室、两套火药装药和两端喷气的结构，包括前燃烧室、后燃烧室、前喷管、后喷管、装药、挡药板和点火装置等。其目的是在允许的条件下增加火药装药，从而提高射程。装药的牌号为双铅-2。两套装药均为 7 根管状药，每根尺寸是 56.8/56.9 mm。

点火药盒被设置在两套装药之间，并由中间支架固定。在点火药盒内装有电发火管，其引导线中的一根连在药包支架上，另一根穿过药柱铆接在导电盖上，而导电盖与喷管之间有起绝缘作用的橡皮碗。

为了挡药和固定药柱，180 mm 火箭弹采用了前、中和后 3 个挡药板。由于该弹的转速低，挡药板主要承受直线惯性力作用，所以挡药板的筋和轮缘尺寸都比较小，但通气面积较大（图 10-15）。

由于前、后喷管的喷喉面积是相等的，因而可近似视为前燃烧室的燃气从前喷管喷出，而后燃烧室的燃气从后喷管喷出。为安装尾翼方便，后喷管采用直置单喷孔形式（图 10-16）。前喷管采用了具有 18 个斜置喷孔的形式，其中每个喷孔都可以被看成一个小喷管，且小喷管的轴线与弹轴的轴向倾角为 24°，切向倾角为 8°（图 10-17）。

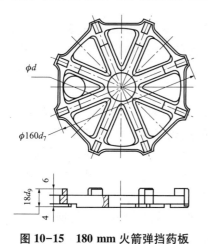

图 10-15 180 mm 火箭弹挡药板   图 10-16 180 mm 火箭弹后喷管

切向倾角的作用是为产生推力的切向分量，使火箭弹绕弹轴低速旋转，抵消一部分推力偏心所造成的散布。该角大，弹的转速也大。这虽然对消除推力偏心的影响有利，但增加了炮口扰动、马格努斯效应、尾翼颤振和推力损失等，从而造成散布增大。

由于前喷管使弹体右旋，因而为了保证各部件之间连接可靠，前喷管与战斗部的连接采用了右旋螺纹；前喷管与前燃烧室以及后面的螺纹连接都采用了左旋螺纹。此外，在螺纹连接处，一般还采用驻螺钉固定。

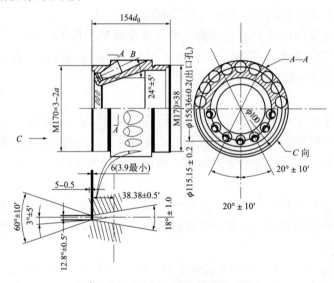

图 10-17 180 mm 火箭弹前喷管

（3）尾翼

尾翼是火箭弹稳定飞行的保证。180 mm 火箭弹的稳定装置采用了滚珠直尾翼结构，并由尾翼片、整流罩、前后轴承和螺圈组成。用 20 钢板制成的尾翼片呈"十"字形对称焊接在整流罩上。整流罩除起安置尾翼片的作用外，还将使尾部呈船尾形，以减小空气阻力。

在整流罩与后喷管之间设置了滚珠轴承，以减小尾翼装置的旋转速度。此外，采用这种结构也是发射时的需要。该弹是在笼式定向器上发射的。发射时火箭弹将沿 4 根导杆运动，边前进，边旋转。如果弹体和尾翼之间不能相对转动，势必造成翼片与导杆的碰撞，从而影响火箭弹的正常飞行。

180 mm 火箭弹是在 10 管笼式定向器的火箭炮上发射的。当闭合点火电路时，发火管发火并点燃点火药，点火药燃烧产生 2×10^6 Pa 左右的点火气体，使 14 根双铅-2 火药柱瞬时点燃，并产生大量燃气，且压力达 10^7 Pa 以上。高温、高压的燃气通过前、后喷管以超声速向外喷出，形成推力和旋转力矩，使火箭弹沿定向器赋予的方向做"边前进，边旋转"的运动（但尾翼不旋转）。当后定心部脱离定向器时，其飞行速度约为 52 m/s。在火箭弹飞离定向器 300 m 左右时，发动机工作结束。这时，火箭弹达到最大飞行速度（610.5 m/s）和最大转速（5 183 r/min）。此后，与普通弹丸一样，火箭弹将作惯性飞行。其最大射程为 19.6 km。

10.2.2 尾翼装置的结构形式

尾翼装置是保证尾翼式火箭弹飞行稳定不可缺少的部件。一般来说，除满足飞行稳定性外，还要求尾翼片具有足够的强度和刚度，以及空气动力对称和阻力较小。尾翼结构形式要根据总体与发射装置要求选定，一般有两大类，即固定式尾翼与折叠式尾翼。固定式尾翼分直尾翼、斜置尾翼与环形尾翼；折叠式尾翼主要有沿轴向折叠的刀形尾翼、沿圆周方向折叠的圆弧形尾翼和沿切向折叠的片状尾翼。发射前翼片处于收缩状态，便于装入发射筒中；发射后翼片快速张开并锁定。使翼片张开的动力主要有膛口燃气流、空气动力、弹簧力和气缸活塞推力等。

除 180 mm 火箭弹可旋直尾翼外，下面还将介绍几种尾翼装置的基本结构形式。

(1) 固定式直尾翼

在中、大口径火箭弹上，固定式直尾翼是一种使用较多的尾翼。这种尾翼一般由整流罩和平板形翼片组成。整流罩被安装在喷管外围，既能起固定翼片的作用，又能通过弹体外表面的光滑过渡，起到减小尾部阻力的作用。尾翼片由薄钢板冲压而成。为了提高刚度，通常沿轴向在翼平面上压出几条棱。整流罩和翼片常采用低碳钢材料。由于固定式直尾翼为超口径（大于弹径）尾翼，且不可折叠，故发射架只能采用笼式定向器或滑轨式定向器。这两种定向器的结构都不允许尾翼在定向器上旋转。因此，对于不旋转尾翼弹，可将整流罩固定安装在喷管上，如图 10-18 所示。对于靠斜切喷管导转，采用笼式定向器发射的低旋火箭弹，为了在定向器上不损坏尾翼，在整流罩和喷管之间安装一轴承，使整流罩和弹体可以相对转动。图 10-19 所示为 180 mm 火箭弹整流罩可旋转固定式直尾翼。固定式直尾翼的展向尺寸受限制小，能够提供较大的升力，在飞行过程中安全、可靠；但由于外廓尺寸比弹径大，故只能采用笼式或滑轨式定向器，从而使定向器的外廓尺寸较大、发射装置上定向器数量受到限制，同时也给勤务处理带来不便。

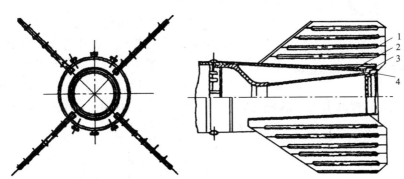

1—翼片；2—整流罩；3—螺圈；4—喷管。

图 10-18　C-21 空空火箭弹的固定式直尾翼

(2) 张开式圆弧形尾翼

苏联"冰雹"火箭弹的尾翼装置就采用了这种结构，如图 10-20 所示。该弹是在管式发射器中发射的。

尾翼片是用铝板冲压成弧形，在其根部有卷压而成的轴孔，通过轴与整流罩相连。翼片可以绕轴旋转。平时 4 片尾翼均覆盖在整流罩上。在轴上套有压缩弹簧。其作用有二：既可使翼片得以向外张开，又可使翼片在张开过程中得以沿弹轴方向移动，从而使翼片卡在整流

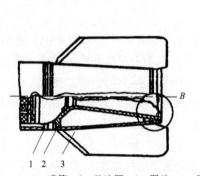
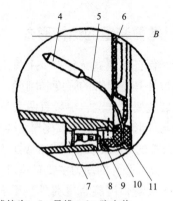

1—喷管；2—整流罩；3—翼片；4—导线接头；5—导线；6—防尘盖；
7—衬圈；8—滚珠轴承；9—固定环；10—导电环；11—绝缘体。

图 10-19　180 mm 火箭弹整流罩可旋转固定式直尾翼

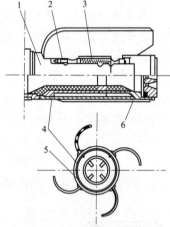

1—整流罩；2—轴；3—压缩弹簧；
4—同步环；5—螺钉轴；6—喷管座。

图 10-20　张开式圆弧形尾翼结构

罩的缺口内而到位固定。

为使 4 片尾翼同时张开，在整流罩中间套有同步环，而同步环通过螺钉轴与翼片根部相连。当任一翼片向外张开时，都可带动同步环而使其他翼片也张开。

（3）折叠式刀形尾翼

如图 10-21 所示，翼片被安装在喷管上，可绕销轴转动。平时靠固定板限制，翼片不能张开；待发动机工作后，靠气流将固定板顶出，同时利用弹簧的抗力使翼片迅速张开。这种折叠式尾翼的片数，将根据飞行稳定性要求而定，常见的是 4 片和 6 片。

（4）簧片式可卷片状尾翼

簧片式可卷片状尾翼是一种用弹簧钢片制成，并可卷折起来的结构形式（图10-22）。这种翼片的厚度较薄，一般为 0.3～0.5 mm，因而只适于小口径火箭弹。我国的 40 mm 反坦克火箭弹就采用了这种尾翼结构。其翼片数为 6 片。对翼片材料来说，常采用有足够强度的轻金属、塑料和玻璃钢等，以减轻翼片的质量。

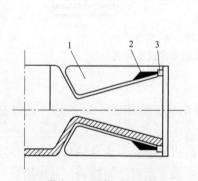

1—翼片；2—弹簧；3—销轴。

图 10-21　折叠式刀形尾翼

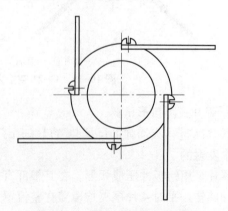

图 10-22　簧片式可卷片状尾翼

10.3 涡轮式火箭弹

涡轮式火箭弹又称旋转稳定火箭弹或旋转式火箭弹，是利用绕弹体纵对称轴高速旋转而产生的陀螺效应保持稳定飞行的火箭弹。燃烧室中燃气从与弹轴成一定切向倾角的多喷管喷出，形成使弹体旋转的力偶。根据稳定力偶的要求，所选取的倾斜角度一般在 $12°\sim25°$，而弹体转数在 $10\,000\sim25\,000$ r/min。全弹由战斗部与火箭发动机组成，而倾斜多喷管作为燃烧室底部组件。这种火箭弹的优点是火箭高速旋转能减小推力偏心的不良影响，可提高密集度，且弹长较短，勤务处理方便。缺点是弹长受限制，一般弹长不超过 $7\sim8$ 倍弹径。这在保证战斗部威力的条件下限制了发动机长度，故难以增加射程。最大射程超过 20 km 的野战火箭弹不宜采用涡轮式。

在涡轮式火箭弹的总体布局上，最常见的是将战斗部设置在发动机之前，如国内的 107 mm 杀伤爆破火箭弹（图 10-23）；但是，也有的将战斗部设置在发动机之后，如德国的 158.5 mm 涡轮式杀伤火箭弹（图 10-24）。

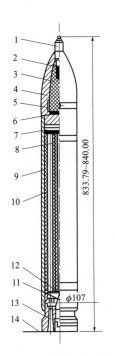

1—引信；2—传爆药；3—炸药；4—战斗部本体；5—连接栓；
6—垫片；7—隔热板；8—传火具；9—燃烧室；10—发射药；
11—点火器；12—挡药板；13—喷管；14—导电盖。

图 10-23　107 mm 涡轮式杀伤爆破火箭弹

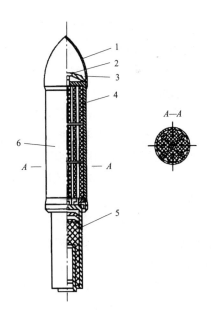

1—风帽；2—螺栓；3—钩环；
4—燃烧室；5—战斗部；6—发动机。

图 10-24　德国 158.5 mm 涡轮式杀伤火箭弹

在此，仅以国内的 107 mm 和 130 mm 涡轮式杀伤爆破火箭弹（图 10-25）为例，简要说明涡轮式火箭弹的结构特点和作用。

在结构上，这两种弹是相似的。前者由 107 mm 火箭炮（12 管筒式定向器）发射，而

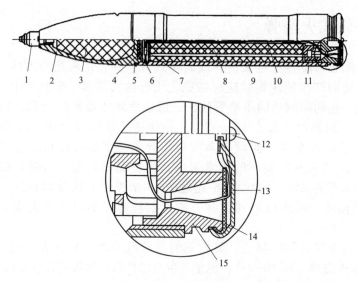

1—引信；2—战斗部壳体；3—炸药；4—石棉垫；5—驻螺钉；6—盖片；
7—点火药盒；8—推进剂装药；9—燃烧室；10—导线；11—挡药板；
12—铝铆钉；13—导电盖；14—橡皮碗；15—喷管。

图 10-25　130 mm 涡轮式杀伤爆破火箭弹

后者由 130 mm 火箭炮（19 管）发射。它们的战斗部均配用箭 1 式引信。该引信具有瞬发、短延期和延期 3 种装定：瞬发——引信碰击目标后立即引爆炸药，一般不得超过 1 ms；短延期——引信碰击地面后经过 1～5 ms 才能引爆炸药；延期——引信碰击地面后要延滞 5 ms 以上才引爆炸药。

从战斗部看，107 mm 火箭弹由壳体和连接底组成。这种非整体式结构，便于内腔加工，且质量偏心较小，既有利于提高射击精度，也有利于炸药的铸装。130 mm 火箭弹的战斗部采用了整体式结构，从而既减少了零件，也减少了螺纹加工工作量，使战斗部轴线与弹轴的不一致性减小。130 mm 火箭弹用螺旋压装法装入 TNT 炸药，其感度比铸装好。为使 107 mm 火箭战斗部的爆炸完全，在引信下面设有 65 g 感度较大的特屈儿药柱。

从发动机部分看，这两种火箭弹均采用牌号为双石-2 的 7 根单孔管状药，且燃烧室均用无缝钢管制成。在燃烧室两端均有长度为 30～50 mm 的定心部，用来与定向器配合。喷管除控制和调整燃烧室压力外，还将提供旋转力矩，以保证火箭弹的飞行稳定性。

图 10-26 所示是 107 mm 火箭弹的喷管结构。通过喷管轴线的切向倾角产生一旋转力矩，使火箭弹在弹道主动段终点达到 21 400 r/min 的转速。130 mm 火箭弹喷管采用倾斜多喷管形式，由喷管体上 8 个切向倾角为 17°的小喷管组成，而每个喷管又由收敛段、圆柱段（又称喷喉）、扩张段组成。其喷喉直径为 13.5 mm，长度不小于 3.9 mm。8 个小喷管所提供的切向推力形成火箭弹体旋转的力矩，使弹体的最大转速达到 19 200 r/min，保证了火箭弹的飞行稳定。

挡药板的作用与尾翼式火箭弹的情况一样，在此不予赘述。这两种火箭弹的挡药板材料为低碳硅锰铸钢，为网状拱形整体铸件。其结构如图 10-27 和图 10-28 所示。130 mm 火箭发动机挡药板的最外圈是 8 瓣带拱形的圆弧，而最内圈是一个圆筒。最外圈采用 8 瓣拱形圆

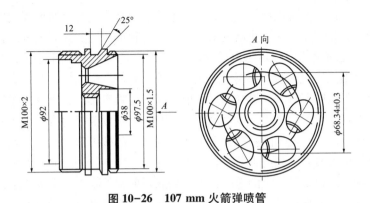

图 10-26　107 mm 火箭弹喷管

弧是为了改善受力状态,以便经受住离心惯性力的作用;中间采用圆筒是为了加强挡药板刚度,使挡药板在装药的轴向压力下不被压垮。

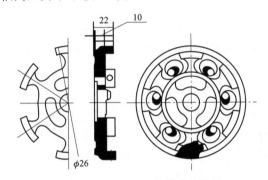

图 10-27　107 mm 火箭弹挡药板

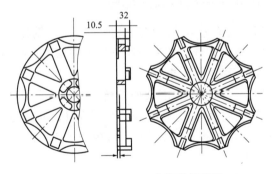

图 10-28　130 mm 火箭弹挡药板

10.4　反坦克火箭弹

轻型反坦克武器是一种单兵便携式肩射反坦克武器,采用反坦克火箭筒和轻型无坐力炮发射。它们所配用的弹药大多是火箭破甲弹和火箭增程破甲弹,也可以是不带发动机的破甲弹,主要用于近距离上攻击坦克、装甲车辆,摧毁工事及杀伤人员等。

轻型反坦克武器,按使用方式,可以分为单兵使用、双人使用、一次使用和多次使用等;

按发射推进原理，可以分为纯火箭筒式、无坐力炮式、无坐力炮与火箭增程式以及配重体平衡式等。纯火箭筒式的特点是，由于火箭发射筒内的压力很低，因此武器系统质量轻，但火箭弹在离开发射筒前，发动机工作必须结束，即推进剂必须燃烧完毕，因而要求火箭推进剂燃速高。当前大多数轻型反坦克火箭弹都属于纯火箭筒式。它们所配用的主要是火箭破甲弹。无坐力炮式的特点是，发射时所产生的燃气通过发射筒尾部的喷管排出，所排出燃气的动量平衡了弹丸离开发射筒时所产生的后坐力。发射这类武器时，由于发射筒内有很高的压力，因此要求发射筒具有较高的强度，所配用的弹药大多是不带发动机的破甲弹。无坐力炮火箭增程弹是一种采用火箭发动机增大有效射程的弹药。采用这种发射原理，首先由无后坐力炮提供一个较大的初速，再由火箭发动机提供一定的速度，以达到满足射程的要求。配重体平衡式的发射推进原理是发射时用两个活塞把火药气体封闭在发射筒内，在弹丸飞离发射筒的同时，弹丸飞离筒口时的动能被一种后抛的配重体所平衡。利用这种原理可以实现无光、无焰、无后坐力，噪声也很小的效果。这类武器配用的弹药是不带火箭发动机的破甲弹。本章主要介绍纯火箭筒式反坦克火箭弹。

反坦克火箭弹是用于近距离内打击坦克和装甲车辆等目标的火箭弹，由战斗部、火箭发动机和稳定装置组成。该种弹多采用聚能战斗部。火箭发动机选用高能量、高燃速固体推进剂药柱。稳定装置选用折叠式尾翼。反坦克火箭弹弹径一般为 60～120 mm，初速为 150～400 m/s，有效射程为 150～800 m，破甲厚度为 300～900 mm。单兵反坦克火箭弹一般在飞离发射筒之前，发动机不工作，不存在弹道主动段有推力偏心而影响散布的问题。它射击精度高，结构简单轻便，适于步兵单人操作使用，有发展前景，应进一步研制能打击复合装甲、屏蔽装甲和反应装甲的新弹种。下面介绍国产 70 式 62 mm 单兵反坦克火箭弹和 89 式 80 mm 单兵反坦克火箭弹，以及法国的"阿皮拉"反坦克火箭弹。

10.4.1　70 式 62 mm 单兵反坦克火箭弹

70 式 62 mm 单兵反坦克火箭弹是单兵肩射式武器，由火箭筒进行发射。其特点是质量轻、操作简便、命中率高、成本较低。它主要用于攻击中型坦克和装甲车辆，毁伤目标内设施和有生力量，也可用于破坏碉堡、工事等。

70 式 62 mm 单兵反坦克火箭弹主要由成型装药破甲战斗部、火箭发动机和稳定装置组成，如图 10-29 所示。其主要战术技术性能：弹径为 62 mm，弹长为 543 mm，弹重为 1.6 kg，初速为 123.5 m/s，直射距离为 150 m，破甲威力为 100 mm/65°，破甲率为 90%，火箭发动机最大压力为 63.7 MPa。

反坦克火箭弹战斗部，是由压电引信（电-1 甲）、风帽、战斗部壳体、药型罩、主药柱、辅助药柱、隔板和连接螺等零、部件组成的。火箭发动机是由燃烧室、火箭发射药、喷管、挡药板和点火具等零件组成的。其各零、部件的作用同其他火箭弹一样，在此不予赘述。

该弹的燃烧室是用高强度铝合金材料（LC4）制成的，厚度为 3.2 mm，两端的螺纹部位外径加大，以满足强度要求。燃烧室内的火药气体压力可达 6.5×10^7 Pa。为避免燃气外漏，装配时在螺纹连接处均涂铅丹或密封胶。燃烧室内装有 22 根细而薄的单孔管状药（171-25），而其燃速和比冲量比双石-2 火药高。为解决挡药与通气的矛盾，采用了固药板结构。其材料为二辛酯的乙基纤维素。它由一个圆片构成，上有 22 个固药柱。使用时将火药插在固药柱上，并用胶进行黏结,如图 10-30 所示。

该弹喷管是用超硬铝合金制成的。在其扩张段的外表面上加工有 6 个固定座,用以安装尾翼,如图 10-31 所示。

该弹的点火具为一整体结构,是由本体、发火头、黑药和导线等组成的。为保证点火具不从喷喉处滑出,其前端制有凸台。只有当点火药点燃后达到一定压力时才能把点火具喷掉。在此之前,燃烧室处于全密封状态,因而压力上升快,有利于发射药迅速点燃。

该弹发射时的点火方式是机械击发的电点火。发射时扣动扳机,击锤撞击压电陶瓷而产生高电压,经发射筒内的铜片、导电销、导线与发火头的电阻丝构成导电回路,使发火头发火而点燃黑药,并产生一定的点火压力。

10.4.2　89 式 80 mm 单兵反坦克火箭弹

89 式 80 mm 单兵反坦克火箭弹为单兵一次性使用的轻便型反坦克武器。它作为附加装备配给部队,用以近距离攻击主战坦克复合装甲,亦可对其他装甲目标和钢筋混凝土工事等进行射击。

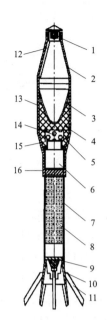

1—引信头部;2—风帽;3—药型罩;4—主药柱;
5—辅助药柱;6—引信底部;7—燃烧室;
8—发射药;9—点火具;10—喷管;
11—尾翅;12—导线;13—战斗部壳体;
14—隔板;15—衬套;16—连接螺。

图 10-29　70 式 62 mm 单兵反坦克火箭弹

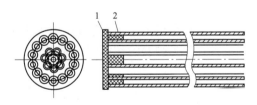

1—固药板;2—火箭药。

图 10-30　火药与固药板黏结示意

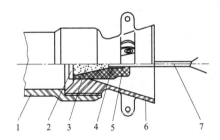

1—燃烧室;2—薄膜;3—黑药;4—发火头;
5—点火具;6—喷管;7—导线。

图 10-31　喷管及点火具结构示意

(1) 反坦克火箭弹结构组成

89 式 80 mm 单兵反坦克火箭弹由战斗部、引信、火箭发动机和尾翼组件组成,如图 10-32 所示。其主要战术技术性能:弹径为 80 mm,火箭弹质量为 1.85 kg,初速为 174 m/s,直射距离为 200 m(弹道高为 2 m),表尺射程为 400 m,破甲威力为 180 mm/65°,穿透率为 90%。

① 战斗部。战斗部由铝制的风帽、弹壳、双锥孔高能炸药装药和 DRD06B 型压电引信等组成。DRD06B 型压电引信是全保险型引信,由能产生压电电能的头部机构和弹性保险机构、钟表延时机构、惯性着发机构、接电机构、传爆和隔离机构的底部机构组成。头部机构

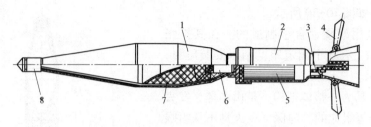

1—战斗部；2—发动机；3—点火具；4—尾翼片；
5—火药装药；6—引信底部结构；7—炸药装药；8—引信头部结构。

图 10-32　89 式 80 mm 单兵反坦克火箭弹结构

装在战斗部的头部而底部机构装在战斗部的底部，通过导线和接电片连接起来。在进行勤务处理和储存运输时，引信处于安全保险状态；发射时惯性力使回转机构和钟表延时机构起作用。当弹飞离炮口 6～20 m 后，解除保险，各机构工作到位，使引信处在待发状态。当头部碰撞目标时，引信头部晶体受压产生电荷建立高电压，通过导线和弹体形成回路起爆电雷管。电雷管引爆战斗部调整器中的传爆药，继而引爆战斗部。引信底部有惯性着发机构，当战斗部头部未碰到装甲目标而着地时，惯性着发机构使战斗部爆炸。由于战斗部中的炸药装药采用双锥孔药型，因而破甲威力大为提高。

由于战斗部采用 63°/38° 双锥变壁厚药型罩，母线长度提高 10%，有效装药量提高 5%，射流头部速度由单锥的 7 600 m/s 提高到 8 600～8 900 m/s，使垂直破甲深度提高 30%，达到 628 mm，因而足以攻击主战坦克的复合装甲。

② 火箭发动机。火箭发动机由铝制的燃烧室、火药装药、中间底、喷管和点火具组成。火箭装药被均匀地固定在中间底上，而中间底使战斗部和发动机连成一体。喷喉处的点火具被固定在堵片上，对发动机实施密封。火箭发动机的外径小于战斗部的外径。发动机采用了高能高燃速推进剂，工作时间仅 1.2 ms。

③ 稳定装置。8 片尾翼通过铆钉和扭力弹簧连接到喷管外部的 8 个尾翼座上。尾翼片在发射筒内是向前收拢的。当火箭弹飞离发射筒后，尾翼片在扭力弹簧的作用下迅速张开，使火箭弹在弹道上稳定飞行。

（2）火箭发射筒

火箭发射筒平时用来包装固定火箭弹，射击时是火箭弹的发射装置赋予火箭弹射向和射角。发射筒由筒身、前后盖、前后护围、瞄准镜座、瞄准镜、击发机、提把、组合背带和传爆点火用的塑料导爆管组成，如图 10-33 所示。

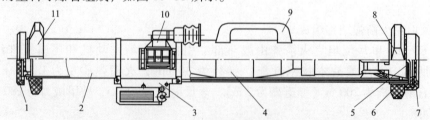

1—前盖；2—发射筒；3—击发机；4—火箭弹；5—塑料导爆管；
6—固弹胶圈；7—后盖；8—后护圈；9—提把；10—瞄准镜；11—前护圈。

图 10-33　火箭发射筒结构

其中,击发机是纯机械装置,发火采用非电导爆管结构。点火工作过程:当击发机的击针撞击火帽时,火帽能量激发导爆管,而导爆管将冲击能量传给点火具,通过转换点燃点火具中的点火药,最后点燃火箭火药,使火箭飞行。这种机械式击发机作用可靠、制造方便。

(3) 反坦克火箭系统性能特点

① 体积小、质量轻。该武器系统质量为 3.6 kg。平时火箭弹被装在发射筒内,构成全备状态。发射筒最大直径为 160 mm,筒身的外径为 85.4 mm,武器全长 900 mm。

② 威力大。火箭弹的破甲威力为 180 mm/65°,有较大的后效威力。

③ 有良好的射击精度。89 式 80 mm 单兵反坦克火箭在发射筒内所装的 80 mm 破甲弹,射击时在 200 m 直射距离上方向和高低中间误差不超过 0.35 m×0.35 m,400 m 射程内对碉堡等固定目标也有较好的准确度。

④ 配用光学瞄准镜。在发射筒上配用了测瞄合一、一次性使用的光学瞄准镜,增大了表尺射程并提高了射击精度,从而有效地提高了武器的有效射程。

⑤ 适应性好。武器系统为单兵一次性使用,在使用时不依赖于任何附加装备,不受自然条件和兵种的限制,需要时均可使用。

⑥ 结构简单、使用方便。从包装箱中取出的火箭(系统)为全备状态。使用时,装上瞄准镜,打开发射筒上的前盖即可瞄准射击(后盖可以不打开)。

⑦ 发射筒后有后喷火焰,发射时易暴露目标,并有炮后危险区界。

10.4.3 法国"阿皮拉"反坦克火箭弹

该弹为"阿皮拉"轻型反坦克武器配用的火箭弹,用于攻击近距离上的主战坦克和其他车辆。

(1) 反坦克火箭弹结构组成

"阿皮拉"反坦克火箭弹由战斗部、引信、火箭发动机和尾翼组件组成,如图 10-34 所示。其主要战术技术性能:弹径为 112 mm,弹长为 920 mm,弹重为 4.3 kg,初速为 293 m/s,有效射程为 330 m(飞行时间为 1.2 s,弹道高为 1.8 m),转速为 20 r/s。破甲厚度:对均质靶,破甲厚度≥700 mm(约 6.43 倍弹径);对钢筋混凝土,破甲厚度>2 m。射击精度:400 m 的固定射击标准偏差≤0.2 m;300 m 的肩扛射击标准偏差≤0.4 m。

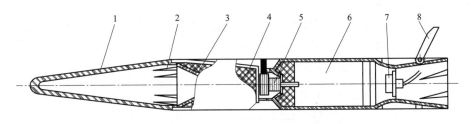

1—风帽;2—加强筋;3—药型罩;4—炸药;5—引信;6—推进剂;7—点火器;8—尾翼。

图 10-34 "阿皮拉"反坦克火箭弹

① 战斗部。"阿皮拉"反坦克火箭弹战斗部如图 10-35 所示。它由风帽、内锥罩、海绵体、钢钉、弹体、药型罩、主药柱和副药柱、隔板等组成。

战斗部壳体材料为铝合金,形如倒锥台,锥角为 20°。战斗部头部的风帽由两个锥形壳

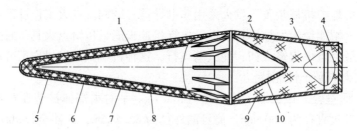

1—镍层；2—主药柱；3—隔板；4—副药柱；5—风帽；6—内锥罩；7—海绵体；8—钢钉；9—弹体；10—药型罩。

图 10-35 "阿皮拉"战斗部结构

体构成，且其材料是高强度塑料。其长度为弹径的 3 倍，接近于最有利炸高。内、外锥之间衬有海绵状塑料，在外锥内表面均匀分布有 100 个钢质小钉，钉与钉之间靠导线相通（同一端），并构成引信线路的一极；在内锥的外表面镀有一层金属镍，构成引信线路的另一极。这样，内、外锥就构成了引信的碰合开关。平时，引信处于断路状态；当战斗部风帽任何部位碰击目标时，内、外锥罩接触，接通引信的电回路，从而使战斗部起爆。由这种结构组成的碰合开关的优点是作用时间短，作用可靠；同时具有擦地炸机构的性能，在 80°着角下，引信也能可靠发火。

药型罩为紫铜，锥角约为 60°；等壁厚，壁厚约 3 mm，旋压制成。炸药为黑索里特（黑索今大于 75%），重 1.5 kg，装填密度为 1.773 g/cm³。主、副药柱间放有一软木做的梨形隔板。

② 引信。该弹配用电磁引信。这种引信的优点是安全性好，作用时间短，瞬发度高。整个起爆时间约 40 μs。引信的电能由磁后坐发电机提供。其作用原理如下：射击时，火箭发动机高压燃气经小孔进入引信活塞室，推动活塞及磁铁压破塑料环而运动，进而在外层线圈中产生感应电流，而感应电流经二极管给电容器充电。电容器电容为 100 pF，而充电电压可达 230 V。电容充电后，因二极管的阻断，不能经线圈放电，电压可维持一段时间（经绝缘电阻缓慢放电）。火箭弹出炮口后，卡在回转体上的保险销弹出，回转体在发条作用下旋转，并由钟表机构控制在火箭弹飞离炮口 10~25 m 处转到位（约 120°），使电路与雷管两极接触。这时，只要头部开关碰合就构成电回路接通，电容器便经电雷管放电，引爆雷管，继而起爆战斗部炸药装药。

③ 火箭发动机。该火箭发动机由中间底、燃烧室壳体、装药、传火具、喷管收敛段和喷管扩张段等零部件组成。其结构如图 10-36 所示。

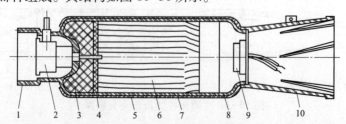

1—中间底；2—引信；3—隔热层；4—固定装药橡胶层；5—橡胶隔热涂层；
6—装药；7—燃烧室壳体；8—喷管收敛段；9—传火具；10—喷管扩张段。

图 10-36 火箭发动机结构

火箭发动机结构:

一是燃烧室壳体。燃烧室壳体材料是芳纶尼龙（Kevlar）纤维，用缠绕工艺加工而成。缠绕时，先缠绕燃烧室壳体内层，然后将中间底和喷管收敛段分别粘在内层的两端。继续缠绕外层，并将外层纤维直接包住中间底和喷管收敛段，成为整体。芳纶尼龙纤维材料的比强度比其他类纤维高。燃烧室壳体内壁有橡胶隔热层。燃烧室水压试验破坏压力为 62 MPa。

二是喷管。喷管由收敛段（包括喉部）和扩张段通过螺纹连接成整体喷管。其材料为铝合金。喷管扩张段内表面有 6 片燃气导流片，而外表面有 9 个均布的尾翼支耳。导流片、尾翼支耳和扩张段是整体结构。扩张段曾采用过压铸成型工艺，而现采用锻压成型工艺。对喷管内表面进行阳极化处理，且氧化层厚 0.12~0.15 mm。导流片与扩张段内表面母线有 14.5°夹角。发动机工作时，燃气流过导流片，产生旋转力矩，使弹飞离发射管时有 20 r/s 的转速。火箭弹离开发射管后，由弹翼提供旋转力矩，维持 20 r/s 的转速。

三是装药。火药牌号为 SD-1152，采用专用设备将片状火药压成 Ω 形，药型如图 10-37 所示。

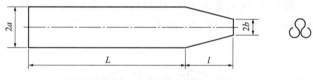

图 10-37　火箭发动机装药药型

火箭发动机装药由 142 根推进剂药条组成。药条的横截面形状为 Ω 形，以使单位面积保持最大燃烧面，从而确保推进剂快速而均匀地燃烧。药条后端 60 mm 处开始逐渐减小断面积，药条插在 7 mm 厚的液态橡胶层中，胶层固化后，药条一端固定在胶层中。

四是传火具。安装在喷管收敛段与扩张段连接处。传火具密封喷喉。通电点火后，传火具底上 0.9 mm 厚部位被切断，喷管打开。点火压力为 8.63 MPa。

五是中间底。用来连接战斗部，也是燃烧室壳体的前底。中间底内装有引信。发动机工作后，燃气从底中心处的小管流入引信活塞室，推动活塞及磁铁压破塑料环而运动，因而在外线圈中产生电流，经过二极管给电容器充电。当引信头部开关经碰撞后使闭合电路构成通路时，电容器放电而起爆雷管。

火箭发动机性能:

发动机外径小于 111.8 mm，喷管喉径为 72 mm，发动机质量为 1.85 kg，装药质量为 0.6 kg，点火药质量为 51 g；Ω 形药条宽为 10 mm，Ω 形药条高为 7~8 mm，药条厚为 0.6 mm，药条长为 160 mm；推力冲量为 1.165 kN·s，最大压力为 43.3 MPa（+50 ℃时），燃烧时间为 5 ms（+51 ℃时）。

火箭发动机的特点主要表现在以下几个方面:

一是发动机采用异形装药，肉厚薄，装药根数多，燃烧面积大，在短燃烧时间内提供了较大推力，使弹具有高初速。

二是采用薄肉厚 Ω 形的装药，与薄肉厚管状药型相比，由于药型内外相通，各根药柱之间均能保证一定的燃烧空间，使通气参量均衡，点燃一致性好。

三是采用将装药插入液态橡胶固化的固药形式，使多根药条密排的装填工艺容易实现，与管状药型采用固药板形式相比,工艺简单、固定牢固。

四是在满足一定推力冲量条件下,选择较高的燃烧室压力,使喷管喉部面积小,有利于减小喷管的欠膨胀损失。

五是采用芳纶尼龙这种比强度较高的纤维绕制成整体式壳体,使发动机结构质量减轻,提高发动机的性能。

六是稳定尾翼被安装在喷管后端扩张段外表面的尾翼座上,共9片,用合金钢制造。翼剖面形状不对称(后端凸起),产生力矩,使弹右旋。尾翼后掠角为30°。尾翼座为整体结构。

(2) 发射筒

"阿皮拉"反坦克火箭弹发射筒结构如图10-38所示。

发射筒内层为凯夫拉(Kevlar)复合材料,是预先缠好的管子,外面套一层铝丝纤维塑料,形成一根发射筒。发射筒中间部位设置一个瞄准镜座、肩托和把手,均用胶黏结在发射筒外表面。瞄准镜座平面为整体加工,以筒轴线定位,保证精度。在发射筒的两端及外表设置有海绵塑料保护套,以防止发射筒损坏。发射筒可承受压力47 MPa。发射电源用两节锂电池,每节3 V多,可储存10年,每5年检查一次。

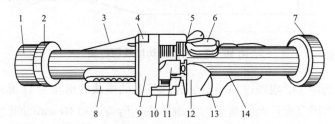

1—前盖;2—固定偏导装置;3—背带;4—电池盒;5—解脱保险开关;6—点火盒;7—后盖;
8—前把手;9—中心;10—耳塞;11—瞄准镜;12—面罩;13—脸垫;14—肩托。

图10-38 发射筒结构组成

瞄准镜壳体和镜片均为塑料压制成型,全用胶粘装配。两边有保护的塑料瞄准镜价格低廉,仅为武器系统的百分之几。瞄准镜可以分别装在发射筒的左、右两边,出厂时一律装在右边,左撇子可以自己将镜子移装在另一边。不用镜子时可将其折叠起来紧靠筒身,待使用时再打开。发射后瞄准镜随发射筒一起被扔掉。

火箭弹与发射筒靠6个玻璃纤维销钉结合起来。先将发射筒后端与喷管出口端结合起来,然后用钻打上6个销钉孔。喷管出口端为盲孔,再用销钉铆合。筒的两端有活塞盖子密封。生产中用气压试验检查密封情况。发射筒要做浸水试验(水深为0.9 m)。发射时必须先去掉前盖,否则瞄准镜视线被挡住而无法瞄准(提示前盖未去掉)。

10.5 航空火箭弹

航空火箭弹又称机载火箭弹,是从航空器上发射的以火箭发动机为动力的非制导火箭弹,是空军用来摧毁敌机和地面目标的弹种。其结构及作用与普通野战火箭类似,均属于低加速度弹药。

航空火箭弹由火箭弹壳体、火箭发动机、引信、战斗部和稳定装置组成。其射程一般为

5~10 km，而最大飞行速度为 2~3 Ma。对多数航空火箭弹来说，常采用低速旋转的尾翼结构，使尾翼面与火箭弹轴线成一定角度，使尾翼既产生升力起到稳定作用，又产生旋转力矩降低火箭弹旋转速度；也有的航空火箭弹采用倾斜的多喷管结构，使火箭弹做低速旋转运动。配用于航空火箭弹的引信，有瞬发、延期和非触发 3 种类型。

航空火箭弹按攻击目标区域可分为空对空火箭弹、空对地火箭弹和空对空/空对地两用火箭弹。空对空火箭弹的弹径一般为 50~70 mm，多被装备在歼击机上。空对地火箭弹在弹径为 37~70 mm 时，被装备在强击机或武装直升机上；在弹径为 70~300 mm 时，被装备在歼击轰炸机上。

航空火箭弹按战斗部的作用可分为杀伤弹、爆破弹、破甲弹、子母弹、干扰弹、箭霰弹等。与航空机关炮相比，航空火箭弹具有射程远、威力大等特点；但散布大且命中率低，通常以多发齐射方式使用。目前大口径航空火箭弹已被机载导弹取代。空对地火箭弹已成为飞机，特别是武装直升机攻击地面目标的重要武器。一架飞机可挂 2~4 个发射筒，而每个发射筒可装 4~32 枚航空火箭弹，且与机上瞄准具和发射装置配套使用。

以下简要介绍 3 种航空火箭弹。

10.5.1　57-1 型航空杀伤爆破火箭弹

57-1 型航空杀伤爆破火箭弹由战斗部、发动机和稳定装置组成，如图 10-39 所示。

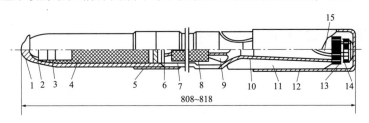

1—防潮塞；2—弹头体；3—衬环；4—炸药；5—连接螺头；6—点火器；7—燃烧室；8—推进剂；
9—挡药板；10—喷管；11—翼片；12—护套；13—底盖；14—插头；15—导线。

图 10-39　57-1 型杀伤爆破火箭弹

该弹战斗部属爆破弹类型，内装钝黑铝炸药，由一块上约柱和两块下药柱黏结而成，配用箭-1 引信。其使用高度为 20 000 m，有效射程为 2 000 m。

该弹的稳定装置由翼片、尾簧和轴组成。6 片尾翼均为变截面的钢片，可使火箭弹作低速旋转运动。该弹与目标相遇后，引信作用，战斗部爆炸；若在发射 10~15 s 后未与目标相遇，则在引信自爆装置作用下自行爆炸。

10.5.2　90-1 型航空杀伤爆破火箭弹

90-1 型航空杀伤爆破火箭弹是一种空对地火箭弹，主要用来对付地面和水上目标。该弹配用箭-4 引信。该航空火箭弹由战斗部、发动机和稳定装置组成，如图 10-40 所示。各部分的零件结构大体与普通火箭弹相同，只是稳定装置的区别较大。

该弹的稳定装置主要由活塞、十字块和尾翼组成。活塞被装在喷管座的中心孔内。活塞杆前端套有橡胶活塞环，而后端用螺帽固定。十字块位于喷管座的后端面。其端部分别与 4 片尾翼的根部相抵。尾翼片用铝合金制成，叶面呈对称形，用固定轴连接在喷管座的 4 个凸

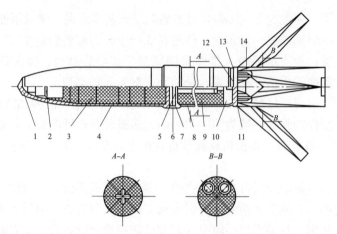

1—防潮塞；2—衬环；3—炸药；4—战斗部壳体；5—点火具；6—夹持器；7—垫圈；8—燃烧室；
9—推进剂；10—挡药板；11—绝缘环；12—喷管座；13—导电环；14—导线。

图 10-40　90-1 型航空杀伤爆破火箭弹

耳上。平时，4 个翼片合拢在一起，并用支撑架将其限制住。发射时，在火药气体作用下活塞带动十字块向后运动，而十字块则推动翼片向外张开，加上迎面气流的作用，最终使翼片张成 50°的后掠角。由于喷管轴线具有 2°的切向倾角，所以火箭弹在飞行中将做低速旋转运动。

10.5.3　俄罗斯 122 mm 航空火箭弹

122 mm 航空火箭弹是俄罗斯研制并装备部队使用的 C-13 系列空地火箭弹，用于摧毁机场跑道、地下掩体、机库、通信中心、舰船等坚固目标。该火箭弹与低阻筒管式发射器配合使用，装备苏-27、米格-29 等高速战斗机。为了更好地发挥其对目标的毁伤作用，俄罗斯 122 mm 航空火箭弹配备有穿甲、杀伤爆破、真空型等多种类型的战斗部。

俄罗斯 122 mm 航空火箭弹由战斗部、引信、火箭发动机和稳定装置组成，如图 10-41 所示。其主要战术技术性能：弹径为 122 mm，弹长为 2 920 mm，质量为 75 kg，最大速度为 550 m/s，最大射程为 4 km。

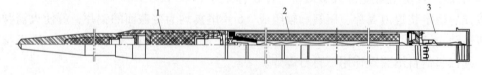

1—战斗部；2—发动机；3—稳定装置。

图 10-41　122 mm 航空火箭弹总体结构

(1) 战斗部

该火箭弹头部采用尖头穿爆型战斗部，利用高速飞行所获得的动能碰击目标，穿入内部，经一定延时再爆炸，可穿透 6 m 厚的土层加 1 m 厚的混凝土跑道。穿爆战斗部之后是电磁引信，靠其电磁铁在撞击目标时的惯性力作用，切割磁力线圈，产生电脉冲引爆战斗部。为了增大战斗部威力，采用两节战斗部方案，如图 10-42 所示。杀伤爆破型火箭弹战斗部内装 450 块质量为 25～35 g 的预制破片。

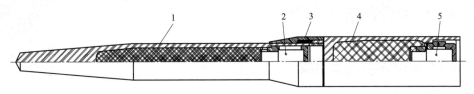

1—前战斗部；2—引信；3—连接螺；4—后战斗部；5—引信。

图 10-42　穿爆型战斗部

（2）火箭发动机

该火箭发动机主要由燃烧室、药柱组件、喷管组件、带支架的点火系统、中间底等零部件组成。为了避免飞机的起降及发射给火箭弹带来的不利影响，该火箭发动机设计很有特色。发动机结构如图 10-43 所示。

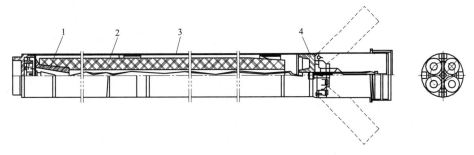

1—定位套；2—推进剂；3—燃烧室；4—稳定装置。

图 10-43　发动机结构

① 为了便于机械加工，燃烧室分为两节，中间用螺栓连接。燃烧室前端有中间底，与战斗部相连。燃烧室后端与喷管组件相连。

② 推进剂药柱为单孔管状药。为了防止发动机工作时出现侵蚀效应及过高的压力峰值，在靠近喷管一端，推进剂的药柱外径小于整个药柱外径，并有一角度过渡。

③ 为了更好地固定推进剂药柱，在前端（靠近连接中间底）设计一个定位套，与药柱连接。定位套被固定在中间底上，后端（靠近喷管处）设计有垫圈。它们使推进剂药柱很好地固定在燃烧室中。它们的另外一个重要作用是，发动机工作后期不容易有碎药现象。缓冲垫及纸垫等零件可保证推进剂药柱的完整性，保证整个火箭系统具有良好的性能。

④ 喷管组件由喷管、活塞、夹紧塞、挡药板、喷管等组成。4 个喷管在一定的位置均布在喷管座上。喷管倾斜一定的角度，在发动机工作时提供给整个火箭弹一定的导转力，使火箭弹旋转，达到提高火箭弹射击密集度的目的。

（3）稳定装置

俄罗斯 122 mm 航空火箭弹稳定装置设计与 90 mm 航空火箭弹类似，有 4 片刀状翼片，在火箭弹飞离发射筒后，由于活塞的作用，十字块将翼片推开，使尾翼前张，以达到提供稳定力矩的作用。

10.6 火箭弹的散布问题

10.6.1 火箭弹的射击精度

火箭弹的射击精度，包括准确度和密集度两方面内容。火箭弹主要用以消灭敌方集群装甲目标和带有轻型装甲防护的有生力量，所以不仅射击准确度要高，能准确发射到目标上空，而且密集度要好，能覆盖目标区内大部分目标。

为了使问题简化，在讨论研究火箭弹的运动时常常忽略各种扰动因素，并把火箭弹的运动作为质点运动来研究。在这种条件下，火箭弹的飞行弹道将是一种理想弹道。实际上，火箭弹在飞行过程中将会受到各种扰动因素的影响，其实际弹道将偏离理想弹道，形成射弹的落点散布。

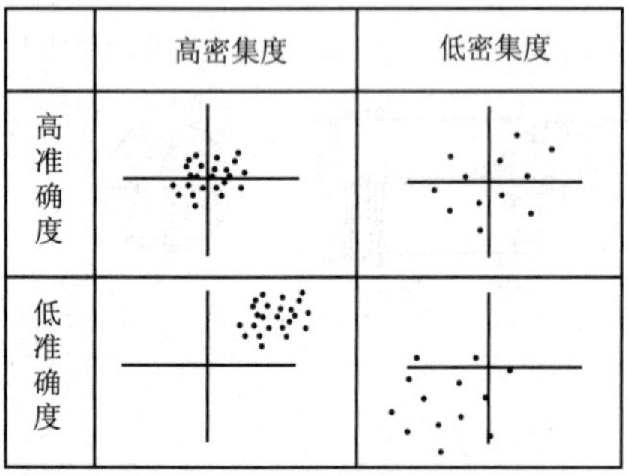

如图 10-44 所示，对于一组火箭弹的射击结果，其弹着点的平均位置常被称为散布中心，各弹着点偏离散布中心的程度常被称为密集度，而散布中心偏离瞄准点（目标）的程度又常被称为准确度。图中左上方框，表明了弹着点密集，且散布中心与瞄准点重合。这说明射弹的密集度高，准确度也高。同理，也可说明其他几种情况。通常，准确度与瞄准、指挥、射击操作等因素有关，而射击密集度则反映了武器系统本身的射击性能，因而常用射击密集度来评定火箭武器的技术性能。

图 10-44 射弹的密集度和准确度

火箭弹的散布虽然是一种随机现象，但它是有规律的，即所有的弹着点都分布在某一椭圆范围内，而且这种分布服从正态分布规律。一般来说，火箭弹的密集度较差。因此如何提高火箭弹的密集度，仍然是火箭弹研究中的一个重要课题。

10.6.2 火箭弹散布影响因素

由于火箭弹本身结构上的特点，射击时射弹散布比一般炮弹大得多，特别是方向散布更大些。有哪些原因造成了火箭弹较大的散布呢？对一般火箭弹来说，主要是推力偏心、质量分布不均衡、起始扰动、火箭弹的气动弹性以及阵风的影响。

(1) 推力偏心

在理想的情况下，火箭弹推力的作用线应通过火箭弹的质心，且与火箭弹纵轴重合；但实际上，加工装配误差、发动机燃烧不稳定、喷出燃气流不对称等，使推力作用线既不通过火箭弹的质心，也不与弹轴重合，因而存在垂直于弹轴的分力和力矩作用于火箭弹上的问题。这就是常说的推力偏心，它常用推力偏心距及推力偏心角来表示。

推力及其偏心的随机规律可以通过试验用统计学理论来求得。

(2) 质量分布不均衡

由于加工制造、装配或者弹体质量分布不均匀等，火箭弹质量分布不均衡，质心偏离了弹轴。弹绕纵轴旋转时，将同时产生静不平衡力和动不平衡力，因而存在质量偏心距和动不平衡度。

(3) 起始扰动的影响

火箭弹脱离发射筒（架）时，由于各种因素的影响，运动姿态受到扰动，使其具有起始攻角（弹轴与速度矢量线间的夹角）、起始偏角（速度矢量与基准射向的夹角）和起始摆动角速度。由于每发弹外形、尺寸都有差异，火箭弹与发射筒（架）之间的配合间隙、运动情况也有差异，多管火箭炮发射时炮身振动情况对每发弹的影响都不一样，属于弹、炮配合方面的偶然因素的影响使得每发弹的起始扰动不一样，因而造成了弹着点的散布。

(4) 气动弹性

长细比大的火箭弹，在发射和飞行过程中，都会受到空气载荷的影响而发生振动，火箭弹发生的振动又将会引起运动姿态发生变化。这将影响飞行稳定性和弹道的散布。

(5) 阵风的影响

在火箭弹弹道上，有方向和大小都经常变化的阵风存在。这也是影响散布的主要因素。

10.6.3　提高火箭弹密集度的技术措施

多年来，人们在减小火箭弹的射弹散布方面进行了大量的研究工作，如采取火箭弹微推力偏心喷管技术、尾翼延时张开技术、同时离轨技术、控制全弹的动不平衡以及简易控制技术等，以提高其射击密集度。

(1) 微推力偏心喷管技术

推力偏心是火箭弹产生散布的主要原因之一。采用微推力偏心喷管设计，利用调整喷喉尺寸和喷管收敛段空间的方法，使得火箭发动机在整个工作过程中的推力偏心大大减小。

(2) 尾翼延时张开技术

尾翼张开过程必然引起振动，所以不希望尾翼的张开过程发生在火箭弹启动时，而是希望延迟一段时间。此时火箭弹已经具有了一定速度和惯性，即使有了扰动，火箭弹也能产生足够的恢复力矩，使得扰动尽快衰减。但是，尾翼张开时间也不能太迟，否则尾翼没张开，就起不了稳定作用。所以，尾翼延时张开有一个最佳时间的选定问题。

(3) 同时离轨技术

无控火箭弹的长径比普遍很大（即火箭弹比较细长），所以在弹体上相应地设计有几个定心部。同时，火箭发射管与火箭弹之间存在间隙。在火箭弹前定心部出炮口后的半约束期内，火箭弹体就会倾斜，而且火箭弹又是低速旋转的，因此会引起较大的起始扰动。如果把发射管前、后两节的内径设计成尺寸不同，从而保证弹上前、后两个定心部同时离轨，就从根本上消除了半约束期，使起始扰动大幅降低，从而提高密集度。

(4) 严格控制火箭弹全弹的动不平衡

由于低速旋转的尾翼稳定火箭弹的最大转速能达到 600～900 r/min，所以必须在最后的装配阶段对全弹的动不平衡进行严格调整。

(5) 提高武器系统的火控能力，使射击参数能及时归零

MLRS 火箭系统的密集度之所以能达到世界水平，除了采用同时离轨、尾翼延时张开和选择合理转速之外，很重要的一条就是武器的火控系统先进。MLRS 火箭炮一次齐射 12 发火箭弹是在 1 min 之内完成的，弹与弹之间的平均发射间隔不超过 5 s，而就在这 5 s 时间内，所有的射击诸元能够完全归零。这种火控系统的精确控制能力，可以使火箭弹的密集度

大大提高。

(6) 简易控制技术

除了上述多种提高火箭弹密集度的措施外,俄罗斯的"旋风"火箭弹还采取了简易控制技术,从而使密集度达到了更高水平。简控火箭弹不是导弹,不能主动探测目标,进而锁定、跟踪,直至击中目标;简控火箭弹只能对弹道的某些参数进行控制或修正,而且只能在一定范围内进行。简控火箭弹是在已经通过其他技术途径(如减小推力偏心,减小起始扰动等)使密集度得到改善,但还是满足不了战术要求的情况下,再采取简易控制措施,使密集度进一步提高。密集度如果原来就很差,那么单纯依靠简易控制也很难得到修正。

10.7 火箭弹的发展趋势

与一般火炮弹丸相比,火箭弹具有如下优越性:高速度和远射性;威力大,火力密度强;机动性和火力急袭性好;发射时作用于火箭弹诸零件上的惯性力小。因此,第二次世界大战以来火箭弹备受许多军事强国的重视。特别是近十几年来,中、远程火箭弹在局部战争中更是发挥了重大的作用。随着一些高新技术、新材料、新原理、新工艺在火箭弹武器系统研制中的应用,火箭弹在射程、威力、密集度等综合性能指标方面都有了较大幅度的提高。其发展趋势:采用高能推进剂与优质壳体材料,实现远程化;改进设计,提高密集度;加装简易控制,对其弹道进行修正,提高命中精度,实现精确化;配备多种战斗部,拓宽用途,提高威力,实现多用途化。

10.7.1 远程化

推进剂的比冲大小和装载质量的多少是决定火箭弹射程远近的重要参数。近年来高能材料在固体推进剂制造中的应用,使得推进剂能量有了大幅度提高。目前,改性双基推进剂添加黑索今、铝粉以后,其比冲已达到 240 s 以上;而复合推进剂的比冲则达到了 250 s 以上。近年来高强度合金钢、轻质复合材料等高强度材料通常被用作火箭壳体材料,同时采用强力旋压、精密制造等制造工艺技术,不仅减轻了壳体重量,提高了材料利用率,降低了生产成本,而且大幅减轻了火箭弹的消极质量,提高了推进剂的有效装载质量。在总体及结构设计方面,采用现代优化设计技术、新型装药结构、特型喷管等,有效地提高了推进剂的装填密度和发动机比冲。

这些新材料、新技术、新工艺的应用使得火箭弹的射程不断提高。目前,火箭弹在射程方面的发展主要有两个方面:现有火箭弹改造,提高其射程,如目前大多数国家已装备的 122 mm 火箭弹,经过改造以后,其射程已达到 30~40 km;大力开发研制大口径远程火箭弹。目前,已装备或正在研制的远程火箭弹有埃及的 310 mm 口径 80 km 火箭弹、意大利的 315 mm 口径 75 km 火箭弹、俄罗斯的 300 mm 口径 70 km 火箭弹、美国的 227 mm 口径 45 km 火箭弹、巴西的 300 mm 口径 60 km 火箭弹、印度的 214 mm 口径 45 km 火箭弹等。从目前火箭弹的发展趋势来看,最近几年内火箭弹的射程有望达到 150 km 以上。

10.7.2 精确化

落点散布较大是早期火箭弹最大的弱点之一。随着射程的不断提高,在相对密集度指标不变的情况下，其散布的绝对值越来越大。这将大大影响火箭弹的作战效能。

近几十年来为了提高火箭弹的射击密集度，已开展了大量的研究工作。在常规技术方面，进行了高低压发射、同时离轨、尾翼延时张开、被动控制、减小动不平衡以及微推力偏心喷管设计等技术的研究。有些研究成果已被应用在型号研制或装备产品改造中，并取得了明显的效果。如微推力偏心喷管设计技术在 122 mm 口径 20 km 火箭弹改造中被应用之后，其纵向密集度已从 1/100 提高到 1/200 以上。在非常规技术方面进行了简易修正、简易制导等先进技术的研究。俄罗斯的 300 mm 口径 70 km 火箭弹采用简易修正技术，对飞行姿态和开舱时间进行修正以后，其密集度指标达到 1/310。美国和德国在 MLRS 多管火箭上采用惯性制导加 GPS 技术，研制出了制导火箭弹。未来的火箭弹将会采用简易制导、多模弹道修正、灵巧智能子弹药等先进技术，以实现对大纵深范围内多类目标的精确打击。

10.7.3 多用途化

早期的野战火箭弹主要用于对付大面积集群目标，所配备的战斗部仅有杀爆、燃烧、照明、烟幕、宣传等作战用途，而单兵使用的反坦克火箭弹也只有破甲和碎甲的作用用途。

现代野战火箭弹在兼顾对付大面积集群目标作战任务的同时，已开始具备高效毁伤点目标的能力，并且战斗部的作战功能已实现多极化。目前，为了消灭敌方有生力量及装甲车辆等目标，大多数火箭弹都配有杀伤/破甲两用子弹子母战斗部；为了能快速布设防御雷场，已研制了布雷火箭弹；为了提高对装甲车辆的毁伤概率，许多国家在中、大口径火箭弹上配备了末敏子弹和末制导子弹药；为了高效毁伤坦克目标，除研究新型破甲战斗部，提高破甲深度外，也开展了多级串联、多用途以及高速动能穿甲等火箭弹战斗部的研制；为了使火箭弹在战场上发挥更大的作用，许多国家正在研制侦察、诱饵、新型干扰等高技术火箭弹，如澳大利亚和美国正在研制一种空中悬浮的火箭诱饵弹，主要用于对抗舰上导弹系统。

随着现代战争战场纵深的加大、所需对付目标类型的增多以及目标综合防护性能的提高，要求火箭弹的设计与研制不仅要大幅度提高战斗部的威力，其作战用途也要进一步拓宽。

习　题

1. 火箭弹和炮弹的作用原理有什么不同？与之相比，火箭弹具有哪些优越性？
2. 分析火箭弹的外弹道过程，并指出主动段和被动段弹道的特点。
3. 固体燃料火箭发动机由哪些部件组成？每个部件的功能分别是什么？
4. 尾翼装置的基本结构有哪几种形式？固定式尾翼与折叠式尾翼各有什么特点？
5. 对一般火箭弹来说，影响射弹散布的因素有哪些？如何提高火箭弹射击密集度？
6. 反坦克火箭弹和航空火箭弹的作用原理和应用领域有哪些？
7. 火箭推进剂药柱的设计参数主要有哪些？有哪些分类方式？

第 11 章
灵巧弹药

为了适应现代战争的需要，随着科学技术的发展，弹药领域发生了日新月异的变化，出现了许多新型弹药，而灵巧弹药就是其中一类。此类弹药是在外弹道某段上能自身搜索、识别目标，或者自身搜索、识别目标后还能跟踪目标，直至命中和毁伤目标的弹药。

灵巧弹药是介于无控弹药和导弹之间的弹药，它包括敏感器引爆弹药（末端敏感弹药）和末制导弹药；在当前发展阶段更广泛一些，它还可把弹道修正弹药和简易控制弹药包含在内。敏感器引爆弹药由载体抛撒后落向目标区，在有效作用范围内探测到目标后，起爆战斗部，形成爆炸成型弹丸而毁伤目标，它是一种射击—毁伤的攻击方式，其搜索面积较小，主要用于攻击集群装甲目标；末制导弹药能跟踪目标，并最终击中目标，主要用于攻击战场上纵深的装甲队列，其毁伤机理是战斗部碰撞后起爆而毁伤目标，它是一种击中—毁伤的攻击方式。

11.1 末敏弹

11.1.1 概述

末敏弹是国外于20世纪70年代发展起来的一种用于对付坦克、自行火炮和步兵战车等装甲目标的新型灵巧弹药。它是一种敏感器引爆弹药，是把先进的敏感器技术和爆炸成型弹丸技术应用到子母弹领域中的一种新型弹药。

末敏弹是末端敏感弹药的简称。这里末端是指弹道的末端，而"敏感"是指弹药可以探测到目标的存在并被目标激活。所以，末敏弹就是弹道末端能够探测出装甲目标方位并使战斗部朝着目标方向爆炸的炮弹。末敏弹多采用子母弹结构。母弹内装多个子弹。母弹仅仅是载体，只有子弹才具有末端敏感的功能。

子弹事实上可以用多种载体运载，如炮弹、远程火箭、航空火箭、布撒器等，一次发射（或投射）可攻击多个不同的目标。末敏弹专门用于攻击集群坦克装甲车辆等的顶部装甲，是一种以多对多的反集群装甲目标的有效武器。末敏弹除了具有常规炮弹的间瞄射击的优点外，还能在目标区上空自动探测、识别并攻击目标，实现"打了不管"的效果。它是一种具有高效费比的灵巧炮弹。其扫描与攻击目标示意图如图11-1和图11-2所示。

第 11 章 灵巧弹药

图 11-1 末敏弹正在对目标区域做螺旋状扫描

图 11-2 末敏弹发现目标后，攻击装甲车辆

美国是最早开展末敏弹研究的国家。目前，除美国外，德国、法国、瑞典、俄罗斯等国在末敏弹的技术方面处于领先地位。一些国家研制的末敏弹主要性能见表 11-1。

表 11-1 末敏弹主要性能

型号	SADARM	BONUS	SMArt155	ACED155
国别	美国	法国-瑞典	德国	法国
母弹直径/mm	155	155	155	155
子弹数量	2	2	2	2
子弹直径/mm	147	138	147	130
子弹质量/kg	12.5	6.5		
末端敏感体制	双色红外/主被动毫米波/磁	红外/毫米波	双色红外/主被动毫米波	双色红外/毫米波
战斗部威力	斜距 150 m 处引爆，可击穿装甲目标	斜距 150 m 处引爆，可击穿 108 mm 厚装甲	斜距 150 m 处引爆，可击穿装甲目标	斜距 100 m 处引爆，可击穿 100 mm 厚装甲

相对于子母弹，末敏弹具备了在一定范围内探测目标的能力，因而其威力比子母弹提高了一大步。但是试验表明，末敏弹传感器的探测范围有限，而且在对运动的装甲目标攻击时，没有改变飞行轨迹的能力，从而使其作战效力受到一定的限制。

11.1.2 末敏弹结构

（1）末敏弹结构

末敏弹由母弹和药筒组成。母弹由薄壁弹体、时间引信、抛射装置、分离装置、敏感子弹等组成。末敏弹系统组成如图 11-3 所示。

敏感子弹由 EFP 战斗部、中央控制器、复合敏感器系统、减速减旋与稳态扫描系统、电源、子弹壳体等组成。EFP 战斗部由 EFP 战斗部装药、起爆装置、保险机构、自毁机构等组成，主要完成对目标的最终毁伤功能。中央控制器由火力决策处理器、驱动舱、控制舱

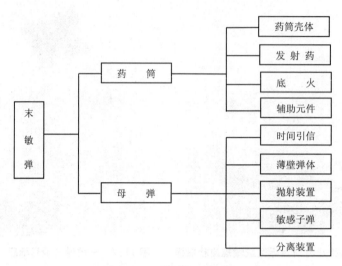

图 11-3 末敏弹系统组成

等组成，具有火力决策、信号处理、数据采集、电源管理、驱动控制等功能。复合敏感器系统的主要作用是探测目标，而其敏感体制主要是由毫米波雷达、毫米波辐射计和双色红外探测器单独或者组合而成。如美国"萨达姆"末敏子弹的复合敏感器系统由毫米波雷达、毫米波辐射计、红外成像敏感器、磁力计组成。减速减旋与稳态扫描系统由充压式空气充气减速器和涡旋式旋转伞组成。其中，稳态扫描装置的作用是使敏感子弹药在降落过程中达到预定的稳态扫描状态。

(2) 几种典型末敏弹

① 德国 SMArt 155 mm 末敏弹。德国 SMArt 155 mm 末敏弹可以说是当今最先进的炮射末敏弹（图 11-4）。它是德国的智能弹药系统公司（GIWS）从 1989 年开始为德国 PzH2000 155 mm 自行火炮研制的。1994 年进行了该弹的首次实弹射击，以试验其薄壁结构。其弹体壁厚只有普通炮弹的 1/4～1/3。这样做的目的是使母弹的有效载荷空间最大，同时也使 EFP 战斗部药型罩的直径最大。

SMArt 155 mm 末敏弹外形与 DM 642 式子母弹相同，内装 2 枚自主式子弹药。图 11-5 所示为 SMArt 末敏弹中带冲气式减速伞的子弹药。该炮弹弹带较宽，且弹底有弹底塞。SMArt 155 mm 末敏弹可配用 DM 52A1 式电子时间引信，可编定为在目标上空作用。电子引信作用后起爆装在弹头尖顶部的抛射装药。抛射装药产生超压将弹底塞弹出，随后将子弹药抛射出去。子弹药由减速减旋与稳态扫描装置、传感器引爆系统和战斗部组成。减速减旋与稳态扫描装置由阻力伞和 3 个减旋翼及旋转降落伞组成。降落过程中，阻力伞和减旋翼控制子弹药的气动力，而旋转降落伞控制子弹药旋转，在目标区域上空扫描。传感器引爆系统基于火炮发射加固处理的电子组件，由多通道红外微波雷达（工作频率为 94 GHz）、无线电高度计传感器系统、数字信号处理器和电源组件组成。战斗部由钽制爆炸成型弹丸以及安全与解除保险装置组成。当使用 DM72 模块装药系统从 155 mm 火炮发射时，SMArt 155 mm 末敏弹的射程为 28 km。

第 11 章 灵巧弹药

(a)

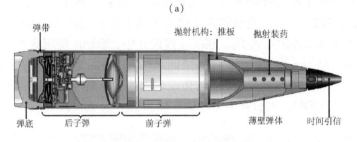

(b)

图 11-4 SMArt 155 mm 末敏弹

(a)

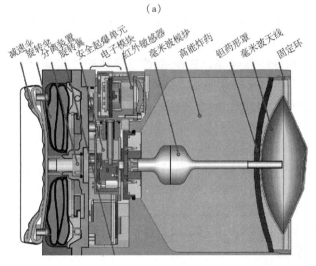

(b)

图 11-5 SMArt 末敏弹中带冲气式减速伞的子弹药

SMArt 末敏弹敏感装置采用了 3 个不同的信号通道，即红外探测器、94 GHz 毫米波雷达和毫米波辐射计，从而使它具有较强的抗干扰能力，能适应战场环境。即使由于环境条件（如大气条件）使敏感器某个通道不能正常工作，SMArt 也可以根据其他两通道的信号识别目标。例如，在地面有雾的情况下，红外探测器很难接收到目标的红外辐射信号，但毫米波在雾中可以照常工作。各路探测器接收的信号由弹上的信息处理器利用统计计算的方法进行综合分析和处理，以降低虚警率。

SMArt 在结构设计上不仅使毫米波雷达和毫米波辐射计共用一个天线，而且使天线与 EFP 战斗部的药型罩融为一体。这种结构不仅为天线提供了一个合适孔径，而且因不需要添加机械旋转装置而较好地利用了空间。在战斗部设计中，SMArt 使用高密度的钽作为药型罩的材料。这样，在 155 mm 炮弹内部空间有限的条件下，尽可能地提高了 EFP 战斗部的穿透能力，所形成的侵彻体的长细比接近 5。与使用铜质药型罩时相比，侵彻体的穿透力提高了 35%。图 11-6 所示为 SMArt 末敏弹中子弹药形成的 EFP 及其侵彻效果。

图 11-6　SMArt 末敏弹中子弹药形成的 EFP 及其侵彻效果

SMArt155 末敏弹可由多个国家装备的多种型号 155 mm 榴弹炮发射，飞抵目标区上空且当高度降至 500～1 100 m 时，母弹电子时间引信作用，起爆抛射药，产生的火药气体压力直接作用于推板并传递到弹底，剪断弹底与弹体的连接螺纹，抛出两枚子弹药；子弹药抛出后，每枚子弹药首先打开冲压式减速减旋伞，以减慢飞行速度和转速，弹上电源延时 1 s 激活；后子弹药延时 5 s、前子弹药延时 6 s，释放涡环旋转伞并彼此分开；子弹药在 100 m/150 m 的高度开始搜索目标，如图 11-7 所示（当子弹药采用 DM702 时，目标搜索起始高度为 100 m，扫描面积为 16 000 m^2；当子弹药采用 DM702A1 时，目标搜索起始高度为 150 m，扫描面积为 35 000 m^2）。在搜索阶段，子弹药的旋转速度大约为 3 r/s，下降速度约为 10 m/s。此时，子弹药的轴线与铅垂线之间的夹角约为 30°。子弹药以上述速度旋转和下落，传感器逐渐缩小扫描范围。一旦识别并定位目标，子弹药便起爆爆炸成型弹丸战斗部，形成的高速钽爆炸成型弹丸从顶部摧毁目标。如果子弹药在 20 m 高度没有探测到目标，则自毁，如图 11-8 所示。

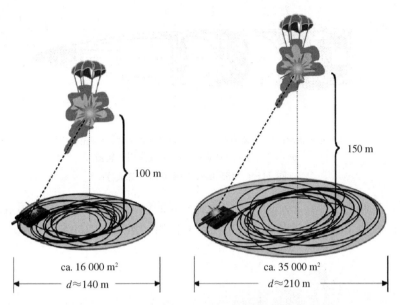

图 11-7　SMArt155 末敏弹子弹药扫描过程

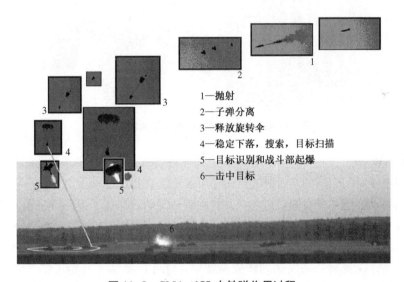

1—抛射
2—子弹分离
3—释放旋转伞
4—稳定下落，搜索，目标扫描
5—目标识别和战斗部起爆
6—击中目标

图 11-8　SMArt155 末敏弹作用过程

② 瑞典、法国联合研制的"博纳斯"155 mm 末敏弹。瑞典博福斯公司和法国地面武器工业集团于 20 世纪 80 年代初联合研制的"博纳斯"155 mm 末敏弹，是一种采用底部排气装置的远程弹药。在用 52 倍口径火炮发射时射程为 35 km。其结构如图 11-9 所示。"博纳斯"末敏弹主要由底排装置、敏感器、战斗部、抛撒装置、反碰撞装置、安全引爆装置和引信组成。

与其他末敏弹相比，"博纳斯"在设计上也有一定的特色。它的稳定装置没有阻力伞，而是用了一个由两片旋弧翼组成的圆盘，如图 11-10 所示。子弹被抛出后，位于子弹一侧的圆形红外敏感器张开，并被锁定在固定的位置上；与此同时，在敏感器对称一侧的稳定圆

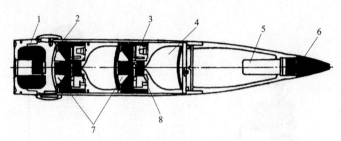

1—底排装置；2—母体弹；3—敏感器；4—战斗部；5—抛撒装置；
6—引信；7—反碰撞装置；8—安全引爆装置。

图 11-9　155 mm "博纳斯" 末敏弹

盘也张开了，从而使子弹在下降的过程中达到相对的稳定状态。由于没有用阻力伞，故子弹下降的速度比较快，减少了被敌方干扰的机会；同时，风对子弹的影响也减小了。

图 11-10　"博纳斯" 末敏弹母弹和子弹药

"博纳斯" 155 mm 末敏弹的作用原理：炮兵在将装有 2 枚圆柱形子弹药的末敏弹装入炮膛之前，先选定电子时间引信的定时时间。引信可装定为在目标区域上空 1 000 m 的高度上作用，引燃抛射装药将子弹药从弹底弹射出去，并利用旋转制动器降低子弹药转速和下降速度。在子弹药降落过程中，在两片弹翼和光电组件展开之后，稳定盘投放出去。随后，子弹药降落速度减至 45 m/s，并以 15 r/s 的旋转速率自旋转。光电组件装有多波段被动式红外传感器，而只有当弹载激光高度计探测到的高度达到作战高度后，红外传感器才开始工作。大约在距离地面 175 m 的高度上，红外传感器开始工作，扫描角为 30°，扫描区域直径为 175 m，扫描面积约为 32 000 m^2。子弹药以螺旋方式搜索目标。一旦光电组件锁定目标，战斗部将在最佳炸高（通常为 150 m）上起爆，攻击相对较易损的顶部装甲。它可穿透 100 mm 厚的装甲板（图 11-11），对装甲后器材和人员进行毁伤。

"博纳斯" 155 mm 末敏弹的主要战术技术性能：全弹质量为 44.4 kg，子弹药质量为 6.5 kg，全弹长（加装引信）为 898 mm，子弹药直径为 138 mm，子弹药高为 82 mm，最大射程为 35 km（52 倍口径火炮）或 27 km（39 倍口径火炮）。与 SMArt 相比，"博纳斯" 的敏感装置比较简单。它只采用了一个多波段的被动式红外线探测器，而没有使用比较复杂的复合敏感装置，因此它的目标识别率相对而言是比较低的。

③ 美国 M898 式 "萨达姆" 155 mm 末敏弹。从 20 世纪 60 年代初开始研制 "萨达

图 11-11 "博纳斯"末敏弹作用过程和子弹药攻击装甲效果

姆"(SADARM,图 11-12)。其结构特点和 SMArt 差不多,敏感装置是复合型的。它由一个红外探测器、一个主动式毫米波探测器和一个被动式毫米波探测器组成;减速减旋与稳态扫描装置使用冲压式空气充气减速器和涡旋式旋转伞(图 11-13),以 10 m/s 的落速和 4 r/s 的转速进行稳态扫描;战斗部也是钽 EFP 战斗部,可以实现 150 m 距离击穿装甲目标。

图 11-12 美国"萨达姆"末敏弹　　图 11-13 "萨达姆"末敏弹中的子弹药

另外,"萨达姆"末敏弹还可用于 227 mm 多管火箭系统,但子弹的直径稍大一些(用于多管火箭时,子弹的直径是 175.6 mm;用于 155 mm 火炮时,子弹的直径是 147.3 mm)。因此,子弹的质量也略有不同。而且,用于多管火箭系统时,每发火箭弹中含有 6 枚末敏弹。

④ 美国斯基特(Skeet)航空布撒器末敏弹。以上 3 种末敏弹均配用于 155 mm 加榴炮,且其战术性能与工作过程大致相似。除此之外,由航空布撒器撒布的典型末敏弹还有美国 Skeet 航空布撒器末敏弹。

20 世纪 80 年代初期,Textron 公司开始研制 BLU-108 传感器引爆子弹药,用于 CBU-97 传感器引爆武器(SFW),如图 11-14 所示。该子弹药用于攻击主战坦克、导弹发射架、防空站、装甲人员运输车和停机坪上停放的飞机等。该弹于 1992 年研制成功,目前已装备美国空军。在 2003 年的伊拉克战争中美国空军首次使用了 CBU-97 SFW。CBU-97 SFW 是在

SUU-65/B 战术弹药布撒器中装入 10 枚 BLU-108 子弹药后构成的。CBU-97 SFW 装有 10 枚 BLU-108 时的总质量为 454 kg，长为 2.337 m，弹径为 406.4 mm，翼展为 520 mm（闭合）/1 070 mm（展开）。454 kg（1 000 lb[①]）级的 CBU-97 SFW 最初用于低空高速投放。该武器是世界上第一种投入战场使用的采用末敏子弹药的空投集束炸弹。

图 11-14　CBU-97 传感器引爆武器和 BLU-108 传感器引爆子弹药

BLU-108 传感器引爆子弹药外形呈圆柱形，尾部有 4 片小的矩形尾翼。从母弹中发射出去之前，其弹体直径为 133 mm，长为 790 mm，质量为 29 kg。每枚子弹药都装有 4 个斯基特（Skeet）战斗部。斯基特战斗部的外观像罐头盒，而内部为聚能装药结构。其质量为 3.4 kg，直径为 127 mm，高为 90 mm，如图 11-15 所示。

图 11-15　BLU-108 传感器引爆子弹药和斯基特战斗部

当 BLU-108 子弹药从母弹中被抛出后，导引伞打开，使其在下降过程中减速。随后主降落伞打开，使子弹药轴向与地面近似垂直并缓慢下降。待下降至预定高度时，尾翼张开，火箭发动机开始工作，推动子弹药旋转，并产生向上的速度。当转速和高度达到适当值时，

---

①　1 lb＝0.454 kg。

4个斯基特战斗部从子弹药中被抛射出去，如图11-16所示。

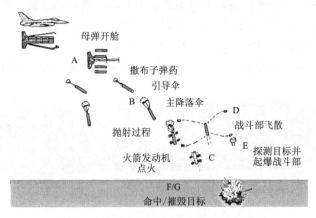

图 11-16　BLU-108子弹药作用过程原理

斯基特战斗部外侧安装有被动式红外传感器。当探测到热源（如坦克发动机）目标后，斯基特战斗部引爆装药，形成爆炸成型弹丸，可对坦克装甲车辆顶部实施攻击。每枚斯基特战斗部扫描面积为 2 697.9 m^2。CBU-97传感器引爆武器中的40枚斯基特战斗部可搜索面积达 60 703 m^2。

在增强型SFW中，对斯基特战斗部进行了改进，包括加装了主动式激光传感器，以补充被动式红外传感器的不足。这样，所组成的双模传感器，能对付各种不同的目标。主动式激光传感器发射一束在地面反射的波束，用来探测目标轮廓，以确认被动式红外探测器探测到的目标；被动式红外传感器用来探测目标的热信号。此外，还改进了斯基特战斗部的光学器件和相应的被动式红外传感器尺寸，从而提高了斯基特战斗部的投放高度；改进了斯基特战斗部的药型罩，即在原药型罩的外圈增加了16个可形成小弹丸的药型罩（图11-17），扩大了破坏目标的区域。除对付重型装甲外，还可有效对付各类软目标或防空设备等目标。斯基特战斗部可形成质量为 0.45 kg 的铜质 EFP。此外，斯基特战斗部中还有自毁装置。

图 11-17　改进后的斯基特战斗部及其形成的 EFP

⑤ 俄罗斯 РБК-500/SPBE-D 末敏弹。РБК-500/SPBE-D 是苏联研制，俄罗斯接收并留装的内装末敏小炸弹的末敏弹，装备于对地攻击机和战斗轰炸机，用于摧毁坦克、装甲车以及其他装甲防护目标，如图 11-18 所示。该弹于 20 世纪 80 年代末由苏联的莫斯科巴扎尔特（Bazalt）航空炸弹厂研制，1992 年首次在希腊国际防务展上公开展出。其设计思想类似于美国空军的内装传感器引爆炸弹的 SUU-64、BLU-108/B 型航空反坦克子母炸弹。

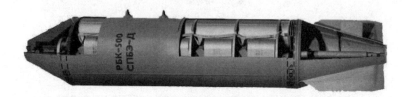

图 11-18　РБК-500/SPBE-D 末敏弹

РБК-500/SPBE-D 是俄罗斯新一代灵巧炸弹，是 КАБ-500Kp 的廉价替代品；主要用来攻击大量低价值目标，如敌方装甲车辆等。整个子母弹设计采用了降落伞以克服重力作用，降低了载机投弹时对飞行速度的要求，从而使得载机能够以较高的飞行速度进行投弹，保证了飞机的机动性和生存性。

该末敏弹由 РБК-500 子母弹箱（母弹）和内装的 14～15 颗 SPBE/SPBE-D 红外传感器引爆的反坦克小炸弹组成。子母弹箱具有低阻气动外形，头部加装整流罩，取消了老式子母弹箱头部的弹道环，吊耳间距 250 mm，尾部有鼓形翼。

该末敏弹中的子弹药类似于美国的"萨达姆"末敏子弹药，它由双色红外传感器（3～5 m 和 8～14 m）和爆炸成型弹丸战斗部所构成，如图 11-19 所示。引信为定时电引信，装在子母弹箱头部。

图 11-19　SPBE-D 末敏子弹

该末敏弹可内装两种子弹药（SPBE，SPBE-D），这两种子弹药的结构原理和弹径相同，仅弹长和弹重略有差异，故两种子弹药的外形尺寸和质量亦有差异，其弹重分别为 15.6 kg（SPBE）和 14.9 kg（SPBE-D），弹长分别为 290 mm（SPBE）和 284 mm（SPBE-D），弹径均为 186 mm，子母弹箱装载数量分别为 14 颗 SPBE 和 15 颗 SPBE-D。

SPBE-D 是 SPBE 末敏子弹药的进一步发展，SPBE-D 表示"标准灵巧反装甲子弹药"，是一种比俄罗斯新型"灵巧炸弹"（如：КАБ-500 Kp）更便宜的弹药。SPBE-D 具有双色红外传感器,并可自主控制,而不用 SPBE 中的命令模块。每个 SPBE-D 配置 3 个独立的小降落伞来控制下落,其尺寸为 280 mm×255 mm×186 mm,重 14.9 kg。SPBE-D 双色红外传感器的视角为 30°,以 6~9 r/min 的转速扫描目标,3 个降落伞控制下降速度为 15~17 m/s,如图 11-20 所示。当传感器捕获目标后,由弹上的微处理器确定战斗部的起爆点(大约在 150 m 的高度);起爆后,173 mm 直径的铜药型罩形成 EFP,在 2 000 m/s 速度下,能够以 30°的攻角穿透 70 mm 装甲。当 РБК-500 母弹内装的 15 个 SPBE-D 时,在 400~5 000 m 高空以 500~1 200 km/h 的速度投放,可以毁歼 6 辆坦克。

图 11-20　SPBE-D 末敏子弹的降落伞和双色红外传感器

该末敏弹以 РБК-500 子母弹为基础,可携带 14~15 枚 SPBE/SPBE-D 制式反装甲子弹药。该末敏弹装备俄罗斯各型战斗机和攻击机。当 РБК-500 母弹被载机投放后,由子母弹箱头部的电引信经预定延时,引爆弹射药,尾部破裂,从而抛射出 SPBE/SPBE-D 末敏子弹药,张开各自降落伞,以 15~17 m/s 速度和 6~8 r/min 的转速向目标区下落,并利用红外传感器(具有 30°的视场)螺旋扫描搜索目标。当子弹药接近目标时,由各自的红外传感器探测选定目标,弹上传感器将与微处理器一起迅速确定最佳炸点并及时引爆爆炸成型弹丸战斗部,摧毁坦克装甲目标。该弹宜于作战飞机高速外挂投放。载机投弹速度为 500~1 400 km/h,投弹高度为 400~5 000 m。

11.1.3　末敏弹作用原理

(1) 敏感器作用原理

末敏弹使用的敏感器主要有毫米波雷达、毫米波辐射计、红外成像探测器以及磁力计等。其工作原理,可以被动毫米波探测目标为例来说明。广义地讲,任何一个物体都是一个辐射源,在一定温度下物体都要发射电磁波。被动毫米波属于无源被动探测。它是根据目标与背景之间的热对比度来识别目标的。众所周知,金属目标和地面背景均以各种频率向外界辐射能量,而其辐射能量的大小将由其发射率而定。各种物体的发射率见表 11-2。可见,金属目标和地面背景的辐射特性有着明显的差别。

表 11-2　各种物体的发射率 E

物体	范围	平均值
金属	0	0
水	0.3~0.34	0.320
混凝土	0.75~0.80	0.775
草地	0.90~0.97	0.935
雪地	0.90~0.97	0.935
湿土壤	0.68~0.70	0.690

当毫米波敏感器进行无源探测时,接收到的辐射能量信号将与天线的亮度温度成正比,天线的亮度温度 T_A 可用下式表示:

$$T_A = (T_G A_G + T_T A_T) / A_A \tag{11-1}$$

式中　　T_G, T_T——地面背景和金属目标的视在温度,K(表 11-3);

A_G, A_T——天线场景内地面背景的面积和金属目标的面积,m^2;

A_A——天线场景的全面积,m^2(即 $A_A = A_G + A_T$)。

表 11-3　几种典型背景的视在温度　　　　　　　　　　　　K

天空	金属	水	混凝土	沥青	裸露土地	草	茂密植物
65	90	150	225	240	265	275	280

由此可知,当天线波束全被目标充满时,天线的亮度温度等于目标的视在温度,即 $T_A = T_T$;同理,当天线波束全被背景充满时,天线的亮度温度等于背景的视在温度,即 $T_A = T_G$,而 T_T 和 T_G 可用下式表示:

$$T_T = E_t T_t + (1 - E_t) T_z \tag{11-2}$$

$$T_G = E_g T_g + (1 - E_g) T_z \tag{11-3}$$

式中　　E_t, E_g——金属目标和地面背景的发射率;

T_t, T_g 和 T_z——金属表面、地面背景和天空的温度,K。

由几种典型的背景和金属目标的视在温度可知,一般常见背景相当于热目标,而金属相当于冷目标,两者的视在温度差可达 100 K 以上。因此,从地面常见背景中探测出金属目标是不难实现的。

实际上,由于目标对天线波束的填充系数小于 1,因而发现目标时的天线亮度温度的对比度为

$$\Delta T_A = T_A - T_G \tag{11-4}$$

式中　　T_A——天线波束内含有目标时的天线亮度温度,K;

T_G——地面背景的天线亮度温度,K。

由于金属目标(如坦克)的辐射性能可被视为近似均匀的,而天线的瓣轴线增益最高,因此当天线依次扫过目标时,天线所接收的信号波形如图 11-21 所示。波形最低点对应于天线主瓣轴线扫过目标中心的瞬间。在动态扫描条件下,通过信号波形即可确定天线主瓣轴

线在扫描方向上越过目标中心的时间，由此可以给出确定目标位置的依据。

（2）末敏弹作用过程

末敏弹作用过程是这样的：装有敏感子弹药的母弹由火炮或火箭发射后按预定弹道以无控的方式飞向目标，在目标区域上空的预定高度，时间引信作用，点燃抛射药，将敏感子弹从弹体尾部抛出。敏感子弹被抛出后，靠减速和减旋装置（一般是阻力伞和翼片）达到预定的稳定状态。在子弹的降落过程中，弹上的扫描装置对地面做螺旋状扫描。弹上还有距离敏感装置，当它测出预定的距地面的斜距时，即解除引爆机构的保险。随着子弹的下降，旋转扫描的范围越来越小，一旦敏感装置在其视场范围内发现目标，弹上信号处理器就发出一个起爆信号，战斗部爆炸后，瞬时形成高速飞行（2 000～3 000 m/s）的EFP去攻击装甲目标；如果敏感装置没有探测到目标，子弹便在着地时自毁。

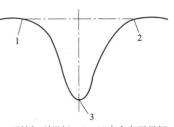

1—开始扫到目标；2—已完全离开目标；
3—波束中心到达目标中心。

图 11-21　典型的信号波形

现以 155 mm "萨达姆" 末敏弹为例，具体介绍末敏弹的作用过程，如图 11-22 和图 11-23 所示。

图 11-22　末敏弹作用过程

① 末敏弹由制式 155 mm 榴弹炮发射。其火炮射击诸元与引信装定诸元的操作，与发射普通无控弹丸相同。

② 末敏弹经无控弹道飞抵目标上空后，时间引信作用，启动抛射装置，打开底螺，向后依次抛出两枚子弹。

③ 子弹抛出后，"空气充气减速器" 被充气，形成扁球形，对子弹起减速、减旋、定向、稳定的作用。

④ 与此同时，启动热电池工作。当热电池达到规定值时开始对电子系统（含微处理器、多模传感器、中央控制器等电器部件）充电启动。

⑤ 当子弹以大着角下落并在中央控制器的控制下时，毫米波雷达开始第一期测距，测定子弹到地面的距离。

⑥ 当测定结果达到预定高度时，在中央控制器的控制下，子弹抛掉 "冲压式空气充气减速器" 后，涡旋式旋转伞在气动力的作用下展开并开始工作，带动子弹旋转。

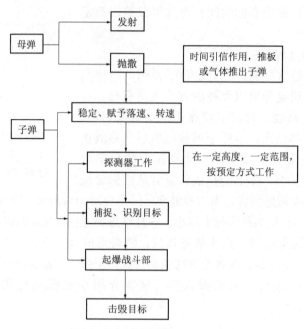

图 11-23 末敏弹作用过程框图

⑦ 在子弹圆柱体外侧，在中央控制器的控制下打开红外探测器窗口并锁定到位，同时启动"红外焦面阵列"开始制冷。

⑧ 在旋转伞带动子弹稳态降落过程中，在中央控制器的控制下，毫米波雷达进行第二期测距。

⑨ 在第二期测距过程中，中央控制器中火力决策处理器启动"前期措施"，完成对目标探测数据采集准备工作。此时，子弹已进入稳态扫描，但子弹高度仍大于威力有效作用高度。火力决策处理器根据各传感器提供的数据，调整探测门限，以抑制假目标和外界干扰，获得最大的探测概率。

⑩ 子弹再下落一段距离后，各传感器在火力决策处理器的统一指令下，进行工作扫描。此时子弹已经进入了威力有效高度，在中央控制器的控制下发火装置解除最后一道保险。

⑪ 对目标的探测，采用相邻的两次扫描后判定的方式，即第一次扫过目标后，向火力决策处理器报告目标和信息；第二次扫过目标时把目标敏感数据与处理器为特定目标设定的特征值进行比较，再做最终判定。

⑫ 第二次扫描结果，如确认是目标，与此同时还判定目标已进入子弹的威力窗口内时，由火力决策处理器下达指令起爆战斗部，抛射出 EFP。

⑬ EFP 以大于 2 000 m/s 的高速射向目标，在目标来不及运动的瞬间，命中并毁伤目标。

⑭ 当第二次扫描结果判定为非目标时，可以改换对象，继续探测其他潜在的目标。

⑮ 如果一直未发现目标，子弹战斗部就在距离地面一定高度时自毁。

11.2 末制导炮弹

11.2.1 概述

末制导炮弹是由火炮发射,在弹道末段上实施搜索、导引、控制,使其能够直接命中目标的一种灵巧型弹药。

末制导炮弹的研制工作开始于 20 世纪 70 年代,其典型代表为美国的 155 mm"铜斑蛇"半主动激光末制导反装甲炮弹和苏联 152 mm"红土地"半主动激光末制导杀伤爆破火箭增程弹。由于在作战时需使用外部激光器照射目标,使用不便,因此,从 20 世纪 80 年代初开始,各国相继开始研制"打了不管"的第二代末制导弹药,如德国采用毫米波制导的 155 mm"伊夫拉姆"(EPHRAM)反装甲制导炮弹、英国利用毫米波制导的"灰背隼"反装甲迫击炮弹、瑞典采用双色红外制导的"Strix"末制导反装甲迫击炮弹等。表 11-4 所示为一些国家研制的末制导炮弹的主要性能。

表 11-4 末制导炮弹的主要性能

型号	ASP	CGSP	XMR21	EPHRAM	CLAMP	Strix	BOSS
国别	美国	美国	北约	德国	以色列	瑞典	瑞典
弹径/mm	155	155	155	155	155	155	155
弹长/mm		869	900				
弹丸质量/kg		40.82	45			51	
末制导方式	红外/毫米波	双色红外	毫米波或红外/毫米波	红外/毫米波	激光半主动	红外	毫米波
搜索范围/m²		10 000		10 000			
战斗部类型	串联空心装药	空心装药	串联空心装药	空心装药	空心装药	空心装药	空心装药
最大射程/km		22	24	24	24	30	

末制导炮弹主要采用榴弹炮、火箭炮和迫击炮等武器系统发射。除了具有常规炮弹的射程远、威力大和精度高的特点外,由于在弹道末段采用制导技术,能越过地形障碍命中静止或行进中的坦克、装甲车辆、舰艇以及掩体、工事等目标,故它是一种集常规炮弹的初始精度和末制导于一体的经济型且首发命中概率高的精确制导弹药。

与其他制导武器相比,末制导炮弹可以利用现代火炮发射,而无须附加地面设备,只借助于火炮较高的射击密集度就可以降低自身搜索目标的难度;但是由于采用火炮发射,其制导系统需要承受高过载且需满足小型化的要求。与末敏弹相比,由于有制导系统,它具有更高的命中精度和对付活动目标的能力,但其制导系统相对末敏弹的敏感器复杂得多。与战术导弹相比,末制导炮弹系统只是在末段弹道实施制导。因此,末制导炮弹既具有与战术导弹相同的射击精度,又比战术导弹结构简单、成本低。

末制导炮弹的这些特点,使常规炮弹的精度有了质的飞跃,已使其成为现代炮兵武器的重要组成部分,具有广阔的发展应用前景。

11.2.2 末制导炮弹结构与组成

(1) 末制导炮弹的组成

末制导炮弹由发射药筒（或药包）和制导炮弹组成，其中发射药筒的结构与作用和普通炮弹相同，在此不再赘述。在发射时，只要装有不同的发射装药，它便可得到不同的攻击范围。制导炮弹部分一般由下述几部分组成：

① 弹体结构：由弹身和前、后翼面连接组成。
② 导引舱：由导引头部件、整流罩、馈线、传感器等组成。
③ 电子舱：由自动驾驶仪、信号处理器、时间程序机构、滚转角速率传感器等组成。
④ 控制舱：由机械类零件，如舵机、热电池、气瓶、减压阀等组成。
⑤ 弹药助推段，包括引信、战斗部、助推发动机、闭气减旋弹带、底座等。

末制导炮弹在发射后的开始阶段与普通炮弹相同，首先沿曲线弹道飞行，而在末制导炮弹进入制导段瞬间，导引头就立即获取目标信息，经信号变换、处理、辨识和选择，得出目标的坐标和运动参数，然后与弹丸运动参数比较，形成导引指令，传输给控制系统，最终通过舵机带动舵面来控制末制导炮弹的飞行，使它命中预选的目标。对于带有助推装置的末制导炮弹，则还有助推增程飞行阶段。

(2) 末制导炮弹的结构与作用

下面以美国 155 mm "铜斑蛇" 末制导炮弹为例来说明末制导炮弹的结构与作用。

美国 155 mm "铜斑蛇" 末制导炮弹是一种精密制导的反坦克炮弹。该弹用于155 mm 榴弹炮，可首发命中远距离活动目标。该弹由制导段、战斗部段和控制段 3 部分组成，如图 11-24 所示。图中 A 为制导段，B 为战斗部段，C 为控制段。

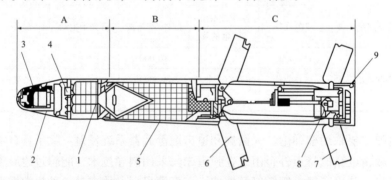

1—电子舱；2—导引头；3—陀螺；4—滚转速率传感器；
5—聚能装药；6—弹翼；7—尾舱；8—舵机；9—滑动闭气环。

图 11-24 "铜斑蛇" 末制导炮弹结构

在 "铜斑蛇" 末制导炮弹的中部有 4 片弹翼，呈十字形；而尾部也有 4 片尾翼（控制舵），亦呈十字形。弹翼是提供升力的主要部件，且主要目的是提高制导炮弹的射程。尾翼是由冷气式气动舵机驱动的旋转振动舵，主要用来提供控制力，以改变飞行弹道，并保证稳定作用。气动舵机的压力源是高压冷气瓶。弹翼和尾翼都是可以折叠的，发射前收入控制段弹身的缝隙内。发射出炮管后尾翼首先展开，并保证飞行稳定；而在达到弹道最高点时，弹翼展开，以增加滑翔距离（20%）。

该弹弹身的长细比为 8.85，弹头为圆头锥形，有利于减小飞行时的头部阻力。激光导引头由位标器和电子舱两部分组成。在位标器中有光学系统、探测器及其前置放大器，还有陀螺及其驱动的元件。电子舱中有信息处理电路、陀螺驱动电路、解码电路和程序控制电路。位标器为陀螺—光学耦合形式，结构简单，性能良好。光学系统的主要部分和探测器均被固定在弹体上，陀螺只稳定一小块反射镜。探测器均被固定在光学系统的后主面上。导引头输出视线角速率信号和支架角信号。

光学系统采用单透镜，视场为±12.5°。滤光片被置于平行光路中。探测器是光电二极管，与前置放大器制成一个组件。探测器位于透镜的后主点附近，稍离焦点，以获得线性信号。

炮弹发射时最大加速度为 9 000 g。为了不损坏陀螺转子，采用了负载转移轴承。发射时陀螺暂时被"固化"。导引头壳体上装有陀螺旋转驱动线圈、陀螺进动线圈、陀螺电锁线圈和补偿线圈 4 种线圈。旋转线圈和进动线圈配于陀螺转子上的环形磁铁，使陀螺旋转和进动，以跟踪目标。电锁线圈和补偿线圈用于输出电锁信号和导引头支架角信号。

在电子舱中装有 8 块圆片形电路板，其间用一条电缆连接。在电子舱前壁上，固定有横滚速率传感器。电路板中央留有战斗部爆炸后形成的金属破甲射流通道。

该弹采用破甲战斗部，利用聚能射流击毁目标。战斗部为圆柱形，在壳体内装有成型装药，前部有铜制药型罩，后部有引信和保险装置。控制舱为圆柱形外壳，前部设置 4 片弹翼，后部设置 4 片尾翼。舱中前部装有高压冷气瓶作为舵机的动力源，后部装有舵机和电池组。在控制舱的后部设有弹底外套滑动闭气环，用以承受发射时的火药气体压力，并起密封作用。155 mm"铜斑蛇"末制导炮弹的主要诸元见表 11-5。

表 11-5　155 mm"铜斑蛇"末制导炮弹主要诸元

口径/mm	155	初速/(m·s^{-1})	587
全弹长度/mm	1 372	全弹质量/kg	62
导引头长度/mm	370	战斗部质量/kg	22.5
战斗部长度/mm	390	炸药质量/kg	6.4
控制舱长度/mm	612	最大加速度/g	7 185
引信型号	XM740	射程/km	4～17

11.2.3　末制导炮弹作用原理

末制导炮弹是用末段制导将弹丸引向目标的，而末制导的实现方法有主动式和半主动式两种。

(1) 主动式末制导炮弹工作原理

主动式末制导炮弹是根据侦察通信指挥系统或 C^{4}I 系统提供的目标位置和运动状态检查弹药，装定工作程序和发射诸元，及装弹、发射。

在膛内，炮弹靠发射时的冲击作用激活工作程序用电池，工作程序开始工作；同时，滑动闭气弹带，密封火药燃气，降低弹体转速。

以正常式布局的末制导炮弹为例,末制导炮弹飞出炮口后,首先张开舵翼,引信解除保险,进入无控段飞行。在接近弹道顶点时,激活弹上热电池、滚转速率传感器和舵机,开始滚转控制,约在 1 s 内停止弹体转动。在飞过弹道顶点后,导引头解锁启动,弹翼张开,进入滑翔飞行阶段。

在距攻击目标只有 2~3 km 时,导引头开始搜索、捕获目标,末制导炮弹按导引规律跟踪目标,控制末制导炮弹飞向目标,引爆战斗部,毁歼目标。

图 11-25 所示为主动式末制导炮弹的工作程序及弹道。

0—发射:检查弹药,装定发射参数,装弹发射,激活工作程序电池,膛内减旋;1—飞出炮口:舵片张开,引信解除保险;2—无控段:无控弹道飞行;3—滚转控制段:激活弹上热电池,启动滚转速率传感器,启动滚转控制机构;4—滑翔飞行段:启动导引头陀螺,张开弹簧,下滑飞行;5—末制导段:脱离风帽,搜索目标,跟踪目标,俯冲目标,摧毁目标。

图 11-25 主动式末制导炮弹的工作程序及弹道

图 11-26 所示是"灰背隼"末制导迫击炮弹全貌及其典型飞行弹道。它装有主动毫米波导引头,能在大多数气象条件下用来探测运动/固定目标,由主动毫米波制导系统、舵面、电子仪器、成型装药战斗部、保险和解除保险装置及尾翼组成。其工作过程是:当末制导迫击炮弹飞出炮口后便展开尾翼,战斗部解除保险,弹出舵面,制导系统进入寻的状态。导引头的扫描有效作用范围为 300 m×300 m。在此范围内的任何装甲目标一旦被发现就被锁定。成型装药战斗部能攻击坦克和装甲目标的顶部。

(2) 半主动式末制导炮弹工作原理

半主动式末制导炮弹工作原理如图 11-27 所示。

用激光器指示目标,而制导炮弹上的导引头则通过从目标反射回来的激光确定目标的位置,并经控制舵修正其飞行弹道,从而最终将炮弹导向目标。末制导炮弹由于并不携带用于指示目标的激光器,故被称为半主动式。目前指示目标的方法有以下几种:

① 前沿观察员指示目标。由前沿观察员(单兵)携带激光指示器,当发现目标后照射目标,随即将地形特点、目标方向和运动速度通知火炮,并要求发射制导炮弹,如图 11-28 所示。当弹丸飞行在弹道下降段时,一般在 10~15 s 范围内即可击中目标。这种方法简单易行。通常用一辆吉普车,同时搭载几名警戒通信兵,在距目标 3 km 左右的位置选择视界开阔的制高点,并隐蔽地安置激光器。它可以有效地配合处于 20 km 后方的火炮攻击坦克或装甲目标。

② 无人驾驶飞机指示目标。无人驾驶飞机上安装激光指示器,同时装有电视摄像机、

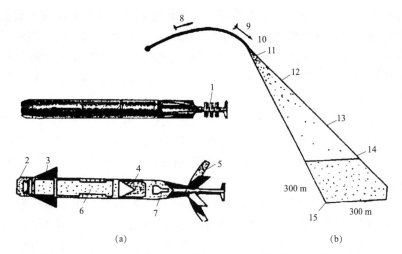

1—发射药;2—导引头;3—鸭舵;4—聚能装药;5—稳定尾翼;6—弹载电子控制设备;
7—引信、保险与解脱机构;8—展开尾翼;9—解脱引信保险;10—接通导引头;
11—弹道转弯;12—展开鸭舵;13—搜索目标;14—导向目标;15—目标搜索区。

图 11-26 "灰背隼"末制导迫击炮弹全貌和典型飞行弹道

(a)"灰背隼"末制导迫击炮弹全貌;(b)典型飞行弹道

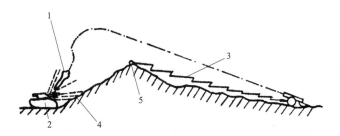

1—制导炮弹;2—目标;3—与火炮通信联络;4—反射激光;5—激光目标指示器。

图 11-27 激光制导炮弹导引原理

图 11-28 前沿观察员指示目标末制导炮弹作战示意

红外线监视装置等。无人驾驶飞机由后方控制车上人员远距离控制。当飞机到达目标区上空时发出激光束照射目标,由于目标指示器的光轴与电视摄像机的光轴平行,因而发现目标后即可发射制导炮弹。无人驾驶飞机由于体积小、飞行速度快、不易被敌方火炮击毁,同时炮兵的指挥人员可通过电视和红外监测装置直接观察目标,因而比采用前沿观察员的方法好。

③ 直升机指示目标。在攻击型直升机上安装激光器,同时安装光学和红外线监测装置等。因为直升机较无人驾驶飞机易于受到敌方高射火炮的攻击,所以直升机应处于敌方火炮有效射程以外的上空照射目标。

当激光指示器瞄准目标后给出信号,火炮发射炮弹。在末制导炮弹飞向目标的过程中,激光指示器不断向目标发射激光。弹上激光导引头接收到目标反射回来的激光能量后,制导装置便产生控制指令,并通过舵机使导弹的控制舵偏转,从而改变导弹飞行方向,纠正弹道,引导制导炮弹飞向目标。

图 11-29 所示为"铜斑蛇"末制导炮弹工作原理:先由激光指示器照射目标,炮手根据激光指示器编码和目标距离,通过弹上的激光编码选取孔和定时器开关,装定激光编码和定时器,然后将炮弹装入炮膛发射。利用弹体向前运动的加速度使弹上惯性开关和电源接通,开始工作,定时器启动并同时释放尾翼。此时,由于作用在尾翼上的加速度负载使尾翼仍收拢在尾翼槽内,弹上的滑动闭气带卡入膛线,炮弹与滑动闭气弹带做相对滑动,直至"铜斑蛇"末制导炮弹以 20 r/s 出口转速飞出炮口。然后,在离心力的作用下打开尾翼,进入无控弹道飞行阶段。当它飞越弹道最高点附近时,定时器将弹翼展开,转入滑翔段和末制导段飞行。

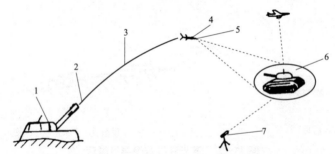

1—自行火炮;2—尾翼展开;3—无控弹道;4—开始末制导;5—探测目标;
6—目标区;7—激光指示器。

图 11-29 "铜斑蛇"末制导炮弹工作原理

在该弹进入目标区后,定时器启动激光导引头开始工作,导引头接收目标反射的激光回波,陀螺测出弹体在飞行中的偏移量,再由传感器将偏移量转换成相应的比例导引指令送给舵机,操纵尾翼,控制"铜斑蛇"末制导炮弹飞行,使其最终准确命中目标。

11.2.4 末制导炮弹的制导系统

通常,把末制导炮弹中能够克服飞行中的各种干扰因素,引导和控制炮弹根据目标的运动情况,按选定的导引规律飞向目标的全部装置和软件称为制导系统。制导系统以末制导炮弹体为控制对象,包括导引子系统和控制子系统。其中,导引子系统通常由弹体、目标位置运动敏感器和导引计算机组成。其功能是测量相对目标的运动偏差,按照预先设计好的导引规律,由导引计算机形成导引指令。该指令通过弹上控制系统控制末制导炮弹运动。末制导炮弹姿态控制系统一般由姿态敏感元件、控制计算机和伺服机构组成。其主要功能是保证末制导炮弹在导引指令作用下沿着要求的弹道飞行，保证末制导炮弹的姿态稳定，不受各种干扰影响。

末制导炮弹是一种集常规炮弹与制导弹药特点于一体的新型弹药，而其制导系统中的导引技术对提高弹药的性能有重要作用。因此，下面重点介绍末制导炮弹常用的几种导引技术。

（1）激光导引技术

它是利用激光获得导引信息或传输导引指令，使末制导炮弹按一定导引规律飞向目标的导引方法。激光波束方向性强、波束窄，所以激光制导精度高，抗干扰能力强。它在用激光器向目标发射激光波束之际，同时用对激光敏感的探测器敏感目标反射回来的激光束，导引末制导炮弹飞向目标。激光的波长是毫米波的0.1%，而激光束的散角是毫弧度级，因而目标分辨率很高，导引终点误差可达0.5～1.0 m，能同时分别命中两个相隔仅10 m甚至靠得更近的目标。已装备的激光制导武器多数采用半主动式制导，少数采用驾束制导。如美国的"铜斑蛇"激光半主动式末制导炮弹、苏联的"红土地"等，都是采用半主动式激光制导的末制导弹药。它们在弹道末端由弹上的激光导引头自动搜索从目标反射回来的激光编码信号，经信号处理，在自动识别、跟踪并锁定目标的同时，将导引指令传输给控制系统，使末制导炮弹进入自动跟踪状态，直至与目标遭遇。

（2）毫米波导引技术

它是利用毫米波获得导引信息或传输导引指令，使末制导炮弹按一定导引规律飞向目标的导引技术。毫米波是波长为1～10 mm的电磁波，而用于末制导炮弹的毫米波的波长多为8 mm和3 mm（或2 mm），介于微波和红外线之间。毫米波器件尺寸小，质量轻，抗干扰能力强，制导精度高，能比较容易地实施对多目标的攻击。末制导炮弹采用毫米波导引的原因是全天候性能好，有较强的穿透云层和雾的能力；战场环境适应性好，可以在尘埃和浓烟下工作；毫米波传感器不仅能测得目标的方位，还能测得目标的距离和速度。由于末制导炮弹内的天线直径通常会被限制在6～15 cm内，传感器的尺寸同样也受到很大限制，但要求有很高的探测目标的空间分辨率（波束宽度要求在0.5°～2°）；再加上探测坦克等目标时又呈低空下视状态，地物杂波和多径效应会产生相当大的干扰，所以只能通过窄波束降低这种干扰。凡此种种，都是末制导炮弹需要采用毫米波导引的主要原因。毫米波导引的主要模式有主动式、被动式和主—被动复合式。主动式是指利用毫米波雷达截获和跟踪目标，已被多数末制导炮弹采用；被动式是指利用毫米波辐射计截获和跟踪目标；主—被动复合式是指主动式截获和早期跟踪，最后由被动式跟踪到与目标相遇，常用于远距离毫米波制导武器。但毫米波的分辨率比可见光和红外光低，制导精度和隐蔽性不如红外导引；在全天候性能和作用距离上不如微波导引。

（3）红外导引技术

利用目标和背景的红外辐射能量的差异，提取目标信息并加以处理，以确定目标相对于导引头视轴的角偏移，产生导引信号，将末制导炮弹导向所要攻击的目标。人们通常指的红外制导系统，绝大多数就是指这种被动式自动导引系统。任何物体只要它的温度高于绝对零度，都能辐射红外线，且辐射能量随温度上升而迅速增加。对地面坦克目标的探测来说，最重要的是3～5 μm（中红外）和8～14 μm（远红外）两个大气窗口。红外导引的优点是目标探测分辨率高，可获得较高的制导精度；弹上设备简单可靠，功耗少，体积小，质量轻；以被动方式工作，隐蔽性能好。然而，红外制导的全天候性能和战场烟尘环境的适应性不及毫米波导引。红外导引又分红外点源导引和红外成像导引两种。

① 红外点源导引。红外点源导引又称红外非成像导引。其特点是把目标看成一个热点源来探测。末制导炮弹通过导引头锁定并跟踪目标的最热部分。它的工作原理是弹上的红外导引头接收从目标辐射来的红外线。当视线与红外导引头光轴重合时，经导引头光学系统聚焦的目标像点落在以一定角速度旋转或固定的调制盘中心，不被调制；当目标偏离光轴时，像点被调制。从像点投射在调制盘上的位置可以判断出目标偏离光轴的方位和距离，形成导引信号，控制末制导炮弹飞向目标。

② 红外成像导引。这是利用装在弹头的热成像仪摄取目标图像信息，用数字计算机对目标图像信息进行处理，形成导引指令来控制末制导炮弹飞行的导引方法。热成像仪的主要部件是光机扫描器件或红外焦平面阵列器件。其工作波段如下：碲镉汞（Hg-Cd-Te）凝视焦平面阵列器件的工作波段是 $8\sim12~\mu m$，而利用肖特基效应的焦平面阵列硅器件的工作波段是 $3\sim5~\mu m$。这两个波段的大气透过率高，使末制导炮弹能在远距离内探测到目标；它也可以在发射前把目标信息存储在弹体内，发射后该弹就不断摄取目标图像信息并与预先存储的目标信息比较，进行相关跟踪。红外成像导引系统主要由红外探测和成像、信息处理两部分组成。前者摄取景物的红外图像，并把二维景物图像转换为随时间变化的视频幅度信号（其时间同步基准与每个像素的时间位置有着精确的对应关系）；信息处理系统识别目标，并以各种跟踪算法为基础产生出目标位置相对于摄像头光轴的误差信号。由于采用红外波段，白天、黑夜或者目标有简单的伪装时，红外图像导引均能正常使用，不易受假目标的诱惑；同时，由于红外成像获取的信息比较丰富，因此制导精度高。但是，红外热成像的技术难度大，成本相对较高。

(4) 复合导引技术

以毫米波雷达和被动红外传感器复合导引为例，这是一种双模式寻的导引方式。毫米波雷达和红外传感器的组合形式既可以是共口径的，也可以是相互分开的。红外传感器既可以是成像式，也可以是非成像式；既可以是单波段，也可以是双波段。这种双模式的复合导引头可以使毫米波雷达和红外传感器的性能相互补充，以最大可能对地面目标进行探测。这种复合导引系统既利用了红外传感器的高分辨率目标信息，又利用了毫米波的距离和多普勒目标特征信息。因此，可用于目标识别的信息量大为增加。例如，识别目标轮廓可利用红外成像传感器的数据；而识别运动中的坦克则可以利用毫米波雷达进行搜索和截获，再利用红外传感器进行鉴定并攻击目标。

(5) 惯性导引技术

利用惯性器件作为测量元件的导引方法被称为惯性导引。惯性导引和上述 4 种导引的区别是，它属于自主式导引。在末制导炮弹中它常被用来对弹体重力的法向分力影响进行补偿，工作在末制导炮弹的滑翔段。

11.2.5 典型末制导炮弹

(1) "铜斑蛇"-Ⅱ末制导炮弹

"铜斑蛇"-Ⅱ末制导炮弹是美国"铜斑蛇" 155 mm 末制导炮弹的一种改进型，旨在使之成为"发射后不管"的末制导炮弹，采用 155 mm 榴弹炮发射。这不仅改进了制式激光半主动制导炮弹的气动外形，而且改进了"铜斑蛇"的现用导引头和战斗部，将激光半主动导引头改为红外成像/激光半主动复合导引头，将单一聚能战斗部改为串联战斗部，从而发展成为一种具有"发射后不管"能力的末制导炮弹，可有效对付爆炸式反应装甲。如图 11-30 所示。

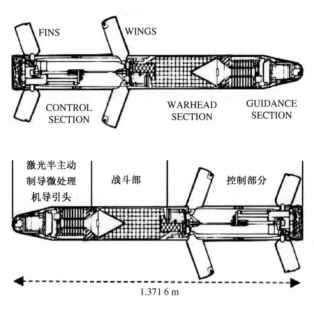

图 11-30 "铜斑蛇"和"铜斑蛇"-Ⅱ末制导炮弹

① 武器系统

"铜斑蛇"-Ⅱ末制导炮弹采用了新的导引头和新的战斗部。新导引头内装有改进后的微处理机电路、更简易的陀螺和具有再编程能力的软件，以满足不同的作战环境。导引头采用红外成像与激光半主动相结合的制导技术。红外成像提供了自主式"发射后不管"的能力，激光半主动提供了精确攻击特殊目标的能力，而与红外图像无关。它们可单独使用，亦可组合使用，成像器件是硅化铂焦面阵列，这种单层结构的芯片有 250 000 个像元，分辨率很高。

改进后的制导部分所用的部件比现在的铜斑蛇所用的部件要少 1/3，因此在弹丸前部就余出了一部分空间，供装新型战斗部—串联战斗部所用。弹头部为钢锥体，其中配置新型短延期引信。前置装药起爆反应装甲后，能通过短延期装置使主装药起爆，其形成的金属射流侵彻坦克主装甲。改进战斗部后的铜斑蛇的威力提高 25%。

"铜斑蛇"-Ⅱ末制导炮弹弹长由原来的"铜斑蛇" 1 372 mm 改短为 990 mm。其主要改进点是尾翼环绕弹体中部周围折叠，不再需要折入纵向槽内，这样节省了内部空间，最终使弹长缩短。通过上述主要部件的更改，改善了炮弹的机动能力，提高了制导精度、生产效率和战场适应能力。

② 作战使用

"铜斑蛇"-Ⅱ末制导炮弹的作战原理是：导引头在"铜斑蛇"激光半主动制导原理的基础上，增加了红外成像制导。采用这种双模导引头既能灵活地攻击具有红外特征的目标，又能使地面指挥员更灵活地选择指示特别重要的目标。红外成像技术的主要优点是：使弹丸能以较小的角度攻击目标,因而使弹道适合增程需要,并能识别出车辆的类型,而不是只看作一个"热点"。该弹可使射程由原来的 17 km 提高到 25 km,有效作用区(覆盖面积)超过了 4 km²,同时也改善了弹丸的机动性。

(2) 俄罗斯"捕鲸者"-2M 122 mm 激光半主动末制导炮弹

苏联在 20 世纪 80 年代快速研制末制导炮弹期间,就考虑如何使各种现役火炮都能发射末制导炮弹,故苏联在研制"红土地"152 mm 激光半主动末制导炮弹期间就致力于将"红土地"末制导炮弹技术向口径为 122 mm 和 120 mm 的火炮用末制导炮弹移植。

基于此,苏联于 20 世纪 80 年代研制"捕鲸者"-2M 122 mm 激光半主动末制导炮弹,如图 11-31 所示。其配用于 122 mm 自行榴弹炮,1996 年前列装,主要用于摧毁有、无装甲防护的集群或单个目标以及防御工事。"捕鲸者"-2M 制导炮弹最大射程 14 km,不用试射首发弹就可确保首发命中并摧毁固定和运动目标。

图 11-31 "捕鲸者"-2M 122 mm 激光半主动末制导炮弹

① 武器系统

"捕鲸者"-2M 式末制导炮弹系统主要由 122 mm 破片杀伤末制导炮弹、激光测距目标指示器以及火炮等组成。同时,组成部分还包括药筒、弹架装置、制式通信工具、射表以及射击任务装定分划计算用的计算机等。"捕鲸者"-2M 式末制导炮弹的前锥部为导引头,有 4 片控制舵,中段为杀伤爆破战斗部,尾部有 4 片尾翼。具有测距功能的激光目标指示器由收发机、三脚架、电源和连接电缆组成,主要用于发现、识别目标,确定目标坐标,可以测量 20 km 以外的目标,照射 7 km 以内的静止目标和 5 km 以内的运动目标(坦克类目标)。

"捕鲸者"-2M 式末制导炮弹的工作原理是:炮弹离开炮管后,稳定弹翼自动打开,助推发动机启动;在弹道指定点打开惯性陀螺仪;抛掉头部装置,自动驾驶仪舵机打开;炮弹飞临目标区域上空时,靠同步通信手段实现激光目标指示器自动打开,照射目标,借助于激光半主动导引头开始将炮弹导向目标;导引系统确保炮弹攻击目标上方的防护最薄弱部位。

"捕鲸者"-2M 式末制导炮弹系统可确保:无须试射,首发直接命中目标;在执行同一射击任务时,摧毁集群(分散)目标;(3)在作快速气象弹道准备后射击;从上方摧毁目标顶部(防护最薄弱的部位);以 20~25 s 的间隔,在两次激光照射之间的间隔期内将激光重新瞄向邻近目,并进行顺序射击。

② 作战使用

"捕鲸者"-2M 式 122 mm 激光半主动末制导炮弹使用与制式炮弹相同的发射药。一旦前线观察员观测到目标,就将目标的坐标信息传输给连指挥所,连指挥所将火炮的射击诸元传给炮兵阵地,并通告前线观察员。末制导炮弹的初始飞行为弹道飞行,弹道中段采用惯性制导。当末制导炮弹接近目标时,导引头搜索并锁定目标,制导系统对末制导炮弹进行必要的修正，并导引炮弹飞向目标。通常对付一个目标所需的时间为 25 s。在攻击目标之前的极短时间内，炮弹选择目标的顶部进行攻击，并将攻击角调整为 $+35°\sim+45°$。

系统射击前，借助于开关装定自动驾驶仪工作编码和引战作用方式，与制式系统相比，该系统有诸多特点：从杀伤面目标转为杀伤小尺寸目标，无试射时，末制导炮弹首发命中运动目标（速度为 36 km/h）和固定目标的概率不小于 0.8；可用在同一射击装置上杀伤分散目标；对射击前气象弹道数据和地形资料准备的需求少；可命中防护最薄弱的顶装甲；顺序射击时间间隔 $20\sim25$ s，间隔期间，激光指示器可再次瞄准临近目标；威力高于制式炮弹的破片杀伤战斗部。

采用"捕鲸者"-2M 式末制导炮弹可大大提高营级炮兵的作战效能，可将作战任务所需的弹药减少 $7/8\sim9/10$，所需时间也缩短 $3/4\sim5/6$，完成任务的费用降低 $1/2\sim2/3$，使用火炮的数量降低 $2/3\sim5/6$。该末制导炮弹系统可以连射，因而降低了对气象、弹道和观测数据的要求。

(3) 俄罗斯"红土地"152 mm 激光半主动末制导炮弹

"红土地"是一种利用制式 152 mm 榴弹炮发射的激光半主动末制导炮弹。将"红土地"末制导炮弹、激光目标指示器和发射火炮组合在一起，称之为"红土地"末制导炮弹武器系统。其作用原理是，在激光目标指示器照射目标的情况下，从隐蔽阵地发射"红土地"末制导炮弹；当末制导炮弹距目标约 3 000 m 时，接收目标反射来的激光编码信号，从而导引末制导炮弹飞向目标并击毁目标，如图 11-32 所示。主要用于摧毁敌坦克、装甲车辆、火炮、舰船等机动目标，掩体、桥梁、渡口等固定目标，以及战舰、登陆艇和运输舰等水上目标。

图 11-32 俄罗斯"红土地"152 mm 激光半主动末制导炮弹攻击过程

① 武器系统

武器系统由"红土地"末制导炮弹、发射药筒、激光目标指示器（具有测距功能）、同步器、制式无线电通信设备、专用射表，以及发射平台 152 mm 榴弹炮等组成。使用不同的火炮发射时，炮弹的射程为 3～20 km。"红土地"末制导炮弹武器系统的突出特点是精度高，在最大射程 20 km 时，对坦克的命中概率不小于 0.9，并可攻击地面和海上多种目标。但其结构复杂、弹道多变，全弹道上动作繁多，一般可分为无控弹道、惯性弹道和导引弹道，如图 11-33 所示。

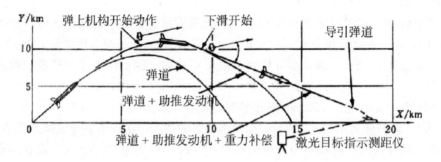

图 11-33　俄罗斯"红土地" 152 mm 激光半主动末制导炮弹全弹道

"红土地"末制导炮弹为鸭式气动外形布局，两对相互垂直的气动舵装在弹体前部，4 片尾翼按"+_+"字形配置装在弹体的尾部。舵机和尾翼均呈折叠状态，装入壳体，以保证弹丸从火炮身管顺利发射，发射后同步张开。

制导炮弹由控制舱和弹药舱组成。控制舱由头锥部、激光导引头、自动驾驶仪三部分组成。头锥部有一个能进行机械延时装定的控制装置，转动标线与刻度分划值对应，即可装定时间。导引头由位标器和电子装置组成。位标器采用八象限管，用以探测和不断跟踪激光编码信号，测出跟踪角速度，通过电子装置解算出控制信号，传给自动驾驶仪。自动驾驶仪包括惯性陀螺、驱动装置、电流转换器和电子部件。弹药舱由引信、杀伤爆破战斗部、助推发动机、稳定装置和滑动闭气弹带组成。4 片尾翼被固定器将其成折叠状态固定在助推发动机的支座上。滑动闭气弹带位于助推发动机支座和垫圈之间，保证紧闭火药气体，同时起减旋作用，赋予弹体 6～10 r/s 炮口转速。平时两个舱段独立包装，共放置在一个包装箱内。发射前将两个舱段连接到一起。对接时，借助于弹力馈线和集线器，实现两舱之间的电耦合。

为了防止损坏自动导引头的光学仪器，末制导炮弹装有在飞行时可分离的头部整流罩；为了将末制导炮弹放到自行火炮的战斗舱内的标准弹药架上，炮弹分成两段，一段是炮弹部分，包括战斗部、助推发动机和稳定弹翼，另一段是控制部分，包括自动驾驶单元、自动导引头和头部组合体；发射前，两部分用快速拧合接头对接。

"红土地"末制导炮弹采用一个三脚架固定的激光指示器照射目标，激光指示器配在前方观察所，或炮兵连指挥车内。该激光指示器可与俄罗斯所有的可发射激光制导炮弹的火炮配合使用，照射 7 km 距离上的静止目标和 5 km 距离内的运动目标。

"红土地"末制导炮弹武器系统操作简单、可靠性高；具有抗自然干扰和人为干扰的能力，可确保有效的摧毁小型目标，包括用齐射摧毁炮兵排或炮兵连。

② 作用原理

"红土地"末制导炮弹武器系统的作用原理是：前方观察所在距离 3~5 km 处搜索目标，测定目标的距离和方位，用无线电将目标信息传给连指挥所。如果目标在射击范围内，连指挥所就把射击诸元（射角、方位和装药）计算结果传给火炮。在为火炮装填激光制导炮弹并使其瞄向目标的同时，向前方观察所发出信息，然后火炮实施射击。制导炮弹发射后，前方观察所对目标进行瞄准和跟踪，在炮弹距目标 3 km 处，同步装置自动启动激光指示器照射目标，照射目标的持续时间为 6~15 s。弹头内的激光导引头可搜索直径为 1 km 的区域。导引头接到目标反射的激光信号后，在触发前的短时间内锁定所照射的目标；在命中目标前，转变成从上向下的飞行，对坦克防护薄弱的顶部实施攻击，攻击角一般在 35°~+45°之间。

"红土地"末制导炮弹的一个突出特点是：为了及时照射目标，采用了一个同步系统，它通过无线电编码通信把"发射"指令传送给激光测距目标指示器的定时器；达到制导炮弹预定瞄准时间时（总的飞行时间减去 1~3 s），激光测距目标指示器自动接到照射目标。在此之前，发射时作用在末制导炮弹上的纵向过载将弹载时间装置启动，发出信号使风帽脱落，激光导引头的激光信道打开。反射激光束在激光导引头中形成末制导炮弹的瞄准指令，然后按目标方向进行修正。

③ 作战使用

"红土地"末制导炮弹武器系统采用普通的火炮操作程序装填和瞄准。射击时，先由炮兵前方观察所在距目标 5 km 左右处搜索发现目标，确定所要攻击的目标并测定其距离和方位，用无线电报连指挥所；火炮阵地根据连指挥所命令进行射击诸元装定；接到发射命令时，火炮阵地先用同步器联通激光目标指示器，指示器经过一定的延迟后转入照射目标状态；火炮发射时，末制导炮弹要承受的纵向过载系数约为 10 000 g 的发射过载；末制导炮弹在离炮口 25~35 m 时尾翼张开，并由鼻锥部程控装置延迟机构使助推发动机延时点火工作（根据弹上装定，发动机也可不工作）；鼻锥部程控装置还根据预先装定的时间，激活弹上热电池，使惯性陀螺解锁，转子启动并进入正常工作状态，此时末制导炮弹已处于弹道最高点附近。

惯性陀螺进入正常工作瞬间，陀螺转子轴与弹轴重合；随着末制导炮弹继续飞行，弹轴与转子轴间夹角增大，当此夹角≥22°时，陀螺传感器给出电压信号，激活导引头供电电池，接通驱动装置气瓶，舵翼张开到位，自动驾驶仪进入惯性制导工作，制导炮弹按 22°~24°定向角滑翔飞行，同时鼻锥部脱落，为激光导引头接收目标信号创造必要条件；导引头供电进入工作状态，等待接收目标反射的激光编码信号。

末制导炮弹发射后，由前方观察所对目标进行跟踪，在末制导炮弹距目标约 3 km 处时激光目标指示器对目标进行激光照射，弹上导引头接收目标反射来的足够强度的激光编码信号，即捕获到目标后，发出控制信号，激活导引头位标器，导引头陀螺加速旋转、导引头进入跟踪状态，给出含有重力补偿的比例导引信号，靠舵片操控末制导炮弹自动导引飞向目标。当接近目标时，末制导炮弹由低伸弹道转入俯冲弹道，以 30°左右落角攻击目标顶部，杀爆战斗部爆炸，击毁目标。

"红土地"末制导炮弹的主要特点是：无须试射，首发即可摧毁射程在 3~20 km 范围内的目标，即速度小于 36 km/h 运动目标或静止目标（包括坦克、步兵战车、火炮、掩蔽所、桥梁、渡口等陆上目标，战舰、登陆艇和运输舰等水上目标）。既不需要额外的射击阵地装备和指挥—观察所，也不需要精确的气象资料和地形资料。对发射阵地、前沿观察设备以及气象地形测量准备没有特殊要求，故可从暴露的或隐蔽的阵地用牵引火炮或自行榴炮进行射击。

11.3 弹道修正弹

11.3.1 概述

随着以微电子技术为代表的高新技术逐渐渗透和应用于军事领域，炮兵对高新技术的应用也日趋广泛。弹道修正弹就是诸多新型弹药中的低成本、高精度的炮兵常规弹药之一。

弹道修正弹（Trajectory Correction Projectiles）是一种通过对目标的基准弹道与飞行中的攻击弹道进行比较后，给出有限次不连续的修正量来修正攻击弹道，以减小弹着点误差，达到提高弹丸对付高速机动飞行目标的命中精度，或提高中、大口径弹丸的远程打击精度的低成本、高精度的弹药。

所谓基准弹道，是通过系统的弹道计算机，根据目标的位置和各种已知参量，进行修正后计算出的理想弹道。弹丸在弹道中的位置，可以根据弹丸上的 GPS 接收机接收卫星信号，然后经过数据处理得知；也可以用地面雷达跟踪弹丸来探知弹丸某些时刻在弹道中的位置。有了准确的目标位置和弹丸在实际弹道中某些时刻的准确位置，即可推算出实际弹道与"基准弹道"之间的偏差，或者实际弹道与目标位置之间的偏差。有了这个偏差，即可指令修正模块中的执行机构按预定的要求动作，完成一次弹道修正。

由于弹道修正弹只通过不连续的、有限次控制修正弹运动来修正弹道，以消除因瞄准误差和由大气及其他使弹丸偏离目标方向的干扰因素，达到提高射击准确度的目的，因此它没有导弹那么复杂，既不需要在修正弹弹体内装设导引头、基准陀螺，也不要求安装自动驾驶仪，而只需在弹上安装简单的修正指令接收传递装置和相应的执行机构。执行机构也仅仅执行不连续的有限次动作，而不需要像导弹那样长时间连续地导向目标，也无须对火炮和供弹系统进行改造。因此，弹道修正弹的成本远低于导弹。

11.3.2 弹道修正弹结构与组成

弹道修正弹的基本结构是在常规炮弹上加装弹道修正模块，由 GPS 或地面雷达探知飞行中的弹丸在某几个时刻的空间位置，将此位置与预先装定的"基准弹道"相比较，根据偏差大小，指令弹上的修正机构进行距离或方向修正。这种修正可以在全弹道上修正几次，也可以只在弹道末端或起始端修正。

（1）修正系统

弹道修正弹的修正系统分弹上设备和弹下装置两大部分。弹上的修正部分由弹上信号接收和执行部分组成，而弹下装置包括地面或舰面上的跟踪检测分系统、弹道解算发送装置等。

弹上信号接收和执行部分由指令接收机、译码器、执行控制电子线路（或单板机）、修正指令控制器、修正执行机构、电源等组成，用来接收和执行由地面传送来的指令。装在有限空间内的弹上设备力求简单高效，具有抗高过载和高动态响应的品质。

地面跟踪检测设备由跟踪检测分系统和弹道解算发送装置两部分组成。

① 跟踪检测分系统：它是常规火控系统的发展，由天线、主机、测距装置、随动装置、支架、电源等组成，用来跟踪、获取修正弹或目标的运动参数和相对位置的弹道偏差值（坐标），并把它们直接输入弹道解算装置进行实时处理。

② 弹道解算发送装置：它是修正弹运动学环节的反映。在这里，修正弹的运动参数和测试信息被输入到计算机内进行综合处理比较，快速求出弹道修正量，通过修正指令发射机发送给飞行中的修正弹。所以，该装置既受修正执行机构作用的影响，又影响弹道偏差的变化，与跟踪检测分系统的工作直接相关。它由弹道解算计算机、修正指令编码器、指令信号发射机、发射天线和火控接口等组成。

若在修正弹引信内嵌有 GPS 接收机和弹道算法组件，把对目标的预测基准弹道或弹着点在发射前编入引信中，再与飞行中的攻击弹道进行比较，就不需要再对火控系统进行改造。遥控指令体制的弹道修正弹修正系统组成结构层次如图 11-34 所示。

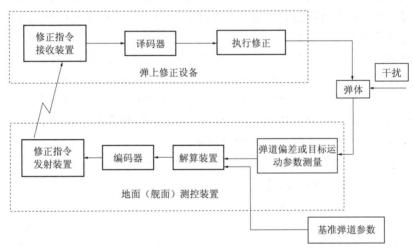

图 11-34　弹道修正弹修正系统工作框图

（2）修正执行机构

弹道修正弹的修正执行机构通常采用脉冲矢量或气动力两大技术进行修正控制。

① 脉冲矢量修正执行机构。脉冲矢量修正执行机构又称力型控制修正技术。它通过在修正弹重心附近呈环状分布的横向喷流机构实现修正目的。它利用由起爆装置、药柱或燃气发生器生成的能源，经电磁阀等的控制，通过弹体侧壁开口的喷嘴喷射所产生的脉冲式推力矢量来修正弹丸的横向运动，达到修正弹丸弹道方向的目的。在修正弹飞行过程中该装置能执行多次修正。图 11-35 所示的 4PGJC 喷气控制弹道修正弹，在位于重心附近设置了多个弹道修正气体喷孔，气源由小型燃气发生器产生，弹底装有折叠式尾翼，用来降低修正弹的转速。指令信号接收机被装在弹尾，而在它接到传递来的弹道修正指令后，燃气发生器立刻在所需方位喷气，产生横向推力，修正弹丸弹道。

② 气动力修正执行机构。气动力修正执行机构是借助于改变气流方向来改变作用在修正弹上的力和力矩的活动面以实施修正弹道的技术，是被最广泛采用的传统飞行器控制手段之一。除常规的气动舵面外，弹道修正弹还可通过径向活动翼面、阻力环（板）、扰流片、

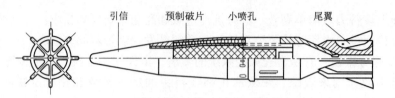

图 11-35　瑞典 4PGJC 40 mm 弹道修正弹示意

活动尾裙和用来改变头部外形的风帽等气动力手段来实现对飞行弹道的修正。如瑞典研制的 BROMSA 修正弹，当地面测控系统计算出的期望弹着点所要求的减速指令传到修正弹上的近炸引信时，该引信就引爆少量装药，炸掉弹头上有刻痕的卵形部顶端，以增大修正弹飞行中的头部阻力，达到减速目的，实现对弹丸弹道纵向落点的修正，使其在 17.5 km 距离上的散布不到 100 m。若传到修正弹上的指令是在打开径向活动翼面或阻力环，那么它们同样也是通过增大修正弹的（迎面）阻力达到减速以获得对纵向射程的调节；当想控制尾裙"收/张"时，就调整修正弹的底阻大小来影响弹丸飞行速度的"增/减"；利用控制鸭式前翼面的转动可实现对修正弹飞行姿态的调整，改变弹道方向。尽管相应的伺服机构等比较复杂，但它独特的优良控制效果已在弹道修正弹中开始获得应用。

现有弹道修正弹可分为一维修正弹和二维修正弹。一维修正弹是弹道修正弹发展的初级阶段，只能实现射程修正。其工作原理是，在飞行弹道某位置上适时张开阻力器，增大作用在弹箭上的飞行阻力，进行一维距离修正，实现落点趋近目标。阻力器的主要结构形式有桨形阻力器、环形阻力器、花瓣式阻力器、柔性面料伞形阻力器等，如图 11-36 所示。阻力器作为修正执行机构的优点是机构设计相对简单，容易实现，容易加工，修正效率高（能使弹丸的阻力系数增大到 5~8 倍）。缺点是阻力器只能进行一维修正，即只能在射程内向下修正，修正能力有限，修正精度较低。

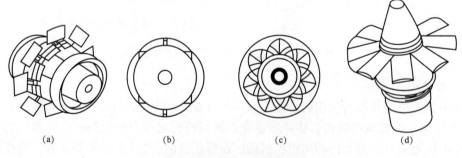

图 11-36　阻力器结构形式

（a）桨形阻力器；（b）环形阻力器；（c）花瓣式阻力器；（d）柔性面料伞形阻力器

桨形阻力器。主要应用在尾翼稳定的非旋转或微旋转弹丸上，靠扭力簧和空气阻力的合力矩使阻力片绕销轴向外展开，并运动到位，增大弹丸前部的阻力面积。桨形阻力器的结构形式多种多样，如图 11-37 所示是一种通过可控作动器和扭簧连环解锁的阻尼机构，该阻力器主要由扭簧、作动器、控制盘和阻尼片组成，将装有扭簧的控制盘预紧在限位阻尼片的位置，并通过作动器锁死控制盘，在接收到解锁信号后，作动器作用，控制盘在扭簧的作用下离开限位位置，完成解锁动作，阻尼片在扭簧和风阻的作用下展开。

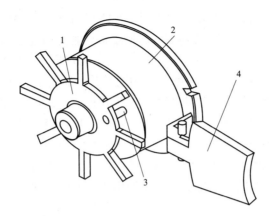

1—控制盘；2—弹身；3—作动器；4—阻尼片。

图 11-37 桨形阻力器结构示意

环形阻力器。是弹道修正弹最早采用的修正执行机构，主要应用在旋转稳定弹丸上。其工作原理是，靠弹丸旋转产生的离心力，在要求时刻使阻力环展开到位，使弹丸前锥部的径向面积增大，从而增加弹丸的空气阻力，达到对射程进行修正、提高射击精度的目的。结构形式主要采用 D 形环阻力器。D 形环阻力器张开前后的结构如图 11-38 所示。当机构接收到张开指令后，凸轮板开始转动，带动与阻力环连接的偏心销运动，从而驱动 D 形环沿前、后导板上的导向槽滑动张开，如图 11-39 所示。

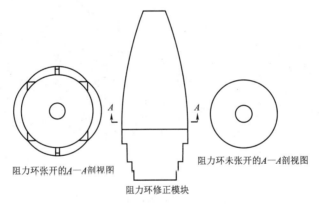

图 11-38 D 形环阻力器修正模块及阻力环张开和未张开的剖视图

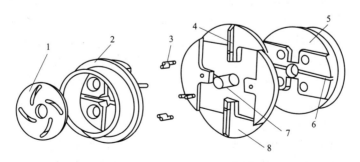

1—凸轮板；2—前导板；3—偏心销；4—棱；5—后导板；6—槽；7—轴套；8—阻力环。

图 11-39 D 形环阻力器凸轮驱动机构原理

花瓣式阻力器。由法国研制成功，并应用于 SAMPRASS 和 SPACIDO 型 155 mm 榴弹上，其射程散布由原来的 500 m 分别降低到 60 m 和 95 m，射击精度提高了 53~85 倍。花瓣式阻力器和引信集成在一起，展开后迎面结构如图 11-40 所示。花瓣式阻力器展开示意如图 11-41 所示，该机构采用 16 个 1/4 圆片作为阻尼片，张开后阻尼片总共有 4 层。8 个销轴作为阻尼片的转动轴及定位件。当机构接收到张开指令后，致动器将位于机构中心的花键往前滑动，导致花键齿与阻尼片上的槽脱离，使得阻尼片解锁。阻尼片解锁后，弹丸旋转产生的离心力使阻尼片绕销轴自由转动。为了控制阻尼片的转动角度以及转动角速度，阻尼片上的弧形槽与销轴配合成槽轮机构，约束阻尼片的转动。该机构中，销轴起到了两个重要作用，一个作用是作为阻尼片的转动轴，另一个作用是作为阻尼片的导引定位轴。

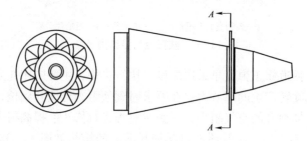

图 11-40　花瓣式阻力器示意

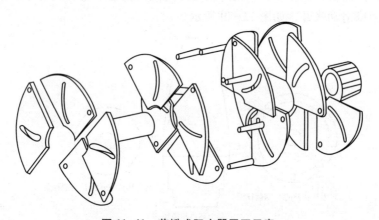

图 11-41　花瓣式阻力器展开示意

柔性面料伞形阻力器。美国专利中介绍了一种柔性面料伞形阻尼修正机构。其展开后外形及内部结构如图 11-42 所示。该伞形阻尼片安装于弹丸引信中，引信与弹身通过螺纹连接，8 片阻尼片安装在引信外表面，在离心力作用下，各自单独地逆着空气来流方向向外张开。销钉与阻尼片上的销槽构成铰链，同时销钉相对于弹轴呈周向布置。在阻尼片未张之时，套筒将其包裹起来，以保持弹头气动外形。套筒以某种环锁的形式将阻尼片套牢。为了减少阻尼片的张开时间，无须在阻尼片与引信底座之间安装片簧，而是在销钉处安装一个扭簧，提高机构动态响应特性。阻尼片张开后，各阻尼片之间不可避免会形成空隙，从而降低了弹丸的弹道修正能力。为了填补这些空隙，各阻尼片之间增加了柔性纺织布料，阻尼片未张开之时柔性纺织布料卷在套筒内，阻尼片张开后将其拉开，共同构成伞形阻尼修正外形。

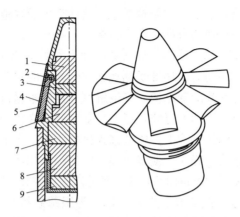

1—电子检测单元;2—销钉;3—电子发火机构;4—套筒;5—阻尼片;
6—电池;7—弹道探测装置;8—安全及解保机构;9—传爆管。

图 11-42　柔性面料伞形阻力器内部结构及外形

11.3.3　弹道修正弹修正方法与作用原理

(1) 修正方法

弹道修正弹可采用指令修正技术（含自动试射）或 GPS 技术对攻击弹道进行修正。无论采用哪种修正技术来提高命中精度，均可通过以下方法（或之一）来实现：

① 纵向距离修正法。它是利用地炮弹丸的距离散布远大于方向散布的特点，在只对飞行弹丸进行纵向距离修正的同时还保留了弹丸以减小横向散布的旋转措施。因常利用改变弹丸的纵向飞行速度达到修正目的，故修正原理简单，技术难度相对较低。

② 横向方位修正法。对付（高）机动目标的弹道修正弹，必须对横向（方位）运动进行修正。通过对弹道修正弹横向运动的修正，达到快捷改变弹道方向的目的。它适用于空射型和一切对方向散布有要求的弹道修正弹。

③ GPS 弹道修正法。利用全球定位系统技术来提高远程弹道修正弹的命中精度时，不需要改造原有的火炮系统。发射后的修正弹通过封装在修正弹引信内的 GPS 接收机，在 10~15 s 内即经天线从卫星上获取首次三维定位数据。通过处理器算出修正弹的位置和速度数据，或它的未修正的弹着点，与基准弹道或弹着点进行比较，计算出弹道修正值，直至驱动（力型）修正执行机构动作，达到提高远程打击精度的目的。

若把用于自动试射时装有 GPS 接收机的首发弹道修正弹所获取的飞行弹道数据传回发射部队处理，进行发射修正，则同样能实现提高打击精度的效果。为提高攻击远程硬目标所需精度的弹道修正模式，已有使用小型 GPS 接收机加惯性器件的简易组合趋势。

无论采用哪种方法，都需要解决修正点位置与修正次数的选择，以及弹上设备的抗高过载和小型化等问题。

(2) 作用原理

弹道修正弹按攻击目标类型分空射型和面射型两类，而按发射位置又分地面和舰载武器两种。下面分别以空射型弹道修正弹和面射型弹道修正弹为例，介绍弹道修正弹的作用原理。

① 空射型弹道修正弹。这是以目标在空中的运动参数为依据，以修正方向为主的弹道

修正弹。它多采用横向方位修正法。它是根据地面站计算出的弹道修正指令来控制弹道修正弹的横向运动，能快捷地修正弹道方向，命中目标。

发射后的空射型弹道修正弹除受制于按已知的弹道参数和周围气象条件预算出的弹道，飞向预先设置的目标未来点的同时，还要受到地面或舰面上的修正指令控制，此时的探测装置正在不断地测出目标飞行参数的变化值。弹道解算装置便根据目标变化实时计算出目标飞行参数变化后的目标未来点，随即通过修正指令发射装置向修正弹发出修正指令，经装在弹尾上的信号接收机把指令传到修正弹上，驱动修正机构动作，产生侧向推力，自动修正它的弹道方向。经过若干次不连续的修正，使修正弹命中目标。如图 11-43 所示，这是在 3P 弹的基础上发展而成 4PGJC 式 40 mm 修正弹的弹道修正示意图。在修正弹飞行过程中，火控系统的探测装置——雷达（或激光、电视、红外等跟踪系统）——不断测出目标飞行参数的变化值，火控计算机根据上述变化计算出目标飞行参数变化后的目标未来点，通过无线电发射机向该修正弹发出弹道修正指令信号。位于弹尾部的信号接收装置在收到指令信号后，控制相应的燃气发生器喷口瞬间喷气。于是，喷气产生的推力便自动修正弹道修正弹的弹道。4PGJC 的修正速度为 15 m/s，经过 5~6 次修正，总共可使修正弹横向位移 30~50 m，但此时弹尾的弹出式尾翼已降低了修正弹的旋转速度。

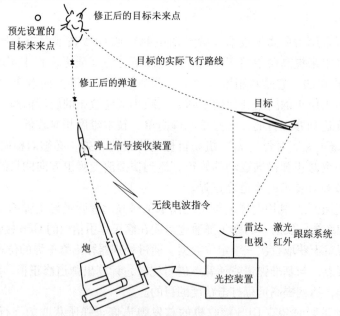

图 11-43　4PGJC 弹的弹道修正示意

由于空射型弹道修正弹是以目标在空中的参数为依据进行方向修正的，对付的是高速机动飞行目标，所以要求弹道修正响应时间要短，故多选用力型修正执行机构——以横向喷流技术为主，得到快捷的方向修正能力。它们是由能产生横向力的软、硬组成的修正执行机构。横向推力采用脉冲式发动机原理，如上面提到的小型固体火箭发动机或带喷嘴的燃气喷流器来实现。除此以外，还有利用各种活动翼面（如鸭翼）来实现对弹道的方向修正。不管采用何种修正执行机构，能使它们有效、可靠工作的必要条件是，一方面降低修正弹的旋转速度，使修正弹易于有效修正；另一方面是能确定每个横向推力产生器在空间的方位，保证修正执行机构产生的脉冲矢量力与弹道修正信号具有相同方位,恰当地进行修正控制。这样,就要求对修正弹的旋转特性有清晰的了解。

② 面射型弹道修正弹。现有的地炮火控系统都是根据假设的目标运动(运动的或静止的),推算出目标未来点,确定地炮的射击诸元,弹丸发射后按预定的弹道飞向目标。这样发射的弹丸在原理上就不可避免地要产生假设命中误差。此外,随着射程的不断增加,弹道上的各种随机干扰因素,如起始扰动、随机风、底排药剂燃烧不均匀等的累积效应也会越来越大,使地炮的命中精度难以满足现代战争对武器发展的需求。为此,必须对远程中、大口径地炮系统进行改造,即采用不连续的有限次修正弹道偏差的方法——弹道修正技术——就可以达到提高弹丸命中精度的目的。

图11-44所示是面射型地炮弹道修正弹的修正过程。它不同于空射型弹道修正弹以目标在空中的参数为依据进行修正,而是以修正弹在空中的参数为根据进行修正。地炮弹道修正弹的空间定位方式分地面(或舰面)探测定位和GPS定位两种体制。修正弹飞出炮口后不久,由地面跟踪检测分系统测出修正弹在某点的坐标及速度,弹道解算装置立即结合射击诸元快速算出未修正弹道与基准弹道的偏差(实时偏差或落点偏差),算出修正弹运动的修正量,确定修正弹修正力的大小和方向,发出修正信号,经修正指令发射机把修正指令传给修正弹上的指令接收装置,快速启动执行机构,完成一次修正。这样,经过不连续的若干次修正,便可大幅度提高弹丸命中精度。

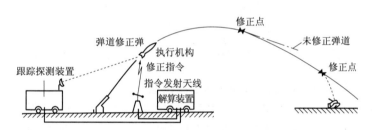

图11-44 面射型地炮弹道修正弹的修正过程示意

采用GPS全球定位系统体制的弹道修正弹系统是通过嵌装在引信内的GPS接收机和处理器,把在飞行中获取的攻击弹道实时飞行数据与基准弹道数据(或弹着点)进行比较后,很快地自动算出弹道修正量(或直接把实时数据传回地面处理),启动修正装置,使修正弹"减/增"速度,也可以控制修正弹"或左""或右",以修正弹道方向,达到提高对目标的打击精度。

由于地炮弹丸的距离散布远大于方向散布,因此对地炮弹丸改进时,可以只做纵向距离修正,对修正弹提供所需的轴向力,便能最大限度地简化执行机构,在提高地炮命中精度时,可把对弹丸本体结构的影响降到最小,因此,这是一种高效费比的技术改造措施。

11.3.4 典型弹道修正弹

(1) 法国SPACIDO 155 mm弹道修正炮弹

法国地面武器工业集团公司研制的SPACIDO(通过采用多普勒摄像监控器改善精度)远程炮弹,是在现有155 mm制式炮弹上加装一维弹道修正引信构成的弹道修正炮弹,可显著提高炮弹在射程方向上的射击精度,如图 11-45 所示。例如,北约制式 155 mm 炮弹射程方向的散布误差约为 500 m,而 SPACIDO 弹道修正弹的散布误差仅为 95 m。

SPACIDO 弹道修正弹的工作原理:阻力片在飞行过程中展开,使弹丸减速,随后利用全球定位系统信号修正弹道。SPACIDO 采用了测速雷达(安装在火炮身管上方)。该雷达可以测量从炮口到 5 000 m 距离上的速度变化。在计算弹道后,信号被传送给炮弹,阻力片展开。

图 11-45　法国 SPACIDO 155 mm 弹道修正炮弹与其阻力片

(2) 德国-南非 M2005A1 式 155 mm 弹道修正炮弹

M2005A1 式 155 mm 弹道修正炮弹由德国迪尔公司和南非迪奈尔公司联合研制。全弹由 M2005 式 155 mm 增速远程炮弹配装一维弹道修正引信构成,以改善炮弹在射程方向的射击精度。炮弹先以过高弹道发射,当飞行到弹道最高点之后,弹载 GPS 接收机接收精确的位置数据,并计算炮弹可能的弹着点。一旦进入飞行弹道,利用引信内的微处理器,将计算出的弹着点与计划的弹着点进行比较,随后精确计算出在弹道何处利用基于 GPS 的电子元件适时展开装在引信中的阻力伞(如图 11-46)才能缩短射程,实现弹道修正。

图 11-46　M2005A1 式 155 mm 弹道修正炮弹与其阻力伞

德国—南非 M2005A1 式 155 mm 弹道修正炮弹采用底排+滑翔增程技术、制式发射药,从 52 倍口径 155 mm 火炮发射的射程远达 52.5 km。

11.4 灵巧弹药的发展方向

由此可见，灵巧弹药以其方便、机动、灵活、迅猛、高效、相对廉价而广受各国重视，尤其在美国已成为未来作战系统的重要火力装备。从各国发展灵巧弹药的情况及未来战争的需要看，灵巧弹药的发展方向主要体现在以下几个方面。

(1) 改造升级化

加大对军火库存弹药的改造升级力度，在基本保持原弹药结构与功能不变的前提下，通过加装相适应的弹道修正模块或制导组件使其成为灵巧弹药，从而使其精度和效能大幅提高。如美国发展的155 mm榴弹的二维弹道修正引信，只需将其旋入炮弹的头部即可数倍地提高其精度；美国研制的联合直接攻击弹药，是由老式MK-83常规炸弹加装GPS和惯性制导设备及控制舵面而提高其精度的。由于研制修正模块或制导组件较之研制全弹成本和周期均大幅减少，因此，这是一条发展灵巧弹药又快又省的重要途径。

(2) 多用途化、多模化、可选择化

未来战争主要表现为信息化条件下的机动立体战，对于战争中的任何一方，都可能随时遇到无法预料的多种目标的威胁，因此，发展一弹多用的灵巧弹药显得十分必要。例如，对自寻的末制导弹药和末敏弹药，应发展多模智能型导引头或敏感器，使其在复杂的战场环境下，具有较强的抗干扰、反隐身和环境适应能力，能识别多种目标并根据需要对目标和攻击方式等进行选择。结合毫米波的烟雾穿透能力与红外的测温、精确定位能力，全天候精确打击敌方目标；利用多模制导可给敌方干扰来弹及自身隐身造成困难，增强末制导弹药的抗干扰及反隐身能力。

与此相适应，有必要发展多模可选择或自适应战斗部，以便根据导引头、敏感器或者弹上计算机系统的决策选择适当的毁伤模式来攻击目标。另外，还要发展低成本、小型化、高精度、定向毁伤及低附带毁伤的灵巧弹药，以便在城区作战中避免或尽可能减少对无辜百姓的杀伤及对民用设施的毁坏。

(3) 网络化

发展网络化灵巧弹药，即将灵巧弹药置于网络之中，使弹药与弹药，弹药与指挥站之间可以双向通信。此时自寻的弹药可以协调有序地识别和选择目标并选择合适的攻击方式。对于传统的GPS/INS制导弹药，一般只能攻击预先给定位置的目标；但置于网络后，指挥站可将通过某种方式获得的目标位置即时传送至弹药，弹药则依此导向目标。这样一来，它可以与带有导引头的弹药一样追踪运动目标。在网络弹药中，如果增加某弹药的留空时间或赋予其在一定区域内巡飞的能力，则可以将其发展成侦察或监视弹药。

(4) 集成化

加强灵巧弹药零部件、组件，甚至子系统间的集成工作，可实现功能和资源的协调、互补和共享，有利于提高系统的性能、可靠性和模块设计水平。如果将上述工作与发展相应的设计技术、制造技术、材料、工艺等有机结合起来，则可以有效地降低灵巧弹药零部件、组件的数量并减小其质量、体积和制造使用成本。这在未来的机动立体战争中有着重要意义。

为适应灵巧弹药发展的需要，应解决以下基础性关键技术：

① 研发新的高性能探测器件。随着探测器灵敏度的提高，其工作距离将越来越远；随

着探测器体积的缩小及集成度的提高,其像元素个数将成倍加大,可使成像探测器的分辨率越来越高,从而可加大成像导引头的视场,并能提高其辨识目标的能力,使自寻的逐渐成为可能。很多新型的探测技术,如激光成像技术、雷达合成孔径成像技术,将逐渐发展到实用的程度。

研发新的高性能探测器件,探索新的更宜于获取不同类型目标特征的电磁波段,在提高现有毫米波器件、红外器件、激光器件等性能并降低成本的同时,还应加强对其他电磁波段器件的开发。这对提高末敏弹和末制导弹的制导性能和抗干扰能力有重要意义。

② 研发微机电惯性器件及微电机系统。加快研发微机电惯性器件(MEMS IMU)及微电机系统,实现 GPS/MEMS IMU 系统集成,解决好该系统抵抗火炮发射过载20 000 g,甚至更大的高过载问题与高速度、高转速下的快速抓星和初始对准问题。尤其要注意解决 MEMS IMU 的零点漂移问题。如果其零点漂移能达到或接近现有机械、激光、光纤陀螺的水平,则 GPS/MEMS IMU 系统在制导弹药及弹道修正弹药中的应用将具有革命性意义。因为其微型、高性能、低成本的优点将使灵巧弹药变成真正意义上的小型、灵巧、低廉、高效弹药。

③ 研发通用模块化信息处理单元和目标识别系统。对于智能型灵巧弹药,要接收并处理来自多种传感器的信息,识别多种目标,做出必要的选择和决策,而且,在许多情况下,这一过程是在短暂的弹道末段完成的,因此对信息处理单元的速度和容量等有极高的要求。此时可将微处理器技术与现场可编程门阵列(Field Programable Gate Array,FPGA)技术结合起来,形成一种通用或标准的信息处理机制,并进而研发灵巧弹药的通用模块化信息处理单元;与此同时,要开发功能强大的目标识别软件系统,包括目标识别模型、完备的目标背景特征数据库、实时快速算法等。

综上所述,灵巧弹药的特点及其在未来战争中的作用已十分清楚。随着精确制导技术的发展和科学技术的进步,灵巧弹药技术将会大跨度地发展。我国应加大灵巧弹药技术与装备的研发力度,促进武器装备的更新换代,因为这是决定未来战争胜负的重要因素之一。

习　题

1. 敏感器引爆弹药和末制导弹药的作用原理有什么不同?各属于哪种攻击方式?
2. 以 155 mm "萨达姆" 末敏弹为例,具体分析末敏弹的作用过程。
3. 分析末敏弹和末制导炮弹的不同结构组成和特点。
4. 分析主动式和半主动式末制导炮弹的不同工作原理,并指出其优缺点。
5. 导引技术对提高弹药的性能有着重要作用,试分析末制导炮弹常用的几种导引技术。
6. 弹道修正弹的修正方法主要有哪些?具体工作原理是什么?
7. 弹道修正弹的修正系统分弹上设备和弹下装置两大部分,这两部分各实现什么功能?

第 12 章

防空反导弹药

12.1 概述

12.1.1 防空反导的重要作用

(1) 防空反导在现代战争中的重要意义

海湾战争、科索沃战争和伊拉克战争的实践表明，空袭与反空袭将成为未来战争的主要模式之一。防空反导将贯穿于整个战争的全过程，并在很大程度上影响着战争的进程和结局。由于来自空中的导弹、飞机、武装直升机、无人驾驶飞行器等的威胁越来越大，可以想象，在防空反导能力薄弱的情况下作战，是很难取得战争胜利的。

弹道导弹、巡航导弹、各种空地导弹等精确制导弹药造成的现实威胁，使地面防空在空防作战中的地位正在上升，所以地面防空已成为反空袭的重要力量。现在各国都把发展地面防空力量放在重要位置。即使是西欧，过去倾向于空军航空兵制胜论，把以空基防空为主、地基防空为辅作为防空指导思想，目前也已转向以地基防空为主、以飞机防空为辅的指导思想。

俄罗斯的防空主要依靠地面防空武器建成了世界上配置最完善、最庞大的防空体系。美国依据自己的经济实力和技术优势，建立了高质量的地面防空体系。可见，防空反导在现代战争中有着极其重要的作用。

(2) 各类弹药在防空反导中的不同作用

在当今世界，全方位、多层次的防空反导体系除部分采用"软防御"手段（干扰、诱饵、隐身等技术）外，主要还是由高、中、低空，远、中、近及超近程防空反导武器系统组成。对高空（6~10 km）、中空（3~6 km）目标，主要依靠对空导弹拦截；对中、低空目标，以近程对空导弹和小口径火力系统混合配备拦截；对近程、低空（3 000 m 以下）、超低空（150 m 以下）目标，则以小口径火力系统拦截为主。各层次防空反导武器系统虽在作战距离上有所重叠，但不能相互替代，在不同的作战距离上有着各自独特的优势。

而随着现代作战飞机隐形技术、电子对抗及红外干扰技术等高新技术的飞速发展和应用，地形匹配制导导弹、低空巡航导弹的出现，飞行高度不超过 30 m 的高性能武装直升机的使用，敌方攻击武器容易逃避雷达监视、突破外层防御。而外层防御一旦被突破，因反击距离太近、反应时间太短，势必会影响导弹反击来袭目标的可靠性。这时便只有利用小口径火力系统反应快、抗干扰能力强、火力密度大、机动性能好的特点，对逼近的敌方各种攻击武器进行有效拦截。

因此，性能优良的小口径火力系统通常是作为多层次防空反导体系中的一道防御屏障，也是极其重要和必要的一种防御手段，在较近距离上有着导弹等其他防御方式不可替代的作用。

12.1.2 空中目标特性分析

现代战争中主要对付的空中目标有三大类，即固定翼飞机、武装直升机和精确制导弹药。

（1）固定翼飞机

固定翼飞机包括战斗机、攻击机、轰炸机及无人驾驶军用飞机等，主要用于空中格斗，截击敌机的入侵，对地面（水面）目标进行空中攻击，以及空中预警、空中侦察等特种任务。20世纪90年代后，作战飞机的飞行高度、飞行速度、隐蔽能力、攻击能力和防御能力都得到了大幅度提高，并装备有先进的航空兵器和电子设备。以美军战机为例，美军的多种型号战机均能实施空中加油。其作战用途的基本要求是全球力量、全球到达、远距离突击；其情报保障系统和导航定位系统均能满足情报保障需求；其攻击系统具备全天候、远距离和精确制导的能力。

（2）武装直升机

随着技术的发展和作战理论的改变，给一些兵器创造了新的用武之地，直升机的发展证明了这一点。20世纪60年代，美国发展了世界上第一批专用的武装直升机，并在越南战争中得到了应用。之后随着新型火控技术、微电子技术的应用，武装直升机的发展日益完善，装备数量越来越多。武装直升机的主要优点是机动性和防护能力都较强，对起降场地要求低，战场运用能力强。攻击型武装直升机对防空阵地、装甲部队威胁很大，是防空弹药要对付的主要目标之一。外军某些武装直升机的性能见表12-1。

表12-1 几种武装直升机的主要性能

机型	AH-1T	AH-64	米-24	米-28	SA-365M
国别	美国	美国	俄罗斯	俄罗斯	法国
主旋翼直径/m	14.63	14.63	17.0	17.0	13.74
机长/m	13.87	17.76	21.5	17.0	12.07
机高/m	4.16	4.3	4.25	3.9	4.07
发动机功率/kW	2×1 074	2×1 055	2×1 620	2×1 620	2×558
最大飞行速度/(km·h^{-1})	272	365	330	300	296
最大爬升率/(m·s^{-1})	4.37	12.7	15	18	7.8
实用升限/m	5 913	6 400	4 500	6 000	6 000
作战半径/km	285	295	200	240	280
作战飞行时间/h	3.3	3.35			2.66
航程/km	572	610	750	480	740
携带导弹型号	TOW	海尔法	AT-6	SA-14	HOT
携带导弹数量/枚	8	16	4~8	8~16	4~8
火箭直径/mm			70	57	70
火箭弹数量/发			76	4×32	
火炮口径/mm	20	30	23（30）	30	20

(3) 精确制导弹药

现代战场上大量涌现的各类精确制导弹药，主要包括各类导弹和精确制导炸弹等。其中，尤以导弹种类繁多、应用广泛、发射平台多样，是来自空中的主要威胁。地面防空反导系统重点要对付空地导弹、巡航导弹、反辐射导弹和战术地地导弹等目标。这些导弹目标的速度和飞机差不多（绝大部分巡航导弹速度较小），雷达反射面积小，飞行高度低，因此反导比反飞机有更大的难度。

综上所述，以上几种空中目标具有下列基本特征：

① 空间特征：作战空域大，入侵高度和作战高度从几十米到几十千米，目标为点目标。

② 运动特征：运动速度高，机动性好，可以做不同方向的机动飞行。

③ 易损性特征：空中目标防护能力较弱。

④ 目标对抗特征：空中目标为了提高自身的生存能力，具有一定的对抗能力，如电子对抗、红外对抗、隐身对抗等能力。

12.2 小口径高炮弹药

小口径高炮作为一种防低空目标的防空武器，其突出优点是射速高、发射的弹丸密度大、能在空中某一个区域内形成一个"弹幕"、抗电子干扰能力强、反应速度快等。下面介绍近年来出现的几种小口径高炮弹药的结构特点。

12.2.1 小口径高炮榴弹

小口径高炮榴弹一般是采取直接命中空中目标的方式，并要求侵入到机体内部爆炸，利用爆破、杀伤、燃烧作用对目标进行毁伤。小口径高炮榴弹的初速高，因此弹形呈流线型，弹带较宽，空气阻力小。弹体采用整体式，因需多装炸药，故其炸药药室通常为直圆柱形，装有大威力炸药且具有一定的燃烧作用。表 12-2 所示为瑞士厄利孔公司研制的双 35 mm 高炮榴弹与普通 37 mm 高炮榴弹的对比情况。

表 12-2 双 35 mm 高炮榴弹与普通 37 mm 高炮榴弹的对比情况

项目	双 35 mm 高炮榴弹	普通 37 mm 高炮榴弹
口径/mm	35	37
初速/($m \cdot s^{-1}$)	1 175	855
全弹质量/g	1 580	1 500
弹丸质量/g	550	732
炸药质量/g	112	60
1 000 m 主靶密集度/(m×m)	0.68×0.68	1.15×1.05
射速/(发·min^{-1})	2×550	200～240
有效射高/m	3 000	2 800
有效斜距离/m	4 000	3 500
弹丸飞行时间（1 000 m）/s	0.96	1.40
弹丸飞行时间（2 000 m）/s	2.18	3.20

续表

项目	双 35 mm 高炮榴弹	普通 37 mm 高炮榴弹
弹丸飞行时间（3 000 m）/s	3.80	5.60
弹丸飞行时间（4 000 m）/s	6.02	9.20
弹丸长度	5.37 d	4.54 d

双 35 mm 高炮榴弹是小口径高炮弹药中较为典型的一种，具有以下特点：

（1）弹体薄，装药量大

弹丸药室为瓶形薄壁结构，采用特殊的深冲钢材料，经冷挤压成型。弹丸质量只有 550 g，而炸药质量为 112 g，装填系数达 20%。

（2）流线外形，阻力小

弹丸外形为流线型，空气阻力小，因此，弹丸飞行时间短，可以大大提高对付活动目标的命中概率。

（3）初速高，存速大

双 35 mm 高炮榴弹的初速为 1 175 m/s，飞行至 1 000 m 处的时间为 0.96 s，其时存速为 950 m/s 左右，弹丸具有较大的动能，能够保证侵入目标机体内再发生爆炸。

（4）射速高，火力猛

双 35 mm 高炮榴弹射速为 2×550 发/min，可以在较短时间内形成密集的火力网，有效对付空中目标。

另外，双 35 mm 高炮榴弹装填的 HexalP30 炸药是一种以 RDX 为基体加铝粉及钝感物的高能炸药。其爆速为 7 500 m/s，爆热达 1 600 kJ/L，因而可获得较高的冲击波超压。但是从另一方面看，该弹弹体壁较薄，炸药威力又大，形成的破片就过细了。总之，双 35 mm 高炮榴弹是以爆破威力为主、杀伤威力为辅，依靠较大的冲击波对飞机产生致伤作用。

12.2.2 近炸引信预制破片弹

为了提高小口径高炮弹药对空中目标（飞机、导弹）的毁伤威力，近年来人们发展了近炸引信预制破片弹，即凸底弹。预制破片均采用重金属材料（如钨合金）制成，这样可大大提高其侵彻能力。比较典型的有瑞典博福斯 40 mm 近炸引信预制破片弹，意大利 BPD 公司的 40 mm 预制破片弹，比利时 FN 40 mm L70 预制破片弹和美国的 40 mm 预制破片弹。

（1）40 mm 近炸引信凸底榴弹的特点

图 12-1 所示为 40 mm 近炸引信凸底榴弹的典型结构。其主要诸元见表 12-3。

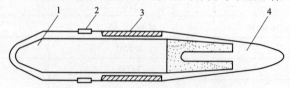

1—炸药；2—弹带；3—预制破片；4—近炸引信。

图 12-1　40 mm 近炸引信凸底榴弹

表 12-3　40 mm 近炸引信凸底榴弹的主要诸元

初速/（m·s^{-1}）	1 020~1 060	弹丸质量/kg	0.895
钨球数/个	600~750	破片速度/（m·s^{-1}）	1 700
炸药量/g	114~158（A-Ⅸ-Ⅱ，B 或奥克托今炸药）		

40 mm 近炸引信凸底榴弹具有以下特点：

① 采用重金属做预制破片，侵彻威力大。用重金属做预制破片，可大大提高侵彻能力。一颗直径为 3 mm 而质量为 0.245 g 的钨球，对目标的贯穿能力相当于 5 g 破片的效果，这样也就可以大大提高对目标的毁伤效果。一般重金属是用塑料压铸成筒形，套在弹体的前半部分，而在预制破片筒的外面再加一个薄的钢套筒，以提高爆炸后破片的初速。

② 采用凸形底部，改善破片分布。底部为凸形，改善了破片的空间分布。一般平底榴弹底部破片均向弹后飞散，故对于迎面攻击方式的战斗，这部分破片用不上。考虑到小口径高炮在防空反导战斗中的绝大部分作战模式为迎面攻击，故将弹丸底部做成凸形，使破片的空间分布呈更加合理的形状。

图 12-2 所示为该弹在动态条件下的破片空间分布。这是考虑了弹丸速度作为牵连速度的原因。这种破片飞散方式对于迎面攻击的目标将使命中破片的数量增多，从而提高其对目标的毁伤概率。

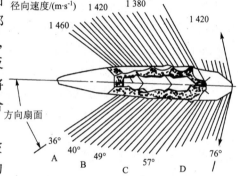

图 12-2　40 mm 近炸引信凸底榴弹动态条件下的破片分布

③ 采用近炸引信，自动调节灵敏度。这种引信按多普勒原理进行工作，具有近炸、碰炸、自毁功能。它能根据目标离地面（或海面）的不同高度，自动调整作用半径。如果需要引信起着发作用，那么火炮的自动装弹机在装填时就闭锁其近炸作用。这种引信的抗干扰能力较强，可以区别目标信号与地面（海面）的杂波信号。

理论计算与试验表明，带近炸引信的预制破片弹比不带近炸引信的普通榴弹杀伤范围要大得多，可以大大提高弹丸对运动目标的毁伤概率，比较适用于防空和反导。

（2）瑞典博福斯 40 mm 3P-HV 可编程近炸引信预制破片高速弹

可编程近炸引信预制破片高速弹的英文名称为"Prefragmented Programmable Proximity-fuzed High-velocity Cartridge"，通常简称为 3P-HV 弹。该弹是博福斯公司继 MK2 式 40 mm 预制破片榴弹之后研制的又一种新型弹药，目的是提高对付所有空中目标的杀伤效果，完成野战防空系统所要求的各种辅助战斗任务。该弹的多用途和对各种目标的适应性，可提高武器系统的战术灵活性，并减少后勤供应方面存在的复杂问题。

该弹重约 1 000 g，内含直径为 3 mm 的钨合金球，数目约为预制破片榴弹的 2 倍，初速增大到 1 100 m/s。这些特性与新型低阻力弹体设计相结合，使该弹具有较远的射程和较短的飞行时间。博福斯公司认为这样做比单纯提高火炮的射速更有价值。根据不同目标，3P-HV 弹比 MK2 式预制破片榴弹的杀伤效果增加 25%~50%。对付战斗机时，单发弹的毁伤概率可达 50% 左右。

射击时，借助近炸引信编程器可为每发弹独立编程序。编程器在火控系统和 3P-HV 弹之间起接口作用。近炸引信编程器利用自动装填机上的两个触点提供的直流电压激活引信的电子装置，装定引信的作用方式和其他信息，如飞行时间、位置、距离门限等，并在输弹前以弹丸头部天线中继的高频信号形式提供给弹丸。

可编程近炸引信有 6 种作用方式：前两种是自动作用方式，用于对付空中目标。每种方式都利用来自火控系统的信息，预测命中点。近炸引信编程器按此命中点位置装定一个距离门限，只有当弹丸到达这个距离门限起始点以后引信才激活。所以，弹丸在到达目标区域之前，引信是不受干扰和其他外界影响的，这样使得传感电路的灵敏度增大，从而可使弹丸飞到距固定飞机或直升机 8～9 m 的距离时才起爆。如果目标为导弹，引信探测到目标时立即引爆弹丸。尽管如此，与飞机交战时引信也可预先装定编程，使之具有延期作用，以便直接命中飞机。当弹丸飞行到引信距离门限终点时，弹丸自动起爆自毁，此时至少可额外提供一次攻击机动目标的机会。第三种是按火控系统信息预先编程具有定时功能的作用方式，用于对付隐蔽目标，如树林后面悬停的直升机或在开阔地带的进攻部队，此时可在目标上方 5～10 m 处爆炸。第四种是命中后延期爆炸和自毁作用的方式，用于对付机载或陆基的轻型飞行器，以期获得较大的毁伤概率。延期爆炸时间约 300 μs，相当于一个弹丸钻入目标的时间。用这种方式时引信编程自毁时间为 15 s。第五种是穿甲作用方式，用于对付地面轻型装甲目标，以及将来可能出现的超重装甲直升机。采用这种方式的弹丸依靠命中硬目标时的冲击来起爆。第六种作用方式是当无任何方式可选择或弹丸无法到达目标射程时，引信具有通常的近炸/触发功能，并在 15 s 后自毁。

3P-HV 弹用 L70 式 40 mm 舰炮发射时，其弹道与曳光榴弹和目标训练弹相匹配。其主要诸元见表 12-4。

表 12-4 瑞典博福斯 40 mm 3P-HV 弹的主要诸元

弹径/mm	40	全弹质量/g	2 800
最大射程/m	6 000（对付飞机）	弹丸质量/g	1 000
	3 000（对付导弹）	初速/（m·s^{-1}）	约 1 100
引信	多功能（可程序控制）引信	威力	杀伤效果比 MK2 式预制破片弹提高 25%～50%
装填物及重量	奥克托今炸药，0.14 kg；1 000 个以上钨合金球，每个直径 3 mm		

12.2.3 AHEAD 编程弹

普通榴弹要求直接命中目标才能起到毁伤作用，而在实战条件下小口径弹药的直接命中概率是相当小的。带近炸引信的预制破片弹，由于破片在弹的圆周方向上起爆后向弹轴的径向飞散，即使在有牵连速度条件下，仍无法完全集中向前方目标攻击。为解决这个问题，瑞士厄利空－康特拉夫斯公司成功研制出一种全新概念的 35 mm AHEAD 弹药（"AHEAD" 是 "Advanced Hit Efficiency and Destruction" 的缩写，表示"先进的有效命中和摧毁"弹药的意思，同时也表示超前拦截的意思）。这是一种集束定向式预制破片弹。破片全部向弹丸前方抛出，利用弹丸与来袭目标的相对速度对目标进行毁伤。35 mm AHEAD 弹药的主要诸元见表 12-5。

表 12-5　35 mm AHEAD 编程弹主要诸元

弹丸质量/kg	0.75	初速/(m·s^{-1})	1 056
口径/mm	35	飞行时间	1 000 m 为 1.05 s，2 000 m 为 2.34 s
注：内装预制破片（子弹）152 个，每个为 3.3 g 的钨合金柱			

AHEAD 弹本身结构是比较简单的。它区别于弹丸依靠炸药爆炸将弹体炸成高速破片或将预制破片高速抛出的常规特点，而是在弹丸内仅装有少量抛射药。其目的是将预制破片舱打开，将其中的 152 个钨合金杀伤元抛出。它不是靠抛射装药实现对目标的毁伤，而是利用弹丸的弹道存速与目标运动形成的高相对速度将目标摧毁。这是因为小口径高炮弹丸初速较高，直射距离较近，速度衰减小。例如当初速为 1 050 m/s 时，其在 1 000 m 处的存速仍有 900 m/s 以上，此时若来袭导弹的速度为 300 m/s，则动能杀伤元撞击目标的速度将达到 1 200 m/s 以上。即便是只有 3.3 g 重的重金属动能杀伤元，也可以给来袭导弹以沉重的打击；同时，由于小口径高炮武器系统射速高、火力猛，如果以 25 发为一组，通过引信的精确控制，则可以在目标运动的前方形成一个直径为 8 m、具有 3 800 个动能杀伤元的弹幕，这就大大提高了命中目标的杀伤密度。因此，AHEAD 弹在设计上体现的是一种完全新颖的设计思想。

（1）结构特点

AHEAD 弹是靠旋转稳定的。整个弹丸由风帽、弹体、杀伤元（子弹）系、弹底和引信等部件组成，如图 12-3 所示。

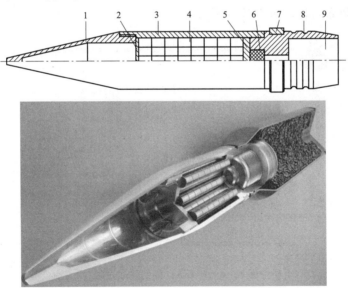

1—风帽；2—上垫片；3—弹体；4—杀伤元；5—下垫片；6—抛射药；
7—弹带；8—弹底；9—引信安装孔。

图 12-3　AHEAD 弹结构示意

AHEAD 弹共装有 152 枚子弹，单枚子弹质量为 3.3 g。为了提高单枚子弹的杀伤力，减少飞行时的空气阻力，子弹采用高密度的重金属材料。此外，在保持单枚子弹质量相同的条件下，重金属材料还有利于缩短子弹的长径比，在外弹道上更具良好的飞行稳定性。

子弹外形可有两种选择:圆柱形和六角柱形。六角柱形的优点是装填密实,节省空间,有利于增加弹体舱室的壁厚,保证其发射强度;易于装填,排列稳定,不易产生晃动;对毁伤目标亦相对有利。六角柱形子弹的缺点是工艺性较圆柱形稍差,适于在大量生产的定型产品上采用。圆柱形子弹工艺性好,但装填后中间有空隙。

风帽的主要作用是减少弹丸在飞行中的头部阻力,质量不应太大,所以风帽采用截锥形薄壳结构,下部采用螺纹和弹体连接。材料采用高强度铝合金。

弹体是弹丸的主要构件。其主要作用是装填杀伤元素,上连风帽,下连弹底。弹体的内腔为柱形,有利于柱形子弹的装填。弹体的外部设有上、下定心突起,保证发射时的定心作用,利于弹丸在膛内的正确运动。在目标前方,在开舱药作用下,弹体撕裂成6瓣,释放内部的杀伤元素。

为了均化发射时作用在弹底上的惯性力,同时固紧子弹系在弹体内的轴向位置,在子弹的上、下端设计了上、下垫片。弹底的主要作用是连接弹体、引信等部件。外部装有弹带,弹带下部刻有2个环形槽,分别用于安装测速及引信装定线圈。

AHEAD弹之所以能完成上述功能,其关键在于装备了一个可编程的电子时间弹底引信。它可以迅速实现时间装定,具有极高的计时精度,可使弹丸在目标前方精确位置抛射出动能元。引信作用距离为70~4 600 m,时间精度为1/1 000 s,距离精度达1 m。

(2) 作用原理

AHEAD弹的作用原理:通过炮口装定可编程弹底时间引信控制弹丸适时开舱,抛射出呈前倾锥形分布的重金属钨破片,在目标前面形成高动能、高分布密度并带有一定纵深的破片弹幕,拦截并摧毁目标,如图12-4所示。

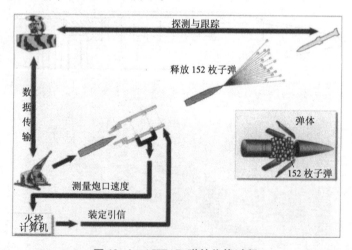

图12-4 AHEAD弹的作战过程

AHEAD弹发射时的工作过程可分为5个阶段:

① 首先雷达发现并探测到来袭目标,并对目标进行跟踪。
② 雷达向火炮的火控系统发出指令。
③ 火炮发射弹丸。
④ 火炮计算机通过炮口线圈测出每发弹的炮口速度,并根据目标运动参数,对每发弹的弹底引信进行时间装定。

⑤ 弹丸出炮口后，引信上的计时装置将以 ms 为单位进行倒计时，当达到零标志时，引信作用，点燃抛射药，将动能杀伤元向前抛出。弹体采用前开舱方式，抛射药很少，对动能杀伤元起不到加速作用。152 个动能杀伤元被抛出后，向前形成一个顶角为 10°～12°的锥形弹束。理论计算和试验都表明，动能杀伤元在离心力作用下在空中形成一个较均匀的弹幕。

因此，AHEAD 弹作为地面防空反导的先进武器已经得到理论与试验的证实。它具有先进性、准确性、有效性和高毁伤效果，是对付导弹威胁的重要手段之一。

12.2.4 新型小口径高炮弹药

(1) 易碎穿甲弹

易碎穿甲弹（FAP）是一种具有穿甲弹纵向侵彻与爆破榴弹横向破坏特征的新型弹药。易碎穿甲弹有旋转稳定的易碎穿甲弹（FAP）（图 12-5）和易碎脱壳穿甲弹（FAPDS）（图 12-6）两种。瑞士厄利孔公司与荷兰 NLM 及德国莱茵公司合作研制了 12.7 mm，20 mm，23 mm，25 mm，27 mm，30 mm，35 mm 等一系列口径的易碎穿甲弹，已被许多国家装备。该弹无引信，无炸药，结构简单，命中概率大，毁伤概率大，对坚硬目标及半硬目标破坏作用强，毁伤目标需要的弹药发数少，对付导弹和武装直升机最有效。因此，该弹成为现代与未来战争中防空反导的重要高炮弹药。

图 12-5　德国 27 mm 易碎穿甲弹（FAP）

图 12-6　易碎脱壳穿甲弹（FAPDS）。它的 3 片外壳正在与高速的次口径弹芯脱离

① 易碎穿甲弹作用原理：易碎穿甲弹与以往的穿甲弹的不同之处在于其弹芯材料特殊，当与目标作用时，不仅具有穿甲弹的纵向侵彻作用，而且具有高爆榴弹的横向破坏作用。该弹丸的弹体是一种由易碎性重金属液相合金相烧结材料制成的。当弹丸与多层间隔目标作用时，每穿透一层目标，都要破碎成许多碎块。在穿甲过程中，不断穿甲，不断破碎，直到新生碎块具有的动能不足以穿透间隔靶中的分层板为止（图 12-7）。

图 12-7　易碎钨合金杆芯穿透效果

空中目标及地面轻型装甲车辆可以被简化成多层铝合金间隔或钢板与铝合金板组成的多层间隔靶。弹丸穿透多层间隔靶的首层板时，由于弹体材料的高易碎性，在膨胀波的作用下，破碎成许多碎块。这些碎块作为新的弹块命中间隔靶后续各层目标板后继续穿甲，并破碎成更小的弹块，在旋转作用下，形成一个分散角约3°的锥形碎块束，其横向碎块质量相当弹体质量的30%~40%，对目标的横向破坏起到相当大的作用。

锥形碎块束对目标具有3个效应，即穿甲效应、"寄生"效应及"协同"效应。在这3个效应的共同作用下，可获得最佳的纵向与横向毁伤效果。穿甲效应是易碎穿甲弹纵向侵彻作用的标志，而弹体材料的高密度是获得高穿甲能力的保障。在碎块束中由于碎块速度梯度的存在，当飞在前面的碎块穿过目标板并在板上穿出一个孔时，后面飞到该板的碎块就可以直接飞过穿孔。它们不需要再次穿透目标板，所以不会再次破碎，也无能量损失，这一现象就叫作"寄生"效应。"寄生"效应的存在使部分碎块保存了能量，提高了碎块束整体的侵彻能力。许多碎块同时碰撞目标板产生的效应要比等数量碎块分别命中目标板产生的效应更大。这就是多重碎块的"协同"效应。"协同"效应的存在，在多层间隔目标中会产生更大的横向破坏作用。对于多层间隔目标，易碎脱壳穿甲弹终点弹道性能的杰出表现是，由于高易碎性重金属碎块的累积效果在目标结构里穿出一个大洞，在大洞周围有许多直径为1~3 mm的小洞，这就扩大了该弹对目标的破坏效果。

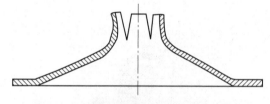

图12-8 易碎穿甲弹在薄金属板上的穿孔

易碎穿甲弹在穿甲过程中的破碎主要取决于材料性能，但也与弹、板作用特征有关。易碎穿甲弹对付的空中与地面目标多为薄金属板，因而终点弹道性能研究的主要对象是动能弹与薄板的作用，如图12-8所示。

从试验可以观察到，易碎穿甲弹及碎块束对薄金属板的破坏分成3个区：穿孔、压痕及辐射状裂纹。破坏区内有大量的塑性变形及翘曲。在这种情况下，引起板产生塑性变形消耗的能量很大。这不仅使板产生破坏与形变，而且弹块也受到很大的轴向与径向力。当弹丸或弹块穿过板时，约束边界突然解除，应力释放。在这种突然加载与卸载的应力状态下，弹丸或碎块发生破裂，其规律是碰撞、穿甲、破碎，形成大量的弹体碎块，在锥形碎块束作用下，在间隔靶中形成相对应的锥形穿孔破坏。

② 瑞士20 mm旋转稳定易碎穿甲弹（FAP）。图12-9所示为瑞士20 mm全口径旋转稳定的易碎穿甲弹。该弹全长为168 mm，质量为259 g，弹丸质量为102 g，初速为1 040 m/s。它既可以单发射击，也可以连射。

整个弹丸由弹体、弹芯、弹带和塑料材料等组成，通过注塑方法将弹芯和弹体连接在一起，并赋予弹丸有利的气动外形。弹体采用钢质材料，可保证膛内发射强度。弹体的内部车有环形凸台和环形沟槽，可保证注塑材料与弹体的连接强度；弹体外刻有弹带槽，装配铜质弹带，赋予弹丸高速旋转，使其飞行

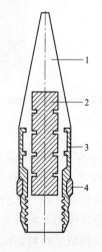

1—塑料；2—弹芯；3—弹体；4—弹带。
图12-9 瑞士20 mm易碎穿甲弹

稳定。弹芯采用钨合金材料，周向刻有4条环形槽，控制弹芯碰撞目标的破碎。

对目标的作用过程：撞击目标时，易碎的钨合金弹芯首先穿透目标的外蒙皮，然后逐渐破碎，以辐射形式穿透后续的目标结构。高能量的破片云在目标内部造成严重毁伤，保证较高的毁伤概率。该弹的特点是弹形好，弹丸飞行时间短，对目标的命中概率大；弹丸没有传统的高能炸药和引信，安全可靠；既可以对付硬目标，又可以对付软目标；撞到目标时，弹芯立即破碎，不易跳飞。

③ 易碎脱壳穿甲弹（FAPDS）。图 12-10 所示为一个适宜于脱壳穿甲弹的易碎弹芯。该弹芯结构的特点是结构简单、容易制造，在完全破碎之前能够穿透多层目标结构。该弹芯由弹芯头、弹芯杆、弹芯体和弹芯尾4部分构成。弹芯头采用延展性较好的穿甲材料，如钢、锆、钛、铝、钨合金等，主要是为了避免穿透目标第一层结构时弹芯体完全破碎；弹芯杆采用有足够延展性的钨，其压缩强度与拉伸强度之比达 10~20；弹芯体由相对易碎的钨加工而成；弹芯尾采用延展性好的钨、硬金属、钢、钨合金等制成。

如图 12-11 所示，如果采用常规的易碎弹芯，它就会在撞击目标的第一层结构板时完全破碎，从而降低后续目标结构板的侵彻能力；如果采用这种弹芯结构，在撞击目标第一层结构时，弹芯体破碎，但是它还能够继续侵彻下一层结构，如图 12-11（a）所示；图 12-11（b）和图 12-11（c）为弹芯侵彻第二层结构后的情况。可见，弹芯长度虽然减小，但仍能继续向后侵彻。

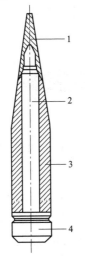

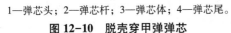

1—弹芯头；2—弹芯杆；3—弹芯体；4—弹芯尾。

图 12-10 脱壳穿甲弹弹芯

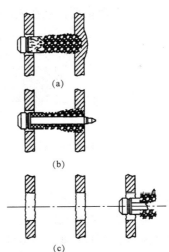

图 12-11 易碎弹芯侵彻多层靶过程

总的来说，易碎穿甲弹是一种多用途的防空反导新型中、小口径弹药。该弹不用炸药，不用引信，结构相当简单，安全可靠，不仅具有穿甲弹的纵向侵彻作用，而且具有爆破榴弹的横向破坏作用，因此具有较大的发展前途。

（2）多用途弹

一方面，由于目标的多样性，小口径弹药只有完成多种功能，如杀伤、爆破、穿甲、燃烧等，才能全面对付各种目标，因而出现了如前所述的榴弹、预制破片弹、穿甲弹等弹种。它们各有侧重。如榴弹的杀伤爆破能力较大而穿甲能力较小；穿甲弹则反之，其穿甲能力较强而杀爆能力较弱或没有。另一方面，弹药的供应系统，包括后勤保障、武器供弹等，又要求弹药品种尽可能简单，多品种的供给有时是难以完成的。在这种思路下，人们研制出了多用途高炮弹药。

① 76 mm MOM 多用途弹。多用途弹就是一弹同时具有多种功能，如意大利奥托·梅拉拉公司研制的 76 mm MOM 多用途弹，因其引信同时具有着发、近炸、延期作用而被简称为"3P 弹"。该弹弹体相对厚一点，可以提高贯穿能力。弹丸质量为 6.35 kg，内装 0.75 kg 混合炸药和 1.55 kg 的几千个钨合金小立方体。其引信的装定是通过火炮装弹机构来完成的。当装定在着发作用时，弹丸在目标外部爆炸，起到外部杀伤爆破作用；当引信装定在延期作用时，弹丸侵彻到目标内部爆炸，起到内部杀伤爆破作用；当引信装定在近炸作用时，弹丸离目标一定距离爆炸，靠弹丸上的预制破片（钨合金小立方体）和弹丸本身破片毁伤目标，提高命中概率。此外，其炸药内混有燃烧剂，可以起到纵火作用。所以，这种多用途弹，借助于引信的改进，可以同时具有穿甲、杀伤、爆破、燃烧作用，简化了弹药的装备体制。

② 30 mm 多用途弹。图 12-12 所示是 NAMMO 公司开发的一种 30 mm 口径多用途弹。该弹具有侵彻、破片杀伤、冲击波和燃烧等多种效应。该弹质量为 363 g，炮口初速达 1 070 m/s，主要由弹体、弹带、风帽、炸药装药、燃烧装药、曳光管和自毁装置等组成。风帽为铝质材料。弹体为经过热处理的钢质材料。弹体内前面装填燃烧药，而后面装填高能炸药。此外，在铝质风帽内也装有燃烧剂，且在风帽的燃烧剂和高能炸药之间有传燃序列。

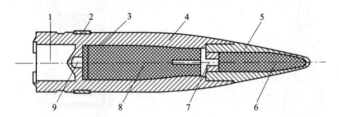

1—曳光管；2—弹带；3，6—燃烧剂；4—弹体；5—风帽；7—传燃药剂；8—炸药；9—自毁装置。

图 12-12 多用途弹结构

该弹的作用过程：弹丸撞击目标时，装满燃烧剂的风帽快速变形。当燃烧剂达到引燃条件时它开始燃烧，随后点燃高能炸药，使弹丸壳体破碎，形成大量的杀伤破片。弹丸的敏感性依赖于弹丸风帽的变形速度。该弹的主要特点是采用了不同的终点毁伤机理，可对付更多类型的目标，如固定翼飞机、直升机、舰船、轻型装甲车辆和建筑物，其效费比高。它具有较强的侵彻能力和延期功能，冲击波、破片杀伤和燃烧等效应能够在目标内部发生，大大提高了对目标的毁伤能力。它采用了无引信设计，即没有采用传统的机械引信，而是采用燃烧序列提供对目标侵彻过程的延时，因此安全性较好。

③ 挪威 25 mm×137 mm 系列多用途弹。挪威北欧弹药公司生产的 25 mm×137 mm 系列多用途弹药包括 3 种型号，即 PGU-32/U，MPT-SD Mk 2 和 MP M84A1（图 12-13），可配用各种自动炮和航炮。主要战术技术性能：全弹长最长为 219.2 mm，全弹质量最大 500 g，弹丸质量为 180~186 g，初速为（1 089±15）m/s。

25 mm 系列弹药采用独特的设计，具有较高的效费比，提高了对付飞机、直升机、舰船、卡车、建筑物和轻型装甲车辆的终点效应。由于所采用的多用途设计无须传爆管或敏感

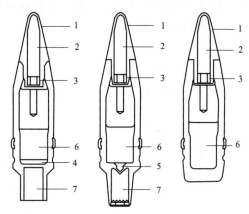

1—风帽；2—燃烧剂；3—支撑垫；4—锆；5—自毁装置；6—炸药；7—曳光管。

图 12-13 挪威 25 mm 多用途弹结构

高能炸药，所以无须配用机械引信。弹药使用烟火点火序列确保了击中目标时的可靠性，以及在储存、处理和发射过程中的最佳安全性。在上述 3 种弹药中，仅 MPT-SD Mk 2 弹药具有自毁功能，且自毁时间最短为 5.3 s。

在射程范围内，弹丸以北约规定的 0°～87°着角撞击目标时，能够击穿 2 mm 厚的杜拉钢板。当炮口前方有 1 mm 厚的铝板时，弹丸不会起爆。当攻击飞机类型的目标时，弹丸在进入目标内大约 0.3 m 时才起爆。破片的飞散角为弹丸射击方向每侧大约 25°。破片质量较大，对付器材目标的效果极佳。

25 mm 系列弹药具有以下特点：可延期起爆，所有效应均在目标内部作用；具有穿甲能力；具有爆破、破片杀伤和纵火效应；破片质量大，确保了对目标有较深的穿甲能力；内/外弹道特性与现有弹药相匹配。

12.3 防空导弹战斗部

对于各类来袭的空中目标，尤其是中、高空目标，最有效的防御武器还是防空导弹。防空导弹命中精度高、射程远、威力大，是其他武器弹药无法与之相比的。该种导弹主要由制导舱、控制舱、战斗部舱、发动机舱组成。其战斗部主要由壳体、杀伤元、装药和传爆装置组成。战斗部是导弹的主要部件之一，是直接完成战斗任务的部件，而其他部件的任务只是将战斗部准确地投送到目标区或预定目标。

防空导弹战斗部可分为核战斗部和非核常规战斗部，如图 12-14 所示。本书仅讨论非核常规战斗部。防空导弹战斗部的类型、质量及结构特性等都与目标的特性和目标的易损性直接相关。从导弹战斗部的发展来看，应用最多的是杀伤爆破型战斗部，为此导弹总希望直接命中或离目标很近处起爆，直接利用炸药的能量对目标进行毁伤。因此，一般弹战斗部都装填高能炸药，如以黑索今为主体的混合炸药，或奥克托今炸药等。其杀伤元有自然破片、半预制破片和预制破片等。对付飞机目标的导弹战斗部也有的采用连续杆式战斗部和离散杆式战斗部，旨在提高其对目标的毁伤能力。为了提高破片对某一个方向上的杀伤威力，又出现了定向杀伤的战斗部。由于导弹战斗部一般直径较大，发射时过载又较小，故在其上面可以采用较多的先进技术，如多点逻辑网络起爆技术，以及各种复杂的预制或预控破片技术等，以提高战斗部对目标的毁伤效果。

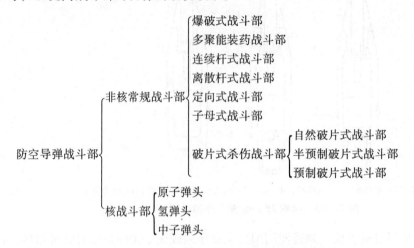

图 12-14 防空导弹战斗部分类

12.3.1 爆破式战斗部

爆破式战斗部主要靠冲击波来摧毁目标。在爆破式战斗部中装有大量的炸药，战斗部爆炸时气体的迅速膨胀产生大量的高温、高压气体，使周围介质受到强烈的冲击。

在对付空中目标（如飞机和导弹）时，战斗部爆炸后，有 60%～70% 的爆炸能量传递到空气中，形成空气冲击波。冲击波遇到目标时，将对目标施加巨大的压力和冲量，从而使目标遭受严重破坏；但由于这种爆炸压力和冲量的作用效果随高度的增加而急速下降，因而爆破式战斗部不适于在高空使用。一般来说，在 7 000 m 高度以下使用较为合适。爆破式战斗部通常按对目标作用状态的不同分为内爆式和外爆式两种。

（1）内爆式爆破战斗部

内爆式爆破战斗部是指进入目标内部后才爆炸的爆破式战斗部。它对目标产生由内向外的爆破性破坏。按在导弹部位安排的不同，战斗部又可分为以下两种：

① 战斗部本身就是导弹的头部。这种战斗部具有下列特点：第一，战斗部必须具有较厚的外壳，特别是头部，以保证在进入目标内部的过程中结构不致损坏；第二，战斗部应有较好的气动外形，以降低导弹飞行和穿进目标时的阻力；第三，常采用触发延时引信，以保证战斗部进入目标一定深度后再爆炸，从而提高对目标的破坏力。这种战斗部的典型结构如图 12-15 所示。

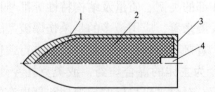

1—外壳；2—装药；3—后端板；4—触发延时引信。

图 12-15 装于导弹头部的内爆式爆破战斗部典型结构

② 战斗部装在导弹的中段。这种战斗部设计时具有下列特点：第一，战斗部可被设计成圆柱形，以充分利用导弹的空间，但其直径比舱体内径略小即可（允许电缆等通过）；第二，战斗部的强度设计不仅应满足导弹发射和飞行时的受载条件，而且应能承受导弹命中目标时的冲击载荷；第三，必须采用触发延时引信，而若采用瞬发性触发引信，则因战斗部与导弹尖端有一段距离，爆破作用会大大降低。图 12-16 所示是这种战斗部的典型结构。

（2）外爆式爆破战斗部

外爆式爆破战斗部是指在目标附近爆炸的爆破式战斗部。它对目标产生由外向内的挤压性破坏。与内爆式相比，它对导弹的制导精度要求可以降低。当然，其脱靶距离应不大于战斗部冲击波的破坏半径。外爆式爆破战斗部的外形和结构与内爆式爆破战斗部相似，但有两处差别较大：第一，战斗部的强度仅需满足导弹飞行过程的受载条件，因而其结构要弱得多、壳体较薄，主要是作为装药的容器；第二，必须采用非触发引信。

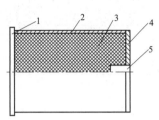

1—前连接杆；2—外壳；3—装药；
4—后连接杆；5—触发延时引信。

图 12-16　装于导弹中段的内爆式爆破战斗部典型结构

12.3.2　破片式杀伤战斗部

破片式杀伤战斗部的特点是利用战斗部内高能炸药的爆炸，使金属外壳形成大量高速破片。这些破片能对目标造成多种形式的破坏。这种战斗部的结构形式有很多种，而其破片形成机制也有很大的差别，通常可分为自然破片式战斗部、半预制破片式战斗部（可控破片或预控破片战斗部）和预制破片式战斗部等几类（图 12-17）。

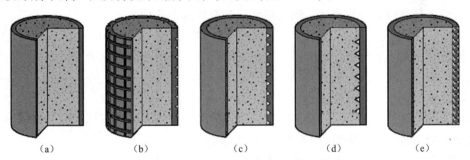

图 12-17　破片式战斗部结构示意

(a) 自然破片；(b) 半预制破片（外刻槽）；(c) 半预制破片（内刻槽）；
(d) 半预制破片（炸药外表面刻槽）；(e) 预制破片

（1）自然破片式战斗部

这种战斗部的壳体，通常是等壁厚的圆柱形钢壳，在径向和轴向都没有预设的薄弱环节。战斗部爆炸后，所形成的破片数量和质量虽与装药的性能、装药质量与壳体质量的比值（质量比）、壳体材料的力学特性和热处理工艺以及起爆形式等有一定的关系，但总的来说，与半预制和预制破片式战斗部相比，破片数量不够稳定，破片质量散布较大，特别是破片形状很不规则，速度衰减很快。因此，在不能直接命中目标的防空导弹中，不宜采用自然破片式战斗部。但是，在某些能直接命中目标的便携式防空导弹中，却不乏使用此类战斗部的例子，例如美国的"红眼睛""尾刺"，以及苏联的"萨姆-7"。这是因为在直接命中的情况下，自然破片式战斗部的主要缺点，如破片速度衰减快等，已不成其缺点，或者可以忽略，而这种战斗部加工工艺简单、成本较低的优点就突显出来。这正好满足了便携式防空导弹生产批量较大的客观需要。

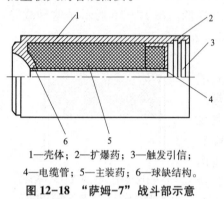

1—壳体；2—扩爆药；3—触发引信；
4—电缆管；5—主装药；6—球缺结构。

图12-18 "萨姆-7"战斗部示意

图12-18所示是"萨姆-7"战斗部的示意图。该战斗部质量为1.15 kg，而装药量只有0.37 kg。其战斗部直径为70 mm，长度为104 mm。战斗部前端有球缺形结构。装药爆炸后，此球缺结构能形成速度较高的破片流，但它在破坏位于战斗部前方的导引头等弹上设备后，对目标的破坏作用已经大为减弱。此战斗部的装药质量只占战斗部总质量的32%，从战斗部设计的一般原则看，它主要被设计成破片杀伤式，但由于是直接命中目标，其爆炸冲击波和爆炸产物能对目标造成相当大的破坏。

提高自然破片式战斗部威力性能的主要途径是选择优良的壳体材料，并与适当的装药量和装药性能相匹配，以增加速度和质量都符合要求的破片比例。

（2）半预制破片式战斗部

半预制破片式战斗部是破片式战斗部中应用最广泛的形式之一，也称可控破片或预控破片战斗部。它采用了各种较为有效的控制破片形状和尺寸的方法，可避免产生过大和过小的破片，因而减小了壳体金属的损失，显著地改善了战斗部的杀伤性能。根据不同的半预制技术途径，战斗部可以分为刻槽式、聚能衬套式和叠环式等几种。

① 刻槽式破片战斗部。在一定厚度的钢板上，按规定的方向和尺寸加工出相互交叉的沟槽，沟槽之间就形成菱形、正方形、矩形或平行四边形的小块。刻槽也可以在钢板轧制时直接成型，以提高战斗部的生产效率并降低成本，然后将刻好槽的钢板卷、焊成圆柱形或截锥形，即形成刻槽式破片战斗部壳体。

典型的刻槽式壳体结构如图12-19所示（端盖未示出）。装药爆炸后，壳体在爆轰产物的作用下膨胀，并按刻槽造成的薄弱环节破裂，形成较规则的破片。刻槽的形式有多种：一是内表面刻槽；二是外表面刻槽；三是内外表面刻尺寸和深度匹配的槽，且内外一一相对；四是内外表面都刻槽，但分别控制壳体的轴向和径向破裂。

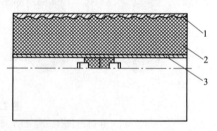

1—刻槽壳体；2—装药；3—中心管。

图12-19 刻槽式壳体结构示意

焊接壳体的缺点是，焊缝区域对破片的形成性能有一定影响，使该区域的破片密度降低，破片尺寸不一致，容易形成连片或产生小片。这种影响的程度取决于焊缝的宽度和强度（最好使焊缝和基本金属成等强度），以及焊接后的回火工艺质量。焊缝情况相同时，战斗部直径越小，焊缝影响区就越大。由截锥台焊接并整形而成的鼓形结构，增加了环形焊缝的影响，使破片在飞散角内的分布出现稀疏区。试验结果证明，纵焊缝的影响区一般在径向占6°～10°。在影响区域内，破片密度只有正常区域的50%。为了克服焊缝带来的影响，可以采用整体刻槽方式。这种壳体是直接在适当厚度的无缝钢管上刻槽而成。由于加工工艺与钢板刨制不同，因此形成的刻槽也不同（图12-20），但两者的破片性能没有大的区别。如果用钢管制造成鼓形或截锥形的壳体，则战斗部的单枚破片质量是不相等的，而其差别取决于壳体直径之差。

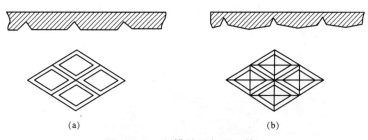

图 12-20　刻槽的局部展开情况

（a）无缝钢管内的沟槽；（b）钢板上刨制的沟槽

根据破片数量的需要，刻槽式破片战斗部的壳体既可以是单层，也可以是双层。如果是双层，那么外层既可以采用与内层一样的结构，也可以在内层壳体上缠以刻槽的钢带。后者很容易控制外层破片的质量，使之与内层破片质量相同或者不同。

实践证明，在其他条件相同的情况下，内刻槽的破片成型性能优于外刻槽，而后者较易形成连片。刻槽方向对破片分布也有所影响。以圆柱形结构为例，如按平行和垂直于战斗部纵轴的方向刻槽，则由于壳体径向膨胀的原因，破片在轴向呈条状分布，在径向形成空当，且空当的宽度随离爆点距离的增大而增大。为了克服这一缺点，刻槽时通常都带有一定缠度。

圆柱形战斗部壳体在膨胀过程中，最大应变产生在径向，而轴向上的应变很小。因此，刻槽方向的设计应充分利用径向的应变作用。设计菱形破片时，最合理的形式是菱形的长对角线位于壳体轴向，短对角线位于径向，如图12-21所示。实践证明，菱形的锐角以60°为宜。

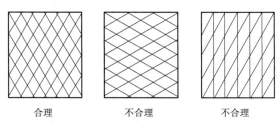

图 12-21　不同刻槽方向的展开情况

刻槽的深度和角度，对破片的成型性能和质量损失有重大影响。刻槽过浅，破片容易形成连片，使破片总数减少；刻槽过深，壳体不能充分膨胀，爆炸产物对壳体的作用时间变短，使破片速度下降。刻槽底部的形状有平底、圆弧形和锐角形，其中以锐角形底效果最好。刻槽的深度和角度对剪切撕裂的行程和方向有影响，因而也对破片的质量损失有影响。破片质量损失要小，而速度要高，这是矛盾的。这需要在刻槽方式上进行折中，而比较适宜的刻槽深度为壳体壁厚的 30%～40%，且常用的刻槽底部锐角为 45°和 60°。

刻槽式破片战斗部应选用韧性钢材而不宜用脆性钢材做壳体，因为后者不利于破片的正常剪切成型，而容易形成较多的碎片。

② 聚能衬套式破片战斗部。聚能衬套式破片战斗部如图 12-22 所示。战斗部的外壳是无缝钢管。衬套由塑料或硅橡胶制成，且其上带有特定尺寸的楔形槽。衬套与外壳的内壁紧密相贴。用注装法装药后，装药表面就形成楔形槽。装药爆炸时，楔形槽产生聚能效应，把壳体切割成近似六角形的破片。

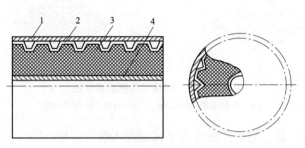

1—外壳；2—塑料聚能衬套；3—装药；4—中心管。

图 12-22　聚能衬套式破片战斗部

衬套通常采用厚度约为 0.25 mm 的醋酸纤维薄板模压制成。它应有一定的耐热性，以保证在装药过程中不变形。楔形槽的尺寸由战斗部外壳的厚度和破片的理论质量来确定。衬套和楔形槽占去了部分容积，使装药量减少；同时，聚能效应的切割作用使壳体基本未经膨胀就形成破片，所以与尺寸相同而无聚能衬套的战斗部相比，破片速度稍低。

聚能槽式破片战斗部的最大优点是生产工艺非常简单，成本低廉，对大批量生产是非常有利的；但由于结构的限制，它较宜用于小型战斗部，而大型战斗部还是以刻槽式为好。

③ 叠环式破片战斗部。该种战斗部的壳体由钢环叠加而成，且环与环之间通过点焊连接，以形成整体。通常在圆周上均匀分布 3 个焊点，而整个壳体的焊点形成 3 条等间隔的螺旋线，如图 12-23 所示（连接结构未示出）。装药爆炸后，钢环径向膨胀并断裂成长度不太一致的破片。如果在钢环内壁刻槽或放置一个径向有均匀间隔、用塑料或硅橡胶制成的聚能衬套，则钢环可完全按设计的要求断裂。如果外壳是非圆柱体，则径向形成的破片长度是不等的。

钢环可以是单层或双层，视所需的破片数而定。钢环的截面形状，根据所需的破片形状是立方体还是长方体而定。环的高度和径向厚度确定了破片两个方向的尺寸，而钢环内壁的刻槽间距或聚能衬套的有关尺寸则确定了破片另外一个方向的尺寸。

叠环式结构的最大优点是可以根据破片飞散特性的要求，以不同直径的圆环，任意组合成不同曲率的鼓形或反鼓形结构。因此，这种结构不是设计成大飞散角，就是设计成小飞散角，两者必居其一。如果需要中等大小的飞散角，用简单的整体圆柱结构就可实现。

与质量相当的刻槽式结构相比，叠环式结构的破片速度稍低。这是因为钢环之间有缝隙，装药爆炸后，在环的膨胀过程中，稀疏波的影响较大，使爆炸能量的利用程度下降。因此，圆环之间接触面的加工工艺是关键。

(3) 预制破片式战斗部

该种战斗部的结构如图 12-24 所示（连接结构未画出）。破片按需要的形状和尺寸，用规定的材料预先制造好，并用黏结剂黏结在装药外的内衬上。内衬可以是薄铝板、薄钢板或玻璃钢。破片层外面再缠绕一层玻璃钢，而球形破片则可直接装入装药外的两层薄金属板之间，且其间隙以环氧树脂或其他适当材料填满。装药爆炸后，爆炸产物较早逸出，预制破片被爆炸力直接抛出前几乎不存在膨胀过程，因而在各类破片式战斗部中，在质量比相同的情况下，预制式的破片速度是最低的。与刻槽式相比，它要低 10%～15%。破片通常被制成立方体或球，它们的速度衰减性能较好。在排列时，立方体破片比球形或圆柱形破片紧密，能较好利用战斗部的表层空间。如果将破片制成适当的扇形体，则其排列最紧密，黏结剂用量最少。预制破片在装药爆炸后的质量损失较小，而经过调质的钢质球形破片几乎没有什么质量损失。这在很大程度上弥补了预制结构附加质量较大的固有缺陷（附加质量是指不形成杀伤破片的质量，如内衬、外套和胶黏剂等）。

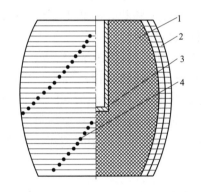

1—装药；2—钢环；3—中心管；4—焊点。

图 12-23 叠环式破片战斗部

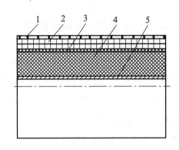

1—外套；2—预制破片；3—内衬；4—装药；5—中心管。

图 12-24 预制破片式战斗部

预制式结构具有几个重大的优点：

① 具有比叠环式结构更优越的成型特性，可以把壳体加工成几乎任何需要的形状，以满足各种飞散特性要求。

② 破片的速度衰减特性比其他破片战斗部好。在保持相同杀伤能量的情况下，预制式结构的破片速度或质量可以减小。

③ 预制破片可以加工成特殊的类型，如利用高比重材料做破片，可以提高洞穿能力；还可以在破片内部装填不同的填料（发火剂、燃烧剂等），以增大破片的杀伤效能。

④ 在性能上有较广泛的调整余地，如通过调整破片层数，可满足破片数量大的要求，也容易实现大小破片的搭配，以满足特殊的设计需要。

12.3.3 多聚能装药战斗部

多聚能装药战斗部又称成型装药战斗部。其结构和组成如图 12-25 所示。它利用装药的聚能效应，使战斗部中的金属药型罩形成高速的聚能射流去摧毁目标。由于聚能射流对目标具有极大的洞穿能力，因此一般用来对付坦克等装甲目标。对付空中目标的聚能装药战斗部，在基本原理上与对付坦克的破甲战斗部一致，但在结构及作战特点等方面则有较大的区别。

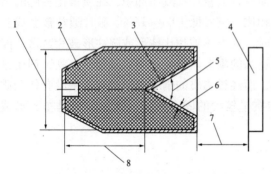

1—装药直径；2—装药；3—药型罩；4—靶板；
5—药型罩锥角；6—药型罩壁厚；7—炸高；8—装药长度。

图 12-25 多聚能装药战斗部结构

（1）防空导弹聚能装药战斗部的特点

与反坦克破甲战斗部相比，防空导弹聚能装药战斗部在作战使用方面具有如下特点：

① 由于空中目标的速度高、距离远，制导系统的误差使导弹难以直接命中目标，因而只能由近炸引信引爆（便携式防空导弹例外）。

② 炸距一般较大，最大可达几十米。

③ 由于炸距大，聚能射流到达目标时已断裂为高速射流颗粒，因此主要是以高速射流颗粒摧毁目标。

④ 虽然射流的速度可高达 $Ma=10\sim20$，使得在考虑射流能否命中目标时，只要炸距在射流的威力范围内，导弹速度和目标速度的大小相对地变得不太重要，但问题是难以保证单一的轴向射流能正好命中目标。要解决这一问题，唯一的办法是使射流在空间形成必要的分布，即一个战斗部在不同方向产生多个聚能射流。因此，防空导弹的聚能装药战斗部，通常采用多聚能装药战斗部。

（2）多聚能装药战斗部的类型

多聚能装药战斗部基本上有两种类型：一种是组合式多聚能装药战斗部。它以"聚能元件"作为基本构件。"聚能元件"实际上就是一个与破甲战斗部十分相似的小聚能战斗部。另一种是整体式多聚能装药战斗部。它在整体的战斗部外壳上镶嵌有若干个交错排列的聚能穴。

① 组合式多聚能装药战斗部。这种战斗部的结构如图 12-26 所示。聚能元件被固定在支承体上，其下端与扩爆药环相邻。药型罩呈球缺形。聚能元件沿径向和轴向对称分布，而元件的对称轴与战斗部纵轴间有适当的夹角，以使聚能射流或高速破片流在空间均匀分布。夹角的大小取决于对战斗部杀伤区域的要求。聚能元件间的排列应保证各束破片流之间互不干扰。聚能元件的结构和尺寸如图 12-27 所示。d 为聚能元件大端直径，d_1 为聚能元件小端直径，h_1 为大端圆柱部高度，h_2 为锥形部高度，h_3 为小端圆柱部高度。

试验结果表明，对于组合式多聚能装药战斗部，当射流初速为 4 200~4 400 m/s 时，对 10 mm 厚的航空装甲钢板，平均穿孔面积为 5~6 cm^2，穿孔数为 5。

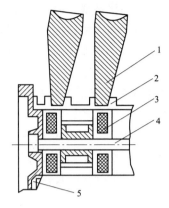

1—聚能元件；2—支承体；3—扩爆药；
4—传爆管；5—连接框架。

图 12-26　组合式多聚能装药战斗部

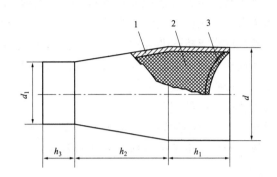

1—外壳；2—装药；3—药型罩。

图 12-27　聚能元件的结构和尺寸

② 整体式多聚能装药战斗部。这种战斗部的典型结构如图 12-28 所示。半球形药型罩沿壳体的周线围绕战斗部纵轴对称地排列。为了保证在空间形成均匀的杀伤场，在壳体结构上采取了如下措施：上一圈药型罩与下一圈药型罩的位置互相交错，且每一圈药型罩的数量都相等。战斗部如果是截锥形，则药型罩的直径由上至下逐圈增大。药型罩的形状除半球形外，还可以是锥形、球缺形等。药型罩的材料，通常是铜、铁或铝，这要取决于所要对付的目标。对于制导精度较高的导弹系统，战斗部药型罩的直径为 30～40 mm。这样，根据战斗部的直径并考虑药型罩间的合理间隙（约为 0.1 倍药型罩底径），就可确定每一圈的药型罩数。再根据所要求的空间杀伤带宽度并与给定的战斗部长度相协调，就可以基本确定药型罩的圈数。

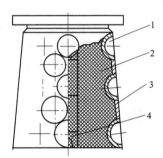

1—半球形药型罩；2—主装药；
3—战斗部壳体；4—传爆药。

图 12-28　整体式多聚能装药战斗部

锥形药型罩形成的射流速度较半球形药型罩为高，但以顶角为 60° 的锥形罩为例，其高度要比底径相同的半球形罩大 73%。考虑到形成最佳射流性能的装药长度应为 2～2.5 倍装药直径（此处是指从药型罩顶部至战斗部轴线的径向装药尺寸），显然，战斗部的径向尺寸难以满足这种要求，因而实际的多聚能装药战斗部，特别是小型战斗部，只能退而求其次，即采用半球形药型罩。

多聚能装药战斗部爆炸后，各药型罩形成高密度的聚能射流。射流具有一定的速度梯度，即前端速度高，而后端速度低。随着距离的增加，聚能射流逐步断裂并略有发散地成为金属粒子或破片。这种粒子或破片仍具有很高的速度。它们能洞穿目标并使其形成许多二次碎片，而射流粒子和二次碎片对电缆、管路、通信设备和人员等均具有相当大的破坏能力。

12.3.4　连续杆式战斗部

对破片式杀伤战斗部的破片大小虽然可以进行控制，但在对付空中目标时其杀伤力不甚理想。如果将相连的长杆围在爆炸装药周围，爆炸后长杆连续扩张，其杀伤力则要比破片大。这种战斗部被称为连续杆式战斗部。

连续杆式战斗部又称链条式战斗部。它是因其外壳由钢条焊接而成、战斗部爆炸后又形成一个不断扩张的链条状金属环而得名。连续杆环以一定的速度与飞机碰撞时，可以切割机翼或机身，对飞机造成严重的结构损伤。它对目标的破坏属于破片线杀伤作用。众所周知，单个破片洞穿飞机的非要害结构，一般不会造成飞机的重大损坏；而有一定长度的杆状破片，在同样情况下可造成较长的切口，该切口有可能在气动载荷下发展成结构损伤。但是，研究结果证明，要使飞机结构造成破坏，杆状破片必须具有足够的长度，以便形成造成破坏所需的相应长度的切口。例如，试验证明，要使机翼失效，就必须有约一半的截面被切断；要毁伤机身，就必须切断其截面的 $1/2 \sim 2/3$，而且连续切断要比总长度相同的分散切断更为有效。但是，由于战斗部舱长度的限制，单个的杆状破片不可能很长，连续杆战斗部因此应运而生。

（1）战斗部结构和连续杆环的形成

连续杆式战斗部的典型结构如图 12-29 所示。战斗部的外壳是由许多金属杆在其端部交错焊接并经整形而成的圆柱体杆束。它可以是单层或双层。单层时，每根钢条的两端分别与相邻两根钢条的一端焊接；双层时，每层的一根钢条的两端分别与另一层相邻的两根钢条的一端焊接。这样，整个壳体就是一个压缩和折叠了的链环，即连续杆环。切断环也称释放环，是铜质空心环形圆管，直径约为 10 mm，被安装在壳体两端的内侧。波形控制器与壳体的内侧紧密相配，且其内壁通常为一曲面。装药爆炸后，一方面切断环的聚能作用把杆束从两端的连接件上释放出来；另一方面，爆炸作用力通过波形控制器均匀地施加到杆束上，使杆束逐渐膨胀，形成一个直径不断扩大的圆环，直到断裂成离散的杆，如图 12-30 所示。在动态情况下，圆环的飞行方向是导弹速度和杆扩张初速的合速度。

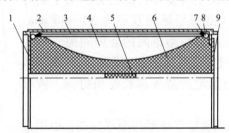

1—端盖；2—蒙皮；3—连续杆；4—波形控制器；
5—传爆药；6—主装药；7—杆的焊缝；8—切断环；9—装药端板。

图 12-29　连续杆式战斗部的典型结构

（2）连续杆式战斗部的作用原理

连续杆式战斗部是在炸药装药的周围排列一束杆件，而这些杆分两层并排放置，两端被交替焊在一起，并围绕炸药装药形成一个筒形结构（图 12-31）。各个杆件的长度和厚度均相同，且尺寸与战斗部尺寸匹配。杆件的断面形状可以是圆形、方形或三角形等。

连续杆式战斗部采用中心引爆的方式。当炸药爆炸时，从战斗部中心产生球面爆轰波，并向四周传播。通过炸药周围的波形控制器，使球面波变为柱面波，即使爆炸作用力的作用线偏转，也能获得一个力的作用线互相平行并与杆束圆筒内壁相垂直的作用力场。在爆炸载荷的作用下，杆束将向外膨胀、拉开、抛射。这时，在靠近杆端的焊接处将发生弯曲，使连续杆逐渐展开成为一个不断扩张的锯齿形圆环。这一锯齿形圆环的周长在达到杆总长度的 80% 以前不会被拉断。扩张直径继续增大，最后在杆的焊接处附近断裂，圆环也就分裂成一

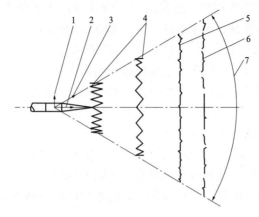

1—杆的扩张初速；2—导弹速度；3—杆的动态扩张初速；4—连续杆环逐渐膨胀；
5—环完全拉直，达到最大直径；6—连续杆环已断裂；7—连续杆环动态飞散区域。

图 12-30　连续杆环的动态膨胀过程

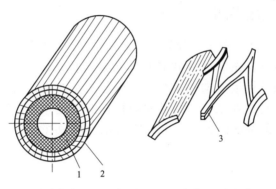

1—炸药装药；2—杆束组件；3—杆内外层连接方式。

图 12-31　连续杆式战斗部结构原理

段段的短杆了。

连续杆式战斗部杆环的初始扩张速度可达 $1\,200\sim1\,600$ m/s，在与飞机遭遇时，就像轮形切刀一样将飞机切断。连续杆式战斗部的作用效果不仅与杆环的速度有关，而且与导弹速度、飞机速度以及导弹的制导精度有关。

由于空气阻力的作用，连续杆飞行速度的衰减将与飞行距离成正比。随杆环直径的扩大，其速度亦降低。杆环扩张断裂后，杆条的运动将失稳，并出现不同方向的转动和滚翻，连续杆效应也随之转变成破片效应。但是，由于连续杆断裂后形成的单个短杆状破片数量少，因而威力将大幅度下降。由此可知，连续杆式战斗部只有在杆环断裂以前遭遇目标，才能达到最佳的切割效果。这就要求导弹具有足够的制导精度。

对空中目标来说，连续杆的切割效应比破片的击穿作用和引燃作用要大得多。这是因为杀伤破片只有击中飞机的要害部位才能将其摧毁，而连续杆可以切断机翼、机身等大型构件，从而使飞机失去气体动力平衡或者被切成几段而完全毁坏。

（3）连续杆式战斗部的性能特点

与其他战斗部（特别是破片式战斗部）相比，连续杆式战斗部具有下列重要特点：

① "扩大"了目标的要害尺寸。这是因为一般认为,在非要害部位,连续杆环的切割可能会导致目标失稳或被摧毁。这是破片式战斗部难以做到的。

② 使飞机的某些防御措施失效。例如,自封式油箱对由破片穿孔引起的漏油、燃烧有一定的防御效果,而对连续杆式战斗部造成的破坏则基本无效。

③ 连续杆环在超过最大扩张半径后,杆环的切割效应变为破片杀伤效应。由于杆的数量少,命中目标的概率很低,因而它的杀伤效率一般忽略不计。这与破片式战斗部杀伤概率随距离的增加而逐渐下降的情况有所不同。

④ 连续杆环的飞散初速较低,静态杀伤区只是垂直弹轴的一个平面,因此引战配合必须特别精确。基于这种原因,这种战斗部只宜用于脱靶量较小、目标尺寸较大的情况。如果采用多环结构,即战斗部产生几个飞行方向不同的连续杆环,则可形成一个一定宽度的飞散区,从而弥补上述缺陷。

⑤ 对于飞机的某些强结构,连续杆环难以切割,除非加大杆的截面,但这将大大增加战斗部的质量。

12.3.5 离散杆式战斗部

离散杆式战斗部是目前发展的一种防空反导战斗部,是在破片式战斗部的基础上发展起来的,将预制破片做成长条状的杆式破片,数量比粒状破片要少,但杀伤威力较大。战斗部爆炸后,杆条按预控姿态向外飞行,而杆条的长轴始终垂直于飞行方向,同时绕长轴的中心慢慢旋转,最终在某一半径处实现杆杆的首尾相连,形成连续的杆环,通过切割作用来提高对目标的杀伤能力。图 12-32 所示为离散杆式战斗部结构及杆式破片飞散示意图。

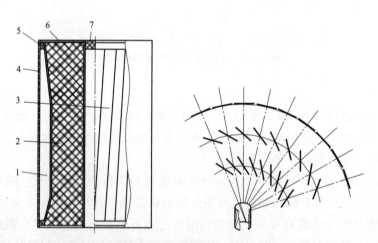

1—内衬;2—炸药;3—杆条;4—壳体;5—端环;6—端盖;7—起爆器。
图 12-32 离散杆式战斗部结构及杆式破片飞散示意图

离散杆战斗部的关键技术是控制杆条飞行的初始状态,使其按预定的姿态和轨迹飞行。通过以下两方面的技术措施可以实现对杆条运动的控制:一是使整个杆条在长度方向上获得相同的抛射初速。也就是说,使杆条获得速度的驱动力在长度方向处处相同,这样才能保证飞行过程中杆轴线垂直于飞行轨迹。二是放置杆条时,使每根杆的轴线都和战斗部的轴线保持一个相同的倾角。这个倾角可以使杆以相同的规律低速旋转，通过预置倾角可以控制杆条的旋转速度，从而实现在某飞行半径处首尾相连。

离散杆式破片战斗部对飞机目标的作用效果较好，所以各国在空空或地空导弹上纷纷采用它。俄罗斯的 P-737 导弹战斗部采用的就是离散杆式破片战斗部。这种战斗部的直径为 170 mm，战斗部长度为 243 mm，战斗部质量为 7.4 kg，内装炸药 2.45 kg，共有 164 根杆式破片，而每根金属杆的质量为 16.5 g。据称爆炸后金属杆的速度为 1 200～1 300 m/s，对飞机的有效威力半径为 7 m。图 12-33 所示为离散杆式破片战斗部对空中目标的作用过程。可见，杆式破片形成了一定宽度的杀伤区域。

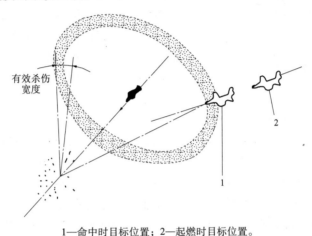

1—命中时目标位置；2—起爆时目标位置。

图 12-33　离散杆式破片战斗部对空中目标的作用过程

12.3.6　定向杀伤战斗部

上述所有战斗部的杀伤破片均为向弹轴四周均匀飞散的，各方向上的破片速度也是相同的，也就是说能量均匀分布。这对于杀伤均匀分布的地面有生目标是合适的，但空中来袭的飞机或导弹目标，往往只能有效利用其某一方向上的破片，其余破片都白白浪费了。为了能使战斗部上的破片向某一指定方向集中飞散出去，充分发挥破片的作用，或者使破片飞散有所侧重，在某一特定方向速度较大、能量较多，提高其对某一方向上的威力，人们研发了下列两种定向杀伤战斗部。

（1）破片芯式定向杀伤战斗部

这种战斗部的杀伤元素被放置在中心部位，而炸药装药则被放在杀伤元素四周（图 12-34）。当发现目标（飞机或导弹）在战斗部的某一方向时，逻辑起爆线路就控制战斗部的某一块（或几块）主装药起爆，将破片向目标所在方向抛出，而且在破片飞出之前，又通过辅助装药将正对目标的那部分战斗部外壳炸开，使中心破片可以毫无阻碍地飞向目标。

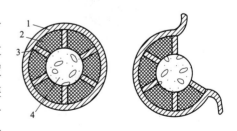

1—外壳；2—炸药；3—隔板；4—破片。

图 12-34　破片芯式定向杀伤战斗部

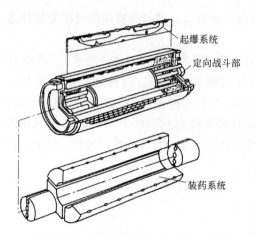

图 12-35 偏心起爆式定向杀伤战斗部

(2) 偏心起爆式定向杀伤战斗部

一般战斗部炸药均为中心起爆式,炸药能量向四周均匀发散;而偏心起爆式的炸药装药的起爆装置是偏心安放的。起爆时由于炸药的起爆点不在中心,而在侧边处,所以爆炸后能量分布不对称,破片的杀伤威力也不对称,从而提高了在某一方向上的杀伤威力。图 12-35 所示为美国研究的一种偏心起爆式定向杀伤战斗部示意图。装药系统为 4 块瓦形药柱。起爆系统在 4 块药柱的边上。每个药柱有 8 个起爆点,按照目标的不同方向由引信逻辑控制起爆,而预制破片仍在战斗部的四周,但因爆炸能量的不对称性,在某一方向上杀伤威力将有所增大。

(3) 可变形式定向杀伤战斗部

可变形式定向杀伤战斗部又称质量聚焦型战斗部,包括变形装置和战斗部,利用变形装置使战斗部发生形变后,在定向方位上实现高质量、高密度的破片流对目标进行毁伤。

① 机械展开式定向杀伤战斗部。机械展开式定向杀伤战斗部在弹道末段能够将轴向对称的战斗部一侧切开并展开,使所有的破片都面向目标,并在主装药的爆轰驱动下飞向目标,从而实现高效的定向杀伤效果。机械展开式战斗部的结构及其作用过程如图 12-36 所示。战斗部的圆柱形部分为 4 个相互连接的扇形体的组合,而预制破片就排列在各扇形体的圆弧面上。各扇形体之间用隔离层分隔,而隔离层中紧靠两个铰链处各有一个小型的聚能装药,且靠中心处有与战斗部等长的片状装药。扇形体两个平面部分的中心各有一个起爆该扇形体主装药的传爆管,且两个铰链之间有一个压电晶体。

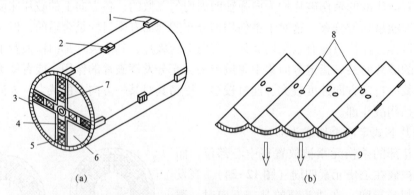

1—铰链;2—压电晶体;3—破片层;4—片状装药;5—小聚能装药;6—主装药;
7—隔离层;8—传爆管;9—破片飞散。

图 12-36 机械展开式定向杀伤战斗部
(a) 结构;(b) 作用原理

机械展开式定向杀伤战斗部的基本作用原理是,当确知目标方位后,远离目标一侧的小聚能装药起爆,切开相应的一对铰链;同时,此处的片状装药起爆,使 4 个扇形体相互推开并以剩下的 3 对铰链为轴展开,破片层即全部朝向目标。在扇形体展开过程中,压电晶体受压产生高电流、高电压脉冲并输送给传爆管，进而传爆管引爆主装药，使全部破片飞向目标。

该战斗部的特点是破片密度增益很大，作用时间很长，但关键是时间响应问题。机械展开式定向杀伤战斗部是靠爆炸作用展开并朝向目标的，由于辅装药引爆后，从切断连接装置到整个战斗部完全展开是机械变形过程，故需要 10 ms 左右的时间。在这么长的时间内，要使展开的战斗部平面在起爆时正好对准高速飞行的目标是比较困难的，且可靠性较差，不利于引战配合，因而机械展开式定向杀伤战斗部不适合作为防空导弹战斗部，但适合作为对地导弹战斗部。

② 爆炸变形式定向杀伤战斗部。爆炸变形式定向杀伤战斗部主要由可变形主装药、辅装药、壳体、预制破片层、隔爆机构、起爆装置、安全执行结构，以及前、后端盖等组成。其典型的结构和破片飞散如图 12-37 所示。

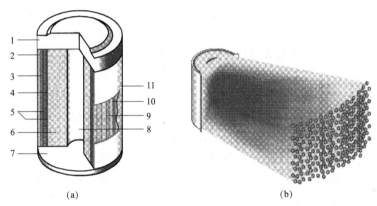

1—端盖；2，10—变形装药；3—隔爆层；4—破片；5—破片层内、外壳体；6—主装药；7—底端盖；
8—中心孔；9—隔爆条；11—壳体。

图 12-37　爆炸变形式定向杀伤战斗部结构和破片飞散效果
（a）结构；（b）破片飞散

爆炸变形式定向杀伤战斗部的作用原理是，当导弹与目标遭遇时，导弹上的目标方位探测设备与引信测知目标的相对方位和运动状态，通过起爆控制系统确定起爆顺序。起爆网络首先选择引爆目标方向上的一条或几条相邻的辅装药［图 12-38（b）］，而其他辅装药在隔爆设计下不被引爆。弹体在辅装药的爆轰加载下在目标方向上形成一个变形面，如类似 D 形的结构，如图 12-38（c）所示。经过短暂延时后，安全执行机构给出可变形主装药的起爆信号，内凹的可变形主装药爆轰，并利用爆轰波的可叠加特性，驱动已变形的破片体高速运动；同时，破片体内凹，使得其具有聚焦效应，可在目标方位形成很高密度的破片群［图 12-38（d）］，从而实现毁伤元素密度增益和速度增益，达到高效毁伤的目的。

与偏心起爆式战斗部相比，爆炸变形式定向杀伤战斗部主要提高了目标定向方向上的破片密度，且它的瞄准攻击方式只需要 1 ms 左右，利于引战配合。该战斗部的特点是结构比较简单、作用时间短、破片密度增益明显、速度略有增益，并且可通过改变装药结构和调整起爆延时等实现大小不同的定向杀伤区域，使导弹根据目标特性进行定向区域的选择，进而实现不同的毁伤效果，达到既能反飞机，又能反导弹的目的，增强导弹的作战功能。

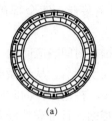 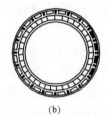  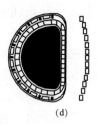

图 12-38　爆炸变形式定向杀伤战斗部作用原理

(a) 初始结构；(b) 选择起爆辅装药；(c) 弹体变形；(d) 破片定向抛射

（4）随动式定向杀伤战斗部

该种战斗部主要由伺服机构和战斗部组成，按照定向方向又可分为径向随动式和轴向随动式（前向）。其作用原理是破片体呈轴向或径向预置，而战斗部在导弹内可由伺服机构控制其做轴向或径向转动。导弹在交会前一段时间给出脱靶方位，伺服机构动作，动力来源或为电机，或为微型火箭发动机，将战斗部装填的破片体对准与目标交会方位，实现对目标的高效拦截。随动式定向战斗部的关键技术在于复杂力学环境下伺服机构对战斗部的方向控制技术。

径向随动式定向战斗部中的随动系统可以有两种方式：一种是由电池提供动力的电机驱动旋转机构的机电控制随动旋转系统；另一种是动力型火工品随动旋转系统。后者是利用火工品燃烧驱动效应，在极短时间内产生很大的驱动力，将战斗部旋转到目标方向上。电机驱动的随动控制系统方案要达到弹目交会条件下的响应时间很困难，不能满足交会时战斗部控制旋转的指标要求。利用火工品燃烧驱动，能够在极短的时间内产生足够大的推力，使战斗部杀伤方向旋转到目标方向上。

轴向随动式（前向）定向战斗部的优点在于可以利用弹目交会速度和破片自身速度的叠加形成对目标的高毁伤。其不足之处在于爆轰能量很难集中于战斗部轴线方向，炸药能量利用率低；由于战斗部通常布置于导弹的中段，破片飞散会受到前舱的巨大影响，通常需要采用提前抛掉前舱的应对措施。

12.3.7　子母式战斗部

子母式战斗部又称集束式战斗部，由子弹、子弹抛射系统和障碍物排除系统组成。典型子母式战斗部的内部结构如图 12-39 所示。当战斗部得到引信的起爆指令后，抛射系统中的抛射药被点燃，使子弹以一定的速度和方向飞出。在子弹引信的作用下，子弹爆炸，以冲击波或破片等击毁空中目标。由于子母式战斗部一般都装在舱体内，舱体的蒙皮和构件会影响子弹的正常抛出，因此，需要在子弹抛出前把蒙皮等障碍物排除掉。

（1）子弹

防空导弹子母式战斗部的子弹主要有爆破式、破片杀伤式和聚能式 3 种。按飞行性能分，子弹有稳定型和非稳定型两种。采用哪一种类型，主要取决于子弹对目标的破坏形式、子弹的形状和子弹引信的性能。例如，聚能式子弹和带有触发引信的爆破式子弹，为了保证可靠地起爆并作用于目标，必须采用稳定型子弹；杀伤型子弹一般呈球形，可采用非稳定形式，子弹的飞行稳定可以通过加装阻力板、阻力伞和尾翼等来实现。

子弹的壳体要能经受抛射时的冲击力。内爆式子弹还要能经受洞穿目标结构时的冲击。

图 12-39　典型子母式战斗部的内部结构

① 爆破式子弹。爆破式子弹必须装有足够的炸药，以便在命中目标时能给予致命的破坏（通常使用含铝炸药）。装药量根据子弹是内爆型还是外爆型而有所不同。根据经验，子弹在目标表面爆炸时，子弹的装药量为 $1\sim1.4$ kg（HBX 炸药）。装药量为 1 kg 时，可有效对付小型飞机（如歼击机）；装药为 1.4 kg 时，可有效对付大型飞机（如轰炸机）。如果子弹在目标内部爆炸，子弹的装药量减小为 $0.5\sim1$ kg，则可有效对付小型飞机和大型飞机。

爆破式子弹必须是在接触目标以后才爆炸，而且子弹与目标的接触部位是随机的（非稳定子弹），因此必须采用全向触发引信。内爆型子弹的引信还需有短暂的延时。子弹对目标的破坏能力、子弹引信的作用准确性都应通过地面试验予以鉴定。

② 杀伤式子弹。杀伤式子弹的破片在打击目标时应具有足够的洞穿目标的能量和适当的分布密度。与破片式战斗部设计相同之处是，破片的质量和速度之间也应协调；不同之处是确定子弹的破片速度时，可不考虑对引战配合的影响。应当指出，由于子弹通常为球形，因此在对付单一的空中目标时，只有接近一半的破片飞散区才能对拦截目标起作用。

杀伤式子弹应选用延时引信。子弹从被抛射出来（引信完全解锁）到子弹爆炸这一段延迟时间的长短，主要取决于抛射速度和要求子弹到达的位置。

③ 聚能式子弹。装有聚能式子弹的子母式战斗部，主要用来对付结构坚固的弹道导弹的再入弹头。试验表明，直径为 $25\sim40$ mm 的小型聚能装药能够完成这种任务。为了充分发挥聚能装药的作用，子弹应基本是圆柱体，并应带有飞行稳定装置。

④ 子弹数量。对于新设计的子母式战斗部，为满足一定的杀伤概率，应根据武器的导引精度和要求的子弹散布密度确定子弹的数量。作为基本杀伤单元的爆破式子弹和聚能式子弹，应根据目标的大小确定所需的散布密度，并在此基础上确定子弹的数量。例如，拦截尺寸较小的战术导弹弹头时，为了确保命中，子弹的散布间隔为 0.3 m 左右。如果要求有一个直径为 5 m 的子弹散布面，则所需的聚能式子弹数为 $850\sim900$ 个。杀伤式子弹的基本元素是破片。因而，在类似的情况下，子弹数可以少得多。子弹数初步确定后，还要根据总体设计关于质量和容积的要求进行适当的调整。

⑤ 子弹引信。除了为保证子弹充分发挥其威力而要求子弹引信具有触发、全向触发或延时起爆的功能外，为了保证子母式战斗部在运输、操作和弹道起始段的安全，要求子弹引信至少具有两级保险。可以利用导弹发射时的过载和子弹被抛射时的过载，先后解除两级保险。对于爆破式或聚能式子弹，子弹引信还应有子弹在脱靶时（大部分子弹不会命中目标）使其自毁的功能。

(2) 子弹抛射系统

子弹抛射系统利用火药能量或炸药能量，使子弹获得必要的速度。在此过程中，还必须保证子弹及其引信的全部功能不受到破坏。这样，抛射速度将受到很大的限制。在一般情况下，保证子弹不受破坏的实际安全抛射速度不超过 200 m/s。子弹抛射系统的类型有很多种，而那些在常规弹药中适用的子弹抛射系统，如离心抛射、导向抛射等，从总体上说不适用于防空导弹的子母式战斗部系统。在防空导弹子母式战斗部中，子弹抛射系统主要有 3 种：整体式中心装药子弹抛射系统（图 12-40）、枪管式抛射系统和膨胀式抛射系统。

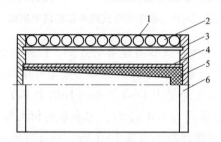

1—蒙皮；2—子弹；3—内衬；4—中心管；5—装药；6—连接件。
图 12-40 整体式中心装药子弹抛射系统

① 整体式中心装药子弹抛射系统。在此抛射系统中，抛射药被装在位于纵轴的铝管内，而球形子弹沿着纵轴逐圈交错排列，装药与子弹间留有一定的空气间隙，如图 12-40 所示。若间隙小，子弹的速度就高，但子弹较易受到损坏；反之，若间隙大，子弹的速度就低，但子弹不易受损。

装药可选用火药或炸药。若选择前者，则子弹的速度低，但受到的冲击小；若选择后者，则子弹的速度高，但易受到破坏。沿战斗部轴向装药的形状有 3 种形式：一是轴向均匀装药，子弹获得的速度大致相等；二是沿轴向阶梯形装药，子弹的速度按装药的阶梯数分成几组；三是装药量沿轴向连续变化，子弹的速度沿轴向成线性分布。

整体式中心装药子弹抛射系统采用了中心爆室，子弹加速的行程短，因此为了达到足够的抛射速度，需要有很大的加速力。

② 枪管式抛射系统。枪管式抛射系统通过引燃装填在每个子弹枪膛内的黑火药来实现对子弹的抛射。其结构如图 12-41（a）所示。钢制的枪管是子弹结构的组成部分，位于子弹的中心，与子弹的支撑管严密配合，而抛射火药装于支撑管内。火药被点燃后，高压燃气作用于枪管并把子弹推出。径向抛射速度取决于发射药装药产生的压力、抛射管内膛面积、子弹的质量以及行程长度。由于枪管的长度都较短，所以火药必须非常快地建立最大膛压，但相当缓慢地下降。子弹在最大压力建立之前被锁定，便于利用抛射管的行程全长，充分发挥其优点。

另一种枪管式抛射系统的结构如图 12-41（b）所示。整个战斗部只有一个共用的火药燃烧室。燃烧室壁装有若干枪管，而每个枪管上都安装一枚子弹。燃气压力通过各个枪管传送给子弹，把子弹抛射出去。这种结构中的子弹获得的速度基本一致。要使子弹具有不同的速度，可使枪管具有不同的口径；同时，子弹与枪管相配的零件也要有不同的尺寸。

③ 膨胀式抛射系统。膨胀式抛射系统是通过抛射药产生的高温高压气体使可膨胀衬套

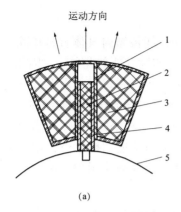 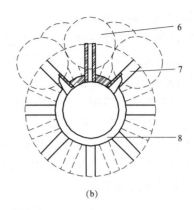

1,7—枪管；2—燃烧室；3—子弹装药；4—支撑管；5—导弹舱内支架；6—子弹；8—战斗部中心管。

图 12-41 枪管式抛射系统结构

快速膨胀，使其周围的子弹获得一定的抛射速度。膨胀式抛射装置的具体结构也有很多，下面以星形框式和橡胶管式为例进行介绍。

一是星形框式抛射装置。如图 12-42 所示，星形框式的可膨胀衬套是星形。它把弹舱和子弹在径向分成若干个间隔（图中为 6 个）。衬套中间为柱形燃烧室。燃烧室壁上有与间隔数相应的排气孔。抛射药点燃后，燃气经排气孔向密闭的衬套内腔充气，衬套膨胀并最终把子弹抛射出去。由于衬套膨胀和子弹抛射的过程很快，为了充分利用火药能量，与枪管抛射的情况类似，也要求从火药的性能和药型上保证火药的快速和完全燃烧，以及在峰值压力建立前对子弹进行约束。

二是橡胶管式抛射装置。该抛射装置将橡胶管作为膨胀衬套（图 12-43），主要由抛射药、燃烧室、橡胶管、支撑梁等组成。燃烧室产生的燃气经小孔排出，使橡胶管逐渐膨胀，最后把子弹和支撑梁推出。

橡胶管式抛射装置较星形框式抛射装置简单，工艺性好，但在膨胀过程中很快就破裂，燃气从中泄漏，能量利用率低，子弹抛掷初速较低。它一般适用于球形、对付地面目标的杀伤聚能子弹，母弹装填量大，在高空中抛射时，形成一个较大的散布场，有较好的杀伤效果。

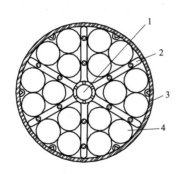 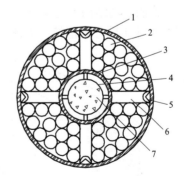

1—燃气发生器；2—衬套；
3—壳体；4—子弹。

图 12-42 星形框式抛射装置

1—蒙皮；2—子弹；3—橡胶管；4—燃气发生器；
5—切割装药；6—支撑梁；7—抛射药。

图 12-43 橡胶管式抛射装置

（3）障碍物排除装置

导弹的蒙皮，在某些情况下（如不受力的薄蒙皮）能被抛射气体直接排除，而子弹的抛射速度下降不大。但这种作用并不十分可靠，而且障碍物并非如此单一。因此，子母式战斗部一般都必须配有障碍物排除装置。图12-44给出了子母弹母弹舱段蒙皮被切开，使子弹抛射出去的过程的示意图。当战斗部接近目标时，通过引信的作用使安装在支撑梁与蒙皮之间的切割装药点燃，依靠聚能效应将母弹蒙皮切割成大小相等的4块，并在爆炸力的作用下抛离母体，完成障碍物的排除；同时，燃气发生器中的推进剂被点燃，燃气从排气孔逸出，使套在整个中心管上的橡皮管膨胀，从而给子弹一个径向作用力，使之沿径向抛射出去，形成一个较大的散布场。

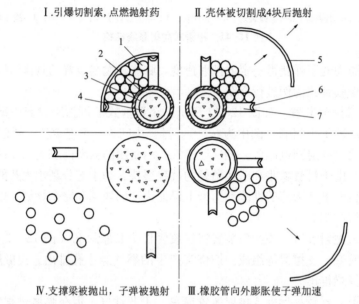

1—子弹；2—橡胶管；3—燃气发生器；4—抛射药；5—蒙皮；6—切割装药；7—支撑梁。

图12-44 母弹舱段蒙皮被切开及抛射子弹过程

打开母弹舱段蒙皮可以采用不同的方法，如切割索法、柔爆索法、爆炸螺栓法等。切割索法利用了线性聚能装药结构。它是把炸药装在聚乙烯塑料或其他材料制成的管子内，并使装药截面具有V形或半圆形聚能槽，如图12-45所示。

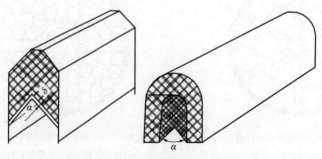

图12-45 线性聚能装药（切割索）

线性成型装药的方法是实现蒙皮拆除最有效的方法。该法是将线性成型装药装在黄铜槽内并用胶带固定在其中，将雷管和传爆药布置在铜槽各端的结合处，并与子弹抛射同步激发。既可周向切割蒙皮，又可纵向切割。线性成型装药方法虽然是较好的障碍物排除装置，但它在爆炸时存在反向作用和侧向飞溅，使子弹等部件容易受到损伤，需要采用特殊的防护技术措施，如在切割索的外面包覆泡沫塑料、泡沫橡胶或实心橡胶等。

（4）子母式战斗部的应用

与质量相同的其他整体结构战斗部相比，子母式战斗部的主要优点是威力范围较大。整体结构战斗部的破片杀伤作用，特别是冲击波和聚能射流作用，随着爆点至目标距离的增加而迅速衰减，而子母式战斗部中的子弹要抛射一定距离后才爆炸，因而在脱靶量相同时，子弹破片到达目标的实际距离要小得多，破片密度的下降和破片能量的衰减也就小得多。爆破式子弹或聚能式子弹要与目标碰撞或穿入目标后才爆炸，即导引系统的误差将完全由子弹的抛射距离来弥补，因而更有利于摧毁目标。由此可见，脱靶量越大，目标越大，子母式战斗部的优点就越能充分发挥。攻击有适当间距的编队飞机、子母式战斗部，特别是使用杀伤型子弹的子母式战斗部，会有更高的杀伤效率。在脱靶量较小时，子母式战斗部较其他类型的战斗部并不具有优势，因为此时各种杀伤作用的衰减相对较小，而在子母式战斗部中，用作抛射系统及其他辅助结构的质量要比其他整体结构战斗部大。

子母式战斗部结构复杂，因而造价昂贵，一般数倍于甚至更多倍于其他类型战斗部。另外，每枚子弹都需要由子弹引信引爆。所以子弹作用的可靠性也要受到影响。可见，子母式战斗部目前在防空导弹中的应用已不多见。

12.4 弹炮一体防空系统

随着空袭武器的发展，现代防空作战的核心，已经从打飞机、打直升机等平台过渡到打航空平台投送的弹药。也就是说，防空与反导、打飞机与打弹兼顾已经成为现代防空作战的基本特点。特别是在远程攻击已经成为基本打击方式的情况下，陆上目标可能会在没有与飞机、直升机交手机会的情况下，就遭到了武器攻击，因此现代防空理念需要一种具有双重作战能力的新型超近程防空武器系统—弹炮一体防空武器系统。

弹炮一体防空武器系统主要由载车系统和武器系统组成，载车系统由载车和电源系统组成，武器系统主要由导弹分系统、高炮分系统、雷达分系统、光电探测分系统、火控分系统和炮塔等部分组成。弹炮一体防空武器系统通常将所有的设备装载在一辆车上，根据作战需要，载车有可能是轮式和履带式。电源装置用于发电，配电装置用于将发电机进行变换，配送给所有用电设备。

12.4.1 美国 LAV-AD 轻型弹炮一体自行防空系统

以轻型装甲战车为底盘的弹炮一体防空系统（LAV-AD 弹炮一体防空系统）主要用于对付固定翼飞机和直升机，其次是用自动炮对付地面目标。"西北风"导弹用于对付 6 000 m 以外的目标，火炮用于对付 2 000～2 500 m 距离的目标，如图 12-46 所示。

图 12-46 美国 LAV-AD 弹炮一体防空系统

(1) 武器系统

LAV-AD 弹炮一体防空系统以轻型装甲战车为底盘，通过组装方式配装由"运动衫"防空炮塔改进而来的"火焰"（Blazer）防空炮塔。"火焰"防空炮塔装 1 门 GAU-12/U 式 25 mm 加特林 5 管转管自动炮，炮塔后方装两部四联装"西北风"或"毒刺"导弹发射器。LAV-AD 弹炮一体防空系统总共携载 16 枚导弹，其中 8 枚为备用导弹。

LAV-AD 弹炮一体防空系统的所有组成单元，即底盘、导弹、火炮和火控等各分系统，均选用现役装备，只是为了组装成弹炮一体防空系统的总体要求，对各分系统做了一些安装和结构上的适配性改进，如火炮配炮塔、导弹用的两部四联装发射器装在炮塔的两侧。

LAV-AD 弹炮一体防空系统不仅提高了对付超低空目标的能力，还可利用 25 mm 自动炮对付地面目标，轻型装甲车（8×8）底盘机动性能良好，具备一定的装甲防护能力。

LAV-AD 弹炮一体防空系统配自动化数字火控系统，配备的传感器组件包括：前视红外装置、电视摄像机、CO_2 激光测距机和自动跟踪装置。该数字火控系统采用光电探测，具有良好的抗干扰能力。热像仪基于 240×4 扫描阵列，可输出高清晰视频图像，可观测远处目标。

LAV-AD 弹炮一体防空系统的"火焰"防空炮塔采用轻型装甲全焊接结构，装 GAU-12/U 式 5 管加特林转管自动炮。炮塔方向回转和火炮高低瞄准由电气系统操纵。"火焰"防空炮塔重 2 676 kg，座圈直径为 1 625 mm，炮塔可容纳 2 名乘员，每名乘员均能进行系统全部功能操作，包括搜索目标、追踪目标、选定武器和射击。炮塔前方和侧面装有观察窗。LAV-AD 弹炮一体防空系统采用轻型装甲车底盘。车体内前左侧为驾驶室，右侧为动力舱。轻型装甲车为 8×8 轮式装甲车辆，具有良好的两栖越野机动性，同时还有一定的装甲防护能力。

(2) "西北风"防空导弹

"西北风"是法国马特拉公司研制的便携式防空导弹，具有机动性好、反应时间短、"发射后不管"等特点，用于对付低空、超低空目标。其设计思想是与高炮相配合，组成全天候的防卫作战系统。

导弹采用鸭式气动布局，如图 12-47 所示。弹体是一个细长的圆柱体，头部为红外导引头，具有很强的目标识别能力，并带有一个对红外透明的氟化物锥形头罩，以降低阻力系数。高度敏感的导引头连接着一个数字信号处理装置以防止红外干扰。导弹弹体前部有两对"十"字形配置的矩形翼面，其中一对为固定前翼，另一对为可转动舵面；尾部有两对折叠式稳定尾翼。在发射筒内，前翼、舵面均折叠进弹体，稳定尾翼呈折叠状态，导弹出筒后自动张开。

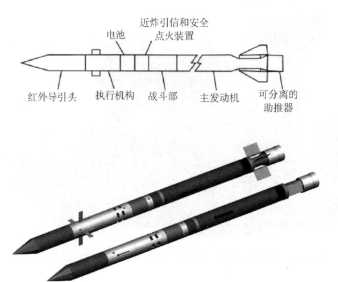

图 12-47 "西北风"防空导弹

导弹的动力装置采用固体火箭发动机和助推器。助推器安装在主发动机排气管内，有 7 个斜装的锥形喷嘴。当助推器点火后，可为导弹提供 40 m/s 的出筒速度及约 20 r/s 的旋转速度；当导弹飞离发射筒 13 m 时助推器脱落，15 m 时主发动机点火。主发动机采用复合材料壳体，壳体材料的外层是玻璃纤维，内层是凯芙拉纤维，在装药与壳体之间还有一层橡胶保护层。主发动机推力为 1 350 kN，工作时间为 2.8 s（以防止第二枚导弹跟踪第一枚导弹的尾焰），在工作 2.5 s 后可将导弹加速到最大速度 2.6 Ma；然后导弹保持无动力飞行 10 s。在发射后 13 s，导弹速度下降至 300 m/s，若此时未击中目标，则自毁装置启动工作，导弹自毁。

导弹采用破片杀伤战斗部，质量为 3 kg，杀伤半径 1 m。战斗部的钢壳体厚度 2 mm，外层敷有约 1 850 个高密度钨合金球，以增强目标穿透能力。装药由不敏感黑索今（RDX）和梯恩梯（TNT）混合而成（比例为 7∶3），质量为 1 kg。导弹采用触发及激光近炸引信，装有自毁装置，激光近炸引信的作用距离为 3 m，具有距离截止能力和抗背景干扰特性。

（3）25 mm 加特林 5 管转管自动炮

LAV-AD 弹炮一体防空系统配用 GAU-12/U 式 25 mm 加特林 5 管转管自动炮，双路弹链供弹，射速高达每分钟 1 800 发，最大射程为 2 500 m，可有效地对付空中目标，也能够有效对付低红外特征地面目标。系统共携载 990 发炮弹，其中 385 发为备用弹。

GAU-12/U 式 25 mm 加特林转管炮是在 GAU-8/A 式自动炮的基础上改进而来的，可配用符合北约标准的各种弹药,其中包括燃烧榴弹、脱壳穿甲弹、穿甲燃烧弹和训练弹。

12.4.2 俄罗斯"通古斯卡"-M1弹炮一体防空系统

"通古斯卡"(Тунгуска 是俄文单词,中文音译为"通古斯卡")是世界上第一种正式装备的弹炮一体防空系统,将防空导弹、小口径高炮、雷达与光电火控装备集成于一辆车上,兼备了防空导弹与小口径高炮的优势,又能协调一致地攻击各种空中目标,火力猛,机动性好,在总体设计上具有独到之处,如图12-48所示。

图12-48 俄罗斯"通古斯卡"-M1弹炮一体防空系统

"通古斯卡"弹炮一体防空系统的代号为2K22,采用2S6战车底盘,战车上装有4枚9M311导弹(2×2联装)和2门2A38式30 mm双管自动炮。其最大特点是导弹、高炮一体安装在载车上,自带搜索雷达和跟踪雷达,具有独立作战能力。导弹和自动炮相互配合,可发挥两种武器的特长,覆盖不同的空域,互相补充,相得益彰。自动炮的杀伤概率为60%,导弹的杀伤概率为65%,整个系统在重叠空域的杀伤概率达到了86%。后续经过多次改进,形成了"通古斯卡"-M1弹炮一体防空系统,配装武器为9M311-M1式防空导弹和两门2A38M式30 mm双管自动炮。

(1)武器系统

"通古斯卡"-M1弹炮一体防空系统用于保护坦克和机械化部队免受低空飞行的飞机、直升机和某些巡航导弹的威胁,可有效摧毁低空飞行目标,同时还用于攻击敌方地面轻型装甲目标和有生力量。"通古斯卡"-M1可独立或编成分队,在原地、行进中或以短停方式进行战斗,具有全天候作战能力。

"通古斯卡"-M1弹炮一体防空系统以连为建制编成,每个"通古斯卡"-M1炮兵连的组成为:6辆2S6M1战车和3辆2ф77M运输装填车,以及技术维修设备和训练设备。2S6M1战车的履带式底盘上装有配有导引和稳定传动装置的炮塔、目标搜索/跟踪雷达、光学瞄准器、数字计算机、倾角测量装置和导航设备以及电源等。

"通古斯卡"-M1弹炮一体防空系统是全天候自主式自行防空武器,由8枚9M311-M1防空导弹、2门2A38M式30 mm双管自动炮、1部目标搜索雷达、1部目标跟踪雷达、光学瞄准装置、计算机系统等组成。

两部 4 联装 9M311-M1 防空导弹发射装置分别设在火炮两侧，4 个发射筒为一组，成双排配置，能独立进行俯仰运动，共携带 8 枚 9M311-M1 导弹。发射装置外侧有装甲板防护。选择导弹时，一排发射装置自动随动于火炮，瞄准速度降到 10°/s。即将发射之前，炮塔稍微偏离轴向，以避免发射时产生的烟雾影响正在跟踪目标的瞄准具。为防止导弹在离开发射装置时受到损坏，2S6M1 发射车在连续发射过程中必须保持稳定。发射后武器系统重新回到闭锁状态（-6°），从而保证瞄准线不受影响，在跟踪目标期间，炮塔也不能转动。

（2）9M311-M1 防空导弹

"通古斯卡"-M1 弹炮一体防空系统采用 9M311-M1 防空导弹，北约称之为"萨姆"-19（SA-19），装在炮塔两侧，每侧 4 枚，导弹发射筒呈双排配置，两个重叠的发射筒构成一个火力单元，可以单独操纵。

9M311-M1 导弹为双口径两级防空导弹，配有可分离的固体火箭发动机，导弹机动性高，可攻击快速机动目标，如图 12-49 所示。

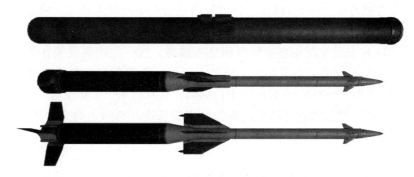

图 12-49　9M311-M1 导弹

9M311-M1 导弹长 2 562 mm，弹重 42 kg，战斗部重 9 kg。导弹带有可抛式起飞发动机，采用旋转弹鸭式气动布局。导弹前部有 4 片固定翼和 4 片控制舵。9M311-M1 导弹的动力装置是两级固体火箭发动机，第一级为起飞发动机，尾端有 4 片梯形尾翼，工作时间为 2.2 s，起飞发动机分离之前导弹的最大飞行速度可达 900 m/s。起飞发动机工作停止后与前部分离。

9M311-M1 导弹的战斗部为连续杆式破片杀伤战斗部，重 9 kg，配用具有触发功能的激光近炸引信，可直接命中目标或距目标 5 m 处起爆战斗部。通常在导弹飞行的大部分时段，引信是锁定的，只有在距离预定目标不到 1 km 时，引信才通过火控雷达发出的指令解锁。如果导弹偏离了目标，且与目标距离超出 1 km，新的指令将使引信再次进入锁定状态。飞行控制依靠鸭式舵，导弹绕纵轴旋转，最大转速为 13 r/s，平均为 5 r/s。导弹采用无线电指令制导，系统通过手动控制跟踪目标，控制指令由系统自动生成并发送给导弹，导引规律为三点法，最大脱靶量约为 5 m。

（3）2A38M 式 30 mm 双管自动炮

"通古斯卡"-M1 弹炮一体防空系统的火炮是两门 2A38M 式 30 mm 双管自动炮，分别位于炮塔两侧。该炮射速高达 5 000 发/分，能够有效打击短时间内处在射击区内的快速机动目标。由于火炮具有稳定的炮膛轴线和自动跟踪目标能力，火炮瞄准精度高，且可行进间射击，能够非常有效地对付空中目标。

自动炮主要用于对付距离在 4 000 m 以内、高度在 3 000 m 以下的低空目标。两门高炮通过机械装置联动，高低射界为 $-6°\sim+80°$，俯仰速度为 $30°/s$。该炮采用导气式工作原理，采用电击发方式，用水冷却，工作方式为气动式。每门火炮的两根炮管可交替发射。由于两门火炮交替射击，在很大程度上形成了补偿式后坐，减小了后坐力。每门火炮中有一根炮管的炮口部装有初速测量装置，所测数据自动传输到火控计算机，另一根炮管带有一细长的格栅套，用来防止对炮弹初速测量的干扰，将此炮管发射的炮弹与测速线圈相隔离，因而可保证测速的正常结果不受炮管发射影响。自动炮采用液体蒸发冷却身管，冷却液为循环流动的水。

该炮采用弹链自动供弹系统，双向供弹。炮塔后部的弹箱内装有 1 904 发炮弹。补给弹药时，弹药运输装填车上的起重机自炮塔顶部的舱门将弹药送入弹箱。两门炮各有独立的供弹装置，倘若一门炮发生故障，另一门仍可射击。空药筒由可散式弹链自侧边抛出。该炮采用电击发方式，可对空中目标实施 $1\sim3$ s 的点射。单门自动炮的射速为每分钟 $1\,950\sim2\,500$ 发，系统的最大射速为每分钟 5 000 发。自动炮的杀伤概率最高达 60%，威力大幅超过 4 管 23 mm 自行高炮。

2A38M 式 30 mm 自动炮配用燃烧榴弹和曳光榴弹，按一定比例混装在弹链上，弹上装有 A-670 式触发/时间引信与自毁装置。此外，该炮还能发射曳光穿甲弹和曳光脱壳穿甲弹，弹丸的初速为 $930\sim990$ m/s，对付空中目标时，可发射 $83\sim250$ 发炮弹实施点射。指挥员还可以按下发射键，通过火控计算机选择控制点射长度。两门火炮完全相同，可以互换，可以同时或分别射击。

（4）作战使用

"通古斯卡"-M1 弹炮一体防空系统的雷达与火控系统具备 5 种工作模式。当跟踪雷达开始捕获目标时，实施自动跟踪，大部分数据直接传入计算机。光学瞄准具既可以随动于瞄准线，也可以独立地搜索另外的目标。武器自动进行瞄准，乘员的任务仅限于选择武器、按动发射键。另一种工作模式在攻击地面目标时采用，即关闭雷达系统，在光学瞄准具中加入十字线。根据方位和距离自动计算出提前角，由炮手操纵手柄来瞄准。在战场情况恶劣、略去一个失灵的子系统继续工作或者以备用模块代替主要工作模块时，可采取另外 3 种工作模式，但精度会受影响，反应时间更长，并且要求车体处于静止状态。

系统还能接收外部信号源的目标指示进行工作，但只能通过无线电话接收目标数据，借助键盘人工输入目标的方位角与距离后，计算机再相应地预先校正跟踪雷达和光学瞄准具。

在使用导弹过程中，雷达首先锁定目标，随动光学瞄准镜同时对准目标。紧接着射手用光学瞄准镜进行目标跟踪，发射导弹，雷达将修正指令传给导弹。临发射前，炮手需要将炮塔转离轴线，以避免发射时烟雾阻挡瞄准。起飞发动机分离后，导弹尾部的脉冲光源被激活，光学瞄准具中的测角仪自动跟踪目标和导弹。在导弹飞行过程中，炮手始终要将光学瞄准具中的十字线对准目标，系统自动测量和计算导弹相对瞄准线的偏差，并给出修正信号，然后通过跟踪雷达将信号传递给飞行中的导弹，在随后的攻击过程中，跟踪雷达也兼作火控雷达。

由于导弹脉冲光源的脉冲频率极为特殊，火控雷达的波束也很窄，9M311-M1 式防空导弹具有极强的抗电子干扰和烟幕干扰的能力。但由于在整个攻击过程中都需要用光学瞄准具跟踪目标，只有在白天或能见度良好条件下才能使用。

12.5 防空反导弹药发展趋势

各国军事专家对地面防空体系的基本观点是，对高、中空目标，主要依靠地空导弹；对中、低空目标，以近程地空导弹和高射炮混合配备；对低空和超低空目标，则以高射炮为主、近程地空导弹为辅。目前国外在防空反导弹药的发展中采取的主要措施有以下几项。

（1）采用弹道修正技术提高高炮弹药的性能

弹道修正技术可以大幅度提高高炮弹药的命中精度和毁伤效能，是近年来各国弹药技术的发展重点之一。另外，国外正在开发小口径的制导弹药。如美国空军正在资助一项"管射适应性弹药"的研究计划。其目标是给空军的机载 20 mm 航炮研制一种全新的制导弹药。主要思想是在导引头内部均匀地设置几根压电陶瓷杆。当受到外来的压力时，这些压电陶瓷杆的长度会发生细微变化，这样便能够驱动弹头改变飞行方向。试验情况表明，该导引头最多可在各个方向上实现 0.12° 的偏转，其频率可达 198 Hz。

（2）利用近炸引信和预制破片弹药来提高小口径弹药的作战效能

这种技术观点认为高炮弹药应利用其高射速性能，先迅速在空中目标的周围形成一个弹幕，再利用可编程的近炸引信和大量预制破片对目标实施有效攻击。如瑞典的博福斯公司为特里尼蒂武器系统研制的 40 mm 可编程近炸引信预制破片弹（简称 3P-HV 弹），可以在发射前对每发弹的引信进行预编程。引信有 6 种方式可供选择。

（3）研制新概念弹药

为提高小口径高炮系统的综合作战效能，发达国家一直在进行各种新概念弹药的研究和开发工作。除了前面介绍的几种弹药外，美国格鲁门宇航公司正在研制 25 mm 液体发射药炮弹，而美国赫尔库列斯公司正在研制 30 mm 嵌入式炮弹（埋头弹）。

（4）弹炮一体化

小口径高炮弹药的突出优点是射程高，弹丸密度大；其不足之处是弹丸威力较小，单发毁伤概率较低，对 3 000 m 以上的空中目标无能为力。而防空导弹则相反：其优点是射程远，射高较大，弹丸单发命中概率与毁伤概率都较高；缺点是对超低空目标有一定死区，尤其对灵活飞行的武器直升机只好望空兴叹。因此，将小口径高炮与防空导弹结合起来使用，组成弹炮合一的防空系统是十分有效的。目前，这种武器系统不仅在西方发达国家（美国、瑞士、法国、俄国等）得到了装备，在发展中国家（如埃及、印度等）也得到了装备。

习　题

1. 从海湾战争、科索沃战争和伊拉克战争中分析防空反导在现代战争中的重要意义。
2. 从固定翼飞机、武装直升机和精确制导弹药三个方面，分析空中目标的特征。
3. 双 35 mm 高炮榴弹是小口径高炮弹药中较为典型的一种，它具有什么特点？
4. AHEAD 编程弹的作用原理是什么？发射时的工作过程可分为哪几个阶段？
5. 破片式杀伤战斗部通常可以分为哪几类？作用原理分别是什么？

6. 与反坦克破甲战斗部相比，防空导弹聚能装药战斗部在作战使用方面具有什么特点？
7. 连续杆式战斗部和离散杆式战斗部的作用原理是什么？连续杆环和杆式破片有何异同？
8. 与普通穿甲弹相比，易碎脱壳穿甲弹的结构和作用原理有什么特点？
9. 与其他战斗部（特别是破片式战斗部）相比，连续杆式战斗部具有什么重要特点？
10. 子母式战斗部的结构组成有哪些？有哪些应用前景？

第 13 章

燃料空气弹药

13.1 概述

燃料空气弹药（Fuel Air Explosive，FAE）是近三四十年发展起来的一种新型爆炸能源。其显著特征在于：FAE 爆轰过程所需的氧气取自爆炸现场的空气中，因而可大大提高装药效率；FAE 实施分布爆炸，因而其云雾区爆轰压力较低，但超压作用范围和比冲量较大。FAE 在弹药中的应用开创了常规武器提高威力的新途径，使常规弹药战斗部技术发生了重大革新。燃料空气弹药可以按照其装填物的不同而分为云爆弹和温压弹两类。它是利用燃料空气炸药来毁伤目标的一种新型弹药。其战斗部的爆炸作用过程和对目标的毁伤效应与常规弹药不同。它以大体积的云雾爆轰为特征。其对目标的毁伤作用主要是通过云雾爆轰及由此引起的冲击波超压实现的。

13.1.1 燃料空气弹药的发展

燃料空气弹药的应用范围较宽，作战效果显著，是一种低成本、高效能的武器，因此受到世界各国的重视。燃料空气弹药诞生于 20 世纪 60 年代初，而研究的重点最初是燃料空气航空弹药，其典型弹药有美国的 CBU-55，BLU-72 和苏联的 ODAB-500PM 等。这类炸弹只能采用直升机或低速飞机投放，且采用两次起爆技术。第一次起爆用于爆开装在容器中的燃料，使其形成云雾；第二次起爆用于引爆云雾，形成爆轰。CBU-55/B 航空云爆弹是一种子母弹，是美军在侵越战争中使用的燃料空气弹药中数量最多的一种。CBU-55/B 的质量为 750 kg，内装 3 枚子弹药，而每枚子弹药通过一个减速伞控制下降，由引信发火起爆，可使半径在 20~30 m 的人员遭到严重杀伤，并会引爆半径在 20~25 m 的地雷。

从 20 世纪 70 年代开始，美国研制了 CBU-72 云爆弹、直升机投放的 MADFAE 集束弹以及 BLU-73，BLU-76，BLU-96 等炸弹，以适应高投放速度和提高对硬目标破坏效果的要求。CBU-72 云爆弹（图 13-1），也是一种子母弹，质量为 1 t，内装 3 枚子弹药，采用了新的引爆系统，其中包括一个近炸引信和一个起爆器，其威力相当于 CBU-55/B 的 4~5 倍。

为了拓展燃料空气弹药的应用范围，提高毁伤威力，从 20 世纪 70 年代中期开始，美国、加拿大、苏联等国开始研制新型燃料空气弹药。这一时期的主要技术进步是解决了直接起爆问题，即将二次起爆改为一次起爆。起爆方法主要有化学催化法和光化学起爆法。直接起爆技术简化了燃料空气弹药的结构，降低了成本，提高了武器性能，拓宽了应用范围，增强了自身生存能力并提高了效费比，冲击波速度更快，作用距离更远，破

图 13-1　美国 FAE 武器 CBU-72

坏力更大，威力比相同重量 TNT 炸药的威力大很多。其典型代表是俄罗斯的 RPO-A "什米尔"单兵温压弹。该弹战斗部直径为 93 mm，内装 2 kg 温压药剂。战斗部中心有扩爆装药和使温压药剂在目标上方散开并点火的底部起爆引信，点火后可产生巨大的爆炸和热效应。与常规炸药相比，它所产生的爆炸温度和压力更高，高温、高压持续时间更长，爆炸时产生的闪光强度更高。

今后提高燃料空气弹药杀伤力的主要趋势是改进燃料的配方与性能，使其爆炸峰压达 100 kg/cm^2 以上；改进触杆引信和云雾引信结构，使其既不易损坏，又能保证较好的爆高；改进弹体结构，提高气溶胶云雾生成效果，或增强爆炸时的复合效应。如研制夹层弹体，其夹层内装填钢珠或毒剂，以增强杀伤效果。此外，国外也在研究将燃料空气炸药装填在巡航导弹、鱼雷、水雷、火箭弹以及大口径炮弹中，以进一步扩大燃料空气弹药的杀伤威力和使用范围。

13.1.2　燃料空气弹药的爆炸破坏作用形式

从空间上看，燃料空气弹药的爆炸破坏作用形式涉及空中、地面和地下。从物理现象看，燃料空气弹药的爆炸破坏作用形式有云雾爆轰直接作用、空气冲击波作用、窒息作用、爆炸地震作用、热传导燃烧作用、电磁燃烧作用、电磁辐射作用和噪声等。其爆炸效果如图 13-2 所示。

FAE 与常规凝聚相化学爆炸（如 TNT 爆炸）在装药量相当时爆炸场超压（ΔP）随距爆心距离（R）变化的规律如图 13-3 所示。从图 13-3 中可以看出，尽管 FAE 云雾爆轰区爆压不高，但 FAE 具有体积庞大的云雾爆轰直接作用区。尽管 TNT 在爆心附近可产生很高的爆压，具有猛烈的毁伤作用，但超压随距爆心距离增加而急剧下降；而 FAE 空气冲击波超压随传播距离衰减速率较 TNT 爆炸场缓慢，有效作用范围大。当距爆心距离超过某一范围后，爆炸场超压却大于 TNT 装药，也即云雾区及边缘区外的超压均高于等质量的凝聚炸药。另外，大量的试验表明，FAE 的爆炸冲击波随时间的衰减也比凝聚相炸药迟缓，即某个距离处尽管超压可以相同，但 FAE 超压的作用时间要比凝聚相炸药长。

可见，FAE 杀伤面积广，冲击波作用时间长，总冲量大，特别适宜于对付大面积的对冲击波敏感的软目标。

图 13-2　FAE 武器爆炸效果

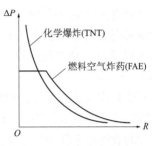

图 13-3　FAE 及 TNT 装药爆炸场超压—距离关系

13.1.3　燃料空气弹药的威力特点

与 HE 战斗部相比，FAE 战斗部具有以下威力特点。

（1）装填效率高，TNT 当量大

由于 FAE 爆轰反应所需要的氧化剂绝大部分取自于当地空气，且燃料组分具有高爆燃值，因此其能量等效 TNT 当量大。

（2）FAE 爆轰体积大，作用时间长，冲量大

燃料空气弹药是装填燃料与空气构成的多项混合物，其爆轰体积达到燃料装填体积的 10^4 倍，峰值超压达 MPa 量级。燃料云雾爆轰和冲击波是 FAE 武器爆炸的主要毁伤因素，而前者是 FAE 的主要特点，特殊条件下毁伤优势明显，任何其他常规武器无法替代。

（3）FAE 比 HE 的冲击波毁伤面积大

与常规高能炸药相比，FAE 的冲击波能量分布均匀，特别是在云雾区，而云雾区外侧冲击波压力衰减较慢。

13.1.4　燃料空气弹药的使用特点

燃料空气弹药虽然有很强的杀伤作用，但也有如下弱点：

① 燃料空气弹药的使用对气象条件要求高，风、雨、雷、电等恶劣的气候条件都会使其作战效能大打折扣，在某些特定情况下，甚至不能使用。

② 燃料空气弹药的使用对地形条件要求高，适于在大面积开阔地域使用，而在自然地形障碍和人工建筑密布的地区不适于使用。

③ 燃料空气弹药由于装药为易燃、易爆、易挥发的碳氢类化合物，所以对运输、储存都有很高的要求，稍有不慎就可能酿成大祸，而在实战环境下使用则很难保证在各个环节上都万无一失。

④ 由于燃料空气弹药的杀伤范围大且准确性较差，所以它不适合在敌我双方短兵相接、犬牙交错的情况下使用，否则会伤及己方人员。

13.1.5　燃料空气弹药的主要攻击目标

燃料空气弹药独特的杀伤、爆破效能使它适用于多种作战行动，如杀伤支撑点、炮兵阵

地、集结地域等处的作战人员；摧毁坚固工事、指挥所；消灭岛礁上的守备力量；破坏机场、码头、车站、油库、弹药库等大型目标；攻击舰艇、雷达站、导弹发射系统等技术装备；在爆炸性障碍物中开辟通路（如排雷）等。它既可用歼击机、直升机、火箭炮、大口径身管炮和近程导弹等投射，打击战役战术目标，又可以用中远程弹道导弹、巡航导弹和远程作战飞机投射，打击战略目标。

（1）对人员杀伤

由于燃料空气弹药发射后利用空气中的氧做氧化剂进行爆炸和燃烧，因此它爆炸后，在爆炸点周围地区将会发生长达 3~4 min 的暂时性的缺氧现象。这样，受到袭击的人由于呼吸不到空气中的氧气而感到憋气难受，往往会抓破喉咙挣扎，最后窒息而死。

（2）用于扫雷

燃料空气弹药也是最有效的扫雷设备。它爆炸时产生的冲击波压力比平时的大气压力超出几十倍到上百倍，我们称之为"超压"。用这种超压来引爆敌人的地雷是很有效的。一个小燃料空气弹药爆炸时所产生的超压，就能将直径为 30 m 的区域内的地雷全部清除掉。美国海军陆战队新近研制出的 CATFAE 扫雷系统，由 21 发燃料空气弹药、发射装置和火控装置组成。该系统可在雷区开出一条长 300 m、宽 20 m 的通道，从而在一定距离内为部队登陆和地面作战扫清大面积的雷区。

（3）用于毁伤设备和工事

燃料空气弹可用来毁伤地面（或海面）上的暴露目标，如车辆、舰船、桥梁、丛林等，美国在试验时甚至用它击沉过一艘战舰、半地下掩体和工事等；破坏停机坪上的飞机、通信指挥设备和 C^4I 系统、火炮及导弹发射阵地、轻型战术兵器及装备和雷达站等。即使是"三防"性能良好的坦克、步兵战车，也会因"缺氧"而导致发动机暂时熄火。

13.2 云爆弹

云爆弹是一种以气化燃料在空气中爆炸产生的冲击波超压获得大面积杀伤和破坏效果的弹药。其战斗部由装填可燃物质的容器和定时起爆装置构成。通常云爆弹装填的可燃物质为环氧乙烷、环氧丙烷、甲基乙炔、丙二烯或其混合物、甲烷、丁烷、乙烯和乙炔、过氧化乙酰、二硼烷、硝基甲烷和硝酸丙酯等。由于这种弹药被投放到目标区后会先形成云雾，然后再次起爆，形成巨大气浪，爆炸过程中又会消耗大量氧气并造成局部空间缺氧而使人窒息，故又被称为"气浪弹"和"窒息弹"。

13.2.1 云爆弹的结构和作用

（1）云爆弹的结构特点

在 20 世纪 60 年代，美国和苏联就开始了云爆弹的研制工作。美军实际使用的 CBU 型云爆弹由 3 个子弹装在一起组成所谓集束母弹（Cluster Bomb Unit），可用直升机在 1 000 m 高空准确投放。母弹外形如图 13-4 所示。母弹的弹体用薄铝板制成圆筒形，且后端敞开，以便装入子弹。弹体中央焊有加强护板，其上有两个挂弹耳，用于飞机的吊装机载。弹体头部有两半合成的整流风帽，前端装有一个机械定时引信，亦称母弹引信。它的作用是远距离解脱保险，控制子弹的抛出时间。弹尾有 4 个可折叠的稳定翼，在投弹时有稳定作用。弹体的后端盖用螺钉和弹体相连。它的作用是配合母弹引信,投弹时后端盖中压电晶体起作用,通过导爆索与前端的母弹引信底火连接,根据母弹引信预先装定的时间弹出后端盖,解脱子弹的中间保险,抛出子弹。

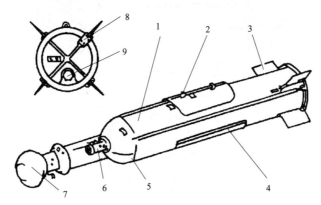

1—母弹弹体;2—挂弹耳;3—稳定翼;4—加强护板;5—整流风帽;6—机械定时引信;
7—引信盖;8—压电晶体;9—观察窗。

图 13-4 云爆弹母弹外形

云爆弹的致伤作用是通过云爆子弹实现的。它从母弹抛出后,由降落伞投放到空中,因其特殊的原理和结构,形成燃料空气云雾而爆炸。云爆弹子弹的结构如图 13-5 所示。子弹的弹体为钢制薄壁圆筒,外表刻有几十条预制应力槽,以便在中心炸药引爆后外壁均匀破碎,并将燃料径向外撒,形成基本上对称的燃料云雾。子弹引信被装在前端。它兼有触发、惯性和自毁作用。或手动,或控制拉动引信盖拉绳,可戳破引信盖,使引信自毁装置开始作用。当引信盖被戳破后引信内部自动弹出一根装有传感器的探杆,可触发引爆中心炸药。当中心炸药被引爆后,弹体破裂,燃料在大范围内被抛散成云雾状。这是第一次引爆。在第一次引爆的同时,将云爆装置的底端薄膜切碎,推动其中的击针使延期药发火。延时一定时间后引爆云爆装置中的药柱,使云雾爆炸。这是第二次引爆。

云爆弹中的燃料常采用液态的环氧乙烷(C_2H_4O)。它的沸点很低(10.5 ℃),很容易挥发,为空气质量的 1.52 倍,抛散在空气中后能像水一样向低处流动,与空气混合后成为易燃易爆的混合物。空气混合物燃料要发生爆炸必须使较大的燃料液体碎裂成燃料云雾,而这一碎裂过程是图 13-5 所示中心炸药引爆后冲击波作用和燃料液滴的高速对流作用引发的。其持续时间几十毫秒。在有足够氧气的条件下,环氧乙烷和空气发生完全反应,释放大量热量,产生爆轰。此时爆速为 1 820 m/s,爆轰波阵面温度最高达 2 770 ℃,爆轰波阵面压力最大达 2 MPa 量级。此外,云爆弹也可以是火箭弹、导弹或单兵榴弹的形式,其结构特点与此类似。

(2) 云爆弹的作用原理

云爆弹的爆炸与炸弹爆炸不同。炸弹在发生爆轰反应时靠自身来供氧,而云爆弹爆炸时则是充分利用爆炸区内大气中的氧气。所以,等质量的云爆弹装药要比炸弹释放的能量高,而且由于吸取了爆炸区域内的氧气,还能形成一个大范围缺氧区域,起到使人窒息的作用。

云爆弹的作用原理实质上是将燃料气体与空气充分混合,然后被引爆而形成爆轰。当云爆弹被投放到目标上空一定高度,进行第一次起爆时,装有燃料和定时起爆装置的战斗部被

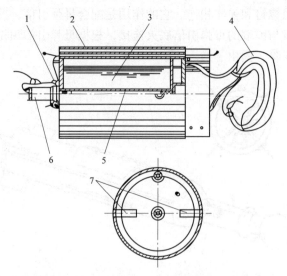

1—自毁装置；2—子弹弹体；3—燃料空气炸药；4—降落伞；
5—中心炸药；6—引信；7—云爆装置（二次引爆）。

图 13-5　云爆弹子弹结构示意

抛撒开，进而将弹体内的化学燃料抛撒到空中。在抛撒过程中，燃料迅速弥散成雾状小液滴并与周围空气充分混合，形成由挥发性气体、液体或悬浮固体颗粒物组成的气溶胶状云团。云团在距地面 1 m 高度时被引爆剂引爆激发爆轰。由于燃料散布到空中形成云雾状态，云雾爆轰后形成蘑菇状烟云，并产生高温、高压和大面积冲击波，形成大范围的强冲击波以及高温、缺氧，对目标造成毁伤、破坏（图 13-6）。

图 13-6　云爆弹作用原理

冲击波以 1 500～3 000 m/s 的速度传播，爆炸中心的压力可达 3 MPa，100 m 距离处的压力仍可达 100 kPa。生物试验结果已经表明，冲击波超压值超过 0.5 MPa 时，对人员或有生力量就可以造成严重的伤害,甚至死亡。由此可知,云爆弹对有生力量的杀伤威力是毁灭性的。

通过冲击波和超压的作用,云爆弹既能大面积杀伤有生力量,又能摧毁无防护或只有软防护的武器和电子设备。其威力相当于等量 TNT 爆炸威力的 5~10 倍。在杀伤有生力量时,云爆弹主要通过爆轰、燃烧和窒息效应毁伤目标,通过高压对人体肺部及软组织造成重大损伤,头盔和保护服对这类毁伤几乎没有防护作用。

13.2.2 云爆弹的特点

云爆弹的特点如下:

(1) 毁伤面积大

虽然云爆弹产生的爆轰超压值比等量的炸药低,但由于爆轰反应时间高出炸药许多倍,所以其形成的冲击波的破坏作用比炸药大得多,其作用面积也大。由于其毁伤面积大,即使不是直接命中目标也有较好的毁伤效果,因此对战斗部的投放精度和制导要求相对较低,有利于降低武器系统的成本,提高弹药的效费比。

(2) 毁伤效应增加

数枚云爆弹同时使用时,战斗部的威力效应可以叠加,对有生目标的窒息效果也更佳。

(3) 流动性能好

云爆弹爆炸时形成的气溶胶云雾密度比空气大,能向低处流动。这不仅可以直接有效地打击地面和海面上的军事目标,而且可以涌入地堡、坑道、堑壕及地下工事,杀伤其中的有生力量。若能在密闭空间内爆轰,其毁伤效果则更佳。

13.2.3 几种典型的云爆弹

(1) 美国 BLU-73/B 云爆弹

图 13-7 所示为美国于 20 世纪 60 年代末开始试用并于 1971 年正式装备部队的 BLU-73/B 云爆弹的结构示意图。将该弹(共 3 颗)装入 SUU-49/B 弹箱便构成 CBU-55/B 云爆弹。CBU-55/B 云爆弹是供直升机投弹使用的。投弹后,母弹在空中由引信炸开底盖,子弹脱离母弹下落,并借助阻力伞减速,至接近目标时触发爆炸,使液体燃料扩散在空气中形成汽化云雾。云雾借助于子弹上的云爆管起爆,从而对地面形成超压,杀伤人员,清除雷区,破坏工事等。除此之外,这种炸弹具有夺氧的特点,能够使人因缺氧而窒息。

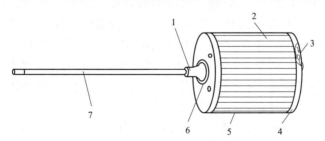

1—FMU-74/B 引信;2—云爆管;3—阻力伞;4—伞箱;
5—弹体;6—自炸装置;7—延伸控杆。

图 13-7 美国 BLU-73/B 云爆弹

BLU-73/B 云爆弹的全弹质量为 59 kg，弹体直径为 350 mm，内装液体环氧乙烷 33 kg。该弹爆炸时燃料与空气混合形成直径为 15 m、高度为 2.4 m 的云雾，而云雾被引爆后可形成 20 MPa 的压力。

（2）美国 BLU-82 云爆弹

美国 BLU-82 云爆弹是美国空军研制并装备使用的重型航空炸弹，质量为 6.8 t，主要用来在敌方大型布雷区域开辟一条安全通道，也用来杀伤敌方有生力量。该弹研制成功后，从未有机会在大型布雷区进行试验，直到 1991 年在海湾战争中才得以使用。该弹被装在美国空军改装的 MC-130H 运输机的机舱货架上，从舱门投放，用来摧毁伊拉克的地雷区和高炮阵地，总共投放了 11 颗。另外，在阿富汗战争中也使用了这种炸弹。BLU-82 云爆弹的结构特点：全弹外形短粗。弹体像大铁桶，长为 5.37 m，直径为 1.56 m，弹头为圆锥形，前端装有一根长 1.24 m 的钢管，管头装有原用于 MK80 系列炸弹和 M117 炸弹的 M904 头部引信。该弹尾部没有尾翼装置，但装有降落伞，以保证其下落的稳定性。该弹通常成对投放，投弹高度为 5 200 m，圆概率误差为 32 m，但由于装药量巨大，可以认为直接命中目标。该弹在地雷区可开辟 4 228 m 长的通道。目前，该弹装备于美国空军改装的 MC-130H 运输机上。

（3）苏联 ODAB-500PM 云爆弹

苏联 ODAB-500PM 云爆弹为整体型航空燃料空气炸弹，主要由战斗部、带有减速伞系统的伞舱、解脱机构和引信装置等部分组成，如图 13-8 所示。

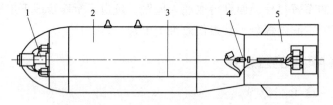

1—引信装置；2—战斗部；3—电缆；4—解脱机构；5—伞舱。

图 13-8 苏联 ODAB-500PM 云爆弹结构

苏联 ODAB-500PM 云爆弹战斗部由弹体、液体燃料、收集器，及 6 个周边装药、中心装药和次级装药等组成，如图 13-9 所示。

弹体包括头部弹体和中部弹体两部分。头部弹体为铸钢件，且其外表面为拱形，而前面的中央通孔和分段式内腔用于安装和放置引信装置的组件。在弹头部的上方的吊耳平面上焊有挡板，且挡板上有纵向孔，当炸弹挂上挂弹架时，用于调整电缆。该电缆用于传输来自载机上的电脉冲。中部弹体是由前端圆盘、拱形体、圆柱体、锥体、带有杯形体的弹底、中心圆管，及 6 个周边圆管、电缆管、内置圆环和 2 个薄板焊接起来的钢质结构。弹体的头部和中部通过开口环紧紧连接在一起。前端圆盘是弹体的前控制板，用于固定引信装置、收集器和所有的内置圆管，并起到和头部弹体的连接作用。

在圆柱体内填放有 3 mm 厚的薄片和 6 mm 厚的嵌入加强筋，并在嵌入物上焊有 2 个吊耳和 2 个衬套。2 个吊耳间距为 250 mm。前面的衬套用于向弹体内灌装燃料；后面衬套用于放进挂弹架上的固定支柱或包装笼里的运输销，以保证炸弹的固定。弹底是弹体结构的承力部件，用于固定连接伞舱。固定连接方法同弹体头部和中部的连接方法。杯形体用来放置

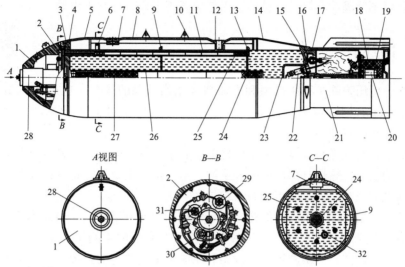

1—头部弹体；2—收集器；3，16—开口环；4—前端圆盘；5—拱形体；6，13—内置圆环；
7，12—衬套；8—圆柱体；9—隔板；10—弹耳；11—周边圆管；14—锥体；15—弹底；
17—伞舱圆环；18—二级装药壳体；19—次级装药；20—二级引信；21—伞舱；
22—传感器；23—杯形体；24—中心装药；25—周边装药；26—中心圆管；
27—燃料；28—提前器；29—电源组件；30—转换机构；31—引信；32—电缆管。

图 13-9　苏联 ODAB-500PM 云爆弹的结构

传感器和电点火管的插销式接头及电缆。

中心圆管里放置有传爆药、导爆索和 3 块中心装药。周边圆管里安放有导爆索、传爆药和 9 块周边装药。周边装药和中心装药的作用是爆炸时打开战斗部壳体，将燃料撒入空气中，形成由燃料液滴、水蒸气和空气混合成的气溶胶云雾团。电缆管里放置电缆，用于连接头部与吊伞里引信装置之间的电路。内置圆环和薄板的主要作用是保证结构的强度。此外，薄板还可减小炸弹在改变空间位置时液体燃料的晃动。收集器用来安装导爆索和引信装置。炸弹所装燃料为戊二烯。次级装药被装在铝合金壳体内，而壳体又被固定在伞舱里。次级装药的作用是引爆云雾团，以摧毁目标。

苏联 ODAB-500PM 云爆弹的作用过程：投弹时，在炸弹离开挂弹架瞬间，将载机上的电脉冲同时传到电源组件和转换机构，以启动电源组件和转换机构。转换机构按规定时间转换电路，电源组件向电路供电，解除第一级保险。转换机构中的定时机构开始等速转动滑动触点，而滑动触点和转换机构中的固定触点逐一接触，并按相应的时间发出电脉冲指令。在 (1.2±0.2) s 时，电脉冲传到电点火管，使解脱机构开始工作，抛出减速伞。当减速伞伞衣充满气时，解脱环的拉环拉出传感器的保险销，传感器的微动开关接通引信装置的总电路，解除第二级保险。在 (4.2±0.2) s 时，电脉冲传到提前器，使先导体从提前器中抛出。在 (5.7±0.3) s 时，引信装置解除保险，处于待发状态。当先导体或炸弹遇到目标时，先导体或一级引信的惯性闭合器闭合，使一级引信起爆线路工作，其起爆脉冲经过导爆索和传爆药，起爆周边装药和中心装药。周边和中心装药的爆炸破坏战斗部壳体，抛撒液体燃料，形成由蒸气、细散的燃料质点与空气混合在一起的气溶胶云状雾团。经过 130~200 ms 的延期时间，二级引信作用，引爆次级装药。次级装药位于减速伞伞衣的顶部，此时减速伞已落入气溶胶雾团中，次级装药引爆气溶胶雾团，形成强冲击波，摧毁目标。当炸弹以应急不爆状态投放时,载机不给提前器提供电脉冲,引信装置不工作,炸弹不爆炸。

13.3 温压弹

顾名思义,温压弹就是利用高温和高压造成杀伤效果的弹药,也被称为"热压"(Heat and Pressure)武器。它是在云爆弹的基础上研制出来的,因此温压弹与云爆弹具有一些相同点和不同点。

相同之处是,温压弹与云爆弹采用同样的燃料空气爆炸原理,都是通过药剂和空气混合生成能够爆炸的云雾;爆炸时都形成强冲击波,对人员、工事、装备可造成严重杀伤;都能将空气中的氧气燃烧掉,造成爆点区暂时缺氧。

不同之处是,温压弹采用固体炸药,而且爆炸物中含有氧化剂。当固体药剂呈颗粒状在空气中散开后,形成的爆炸杀伤力比云爆弹更强。在有限的空间里,温压弹可瞬间产生高温、高压和气流冲击波,对藏匿地下的设备和系统可造成严重的损毁。另一个不同之处在于云爆弹多为二次起爆。第一次起爆把燃料抛撒成雾状,第二次起爆则把最佳状态的云雾团激励为爆轰反应。而温压弹一般采用一次起爆,实现了燃料抛撒、点燃、云雾爆轰一次完成。

13.3.1 温压弹的结构与作用

(1) 结构特点

与云爆弹相同,温压弹也有温压炸弹、单兵温压弹、温压火箭弹、温压导弹等多种类型。除此之外,温压弹由于独特的优越性,还有温压型硬目标侵彻弹,用于对深层坚固目标侵彻后毁伤内部空间的一切物体。

温压弹的结构随其种类不同而异,主要由弹体、装药、引信、稳定装置等组成。温压炸药是温压弹有效毁伤目标的重要组成部分,其中药剂的配方尤为重要,需要模拟与试验最终确定。引信是温压弹适时起爆和有效发挥作用的重要部件。当温压弹用于对付地下掩体目标时,则要求引信在弹药贯穿混凝土之后引爆,这样才能发挥最佳效果。对主要用于侵彻掩体的温压弹来说,要求有较好的弹体外形结构,弹的长细比要大,阻力小,且弹体材料要保证在侵彻目标过程中不发生破坏。以最初出现的温压弹 BLU-82/B 为例,其结构仍与云爆弹 BLU-82 类似,由弹体、引信、降落伞、含氧化剂的爆炸装药等部分组成,如图 13-10 所示。

BLU-82/B 是美国 BLU-82 云爆弹的改进型,质量为 6 750 kg,全弹长 5.37 m(含探杆长 1.24 m),直径为 1.56 m。该炸弹外形短粗,弹体像大铁桶,内装质量约 5 715 kg 的硝酸铵、铝粉和聚苯乙烯的稠状混合物。弹头为圆锥形,且前端装有一根探杆。探杆的前端装有 M904 引信,用于保证炸弹在距地面一定高度上起爆。炸弹没有尾翼装置,但装有降落伞系统,以保证炸弹下降时的飞行稳定性。由于主要用来对付地面目标,弹壳厚仅为 6.35 mm。BLU-82/B 既可用地面雷达制导,也可用飞行瞄准设备制导。炸弹由 MC-130 运输机投放,投掷前地面雷达控制员和空中领航员为最后的投掷引导目标。由于炸弹效果巨大,飞机必须在 1 800 m 高度以上投弹。在领航员做出弹道计算和风力修正结果后,MC-130 打开舱门,炸弹依靠重力滑下,在飞行过程中靠降落伞调整飞行姿态并起减速作用,如图 13-11 和图 13-12 所示。

图 13-10　美国 BLU-82/B 温压弹

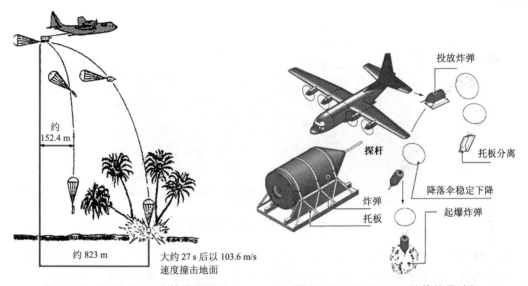

图 13-11　BLU-82/B 作战使用原理　　　图 13-12　BLU-82/B 作战使用过程

当飞机将 BLU-82/B 投放后,在距地面 30 m 外第一次爆炸,形成一片雾状云团落向地面;在靠近地表的几米处再次引爆,发生爆炸,所产生的峰值超压在距爆炸中心 100 m 处可达 13.5 kg/cm²(在核爆炸条件下,当超压为 0.36 kg/cm² 时即可称之为"剧烈冲击波"),冲击波以每秒数千米的速度传播,爆炸还能产生 1 000～2 000 ℃ 的高温,持续时间要比常规炸药高 5～8 倍,可杀伤半径 600 m 内的人员;在半径 100～270 m 范围内,可大量摧毁敌方装备,同时还可形成直径为 150～200 m 的真空杀伤区。在这一区域内,由于缺乏氧气,即使潜伏在洞穴内的人也会窒息而死。该炸弹爆炸所产生的巨大回声和闪光还能极大地震撼敌军士气,因此其心理战效果也十分明显。

(2) 作用原理

通常,温压弹的投放和爆炸方式有 4 种:

① 垂直投放,在洞穴或地下工事的入口处爆炸。

② 采用短延时引信(一次或两次触发)的跳弹爆炸,将其投放在目标附近,然后跳向目标爆炸。

③ 采用长延时引信的跳弹爆炸，将其投放在目标附近，然后穿透防护工事门，在洞深处爆炸。

④ 垂直投放，穿透防护工事表层，在洞穴内爆炸。

与云爆弹相比，温压弹使用的燃料空气炸药为固体燃料。它是一种呈颗粒状的温压炸药，属于含有氧化剂的"富燃料"合成物。战斗部炸开后温压药以粒子云形式扩散。这种微小的炸药颗粒充满空间，爆炸力极强。其爆炸效果比常规爆炸物和云爆弹更强，释放能量的时间更长，形成的压力波持续时间更长。温压弹爆炸后形成3个毁伤区：一区为中心区，区内人员和大部分设备会受爆炸超压和高热而毁伤；在中心区的外围一定范围内为二区，具有较强爆炸和燃烧效能，会造成人员烧伤和内脏损伤；在二区外面相当距离内为三区，仍有爆炸冲击效果，会造成人员某些部位的严重损伤和烧伤。图13-13所示为温压弹地面爆炸毁伤机理。

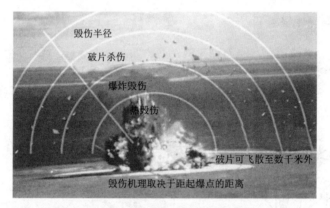

图 13-13　温压弹地面爆炸毁伤机理

温压弹爆炸后产生的高温、高压可以向四面八方扩散，通过目标上面尚未关好的各种通道，如射击孔、炮塔座圈缝隙、通气部位等进入目标结构内部。高温可使人员表皮烧伤，高压可造成人员内脏破裂。温压弹更多地被用来杀伤有限空间内的敌人，引爆后空间内氧气被迅速耗尽，爆炸带来的高压冲击波席卷洞穴，彻底杀伤洞内有生力量。

13.3.2　几种典型的温压弹

（1）俄罗斯"什米尔"单兵温压弹

俄罗斯"什米尔"单兵温压弹（图13-14）是一种步兵携带使用的单兵武器，属一次性使用武器，质量为12 kg，杀伤半径为5~6 m。一个战士平时可背1~2具，它们具有威力大、可靠性高的特点，对人员、设备有较强的毁伤能力，主要用于摧毁掩体、建筑物、轻型装甲车辆及杀伤有生力量等，配合步兵分队进行攻坚作战。其在半封闭的空间爆炸产生的威力要比常规装药大得多，而且还可以从房间内向外射击（后方需距墙5 m远），便于在城镇战斗中使用。

① 结构特点：该武器的发射筒采用玻璃钢结构，用前、后盖密封。筒的前部和中间部位有两个握把，平时处于折叠状态。中间部位的握把和击发机构相连，打开该握把时击针簧就受到压缩，使击针获得能量（相当于待击发状态）。击发时长杆击针撞击发射筒后部的底火，底火被引燃后，通过加强器点燃发动机装药。弹丸飞离筒口后，发动机或后抛或留在筒

第13章 燃料空气弹药

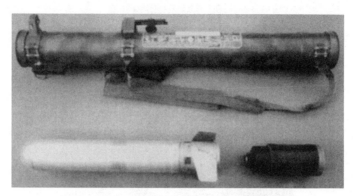

图13-14 俄罗斯"什米尔"单兵温压弹

内,射击后发射筒即被丢弃。

作为一种筒式武器,它与火箭筒不同的是采用了浮动发动机。发动机有前喷口与后喷管两个通道。前喷口喷出的火焰在发射筒内,弹丸与发动机之间建立起一个工作压力区,推动弹丸飞出发射筒,并赋予发动机一个向后的作用力。与此同时,向后喷出气体的反作用力又对发动机有一个向前的作用力,从而使发动机在发射筒内得到平衡,并使武器不产生后坐力。其瞄准机构采用准星照门结构,每个班还配有一个带测距功能的瞄准镜,用以精确射击。为在强攻作战条件下掩护士兵更容易地接近敌人或者转移阵地,它还常和烟幕弹一起配合使用。所用烟幕弹实际上就是把云爆剂改为发烟剂类弹药,使用的是相同的发动机和发射药。

② 作用原理:由于温压弹的特殊作用原理,单兵温压弹与单兵使用的手榴弹、枪榴弹、榴弹发射器等武器不同的是,其他武器大都是靠破片杀伤,以人员为主要杀伤目标,而单兵温压弹则是以冲击波摧毁建筑物为主要目标,也可杀伤有生目标。俄罗斯的"什米尔"单兵温压弹已在阿富汗、南斯拉夫等战场上广为使用。它的一个最突出的特点是采用一次起爆。初期研制时,普通温压弹采用的是两次起爆:一次是把燃料抛散成雾状;另一次是把最佳状态的雾团激励为爆轰反应。其威力大小取决于第一次起爆时对燃料的抛撒均匀性、成雾的状态和第二次起爆时间的准确性,因而一般讲这种弹药作用可靠性并不很高。如果将两次起爆简化为一次起爆,那么它的作用效果和可靠性是否会有很大的提高呢?对此,俄罗斯做了成功的尝试,把固体(粉末状)和液体燃料混合在一起,用一个引信和爆炸装药完成了对燃料的抛撒和点火的全过程。燃料的微粒和雾滴被点燃后开始爆燃,进而转为爆轰,最终形成了温压弹一次起爆技术。

(2) 美国BLU-118/B温压弹

温压弹是美军在阿富汗战争中为打击阿富汗恐怖分子藏身洞穴和地道而专门研制的一种新型炸弹。BLU-118/B是美国于2001年12月研制的一种侵彻型温压弹,使用BLU-109钻地战斗部,在作战时用F-15E战斗机投放。BLU-118/B是一种装有先进温压炸药的战斗部(图13-15),爆炸后能产生较高的持续爆炸压力,用于杀伤有限空间(如山洞)中的敌人。被引爆后洞内氧气被迅速耗尽,爆炸带来的高压冲击波席卷洞穴,彻底杀死洞内人员,同时却不毁坏洞穴和地道。BLU-118/B既可以垂直投放在洞穴和地道入口处而后引爆,也可以在垂直投放后穿透防护层在洞穴和地道内爆炸。

图 13-15　BLU-118/B 温压弹战斗部

长久以来，美国一直没有合适的武器打击加固掩体和地下工事（尤其是洞穴和山洞）内的目标。研究人员发现，打击此类目标时作战人员可以透过攻击防护厚度比较薄的洞穴入口或外部裸露的山洞入口，使战斗部深入工事内爆炸。其作用原理如图 13-16 所示。BLU-118/B 温压弹正是在这一背景下研制的一种利用高温和高压产生杀伤效果的弹药。这种威力巨大的新型单一侵彻炸弹每枚质量达 902 kg，弹长为 2.5 m，弹径为 0.37 m，安装有激光制导系统，内部填充爆炸物 254 kg。其战斗部使用改进的 FMU-143J/B 引信来起爆。该引信使用新型传爆药，并具有 120 ms 的起爆延时，可使弹丸穿透地下 3.4 m 厚深层坚固工事后起爆。爆炸后产生的巨大高压冲击波能迅速将爆炸现场附近洞穴内的空气耗尽，也可导致有效区域内的人员窒息而死。

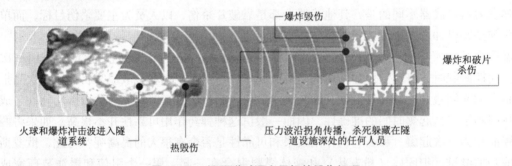

图 13-16　温压弹对洞穴目标的毁伤机理

BLU-118/B 战斗部填充的炸药可以选用美国海军研制的一种新型钝感聚合黏结炸药 PBX1H-135 或 BLU-109 炸弹使用的 SFAE（固体燃料空气炸药）。PBX1H-135 由奥克托今普通军用炸药、铝粉和聚氨酯橡胶混合而成。当用小型炸药起爆时，奥克托今分子转变成气体，并产生巨大的冲击波。在初始冲击波后一定时间内，燃烧中的铝粉发出高热和压力，由于温压爆炸在有限的空间内发生，其释放出的能量对数千米远的目标仍具有功能性杀伤效果。BLU-118/B 由作战飞机投掷，在有限空间中爆炸时的杀伤威力比开阔区域中要高出 50%～100%。

温压弹的工作原理是利用高温和压力达到毁伤效果，炸弹在爆炸的一瞬间产生大量云雾状的炸药粉末，待其顺着洞穴和隧道弥漫开以后，延时爆炸装置再将其引爆，其作用效果比普通炸弹更强劲、更持久。

(3) 美国 MOAB 温压弹

MOAB 温压弹的全称是新型高威力空中引爆炸弹（Massive Ordnance Air Blast Bombs, MOAB），如图 13-17 所示。它在结构设计方面近似于 BLU-82 云爆弹，但其性能更加先进。

图 13-17　放置在美国艾格林空军基地的 MOAB 温压弹

这种高威力空中引爆炸弹是一种由低点火能量的高能燃料装填的特种常规精确制导炸弹，内装有 8 165 kg 碳氢化合物液体燃料，全弹长为 9.14 m，直径为 1.038 m，质量为 9 842 kg。炸弹采用 GPS/INS 复合制导，可全天候投放使用，圆概率误差小于 13 m。从飞机上投放后，炸弹可以在制导系统引导下，通过操纵舵面来改变下落方向，自主地飞向预定的攻击目标。这样就可以在地面防空系统难以攻击的高度投放炸弹，从而避免载机被击中，确保人员和飞机的安全。

该炸弹弹体中部有小展弦比滑翔弹翼，尾部安装有 4 片大型格栅尾翼。采用的气动布局和桨叶状格栅尾翼增强了炸弹的滑翔能力，同时使炸弹在飞行过程中的可操作性得到加强。MOAB 炸弹是 250 lb 级小型炸弹的超级放大型。它们均采用弹翼和格栅尾翼，高空投放的最大滑翔距离达到 69 km。Dynetics Inc. 公司设计的格栅尾翼看起来像厚重的方形网球拍，由许多安装在坚固矩形框架内的内部连接的小型薄金属舵面组成。该尾翼适于安装到各种空射和面射武器上，可承受高达 $4 \sim 5\ Ma$ 的飞行速度，也可以使快速飞行的炸弹减速到可以投放子弹药的速度。尽管格栅尾翼的空间体积较小，但升力舵面面积较大。前折式尾翼使得气动力控制装置能够紧凑地安装到弹体上，同时可利用炸弹飞行产生的气动载荷快速可靠地将尾翼展开，减少了复杂的尾翼张开机构。此外，格栅尾翼的铰链力矩远小于常规平板型尾翼，从而使转动舵面所需的力矩与平板型尾翼相比低一个数量级。

当炸弹被投放到目标上空时，在距地面 1.8 m 的高度进行第一次引爆，使容器破裂，撒布燃料，与空气混合形成一定浓度的气溶胶云雾。经第二次引爆后，可产生 2 500 ℃ 左右的高温火球和区域爆轰冲击波，对人员和设施等实施毁伤。目前，已可以将这种新型燃料空气炸弹的两次爆炸过程通过一次爆炸来完成。炸弹爆炸时可形成高强度、长历时空气冲击波，同时爆轰过程会迅速将周围空间的氧气消耗，产生大量的二氧化碳和一氧化碳。爆炸现场的氧气含量仅为正常含量的 1/3，而一氧化碳浓度却大大超过允许值，造成局部严重缺氧、空气剧毒。

另外，世界各国也正在积极探索新的温压弹药，如俄罗斯采用温压战斗部技术开发出供单兵榴弹发射器使用的多种攻击榴弹，可有效地杀伤躲藏在战壕和防御工事中的敌人，摧毁无保护措施的武器以及轻型装甲车或软壳保护的器材。一种是 RShG-1 式 105 mm 火箭攻击榴弹。该弹同时具有高效叠加、爆炸、杀伤和燃烧效应，触发时形成空心装药，能可靠地摧毁轻型装甲器材，甚至命中点偏离目标 2 m 时也能有效地杀伤人员，精确射击距离为 600 m。另一种是 RShG-2 式 73 mm 火箭攻击榴弹。该弹尺寸小、重量轻、战场机动性好，既能以间接射击方式消灭躲藏在掩体中的敌人，也能直接命中击穿身穿防弹衣的敌人，精确射击距离为 350 m。这些榴弹是为步兵分队研制的，同时又能有效地用于特种作战部队。

保加利亚研制了有温压战斗部的 GTB-7G 榴弹，使 RPG-7 单兵火箭发射器成为真正的多用途武器。该榴弹质量为 4.7 kg，长为 1.12 m，温压战斗部直径为 93 mm，威力相当于 2 kg TNT，爆炸效应足以毁伤战场防御工事和轻型装甲车辆。RPG-7 发射温压战斗部榴弹时初速为 66 m/s，最大直射距离 200 m，可射击 1 000 m 以内的目标。

美国也正在研制一种被称为"大型 BLU"的、质量达 13 600 kg 的"直接攻击硬目标钻地弹"。这种钻地弹的战斗部质量为 9 070 kg，由高密度的钴合金材料制成。在攻击深埋的地下目标时能够产生更大的穿透力，可以在引爆前侵彻到地下 30 m。它采用了更加先进的差分 GPS 技术和硬目标侵彻灵巧引信。前者可以确保高空投放的精确性；而后者是一种基于加速度计的电子引信，可以感受炸弹穿透目标时减速所产生的过载，能够区别土壤、混凝土、岩土和空气。因此，能够通过记录穿透的地层数目来控制爆炸点。

习　题

1. 燃料空气弹药的发展和主要攻击目标有哪些？
2. 今后提高燃料空气弹药杀伤力的主要趋势是什么？
3. 燃料空气弹药的爆炸破坏作用形式主要有哪些？
4. 燃料空气弹药的威力特点表现在哪几个方面？使用时需要注意哪几个方面？
5. 云爆弹和温压弹的作用原理各有什么异同点？结构各有什么特点？
6. 通常，温压弹的投放和爆炸方式有哪几种类型？主要用于毁伤什么目标？
7. 燃料空气炸药指的是什么？与普通炸药相比，具有哪些典型特征？
8. 分析俄罗斯"什米尔"单兵温压弹的结构特点和作用原理。

第 14 章
软杀伤弹药

14.1 概述

现代战争的实践表明，在战争中除了参与作战的有生力量与武器之外，一个性能先进可靠、功能完善齐备的指挥—通信—控制—情报系统，即所谓 C^4I 系统，也是取得战争胜利的有力保证。随着高新技术在军事领域的广泛应用，为了追求最佳作战效果，常规弹药正在向两个不同的方向延伸。一方面，为了得到更大的毁伤效果，以实现高效毁伤、精确打击为目的，提出研发一些新型弹药和武器，如超高速动能弹、精确制导弹药等；另一方面，为了避免战争中大量人员，特别是无辜平民的伤亡，不再片面追求最大杀伤和摧毁目标，而致力于通过各种手段使敌方丧失战斗力而投降。软杀伤弹药就是在这种情况下出现的。它是指不用传统的火力方式直接摧毁敌方武器装备、设施或杀伤人员，而是采用电、磁、光、声、化学和生物等某种形式的较小能量使敌方武器装备效能降低，乃至失效，或使人员失去战斗力的一种新型弹药。战场上已经使用过的软杀伤弹药有各类干扰弹、诱饵弹、碳纤维弹等。目前正在发展和研制中的微波炸弹、激光弹、次声弹、电磁脉冲弹、强噪声弹、化学失能弹，以及用于防暴的橡胶弹等都属于软杀伤弹药的范畴。

从弹药作用原理、结构、对目标的毁伤机理和目标易损性等方面来看，以火力直接毁伤敌方人员装备的常规毁伤技术与利用电、磁、声、光、化学和生物等技术使敌方武器装备、人员作战效能降低或失效的软毁伤技术是有很大差别的。常规毁伤技术主要依靠弹药战斗部的能量来毁伤目标。它主要包括两类弹药：一类是靠战斗部本身的动能来毁伤目标的动能类弹药；另一类是靠战斗部携带化学能在目标附近区域的适当位置释放，从而形成一定毁伤元素对目标实施毁伤的化学能类弹药。而软毁伤技术则主要是依靠控制电、磁、声、光、化学和生物等能量的释放与转换，来使装备失去正常功能并使人员丧失作战能力。

目前，根据能量的释放、控制和转换方式以及对各类目标的软毁伤模式的不同，软杀伤弹药可以分为许多类。为便于讨论问题，本书按其作战对象的不同，将其分为3类，即针对有生力量的软杀伤弹药、针对装备的软杀伤弹药和同时针对人员与装备的软杀伤弹药。

14.2 针对有生力量的软杀伤弹药

针对有生力量的软杀伤弹药，也称失能弹药，是指可以使作战人员丧失作战能力而又不会产生致命性伤害的一种弹药。目前，世界各国已经研制成功或正在研制的失能弹药多种多样，功能各异，失能机理也不尽相同。

14.2.1 强噪声弹

强噪声弹以噪声对人体听觉的损伤作用来达到使作战人员丧失作战能力的目的。

(1) 强噪声的生物效应

人们很早就发现,连续、长时间作用的强噪声会对生物体产生严重影响。强噪声对生物的影响,通常在实验室中进行。由于针对强噪声的作用不可能直接在人体上进行试验研究,所以通常是以动物为研究对象进行试验。所取得的研究结果经必要验证后可以应用于人体作为参考。由于豚鼠和人的听力曲线非常接近,所以国内外多采用豚鼠进行强噪声的生物效应试验。

强噪声对动物听觉器官的影响最为直接、最为明显。在高声强、宽频带连续噪声的作用下,听觉器官的耳廓、中耳、鼓膜等都有不同程度的损伤,而且随着噪声的增强和作用时间的延长,豚鼠听觉器官的伤情趋于严重。若把声强和作用时间的乘积定义为噪声作用量,用以描述噪声对生物的作用,则其具体情况见表14-1。

表14-1 噪声作用量和豚鼠听觉器官损伤的关系

噪声作用量/($J \cdot mm^{-2}$)	损伤程度	噪声作用量/($J \cdot mm^{-2}$)	损伤程度
<1.2	无伤	10～20	中度伤
1.5～2.0	微伤	20～30	中—重伤
3～7.0	微—轻伤	>30	死亡

在一定的噪声作用量范围内,动物受损伤的听觉器官是可以恢复或部分恢复的。因此,动物听觉器官损伤应控制在鼓膜出血及小穿孔的范围内,不然会造成难以恢复的后果。

由于同一噪声作用量对不同动物引起的听觉损伤是不同的,因此虽然豚鼠试验的统计结论对强噪声于人体的作用有重要的参考价值,但必须谨慎应用。就射击试验时观察到的情况来看,峰值声压级在165 dB就能引起豚鼠鼓膜出血,而人体对于180 dB的脉冲噪声很少出现鼓膜出血的现象。

强噪声不仅会造成动物和人听觉器官的损伤,而且会严重影响内脏器官和神经系统等。它可使人员神经混乱、行为错误、烦躁或器官功能失调,甚至导致死亡。因此,使用由炸药爆炸产生的强噪声弹时要注意合理使用装药量。

(2) 强噪声弹的结构与作用

利用炸药的爆炸是实现强噪声弹的简单、有效和成本较低的方法。

① 手榴弹式强噪声弹。图14-1所示为防暴用手榴弹式强噪声弹的结构。由图可知,手榴弹式强噪声弹包括下述几个部分:

外壳:为了防止弹体爆炸破片所引起的伤亡,外壳采用塑料制成,不产生破片。

引信:强噪声弹被发射或抛出后往往需要一定时间的延迟后再爆炸,因此采用延期药实现延期。

强噪声弹的作用过程:当用保险杆解脱保险后,就可拉动拉环,同时将弹投出,启动引信击针撞击火帽,触发传爆序列火工品依次作用,致使炸药爆炸,产生强噪声。

② 枪榴弹式强噪声弹。强噪声弹也可用步枪或发射装药发射。枪榴弹式强噪声弹如图14-2所示。

它的工作原理和手榴弹式强噪声弹相同，但其外形结构具有一定的特点。特别是尾部，它能够插入步枪枪管，也能够直接插入大口径的特制发射装置，将其发射出去。

除防暴使用的强噪声弹以外，国内外也在积极研制能够适于战场使用的强噪声弹药。如美国新近研制的称为"定向棒形辐射器"的强噪声弹，其外形为圆筒形，由3～4个叠放在一起的换能器组成，长为1.2 m，直径为101 mm。其产生强噪声的装置以鼓风机为基础，可产生高度定向的声束。声音信号的中心频率为3 400 Hz，在1 m处的声压等级为118 dB。作战使用时，发射中、低强度的噪声，可将宽为20 m、距离为50 m的扇形区域覆盖。

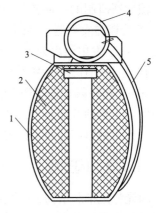

1—外壳；2—炸药；3—引信及传爆序列部；
4—拉环；5—保险杆。

图14-1 手榴弹式强噪声弹的结构

14.2.2 催泪弹

催泪弹是指装填物为催泪刺激剂的榴弹。大部分催泪刺激剂都是以晶体状态存在，粉碎成极细小的粉末后，可以装入手榴弹或枪榴弹中使用。催泪弹主要用于防暴作战、维和行动、战术战役等，也可用于需将恐怖分子从隐蔽处驱赶出来的场合。催泪手榴弹主要由催泪刺激剂、弹体、引信等组成。发射的催泪弹还有发射药、推进和稳定装置。催泪枪榴弹可采用38 mm气步枪、防暴枪或气手枪发射施放催泪瓦斯，射程在50～400 m。

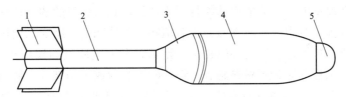

1—尾翼；2—尾管；3—引信及传爆序列部；4—弹体（炸药）部；5—碰撞保护帽。

图14-2 枪榴弹式强噪声弹外形

催泪弹弹体常用塑料、硬纸板等非金属材料制造，爆炸时不形成杀伤破片。催泪弹有爆炸型和燃烧型两种。使用时，通过爆炸或燃烧，将催泪刺激剂变成气溶胶散布在空气中，对人眼、上呼吸道以及皮肤产生强烈的刺激作用，使人流泪、打喷嚏、皮肤产生烧灼感等，而脱离接触后症状即可消失，不会造成致命性伤害。

常用的警用刺激催泪剂主要有4种：苯氯乙酮（CN）、邻氯苯亚甲基丙二腈（CS）、二苯并氧杂䓬庚因（CR）和油性树脂辣椒剂（OC）。第一代催泪弹主要由CN催泪剂制成。由于CN催泪效果不如CS显著、持续作用时间较短，且毒性较大，故新一代催泪弹已经普遍采用CS催泪剂，使得催泪范围以及安全性都有很大的提高。当前英、美国家军警已经装备CR新型刺激性催泪弹。其主要特点是安全性大、毒性低、副作用小、性质稳定。前面3种催泪剂在使用后多少会给人体带来相对持久的副作用，目前已经逐渐为OC所取代。OC刺激催泪剂是通过使施用对象的皮肤产生灼痛感的方式发挥作用，但副作用非常小，并且由于OC喷射剂是纯天然物质，使用后的剩余物质可以自然分解，不会对环境造成污染，而CN和CS的剩余物质却难以清除。因此，类似OC这样的毒性低、刺激性效果好的催泪剂将会是未来的主要发展方向。

俄罗斯研制的一种名为"钉子"的新型 40 mm 催泪枪榴弹，装有刺激性物质，可配在 ГП-25 枪榴弹发射器上使用，可有效对抗大规模混乱和恐怖主义行动。"钉子"新型榴弹质量为 170 g，发射距离为 50～250 m；内装 CS 型刺激性物质，气体完全析出时间为 15 s；通过装挂在卡拉什尼科夫步枪、阿巴坎步枪上的 ГП-25 榴弹发射器发射，射速为 4～5 发/min，在开阔地带可产生约 500 m³ 的刺激性细散物质烟雾，使处于这种烟雾中的人群呈毒瘾发作或酗酒状态。"钉子"榴弹有防外伤的安全橡胶头，装填物质经医学生物试验证明，对人体健康不会产生危害，比较安全。

14.2.3 闪光弹

闪光弹是指装填物为闪光剂的榴弹。闪光弹主要用于防暴作战和维和行动。闪光手榴弹由闪光剂、弹体和引信组成，而发射用的闪光弹还有发射药、推进和稳定装置。闪光剂一般是烟火剂，由氧化剂和可燃剂混合而成。弹体常用塑料、硬纸板等非金属材料制成，爆炸时不形成杀伤破片。使用时，弹爆炸伴随着强烈闪光，产生冲击波超压和强烈声响，使人眼暂时失明，人耳暂时失聪，人体受到冲击波超压的轻度损伤，因而失去战斗力。初步研究表明：闪光弹威力阈值应同时满足以下条件：160 dB ≤ 峰值声压级 L_p ≤ 176 dB，500×10⁴ cd ≤ 闪光强度 I ≤ 5 000×10⁴ cd，0.019 6 MPa ≤ 冲击波超压 ΔP ≤ 0.029 4 MPa。

14.2.4 致痛弹

致痛弹又称防暴动能弹，是依靠动能打击人体，达到防暴目的的一种弹药。它分为防暴枪弹和防暴致痛榴弹。其中，致痛手榴弹由装填物、弹体和引信组成，而用于发射的致痛榴弹还有发射药、推进或稳定装置。装填物由一定数量和一定质量的橡皮球或橡皮块等组成，而弹体由塑料或硬纸板等非金属材料制成，爆炸时不会形成杀伤破片。使用时，通过引信爆炸推动橡皮球（块）打击人体，对人体（不含喉部以上部位）造成中度及以下的损伤，使人因疼痛难忍而逃离现场。

14.2.5 麻醉弹

麻醉弹是指装有麻醉剂并通过注射针管注入有生目标的弹药，既可用于特殊军事任务，也可用于动物保护和管理。根据结构它分为塑料弹头式和针筒弹头式两种。塑料弹头式与普通枪弹相似，有弹头、弹壳、发射药和底火，而弹头由塑料或软橡皮等制成，内装麻醉剂、注射针。弹头撞击目标时产生较大变形而成扁平状，使药室受到压缩，将麻醉剂注入皮下组织。针筒弹头式用空包弹发射，由针头、针筒（弹体）、尾翼组成。针筒内装有麻醉剂和产生注射压力的装置。发射后，弹头靠尾翼稳定飞至目标，将针头插入并紧附目标上。注射压力装置产生压力，将麻醉剂注入目标内。将麻醉剂改为救生剂时，则成为救生弹。

14.2.6 次声弹

次声是频率低于 20 Hz 的声波，人耳听不到。次声波可与人体器官发生共振，引起人的恐怖感，产生混乱，甚至导致心跳停止。频率在 7～8 Hz 的次声波非常危险，因为 7 Hz 正好是大脑阿尔法节律的频率。如果将次声波的发射频率和强度控制在一定的范围内，就能成为非致命性弹药作用到人体。它不仅能使人心烦意乱、头晕目眩、恶心呕吐，还能使其神志不清、癫狂，从而丧失战斗力。这种低频率的声波还有较强的渗透能力，在大气中衰减很少，能渗透进工事、坦克、舰艇内部，作用到人员身上。

次声弹一般由次声发生器、动力装置和控制系统组成。次声弹是一种能发射频率低于 20 Hz 的次声波，使其与人体发生共振，致使共振的器官或部位发生位移、变形，甚至破裂，从而造成损伤的软杀伤弹药。次声弹具有隐蔽性强、传播速度快、传播距离远、穿透力强、不污染环境、不破坏设施等特点，是世界各国军方争相研制的非致命弹药。

目前，次声弹研制所面临的关键问题是定向聚焦（把次声波发射到所需要的地方）、强度提高（达到一定距离内的杀伤效果）、仪器小型化（利于使用）和操作安全。如果不能解决好这些问题，则很难应用于实战，也无法产生预期的效果，甚至会造成己方人员的伤亡。

14.2.7 超臭弹

气味也能成为一种独特的非致命性武器。神经学家认为，任何气味都可能会引起某些人的恐慌，甚至惊惧。如果空气中充满了粪便中常有的硫醇等易挥发性物质，附近的人就会受到强烈、集中的嗅觉攻击，会尽力逃离"沾染"地段。

超臭弹也将成为军警常用的一种化学型非致命武器。与催泪弹类似，将超臭剂装填于弹体即可构成超臭弹；通过产生大量的恶臭气体，把怀有敌意的人群或战斗中的士兵熏得四处躲避，使其无法集中精力闹事或战斗。目前使用的臭味剂有的是从自然物质中提取的活性臭味成分，有的是人工合成。国外现在已经成功合成出一种超臭剂，在 30 m^2 的室内，使用 10 g 该种超臭剂，室内人员在 30 s 内将感到无法忍受，恶心、呕吐，被迫离开现场。经试验表明，这种超臭剂并无毒副作用，使用后人员只需要在新鲜空气环境下休息 15～20 min 便可完全恢复。

超臭弹通常是在硫黄、氯、硫化氢、氨等基础上研制的，原则上讲，任何气味都可以利用，只要能引起恶心、憎恶等感觉即可。但在实际运用时，还必须根据对手的民族属性、战场地理特点等情况选择不同的气味，因为不同种族和民族对同一种气味的反应是不同的。美国在研制臭味弹时，还有一些新的设想，例如研制出模仿化学战毒剂的味道，造成人心恐慌；研制出模仿危险气体，如乙炔，令人担心会爆炸燃烧；还可喷洒含有强效麻醉、催眠物质的气溶胶成分，使人失去行动积极性，甚至沉睡过去；根据不同种族，研制出某些动物特殊气味，如针对亚洲人采用腐尸恶臭味等。

14.3 针对装备的软杀伤弹药

C^4I 系统是进行现代化作战的"神经系统"，一旦遭到干扰、破坏，整个作战体系将会瘫痪，会对战争进程产生极大的影响。目前，对于针对装备的软杀伤弹药来说，主要攻击的是武器装备系统中最关键而又最脆弱的光电设备。按其对目标的作用方式它可以分为两类：一类是以欺骗和扰乱对方制导与灵巧弹药为作战目的的弹药，如红外诱饵弹等；另一类则是以使敌方 C^4I 系统的光电设备或电厂等重要设施失灵、失效或破坏为作战目的的弹药，如通信干扰弹、碳纤维弹等。

14.3.1 红外诱饵弹

(1) 概述

随着红外技术的发展及其在精确制导中的应用，红外制导导弹日益显示出巨大的作战威力，构成了对飞机、舰船、战车等重要目标的极大威胁。因此，提高对抗红外制导导弹的能力已成为当前提高飞机、舰船、战车等重要目标战场生存能力非常重要的方面。红外诱饵弹就是一种能对抗红外制导导弹的干扰弹药。红外诱饵弹与其投放系统一起构成了红外诱饵弹系统。理想的红外诱饵弹系统应具有以下特点：

① 能逼真地模拟飞机发动机喷焰的热辐射，或模拟飞机、舰船及战车等重要目标的热轮廓。

② 有宽的光谱覆盖范围及足够的辐射能量，能诱惑近、中、远程红外制导导弹。

③ 能适时投入工作，不仅对单波段点源红外寻的导弹有好的干扰效果，而且对采用多光谱制导、复合制导及成像制导等技术制导的导弹也能奏效。

④ 诱饵弹可自备动力，能在空中稳定地飞行，并能与被保护目标保持最佳的距离和最合适的飞行轨道。

⑤ 投放系统能装填多种、多发诱饵弹，在雷达、红外报警器等警戒装置的自动导引下，能针对不同的目标实时地按不同的方式进行不同程度的干扰。

⑥ 体积小，质量轻，价格便宜，使用方便。

(2) 红外诱饵弹的干扰机理

从红外理论可知，凡是温度高于绝对零度的物体都有红外辐射，而空中运动军事目标往往都具有大功率的发动机做动力。这就形成了高强度的红外辐射源。红外制导导弹的导引头能探测目标的发动机尾罩和尾气流的热辐射，从而使导弹跟踪、追击这个热辐射源。此时，投放红外诱饵弹是干扰红外制导导弹的一种有效的方法。它依靠红外药柱产生一个与目标红外辐射特性类似但能量大于目标红外辐射能量2~3倍的热源，以达到欺骗来袭红外制导导弹的目的。当红外诱饵弹和目标同时出现在红外导引头视场内时，红外制导导弹跟踪两者的等效辐射能量中心，如图14-3所示。然而红外诱饵弹和目标在空间上是逐渐分离的。这样，由于红外诱饵弹的红外辐射强度大于目标红外辐射强度，所以等效辐射能量中心偏于红外诱饵弹，而且随着红外诱饵弹与目标的距离越来越远，逐渐使红外导引头偏向红外诱饵弹的一边，直到目标摆脱并离开红外导引头视场，这时红外制导导弹就只跟踪红外诱饵弹。

图 14-3 红外诱饵弹干扰机理

(3) 红外诱饵弹的主要技术指标

红外诱饵弹的主要技术指标有峰值强度、起燃时间、光谱特性、作用时间、弹出速度和气动特性等。

① 峰值强度。这是最重要的技术指标。红外诱饵弹的辐射峰值强度由目标的红外辐射强度所决定。在大多数情况下，诱饵弹必须在红外寻的器工作的全波段内有超过所保卫目标

的辐射强度。一般来说，机载红外诱饵弹每产生 1 000 W/sr 的带内辐射强度，就要消耗 0.5~1 MW 的功率。

② 起燃时间。从点燃开始到辐射强度达到额定辐射强度值的 90% 时所需时间被定义为起燃时间。在红外诱饵弹离开红外导引头视场之前，必须达到其有效的辐射强度。机载红外诱饵弹的有效辐射强度必须在零点几秒内达到，而舰载红外诱饵弹可以延长到几秒钟。

③ 光谱特性。机载红外诱饵弹燃烧时主要在 1~3 μm 和 3~5 μm 波段内产生红外辐射，而舰载红外诱饵弹的干扰频段一般为 3~5 μm 和 8~14 μm。

④ 作用时间。红外诱饵弹的持续时间要足够长，以确保目标不被重新捕获。如果有被重新捕获的可能，就必须投放第二枚红外诱饵弹。为了对红外制导导弹实施有效干扰，单发红外诱饵弹的燃烧持续时间应大于目标摆脱红外制导导弹跟踪所需的时间。机载红外诱饵弹的燃烧持续时间一般大于 4.5 s，而舰载红外诱饵弹则为 40~60 s。

⑤ 弹出速度。必须将红外诱饵弹部署在寻的器容易观察到的位置，并以寻的器跟踪极限内的速度与目标分离。可见，红外诱饵弹的分离速度通常应高于目标的机动能力。

⑥ 气动特性。气动特性主要由红外诱饵弹的空气动力学特性及释放时的相对风速决定。气动特性对舰载红外诱饵弹是很重要的，而对机载红外诱饵弹更重要。

综上所述，红外诱饵弹具有与真目标相似的光谱特性，且积分辐射强度应大于目标 2 倍。红外诱饵弹能快速形成高强度红外辐射源，必须在离开导弹寻的器视场前点燃并达到超过目标辐射强度的程度。红外诱饵弹具有很高的效费比。红外诱饵弹结构简单，成本低廉，可以多载多投，是红外对抗中的重要技术手段。它可以保护飞机、军舰等高价值平台，而且一旦干扰成功，便可使红外制导系统难以重新截获、跟踪被保护的目标。

典型的红外诱饵弹技术参数见表 14-2。

表 14-2 典型的红外诱饵弹技术参数

分离速度/(m·s^{-1})	15~30	压制系数	$K \geqslant 3$；有些情况下要求 $K \geqslant 10$
燃烧时间/s	3~60	辐射强度	静态>20 kW/sr；动态>2 kW/sr
起燃时间/s	≤0.5	等效温度/K	1 900~3 000
工作波段	1~3 μm 和 3~5 μm，少数还可覆盖 8~12 μm，甚至更宽		
投放方式	常与箔条弹等干扰物联合投放		

(4) 红外诱饵弹的结构与作用

红外诱饵弹一般由弹壳、抛射管、活塞、药柱、安全点火装置和端盖等零部件组成。主要零部件的功能：弹壳起发射管的作用并在发射前对红外诱饵弹提供环境保护；抛射管内装火药，通常由电能起爆，产生燃气压力，以抛射红外诱饵弹；活塞密封火药气体，防止药柱被过早点燃；安全点火装置用于适时点燃药柱，并保证药柱在膛内不被点燃。

红外诱饵弹的工作过程：当红外诱饵弹被抛射点燃后会产生高温火焰，并在规定的光谱范围内产生强红外辐射，从而欺骗或诱惑敌红外探测系统或红外制导系统。红外诱饵弹的前身是侦察机上的照明闪光弹。目前，普通红外诱饵弹的药柱由镁粉、聚四氟乙烯树脂和黏结剂等组成。这些组分通过化学反应使化学能转变成辐射能，而反应生成物主要有氟化镁、碳和氧化镁等，且其燃烧反应温度高达 2 000~2 200 K。典型红外诱饵弹配方在真空中燃烧时产生的热量约为 7 500 J/g，而在空气中燃烧时约是真空中的 2 倍。

红外诱饵弹从形状上看，有圆柱形、棱柱形及角柱形等多种；从工作方式上看，有燃烧烛型、燃烧浮筒型和空中悬挂型 3 种；从装备对象上看，有机载型、舰载型及陆地型 3 种。当前，以机载及舰载红外诱饵弹系统的使用最为广泛。表 14-3 和表 14-4 分别列出了目前几种典型的舰载红外诱饵弹及其投放系统的主要特性。

表 14-3　目前典型的部分舰载红外诱饵弹

国别	美国	英国	英国	瑞典
型号	GEMINI	SHIELD	RAMPART	PHILAX106
规格/mm	112	102	570	40
弹长/mm	451	1 680	375	
弹重/kg	4.0	25	1.77	0.37
有效载荷/kg	0.216			0.2
覆盖波段/μm	3～5	3～5 8～14	1.8～2.5 3～5，8～14	3～5 8～14
辐射强度/(W·sr^{-1})	1 000		700（1.8～2.5） 550（3～5） 160（8～14）	
燃烧时间/s	45		30	
现状	大量装备	大量装备	大量装备	大量装备

表 14-4　目前典型的部分舰载红外诱饵弹投放系统

名称	特性	装备平台	国家	现状
快速离舰散开系统（RBOC）	可发射 M171 箔条弹，HIRAM 红外诱饵弹、火炬红外诱饵弹、双子座箔条和红外复合诱饵弹	适于大、中、小型舰船	美国	服役
达盖系统（DAGAIE）	每一诱饵发射箱含有 8 枚一次激活弹，26 枚持续激活弹。8 枚一次激活弹形成红外诱饵云，26 枚持续激活弹在空中靠惯性展开降落伞并飘到水面上，整个红外诱饵云持续时间达 30 s 之久	中、小型舰船	法国	服役
斯克拉（SCLAN）	能发射红外诱饵弹、箔条弹和照明弹，射程为 0.3～12 km	各种舰船	意大利	服役
萨盖系统（SAGAIE）	每一红外诱饵弹头中装一个主降落伞，6 枚一次激活弹和 12 枚持续激活弹，红外诱饵云持续时间 30 s	中、小型舰船	法国	服役
盾牌（SHIELD）	可发射红外诱饵弹和箔条弹，其改进型还可发射激光诱饵弹	大型舰船	英国	服役
女巫（SIBYL）	可发射 6 种诱饵弹和 1 种练习弹，自动化程度高，综合性能好	大、中、小型舰船	英国 法国	服役

除红外诱饵弹外，要实现对来袭导弹的干扰，根据导弹系统的不同，干扰弹药也有激光干扰型、雷达干扰型、红外干扰型和复合干扰型等类型。其目的就是对抗新型制导弹药的发

展，适应新的战场需求。

14.3.2 箔条干扰弹

(1) 箔条干扰机理

箔条作为一种雷达无源干扰器材，被广泛应用在雷达无源对抗中。它主要是指具有一定长度和频率响应特性，能强烈反射电磁波、用金属或镀敷金属的介质制成的细丝、箔片、条带的总称。自从箔条在二战中发挥较大作用以来，其研究有了很大的发展。目前比较常用的、效费比较高的箔条材料是镀铝玻璃丝和铝铂。

由物理学中电磁感应原理可知，如果将导体薄片置于变化的外磁场中，薄片上将产生感应电流，感应电流的磁场会阻碍外磁场的变化，屏蔽照射过来的电磁波。这样，雷达所发射的电磁波就无法照射到金属箔条后面的飞机上，也就无法获得飞机的回波信息；同时，根据波的反射原理，薄片又对电磁波有反射作用。所以，大量的金属箔条形成的云团所反射回来的电磁波就会充满整个雷达荧光屏，从而使雷达无法发现来袭的目标。金属箔条干扰雷达的原理就在于此。

据计算，每2 000根箔条在空中散开后即可产生一架重型轰炸机的雷达假回波。将大量箔条投放到空中，能对雷达发射的电磁波产生强烈反射，在雷达显示器荧光屏上产生类似噪声的杂乱回波，掩盖真实目标回波，对雷达形成压制性干扰；或者产生假的目标信息，形成欺骗性干扰。

以机载箔条干扰弹为例介绍其干扰原理。机载箔条干扰弹干扰雷达的原理是质心干扰，所谓质心干扰是指雷达的空间跟踪点位于其分辨单元的能量中心（即质心）上。当雷达分辨单元内存在1个目标时，雷达跟踪该目标的散射能量中心；当雷达分辨单元存在2个目标时，雷达则跟踪由2个目标共同构成的能量中心，通常把这个能量中心称为质心。质心与2个目标的距离关系类似于力学中两物体自身重心与两者合成重心的关系。2个物体合成重心总是靠近质量大的物体。同理，当雷达分辨单元里存在2个以上目标时，雷达的跟踪点会偏向散射能量较大的目标。根据这个原理，当飞机受到雷达跟踪时，在飞机所处的分辨单元里利用箔条干扰弹的箔条布设一个干扰诱饵，利用已知的雷达工作频率，将金属薄片切分成合适的长度，以使其产生共振，并使箔条云的雷达截面积大于飞机的雷达截面积。箔条云的出现使雷达跟踪点偏离飞机，飞机借此迅速飞出该雷达分辨单元，从而摆脱雷达的跟踪。

(2) 箔条干扰弹干扰方式

箔条干扰弹是利用弹内装填的箔条，爆炸分散后形成箔条云，对雷达进行干扰的一种特种弹。箔条干扰弹是一种无源干扰弹药，用于近程防御系统，可以干扰雷达制导导弹对我方飞机、舰艇、战车等目标的攻击；也适用于远程作战，干扰敌活动目标侦察雷达和炮位侦察雷达，以掩护我方的部队机动及火炮阵地射击，或用于迷惑敌方，配合实施战术佯攻。

箔条干扰弹作为舰载近程干扰弹时，有以下几种干扰方式：

① 质心式干扰。质心式干扰的条件：当发现目标被雷达制导导弹跟踪时，迅速发射质心式箔条干扰弹，在导弹雷达天线波束内形成真假两个目标，由于假目标的雷达截面积大于目标的雷达截面积，同时目标又按照有利于自己的方向快速机动，所以导弹由跟踪目标转向跟踪箔条云。

② 冲淡式干扰。冲淡式干扰的条件：已知导弹准备发射，但制导雷达尚未开机，这时

发射箔条干扰弹，形成一个或多个假目标，在导弹制导雷达开机捕捉目标时，捕捉到假目标。

③ 迷惑式干扰。当发现火控雷达（或目标跟踪雷达）对目标跟踪时，发射箔条干扰弹，形成箔条云，在雷达显示屏上产生多个目标，这样雷达操作手难以分清真假目标，失去战机或降低命中概率。

④ 衰减式干扰。又称压制式干扰，是在导弹与目标之间散布大片稠密的箔条云，以形成很厚的干扰屏幕，对雷达电磁波产生二次散射衰减，进而降低雷达的作用距离。

⑤ 转移式干扰。其工作方式是与有源干扰联合使用。当发现目标被雷达跟踪时，发射转移式箔条干扰弹，使箔条云形成在雷达距离跟踪波门的边缘处，同时利用有源干扰机进行拖引，使雷达跟踪系统转移到箔条云上。

(3) 结构特点及工作过程

箔条干扰弹主要由弹体、底座、引信、传爆系列、发射装药及内部装填物等组成。内部装填物包括箔条丝、支承瓦和隔片等。

箔条干扰弹通过在空中形成大面积箔条云，人为地改变电磁波的正常传播、改变目标的反射特性及制造散射回波，来破坏或削弱雷达对目标的发现或跟踪。其工作过程是当导弹准备发射或已经发射时，在被保护对象周围发射箔条干扰弹，形成一个或几个假目标。由于目标的雷达截面积大于被保护对象的雷达截面积，所以可迫使导弹由跟踪目标转向跟踪箔条云，降低或失去对目标的进攻能力，从而实施有效干扰。

14.3.3 通信干扰弹

通信干扰弹是在传统的通信干扰机的基础上发展起来的，是先进的电子技术与弹药技术相结合而产生的一种新型软杀伤弹药。其主要功能是用以干扰敌方战场的无线电通信。通信干扰弹既可以由火炮发射，也可由火箭、导弹等运载工具投送，一般采用子母弹形式。母弹内装有多个一次性使用的宽频带通信干扰机，当母弹被发射到目标区域上空后，将其逐个抛撒出。干扰机以一定速度落地至既定深度，然后展开天线，开始对战场无线电通信实施干扰。

(1) 通信干扰弹的优点

通信干扰弹具有以下 5 个方面的优点：

① 在敌方通信设备附近施放干扰，能以较小的干扰功率获得较高的干扰幅度和较好的干扰效果。用一部阻塞式干扰机可以同时抑制某一频段的所有电台。

② 在敌我双方电台功率及通信距离相同的情况下，对我方电台影响小，便于作战使用。

③ 干扰机采用迫击炮、加榴炮、火箭炮等投放平台，可选择遮掩阵地，发射后又能迅速转移，具有较强的生存能力。

④ 便于掌握干扰区域、干扰方向和干扰时间，可根据作战需要灵活使用，如在反恐、营救人质和小规模武装冲突中，动用大型装备会受时间、地点等诸多条件的限制，而不如小巧的干扰弹简便、灵活、快速、有效。

⑤ 在局部战争中，情况瞬息万变，战机稍纵即逝，为取得局部的，甚至小到几百平方米的制电磁权，更需小型投掷式干扰弹的有力补充。如外军的师、团级炮兵为保障射击指挥和任务协调，均配备了相当数量的超短波电台来组网通信，而对于这种超短波电台，采用瞄

准式干扰显然不适宜，但若使用阻塞式干扰，充分发挥干扰机在一定区域内施放干扰的优势则十分有效。

(2) 通信干扰原理

通信干扰是通过在敌方通信系统使用的频率上发射某种干扰信号达成的。如果干扰功率足够强，敌方接收机所接收的通信信号就会被干扰信号淹没，从而无法进行正常通信。但是，干扰功率是有限的，因此一个干扰系统只能在某个区域阻止敌方接收无线电信号，而要对更广大的区域实施干扰，就必须使用多个干扰系统。干扰系统的有效辐射功率由输出功率和天线增益决定。如果要求高干扰率，就需要具有较高的有效辐射功率。此外，由于干扰机通常距被干扰接收机有一定距离，因此要提高干扰效果，就要尽量缩小二者之间的距离，并尽量减小路径损失，即减小从干扰机天线至目标接收机天线间电波的传播损失。

通信干扰经常使用的较成熟的干扰技术包括调频噪声、猝发噪声、连续波干扰和扫频—瞄准干扰等。以下介绍几种主要的通信干扰方式。

① 瞄准式干扰。瞄准式干扰可将干扰能量集中于敌方通信系统的很窄的频带内，因而有很高的干扰效率，但要求预先掌握敌方通信使用的频率。这就需要有一自动监视系统或由操作员监视敌方通信系统的频率覆盖范围，并确定重点干扰的接收机。

② 阻塞式干扰。阻塞式干扰可以覆盖某个预定的频率范围，而无须准确地掌握被干扰信道的频率，但干扰能量将分散在数量众多的信道内，从而降低了对某个信道的干扰效能，同时对工作在相同频率范围的己方通信也可能造成不良影响。因此，使用这种干扰方式时必须小心谨慎。

③ 时分多路干扰。这种干扰方式可使干扰机有足够的功率干扰几个通信信道。时分多路干扰机可迅速从一个频率转换到另一个频率，短暂而有规律地干扰每个目标信道。有人可能会认为，用这种方式实施干扰时，敌方的每个信道在大多数时间仍可通信，但实际上，接收机内的电路被干扰后，需要一定的恢复时间才能正常工作，还没等它恢复过来，下一次干扰又到了。

④ 跟随跳频式干扰。跳频无线电通信系统的工作频率从一个信道跳到另一个信道，在每个频率以一定的时间（称为"闭锁时间"）短促地发射信号。在这种通信体制中，发射机和接收机的跳频次序必须一致，且在通信网中的所有组成必须同步工作。慢速跳频电台的频率变化速率为每秒 50～500 跳，而快速跳频系统可达每秒 1 000 跳或更高。干扰机不可能有足够的功率去干扰跳频目标的整个频带，因此在电台跳频之后就必须迅速调谐到新的频率，并在新的频率发射足够长的时间，使其产生足够多的误码，迫使其信号不能使用。根据当前蜂窝式电话系统易损性理论，要阻止敌方信息的有效传输，大约需对其造成 20% 的误码率。对于跳频速率为每秒 100 跳的慢速跳频系统，信号在每个频率上的驻留时间大约为 10 ms。也就是说，干扰机必须在 8 ms 之内重新找到信号，重调频率，并使输出功率上升到所需水平。

(3) 几种典型的通信干扰弹

① XM867 式 155 mm 通信干扰弹。20 世纪 70 年代，美国费尔柴尔德·韦斯顿系统公司与美陆军通信电子局共同研制了 XM867 式 155 mm 通信干扰弹（图 14-4），配用于 M109 A1 式 155 mm 榴弹炮。其最大射程为 17.74 km。

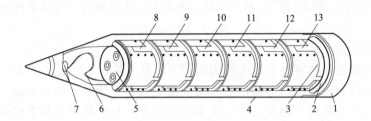

1—底塞；2—抛射药座；3—减旋尾翼；4—155 mm 弹体；5—推板；6—柔性电缆；
7—开关组件；8，9，10，11，12，13—分别对应1，2，3，4，5，6号干扰机。

图 14-4　XM867 式 155 mm 通信干扰弹

XM867 式 155 mm 通信干扰弹为药包分装式炸弹，属于子母弹结构形式，用于干扰离前沿部队 30～150 km 纵深地区行进中装甲部队的通信联络。其频段范围为 3～1 000 MHz。此外，它还用于干扰敌雷达，使其失效。

结构特点：该弹由引信、弹体（作为母弹），及 6 部电子干扰机、弹带、推板和弹底塞组成。所使用的干扰机外形为短圆柱体，高为 88.9 mm，直径为 127 mm，造价低廉，能够承受火炮发射时的冲击力，属于宽频带阻塞式干扰发射机。其主要诸元见表 14-5。

表 14-5　XM867 式 155 mm 通信干扰弹主要诸元

弹径/mm	155	初速/（m·s^{-1}）	650
弹丸长度/mm	899	膛压/MPa	（约）290
弹丸质量/kg	约 46	最大射程/km	17.74
弹体材料	锻钢	装填物	6 个干扰机
引信	M577 式机械时间瞬发引信		

如同发射普通炮弹一样，使用时将通信干扰弹对准预定目标射击。出炮口后，通过母弹上的定时引信和抛射药作用，按预定时间在最小高度 1 000 m 处从弹底部抛出干扰机。干扰机在离心力作用下使尾翼张开。与此同时，干扰机还展开了 1 根 0.914 m 长的定向带，与干扰机中的消旋翼片共同作用，使干扰机减速定向着落，速度为 40 m/s，并以合适角度埋入土内 25.4～76.2 mm 处，之后露出地面的天线展开，在几秒钟内干扰机上的发射机接通，开始干扰敌方通信联络，即干扰敌方运动中的指挥通信网，干扰组成第二梯队装甲机械化部队可能使用的鞭状天线。如果处于守势，则可以用这种干扰弹结合爆炸性武器来对付撤退的敌方部队或者在横向防御中阻止敌方增援部队行进。这种通信干扰弹已正式装备美军，据称曾在"沙漠风暴"行动中用来干扰伊拉克的无线电通信设施。

该弹有以下特点：在不良气候和昏暗条件下特别适用，不易被测出，生产费用低，炮手可以将该弹与其他炮弹一起携带。

② XM982 式 155 mm 远程通信干扰弹。1991 年，美国研制出新型 XM982 式 155 mm 远程子母弹，内部装有 4 个电子干扰器，构成远程通信干扰弹。干扰器上安装有降落伞，离开母弹后降落伞展开，使干扰器飘到目标区上方，并将传感器信息发回到手提式地面显示器上。

③ 3HC30 式 152 mm 通信干扰弹。俄罗斯研制并出售给国外的 3HC30 式 152 mm 高频、甚高频通信干扰弹，质量为 43.56 kg，射程达 22 km。弹丸内装有 1 个质量为 8.2 kg 的电子干扰装置，发射频率范围为 1.5～120 MHz，可在 700 m 的有效作用半径内工作 1 h。

④ 155 mm 和 152 mm 通信干扰弹。保加利亚防务工业公司也生产了 155 mm 和 152 mm 通信干扰弹。其 R-045L 和 R-046L 式通信干扰机的工作频率为 20～100 MHz，分成 5 个阻塞频段并在它们之间有一定的频率重叠，且覆盖系数为 1.3。

14.3.4 雷达干扰弹

(1) 雷达干扰弹用途与要求

雷达干扰弹是以炮弹为运载工具，将干扰设备运载到指定区域，通过辐射、转发、反射和吸收电磁能量等方式干扰敌方雷达正常工作的特种炮弹。根据干扰源能量的来源不同，雷达干扰弹可分为有源雷达干扰弹和无源雷达干扰弹。根据干扰弹投放后干扰机工作的位置不同，雷达干扰弹可分为着地式有源干扰弹和悬浮式（滞空式）有源干扰弹，悬浮式雷达干扰弹是利用降落伞上悬挂的雷达干扰机在指定目标区域，对敌战场雷达实施抵近空中干扰的一种特种弹。雷达干扰弹主要用于地面作战、山地高原作战以及其他车载、机载电子对抗设备不便于执行任务的场合，可对敌炮兵侦察校射雷达、活动目标侦察校射雷达和火控雷达等实施有效的干扰，有效地提高己方火炮集群以及装甲攻击群的生存概率，还可以掩护己方空中打击平台突防。

从作战使用出发，对雷达干扰弹有下列要求：

① 射程远、精度高。雷达干扰弹采取的是抵近干扰的方式，只有把干扰机投放到敌雷达附近，才能有效地发挥干扰机的作用，射程远是抵近投放的保证。单发雷达干扰弹的干扰效果有限，在使用时，一般都是多发投放，弹丸射击精度高，投放的位置准确，才能更好地发挥干扰机的作用。

② 干扰范围大、干扰能力强。战场上雷达的种类多种多样，布置的位置一般散布面较大，干扰机具有较大的干扰范围、较强的干扰能力，才能可靠地对敌雷达实施有效干扰。

③ 影响干扰效能的因素多。影响干扰效能的既有技术因素，又有战术因素；既有自然因素，又有人工因素。主要包括：干扰机发射功率、干扰屏障内干扰机数量、发射天线的方向和增益、干扰信号的频率与目标雷达频率的重合度、干扰信号带宽、对不同的雷达系统选用的干扰样式、干扰机极化方式、电波传播路径和能量衰耗、干扰机在方向上与雷达回波信号一致的程度、干扰的及时性、干扰的持续性，以及气象、地理和空间电磁环境等。

(2) 结构特点

大口径的雷达干扰弹一般采用二次空抛、吊伞悬挂干扰方式。下面以 152 mm 加榴炮雷达干扰弹为例介绍其结构特点。152 mm 加榴炮雷达干扰弹结构如图 14-5 所示，由引信、一次抛射药、弹体、延期体、抛射筒、二次抛射药、干扰机、主伞、主伞支承瓦、缓冲器、减速伞、减速伞支承瓦、底排装置和弹底等组成。针对工作在不同频率的雷达，干扰机分高端和低端干扰机，干扰体制为宽带阻塞、高密度储频转发。

152 mm 加榴炮雷达干扰弹主要诸元有：弹丸质量为 43.5 kg，初速为 660 m/s，射程约 22 km，工作高度为 1 000～5 000 m，工作时间大于 20 min。

（3）作用原理

作用原理：发射后，当雷达干扰弹飞行至预定目标上空时，时间引信作用，点燃一次抛射药，产生高温高压火药气体点燃延期体，同时火药气体压力通过抛射筒、减速伞、支承瓦等传递到弹底上，剪断弹体与弹底连接螺纹，将减速伞抛射体系统等弹膛内的装填物抛出。减速伞抛射体系统抛出后，减旋片在离心力和空气阻力的作用下，迅速张开，抑制抛射体旋转，使抛射体的转速急剧下降；与此同时，减速伞充气张开，使抛射体系统减速。经过数秒的延期，延期体点燃二次抛射药，产生高温高压火药气体剪断抛射筒与底盖的连接销，抛出主伞、干扰机等。

干扰机开关闭合接通电源，各部分电路迅速上电，雷达信号经过前置放大处理后进入变频单元，进行下变频，得到雷达中频信号。该中频信号经过储频单元采样存储，然后在控制器的编程下释放，复制的雷达中频信号经过上变频、频率调制、功率放大，经环形开关由天线辐射出去。工作时间一到（此时干扰机已经坠地），控制器便发出自毁脉冲，激发自毁火工品，使干扰机自毁。

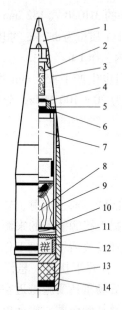

1—引信；2——次抛射药；3—弹体；4—延期体；
5—抛射筒；6—二次抛射药；7—干扰机；
8—主伞；9—主伞支承瓦；10—缓冲器；
11—减速伞；12—减速伞支承瓦；
13—底排装置；14—弹底。

图 14-5　152 mm 加榴炮雷达干扰弹

雷达干扰弹在使用时，必须尽可能发射至己方攻击炮群和敌雷达的连线上，保证干扰机位于敌雷达的探测扇面之内，干扰机进入雷达天线主瓣干扰，享有雷达天线主瓣增益，干扰效果好。如果干扰机位于雷达搜索扇面之外，则干扰机对雷达进行旁瓣干扰，不能享有雷达主瓣增益，干扰效果较差。

14.3.5　GPS 干扰弹

（1）GPS 干扰弹用途和特点

GPS 系统作为目前最先进的卫星导航系统，自海湾战争以来就在军事领域得到了全方位的应用。GPS 具有全天时、全天候、高精度的特点，已成为全球最广泛应用的导航系统。如何采取最佳的干扰方式，对敌方武器系统实施干扰，从总体上降低其情报侦察、精确打击、指挥控制等系统的作战效能，已成为近年来导航对抗研究的热点。

GPS 干扰弹是利用降落伞悬挂的 GPS 干扰机在指定目标区域，对 GPS 接收机实施抵近干扰的一种弹药。它的用途是干扰利用 GPS 导航系统实施定位及导航的低空飞行器（如巡航导弹、无人机、武装直升机等）。以炮射悬浮式 GPS 干扰弹为例说明其使用特点，一般采用子母弹形式，弹丸内装有一个或多个一次性使用的干扰机。炮射悬浮式 GPS 干扰弹可由火炮、火箭等运载工具发射，当 GPS 干扰弹飞行至目标上空时，其弹丸内的 GPS 干扰机与弹体分离，悬挂在 GPS 干扰弹上的降落伞自然展开，在干扰目标上空缓缓降落（一般降速为 4~5 m/s）。与此同时，GPS 干扰机的电源被激活，其产生的射频干扰信号对装有 GPS 接收机的目标进行近距离干扰。当干扰机降落至地面时，安装在其上的自毁装置被启动，干扰过程结束。

GPS 干扰弹的特点：

① 能够快速到达被干扰目标上空，满足战场局势复杂多变所需的干扰，具有部署快速、方便灵活、容易布置的特点。② 对目标进行抵近升空干扰，可用较小的功率获得较大的干扰范围，干扰效果好，覆盖面积大。③ 突防能力强，生存能力强，悬浮在空中实施干扰，体积小，不易被破坏，可显著提高己方导航战对抗能力。

（2）结构特点

下面以 152 mm 加榴炮 GPS 干扰弹为例说明其结构特点。152 mm 加榴炮 GPS 干扰弹采用二次空抛吊伞悬挂干扰方式，其结构如图 14-6 所示，主要包括引信、一次抛射药、弹体、延期体、抛射筒、二次抛射药、干扰机、主伞、主伞支承瓦、缓冲器、减速伞、减速伞支承瓦和弹底。152 mm 加榴炮 GPS 干扰弹主要诸元有：弹丸质量为 43.5 kg，初速为 655 m/s，射程 17 km，干扰半径约 10 km，干扰时间大于 13 min。

GPS 干扰机采用压制式干扰方式，主要由干扰机电路（晶体、锁相环、压控振荡器、噪声源、功率放大器）、天线、热电池及激活机构组成。干扰机电路采用锁相环产生一个稳定的载波，利用噪声对载波进行调制，然后经功率放大，使输出的噪声调频信号的频率、带宽、功率等满足干扰效果要求。

（3）作用原理

发射后，当 GPS 干扰弹飞行至预定目标上空时，时间引信作用，点燃一次抛射药，产生高温高压火药气体点燃延期体，同时火药气体压力通过抛射筒、减速伞支承瓦等传递到弹底上，剪断弹体与弹底连接螺纹，将减速伞抛射体系统等弹腔内的装填物抛出。

减速伞抛射体系统抛出后，减旋片在离心力和空气阻力的作用下，迅速张开，抑制抛射体旋转，使抛射体的转速急剧下降；与此同时，减速伞充气张开，使抛射体系统减速。经过数秒的延期，延期体点燃二次抛射药，产生高温高压火药

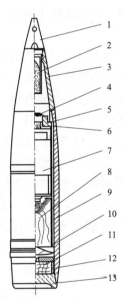

1—引信；2——次抛射药；3—弹体；4—延期体；
5—抛射筒；6—二次抛射药；7—GPS 干扰机；
8—主伞；9—主伞支承瓦；10—缓冲器；
11—减速伞；12—减速伞支承瓦；13—弹底。

图 14-6　152 mm 加榴炮 GPS 干扰弹

气体剪断抛射筒与底盖的连接销，抛出主伞干扰机等。干扰机被抛出后，激活机构作用激活热电池给干扰机供电，干扰机在主伞的悬吊下缓慢下降并开始工作。工作时间结束，自毁机构启动，使干扰机自毁。

14.3.6　碳纤维弹

碳纤维弹，又称石墨炸弹，是一种以子母弹的形式，由导弹或炸弹作为携带工具，专门用于攻击对方发电厂及其供电系统的软杀伤弹药。

(1) 电力系统的易损特性

① 电力系统的易损性分析。电力系统是指由发电厂、变电所、输配电线路,直到用户等相互连接的一种整体,包括发电厂、输电线路、配电线路、升降压变电站。一般电厂都是封闭的,而电厂出口线路也都有保护,不可能被破坏。输配电线路和它所联系的各类变电所构成电网。输配电线路有两种:一种是架空线路;另一种是电缆线路。电缆线路埋于地下,显然不在攻击之列;架空线路是将电线架设在杆塔上,设于户外并露置于大气中。变电所的配电装置有的采用屋内布置,有的采用户外布置,但考虑到输配电线路的大量性及其广阔的覆盖面积,因此电力网络部分的露空输配电线路成为碳纤维弹攻击的主要目标。变电站分区域性($\geqslant 110$ kV)和地区性(<110 kV)两种。变电站和配电装置多数采用户外或露天布置,只有部分低于 35 kV 的地区性电站才采用屋内式布置。所以,大型变电站的配电设备也是碳纤维弹攻击的主要目标。

② 电力系统的故障分析。对于碳纤维的应用来说,主要是利用碳纤维丝束造成电力系统短路故障或烧毁。短路故障指的是电力系统正常运行情况以外的一切相与相之间或相与地之间的短接。三相系统中短路故障类型主要有三相短路、两相短路、两相接地短路和单相接地短路。

短路故障可分短时故障和永久故障。为防止短时故障,线路上常采用重合闸进行保护。当短路物品被烧毁后,电路又恢复了。碳纤维丝束能否被烧毁,可否实现短时故障或永久故障,与碳纤维丝束的性能直接相关。

(2) 碳纤维的物理特性

碳纤维是近 30 年来迅速发展起来的一种新型材料,不仅具有一般碳材料密度小、强度高、导电性能好、耐高温和耐腐蚀等优良特性,而且很柔软,具有可编织性。

① 碳纤维的基本类型。碳纤维的基本种类有很多,按制备原料可分为 4 类:天然和人造碳纤维、聚丙烯腈(PAN)基碳纤维、沥青碳纤维和气相生长纤维。现在已被大规模生产的只有 PAN 碳纤维和沥青碳纤维。其中,前者占产量的 90%,后者占产量的 10%。

② 碳纤维的电性能和其他物理性能。为了研究碳纤维的应用,首先分析一下碳纤维的电性能和一些物理特性。表 14-6 列出了各种不同碳纤维以及常见导体的物理力学性能。

表 14-6 各种碳纤维及常见导体的物理力学性能

品种	密度 /($g \cdot cm^{-3}$)	电导率 /($\times 10^4 S \cdot m^{-1}$)	抗拉强度 /GPa	弹性模量 /GPa	伸长率 /%
人造丝基碳纤维	1.5~1.67	1.0~1.5	1~2.2	150~350	—
聚丙烯腈基碳纤维	1.7~1.8	2.0~2.6	2~3.5	250~400	—
各向同性沥青碳纤维	1.6~1.68	1.0~2.0	0.8~1	40~80	—
中间相沥青碳纤维	2.9~2.0	5.0~10	1.7~2.5	240~350	—
气相生长碳纤维	3.9~2.0	8.0~10	1~2.0	200~300	—
高强高模碳纤维	4.7~2.0	12~44	$\geqslant 4.0$	$\geqslant 400$	0.05~0.11
高强中模碳纤维	5.7~1.8	3.3~6.0	3.5~4.0	194~314	0.15~0.19
中强高模碳纤维	6.6~2.0	2.0~3.0	1.4~2.5	390~500	0.04~0.06
中模量碳纤维	7.4~1.7	1.0~2.0	1.2~3.0	100~300	0.08~0.18

续表

品种	密度 /（g·cm^{-3}）	电导率 /（×10^{4}S·m^{-1}）	抗拉强度 /GPa	弹性模量 /GPa	伸长率 /%
低模量碳纤维	8.4~1.6	0.6~1.5	0.4~1.2	<100	0.15~0.25
石墨（a轴）	2.26	250	20	1 000	—
铜	8.9	5 800	0.3	120	—
铝	2.7	3 570	0.2	70	—
铝合金	2.7	3 110	0.3	—	—

由表14-6可见，与一般金属导体相比，各种碳纤维的抗拉强度和弹性模量是很高的，因此对使用要求不成问题。它的密度比金属低，因而比金属轻；但碳纤维的导电性能比金属差。它的电导率要比金属小2~3个数量级。

由于弹用碳纤维是用来短路高压电网的，因此碳纤维性能的好坏至关重要。碳纤维性能的好坏与它的石墨化程度有关，即石墨化程度越高，导电性越好。目前石墨碳纤维的电导率可达4.4×10^{5}S/m，比铜线和铝线约小2个数量级。

③ 碳纤维丝的特点。碳纤维弹丸内部装的不是炸药，而是大量极细密的碳纤维，专门用于干扰敌方的供电设备。这种经过化学处理的碳纤维丝有以下几个特点：

一是非常细。碳纤维丝直径只有20 μm，而且很轻，可以随风飘移到任何角落，无孔不入。

二是具有极强的导电性。当这些碳纤维丝黏附到电力设施上时，可造成短路，使整个电网瘫痪；如果飘入计算机等电子设备中，则同样可使其击穿或损坏。

三是对人员虽然没有伤害，但它能黏附在人的皮肤上，使人感到奇痒无比而无法工作。

（3）碳纤维弹的结构和作用

碳纤维弹主要由母弹、子弹药和雷达测高仪等构成。母弹是3瓣圆柱形筒体，顶部带有引信，尾部为折叠式弹翼。圆柱形筒体内可装填200多个碳纤维子弹药。子弹药酷似易拉罐，长约20 cm，直径为6 cm，顶部设有可充气的降落伞，底部设有弹簧底盖，筒体内装有20~40捻为一束的高导电性碳纤维团（图14-7）。

母弹既可以装在巡航导弹上，也可以装在飞机上直接往下投掷。弹体上一般装有雷达测高仪。当弹体到达发电厂、配电站、雷达站这些指定目标的

图14-7 BLU-114/B碳纤维弹

上空，降至预定高度时，弹药自动引爆。首先释放出无数枚罐头盒大小的子炸弹，然后子炸弹把碳纤维丝再炸成直径几百米的碳纤维团。

碳纤维团在目标地区降落时，由于碳纤维丝的导电性和附着力作用，碳纤维丝会附着到变压器、供电线路上。当高压电流通过碳纤维时，电场强度明显增大，电流流动速率加快，并开始放电，形成电弧，致使电力设备熔化，使电路发生短路。若电流过强或过热，则会引起着火；电弧若生成极高的电能，则造成爆炸。由此会给发电厂及其供电系统造成毁灭性的破坏。另

外,由于它极细小,清除十分困难,一旦电网遭到袭击,很难在短时间内恢复。所以,碳纤维弹是一种对发电厂破坏性极大、技术含量较高、成本较低的软杀伤弹药。

(4) 美国 BLU-114/B 碳纤维子弹药

BLU-114/B 碳纤维子弹药是美国用于攻击电力设施的一种特殊用途子弹药(图 14-8),装填到各类武器的战斗部中,布撒后,其纤维落于电网上,会导致短路,达到不能正常供电的目的,因而被称为"黑弹"(Blackout Bomb),美国人称之为电力炸弹。因其只使电力网失去供电能力,并未破坏设备系统,供电功能可恢复,故又被称为软炸弹。美国在 1999 年的科索沃战争中首次使用装填该子弹药的 CBU-94/B 集束炸弹,战果显著。

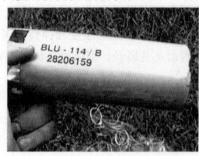

图 14-8　BLU-114/B 碳纤维子弹药

① 结构与性能特点。BLU-114/B 碳纤维子弹药外形呈圆柱形,类似一个直径约为 70 mm 的罐头盒,内装大量的碳纤维丝和少量的炸药。该碳纤维丝很细,直径为 0.1 mm 数量级,由铣削加工而成,然后经化学清洗,在表面被涂上一层增强导电性能的物质,变成更优的导电纤维。子弹药爆炸后,大量的碳纤维丝束散落在变压器和输电线路上,引起电路短路。短路时间大于电网短路跳闸时间阈值时,立刻造成电网供电中断。其主要战术技术性能如表 14-7 所示。

表 14-7　BLU-114/B 主要战术技术性能

质量/kg	0.16	装填物	纤维丝/少量炸药
长度/mm	200	纤维丝直径	0.1 mm 量级
直径/mm	70		

② 作用过程。BLU-114/B 碳纤维子弹药可由 CBU-94/B 子母(集束)炸弹和 CBU-102/B 子母(集束)炸弹投放。CBU-94/B 是一种专用于攻击电力系统设施的集束炸弹,由 SUU-66/B 战术弹药布撒器和 BLU-114/B 子弹药两部分组成。其头部是引信,中间是由 3 片壳体组成的圆柱形容器,而尾部是折叠弹翼。炸弹被投放后,折叠尾翼打开并偏转一定角度,使 SUU-66/B 布撒器逆时针旋转。到达一定高度后,引信使布撒器壳体裂开,抛出子弹药。该炸弹的质量为 408.2 kg (900 lb)。

BLU-114/B 碳纤维子弹药作用过程如下:

一是 SUU-66/B 布撒器由战机投放,下降到一定高度后(较低的高度),布撒器外壳打开,抛撒出 202 枚 BLU-114/B 子弹药。

二是每个子弹药都带有一个小降落伞。打开降落伞后,子弹药减速并稳定下落。

三是下落到一定高度时,子弹药内的引信起爆少量爆炸装药,使子弹药外壳破裂并施放缠绕在卷轴上的碳纤维丝。

四是碳纤维丝在空中散开并互相搭接在一起，成网状，搭接到变压器或输电网络上。

五是碳纤维丝经处理后导电性能极高，故一旦被抛送到变压器和输电网络上，即可造成电路短路。伴随着短路会形成巨大的弧光、火球、电线着火，电路中断，电网失效，供电区断电。

携带 BLU-114/B 子弹药的碳纤维弹的主要特点是：

一是成本低，破坏力大。如每枚 CBU-94 碳纤维炸弹成本在 10 万美元以下，但对电网造成的破坏是巨大的。

二是防御较难。由于电网大面积连通，变电站分布广，因此难以防守，易于攻击。

三是技术含量较低。

14.3.7　泡沫体胶黏剂弹

泡沫体胶黏剂是一种超黏聚合物，装在战斗部内，可以由航弹、炮弹、火箭弹等运载。在敌方武器装备上方或前方抛撒，发泡并形成云雾。该云雾具有两种效能：

① 泡沫体胶粒像胶水一样直接黏附在坦克、直升机的观察、瞄准用的光学窗上，切断观察瞄准器材的光路，且在短时间内难于清除。干扰或挡住乘员的视线，使驾驶员看不清前进的方向，不能监视战场情况，无法及时准确地搜索、跟踪和瞄准目标，从而失去战斗力。

② 泡沫胶黏云雾随空气进入坦克发动机，在高温条件下瞬时固化，使气缸活塞的运动受阻，导致发动机喘息停车，失去战斗能力。

泡沫体胶黏剂弹可以在一定时间内阻止坦克和直升机的前进和进攻，使其失去战斗能力，而不像常规弹药那样造成严重的破坏。

泡沫体胶黏剂弹的发展中主要解决以下关键技术：泡沫体胶黏剂的配方，弹体结构与泡沫体胶黏剂装填的匹配，大面积喷射与发泡雾化喷撒技术。在整个弹的系统设计时，更应着重考虑该弹的战术使用，尤其对运动速度比较高的目标，如何使用才能将泡沫体胶黏剂喷撒到关键部位，同时要考虑弹药的设计。除此之外，还要考虑风、温度、湿度等气象条件的影响。

14.4　针对人员和装备的软杀伤弹药

在软杀伤弹药中，除专门针对有生力量和装备的弹药，还有一类弹药同时具有两方面的作用：可以针对人员进行软杀伤，也可以针对设备进行攻击。这类武器一般分为两类：一类是能够用发射装置或运载体投放到目标区域的一次性弹药，如电磁炸弹、激光弹等；另一类则是可以多次重复使用的发射平台类武器，可由发射平台直接发出能量对目标进行攻击，如高功率微波武器、高能激光武器等。本书主要讨论前者，且重点是各种弹药的概念与作用。

14.4.1　电磁炸弹

电磁炸弹是一种在爆炸时产生强电磁脉冲辐射的炸弹。根据它产生的电磁脉冲频段，可以将其分为两类：一类是辐射的电磁波在微波频段，称为微波炸弹；另一类是辐射的电磁波的频谱较宽,称为电磁脉冲炸弹。

(1) 电磁环境效应

电磁环境是指存在于给定空间的所有电磁现象的总和,通常构成空间电磁环境的主要环境因素有自然环境因素和人为环境因素两大类。

自然环境因素包括地球和大气层电磁场、静电电磁辐射源、雷电电磁辐射源,以及太阳系和星际电磁辐射源等;人为环境因素包括各种电磁发射系统、工频电磁辐射系统、各种有电磁辐射的电器设备,以及战场上用于军事目的的各种强电磁辐射源等。上述这些电磁危害源总体或某些对武器装备或生物体的作用效果被称为电磁环境效应。

由于电磁环境效应对武器装备和人员的影响不可低估,因此,在高新武器装备研究、设计和靶场试验中,仅仅考虑一般意义上的电磁兼容和电磁干扰问题是不够的,而必须考虑未来高技术战场的电磁环境效应对武器弹药的影响,尤其是要考虑强电磁脉冲场作用下战场装备和人员的生存能力。

(2) 电磁炸弹的结构与作用

电磁炸弹一般包括电磁战斗部和制导系统两大部分。制导系统主要包括雷达高度表、气压计、引信或 GPS/INS 导航系统等。电磁战斗部主要包括电磁装置、电磁能转换器和电池组。其具体组成则随其类型的不同而有差别。

① 微波炸弹。典型的微波炸弹的结构如图 14-9 所示,主要由 4 大部分组成,即初级电源、爆炸激励电磁通量压缩发生器、微波发生器和发射天线。各部件之间由超短时同步开关控制。

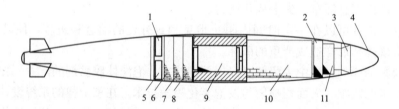

1—电源;2—脉冲形成网;3—微波天线;4—非导电头锥;5—电池;6,7,8—同轴电容器系列;
9—1 级螺线型 FCG;10—2 级螺线型 FCG;11—虚阴极振荡器。

图 14-9 微波炸弹的结构

当微波炸弹到达目标区域预定起爆位置时,由引信启动第一个同步开关,由电容器组组成的初级电源放电。脉冲电源通过爆炸激励电磁通量压缩发生器的线圈时,第二个同步开关工作,起爆炸药。利用炸药爆炸迅速压缩磁场,将爆炸的能量转化为电磁能,同时产生电磁脉冲,形成强大的脉冲电流。然后通过脉冲形成装置将电子束流变成适合虚阴极振荡器要求的电子束形式,再进入虚阴极振荡器中,使高速电子流加速通过网状阳极,形成空间电荷聚集区。在适当条件下产生微波振荡,将高能电子束流的能量转换成高功率微波能量,以作为适宜的高功率微波源,由天线发射出去。

② 电磁脉冲炸弹。电磁脉冲炸弹与微波炸弹的原理和功能相近,不同之处在于电磁脉冲炸弹发射的不是微波脉冲,而是一种混频单脉冲。因此,它不需要微波发生器,它只是一个脉冲调制电路,将功率源输出的脉冲锐化压缩后直接发射。电磁脉冲炸弹的结构如图 14-10 所示。

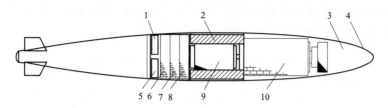

1—电源；2—平衡环；3—爆炸开关；4—同轴载荷；5—电池；
6，7，8—同轴电容器系列；9—1级螺线型FCG；10—2级螺线型FCG。

图14-10　电磁脉冲炸弹的结构

电磁脉冲炸弹由初级电源、爆炸激励电磁通量压缩发生器、脉冲调制网络和发射天线组成。与微波炸弹相比，它不需要微波发生器，这样既可以避免解决微波发生器中的许多技术难题，也可以使电磁脉冲炸弹的整个体积减小，更适合于使用常规武器系统发射和运载。

（3）电磁炸弹对武器装备的作用

电磁炸弹对目标进行攻击的过程中，只有当爆炸能量被耦合进目标时，才能对目标造成有效毁伤。能量耦合方式决定了弹药所产生的电磁场能量中有多少被耦合进目标，而其耦合方式可以分为"前门"耦合和"后门"耦合两种。"前门"是指设备对外开放的通道，如天线。强电磁脉冲被直接导向目标设备，而如果知道设备的接收频率，甚至可以通过技术设计，造成更大的破坏效果；"后门"是指设备的导线、动力电缆、电话线、失效的屏蔽部件，甚至屏蔽箱上的孔洞。瞬时电流或驻波能量通过它们耦合到设备而造成破坏。通常情况下，微波炸弹比电磁脉冲炸弹的能量耦合效果好，而采用圆极化耦合方式比采用线性极化耦合方式效果好。

电磁炸弹对武器装备的作用机理可以概括为以下4个方面：

① 热效应。静电放电和高功率电磁脉冲产生的热效应一般是在 ns 或 μs 量级完成的，是一种绝热过程。这种效应既可作为点火源和引爆源，瞬时引起易燃、易爆气体或电火工品等物品燃烧爆炸，也可以使武器系统中的微电子器件、电磁敏感电路过热，造成局部热损伤，导致电路性能变坏或失效。

② 射频干扰和"浪涌"效应。电磁辐射引起的射频干扰，对信息化设备造成电噪声、电磁干扰，使其产生误动作或功能失效。强电磁脉冲及其"浪涌"效应对武器装备还会造成硬损伤，既可能使器件和电路的性能参数劣化或完全失效，也可能形成积累效应，埋下潜在的危害，使电路或设备的可靠性降低。

③ 强电场效应。电磁危害源形成的强电场不仅可以使武器装备中金属氧化物半导体（MOS）电路的栅氧化层或金属化线间造成介质击穿，致使电路失效，而且会对武器系统自检仪器和敏感器件的工作可靠性造成影响。

④ 磁效应。静电放电、雷击闪电及类似的电磁脉冲引起的强电流可以产生强磁场，使电磁能量直接耦合到系统内部，干扰电子设备的正常工作。

电磁炸弹的电磁辐射能量作用到武器装备上时，通过"前门"或"后门"耦合，使电磁脉冲能量以传导方式或辐射方式作用于电子部件和电爆火工品，致使武器装备的作战效能下降或完全失效。电磁炸弹的作用结果主要取决于武器装备中最弱部件的电磁敏感度和电磁脉冲作用时间内每个部件接收到的电磁脉冲能量。表 14-8、表 14-9、表 14-10 分别为电磁脉冲引起电子元器件失常或损坏的最小能量参数。

表 14-8 引起电路失常或干扰的最小电磁脉冲能量　　　　　　　　　　　　　　　J

名称	最小能量	故障	备注
逻辑卡	3×10^{-9}	电路失常	典型的逻辑晶体管门电路
集成电路	4×10^{-10}	电路失常	J-K 双稳态单片集成电路（SP-50）
放大器	4×10^{-21}	干扰	典型的高增益放大器

表 14-9 引起元器件烧毁的最小电磁脉冲能量　　　　　　　　　　　　　　　　J

型号	最小能量	材料	备注
2N36	4×10^{-2}	锗	PNP 音频晶体管
MC715	8×10^{-5}	硅	数据输入门集成电路
1N3720	5×10^{-4}		隧道二极管
1N238	1×10^{-7}	硅	微波二极管
2N3528	3×10^{-3}	硅	可控硅整流器
6AF4	1		超高频振荡器电子管

表 14-10 引起附加器件永久性损坏的最小电磁脉冲能量　　　　　　　　　　　J

名称	最小能量	故障	备注
继电器	2×10^{-3}	触点熔接	低电流断电器
爆炸栓	6×10^{-1}	引爆	8A 爆炸栓
雷管	2×10^{-5}	引爆	35WN8 电雷管
燃料气体	3×10^{-3}	引爆	丙烷空气混合气

（4）电磁炸弹对有生力量的作用

电磁炸弹对人员的杀伤作用主要是生物效应和热效应两类。

① 生物效应。生物效应是由较弱的电磁能量引起的。试验证明，人员受到能量密度为 $3\sim13\ mW/cm^2$ 的电磁波束照射时，会产生神经混乱、行为错误、烦躁、致盲和心肺功能衰竭等现象，飞行员受到照射后不能正常工作；当能量密度达到 $10\sim15\ mW/cm^2$、频率在 10 GHz 以下时，人员会发生痉挛或失去知觉。

② 热效应。热效应则是由较强电磁能量照射作用引起的。电磁能量密度为 $0.5\ W/cm^2$ 时，可造成人员皮肤轻度烧伤；能量密度达到 $20\sim80\ W/cm^2$ 时，照射时间超过 1 s 即可造成人员死亡。

14.4.2 激光弹药

激光是利用某些物质原子中的粒子受激发而发出的光。其相位、方向、频率完全相同，能量高度集中。激光武器就是利用其集中能量的特点而制造的。激光武器采用直接瞄准方式攻击目标，而当用于对付远距离目标或无法直接瞄准时就无法完成攻击任务。为了解决这个问题，世界各国开始发展可远程投放的激光弹药。

目前，激光弹药的发展有两条技术途径：一是炸药爆炸直接冲击压缩发光工质而产生激光；二是由爆炸磁压缩产生强电流，再由电能激励发光工质转换为光能而产生激光。发光工质有固体发光工质和气体发光工质两种。固体发光工质激光弹体积小，使用灵活。美国正在研究一种 40 mm 激光弹，可作为枪榴弹发射。图 14-11 所示为固体发光工质激光弹的工作原理。

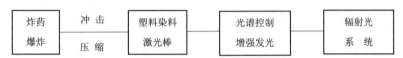

图 14-11　固体发光工质激光弹的工作原理

固体发光工质激光弹也称炸药爆炸冲击压缩固体激光弹，在战斗部内装有高能炸药和塑料染料激光弹。它是一种亚稳能态的固体工质，靠炸药爆炸冲击压缩发光工质发出一定强度的激光，可以致盲人眼或破坏武器装备的传感器、光学瞄准镜、激光与雷达测距机、各种光学窗口以及武器装备的探测系统等。

激光弹对目标的作用主要表现在 3 个方面：一是伤害人眼；二是破坏光电器件；三是破坏光学系统。

各种试验证明，视网膜上的激光能量密度只需达到 $151\ \text{mJ/cm}^2$，就可使人眼受到伤害。其受伤程度从发红、短时间失明，到永久失明。更严重的后果是激光烧坏视网膜，造成眼底大面积出血。对人眼损伤的程度取决于激光的各项参数。这些参数主要有激光的波长、激光输出功率和脉冲宽度等。在各种波长的激光中，以 $0.53\ \mu\text{m}$ 的蓝绿激光对人眼的伤害程度最大。相对来说，波长为 $0.4\sim1.4\ \mu\text{m}$ 的激光，都能对人眼造成较大伤害。

对于破坏光电传感器来讲，所需的激光能量要高一个到几个数量级。试验表明，当受到强激光辐射时，热电型红外探测器将出现破裂和热分解现象，而光电导型红外探测器则被气化或熔化。

对于光学系统来说，当光学玻璃表面在瞬间接收到大量激光能量时就可能发生龟裂效应，并最后出现磨砂效应，致使玻璃变得不透明。当激光能量进一步提高时，光学玻璃表面就开始熔化。这样，光学系统就会立即失效。

习　题

1. 针对有生力量的软杀伤弹药主要有哪几种？各类弹药的作用原理分别是什么？
2. 理想的红外诱饵弹系统应具有什么特点？干扰机理是什么？
3. 红外诱饵弹的主要技术指标有哪些？具体有什么要求？
4. 通信干扰弹有哪几种通信干扰方式？各干扰方式的干扰原理有什么异同点？
5. 从电力系统的易损性和电力系统的故障两个角度分析电力系统的易损特性。

6. 分析碳纤维丝的特点，并指出碳纤维弹的作用原理和应用领域。
7. 电磁炸弹对武器装备的作用机理表现为哪几个方面？其具体作用机理是什么？
8. 电磁炸弹对人员的杀伤作用表现为哪几个方面？其具体作用机理是什么？
9. 激光弹药的发展有哪些技术途径？激光弹药对目标的作用表现在哪几个方面？
10. 电磁环境指的是什么？构成空间电磁环境的主要环境因素有哪些？

第 15 章 航空炸弹

15.1 概述

15.1.1 航空炸弹在现代战争中的地位和作用

航空弹药是指载机从空中发射或投掷的弹药，包括航空炸弹、航空炮弹、航空导弹和其他用于特殊目的的航空弹药，如图 15-1 所示。航空炸弹是指航空兵实施空袭中，从空中发射或投放的用来破坏和摧毁敌方各类目标，杀伤敌方有生力量的一类弹药。制导航空炸弹通常也称制导炸弹，是投放后能对其弹道进行控制，使之导向目标的一种新型炸弹。目前的许多制导炸弹都是在原普通航空炸弹的基础上加装制导装置而成的；有的则是专门设计了新的制导系统；有些还增加了动力装置，使之具有防区外攻击能力。

图 15-1 机载航空弹药

在现代高技术战争中，对地面目标实施空中打击已成为战争的首选方案。空中打击不仅指对敌方纵深的指挥控制中心、机场、防空阵地、掩体和桥梁等重要军事目标进行精确打击，还指对集群坦克、装甲车辆、炮兵阵地以及地面人员及其他军事设施进行有效的摧毁。1991 年爆发的海湾战争，向世人展示了空中打击在未来战争中的地位和作用。在空袭中，美国的宝石路激光制导炸弹系列、GBU-15 红外成像制导炸弹，以及法国的马特拉系列激光制导炸弹广泛用于摧毁伊军指挥控制通信中心、交通枢纽、首脑机关建筑物、机动导弹发射架、桥梁、动力设施等坚固目标。持续 38 天的空中打击几乎完全摧毁了伊拉克的战争装备，为战争的最终胜利奠定了坚实的基础，从而使地面战争仅用 4 天时间就结束了。

因此，在常规武器发展中，欧美国家不仅重视航空武器的发展，而且特别重视航空炸弹的发展。特别是精确制导武器和远程打击武器的出现，使空中打击效能成百倍、上千倍地得以提高，使载机的生存能力大为改善。各种新型制导技术和战斗部技术的发展使得航空炸弹不仅可精确地命中远距离的点目标，而且可有效地实施摧毁；不仅可摧毁地面上的各种点目标，而且可有效地摧毁各类面目标；不仅可对目标实施硬杀伤，而且可对目标实施软破坏。因此，航空炸弹已成为现代战争中最为重要的武器之一。

15.1.2　国外航空炸弹发展特点

从现代战争的特点可看出，航空炸弹的发展呈现出以下特点：

（1）强调对纵深目标的打击能力

利用空中打击力量，摧毁敌方纵深的军事目标，是现代战争的一个重要趋势。但随着防空火力的日益完善，特别是防空导弹的射程不断扩展，实施空中打击的飞机面临严重的危险，特别是传统的掠飞攻击方式已无法适应今日的战场。因此，发展防区外发射的武器，远距离精确摧毁目标，已成为当今世界各国航弹发展的重要特点，如美国研制的 AGM-130 航弹是通过在 GBU-15 航弹上加装发动机来提高射程的。

（2）强调对加固硬目标的摧毁能力

为防止空中打击，现代指挥中心、掩体等重要军事设施的防护能力不断改善，一些重要的目标不仅处于地下，而且加有钢筋混凝土结构的保护，从而使一般的航弹无法将其摧毁。发展硬目标侵彻弹药，打击敌方重要的军事设施，如摧毁指挥控制中心、通信中心以及导弹发射阵地等目标将对整个战局产生重要影响。

因此，国外特别注重硬目标侵彻弹的发展，如美国在许多制导炸弹中采用了 BLU-109/B 硬目标侵彻战斗部来提高对硬目标的侵彻能力。

（3）强调对集群装甲目标的精确打击能力

发展灵巧子弹药，加强对集群装甲目标、炮兵阵地等面目标的精确打击能力，是国外航弹发展的另一个重要特点。国外正在大力发展能够精确打击地面集群装甲目标的武器，如美国的 BAT 智能反装甲子弹药将大大提高对这类目标的摧毁能力。

（4）强调对点目标的精确打击能力

在发展远程武器的同时，还需要这种武器具有极高的精度，这就需要发展相应的制导技术。尽管激光制导炸弹在海湾战争中显示出卓越的功能，但这种制导方式易受气候和战场环境条件影响，不能用来进行全天候作战。

因此，开发新的制导技术，使远程航弹具有精确打击能力和全天候作战能力已成为航弹发展的另一个重要特点，如美国的 JDAM 和 JSOW 等航弹就是通过采用惯性导航技术和全球定位系统提高远距离的命中精度的，其命中精度达 13 m。此外，通过引入毫米波或红外等末制导技术可将命中精度提高到 3 m。

（5）强调对机场和跑道的摧毁能力

在现代战争中，争夺制空权将成为战争的焦点，甚至将成为影响战争进程的关键。在夺取制空权的众多措施中，将敌方飞机消灭在机场或通过摧毁跑道使其无法起飞已成为夺取制空权的重要手段。

为此，发展反机场和反跑道弹药，提高对机场的压制能力和对跑道的摧毁能力是国外航弹发展的重要方面。一方面发展可大面积摧毁跑道的撒布器武器，通过反跑道弹药与地雷的综合使用拖延跑道的修复时间；另一方面发展侵彻和破坏能力更大的反机场弹药，将敌方飞机消灭在地面。

（6）强调对电子设备的软杀伤能力

发展软杀伤航弹是当今航弹发展的一个重要特点。以往航弹的发展总是强调对目标的硬杀伤和毁坏，但现代高技术战争对电子、通信设备的依赖使得软杀伤弹药具有更大的威力，如海湾战争中，美国海军在战斧巡航导弹中首次使用了碳纤维战斗部，从而使伊拉克的发电厂失效。

15.1.3 航空炸弹的战术技术要求

航空炸弹广泛用来攻击战场目标和后方军事基地、交通枢纽、工业设施等战略目标。其战术技术要求主要有以下几项。

（1）爆炸威力

爆炸威力是航空炸弹爆炸时对目标毁伤的能力，与炸药性质、装药量、装填系数、装药结构、弹体结构、目标性质、爆炸位置和起爆方式有关。随航空炸弹的弹种不同，衡量的指标也不同：航空爆破炸弹常以冲击波超压值、冲击波作用半径和抛掷漏斗坑容积来衡量，航空穿甲炸弹、破甲炸弹常以贯穿装甲厚度来衡量，而航空杀伤炸弹则常以有效破片数、破片有效杀伤半径和破片最大杀伤半径等来衡量。

航空炸弹的名义质量以"圆径"表示。它代表航空炸弹的质量级别和威力，是设计和供载机配套使用的重要的战术技术指标。航空炸弹的圆径与以长度单位表示的炮弹口径不同，其大小决定着它的外形直径与长度。通常航空炸弹的圆径只体现炸弹的名义质量，而实际质量可大于或小于名义质量。当某些因素（如弹体厚度、内部装填物的密度等）使实际质量与名义质量相差太大时，一般在圆径后附加实际质量，如250-130（250为圆径，130为实际质量），以便为载机载弹量和轰炸计算提供实际数据。航空炸弹品类繁多，质量分布范围很广，为了有效地毁伤各种典型目标，方便生产，合理使用，许多国家都在已有的圆径等级基础上调整圆径等级范围，制定航空炸弹圆径系列。

航空炸弹圆径有公制（kg，t）和英制（lb）两种系列。公制系列：1 kg，2.5 kg，5 kg，10 kg，25 kg，50 kg，100 kg，250 kg，500 kg，1 t，1.5 t，2 t，3 t，5 t 和 9 t 等。英制系列：4 lb，6 lb，10 lb，20 lb，25 lb，90 lb，120 lb，220 lb，260 lb，350 lb，500 lb，750 lb，1 000 lb，2 000 lb，3 000 lb，4 000 lb，10 000 lb，12 000 lb，22 000 lb 和 44 000 lb 等。使用中按不同炸弹种类选择不同圆径范围。

（2）安全分离距离

安全分离距离是飞机投掷后，航空炸弹爆炸时不危害飞机的炸点与飞机间的最小距离。安全分离距离的含义与安全距离相同。从飞机上投掷的航空炸弹从投弹点到引信解除保险所经历的一段行程被称为最小空中安全行程，而它的垂直分量被称为安全垂直落下距离。在飞机水平投弹时，安全垂直落下距离与飞机投弹速度无关。飞机俯冲投弹时，安全垂直落下距离与飞机投弹速度有关。航空炸弹引信的延期解除保险时间所对应的弹与飞机相互间的距离被称为解除保险空中行程，它应大于或等于安全分离距离。

(3) 安全性

安全性是航空炸弹在轰炸目标或预定时间之外不发生意外作用（或爆炸）的性能。它是炸弹的安全生产、使用和正常发挥作用的重要条件。除与引信的安全性有关外，通常与炸弹的装药质量、机构作用正常性、生产条件、储存环境条件、运输方式、挂载及投弹方式、弹道上的干扰以及目标性质等有关。生产、储存、勤务处理、装挂、机载、离机、弹道飞行和弹着目标等各环节都有安全性。常采取如下措施来保证这些环节的安全性：对储存安全，规定储存环境条件和储存期，引信应具有优良的保险性能；对勤务处理和装挂安全，要求操作中防止发生跌落、碰撞和滚坡等现象；对机载安全，要求确保炸弹悬挂牢固，引信不得解脱保险；对离机安全，规定用爆控拉杆和旋翼控制器等控制引信在炸弹离机达到安全分离距离后方能解脱保险；对弹道安全，为保证炸弹在达目标前不会因摆动、穿过密林，或受雨、电、磁等外界干扰而误炸，引信应有相应的保险机构；对弹着目标安全，要求炸弹侵入目标内部才爆炸时，引信与弹体必须有足够的强度，装药安全性良好。

(4) 稳定性

稳定性是航空炸弹在飞行过程中抵御外界干扰、趋于恢复平衡的能力。其表现在炸弹轴线与弹道切线的一致性上，是炸弹弹道性能的主要标志。当炸弹受外界干扰后，只要轴线绕弹道切线的摆动是逐渐衰减的，即攻角随炸弹的下落而减小，就认为是稳定的；反之，就认为是不稳定的。摆动衰减快则稳定性好；反之，则差。炸弹的稳定性不仅影响弹着点的散布，还会影响炸弹侵入目标的瞬时状态，甚至会影响引信作用或导致跳弹现象的产生。航空炸弹的稳定性含静稳定性和动稳定性。静稳定性又称稳定储备量、稳定裕量，表明炸弹没有被干扰时的运动趋向。如果趋向原来的平衡位置，则炸弹是静稳定的，否则是静不稳定的。普通炸弹只有保证静稳定度才能满足飞行稳定性的要求。制导炸弹的静稳定度不宜过高，即使有某种程度不足，也可通过控制系统予以补偿。动稳定性又称运动稳定性，反映炸弹在平衡位置受到干扰后运动过程的特性。若炸弹受扰动后运动是减幅振动或单调衰减运动，则炸弹是动稳定的；若受扰动后的运动是增幅振动或单调发散运动，则炸弹是动不稳定的；若受扰动后的运动为等幅振动或保持受扰动状态，则炸弹是动稳定的。动稳定性是运动过程中的主要特性，必须予以保证。

15.1.4 航空炸弹的分类

航空炸弹种类庞杂，使用广泛。各国对其分类方法不尽相同。按战术任务，它可分为主用与辅助航空炸弹；按毁伤特性，它可分为常规与非常规航空炸弹；按装药性质，它可分为普通与特种航空炸弹；按控制能力，它可分为无控与制导航空炸弹；按弹形，它可分为高阻、低阻与减速航空炸弹；按增程方式，它可分为动力型与滑翔型航空炸弹；按用途（装备、训练与教练），它可分为制式、航空训练与航空教练炸弹，等等。

(1) 主用航空炸弹

主用航空炸弹用于直接毁伤目标，是装备数量最多、使用最多、应用范围最广泛的一类航空炸弹。其作用效率分别以炸弹作用半径、战术毁伤定额、必须命中的平均炸弹数等效率指标表征。使用时，根据目标性质、轰炸条件、要求毁伤程度以及炸弹特性和威力等来选择使用适当功能的弹种和口径。

① 普通航空炸弹。普通航空炸弹包括爆破炸弹、杀伤炸弹、低阻炸弹和减速炸弹等。

航空爆破炸弹是以炸药装药的爆破作用为主要毁伤手段的主用航空炸弹，特别是靠坚硬的弹头侵彻目标后以弹体内大量装药爆炸产生强大的冲击波，并辅之以弹体破片的作用毁伤目标。

航空杀伤炸弹指的是以破片杀伤有生目标为主，以爆炸产物和冲击波为辅的主用航空炸弹。

航空低阻炸弹指的是飞行中空气阻力较小的航空炸弹。其特点是全弹长细比大，外形流线性好，气动阻力小，适于高速飞机机舱外挂。它主要由低阻型战斗部与低阻型弹尾两部分组成。低阻型弹尾是一种带十字形翼片的安定器，用压紧螺帽固装在弹体上。根据挂弹钩形式，弹耳既可为单耳，也可为双耳。按战斗部的不同，它可分为低阻爆破炸弹、低阻杀伤炸弹、低阻燃烧炸弹、低阻燃烧爆破炸弹和低阻子母炸弹。低阻爆破炸弹的圆径一般为100～1 000 kg级，而以250～500 kg级使用最广。其弹体一般用普通钢经整体锻造、拉伸或用钢管旋压加工制成。低阻杀伤炸弹圆径常见的为100 kg级，弹体多用衬管，外层缠绕钢带，炸药、装药、装填系数和作用性能分别与相应圆径的爆破炸弹和杀伤炸弹相当。

航空减速炸弹指的是带减速装置、适于低空投放的航空炸弹。全弹主要由战斗部和带减速装置的弹尾两大部分组成。战斗部多与航空低阻炸弹的战斗部通用。装爆破战斗部的为减速爆破炸弹，而装杀伤战斗部的则为减速杀伤炸弹。减速装置有多种类型，如柔性伞式减速装置、金属伞式减速装置、组合伞式减速装置、火箭制动减速装置、阻力板式减速装置等。航空减速炸弹圆径多为100～500 kg。航空减速炸弹的主要特性：炸弹投下离载机一定距离后减速装置工作，瞬间增大阻力，炸弹迅速减速，使炸弹弹道弯曲，落角增大，飞行时间延长，载机有充分时间飞离爆炸区；低空或超低空投弹时不产生跳弹，可确保载机安全。

② 侵彻航空炸弹。侵彻航空炸弹包括穿甲炸弹、半穿甲炸弹、反跑道炸弹和硬目标深侵彻炸弹等。

航空穿甲炸弹指的是靠穿甲作用毁伤装甲目标的主用航空炸弹。它主要利用动能贯穿装甲，毁坏坚固目标。它采用延期弹尾引信起爆。其弹体的头部形状和弹壁厚度要有利于贯穿，能确保在穿甲过程中不被破坏，所以它通常用高强度合金钢经锻造加工而成。安定器用普通钢板制造。炸药装药通常为TNT、B炸药或其他钝感黑梯混合炸药，且装填系数一般不大于0.15。炸弹圆径一般为250～1 000 kg级。其作用效率以穿透的最大装甲厚度来表征。它主要用于攻击大型军舰、钢筋混凝土工事、有防护层的地下工程等坚固目标。

航空半穿甲炸弹又称航空厚壁爆破炸弹，是以贯穿、爆破双重作用毁伤有钢筋混凝土防护目标的主用航空炸弹。其贯穿能力优于爆破炸弹，而低于穿甲炸弹；其爆破作用优于穿甲炸弹，而低于爆破炸弹。其结构与航空穿甲炸弹类似，只是弹体厚度稍薄一些。其弹体通常由中碳钢或合金钢锻造成型，并经热处理，以确保侵彻过程中有足够的强度。安定器用普通钢板制造。其弹体前部通常装普通TNT炸药，而中、后部装钝感黑梯混合炸药，以确保装药安定性，提高爆炸威力。装填系数介于爆破炸弹与穿甲炸弹之间，一般约为30%。炸弹圆径一般为250～1 000 kg级。其作用效率以贯穿混凝土障壁作用和爆破作用的诸效率指数来衡量。它主要用于攻击轻型装甲舰艇、机库、港口、桥梁和钢筋混凝土等保护目标。

航空反跑道炸弹是以破坏机场混凝土跑道为主的航空半穿甲炸弹。

航空硬目标深侵彻炸弹是利用炸弹本身的动能贯穿深层目标并毁伤各种较硬介质的航空炸弹。其结构特点是，其弹体的头部形状和弹壁厚度要有利于侵彻过程中弹体不被破坏，通常由中碳钢或合金钢锻造加工成型。炸药装药为TNT、B炸药或其他高能混合炸药，可确保炸药安定性，提高爆炸能力。装填系数小于航空爆破炸弹，一般在0.15～0.3。引信常配置于弹体尾部。炸弹圆径一般为500～1 000 kg级。其作用效率以穿透最大硬目标表征。它主要用于攻击大型舰艇、桥梁、钢筋混凝土工事及深层坚固军事目标。

③ 特种航空炸弹。特种航空炸药用来完成某种特定战术任务。主要装填特殊性能装填剂、装填物的航空炸弹，包括航空定时炸弹、航空燃烧炸弹、航空深水炸弹、航空燃料空气炸弹和航空化学炸弹等。

航空定时炸弹是指投放后经预先装定时间才爆炸的航空炸弹，由航空爆破炸弹、航空杀伤炸弹或航空杀伤爆破炸弹等配装时间引信构成，有时根据需要还配装防拆装置。它主要用于封锁敌人的交通枢纽或战略要地。除具有准确地按所需时间自动爆炸的功能外，还能给敌人精神上的威胁，起牵制敌人的作用。有时也可能配装震动引爆装置或其他敏感引爆装置，兼做航空地雷使用。

航空燃烧炸弹是指内装燃烧剂、利用爆炸后产生的高温火焰获得纵火和燃烧效应的主用航空炸弹，用于引燃或烧毁弹药、油料、军用物资和其他易燃目标以及烧伤有生力量。它分集中型和分散型两类。集中型燃烧炸弹圆径较小，一般在5 kg级以下，碰击目标后产生一个集中火种；分散型燃烧炸弹圆径较大，一般为100～500 kg级，每枚炸弹爆炸后，分散成多个火种，在较大面积上引燃或烧毁目标。按装填的燃烧剂不同，它又分为高热剂燃烧炸弹和稠化油料燃烧炸弹。稠化油料燃烧炸弹，常称火焰炸弹，主要装填凝固汽油、黏性高温燃烧剂和聚苯乙烯燃烧剂等，一般用薄钢板或铝合金板制成薄壁弹体，以提高装填系数。它采用黄磷管做点火装置，引信作用后，经扩爆管炸开磷管和弹体，抛出黄磷和燃烧剂，并立即燃烧，可产生较大火焰，多用于对付大面积易燃目标。

航空深水炸弹又称航空反潜炸弹，是攻击潜艇及水下目标的主用航空炸弹。按装药不同，它分为常规深水炸弹和核深水炸弹两种。小圆径航空深水炸弹专门用于直接攻击水面或水下潜艇，而大圆径航空深水炸弹主要用以攻击水下潜艇和其他水下目标。航空深水炸弹的结构与航空爆破炸弹相似，弹体形状适于水中弹道，并能防止水面跳弹，弹壁较薄，装药量大，可装TNT炸药、混合炸药或核装药。它配装触发或近炸引信。近炸引信有水压引信、时间引信等。有的为适应低空、高速投放，还在弹尾处配置降落伞装置。炸弹离开飞机一定安全距离后，降落伞张开，使炸弹减速下落，以增大入水角，防止水面跳弹。经预定时间后伞弹分离机构使降落伞与炸弹分离，炸弹仍保持稳定飞行，入水后下潜接近目标。引信在弹击水后进入待发状态。触发引信在碰击水下目标时起爆，水压引信在下沉到预定深度时起爆，时间引信按装定时间起爆，而其他近炸引信，如声引信、磁感应引信等，则在目标附近起爆。

④ 航空子母炸弹。航空子母炸弹包括集束炸弹、破甲炸弹、破甲杀伤炸弹和多功能子弹药等。

航空集束炸弹简称航空炸弹束。集子炸弹成束挂载与投放的航空炸弹，一般由数个，多至数十个中、小型航空子炸弹组成。按子炸弹类型可分为航空爆破集束炸弹、航空杀伤集束炸弹、航空燃烧集束炸弹等。圆径在50～250 kg级。弹束结构简单，可机舱内挂或外挂集中使用。集束方式有箍带捆扎式和梁式集束架两类。箍带捆扎式是沿弹径方向用箍带将数枚子炸弹捆扎在一起，由保险钢索锁定，并将弹耳安装在箍带上。投弹后抽脱保险钢索，释放箍带，使子炸弹分离。梁式集束架以金属横梁为骨架，架上装有带弹耳的护板和分离用的火药盒。有的用径向箍带将各子炸弹沿弹轴方向紧固在梁架上,再由保险钢索锁定;也有的用轴向紧固件、支持器等固装在梁架上。若要求投弹后迅速开放,则抽脱保险钢索,打开箍带,子炸弹分离。若要求投弹后延时开放,则装上时间引信,点燃火药盒,释放紧固件,使子炸弹分离。由于受结构限制,子炸弹集装数量少,散布面积和密集度较小,故效果不十分理想。这种炸弹的发展受到一定限制。

航空破甲炸弹是利用聚能效应毁伤装甲目标的主用航空炸弹。它靠空心装药产生高温、高压、高速的金属射流穿透装甲。它以子炸弹形式集装于子母弹箱内或集成弹束投放,圆径为 0.5~2 kg 级,而最常见的是 0.5~1 kg 级的。炸弹壳体常用普通材质薄壁钢管或钢板卷制而成。安定器由普通薄钢板制成。药型罩多系铜质、钢质等高密度金属旋压或冲压的,空腔呈 40°~60° 锥角的圆锥形体,通常装填 TNT 与黑索今混合炸药。破甲炸弹的作用效率常以静止状态穿透最大装甲厚度或动态模拟落角、着速条件下穿透的最大装甲厚度来表征。其一般破甲深度可达药型罩口部直径的 5~6.5 倍。它用于攻击坦克、装甲车、自行火炮和其他有装甲防护的目标。击穿后,金属射流可杀伤装甲背后的乘员、破坏机件、引燃燃料、引爆弹药等。弹体爆炸所产生的破片还可杀伤附近的有生力量。当前该种弹的主要发展方向为:提高穿透装甲、复合装甲的能力,增加子母炸弹箱装填数量,增大覆盖面积并提高命中精度。

航空破甲杀伤炸弹是指兼有破甲作用和杀伤作用的主用航空炸弹。其结构和圆径与航空破甲炸弹基本相似。其特点是药型罩角度较大,利于提高装药量;弹壁较厚,常被制成预制刻槽或用钢丝缠绕焊接成型,利于产生有效破片。为增大子母弹箱装填数量,也有将头、尾制成可伸缩的。航空破甲杀伤炸弹的作用效率以破甲厚度和杀伤作用各项效率指数来表征。它用以攻击装甲输送车、步兵战车等轻型装甲目标,较使用航空破甲炸弹更为有效。

⑤ 制导航空炸弹。制导航空炸弹包括激光航空制导炸弹、图像制导航空炸弹(包括红外成像和电视制导)、毫米波制导航空炸弹、复合制导航空炸弹、卫星制导航空炸弹、机载空对地布撒器等。

激光制导航空炸弹是将弹外或弹上的激光束照射在目标上,并由弹上的激光寻的器(也叫激光导引头)利用目标漫反射的激光能量实现对目标的跟踪,同时对炸弹进行控制,使之飞向目标的航空炸弹。目前国内外的激光制导航空炸弹都是半主动寻的方式,其中激光照射方式有地面照射和空中照射两种。空中照射亦可分本机照射和它机照射。激光制导航空炸弹按气动布局不同可分为鸭式气动布局和无尾式气动布局。前者的鸭式舵在全弹质心的前面;而后者的质心前面有反安定翼,稳定尾翼在质心后,尾翼后缘是控制舵面。鸭式气动布局的激光制导航空炸弹有美国的"宝石路"系列炸弹;无尾式气动布局的激光制导航空炸弹有俄罗斯的 500 kg 型和 1 000 kg 型激光制导航空炸弹,而其控制系统有自动驾驶仪,对滚转、俯仰和偏航 3 个通道分别进行控制。激光制导航空炸弹由导引头舱、战斗部舱和仪器舱组成。导引头舱接收目标反射的激光,经滤光片和聚焦透镜聚焦到光敏面四象限二极管上,转换成电信号,经信号处理,形成两个方位信号输入到弹上控制系统。控制系统的惯性测量器件和所有的电子器件都安置在仪器舱内。战斗部舱内有战斗部和引爆系统,包括引信、爆控拉杆、传爆管等。激光制导航空炸弹主要用于攻击地面固定的重要点目标和低速运动的目标,现正在朝远射程、高精度、复合制导和全天候作战使用的方向发展。

图像制导航空炸弹是红外成像寻的制导航空炸弹和电视寻的制导航空炸弹的统称。航空炸弹上的红外扫描成像寻的器依据目标和背景的图像实现对目标的捕获与跟踪，并将炸弹引向目标的方法，被称为红外成像寻的制导。一般来说，红外成像制导系统的成像质量比电视成像质量差，但它可在能见度低的条件下或电视寻的难以工作的夜间工作。与红外点源寻的制导相比，红外成像制导系统有更好的识别能力和更高的制导精度，全天候作战能力和抗干扰能力有较大的改善。实现红外成像的途径有光机扫描和凝视两大类。光机扫描成像寻的器的热图像通过光学系统、扫描机构、红外探测器及其处理电路实现。电视制导的航空炸弹也是图像制导的一种。其工作原理是扫描线圈控制摄像管的电子束做水平和垂直扫描，而外界视场内的目标和背景（三维图像）的光能，经大气传输进入镜头聚焦并在摄像管的靶面上成像，由靶面输出视频信号电流，完成光电转换。由视频跟踪处理器中的误差鉴别器自动测量目标与行场扫描中心的水平偏差和俯仰偏差形成的误差电压。该信号加于伺服系统，使光轴对准目标，实现对目标的跟踪。在电视摄像机锁定目标后，发射由电视寻的制导系统产生的制导和控制信号。该信号一方面驱动电视寻的器的陀螺进动，另一方面控制舵机使目标始终位于摄像机视场的中心，导引炸弹飞行，直至命中目标。

复合制导航空炸弹是指利用两种或多种制导方法制导的航空炸弹。采用复合制导方式的航空炸弹可分为串联式复合制导炸弹和并联式复合制导炸弹。串联式复合制导炸弹在制导过程中由一种制导方式依次转到另一种制导方式接替进行制导，而并联式复合制导炸弹是以两种制导方式同时或交替制导。复合制导航空炸弹多配装滑翔或动力等增程装置，主要用于远程攻击。在全程导引过程中，以不同性质的导引装置在不同的距离范围内发挥各自的特点，以提高航空炸弹的命中精度。

机载空对地布撒器是由作战飞机挂载，远距离投放，具有自主飞行控制和精确制导能力，可携带大质量有效载荷或多种子弹药的空对地攻击型武器的总称，主要由制导与控制、战斗载荷（子弹药）、动力推进装置和弹翼等4大部分组成。与空射巡航导弹有些相似，重要差别之一是其有效战斗载荷大，占全弹总质量的55%～75%。机载空对地布撒器按动力方式可分为无动力滑翔、火箭助推和涡喷动力型。制导系统多采用全球定位系统加惯性导航系统（或加末制导）。战斗载荷可根据预定攻击的目标，选择不同种类子弹药的组合或整体式战斗部，以达到最佳毁伤效果。机载空对地布撒器是在原系留式布撒器基础上，应用现代飞行控制与制导技术发展而来的，且大多采用模块化设计。利用其防区外发射、精确制导和可携带大量多种类子弹药的特点，可避开敌方防空火力对载机的攻击，对机场跑道及机场设施、集群装甲目标、电力通信系统、军用仓库或其他重要的点、面目标实施有效毁伤。机载空对地布撒器具有较高的作战效费比，是目前机载空对地攻击武器发展的重点和热点。

（2）辅助航空炸弹

辅助航空炸弹虽不能直接毁伤目标，但能产生烟、光效应或传递信息，起照明、训练、教练、照相、标志、烟幕和宣传等辅助作战的作用，主要用来在特定条件下配合领航、轰炸、支援部队的战术行动。使用时，根据战术技术需求选择适用的弹种和最佳圆径。

① 航空照明炸弹。航空照明炸弹是指利用照明剂燃烧时产生可见光效应的辅助航空炸弹，供飞机夜间轰炸、侦察和支援地面部队夜间作战照明用。一般圆径在250 kg以下，弹体多用薄钢板制成，内装抛射装药和降落伞照明系统。炸弹投下后，尾部风轮旋脱，拉出稳定伞，保持飞行稳定性。时间引信按预定时间作用，点燃抛射装药并引燃照明炬，抛出伞炬系统。照明炬减速伞张开，减缓照明炬下落速度并可减小主伞的开伞动载。伞套受气流作用

拉出主伞，将照明炬悬挂在空中缓慢降落。其总发光强度一般可达数百万坎德拉，而照明时间为 5～7 min。

② 航空训练炸弹。航空训练炸弹是模仿航空炸弹弹道性能和外在效果的航空模拟炸弹，供训练和考核飞行员轰炸投弹使用。按弹种不同它分为普通航空训练炸弹、深水航空训练炸弹、低阻航空训练炸弹、减速航空训练炸弹、制导航空训练炸弹、训练核炸弹和航空训练地雷等；按功能不同它又分为模拟各标准落下时间等级并能显示落点的训练炸弹（专供模拟目标瞄准投弹用）、模拟弹道性能的训练炸弹、模拟除爆炸以外其他效果的训练炸弹等。各种训练炸弹的形状、结构依所模仿实弹的训练要求不同而有所不同，有与实弹相同圆径的，也有缩小圆径的，一般多为缩小圆径的。相同圆径的训练炸弹除内部结构和装填物外，弹形、质量、质心等均与实弹相同。航空训练炸弹用量大，应力求结构、工艺简单，材料来源广泛，成本低廉。

③ 航空教练炸弹。航空教练炸弹是模拟某种航空炸弹外形、结构和动作原理的假炸弹，供空勤和地勤人员训练和教学使用。为了与实弹区别，均涂有"教练"字样的标志。因模拟的弹种、教练目的和内容不同，所以品种十分繁杂，特点也各有不同。操作训练用的教练炸弹与真实炸弹的圆径、质量、外形等相同或缩小比例，多用钢筋混凝土、铸铁材料制成弹体，或用未装药真弹空体装填惰性装填物而成，供地勤人员练习装配、装引信、挂弹及操作维护等使用。教学用航空教练炸弹可模拟各种炸弹的结构、工作原理和动作程序，形式与构造多种多样：有与实弹形状相同的等圆径或缩小或放大比例的；有整体、分解和解剖等形式的；有用倒空装药的真实炸弹元器件，或用木材、塑料、石蜡等代用材料制作的。这种航空教练炸弹可供培训空勤和地勤及有关人员熟悉炸弹构造、原理、作用等使用。

④ 航空照相炸弹。航空照相炸弹是指内装闪光剂，爆炸后产生瞬间强光源的辅助航空炸弹，供飞机夜间航空摄影做闪光光源使用。其圆径一般在 100～250 kg。投弹后，时间引信在预定时间引爆引燃药并点燃闪光剂，使炸弹爆炸闪光。在闪光的同时，飞机照相机的光电效应器产生电流，接通照相电路，自动拍照。该弹的发光强度达数十亿坎德拉，且爆炸闪光达到最大光度时间一般不超过 0.04 s，可在 10 000～15 000 m 高空进行航空摄影。

15.2　普通航空炸弹

15.2.1　概述

航空炸弹（简称炸弹）是用飞机或其他飞行器投放的弹药，具有立体攻击、灵活机动，及毁伤威力大的特点。第二次世界大战期间，在战略轰炸方面，交战双方都向对方的政治中心、军事基地、军事工业、重要工矿和交通枢纽等目标投掷了大量炸弹。据不完全统计，苏、美、英等国仅对德国就出动了飞机 5.12×10^6 架次，投炸弹 4.2×10^9 kg。实践证明，炸弹是一种极为有效的航空弹药。第二次世界大战后，航空炸弹得到了很大发展，主要表现在改进了性能和增加了品种，具体地说，主要是增强了适应能力，发展了低空、低阻炸弹；加大了毁伤面积，发展了集束、子母炸弹；提高了命中精度，发展了制导炸弹。

纵观近十几年的局部战争，空中火力打击一直占据着重要地位，空中火力先行已成为现代战争的一大作战样式，而各种航空弹药则是空中打击中使用最多、应用最广的一类武器弹药。

(1) 航空炸弹的结构特点

航空炸弹的外形像是一个纺锤、水滴或罐头盒，然后加上尾翼，一般由弹体、稳定装置、弹体装药、传爆管、引信及挂装弹耳（或弹箍）等组成，还可根据需要附加减速装置、制导装置、滑翔弹翼和动力系统等，如图15-2所示。

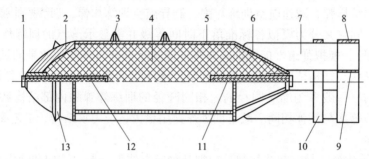

1—防潮塞；2—弹头；3—弹耳；4—炸药；5—圆柱部；6—尾锥体；7—安定器；
8—外圈；9—内圈；10—加强圈；11—尾部传爆管；12—头部传爆管；13—弹道环。

图 15-2 航空炸弹的结构

① 弹体。弹体是炸弹的外壳，包括弹头、弹身和弹尾，有的炸弹还装有弹道环等。

弹头：通常呈卵形，也有呈截头圆锥形或半球形的。一般情况下，弹头部的母线半径为 $0.75d$，长度为 $(1\sim2)d$。

弹身：为圆柱形或稍带一点锥度的截头圆锥形。有锥度的弹身不仅可以减小空气阻力，还可以使炸弹的质心前移，从而提高炸弹在弹道上的飞行稳定性。一般情况下，弹身长度为 $(2\sim5)d$。

弹尾：一般为圆锥形。其长度一般为 $(0.5\sim2)d$。

弹道环：是焊接（或安装）在弹头上的环形箍。其作用是当炸弹的运动速度接近声速时，可提高炸弹的稳定性，改善炸弹的弹道性能。炸弹在飞行速度接近声速，气流流过弹道环时，虽然因改变方向而形成了局部激波，但局部激波面与炸弹纵轴是对称的，激波后弹体所受的附加压力也是对称的，这样就不会产生降低炸弹稳定性的附加力矩，从而改善炸弹的弹道性能。弹道环不是在各种情况下都能起积极作用的，只有在跨声速情况下，才能改善弹道性能。炸弹在飞行速度显著超过声速（$Ma>1.5$）时，会形成头部激波，这时弹头部越钝，对炸弹运动的阻力就越大。在这种情况下，弹道环不但起不到稳定弹道的作用，反而会增大阻力而降低炸弹的弹道性能，破坏稳定性，所以新型高阻炸弹都没有弹道环，并且弹头部都比较尖锐。对于降落速度远小于声速的炸弹，弹道环只会破坏气流的流线，增大头部阻力，造成炸弹运动不稳定，故有的炸弹弹道环被做成可拆卸式，便于根据不同条件选择使用。

② 稳定装置。稳定装置是保证炸弹飞行稳定的部件。炸弹投放初始状态及气动扰动等因素使弹轴线与弹道切线偏离，增大攻角，产生翻转力矩，炸弹在气动力作用下绕横轴摆动。通常用稳定装置产生稳定力矩，迫使摆动衰减，以保证炸弹不翻滚。稳定装置一般有安定器、可控舵面、陀螺舵及增程滑翔弹翼等。此外，还包含各类改善弹道性能的弹道环、附加翼面、尾阻盘等。安定器亦称稳定器，被固定在弹尾上，用来保证炸弹在空中沿一定的弹道稳定下落。安定器的形状有箭羽式、圆筒式、方框式、方框圆筒式、双圆筒式和尾阻盘式

等（图15-3）。安定器一般由薄钢板制造，与弹体固定连接。各种稳定装置必须具有使炸弹绕质心的摆动振幅逐渐衰减的特征，能确保航空炸弹的飞行稳定性。稳定装置的稳定效果以相邻摆动的振幅之比来表征。也有的炸弹不用安定器，而用稳定伞来保证炸弹在弹道上稳定下落。为了保证安定器的强度，提高炸弹下落时的稳定性，在各安定片之间设有撑杆或撑板，或者在安定片周围加一圆环。

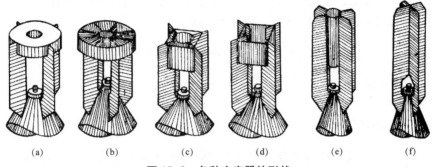

图15-3 各种安定器的形状
(a) 尾阻盘式；(b) 双圆筒式；(c) 方框圆筒式；(d) 方框式；(e) 圆筒式；(f) 箭羽式

③ 弹体装药。弹体装药是使炸弹产生各种作用（爆破、杀伤、燃烧、照明和发烟等）的主要能源。对不同用途的炸弹，弹体内的装药不同，它可以是普通炸药、热核装药、燃烧剂、特种药剂、化学战剂、生物战剂或其他装填物。

④ 传爆管。传爆管被焊接（或螺纹连接）在弹头部，有的在尾锥体内也设置一传爆管。它们的作用是将引信起爆后的能量进一步加强，并传递给装药，使炸弹可靠地爆炸。

⑤ 弹耳。弹耳是被直接焊在弹身上或用螺纹拧在弹身上的吊耳。弹箍是带有弹耳的箍圈。炸弹就是通过它们悬挂在飞机上的。对弹体较厚的炸弹，其弹耳通常被直接焊在弹身上；对弹体较薄的炸弹，通常将弹耳焊在弹身的加强衬板上，或者使用弹箍。在一般情况下，100 kg 以下的炸弹使用一个弹耳，而 250 kg 以上的炸弹则使用 2 个或 2 个以上的弹耳。

⑥ 减速装置。减速装置是起增大飞行阻力和稳定作用的航空炸弹组件，多用于低空、超低空投掷的减速航空炸弹。它分为伞式减速装置、火箭制动减速装置和阻力板式减速装置等。伞式减速装置又分为降落伞式减速装置、金属伞式减速装置、气伞式减速装置和组合伞式减速装置等。阻力板式减速装置通常由弹头前端装的防跳盘和弹尾后端装的尾阻盘构成。减速装置可使在挂飞中呈低阻外形的炸弹离机达到一定安全距离后所受阻力瞬间增加，飞行速度迅速降低。这就会使弹道弯曲，落角增大，防止产生跳弹，并且随配装弹体的爆炸威力半径大小的不同，相应地增长炸弹落下时间，以保证载机有足够的时间飞离爆炸区。因此，减速装置必须具有以下功能：确保挂飞中减速装置不工作，而在出现意外情况时必须能立即脱离载机，以保证挂飞安全；在弹道上一旦减速装置不能正常工作，也能使引信的延期作用正常，从而保证炸弹延迟爆炸，载机有足够时间飞离危险区，确保炸弹连投间隔等。

炸弹对目标的作用主要是爆破作用、杀伤作用、侵彻作用和燃烧作用等。对于每种炸弹，通常是以一种破坏作用为主，兼顾其他破坏作用。

(2) 航空炸弹的弹道性能

在同样投弹条件下，形状、直径和质量不同的炸弹，受空气阻力影响的程度也不一样。

炸弹从空中落下时，空气阻力影响炸弹运动的性能叫作弹道性能。所谓弹道性能的好坏，就是指炸弹降落时受到空气阻力影响的大小。弹道性能越好，受空气阻力影响越小；反之，受空气阻力影响越大。

目前常采用弹道系数、炸弹标准下落时间和极限速度来表示航空炸弹的弹道性能，其中用得最多的是标准下落时间。

① 弹道系数。弹道系数是反映炸弹空气阻力加速度大小的数值。炸弹在空气中运动时，由于受空气阻力的作用而产生加速度。其表达式如下：

$$a = \frac{R}{m} = \frac{id^2}{m} \times 10^3 \times \frac{\pi}{8} \rho v^2 C_{xon}(M) \times 10^{-3}$$

式中　　i——弹形系数；
　　　　d——炸弹直径；
　　　　m——炸弹质量；

$C = \frac{id^2}{m} \times 10^3$，反映炸弹本身条件与空气阻力加速度的关系，我们称之为弹道系数。

从弹道系数的大小可以看出炸弹受空气阻力影响的程度。弹道系数的大小同炸弹的外形、直径和质量有关。外形呈流线型，断面比重大，其弹道系数就小，而弹道系数越小，受空气阻力影响越小，弹道性能就越好；反之，受空气阻力影响越大，弹道性能就越坏。

② 炸弹标准下落时间。所谓炸弹的标准下落时间，是指在标准气象条件下，从海拔2 000 m 高度以 40 m/s 的速度水平投弹至炸弹落到地面（海平面）所需的时间，常用符号 $\varTheta$ 表示。

炸弹标准下落时间是表示弹道性能很重要的特征数，在轰炸瞄准具中广泛使用。在相同的条件下，各种炸弹的下落时间是不同的，可反映出弹道性能的好坏。这个时间越短，炸弹受空气阻力的影响就越小，弹道性能越好。在真空中，所有炸弹从 2 000 m 高度落下的时间等于 20.197 s。因此，标准下落时间越接近这个数值，弹道性能就愈好。航空炸弹的标准下落时间一般在 20.25~22.00 s。炸弹的标准下落时间在产品使用说明书中直接给出。生产装备部队的炸弹，在其弹体上均喷印有该弹使用的标准下落时间 $\varTheta$。

炸弹标准下落时间 $\varTheta$ 与弹道系数的关系可用下面经验公式表示：

$$\varTheta = 20.197 + bC$$

式中　　b——根据预先求出的炸弹标准下落时间和弹道系数推算出来的系数。

计算表明，当确定炸弹标准下落时间和弹道系数所采用的阻力定律不同时，b 的大小不同。目前，我国采用的阻力定律是"1970 年航空炸弹标准阻力定律"。高阻弹阻力定律选用 250-2 航爆弹作为标准炸弹，而低阻弹阻力定律则选用 250-3 航爆弹作为标准炸弹。在炸弹标准下落时间不大于 25 s 的情况下，b 为 1.87。即：

$$\varTheta = 20.197 + 1.87C$$

由上式可看出，炸弹标准下落时间是弹道系数的单值函数，其大小与弹道系数 C 有关。根据弹道系数的概念，弹形较好的炸弹（头部尖锐，尾部锥角小，表面光洁度好），其迎面阻力系数小，弹道系数小，则标准下落时间短。

③ 极限速度。炸弹在下落过程中，由于重力作用，弹速不断地增大，同时受到的空气阻力也不断地增加，当炸弹所受空气阻力增大到等于它的重力时，炸弹的下落速度就保持不

变,不再增大,此时炸弹的速度就叫极限速度,也即空气阻力等于炸弹重量(空气阻力加速度等于重力加速度)时的炸弹速度。

由此可知,受空气阻力影响大的炸弹,在速度比较小的时候,空气阻力和重力即可达到平衡,因而极限速度较小;受空气阻力影响小的炸弹,速度较大时空气阻力和重力才能达到平衡,因而极限速度较大。可见,炸弹的极限速度越小,说明该炸弹受空气阻力影响越大,弹道性能就越坏;反之,炸弹的极限速度越大,说明该炸弹受空气阻力影响越小,弹道性能就越好。炸弹的极限速度由其弹道系数确定。

弹道系数、炸弹标准下落时间和极限速度从不同的角度反映空气阻力对炸弹的影响程度。弹道系数反映炸弹本身条件与空气阻力的关系,炸弹标准下落时间反映炸弹在标准条件下的落下时间与空气阻力的关系,而极限速度则反映炸弹在下落过程中速度变化快慢情况与空气阻力的关系。它们三者是同一事物的3种表现形式。三者之间有密切联系,可以相互换算。航空炸弹极限速度的大小是炸弹弹道性能好坏的标志之一。常用航空炸弹的弹道系数、炸弹标准下落时间和极限速度的数值情况如表15-1所示。

表15-1 常用航空炸弹的弹道系数、标准下落时间和极限速度

弹道系数	标准下落时间/s	极限速度/$(m \cdot s^{-1})$
0.071	20.25	644
0.379	20.50	330
0.684	20.75	296
0.998	21.00	271
1.300	21.25	244
1.601	21.50	222

15.2.2 航空爆破炸弹

航空爆破炸弹,主要是利用炸药爆炸后所形成的冲击波来摧毁目标,同时也有一定的侵彻作用、燃烧作用和破片的杀伤作用,适于机身内舱挂载,也可实现机舱外挂。其炸弹壳体一般用普通钢材制造。其装药通常为TNT炸药,现也广泛使用B炸药、H6炸药和其他混合炸药。装填系数均在0.4以上,最大达0.8(第二次世界大战时约为0.5)。弹体壁厚与半径之比小于0.1。圆径一般在100 kg级以上,最大可达20 000 kg级,其中以250~500 kg级使用最为广泛。

航空爆破炸弹的作用效率用爆坑容积、冲击波比冲量、炸弹作用半径等表征。其用途最广,战时消耗量最大,是战备生产的主要品种,可用来毁伤各种军事目标、工业基地、动力设施、防御工事、地下建筑、交通枢纽、铁路、桥梁、舰船、港口、机场、仓库和技术兵器等。对付地面目标配装瞬发引信;对付需从内部炸毁,或位于土层深处的目标配用延期引信。配装时间引信做定时炸弹。下面介绍500-1型航空爆破炸弹和美国MK80系列航空爆破炸弹的结构特点和作用原理,以及航空爆破炸弹常用减速装置。

(1) 500-1型航空爆破炸弹

图15-4所示是500-1型航空爆破炸弹示意图。该弹由弹体、安定器、传爆管、弹耳和装药等组成。

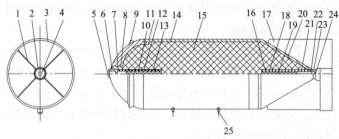

1—支板；2—内圈；3—外圈；4—制旋螺钉；5，24—防潮塞；6，23—连接螺套；7，22—螺套；8，21—纸衬筒；9—弹道环；10，19—传爆药柱；11—弹头；12，18—布袋；13，16—传爆管壳；14—弹身；15—炸药；17—翼片；20—尾锥体；25—弹耳。

图 15-4　500-1 型航空爆破炸弹示意

弹体由弹头、弹身、尾锥体和弹道环等组成。弹头由铸钢制成，外形呈卵形，壁较厚。弹头前端为一平面，中央有传爆管的安装螺孔。弹头弧形面上焊有弹道环。弹道环是由钢板压制而成的。弹道环外径与弹身外径相同。弹身是由钢板制成的圆筒，其上焊有弹耳，前后两端分别与弹头和尾锥体焊接为一整体。尾锥体由钢板制成，锥度为 26°。

安定器为双圆筒式，由钢板制成，并焊在尾锥体上。它包括 4 个翼片、4 个支板、1 个内圈和 1 个外圈。4 个翼片对称地呈十字形分布。

该爆破炸弹有头部和尾部 2 个传爆管。头部传爆管用螺纹装在弹头中央的安装螺孔内，而尾部传爆管则焊接在尾锥体后端。传爆管由螺套、传爆管壳、连接螺套、制旋螺钉、纸衬筒和传爆药柱等组成。连接螺套与传爆管壳焊在一起，端面有制旋螺钉孔。连接螺套的内螺孔为引信的安装孔，其上旋有连接螺套。连接螺套上有引信安装螺孔，平时拧上防潮塞。连接螺套外缘有制旋缺口，由制旋螺钉将其定位。头部和尾部传爆管内各装有特屈儿传爆药柱。传爆药柱的质量为 0.5 kg，装在布袋里，塞入传爆管，并被纸衬和连接螺套压紧。

该弹有 2 个弹耳和 5 个弹耳两种。弹耳由 45 钢模锻而成，并焊在弹体上。弹耳及其焊缝的破坏载荷不小于 6.867×10^4 N。该弹内注装了 TNT 炸药 203 kg。

该弹的主要诸元见表 15-2。

表 15-2　500-1 型航空爆破炸弹主要诸元

炸药质量/kg	203	炸弹质量（未装引信）/kg	425
装填系数/%	47.7	长细比	（约）3.5
弹长/mm	（约）1 560	安定器翼展/mm	450
弹径/mm	450		

该弹的威力：地面静爆冲击波压强（离爆心 35 m 处）为 2.65×10^4 Pa，弹坑容积为 145.4 m³（投弹时航速为 194.4 m/s，高度为 8 000 m，对中等土质目标轰炸的试验结果）。

500-1 型航空爆破炸弹是一种高阻外形的航空炸弹。其长细比较小，而阻力系数较大。为了适应喷气飞机外挂的需要，国内外都发展了低阻外形的爆破炸弹。这种炸弹外形呈流线型，而其长细比一般在 8 左右。

（2）美国 MK80 系列航空爆破炸弹

美国 MK80 系列航空爆破炸弹是美国于 1950 年投资研制的自由落体非制导低阻爆破炸弹，

包括 113.4 kg（250 lb）级 MK81、227 kg（500 lb）级 MK82、454 kg（1 000 lb）级 MK83 和 907 kg（2 000 lb）级 MK84。其主要战术技术性能如表 15-3 所示。它们已成为许多国家炸弹生产的制式产品。它们服役于美国空军、海军和海军陆战队，并遍布世界的其他多个国家。到目前为止，美国大部分具有空对地攻击能力的固定翼飞机都挂载和投放过 MK80 系列炸弹。这些炸弹广泛用于对付炮兵阵地、车辆、碉堡、导弹发射装置、早期预警雷达和后勤供给系统等多种目标。

表 15-3 美国 MK80 系列航空爆破炸弹主要战术技术性能

型号	MK84	MK83	MK82	MK81
类型	907 kg 级 低阻爆破炸弹	454 kg 级 低阻爆破炸弹	227 kg 级 低阻爆破炸弹	113.4 kg 级 低阻爆破炸弹
质量/kg	894	447	241	118
长度/m	3.84	3	2.21	1.88
直径/mm	460	350	273	228
壳体材料	钢	钢	钢	钢
壳体厚度/mm	14.27			
炸药类型/质量	Tritonal, H6 或 PBXN-109/428 kg	Tritonal, H6 或 PBXN-109/202 kg	Tritonal, H6 或 PBXN-109/89 kg	Tritonal, MinoI 或 H6/45 kg
装填系数	0.479	0.452	0.369	0.381
翼展/mm	640	480	380	320
吊耳间距/mm	762	356 或 762	356 或 762	356
弹坑直径/m	12～14	8～10	4～5	2～3
弹坑深度 （对硬地面）/m	6～8	4～5	2～3	0.5～1

① 结构与性能特点：MK81～MK84 系列炸弹结构类似（图 15-5），而大小、质量和威力不同。炸弹头部为流线型，而其余部位呈圆柱形。其装有尾翼或减速器，安装有 M904 式头部机械引信（呈圆锥形）和 M905 式尾部机械引信，以确保炸弹的作用可靠性。爆炸后能形成冲击波、破片等毁伤元素。为了适应航空母舰舰载机使用，MK80 系列炸弹采取了热保护。其目的是当航空母舰起火时能减小炸弹的反应敏感度。

MK84 炸弹的壳体厚度为 14.27 mm。当攻击硬目标时，它采用 FMU-139A/B 触发/触发延期引信系统。MK83 和 MK82 炸弹除采用头部和尾部引信外，也可采用近炸引信。MK81 炸弹的长细比在 8 以上，而装填系数为 38.1%。

② 性能改进：多年以来，对 MK81～MK84 系列炸弹进行了几次改进。通常从炸药、起爆方式、尾部装置和投放方式上进行改进，采用了不同的炸药装填物和不同的起爆系统；对炸弹的壳体也做了适当的改进，目的是用于反潜和反舰。当装填 PBXN-109 不敏感炸药时，MK82 和 MK83 分别变成 BLU-111/B 和 BLU-110/B。根据炸弹的质量不同，可分别采用 356 mm 和 762 mm 间距的制式吊耳。

目前，该系列炸弹得到了最新的气动力改进。改进后的战斗部质量较小，约占爆炸时全弹质量的 45%。MK84 AIR 是 907 kg 级炸弹的改进型，装配 BSU-50/B 高阻力尾部装置。MK83 AIR 是 454 kg 级炸弹的改进型，装配 BSU-85/B 高阻力尾部装置。MK82 AIR 则是 227 kg 级炸弹的改进型，装配 BSU-49/B 高阻力尾部装置。这些高阻力尾部装置可从尾部展

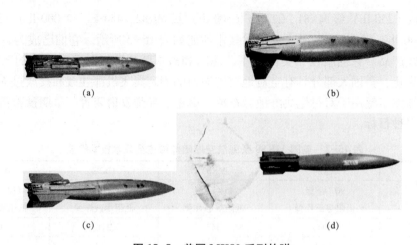

图 15-5 美国 MK80 系列炸弹
(a) MK82 炸弹；(b) MK84 炸弹；(c) MK83 炸弹；(d) MK83 炸弹飞行态

开"降落伞"状的气袋，通过快速减慢炸弹速度，让飞机逃离冲击波作用区域，来保证炸弹的高速、低空打击能力。尾部装置有一个低阻力尾舱，其内装有降落伞和打开尾舱放出降落伞的系索装置。降落伞是用高强度低孔隙尼龙制造的。当炸弹从飞机上投放时，系索解开，尾舱后盖打开，放出尼龙袋减速器，将整个伞包拉出尾舱，空气可从降落伞尾部的 4 个气孔排出。这种武器可以用低阻模式（尾舱在投放后关闭）或高阻模式投放。飞行员可根据任务需要选择低阻或高阻配置。

③ 使用武器平台：MK81～MK84 系列炸弹既可作为独立炸弹投放使用，也可作为激光制导炸弹或机载空对地导弹携带的战斗部使用。若低空投放，则用机械式减速伞改装成"白星眼"（Walleye）AGM-62 电视制导炸弹；当加装激光制导组件时就构成宝石路（Paveway）系列激光制导炸弹；将弹尾改为 GPS/INS 组合制导尾舱，即变成"联合直接攻击弹药"（JDAM）。

美国的 GBU-12，GBU-16 和 GBU-24 "宝石路"激光制导炸弹分别是在 MK82，MK83 和 MK84 炸弹弹体上加装激光制导控制装置和气动力组件而成的。"宝石路"激光制导炸弹效费比较高，威力较大，结构简单，在战争中发挥了重要的作用，是一种十分有效的弹药。JDAM 系列现有 4 种型号：GBU-29，GBU-30，GBU-31 和 GBU-32，分别配备 MK81，MK82，MK84 和 MK83 做战斗部，圆概率误差 CEP 为 13m，最大射程为 24km。

(3) 航空爆破炸弹常用减速装置

20 世纪 60 年代以来，为了回避已经加强了的防空火力，飞机经常采用低空水平投弹或俯冲投弹。为了适应这种战术，发展了一种低空减速炸弹。对这种炸弹有两个基本要求：一是挂在飞机上时，应能保证飞机具有良好的飞行性能。这就要求炸弹有良好的气动外形。二是在投弹时，应能保证飞机的安全，因而除要求采用弹射弹架使炸弹快速与飞机分离外，还要求炸弹的落速减缓。对爆破炸弹来说，目前各国使用和发展的大多是在爆破弹的弹体上加装不同结构的减速装置。

目前，航空爆破炸弹减速装置采用的形式主要有十字板式机械减速尾翼、板伞复合式减速尾翼、十字伞式柔性减速尾翼等。

① 十字板式机械减速尾翼。该型减速尾翼由 4 块既可以闭合又可以张开的减速尾翼板、支承杆、联杆和套筒组成。飞机挂弹飞行时，减速尾翼板处于闭合状态（图 15-6）。炸弹投下时，4 块减速尾翼板张开（图 15-7），在迎面气流阻力作用下起减速作用。十字板式机械减速尾翼的缺点是阻力小、减速效能低，因而安全斜距小；刚性尾翼易受空气动力干扰，使炸弹弹道不稳定，命中精度低，投弹高度受到一定的限制。美国 113 kg MK81Mod I "蛇眼" 1 减速炸弹和 227 kg MK82Mod I "蛇眼" 1 减速炸弹的减速装置都采用这种形式。

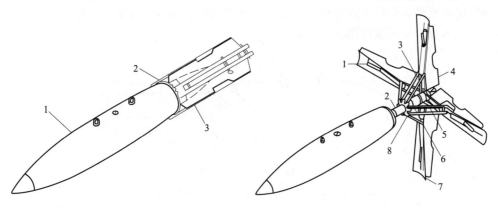

1—弹体；2—尾翼释放带；3—减速尾翼。

图 15-6　减速尾翼板处于闭合状态

1—弹簧；2—支承杆；3—联杆；4—翼板；
5—套筒；6—插塞；7—减速尾翼；8—轴环。

图 15-7　减速尾翼板处于张开状态

② 板伞复合式减速尾翼。板伞复合式减速尾翼就是在十字板式机械减速尾翼的结构上，加装柔性环缝减速伞。飞机挂弹飞行时，减速尾翼板和减速伞处于闭合状态；炸弹投下时减速尾翼板和减速伞张开，在迎面气流作用下，使炸弹减速下落（图 15-8）。其优点是开伞充气快，阻力较十字板式机械减速尾翼大，弹道稳定，连投间隔短；缺点是结构复杂，质量大，造价贵。英国 454 kg MK1 型炸弹配用 M-117 型板伞复合式减速尾翼。

③ 十字伞式柔性减速尾翼。用高强度绵丝绸缝制成十字形的减速伞，将其装在尾锥部内；炸弹投下时，拉出十字伞。在迎面气流作用下开伞充气，使炸弹减速下落。其优点是阻力大，弹道稳定，结构简单，造价低；缺点是伞带长，伞衣大，充气时间长，必须有连投间隔，因为齐投有可能互相缠绕。法国 250 kg、500 kg "马特拉" 减速炸弹，西班牙 BRP-250 kg、BRP-500 kg 减速炸弹和瑞典 120 kg "威尔哥" 减速炸弹的减速尾翼都采用这种形式。美国空军军械发展试验中心正在研制的一种用尼龙织物制成的气球降落伞组合式充气减速尾部也属于这一

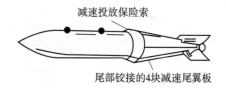
减速投放保险索
尾部铰接的4块减速尾翼板

黏着的尼龙减震带在外力作用下撕开

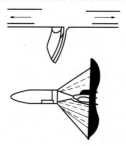

图 15-8　板伞复合式减速尾翼工作过程

类型。

④ 火箭减速装置。法国 400 kg 火箭减速炸弹,曾被以色列在 1967 年用来攻击埃及的机场跑道。它是在法国 400 kg STA200 型爆破炸弹尾部装上火箭减速装置而成的,如图 15-9 所示。其特点是位于炸弹尾部的 4 块稳定翼板之间有 4 个逆推力火箭发动机,在投放后点火工作,以抵消水平速度。接着位于炸弹尾部的正推力火箭发动机在转入垂直下落状态时点火工作,并烧掉减速伞,以增大落速(最大为 160 m/s),提高侵彻力。尾部减速伞的功用是使炸弹迅速由水平状态转入垂直降落状态。这种减速炸弹用来对付坚固目标比较有效,但结构复杂、成本高,大规模使用受到限制。

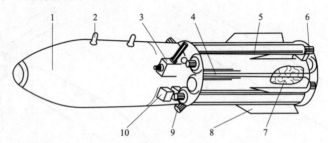

1—弹体;2—吊耳;3—程序控制机构;4—逆推力火箭发动机;
5—正推力火箭发动机;6—喷管;7—减速伞;8—安定器;9—喷管;10—点火电池组。

图 15-9 法国 400 kg 火箭减速炸弹

火箭减速炸弹的投放过程(图 15-10)如下:

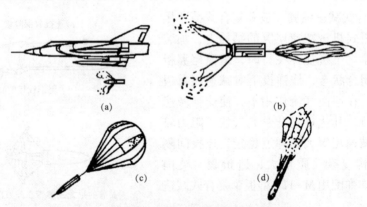

图 15-10 火箭减速炸弹投放过程
(a)逆推力火箭发动机点火;(b)减速伞展开;(c)炸弹转向;(d)正推力火箭发动机点火

一是飞机在 100 m 高度投弹,经 0.3 s 之后,4 个逆推力火箭发动机点火工作[图 15-10(a)]。

二是经 0.9 s 之后,减速伞开始展开[图 15-10(b)]。

三是在减速伞作用下,炸弹以大约 0.35 r/s 的角速度向下转,以增大落角[图 15-10(c)]。

四是经 4.7 s 之后,4 个正推力火箭发动机点火工作,并烧掉减速伞,以增大落速,提高贯穿力[图 15-10(d)]。

15.2.3 航空杀伤炸弹

航空杀伤炸弹主要是以炸弹爆炸后产生的破片来杀伤暴露的有生力量，破坏汽车、火炮和飞机等目标，主要由引信、传爆扩爆系统、炸药装药、弹体、稳定装置等组成。弹体内通常装填 TNT、B 炸药、梯萘、梯胺和阿马托等炸药。装填系数不超过 20%。炸弹圆径一般在 0.5～100 kg 级。弹体一般用高级铸铁或普通铸铁铸成，且有的弹体上带刻槽，或用半预制破片结构弹体。一般以数枚，多至数十枚子弹集束成航空集束炸弹投放。小型杀伤炸弹有多种类型，集装于子母弹箱内投放。所产生的破片有的是由弹体上的预制刻槽或缠绕钢丝形成，有的是由钢珠、钢片制成，或内装小箭等形成。炸弹作用效率以战术杀伤定额、有效破片作用半径等来表征。它主要用于杀伤暴露的有生力量，破坏汽车、火炮、飞机和各种轻装甲技术装备。可装瞬发引信或近炸引信，而小型杀伤弹又可装震发引信、诡雷引信和时间引信用以建立雷场。航空杀伤炸弹用途广泛，是战备生产的主要品种。

图 15-11 所示是 10-1 型航空杀伤炸弹示意图。该弹由弹体、安定器和装药等组成。弹体由稀土铸铁铸成。弹头、弹身和弹尾为一整体，头部有螺套，而螺套中央有一引信安装螺孔，平时旋有防潮塞。安定器为方框式，用螺钉和销钉固定并焊接在弹体尾部。它是由 4 块钢板制成的，翼板之间靠点焊连在一起。弹内装 3 节 TNT 药柱。第一节药柱的前端中央有一圆孔，内装特屈儿传爆药柱。整个药柱用衬纸围绕，两端垫有纸垫，并用螺套压紧。

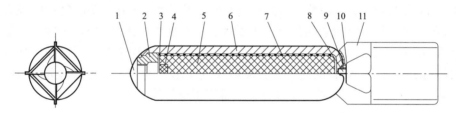

1—防潮塞；2—螺套；3，7—纸垫；4—传爆药柱；5—炸药柱；6—弹体；
8—螺钉；9—销钉；10—垫片；11—翼板。

图 15-11 10-1 型航空杀伤炸弹

该弹的主要诸元见表 15-4。

表 15-4 10-1 型航空杀伤炸弹的主要诸元

炸药质量/kg	0.82	炸弹质量（未装引信）/kg	9.2
装填系数/%	9	安定器翼展/mm	106
弹长/mm	（约）510	弹径/mm	90

该弹地面静爆杀伤威力：破片密集杀伤半径为 23 m，破片有效杀伤半径为 38 m，破片飞散速度（距爆炸中心 5 m 处平均速度）为 724 m/s，4 g 以上破片数为 306 片。

图 15-12 所示是美国 M82 航空杀伤炸弹示意图。该弹的结构特点是弹体圆柱部外层为缠绕钢带，内衬为无缝钢管，两端用螺纹同铸钢制成的弹头和弹尾连接。

M82 航空杀伤炸弹的质量为 40.8 kg，弹体直径为 154 mm，装填系数约为 13%。该弹可单独悬挂使用，也可构成集束炸弹。

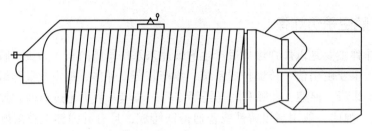

图 15-12　美国 M82 航空杀伤炸弹

图 15-13 所示为 100-1 型航空杀伤炸弹束示意图，它是由 3 枚 25 kg 杀伤炸弹用集束机构组合成的，投弹后可在空中散开，以增大杀伤面积。25 kg 杀伤炸弹是以破片杀伤作用来破坏目标的炸弹。

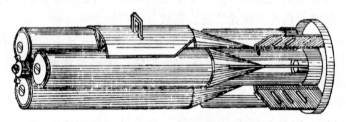

图 15-13　100-1 型航空杀伤炸弹束

20 世纪 60 年代以来，子母炸弹得到迅速发展。据不完全统计，美国仅 CBU 系列的子母炸弹就有 50 多种（其中包括杀伤弹、反坦克弹、空投地雷、燃烧弹和毒气弹）。子母炸弹是将同类或不同类的小炸弹（或地雷）集装在一个母弹体内而成的，而母弹体又有一次使用和多次使用之分。子母炸弹的优点是，破坏（或作用）面积大，可对付分散目标，而且造价较为低廉，所以许多国家的航空部队都装备有子母炸弹。

15.2.4　航空反跑道炸弹

压制敌方空军活动最有效的战术之一，是攻击敌方停放在地面上的飞机并击毁跑道。1967 年以色列将法国 STA200 型 400 kg 爆破炸弹改装成混凝土破坏弹，对埃及机场进行闪电式攻击，在几小时内使埃及空军瘫痪，就是一个很好的战例。自此以后，航空反跑道炸弹深受各国重视，而且许多国家已经研制出这种炸弹。航空反跑道炸弹适于低空轰炸，能使炸弹获得足够的贯穿能力侵入混凝土层下面爆炸，形成爆坑，使路面松裂、隆起，达到不易修复的效果。作用效率以穿透混凝土最大厚度和被毁跑道面积来衡量。除主要攻击机场跑道外，还可攻击机库、港口、铁路及其他有混凝土保护的目标。这类炸弹的圆径常为 100～400 kg 级。其减速装置有降落伞式和制动火箭式等。法国的 200 kg"迪兰达尔"目标侵彻炸弹是典型的装有降落伞式减速装置类型的反跑道炸弹。该炸弹投放后在离机一定安全距离时，减速伞张开，炸弹减速，弹道逐渐弯曲，落角增大，达到一定负过载值时，程序控制器动作，延时器点燃增速火箭发动机，同时抛掉减速伞，使炸弹突然增速。处于待发状态的引信在撞击目标后延迟发火，使炸弹侵入目标内部爆炸。

法国的"迪兰达尔"反跑道炸弹（图 15-14），由战斗部、点火系统、火箭助推发动机和减速装置组成。战斗部质量约为 100 kg，内装 TNT 炸药 15 kg；点火系统是炸弹作用顺序的控制装置，用以开伞、解除战斗部保险并点燃火箭发动机；火箭发动机壳体是钢制的，内装双基推进剂，可在 0.45 s 内产生 90 kN 的推力；减速装置包括主伞和副伞。

炸弹由飞机投放后，点火系统就开始作用。首先张开副伞，使炸弹减速到主伞张开时不致损坏的程度。主伞张开后，当炸弹达到不致产生跳弹的落角时，引信解除保险并点燃火箭增速发动机。增速发动机把炸弹加速到 250 m/s，对跑道进行袭击。由于引信的延时作用，炸弹侵入混凝土后爆炸。"迪兰达尔"反跑道炸弹可在 60 m 低空条件下快速水平投掷。一颗"迪兰达尔"反跑道炸弹可使跑道造成直径 5 m、深 2 m 的弹坑，并在弹坑周围产生 150～200 m² 的隆起和裂缝区。

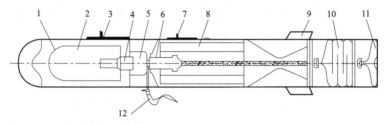

1—战斗部；2—炸药；3、7—弹耳；4—引信；5—烟火程序器；6—点火器；
8—火箭助推发动机；9—弹翼；10—主伞；11—导引伞；12—点火器安全装置。

图 15-14　法国的"迪兰达尔"反跑道炸弹

15.3　制导航空炸弹

制导航空炸弹是 20 世纪 60 年代才装备使用的新弹种，具有命中精度高和在低空与复杂气象环境下使用的能力。它的问世，为研制新型炸弹指明了发展方向。目前，国际上先进的制导炸弹主要有激光制导炸弹、电视制导炸弹、红外制导炸弹和毫米波制导炸弹。它们的产生一方面推动了航空炸弹从数量优势向质量优势转化，使航空炸弹与空对地导弹的界线越来越难以划分；另一方面也为有效利用大量现有库存的常规炸弹开辟了新路。航空炸弹采用制导技术是在制式航空炸弹上加装制导装置和气动力控制面，因而结构简单、成本低，并适宜大量改装使用。表 15-5 所示为美国主要制导航空炸弹。

制导航空炸弹是一种高效费比的武器。尽管成本比常规炸弹昂贵，价格在几万至十几万美元，而普通炸弹仅为几千至上万美元左右，但其作战效能比普通炸弹高数十倍乃至数百倍；可使飞机出动架次减少，从而相应减少包括飞行员和平民在内的附带伤害。据统计，在第二次世界大战期间，飞机投弹命中精度 CEP 为 1 000 m，而轰炸一个钢筋混凝土目标平均约需 9 000 枚炸弹。在越南战争期间，飞机投弹的 CEP 为 100 m，而轰炸同一目标需 200～300 枚炸弹。而在海湾战争期间，激光制导炸弹的 CEP 仅为几米，只需 1～2 枚即可摧毁同样的目标。制导炸弹的精确打击能力，使摧毁目标只需出动少量飞机和空投少量制导炸弹便可取得预期效果，加之可以高空投弹，战斗机能避开致命的火炮射程，从而有效地降低了飞机损失率。制导炸弹因其攻击精度和作战效费比高而成为攻击高价值目标的理想武器，是航空武器装备不可缺少的组成部分。

综观近年来历次局部战争，制导弹药用量呈明显上升趋势。在 1991 年的海湾战争中，美军共投弹 88 500 t，其中制导航空炸弹 7 400 t（1.55 万枚，以光电/红外、激光制导弹药为主），占总投弹重量的 8.36%。但其作战效果远远高于这个比例。制导航空炸弹摧毁了伊拉克 594 座加固机库中的 375 座，占 63%；摧毁战术目标桥梁 54 座中的 40 座，并破坏了 10 座。在 1999 年的科索沃战争中，以美国为首的北约部队投放了约 2.3 万枚弹药（炸弹和导弹），其中 35% 是制导弹药，8 000 多枚。在 2001 年的阿富汗战争中，美军投放的 1.2 万枚弹药中，约有 7 200 枚是激光制导炸弹（炸弹和导弹），占弹药总数的 60%。在制导弹药中，有 65% 为 GPS 制导。在 2003 年的伊拉克战争中，美英联军在空袭中使用弹药（炸弹和导弹）29 199 枚。其中，制导航空炸弹为 19 948 枚，占 68%；GPS 制导弹药约占制导弹药的 56%。由此可见，制导航空弹药将在未来战场上发挥不可替代的重要作用。

制导航空炸弹发展很快，种类繁多，本章仅就其中几种典型的制导航空炸弹加以介绍。

表 15-5 美国主要制导航空炸弹

型号		制导控制方式	战斗部类型	命中精度 CEP/m
"宝石路" I/II 激光制导炸弹	GBU-2	激光风标导引头+继电式控制	SUU-54 子母战斗部	≤10（"宝石路" I）；≤6（"宝石路" II）
	GBU-10	激光风标导引头+继电式控制	MK84 通用爆破战斗部	
	GBU-12	激光风标导引头+继电式控制	MK82 通用爆破战斗部	
			M117 通用爆破战斗部	
	GBU-16	激光风标导引头+继电式控制	MK83 通用爆破战斗部	
"宝石路" III 激光制导炸弹	GBU-24	激光比例导引头+线性控制	BLU-109 侵彻爆破战斗部	≤1
			MK84 通用爆破战斗部	
	GBU-27	激光比例导引头+线性控制	BLU-109 侵彻爆破战斗部	
	GBU-28	激光比例导引头+线性控制	BLU-113 侵彻爆破战斗部	
模块化滑翔成像制导炸弹	GBU-15	DSU-27A/B 型电视制导	MK84 型通用爆破战斗部	1~3
		WGU-10/B 型红外成像制导	SUU-54 子母战斗部	
			BLU-109 侵彻爆破战斗部	
联合直接攻击弹药（JDAM）	GBU-29	INS/GPS	MK81 通用爆破战斗部	初期≤130 采用广域差分 GPS 后，3~5（第 1,2 阶段）；1~3（第 3 阶段）
	GBU-30	INS/GPS	MK82 通用爆破战斗部	
	GBU-31	INS/GPS	MK84 通用爆破战斗部	
			BLU-110 侵彻爆破战斗部	
	GBU-32	INS/GPS	MK83 通用爆破战斗部	
			BLU-109 侵彻爆破战斗部	
增强型（GBU-27）	EGBU-27	激光导引头+INS/GPS	BLU-109B 侵彻战斗部	1~3
改进型（JDAM）	改进 JDAM	红外+INS/GPS	MK82/83/84 BLU-109/110	3
联合防区外武器（JSOW）	JSOW	INS/GPS	A 型 145 枚 BLU-97A/B	15
			B 型 6 枚 BLU-108	
			C 型 BLU-111	
风修正弹药布撒器（WCMD）	CBU-103	INS 惯性制导	BLU-97 综合效应子弹药	≤25
	CBU-104		BLU-91/92 盖托子雷	
	CBU-105		BLU-108 反装甲子弹药	
	CBU-107		3750 枚动能箭簇弹	

15.3.1 激光制导航空炸弹

与传统炸弹相比，激光制导航空炸弹是一种较高效费比的弹药。据统计，轰炸一个目标在第二次世界大战时需投放 9 000 枚炸弹，在越南战争时需 200 枚，而在海湾战争时仅需 1~2 枚激光制导航空炸弹即可。

航空炸弹采用激光制导，一般是在普通航空炸弹头部装上激光导引头和控制舱，后部装上气动力控制弹翼。实现制导的方式主要是采用半主动寻的和激光驾束两种制导方式。采用半主动寻的制导的炸弹在对目标进行攻击时，置于弹体外的激光信息源（激光照射器）负责照射目标，被照射的目标反射激光能量，被激光制导航空炸弹头上的激光能量接收装置（即激光导引头）接收，负责探测和跟踪激光反射源，引导航空炸弹准确投向目标；采用激光驾束制导方式的炸弹在攻击目标时，由激光发射系统向目标发射扫描编码脉冲，当制导武器偏离激光束中心时，由弹上激光接收机和解算装置检测出飞行误差，形成控制信号，控制激光制导航空炸弹沿瞄准线飞行，直至命中并摧毁目标。

激光制导航空炸弹的优点是：轰炸精确度高，圆概率误差一般只有 3~4 m，而普通航空炸弹则为 200 m 左右；威力大，战斗部就是普通航空炸弹；模式化，制导组件可装在几种标准的航空炸弹上；成本低，效率高，总的作战费用低。缺点是：不能在复杂气象环境下使用，因为云、雾、雨、雪等全都严重妨碍激光传播，使制导精度受影响。

随着高新技术的发展，尤其是光电子精确制导技术的迅猛发展，迄今激光制导航空炸弹已发展了 3 代。第一代有美国的"宝石路Ⅰ"和苏联的 KAB-500L，采用风标式半自动激光导引头和固定的尾翼。圆概率误差为 3 m。第二代为美国的"宝石路Ⅱ"和苏联的 KAB-1500L，仍采用风标式导引头，但对制导与控制装置做了改进，提高了灵敏度，将尾翼改为可折叠式，从而便于飞机携带并提高升力，可攻击更远距离的目标，适用于中、高空投放。圆概率误差约为 2 m。但第一代与第二代激光制导航空炸弹都缺乏昼夜全天候远距离低空攻击能力。第三代激光制导航空炸弹是美国 20 世纪 80 年代初开始研制、80 年代中期装备部队的"宝石路Ⅲ"激光制导航空炸弹，而其典型代表为 GBU-28 激光制导航空炸弹（图 15-15）。其弹体分为制导舱、战斗部舱和尾翼舱 3 部分。它用比例式导引头代替了风标式导引头，前端配有扫描式激光导引头。该导引头具有更大的视场和更高的灵敏度，因此可在低能见度下捕获更远距离处的激光能量，且圆概率误差仅为 1 m。其尾部装有气动力控制面的尾翼，机动性能大为提高。另外，它还采用了更大的折叠翼，同时采用数字式自动驾驶仪进行终段制导，因此，能够实现远距离防区外投放，且具有更高的命中精度。GBU-28 是一种新型的攻击深层坚固目标的航空制导炸弹。它的引信是一种使用微型固态加速度计的智能引信。该引信可随时将炸弹侵彻硬目标过程中的相关数据与内装程序数据进行比较，以确定钻地深度。当炸弹钻到地下掩体时，会自动记录穿过的掩体层数，直到到达指定掩体层后才会发生爆炸。它能钻入地下 6 m 深的加固混凝土目标或侵彻 30 m 深的地下土层。

15.3.2 电视制导航空炸弹

电视制导是基于目标与其环境光能的反差来探测目标的。目标与环境的反差越大，制导就越精确。反差大小要由目标与环境间的吸收与反射特性的差异来决定。采用电视制导时，目标图像显示在阴极射线荧光屏上。电视制导方式有陀螺、图像对比和手控 3 种。

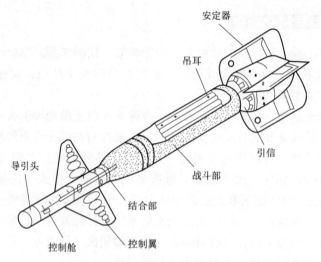

图 15-15　美国 GBU-28 激光制导航空炸弹

电视制导航空炸弹在美国已发展了两代。第一代是"白星眼Ⅰ",是 20 世纪 60 年代的产品,由于受炸弹结构和性能上的限制,使用不方便且射程有限。第二代"增程白星眼Ⅱ"是在第一代基础上的改进,是 20 世纪 70 年代的产品。它具有弹载数据链和机载数据传输设备,可控制炸弹的投放,装有火箭发动机增程装置,增大了弹翼。"增程白星眼Ⅱ"的射程可达 56 km,且圆概率误差为 3~4.5 m。苏联从 20 世纪 70 年代中期开始研制了 KAB-500KR 和 KAB-1500KR 两种电视制导航空炸弹,但只能白天使用,无全天候使用能力。前者射程较近,采用固定弹翼,命中精度为 4~7 m;后者射程较远,采用 KAB-1500L 激光制导航空炸弹的可折叠弹翼。值得注意的是,俄罗斯在 1994 年 9 月国际防务展上展出了一种装备俄罗斯空军飞机并可供出口的电视制导的燃料空气炸弹。该弹重 460 kg,弹头重 280 kg。其电视导引头在炸弹投放前就可锁定目标,而投放后可自动寻的目标。该炸弹可从 500~5 000 m 的高度投放,具有在防区外攻击目标的能力,主要用来大面积杀伤人员,攻击易损目标。

15.3.3　红外制导航空炸弹

红外线是一种热辐射。红外制导就是根据目标和背景红外辐射能量不同,把目标和背景区别开来,达到导引目的。航空炸弹上的红外探测器探测到地面目标的热辐射时,便发射出一个电信号,经过放大,以光点形式显示在飞行员的荧光屏上。飞行员投弹后,红外制导航空炸弹便导向辐射红外线的目标。美国的 MK81 IR 就是一种红外制导航空炸弹。以色列 F-4 "鬼怪"飞机在俯冲攻击中发射的"埃比特奥菲尔"也是红外制导航空炸弹中的一种。

红外线是物质内分子热振动产生的电磁波。它的波长为 $0.76 \sim 1\,000\,\mu m$,在整个电磁波谱中位于可见光与无线电波之间。任何物体只要它的温度高于绝对零度,都能辐射红外线。红外线可穿透浓雾和烟雾。在有雾的情况下,红外线比可见光的作用距离远。在目视能见度 2 km 的情况下,用红外线可看到 40 km 外的较大目标,而且昼夜效果一样。但是,红外荧光屏清晰度低,所以图像不如电视荧光屏清晰。若采用红外电视双重制导系统,则两者可以互补。微光电视要求周围环境的亮度最低,以便能看到目标;而红外则能在全黑的环境下工作。这种双重制导方式借目标的红外自然辐射可从屏幕上看到那些伪装和隐蔽的目标。俄罗斯 1992 年 8 月在希腊国际防务展中展出的并准备出口的 RBK-500 等 3 种集束炸弹,均为红外制导航空炸弹;ODAB-500PM 为电视制导燃料空气炸弹。其中 RBK-500SPBE-D 型集束子母炸弹是 RBK-500 集束炸弹的改进型,可携带 12~15 枚 SPBE-D 制式反装甲子弹药。该子弹药由双色红外传感器和爆炸成型弹丸战斗部组成。RBK-500 母弹被飞机投放后,利用时间延时引信适时打开母弹箱,使 SPBE-D 传感器引导子弹药抛射出来。该子弹药重 14.9 kg,利用降落伞减速,使落速低于 15~17 m/s,然后以 5~6 r/s 的转速旋转,并利用红外传感器(具有 30°的视场)旋转扫描搜索目标。一旦发现目标,弹上传感器将与微处理器一道迅速确定最佳炸点并及时引爆爆炸成型弹丸战斗部,从而有效地攻击坦克车辆装甲目标。尽管传感器引爆弹药要比常规炸弹或激光制导航空炸弹昂贵,但其较高的命中概率与攻击多目标能力对使用者产生极大的吸引力。

15.3.4 红外成像制导航空炸弹

红外成像制导是一种新发展的制导技术,也称热成像。红外成像就是将物体的自然红外辐射变成可见光进行显示或摄像,获得物体的图像。红外成像制导方式与电视制导一样也可采用图像对比制导,而其差别是红外探测器采用敏感红外辐射而不是可见光,且红外成像制导昼夜都可工作,还可辨别套上伪装网的坦克、装甲车、飞机等。与一般红外制导相比,因可从成像系统得到更多的景像信息量,所以识别目标的能力强,但系统较复杂。美国罗克韦尔公司的 GBU-15 与 GBU-15 的改进型 AGM-130 就是红外成像制导航空炸弹。

美国 GBU-15 制导航空炸弹(图 15-16)的最大特点是采用了模块化结构,包括制导模块、战斗部模块和控制模块。制导模块包括 DSU-27A/B 电视寻的器和 WGU-10/B 红外寻的器两种。前者用于日间攻击,而后者适于不良气候条件下和夜间攻击。以 DSU-27A/B 电视寻的器为例,在攻击目标时,装在陀螺仪稳定平台上的电视寻的器可以利用自动边缘跟踪器执行自动或手动跟踪。3°视场的电视寻的器可使图像放大 2.37 倍,并扫描前方约 60°的圆锥形空间,以搜索目标。一旦发现目标,跟踪器就会持续地跟踪目标的垂直对比边缘,以提供自动锁定的功能。

图 15-16 GBU-15 制导航空炸弹

GBU-15 制导航空炸弹的战斗部模块配有标准的 MK84 通用炸弹,用于攻击铁路、桥梁和特定建筑;同时,战斗部模块也可配用 BLU-109/B 硬目标侵彻战斗部。该战斗部配有弹底引信,且弹体由高强度钢制成,具有极大的侵彻硬目标能力,专门用于攻击各种加固的掩体目标。控制模块集中在弹体的后端,负责高度、俯仰和偏航动作的飞行控制。另外,GBU-15 还有自动导航装置以及气压式翼面制动装置。在控制模块后面还有数据传输系统。它是控制 GBU-15 制导航空炸弹的重要接口。

GBU-15 主要装备在 F-15E 和 F-111F 飞机上。其弹长为 3.94 m,弹径为 0.46 m(装载 MK84)或 0.37 m(装载 BLU-109/B),翼展为 1.5 m,发射质量为 1 125 kg,最大高度为 9 091 m,电视和图像红外制导,弹头为 MK84 和 BLU-109。

GBU-15 制导航空炸弹对目标的攻击方式有两种,即直接攻击和间接攻击。在间接攻击方式中,该弹由载机发射后便按照程序进行中途爬升和滑翔两个阶段并飞向目标区域。当目标进入寻的器的视野之内时,飞行员可选择锁定目标进行自动终段导引,或选择手动方式将瞄准点对准目标特定的部位,直至炸弹命中目标为止。直接攻击方式用于仅配备光电设备而没有数据链舱的飞机。射手只要锁定目标后再发射,GBU-15 便自动飞向目标,并对准炸弹寻的器所认定的瞄准点,直至击中目标。直接攻击方式还包含发射后锁定功能,即在双机攻击中,由一架配有数据链舱的飞机控制飞行中但未锁定目标的 GBU-15 炸弹,并将其导向目标。

AGM-130 装有火箭发动机增程装置,具有 256×256 元焦平面阵列的红外成像传感器,采用模块化设计,装有 BLU-109 硬目标侵彻战斗部,能在 110 km 外发射,可摧毁 6 m 厚的水泥建筑。

15.3.5 毫米波制导航空炸弹

毫米波是波长为 1~10 mm、相应频率为 30~300 kHz 的电磁波;而亚毫米波是波长为 0.1~1 mm、相应频率为 300~3 000 MHz 的电磁波。与其他制导技术相比,毫米波的特点在于:在恶劣气候和战场有遮蔽物的情况下具有良好的穿透能力;频带宽,抗干扰能力强;体积小,重量轻;波束窄,具有较高的目标识别能力和跟踪精度,可以采用无源方式工作。由于毫米波具有这些优点,所以世界各国对毫米波制导技术极为重视。英国亨廷公司与桑恩安全电器公司研制了带极限毫米波制导子弹的 BL-755 反坦克子母炸弹。它保持了原有的外形和质量,能从高、低空投放。其预定的引信决定毫米波制导子弹何时抛放。无动力的子炸弹将展开降落伞和稳定器。毫米波制导传感器将选择目标,排除假目标和低价值目标,直接攻击坦克车辆的顶装甲。

目前,无论以上哪种制导方式的制导炸弹都存在某些固有的弱点。例如电视制导航空炸弹只限于白昼使用,其能见度不能小于一定距离,且投弹时飞机的俯冲角度和速度也有一定限制。红外制导航空炸弹易受气候环境及烟雾的影响。其导引头结构较复杂,且红外敏感元件需要致冷才能工作。激光制导航空炸弹除易受气候和烟雾影响而降低性能外,在炸弹命中目标前的全过程始终需用激光照射目标。无论是机载的,还是异机的激光照射器,飞行员都不能做机动飞行,否则很容易暴露自己而遭受防空火力的攻击,因此,它们都不具备真正的全天候以及恶劣环境下的攻击能力。海湾战争中多国部队的攻击飞机曾多次因巴格达上空的云层很低和烟雾沙尘的阻碍而无法投放制导航空炸弹,只好满载弹药返航。

15.3.6 联合直接攻击弹药

为了克服上述制导航空炸弹固有的缺陷和战术使用上的弱点，美国军方吸取海湾战争的教训，正在研制具有合成孔径雷达、激光雷达、毫米波雷达或红外成像传感器制导的炸弹。其中最主要的是美国空、海军共同研制的"联合直接攻击弹药"与"联合防区外攻击武器"。

美国的联合直接攻击弹药（Joint Direct Attack Munition），简称 JDAM，又称"杰达姆"。它是在现役航空炸弹基础上加装相应制导控制装置而制成的，如图 15-17 所示。"杰达姆"制导炸弹由于采用自主式的 GPS/INS 组合制导，因而载机具有昼夜、全天候、防区外、灵巧、多目标攻击能力。GPS 全称为全球定位系统。GPS 技术是指利用一组地球同步轨道卫星确定地球上任一地点方位的一种技术。

图 15-17 联合直接攻击弹药"杰达姆"（JDAM）

同第一、二、三代激光制导炸弹一样，"杰达姆"制导炸弹也是在现役航空炸弹上加装相应制导控制装置而制成的。首先取下原有的尾翼装置，然后装上由惯性制导系统（INS）和全球定位系统（GPS）制导接收机、外部控制舵面组成的制导控制部件，形成"杰达姆"内部结构的关键部件——GPS/INS 制导控制尾部装置，并在头部加装稳定弹翼（图 15-18）。

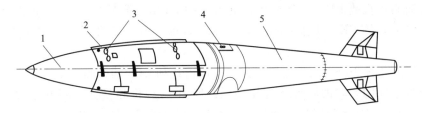

1—MK83 战斗部；2—弹体稳定边条翼片；3—14 in[①] 弹耳；4—1760 对接面；5—GPS/INS 制导控制部件。

图 15-18 "杰达姆"（JDAM）的结构

（1）制导控制尾部装置

GPS/INS 制导控制尾部装置在外形和尺寸上，与所取代的航空炸弹的尾翼相同，使得"杰达姆"制导炸弹可以适用于原来携带该航空炸弹的任何作战飞机。GPS/INS 制导控制尾部装置由制导控制部件（GCU）、炸弹尾锥体整流罩、尾部舵机、尾部控制舵面等部件构成。

制导控制部件是"杰达姆"的核心，包括 GPS 接收机、惯性测量部件（IMU）和任务计算机 3 部分。为防止电磁干扰，将各集成电路装在圆锥体内，外部装上锥形保护罩。

① GPS 接收机。2 个天线分别装在炸弹尾锥体整流罩前端上部（侧向接收）和尾翼装置后部（后向接收），以便在炸弹离机后的水平飞行段和下落飞行段能及时接收并处理来自卫星及载机的 GPS 信号，将它传输给弹载任务计算机，以便进行制导控制解算。

[①] 1 in（英寸）= 0.025 4 m。

② 惯性测量部件。由2个速度计和3个加速度计以及相应电子线路构成，用于测量制导炸弹的飞行信息，并将其传输给任务计算机，供后者解算；同时，在弹载 GPS 接收机出现故障或被干扰、遮挡而无法跟踪卫星时，可使炸弹在其单独制导下攻击预定目标。

③ 任务计算机。根据 GPS 接收机和惯性测量部件提供的炸弹位置、姿态和速度信息，完成全部制导和控制功能的解算，并输出相应信息、控制舵面偏转，引导炸弹飞向预定攻击目标。

（2）稳定弹翼

"杰达姆"弹体中部加装了稳定边条翼片，以增加弹体结构强度，改善炸弹飞行时的气动性能，满足炸弹多目标攻击时的较大过载和立体弹道的要求。对各型"杰达姆"制导炸弹来说，稳定边条翼片的结构形式相同，但具体结构和尺寸随弹体直径和长度而有所变化。"杰达姆"制导炸弹的改进型将采用专门设计的稳定弹翼，以增大高空投放时的射程。

（3）基本攻击方式

由于飞机火控系统配置的不同，在使用 JDAM 时有两种基本攻击方式：

① 坐标攻击方式。对已知准确坐标位置的目标，在起飞前通过任务规划系统给机上火控系统装定目标的位置参数。飞机到达预定投弹点后，给 JDAM 装定目标参数，在满足投放条件时自动投放 JDAM，然后即可机动退出。JDAM 依靠 INS/GPS 组件飞向预定的坐标。该攻击方式的 CEP 可达 13 m 左右，要求载机装有 GPS 自定位系统和自动投弹系统。

② 直接瞄准攻击方式。对未知准确坐标位置的目标，飞机到达预定投弹区后，通过机载探测系统发现、识别目标，确定准确目标位置参数，给 JDAM 装定目标参数，并在满足投放条件时自动投放 JDAM，然后机动退出。JDAM 依靠简易惯导+GPS 组件飞向预定的坐标。该攻击方式的 CEP 可达 7 m 左右，要求载机装有合成孔径雷达和 GPS 辅助瞄准系统。

典型的有美国的 B-2 飞机，配备有合成孔径雷达和 GPS 辅助瞄准系统，将测绘的目标区合成孔径图像与 GPS 辅助瞄准系统相交联，使 B-2 载机和目标之间的相对定位误差从 30 m 减少到 6 m；GPS 的位置数据和合成孔径雷达得到的目标图像结合在一起，可给武器管理系统使用 JDAM 攻击时装定更精确的瞄准数据，有效地改善 JDAM 的投放精度。

15.3.7 联合防区外攻击武器

"联合防区外攻击武器"（Joint Stand-off Weapon，JSOW）是与"联合直接攻击弹药"并行研制的姊妹计划，由美海军牵头，空军参加。其目的是采用与"联合直接攻击弹药"相同的 GPS/INS 制导组件，研制能从敌防御火力以外发射的远程空对地攻击武器。JSOW 实际上是一种滑翔制导炸弹，由火箭发动机增程，平时弹翼收起，投放后张开，依靠滑翔其攻击距离可达 72 km，更可以从 750～12 000 m 的高度以 125～325 m/s 的速度攻击。用 GPS/INS 制导装置引导到目标区的预定点，然后抛放子弹药，精确度小于 10 m。如果加末段制导系统，采用合成孔径雷达、激光雷达、毫米波雷达或红外成像传感器，攻击精度可达 3 m。美国罗克韦尔公司 AGM-130 改进型采用火箭发动机增程、采用 GPS 全球定位系统导航、利用电视红外成像制导的远距离攻击的滑翔炸弹就是 JSOW 的一种。

JSOW 的正式编号为 AGM-154，实际上是一种制导炸弹。它采用 GPS/INS 制导加红外末制导的复合制导方式，命中精度可达 6～10 m。该弹采用模块式结构，根据作战任务不同可在地面装配成 A、B 两型。A 型内装 145 枚 BLU-97 型子炸弹，主要用于攻击停放的飞机、车辆、导弹阵地等目标；B 型内装 6 枚 BLU-108/B 型子炸弹，主要用于攻击装甲和加固目标。AGM-154 型炸弹弹身中藏有一副弹翼，在投下后 1.5 s 内伸出来，因而它的滑翔性能非常好。其滑翔速度可达 0.75 倍声速。该弹重 476 kg，射程为 27～72 km。

15.3.8 风修正弹药

风修正弹药（Wind Corrected Munitions Dispenser，WCMD）由非制导的战术弹药布撒器（TMD），即人们通常所说的集束炸弹演变而来，在原有集束炸弹基础上加装惯性导航系统和控制舵面，进一步提高了武器的作战使用性能和远距离防区外发射后不管及精确对地攻击能力。

风修正弹药尾部组件不包括 GPS 接收机，比 JDAM 更简单。通过为现役非制导 SUU-65/B 系列战术弹药布撒器换装惯性制导组件（采用自动驾驶仪级惯性器件），使其成为能够在中高空投放，并准确命中目标的武器，我们称之为风修正弹药（WCMD）。

在 1991 年的海湾战争中，美国空军意识到 B-52 轰炸机高空投放 CBU-78/B、CBU-87/B、CBU-89/B 等子母式炸弹时，CEP 在 90 m 左右，难以有效命中目标。究其原因，主要是因为投放的航空炸弹基本上都是基于低空投放设计的，而当为了避免地面攻击而改为采用高空投放时，由于受到风的影响，命中精度将显著降低。为了修正风的误差，美空军通过为上述子母式炸弹加装惯性制导组件发展了风修正弹药（WCMD）。其目的是克服风力影响，消除发射误差和弹道误差，提高中高空武器的投放精度。它的使用，使飞机投放武器的高度从 1 500 m 提高到 12 000 m，而投放精度却没有降低。在中高空投放时，炸弹的 CEP 由 90 m 提高到 25 m，并且于 12 000 m 高度投放时可获得 16 km 的射程。图 15-19 所示为风修正弹药（WCMD）飞行弹道示意图。

洛克希德·马丁公司生产的 WCMD 尾部控制组件由惯性制导系统（包括惯性制导装置、风的估算和补偿软件）和操纵舵等组成（图 15-20），主要适用于改装 CBU-78 子母炸弹、CBU-87/B 综合效应子母炸弹、CBU-89/B 子母炸弹和 CBU-97/B 子母炸弹等。

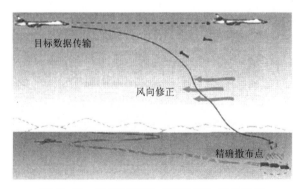

图 15-19 风修正弹药（WCMD）投放示意

图 15-20 WCMD 尾部控制组件

习 题

1. 从现代战争的特点来分析,航空炸弹的发展呈现出什么特点?
2. 航空炸弹的战术技术要求有哪些?如何衡量航空炸弹的弹道性能?
3. 低阻航空炸弹和减速航空炸弹的作用原理有什么区别?各有什么特点?
4. 制导航空炸弹有哪些种类?各类炸弹的具体作用原理和特点是什么?
5. 航空炸弹中稳定装置的具体作用是什么?稳定装置中的安定器有哪些形状?
6. 目前,航空炸弹减速装置采用的形式主要有哪些?具体结构和作用原理有何异同?
7. 联合直接攻击弹药中制导控制尾部装置包括哪些部件?各部件的具体功能是什么?
8. 红外制导航空炸弹和红外成像制导航空炸弹在设计原理上有什么不同?
9. 航空子母炸弹有哪些种类?各类炸弹的具体作用原理和特点是什么?
10. 火箭减速炸弹的特点是什么?其投放过程可分为哪几个阶段?

第 16 章 地 雷

16.1 概述

地雷是一种在地面（地面上或地面下）设防，通过目标作用或操纵而发火，构成爆炸性障碍，用来杀伤敌方有生力量，毁伤坦克、装甲车辆、直升机等技术装备，迟滞敌人行动的弹药。地雷除具有直接的杀伤、破坏作用外，还具有对敌阻滞、牵制、诱逼、扰乱和精神威慑等作用。目前，地雷也被广泛地应用在进攻作战中。由于它携带方便，设置简单迅速，便于伪装，使用不受地形限制，因此在现代战争中，地雷在其他武器的配合下仍发挥着重要作用。

地雷作为一种爆炸性武器在战场上大量使用还是在第一次世界大战期间，并在以后的历次战争中都不同程度地发挥了特有的作用。据统计，在第二次世界大战中，苏联军民共使用了 2.22 亿颗地雷，给入侵的德军造成了 10 万多兵力和约 1 万辆坦克等装甲车辆的损失。朝鲜战争期间，美军被击毁坦克的 70% 和伤亡人数的 10% 是地雷所为。而在越南战争中，美军被毁伤车辆的 70% 和伤亡人数的 38% 也是由地雷造成的。海湾战争期间，伊拉克在科威特境内布设了大量地雷，给多国部队在心理上造成了极大的压力。科索沃战争结束后，北约部队进驻后的第一个行动就是排雷。可以说，在人类战争史上，没有任何武器能够像地雷那样，使用范围如此之广、数量如此之多、危害如此之大，由此显现出了地雷在现代战争中的重要地位。

地雷作用的发挥主要是通过布雷构成地雷场体现的。传统上采用人工布雷方式实现，而伴随着地雷技术的发展，地面车辆布雷、火炮火箭布雷及飞机布雷等现代布雷方式相继出现，使快速机动敷设大面积雷场成为现实，满足了现代战争发展的需要。与此同时，作为反地雷战手段的各种扫雷装备也得到相应的发展，尤其是战后扫雷问题，已引起世界广泛关注，进而推动了扫雷装备技术的研究进程。

16.1.1 地雷的发展史

地雷是我国古代的重大发明。在明朝中期已经有了较完备的由目标（人、马等）直接触动而自行发火的地雷。《武备志》中就记载了十多种地雷的性能和制作方法。若将可当地雷使用的爆炸性武器作为地雷雏形的话，发明时间还可追溯到 12 世纪末 13 世纪初。随着各种炸药和引信的相继发明，出现了近代地雷。

1904—1905 年日俄战争中，俄国使用了工厂生产的防步兵地雷。在第一次世界大战中，随着坦克的出现，德国首先使用了防坦克履带地雷，主要用于破坏坦克装甲车辆的行走机构，使其失去机动能力。其装药结构是集团装药或条形装药，而装药量为 1.3~8.4 kg。引信类型为压发引信,即通过坦克履带或车轮的碾压而使地雷起爆。引信动作压力一般为1.471~7.845 kN。其作用范围仅仅是两条履带的宽度。在第二次世界大战中,地雷在战场上得到了广泛运用,发挥了其不可替代的重大作用;同时,地雷品种增多,性能有所提高。第二次世界大战后,各国对地雷的研究和生产更为重视,许多新原理、新技术、新材料在地雷的研究和生产中得到广泛应用,使现代地雷的性能逐步提高。耐爆地雷和无壳地雷在20世纪50年代相继问世,而塑料材料在地雷上的应用提高了地雷的防腐性和防探性。

20世纪60年代地雷在装药结构和引信上又有了长足的发展,出现了爆炸成型弹丸(EFP)装药结构的反坦克侧甲地雷和反坦克两用地雷。20世纪70年代以来,在不断提高各种地雷性能的同时,发展了利用各种快速布雷手段布撒的可撒布地雷,使地雷从静止的、被动的防御武器变为可快速布设、灵活使用、可与现代机械化部队相抗衡的武器,并进一步系列化、小型化,提高了综合性能。20世纪80年代以来,基于微电子技术、信息技术、传感器技术和微处理技术等高新技术,发展了一代更适应现代战争需要的新型地雷,如防坦克侧甲雷、顶甲雷、反直升机雷以及其他智能地雷等。这些地雷的共同特点是,在复杂的战场环境中能自动探测、识别、跟踪、攻击和摧毁目标。新一代防坦克侧甲雷和顶甲雷的出现,不仅使地雷的防御范围成百倍,甚至上千倍地扩展,而且使地雷最先成为对装甲目标实施全方位打击的武器;反直升机雷的出现,使地雷的防御范围从地面扩展到低空,成为对抗超低空武装直升机的重要手段之一;智能地雷的出现,使雷与弹的界限更加模糊,使地雷成为集防御与攻击为一体的武器。此外,各国还在积极研制能使人暂时失去战斗力的各种软杀伤(非致命)地雷,以替代未来战场上使用的防步兵地雷。

总之,随着科学技术的飞快发展及其在地雷中的大量使用,地雷的技术含量也越来越高。可以预测在未来高技术战争中,特别在与坦克装甲车辆的对抗中,以及在与武装直升机的对抗中,新一代地雷必将发挥更加重要的作用。

16.1.2 地雷的结构组成

地雷主要由雷体和引信(发火装置)两大部分组成(图16-1)。

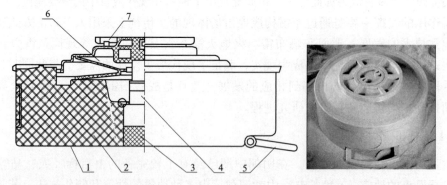

1—雷壳;2—装药;3—传爆药柱;4—引信;5—提把;6—传动体;7—带延时机构的螺盖。

图16-1 地雷

(1) 雷体

按战术需要的不同,雷体可由雷壳、装药、特种装填剂以及其他零部件组成。雷壳用于盛装炸药和引信等部件,传递压力,压发地雷。部分防步兵地雷用其产生破片杀伤敌人。它通常由金属、木料或塑料等做成。有的地雷没有雷壳。装药是地雷破坏目标的能源，通常采用铸装或压装的 TNT 炸药以及铸装的 TNT、黑索今混合炸药。特种装填剂主要是指照明剂、发烟剂、燃烧剂、毒剂等。一般情况下，地雷按照使用要求或结构需要，装有保险、传动、防排、反拆、自毁（自失效）等机构。

（2）引信（发火装置）

作为使地雷适时可靠起爆的机构，引信按其发火原理分为机械、化学、电引信 3 种，而按其所受外力作用发火可分为压发、拉（绊）发、松发和震发等引信。地雷受到目标的直接作用（压、拉、松、触）或物理场（磁、声、震动、热辐射等）作用即可发火，也可由人工操纵发火。可预先或机动设置成地雷场或地雷群，也可单雷使用，用以毁伤坦克、装甲车辆等技术装备，杀伤有生力量，迟滞敌人行动并造成精神威胁。

16.1.3 地雷的分类

地雷发展至今，种类繁多、功能各异。下面从不同的角度进行分类。

（1）按用途分类

按用途不同可分为防步兵地雷、防坦克地雷、防直升机雷和特种地雷。其结构原理和性能特点将在后续章节中详细介绍。

（2）按发火方式分类

按发火方式不同可分为触发地雷（直接接触作用）和非触发地雷（物理场作用）。

① 触发地雷。触发地雷是受目标直接接触作用而发火的地雷。按承受外力作用的方式有压发地雷、绊发地雷、松发地雷、耐爆地雷等，也有压拉（绊）两用的触发地雷。触发地雷多配用机械引信，也可配用触发式的机电引信和电子引信。配用机械引信的触发地雷应用最早且最广泛，具有结构简单、生产方便、动作可靠、成本较低等优点，机械引信迄今仍普遍用于爆破型防步兵地雷和反坦克履带地雷中。用于攻击反坦克侧甲和反坦克底甲的触发地雷，常配用带开闭器的机电引信和电引信。新发展的可撒布触发地雷（主要是破片型防步兵地雷和反坦克履带地雷）采用触发式机电引信和电子引信的日益增多。这类触发地雷具有保险可靠、触发灵敏度高、能定时自毁等特点。触发地雷中以压发地雷的品种和数量最多，其次为拉（绊）发地雷，而松发地雷应用较少，且多用于设置诡计地雷。

压发地雷是靠目标一定的压力作用而发火的触发地雷。它是触发地雷中的主要品种，具有结构简单、生产方便、动作可靠、价格低廉等优点，是迄今为止应用最普遍的一种地雷。爆破型防步兵地雷和反坦克履带地雷绝大多数是压发地雷。压发地雷配用压发引信，具有接受和传递目标压力作用的传动机构。压发反坦克地雷的压发抗力一般为 1 471～7 845 N，而压发防步兵地雷的压发抗力一般为 49～245 N。

绊（拉）发地雷是受目标的绊（拉）力作用而发火的地雷，多为破片型防步兵地雷。通常配用拉发引信，主要用于杀伤徒步有生力量。其结构如图 16-2 所示。通常，绊线用直径为 0.5～0.8 mm 的铁丝制作，长度一般不大于地雷的密集杀伤半径。绊线的一端通过拉钩与引信的拉火栓（或拉销）相连接，另一端固定在木桩或其他物体上。当绊线受到一定拉力时，拉脱拉火栓，引信发火，地雷爆炸。可撒布的绊发地雷有数根绊线，撒布后可自动从雷中弹出、展开。绊发地雷障碍宽度和杀伤范围较大，但人工设置时较复杂。

松发地雷是卸除预加在发火机构上或松发引信上的载荷即发火的地雷，通常由人工设

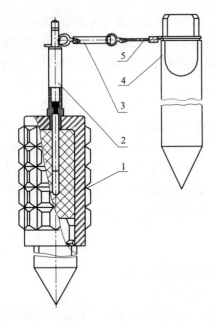

1—雷壳；2—引信；3—拉钩；4—木桩；5—绊线

图 16-2 绊（拉）发地雷

置。设置时，先在松发机构上加以不小于规定质量的物体或其他形式的载荷，再解除保险，地雷便处于待发状态。松发地雷一般作为诡雷使用，用于杀伤有生力量；也可在地雷场中与其他地雷混合使用，增加敌人排雷困难。松发地雷具有灵活多样和便于诱惑敌人的特点，可使敌人遭受意外杀伤。

耐爆地雷是能区分爆炸载荷与目标载荷的作用性质，不易因爆炸作用而诱爆或失效的地雷。耐爆地雷是以其传动装置或引信的特定结构来达到耐爆目的的。常见的耐爆结构类型如下：

一是减小传动装置或引信的承压面积，以减小爆炸载荷的作用，如英国的 MK5 压架式地雷。

二是采用气（液）动引信或利用球面支撑（倾动）式传动机构，在爆炸载荷短时间作用下不动作，前者如意大利 SH55 式地雷所用的气动引信，而后者如苏联 TM-56 式和德国 DM24 式耐爆地雷。

三是利用引信特定的结构，区分加载速度的快慢，在爆炸载荷作用时不击发。

四是利用引信特定的结构，区分加载次数。可承受一次或几次爆炸作用，如国外的计次引信等。

② 非触发地雷。非触发地雷是在一定距离内，不与目标直接接触就能感知目标作用而发火的地雷，配用非触发引信（磁感应引信、震—磁或声—磁复合引信、震—红外或声—红外复合引信等）。与触发地雷相比，非触发地雷具有障碍宽度大的优越性，能利用坦克的多种物理场，在不与坦克接触的情况下发火，毁伤坦克的底甲、侧甲和顶甲等。自 20 世纪 60 年代以来，随着电子技术的不断发展和运用，出现了复合引信，更加提高了非触发地雷的可靠性、安全性和抗干扰性。

(3) 按布设方式分类

按布设方式不同可分为可撒布地雷和非撒布地雷。可撒布地雷是专用于以空投、发射、抛掷等方式布设的地雷，具有体积小、质量小、抛撒安全可靠、可快速机动布设大面积雷场等特点，可有效地提高地雷在现代战争中的地位和作用。通常将多个雷装填于炮弹、火箭弹雷仓、投弹（子母雷）箱或地雷撒布器内，分别用火炮、火箭、飞机（含直升机）和抛撒布雷车（机械式或火药式）将其撒布到预定的区域。撒布时，地雷一般经历弹道飞行、定时开仓、散落、着地等过程，解除保险后进入待发状态。可撒布地雷在抛撒过程中受到多种力（如直线惯性力、离心力、着地冲击力等）的作用，为保证撒布中的安全，满足战术使用要求，大都具有多道保险、降落着地、站立和定时自毁（或失效）等机构。按用途可分为可撒布防坦克地雷和可撒布防步兵地雷两大类。既可进行单一雷种撒布，也可进行混合撒布。

最早出现的可撒布地雷，是第二次世界大战中，德军和意军在非洲用飞机空投的防步兵地雷。20 世纪 60 年代，许多国家着手研制利用飞机、火炮、火箭撒布的防坦克地雷。到 20

世纪 70 年代初，德国首先获得成功，使可撒布地雷进入了一个新的阶段。现在可撒布地雷及其运载撒布工具已构成多种撒布系统，可在不同距离上机动布雷，短时间内即可在预定地区构成地雷场。可撒布地雷的出现和发展，丰富了地雷战的战术运用形式，使地雷具有进攻性，成为拦阻和截击坦克、机械化部队的有效武器。

① 可撒布防坦克地雷。它是可用空投、发射、抛撒等方式布撒的防坦克地雷。按战斗功能不同可分为可撒布反履带地雷、可撒布反车底地雷和可撒布反坦克雷弹等。可撒布反履带地雷有圆饼形、条形、半圆柱形等，如意大利的 SB-81 防坦克地雷（图 16-3）、美国的 M34 型反坦克履带地雷、德国的 AT-Ⅰ型反坦克履带地雷等。可撒布反车底地雷和反坦克雷弹多为圆柱形，为保证获得有效的战斗姿态，通常装有降落着地机构和站立机构，如德国的 AT-Ⅱ型反车底地雷、我国的 84 式反车底地雷等。在现代战争中，可撒布防坦克地雷已成为一种远距离拦阻和截击敌方集群坦克的有效武器。

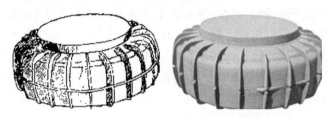

图 16-3　意大利的 SB-81 防坦克地雷

② 可撒布防步兵地雷。它是可用空投、发射、抛掷等方式布撒的防步兵地雷，配用全保险引信。它有爆破型和破片型两种。雷壳多用高强度、耐冲击的金属或非金属制成，外形多样。我国的 GLD112 型防步兵地雷，美国的布袋雷、蝴蝶雷和 M67/M72 楔形雷，苏联的 ΠΦM-1 菱形防步兵地雷，英国的"突击队员"防步兵地雷等，都是可撒布防步兵地雷。

一是蝴蝶雷。它是雷翅形状像蝴蝶的可撒布防步兵地雷，如图 16-4 所示。如美国用飞机撒布的 M83 型蝴蝶雷，由雷壳、装药、震感引信（M131 或 M131 A1）、雷翅、保险杆等组成，全雷质量约为 2.1 kg。通常数十发装在一个母弹内，空投后由母弹中抛出。蝴蝶雷投放后转入待发状态。弹簧铰接的两个半圆柱面，即所谓蝴蝶翼，或两个圆盘，即桨叶，均张开旋转，使小弹稳定下落。当受到人员震动或触动时即可爆炸，以破片杀伤有生力量。其有效杀伤半径为 15～50 m。

图 16-4　蝴蝶雷

二是蝙蝠雷。它是外形像蝙蝠的可撒布防步兵地雷。如美国用飞机撒布的 XM4l E1 蝙蝠雷（图 16-5）由塑料雷壳、液体炸药（硝基甲烷）和引信等组成。全雷重 29 g，外表呈

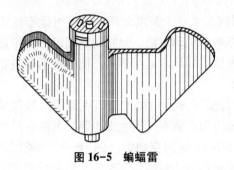

图 16-5 蝙蝠雷

深绿色或棕黄色。雷壳中间有圆柱形空腔引信室，用以安装液压机械引信。引信室一侧是炸药腔，装液体炸药 6 mL。引信室与炸药腔之间有小洞相通。引信室另一侧是雷翼，形状像蝙蝠翅膀，厚度为 0.5 mm，起平衡飞行、降低地雷着地速度的作用。

当引信处于保险状态时，钢珠被限制圈限制，不能外移，卡住击针。当炸药腔受到大于 98 N 压力时，炸药被挤压而流向引信室，迫使引信上移。移至一定高度时，随它一起上移的限制圈离开保险卡。此时保险卡因自身弹力突然张开，端头伸出部离开保险卡槽，引信完全进入战斗状态。当脚踩上该雷后，钢珠外移，使弹簧释放。借助弹簧张力，击针戳击雷管，使地雷爆炸。

三是蜘蛛雷。它是外形像蜘蛛的可撒布防步兵地雷。如美国用飞机撒布的蜘蛛雷，由金属雷壳、装药和触发电子引信组成，如图 16-6 所示。金属雷壳由两个带凸棱的半球扣合而成，而其结合部用钢圈箍成一体，内装由 80% 的 TNT 和 20% 的黑索今混合而成的 60 g 炸药。全雷重 470 g。在雷体被布雷弹抛撒布设后，落地解除保险，其四爪卡箍自动脱落，从 8 个爪孔中弹出 8 根 8～10 m 的细绊线，触动任何一根绊线，地雷都会爆炸，雷壳随即形成数百个米粒大小的杀伤破片。其杀伤半径可达 8 m。

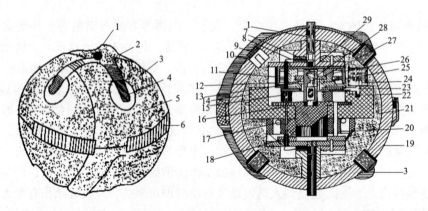

1—双槽控制杆；2—四爪卡箍；3—凸旋；4—绊线出孔；5—雷体；6—铁箍；7—控制销；8—带钩弹簧片；9—绊线弹金帽；10—绊线弹簧；11—离心块弹簧；12—短柱；13—钢珠；14—电子电路盒；15—旋转开关；16—长柱；17—镀金钢珠；18—电池；19—雷壳；20—敏感元件盒；21—炸药；22—气雷管；23—接电销管；24—电雷管；25—筒盘弹簧；26—离心块；27—筒盘；28—接电销；29—接电销弹簧。

图 16-6 蜘蛛雷

此雷使用触发电子引信。引信由绊线机构、保险装置和电子电路系统 3 部分组成。绊线机构的作用是解除保险前收拢绊线，并在解除保险后展开绊线。保险装置的作用是保证平时电源和电路断开，空投后接通电路，使延时电路开始工作。电子电路系统包括延时电路和触发电路。延时电路的作用是保证地雷落地 30 s 后进入待发状态，避免空投时爆炸；触发电路的作用是保证地雷动作可靠和定时自毁。这种雷一般不能用人工直接排除。

四是布袋雷。布袋雷又称树叶雷，是外壳由布袋制成的可撒布防步兵地雷。如美国用飞机撒布的 XM12 布袋雷，有扇形和方形两种。方形的外观和结构原理如图 16-7 所示。

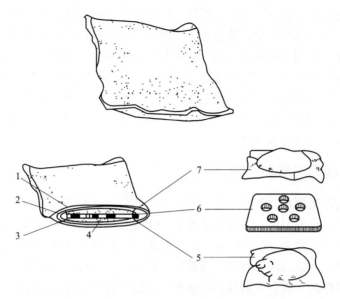

1—外袋；2—内袋；3—黑索今、铝粉和铅粉；4—氯酸钾和玻璃碴；5，7—塑料袋；6—摩擦片。

图 16-7　美国的 XM12 方形布袋雷外貌及结构

方形布袋雷的重量为 30 g，而扇形布袋雷的重量为 70 g。装药成分：黑索今占 50%，氯酸钾占 10%，铅粉和铝粉占 10%，玻璃粉（碴）占 30%。摩擦片由硬纸板制作，中间冲有若干个孔，以增加摩擦作用。布袋雷装入布雷器前需喷上一种挥发剂，以降低装药的摩擦感度，使地雷处于安全状态。落地 15 min 后溶剂挥发，进入待发状态。被人踩踏或车辆碾压时，发火药与摩擦片摩擦发火，起爆装药，可炸伤人员脚部或车辆轮胎。

五是子母雷。它是一种经设置后等待目标作用或操纵发火，能抛撒出若干地雷的集装式地雷。被抛撒的被称为子雷，而容纳并抛射子雷的被称为母雷。按子雷种类不同，可分为防步兵子母雷、防坦克子母雷和特种子母雷。母雷由引信或操纵发火装置、筒形或箱形母雷体、抛射药等组成。当目标进入其有效作用范围时，母雷引信发火（或操纵发火），点燃抛射药，抛射装置将子雷从母雷体内抛出，形成一个雷群。它主要用于对付集群目标，以增大对集群目标的障碍能力。

此外，地雷的分类方法还有按操纵方式不同分为操纵地雷和非操纵地雷，按制作方式不同分为制式地雷和应用地雷，按抗爆炸冲击波能力分为耐爆地雷和非耐爆地雷等分类方法。在此不做详细介绍。

16.2　防步兵地雷

防步兵地雷也即反步兵地雷，又称杀伤地雷，是一种埋设于地下或布设于地面，通过目标作用或人为操纵起爆的用来杀伤徒步有生力量的地雷。其杀伤作用主要靠冲击波和破片来完成，有的还靠聚能装药和子弹药来完成。用触发引信或非触发引信起爆，也可操纵起爆。防步兵地雷具有体积小、重量轻的特点，用于设置防步兵雷场或雷群，也可与防坦克地雷一起设置混合雷场。

防步兵地雷按作用方式不同可分为跳雷、定向雷，而按毁伤方式不同可分为爆破型、破片型。一方面，它具有结构简单、造价低廉、使用方便的特点，在历次世界大战和局部战争中被大量使用，在今后相当长的时间内，仍将是发展中国家防御作战不可缺少的武器；另一方面，未加限制的使用给战后清理带来极大困难，成为对平民的公害。出于人道主义的关切，我国和其他一些国家共同签署了限制防步兵地雷使用的《地雷议定书》。今后使用的防步兵地雷应具有自毁和自失效功能，应便于被探知和清除。此外，研制非杀伤性（软杀伤）防步兵地雷也是今后的发展方向之一。

16.2.1 爆破型防步兵地雷

爆破型防步兵地雷简称爆破雷，是主要利用炸药爆炸产物的直接作用杀伤徒步有生力量的地雷。它一般采用压发引信，多埋设于地下。设置于地面的压发式爆破地雷多置于杂草或树叶丛中，压发抗力一般为 49～245 N。人、马直接踩压地雷时即爆炸。雷壳多用塑料等非金属材料制成。装填固态或液态炸药，装药量一般为 8～220 g。爆破型防步兵地雷是地雷中体积较小、重量较轻的一类。今后这类地雷将继续向耐爆、小型化、系列化和可撒布的方向发展。为满足禁雷的要求，爆破雷内必须包含不小于 8 g 的金属，以便于被金属探雷器探知。

（1）我国 58 式防步兵地雷

该雷为压发爆破型防步兵地雷，主要以装药爆炸后产生的高温高压气体杀伤敌人的有生目标。由于装药量较大，故也兼具破坏敌人轮式运输车辆轮胎的功能。其外观为一圆柱体，全雷重约 600 g，内装 200 g TNT 炸药。除击发装置和起爆管外，雷壳等大部分零部件均为酚醛塑料注塑而成，成本低廉且便于制造；同时由于大量采用塑料元件，被敌方探雷器发现的概率大大降低。

58 式防步兵地雷主要由防潮蒙皮、压盖、雷壳、压杆、击发机构、起爆管和装药等部分组成（图 16-8）。

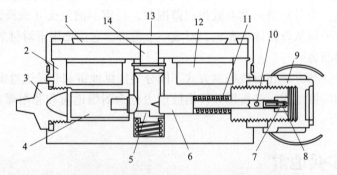

1—压盖；2—雷壳；3—起爆管螺盖；4—起爆管；5—凸台；6—击针；7—软金属保险片；8—钢丝环；9—击发机构螺盖；10—保险销孔；11—击针簧；12—装药；13—防潮蒙皮；14—压杆。

图 16-8　我国 58 式防步兵地雷结构

雷体内横向、纵向各贯穿有一个圆孔。横向圆孔用于安装击发机构和起爆管，而纵向圆孔则用于安装压杆和压杆簧，其余空间基本上都被装药填满。压盖用一个橡胶制成的防潮蒙皮包裹在雷壳上。为防止脱落和进一步提高防潮能力，还用一条薄钢片冲压成的抱箍固定于雷体上。压杆的中心也开有一个贯穿的圆孔。圆孔中心加工出一个凸台。凸台的作用是抵住击针，防止其解脱。在布设后，由于压杆簧的作用，压杆向上抵住压盖，击针也同时被压杆内的凸台卡住而无法解脱（图 16-9）。当敌人踩踏地雷时，压盖将压力传递给压杆，压杆下降，击针脱离凸台的限制（图 16-10），引爆起爆管，使地雷爆炸。

图 16-9　地雷击针被凸台限制状态

图 16-10　地雷击针解脱状态

（2）我国 72 式防步兵地雷

我国 72 式防步兵地雷也是一种以炸药爆炸产生的冲击波杀伤敌方步兵的地雷（图 16-11）。该雷有塑料雷壳，全雷重 125 g，内装 TNT 炸药 48 g 和扩爆药特屈儿或泰安 4 g。动作压力为 68~147 N。保险状态的安全压力为 735.7 N。地雷由上壳、下壳、橡皮盖、压盖、保险圈、挡圈、弹簧、保险销、击针、击片、限制杆、装药、火帽、雷管和扩爆药柱等组成。

平时，地雷压盖上的 3 个爪由保险圈上的 3 个爪控制，保险圈又由保险销控制，使压盖不能下降，地雷保持安全状态。抽出保险销后，弹簧推动保险圈转动，使保险圈上的 3 个爪与压盖上的 3 个爪错开，保险圈失去对压盖的控制，地雷进入战斗状态。当地雷受到一定压力时，压盖下降，下压击片，使其猛力下翻，击针击发火帽，引爆雷管，使地雷爆炸。

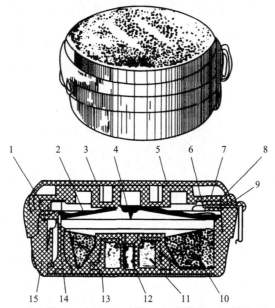

1—弹簧；2—击片；3—橡皮盖；4—击针；5—压盖；6—保险销；7—挡圈；8—保险圈；9—上壳；10—装药；11—扩爆药柱；12—雷管；13—扩爆药柱座；14—限制杆；15—下壳。

图 16-11　我国 72 式防步兵地雷

16.2.2 破片型防步兵地雷

破片型防步兵地雷简称破片雷,是主要利用炸药爆炸后雷体产生的破片(含预制破片)杀伤徒步有生力量的地雷,有在地面爆炸的普通破片地雷、腾空爆炸的跳雷和破片按一定方向飞散的定向雷。普通破片地雷埋在地下,爆炸时爆炸能量大部分被土壤吸收,破片的有效杀伤半径较小。虽然引发地雷可把部分雷体露出地面,但尽管如此,其杀伤能力仍然有限。跳雷仍设置在地面,但当它被目标作用后,雷体先向上腾飞到空中 2 m 左右,而后才爆炸,破片向四周飞散,可增大杀伤半径。定向雷设置在地面上,爆炸能量可集中指向一定的方向,使破片沿这方向飞散得更远,杀伤面积更大。

破片雷多采用拉发(绊发)或压、拉及联合作用的引信,常常埋设于草地或灌木丛中,绊线距地面 200 mm 左右,长 2~3 m。地雷爆炸时破片向四周或预定方向飞散。杀伤效果通常用密集杀伤半径和有效杀伤半径衡量。密集杀伤半径一般在 7.5~20 m。与爆破型防步兵地雷相比具有杀伤范围大的特点。

(1) 防步兵跳雷

防步兵跳雷,又称腾炸地雷,简称跳雷。受目标作用后跳离地面一定高度爆炸的破片雷,由引信、雷体、抛射装置等部分组成,一般配用拉、压两用引信或拉发引信,通常由人工设置成绊发或压发两种形式。雷体外壳早先多为铸铁件,现多采用半预制破片和预制破片结构,大大提高了杀伤威力。跳雷的抛射装置由抛射筒、抛射药等组成。当敌人触动绊线或踏上压板后,引信发火,点燃抛射药,雷体从抛射筒中抛出,经过一定的延迟时间,雷体在空中爆炸,破片向周围空间飞散。该型雷死角小,杀伤效果好。一般全雷重 1.5~8.5 kg,装药量为 100~500 g,腾炸高度为 0.3~2 m,密集杀伤半径为 10~40 m。

① 结构与性能。防步兵跳雷及其改进型由雷壳、装药、抛射装置(包含抛射筒、抛射药、抛射药盒)和雷管等组成,如图 16-12 所示。抛射筒为金属筒,内装圆柱形的铸铁雷壳。雷壳内装有 TNT 炸药。在设雷前将雷管装入雷管室,并用防潮杆固定(改进型的雷管在出厂前已装配好)。中心孔即传火管,当旋下火帽盖后即可旋上引信)。雷壳上面有一火帽,平时旋有火帽盖。抛射药在抛射药盒内。抛射药盒与雷壳用螺圈连接。炸药装药与抛射药盒之间有一隔板,而隔板上固定有延期体,使雷管延期爆炸。

② 引信及发火原理。防步兵跳雷使用压、拉两用引信,由引信体、压簧管、击针簧、控制夹、压杆、压簧、保险销和防护帽等组成,如图 16-13 所示。引信体和压簧管由塑料制成,中间以螺纹连接。压簧管内有一压簧,上部顶住压

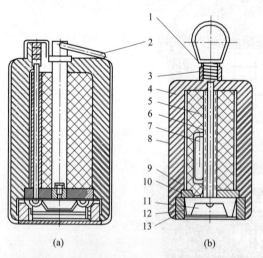

1—火帽盖;2—防潮杆;3—火帽;4—雷壳;5—装药;
6—传火管;7—雷管;8—抛射筒;9—延期体;10—隔板;
11—抛射药;12—抛射药盒;13—螺圈。

图 16-12 防步兵跳雷
(a) 原型 (b) 改进型

杆。平时，击针簧处于压缩状态。击针尾部凹槽插有控制夹，使击针不能下降。控制夹又被压杆窄孔控制，使其不能离开击针凹槽。为设雷安全，有一保险销贯穿压杆和击针尾部。为防止杂物进入引信内部和防潮，压杆上套有橡胶防护帽。引信体下端有螺纹与雷壳上的火帽连接。

引信被安装在火帽上。拔出保险销后，当压杆上受力达到 68～196 N 时，压杆下降，压缩压簧。当压杆下降到其宽孔到达控制夹的位置时，控制夹便向外张开（设成绊发时，当控制夹上受到 14.7～44 N 拉力时，它从引信中拉出），击针失去控制，借击针簧的张力撞击火帽发火，火焰经传火管点燃抛射药，雷壳被抛射药产生的气体抛出，同时点燃延期体。当雷壳距地面 0.3～2 m 时，延期体使雷管爆炸，引起装药爆炸。

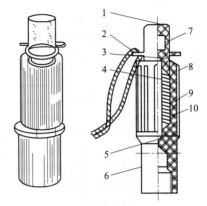

1—防护帽；2—保险销；3—控制夹；
4—击针簧；5—击针；6—引信体；7—压杆；
8—垫圈；9—压簧管；10—压簧。
图 16-13 压、拉两用引信

③ 典型防步兵跳雷。

一是德国 S 系类跳雷。现代跳雷是德国在 20 世纪 30 年代发明的，型号有 S-Mine-35 和 S-Mine-44（图 16-14）。两者都在第二次世界大战中被德国军队广泛使用。

S-Mine-35 型跳雷雷体上方是 3 个不同类型的引信，通过一个连接装置连接到雷体上。中间引信是 S.MI.Z.35 式压发引信。如果有人踏压到引信上的 3 个压力感应叉，就会释放击针打击火帽。右边引信是 Z.Z.42 式拉发引信。在引信顶端的拉环上缠上绊线，一旦有人触动绊线，击针就会击发火帽。左边的引信是一种带反排除功能的 ZU.Z.Z.35 拉发引信。该引信特别之处在于：在安装完毕后，无论是碰到绊线，还是剪断绊线，均会使引信动作，从而引爆地雷。引信连接装置下方是地雷的雷壳。中间的抛射筒套装着桶状的战斗部。战斗部结构复杂：外部是一圈杀伤元，一般是 300～400 枚钢珠或其他类型的杀伤破片。内层包裹着 600 g TNT 炸药和 3 个雷管。中间部分是一个传火管。引信的火帽被击针

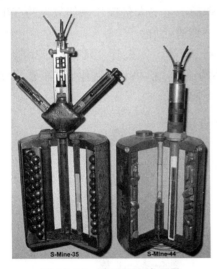

图 16-14 德国 S 系类跳雷

击发后产生的火焰通过传火管点燃底部的一个延时引信（延时 3.9～4.5 s），再将位于雷壳最底层的抛射药引爆，向上垂直抛出战斗部。战斗部腾空而起后，在短延时引信的使用下，距地面 1～1.5 m 高处爆炸，达到最佳杀伤效果。S 系类跳雷之所以威力巨大，是因为地雷先弹射到一定高度后再爆炸，并将杀伤元以 1 000 m/s 的速度向四周水平射出。在以地雷为中心的半径 30 m 以内，无论目标是站立，还是卧倒，都无法逃脱杀伤元的覆盖。其杀伤范围最远可达 100 m。

S-Mine-44 是 S-Mine-35 的简化，外形差别并不大，主要是内部结构做了简化。引信

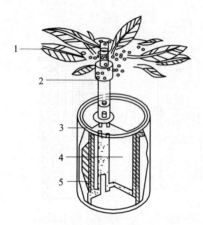

1—伪装层；2—压力发火器；3—抛射筒；
4—抛射药；5—预制破片。

图 16-15 比利时 NR442 跳雷

接口和传火管移到了战斗部的侧面。原先位于传火管底部的延时引信被挪到导火管的上方，而传火管的下方则用于装填抛射药。用于控制地雷战斗部在半空爆炸的短延时引信被取消，而用拉发引信代替。杀伤元多种多样，从钢筋头到螺丝钉，应有尽有。

二是比利时 NR442 跳雷。比利时 NR442 跳雷（图 16-15）有 3 个主要部件：抛射筒、地雷本体和发射装置。筒体也当作雷壳用，其上部卷合于雷体上，以达到全密封。有一根盘好的绳连在雷体底部，而另一端连在筒内。压力发火器有 4 根触杆，彼此成 90°布置。当有压力作用在任一根触杆时，都会引起其产生小的转动或移动，以将一小块黑火药推入该组件的底部。地雷在有压力作用于触发装置或目标碰上导线时，黑火药被点燃，经 1 s 延时，雷体由抛射筒垂直向上抛射出来。雷体向上跳起高度为 750 mm，定高绳拉掉点火销，雷体在离地 1～1.2 m 高处爆炸。雷体内壁有两层有预制切槽的钢丝盘绕，内装 TNT 炸药 560 g，爆炸后可产生 2 500 多个圆柱形破片，杀伤半径可达 25 m。

三是我国 69 式防步兵跳雷。69 式防步兵跳雷是我国第一种完全自主设计的现代地雷，通过抛射药包将抛射筒中的雷体抛到空中后爆炸，以爆炸后产生的大量破片杀伤敌人的有生目标。其威力大，杀伤范围广，几乎没有杀伤破片覆盖不到的死角。

我国 69 式防步兵跳雷主要由引信、抛射药、抛射筒、雷体、传火管、延期药、雷管和炸药等几个部分组成（图 16-16）。该雷采用压、绊两用引信，既可以直接用绊线布置成绊发，也可以通过使用压板等装置设置成压发，较为灵活方便。

1—引信；2—雷管；3—传火管；4—延期药；5—抛射药包；6—隔板；7—炸药；
8—雷体；9—抛射筒；10—防潮杆；11—提环。

图 16-16 我国 69 式防步兵跳雷

当敌人踩踏或者触及绊线时，引信触发击发火帽，产生的火焰通过传火管点燃抛射筒底部的抛射药包。抛射药包产生的火药燃气将整个弹体垂直向上弹起，脱离抛射筒；同时，延期药也被点燃。当雷体被抛射到距地面 0.5～2 m 的高度时，延期药点燃雷管，地雷被引爆，所形成的杀伤破片会覆盖半径 11 m 内所有角落。

（2）定向雷

它是利用特定形状的装药将预制破片按预定的方向和范围抛射出去，以杀伤有生力量或完成其他任务（如毁伤运输车辆、在铁丝网中开辟通道等）的地雷。定向雷通常由单兵携带，手工布设，操纵发火（有线、遥控电发火或手动延期引信），也可配用不同形式的引信，由目标作用后发火。

① 分类及其功能。定向雷按用途不同分为防步兵定向雷和防车辆定向雷，而按装药结构形式不同分为发散型定向雷和聚集型定向雷。发散型定向雷的预制破片在装药（横剖面）的凸面（图 16-17），装药爆炸后破片以散射形式呈扇面状飞向目标。破片分布均匀，密集分散角在 38°～60°，密集杀伤半径为 50～150 m。

聚集型定向雷的预制破片在装药的凹面（图 16-18），装药爆炸后破片以集束的形式飞向目标。破片密度较大，密集飞散角小于 5°，密集杀伤半径为 100～200 m。

1—雷体；2—瞄准孔；3—雷管室塞；4—雷壳；
5—雷管室；6—装药；7—钢珠；8—支架。

图 16-17 我国 66 式防步兵定向雷（发散型定向雷）

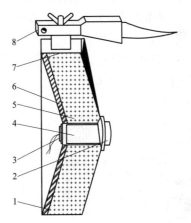

1—隔板；2—雷盖；3—电雷管；4—扩爆药；
5—主装药；6—预制破片；7—雷壳；8—固定具。

图 16-18 聚集型定向雷

防步兵定向雷质量较小，一般为 1 000 kg 至几千克，主要用于防御阵地前沿，杀伤密集冲锋的步兵，也可用以防护重点目标，封锁道路、渡口等。防车辆定向雷质量在 10～20 kg，破片有较大的动能，在一百多米的距离上可击穿数毫米厚的钢板，主要用于封锁城镇街区交通要道，毁伤运输车辆和轻型装甲目标。定向雷防御正面宽，火力密度大，系统构成简单，操作方便，战场应用灵活，受到各国的重视，现已发展成不同规格系列产品。

② 结构与性能。防步兵定向雷由雷壳、装药、钢珠、支架、延期引信或电发火装置等组成（图 16-19）。其塑料雷壳的顶部有一瞄准孔，用来瞄准目标位置。顶部两端各有一雷管，平时用雷管室塞将有孔的一端旋紧，以防杂物进入。壳的底部有支架，可以转动，并能分开和收拢，用以支起雷体和调整瞄准角度。内装塑性炸药以及用黏结剂粘牢的杀伤钢珠。

③ 引信及发火原理。防步兵定向雷使用延期引信或电发火装置。起爆延期引信由外套筒、内套筒、击针簧、钢珠、保险销和延期雷管等组成（图 16-20）。将引信旋入地雷，抽掉保险销，外套筒转动 90°，释放钢珠，击针撞击火帽，点燃延期雷管，经 5～8 s 后地雷爆炸。电发火装置由电雷管、长 30 m 的导线和电源组成。布设好地雷后，待敌人进入杀伤区

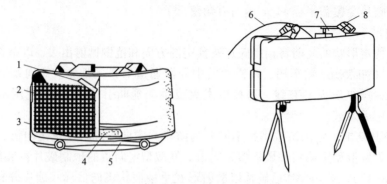

1—雷管室；2—钢珠；3—雷壳；4—装药；5—支架；6—电雷管脚线；7—瞄准孔；8—雷管室塞。

图 16-19　防步兵定向雷

域时接通电源，使地雷爆炸。

④ 使用方法。根据需要，防步兵定向雷可使用延期引信临时设置，也可使用电发火装置预先设置。

一是选择瞄准点。在雷的预定杀伤范围中心（距雷位 50～55 m 处），选择或设置约与人肩同高（1.5～1.6 m）的物体作为瞄准点，如图 16-21 所示。

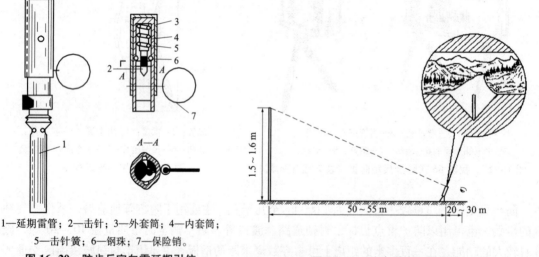

1—延期雷管；2—击针；3—外套筒；4—内套筒；
5—击针簧；6—钢珠；7—保险销。

图 16-20　防步兵定向雷延期引信

图 16-21　防步兵定向雷瞄准

二是安装延期引信或电雷管。旋下雷管室塞，把延期引信旋入雷管室，并旋紧到位。如使用发火装置，则把电雷管插入雷管室，将其脚线从雷管室塞中引出，旋上雷管室塞。

三是设置地雷。在预定的雷位上支起雷体，凸面向敌。眼在雷后 0.2～0.3 m 处进行瞄准，调整地雷，使瞄准孔的下平面与所选择的瞄准点相齐平，并使缺口的中央对准瞄准点。如使用延期引信，瞄准前应先将保险销拔掉，但不准转动套筒。如使用电发火装置，应将导线接到电雷管脚线上，而将另一端展向操纵位置。最后，根据需要，可用草或树叶等进行伪装，但禁止用土或其他妨碍钢珠飞散的物体遮盖。

四是实施点火。使用延期引信时，在敌人进入杀伤区前的适当时机，轻轻地将外套筒转动约90°（不要向上提拉外套筒），使延期引信发火，然后迅速退至安全区隐蔽。使用电发火装置时，应提前做好点火准备，抓住有利时机实施点火，起爆地雷点火后退到杀伤距离之外。无掩体时应大于17 m，而有掩体时若在堑壕内则应大于9 m。

⑤ 典型防步兵定向雷。

一是美国 M18 A1 防步兵定向雷。美国 M18 A1 是一种预制破片的定向防步兵地雷。其外形尺寸（长×宽×高）为 216 mm×35 mm×83 mm，重 2.5 kg。雷体是一个经过强化处理的长方形聚苯乙烯塑料壳，壳体稍弯曲，在壳体内前部装有直径为 5.56 mm 的钢球 700 个，后部装有 C4 塑性炸药 682 g。雷体的破片面（正面）呈凸形，爆炸时使破片向前方飞散；而背面呈凹形，以防止破片反向飞散。雷体上部设有瞄准器。瞄准器两侧为雷管室，并配有防潮的雷管室塞。为了方便布设，其雷体下方装有两对剪刀形的简易支架，如图 16-22 所示。

该定向防步兵地雷的钢球向前呈 60°扇形状飞散，在距离 50 m、高度 2 m 的弧形空间内的杀伤能力最强，杀伤距离为 100 m，如图 16-23 所示。

M18 A1 地雷的全套组件还包括一个 M57 脉冲点火机（图 16-22 的左上角）、一个增压装置、电雷管和约 91 m 的导线和一个帆布携行袋。携行袋分成两部分：一半装地雷；另一半装其余装置。M57 脉冲点火机连续按压操作手柄 3 次，产生 3 V 电压，可引爆地雷中的电雷管。当要同时引爆数枚地雷时，需要 M57 脉冲点火机和增压装置组合使用。

图 16-22 M18 A1 地雷的正面和背面

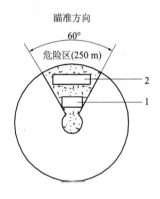

1—杀伤区；2—破片飞散区。

图 16-23 M18 A1 地雷的有效杀伤范围

对于 M18 A1 地雷，既可以人工操作引爆，也可以通过使用各种拉发、绊发、压发发火具引爆；既可以单独使用，也可以将数枚地雷并联成一个地雷阵。M18 A1 的布设方法灵活多变，使敌人防不胜防。按美军的布雷规范，雷场一般按三角法或直线法布设。按三角法布设时，通常设置成绊发雷，每组有 3 个呈三角形布设的绊发雷，整个雷场由多个地雷组构成；按直线法布设时，一般使用压发雷，成行布设，每行设置 1～4 个地雷，相互间的间隔约 1.8 m。

二是我国 66 式防步兵定向雷。我国 66 式防步兵定向雷的外形尺寸（长×宽×高）为 216 mm×86 mm×35 mm，重 1.6 kg，由塑料雷壳、装药、钢珠、支架、延期引信或电雷管组成（图 16-17）。雷壳顶部中央有一瞄准孔，用以瞄准杀伤方向。瞄准孔的两侧，各有一个雷管室，旋有雷管室塞，平时将无孔的一端旋紧，以防碎物进入。雷体正面装 700 枚总重 650 g 的钢珠，而背面则装填 680 g 重的塑-4 塑性炸药。雷壳的底部有支架，可以转动，并能分开或收拢，用以支撑雷体和调整瞄准角度。

布设该雷前必须先将其雷体下方的脚架打开固定住，并将其正面（表面印有"此面向敌"字样）对准敌人来袭的方向。通过瞄准孔瞄准 50 m 左右距离上与人体高度相当的参照物，将其作为瞄准点，最后装上引信即可。该雷既可以使用拉发、绊发、压发引信，也可以使用电发火装置引爆。该雷引爆后产生的 700 枚破片呈 60°～120° 扇面打向正前方，可有效杀伤距离为 50～100 m 内的敌人和无防护的车辆。如将数枚地雷并联使用，其杀伤范围则更大，也更有效。

16.3　防坦克地雷

防坦克地雷也即反坦克地雷，是一种用来毁伤坦克、自行火炮和装甲车辆等技术装备的地雷，是对坦克装甲部队作战，迟滞敌方进攻的重要防御武器之一，不仅可以直接毁伤坦克，而且可迟滞坦克、装甲车辆的行动，为反坦克直瞄武器创造良机，可大大提高毁伤坦克的概率。按照毁伤坦克部位的不同，防坦克地雷可分为防坦克履带地雷、防坦克车底地雷、防坦克侧甲地雷和防坦克顶甲地雷。

16.3.1　防坦克履带地雷

防坦克履带地雷也即反坦克履带地雷，简称反履带雷，是一种用于炸毁坦克履带或轮式车辆的行动部分，使其失去机动能力的地雷。雷壳可由金属或非金属（如木材、油纸、塑料等）材料制成。装药形式通常为集团装药，且药量为 1.6～11 kg；也有用条形装药的，且药量为 0.3～8.4 kg。一般都配用触发引信（压发、触杆、复次压发引信等），利用履带或车轮的碾压作用起爆。压发抗力在 1 471～7 845 N。这可以避免被炮弹、炸弹和核冲击波所诱爆，能保证只有坦克和装甲车辆履带碾压到雷上时才起爆；同时，还采用了全保险型引信和自毁装置，使地雷能够炸伤敌方装甲车辆，而不影响己方兵力机动。反履带雷只有坦克履带压上时才能起爆，所以单枚地雷的障碍宽度很小。一般每千米正面需要布设 1 000～2 000 枚。

反履带雷是防坦克地雷中最先发展起来的品种。早在 1916 年坦克出现后不久，德国就使用了这种地雷。直到 20 世纪 40 年代末，各国研制和装备的防坦克地雷大多是反履带雷。由于这种地雷发展较早，具有结构简单、动作可靠、造价低廉等优点，迄今在防坦克地雷中仍占有重要地位。反履带雷一般不破坏车内设备，不能杀伤车内乘员，体积和质量较大。现代的反履带雷多采用高能炸药，以提高威力；减轻重量，改进地雷及引信结构，以提高耐爆性；增加保险机构，以保证使用安全。今后将进一步向小型化和适于快速机动布设的方向发展。

各国反履带雷的型号有很多，其中较有代表性的适于人工和机械布设的有我国的 72 式、81 式、85 式，德国的 DM21，意大利的 VS3.6，苏联的 TM-57，英国的 L8A1（条型雷）等。适于飞机或火箭布撒的有美国的 M34，意大利的 MATS/2 和德国的 AT-1 等。

(1) 苏 TM-56 式反坦克地雷

TM-56 式反坦克地雷（图 16-24），为金属雷壳，雷盖为球形凹面，上部中央有引信室，可装电雷管或使用 MYB-2 引信，平时用螺盖密封。地雷装 TNT 炸药 6.5～7 kg，中间有扩爆药。地雷总质量 10.5 kg，能炸毁重型坦克履带。

TM-56 式反坦克地雷，使用 MB-56 式引信（图 16-25）。当坦克压上地雷时，雷壳破裂，同时雷盖和螺盖沿雷体球形凹面运动，使螺盖衬套横向挤压引信凸缘。当凸缘受到 588～1 764 N 剪切力时，引信颈部折断，击针失去控制，借击针簧的张力撞击雷管，使地雷爆炸。

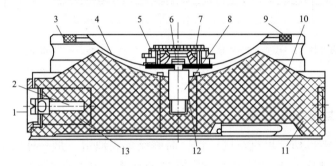

1—螺塞；2—副引信室；3—传压板；4—雷盖；5—螺盖；6—引信凸缘；7—衬套；8—引信；
9—橡皮垫圈；10—雷壳；11—装药；12—引信室；13—扩爆药。

图 16-24 TM-56 式反坦克地雷

(2) 我国 72 式铁壳反坦克地雷

我国 72 式铁壳反坦克地雷（图 16-26），能炸断中型坦克的履带，损坏其负重轮。它由雷壳、装药、传动装置和引信等组成。

雷壳中央有引信室，旋有螺盖；底部有一提手。传动装置由两片碟簧、压盖、螺盖等组成。其引信（耐爆引信）由外套筒、内套筒、击针、击针簧、钢珠、保险夹和起爆管组成。平时，两个钢珠的一半卡住击针，而另一半卡在内套筒的圆孔内。内套筒上的销子卡在外套筒曲槽右边底部，故击针不能下降。引信装入地雷后，当坦克负重轮压上地雷时，压盖下降，下压引信。因为是徐徐受力，外套筒的曲槽斜面在击针簧的扭力作用下，沿内套筒上的销子慢慢下降并转动，保险夹张开，销子进到曲槽左边。此时，外套筒上的长孔对正钢珠，在击针簧伸张力的作用下钢珠被推出，击针失去控制，击发起爆管，使地雷爆炸。当炸药或核爆炸冲击波作用于地雷上时，压盖突然下降，下压引信，保险夹张开，但外套筒来不及扭转，曲槽右侧只能沿销子向下滑动。长孔与钢珠不能对正，故钢珠不能释放击针。当冲击波过去后，碟簧将压盖弹起，外套

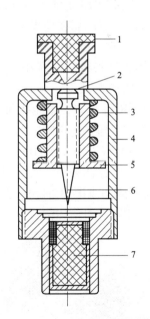

1—橡皮塞；2—引信颈部；3—击针簧；4—引信体；
5—套管；6—击针；7—起爆管。

图 16-25 MB-56 式引信

筒在击针簧的作用下上升，恢复原位，保险夹自动恢复保险，地雷不爆炸。

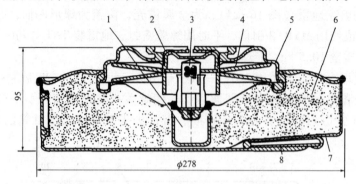

1—扩爆药柱；2—螺盖；3—引信；4—碟簧；5—压盖；6—装药；7—雷壳；8—提手。

图 16-26 我国 72 式铁壳反坦克地雷

16.3.2 防坦克车底地雷

防坦克车底地雷也即反坦克车底地雷，简称反车底地雷，是一种用于击穿坦克或其他装甲车辆的底甲，破坏其内部设备和杀伤乘员的地雷。其装药结构有两种：一种是聚能装药，即在地雷爆炸后，通过聚能作用，形成高温、高压、高速的金属射流，穿透底装甲；另一种是爆炸成型弹丸装药，即爆炸后可形成高速金属侵彻体，能对付底部装甲较厚的坦克。其破甲厚度可达 100 mm 至几百毫米。早期配用触发引信（触杆引信，带开闭器的引信等），当坦克在地雷上方通过并碰及触发杆时，地雷才起爆。现多配用非触发引信（磁、震—磁、声—磁等），坦克无须直接触及地雷的引信，而是由坦克通过雷场时所形成的磁场、红外线、噪声和震动等引发地雷。这种非触发引信被采用之后，可使每千米雷场的布雷数量减少一半。

20 世纪 40 年代末，聚能装药被用到防坦克地雷上，才出现了反车底地雷。虽然反车底地雷的出现较反履带地雷晚，但具有体积小、质量小、威力大等优点，受到各国的普遍重视。自 20 世纪 70 年代以来发展的可撒布防坦克地雷中，反车底地雷居多数。装药结构多采用后效较大的爆炸成型弹丸装药，而所用非触发引信的可靠性、安全性和抗干扰性都有很大提高。反坦克车底地雷早期配用的触杆引信是利用触杆作为承受和传递目标作用的引信。触杆受推动和撞击，相对于引信体位移，达到触杆起爆偏角时引信发火。有长触杆引信和短触杆引信两种。长触杆引信用于反车底地雷和抗登陆水雷；短触杆引信是一种耐爆引信，用于反履带地雷。典型反坦克车底地雷有德国的 AT-2，美国的 BLU-91/B、M70/M73，我国的 84 式非触发反车底地雷等。

德国 AT-2 反坦克车底地雷用于击穿坦克底甲，杀伤车内乘员，使坦克丧失战斗力，是德国 MSM-FZ 110 mm 轻型多管火箭炮的配套地雷，如图 16-27 所示。

德国 AT-52 反坦克车底地雷雷体直径为 103.5 mm，高度为 165 mm，全雷重 2.22 kg。其雷壳材料为塑料。

图 16-27 德国 AT-2 反坦克车底地雷

其采用空心装药结构,装填 0.7 kg 钝黑索今炸药。地雷上部系有降落伞。雷体四周有 12 条支腿。配用电触发引信,并具有自毁伤功能。该雷被发射或抛射出去以后,降落伞自动展开,以一定落速下降到地面。触地时,凭借冲击惯性,抛掉雷伞,并释放缚在圆柱形雷体四周侧面上的支腿,将地雷扶起并支撑在地面上,使地雷的爆炸作用方向朝上。然后经过短暂延期,地雷进入状态。若坦克碰到地雷向上伸出的传感器线,地雷就爆炸。

16.3.3 防坦克侧甲地雷

防坦克侧甲地雷,也即反坦克侧甲地雷,又称路旁雷,简称反侧甲雷。它是一种用于击穿坦克或其他装甲车辆的侧甲,破坏内部设备,杀伤乘员,使其丧失战斗力或机动能力的地雷;通常用在不便设置反履带地雷和反车底地雷的地段及其他特定区域,用以封锁道路、隘口、登陆渡河场、城镇街区、沼泽地等。

第二次世界大战期间,苏联首先用反坦克火箭弹改装成 ПМГ 反侧甲雷。这种雷采用拉发引信或开闭器控制。坦克触及引信或压合开闭器后,火箭弹从设在路旁的火箭筒内飞出,以聚能装药战斗部攻击坦克侧甲。20 世纪 60 年代,美国装备的 M24 反侧甲雷也是用反坦克火箭弹改装的,且采用的是电缆式开闭器。20 世纪 70 年代初,有的国家研究和装备了新一代反侧甲雷,在引信和装药结构上有了新的突破,发展了非触发引信(如美国 M66 式反侧甲雷所用的 M619 震动—红外复合引信)和爆炸成型弹丸装药结构(如法国的 MAHF1 反侧甲雷)。雷体爆炸后形成的爆炸成型弹丸,可在几十米的距离上击穿坦克侧甲,且有较大的后效作用。近年来,反侧甲雷又趋于用火箭筒发射有串联聚能装药战斗部的火箭弹,以增大作用距离,对付主动装甲。引信采用可靠性更高、抗干扰性能更强的新型复合引信(如声—双色红外引信)。典型反坦克侧甲地雷有美 M24 反侧甲雷(图 16-28)等。

美 M24 反侧甲雷由雷弹、发射筒、发火装置和制式开闭器等组成。M24 反侧甲雷通常设置在距目标 10~100 m 处,用来侧击坦克和其他车辆。其破甲厚度可达 280 mm。雷弹是将 M20 火箭筒的 M28 A2 火箭弹改装而成的。弹径为 89 mm,弹长为 597 mm。雷弹质量为 4.1 kg,内装炸药 0.86 kg,全雷重 10.8 kg。把地雷设置好后,当坦克压上开闭器时,电路接通,雷弹由发射筒射向坦克侧甲,如图 16-29 所示。

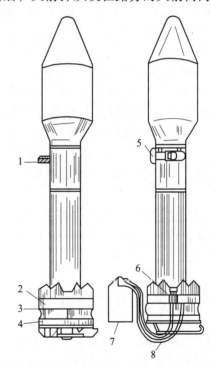

1—弹簧销;2—接触环;3—绝缘环;4—环形槽;
5—保险箍;6—短路夹;7—标牌;8—地线(绿色)。

图 16-28 美 M24 反侧甲雷

16.3.4 防坦克顶甲地雷

防坦克顶甲地雷,也即反坦克顶甲地雷,简称反顶甲雷。它是一种用于击穿坦克顶甲,

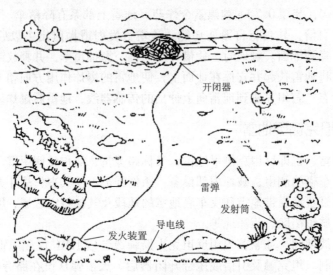

图 16-29 M24 反侧甲雷的设置及攻击

破坏内部设备，杀伤乘员，使其丧失战斗力或机动能力的地雷。它有两种类型：一种是设置后能自动探测、跟踪目标，当坦克进入其有效作用范围时，将带有敏感器的战斗部抛至空中，边下降，边扫描，一旦捕捉到目标，战斗部即可爆炸，形成爆炸成型弹丸攻击坦克顶甲。这类地雷实际上就是后来发展起来的广域地雷。另一种是反坦克弹雷。它由火箭或火炮直接撒布到坦克集群的上方，在降落过程中带寻的器的战斗部扫描到坦克即爆炸，形成的爆炸成型弹丸攻击坦克顶甲。这种作用与子母弹相同。若在降落过程中未搜寻到坦克，则落地后便转换成反车底地雷。这是一种具有弹和雷双重功能的新型弹药，战斗效果大为提高。

反顶甲雷的出现不仅使地雷成为可对坦克实施全方位（底甲、侧甲、顶甲、履带）攻击的武器，而且使地雷从被动防御的武器变成主动实施进攻的武器。其结构组成和性能特点将在后续章节中详细介绍。

16.4 防直升机地雷

防直升机地雷，也即反直升机地雷，是一种主要用于攻击超低空飞行的直升机的面防御地雷。其基本功能就是摧毁敌方超低空突防的武装直升机或利用密集布撒的反直升机地雷迫使敌方直升机高飞，使其更易被雷达发现，从而遭受其他防空火力的攻击。一般作用范围为半径 100 m 的半球形空域。按布设方式，可将它分为空飘式和原地起爆式。

（1）空飘式反直升机地雷

空飘式反直升机地雷是一种用钢丝绳吊挂在降落伞下，飘浮在空中，设置在敌机可能通过的航线上的地雷。布设时，通过形成雷场拦截敌机。美军曾进行过用地面系留索将储放有炸药盒的氢气球控制在一定空域，形成空中雷场的试验。这种雷区能够在敌机可能经过的航线上进行伏击，打击敌机编队，还可为己方飞机编队组成一条翼侧掩护屏障和后方掩护屏障。目前不少国家都在积极发展空飘式反直升机地雷，用来布设空中雷场。

(2) 原地起爆式反直升机地雷

原地起爆式反直升机地雷是一种布设于地面，使用声传感器跟踪目标，利用红外传感器捕获目标，利用微处理器识别敌友，利用爆炸成型弹丸战斗部或预制破片消灭目标的地雷。武装直升机善于利用地形和超低空飞行，以避开防空雷达的探测，并利用树木、建筑物和山坡掩护自己。而将现代的声、毫米波和红外线传感器装入反直升机地雷引信中，完全能够探测到直升机。反直升机地雷既可采用单枚爆炸成型弹丸，也可采用多个爆炸成型弹丸；既可从地面引爆爆炸成型弹丸战斗部直接攻击目标，也可先将战斗部抛向目标，然后在空中引爆爆炸成型弹丸，从而进一步扩大防御范围。与第二代广域地雷相同，反直升机地雷将采用双向指令和控制通信链路，并具有遥控开启、关闭、再开启的能力，从而使其能在多种战术环境中使用。其结构组成和性能特点将在后续章节中详细介绍。

16.5 特种地雷

特种地雷一般不直接杀伤敌人，不直接击毁装甲车辆和兵器，它是一种用于警戒、照明、构成火障、造成毒剂或放射性物质沾染地段或完成其他特种任务的地雷。它有信号地雷、照明地雷、化学地雷、燃烧地雷、发烟地雷等。

16.5.1 信号地雷

信号地雷是一种产生光或音响信号，用于报警或联络的特种地雷。它主要由雷壳、抛射药、引信、信号剂等组成。地雷受目标作用时，引信发火，点燃抛射药及延期药，将装有信号剂的雷体抛至一定高度后，延期药的火焰引燃信号剂，产生光或音响。一般发光时间为几十秒，而发光强度为几千坎德拉。音响信号距 200 m 左右时可以被人听到。下面以苏 CM-320 信号雷为例介绍其结构组成和功能特点。

苏 CM-320 信号雷由雷壳、信号药、引信 3 部分组成（图 16-30）。雷壳内装有引火药和 15 个信号药。每个信号药中间都有引火孔，且信号药之间有黑色抛射药和纸垫。CM-320 信号雷，通常设在反步兵地雷场和反坦克地雷场的边缘及接近重要目标的隐蔽地段，起战斗警戒作用。该雷能发出白色和红色火焰及音响。音响在 200 m 左右可以被人听到。红色火焰高达 20 m。

该雷使用 MBY 拉发引信，设置成绊发地雷。当绊线上受到 9.8～24.5 N 拉

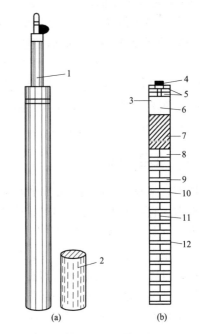

1—引信；2—保险箱；3—铁丝圈；4—火帽；5—皮圈；
6—空心；7—引火药；8—信号药（15 个）；9—黑色抛射药
（15 个）；10—纸垫（15 个）；11—引火孔；12—雷壳。

图 16-30　苏 CM-320 信号雷

力时，击针撞击火帽，点燃引火药，发出白色火焰及声响。引火药燃烧 20 s 左右后，由上向下逐个点燃抛射药，并将信号药点燃抛出。信号药抛出后发出红色火焰。15 个信号药抛射 20 s 左右。

16.5.2 照明地雷

它是发火后产生强光，用于夜间警戒和照明的特种地雷，有原地照明地雷和抛射照明地雷两种。原地照明地雷由雷壳、照明剂、引信等组成，受目标作用时引信发火，通过点火药点燃照明剂。抛射照明地雷由抛射筒、吊伞照明炬系统、抛射药、引信等组成，受目标作用时，引信发火点燃抛射药，将吊伞照明炬系统抛离地面，同时引燃延期药。照明炬达到数十米，甚至数百米高空时，吊伞展开，照明剂被点燃。照明时间一般为几十秒。照明半径为几十米至数百米。发光强度为几万坎德拉到十几万坎德拉。下面以美 M48 照明雷为例介绍其结构组成和功能特点。

M48 照明雷（图 16-31）的外形及发火原理与 M2A 防步兵跳雷相似，使用的引信相同。抛射筒内装有带吊伞的照明弹。照明剂质量为 0.24 kg。地雷总重 2.3 kg。点火后照明弹和吊伞一起被抛到空中。抛射时延期药被点燃。

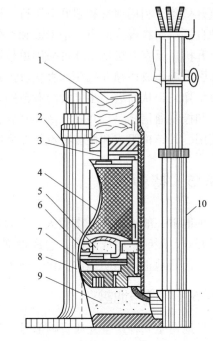

1—吊伞；2—抛射筒；3—系绳；4—照明剂；
5—黑色药块；6—点火线；7—火药；8—延期火药；
9—抛射药；10—传火管。

图 16-31　美 M48 照明雷

抛射高度为 90~150 m。当照明弹上升到一定高度时，照明剂和吊伞被火药气体抛出，同时照明剂被点燃。照明半径约为 270 m，而照明时间约为 20 s。M48 照明雷通常设置在各种障碍物中或部队驻地周围，起警戒作用。

16.5.3 化学地雷

化学地雷，又称毒剂地雷，是一种爆炸后能以毒剂杀伤人员和造成染毒地段阻挠敌方行动的特种地雷。它一般由雷壳、引信、中心药柱、毒剂等组成。通常装填挥发度小、渗透力强的液体毒剂（如美国 M-1 式芥子气、路易斯气等），借中心药柱的爆炸力将毒剂散布出去，造成地面染毒；也可装填挥发度大的毒剂（如双光气、砷化氢、亚当氏剂），爆炸后造成空气染毒，危害人和畜的肌肤、器官、神经等，抑制其行动。既可用来设置化学地雷场，也可与防坦克地雷、防步兵地雷一起设置成混合地雷场。

化学地雷场通常有两种类型：一种为地面爆炸式，即通过触发或操纵引爆后在地面上爆炸；另一种为空中爆炸式，即雷中的抛射药被点燃后，将装有持久性毒剂的地雷从抛射筒中抛至离地面 2~5 m 高处爆炸，或将装有暂时性毒剂的雷体抛至离地面 1 m 左右爆炸，以获得较好的杀伤效果。化学地雷属化学武器，是国际上禁止使用的。下面以美 M23 毒剂地雷为例介绍其结构组成和功能特点。

美 M23 毒剂地雷（图 16-32），用来加强爆炸性障碍物，形成屏障区。金属雷壳内装 VX 神经毒剂 5.2 kg，总重 10.5 kg。使用 M603 机械引信或用电缆操纵爆炸。其外形与 M15 防坦克地雷相似。侧面有 VX 字样和 3 道绿色带及 1 道黄色带。压盘周围的雷壳表面上每隔 90°都有两个凸起部，而底部和侧面各有一个副引信室。在排除此雷时，禁止诱爆，并注意诡计装置。

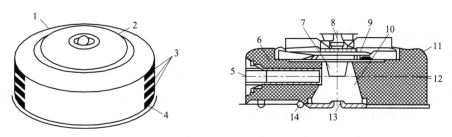

1—雷体；2—压盘；3—绿色；4—黄色；5、13—副引信室；6—扩爆药；7—引信室；8—雷盖；
9—碟簧；10—装药；11—雷壳；12—毒剂；14—提环。

图 16-32　美 M23 毒剂地雷

16.5.4　燃烧地雷

燃烧地雷，又称火焰地雷，是一种装填能产生高温火焰的燃烧剂，以烧毁目标或构成火障的特种地雷。它由雷壳、引信、中心起爆管、燃烧剂等组成。燃烧剂通常采用具有容易燃烧、发热量大、温度高、火焰长、燃烧时间长、不易扑灭等性能的物质，如铝热剂、铝镁燃烧剂、凝固汽油等。当地雷受到目标作用时，引信发火引爆中心起爆管，将燃烧剂点燃并向周围抛散。

16.6　智能地雷

在未来战争中，坦克装甲车辆和武装直升机是战场上主要的突击力量。面对大规模坦克装甲车辆的进攻，能否迟滞、阻碍并有效地摧毁它们已成为地面战场胜负的关键。随着复合装甲和主动装甲防护技术的迅速发展，坦克装甲车辆的防护能力不断提高，给正面攻击坦克的武器带来了巨大的困难。军用飞机的迅速发展和大量装备，向防空武器系统提出了严峻的挑战。武装直升机以超低空飞行方式进行攻击，不仅给探测带来了极大的困难，同时也使交战的时间大大缩短。对于超低空飞行的武装直升机，绝大多数的防空系统都难以对付，因此，如何对付坦克装甲车辆和高性能超低空飞行的武装直升机已成为亟待解决的问题。正是在这样的背景之下，面对高新技术在军事领域中的应用，许多灵巧弹药，以及智能化的常规武器应运而生，智能地雷就是其中的一个。它是一种集障碍、机动、火力于一身的新型地雷。

智能地雷又称寻的地雷，是能够自动探测、跟踪、识别目标，具有自主分析、决策能力的地雷。将人工智能技术应用到地雷上，使其具有某些能代替人的功能，从而改变了传统地雷的作用模式。智能地雷不仅具有自动探测、跟踪、识别目标的能力，而且还具有双向通信能力，能自主区分、优选攻击目标，保证在最佳时机对捕获到的目标实施攻击，造成最大程度上的毁伤。因此，智能地雷不再是静止、被动的防御武器，而已成为有自主作战能力的攻防兼备的作战武器。

16.6.1 智能地雷分类

根据所对付目标的不同，智能地雷可分为两大类，即反坦克智能地雷和反直升机智能地雷。

（1）反坦克智能地雷

反坦克智能地雷命中率高，并且具有可选择攻击目标薄弱部位的能力，主要用于攻击坦克、自行火炮、步兵战车、装甲输送车和工程车等装甲目标。其功能是可以支援和影响直接火力与间接火力作战，封锁交通要道，保护和警戒我军防线，阻碍敌人进攻速度，打乱敌军的作战计划、时间表和机动性，以及干扰战争的流动性。按照毁伤坦克部位的不同，反坦克智能地雷可分为反坦克车底雷、反坦克侧甲雷和反坦克顶甲雷。

① 反坦克车底雷。反坦克车底雷主要用于击穿坦克或其他装甲车辆的底甲，破坏其内部设备并杀伤其乘员。反坦克车底雷的装药结构有两种：一种是聚能装药；另一种是爆炸成型弹丸（EFP）装药。它配用非触发引信，如磁、震动—磁、声—磁等。

采用聚能装药的反坦克车底雷于 20 世纪 40 年代出现，具有体积小、重量轻、威力大等优点。美国 155 mm 榴弹炮发射的 M70/M73 式反坦克地雷是一种典型的反车底地雷。其外形为扁圆形。雷壳由塑料制成。内装 0.5 kg 塑性炸药，采用双药型罩成型装药结构。具有自毁机构，自毁时间为：M70 式在 24 h 以上，而 M73 式在 24 h 以下。当坦克从地雷上方通过时，磁感应引信作用，发出点火信号，点燃抛撒装药，抛掉地面上方的覆土层、碎石等物。30 μs 后装药爆炸，药型罩形成高速爆炸成型弹丸，击穿坦克底甲，同时在车内产生大量高速飞散的破片，杀伤乘员，甚至引起弹药爆炸或油料燃烧，使坦克失去战斗能力。

② 反坦克侧甲雷。反坦克侧甲雷又称为路旁地雷，用于击穿坦克或其他装甲车辆的侧甲，破坏内部设备，杀伤乘员，使其丧失战斗力或机动能力。它通常用在不便设置反履带地雷和反车底地雷的路段及其他特定区域，用以封锁道路、隘口、登陆渡河场、城镇街区和沼泽地。反坦克侧甲雷可分为配有发射筒的反坦克侧甲雷和配有爆炸成型弹丸的反坦克侧甲雷两种。有发射筒的反坦克侧甲雷一般配有带尾翼的战斗部，如串联战斗部、制导的聚能装药战斗部，装在高低瞄准和方位瞄准架上，利用发射筒使战斗部飞向目标。典型反坦克侧甲雷的主要代表有英、法两国研制的"阿杰克斯"/"阿皮拉"反坦克地雷系统、俄罗斯的 TM-83 反坦克地雷、德国的 PARM 等。

英、法研制的"阿杰克斯"/"阿皮拉"路旁反坦克地雷系统为自主式远程反坦克地雷系统，设置在路旁。它由"阿杰克斯"探测/火控系统和"阿皮拉"反坦克火箭筒—地雷两大部分组成。"阿杰克斯"探测/火控系统由音响—震动警戒传感器、被动红外寻的传感器和微处理机组成。作战时，将地雷系统放在隐蔽处，当装甲车辆接近地雷时，音响—震动警戒传感器报警，红外寻的传感器将目标的距离输入微处理机，由微处理机测定目标的方位，计算出发射地雷的提前角。当装甲车辆以 3～80 km/h 的行驶速度接近地雷时，地雷能在 2～200 m 距离内穿透 700 mm 以上厚度的装甲。

TM-83 反坦克地雷是俄罗斯生产的一种反坦克侧甲雷。该雷是一种圆柱形的金属雷壳的地雷，直径为 250 mm，高为 440 mm，全雷重 20.4 kg，如图 16-33 所示。它有一个可调整的框架。通过该框架可将地雷连接到木桩上或者是树上、其他建筑物上。该雷的顶部装有红外和震动传感器。在使用过程中，地雷朝向路口并进行监视。当有车辆接近时，先由震动传感器来探测目标，继而用红外传感器在最佳时机和距离引爆地雷。地雷爆炸时，地雷前面的铜板形成弹丸穿透装甲目标。该雷的有效设置时间为 30 天。该雷的有效杀伤距离为 50 m，可穿透 100 mm 厚的装甲，形成一个直径为 80~120 mm 的洞。

EFP 战斗部的出现使反坦克侧甲雷不需要发射筒就可以击毁 100 m 范围内坦克的侧甲，如奥地利 ATM 路旁反坦克雷。该地雷的战斗部被装在圆柱—锥形壳体内。雷壳由薄钢板制成。发射时，药型罩形成 2.8 kg 重的高速爆炸成型弹丸，以 2 300 m/s 的速度射向目标，可以对付 80 mm 厚装甲，产生直径约 120 mm 的孔洞。在 50 m 处，战斗部可侵彻 90 mm 厚钢板，在 80 m 处则为 70 mm，而且战斗部在侵彻陶瓷装甲后不会破裂。

图 16-33 TM-83 反坦克地雷

③ 反坦克顶甲雷。反坦克顶甲雷是 20 世纪 80 年代发展起来的新型反坦克雷，典型代表如法国的"玛扎克"（MAZAC）声控增程反坦克地雷、美国的 ERAM 远程反装甲地雷、美国的 XM-93"大黄蜂"广域反坦克地雷等。

法国的"玛扎克"（MAZAC）声控反坦克地雷是一种自动寻的攻击坦克顶甲的智能地雷。其有效毁伤半径为 200 m。其单个地雷的障碍效能相当于 60~100 枚普通地雷。该地雷内装有声音探测器、微处理器和红外线探测器。当声音探测器探测到目标并确认是敌方目标后，立即将信号传给微处理器，由微处理器计算目标的运动速度，并实时跟踪目标。当目标进入地雷半径 200 m 的杀伤范围后，地雷通过指令作用腾空而起。在红外探测器的指引下，地雷以 50 m/s 的速度自动跟踪目标，直扑目标。当达到目标的上方时，地雷射出 EFP 攻击目标顶甲，击穿目标顶甲。

美国的 ERAM 远程反装甲地雷为空投寻的地雷，主要用于攻击坦克顶甲，杀伤车内乘员，破坏车内设备，使坦克丧失战斗力。该雷由发射器、声响探测器、数据处理器和 2 枚带红外传感器的"斯基特"EFP 战斗部等组成。它的药型罩在装药起爆时，能在 100~150 ms 的时间内被爆轰波的高压锻造成高速弹丸。弹丸飞行速度约为 2 750 m/s。该雷装在美空军 SUU—65/B 战术投弹箱内，离开投弹箱后自动打开降落伞，以 50 m/s 的落速下降到地面上。地雷借助冲击惯性抛掉降落伞，伸出 3 根接收目标音响的传感器天线，探寻进入其作用范围内的目标。一旦发现目标，即自动进行识别和跟踪，并自动计算目标未来位置。发射器旋转至 45°，沿目标拦截弹道弹射出第一个战斗部。战斗部上的红外传感器探测、跟踪目标并引爆战斗部内的炸药。炸药爆炸形成高速弹丸，攻击目标顶部装甲。第一个战斗部发射后，发射器自动旋转 180°，对准第二个目标，准备发射第二个战斗部。

（2）反直升机智能地雷

反直升机智能地雷（AHM）是 20 世纪 80 年代末期提出来的。它是一种地面防御智能地雷，在雷上采用先进的传感器和 EFP 战斗部等技术，用于摧毁敌方超低空飞行的直升机，或利用密集部署的反直升机地雷迫使敌机高飞，从而使其暴露于其他防空武器的火力之中。

反直升机智能地雷还能用来保护地面重要设施，如布置在司令部、机场和武器库附近等，使其免遭超低空飞行的武装直升机的突然袭击。

反直升机智能地雷使用声传感器跟踪可能的目标，用微处理机去识别目标，用某种（主动的或者是被动的）方式识别敌我，用红外或其他传感器获取目标，用EFP战斗部击毁目标。采用声传感器，具有被动式、全天候、昼夜工作性能，可进行非瞄准线远距离探测和识别。声传感器对直升机的识别能力可达到95%，对目标方位的计算精度可达5°，并可跟踪多个目标。其战斗部大多采用多爆炸成型弹丸战斗部（MEFP）技术。战斗部起爆后，能够向同一方向发出多个EFP。如美国的反直升机智能地雷战斗部可以形成多达55个EFP。经试验验证，与采用一般战斗部相比，MEFP战斗部可大大提高智能雷命中目标概率和毁伤概率。已经研制成产品的反直升机智能地雷有美国和英国的AHM反直升机地雷、俄罗斯的TEMP-20反直升机地雷、保加利亚的AHM-200反直升机地雷、奥地利的"赫克伊尔"（HELKIR）反直升机地雷以及挪威的AHC系列反直升机地雷。

英国阿连特（Aliantt）公司的AHM反直升机地雷具有被动音响/红外复合传感器和一个多枚EFP战斗部。该雷一旦布设，则自主工作，通过音响传感器接收有效的声音信号，可以自动地将战斗部对准声源方向，然后启动与战斗部同轴安置的红外传感器。红外传感器一旦探测到有效目标，便引爆地雷。27枚爆炸成型弹丸被发射出去，足以摧毁来袭的直升机。该地雷战斗部结合了指令控制模式，可遥控保险与解除保险。该地雷的战术技术性能：地雷重10 kg，直径为180 mm，长为335 mm，扫描范围为360°，防御直径为200 m，对付的目标速度为0～350 km/h，目标高度为0～100 m。

"赫克伊尔"反直升机地雷由奥地利研制，主要用于对付距离在150 m以内贴近地面飞行的直升机目标，所使用的传感器为音响/红外复合传感器。当音响传感器识别到有效声音后便启动红外传感器。红外传感器与战斗部同轴安置。红外传感器一旦探测到有效目标，便自动引爆定向破片杀伤战斗部。其破片能侵彻50 m远的6 mm厚的装甲钢和150 m远的2 mm厚的碳钢。该地雷的主要战术技术性能：地雷质量为43 kg，装药量为20 kg，有效射程为5～150 m，对付的目标速度大于250 km/h，使用温度范围为-35～+63 ℃。

挪威研制的AHC（反直升机装药）系列反直升机地雷包括AHC-1、AHC-2和AHC-4三种型号，如图16-34所示。AHC系列反直升机地雷装有由声学/多普勒复合传感器起爆的内置引信，可对付飞行高度低于100 m的低空飞行直升机，毁伤概率为85%。AHC-1和AHC-2地雷被放置在架子上。复合传感器可朝所需的方向放置。引信处理并分析来自传感器的信号。当直升机出现在其有效作用范围之内时，引信起爆地雷。在地雷预先设定的作用期间内，任何试图移动或使地雷失效的行动都将引爆地雷。上述两种地雷可抵抗骚动（如移动的人员、动物等），并有两级防护系统，以对付意外起爆。两者的不同之处在于：AHC-1地雷装球形钢珠，而AHC-2地雷装橡皮球。

AHC-4由声学/多普勒复合传感器以及与其相连的4个战斗部（地雷）组成，全重120 kg。4个战斗部呈正方形放置，而复合传感器放置在正方形的中心。另外，上述地雷可通过无线电控制激活、失效或起爆。

反直升机智能地雷不需要人监控，能避免伏击人员受到武装直升机打击，且战术灵活，可以大面积布设，迅速形成对武装直升机的封锁区，也可以安放在敌军直升机频繁经过的飞行路线上进行设伏。它能识别己方直升机发射出的特别电磁信号，并在接收到这类信号后让

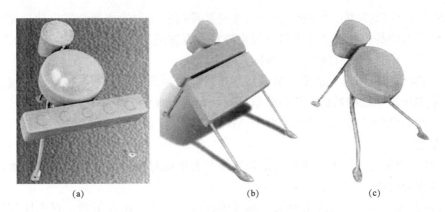

图 16-34 挪威 AHC 系列反直升机地雷
(a) AHC-1；(b) AHC-2；(c) AHC-4

自己的传感器处于静止状态，以保证己方直升机的飞行安全。另外，反直升机智能地雷共用了广域反坦克地雷的许多技术，如先进的传感器技术、探测控制技术和 EFP 技术等。下一代的反直升机智能地雷不仅要有单雷作战能力，还要有协同作战能力，通过编程或遥控允许一定数量的目标进入雷场再发起攻击，以发挥雷场的更大作用。

16.6.2 智能地雷结构与组成

（1）智能地雷系统组成

为实现智能地雷的自主作战功能，一般智能地雷系统由运载布撒系统、中央控制系统、智能探测与目标识别系统、伺服随动系统、发射系统等 11 大部分组成，如图 16-35 所示。智能地雷系统一般被布置在智能地雷场内。智能地雷场由若干个智能地雷按照战场的需要布设或布撒而成。它既可以由单一类型地雷组成，也可以由两种类型的智能地雷（反坦克智能地雷和反直升机智能地雷）组成。

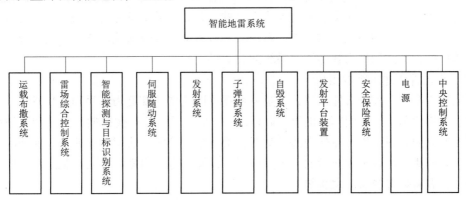

图 16-35 智能地雷系统

智能地雷系统各个子系统在中央控制系统的统一指挥下相互作用，构成一个有机的统一体。各子系统的功能分别是：

① 运载布撒系统。根据作战技术要求，把智能地雷布设到预定地方的系统被称为运载布撒系统。运载布撒系统可以是人工布设、车辆布设、火箭布撒和飞机布撒等形式。

② 雷场综合控制系统。雷场综合控制系统是控制雷场内的智能地雷启动、关闭，连接作战指挥中心及雷场内的智能地雷对目标合理攻击方案的处理系统，可控制雷场中的地雷。地雷之间可互通信息，所有的地雷可联网并同步操作。

③ 智能探测与目标识别系统。智能探测与目标识别系统是侦察、搜索、寻找、发现目标，生成早期预报信息的系统，是根据信息对目标进行探测、跟踪、捕获、综合信息处理，做出真假、敌我判断的系统，要求主要传感器采用被动体制，以降低敌方目标实施干扰和逃离雷场的机会。

④ 伺服随动系统。伺服随动系统是始终使发射系统对准目标的系统。它由指挥控制和伺服随动两部分组成。

⑤ 发射系统。发射系统即发射战斗部或子弹药的装置，由发射器、点火控制机构及发射装药结构等部分组成。

⑥ 子弹药系统。子弹药系统是攻击摧毁目标的弹药系统，由战斗部、敏感器、微处理器和引爆机构组成。

⑦ 自毁系统。自毁系统是智能地雷服役期满后的自动毁坏装置。它分为3种状态：一是服役期满后定时自毁；二是有人员或其他车辆接近时自毁；三是发射子弹药后发射平台自毁。

⑧ 发射平台装置。发射平台装置是支撑智能地雷的全部重量及承受发射战斗部的后坐力的平台装置，与随动机构连接，内部是一个装有各种电子部件的仓体。

⑨ 安全保险系统。安全保险系统即在智能地雷布设前，保证智能雷储存、运输、勤务处理时绝对安全的装置。

⑩ 电源。电源是智能地雷控制系统及各种电子仪器装置工作的能源，由主用电池和备用电池组成。

⑪ 中央控制系统。中央控制系统融合各子系统或功能模块的信息，控制各系统的动作，进行战术组织和火控决策，具体完成对目标运动进行滤波预测，解算命中方程，优化射击诸元，向各子系统发送控制命令，控制各子系统的动作，接受处理各子系统发出的各种信号，是智能探测与目标识别系统、伺服随动系统、发射系统、自毁系统、安全保险系统及电源的最高管理系统，被人们称为智能地雷系统的"大脑"。

(2) 典型智能地雷结构组成

智能地雷既是一种防御性武器，又是一种进攻性武器；既可为工兵和步兵所用，又可为炮兵和航空兵所用，是各国军队的重要武器之一。20世纪80年代初期，美国和英国率先开始了智能地雷的研制工作。在他们的带动下，俄罗斯、德国、法国、奥地利、保加利亚、瑞典、芬兰等国家也都研制成新型的反坦克侧甲雷，并且有些国家已步入研制反直升机广域地雷的行列，大有后来者居上之趋势。

① 美国XM-93"大黄蜂"广域反坦克地雷。这是专门用来攻击坦克顶甲的一种智能反坦克地雷。它由母雷体和末敏子雷构成。母雷体实际上是一个安装在弹簧支架上的发射器（图16-36）。该雷布设后可展开8条稳定支脚和1个传感器阵列。传感器阵列由3个微声器和1个地雷探测器组成。

当传感器阵列在100 m毁伤半径内探测到坦克到来后即进行跟踪，并测定坦克行进的方向和速度，由微处理机计算出坦克的运行轨迹，然后控制子弹药发射装置处于准确的发射角度；同时计算出子弹药飞行轨迹与坦克运行轨迹的交汇点，使子弹药旋转对准目标，适时点火起爆，通过 EFP 战斗部击穿坦克顶甲。该雷布设后，对目标的探测、识别、确认与击毁均自动进行，最大作用距离为 400 m，并可远距离遥控。该雷可以在 60 天内通过遥控装置控制母雷探测器的开/关状态。

② 美国 AHM 反直升机地雷。美国 AHM 反直升机地雷是一种声控反直升机地雷，如图 16-37 所示。其外形为圆柱形，直径为 180 mm，高为 380 mm，全雷重 10 kg，可搜寻目标的速度为 0～350 km/h，目标高度为 0～100 m，覆盖范围为 360°。它采用声测和红外两种传感器探测系统。其战斗部为多个爆炸成型弹丸。作战时，根据需要在易遭受直升机攻击的方向上设置地雷。只要声波探测器探测到直升机的声音，数据处理系统就开始用三角测量法确定目标坐标。当目标接近一定距离时，地雷就会根据传感器的指令升空，并借助其红外自动导引头所确定的最佳起爆时机，引爆地雷并发射多达 27 枚的爆炸成型弹丸将目标击毁。它的指挥控制系统可根据螺旋桨发出的不同噪声来区分直升机的类型，其可靠性达 90%。其防御范围为半径 400 m、高度 200 m 以下的空域。其战斗部的有效距离在 100 m 以上。这种智能地雷可用人工、火箭炮、陆军战术导弹或"火山"布雷系统设置。当友方直升机通过时，它可通过编程传感器关闭雷场，防止造成误伤。

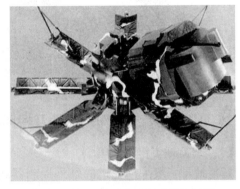

图 16-36　美国 XM-93 "大黄蜂"广域反坦克地雷　　图 16-37　美国 AHM 反直升机地雷

③ 俄罗斯"旋律 20"反直升机地雷。俄罗斯"旋律 20"反直升机地雷于 2003 年首次展出，是世界上第一个能在实战中攻击直升机的地雷。它重 12 kg，由传感器与战斗部、指挥与控制系统两大部分组成，如图 16-38 所示。传感器为声和红外传感器，采用了模式识别技术，芯片里储存有包括美国"阿帕奇"、俄罗斯米-24"雌鹿"等常见武装直升机的声场特征，能够根据声响分辨直升机种类，并可以在各种气象条件下确定目标方位。当传感器发现目标进入 2 000 m 范围时，"旋律 20"便开始识别和跟踪目标。传感器将感测数据输入地雷内部的指挥与控制系统，自动计算出最佳拦截点。等目标进入拦截点时，地雷立即点燃抛射药，将战斗部抛射至空中一定高度（最高 200 m）激活起爆，利用 1 700 m/s 高速爆炸成型弹丸摧毁目标。其毁伤率相当高。

④ 保加利亚的 AHM-200 反直升机地雷。AHM-200 反直升机地雷是保加利亚科学研究院研制的反直升机地雷，已装备保加利亚陆军。该地雷可发射预制的不规则钢片或碎铁片，最大作用距离达 200 m，宽度为 5 m，破片散射角为 20°。雷体呈长方体，长为 700 mm，宽为 150 mm，高为 400 mm，表面呈凸状，重 35 kg，由三脚架支撑固定，如图 16-39 所示。

这种地雷采用音响传感器和压力传感器作用。传感器的动作由预编程时间的单片机控制。超过预定时间后，地雷自动失效，并将起爆装置与装药分开。其作用原理是，首先由音响传感器探测 200 m 范围内的直升机螺旋桨产生的噪声，并锁定其频率。若噪声消失，地雷则不解除保险，并重新回到监听状态。当信号或噪声增加到一定程度时，压力传感器便起作用，使地雷解除保险，并感知直升机主旋桨下降气流产生的大气压力变化。一旦压力变化达到预定值，地雷便起爆。该雷还可遥控发射。

图 16-38　俄罗斯"旋律 20"反直升机地雷
（a）运输平台布设；（b）直升机布设

16.6.3　智能地雷作用原理及使用特性

（1）智能地雷作用原理

智能地雷一般采用先进的红外探测器或毫米波雷达，以及音响或震动传感器，并配有发射装置，能在远距离上主动攻击目标。反坦克智能地雷的工作过程主要分为探测、弹射、扫描、捕获、爆炸和攻顶 6 个阶段，如图 16-40 所示。

图 16-39　保加利亚 AHM-200 反直升机地雷

其系统工作原理：首先由运载布撒系统把雷体布设到预定位置，并对电子线路进行检测，装定自毁周期并解除保险。然后智能地雷系统处于"休眠"状态，由传感器阵列探测、跟踪和识别目标。一旦目标出现，声传感器或震动传感器开始进行侦察、搜索目标。当目标特征信号达到一定强度时，由系统微处理器对信号进行分析识别（根据一定的识别算法通过软件实现）。确认目标后，在一定范围内中央控制系统指挥随动系统启动对目标进行跟踪，并对目标运动规律进行分析预测，然后控制智能地雷发射系统处于正确的发射位置，同时进行弹道解算处理，对子弹药的攻击过程进行适当的预编程；当目标进入攻击作战有效半径内时，在最佳时刻给出点火指令，点燃发射药。发射系统将智能地雷发射出去。智能地雷射出后在空中摆动前进，同时雷体上携带的扫描装置以有重叠的椭圆形式扫描地面目标。一般飞行距离为 100 m 左右，飞行时间为 4~5 s。当智能地雷位于目标上空区域且扫描器捕获到目标时，起爆器被触发，雷体内的药型罩在炸药爆轰产物作用下形成 EFP 高速飞向目标，对捕获到的目标进行顶部攻击，对其造成最大程度的毁伤。

图 16-40 智能地雷系统工作过程

（2）智能地雷的使用特性

智能地雷在布设方式上与传统的地雷一样，但在战术使用上有许多不同的特点。

① 攻击范围广。智能地雷的主要传感器具有半球形覆盖范围。它通过 360°的方位角及 0°～90°的俯仰角的旋转来探测目标。反坦克地雷可攻击 150～200 m 范围内的坦克目标；反直升机地雷可攻击 100～150 m 范围内、距地面高度为 5～150 m 的直升机，能摧毁悬停状态及时速高达 350 km 的直升机。

② 一定数量的智能地雷能构成一个基本的雷场。智能地雷间可互通信息，同步工作。较大型的智能地雷场也可由两个或多个基本地雷场联网构成。在雷场中有一个控制"雷"。它实际上是一个中央控制装置，可激活其他地雷。控制"雷"对目标没有攻击能力。智能地雷场既可由命令控制，也可自动操作。

③ 基本地雷场间可建立内部信息网。如果在特定的雷场中含有多于一个的基本雷场，则每个基本雷场间也要联网。两个基本雷场间的联网通过每个基本雷场中的控制"雷"相互作用来实现。指明其中的一个控制"雷"为指定雷场的控制"雷"，然后将该雷场信息传送到其控制装置。智能雷场还可能向负责运用该地雷的部队传送情报，并由该部队控制雷场。

④ 智能地雷可攻击集群目标。当探测到目标已经进入智能地雷攻击区时，可比较目标和地雷的数量，决定作战开始实施，或者延迟至最佳数量的目标进入雷场时再发起攻击。必要时，可分批作战，让雷场中的一部分地雷投入作战，其余地雷待命，这样可减少多枚地雷同时攻击一个目标的可能性，有助于对付后面可能出现的其他机动目标。

⑤ 单个智能地雷也是独立的武器系统。智能地雷最重要的特性是其独立的攻击力和杀伤力，不需其他系统配合，便能自主地攻击目标，达到阻止或降低敌人作战能力的目的。

16.7 布雷技术

现代战争的战役战斗节奏快，攻防转换频繁，战场纵深大，要求部队具有高度的机动性，而人工布设雷场已很难满足作战需要，同时地雷本身的发展也为新型布雷手段的产生创造了条件。随着以车辆、火炮、火箭、飞机作为战斗平台的机动布雷器材相继装备部队，布雷的战术运用和地雷战也发生了质的变化。布雷方式由"埋设"为主变成"抛撒"为主；布雷时机由预先布雷为主，向快速机动布雷为主，预先布雷为辅转变；布雷距离由近程、中程布雷向远程布雷发展；布雷范围由小面积布雷发展到大面积布雷，从而实现了可在作战全过程、战场全纵深实施快速、机动、大面积布雷，使地雷不再是一种单纯防御性武器，而发展成为重要的进攻性武器。交战双方不仅在前沿广泛使用，而且也能够大量用于交战双方的纵深和后方。

利用地雷杀伤敌人，最重要的环节是布雷，就是把地雷设在地雷场中。小范围的布雷可以采用人工布雷或用布雷器布雷，而大范围的布雷现在采用车辆、火炮、火箭和飞机布雷。目前，布雷技术的分类方式有很多种。按布雷手段分为人工布雷、单兵布雷器布雷、地面车辆布雷、火炮布雷、火箭布雷、飞机（直升机）布雷等；按布雷时机分为预先布雷和机动布雷；按布雷目的分为防御性布雷（亦称守势布雷）和进攻性布雷（亦称攻势布雷）；按布雷地域则分为敌前布雷、敌后布雷、己方阵地内布雷。

预先布雷是在战前根据障碍物设置计划实施的布雷，通常用人工和机械布雷车等布设。布雷时多采用埋设的方法，并加以妥善的伪装。机动布雷是在作战过程中，针对敌人行动，及时而灵活实施的布雷，大多是根据合成军队指挥员的命令或协同动作计划实施，通常采用火箭布雷车（有时也用机械布雷车）、火炮、飞机和单兵布雷器等布设。机动布雷又分为拦阻布雷和覆盖布雷。拦阻布雷是将地雷布设在敌人前进的方向上或战斗队形的前面，用以阻滞敌人前进或迫使其改变前进方向。覆盖布雷是将地雷布撒在敌人的战斗队形中，直接攻击和困扰敌人。它可以割裂敌人的战斗队形，扰乱和迟滞敌人的战斗行动，毁伤其技术兵器和人员。实战证明，机动布雷比预先布雷能取得更好的障碍效果和毁伤效果。防御性布雷是以保持阵地稳定为主要目的的布雷，常采用预先布雷与机动布雷相结合的方法布设。进攻性布雷是以阻滞、歼灭敌人为主要目的的布雷，通常采用机动布雷的方法布设。

16.7.1 人工布雷

人工布雷指的是按照预定的战斗要求由人工将地雷设置在指定地域的行动。既可埋设，也可放在地面上。布设雷场时，按作业方法不同分为基线作业法和队列作业法。用布雷基线绳按规定的形式布设地雷的方法叫基线作业法。采用该方法布雷能准确标定地雷位置，便于绘制雷场要图及雷场撤收状况，并且夜间作业时有利于作业人员的相互联系和安全。在与雷场正面垂直的方向展开基线绳进行作业的方法为横基线作业法，多用于预先布雷；在与雷场纵深垂直方向展开基线绳进行布雷作业的方法为纵基线作业法，多用于夜间敌前布雷。队列作业法分横向法和纵向法。作业人员面向雷场正面展开的布雷方法为横向队列作业法，而作业人员侧向雷场向纵深方向展开的布雷方法为纵向队列作业法。

16.7.2 单兵布雷器布雷

单兵布雷器布雷指的是采用单兵布雷器进行布雷的行动。单兵布雷器，又称单兵布雷装置、单兵布雷系统，属于由单兵操作的机动布雷器材，可布撒防步兵地雷和反坦克地雷，通常由布雷弹（筒）、简易发射装置、开舱抛雷装置、可撒布地雷及雷仓等组成。发射动力多采用火箭发动机或以火药直接抛射两种形式。布雷距离可达数十米到数百米。布雷面积可达数百平方米至数千平方米。所布地雷体积小、重量轻。全套器材轻者不足 10 kg，重者也只有数十千克，便于单兵携带。它主要用于战斗过程中机动布雷。例如在新占领的阵地周围快速布撒防步兵地雷场，用以阻滞敌方步兵的冲击与反冲击，巩固已占领阵地；在被破坏的雷场及其他障碍物配系中布雷，以恢复其障碍能力；在部队翼侧和结合部实施快速抛撒布雷，以加强对部队翼侧和结合部的掩护；向敌方战斗队形中直接快速抛撒布雷，以迟滞其行动，分割其战斗队形；也可用以封闭敌方突破口及桥梁、渡口、隘路等交通要道。20 世纪 80 年代中期，单兵布雷器首先由我国研制成功，随后英国、意大利、美国也研制了此类器材。

16.7.3 地面车辆布雷

地面车辆布雷包括机械布雷和抛撒布雷两种方式。

（1）机械布雷

机械布雷，是运用布雷机械布设地雷的行动。使用的布雷机械有拖式布雷车和装甲自动布雷车。机械布雷多用于预先布雷，也可用于机动布雷。拖式布雷车和装甲自动布雷车布雷能将地雷按一定间距埋设或设置于地面，多用于布设规划反坦克雷场。一方面，机械布雷留在地面上的车辙或犁钩痕迹，可能暴露布雷意图；另一方面，也可有意在地面上设留布雷痕迹，构成假雷场来迷惑敌人。

① 拖式布雷车。拖式布雷车，是布雷过程中需要人工辅助搬送地雷的机械布雷车。它是一种半自动布雷车，由牵引车、储雷架和布雷器 3 部分组成。牵引车采用拖载能力足够大的各种车辆。储雷架是一个独立装置，放置在牵引车上。储雷数量取决于牵引车的拖载能力和单个地雷的质量。布雷器由滑雷槽、行走机构、埋雷装置、地雷保险转换机构和操纵机构等组成，平时可不与牵引车固定在一起，需要时再挂连在牵引车上。布雷时，牵引车牵引布雷器以 2～5 km/h 的速度前进，由人工将地雷从储雷架上取出送入滑雷槽，由布雷器完成布雷作业。在中等坚硬地面、草皮地或沙地上，既可埋设布雷，也可将地雷布放在地面上；而在坚硬地面、路面、冻土等地面上，只能将地雷布放在地面上。

拖式布雷车结构简单，成本低廉，操作方便，节省人力，能够设置规划雷场，适用于大面积预先布雷，如美国的 M57 拖式布雷车、瑞典的 FFV 拖式布雷车和苏联的ΠMP-3 拖式布雷车。

② 装甲自动布雷车。装甲自动布雷车作业自动化程度高，有一定的装甲防护能力，但结构复杂、专业性强、成本也较高。外军对装甲布雷车的发展前景有争议，典型产品有俄罗斯 ГМ3-3 装甲自动布雷车。

俄罗斯 ГМ3-3 装甲自动布雷车由基础车、布雷装置和储雷仓组成。该车采用 2C5 式 152 mm 自行火炮底盘为基础车。其乘员数量为 3 名，战斗总重 28.5 t，最高行驶速度为 60 km/h。其车体可防小型穿甲武器火力和炮弹破片。犁刀式布雷装置位于车后部，可实施自动、半自动和人工控制。布设作业时，地雷通过车后部的两个雷槽进入布雷机构，解脱保险并投放在犁刀挖开的土坑中，然后再将地雷覆盖。埋深在 60～120 mm，间距为 5 m 或 10 m 时，作业行驶速度为 6 km/h，布雷速度为 4 枚/min；也可直接将地雷投放到地面上，此时布雷车作业行驶速度为 16 km/h，布雷速度为 8 枚/min。

（2）抛撒布雷

抛撒布雷是以火药或机械为抛射动力，进行抛撒布雷的行动。它具有作业方便，速度快，布雷范围广，兼有机械布雷和火炮、火箭、飞机布雷的优点。其布雷系统既可适用于地面车辆（抛撒布雷车）布雷，也适用于直升机布雷。

抛撒布雷车，是利用机械力或火药推力抛撒布雷的布雷车。利用机械力的抛撒布雷车由运载车（或牵引车）、控制器、储雷器和抛撒布雷器等组成（如美国的 M128 式抛撒布雷车）。布雷时，地雷由储雷器自动输送至抛撒布雷器内，靠抛撒布雷器的高速旋转产生的离心力将地雷抛出。采用火药推力的抛撒布雷车由运载车、控制器和抛撒装置等组成（如德国的 MSM/FZ 式抛撒布雷车）。地雷被直接放在抛撒装置的抛撒筒内。布雷时通过控制器点燃抛撒筒的火药，在火药气体推力作用下将地雷抛出。抛撒布雷车布雷速度快，如美军的 M128 式抛撒布雷车只需 8 min 就可布设 800 个地雷，适用于快速机动布设大面积雷场，但只能布设不规划雷场。有的抛撒布雷车抛撒防坦克地雷，有的抛撒防步兵地雷，而有的则可混合抛撒防坦克地雷和防步兵地雷。20 世纪 80 年代以来，抛撒布雷系统发展较快，典型产品有美国的"火山"多用途布雷系统、德国的"蝎子"抛撒布雷系统、意大利的"豪猪"和我国的抛撒布雷系统等。

美国的 XM139"火山"多用途布雷系统是一种可安装在地面车辆和 UH-60"黑鹰"直升机上的抛撒布雷系统。其布雷箱、抛雷筒和布雷控制器是通用的，通过专用安装架，可快速地把布雷箱安装到地面车辆或直升机上。在车辆或直升机两侧可安装 4 个布雷箱。每个布雷箱可装填 40 个抛雷筒。抛雷筒装有 5 枚防坦克地雷和 1 枚防步兵地雷。抛雷筒用铝合金制造。该系统布设"盖托"BLU91/B 防坦克地雷和 BLU92/B 防步兵地雷。单车载雷数为 800 枚防坦克地雷和 60 枚防步兵地雷。其抛雷距离约为 50 m，雷场纵深约为 100 m。

MSM-FZ 是德国研制的地面抛撒布雷系统。该系统主要由基础车、控制装置、抛撒装置和地雷组成。车上安装有 6 个 MSM 地雷抛撒器组成的抛撒布雷装置。投掷器由 5 个弹盒装在一个箱体发射架里构成。每个弹盒里有 4 个抛雷筒，而每个抛雷筒内装有 5 个 AT-2 反坦克地雷。作战中，能在 5 min 内快速布设一个由 600 颗 AT-2 反坦克地雷组成的，面积为 1 500 m×50 m、密度为 0.4 个/m 的反坦克雷场，用于加强防御阵地障碍物配系，封闭通路，掩护攻击部队翼侧安全等。

16.7.4 火炮火箭布雷

火炮火箭布雷指的是采用火炮和火箭布雷系统进行布雷的行动。它具有战场反应速度快、布雷距离远、受敌火威胁小、可全天候实施等特点。在敌我作战攻防转换中，可以有效地支援部队的作战行动，调整敌我作战力量的强弱对比。

根据战术运用来分，火炮火箭布雷系统可分为远、中、近 3 种类型。远程布雷系统通常指射程在 70 km 左右的远程火箭炮。它的战术作用是困扰和袭击敌方纵深集结地域内的坦克装甲部队。美国、俄罗斯、德国、意大利和巴西等国家正在发展这种多管火箭炮。中程布雷系统指射程在 40 km 左右的多管火箭炮，如俄罗斯的 BM-27 多管火箭炮、美国的 M270 式中程多管火箭炮等。近程布雷系统多为工兵部队专用的火箭布雷系统和抛撒布雷系统。

（1）火炮布雷

火炮布雷指的是用火炮发射布雷弹实施的抛撒布雷，多用现装备大口径自行榴弹炮实施,如美国、法国均装备有155 mm自行榴弹炮布雷系统。火炮布雷具有隐蔽突然、快速灵活,布雷距离远,范围广的特点。通常每发布雷弹可抛撒出数枚防坦克地雷或数十枚防步兵地雷。一个炮兵连一次或多次齐射即可构成一个地雷场,主要用于紧急情况下实施机动布雷。

(2) 火箭布雷

火箭布雷指的是用火箭布雷系统实施的抛撒布雷。在火箭弹体内装有一定数量的(防步兵、反坦克等)地雷,利用火箭布雷车、火箭炮或单管火箭发射架将其发射到一定高度后弹体自动打开,地雷借降落伞(反坦克地雷)或自行落下(防步兵地雷),在敌方前进通路上快速形成面积广大的雷区,以达到杀伤人员,减缓行军速度,封锁敌人的交通要道、进攻路线等目的。地雷上有可靠的保险装置,在运输和发射过程中处于安全状态。只有当布在地面之后,保险装置才会自动解除,进入战斗状态。火箭布雷不但可以大大提高防御性布雷的针对性、机动性和快速性,能快速封闭敌突破口,恢复遭敌破坏的障碍物配系,加强阵地前沿前的障碍物,而且可以实施进攻性布雷,可以突然袭击敌方集结地域,拦阻、分割或包围敌人,为歼敌创造良好战机。

火箭布雷系统有两种类型:一是利用制式火箭炮配备布雷火箭弹,如德国的LARS 110 mm火箭布雷系统和法国的"哈法拉"145 mm火箭炮;二是专用火箭布雷器材。它是由轻型火箭炮发展而成的专门用于布雷的多管火箭弹发射器,可装在装甲车和越野车上。较为典型的中程火箭布雷系统是美军装备的M270中型多管火箭炮,一次可载运226个反坦克地雷,一次发射的布雷面积为1 000 m×400 m,射程为40~70 km。美、英、法、德、意联合研制的MLRS多管火箭炮是远程布雷系统的代表。该系统单车一次齐射可发射12枚火箭弹,可撒布336枚德国研制的AT-2反坦克地雷,可布设正面为500~750 m的反坦克地雷场,主要用于打击敌军前方地域坦克部队,以杀伤、迟滞敌人。

16.7.5 飞机(直升机)布雷

飞机(直升机)布雷指的是用飞机(直升机)布雷系统布设地雷的行动。既可由飞机或直升机直接撒布,也可由飞机或直升机空投布雷弹,再由布雷弹在空中一定高度处开仓撒布地雷。利用飞机布雷最突出的优点是速度快,机动性好,不受地形限制,能远距离实施大面积布雷,对敌方坦克装甲部队的集结地域实施突袭、拦阻、封锁或切断敌人通路及后勤供应线;但飞机布雷技术复杂,费用高。仅有美国、德国、意大利及俄罗斯等少数国家拥有这类装备。

飞机布雷出现较早,在第二次世界大战期间,德、意在非洲战场首先使用了飞机来布设防步兵地雷。20世纪50年代美军在朝鲜战场上用飞机布设"蝴蝶雷"。20世纪60年代后一些国家开始使用飞机布设防坦克地雷或混合布设防坦克地雷和防步兵地雷,如美军的M-56和盖托布雷系统。目前最具代表性的产品有美国"火山"多用途布雷系统、德国的MW-1多用途撒布系统等。

德国MW-1多用途撒布系统是MW-1"旋风"战斗机的一种主要武器装备,用来打击装甲和机械化部队、具有中等防护能力的目标和非装甲目标,破坏机场跑道和掩蔽部等。MW-1系统可装MIFE和MUSPA两种地雷。MIFE地雷是一种自由下落的防坦克地雷,由两块扁平的聚能装药和能振动感应的被动式传感器组成,主要用来阻滞敌方坦克部队运动。MUSPA被动式和主动式破片地雷用来打击具有中等防护能力的目标和非装甲目标。被动式破片地雷装有被动式传感器,能对在跑道上起飞或着陆的飞机以及修理跑道的器材产生感应。雷中装有钢珠,有效杀伤距离达 100 m 以上。每个 MW-1 可装 668 个 MUSPA 被动式破片地雷。主动式破片地雷有定时引信,用于打击具有中等防护能力的目标和地面混合目标。MW-1 由 4 个子母弹箱组成。每个子母弹箱有 28 个撒布箱,各自独立悬挂在机身下方。其最大撒布范围为 500 m×2 500 m。布雷时,飞机的飞行高度大于 50 m,飞行速度可达 1 000 km/h。

16.8 扫雷技术

在战斗中,快速通过敌方设置的雷场,可以为整个战役的顺利推进争取有利时机;而战争结束后,未引爆的地雷给各国战后重建和发展带来了困扰,人民也生活在地雷随时引爆的危险之中。因此,扫雷和排雷显得尤为重要。在这种情况下,各式各样的扫雷技术和设备应运而生。

扫雷是指搜索和清除地雷及其他爆炸物的行动。其目的是保障军队行动自由和人民群众生命财产的安全。扫雷按范围分为全面扫雷、局部扫雷和开辟通路扫雷,而按作业方式分为人工扫雷、机械扫雷、爆破扫雷、磁信号模拟扫雷、综合扫雷等。

16.8.1 人工扫雷

人工扫雷,由单兵操作人工排雷器材,用于诱爆、移走地雷或使其失效的方法。为了作战使用方便,有的国家研制装备了成套人工扫雷工具,其中有探雷针、探雷器、扫雷锚、扫雷标示绳、红白小旗、保险夹、保险销、保险管、螺丝刀、尖嘴钳等。探雷针、探雷器用以发现地雷和确定地雷位置;扫雷锚用以拉出或拉爆地雷及可疑物;扫雷标示绳用以在雷场中搜排地雷时作为前进和后退的标志及通路界线,也可作为扫雷锚的系绳;保险销、保险夹、保险管等用以使不同类型的地雷失效;螺丝刀、尖嘴钳用于剪断地雷绊线,拆卸地雷引信,修理其他器材等。

16.8.2 机械扫雷

机械扫雷,是利用挂装在坦克、装甲车前的机械扫雷器扫除地雷的方法。机械扫雷分为碾压式、犁翻式和击打式 3 种。它主要用于雷场中开辟通路和大面积区域扫雷。机械扫雷的优点是能在行进中扫雷。扫雷坦克前面扫雷,而后续坦克沿扫雷通路跟进。其缺点是质量大,目标大,机动性差,扫雷速度慢,易受敌方火力毁伤。机械扫雷开始出现于第二次世界大战期间,各国普遍研制了机械扫雷器材。第二次世界大战后,多数国家没有大的发展,而苏联却大量生产了犁翻式和碾压式扫雷器,且大量装备到装甲部队。美国在 20 世纪 70 年代才开始仿造苏式扫雷器,先仿扫雷犁,后经试验被地雷炸坏而停止发展,转而仿造了扫雷碾。

(1) 扫雷碾

扫雷碾,是挂装在坦克或履带式装甲车前部的钢质辊轮,用其碾压作用触发地雷的一种机械扫雷器,多用于雷场中开辟通路或大面积区域扫雷。其优点是扫雷非常有效;缺点是笨重,影响坦克的机动性,而且使用寿命短。扫雷碾有全宽式和车辙式两种类型。全宽式的辊轮宽度略大于车体宽度,通过雷场时可触发辊轮下的触发地雷,为坦克开辟一条全宽式通路。此种扫雷碾质量大,机动性差,扫雷速度慢,逐渐被车辙式扫雷碾代替。车辙式扫雷碾的辊轮被挂装在履带前,其宽度略大于履带宽度,通过雷场时可以触发辊轮下的触发地雷,一次通过为坦克开辟出一条车辙式通路。此种扫雷碾重量轻(通常为 7~8 t)、挂装方便。不扫雷时可将辊轮悬挂起来,装甲车辆可正常行进;扫雷时将辊轮放下,扫雷速度可达 6~12 km/h。扫雷碾扫雷的缺点是只能扫除一次作用的触发地雷,而不能扫除复次压发或多次压发的地雷,且对于某些非触发地雷无能为力。

典型产品有苏联的ПT-55扫雷碾。该器材用于在雷场中开辟车辙式通路。基础车为T-54/55坦克,行驶速度为 18~24 km/h,扫雷速度为 10~12 km/h,每侧扫雷宽度为 0.83 m,中间未扫宽度为 1.7 m。扫雷碾总重 6.7 t,共 2 组,每组 3 片,每片碾质量为 500 kg。两组扫雷碾轮之间有一条铁链,用于扫除带触发引信的地雷。扫雷碾安装时间为 10~15 min,拆卸仅需 3~5 min。

(2) 扫雷犁

扫雷犁,是挂装在坦克、履带式装甲车辆前部的钢质犁刀,用以将地雷翻出地面并推出车旁的一种机械扫雷器。它多用于防坦克地雷场中开辟通路或大面积区域扫雷。有全宽式和车辙式两种类型。全宽式扫雷犁的犁刀正面宽度略大于坦克的车体宽度,通过雷场时可将犁刀宽度内的地雷翻出地面并推到车体两侧,一次通过可为坦克开辟一条全宽度通路。此种扫雷犁质量达 4 t 多,机动性差,扫雷速度慢,逐渐被车辙式扫雷犁代替。车辙式扫雷犁为两片,分别挂装在坦克履带前。其宽度略大于履带宽度。两片犁刀的质量通常在 1~2 t,机动性好,扫雷速度可达 6.5~12 km/h。车辙式扫雷犁通过雷场时可将犁刀宽度内的地雷翻出并推出车旁,为坦克开辟一条车辙式通路。与扫雷碾相比,扫雷犁质量小、机动性好、能扫除各种地雷。不仅如此,它还能扫除通路上的其他障碍物,如推移三角锥,克服防坦克壕、弹坑等。其缺点是容易被翻响的地雷炸毁。典型代表产品有苏联的 KMT 扫雷犁系列、美国的"狼獾"破障车全宽度扫雷犁和英国的 SCAMBA 全宽度扫雷犁。

(3) 扫雷链

扫雷链,是挂装在坦克、履带式装甲车辆前部,能够随轴转动的金属链,用其对地面的抽打作用击爆地雷或使其失效的一种机械扫雷器。它由传动轴、臂架、传动机构、鼓轮及链条等组成。传动轴装设在臂架上,在传动机构的带动下进行高速转动,带动鼓轮转动将金属链旋转起来,以其冲击力不断击打地面。当其击中地雷时可将地雷击爆或将其结构击坏而失效,从而达到扫雷的目的。扫雷链设置宽度略大于车体宽度,而扫雷时其扫雷宽度也略大于车体宽度,主要用于大面积区域扫雷。扫雷链扫雷的优点是能够扫除各种类型的地雷;其缺点是扫雷效率低,前进速度慢。扫雷时的速度通常为 1~2 km/h,扬起的尘土影响驾驶员工作,且不能用以克服其他障碍物。典型产品有德国的"雄野猪"扫雷坦克。

16.8.3 爆破扫雷

爆破扫雷,利用扫雷装药的爆炸作用使地雷诱爆或失效的扫雷方法。扫雷装药为刚性或柔性直列装药、燃料空气炸药、导爆索以及集团装药等。装药的扫雷作用是近区靠爆炸产物,而远区靠爆炸冲击波。近区和远区的结合部位靠爆炸产物和爆炸冲击波的综合作用。扫雷效果与爆炸载荷(爆炸产物和冲击波的作用)的大小、作用时间的长短以及地雷的特性和伪装层厚度有关。扫雷装药爆炸时的离地高度，对扫雷效果有一定影响。扫雷效果最好的炸高为最佳炸高。向雷场输送扫雷装药的手段有火箭（炮）发射、坦克牵引或推送、炸药爆炸抛掷、飞机投掷、绞盘绞入以及人工输送等。爆破扫雷的优点是快速、突然；缺点是对延期爆炸地雷和采用双脉冲压发引信地雷扫雷效果不好。为了保证彻底扫除地雷，通常结合使用爆破扫雷和机械扫雷两种方法。

(1) 直列装药扫雷

直列装药扫雷，是利用直列装药在雷场中的爆炸作用，使地雷诱爆或失效的扫雷方法。装药爆炸时的扫雷作用是近区靠爆炸产物，远区靠爆炸冲击波，而在近区和远区之间则靠爆炸产物和冲击波的综合作用。扫雷效果的影响因素主要与直列装药爆炸时产生的爆炸产物和爆炸冲击波的作用大小及作用时间长短有关。另外，还与雷场中所布地雷的结构特点及伪装层厚度有关。爆炸作用的大小与爆炸作用时间的长短与直列装药所采用的炸药种类、直径的大小和爆炸状态有关。根据试验，炸药爆炸时离地高度对扫雷效果有一定影响，而且离地高或离地矮都不利，只有在最佳炸高时其扫雷效果最好。向雷场输送直列装药的手段有人工输送法、坦克推送或牵引法、绞盘绞入法、火箭拖带法等。直列装药扫雷的主要优点是快速、突然，与集团装药扫雷相比，能够形成较好的连续通路而不产生炸坑。

直列装药扫雷多用于进攻前的火力掩护下在敌方前沿前雷场中开辟道路。直列装药有柔性和刚性两种。刚性直列装药能承受轴向推力，可采用推送法；柔性直列装药则不能承受轴向推力，而只能采用拖带法，如采用火箭爆破器扫雷。火箭爆破器是利用火箭发动机将爆炸带（柔性直列装药）拖带到雷场中爆炸，利用爆轰波诱爆或炸毁地雷，开辟出步兵或坦克通路的爆破器材。它通常由火箭发动机、爆炸带、发射装置、引信、展直机构等组成。火箭爆破器按用途不同分为两种：一种是开辟坦克通路的。其威力大、重量轻，一般由车辆运载，被称为车载式火箭爆破器。另一种是开辟步兵通路的。其威力小，通常由人工携带，被称为单兵火箭爆破器。单兵火箭爆破器由火箭发动机、爆炸带、引信、发射箱、控制标识装置、击发器等组成。作业手打开发射箱盖，将发射箱支架在地面上，用击发器拉发火后，经 4 s 延时，火箭发动机开始工作，拖带爆炸带起飞。当飞行一定距离时，阻力伞张开，拉发爆炸带上的引信，经一段延时，待爆炸带落地展直后引爆爆炸带，借助爆炸带爆炸产物和冲击波的作用在防步兵雷场或铁丝网中开辟出步兵通路。

火箭爆破扫雷是爆破扫雷开辟通路中的主要方法，具有作业速度快、安全可靠、受敌方火力威胁小等优点，应用十分普遍，如英国"大蝮蛇"火箭爆破器有长为 229 m、直径为 68 mm 的柔性直列装药，内装塑性炸药，由火箭发动机发射到雷场，射程为 450 m 左右，可在雷场中开辟宽为 7.28 m、长为 182 m 的坦克通路。

(2) 燃料空气炸药扫雷

燃料空气炸药扫雷，是利用燃料空气炸药爆炸产生的高温、高压气体，使雷区中的地雷诱爆，或使其结构破坏而失效的方法。扫雷时可用火箭或飞机将有环氧乙烷、环氧丙烷、甲烷、丁烷、乙烯、乙炔、镁粉、铝粉等燃料的战斗部发射或投掷到雷场上空爆炸，释放燃料，燃料迅速挥发并与空气混合成一定浓度的气溶胶云雾，经二次引爆，即刻形成 2 500 ℃ 左右高温及 2~3 MPa 压力的区域爆轰波，作用在地雷上，使其诱爆或破坏其结构而失效。燃料空气炸药爆轰时大多为液—气、固—气两相爆轰，爆轰波在空间云雾区中传播，使爆轰产物直接作用于地雷。与其他爆炸扫雷相比，燃料空气炸药扫雷冲击波持续时间长、威力大、作用面积广、扫雷效果好。美国和苏联在20世纪60年代和80年代在战场上使用过。燃料空气炸药扫雷器材以美国的CATFAE弹射式燃料空气炸药扫雷系统最为典型。

美国的CATFAE弹射式燃料空气炸药扫雷系统被安装在AAVP7A1两栖装甲突击车上，用以伴随海军陆战队第一梯队行动，可以扫除登陆场和内陆的地雷场。该系统包括21发燃料空气炸药扫雷弹，分3组发射。实施扫雷作业时，扫雷车能在陆地和水上行驶时发射扫雷弹。扫雷弹被压缩空气从发射管内弹射出去。发射时既无尾焰，也无大的后坐力，最大射程为500 m。弹在飞行中用阻力伞加以控制，90 s内即可将21发弹全部发射完毕。所开辟通路宽为20 m，长为300 m。

(3) 导爆索网扫雷

导爆索网扫雷，是用编织成网状的导爆索在地面上爆炸时产生的爆炸作用诱爆地雷或将其结构破坏而使地雷失效的扫雷方法。导爆索网通常有两种编织方法：一是由导爆索按一定间距盘折并固定在纵向连接绳上；二是用导爆索按一定宽度和长度交叉结扎而成。扫雷时既可将事先编织好的导爆索网用人工输送到雷场中，也可用坦克或车辆进行拖送，还可用火箭发射。其优点是爆炸作用分布均匀，接触地面爆炸，因而装药利用率高，开辟的通路连续平整，没有炸坑。其缺点是装药爆炸针对性差，所需扫雷区域必须全面覆盖，向雷场输送较困难。苏联对这类器材比较重视，20世纪50年代已开始使用，装备了一种导爆索网，长为50 m，宽为0.6 m，由人工铺设，用以加宽通路。捷克、德国、法国也都研制了类似导爆索网的扫雷梯，由火箭射入雷场。大量试验表明，导爆索网扫雷是破坏地雷结构或将其诱爆的有效方法。

16.8.4　磁信号模拟扫雷

磁信号模拟扫雷，主要用于对付磁—震动和磁—噪声等复合引信地雷。具有典型代表性的是美军研制的车辆磁特征信号模拟器，它主要用于对付磁—震动和磁—噪声等复合引信地雷。美军研制的车辆磁特征信号模拟器由电磁线圈、放大器、电容器盒和控制板组成，可安装在各种坦克和装甲车辆上，通过给线圈输入按一定规律变化的电流，可产生类似于坦克或装甲车辆的模拟信号。将这种信号不断地向车体前方发射，就可以诱爆前方5～6 m范围内的磁性地雷。

16.8.5　综合扫雷

提高扫雷效果和作业效率最有效的方法是综合使用几种扫雷手段，如机械—爆破扫雷结合，机械—磁模拟扫雷结合，或集机械、爆破、磁模拟扫雷和通路标示装置于一体的综合扫雷。美国、俄罗斯、波兰、日本及我国都有综合扫雷车的代表产品。

美国XM1060遥控扫雷坦克是集机械、爆破、磁模拟扫雷和通路标示装置于一体的综合扫雷系统。它采用M60 A3坦克底盘为基础车，最高行驶速度为48.3 km/h，战斗部总质量为51.5 t。扫雷作业装置有装在车体前部的扫雷磙，车体上部的两个火箭爆破带发射箱和磁信号模拟装置，车体后部带有通路标示装置。扫雷磙为车辙式，有2组磙轮，每组有磙轮5片。扫雷速度为16 km/h。有扫雷火箭爆破带2条，每条爆破带长为107 m，重926 kg。最大发射距离为150 m。开辟通路长为100 m，宽为8 m。通路标示装置为夜间可化学发光的标示杆。该车采用光纤电缆遥控作业，遥控距离达1.6 km。

美国联合两栖扫雷系统用于在海滩过渡区到舰艇登陆区之间开辟通路，并为后续部队在岸滩雷场中开辟通路。该系统将机械、电磁和爆破等扫雷措施结合在一个遥控作战平台上，由登陆舰艇送到滩头。系统的承载平台为卡特皮勒 D7G 推土机，有装甲防护，可以进行遥控作业。在大多数情况下，扫雷时首先从推土机上抛撒爆破网来清除岸滩雷场。爆破网铺设装置将聚能装药爆破网均匀散布成一个阵列，且各网点同时起爆进行爆破扫雷。推土机还装有扫雷犁、磁信号模拟装置和通路标示装置，可以机械扫雷手段扫除残留地雷和磁感应引信地雷。车前装有链阵，可清除蛇腹形铁丝网和工兵桩等轻型障碍物。

16.9 地雷的发展趋势

随着微电子技术、信息技术、装药技术和布雷技术的迅速发展，地雷的科技含量将越来越高，主动性将越来越强，智能化程度越来越高。特别是网络技术的引入和智能雷场的开发，将使新一代智能地雷以崭新的面貌出现。可以预测，在未来的高技术战争中地雷将再度辉煌，将发挥更大的作用。

16.9.1 地雷控制智能化

为更加适应现代高科技战争的需要，地雷将继续向智能化方向发展。智能地雷的最大特点是能自动探测、跟踪和袭击目标。这种地雷在布设后，无论白天、黑夜，在各种能见度下均能通过智能系统自动警戒、识别和攻击目标。其特性主要表现在以下几个方面：

（1）防御和攻击范围逐步扩展

地雷的防御控制范围正在扩展，已从压发地雷几米的防御半径扩展到广域地雷的几百米防御半径，如 1 枚声控增程反坦克地雷的障碍效能相当于 60~100 枚普通地雷，有效作用半径达 200 m，发射筒可旋转 360°。作用范围的增大，减少了布雷量，减轻了后勤运输负担。另外，伴随着反直升机地雷的出现，地雷的防御和攻击范围已从地面拓展到空中，智能地雷成为反武装直升机的重要武器之一。

（2）探测识别目标逐步自动化

未来的智能地雷将是由多种传感器组成的高灵敏度、多功能的传感器系统。由磁、震动、声、光和红外等传感器组成的多功能传感器系统，通过计算机处理，可自动完成对目标的警戒、探测、识别等功能，使地雷具有远距离、自主应用的功能，如反直升机地雷能在一定范围内，根据直升机的音响特征进行探测，并能分辨出直升机类型，从而可以做到有的放矢。

（3）引信趋于多功能和电子智能化

如在反直升机地雷中引信系统选用毫米波探测器，以声传感器与微处理器相结合，不仅使地雷能够灵活选择攻击目标，获得最佳攻击效果，而且一旦与信息化战场管理系统成为一体后，就能对各种地雷战器材实施统一、有效的控制，使用起来更加得心应手，并能使地雷战与其他作战行动更为有效地融合，从而进一步提高地雷的整体效能。由此可见，低功耗、高可靠性、耐爆、抗扫与复合工作的电子智能引信是今后引信发展的主要方向。

16.9.2 地雷效应综合化

新概念毁伤原理的产生和先进战斗部技术都将促进地雷效应的综合化。多爆炸成型弹丸技术日趋完善，将提高地雷的毁伤概率；改进的装药技术将明显改善爆炸成型弹丸的飞行稳定性，并可提高弹丸的初速；精密加工技术的应用，重金属预制破片和定向加速技术的进一步发展，均有助于提高地雷战斗部的威力；用于小目标面积直接毁伤的定向能技术的逐步应用，将智能地雷的概念进一步拓展。另外，目前大部分地雷的毁伤功能均呈单一化趋势，而未来地雷的毁伤效能将向综合效应方向发展，如英国 HB876 区域封锁子地雷，具有综合毁伤效应，可用来对付地面坦克、轻型车辆、人员和飞机等，完成区域封锁任务。其结构如图 16-41 所示。

图 16-41　英国 HB876 区域封锁子地雷

HB876 区域封锁子地雷外形呈圆柱形，由 3 个模块组成。上方模块包括杀爆战斗部，中间模块包括电池、安全解除保险机构和电子器件包，而下方模块则包括减速伞系统和确保子地雷落地后头部朝上的自动扶正弹簧圈。当子地雷从母弹中被投放出之后，有两级减速装置减速。首先漏斗形减速伞先打开，稳定并修正子地雷的飞行姿态；然后主减速伞打开，保证其垂直落地，并利用分布在地雷外表面的弹性爪在其着地后向四周展开，自动定位，保证地雷始终处于与地面垂直状态。在雷体顶部，装有半球形药型罩，用于对付坦克底部装甲。HB876 区域封锁子地雷可利用传感器感知接近的人员和车辆并起爆，可预先设定自毁时间，从几分钟到 24 h 以上。地雷战斗部使聚能装药和预制破片壳体产生的高速破片向四周飞散，靠破片动能毁伤不同目标，击穿 20 m 处装甲钢板和 50 m 远处的铝合金板。

HB876 区域封锁子地雷是英国 JP233 反跑道子母弹箱的配用弹种之一。该弹主要用于机场封锁作战。该区域封锁子地雷具有反拆除机构和敏感装置，增加了对方排除该弹的难度。在作战使用时，由 JP233 的另一种子弹药 SG357 反跑道小炸弹在机场跑道上形成一定数量和散布的弹坑；HB876 区域封锁子地雷则散布在跑道区域及弹坑周围，设定不同的延时引爆时间，破坏维修作业机械和停放或滑行中的飞机，杀伤人员，以阻止及延缓对方排弹、扫雷、修复跑道等反封锁措施的顺利展开，尽量延长封锁机场的时间。

16.9.3　地雷布撒机动化

在未来战争中，预先设置的地雷被发现的可能性越来越大，且被发现的地雷场可能被摧毁或被绕过，故其障碍作用必然降低；相反，机动布雷的效用将越来越大。未来的地雷将主要由飞机、火炮、火箭、机械抛撒等多种器材实施布设，以达到牵制、阻滞、扰乱和毁伤的需求。因此，研制新型机动布雷系统将成为未来布雷器材发展的主导方向。

未来布雷器材的发展将体现在：一是逐步发展和完善履带式布雷车，增强越野机动能力；二是向装甲化发展，开发利用新材料，增强其防护能力；三是研制自动装填装置，以提高挂弹速度，实现装填自动化，缩短反应时间，如德国研制的"蝎"式抛撒布雷车，最高时速可达 40 km，能根据道路条件自动调节齐射或单管发射。

关于新的地雷布设方式，则主要表现在：一是加大对远距离布雷技术的研究。由飞机、火炮布撒地雷，布雷距离可达几十米或数百千米，保证能在各种天候、地形条件和不同的作战时机将地雷布撒在所需位置。二是提高近距离布雷能力。在这方面，机动设置反直升机地雷等技术将成为研究重点。三是积极研制一次性使用雷匣。要求在工厂将雷匣装入反坦克或步兵地雷和发射地雷的传感管中，提高战斗转换速度。四是积极研制地雷战的 CI 系统。应研究和开发地雷的情报和指挥通信系统，通过计算机信息网络收集和处理大量情报，经过优化处理，选择最佳方案。

16.9.4　智能雷场网络化

智能雷场是指由智能地雷、雷场网间联络器、核查与撤收系统等组成的有自主决策能力的障碍区域。雷场区域内的各颗智能雷之间可以互相联络，同时每颗雷通过网间联络器与作战指挥所沟通，使整个雷场构成一个完整的信息网络，彼此间能互相提供战场信息，协调攻击时机，确定每颗雷的攻击目标，并最大限度地发挥雷场的毁伤和障碍效果。可借助全球定位系统向指挥所和友军显示智能雷场的准确位置。图 16-42 所示为"猛禽"智能弹药系统的内、外部通信场景。

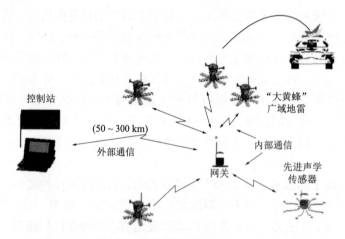

图 16-42　"猛禽"智能弹药系统的内、外部通信场景

未来智能地雷将具有通信功能。安全、可靠、迅捷的通信技术，将使这些地雷彼此之间能通信，能收集和提供情报以及执行指令，从而为指挥员提供独特的战术使用灵活性，亦可构成智能雷场。未来的人工智能技术、机器人管理的先进性、灵活性和决策能力的提高和结合将促进自主式专家智能地雷系统的发展。这种专家智能地雷系统适用于智能雷场，可利用人工智能模块对智能雷场进行网络化管理，交换信息，控制雷场的状态，组织和执行适应当时情况的战术，如伏击（允许许多车辆进入雷场，然后同时对所有车辆发起攻击）、拦截（在进攻部队附近形成地雷拦截带）和渗透（仅进攻所选择的车辆），以此来提高智能雷场的效能。

美国已研制了一种可改变雷场配置的智能地雷。这种地雷能够在战场上自动移动位置，可在既定部署地段调整出最好、最合理的防御布局。实际上，这种地雷相当于一种机动自杀式机器人。采用这种地雷可构成自行愈合雷场。部署之后，这些地雷可在几分钟内，利用配备的 GPS 导航系统接收机，计算出相互间的位置，并立即自行调节相互间的蜂窝状布局。智能地雷还可以通过内部网络通信交换信息，可以作为一个作战小组，及时更换因外部作用或一般性电子故障而失效的地雷。在防护区域遭到侵犯时，智能地雷可单独或集体协调做出应对，重新调整，以布设出最好、最合理的防御布局，如部分雷场区域被爆破损伤后，其余未爆地雷能迅速计算出雷场内的裸露地段，设定新的埋设分布图，然后开始相互通信协调。部分地雷借助配备的活塞式推杆和微型火箭，从一个地方跳跃或爬行到另一个地方，自动补充空出来的裸露地段，从而再次构成完整雷场。图 16-43 所示为智能雷场动态示意图。图 16-43①为开阔地带的地雷分布；图 16-43②为这些地雷通过相互间的无线电联系组成雷场；图 16-43③为雷场受到侵犯时，部分地雷爆炸后的情形；图 16-43④为未爆破的地雷测定雷场裸露地段；图 16-43⑤为共同决定需要到什么地方补充什么样的地雷；图 16-43⑥为通过跳跃或爬行方式修复雷场。

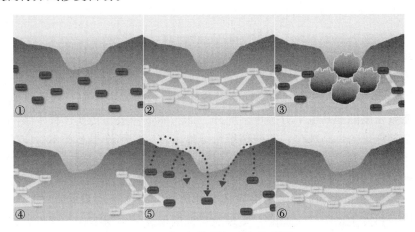

图 16-43　智能雷场动态示意图

随着地雷技术的进一步发展，地雷将广泛运用于进攻战，以积极主动的进攻态势，运用覆盖布雷的方式，覆盖敌方战术集团或某一战役战术方向的部署和队形，割裂其队形，控制有利地形和地域，杀伤有生力量，摧毁其技术兵器。总之，集高新技术于一体的、集火力和障碍于一身的新型地雷已经从传统的防御性武器变为具有攻击能力的武器，从静止的固定障碍变为动态的机动火力，攻击各种高新技术装备。地雷不再仅用于非正规战，而将广泛用于正规作战。

习　题

1. 在未来高技术战争中，地雷的发展趋势有哪些？
2. 现代战争中，扫雷技术按作业方式可分为哪几种？各自的技术特点是什么？
3. 在现代战争中，布雷方式按布雷手段可分为哪几种？有哪些技术特点？
4. 地雷有哪些分类方式，如何进行分类？试述各类型地雷的作用原理。
5. 反坦克地雷和反直升机地雷的作用原理体现在哪些方面？
6. 触发地雷和非触发地雷有什么区别？各自的作用原理是什么？
7. 可撒布防步兵地雷有哪些种类？各种可撒布防步兵地雷的作用原理是什么？
8. 定向雷按装药结构形式不同可分为发散型定向雷和聚集型定向雷，有何区别？
9. 反坦克车底地雷和反坦克顶甲地雷在结构设计上有何区别？
10. 美国 AHM 反直升机地雷是如何布设使用的？

第 17 章
活性材料结构弹药

传统弹药主要由金属壳体、炸药及其相应的结构部件等组成。炸药乃弹药毁伤目标的能源。目前，为提高弹药的爆炸毁伤威力，一般采用提高炸药装填量和单位质量炸药能量（即能量密度）的方式来实现。由于受到使用条件和材料水平的限制，弹药的装填量存在极限，而炸药能量密度的提高也十分困难。此外，炸药能量释放与转换过程中毁伤元所获得的能量是炸药全部能量的一小部分，炸药装填量或能量密度的稍许提高并不一定能带来对目标毁伤效果的大幅度提升。因此，弹药毁伤能量输出的大幅度增加需要拓展新的技术途径。

采用活性材料制成弹药的预制破片、药型罩、壳体结构等部件，在炸药爆炸驱动下形成活性毁伤元，通过爆炸加载、高速冲击或热脉冲等方式给活性材料施加反应所需的临界能量，促使活性材料发生反应二次释能，实现对目标的引燃、引爆毁伤。活性材料结构在弹药上的应用是提高弹药毁伤能量输出的一种新途径，所产生的毁伤效果要优于传统惰性材料结构弹药。这种弹药的应用必将促进武器装备作战效能的大幅度提高。因此，相关技术是近年来国内外研究的热点。

17.1 概述

17.1.1 活性材料

活性材料（Reactive Material，RM），也称"反应材料"，是一种常温常压下处于亚稳定状态，高温高压下发生剧烈化学反应，释放大量能量的材料。这种材料由还原剂或还原剂与氧化剂混合而成。通常，还原剂多为金属材料，而氧化剂既可以是另一种金属材料，也可以是非金属材料。充当还原剂的金属材料常为极其细微的粉末状（纳米级），可选用铝、镁、锆、钛、钨、钽或铪等；非金属材料可以是聚四氟乙烯或其他含氟聚合物。将粉末混合并通过压制、烧结或化合的方法即可制成具有较高密度的活性材料。为确保活性材料具有适宜的反应速度和敏感性，粉末的尺寸通常在 $1\sim250\ \mu m$。

目前，常见活性材料（RM）主要有 5 种，分别为铝、钛等高活性金属，金属+金属氧化物（又称铝热型），金属+卤族聚合物，以及金属间化合物和金属氢化物。

（1）高活性金属

镁（Mg，密度：$1.7\mathrm{g/cm^3}$）、铝（Al，密度：$2.7\mathrm{g/cm^3}$）、钛（Ti，密度：$4.5\mathrm{g/cm^3}$）、锆（Zr，密度：$6.5\mathrm{g/cm^3}$）等金属具有一定强度，在常温、常压下活性小，虽可与氧气化合在金属表面生成一层致密的氧化膜，但仍比较稳定；随着温度和环境压力的提升，活性迅速增加，能与氧化物发生剧烈的氧化还原反应，生成大量的热。例如：铝、钛、锆氧化反应释放的体积热值在10倍TNT以上（铝燃烧热为30.5 kJ/g，镁燃烧热为25.2 kJ/g，钛燃烧热为19.1 kJ/g，锆燃烧热为11.7 kJ/g）。这类活性材料自身不带有氧化剂，只能与环境中的氧化剂发生反应，反应时需要临界能量的输入。通常，决定金属材料能量释放效能的因素是金属本身的能值以及金属粉体的纯度、粒度、表面形态等。金属粉体的纯度、粒度、表面形态决定了需输入临界能量的大小。

（2）金属+金属氧化物

此类活性材料的主要组分为高活性金属和金属氧化物。金属氧化物作为氧化剂在高温、高压下与金属发生剧烈的放热反应（最为典型的为铝热反应），如：

$$2Al + Fe_2O_3 \xrightarrow{\text{高温}} Al_2O_3 + 2Fe \tag{17-1}$$

$$8Al + 3Fe_3O_4 \xrightarrow{\text{高温}} 4Al_2O_3 + 9Fe \tag{17-2}$$

$$4Al + 3MnO_2 \xrightarrow{\text{高温}} 2Al_2O_3 + 3Mn \tag{17-3}$$

$$10Al + 3V_2O_5 \xrightarrow{\text{高温}} 5Al_2O_3 + 6V \tag{17-4}$$

$$2Al + Cr_2O_3 \xrightarrow{\text{高温}} Al_2O_3 + 2Cr \tag{17-5}$$

该类活性材料反应能产生高的反应温度，放出大量的热；但没有气体产生。

（3）金属+卤族聚合物

此类活性材料的主要组分为高活性金属（如铝、锆、钛、镁等）和卤族聚合物（通常为含氟聚合物，如聚四氟乙烯、四氟乙烯/六氟丙烯/偏二氟乙烯三元共聚物、偏二氟乙烯和六氟丙烯共聚物等）。金属粒子与卤族聚合物基体在惰性有机介质中混合，使燃料粒子分散到聚合物基体中形成活性材料。金属粒子与卤族聚合物的混合既可以在惰性有机溶剂中进行，也可以在水或水成溶液中进行。然而，在某些金属（如铝）存在时，水会成为氧化剂，释放出有害的氢气。

活性材料中含氟聚合物的选择依据是含氟聚合物的低温工艺能力、成本、实用性、氟含量、力学性能、在工艺温度下的熔点和黏性以及含氟聚合物与活性金属填料的兼容性。可以选用的含氟聚合物及其性能列于表17-1中。

表17-1 可选用的含氟聚合物性能

聚合物	抗拉强度（23℃）/MPa	延伸率（23℃）/%	熔点/℃	在酮/酯中的可溶性	氟含量/%
聚四氟乙烯					
PTFE（TEFLON）	31	400	342	不可溶	76
TFM 1 700（改性的PTFE）	40	650	342	不可溶	76
含氟弹性体（橡胶）					
Viton A（Fluorel 2175）	13.8	350	260	可溶	65.9
FEX 5 832X 三元共聚物	13.8	200	260	可溶	70.5
四氟乙烯、六氟丙烯和偏二氟乙烯的热塑性三元共聚物					
THV 220	20	600	120	100%可溶	70.5
THV X 310	24	500	140	部分可溶	71~72
THV 415	28	500	155	部分可溶	71~72
THV 500	28	500	165	部分可溶	72.4
HTEX 1 510	33	500	165	不可溶	67

续表

聚合物	抗拉强度（23℃）/MPa	延伸率（23℃）/%	熔点/℃	在酮/酯中的可溶性	氟含量/%
四氟乙烯和全氟烷基乙烯基醚的热塑性共聚物					
PFA	30	400	310	不可溶	76
四氟乙烯和六氟丙烯的热塑性共聚物					
FEP	20～30	350	260	不可溶	76
四氟乙烯与乙烯的热塑性共聚物					
ETFE	46	325	260	不可溶	61

(4) 金属间化合物

通常，金属与金属或与类金属（如硼、碳等）元素粉末混合并进行压制、烧结等会形成一种高质量、高密度、高强度、高活性的固态合金构件。在撞击目标时，在高温高压（剪切）下，合金构件的金属材料之间发生反应。例如，铝和镍反应形成镍化铝（包括 Ni_3Al，Ni_5Al_3，$NiAl$，Ni_2Al_3，$NiAl_2$，$NiAl_3$，$Ni_{12}Al$ 和 $NiAl_{12}$ 等）；钛和硼反应形成 TiB_2（一种陶瓷产物）等。金属间化合物在反应的同时，也释放能量（化学能），放出大量的热，形成金属间化合物。此外，有些反应生成的金属间化合物还可能与氧气发生反应，生成金属氧化物，并继续放出大量的热，反应式如下：

主要反应：金属+金属=合金+热

次要反应：合金+氧气=氧化物+热

(5) 金属氢化物

金属氢化物（如 AlH_3，TiH_4 等）是一种金属、合金或金属间化合物与氢反应生成的氢化物。在一定条件下氢化物可以释放出大量的氢，而氢作为能量的携带者可与氧气发生剧烈的放热反应；同时，活性金属也可与氧气发生剧烈的放热反应，释放能量。

17.1.2 活性材料的释能特性

对活性材料的研究可以追溯到 20 世纪 70 年代。1976 年，George A. Hayes 在"PYROPHORIS PENETRATOR"专利中提出通过将钨、锆及一种或多种黏结材料混合来合成"引燃侵彻体"专用合金。此后，该方面的研究报道多以专利形式出现。近年来，活性材料的研究开始活跃，尤其是美、英等军事强国在该方面的研究已成体系，研制了一系列的活性材料，并试图将其应用于穿甲弹弹体、预制破片和药型罩等组件的设计制造中。

活性材料的释能特性是衡量其应用性能的重要指标之一。在常温常压下，活性材料中的金属粉末与氧化剂的单纯接触不会引发剧烈反应，但强大冲击力能使它们进行混合，发生化学反应并释放能量。另外，反应产物还有可能在周围空气中燃烧，进一步释放能量，如铝与聚四氟乙烯（PTFE）的混合物。活性材料的反应过程通常始于金属粉末、金属氧化物以及碳、氮、硼等合成的金属间化合物的局部引燃，燃烧所放出的高化学反应热依次引发相邻区域的合成反应，形成自发的反应，生成新的化合物，直至材料全部反应完毕。活性材料在进行化学反应时生成的产物大多为固体或固体融化物，少有甚至没有气体生成。这就意味着，活性材料与炸药的反应特征有所区别，但活性材料含有更高的能量，且运输和储存时更加安全。活性材料与常见炸药的能量密度如表 17-2 所示。

表 17-2 活性材料与常见炸药的能量密度

组分	$-\Delta H/$ ($cal \cdot g^{-1}$)	$-\Delta H/$ ($cal \cdot cm^{-3}$)
TNT	1 040	1 530
HMX	1 280	2 510
Ti+2B	1 115	3 992
2Al+3H$_2$O	—	10 154
C+O$_2$	2 800	17 600
4Al+3O$_2$	7 420	20 040

另外,若活性材料反应产生的物质(如 PTFE 中释放的碳或双金属中的单金属元素)可在空气中燃烧,则可继续释放能量,产生更大的反应压力。

与常规材料相比,活性材料不仅具有与之同样的强度,而且能释放巨大的能量。其与常规材料的特性比较情况列于表 17-3 中。

表 17-3 活性材料与常规材料特性的比较

性能对比	活性材料	常规材料
材料组成	铝、钛等高活性金属,金属+金属氧化物(又称为铝热剂),金属+卤族聚合物和金属化合物以及氢化物等	破片材料一般是钢或钨,质量在 30～200 g;药型罩材料一般是紫铜、钽等;壳体材料一般是钢、复合材料等
强度	高(使得活性材料能够在炸药爆炸时顺利被抛射并侵彻目标)	高(满足侵彻目标要求)
密度	高(提升活性材料对来袭目标的侵彻能力)	高(满足侵彻目标要求)
反应能量	高(增强尽早引爆来袭目标战斗部的能力)	需直接命中(高速穿透威胁目标)
破片利用率	高(破片在爆炸时产生巨大的能量,在爆炸中消耗殆尽,毁伤威力可达到普通钢质破片的 5 倍)	较低
作用效果	侵彻、杀伤、爆破、燃烧	侵彻、杀伤
杀伤效果的可视性	产生视觉上显而易见的反导毁伤,有利于毁伤性评估方法的改进	难以在感观上确定其一次攻击的效果

活性材料可用于制造弹药壳体(图 17-1)、预制破片和药型罩等组件,使弹药的杀伤力、毁伤效能产生质的飞跃。将活性材料用作弹药壳体时,壳体的破碎方式是可以选择的,既可有选择地形成定向/质量聚焦的活性破片,提高对大脱靶量目标的毁伤能力,又可让活性材料壳体在爆炸中消耗殆尽,不产生破片,而是在爆炸时产生巨大的能量,调整爆炸效果和杀伤范围。

图 17-1 活性材料制作的弹药壳体

17.1.3 活性材料结构弹药的工程化

(1)活性材料的强度

当前,对于活性材料结构弹药的工程化应用要求是要有足够大的强度,以确保在爆炸驱动和侵彻目标过程中预制破片、弹体等部件的完整性和射流、EFP 等毁伤元的成型性。传统工艺制造的活性材料抗拉强度小，未来可以通过应用常规复合材料技术（包括增强型纤维材料和增强型纳米材料）来提高活性材料的强度。常规的增强型纤维材料（如石墨和硼），能够增强材料在指定方向上的强度和刚度，如新型纳米纤维增强型材料（其分子直径只有几百个纳米，甚至更小）已经被证明可显著增强多种材料的强度和刚度。据报道：美国 DE 公司已经成功将两种类型的增强材料融入活性材料基的聚合物中，提高了屈服强度和刚度。密度大于 7 g/cm³、释放的化学能大于 2 000 cal/g、能够承受超过 300 MPa 的张力和压力的活性材料是当前阶段美国的研究目标。

(2) 活性材料毁伤效果预测

活性材料的威力取决于所有反应成分之间的相互作用，主要受与相对体积分数、粒子尺寸、互溶度以及系统同系温度有关的统计概率函数控制。如果活性混合物中包含两种以上反应物，那么多种反应物粉末的随机混合就会在反应物之间产生局部环境变化，还会产生一种或多种反应物积聚现象。结果，在引发活性材料反应的条件和能量水平上就会产生相当大的不确定性，有可能导致反应无法完成。这种不确定性不但会给士兵带来很大的风险，还会降低独立控制引燃环境的能力，无法保证活性材料释放出全部能量，无法控制反应发生的时间。因此，提高活性材料毁伤作用的确定性、增加活性材料毁伤效果的预测性，就会促进活性材料技术的进一步发展。

通常，通过优化微观结构可以改善反应效率，提高活性材料引燃的可预测性。这种微观结构不仅会使活性结构材料产生额外的化学自由度，而且会对反应混合物的力学性能产生很大影响。若能提出一套统一的设计方法，将工艺、微观结构与材料的力学性能和化学性能联系到一起，就可以成功开发出活性结构材料。

(3) 活性材料的生产安全性

活性材料多为活性金属、卤族聚合物等材料混合加工制成，较炸药等含能材料更为敏感、易燃、易爆，在加工处理中必须尽最大可能地减小或消除其安全隐患。

通常，可以采用低温成型法，通过控制活性材料的工艺温度和压力的方法提高其生产安全性，同时省略活性材料制备工艺所必需的烧结工程。此外，还可设计并开发弹药用低静电感度活性材料，即开发合适的包覆方法来降低静电感度，并通过添加特殊组分（如合适的氧化铜/铝热剂复合物、选择性聚合物和导电材料）或者通过调整配方来降低活性材料对意外静电火花放电的感度，以满足军、民生产操作要求的安全等级。

17.2 活性材料结构弹药种类

活性材料是一种新兴的高强度复合材料。目前，国内外正在积极探索将活性材料应用于破片杀伤弹、半穿甲燃烧弹、破甲弹药等。与现役同类装备相比，其应用将大幅提升弹药的毁伤威力。其中，美国海军演示验证试验表明，活性材料破片杀伤弹药的杀伤半径是普通杀伤弹药的 2 倍，而潜在的毁伤威力将达到其 5 倍。

17.2.1 活性材料破片杀伤弹药

活性材料破片杀伤弹药通常采用活性材料预制破片或活性材料壳体，在爆炸驱动下形成活性杀伤元,对目标进行侵彻、引燃和引爆,如图17-2所示。活性材料可以连续地制成战斗部的内衬层,形成壳体内表面,通过破裂方式控制活性破片的尺寸、形状及质量;也可以是不连续的(间断的),在爆炸驱动下形成预制破片。

 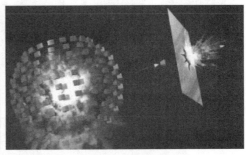

图 17-2　活性材料预制破片壳体和作用效果

目前,破片杀伤战斗部技术已经比较成熟,但传统的惰性破片很难对目标造成燃烧或爆炸毁伤。若将活性材料替代现有战斗部的破片,则可以提高导弹对付空中目标(包括导弹、无人机、固定翼飞机等)以及地面轻型目标的毁伤效能。与惰性破片利用高速穿透摧毁目标不同,活性材料破片仅需对来袭目标外壳打出小孔或"接触到"来袭目标即可,通过释放大量热化学能与目标发生反应,即可摧毁目标。如此一来,活性材料破片可以做到尺寸更小、数量更多,从而显著增大对命中目标的摧毁概率。

对于飞机、导弹类空中目标,其外表面多为较薄的铝合金蒙皮,而内部多为由若干个金属板架构成的结构。活性材料破片高速撞击目标蒙皮时易发生破碎,而贯穿目标蒙皮后则形成可燃的离子碎片云。离子碎片云发生或在撞击后续目标内结构件时在撞击力的作用下发生剧烈反应,放出大量的热,使密闭空间内的温度和压力大幅提升,进而引燃目标或促使目标局部结构破碎,使目标丧失作战功能。图17-3所示为活性材料破片与目标靶的作用原理。图17-4所示为不同材料的活性材料破片撞击钢板的冲击响应特征。

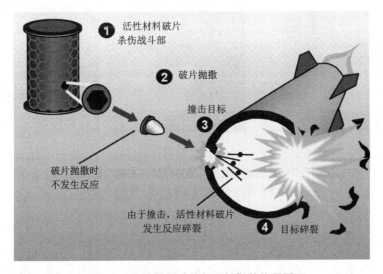

图 17-3　活性材料破片与目标靶的作用原理

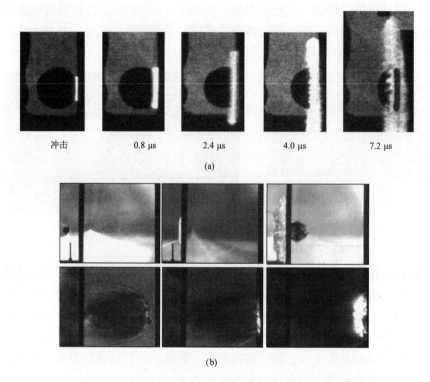

图 17-4　不同活性材料破片撞击钢板的冲击响应特征
（a）球形 PTFE/Al 破片撞击单层钢板（1.9 km/s）；
（b）球形 Tungsten-Polymeric 破片撞击双层钢板（1.8 km/s）

此外，活性材料破片可用于引爆来袭导弹的战斗部装药（即引燃装药，装药快速反应发生爆炸），可提高反导导弹对来袭导弹的毁伤效能，如图 17-5 所示。惰性破片和活性材料破片攻击导弹效果和试验结果对比情况如图 17-6 所示。

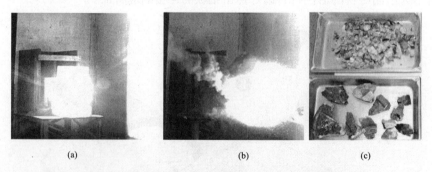

图 17-5　活性材料破片引爆导弹战斗部模拟靶标过程
（a）引燃装药；（b）装药引爆；（c）爆炸后的碎片

另一方面，活性材料破片对燃油箱的毁伤效果也极佳。它不仅能贯穿燃油箱，而且可引燃燃油箱里的燃油。因此，活性材料破片用于对付轻型装甲和技术兵器也是有效的。目前，美国正在致力于发展名为"战斧"（Battle Axe）的战斗部。"战斧"战斗部重约 9 kg。战斗部起爆后可"抛撒"出大量活性材料破片，可有效摧毁轻型装甲车和其他"软"目标。

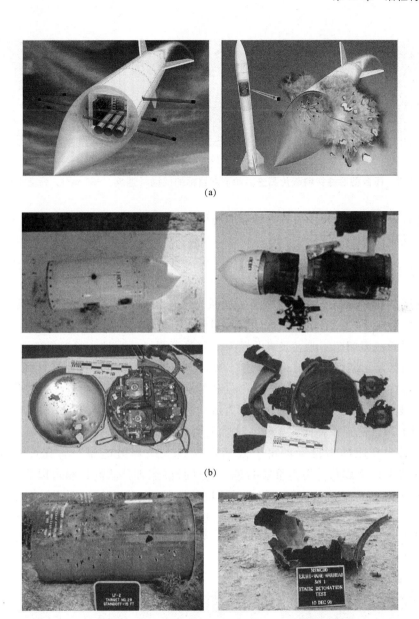

图 17-6　惰性破片和活性材料破片攻击导弹效果和试验结果对比
(a) 惰性破片和活性材料破片攻击导弹效果对比；
(b) 惰性破片和活性材料破片攻击导弹制导舱试验结果对比；
(c) 惰性破片和活性材料破片攻击导弹战斗部结果对比

对于人员目标，通过控制活性材料破片的反应率，将其设计成在爆炸驱动时直接燃烧或飞出一定距离后再发生燃烧的作用方式，从而控制杀伤类弹药的杀伤范围，显著降低附带毁伤。对于活性粉末压合形成的破片，在高速加载条件下易发生破碎而形成高速离子流，只有在高速撞击侵彻钢板类硬质物体时才发生剧烈反应，放出大量的热（图 17-7），但这些高速离子流的速度因空气阻力而很快衰减，飞行一段距离后便失去了侵彻能力。

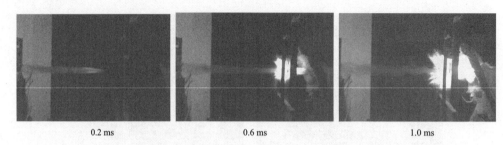

图 17-7　压合型活性材料破片高速驱动下对目标的侵彻（速度：986 m/s，弹道枪加载）

活性材料破片因具有作用可控性特点而有助于降低战后该地区平民的伤亡率，在未来必然会得到广泛应用。

17.2.2　活性材料穿甲燃烧弹药

研究利用活性材料改进穿甲弹性能的项目包括反器材穿甲弹（可对付地面停放的直升机、飞机、轻型装甲车、卡车、雷达站等）、扫雷炸弹等。

传统穿甲弹在侵彻车、船、飞机及燃料储存箱等薄壳目标时，通常会穿透目标并带走剩余能量，因而很难形成毁灭性打击。例如，M8、MK211 和 M20 等穿甲燃烧弹侵彻薄壳目标时，内装的燃烧剂（如 MK211 中的锆夹心 B 炸药）往往难以成功点火，毁伤能力大幅降低。阿连特技术系统公司正在开展 12.7 mm 触发起爆弹芯弹药（Kinetic Initiated Core Munitions，KICM^{TM}）穿甲弹研究工作。试验表明，活性材料子弹对薄壁目标具有较强的毁伤能力，穿甲弹高速撞击目标即可引发活性材料二次释放能量，而其点火可靠性优于 MK211 中的锆夹心 B 炸药。更为重要的是，通过调整配方，活性材料可以具有不同的反应速度，从而使 KICM^{TM} 穿甲弹能够在目标的不同位置起爆。就双层装甲板目标而言，KICM^{TM} 穿甲弹既可以在第一层装甲板前方发生反应，也可以在两层装甲板之间发生反应，还可以在第二层装甲板后方发生反应。图 17-8 所示为 M8、MK211 穿甲燃烧弹、触发起爆弹芯弹药侵彻轻型薄装甲板时的试验结果。

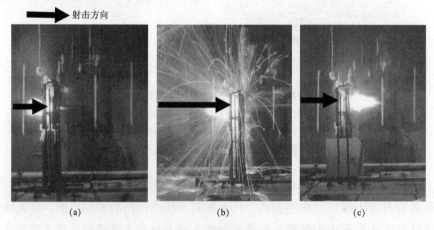

图 17-8　三种穿甲弹对付轻型薄装甲板的试验结果

（a）M8 穿甲燃烧弹；（b）MK211 穿甲燃烧弹；（c）触发起爆弹芯弹药

此外,美国海军正在开展浅水区、滩头破障、扫雷技术研究工作,其中针对浅水区、滩头扫雷需求,洛克希德·马丁公司提出了发展"海德拉"-7扫雷系统。其内装大量由活性材料制成的小型穿甲弹,利用活性材料穿甲弹的动能侵彻及二次反应效应摧毁埋在沙滩中或浅水区的地雷。

17.2.3 活性材料破甲弹药

将活性材料应用于聚能装药药型罩早已被广泛研究,但活性材料对冲击载荷的响应受颗粒尺寸、初始孔隙体积等诸多因素的影响,因此难以系统评估聚能装药药型罩中活性材料的性能。尤其是在一定载荷作用下,聚能装药药型罩中活性材料有可能产生多种响应,包括轻微形变、相变、发生化学反应等。因此,要表征药型罩中活性材料的性能,就必须了解其在冲击、高应变率载荷作用下的响应,以获得其开始发生反应及在多种载荷作用下保持结构完整性的精确条件。但是药型罩中活性材料的化学反应过程十分复杂,且常发生固—固反应,无气体产生,因此其威力评价十分困难。

目前,已将活性材料应用于聚能破甲战斗部。其应用包括攻坚破障、扫雷等方面,如用活性材料制造药型罩的单一式爆破战斗部(Unitary Demolition Warhead,UDW)。这种破甲弹可在射流形成过程中将活性材料送入目标内部。随后,活性材料在目标内部释放能量,给目标以重创。可对付的目标有机场跑道、公路、桥墩等。传统的攻坚战斗部采用两级串联设计(前级用于开辟通道,主战斗部随进起爆)。与之相比,单一式活性材料聚能装药战斗部可以简化武器系统设计,缩短武器系统的尺寸,减轻重量。图17-9所示为活性材料药型罩聚能装药与相同尺寸铝药型罩聚能装药毁伤1.5 m(5英尺)直径的半无限混凝土靶墩的试验结果[内装炸药:奥克托儿(HMX/TNT=7/3),总重:1.8 kg]。

(a)   (b)

图 17-9 铝药型罩与活性材料药型罩聚能装药毁伤混凝土靶墩的试验结果
(a)铝药型罩聚能装药毁伤效果;(b)活性材料药型罩聚能装药毁伤效果

此外,美国DE技术公司正在研发"猫鼬"(Mongoose)快速扫雷系统,如图17-10所示。该扫雷系统由多个通过捆扎连接在一起的小型聚能破甲弹组成。其战斗部直径仅为25.4 mm,药型罩采用活性材料制成,起爆后形成的射流撞击到地雷后可完全引爆地雷。作战效能较以往利用爆轰波引爆地雷的方法有了大幅提升。

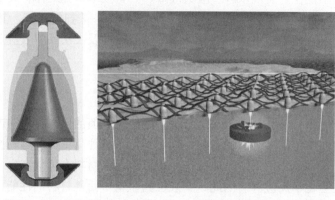

图 17-10 "猫鼬"快速扫雷系统小型聚能破甲弹及其作用原理

目前,活性材料在聚能装药上应用的形式是多样的。既可将整个药型罩用活性材料制成,如铝镍药型罩,也可采用类似三明治结构,用两层惰性材料夹着芯层的活性材料,如图 17-11 所示。其中 MPXI 为一种金属和聚合物的混合物。此外,还可将药型罩分成惰性和活性两部分,如图 17-12 所示。

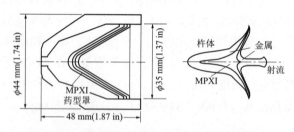

图 17-11 三明治结构活性材料药型罩

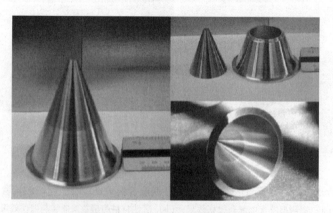

图 17-12 分体式活性材料药型罩

此外,美国报道了一种新型的结构,将药型罩空腔内敷贴活性材料块,在爆炸载荷下药型罩周边部分的速度快,由外向内闭合将中间的活性材料块包住,待包含活性材料块的 EFP 弹丸撞击到装甲板时,活性材料块发生反应,增强了对装甲后方目标的毁伤威力,如图 17-13 所示。

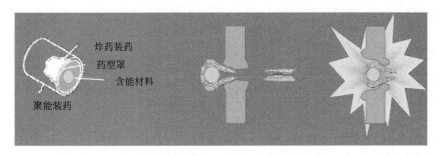

图 17-13　包覆式活性材料聚能装药弹药

对于活性材料破甲弹药，其毁伤效果不仅与药型罩结构相关，而且与形成射流的反应速率相关。活性材料中含能材料（或燃料）以及氧化剂的类型、尺寸和分布特征是可以通过工艺控制的。因此，通过活性材料工艺的控制，在炸药爆炸驱动下可以形成慢、中和快等不同反应速率射流。3 种反应速率射流在相同炸高下对混凝土目标的毁伤效果如图 17-14 所示。

图 17-14　相同炸高下不同反应速率活性材料聚能装药对混凝土目标的毁伤效果

慢速反应率射流在空气中运动时并无明显火光，它只是在撞击目标后才表现出剧烈的反应特征，对目标的侵彻深度近似于惰性射流。这种射流在反应时产生的超压较小，所以对混凝土类目标的横向破坏效果是微弱的，难以形成大的孔径。中速反应率射流在空气中高速运动时，射流的头部有可能因反应而发生破碎。该类射流既具有持续的侵彻能力，可形成较深的孔洞，也能在适当的时机产生较大的超压，适用于对燃料库、地下碉堡等目标的毁伤。快速反应率射流在空气中运动时已发生了剧烈的反应，对混凝土类目标的侵彻深度最小，但产生了巨大的超压，适用于小炸高条件，如石油射孔弹。

对于大锥角或球缺形聚能装药，若采用活性材料制成的药型罩，则可形成含能 EFP 弹丸。该类毁伤元在侵彻目标的同时发生化学反应，起到"炸药"的作用；侵入目标后产生"二次毁伤"。它可用于增强对燃油箱、轻型装甲车辆、薄装甲防护目标（燃油罐）、掩体、混凝土墙等的毁伤效果。图 17-15 所示为药型罩直径为 250 mm 时聚能装药战斗部作用过程的高速摄影图像。图 17-16 所示为含能 EFP 弹丸对混凝土墙毁伤过程的高速摄影图像。

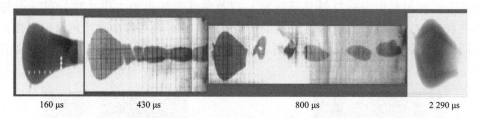

图 17-15　药型罩直径为 250 mm 时聚能装药战斗部作用过程的高速摄影图像

图 17-16　含能 EFP 弹丸对混凝土墙毁伤过程的高速摄影图像

17.3　钨锆合金破片对屏蔽燃油的穿燃效应

上述活性材料多种多样，但大多数尚处于原理样机的研究阶段，难以进行工程化应用。钨锆合金，作为一种活性材料，具有密度高、燃点低、易于加工等特点，现已实现工程化应用。该材料可制备预制破片，用于对战场上屏蔽燃油和带壳装药的引燃、引爆。

17.3.1　钨锆合金破片穿燃过程

钨锆合金是由钨（W）粉末、还原剂锆（Zr）及少量黏结剂等组成，通过压制、烧结或化合，合成具有适当冲击反应阈值和速率的高密度材料，是一类高强度活性材料（High Strength Reactive Materials）。

钨锆合金破片对屏蔽燃油的引燃过程如下：破片撞击屏蔽金属壁面，开坑侵入后开始侵彻。在侵彻过程中，因存在靶体阻力，破片出现局部破裂。贯穿金属壁时刻，拉伸脉冲作用下破裂破片沿多条表面裂纹断裂后，形成若干个大小不同的破碎块或颗粒；同时，破片高速撞击过程中的冲击功转化为材料的温升，在靶后形成飞溅的燃烧破碎群，释放出大量的热，引燃油面上层的可燃混合物。综上所述，钨锆合金破片对屏蔽燃油的穿燃过程可分为开坑侵入、破裂侵彻、贯穿破碎、反应放热和引燃共5个阶段，如图17-17所示。

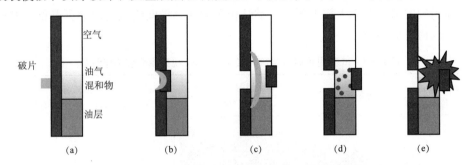

图 17-17　钨锆合金破片对屏蔽燃油的穿燃过程
（a）开坑侵入；（b）破裂侵彻；（c）贯穿破碎；（d）反应放热；（e）引燃

据此可见，影响钨锆合金破片对屏蔽燃油穿燃能力的主要因素如下：
① 破片开坑侵入的完整性，即在撞靶开坑侵入阶段是否有破碎现象发生。
② 破片的侵彻能力，即能否完全贯穿屏蔽金属板。
③ 破片靶后的破碎行为，即靶后破碎形成碎块或颗粒的大小。
④ 破碎颗粒的反应、放热效应，即靶后破碎颗粒的反应阈值、释能大小及速率。

根据其对屏蔽燃油穿燃过程的定性分析可知，具备优良穿燃能力的钨锆合金破片的主要技术特征在于：密度和抗压强度高，抗拉强度低，活性适当，放热性高，放热反应持续性好。

因此，可采用能量逐级放大的技术途径，以高密度钨粉（密度：19.35 g/cm³）为基体，添加一定比例的高体积热值锆粉（密度：6.49 g/cm³），实现合金材料的高密度、高强度和高活性；同时，加入少量更易反应的金属元素，确保材料反应对撞击过程具有敏感性，实现材料反应以燃烧活化梯度逐级放大的模式进行，降低合金材料的冲击反应阈值，提高合金材料的撞击反应可靠性，增加合金材料的反应时间和放热量。此外，为了提高合金的强度和韧性，添加微量铁、镍黏结剂及石蜡粉增塑剂，通过烧结的方式实现粉末间的冶金结合，使材料具有力学强度和物理性能，并在合金成型过程中通过对粉末颗粒粒径和烧结温度的控制，实现材料内微观组织结构和宏观力学特性的调节。

17.3.2　钨锆合金破片穿甲试验

进行钨锆合金破片对钢靶的穿甲试验，通过高速录像测试的方法获得不同弹靶作用条件下，破片撞击及靶后破碎、飞散、反应过程中的撞靶响应现象和靶后破片破碎、反应行为。

钨锆合金破片穿甲试验系统由弹体、靶体、加载装置及测试仪器等4部分构成。以常见储油罐结构为参考，选用常见的 Q235A 钢为靶体材料，结构尺寸为 500 mm × 500 mm×6 mm（长×宽×厚）。采用 12.7 mm 滑膛弹道枪加载，按照 0°着角条件，进行不同着靶速度的破片穿甲试验。试验用钨锆合金破片为 $\phi6$ mm×6 mm 圆柱形，共两种配比（材料的含锆量分别为 $A\%$ 和 $B\%$，$A<B$），采用 3 种工艺（A-Q、A-QT、A-Z）制成，其破片类

型、SEM 观察图像和力学性能列于表 17-4 中。

由表 17-4 可知：3 种工艺下钨锆合金破片材料的颗粒粒径绝大部分在 10～30 μm，其中 A-Z 型合金破片材料中的颗粒粒径略大于 A-Q 和 A-QT 型合金，但小于常见钨合金材料中 30～40 μm 的颗粒粒径。粒径的减小使合金内微观结构更加紧密，但在压应力载荷作用下颗粒内部断裂的出现概率大幅度降低，黏结相撕裂或颗粒间断裂现象会更严重，材料的脆性断裂特征也将更加突出。

表 17-4 试验用钨锆合金破片类型、SEM 观察图像和力学性能

锆配比/%	破片类型名称	分析样品	微观组织结构观察结果（500 倍）	质量均值/g	密度均值/(g·cm⁻³)	轴向抗压力均值/N	径向抗压力均值/N
A	A-Q			2.163	12.75	5.18E+04	7.06E+3
A	A-QT			2.231	13.1	5.48E+04	7.48E+3
A	A-Z			2.127	12.54	4.32E+04	5.89E+3
B	B-Z			1.685	9.94	2.46E+04	3.36E+3

着靶速度为（800±50）m/s 时，钨锆合金破片穿甲过程中撞击响应和靶后特征如表 17-5 所示。试验结果表明：

① 钨锆合金破片贯穿 Q235 钢靶后火光持续时间在 3～7 ms，与铝/聚四氟乙烯（Al/PTFE）、钛/聚四氟乙烯（Ti/PTFE）等反应材料为核的复合反应破片贯穿 6 mm 厚 Q235A 钢板后火光持续时间一致，但火光范围及破片破碎程度明显小于后者。

② 抗压强度低的 A-Z 和 B-Z 型破片贯穿靶体后形成的靶孔周围有若干由微小颗粒冲击形成的凹坑。其中，抗压强度最低的 B-Z 型破片撞击后，靶孔周围微小凹坑最多，尤其在高速加载条件下十分明显，如图 17-18（a）所示。抗压强度高的 A-Q 和 A-QT 型破片贯穿靶体后形成一个圆柱形的靶孔，具有较好的穿甲能力［图 17-18（b）］；但破片的破碎和反应程度不高，最差的为 A-Q 合金，在 800 m/s 的着靶速度条件下，可观测到靶后飞出的大块未反应碎块。

表 17-5　钨锆合金破片穿甲过程中撞击响应和靶后特征

着靶速度/ (m·s^{-1})	撞靶后 时间/ms	钨锆合金破片			
		A-Q	A-QT	A-Z	B-Z
800±50	1				
	3				
	5				

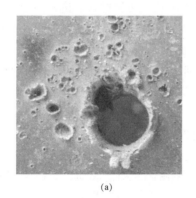

(a)　　　　　　　　　　　　　(b)

图 17-18　钨锆合金破片对屏蔽钢板的穿甲试验结果
(a) A-Z 型破片穿透靶板效果；(b) A-Q 和 A-QT 型破片穿透靶板效果

③ A-Z 和 B-Z 型两种破片因抗压强度较低，在着靶速度分别大于 1 600 m/s 和 1 200 m/s 的条件下破碎行为明显发生于靶前，两种破片均难以百分百贯穿 6 mm 厚 Q235A 钢板。

由试验结果可见，在不同配比和烧结工艺条件下，破片高速撞靶后的破碎行为与反应敏感性不同。提高破片材料中的含锆量，不仅降低了材料的密度，合金的微观组织结构也不断恶化，高速撞靶时破片的破碎行为和反应特征明显，且破碎和反应在靶前、靶后均有发生，穿靶后火光范围大，持续时间长，释放能量多。

17.3.3　钨锆合金破片穿甲破碎行为

钨锆合金破片在穿甲过程中发生了破碎行为，但破碎行为不仅发生于靶后，高速撞靶瞬间部分抗压强度低的 A-Z 型破片在靶前也发生了破碎，并随着靶速的提高变得剧烈。靶前破碎，必然影响破片穿甲能力，并导致破片的部分能量难以穿过屏蔽钢板传递给油气混合物。破片的破碎源于高速撞击，以及侵彻中的结构多处断裂。通过易碎钨合金穿甲试验研究发现：影响易碎钨合金材料的主要静态参数是拉压比、延伸率和断面收缩率；一般来说，抗拉强度、延伸率和断面收缩率较低的材料易碎性好。

若忽略材料的活性，钨锆合金和易碎钨合金的穿甲破碎形成原理是相似的，均在侵彻过程中解体为破碎群，产生"瀑布"效应，获得更佳的靶后毁伤效果。但不同组分和配比钨基合金的破碎特征并不相同，撞击条件下材料内微缺陷成长过程是各种宏观破碎特征不同的原因所在。钨颗粒减少，锆颗粒加入的钨锆合金材料微观组织结构内颗粒的粒径明显小于钨合金材料，材料更易于在颗粒连接或黏结相处发生断裂，抗拉强度将大幅度下降，同撞击条件下破碎现象也会更加明显。因此，控制材料内的颗粒粒径和组织结构特征是获得破片靶后理想破碎行为的技术途径。

金属的粉末冶金成型不同于熔铸制造技术，材料中含有黏结相和大量的金属颗粒，总会存在或大或小的颗粒间隙和黏结相缺陷。几种钨锆合金的断面上均发现了微米尺度的缺陷。这些缺陷也是裂纹形成的起源。破片穿甲过程中材料内部微缺陷在冲击脉冲作用下产生激活并扩大，在拉伸脉冲的作用下开始成核、快速扩展、分岔与合并，逐渐发展成多条裂纹，最终结构失稳而发生整体破碎。整个过程中激活的裂纹核密度和裂纹动态成长过程共同决定了破片的破碎特征。在表 17-4 中，A-Q 型破片材料中微缺陷少于其他两种材料。进一步分析发现，成分锆（Zr）多以氧化态存在于合金中，活性差，同等撞靶条件下裂纹成核的密度小，材料燃烧释放量有限，破片穿甲破碎形成的碎块数和颗粒数目最小。

根据格里菲斯（Griffith，1921）的脆性断裂理论，应力脉冲作用下破片内部（微孔洞、微裂纹等）缺陷发生起裂总是有条件的。只有当外加应力引起的应力强度因子（K_I）大于材料起裂韧度（K_{IC}：代表了材料抗脆性起裂的能力，与试件厚度有关）时，微缺陷才能扩大形成核，并发生起裂。应力脉冲的施加及其对材料内部微缺陷的作用再快也有一个时间过程。Tuler（1968）的研究足以说明微缺陷的成长过程不仅与冲击加载应力相关，还与应力持续的时间有关，是一个时间相关的过程。所以，微缺陷经历的起动、非稳定扩展等阶段的成长过程中，空间尺寸改变的同时，时间也在积累。在高速率加载下，裂纹成长、扩展的整个过程需几微秒至几十微秒的时间。若进一步考虑裂纹扩展中的各种障碍，结构整体破碎所需要的时间往往更长，可至上百微秒。破片撞靶发生"微裂纹萌生——裂纹连接长大——裂纹快速发展——材料破碎"的失稳破碎过程中，对钢靶的侵彻仍在继续，靶体变形、破裂及塞块的形成往往也是微秒量级。

综上所述，在高速脆性破片对钢板的穿甲过程中，因高界面压力的存在，破片侵彻过程中的破碎行为是难以避免的。整个过程是一个边穿边碎的过程，破碎行为发生于靶前还是发生于靶后取决于：

① 弹体材料内裂纹起始和扩展时间。
② 弹体在靶体内受压力脉冲的持续时间。

17.3.4　钨锆合金破片对钢板屏蔽燃油的穿燃试验

钨锆合金破片能否将钢屏蔽板后的燃油引燃取决于其贯穿靶体后释放出的化学能。为分析钨锆合金破片对钢板屏蔽燃油的引燃性能，选取 ϕ7 mm 球形 93 W 钨破片（3 g），ϕ9 mm 球形 GCr15 钢破片（3 g）和 ϕ6 mm×6 mm 圆柱形 A-Q、A-QT、A-Z 和 B-Z 型钨锆合金破片，对 6 mm 厚 Q235A 钢板屏蔽燃油进行引燃试验。

（1）靶标设计

设计"屏蔽钢板+蘸油棉纱组合靶标"和"储油罐模拟靶标"两种试验用靶标。其具体结构如下：

① 屏蔽钢板+蘸油棉纱组合靶标。靶标由 6 mm 厚 Q235A 钢板和板后一定距离悬挂的蘸油棉纱组成。试验中 Q235A 钢靶尺寸为 500 mm×500 mm×6 mm（长×宽×厚），而棉纱所蘸油料为 90 号汽油和 0 号柴油两种。蘸油棉纱在空气中放置不少于 30 s 后进行试验。棉纱与屏蔽钢板之间分为有间隔和无间隔两种工况，其中有间隔工况的间隔尺寸为 100 mm。靶标结构如图 17-19 所示。

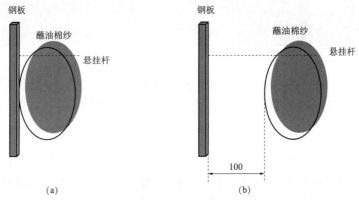

图 17-19 屏蔽钢板+蘸油棉纱组合靶标
（a）无间隔；（b）有间隔

② 储油罐模拟靶标。靶标由 Q235A 钢板和有机玻璃板组合构成立方体容器，具体尺寸为 500 mm×350 mm×450 mm（长×宽×高）。容器上端口无任何遮盖板，完全开口，底部为 6 mm 厚 Q235A 钢板，四周 3 面为 6 mm 厚 Q235A 钢板，正对高速录像一面为 15 mm 厚的可置换透明有机玻璃板。容器内放入最不易挥发的柴油，在空中放置不少于 15 min 后开始试验。靶标结构如图 17-20 所示。

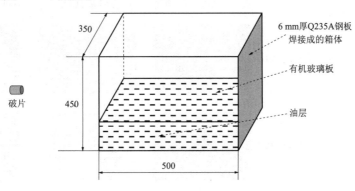

图 17-20 储油罐模拟靶标

（2）试验系统

采用 12.7 mm 滑膛弹道枪加载，按 0°着角，以（800±50）m/s 为基础进行不同着靶速度穿燃试验。弹道枪、铝箔通断测速靶与靶架一字排布，靶架上通过螺丝钉固定两种靶标，如图 17-21 所示。通过改变发射药量来调整破片的抛射速度，且抛射速度控制在 700～1 700 m/s。每发试验破片着靶速度由铝箔靶获得。高速录像拍摄频率为 40 000 幅/s，即获得每幅图片的时间间隔为 25 μs。

图 17-21　试验用两种靶标

(a) 屏蔽钢板+蘸油棉纱组合靶标；(b) 储油罐模拟靶标

（3）试验结果

弹道枪加载破片针对 93W、GCr15 钢、A-Q、A-QT、A-Z 和 B-Z 共 6 种材料破片进行不同着靶速度条件下对靶标的撞击试验。由屏蔽钢板+蘸油棉纱组合靶标的破片引燃试验可知，不同材质破片在靶后作用下的响应特征和引燃结果截然不同，如表 17-6 所示。

表 17-6　屏蔽钢板、蘸油棉纱对不同破片的撞击响应特征

靶标种类	破片类型	燃油类型	着靶速度/(m·s⁻¹)	试验现象		
				撞靶瞬间	撞击后 1 ms	撞击后 50 ms
屏蔽钢板+蘸油棉纱组合靶标（有间隔）	93 W	汽油	1 649.07			
	GCr15 钢	汽油	1 642.94			
	A-Q	汽油	1 565.35			
	A-QT	柴油	1 153.65			

续表

靶标种类	破片类型	燃油类型	着靶速度/(m·s^{-1})	试验现象		
				撞靶瞬间	撞击后 1 ms	撞击后 50 ms
屏蔽钢板+蘸油棉纱组合靶标（有间隔）	A-Z	柴油	1 167.21			
	B-Z	柴油	1 236.89			

试验结果表明：

① 93W 和 GCr15 钢质破片贯彻钢板后基本无闪光。即使靶前闪光长达 1 ms，也无法引燃蘸有油料的棉纱。这也是惰性破片难以引燃屏蔽钢板后燃油的主要原因。A-Q 型破片撞击钢板后同样难以形成长时间、大范围的板后闪光，也无法引燃蘸油棉纱。因此，惰性破片及 A-Q 型钨锆合金破片即使以 1 600 m/s 左右的速度撞击靶标，在贯穿钢板后破碎形成的碎块活性较弱，反应释放出的热量不足以引燃棉纱或油气混合物。

② A-Z 和 B-Z 型破片贯穿钢板后均可在靶后形成长时间、大范围闪光，具备引燃蘸油棉纱的条件；但对于 B-Z 型钨锆合金破片，即使以 1 200 m/s 左右的速度撞击靶标，结构体的大部分仍在钢板前发生破碎，能量大部分在靶前即释放，贯穿钢板的破碎块释放的能量有限。因此，也难以百分百地引燃蘸油棉纱。

③ 在蘸油棉纱与屏蔽钢板之间无间隔条件下，破片在贯穿靶体的冲塞阶段受到靶后棉纱的弱约束，塞块及飞散出的破碎群湮没在棉纱中，大量破碎块在棉纱内发生反应放出大量的热量，引燃蘸油棉纱；在蘸油棉纱与屏蔽钢板之间有间隔条件下，破片贯穿无弱约束的靶体后，塞块及大量破碎块撞击棉纱，棉纱内的油滴因撞击喷溅而出，与空气混合，在棉纱后形成大范围油气混合物，此时反应破碎块从棉纱间隙穿过后引燃油气混合物，并沿油气喷溅路径形成大面积火焰，引燃蘸有油料的棉纱。无论中间过程有何差别，两种条件下最终的引燃效果是相似的。

在储油罐模拟靶标的破片引燃试验中得到的不同材质破片在靶后作用下的响应特征和引燃结果如表 17-7 所示。

试验结果表明，A-Q、A-QT、A-Z 和 B-Z 型共 4 种材质破片均可贯穿屏蔽钢板后引燃油罐模拟靶标内的柴油上方的油气混合物，但难以完全引燃箱体内的燃油而形成大面积着火。此外，油气混合起燃过程所需的时间与靶后飞散破碎块反应的剧烈程度具有相关性。A-Q 型破片靶后破碎形成碎块少、反应不剧烈，靶后火光先灭后亮的起燃特征明显。另外，锆含量较少的破片易在箱体后板壁面上留下大量碎块冲击产生的凹坑，而锆含量较多的破片中可燃物的增加虽降低了其对屏蔽钢板的穿透概率，但对起燃概率的提高是毋庸置疑的。

表 17-7 储油罐模拟靶标对不同破片的撞击响应特征

靶标种类	破片类型	燃油类型	着靶速度/(m·s^{-1})	试验现象		
				撞靶瞬间	撞击后 1 ms	撞击后 50 ms
储油罐模拟靶标	A-Q	柴油	1 197.67			
	A-QT	柴油	1 239.56			
	A-Z	柴油	1 594.16			
	B-Z	柴油	1 594.16			

综上所述，钨锆合金破片对钢板屏蔽燃油能否引燃，既与破片贯穿屏蔽钢板后能量释放特征有关，又与燃油的状态有关。燃油是一类碳氢化合物（C_xH_y），其组成不含氧（O）元素。燃烧的本质是物质快速氧化，产生光和热的化学过程，可燃物、氧化物和燃点（热量）缺一不可。燃油起燃过程中破片在靶后释放的能量只是激发可燃物（挥发的燃油蒸气）与氧化物（氧气）发生剧烈化学反应的热量条件。这个条件并不是恒定的，而是随油气混合物内部温度和压力的变化而变化的。钢板屏蔽的燃油并不是封闭的，油气混合物自然也不是孤立存在的，其内部的温度和压力的变化总是与外部环境氛围相联系的。在本试验中，模拟燃油箱内含油量多，油层面积大，挥发出的油蒸气体积势必大于同条件的蘸油棉纱。这也是同条件下组合靶标和模拟靶标内燃油在 A-Q 型破片冲击下起燃结果不同的原因所在。同时，半密闭模拟燃油箱靶标后板阻挡了已形成火焰的延续，减少了能量释放的空间，增加了破碎块起燃油气混合物的概率，但棉纱的存在使燃油由起燃到彻底燃烧着火变得更为容易。因此，大量的燃油存在利于起燃，而棉纱的存在有利于起燃后燃烧的发展。

此外，在破片对钢板屏蔽燃油的引燃试验中，无论是蘸油棉纱，还是实际油品，燃烧的形式与明火点燃是相似的，但起燃方式是有所差异的。明火点燃因输入能量的充裕总是在瞬间完成的，油气混合物在反应颗粒（碎块）有限的能量释放量下的起燃总是由点向四周不断扩散的过程，即使在热力学条件满足的前提下，熊熊大火的燃起也需要毫秒量级，甚至秒量级的时间间隔。在这段时间内能量的持续供给是重要的，也是必需的，因为油气的化学反

应过程中产生的 CO_2 和 H_2O 气体有相当强的吸收和发射热辐射能的能力。这与热壁面条件下油气的着火是相似的，因为从闪点到着火点温度的升高是跨越式的，这个过程总是需要能量的供给，同时也是需要时间的。当油层表面的油气、反应颗粒（碎块）以及棉纱等可燃物燃烧放出的热量略大于散失到外界环境中的热量时，温度总是在递增的，油品着火温度的超越只是个时间问题，持续燃烧最终是可以发生的，如蘸油棉纱的引燃；但当可燃物燃烧放出的热量小于散失到外界环境中的热量时，油品的着火温度难以达到，油气的燃烧最终还是会熄灭的，如内装柴油的模拟靶标总是难以被引燃。研究表明：非密闭燃油箱内油品表面温度的持续提升需要更多能量的供给，依靠单枚破片撞击下输出的能量引燃燃油是很困难的。

因此，钢板屏蔽油气的最终引燃取决于破片靶后的能量释放特征与油气浓度分布结构，而两者的适当匹配是引燃燃油的决定性因素。此外，油气混合物内是否含有棉纱、木头、杂草等其他易燃物也会对燃油的引燃过程和结果产生重要的影响。

17.3.5 钨锆合金破片引燃能力的表征方法

钢板屏蔽燃油的钨锆合金破片引燃过程可分为破片贯穿和破碎粒子引燃两个连续的阶段。整个过程中破片结构内微缺陷和活性物质（Zr）的分布、油气混合结构特征等均具有随机性。因此，破片对屏蔽燃油的引燃撞靶破碎和油气混合物起燃两个随机事件动态关联。

在破片撞靶破碎过程中，贯穿能力和破碎特征是受弹、靶材料力学性能和着靶状态共同影响的。钨锆合金破片穿甲试验中，同弹靶作用条件下破片靶后飞散和反应特征仍存在很大差异的试验现象足以表明：破片结构内微缺陷和活性物质（Zr）的随机分布对破片贯穿能力和穿甲破碎特征有着很大的影响。在油气混合物起燃过程中，燃烧强度是受化学动力学参数和流体力学参数共同影响的。在钨锆合金破片对钢板屏蔽燃油的穿燃实验中发现，同种材料钨锆合金破片在同着靶条件和环境氛围下对模拟靶标的引燃效果同样存在差异，这说明了钨锆合金破片穿甲过程和油气起燃的难以预测性。

因此，针对特定的弹靶作用系统，可采用概率数表征破片引燃这一随机事件发生的可能性，通过全概率公式来描述破片的穿燃能力。根据全概率公式的含义，单枚破片对钢板屏蔽燃油的引燃概率可用下式表示：

$$P_i = P_p P_{(i|p)} \tag{17-6}$$

式中　P_i——单枚破片对钢板屏蔽燃油的引燃概率；

　　　P_p——单枚破片对钢板的贯穿概率；

　　　$P_{(i|p)}$——单枚破片贯穿钢板后引燃燃油的概率。

通过式（17-6）获得的概率数值总是针对特定弹靶作用条件的，而无法体现破片密度、着靶速度等对破片引燃可能性的影响。

在通常情况下，可采用贯穿一定厚度靶体所需的比动能、比冲量两个变量综合评价穿甲类弹体的威力。如 Lemire（1993）和 Roach（1994）采用破片在燃油箱内冲击压缩产生的比冲量值作为准则来进行机载燃油箱毁伤的判定。若假定破片贯穿钢板过程中并未发生破碎和质量损失，那么根据动量守恒定律，破片单位时间内动量的变化量等于破片整体所受的平均压力，即

$$F_{af} = \frac{m_F v_s - m_F v_e}{t_p} \tag{17-7}$$

式中　　F_{af}——破片靶体内运动中受到的平均压力，Pa；
　　　　m_F——破片质量，g；
　　　　v_s——破片着靶速度，m/s；
　　　　v_e——破片出靶速度，m/s；
　　　　t_p——破片靶内运动时间，μs。

因此，破片靶体内运动受到的平均冲击压力可用下式描述：

$$P_f = \frac{m_F v_s - m_F v_e}{A_F t_p} = \frac{m_F v_s - m_F v_e}{A_F} \cdot \frac{1}{t_p} \tag{17-8}$$

式中　　A_F——破片靶内运动的截面积，mm²。

在此，以单枚破片对钢板屏蔽燃油单位比冲量的引燃概率来表征破片对钢板屏蔽燃油的引燃能力，获得下式：

$$P_{peri} = \frac{P_i}{m_F v_s A_F} \tag{17-9}$$

式中　　A_F——破片着靶时的横截面积，mm²。

对于试验中所用的 ϕ 6 mm×6 mm 圆柱形钨锆合金破片，取 0°和 90°夹角下横截面积的均值为 32.14 mm²。根据试验结果，通过式（17-9）获得不同技术状态钨锆合金破片对组合靶标穿燃能力的表征数，见表 17-8。

表 17-8 中，破片以（800±50）m/s 着靶速度撞击两类靶标时，B% 锆含量的 B-Z 型破片的穿燃能力表征数均大于其余 3 种技术状态破片。破片以（1 200±50）m/s 和 1 600 m/s 的着靶速度撞击两类靶标时，A% 锆含量的 A-QT 型和 A-Z 型破片的穿燃能力表征数均大于 B-Z 型破片。无论何种着靶速度，破片对钢板屏蔽汽油的穿燃能力表征数总是大于柴油。

上述结果完全反映出了破片对钢板屏蔽燃油的穿燃相关性，同时也说明，只有在适当的着靶速度条件下，不同类型的破片才可能引燃屏蔽钢板后的燃油。

表 17-8　破片对钢板屏蔽蘸油棉纱引燃能力表征数

靶标种类	燃油类型	靶板和棉纱间距/mm	着靶速度/(m·s⁻¹)	引燃能力表征数/(mm·ms·kg⁻¹)			
				A-Q	A-QT	A-Z	B-Z
屏蔽钢板+蘸油棉纱组合靶标	汽油	0	800±50	0	12	18.89	23.84
			1 200±50	0	8	12.59	5.3
			1 600±50	0	9	6.3	3.97
		100	800±50	0	6	12.59	15.89
			1 200±50	0	8	4.2	10.6
			1 600±50	0	6	6.3	3.97
	柴油	0	800±50	0	12	18.89	23.84
			1 200±50	0	8	8.39	5.3
			1 600±50	0	6	6.3	3.97
		100	800±50	0	6	12.59	15.89
			1 200±50	0	8	4.2	5.3
			1 600±50	0	3	6.29	0

习 题

1. 活性材料相比普通金属材料在弹药应用上具有哪些优势？
2. 常见的活性材料有几种？它们分别具有什么特点？
3. 活性材料的释能机理是什么？
4. 举例说明活性材料在破甲弹上的应用。
5. 活性材料结构弹药的发展趋势是什么？未来需要解决哪些关键技术？

第 18 章
硬目标侵彻弹药

硬目标侵彻弹药主要用于对坚固目标进行打击,是近年来各国非常重视发展的弹药之一。在硬目标侵彻弹药研究技术与装备领域,较为先进的国家主要有美、英、德等。现装备使用的主要有整体式动能侵彻战斗部和串联式复合侵彻战斗部两种。目前,整体式动能侵彻战斗部侵彻钢筋混凝土的厚度已达 6~10 m,而串联式侵彻战斗部侵彻钢筋混凝土的厚度约为 6.1 m。本章主要介绍硬目标侵彻弹药打击目标特性、毁伤作用机理以及技术发展趋势。

18.1 硬目标侵彻弹药打击目标种类及特性

硬目标侵彻弹药主要用于打击坚固目标,如指挥中心、自然山洞,开挖而成的坑道工事、地堡和建筑之中的通信枢纽,隐藏于坑道工事之中的技术兵器、有生力量和重要的后勤物资等。此外,具有一定抗毁伤能力的交通枢纽(如车站、码头和桥梁等)也均属坚固目标。坚固目标通常可分为地下、半地下和地上 3 类。

18.1.1 地下坚固目标

地下坚固目标一般都是大型复杂的结构,并具有以下特征:隐蔽、多层面通信,防护措施强,以及具有现代化防空体系,如图 18-1 所示。

按常规,这种设施可作为指挥、通信中心掩体,武器生产、装配、储存以及部署设施,导弹操作隧道和要塞以及点或综合面防御体系设施。地下指挥中心一般建有多个出入口,采用坑道式结构,有的单层,有的多层,且四通八达。这类工程出入口的防护层厚度顺应山体坡度的逐渐减少,在坑道口部形成天然的薄弱环节,因此通常在出入口防护层的建设上采用多种抗毁措施,如图 18-2 所示。

图 18-1 地下坚固目标

图 18-2 地下指挥中心出入口

地下坚固目标的防护层一般分为单层防护结构和多层防护结构。目前，从地下防御设施的构造来看，单一的以钢筋混凝土结构实现防护的传统思维已被突破，而具备综合攻防能力的多层复合结构成为主流。最为典型的复合多层防护结构从上到下为伪装层、遮弹层、分散层。伪装层由表层土或植被构筑而成；遮弹层的功能是主要阻止弹丸的侵彻，常用块石、混凝土、钢筋混凝土等坚硬材料构成；分散层的主要功能是将爆炸载荷均匀分散到防护结构上，常用粗砂、黄土和砂砾等松散材料构成；最后一层才是主体钢筋混凝土结构。如地下指挥中心出入口防护层的典型结构为最上层是浮土层，次层为浆砌块石层，第三层为粗砂层，最后才是钢筋混凝土层主体结构，如图 18-3 所示。

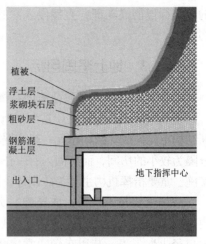

图 18-3　地下指挥中心出入口防护层典型结构

18.1.2　半地下坚固目标

半地下坚固目标的主体建筑物分地面、地下两部分，外壳用钢筋混凝土筑成，要害部分在中间，指挥室全在地下。图 18-4 所示为半地下指挥中心地面部分。

半地下、地面建筑本质上均由多层钢筋混凝土构成，而提取其典型特征，可构成如图 18-5 所示的地面 4 层与地下 2 层的半地下指挥中心。

  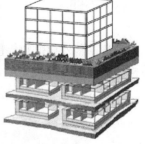

图 18-4　半地下指挥中心地面部分　　　图 18-5　地面 4 层与地下 2 层的指挥中心及其结构

半地下坚固目标入口处有坚固的防爆门和快速的关闭阀。主体结构内有天线、接收装置、信号处理、终端显示、图像处理、电源等设备。如某地区国防部大楼，是地上 10 层、地下 3 层的建筑物。地上墙体厚为 0.8~1 m，地下为钢筋混凝土结构，墙体厚约为 0.45 m。半地下通信枢纽一般位于指挥中心附近或设在地下坑道内，由地上和地下两部分组成，通常也是钢筋混凝土结构，墙体厚度约为 0.4 m。通信枢纽的卫星接收天线常常暴露在外面，因此成为攻击的主要目标。打击半地下坚固目标，当不具备将其彻底摧毁的能力时，可使目标"功能性"毁伤。所谓"功能性毁伤"就是指攻击设施中易于受损的一种或多种要害部位，使其在一定时间内功能丧失。一般打击的要害位置是指挥室及其设备、雷达天线、电源等设施。只要这些设施失去功能，则可使整个指挥通信瘫痪。当然，如果采用具有强大侵彻能力的硬目标侵彻战斗部,直接侵入深层指挥所引爆,造成目标彻底摧毁,则是最理想的攻击毁伤方式。

18.1.3 地上坚固目标

地上坚固目标主要包括地面指挥中心、技术兵器掩体和重要交通枢纽。

地面指挥中心实质上就是大型地面建筑物,由柱、梁、剪力墙、楼板和隔断墙等承重和隔断结构单元构成。结构单元一般为混凝土、钢筋混凝土或砖石结构。目标内部通过楼板及墙体分隔为较小的房间,而房间内有工作人员和办公设施、仪器设备等,保证地面指挥中心的功能实施。重要指挥机构主要为砖砌体、钢筋混凝土和钢筋混凝土框架结构。

战场主要技术兵器,如导弹、大口径火炮和装甲等,多位于具有坚固防护能力的工事内。其工事多为自然岩石或钢筋混凝土整体结构,内壁和顶部较厚。如国外一些导弹阵地、大口径火炮工事、装甲车辆通常隐蔽于坑道工事之中,如图18-6所示。

图 18-6 各类掩体

通常,国外导弹和远程火箭、火炮等目标的典型防护,及人员或技术兵器隐蔽所的典型结构如图18-7所示。

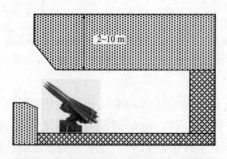

图 18-7 技术兵器隐蔽所的典型结构

另外,通常军用机场上的飞机一般位于机堡之中。机堡结构随飞机的大小及重要程度不同而不同。机堡外层一般由钢筋混凝土构成,内层为双层波纹衬;拱壁的厚度为 $0.2 \sim 1$ m;后壁也是钢筋混凝土结构,厚度为 1.5 m;顶部通常还有砂土覆盖伪装。其典型结构如图 18-8 所示。

图 18-8　典型机堡结构

交通枢纽是人员和物质流动的动脉,主要有机场、车站、码头、铁路、公路、桥梁和隧道等。其中,公路和铁路枢纽中遭破坏后恢复困难的是大型桥梁、傍河与陡坡的道路、隧道等,如图 18-9 所示。

图 18-9　道路、桥梁和隧道的构成

18.1.4　坚固目标特性分析

随着战争样式不断变化,高科技武器装备在快速发展的同时,各国的防护设施也越来越完备,许多战略设施及指挥中心转至地下,而地面加固、向地下延伸已成为防护设施发展的主要趋势。坚固目标具有一些新的特性:

(1) 抗毁性强

地下坚固目标天然的地质结构防护层,使其具有很强的抗击首次打击能力,并突破单一的以钢筋混凝土结构的传统做法,向大深度、多层结构、高强度方向发展。它们大多有坚固的钢筋混凝土防护层,位于距地面几米,甚至几十米的位置,并朝埋于地下更深的方向发展。表 18-1 所示是典型地下深层目标及其防护能力。

表 18-1　典型地下深层目标及其防护能力

目标类型	结构	等效于混凝土厚度
单层地下 C^3I 设施	坚实泥土/钢筋混凝土	1.8 m
拱顶形地面 C^3I 设施	坚实泥土,2.4 m	2.1 m

续表

目标类型	结构	等效于混凝土厚度
飞机掩体	黏土, 1.8 m/加固拱顶, 2.4 m/钢板衬层, 1 cm	3 m
单层地下指挥所	钢筋混凝土, 3.7 m	3.7 m
地地导弹战备掩体	加固土层, 6 m/钢筋混凝土, 4 m	4.6~5.8 m
地面有多层建筑的地下掩体	地面6层/地下1层, 2.4 m	5.5~6.4 m
综合指挥中心	土层+岩石	主体坑道防护层厚度达 420~525 m, 计划建设深度为 1 000~2 000 m

(2) 体系完善

以信息技术为基础,发展伪装、欺骗、障碍、拦截、干扰与防护工程抗力等综合手段,提高整体对抗与防护能力。海湾战争之后,萨达姆地下指挥所建于地下30 m,并有1~3 m钢筋混凝土防护,还构筑了更为完善的防护系统,如18-10所示。

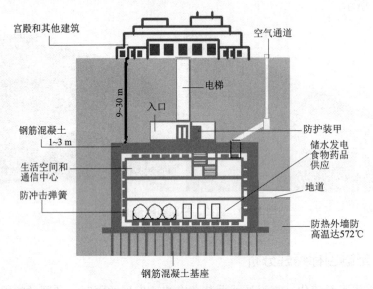

图 18-10　萨达姆地下指挥所设施示意

(3) 隐蔽性强

坚固目标可通过利用地表、水面及附近相似地形等手段,达到一定程度上乱敌视听的目的。可通过科学的伪装方法,如在防御工事内进行各类反电子干扰等。处在地表下和水面下的坚固目标对靠地形匹配制导的远程精确制导武器则有良好的防护性能。

18.2　硬目标侵彻弹药毁伤作用机理

硬目标侵彻弹药侵入目标内部后爆炸对目标进行毁伤。按其作用类型可分为整体式动能侵彻战斗部、串联式复合侵彻战斗部和新原理侵彻战斗部。前两种已经装备,而后一种有多种形式,是各国正在积极研究的对象。3类侵彻战斗部的作用模式不同,其毁伤作用机理也不同。

18.2.1 整体式动能侵彻战斗部

整体式动能侵彻战斗部由高强度金属材料壳体、高能炸药和抗高过载引信组成，主要依靠其动能对目标实施侵彻和贯穿。战斗部贯穿目标后通过爆炸作用对目标内设备和人员进行毁伤。其典型结构如图18-11所示。

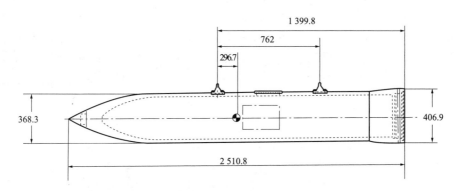

图 18-11　美国 BLU-109/B 侵彻弹外形尺寸

目前，美国动能侵彻炸弹已实现系列化，相配套的抗高过载智能引信、高能钝感炸药等也已实用化，对钢筋混凝土目标的有效毁伤能力达 7 m 以上，如 BLU-109、BLU-111、BLU-113、BLU-122 等均已装备使用。其中，BLU-109 是一种空中投放，用于打击诸如指挥中心、地下工事等硬目标的弹药。BLU-109/B 侵彻弹或硬目标侵彻战斗部，既可作为一般炸弹使用，也可作为多种制导武器的战斗部。

BLU-109/B 弹体结构细长，壳体采用优质炮管钢一次锻造而成，材料为 4340 合金钢，壳体厚度为 26.97 mm（有报道为 25 mm）。在尺寸和形状上类似于 MK84 炸弹，但壳体材料强度明显高于后者。它内装 242.9 kg Tritonal 炸药或 PBXN-109 炸药。BLU-109/B 没有弹头引信，通常采用安装在尾部的 FMU-143A/B 机电引信，与装在弹体上表面保险执行机构腔内的 FZU-32B/B 引信致动器相连。利用伸缩式电缆，引信及其致动器与引信室和保险执行机构腔的加载导管连接在一起。该引信的解除保险时间为 5.5～12 s，引信雷管延期时间为 60 ms，采用 Tetryl 传爆药柱。此外，BLU-109/B 还采用英国的多用途炸弹引信（MFBF）、法国的 FEU80 引信、美国的 FMU-152/B 联合可编程引信（JPF）和 FMU-157/B 硬目标灵巧引信。当战斗部侵入目标时，引信可判断其侵入的不同介质，并在最佳时机起爆战斗部装药。BLU-109/B 通常与激光制导组件及 GPS/INS 组合制导组件匹配成为制导炸弹。BLU-109/B 侵彻弹可侵彻 1.8～2.4 m 厚混凝土层或 12.2～30.5 m 厚泥土层。

另外，法国、俄罗斯和以色列等国也已经研制成功并装备了动能侵彻战斗部。俄罗斯装备的 KAB-1 500L-Pr 制导炸弹可钻入土层下方 20 m 深或侵彻 2 m 厚混凝土层，主要用于对付指挥所和核武器存放仓库。以色列军事工业公司研制的 PB-500A 激光制导炸弹可侵彻 1.83 m 厚的钢筋混凝土。表 18-2 列出了这些典型动能侵彻炸弹的主要性能参数。

表 18-2 国外典型动能侵彻战斗部主要性能参数

型号	质量/kg	直径/mm	长度/m	配用引信	炸药装药量/kg	侵彻混凝土厚度/m	贯穿土层厚度/m	配用武器	备注
BLU-109/B(美)	870	370	2.438	FMU-143A/B, FEU 80, FMU-152/B, FMU-157/B	249.5 特里托纳儿或PBXN-109炸药	1.83~2.4	12.2~30.5	EGBU-24E/B, EGBU-27/B, GBU-31, AGM-130C, GBU-15/B	装备,弹体材料HP9-4-20钢
BLU-113/B(美)	1 996	370	3.9	FMU-143系列,FMU-152/B, FMU-157/B	285.76 特里托纳儿或PBXN-109炸药	>6	>30.5	GBU-28/B, EGBU-28/B 和 GBU-37/B	装备,弹体材料HP9-4-20钢
BLU-116/B(美)	874	254	2.438	FMU-143系列,FMU-152/B, FMU-157/B	109 特里托纳儿或PBXN-109炸药	3.4~6.1	24.4~36.6	GBU-24C, D/B, GBU-27, GBU-15, AGM-130, GBU-31/B, AGM-86D	装备,弹体材料镍钴合金钢,裹一层铝制蒙皮
BLU-121(美)	900	—	—	FMU-143N/B	富燃炸药	1.8~3	12.2~30.5	温压炸弹	温压侵彻战斗部,装备
BLU-118/B(美)	902	370	2.5	FMU-143J/B	PBXIH-135混合型液体油状炸药+铝粉/227kg(或254kg)	3.4m	—	GBU-15, GBU-24, GBU-27, GBU-28, AGM-130, AGM-154C	温压侵彻战斗部,装备
BLU-122/B(美)	2 018.5	389	4.0	FMU-152, FMU-143	354.3AFX-757 PBXN-110	>7	36	GBU-28C/B 重型钻地弹	装备,弹体材料ES-1高强钢
I-250(美)	113.4	—	—	—	22.6 HMX 或 CL-20	1.8	—	SSB	生产
KAB-1 500L-Pr(俄)	1 500	580	4.6	触发延迟引信	1 100	2	10~20	激光制导炸弹	装备
PB-500A1(以)	425	269	1.8	—	100	1.83	—	激光制导炸弹	装备

通常，提高此类战斗部毁伤效能的办法有两个：

① 选取适当的长径比来提高相对目标单位面积上的压力，但大长径比战斗部易在侵彻时发生折断。

② 提高战斗部的末端速度，如重 35 kg、侵入速度为 450 m/s 的战斗部可以钻透 1 m 厚的混凝土结构，但侵入速度越高，对战斗部的结构强度和装药的安定性要求越高。

18.2.2 串联式复合侵彻战斗部

串联式复合侵彻战斗部主要由一个或多个安装在弹体前部的聚能空心装药与安装在后部的随进弹构成，如图 18-12 所示。

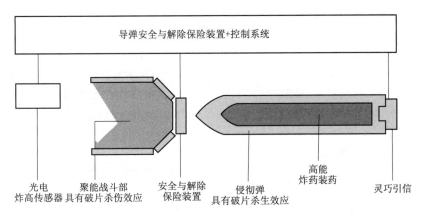

图 18-12 串联式复合侵彻战斗部的结构

聚能空心装药由药型罩（一个或多个）、壳体和高能钝感炸药组成，前部装有炸高传感器。使用时战斗部前面的聚能空心装药主要对目标进行"预处理"。可编程引信在最佳高度起爆空心装药。药型罩被压垮并沿装药轴线方向产生一个拉长的金属射流（或 EFP，JPC）。射流前部飞行速度可达到 6 000 m/s 以上。强大的射流使混凝土等硬目标产生破碎和极大变形，并沿战斗部速度方向形成孔道。后级随进弹循孔道跟进并穿入目标内部。其对目标的作用过程如图 18-13 所示。串联式复合侵彻战斗部的侵彻能力主要取决于聚能装药的直径、药量及随进弹的动能。

与整体式动能侵彻战斗部相比，串联式复合侵彻战斗部的效能更高。如一枚重量为 35 kg、速度为 450 m/s 的动能侵彻战斗部的动能为 3 500 kJ；而一枚重量为 6 kg、速度为 700 m/s 的复合侵彻战斗部产生的金属射流的动能却高达 2 300 kJ。二者对目标的穿透能力相差不大。因此，复合侵彻战斗部不但可以减轻武器的重量，同时又增大了武器的弹着角范围，一般可达到 60°。复合型侵彻战斗部与动能型侵彻战斗部摧毁坚固目标效果对比情况如图 18-14 所示。

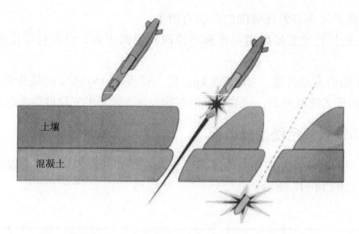

图 18-13　复合侵彻战斗部对目标的作用过程

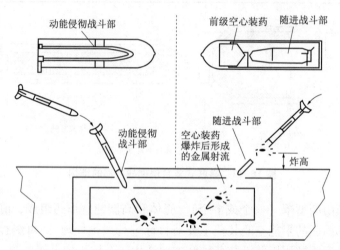

图 18-14　动能侵彻战斗部和复合战斗部摧毁坚固目标效果对比

欧洲国家主要走串联式复合侵彻战斗部的发展道路，已达到实用化程度。装备的典型产品是英国的"布诺奇"（Broach）、"长矛"（Lance）和德国—法国的"麦菲斯托"（Mephisto）战斗部，如图 18-15 和图 18-16 所示。表 18-3 给出了国外几种典型串联式复合侵彻战斗部的主要战术技术性能。

表 18-3　国外典型串联式复合侵彻战斗部战术技术性能

战斗部名称	质量/kg	配用引信	炸药装药量/kg	单位面积压力/Pa	侵彻混凝土厚度/m	贯穿土层厚度/m	应用导弹/炸弹名称
Broach（英国）	454	多用途引信系统	55/91 高能钝感炸药	75 900（随进侵彻战斗部）	3.4～6.1	6.1～9.1（前置装药）	"风暴亡灵"，JSOW-C，AGM-129，"战斧"AGM-86C
Lance（英国）	510	—	110/25	75 900（随进侵彻战斗部）	6	—	战术"战斧"导弹

续表

战斗部名称	质量/kg	配用引信	炸药装药量/kg	单位面积压力/Pa	侵彻混凝土厚度/m	贯穿土层厚度/m	应用导弹/炸弹名称
Mephisto（德国）	495	前置战斗部：光电近炸引信；随进战斗部：硬目标灵巧引信 PIMPF	30/75 高能钝感炸药	91 000（随进侵彻战斗部）	3.4～6.1	6.1～9.1（前置装药）36（土层）	"金牛座" KEPD 350

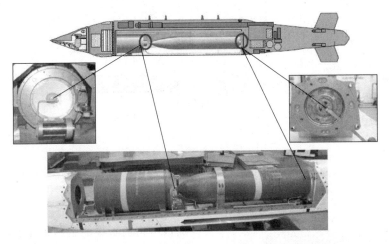

图 18-15　配用于 JSOW-C 中的"布诺奇"战斗部的基本组成

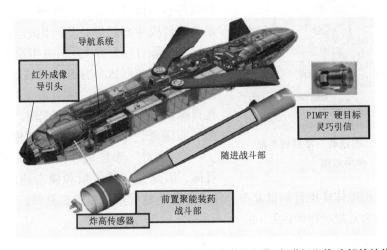

图 18-16　KEPD350 金牛座巡航导弹及"麦菲斯托"串联侵彻战斗部的结构

（1）英国"布诺奇"串联战斗部

1991 年，英国进行了 1/3 尺寸的"布诺奇"（Broach）战斗部最初设计方案摸底试验，目前已配备于美国"宝石路"激光制导炸弹、美国"战斧"巡航导弹、英国—德国"风暴亡灵"巡航导弹等。"布诺奇"战斗部的侵彻能力可用于对付战术碉堡、加固的飞机掩体和弹药库、桥梁和机场跑道,而其杀爆能力可用于对付机场跑道、地对空导弹基地、舰船、港口、工业设施和停放的飞机/车辆等。通常,侵彻弹（如美国BLU-109侵彻弹）需要从一定高度上投放,使炸弹达到穿透厚而坚固的混凝土层所需的速度；而使用"布诺奇"战斗部时,飞行员可在距离目标较远的地方,从低空将其发射出去,攻击上述目标。

"布诺奇"战斗部为串联战斗部结构,其前置战斗部为聚能装药结构（也称扩爆装药）,而随进战斗部为侵彻杀爆弹结构,中间用隔板隔开,以防止聚能装药起爆时危及其后的杀爆主装药。图18-17所示为前置装药战斗部（扩爆装药）及随进杀爆战斗部（随进炸弹）同时起爆时产生的破片静态飞散特性。

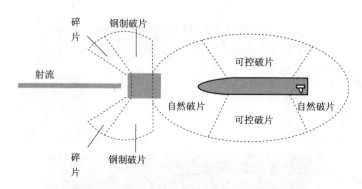

图18-17 "布诺奇"串联战斗部破片静态飞散特性

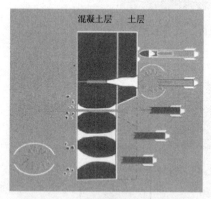

图18-18 "布诺奇"串联战斗部作用原理

隔板可将前置聚能装药爆炸能量反射给前部,有助于增强前置装药的侵彻能力。"布诺奇"串联战斗部在攻击土层/混凝土下的目标时,首先,触发传感器探测目标。当探测到目标之后,前置聚能装药战斗部起爆。其产生的金属射流作用于目标,清除目标上方土层并在混凝土中形成穿孔,为随进杀爆弹侵入目标开辟通道。与此同时,随进杀爆弹与母弹分离,沿射流穿孔侵入目标,并在目标预定深度或目标内部起爆。图18-18所示为"布诺奇"串联战斗部作用原理。

"布诺奇"串联战斗部不完全依赖动能侵彻目标,因此受碰撞着角和撞击速度的影响较小。在对付加固的飞机掩体模拟目标试验中,仅前置装药就可对目标造成重创。"布诺奇"串联战斗部的能量约为常规动能弹的3.5倍。

(2) 德国—法国"麦菲斯托"串联战斗部

为了对付地上目标和地面加固目标,德国和法国于1997年开始联合研制"麦菲斯托"串联战斗部,目前已应用于KEPD350"金牛座"巡航导弹。其典型结构如图18-19所示。

第18章 硬目标侵彻弹药

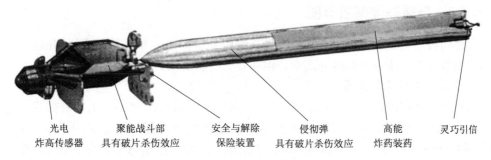

图 18-19 "麦菲斯托"串联战斗部结构布局

"麦菲斯托"战斗部为二级串联战斗部。前置战斗部为聚能装药结构,而后面的随进战斗部为侵彻杀爆弹结构,均采用不敏感炸药。"麦菲斯托"战斗部前端装有光电(炸高探测器)近炸引信。当探测到目标之后,前置聚能装药战斗部起爆形成射流,为后面随进侵彻杀爆弹进入目标内部爆炸开辟通路,如图18-20所示。

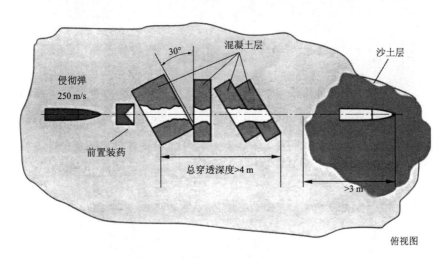

图 18-20 "麦菲斯托"串联战斗部侵彻示意

随进侵彻杀爆弹尾部装有可编程智能多用途引信,可以3种模式起爆战斗部:空爆、触发起爆和触发延期起爆。在侵彻模式下,"麦菲斯托"串联战斗部可在贯穿沙石、混凝土等多层结构目标后,在掩体内部敏感到空穴就爆炸。

"麦菲斯托"串联战斗部可配用德国研制的"金牛座"KEPD150/350空射巡航导弹。KEPD150巡航导弹全长为4.6 m,宽为630 mm,高为320 mm,翼展为1.0 m,发射重量为1 060 kg;导弹动力装置采用涡喷发动机,推力为6.67 kN,导弹巡航飞行速度为0.8 Ma,射程为150 km;导弹中段采用GPS/INS复合制导,并利用雷达高度计进行地形跟踪;末段采用红外成像导引头,雷达高度计确保导弹能够在距离地面30 m的高度上巡航飞行。KEPD350巡航导弹长为5.1 m,宽为630 mm,高为320 mm,翼展为1.0 m;由于携载更多的燃油,发射重量增加到1 400 kg。导弹巡航飞行速度为0.8 Ma,射程为350 km。

18.2.3 新原理侵彻战斗部

除上述两种已装备的侵彻战斗部外,近几年国外也提出了几种新原理侵彻战斗部概念,如主动侵彻战斗部、集束侵彻战斗部等,但均处于研制阶段。

(1) 主动侵彻战斗部技术

美国利用主动侵彻技术已实现 10 m 的侵彻深度,计划达到 45 m。主动侵彻战斗部意指战斗部在侵彻地下坚固目标的过程中不依靠撞击地面时的动能,而是应用类似"钻孔机"(drills)的作用原理,在战斗部起爆前快速"挖掘"地面,形成对地面的主动侵彻作用,如图 18-21 所示。目前,被称为"深挖掘机"(Deep Digger)的侵彻战斗部的原理样机处在研制阶段,虽然还不能明确"深挖掘机"能否发展成一种有效的武器弹药,但演示验证表明了这种特殊侵彻技术的发展潜力。

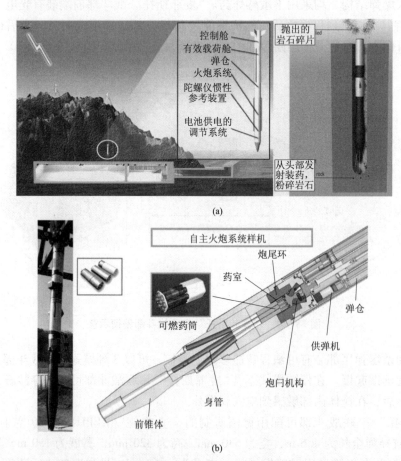

图 18-21 "深挖掘机"战斗部作用原理及系统结构组成
(a) 作用原理示意;(b) 系统结构组成

(2) "集束装药"侵彻战斗部技术

美国正在研究一种被称为"集束装药"(Cluster Charge)的新型深侵彻技术,通过在墙壁上钻出数个彼此间隔很近的孔,通过孔与孔之间的裂纹以及中心部分的墙体坍塌而形成大洞，如图 18-22 所示。"集束装药"技术可用于串联式侵彻战斗部的前级装药。先在目标防护层（介质可能是岩石或混凝土）中穿孔，随后主战斗部沿该孔侵入目标内部爆炸。采用这项技术所能爆破的岩石/混凝土容积是单个聚能装药的 60～70 倍。虽然"集束装药"对目标的侵彻深度不大，但可以将穿孔中的混凝土碎块清除掉。若一系列的"集束装药"以串联方式一个接一个地先后作用，则会产生更强的侵彻能力。

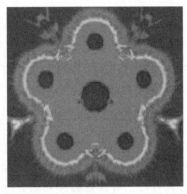

图 18-22 "集束装药"侵彻战斗部试验及仿真结果

18.3 硬目标侵彻弹药发展现状及途径

18.3.1 硬目标侵彻弹药发展现状

硬目标侵彻战斗部在近几年得到快速发展。表 18-4 中列出了国外研制中的典型反深埋/多层坚固目标战斗部主要战技性能。

表 18-4 国外研制中的典型硬目标侵彻战斗部主要战技性能

战斗部名称	质量/kg	炸药装药量	侵彻混凝土厚度	贯穿土层厚度	应用导弹/炸弹名称
MOP（美国）	13 680	2 404 kg	计划 60 m（34.45 MPa 混凝土）；8 m（68.9 MPa 混凝土）	BLU-109 的 10 倍	巨型钻地弹
BOE1800（美国）	316	高能炸药装药	可侵彻强度为 68.9 MPa 的钢筋混凝土目标		钻地弹
多弹头和小装药量（美国）		约 100 kg	18 m	90 m	常规洲际弹道导弹和"三叉戟"2 常规潜射导弹
主动侵彻弹（美国）	50～100	高能炸药装药	已实现 10 m，目标是 45 m		"深挖掘机"（Deep Digger）

续表

战斗部名称	质量/kg	炸药装药量	侵彻混凝土厚度	贯穿土层厚度	应用导弹/炸弹名称
CMP1000（MBDA 公司）		高能炸药装药	侵彻和爆炸，性能优于 2 000 lb 级制式钻地弹		钻地弹
新型串联侵彻战斗部（美国）	454	226.8 kg	11 m 厚花岗岩或 6.1 m 厚 86.8 MPa 高强度混凝土		AGM-129 先进巡航导弹；"战斧"巡航导弹
集束装药（Cluster Charge）（美国）	—	—	毁伤容积是单个聚能装药的 60~70 倍	—	—

在 2009 年 10 月空军武器会议上，美国空军研究实验室弹药理事会提出空军反深埋坚固目标武器与技术的近、中、远期发展目标。

近期发展目标：发展常规耐冲击武器，即火箭助推常规钻地弹，要求：着速高于现役钻地弹，侵彻能力与现役 5 000 磅级钻地弹相当，适于先进战斗机内埋舱挂载，侵彻过程中生存能力强。

中期发展目标：发展高速武器技术，即改进型高速钻地弹，要求：着速进一步提高，战斗部壳体材料强度更高，炸药装药安定性和热稳定性好，抗高过载灵巧引信可识别侵彻深度并感知空穴。

远期发展目标：发展功能性破坏弹药，即创新性钻地弹，要求：采用创新的毁伤机理，发现目标的易损部位并对其实施功能性破坏，可通过摧毁关键节点使敌方目标丧失作战能力，研发功能性破坏有效载荷。

18.3.2 硬目标侵彻弹药发展途径

此外，近年来美欧军事强国正在积极探索新的技术途径，重视高速动能侵彻、抗高过载能力研究，发展抗高过载智能引信，设计新的战斗部头部形状，研究新的炸药配方和目标易损性，开发新投放系统，不断提高硬目标侵彻弹药的侵彻深度和毁伤能力。根据国外技术发展特点，分析硬目标侵彻战斗部技术发展途径如下：

（1）发展巨型侵彻战斗部，大幅度提高毁伤威力

为了打击深地下坚固目标，美军目前主要使用两种战术：一是使用"鱼贯攻击"战术；二是采用"炸弹之母"等燃料空气炸弹打击洞口。"鱼贯攻击"就是对坚固目标采用多枚激光制导炸弹瞄准同一点"鱼贯攻击"的战术。也就是说，后一枚炸弹利用前一枚炸弹的破坏效果逐步向内"掘进"，但这种方式弹药消耗大，且要求只能使用激光制导这种精度高的制导方式。后一种打击方式要求炸弹准确打击敌隧道洞口，并破坏防爆门。为了解决这两个问题，美军一方面发展了巨型侵彻战斗部（MOP，如图 18-23 所示），另一方面改装洲际弹道导弹。使用巨型侵彻战斗部，无须寻找洞口，可以直接钻入地下隧道内，或者在目标附近的地下土壤或岩石中爆炸。土壤或岩石会最大限度地将爆炸威力转为地震波而增强杀伤效果。这大大缓解了对目标精确位置情报的需求。而爆炸力向地

下四周扩散，挤压和扭曲附近的地下隧道和设备，所产生的巨大地下冲击波也能够破坏较远地方的设备并杀伤人员。

图 18-23　MOP 静态试验与集成试验

（2）积极研发高速/超高速侵彻战斗部，提高侵彻深度

目前装备中的侵彻武器弹药的撞击速度均在 1 000 m/s 以下。通过增大撞击速度来提高侵彻深度，成为近几年国外侵彻武器弹药发展的一个新动向。美国的发展尤为突出，正在研制由 F-22 和 F-35 战斗机携带的飞行速度达 6 Ma 的高超声速侵彻弹。其战斗部撞击速度将达 1 800 m/s；现正在继续研究撞击速度达 2 000～2 400 m/s 的更高速度侵彻战斗部，具备攻击目前深埋在地下发射井中弹道导弹的能力。英国在 Lance 基础上又投资研究美国超声速巡航导弹用侵彻战斗部技术，壳体材料采用高密度重金属钨，配用 FMU-156 引信，撞击速度达到 1 200 m/s 以上，对混凝土目标的侵彻深度可达 15 m。

在硬目标耐冲击武器项目下，美军计划在 2010—2014 年发展 907 kg（2 000 lb）级火箭助推侵彻战斗部。指标要求是撞击速度高于现役的侵彻战斗部，侵彻能力要与现役的 2 268 kg（5 000 lb）级侵彻战斗部相当，抗过载能力强，并可由现役平台挂载及 F-35 战斗机的武器舱内埋。在该项目下，美国空军计划开展以下 5 方面的研究：

① 起爆系统设计：发展抗高过载的智能引信，可识别侵彻深度并感知空穴。
② 战斗部壳体设计：发展新的战斗部头部形状，战斗部材料强度更高。
③ 高能炸药设计：研发炸药配方，炸药装药安定性、热稳定性好。
④ 建模与仿真：研究目标与战斗部壳体之间的相互作用，进一步了解复杂的侵彻环境。

（3）不断研发新结构战斗部，提高开孔和侵彻能力

在保持战斗部外形不变的前提下，通过改变战斗部结构来减小侵彻阻力，是提高战斗部侵彻能力的一条有效途径，世界各国均在采用。

2008 年 12 月，MBDA 公司成功演示验证了一种兼有侵彻和爆破能力的 1 000 kg 级新结构侵彻战斗部，性能明显优于同级别的北约制式侵彻战斗部。该侵彻战斗部的弹体外形与瓶子类似，直径大小呈阶梯式变化。前端弹体直径较小，但金属壳体的厚度变大，有利于弹体对硬目标的侵彻；后段弹体直径增大，但金属壳体厚度变薄，以优化爆炸冲击波和破片杀伤效果。此外，瓶形弹体的前端呈"齿状"，有利于粉碎混凝土，避免炸弹与目标撞击时跳弹，便于弹体的穿入，如图 18-24 所示。

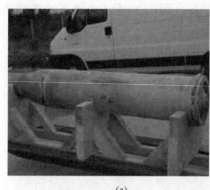 

(a)　　　　　　　　　　　(b)

图 18-24　新结构侵彻战斗部结构外形及头部特写
(a) 结构外形；(b) 头部特写

（4）广泛采用高能不敏感炸药装药技术，提高战斗部的使用安全性

国外侵彻战斗部用高能不敏感炸药主要有以下几种：AFX-757，PBXN-109，Tritonal，PBXN-110，H6，PBXC-129，AFX-1 100，PBXIH-135，PAX-11，KS22a，以及 KS33 炸药。表 18-5 列出了几种典型炸药的配方、主要性能及其应用情况。其中，AFX-757 炸药是按美空军内部的先进钻地弹炸药技术（APET）计划而研制的，是美国现使用最多的一种新型主装药。这种新型不敏感高能炸药具有爆炸特性高、感度低、组分成本低等优势，而且比当前使用的 Tritonal 和 PBXN-109 等炸药更易于加工。目前除了已应用于 JASSM 导弹战斗部和增强型 BLU-113/B 侵彻弹战斗部之外，美国研究人员还考虑将它用于其他新型战斗部的主装药。

表 18-5　国外钻地弹用几种典型炸药的配方、主要性能及应用情况

炸药名称	配方组成	密度/ ($g \cdot cm^{-3}$)	爆速/ ($km \cdot s^{-1}$)	应用情况举例
AFX-757	25% RDX，30% AP，33% Al，4.44% HTPB，6.65% DOA 和 0.91%的添加剂	1.84	6.08	美国 JASSM 导弹，EGBU-28 钻地弹
PBWIH-135	HMX，铝粉及聚氨酯橡胶黏结剂	—	7.77	美国 BLU-118/B 温压战斗部
PBXN-109	64%RDX，20%铝粉和 16%HTPB	1.7	7.48	美国 BLU-109/B 侵彻战斗部
PBXN-110	88%HMX，12%HTPB	1.677	8.39	英国"布诺奇"串联战斗部，美国侵彻战斗部
H6	45% RDX，30% TNT，20% Al，5%D-2 和 0.5%其他	1.71	7.191	美国 BLU-109/B 侵彻弹
Tritonal	80%TNT，20% Al	1.792	6.475	美国 BLU-109/B，BLU-113/B，BLU-116/B 侵彻弹
PAX-11	79% CL-20，15% 铝粉，3.6% BDNPA/F，2.4% CAB	2.023	8.87	美国"深挖掘机"钻地弹

续表

炸药名称	配方组成	密度/($g \cdot cm^{-3}$)	爆速/($km \cdot s^{-1}$)	应用情况举例
KS22a	67%RDX，18%Al 和 15%PB	1.64	—	德—法"麦菲斯托"串联战斗部（随进）
KS33	90%HMX，10%PB	—	—	德—法"麦菲斯托"串联战斗部（随进）
B3014A	HMX/含能黏结剂	1.78	8.45	法国 CBEMS-BANG 钻地弹
B2214	HMX/NTO/惰性黏结剂	1.63	7.45	法国 AS30 系列导弹 X35 侵彻爆破战斗部

（5）采用高强度活性材料，增加毁伤能量释放量

美国正在研究一种添加了活性材料的单一式爆破战斗部（Unitary Demolition Warhead，UDW）。这种聚能装药战斗部可在射流形成过程中将活性材料送入目标内部。随后，活性材料在目标内部释放能量，给目标以重创。另外，DE 技术公司还在从事毁伤增强型聚能装药战斗部的研究。通过在装甲目标内部喷射活性材料可以造成更大的装甲后效毁伤。

（6）采用灵巧引信，提升战斗部毁伤效能

侵彻战斗部不仅要能侵入目标内部，更为重要的是精确控制战斗部在目标内的起爆。因此，发展灵巧引信技术是提高侵彻战斗部毁伤效能的有效技术途径。因此，研制既能耐冲击，又能在最佳时机引燃战斗部的引信是当前各国研制侵彻战斗部最为关注的问题。

长期以来，侵彻战斗部大都采用固定延时引信，因此其侵彻深度和延时精度都受到了限制，而且这些引信往往不能承受对硬目标侵彻时的冲击。为克服传统侵彻引信的不足，各国从 20 世纪 90 年代就开始研制硬目标灵巧引信，现在已经有多个产品投入使用。各国新研制的灵巧引信列于表 18-6 中。

表 18-6 各国新研制的硬目标灵巧引信

国家	引信型号	起爆控制功能	应用武器系统
英国	多用途引信起爆系统（MAFIS）	可编程，双定时器；间隙感知和层级结构侵彻	JSOW，"风暴亡灵"的"布诺奇"战斗部
德国	可编程智能多用途引信（PIMPF）	计层、计间隙；可编程，根据不同目标在预定点起爆	德国"金牛座"导弹的"麦菲斯托"多用途侵彻战斗部和挪威海军打击导弹
美国	联合可编程引信 JPF（FMU-152/B）	驾驶员可以从座舱选择解除保险，延期时间	配用于 AGM-130，GBU-10/12/15/24/27/28 和全部 JDAM 型炸弹采用的 MK82，MK83，MK84，BLU-109 和 BLU-113 战斗部
美国	FMU-157/B 硬目标灵巧引信	3 种预先可编程模式：间隙或层面计算，指定深度，指定延迟时间	AGM-86D 导弹 AUP-2，AUP-3 侵彻战斗部

续表

国家	引信型号	起爆控制功能	应用武器系统
美国	FMU-159/B 硬目标灵巧引信	感知间隙，计算层面，计算侵彻深度，以及常规的碰撞后时间延迟	"宝石路"系列激光制导炸弹（GBU-10、GBU-24、GBU-27 和 GBU-28），AGM-86D 常规空射巡航导弹，AGM-130、AGM-142，战术"战斧"侵彻弹导弹，BLU-116/P 先进侵彻弹
美国	多作用硬目标引信（MEHTF）	间隙或层次计算，识别目标介质，探测侵彻深度	GBU-24/BLU-109 侵彻弹、小直径炸弹
俄罗斯	触发延迟引信	3 种定时设置	KAB-1 500L-Pr

这些硬目标灵巧引信的起爆控制方法有定时起爆、计层起爆、计行程起爆、目标介质识别与感知起爆等。它们大都采用了高精度加速度传感器和微型控制器来确定战斗部侵彻地下结构的层数和侵彻深度，以便使战斗部在特定的时机起爆；同时，加速度测量可以用于辨别正在侵彻的目标是空气、土壤、岩石，还是混凝土，具有抗高过载和智能化的特点，而其起爆控制功能也往往是以上多种方式的组合。

习　题

1. 目前硬目标侵彻弹药主要打击的坚固目标有哪些？具有什么样的特性？
2. 简述串联式复合侵彻战斗部毁伤机理。
3. 简述硬目标侵彻弹药发展的技术途径。

附录
常用词汇表

奥克托今	octogen
AHEAD 弹	advanced hit efficiency and destruction ammunition
靶后效应	effect after penetrating target
半穿甲弹	semi-armour-piercing projectile
半穿甲战斗部	semi-armour-piercing warhead
半导体桥火工品	semiconductor bridge explosive initiator
半主动引信	semi-active fuze
绊发地雷	tripwire actuated mine
爆轰	detonation
爆轰毁伤机理	detonation kill mechanism
爆破型防步兵地雷	anti-personnel blast mine
爆破战斗部	blast warhead
爆燃	deflagration
爆热	heat of explosion
爆容	volume of detonation gas products
爆速	detonation velocity
爆温	detonation temperature
爆压	detonation pressure
爆炸成型弹丸	explosively formed penetrator (EFP)
爆炸开关	explosive switch
爆炸力学	mechanics of explosion
爆炸逻辑网络	explosive logic network
爆炸逻辑元件	explosive logic element
爆炸螺栓	explosive bolt
爆炸切割	explosive cutting
爆炸扫雷	mine clearing by explosion
爆炸网络	explosive network
爆震弹	stun grenade
本构关系	constitutive relations

变装药	multisection charge
表定质量	mass zone marking
布雷车储雷量	mine quantity of mine layer
布雷火箭弹	mine dispensing rocket
布雷距离	mine-laying distance
布雷炮弹	scatterable mine projectile
布雷速度	mine-laying velocity
布雷作业时间	time for mine-laying assignment
步兵战车	infantry fighting vehicle
步枪	rifle
测速靶	velocity measurement device
长径比	fineness ratio
超口径弹	super-caliber projectile
冲锋枪	submachine gun
冲击波	shock wave
冲击片雷管	slapper detonator
冲击起爆	shock initiation of explosive
初速	muzzle velocity
触发地雷	contact mine
触发引信	contact fuze
穿甲弹	armour-piercing projectile
穿甲机理	armour-piercing mechanism
穿甲—破甲复合战斗部	armour-piercing shaped charge composite warhead
穿甲枪弹	armour-piercing cartridge
穿甲燃烧枪弹	armour-piercing incendiary cartridge
穿甲效应	armour-piercing effect
穿透率	penetration percentage
传爆药	booster explosive
传火管	flashback tube
串联装药战斗部	tandem charge warhead
创伤弹道学	wound ballistics
磁感应地雷	magnetic influence mine
磁引信	magnetic fuze
次口径弹	subcaliber projectile
催泪弹	tear gas grenade
带风帽的被帽穿甲弹	armour-piercing cap, ballistic cap (APCBC) shot
单兵布雷装置	man-packed mine laying system
单兵云爆弹	individual fuel air explosive
弹道学	ballistics

弹道修正	trajectory correction
弹道修正火箭弹	trajectory corrected rocket
弹道修正炮弹	trajectory corrected projectile
弹道修正引信	trajectory correction fuze
弹身引信	internal fuze
弹体和火箭战斗部收口	nose forming of shell body and rocket warhead body
弹体毛坯制造	blank making of shell body
弹体强度试验	strength test of shell body
弹头；弹丸；子弹	bullet
弹头引信	point fuze
弹托	sabot
弹托分离	sabot discarding
弹丸飞行稳定原理	projectile flight stability principle
弹丸密集度试验	dispersion test of projectile
弹药	ammunition
弹药（整装弹）；枪弹	cartridge
弹道设计	ballistic design
弹道系数	ballistic coefficient
弹箭飞行稳定性	flight stability of missile
弹箭空气动力学	air dynamics of missile
弹箭飞行姿态	flight attitude of missile
弹径	projectile caliber
弹目交汇	projectile-target encounter
弹身	shell body
弹丸质心	projectile mass center
弹形系数	coefficient of projectile form
弹丸转动惯量	moment of inertia for projectile
导爆索	detonating cord
导爆索网扫雷	mine clearing by network of detonating cord
导爆药	lead explosive
导火索	blasting fuse
导引头	seeker
低温度系数发射装药（低温度感度装药）	low temperature sense propelling charge
低阻航空炸弹	low-drag aerial bomb
底凹弹	hollow base projectile
底部排气弹	base bleed projectile
底部排气装置	base bleed unit
底部引信	base fuze

底火	primer
地雷	land mine
地雷场	minefield
地雷爆炸成型弹丸装药	explosively formed penetrator charge
地雷抛射筒	projecting tube of mine
地雷抛射药包	projecting charge bag of mine
地雷撒布范围	scattering range of mine
地雷撒布精度	scattering accuracy of mine
地雷预制破片	pre-formed fragment of mine
点火具	igniter
点火药	igniting composition
电磁脉冲战斗部	electromagnetic pulse warhead
电磁炮	electromagnetic gun (EMG)
电磁炮弹	electromagnetic projectile
电磁装甲	electromagnetic armour
电雷管	electric detonator
电热炮	electro-thermal gun (ETG)
电热装甲	electro-thermal armour
电视侦察炮弹	TV reconnaissance projectile
定向雷	directional mine
定心块	bourrelet nub
定心部	bourrelet
定向雷破片飞散角	fragmentation dispersion angle of directional mine
定向破片杀伤战斗部	directional fragmentation warhead
定装式炮弹	fixed round
定装药	single-section charge
动能武器	kinetic energy weapon (KEW)
多爆炸成型弹丸战斗部	multiple explosively formed penetrator warhead (MEFP)
多弹头弹	multiple projectile round
多用途破甲弹	multi-purpose high explosive antitank (HEAT) projectile
惰性弹	inert projectile
发射装药	propelling charge
反坦克侧甲地雷	side-attack anti-tank mine
反坦克车底地雷	belly attack mine
反坦克导弹	anti-tank missile
反坦克地雷	anti-tank mine (ATM)
反坦克顶甲地雷	top attack anti-tank mine
反坦克火箭弹	anti-tank rocket

反坦克履带地雷	track-cutting mine
反应装甲	reactive armour
反直升机雷	anti-helicopter mine (AHM)
防步兵地雷	anti-personnel mine
防步兵跳雷	anti-personnel bounding mine
飞机（直升机）布雷	aircraft (helicopter) mine-laying
非金属地雷	non-metallic mine
分段杆式穿甲弹	segmented rod armour-piercing projectile
分装式炮弹	separated round
辅助航空炸弹	auxiliary aerial bomb
辅助炮弹	auxiliary round
复合穿甲弹	composite armour-piercing projectile
复合引信	combination fuze
复合增程弹	hybrid extended range projectile
复合制导航空炸弹	aerial composite guided bomb
复合装甲	composite armour
干扰弹	jamming projectile
刚体弹道	rigid body trajectory
刚性组合装药（模块装药）	modular propelling charge
高功率微波	high power microwave (HPM)
高射炮炮弹	anti-aircraft gun ammunition
高威力空爆炸弹	massive ordnance air blast bomb (MOAB)
高速碰撞	high velocity impact
固定炮	fixed gun
惯性触发引信	inertia contact fuze
光纤制导反坦克导弹	optical fiber guided anti-tank missile
光学跟踪红外半自动制导反坦克导弹	optically tracked IR semiautomatic guided antitank missile
光引信	optical fuze
诡计地雷	booby-trapped mine
含能材料	energetic material
航空半穿甲炸弹	aerial semi-armour-piercing bomb
航空爆破炸弹	aerial demolition bomb
航空穿甲炸弹	aerial armour-piercing bomb
航空定时炸弹	aerial time bomb
航空反跑道炸弹	aerial anti-runway bomb
航空火箭弹	aircraft rocket
航空集束炸弹	aerial cluster bomb
航空教练炸弹	aerial instructional bomb

航空炮炮弹	aircraft gun ammunition
航空破甲杀伤炸弹	aerial HEAT and fragmentation bomb
航空破甲炸弹	aerial high explosive antitank bomb
航空燃烧炸弹	aerial incendiary bomb
航空杀伤炸弹	aerial fragment bomb
航空深水炸弹	aerial depth bomb
航空训练炸弹	aerial practice bomb
航空硬目标深侵彻炸弹	hard target deep-penetrating aerial bomb
航空炸弹	aerial bomb
航空炸弹爆炸威力	aerial bomb explosion power
航空炸弹标准下落时间	aerial bomb standard falling time
航空炸弹极限速度	aerial bomb limit velocity
航空照明炸弹	aerial flare bomb
航空照相炸弹	aerial photoflash bomb
航空子母炸弹	aerial dispenser and bomblet
黑火药	black powder
黑索今	hexogen
毫米波制导炮射导弹	millimeter wave guided gun-launched missile
红外引信	infrared fuze
后膛炮弹	breech-loaded round
滑膛炮	smoothbore gun
滑膛炮弹	smoothbore projectile
混凝土破坏弹	concrete piercing projectile
火工品	explosive initiator
火箭弹	rocket projectile
火箭炮	rocket launcher
火箭扫雷弹	mine clearing rocket
火箭增程弹；火箭助推弹	rocket assisted projectile (RAP)
火箭发动机	rocket motor
火帽	primer cap
火炮	artillery
火焰雷管	flame detonator
机电触发引信	electromechanical contact fuze
机械布雷	mechanical mine-laying
机械触发引信	mechanical contact fuze
机械扫雷	mechanical mine clearance
机载空对地布撒器	air-to-surface dispenser
激光半主动制导反坦克导弹	semi-active laser guided anti-tank missile
激光驾束制导炮射导弹	laser beam riding guided gun-launched missile

激光引信	laser fuze
激光制导反坦克导弹	laser guided anti-tank missile
激光制导航空炸弹	laser guided aerial bomb
集束炸弹	cluster bomb unit（CBU）
加农榴弹炮	gun-howitzer
加农炮	cannon
减速航空炸弹	retarded aerial bomb
舰（岸）炮炮弹	naval gun ammunition and coast artillery ammunition
教练弹	training projectile
金属地雷	metallic mine
近炸引信	proximity fuze
可编程近炸引信预制破片弹	prefragmented programmable proximity-fuzed cartridge
可撒布地雷	scatterable mine
雷场密度	density of minefield
雷场纵深	depth of minefield
雷达引信；无线电近炸引信	radio proximity fuze
雷管	detonator
雷体	mine body
礼炮弹	saluting round
联合防区外武器	JSOW
联合直接攻击弹药（杰达姆）	joint direct attack munition（JDAM）
灵巧弹药	smart munition
灵巧引信	smart fuze
榴弹	high explosive shell（HE shell）
榴弹（炮射）	high explosive projectile
榴弹炮	howitzer
麻醉弹	anaesthetizing cartridge
埋雷装置	mine burying device
密实装药	consolidated charge
末敏弹	terminal sensitive projectile
末制导火箭弹	terminally guided rocket
末制导炮弹	terminal guided projectile
目标指示弹	spotting projectile
目视有线制导反坦克导弹	visually tracked wire guided anti-tank missile
耐爆地雷	blast-resistance mine
抛撒布雷车	mine-scattering vehicle
炮弹	gun ammunition
炮弹；弹壳；猎枪子弹	shell
炮射导弹	gun-launched missile

贫铀弹	depleted uranium projectile
贫铀装甲	uranium alloy armour
迫击炮	mortar
迫击炮弹	mortar projectile
破甲弹	high explosive antitank (HEAT) projectile
破甲枪榴弹	anti-armour rifle grenade
破片型防步兵地雷	anti-personnel fragmentation mine
牵引火炮	towed gun
前膛炮弹	muzzle-loaded round
枪榴弹	rifle grenade
桥膜式电雷管	bridge film electric detonator
切割索（器）	explosive cutting cord (device)
全备航空炸弹	complete aerial bomb
全备炮弹	complete round
全膛增程弹	extended range full-bore projectile
燃料空气炸药	fuel air explosive (FAE)
燃料空气炸药扫雷	mine clearing by fuel-air explosive
燃烧弹	incendiary projectile
人工布雷	manual mine-laying
人工排雷器材	manual mine clearing equipment
软杀伤弹	soft-lethal projectile
扫雷	mine clearing
扫雷磙	mine clearing roller
扫雷犁	mine clearing plough
扫雷链	mine clearing chain
扫雷通路	mine clearing access
杀伤爆破纵火弹	high explosive fragment incendiary projectile
杀伤弹	fragmentation bomb
杀伤弹头	anti-personnel warhead
杀伤枪榴弹	anti-personnel rifle grenade
闪光弹	flash grenade
射弹散布	projectile dispersion
射击精度	firing accuracy
声引信	acoustic fuze
时间引信	time fuze
手雷；手榴弹；枪榴弹；掷榴弹	grenade
手榴弹	hand grenade
瞬发触发引信	superquick contact fuze
瞬发雷管	instantaneous detonator

塑料导爆管	plastic-coated detonating fuse
塑性装药反坦克弹	high explosive plastic (HEP) anti-tank projectile
随行装药(兰维勒装药)	travelling charge
碎甲弹	high explosive squash head (HESH) projectile
坦克炮炮弹	tank gun ammunition
探雷深度	mine detection depth
特种地雷	special mine
特种航空炸弹	special aerial bomb
特种炮弹	special round
条形地雷	bar mine
跳弹	ricochet
通信干扰弹	communication jammer projectile
图像制导航空炸弹	image guided aerial bomb
图像制导反坦克导弹	image guided anti-tank missile
拖式布雷车	towed mine layer
脱壳穿甲弹	armour piercing discarding sabot (APDS) projectile
驮载炮	pack gun
微电子火工品	microelectronic explosive initiator
尾部引信	tail fuze
尾翼稳定火箭弹	fin-stabilized rocket
尾翼稳定脱壳穿甲弹	armour-piercing fin-stabilized discarding sabot projectile
钨合金穿甲弹	tungsten alloy armour-piercing projectile
无金属地雷	metal-free mine
无起爆药电雷管	detonator without primary explosive
无坐力炮炮弹	recoilless gun ammunition
线膛炮	rifled gun
霰弹	canister
小炸弹;子炸弹	bomblet
宣传弹	propaganda projectile
旋转稳定火箭弹	spin-stabilized rocket
旋转稳定脱壳穿甲弹	armour-piercing spin stabilized discarding sabot projectile
压发地雷	pressure actuated mine
延期触发引信	delay contact fuze
延期雷管	delay detonator
野战火箭弹	field rocket
野战炮	field gun
液体发射药	liquid propellant (LP)
液体发射药火炮	liquid propellant gun (LPG)
引信可编程炸点控制	fuze programmable burst-point control

引信炸点控制	fuze burst-point control
引信自适应炸点控制	fuze adaptive burst-point control
铀合金穿甲弹	depleted uranium armour-piercing projectile
诱饵弹	decoy round
远距离扫雷器材	long-range mine clearing equipment
增程炮弹	extended range projectile
增程枪榴弹	assisted rifle grenade
战场监视弹	battlefield surveillant projectile
战术火箭弹	tactical rocket
照明弹	illuminating projectile
照明剂	illuminating composition
照明炬	illuminating candle
针刺雷管	stab detonator
直列装药扫雷	mine clearing by linear charge
指令引信	command fuze
制导航空炸弹	guided aerial bomb
制导炮弹	cannon launched guided projectile
制导炸弹	guided bomb unit (GBU)
致痛弹	kinetic energy grenade
智能雷场	intelligent minefield (IMF)
周炸引信	ambient fuze
主用航空炸弹	main aerial bomb
主用炮弹	main round
锥膛炮	tapered bore gun
子母弹	cluster munition
子母雷	mine canister
子母炮弹	cargo round
自行火炮	self-propelled gun

参 考 文 献

[1] 孟宪昌,等. 弹箭结构与作用 [M]. 北京:兵器工业出版社,1989.
[2] 于骐,等. 弹药学 [M]. 北京:国防工业出版社,1987.
[3] 王儒策. 弹药工程 [M]. 北京:北京理工大学出版社,2002.
[4] 赵文宣. 弹丸设计原理 [M]. 北京:北京工业学院出版社,1988.
[5] 王颂康,等. 高新技术弹药 [M]. 北京:兵器工业出版社,1997.
[6] 中国军事百科全书编审委员会. 中国军事百科全书 [M]. 北京:军事科学出版社,1997.
[7] 胡星光. 国防科技名词大典(兵器卷)[M]. 北京:航空工业出版社,2002.
[8] 张志鸿,周申生. 防空导弹引信与战斗部配合效率和战斗部设计 [M]. 北京:宇航出版社,1994.
[9] 曹柏桢. 飞航导弹战斗部与引信 [M]. 北京:宇航出版社,1995.
[10] 马宝华. 引信构造与作用 [M]. 北京:国防工业出版社,1983.
[11] 世界弹药手册编辑部. 世界弹药手册 [M]. 北京:兵器工业出版社,1990.
[12] 王靖君,郝信鹏. 火炮概论 [M]. 北京:兵器工业出版社,1992.
[13] 金泽渊,詹彩琴. 火炸药与装药概论 [M]. 北京:兵器工业出版社,1988.
[14] 隋树元,王树山. 终点效应学 [M]. 北京:国防工业出版社,2000.
[15] 杨绍卿,等. 火箭弹散布和稳定性理论 [M]. 北京:国防工业出版社,1979.
[16] 蒋浩征. 火箭战斗部设计原理 [M]. 北京:国防工业出版社,1982.
[17] 陆珥. 炮兵照明弹设计 [M]. 北京:国防工业出版社,1978.
[18] 刘怡忻,等. 子母弹射击效力与使用分析 [M]. 北京:兵器工业出版社,1992.
[19] 刘怡忻,钟宜兴,王桂玉. 新弹种射击效力与运用 [M]. 北京:兵器工业出版社,1995.
[20] 金志明. 高速推进内弹道学 [M]. 北京:国防工业出版社,2001.
[21] 杨启仁. 子母弹飞行动力学 [M]. 北京:国防工业出版社,1999.
[22] 宋振铎. 反坦克制导兵器论证与试验 [M]. 北京:国防工业出版社,2003.
[23] 北京工业学院八系《爆炸及其作用》编写组. 爆炸及其作用 [M]. 北京:国防工业出版社,1979.
[24] 张亚. 弹药可靠性技术与管理 [M]. 北京:兵器工业出版社,2001.
[25] 李景云. 弹丸作用原理 [M]. 北京:国防工业出版社,1963.
[26] 崔秉贵. 目标毁伤工程计算 [M]. 北京:北京理工大学出版社,1995.

[27] 宋丕极. 枪炮与火箭外弹道学 [M]. 北京: 兵器工业出版社, 1993.

[28] 王尔林, 张德智. 现代兵器概论 [M]. 北京: 兵器工业出版社, 1995.

[29] 王儒策, 刘荣忠, 苏玳, 等. 灵巧弹药的构造及作用 [M]. 北京: 兵器工业出版社, 2001.

[30] 马宝华. 战争、技术与引信——关于引信及引信技术的发展 [J]. 探测与控制学报, 2001 (1): 1-6.

[31] 付伟. 红外干扰弹的工作原理 [J]. 电光与控制, 2001 (1): 36-42.

[32] 李向东, 张运法, 魏惠之. AHEAD 弹对导弹目标的毁伤研究 [J]. 兵工学报, 2001 (4): 556-559.

[33] 张玉龙. 电网"杀手"——碳纤维弹 [J]. 山东电力高等专科学校学报, 2000 (1): 75.

[34] 阮谢永. 对红外诱饵弹干扰的分析及对策 [J]. 航天电子对抗, 2000 (4): 38-40.

[35] 余勇. 干扰弹的现状及发展趋势浅析 [J]. 光电对抗与无源干扰, 2001 (2): 8-10.

[36] 王瑛, 欧阳立新, 张国春. 高功率微波弹发展现状浅析 [J]. 微波学报, 1998 (1): 77-82.

[37] 邓国强, 周早生, 郑全平. 钻地弹爆炸聚集效应研究现状及展望 [J]. 解放军理工大学学报, 2002 (3): 45-49.

[38] 丛敏. 德国研制 Ahead 弹药 [J]. 飞航导弹, 2000 (8): 22.

[39] 张巍. 电子战新武器——光学弹药的体制研究 [J]. 光电对抗与无源干扰, 1999 (1): 29-32.

[40] 曹永珠. 定向能武器的现状及未来的研究和发展趋势 [J]. 中国国防科技信息, 1998 (3): 24-27.

[41] 章雅平. 定向能武器技术发展的回顾与展望 [J]. 光电子技术与信息, 1996 (5): 7-15.

[42] 杨屹, 曾宾. 反导利刃——动能武器 [J]. 高新技术, 2001 (12): 21-22.

[43] 尹建平, 王志军, 陈超. 扫描捕获准则对 MEFP 智能雷毁伤概率的影响 [J]. 华北工学院学报, 2003 (2): 185-188.

[44] 姚树旗. 关于"灵巧弹药"一词的探讨 [J]. 外军动态, 1995 (2): 60-61.

[45] 王树魁. 国外弹药发展的特点和趋势 [J]. 弹箭技术, 1997 (1): 2-9.

[46] 何喜营. 国外末敏弹药的发展现状及前景分析 [J]. 弹箭技术, 1995 (2): 1-11.

[47] 罗健, 孙更生. 明天的灵巧坦克弹药 [J]. 弹箭技术, 1996 (1): 34-40.

[48] 周军. 全天候打击的精确制导弹药 [J]. 飞航导弹, 2000 (3): 21-25.

[49] 王海福, 冯顺山. 燃料空气炸药武器化应用条件 [J]. 弹箭技术, 1998 (1): 7-12.

[50] 熊祖钊, 白春华. 燃料空气炸药武器威力评价指标研究 [J]. 火炸药学报, 2002 (2): 19-22.

[51] 刘德喜, 王方玉. 特种航空弹药的现状及发展趋势 [J]. 火炸药, 1997 (1): 38-41.

[52] 陈超, 王志军. 智能雷攻击坦克顶甲时的刚体扫描运动方程 [J]. 华北工学院学报, 2001 (3): 173-175.

[53] 郭美芳, 王树魁. 美国 M93 式"大黄蜂"广域弹药 [C] //智能地雷译文集. 北京:

中国兵器工业第二一零研究所，1997.

[54] 周健．聚焦贫铀弹［J］．科技术语研究，2001（1）：44-45.

[55] 李大红，吴强，张汉钊，等．钨杆弹斜侵彻研究［J］．爆炸与冲击，1996（2）：158-165.

[56] 门建兵，蒋建伟，等．带尾翼EFP形成的三维数值模拟研究［J］．北京理工大学学报，2002（4）：166-168.

[57] 尹建平，王志军，陈超．MEFP智能雷攻击坦克顶甲的毁伤模型［J］．弹箭与制导学报，2003（2）：137-139.

[58] 樊飞跃．贫铀武器应用及其危害［J］．中华放射医学与防护杂志，2000（1）：31-32.

[59] 李颂德．90年代国外制导航空炸弹的发展［J］．弹箭技术，1996（2）：2-7.

[60] 杨绍卿．灵巧弹药工程［M］．北京：国防工业出版社，2010.

[61] 夏建才．火工品制造［M］．北京：北京理工大学出版社，2009.

[62] 李向东，钱建平，曹兵，等．弹药概论［M］．北京：国防工业出版社，2004.

[63] 姜春兰，邢郁丽，周明德，等．弹药学［M］．北京：兵器工业出版社，2000.

[64] 沈阳理工大学《现代弹箭系统概论》编写组．现代弹箭系统概论（下册）［M］．北京：兵器工业出版社，2007.

[65] 《炮弹及弹药》编委会．炮弹及弹药［M］．北京：航空工业出版社，2010.

[66] 午新民，王中华．国外机载武器战斗部手册［M］．北京：兵器工业出版社，2005.

[67] 汪致远，王洪光．现代武器装备知识丛书·陆军武器装备［M］．北京：原子能出版社，航空工业出版社，兵器工业出版社，2003.

[68] 卢芳云，李翔宇，林玉亮．战斗部结构与原理［M］．北京：科学出版社，2009.

[69] 《第七届法国国际地面与防空装备展展品汇编》编委会．第七届法国国际地面与防空装备展展品汇编［C］．北京：兵器工业出版社，2004.

[70] 《世界制导兵器手册》编辑部．世界制导兵器手册［M］．北京：兵器工业出版社，1996.

[71] 王凤英，刘天生．毁伤理论与技术［M］．北京：北京理工大学出版社，2009.

[72] 刘荫秋．创伤弹道学［M］．北京：人民军医出版社，1991.

[73] 梁争峰，胡焕性．爆炸成型弹丸技术现状与发展［J］．火炸药学报，2004，27（4）：21-25.

[74] 李成君．爆炸成型弹丸的数值模拟［D］．沈阳：沈阳理工大学出版社，2007.

[75] 郭美芳，范宁军．多模式战斗部与起爆技术分析研究［J］．探测与控制学报，2005，27（1）：31-34，61.

[76] 刘俞平，冯成良，王绍慧．定向战斗部研究现状与发展趋势［J］．飞航导弹，2010（10）：88-93.

[77] 尹建平，姚志华，王志军．药型罩参数对周向MEFP成型的影响［J］．火炸药学报，2011，34（6）：53-57.

[78] 郑宇．双层药型罩毁伤元形成机理研究［D］．南京：南京理工大学，2008.

[79] 张洋溢，龙源，余道强，等．切割网栅作用下EFP形成多破片的数值分析［J］．弹道学报，2009，21（2）：90-94.

[80] 龙源，张洋溢，余道强，等．多模战斗部中药型罩切割技术研究［J］．火工品，2009，31（1）：30.

[81] 尹建平,付璐,王志军,等.药型罩参数对 EFP 成型性能影响的灰关联分析[J].解放军理工大学学报,2012,13(1):101-105.

[82] 黄群涛.环形 EFP 形成机理研究[D].南京:南京理工大学,2008.

[83] 周翔,龙源,等.多弹头爆炸成型弹丸数值仿真及发散角影响因素[J].兵工学报,2006,27(1):23-26.

[84] 李裕春,程克明.多爆炸成型弹丸技术研究[J].兵器材料科学与工程,2008,31(3):74-76.

[85] 林加剑.EFP 成型及其终点效应研究[D].合肥:中国科技大学出版社,2009.

[86] 汪得功.可选择 EFP 侵彻体形成研究[D].南京:南京理工大学出版社,2007.

[87] 刘飞.爆炸成型弹丸研制及其工程破坏效应研究[D].合肥:中国科技大学,2006.

[88] 钱伟长.穿甲力学[M].北京:国防工业出版社,1984.

[89] 尹建平.多爆炸成型弹丸战斗部技术[M].北京:国防工业出版社,2012.

[90] 王玉祥,刘藻珍,胡景林.制导炸弹[M].北京:兵器工业出版社,2006.

[91] 杜忠华,沈培辉,赵国志.钨合金易碎材料动态穿甲特性试验研究[J].弹道学报,2006,18(4):51-53.

[92] 尹建平,王志军,付璐,等.爆炸成型弹丸性能参数灰关联分析[J].弹道学报,2010,22(4):40-43.

[93] 殷社萍.预制破片易碎钨合金制备工艺与组织性能研究[D].北京:北京理工大学,2009.

[94] 陈永新.现代"土行孙"——钻地武器发展现状[J].现代兵器,2004(3):20.

[95] 周义.美军钻地弹现状与发展趋势[J].中国航天,2002(8).

[96] 彭翠枝.德国反硬目标用的不敏感炸药[J].兵器快报:火炸药类,2004(4).

[97] 臧晓京.国外攻击硬目标和深埋地下目标的引战技术发展[J].飞航导弹,2006(1):43-51.

[98] 臧晓京,周军.硬目标的克星——贯穿武器[J].飞航导弹,2005(6):1-5.

[99] 国外反深层硬目标炸弹发展现状及趋势分析[R].中国兵器工业集团第 210 所,2013(8).

[100] 郭美芳,李强,李宝锋,等.国外反深埋/多层坚固目标战斗部技术现状与发展趋势[C]//反深层/多层坚固目标高效毁伤技术专题学术研讨会论文集,三亚,2010.

[101] 韩凤麟,马福康,曹勇家.粉末冶金技术手册[M].北京:科学出版社,2009.

[102] 尹建平,付璐,王志军,等.网栅切割式多爆炸成型弹丸战斗部正交优化设计[J].弹箭与制导学报,2012,32(2):69-72.

[103] 王海福,江增荣,蒋建伟.高速碰撞下二次破片光滑粒子流力学法数值模拟[J].北京理工大学学报,24(7),2004:583-586.

[104] 朱帅.半挂油罐车结构有限元分析及半挂车车架优化设计[D].合肥:合肥工业大学,2007.

[105] 王海福,刘宗伟,俞为民,等.活性破片能量输出特性实验研究[J].北京理工大学学报,2009,29(8):663-666.

[106] 杜扬,欧益宏,吴英,等.热壁条件下油气的热着火现象[J].爆炸与冲击,2009,

29（3）：269-273.

[107] 范学勋，陈松洁，蒋海宁，等．进口航空煤油规格标准的探讨［J］．复旦学报：自然科学版，2009，48（5）：610-615.

[108] 郭洪亮．某港口大型储油罐静动力有限元分析［D］．大连：大连理工大学，2006.

[109] 陈伟，赵文天，王健，等．钨锆合金破片毁伤过程研究［J］．兵器材料科学与工程，2009，32（2）：108-110.

[110] 尹建平，张洪成，王志军，等．周向 MLEFP 成型过程的数值计算［J］．火炸药学报，2012，35（4）：79-82.

[111] 黄培云，金展鹏，陈振华．粉末冶金基础理论与新技术［M］．北京：科学出版社，2010.

[112] 韩凤麟，马福康，曹勇家．粉末冶金技术手册［M］．北京：科学出版社，2009.

[113] 崔秉贵．弹药战斗部工程设计［M］．北京：北京理工大学出版社，1995.

[114] 帅俊峰，蒋建伟，王树有，等．复合反应破片对钢靶侵彻的实验研究［J］．含能材料，2009，17（6）：722-725.

[115] 徐豫新．破片毁伤效应若干问题研究［D］．北京：北京理工大学，2012.

[116] 淡金强，蒋胜平，黄子才，等．有源雷达干扰弹干扰效能评估模型研究［J］．指挥控制与仿真，2008，30（3）：77-80.

[117] 韩杨，刘金伟，彭择令，等．基于 DEA 的雷达干扰弹消费比评估模型［J］．兵工自动化，2010，29（8）：10-12.

[118] 李敬．箔条弹干扰原理与形成机理［J］．舰船电子对抗，2003，26（3）：15-19.

[119] 李向东，王议论，等．弹药概论［M］．2 版．北京：国防工业出版社，2017.

[120] 张坤，曾芳玲，欧阳晓凤，等．基于接收机通信和测距性能的 GPS 压制干扰效果分析［J］．弹箭与制导学报，2019，39（1）：147-150.

[121] 黄迎春．炮射悬浮式 GPS 干扰弹靶场试验与评估［J］．火力与指挥控制，2012，37（5）：206-209.

[122] 孙鹏，尹延文，张锐．一种基于 VR + MapObjects 的 GPS 干扰建模与仿真［J］．弹箭与制导学报，2019，39（2）：110-114.

[123] 曹兵，郭锐，杜忠华．弹药设计理论［M］．北京：北京理工大学出版社，2016.

[124] 周兰庭，张庆明，龙仁荣．新型战斗部原理与设计［M］．北京：国防工业出版社，2018.

[125] 黄正祥，肖强强，贾鑫，等．弹药设计概论［M］．北京：国防工业出版社，2017.

[126]《世界智能弹药手册》编辑部，世界智能弹药手册［M］．北京：兵器工业出版社，2017.12

[127] 李向东，郭锐，陈雄，等［M］．北京：国防工业出版社，2016.

[128] Mott N F. Fragmentation of Shell Cases [J]. Proceeding of Royal Society, A-189, 1947: 300-308.

[129] Stroh A N. A Theory of the Fracture Metals [J]. Advance in Physics, 1957 (6): 418-465.

[130] Xu Yuxin, Wang Shushan, Liu Yong, et al. Numerical Simulation on Shell Broken of Overall Blasting Warhead [C] // Proceedings of Third International Conference on Modeling and

Simulation, Jiangsu, Nanjing, 2010: 250-253.

[131] Rosenburg Z, Bless S J, Gallagher F P. A Model for Hydrodynamic Failure Based on Fracture Mechanics Analysis [J]. International Journal on Impact Engineering, 1987, 6 (1): 51-61.

[132] Lemire M J. Battlefield Damage Assessment and Repair [R]. AD-A262563, Springfield, NTIS, 1993.

[133] Roach L K. A Methodology for Battle Damage Repair Analysis [R]. AD-A276083, Springfield, NTIS, 1994.

[134] David Bender, Richard Fong, William Ng, et al. Dual Mode Warhead Technology for Future Smart Munitions [J]. 19th International Symposium on Ballistics, 2001: 679-684.

[135] Richard Fong, William Ng. Multiple Explosively Formed Penetrator (MEFP) Warhead Technology Development [J]. 19th International Symposium on Ballistics, 2001: 563-568.

[136] Fong R., Ng W., Weiman K. Testing and Analysis of Multi-liner EFP Warheads [J]. 20th International Symposium of Ballistics (Orlando: Technomic Publishing Company Inc.), 2002: 578-582.

[137] Earth-Penetrating Weapons. http://www.nap.edu, 2005.

[138] Massive Ordance Penetrator (MOP) Direct Strike Hard Target Weapon. http://www.globalscurity.org/military/systems/munition/mop.htm.

[139] Admin. USAF Readies Massive Ordnance Penetrator for Showdown in Iran [EB/OL]. [2013-05-04]. http://defense-update.com/20130504_massive-ordnance-penetrator-ready-for-fordow.html.

[140] Caitlin Harrington Lee. USAF Develops High-speed Bunker-buster [N]. Jane's Defence Weekly, 2011-02-02.

[141] David Hambling. New Weapons Journey to the Center of the Earth [EB/OL]. [2008-07-18]. http://blog.wired.com/defense/2008/07/journey-to-the.html.

[142] Reinventing the Cluster Charge [EB/OL]. [2008-07-08]. http://www.newscientist.com/blog/technology/2008_07_01_archive.html.

[143] MBDA Conducts Successful Demonstrations of New Bunker Buster Warhead [EB/OL]. [2010-10-11]. http://www.mbda-systems.com/mbda/site/ref/scripts/newsFO_complet.php lang=EN&news_id=324.

[144] David Hambling. Novel Warhead May Bust the Deepest Bunkers. New Scientist, 2005-07-14.

[145] JASSM to Fly with New Explosive Formulation. AFRL: AFDTC/PA98-422 [EB/OL]. [2004-07-16]. http://www.fas.org/man/dod-101/sys/smart/docs/afx757.htm.

[146] Wendy Balas, et al. CL-20 PAX Explosives Formulation Development, Characterization, and Testing. NAIA 2003 Insensitive Munitions & Energetic Materials Symposium, 2003.

[147] Montgomery J, Hugh E. Reative Fragment [P]. USP 3961576, 1976.

[148] Turner L J. Hard Target Reliability for MAFIS. 50th NDIA Fuze Conference, 2006-05-16.

[149] George A. Pyrophoris Penetrator: US: 3946673 [P], 1974-04-05.

[150] Daniel B Nielson. High Strength Reactive Materials: US: 20030096897A1 [P], 2000-02-23.

[151] Willis Mock Jr., William H Holt. Impact Initiation of Rods of Pressed Polytetrafluoroethylene (PTFE) and Aluminum Powders [C]. Proceedings of the Conference of the American Physical Society Topical Group on Shock Compression of Condensed Matter, Baltimore, Maryland, 31 July-5 August 2005: 1097-1110.

[152] Willis Mock Jr, Jason T Drotar. Effect of Aluminum Particle Size on the Impact Initiation of Pressed PTFE/AL Composite Rods [C]. Proceedings of the Conference of the American Physical Society Topical Group on Shock Compression of Condensed Matter, Waikoloa, Hawai'I, June 24-June 29 2007: 1097-1110.

[153] Du S W, Thadhani N N. Impact Initiation of Pressed Al-Based Intermetallic-Forming Powder Mixture Compacts [C]. Proceedings of the Conference of the American Physical Society Topical Group on Shock Compression of Condensed Matter, Nashville, Tennessee, 28 June-3 July 2009: 470-473.

[154] Lee R J, Mock W, Carney J R, et al. Reactive Materials Studies [J]. AIP Conf. Proc. 845, 2006: 169-174.

[155] Mark Cvetnic. Reactive Materials in Mines and Demolitions Systems. [EB/OL]. [2012-03-10]. http://www.proceedings.ndia.org/3500/Cvetnic_Demo_NDIA.PS.

[156] Brian Amato, Carl Gotzmer, Steve Kim. Applications Overview of IHDIV NSWC's Reactive Materials [EB/OL]. [2012-04-17]. http://www.dtic.mil/cgi-bin/GetTRDoc AD = ADA 53145 6.

[157] Thomas J Schilling. Reactive-Injecting Follow-Through Shaped Charges from Sequent-Material Conical Liners [J]. Propellants, Explosives, Pyrotechnics, 2007, 32 (4): 307-313.

[158] Philip Church, Claridge R, Ottley P, et al. Investigation of a Nickel-Aluminum Reactive Shaped Charge Liner [J]. Journal of Applied Mechanic, Transactions ASME, 2013, 80 (3): 031701-1-031701-13.

[159] Murphy M J, Richard D. Characterization of Porous Jet Density [C]. 27th International Symposium on Ballistics, Freiburg Germany, 2013, 4 (22-26): 725-732.

[160] Daniels A S, Baker E L, DeFisher S E, et al. Bam Bam: Large Scale Unitary Demolition Warheads [C]. 23rd International Symposium on Ballistics, Tarragona Spain, 2007, 4 (16-20): 239-246.

[161] Baker E L, Daniels A S, Ng K W, et al. Barnie: A Unitary Demolition Warhead [C]. 19th International Symposium on Ballistics, Interlaken Switzerland, 2001, 5 (7-11): 569-574.

[162] Boeka D, Danils A, Ouye N, et al. A Small Scale Unitary Demolition Charge [C]. 26th International Symposium on Ballistics, Miami Fl, 2011, 9 (12-16): 363-370.

[163] Davison D, Pratt D. Perforator with Energetic Liner [C] //26th International Symposium on Ballistics, Miami Fl, 2011, 9 (12-16): 123-131.

[164] Stein A. Optimum Caliber Program [R]. BRL Memorandum Report No. 437, BRL, Aberdeen Proving Ground, Maryland, 1950 (7).

[165] Hill F M. The Effect of Blast on Aircraft Fuel Tanks [R]. BRL Memorandum Report No. 509,

BRL, Aberdeen Proving Ground, Maryland, 1950 (4).

[166] Bernier R. Vulnerability Analysis of Bomber Accident Records [R]. BRL Report No. 767, BRL, Aberdeen Proving Ground, Maryland, 1953 (9).

[167] Engineering Design Handbook. Elements of Terminal Ballistics. Part Two, Collection and Analysis of Data Concerning Targets. AD-389 318/7 SL, 1962.

[168] Haifu Wang, Yuanfeng Zheng, Qingbo Yu, et al. Impact-induced initiation and energy release behavior of reactive materials [J]. Journal of Applied Physics, 2011, 110 (7): 074904-1-074904-6.

[169] George D Hugus, Edward W Sheridan, George W Brooks. Structural Metallic Binders for Reactive Fragmentation Weapons: US: 20100024676 [P], 2010-02-04.

[170] Carl Gotzmer, Brian Amato, Steven Kim. Applications Overview of IHDIVNSWC's Reactive Materials [EB/OL]. [2011-10-25]. http://www.etcmd.com/conference-docs/papers/kim.pdf.

[171] Nielson, Daniel B Trementon. Reactive Material Enhanced Projectiles and Related Methods. Europe: 06020828.5 [P], 2007-02-05.

[172] Griffith A A. The Phenomena of Rupture and Flow in Solids [J]. Philosophical Transactions of the Royal Society of London, Sereis A, 1921 (22): 163-198.

[173] Tuler F R, Butcher B M. A Criterion for the Time Dependence of Dynamic Fracture [J]. J. Fract Mech, 1968, 4 (4): 431-437.

[174] Marc André Meyers. Dynamic Behavior of Materials [M]. John Willy & Sons, 1994.

[175] 朱建生, 赵国志, 杜忠华. 装填材料对PELE效应的影响 [J]. 弹道学报, 2007, 19 (2): 62-65.